U0414805

本书由大连市人民政府资助出版
“十三五”国家重点出版物出版规划项目

中国陆海统筹战略研究

Research on Land and Marine Coordinated Development Strategy of China

栾维新 王 辉 片 峰等 著

本书的出版由国家社会科学基金重大招标项目“建设海洋强国背景下我国陆海统筹战略研究”（项目编号：14ZDB131）资助

科 学 出 版 社
北 京

内 容 简 介

本书是国家社会科学基金重大招标项目“建设海洋强国背景下我国陆海统筹战略研究”的最终研究成果。第一篇研究陆海统筹战略概念体系、海洋强国建设背景、海洋强国战略体系、陆海科技统筹等内容；第二篇研究海洋产业与陆域产业互动关系，为沿海地区社会经济可持续发展提供解决方案；第三篇研究以海洋资源替代陆域资源，实施陆海资源统筹利用问题；第四篇探讨陆域污染物污染海洋环境的问题，提出通过减轻陆域环境污染改善海洋环境的途径；第五篇在对陆域集装箱生成机制深入研究的基础上，研究陆域集装箱空间分布、港口腹地划分等基本问题，重点解决沿海港口与陆域运输网体系的协调问题。

本书可为海洋管理人员及陆海统筹相关科研人员提供参考和借鉴。

审图号：GS（2021）3806 号

图书在版编目（CIP）数据

中国陆海统筹战略研究 / 栾维新等著．—北京：科学出版社，2021.7

ISBN 978-7-03-066845-5

Ⅰ.①中… Ⅱ.①栾… Ⅲ.①海洋经济-经济发展战略-研究-中国 Ⅳ.① P74

中国版本图书馆 CIP 数据核字（2020）第 221221 号

责任编辑：马 跃 / 责任校对：贾娜娜
责任印制：张 伟 / 封面设计：无极书装

科学出版社 出版
北京东黄城根北街16号
邮政编码：100717
http://www.sciencep.com

北京捷迅佳彩印刷有限公司 印刷
科学出版社发行 各地新华书店经销

*

2021年7月第 一 版 开本：787×1092 1/16
2021年7月第一次印刷 印张：44 1/2
字数：1 055 000

定价：398.00元

（如有印装质量问题，我社负责调换）

目 录

第一篇 陆海统筹与海洋强国关系研究

第一章 研究定位与现状……5

第一节 绪论……5

第二节 海洋强国建设研究现状……10

第三节 陆海统筹战略研究现状……13

第四节 陆海统筹战略与海洋强国建设关联性的研究……16

第五节 现有研究评述……18

第二章 陆海统筹基本理论……21

第一节 陆海统筹的现实需求……21

第二节 陆海统筹的概念体系及主要任务……25

第三章 建设海洋强国的背景……40

第一节 海洋强国基本内涵……40

第二节 建设海洋强国的国际背景……42

第三节 建设海洋强国的国内背景……51

第四章 海洋强国战略体系研究……57

第一节 海洋强国的经验与启示……57

第二节 海洋强国目标体系……67

第三节 海洋强国能力建设体系……70

第四节 海洋强国的综合指标体系……73

第五节 海洋强国综合评价的基本结论……76

第六节 陆海统筹与海洋强国建设联系……85

第五章 陆海科技的统筹发展……87

第一节 海洋科技体系现状……87

第二节 陆海科技的构架……95

第三节 深海工程体系与航天工程……97

第四节 创建深海工程体系……103

第二篇 海洋与陆域产业的统筹发展

第六章 概述……109
第一节 研究背景……109
第二节 研究重点及特性……111
第三节 理论基础……113
第四节 相关研究综述……116
第七章 海洋与陆域产业的差异性和关联性研究……126
第一节 海洋与陆域产业的差异性研究……126
第二节 海洋与陆域产业的关联性研究……135
第三节 陆海产业发展不协调的问题研究……139
第八章 海洋与陆域产业的要素效率评价研究……140
第一节 陆海经济生产要素产出效应的比较研究……141
第二节 海洋与陆域产业劳动生产率的比较研究……147
第三节 海洋与陆域产业投资效率差异研究……156
第四节 海洋科技竞争力与陆域科技环境的关系研究……160
第九章 典型海洋产业与陆域经济的关联研究……171
第一节 典型海洋产业筛选与研究方法选择……171
第二节 海洋渔业产业链构建与升级研究……173
第三节 基于陆海关联的海工装备制造业的发展潜力研究……179
第四节 沿海港口货运量与国民经济的关系研究……187
第十章 沿海省区市海洋产业结构差异化演进研究……196
第一节 研究方法与数据来源……197
第二节 海洋产业结构的省际比较……198
第三节 海洋产业结构静态比例性偏离份额分析……201
第四节 海洋产业结构动态比例性偏离份额分析……205
第十一章 沿海地区陆海产业就业结构演进与关联……209
第一节 研究方法与数据来源……209
第二节 海洋产业就业现状……210
第三节 陆海产业就业特征比较及动态变化……213
第四节 海洋产业及其就业结构演变……215
第五节 海洋产业就业变化因素分解……216
第十二章 陆海产业统筹发展的实施对策……219

第三篇　陆海资源统筹利用

第十三章　概述……231
第一节　研究背景……231
第二节　研究综述……237
第三节　陆海资源统筹的相关理论……240
第十四章　陆海统筹视角的海洋空间规划……246
第一节　强化陆海空间统筹的必要性……246
第二节　国内外空间规划实践与启示……248
第三节　海洋空间规划理论与方法……264
第四节　海洋空间规划的框架设计……270
第五节　海洋空间规划的基本问题……274
第十五章　构建我国海岛利用模式战略新格局……281
第一节　海岛利用模式战略新格局的现实背景……281
第二节　陆连岛优势及利用……283
第三节　近海“安全岛”的新型利用模式……286
第四节　海岛旅游开发利用……289
第五节　渔业用岛开发模式……291
第六节　边远海岛可持续利用模式……293
第七节　陆岸基地与南海岛礁网络……297
第十六章　陆域土地与围填海区统筹利用……304
第一节　研究特性……304
第二节　我国围填海的阶段特征……309
第三节　围填海的贡献及需求形势……312
第四节　围填海区成长相关经济问题……317
第五节　陆域土地与围填海区统筹的重点……332
第十七章　陆海油气资源统筹利用研究……336
第一节　研究背景、基本概念及研究框架……336
第二节　我国油气资源开发现状及存在的问题……342
第三节　陆海油气资源开发的成本比较分析……348
第四节　陆海油气资源开发的效益比较及建议……355
第十八章　海水淡化与淡水的统筹利用……362
第一节　我国海水淡化的市场需求形势……362
第二节　海水淡化有可能成为第二水源……367
第三节　海水淡化缓慢的原因分析……383
第四节　淡化海水与陆源水的统筹利用……386

第十九章 陆域与国际海底区域资源统筹利用……395
第一节 国际海底区域资源的主要特征 ……395
第二节 中国国际海底区域资源利用的现状 ……401
第三节 构建国际海底区域资源战略接续区 ……406

第四篇 陆海环境的统筹治理

第二十章 概述……415
第一节 海洋环境问题 ……415
第二节 陆海环境统筹治理的必要性 ……427
第三节 陆海环境统筹的关键难题 ……430
第四节 研究现状 ……433
第五节 经济与环境关系相关基础理论 ……437
第二十一章 陆海环境统筹治理政策基础……440
第一节 海洋生态环境政策 ……440
第二节 海洋功能区划与海洋环境保护 ……445
第三节 海洋环境治理的重点任务 ……454
第二十二章 陆域社会经济活动影响海洋环境的压力机制……458
第一节 影响海洋环境的陆域社会经济活动要素甄选 ……458
第二节 社会经济要素的空间化 ……466
第二十三章 环渤海地区社会经济活动对海洋环境压力评价……470
第一节 社会经济活动与渤海海洋环境的关系 ……470
第二节 影响海洋环境的主要社会经济要素的甄选与指标体系构建 ……471
第三节 环渤海地区陆海耦合分区研究 ……472
第四节 环渤海地区社会经济活动的污染压力估算 ……488
第二十四章 长江三角洲地区社会经济活动对海洋环境压力的研究……497
第一节 研究边界的确定 ……497
第二节 长江三角洲地区社会经济发展的污染压力判断 ……502
第三节 长江三角洲地区社会经济活动环境影响压力机制研究 ……518
第四节 长江三角洲地区陆源污染排放压力估算与污染源分析 ……525
第二十五章 陆海环境跨界治理博弈研究……552
第一节 入海流域跨界水污染治理博弈研究 ……552
第二节 海洋陆源污染治理的激励机制研究 ……560
第二十六章 陆海环境统筹治理的对策……568
第一节 衔接陆海环境监控体系 ……568
第二节 综合规划海岸带开发利用 ……570
第三节 统筹陆海污染源，区分点源面源减排措施 ……572
第四节 内湾型海洋污染治理的长效机制（以渤海为例）……575

第五节　河口型海洋污染治理的长效机制 ······579

第五篇　陆海集装箱统筹运输研究

第二十七章　概述······585
第一节　本篇研究背景 ······585
第二节　主要货运方式陆海统筹现状 ······586
第二十八章　基本理论与研究综述······596
第一节　理论基础 ······596
第二节　研究现状综述 ······600
第二十九章　集装箱生成与社会经济的关系······609
第一节　集装箱发展与驱动力 ······609
第二节　基于国际视野的集装箱生成与经济发展阶段关系研究 ······610
第三节　中国集装箱生成与经济发展阶段关系研究 ······616
第四节　集装箱生成影响因素分析 ······623
第三十章　集装箱源地空间分异特征······635
第一节　中国外贸集装箱空间分布特征 ······635
第二节　中国外贸集装箱生成空间差异 ······638
第三十一章　集装箱港口腹地划分······647
第一节　中国外贸集装箱运输腹地识别 ······648
第二节　中国主要外贸集装箱港口影响力计算 ······650
第三节　沿海外贸集装箱港口腹地划分 ······654
第四节　沿海外贸集装箱港口功能类型特征分析 ······661
第五节　供需平衡分析 ······665
第三十二章　集装箱陆海集运体系统筹······668
第一节　上海港陆海集运体系 ······668
第二节　深圳港陆海集运体系 ······671
第三节　天津港陆海集运体系 ······674
第三十三章　中国集装箱多式联运发展研究······679
第一节　中国多式联运发展总体形势 ······679
第二节　中国多式联运市场发展现状 ······680
第三节　中国多式联运发展存在的问题 ······684
第四节　中国多式联运发展趋势及建议 ······687

参考文献······690

第一篇　陆海统筹与海洋强国关系研究

1998年栾维新教授申请的国家自然科学基金项目“我国海陆经济一体化背景、机理和典型地区调控研究”获得资助，从此拉开了栾维新教授团队研究陆海关系的序幕。20多年来栾维新教授团队承担的几十项涉海课题都从不同角度研究了陆海统筹问题，对陆海关系的研究也从经济一体化，逐步向陆海资源统筹利用、陆海环境统筹管理、陆海交通统筹规划、海岛后方陆岸基地建设等领域拓展。因此，与其说本书是国家社会科学基金重大招标项目“建设海洋强国背景下我国陆海统筹战略研究”的最终成果，毋宁说是总结、提炼了20多年来围绕陆海统筹研究取得的成果。本书共有五篇内容，全书内容框架如图1所示。

党的十九大报告提出“坚持陆海统筹，加快建设海洋强国”，可以看出党中央对“海洋强国”“陆海统筹”这两组关联词的重视。因此，必须回答陆海统筹的基本内涵、海洋强国战略体系、陆海统筹与海洋强国建设是什么关系等基本问题。本篇在以下几个方面进行了创新性探索。

第一，针对陆海统筹涉及范围广泛、认识分歧较大的现实，本书提出了分层次实施陆海统筹的概念体系。所谓陆海统筹是指统一筹划和处理我国陆地和海洋各种关系的集合，是个多层级、多要素、多领域的概念谱系。陆海统筹按照空间尺度可划分为战略层、规划层、项目层等三个谱系，本书系统分析了三层次陆海统筹的重点领域、重点任务。

第二，在全面梳理海洋强国相关研究现状的基础上，提出了海洋强国建设是个历史过程，由多板块构成，是民族复兴重要组成部分的概念体系；从八个方面系统论证分析了建设海洋强国的国际形势；从民族复兴、战略安全等五个方面分析了加速海洋强国建设的迫切性。

第三，在全面梳理海洋强国战略体系研究现状的前提下，提出了海洋强国建设战略体系包括目标体系、能力建设体系和综合指标体系三个组成部分的思路，为比较客观地评估海洋强国建设提供了依据。

第四，海洋强国与陆海统筹战略究竟是什么关系，已有的研究还没有回答这个问题。本书认为陆海统筹是贯穿海洋强国建设全过程的基本原则，海洋强国能力体系建设尤其要发挥陆海统筹的作用，在资源利用、产业发展、环境治理、科技创新等领域都有繁重的陆海统筹任务。

第五，科技体系有多种划分方法，本书基于依托课题研究的需要，将科技体系按照空间类型划分为海、陆、空三个系统，从大科学体系的六个维度比较分析了深海工程与航天工程的主要差距及存在差距的深层次原因；并建议应该充分发挥社会主义制度利于实施大科学工程的优势，借鉴航天工程经验推进深海工程建设。

本篇内容框架如图2所示。

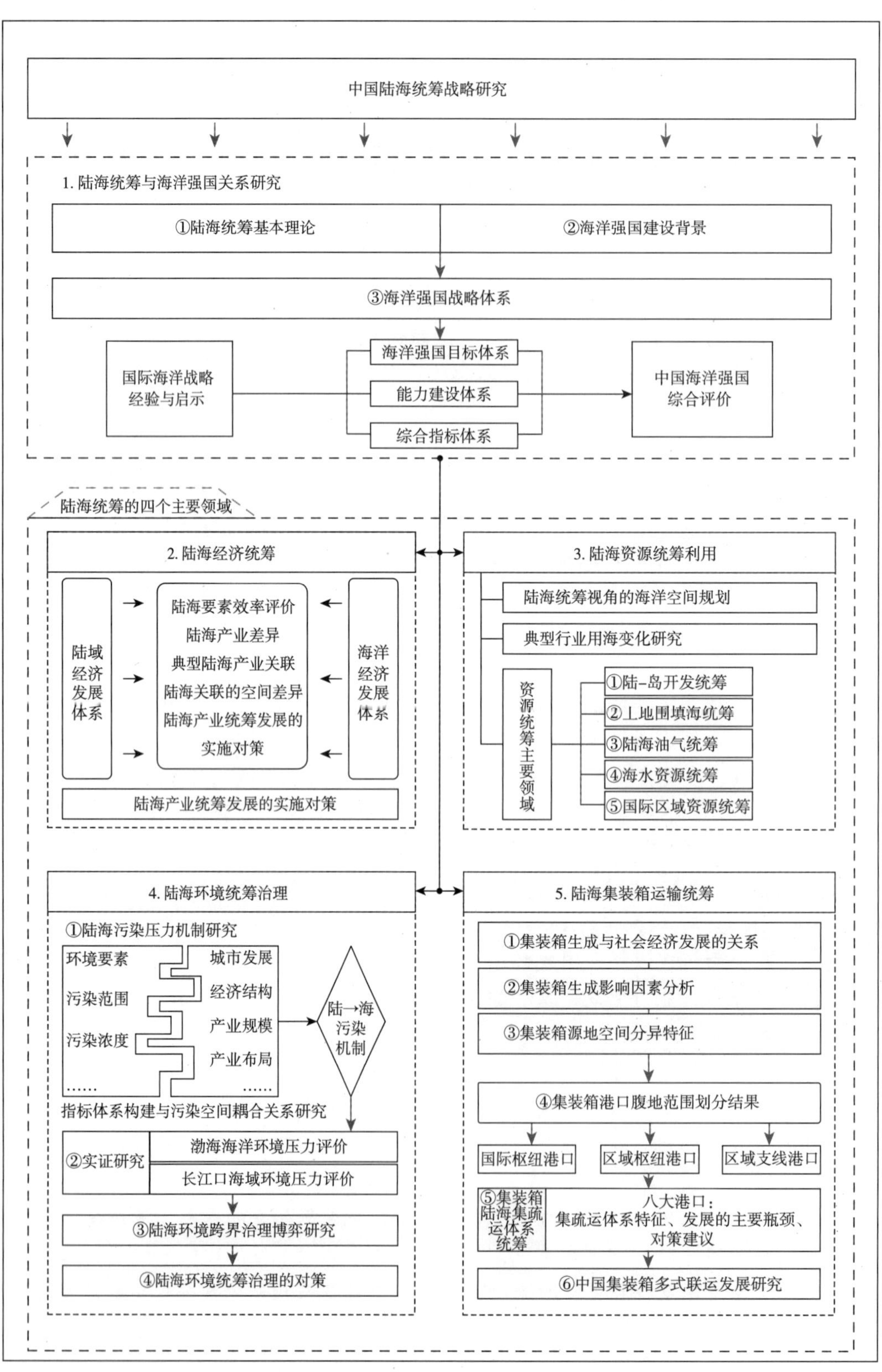

图 1　中国陆海统筹战略研究内容框架图

1. 陆海统筹基本理论

现实需求分析

概念体系与主要任务
- ·战略层：统筹的主要任务
- ·规划层：统筹重点任务与载体
- ·项目层：统筹的主要任务

研究定位与框架

⇩ 理论支撑

2. 研究综述 | 海洋强国建设研究现状/陆海统筹研究现状、二者关联性研究、研究评述

⇩ 研究基础

3. 海洋强国建设背景 | 基本内涵、国际背景（资源竞争；安全权益；科技竞争；生态环境；空间竞争等）、国内背景

⇩ 研究环境

4. 海洋强国战略体系研究

经验与启示
- –美国海洋战略
- –英国海洋发展
- –俄罗斯海上强国
- –日本海洋科技发展
- –澳大利亚海洋管理
- –国际经验与启示

海洋强国目标体系
- –体系内涵
- –体系框架
- –主要指标

排名 经济 资源 军事 科技 文化 外事 综合管理等

能力建设体系
- –体系内涵
- –体系框架
- –主要指标

经济 科技 资源 生态 公共服务 海上力量 海洋事务 海洋意识

综合指标体系
- –指标体系原则
- –体系框架
- –主要指标内在逻辑

全球海洋实力排名、海洋经济、海洋科技、海洋资源环境、海洋军事

中国海洋强国综合评价
- –海洋实力总体评价
- –海洋经济评价
- –海洋科技评价
- –海洋资源评价
- –海洋军事评价

陆海统筹与海洋强国建设的联系 | 始终贯穿、在能力建设中发挥积极作用、两者关系紧密且持久

⇧ 科技支撑

5. 陆海科技统筹发展

研究背景
- 海洋争夺日益激烈
- 海洋科技是着力点
- 科技是保障

陆海科技构架
- 体系的划分
- 与科技体系关系
- 利用海陆科技联系
- 深海工程科学体系

深海工程体系与航天工程
- 两者的可比性
- 与航天工程的差距
- 落后的深层次原因

创建深海工程体系
- 加强顶层设计
- 形成集中统一领导
- 聚集科技资源
- “军民融合”助力
- 完善人才培养机制

海洋科技体系现状与统筹重点
- 强化理念
- 陆域规划兼顾海洋
- 强化经济拉动作用
- ……

图 2　陆海统筹与海洋强国关系研究内容框架图

第一章　研究定位与现状

本章的研究重点有三个任务：一是系统阐述本书的基本定位、各篇章关系处理、书稿撰写的基本原则等内容；二是系统分析海洋强国建设、陆海统筹战略、海洋强国建设与陆海统筹关系等三个方面的研究现状；三是对研究现状客观评估的基础上，提出本书研究的创新空间。

第一节　绪　　论

一、基本定位

（一）突出跨学科研究特色

本书依托的课题研究是属于跨学科类的，从研究的背景和陆海统筹概念体系来看，既涉及海洋自然科学（资源和环境），也涉及经济学（海洋产业与陆域产业）、管理学等内容。尽管已经有较多学者分别从管理学、应用经济学等角度，对陆海统筹和海洋强国等问题进行了一定深度的研究，但还缺少多学科交叉的综合性研究。

根据本书关注问题的综合性特色，我们组织了具有经济地理学、管理学和海洋科学等不同学科背景的研究队伍，加强了不同科学和研究方向的交流与协同创新。用系统工程的理论与方法设计研究思路，运用经济地理学理论研究海洋产业与陆域产业互动、陆海交通统筹规划等问题，运用海洋科学研究方法探索陆海环境统筹管理等问题，探索主成分分析和多元时间序列的因果关联等相关方法的集成应用，运用数据包络分析（data envelopment analysis，DEA）方法评估海陆资源产出效率，运用解释结构模型法（interpretative structural modeling method，ISM）分析海洋相关产业的结构关系。

（二）坚持问题和目标导向的原则

在研究实施的四年间（2014 年 12 月至 2018 年 12 月），党中央对海洋强国建设和陆海统筹都提出了新要求。党的十八届五中全会通过的《中共中央关于制定国民经济和社会发展第十三个五年规划的建议》提出“拓展蓝色经济空间。坚持陆海统筹，壮大海洋经济，科学开发海洋资源，保护海洋生态环境，维护我国海洋权益，建设海洋强国”。[①]进一步强调了陆海统筹、发展海洋经济是中国“十三五”时期建设海洋强国的重要支撑。党的十九大报告提出“坚持陆海统筹，加快建设海洋强国”，因此，陆海统筹前所未有地成为加快海洋强国建设的基础要求。本书着眼于切实解决陆海统筹的概念体系问题，经过反复讨论，提出了分层次实施陆海统筹的概念体系，并经过专家咨询论证，被海洋管理部门采纳。

中国建设海洋强国和实施陆海统筹战略涉及海洋经济和沿海地区发展的方方面面。尽管在申报课题过程中认真填写了2014年度国家社会科学基金重大项目招标书，对课题总体框架和预期目标、研究思路与方法、子课题结构和主要内容进行了认真梳理，但是，随着课题研究的逐步深入，还是发现研究方案与现实需求有差距。我们围绕关键问题进行深入、系统的研究，切实解决社会经济发展的现实问题。例如，《我国航运业面临的主要瓶颈与对策建议》（大连海事大学报交通部党组的《海事大学专家建议》第1期）、《关于提高我国沿海原油码头利用效率的建议》（大连海事大学报交通部党组的《海事大学专家建议》第4期）、《应构建南海陆岸基地及陆岛网络系统》（《改革内参》2016年第26期）等咨询建议，都在课题实施过程中发现与陆海统筹关系比较密切的现实问题，经过深入研究形成相关观点。

（三）切实为管理决策提供科学依据

相关领域的学者已经对陆海统筹问题进行了一定深度的研究。但是，对陆海统筹的主要研究仍局限于定性描述，而对于陆海两大系统各重点领域的联系机理研究较少，难以为管理决策提供依据。我们认为以下几个方面的现实问题需要深入研究。①在海洋经济与陆域经济统筹发展方面，主要关注海洋经济的哪些部门与陆上的哪些部门存在联系、选择典型要素描述两个系统的联系、合理布局临海产业以发挥沿海地区优势等问题；②在海洋资源与陆域资源的统筹利用方面，重点关注统筹规划围填海形成的各类园区与沿海土地利用格局，统筹安排国际区域资源和两极资源的产业化进程与陆域相关资源的开发利用进程，研究利用淡化海水替代长距离引水的可行性和经济合理性，从资源储备和战略安全的角度研究我国主要海上油田开发序次等问题；③在陆海环境的统筹保护方面，将重点研究渤海海洋环境污染与沿岸地区社会经济活动的关系，建立完善的环境污染压力评估指标体系，利用排污系数法研究氨氮等典型污染物与社会经济活动的关系，根据主要海湾环境控制目标确定主要流域的污染物排放量，倒逼陆域重点污染行业的规模控制；④陆海交通运输统筹规划方面主要关注两个问题，一是油气进口路径的战略选择方面，统筹处理好通过中俄陆上管道运输保障东北部油气供给和通过海上运输解决东南沿海油气需求的关系，二是重点研究我国海上货运需求与国民经济的关系，既保证国民经济发展对沿海港口等设施的需求，又着力避免因盲目的港口建设而造成设施闲置等问题。总之，通过对以上四个主要领域陆海统筹现实问题的研究，将切实为管理决策提供可操

①《中共中央关于制定国民经济和社会发展第十三个五年规划的建议》，http://cpc.people.com.cn/n/2015/1103/c399243-27772351.html[2015-11-03]。

作的对策建议。

二、海洋强国与陆海统筹战略关系的处理

本书依托课题为“建设海洋强国背景下我国陆海统筹战略研究”，这就要求首先明确海洋强国建设与陆海统筹战略两者的关系。在研究计划实施过程中我们从以下三个维度来把握两者的关系。

第一，主从关系的把握。海洋强国建设是主导，海洋强国建设的目标、原则、指标体系、主要任务和措施等，是确定陆海统筹战略目标、原则、主要任务的依据。解决陆海统筹战略的理论与现实问题，将陆海统筹战略研究推向新高度的核心目标，就是为了加速海洋强国的建设。衡量陆海统筹战略实施效果的标准，就是看对海洋强国建设是否有利。

第二，把握“有所为、有所不为”的原则。党的十九大报告提出“坚持陆海统筹，加快建设海洋强国”，可以看出党中央对“海洋强国”“陆海统筹”这两组关联词的重视，同时也表明要将涉及海洋强国建设与陆海统筹战略两者关系的问题都解决了也是不切实际的。关于海洋强国建设，我们重点研究梳理了我国海洋强国建设研究的进展情况、海洋强国建设的基本内涵、评价海洋强国建设的指标等，达到能为陆海统筹战略研究提供基本背景的目标，至于如何建设海洋强国的问题，我们也仅关注的是陆海统筹战略与海洋强国建设联系密切的问题。我们通过评价海洋强国建设的分目标及指标体系，判断哪些海洋强国建设指标与陆海统筹有联系，哪些指标与陆海统筹联系不紧密，从而将陆海统筹战略与海洋强国建设有机联系起来。关于国防安全、海洋权益等问题其实也需要从陆海统筹的视角去处理，但并没有被纳入本书研究的体系中。

第三，集中说清楚两者的关系。海洋强国建设体现在海洋事务的各个方面，每个层次的陆海统筹及具体要素的陆海统筹问题都与建设海洋强国有联系。但是，要在每个角度都将建设海洋强国这个背景放进来并说清楚，就必然面临无端增加一些重复论述的问题。因此，我们集中在第一篇将两者的关系理清楚，后续四篇不再重复分析某个领域的陆海统筹与海洋强国建设的联系。

三、选择陆海统筹四个领域的考虑

本书重点研究海洋产业与陆域产业互动、陆海资源统筹利用、陆海环境统筹管理和陆海交通统筹规划等四个领域的统筹问题。其中，第二篇重点研究海洋产业与陆域产业互动关系，为沿海地区社会经济可持续发展提供解决方案；第三篇着重解决以海洋资源替代陆域资源，实施陆海资源统筹利用问题；第四篇重点探索陆域污染物污染海洋环境的问题，提出通过减轻陆域环境污染改善海洋环境的环境治理问题；第五篇在对陆域集装箱生成机制深入研究的基础上，着重研究陆域集装箱空间分布、港口腹地划分等基本问题，重点解决港口与陆域运输网体系协调问题。这样的设计主要有三个方面的考虑。

一是集中解决规划层陆海统筹的问题。规划层面的陆海统筹主要涉及陆海资源统筹利用、陆海空间统筹规划（本书将其纳入资源统筹利用）、陆海经济统筹发展、陆海环境统筹管理、陆海科技发展等五个领域。战略层面的陆海统筹主要涉及世界强国与海洋强

国关系、以海撑陆和以洋补海的资源统筹、维护海洋权益、平衡陆海空间、“一带一路”陆海联动的国际合作倡议、陆海科技统筹布局等六个领域，其中资源统筹利用和科技统筹发展是两个层次交叉的领域，被纳入重点研究领域。项目层陆海统筹涉及的空间范围较小，基本是八个类型海洋工程实施的具体技术问题，涉及的科学问题较少。因此，除在概念体系部分有比较具体的论述外，后续四篇不再涉及项目层的陆海统筹问题。开篇就论述陆海统筹的基本概念内涵、分层次实施陆海统筹的基本逻辑、陆海统筹主要任务等问题，也是考虑以分层次实施陆海统筹的基本认识衔接本书的其余部分。

二是量力而行。战略层陆海统筹涉及世界强国与海洋强国关系、“一带一路”陆海联动的国际合作倡议、维护海洋权益、平衡陆海空间、海洋安全与国家安全等方面内容，每一个领域都是比较复杂的问题。同时，课题组原有的学术积累也相对较少。因此，在课题研究方案设计过程中，就没有将这几个领域纳入我们的研究体系中。由此也可以看出，我们这部关于陆海统筹问题的研究也还是阶段性的认识，以上所列几个方面也有继续深入研究的必要。海洋科技是海洋强国建设的重要领域，也是陆海统筹的一个重要领域，但考虑到科学技术是海洋经济发展、海洋资源利用、海洋环境保护的支撑条件，因此，将陆海科技统筹的相关研究内容列入第一篇，目的是为海洋产业、资源利用及环境治理提供支撑。

三是突出大连海事大学的特色。陆海交通运输的统筹发展问题与陆海资源统筹利用、陆海经济统筹发展、陆海环境统筹管理等似乎不是一个层面的问题，之所以列出子课题专门研究，主要有以下三个方面的考虑：①在经济全球化的今天，我国经济发展对海上运输通道的依赖在强化；②随着我国沿海港口建设步伐的加快，海上运输能力的供给与沿海地区海上运输需求不平衡矛盾日益突出，已经明显影响了沿海港口等效率的提高；③大连海事大学是著名的航海学府，已经在陆海交通运输统筹发展方面有比较多的积累。我们试图将陆海交通运输统筹发展的研究作为“试验田”，深化操作层面的研究，从一个方面探索通过陆海统筹战略实施推进海洋强国建设的具体途径。

四、各篇章关系的处理

（一）各篇之间存在密切的内在联系

第一篇“陆海统筹与海洋强国关系研究”是本书的理论基础，主要目的是将实施陆海统筹战略置于建设海洋强国的大背景下，为其他几篇确定基本研究框架和基调。第二、第三、第四、第五篇共同构成了陆海统筹战略的主要领域，是对陆海统筹战略的深化和具体化。第二篇应用经济学理论解决陆海产业协调布局和互动发展的问题，服务于海洋经济强国的建设目标；第三篇重点解决主要海洋资源与陆域资源统筹利用的问题；第四篇重点解决通过控制陆源污染改善海洋环境的问题，为海洋生态文明建设提供支撑；第五篇重点研究陆上集装箱生成的空间格局特征和集疏运体系等内容，探讨了海上运输与陆域经济协同发展的问题，为航运强国的建设提供理论支撑。

（二）总课题针对子课题加以提炼整合和适当补充

基于研究课题的内在逻辑要求，总课题不能是子课题的简单汇总，而是在充分反映子课题的核心成果与关键结论的基础上，将之提炼、整合为具有内在逻辑关系的有机整体。课题方案设计总会受到局限，总课题将补充研究一些新发现的但未被纳入子课题研究体系的陆海统筹相关重大问题。同时，课题首席专家也有责任在分析归纳子课题研究成果过程中，根据实施陆海统筹战略的现实需求凝练提升研究成果，经过反复的交流讨论形成决策咨询建议，认真落实党的十八届三中全会的新要求——“加强中国特色新型智库建设，建立健全决策咨询制度”。①

五、书稿撰写的几个原则

（一）保持研究的系统性

为了对相关问题进行系统、深入的研究，栾维新教授指导的几位博士生和硕士生都依托本课题确定学位论文选题，具体包括杜利楠的博士学位论文《海洋与陆域产业的要素效率评价及关联研究》、孙战秀的博士学位论文《沿海经济园区成长与依托城市的交通区位关系研究》、马瑜的博士学位论文《中国外贸集装箱生成机制及港口腹地划分研究》、杨玉洁的博士学位论文《中国陆海跨界污染统筹治理机制研究》，以及王作修的硕士学位论文《我国陆海油气资源开发成本效益比较研究》、孙建的硕士学位论文《我国沿海港口码头岸线利用效率评价研究》、续松周的硕士学位论文《中国海运原油进口量预测与原油港口供需关系研究》。

上述学位论文都紧密围绕陆海统筹的某个方面进行系统研究，经过学位论文开题、中期检查、外审、学位论文答辩等多个环节，博士学位论文都有相关研究成果公开发表。经过这些环节形成的学位论文，一般都解决了某个方面的问题，并形成了创新性的学术观点。因此，以这些研究成果为基础形成的相关部分研究报告，尽量维持了系统性，根据研究报告整体要求做了进一步调整。

（二）统计资料时效性的处理

这项研究的时间跨度达 2015 ～ 2019 年，本书创作也不是一气呵成的，最早的成果是在 2015 年左右形成的。在本书撰写过程中，我们按照两种不同情况分别处理。一方面，本书中涉及的一般统计分析内容，一般是按 2016 年作为基年处理的；另一方面，有些统计资料被纳入定量分析模型中，没有被进一步处理，以保持研究结果的一致性和完整性。

（三）撰写风格的处理

本书涉及内容较多，出自多个作者；同时由于形成相关材料的初衷也有差异，

---

①《中国共产党第十八届中央委员会第三次全体会议公报》，http://www.xinhuanet.com//politics/2013-11/12/c_118113455.htm[2013-11-12]。

有些部分是按照研究报告直接形成的，有些研究成果是向相关部门提交的咨询报告，更有相当部分是以学术论文和学位论文的形式出现的。本书作者对成果进行了统稿，根据不同情况进行了处理。对相关部分存在的明显重复的内容也进行了处理。每篇一般会包括四个方面的内容，一是在篇章前加上一段文字，将该章的创新性研究加以描述；二是用一张逻辑图将该篇各部分的逻辑关系说清楚；三是分析陆海产业统筹发展、陆海资源统筹利用、陆海环境统筹治理等相关研究背景；四是该篇的核心内容。这部分根据研究的特色来安排章节，没有统一的规范。

六、梳理研究现状的逻辑

研究综述就是在全面掌握、分析某一研究领域相关文献的基础上，对该领域一定时期的研究成果、存在问题进行分析、归纳、整理和评述。学术研究是一种突破现有研究的创新活动，任何研究都需要充分考虑到现有研究的基础、存在的问题、研究趋势，并据此提出可能的创新空间。从系统研究陆海统筹战略的角度，我们以专章分析海洋强国战略、陆海统筹战略、陆海统筹与海洋强国战略关系三个方向的研究现状。上述三个方向中，除海洋强国建设具有一定的国际性外，陆海统筹是在我国海洋开发利用过程中形成的具有中国特色的提法，国际上没有比较对等的提法，陆海统筹与海洋强国建设也不具有国际普遍性。因此，研究现状的分析基本是基于国内文献梳理形成的，对外文文献关注较少。

第二节　海洋强国建设研究现状

在CNKI（China National Knowledge Infrastructure，中国知网）数据库中，截至2020年1月14日，以“海洋强国”为主题词进行检索，共有文献3102篇，其中期刊2057篇，报纸649条，硕博士学位论文230篇，会议论文109篇，学术辑刊为57篇。对海洋强国的研究以期刊为主，其次是报纸和学位论文，文献类型主要以政策研究类为主。

从发文量变化来看，“十二五”规划提出实施海洋发展战略对学术研究具有显著的引导作用。2010年后，相关学术研究以直梯式的速度递增，发文量占1996年以来的84%，年均文献量达到376篇，是2010年以前的10倍。2013年是相关研究的顶峰（606篇）。此后，文献量存在波动下降趋势，但年均文献量仍较高。

在关键词集聚分析中，相关学者研究主要集中在海洋经济，其次是海洋战略、海洋意识、海洋文化、海洋权益，余下依次为中国、海洋、海权、海洋强国战略、战略、海洋强国软实力、陆海统筹、海上丝绸之路、海洋安全等（图1.1）。从关键词频数看，海洋经济最多，为76次；其次是海洋战略和海洋意识，分别为73次和60次；海洋和海洋强国战略分别为41次和40次，战略为20次，陆海统筹和海洋强国软实力均为17次，大学生为16次，海洋安全和海上丝绸之路均为14次。在基于邻近节点的关系分析中，海洋战略和海权的共线次数最多，达到13次；其次是海洋经济与海洋战略，为8次；海洋文化与海洋意识为 7 次；大学生与海洋意识为 6 次，海洋经济与陆海统筹、海洋权益与海洋战略均为 5 次，其余关键词的共同出现次数均在 5 次以下，以上数据分析客观地反映了海洋强国建设所包含的诸多发展方向。

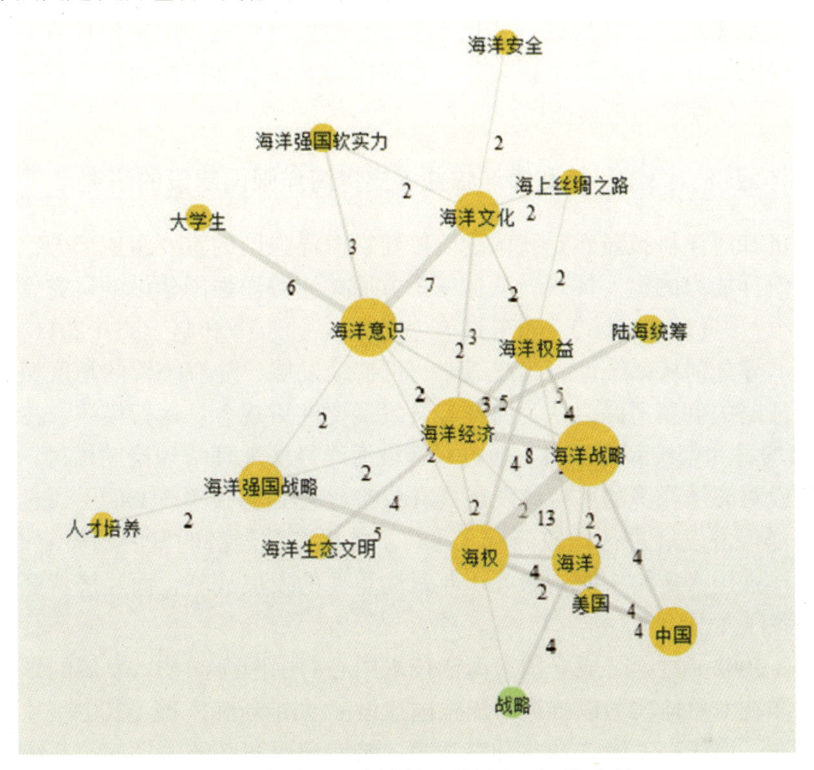

图 1.1 海洋强国中关键词共同出现网络分析

一、海洋强国内涵、主要领域及海洋强国建设路径研究

海洋强国内涵是什么？如何通过海洋的开发利用增强中国的竞争力？对此相关学者已经开展了研究。张登义（2001）指出中国必须从战略高度善待海洋、利用海洋，增强海洋意识，牢固树立“建设海洋强国”的信念；郑淑英（2002）提出 21 世纪的海洋强国同时应是海洋经济强国、海洋军事强国和海洋科技强国；科技通过对海洋经济和国防建设的支撑，在海洋强国中发挥着重要的作用；王历荣和陈湘舸（2007）将海洋强国建设纳入国家战略进行研究，构想了中国海洋强国建设的和平发展道路；付翠莲（2008）认为海洋强国建设的战略任务包括海洋经济区域建设、海洋产业发展和海洋科学技术进步、国家海洋权益的维护以及加强海上力量建设；陈明义（2010）认为建设海洋强国是实现中华民族伟大复兴的一个重要战略，并从维护海洋权益、坚持“科学兴海”、促进海洋经济可持续发展等方面阐述了海洋强国建设的途径与建议；宋建军（2011）分析了中国“十二五”海洋事业发展的重要机遇和挑战，提出了推进由海洋大国迈向海洋强国的建议；吴征宇（2012）从理论与历史两个角度深入探讨了陆海复合型强国的战略地位及发展障碍，认为需要明确认识海权战略目标、海上力量战略构成及自身海洋禀赋；李永辉

（2012）认为海洋强国建设涵盖国家海洋经济实力、军事实力、科技水平、外交战略以及规划能力等多方面的能力建设；高之国（2012）认为，在转变经济发展方式的重要时期，只有成为海洋强国，才有可能分享海洋权益，实现民族复兴；赵小芳（2016）提出跨海通道建设能够显著提升沿海地区一体化水平，是建设海洋强国的重要环节。李震和王佳红（2016）提出大力发展深海工程装备、走向深海大洋、维护国家安全与权益、开发深海资源是海洋强国崛起的必然选择。

二、海洋经济、海洋科技和海洋权益等支撑海洋强国建设的研究

海洋经济和海洋科技显然是我国现阶段建设海洋强国的重要组成部分，维护海洋权益则是我国海洋能力的重要体现，从这三个方面关注海洋强国建设的研究者比较多。杨荫凯（2002）、郑贵斌（2006）、陈东景等（2006）、孙吉亭和赵玉杰（2011）、郭军和郭冠超（2011）等分别从系统论、集成战略、可持续发展、陆海统筹的角度探讨了中国海洋经济发展战略的创新思路，认为海洋经济发展要注重观念、运行模式、技术和机制等的创新；韩增林和栾维新（2001）通过对区域海洋经济地理学理论的探讨，提出陆海经济一体化建设对海洋经济的可持续发展具有战略意义；赵锐等（2007）通过对世界主要沿海国家海洋经济发展进行比较分析，总结了世界海洋经济的发展趋势；肖刚（2011）认为走向海洋强国必定是中国未来几十年最为重要的发展战略，而经济特区将在更大的平台上配合海洋强国战略。

朱光文（2002）讨论了成立国家海洋技术中心对中国海洋技术发展的影响，认为应提升国家海洋技术总体实力以推进海洋强国建设；栾维新和宋薇（2003）从高技术改造传统海洋产业、海洋高技术产业化和高技术武装海洋服务系统等方面，系统研究了中国海洋产业高技术的实现途径；马志荣（2008）分析了海洋科技在海洋强国建设中的战略地位，阐述了中国海洋领域的若干科技战略问题；殷克东等（2009）利用解释结构模型构建了海洋科技实力的综合评价指标体系；徐进（2012）基于投入和产出方法构建了海洋科技创新能力分析体系，对浙江、山东和广东三大国家海洋经济示范区的科技创新能力进行了比较分析；吴立新（2018）认为，建设海洋强国，必须大力发展海洋科技。海洋科技涵盖的领域众多，需要把气候、环境、资源等结合起来进行研究，把近海和远洋深海统筹起来考虑。

伴随着海洋竞争日益严峻，我国学者呼吁唤醒民族海洋意识，唐复全等（2004）、陈东有（2011）、冯梁（2009）、宋建军（2011）提出通过全力维护国家海洋权益、提升海洋资源开发利用能力、加快海洋产业结构战略性调整、提高海洋经济科技含量、强化海洋资源综合管理等措施推进海洋强国的建设；高之国（2012）提出深化研究海洋发展战略，努力推进海洋强国建设是维护海洋权益、实现民族复兴的必要条件；杨晓丹和杨志荣（2017）认为，中国目前已经具备维护海洋权益、建设海洋强国的工业基础，并且已经取得了可喜成绩。但在新形势下，维护海洋权益仍然面临着诸多挑战，从海洋大国向海洋强国的转变仍然任重道远。

三、海洋强国建设发展过程和历史经验的总结

通过借鉴发达国家利用海洋的经验和趋势，分析和总结我国海洋事业发展的经验教训已经受到关注。张景全（2005）、殷克东和卫梦星（2009）、孙光圻和王莉（2000）探讨了日本的海洋发展过程，指出日本以新综合海权观为指导的海洋战略，对中国的和平崛起和迈向海洋强国提出了挑战；刘娟（2010）从宏观上分析了海权对美国大国地位的影响，认为美国凭借海洋扩张战略成为海洋强国；刘佳和李双建（2011）探讨了20世纪50～90年代美国海洋发展思路在政治、军事和科教等领域的主要表现，并初步归纳了这一时期美国海洋战略的实质特征，以期为中国海洋强国建设提供借鉴；陈颖辉（2011）分析总结了美国、加拿大、新加坡、英国、澳大利亚五个海洋强国发展战略的现状与特点，为我国海洋发展战略的选择提供了借鉴；束必铨（2012）重点分析了韩国的海洋战略，指出韩国以建成海洋强国为目标，积极拓展海洋权益；刘洋和杨荫凯（2013）对美国、俄罗斯、日本、韩国的海洋发展战略进行了系统分析，总结了发达国家海洋战略对我国的启示；江帆等（2013）和郁鸿胜（2013）分别研究了世界主要发达国家海洋发展战略的取向，并总结对我国的启示；自然资源部海洋发展战略研究所编写的《中国海洋发展报告（2013）》对中国海洋的发展历程进行了系统总结，对今后中国海洋强国的建设和发展起到了参考和助推作用；马兆俐和刘海廷（2016）认为，只有准确地分析我国所处的时代特点，才能全面把握机遇，吸取历史经验，利用多极化和全球化的时代潮流，实现建设海洋强国的战略目标。刘曙光和尹鹏（2018）提出，深入理解和系统研究习近平新时代中国特色社会主义思想指引下的我国海洋强国建设方略，成为近期我国海洋发展战略研究领域的重大课题。

第三节 陆海统筹战略研究现状

陆海统筹战略研究是伴随着我国海洋事业的不断发展而逐步深化的。由于海洋和陆域两大系统在空间上连续分布、资源可相互替代、物质能量循环交换，先是自然科学工作者开始关注海洋和陆地系统交互作用方面的研究，这种对海洋与陆地关系的研究于20世纪90年代开始延伸到海洋资源管理和海洋经济领域，主要提法有“海陆一体化”“海陆互动”“陆海联姻”“海陆统筹”等，而“十二五”规划纲要则将相关的提法统一为“陆海统筹”。

在CNKI数据库中，截至2020年1月14日，以“陆海统筹”为主题词进行检索，共有文献总数509条，其中报纸133条，期刊339篇，硕博士学位论文17篇，会议论文16篇，学术辑刊4篇。可以看出，对陆海统筹的研究以期刊为主，其次是报纸和学位论文。从发文量的变化来看，“十二五”规划提出坚持陆海统筹和实施海洋发展战略之后，对陆海统筹的研究迅速升温。从2006年开始，已有关于陆海统筹的研究文献，2006～2010年年均文献量仅有5篇。2011～2014年文献量急剧上涨，年均文献量达到88篇之多，2014年达到顶峰，为149篇。此后，文献量逐年下降，但年均文献量仍有83篇。

在关键词集聚分析中发现，相关学者研究主要集中在陆海统筹，其次是海洋经济，接下来依次是海洋强国、南通、陆海统筹战略、蓝色经济、海岸带、可持续发展、海洋生态文明、区域经济、发展战略等（图 1.2）。从关键词频数看，陆海统筹为 104 次，其次是海洋经济 20 次，海洋强国和南通分别为 12 次和 10 次，陆海统筹战略和蓝色经济均为 7 次，海岸带是 6 次，其余关键词频数均为 5 次以下。同时，基于邻近节点的关系分析中，陆海统筹和海洋经济的共线次数最多，达到 13 次；其次是陆海统筹与海洋强国，为 9 次；陆海统筹与海岸带为 6 次，其余均在 5 次及以下，以上数据分析客观说明了陆海统筹与海洋经济、海洋强国间的重要联系。

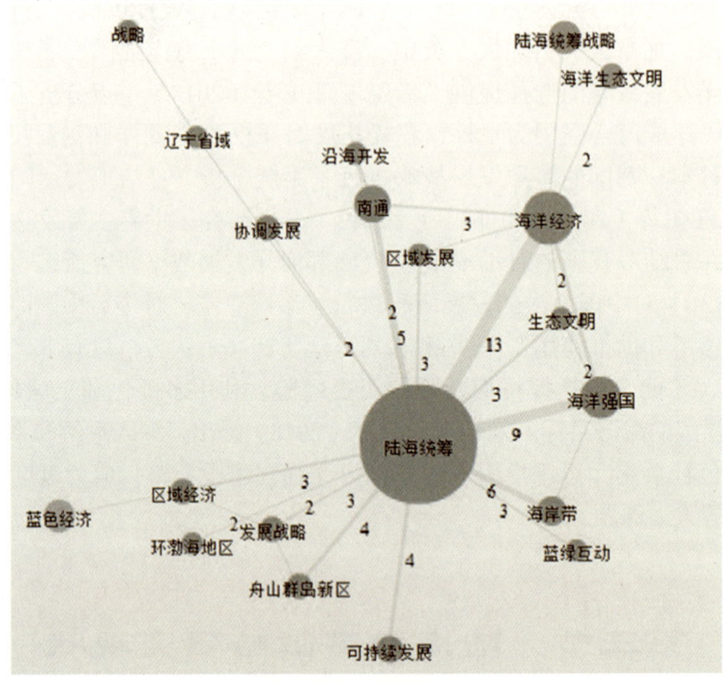

图 1.2　陆海统筹中关键词共现网络分析

国内学者关注陆海统筹相关问题已经有 20 多年的历史，大致可分为陆海统筹的内涵及战略意义、途径与任务、对策与建议等方面的研究。

一、陆海统筹的内涵及战略意义的研究

关于陆地和海洋关系最早的提法是海陆一体化。韩忠南（1995）提出海陆一体化开发是充分发挥海洋优势的途径；张耀光（1996）提出海陆一体化的战略设想；栾维新（1997）提出发展临海产业以促进陆海产业一体化发展，1998 年发表了《论我国沿海地区的海陆经济一体化》，2004 年出版的《海陆一体化建设研究》专著比较系统地研究了海陆一体化建设的基础与背景、陆海产业的关联机制、近岸海域污染的海陆一体化调控机制、海陆一体化调控方法等问题；高之国（1999）认为，陆海统筹是一个全新的发展理念，实行陆海统筹，需要综合协调和正确处理陆地与海洋开发的关系，确立陆海一体、陆海联动发展的战略思路；张海峰（2005a）指出海洋具有丰富的资源，走海陆统筹道路

对于我国实施能源战略具有重要的现实意义；韩立民和卢宁（2007）在界定海陆一体化概念的基础上，研究了海陆一体化与海陆统筹的区别；韩增林等（2012）、韩增林和许旭（2008）分析了海陆统筹的内涵特征，认为海陆统筹是一个区域发展的指导思想，并从经济地理学角度论证了实施陆海统筹的必要性与可行性；王芳（2012）认为，陆海统筹是一种思想和原则，应树立正确的陆海整体发展战略思维；蔡安宁等（2012）从空间范围和目标范畴上界定了陆海统筹的内涵，认为从地理学视角来看，陆海统筹其实就是对陆地和海洋的统一谋划。曹忠祥和高国力（2015）对陆海统筹的战略内涵做出了阐释，对当前我国陆海统筹发展难点问题进行了深入剖析，进而提出了未来我国陆海统筹发展的战略思路和相关对策建议。

二、陆海统筹的现实途径研究

为适应陆域和海洋资源环境统筹管理的需要，越来越多的学者关注陆海统筹的现实途径和主要任务等问题。徐志良（2008）提出将陆海统筹纳入“新东部”构想；王茂军等（2001）研究了黄海近岸海域环境与社会经济地域关联和黄海沿岸污染海陆一体化调控；王辉等（2013）研究了辽河流域社会经济活动的化学需氧量（chemical oxygen demand，COD）污染负荷与辽东湾环境污染关系等问题，认为需要加强沿海陆地与近海环境的统筹调控；叶向东（2008）对陆海统筹的生态文明建设、海洋产业优化升级等进行了研究；王芳（2009）指出陆海统筹协调发展成为时代发展的必然趋势，主张实施海洋生态系统的分类分级管理；韩增林等（2012）认为，陆海统筹发展应包括经济上的协调发展、社会意识上的认同、生态环境的优化三个领域；郑贵斌（2013）对我国陆海统筹区域发展战略与规划进行了研究，指出陆海联动应编制集资源、环境、技术、产业和区位发展为一体的综合规划，推进沿海地区科学协调和可持续发展；杨荫凯（2013，2014）认为，协调有力的综合管理体制是促进陆海统筹的坚实保障，导向明确的发展规划是促进陆海统筹发展的必要条件，循序渐进的推动方式是促进陆海统筹的正确选择；花屹和姚智勤（2015）以嘉兴市为对象，提出发展海河联运推动陆海统筹；栾维新和沈正平（2017）基于陆海统筹策略，从江苏省实际出发，提出了江海联动的设想。

三、陆海统筹的实证研究

海洋相关的管理者和学者已经在研究实施区域陆海统筹的现实问题。刘赐贵（2011）提出陆海统筹中定位、规划、布局、资源、环境和防灾等“六个衔接”；潘新春等（2012）概括和总结了我国陆海统筹内涵和本质的讨论，提出从海域和陆域经济发展、综合管理、资源开发、发展理念等不同维度实施陆海统筹，蕴含了陆海全面发展、协调发展、均衡发展、可持续发展的科学发展观，深化了对认识海洋和开发利用海洋的已有成果；徐加明（2012）从构筑陆海产业发展格局和协调发展的角度研究了山东半岛蓝色经济区的陆海统筹问题；孙才志等（2014b）从资源、产业、科技和环境四个维度，测算了环渤海各城市的陆海统筹度；朱坚真和张力（2010）基于陆海统筹的角度探讨推动区域产业转移和协调发展的问题；郑铁桥（2014a，2014b）对美国和日本的海陆一体化经验进行了总结；胡恒等（2017）从陆海统筹综合利用的角度出发，构建海岸带空间生产、生活和生态的

“三生空间”分类体系，提出了各空间类型判别方式，提取了唐山市海岸带“三生空间”的分布范围；张海峰等（2018）主张沿海各地要注重统一规划与开发，打造中国大“S”形海域经济带，作为国家全面经略海洋、建设海洋强国的战略依托。

第四节　陆海统筹战略与海洋强国建设关联性的研究

在CNKI数据库中，截至2020年1月14日，以“陆海统筹”与“海洋强国”为共同主题词进行检索，文献量较少，共有125篇，其中期刊88篇，报纸24条，硕博士学位论文8篇，会议论文4篇，学术辑刊1篇。该主题的研究以期刊为主，其次是报纸，这客观说明陆海统筹与海洋强国的关系研究还有很大的探索空间。

从发文量的变化来看，2012年前保持年均2篇的文献量，2013年迅速上升至12篇，为历年之最。2013年后发文量呈波动上升趋势，文献发文量占1996年以来的71%，年均文献量为9篇，是2012年以前的4.5倍。

在关键词集聚分析中发现，相关学者研究主要集中在陆海统筹、海洋强国和海洋经济等三个方面（图1.3）。从关键词频数看，陆海统筹为16次，其次是海洋强国11次，海洋经济6次，海岸带3次，陆海统筹战略、海洋生态文明、海陆关联工程、空间协同和可持续发展等均为2次。同时，基于邻近节点的关系分析中，陆海统筹和海洋强国的共同出现次数最多，达到8次；其次是海洋经济与海洋强国，为4次。说明陆海统筹与海洋经济、海洋强国间的相关性较强，需要深化研究。

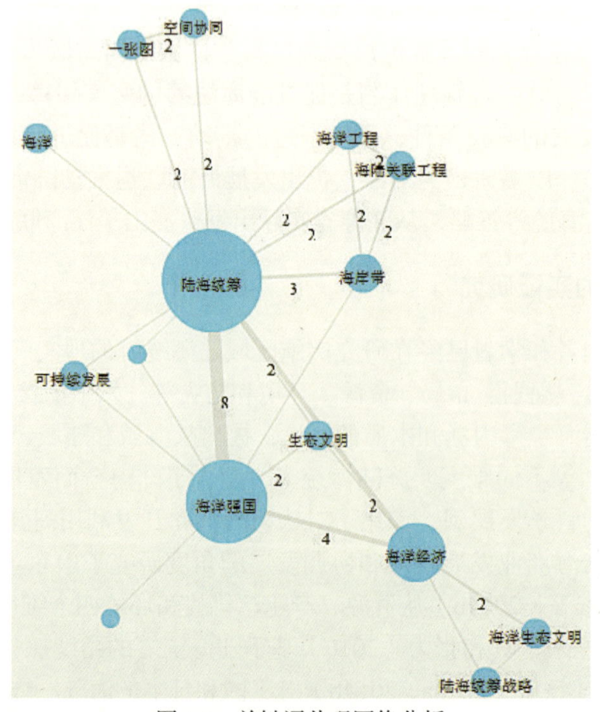

图1.3　关键词共现网络分析

虽然陆海统筹战略与海洋强国建设的关注重点有所差别，但从内涵、相互间联系、重点领域等角度分析，可以将两者之间关系概括为三个层面的认识。

第一，将陆海统筹上升到国家海权与陆权战略选择层面。西方的海洋战略大多具有扩张倾向，阿尔弗雷德·赛耶·马汉在代表性著作《海权论》中提出国家应该拥有并运用海军和其他海上力量确立对海洋的控制权以实现战略目的的主张；苏联海军将领戈尔什科夫认为“一个国家的海权，决定着利用海洋所具有的军事与经济价值而达到其目的之能力”。在海洋强国建设目标未明确的党的十八大以前，国内有学者从提升海洋战略地位的角度研究陆海统筹问题。张海峰（2005b）指出陆海统筹、建设海洋强国是我国发展战略的重要组成部分，也是实现伟大复兴的必然趋势；刘利华（2011）以海权论为基础，分析了我国海洋战略的目标与思路，提出统筹海权与陆权是海洋战略构建的重要途径之一；钟桂安（2013）认为通过发展海洋经济，保持国民经济持续发展，必须把陆地与海洋的开发和保护统筹起来考虑，并作为一项长期的国家战略任务加以实施，使陆海统筹真正成为一个科学的体系；陈明义（2012，2013）指出现阶段陆域疆界划定基本清晰，但海洋争端却日益激烈，维护海洋权益的任务十分繁重，应高度重视海洋，制定高瞻远瞩的海洋战略，努力建设海洋强国。郭文韬（2017）通过总结中国地缘战略变迁的历史，提出中国走陆海统筹的发展道路是必然选择，只有陆权和海权联动发展，才能聚集巨大的动能，为中国和平崛起提供充足的助力。夏立平和云新雷（2018）认为，与传统的海权论不同的是，全球化时代的海权观凸显出开放性、竞争性、合作性和制度性。权力仍是新海权观的核心自变量，但海权的内涵和外延都扩大了，海陆二分的地缘结构正在被海陆一体的新地缘结构所取代。

第二，将陆海统筹作为建设海洋强国过程中处理海洋具体事务的基本准则。全国、沿海省区市和各沿海市的海洋功能区划、各类海洋发展规划均把“陆海统筹”作为基本原则。相关学者分析了陆海统筹在海洋发展规划体系中的地位，张海峰（2005c）认为以陆海统筹理论为基础，加大战略规划与陆海统筹管理的力度，是实现“兴海强国”的重要途径；陈明义（2012）提出应在“十二五”规划的基础上制订我国到2020年建设海洋强国的中长期规划及若干具体规划，其中陆海统筹是规划编制的重要准则；潘新春等（2012）提出海域发展规划与陆域经济发展规划相衔接，构建协调的陆海规划体系；郑贵斌（2011）以山东半岛蓝色经济示范区为研究对象，提出科学编制陆海联动的集资源、环境、技术、产业和区位发展为一体的综合集成规划等；李靖宇等（2016）力挺将陆海统筹上升为国家战略，与可持续发展战略和科教兴国战略共同形成三位一体的国家战略体系，统筹协作，为全国从陆域到海域经济开发的全域一体化进程做出新的贡献。

第三，将实施陆海统筹战略与建设海洋强国联系起来。在陆海统筹的重点领域、实施途径方面，张耀光（1996）将我国海洋经济区探索性划分为海洋基本经济区、海岸带经济开发带、海岛经济开发带、专属经济区与大陆架海洋经济开发带，并提出陆海经济一体化是可持续发展的必然趋势；鲍捷等（2011）认为陆海统筹的核心内容是陆海区域复杂系统的协调，包括陆海生态环境、经济、社会等三个子系统的统筹；蔡安宁等（2012）提出陆海统筹应遵循“以沿海城市、临海产业为纽带，以海域和海岸带为载体，向远海和内陆发展，陆海协调，梯次推进”的原则；潘新春等（2012）提出陆海统筹中六个方面相衔接，包括了经济发展、综合管理、资源开发、发展理念等不同维度的思考；杨荫凯（2014）提出陆海统筹的重点领域主要在经济、资源、环境、科技、灾害防范等方面，这也是建设海洋强国的重要组成部分；周伟（2017）认为，海南国际旅游岛建设面临着“海洋强国”和“一带一路”等重大发展机遇，应充分发挥自身的海洋优势，在“陆海统筹”与“蓝绿互动”发展思路的引领下，不断推动陆域经济与海洋经济的协同发展；郑义炜（2018）提出陆海复合型“海洋强国”战略观点，认为中国目前还处于建设“海洋强国”的初始阶段，必须尽力规避或克服内外阻力，阶段性地实现“海洋强国”的伟大目标。

第五节 现有研究评述

一、总体评述

综上所述，从陆海统筹战略和海洋强国建设各自领域来看，都取得了较丰富的研究成果，并呈现出以下研究特点。

（一）陆海统筹问题研究成果比较丰富，但还有深化的必要

关于陆海统筹问题的研究广泛分布于行政管理、应用经济学、经济地理学、生态学和海洋科学等领域，已有的研究成果在各个方面进行了有益的探索，主要是从不同角度对陆海统筹的基本概念、内涵及战略意义的研究比较深入；为适应陆域和海洋资源环境统筹管理的需要，已经有学者在关注陆海统筹的现实途径和主要任务等问题；海洋相关的管理者则在研究实施陆海统筹的措施和区域陆海统筹问题，为本书的研究提供了较好的研究基础。近年来，关于陆海统筹具体实施的案例研究不断增多，相关学者也提出了一些构想及解决方案，不过，整体上陆海统筹的研究多基于宏观策略分析，具体的实证研究仍有待深化。比如，陆海统筹的主要领域有哪些？海洋经济与陆域经济的发展如何统筹？哪类海洋资源可以从陆海统筹的角度进行统筹管理？陆海环境统筹以什么为抓手等问题还缺少系统的研究成果。

（二）建设海洋强国的战略目标逐步达成共识，战略体系还需要完善

海洋强国建设研究是以海洋战略研究为起点的，已有研究梳理了世界主要国家的海洋战略取向，指出了其对我国的借鉴意义，对中国海洋战略的意义，以及对指标体系和重要性等有较多分析；有部分学者在研究从海洋经济、海洋科技和海洋权益等方面加强海洋强国建设的问题。多数研究主要聚焦在对海洋强国宏观战略层面的定性分析上，对具体到国家的海洋综合实力评价研究的文献较少；对于中国海洋强国的研究文献主要集中在中国海洋发展战略、海洋发展方向、目标方面等。总体

上，缺乏对海洋强国的定量分析和评价研究，还没有形成比较完善的战略体系研究，对于建设海洋强国的使命、战略目标、战略选择、战略重点等还缺少系统的研究。建设海洋强国是一个长期而复杂的历史任务，其相关研究不可能一蹴而就。合理界定海洋强国的科学内涵，以海洋经济发展为重点，以海洋意识、海洋资源和海洋科技发展为支撑，形成海洋强国的发展框架，是包括实施陆海统筹战略在内的所有海洋事务的基本依据。

（三）缺乏对建设海洋强国背景下的我国陆海统筹战略的系统集成研究

目前，尽管陆海统筹已经成为从国家到沿海省区市各级海洋经济发展规划、海洋功能区划、海洋主体功能区划、沿海区域经济发展规划等共同遵守的基本原则，相关领域的学者也已经对陆海统筹问题进行了一定深度的研究，但是，在具体实施方面，缺少海洋强国建设与陆海统筹关联性的系统研究。

总之，进一步突破现有研究局限的关键在于，如何将陆海统筹战略与海洋强国建设有机地联系起来。这需要将两者的研究进行有效整合，搭建跨学科研究平台，利用系统工程方法联系各个研究方向，避免各学科间的沟通壁垒。

二、主要的探索空间

（一）实施陆海统筹战略与海洋强国建设的关系亟须研究

现有研究主要关注于解决陆海统筹和海洋强国建设各自的问题，尚未着眼于陆海统筹和海洋强国建设之间的联系，同时也忽略了通过陆海统筹战略的实施推进海洋强国建设，以及海洋强国建设需要陆海统筹提供什么样的支撑等问题的研究。迫切需要开展两者之间内在关联性的研究，系统地解决问题。在对海洋强国建设的内涵、状态评价、战略体系、战略重点等进行系统梳理的基础上，认真研究陆海统筹战略通过什么样的途径推进海洋强国的建设，陆海统筹战略与海洋强国建设如何对接等现实问题。

（二）加强跨学科的交叉研究，突破单一学科研究方法的局限

尽管已有关于陆海统筹战略和海洋强国建设方面的研究成果分别属于行政管理、经济学等不同学科领域，但是，现阶段对陆海统筹战略和海洋强国建设关系的研究，多以文献整理为基础，大部分是从某个单一学科领域进行的研究，缺少多学科交叉的综合性研究。根据本书关注的主要问题，迫切需要组织具有经济地理、行政管理、海洋科学、生态环境等不同学科背景的研究队伍，加强不同学科和研究方向的交流与协同创新。探索运用主成分分析和多元时间序列的因果关联等相关方法的集成应用，运用 DEA 方法评估海陆资源产出效率，运用解释结构模型法分析海洋相关产业的结构关系。

（三）切实解决陆海统筹的现实问题，为管理决策提供科学依据

相关领域的学者已经对陆海统筹问题进行了一定深度的研究，但是对陆海统筹的主要研究仍局限于定性描述，而陆海两大系统各重点领域的联系机理研究较少，难以为管理决策提供依据。通过陆海科技统筹发展、陆海产业对接、陆海资源统筹利用、陆海环境统筹治理、陆海交通统筹规划等方面的深入研究，将切实为管理决策提供可操作的对策建议。

第二章　陆海统筹基本理论

我国是一个陆海兼备的大国，处理好海洋与陆域关系事关经济社会长远发展和国家安全大局。20 世纪 90 年代以来，伴随着我国海洋事业的迅速发展，处理海洋与陆域关系的问题逐步引起各界的高度关注，主要提法有“海陆一体化”“海陆互动”“陆海联姻”“海陆统筹”等。党的十七届五中全会通过的《中共中央关于制定国民经济和社会发展第十二个五年规划的建议》中明确提出“坚持陆海统筹，制定和实施海洋发展战略，提高海洋开发、控制、综合管理能力”。之后处理海洋与陆域关系问题的相关提法逐步统一为“陆海统筹”。

第一节　陆海统筹的现实需求

地球表面由陆域和海洋两大自然系统构成，这两大系统在空间上连续分布，系统之间存在着不断的物质和能量循环交换。随着人类开发利用海洋的能力日益增强，海洋生态系统与陆域生态系统间的矛盾更加突出。总体而言，实施陆海统筹的发展理念和基本原则，既要符合自然规律、经济规律和生态规律，也要顺应体制改革的方向。

一、陆海统筹已经引起党中央高度关注

2010 年党的十七届五中全会通过的《中共中央关于制定国民经济和社会发展第十二个五年规划的建议》中明确提出“坚持陆海统筹，制定和实施海洋发展战略，提高海洋开发、控制、综合管理能力”。“陆海统筹”一词第一次见诸党的重要文件，并前所未有地成为实施海洋开发、利用与保护的基础要求。《中华人民共和国国民经济和社会发展第十二个五年规划纲要》提出陆海统筹战略，这意味着国家开始从“重陆轻海”转为“陆海统筹”，明确了中国海洋经济开发的国家战略取向，为中国海洋经济发展指明了方向。党的十八大提出了“提高海洋资源开发能力，发展海洋经济，保护海洋生态环境，坚决维护国家海洋权益，建设海洋强国”的战略目标，在推进实现这一战略目标的伟大征程中，坚持陆海统筹是题中应有之意，也是一项须臾不可或缺的基本原则。党的十八届五中全会通过的《中共中央关于制定国民经济和社会发展第十三个五年规划的建议》提出要“拓展蓝色经济空间。坚持陆海统筹，壮大海洋经济，科学开发海洋资源，保护海洋生态环境，维护我国海洋权益，建设海洋强国”①，会议进一步强调了陆海统筹、发展海

①《中共中央关于制定国民经济和社会发展第十三个五年规划的建议》，http://cpc.people.com.cn/n/2015/1103/c399243-27772351.html[2015-11-03]。

洋经济将是中国“十三五”时期建设海洋强国的重要支撑。党的十九大报告提出“坚持陆海统筹，加快建设海洋强国”[①]。“陆海统筹”前所未有地成为加快海洋强国建设的基础要求。

2013 年 7 月 30 日，习近平总书记在中共中央政治局第八次集体学习会议时强调，要进一步关心海洋、认识海洋、经略海洋，推动海洋强国建设不断取得新成就[②]。2013 年 4 月，习近平在视察海南时强调：“海洋是支撑未来发展的资源宝库和战略空间，要坚持陆海统筹；要加快发展海洋经济，使之成为更强有力的支柱。”[③]

陆海统筹战略显然已经成为我国发展海洋经济、保护生态环境、开发利用海洋资源、提高海洋综合管控能力等必须坚持的基本原则，同时也是我国建设海洋强国的重要组成部分和切入点。从贯彻落实党中央、国务院政策的角度，迫切需要厘清陆海统筹的理论与现实问题。

二、陆海统筹内涵的认识分歧较大

陆海统筹研究是伴随着我国海洋事业的不断发展而逐步深化的。在发展海洋经济和管理海洋资源的过程中各方面逐步意识到，割裂海洋和陆域资源的管理不符合自然规律，若不控制陆域污染源，近海的环境就难以保护，而分别制订海域和沿岸陆域空间规划则可能形成不合理布局。自然科学工作者首先开展了海洋和陆地系统交互作用方面的研究，这种对海洋与陆地关系的研究于 20 世纪 90 年代开始延伸到海洋资源管理和海洋经济领域，主要提法有“海陆一体化”“海陆互动”“陆海联姻”“海陆统筹”等，而《中华人民共和国国民经济和社会发展第十二个五年规划纲要》则将相关的提法统一为“陆海统筹”。国内外陆海统筹的研究现状详见本书第一章第三节“陆海统筹战略研究现状”。

目前，理论界、学术界和管理界对陆海统筹的内涵都做了相关论述，但并未形成较为一致和公认的结论。归纳起来，主要有以下三个方面的观点。

一是国家战略说，认为陆海统筹是一种战略思维。王芳（2012）认为，陆海统筹是一种思想和原则，是一种战略思维，就是要树立正确的陆海整体发展的战略思维，正确处理海洋开发与陆地开发的关系，加强陆海之间的联系和相互支援。王倩和李彬（2011）认为，从广义上讲，陆海统筹追求的是陆海之间的战略平衡和国家整体发展。

二是区域发展说，认为陆海统筹是处理区域发展的基本原则。韩增林等（2012）认为，陆海统筹是一个区域发展的指导思想，强调将陆域和海洋两个相对独立的区域联系起来，综合考虑两者的经济、生态和社会功能，对区域的发展进行规划，并制定相关的政策进行指引，以实现资源的顺畅流动，形成资源的互补优势，强化陆域与海域的互动性，从而促进区域又好又快地发展。徐志良（2008）将中国沿海地区看成“新东部”，提

---

①《习近平在中国共产党第十九次全国代表大会上的报告》，http://cpc.people.com.cn/n1/2017/1028/c64094-29613660.html[2017-11-28]。

②《习近平：要进一步关心海洋、认识海洋、经略海洋》，http://www.gov.cn/ldhd/2013-07/31/content_2459009.htm[2017-07-31]。

③《罗保铭：深入学习习近平同志考察海南重要讲话精神》，http://www.gov.cn/jrzg/2013-08/30/content_2477361.htm[2013-08-30]。

出要按照陆海区划统筹的构想来统筹推进发展。叶向东等（2008）提出推进产业结构优化升级，要坚持陆海统筹的原则和策略。韩立民和卢宁（2007）认为，陆海统筹是以陆海两方面协调为基础进行区域发展规划、计划的编制及执行工作，以便充分发挥陆海互动作用，从而促进区域社会经济和谐、健康、快速发展。

三是地理学及地缘政治说，认为陆海统筹是陆海发展空间与资源环境的整合。鲍捷等（2011）从空间范围和目标范畴上界定了陆海统筹的内涵，认为从地理学视角来看，陆海统筹其实就是对陆地和海洋的统一谋划。李义虎（2007）从地缘政治的角度，认为中国是一个兼具陆地大国和濒海大国双重身份的国家，在战略上需要消除陆海两分的现实，采取陆海统筹的全方位选择。

三、实施陆海统筹符合发展规律

（一）统筹管理陆海资源符合自然规律

陆海生态系统之间存在着密切、复杂的物质能量交换，这种物质能量交换过程既包括大尺度的海洋和陆域间水资源的循环、碳等要素的交流，也包括海岸带地区形成的兼有陆地、海洋特点的陆海复合生态系统中的物质能量交换。陆海间自然要素的流动没有界限，也不会因为管理上的分割而断开联系，这是实施陆海生态系统统筹管理的自然基础。

第二次世界大战结束以后，世界强国对于陆地的瓜分基本完毕，国际社会的争夺焦点从陆地空间向外太空、海洋转移。对于海洋空间的争夺已经从单一的海洋疆界划分转变为岛屿控制、管辖海域、资源争夺、通道使用、两极和国际海底区域等综合的空间争夺，海洋已成为人类社会最后可争夺的空间。领海是我国的“国土”，专属经济区和大陆架是我国的“准国土”，国家管辖以外的公海和国际海底区域是世界各国共享的“公土”。在专属经济区和大陆架“准国土”海洋权益维护方面，需要认真研究我国海洋地缘政治的不利因素，确定我国黄海、东海、南海海洋权益维护的对策策略，切实维护我国的海洋权益。在公海和国际海底区域“公土”的海洋权益维护方面，迫切需要对国际海底区域资源产业化开发、国际海底区域内的资源调查、中国多金属结核合同区、中国富钴结壳勘探区申请目标区、中国多金属硫化物勘探区申请目标区等战略问题进行深入研究，维护好我国应有的“公土”权益。

随着我国经济的高速发展，陆地资源的供需矛盾日益尖锐。截至2013年，我国人均土地仅相当于全球平均水平的1/3、水资源为1/4、矿产为1/2、能源为1/7，充分利用海洋资源是缓解陆域资源矛盾的需要。根据2003年的统计数据，在不破坏资源的前提下海洋每年可供捕捞的生物资源约3亿吨，海洋提供的动物蛋白超过陆上畜产品总量，我国年海洋捕捞和海水养殖产品的蛋白质含量约相当于1400万公顷耕地所产出作物的蛋白质含量；地球上97%的水是海水，淡化海水有条件成为我国北方沿海地区的“第二水源”；截至2009年，我国海洋石油和天然气资源量分别约为250亿吨和14万亿立方米；全球海底的甲烷天然水合物是全世界已知煤、石油和天然气等化石燃料总资源量的两倍，同时海洋蕴藏丰富的潮汐能、波浪能、温差能、海流能、盐差能、风能等可再生能源，海洋应该成为能源的战略替代区域。国际海底区域的多金属结核储量700多亿吨、富钴结壳储量210亿吨，海底热液硫化物资源4亿多吨，铜、镍、钴、锰储量为陆上几十至几千倍，是金属矿产资源的战略性接续基地。海洋还可提供港口航道资源、海水养殖利用海域、海洋旅游利用海域、海洋军事利用海域和围填海造地海域等空间资源。统筹利用海洋和陆域的石油、水资源、土地资源、矿产资源和食物供应，将是缓解我国资源环境约束压力的重要途径。

（二）统筹陆海产业发展是沿海社会经济可持续发展的需要

国内外的实践表明，壮大沿海经济，必须立足于陆海资源的互补性和陆海产业的互动性。推进海洋资源开发，需要以强大的陆地经济和相关产业为支撑，依托海洋国土则恰恰是提升沿海陆域经济发展优势、拓展战略空间的重要基础。2018年，主要海洋产业产值已经占国内生产总值（gross domestic product，GDP）近10%，陆海产业联系需要更加紧密，然而陆海产业间仍存在着功能区配置不合理、产业联系不紧密、沿海港口布局和腹地需求不匹配、个别临海产业重复建设等诸多不协调问题。只有坚持陆海统筹，才能把陆海产业的优势充分释放出来，才能实现沿海地区经济的可持续发展。割裂海域和沿岸陆域空间规划是形成不合理布局的主要因素。

据相关分析，距海100公里以内近海温带地区的陆地面积仅占全球陆地总面积的8.4%，但却集聚了全球人口的22.8%、全球GDP的52.9%；这个区域的人口密度是全球平均密度的2.32倍、GDP密度更达6.32倍，人口和经济要素向温带沿海地区集聚是全球趋势。我国东部基本属于温带沿海地区，是全球经济高速发展和生产要素高度聚集的地带。沿海地区仅占全国陆地面积的14%以上，分布的人口由1978年的42%上升到2012年的45%、地区生产总值由50%上升到62%、资本形成额占全国的比例由50%上升到62%、进出口总值占90%以上。预计沿海地区占全国GDP的比重、人口的比重都将进一步上升，经济活力和潜力还很巨大，是全球关注的焦点和热点地区。

依托海洋是沿海地区的最大优势，20世纪80年代以来，中国的海洋经济平均以每年20%以上的速度增长，海洋产业增加值已经由1979年的64亿元，增至2016年的7.7万亿元，占GDP的比例也由0.7%上升到9.5%，海洋经济已经成为国民经济新的增长点。但是，已经出现海洋资源利用过度与不足并存，海洋生态环境不断衰退，海洋经济还处于低水平的粗放发展阶段，海洋科技水平不高，海洋经济与陆域经济不协调等问题。初步的研究表明，海洋对我国经济社会发展的贡献绝不仅仅是占GDP约10%的产值，更重要的是通过海洋产业与陆域相关产业的深度融合、通过沿海陆域相关产业依托海洋优势释放出来巨大能量。因此，深入研究海洋经济与陆域经济统筹发展，协调海上运输与陆上交通运输系统的关系，对促进我国沿海地区经济社会的可持续发展有重要价值。

（三）统筹保护陆海环境符合生态规律

东部沿海地区是我国工业化、城市化、现代化水平最高的地区，同时也是资源环境压力最大、相关产业争夺海陆空间矛盾最突出的地区。在海岸带地区开展的各类经济活动已经达到扰动和影响海陆生态系统的程度，并已经打破两个系统之间的平衡状态。目前，陆源污染物已成为近岸海域污染加剧的根本原因，港口及围填海活动等已经使用了较长的自然岸线和浅海滩涂，核电站和火电厂的温排水已经达到影响近海水温的程度。为此，唯有从陆海统筹的角度出发，严格规范和控制沿海社会经济活动，才有可能实现陆海两个系统的生态平衡，达到改善海洋环境质量的目标。

四、统筹陆海管理是体制改革的要求

长期以来，我国海洋和陆域一直处于分部门管理的状态，涉海管理也呈现“多龙治海”的局面。受到惯性思维和管理领域局限等因素影响，在陆海规划、政策、管理等层面存在的各自为政、调控乏力等突出问题，并不会因为实施自然资源的大部制管理就轻松地迎刃而解。为了适应国土资源管理的新要求，更迫切地需要厘清陆海关系，实现海洋和陆域的统筹管理。

陆海统筹既是一个比较复杂的理论问题，也是涉海管理部门无法回避的基本原则。陆海统筹的概念及内涵是什么；陆海统筹包括哪些重点领域；如何处理海洋强国建设与陆海统筹的关系；陆海资源如何实现统筹利用；陆海环境如何实现统筹管理；等等，这几个方面的问题都迫切需要回答。

第二节　陆海统筹的概念体系及主要任务

一、陆海统筹是处理陆地与海洋各种关系的集合

（一）陆海统筹的内涵

正是由于海洋与陆域两个系统所涉及的领域和要素日益复杂，试图从某个学科或某个维度用一句话来概括陆海统筹内涵是不客观的。我们认为，所谓陆海统筹是指统一筹划和处理我国陆地和海洋各种关系的集合，是个多层级、多要素、多领域的概念谱系（图 2.1）。按照陆海统筹的空间尺度可划分为战略层、规划层、项目层等三个谱系。

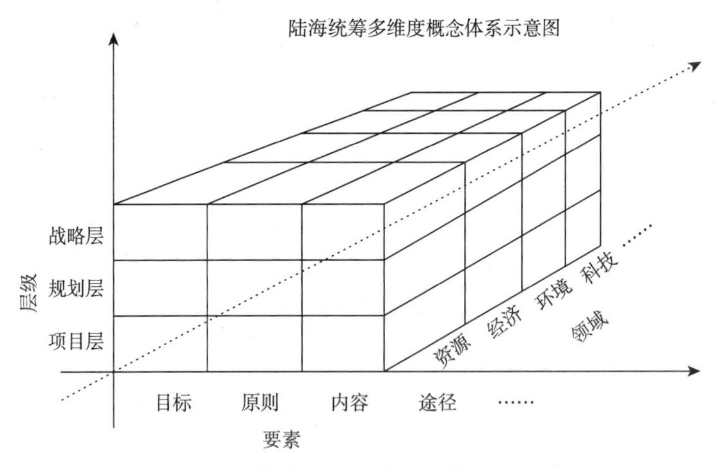

图 2.1 陆海统筹概念体系的维度示意图

战略层陆海统筹是指从国家战略性全局高度统一筹划我国陆地与海洋发展的战略，这里的“陆”是指我国主权范围内的陆域国土，而“海”不仅包括我国具有完全主权的内海和领海，以及具有“准国土”性质的专属经济区和大陆架，而且应该拓展到对我国具有战略利益的公海、国际海底区域和南北极等国际“公土”。

规划层陆海统筹是指统一筹划我国海洋与沿海陆域两大系统的资源利用、经济发展、环境保护、生态安全和区域管理等，这里的“陆”特指我国沿海 11 个省区市所辖陆域范围，“海”是指能够开展各项海洋事务的符合国际规范的我国领海、专属经济区和大陆架及其他管辖海域。

项目层陆海统筹是指海岸工程或者海洋工程在建设和运营过程中，应该综合考虑近岸海域和陆域的资源环境特点及利用现状，正确处理工程项目与一定范围内陆海环境的关系。这里的“陆”特指海洋工程影响的陆域范围，“海”是指海洋工程近岸一定范围的海域。

（二）陆海统筹概念体系的三个维度

陆海统筹是包括三个层次的概念谱系，可以从三个维度理解各层次陆海统筹的内涵。

第一个维度是空间尺度的差异。项目层陆海统筹关注的是微尺度的陆海景观协调与统筹规划问题，战略层则从全球的巨尺度关注陆海关系，规划层陆海统筹的空间尺度介于两者之间。正是由于陆海统筹关注的地理事物空间尺度差异如此之大，以致对陆海统筹概念认识存在分歧，而且给试图按统一方式实施陆海统筹管理带来了困难。

第二个维度是各层次陆海统筹关注重点领域的差异（图 2.2）。项目层的陆海统筹重点关注港口码头、沿海核电、海上风电、滨海旅游、工程用海、区域建设用海、污水排海、海岸整治等八类具体海岸项目建设的陆海协调问题；战略层陆海统筹重点关注海洋权益、“一带一路”倡议、海洋强国等宏观战略问题，与项目层关注的领域没有交集；规划层陆海统筹关注的是陆海环境统筹治理、陆海产业统筹规划、陆海资源统筹利用等规划层面的问题。规划层陆海统筹关注的重点领域与战略层有交叉，其既需要支撑战略层统筹，同时也对某个区域项目层的陆海统筹提出要求。

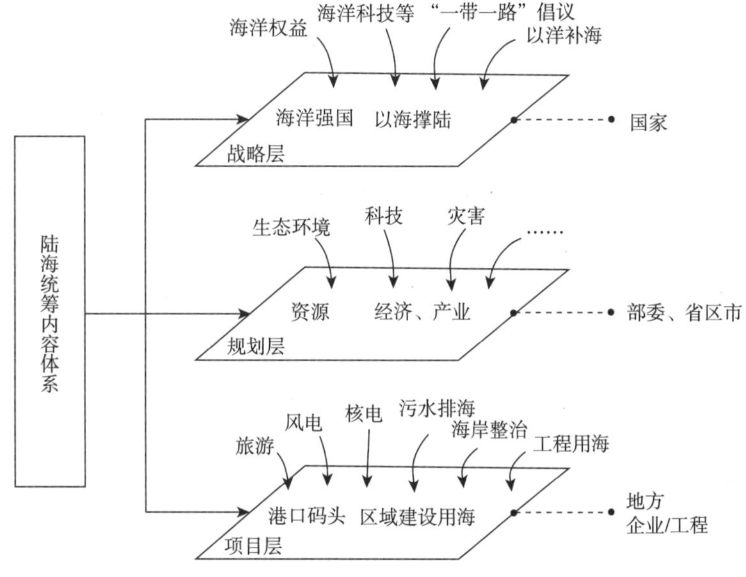

图 2.2　各层次陆海统筹重点领域示意图

第三个维度是各层次陆海统筹实施载体的差异。项目层的陆海统筹主要由自然资源部制定的相关政策为载体，需要根据海洋开发、保护目标和要求的变化，与时俱进地调整海洋工程项目用海论证、环境影响评价等方面陆海统筹政策的具体要求。实施规划层陆海统筹是国家发展和改革委员会（以下简称国家发改委）和自然资源部重要的职责，海洋经济发展、国民经济发展规划、国家级海洋功能区划、海洋主体功能区、海洋生态环境保护、海岛保护及无居民海岛开发利用等规划是实施陆海统筹的主要载体。要从陆海资源统筹管理、陆海经济统筹发展、统筹管理陆海环境、陆海灾害统筹防范、陆海科技统筹创新等五个方面明确实施要求。

战略层陆海统筹主要体现了国家意志，国家发改委应该站在国家战略全局的高度，会同有关部门组织拟定包括以上五个方面的战略层面陆海统筹发展战略，并监督实施国家海洋发展战略；自然资源部应该站在统筹利用我国陆地自然资源与全球海洋资源的高度，制定陆海资源统筹利用战略，为中华民族的伟大复兴奠定坚实的资源基础。

（三）陆海统筹涉及的内容十分广泛

从图 2.2 和图 2.3 可以看出，陆海统筹涉及的内容十分广泛，战略层主要涉及世界强国与海洋强国的统筹、以海撑陆与以洋补海的资源统筹、维护海洋权益与平衡陆海空间的统筹等问题，规划层主要涉及资源统筹、经济统筹、灾害统筹等内容。这也是容易对陆海统筹如何实施显得不是十分明确的深层次因素。

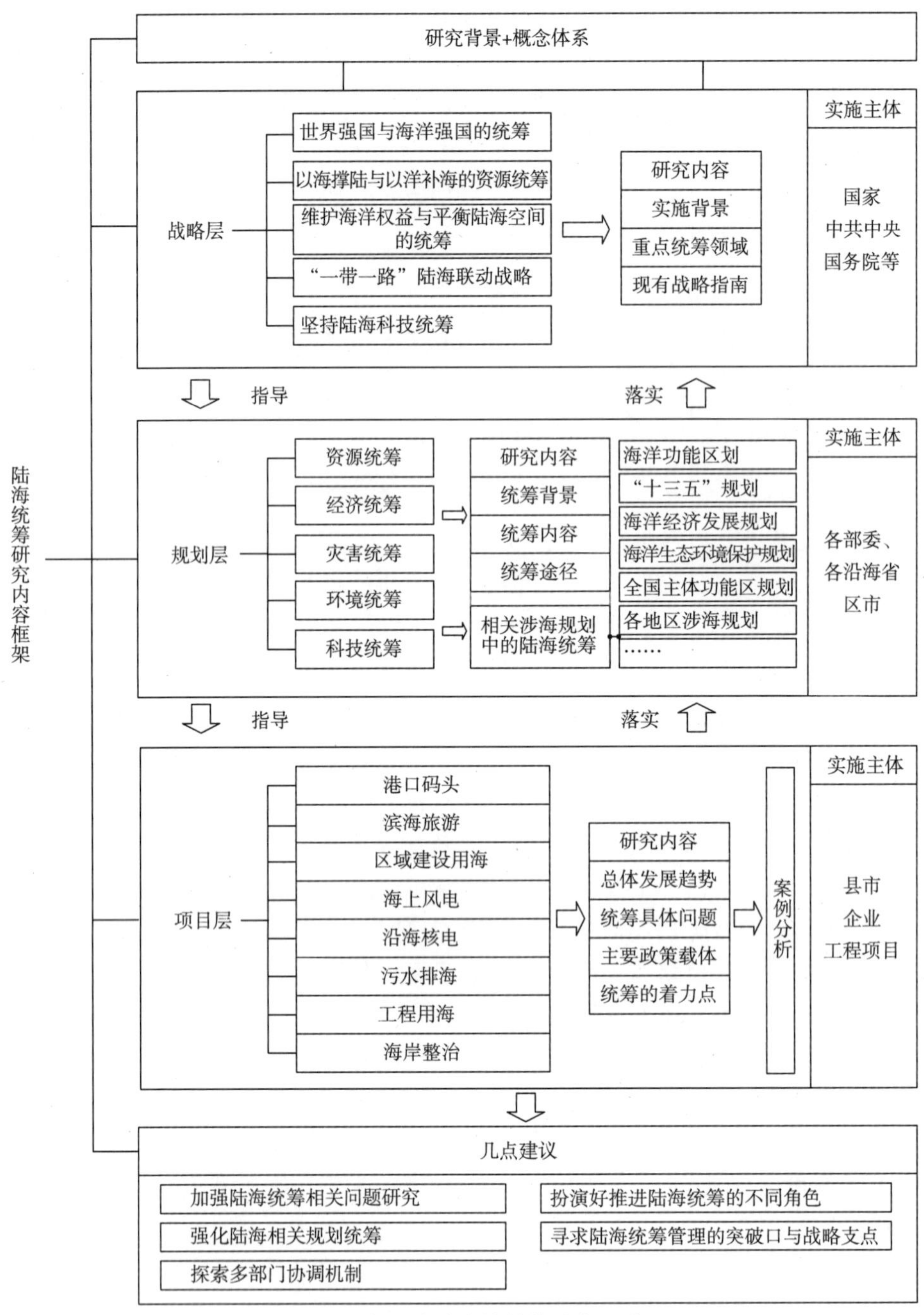

图 2.3　各层次陆海统筹的基本思路

二、战略层陆海统筹的重点任务

战略层陆海统筹的重点内容如图 2.4 所示。

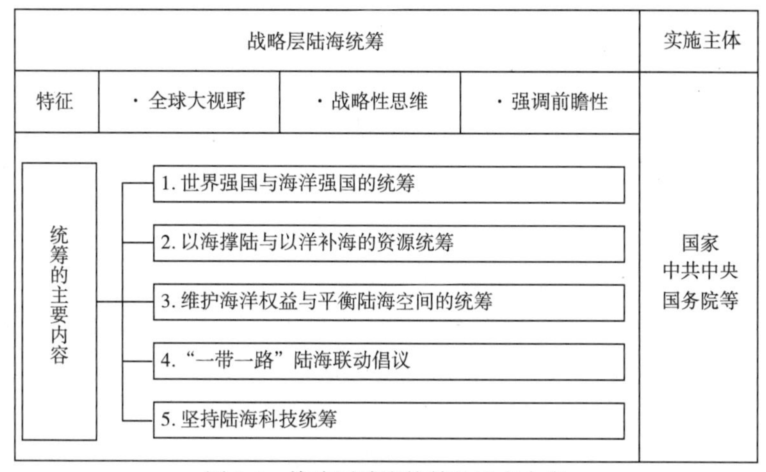

图 2.4　战略层陆海统筹的重点内容

（一）战略层面陆海统筹的主要特征

一是战略性思维。陆海统筹是一个全新的战略理念，主要是破除长久以来重陆轻海传统观念的束缚，树立正确的陆海整体发展的战略思维，正确处理海洋开发与陆地开发的关系，追求陆海之间的战略平衡和国家整体发展。

二是全球大视野。基于中国地缘战略格局的陆海复合性，从全球视野做出总体设计和战略部署，将建设海洋强国纳入国家总体发展战略中。中国坚持“和平、合作、和谐”的海洋强国建设新型发展道路和发展模式，明显区别于西方地缘学说及其海洋强国战略片面追求海权的取向。基于陆海文明并起、战略并举和经济并重的原则，形成陆海协调、均衡、可持续发展的战略模式。

三是强调前瞻性。根据全球海洋开发利用大势确定未来 30 ～ 50 年战略层面的陆海统筹大思路，重点关注国家海洋事业发展的战略取向、国际海洋拓展方向选择、海洋科技体系建立、海洋战略资源利用方向等问题。

（二）坚持世界强国与海洋强国的统筹建设

2001 年中国的 GDP 为 11.09 万亿元，15 年后的 2016 年中国的 GDP 约为 74.01 万亿元，中国已成为仅次于美国的世界第二大经济体。伴随着中国在国际舞台上地位的上升，必然面临统筹世界强国与海洋强国建设的关系问题。世界近现代的发展历程已经表明，海洋是国际间联系与交流的公共平台，向海则兴、弃海则衰已经成为中国近代历史发展的重要规律。建设海洋强国是中华民族跨入 21 世纪的历史性任务，是中国成为世界强国的必由之路，也是中国今后继续保持高度稳定发展态势的必要条件。

建设海洋强国是一项复杂而艰巨的历史任务，需要通过艰苦的努力使我国的海洋总体水平居于世界前列，通过海洋的合理开发利用来增强我国的竞争力。因此，制定我国的海洋发展战略首先要着眼于满足全球最大经济体和建设海洋强国对海洋资源的战略需求，我国的海洋发展要与中华民族的伟大复兴、与国家经济社会的可持续发展、与国家的国防安全、与国家生态环境安全等紧密联系起来。深入研究在海洋经济、科技、资源、生态等领域实施陆海统筹的重点和途径，将切实推进我国海洋强国的建设。

（三）坚持以海撑陆和以洋补海的资源统筹战略

如前文所述，从长远发展需求来看，通过开发利用海洋资源支撑我国陆域发展是必然选择。

根据《联合国海洋法公约》，我国主张管辖的海洋面积约为300万平方千米，人均海域面积（0.026平方千米）仅相当于世界平均水平的1/10左右；我国管辖海域面积与陆地国土面积的比值小于0.3，与我国存在海域划界问题的日本高达11.9、菲律宾高达6.31、朝鲜为2.17、越南为2.19、印度尼西亚为2.84；我国15米水深等深线以内的浅海和滩涂面积约12.6万平方千米，仅占世界浅海和滩涂面积的0.4%；我国海岸线长度与陆地国土面积之比是0.001 88，居世界第94位。迫切需要对南北极事务的战略选择、中国走向印度洋的可行性与途径、国际海底区域资源产业化开发、国际海底区域内中国资源调查、中国多金属结核合同区、中国富钴结壳勘探区申请目标区、中国多金属硫化物勘探区申请目标区等战略问题进行深入研究，维护好我国应有的“公土”权益。通过大洋资源的利用解决我国海洋资源短缺的问题。

（四）维护海洋权益以平衡陆海空间

第二次世界大战结束以后，世界强国对于陆地的瓜分基本完毕，国际社会的争夺焦点从陆地空间向外太空、海洋转移。对于海洋空间的争夺已经从单一的海洋划分转变为岛屿控制、管辖海域、资源争夺、通道使用、两极和国际海底区域等综合的空间争夺，海洋已成为人类社会最后可争夺的空间。中国主张的管辖海域仅为300万平方千米，有一半以上海域和相关岛屿同8个海上邻国存在权属争议，主要包括黄海问题（中韩苏岩礁问题）、东海问题（中日钓鱼岛问题）、南海问题（中国与菲律宾、越南、印度尼西亚、马来西亚、文莱关于部分南海岛礁归属问题）。我国岛屿被占领、海域被瓜分、资源被掠夺、权益受侵害的状况较为严重。因此，加强维护专属经济区和大陆架等“准国土”海洋权益，已经刻不容缓。要认真研究我国海洋地缘政治的不利因素、中国与日本和南海诸国的海洋地缘政治及国际关系，确定我国黄海、东海、南海海洋权益维护的对策策略，切实维护我国的海洋权益，以维持我国陆域与海洋空间的平衡。

（五）坚持“一带一路”的陆海联动倡议

在适应全球政治、贸易格局不断变化的形势下，党中央提出“一带一路”倡议，“一带一路”是中国连接世界的新型贸易之路，是我国新时期经济外交的重要平台，也是构建我国开放型经济新体制的重要举措。秉持亲诚惠容，坚持共商共建共享原则，开展与有关国家和地区多领域互利共赢的务实合作，打造陆海内外联动、东西双向开放的全面开放新格局，致力于亚欧非大陆及附近海洋的互联互通，建立和加强沿线各国互联互通伙伴关系，构建全方位、多层次、复合型的互联互通网络，实现沿线各国多元、自主、平衡、可持续的发展。

由于海上战略通道和航线存在着全球分布、多国控制的客观现实，在全球经济相互依存度很高的今天，“断路”危机将引发全球经济和国际海洋秩序动荡。“21世纪海上丝绸之路”的实质是海上贸易、物资和能源通道及航线的集合。《中华人民共和国国民经济和社会发展第十三个五年规划纲要》中提出要参与沿线重要港口建设与经营，推动共建临港产业集聚区，畅通海上贸易通道。推进公铁水及航空多式联运，构建国际物流大通道，加强重要通道、口岸基础设施建设。

（六）坚持陆海科技统筹战略

海洋环境严酷多变，海洋开发难度大、技术要求高。因此，现代海洋开发技术是一个高尖端具有高复杂性的领域，与其他工程技术相比，海洋开发技术更多地依赖于多方面知识的支持。海洋开发涉及许多具体的专门技术，每一项海洋开发活动都是一个技术综合体，现代海洋开发离不开诸如声技术、空间技术、电子技术、激光技术、遥感技术、地面模拟技术、潜水技术，这些新技术几乎与宇宙开发同时进入海洋开发领域。

海洋开发科技是科技体系的重要组成部分，支撑陆域开发的相关科技也是推动海洋科技发展的重要基础。与发达国家相比，我国海洋科技水平相对滞后，核心技术对外依赖度高。目前，发达国家海洋经济的科技贡献率已达到60%～80%，而我国仅为30%左右；海洋专利授权数仅占沿海地区专利授权数的0.126%。为此，要按照陆海统筹的理念来促进科技的共同发展，重点解决陆地、海洋科技领域之间存在的研究目标、人员力量、经费财力、设施配置等严重分离问题，要综合运用各类技术和人才，充分借鉴陆地开发的成熟经验，在海洋科技领域构建“深海工程”海洋科技创新体系，为加速我国海洋科学技术水平探索路径。

三、规划层陆海统筹的任务重点与载体

规划层陆海统筹的重点内容如图2.5所示。

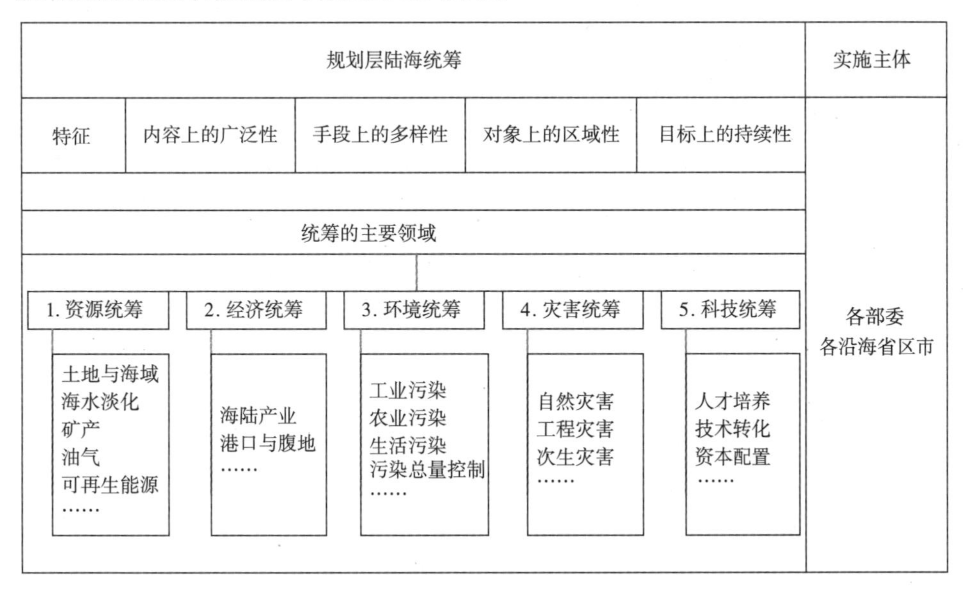

图2.5 规划层陆海统筹的重点内容

（一）规划层陆海统筹的主要特征

一是内容上的广泛性。陆海统筹是海洋开发、利用与保护过程中的全方位统筹，内容涉及陆海资源的统筹利用、陆海经济产业一体化调控、陆海生态环境的保护及海岸带综合管理等多个领域。一方面，要加强陆海经济一体化发展，使沿海经济和腹地经济之间形成相互支撑的体系；另一方面，要控制陆地和海洋活动对彼此生态环境的不利影响，最为突出的是控制陆源污染对海洋环境的破坏。从制度保障方面，需要针对具体的统筹对象制定政策，保障统筹目标的实现。

二是手段上的多样性。从实现陆海统筹的手段来看，包括制订海洋经济发展规划、实施主体功能区规划、落实海洋功能区划要求、开展海域和海岸带综合管理等各种法律、经济和行政调控等手段。制订和实施各项开发规划、产业发展规划、海洋功能区划、区域性海岸带发展规划、围填海年度计划，目的是将海陆统筹的重要原则方针落实到管理实践中，在这个过程中还要始终遵循陆海相互作用的自然规律，坚持基于生态系统的管理方法，重视发展过程中的环境保护。

三是对象上的区域性。由于沿海各省区市的陆域资源环境存在明显差异，从处于亚热带的海南到处于温带的辽宁，海洋资源环境条件也相应形成了明显的地带性和非地带性差异，陆海资源统筹利用面临的问题具有特殊的区域性。因此，沿海各省区市制订的海洋经济发展规划或者海洋功能区划实施的陆海统筹内容是有差异的，表现出地域性特点。

四是目标上的持续性。陆海统筹的目的是追求海洋、陆地经济的可持续发展，实现海洋与陆地经济、社会与环境的全面协调发展。这一战略目标是我国在总结海洋开发的经验教训基础上提出的，是贯彻科学发展观的重要举措。国家通过科学统筹规划和管理海陆两域的资源开发和经济布局，协调经济发展与海洋保护尤其是近海生态环境保护之间的关系，解决近海与远洋资源开发不均衡、海洋产业结构不合理、部分海域海洋生态退化与环境污染严重等阻碍和制约区域海洋经济可持续发展的问题，以实现海洋和陆地经济、社会与环境的协调发展。

（二）陆海资源统筹管理

一是统筹管理沿海土地与海域资源。随着沿海地区土地资源供需矛盾加大，海域利用特别是围填海活动成为缓解土地紧张局面的重要手段，也为推进工业化、城镇化发展提供了巨大空间。为此，要按照陆海统筹的原则，从切实提高参与宏观调控能力的角度，积极探索沿海土地利用与围填海统筹管理的机制与途径，切实提高土地、海域开发利用效率，同时要高度重视海域围填方式和管理方式的创新，避免对海洋生态环境的破坏。

二是统筹利用沿海淡水资源和淡化海水资源。截至 2013 年，我国人均水资源量排在世界第 121 位，被联合国列为 13 个最贫水的国家之一，东部沿海地区的淡水资源供需矛盾十分突出，做好长距离调水和海水淡化统筹工作十分重要。注重调整传统水资源利用方式，把海水淡化和传统水资源的开发放在同一政策平台上，加强对海水淡化的宏观管理和政策支持。抓紧制订海水淡化产业规划，并将其纳入国家和地区的水资源规划体系中。鼓励海水淡化水进入城市供水管网，优化水源结构，重点在北方沿海城市推进海水淡化产业。

三是统筹开发陆海资源能源。海洋蕴藏着丰富的矿产资源、油气资源和可再生能源，在制定我国战略性资源能源开发利用战略时，一定要坚持陆海统筹的原则。在充分利用陆域资源、能源满足经济发展需求的同时，加快核心开发技术攻关，切实加大对深海油气资源、海洋可再生能源和国际海底区域战略性矿产资源的勘探、采掘和产业化开发力度，以满足我国经济社会发展的长远需求。

（三）陆海经济统筹发展

一是促进陆海产业良性互动。随着海洋开发的深入，陆海产业的互动性、陆海经济的关联性将进一步增强。为促进陆海产业关联和产业链整合，要根据海洋资源禀赋、海洋环境容量和陆域经济基础科学合理地确定海洋主导产业，通过产业链的延伸，带动相关陆域产业的发展。针对我国海岸线漫长、优良港湾众多的实际情况，可考虑充分利用海洋的空间优势和区位优势，大力发展临海和临港工业，以促进陆海产业的互联互动。二是统筹港口与腹地经济发展。港口是陆海经济的重要节点，港口规模与发展方向要依托腹地区域经济发展水平、产业结构、对外贸易状况、货物生成与消化能力等来确定。同时，港口腹地及依托城市不仅是港口的货源地，而且在空间和服务等方面要为港口发展提供支撑。为此，要科学规划建设沿海港口，避免盲目布局；要强化港口集疏运体系建设，促进港口与腹地间形成相互依存、相互促进的良性关系。

（四）陆海环境统筹管理

海洋环境变化是气候、水文、水动力等自然条件和沿岸地区社会经济活动长期综合作用的结果，但人类活动的影响是短期内海洋环境发生变化的主要原因。随着我国社会经济要素向沿海地区进一步集中，迫切需要海陆环境的统筹管理，严格实行陆源污染物的总量控制和源头治理。重度污染海域沿岸陆域经济发展规划应以海域环境承载力为依据，采取调整工业结构、改善农业生产方式、强化城市生活污水处理等措施，切实减轻陆源污染对海洋环境的压力。为此，海洋、环境保护、发展改革、工业信息化、农业、城乡建设等相关部门要充分协调、整体规划，从准入政策、发展规模、排放标准等方面制定系统的海洋环境保护政策，以陆海统筹的思路来改善和优化海洋环境。

（五）陆海灾害统筹防范

我国海岸线曲折漫长，风暴潮、海冰、海啸、赤潮、海岸侵蚀等海洋灾害频发，而海岸带又是我国城镇化、工业化的密集区，做好灾害防范工作责任重大。为此，要根据我国海洋自然灾害发生的基本特点，统筹布局沿岸陆域和海域的防灾减灾设施。加快推进海洋灾害区域性风险评估工作，完善突发事件应急预案。海岸带地区的海洋工程和海岸工程（如核电、大型储油基地等）建设布局，要以海洋风暴潮、海啸、海岸侵蚀等自然灾害风险评估结论为依据，提高工程建设风险防范等级，减轻海洋灾害对工程设施的破坏和由此引发的次生灾害；而在实施码头建设、围填海等海洋工程时也应充分考虑陆域河道泄洪等方面的因素。

（六）陆海科技统筹创新

一是统筹科技研发与产业发展。陆海科技创新与产业发展，是相辅相成、互相促进的，如何将陆域技术转化成海域技术、如何创新研发海洋技术、如何将陆海技术协调应用于涉海产业，需要在陆海统筹的原则下协调攻关。二是统筹科技攻关与海水利用。加强海水利用技术创新与研发，开展自主核心材料、技术装备研制及应用，建设公共服务平台，提升装备自主创新率和工程服务能力，使我国海水利用技术装备水平与国际接轨。三是统筹科技研发与能源开发。推进建立海洋可再生能源产业联盟，充分发挥海洋能学会、协会及产业联盟等社会组织在促进技术创新和产业发展中的作用，深化产学研用创、上中下游、大中小企业的紧密合作，促进海洋能产业链和创新链的深度融合。四是统筹科技研发与环境保护。运用科技手段保护陆海生态环境，不仅体现在企业通过科技创新减少排污，而且体现在运用科技手段治理现有污染物。

（七）相关涉海规划统筹陆海关系的主要着力点

1.《全国海洋功能区划》统筹陆海关系的着力点

海洋功能区划是根据海域的地理位置、自然资源状况、自然环境条件和社会需求等因素而划分的不同海洋功能类型区，用来指导、约束海洋开发利用实践活动，保证海上开发的经济、环境和社会效益。根据《全国海洋功能区划》和对沿海 11 个省级海洋功能区划的全面梳理发现，主要在区划原则、功能区布局和区划实施措施等三个部分涉及陆海统筹的内容，重点解决海域与近岸陆域发展的衔接和联动、海洋功能区与陆域区域发展对接、陆域污染控制与海洋保护统筹等问题。

2.《中华人民共和国国民经济和社会发展第十三个五年规划纲要》统筹陆海关系的着力点

根据对全国及沿海 11 个省级国民经济和社会发展第十三个五年规划纲要的全面梳理发现，在这项全局性、总括性、指导性最强的五年规划中，无一例外地关注了陆海统筹问题，主要涉及经济、环境、资源、交通四个领域的陆海统筹。在经济领域，重点强调通过大力发展海洋经济和拓展蓝色经济空间，促进陆海经济的协调发展；在环境领域，重点强调通过科学进行陆海域统筹，推进近岸海洋和重点海湾的污染防治；在资源方面，重点强调统筹协调海洋发展空间、陆海资源开发；在交通领域，重点强调完善江海、海铁等多式联运体系，加快建设海陆空一体化国际交通网络。

3.《海洋经济发展规划》统筹陆海关系的着力点

海洋经济是开发利用海洋的各类产业及相关经济活动的总和。发展海洋经济不能单摆浮搁，不能就海洋论海洋，需要把海洋和陆域作为一个整体来谋划海洋事业，陆海统筹必然是发展海洋经济重要的指导原则。以海岸带为主要载体，统筹沿海陆域、岸线和海域等要素资源的开发与保护，推进生产力向海陆双向辐射布局，是各地区发展海洋经济的主要思路。根据对全国及沿海 6 个省级《海洋经济发展规划》的全面梳理发现，从海洋经济发展的目标、指导思想、现实基础、基本原则，到产业空间布局、产业优化、生态环境保护、设施与服务完善、体制改革、保障措施等内容都体现着陆海统筹的思想。

4.《海洋生态环境保护规划》统筹陆海关系的着力点

相关研究表明，80% 的海洋污染来源于陆域社会经济活动，另外，大型围填海活动等海岸工程也是影响我国海洋生态环境的重要因素。因此，海洋污染责不在海洋，而在于陆域，要保护海洋生态环境，必须统筹陆域社会经济活动。贯彻陆海统筹思想保护海洋生态环境，实施从“山顶到海洋”的陆海一体化污染控制工程，需要按照海域—流域—区域三个阶段实施污染排放倒逼控制措施，加强流域断面污染监测与防治，提出重点海域污染物总量控制目标，推动海域污染防治与流域及沿海地区污染防治工作的协调与衔接。根据对全国及沿海 4 个省级《海洋生态环境保护规划》的全面梳理发现，在海洋环境保护形势分析、指导思想、基本原则、生态环境保护任务、实施措施等部分都涉及陆海统筹的内容。

5. 其他相关涉海规划统筹陆海关系的着力点

在对《全国主体功能区规划》《全国海水利用“十三五”规划》《海洋可再生能源发展“十三五”规划》《全国海岛保护规划（2011—2020）》《山东省“海上粮仓”建设规划（2015—2020 年）》《河北省海域海岛海岸带整治修复保护规划（2014—2020 年）》《浙江省渔业转型升级“十三五”规划》《浙江省海洋港口发展“十三五”规划》《浙江海洋经济发展示范区规划》《浙江省海洋资源保护与利用“十三五”规划》《天津市海洋服务业发展专项规划（2015—2020 年）》《福建省沿海渔港布局与建设规划（2009—2018）》《福建省海岛保护规划（2011—2020 年）》等 13 项相关规划的全面梳理发现，在基本原则与规划内容中都明确提及了陆海统筹，依据规划要素的不同，各相关规划在指导思想、主要目标、保障举措中也不同频度地提及陆海统筹相关内容。就目前所查询到的规划内容而言，沿海各省区市涉海规划中“陆海统筹”出现的频次最多，可见，陆海统筹已然成为沿海省区市海洋经济发展必须遵循的重要原则之一。

四、项目层的陆海统筹重点任务

项目层陆海统筹的重点内容如图 2.6 所示。

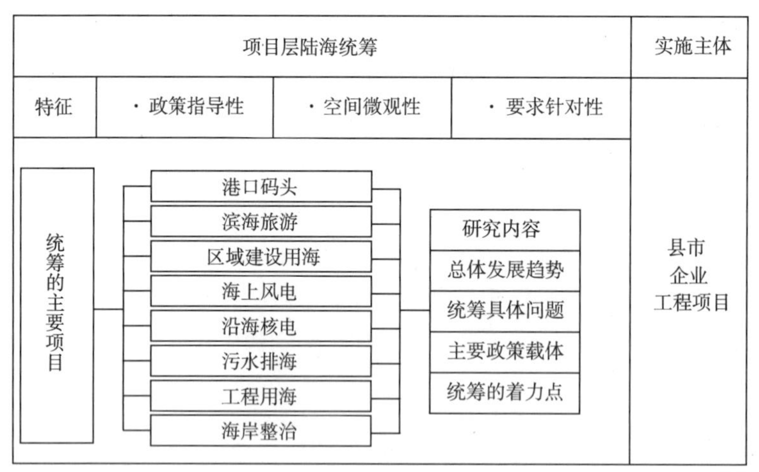

图 2.6　项目层陆海统筹的重点内容

（一）项目层陆海统筹的主要特征

一是政策指导性。自然资源部的相关职能部门已经根据海域使用管理、海洋环境治理、海洋经济发展等方面的需要，就具体的海洋工程建设、项目用海论证、海洋环境影响评价等提出了明确的统筹陆海关系要求，在减轻海洋工程对陆海景观和功能冲突等方面发挥了积极作用。沿海地区海洋工程建设单位和用海论证、海洋环境影响评价等论证技术单位需要强化项目层中的陆海统筹意识。

二是空间微观性。项目层陆海统筹主要涉及海洋工程登陆点海陆景观的协调、工程设施的对接、海洋功能与陆域开发功能的衔接等十分具体的内容，波及的陆域和海域空间尺寸都比较小，即便港珠澳大桥这类工程也主要关注桥体两端登陆点的统筹问题，陆向空间进深在 1 千米以内，海上空间距离会达到数千米。例如，大连南部滨海大道跨海大桥的选线显然距离海岸线较近，明显影响了陆上观桥及桥上观内湾的景观效果。

三是要求针对性。由于不同类型的海洋工程和海岸工程涉及的项目层陆海统筹内容是存在明显差别的，我们建议针对港口码头、沿海核电、海上风电、滨海旅游、污水排海、海岸整治、区域建设用海等七类项目提出更具有针对性的陆海统筹要点。

（二）港口码头项目统筹陆海关系的着力点

（1）陆域产业和港口需求关系。实现港口建设规模与沿海地区海上运输需求相适应是最有效的陆海统筹。前期因全国各地争先建港造成的沿海港口规划岸线过长、港口规划布局不尽合理、港口岸线利用效率低下、港口航运用海与渔业等行业用海矛盾突出等问题，将是未来一个时期沿海港口码头建设调整的主要任务。

（2）陆域空间与深水岸线关系。码头选址不仅要求陆域具有布局设施及堆场的条件，而且海域要具有良好的水深条件，同时要分析附近水域船舶习惯航路的影响及附近水域通航能力的影响等。

（3）港口布局与陆域交通设施关系。港口须具有完善与畅通的集疏运系统，集装箱码头建设需要统筹铁路、公路、城市道路及相应的交接站场。码头堆场的规模与深水岸线利用的统筹也是码头建设中需要考虑的问题。

（三）沿海核电项目统筹陆海关系的着力点

1. 核电选址必须坚持陆海统筹

核电所服务的地区要有足够的用电需求，所以核电站常常选址经济较发达的地区，但核电站必须建在经济发达地区的相对偏远地区，50千米以内不能有大中型城市。

2. 核电选址必须考虑海上安全与陆域地质基础

核电选址要求厂址深部必须没有断裂带通过，而且要求核电站数千米范围内没有活动断裂，厂址100千米海域、50千米内陆，历史上没有发生过6级以上地震，厂址区600年来也没有发生6级地震的构造背景，地质要坚固，尽量避开地下水。沿海地区核电选址，必须考虑海啸、风暴潮、台风等风险，通常会建设防波堤来抵御巨浪的冲击。

3. 充分关注高温排放废水等影响

避免在水流交换条件差的区域排放冷却水，可根据海洋的特点，积极探索、研究把热废水用管道排放到远离海岸水域的可行性，改进扩散器，利用海水的稀释扩散作用减少热废水的影响。

（四）海上风电项目统筹陆海关系的着力点

1. 实施深水远岸布局，缓解用海矛盾

严格执行“双十原则”，海上风电规划和项目的选址必须在离岸距离不少于10公里，滩涂宽度超过10公里时海域水深不得少于10米的海域布局，节约和保护近岸海域资源，促进海上风电与其他产业协调发展。

2. 减轻风电项目的环境影响

在远岸海域建设海上风电场，对鸟类驱赶作用、对海上捕捞活动及养殖活动的影响、对视觉和海上旅游的影响、对海水动力环境的影响等依然存在，但由于远离环境敏感目标，同样的环境影响比浅海海域造成的危害明显减轻；在远岸海域布局海上风电场对海上航行、军事安全、海上捕捞的影响也依然存在，但由于上述海上活动的密度要比浅海海域小得多，有更大调整余地，可通过深水远岸海上风电场的合理空间规划规避冲突。

（五）滨海旅游项目统筹陆海关系的着力点

1. 海陆联动，进行旅游资源综合开发

在界定滨海旅游项目内涵时，应将开发中的“海洋”因子作为主要方面；海陆旅游资源开发就是以科学利用海洋资源为根本途径，以现代海洋旅游产业为主导，推动相关产业的协调发展，通过海陆统筹、资源整合、协调竞争实现海陆一体化发展。

2. 统筹开发，拓展旅游市场

滨海城市的主题形象设计应该围绕“海”做文章，打造具有特色和市场竞争力的“仙境海岸”。制定多元化的营销策略，充分利用海陆结合部的特殊优势强力提升海滨整体旅游形象，形成陆域旅游区与海洋旅游功能的对接。

3. 统筹陆海旅游项目建设

如日照市旅游发展规划强调统筹开发海域旅游、内陆腹地旅游和海岸度假旅游产品。针对海域旅游产品，重点开发海岛旅游，选取太公岛为重点开发对象，采取船舶通航等措施，加快海岛旅游目的地的打造。规划期内重点开发海岛休闲度假、海岛康体运动、海岛主题旅游等类型的海岛旅游产品。内陆腹地旅游产品需重点开发城市旅游产品，以及东港区发挥陆、海、空大尺度空间旅游集散、大规模旅游消费提供等中心旅游城市职能，通过积极发展“互联网+旅游”，打造旅游产业新动力；根据主体目标市场，重点发展游船游艇、城市度假、商贸旅游。

（六）污水排海工程项目统筹陆海关系的着力点

1. 功能的对接

污水排海工程可以充分利用海洋纳污能力，同时可以减少污水处理的建设费用和运行费用。在不影响海洋功能的基础上，合理利用海洋环境容量，进行科学的污水排海工程的规划。

2. 布局水动力条件较好海域

选择水动力条件较好，有较强的水交换能力的海域；充分利用深水区进行排放，水深应尽量不小于7米；管廊附近地质稳定，冲淤变化幅度小。

3. 充分考虑陆域服务对象

污水离岸排放、集中排放将成为大势所趋。城镇污水处理厂、工业园区和大型企业产生的污水量大，可充分利用离岸海域较好的扩散条件，最大限度减少对环境的影响。限制分散设置排污口。

（七）海岸整治工程项目统筹陆海关系的着力点

1. 海洋功能与陆域功能的对接

海岸是陆海相互作用效应最明显的地带，因此海岸带的开发利用需要实现海洋功能与陆域功能定位的对接，避免相互冲突的海洋和陆域功能定位，海岸整治修复活动实施要符合地区发展战略要求，为其顺利实施提供坚实的海洋生态环境保障。

2. 海洋与陆域景观的协调

海岸带作为海洋和陆域生态、景观资源复合体，具有较高的生态价值、观赏价值及环境调节功能。海岸整治工程应该重点修复海岸生态景观资源破碎化严重、海陆景观不协调等问题，提升整体生态景观功能价值。

3. 海水动力的持续改进与海岸地貌协调

通过海水动力的持续改进，改善海域水质，扭转海域日渐淤积的趋势，恢复海岸自然景观，构建生态亲水岸线，形成良好的生态景观，为保障周边海域整体生态服务功能发挥、实现海域保护型开发利用提供基础和保障。

（八）区域建设用海项目统筹陆海关系的着力点

1. 统筹考虑海洋功能与陆域功能

区域建设用海项目的功能定位必须与其依靠的陆域功能定位相一致。具体表现为与相应的区域发展规划、城镇体系规划、城市总体规划、产业布局规划、土地利用规划和港口总体规划等相协调，符合国家相关产业政策。

2. 区位条件有较大利用潜力

近岸海域资源既是宝贵的自然资源，也是重要的环境资源和经济资源。因此，需要根据地区的资源环境技术条件、社会经济发展状况，结合其他约束条件及对未来的预测，在有较大利用潜力的地区规划区域建设用海项目，从而达到经济效益、生态效益和社会效益的最佳结合。

3. 海水动力条件较好

海水动力条件将影响附近海域的淤积、污染物输移扩散等，从而对周围海域的生态资源环境产生很大影响。区域建设用海项目应选择在水动力条件较好的区位布局。工业、港口等都需要良好的水动力条件进行污染物输移扩散，而城镇商业建设需要良好的水动力条件提供一个适宜亲水的工作和居住环境。

4. 海上活动与陆上产业关联

作为一个新建设的项目集中区，应高度关注新上产业与周边区域的产业形成优势互补、良性互动，形成产业特色，进而推动地区经济发展，助推区域总体发展规划的实施。

第三章　建设海洋强国的背景

第一节　海洋强国基本内涵

我国既是陆地国家，又是海洋国家，历史上我国曾向海而兴、商通四海，也曾背海而衰、闭关禁海。近代以来，民族意识和海洋意识的觉醒使得我国探索海洋强国之路逐渐有了明确的目标和方向。当前海洋强国建设已成为中国特色社会主义建设的重要组成部分，其意义和地位都十分重要。积极建设海洋强国符合我国社会主义初级阶段发展的总布局、总要求。我国已经将建设海洋强国的总体布局置于必须全面落实经济建设、政治建设、文化建设、社会建设、生态文明建设的“五位一体”的布局中。

过去 20 年来，理论界、学术界和管理界分别从不同的角度对海洋强国的基本内涵做了相关论述。归纳起来有以下几个方面的观点。

一、海洋强国是个历史过程

杨金森（2014）在《海洋强国兴衰史略》中提出，“凡是能够利用海洋获得比大多数国家更多的海洋利益，从而成为比其他国家更发达的国家，都可以称为海洋强国”。因此，一个时代可以有多个海洋强国。人类社会几千年的历史中形成过 19 个海洋强国，包括奴隶时代的古埃及、古希腊、波斯、古罗马、腓尼基、中国；封建时代早期的拜占庭帝国、阿拉伯帝国、奥斯曼帝国；封建时代晚期的葡萄牙、西班牙、荷兰、英国、中国；资本主义时代的英国、法国、中国；帝国主义时代（1871 年以来）的苏联（俄罗斯）、美国、英国、法国、德国和日本等。根据世界海洋强国的兴衰历程，有三个方面的启示应该引起关注：一是上述各时期的海洋强国基本也是同时期的世界强国，海洋强国和国家的综合实力存在相辅相成的关系，建设海洋强国也是中华民族复兴的必然要求。二是海洋兴衰与国家强弱紧密联系，在人类几千年的历史长河中，中国长期维持着海洋强国的地位。1871 年以来中国被排挤在海洋强国的行列之外，也恰恰是中国国际地位最低的时期。三是海洋强国的非排他性。一个时期可以有多个海洋强国并存，中国有机会走和平建设海洋强国的道路。

二、海洋强国由多个板块构成

郑淑英（2002）提出新世纪的海洋强国应兼备海洋经济强国、海洋军事强国和科技强国的特征，通过科技与海洋经济和国防建设的关系阐述其在海洋强国中的地位与作用；付翠莲（2008）认为海洋强国建设的战略任务包括海洋经济区域建设、海洋产业发展和海洋科学技术进步、国家海洋权益的维护及加强海上力量建设；陈明义（2010）认为建设海洋强国是中华民族伟大复兴的一个重要战略，并从维护海洋权益、坚持“科学兴海”、促进海洋经济可持续发展等方面阐述海洋强国建设的途径与建议；吴征宇（2012）从理论与历史两个角度深入探讨了陆海复合型强国的战略地位及发展障碍，认为需要明确认识海权战略目标、海上力量战略构成及自身海洋禀赋；李永辉（2012）认为海洋强国建设涵盖国家海洋经济实力、军事实力、科技水平、外交战略及规划能力等多方面的能力建设；同济大学夏立平教授从海洋时代观、海洋利益观、海洋安全观以及海洋秩序观等四个方面阐述了中国海洋战略的内涵。

综上所述，我国海洋强国建设的核心是发展海洋经济、海洋科技、维护海洋权益。其中具体措施是不断提高海洋资源开发能力，只有不断提高我国对海洋资源的开发利用能力，才能保障海洋经济的发展；明确海洋科技在海洋强国建设中的战略地位，通过对海洋科技实力的评估和对海洋科技创新能力的分析，明确海洋强国战略涉及的主要内容；通过国家海洋技术平台提升和发展海洋科学技术，利用高新技术全面改造和武装传统海洋产业和海洋服务系统；全力维护国家海洋权益，提升海洋资源开发利用能力，加快海洋产业结构战略性调整，提高海洋经济科技含量，强化海洋资源综合管理等。

三、海洋强国战略是中华民族复兴的国策

自阿尔弗雷德·赛耶·马汉提出海权论以来，海洋战略已经成为世界各海洋国家，民族富强、振兴所必需的重要战略国策。张登义（2001）指出中国必须从战略高度善待海洋、利用海洋，增强海洋意识，牢固树立“建设海洋强国”的信念。党的十八大报告指出我国应“提高海洋资源开发能力，发展海洋经济，保护海洋生态环境，坚决维护国家海洋权益，建设海洋强国”①。中共中央政治局就海洋强国建设研究进行了第八次集体学习，会上习近平总书记强调：“我们要着眼于中国特色社会主义事业发展全局，统筹国内国际两个大局，坚持陆海统筹，坚持走依海富国、以海强国、人海和谐、合作共赢的发展道路，通过和平、发展、合作、共赢方式，扎实推进海洋强国建设。”② 王历荣和陈湘舸（2007）将海洋强国建设纳入国家战略进行研究，构想了中国海洋强国建设的和平发展道路；宋建军（2011）分析了中国“十二五”时期海洋事业发展的重要机遇和挑战，提出了推进由海洋大国迈向海洋强国的建议；高之国（2012）认为，在转变经济发展方式的重要时期，只有成为海洋强国，才有可能分享海洋权益、实现民族复兴。中国科学院汪品先院士认为中国海洋强国战略的意义应顺应人类与海洋关系变化的大背景，应该把握

①《胡锦涛在中国共产党第十八次全国代表大会上的报告》，http://cpc.people.com.cn/n/2012/1118/c64094-19612151.html[2012-11-08]。

②《习近平：进一步关心海洋认识海洋经略海洋 推动海洋强国建设不断取得新成就》，http://politics.people.com.cn/n/2013/0731/c70731-22399503.html[2013-07-31]。

人类走向深入海洋的时机，推进海洋强国战略，以期形成有中国特色的海洋观。

海洋强国建设的具体实施步骤应符合我国三大基本国情：一是我国仍处于并将长期处于社会主义初级阶段；二是人民日益增长的美好生活需要和不平衡不充分发展之间的矛盾持续存在；三是我国是世界上最大的发展中国家。因此，我国的海洋强国之路应是一个循序渐进的过程，必须符合建设中国特色社会主义的总任务，即实现社会主义现代化和中华民族伟大复兴。从建设区域性海洋大国或强国开始，逐步过渡到建设世界性海洋大国或强国。

第二节　建设海洋强国的国际背景

关于建设海洋强国的背景有比较多的提法，综合参考各方面观点，我们归纳为以下八个方面的国际背景。

一、新老海洋强国并存与竞争

在人类社会不同的历史时期，由于对海洋利益的需求不同，获得海洋利益的手段也不同。杨金森（2014）认为海权是获得海洋利益最直接的手段，根据海权对现国家利益的作用可将世界历史划分为三个阶段，即陆权时代（陆权为主、海权为辅）、旧海权时代（海权为主、陆权为辅）、新海权时代（海权、陆权、天权多元）。在三个主要阶段背景下又分为若干个小阶段，每一历史阶段分别形成了不同的海洋强国，其发展模式有共性也有不同特点。

老海洋强国包括陆权时代和旧海权时代的海洋强国，如奴隶时代的古埃及、古罗马、古希腊、中国等都是依靠强大的国家行政能力，保护和维持其海上贸易并对海外进行殖民统治，可称之为“海陆强国”；封建时代早期的奥斯曼帝国、阿拉伯帝国、中国等依靠统一的中央集权和强大的陆海军建立了跨海帝国；封建时代晚期的葡萄牙、西班牙、荷兰、英国等国家依靠其发达的商业经济、强大的海军力量及大规模的海上商船队，对新航线、新陆地进行不断探索，控制并利用全球海上航道对新陆地进行资源掠夺和殖民统治；世界进入大航海时代，而此时中国的封建王朝却开始闭关锁国，长期实施海禁政策，社会制度变革滞后，经济技术发展缓慢，综合国力日渐衰弱；随着英国工业革命的爆发，资本主义时代到来，西方海洋国家最先走上资本主义道路，开始进行资本原始积累，利用蒸汽技术建造庞大的海上舰队，培养强大的海军；资本主义时代的快速发展使东西方海洋国家称霸世界的野心逐渐膨胀，美国、俄国、英国、法国、德国、日本凭借其强大的远洋海军开始在全世界范围内进行殖民统治和资源掠夺。

新海权时代主要是指第二次世界大战以后，和平与发展成为时代的主题，第二次世界大战中德国和日本战败，英国、法国势力严重削弱，占据多年海洋霸主地位的英国在一百多年后退居了二线，美国成为世界最强国，苏联成为世界政治军事大国，形成了两个超级大国争夺海洋霸权的形势。随着苏联解体和东欧剧变，世界政治经济格局发生了变化，美国成为唯一的霸权国家，同时也是世界唯一的海洋霸主，俄罗斯保持了较强的海上力量，英国、法国仍是次级海洋强国，德国、日本正在恢复海上力量，中国、印度等国家成为新崛起的海洋大国。

21世纪是和平与发展的时代，同时也是新老海洋强国并存与竞争发展的时代。当今时代的海洋强国包括美国、俄罗斯、英国、法国、德国、日本，其中德国和日本属于无核海洋强国。而中国、印度、韩国、巴西、越南等国正在努力建设成为海洋强国。西方的海洋强国思想是在文化冲突基础上建设起来的，海权论是其理论基础。西方海洋强国的发展之路是海权兴盛之路，基本发展模式是以发展海上武装力量为中心，建设强大海军，进而取得制海权，控制海洋和世界。当今世界海洋强国的竞争不仅是政治、经济和军事的竞争，而且是综合国力的竞争。发展中国家在不断强化和扩大国际政治、经济影响力的基础上，不断谋求海洋军事实力的增强。

在经济全球化和政治多极化背景下，海洋对于世界政治经济秩序和国家战略安全与发展的影响越来越大，已经成为人类生存与发展空间扩展的主要领域。中华人民共和国成立以后，海洋事业得到新的发展，从党的十四大到十九大，不断加强对海洋的开发和利用，成为发展中国家海洋事业最先进的国家，2003年国务院提出将建设海洋强国作为战略目标，2012年党的十八大做出了建设海洋强国的重大战略决策，已经确立和平发展的国家战略，我国可以以和平的方式、较小的代价进入世界海洋强国之列，与其他海洋强国竞争发展，合作共赢，谋求公平合理的海洋利益。

二、海洋竞争日益激烈

自20世纪90年代起，世界海洋开发利用形式发生了重大转变，主要是由于世界各国的海洋思想发生了转变，从控制和利用海上通道转变为占有和开发海洋资源；世界各国确立了新的海洋国土观念；海洋新兴产业逐渐发展起来；海洋权益逐渐成为各国争夺的焦点，海洋竞争日趋激烈。《联合国海洋法公约》的正式实施推动了世界经济政治格局发生重大变革，世界各国和国际组织对海洋越来越重视。

美国是全球公认的海洋大国、强国，有着漫长的海岸线和丰富的海洋资源，也拥有世界上最大的海上专属经济区和广阔的大陆架。马汉的海权论为美国走上称霸海洋的道路奠定了理论基础，并很快形成了统治海洋的国家战略。美国通过其长期积累建立起了强大的经济实力，在全球范围内建设强大海军，经过两次世界大战后跃升为第一海洋强国，尤其是冷战之后，苏联的解体更加巩固了美国海洋霸主的地位。美国成为21世纪的海洋霸主与其国家海洋发展战略是密不可分的。

日本是最后崛起的帝国主义国家，日本作为一个海岛国家使其不易遭受来自陆路的入侵而可以方便地进入海洋，得天独厚的条件使日本虽在第二次世界大战中遭受了重创，却能够迅速崛起，成为海洋大国。日本的综合国力很强，具备发展海上力量的能力，从海洋开发、海上军事力量方面看，日本仍属于海洋强国。日本受到岛国地域的限制，资源、能源有限，走向海洋是发展经济的必然要求。日本早期制定了“殖产兴业”的经济政策、“文明开化”的文化教育政策、“富国强兵”的国防政策和“对外扩张”的大陆政策，这使得日本成为当时的帝国主义强国。受马汉海权论思想的影响，日本的海洋意识和海洋战略理论逐渐发展起来，从而不断增加军费，建设强大海军，培养了新型海上军事人才。当今日本在海洋事业的竞争主要体现在海洋权益、海上军事力量、海洋资源开发与管理、海洋科技创新及海洋安全战略等领域。

从帝国主义时代起，欧洲国家的政治经济就处于全球领先地位，英国最早完成工业革命，成为海洋强国，第二次世界大战以后，德国、法国也迅速从战后恢复，成为世界经济大国，海上力量也随之壮大。但随着世界政治经济格局的多极化发展，美国、日本等国家的强势崛起，欧洲特殊的地理位置，以及欧洲各国国土面积的限制，共同开发海洋的战略成为欧洲国家经济发展的必然趋势。因此，旧时代的海洋强国如英国、法国、德国等国家形成了统一的欧洲联盟共同发展海洋事业。2010 年 3 月 3 日，欧盟就欧洲未来十年经济发展做出了重大战略部署，形成了《欧盟 2020 战略》这一纲领性文件。文件中提出了“蓝色增长”计划，旨在发展《欧盟 2020 战略》中的海洋领域，并将“蓝色增长”定义为“源自大洋、海洋和海岸带的明智、可持续和包容性的经济增长和就业增长”。

三、海洋资源竞争

海洋蕴含着丰富的资源和能源，随着陆地资源的消耗殆尽，世界各国纷纷将战略焦点转向海洋，因此海洋资源的争夺就显得尤为重要，当前国际海洋大国之间的争夺正是海洋资源的争夺。美国在早些时期就逐步建立了海洋资源分类管理制度和专职海洋管理机构；日本也在 21 世纪初提出了向海洋要第二国土的战略思想，形成了全面开发利用海洋的各种政策，海洋经济还将继续发展；欧盟也在《欧盟 2020 战略》中将开发和利用海洋资源作为未来发展的重点领域；印度作为印度洋沿岸的大国也在 2002 年开始制订“2015 年海洋远景规划”，重点放在可持续开发利用海洋生物资源领域。

当前国际海洋资源竞争的重点领域包括海洋矿物资源、海水化学资源、海洋生物（水产）资源和海洋动力资源等四类资源。

（一）全球海水资源开发利用技术竞争

随着全球人口的增加和淡水资源的短缺，海水淡化技术越来越成为国际竞争的重要领域，海水淡化技术的提高和成本的降低使得国际海水淡化市场潜力巨大，其中中东地区占明显的主导地位（超过市场份额的 50%），其次是亚太地区、美国和欧洲，分别占市场份额的 10%。

（二）国际海底区域资源和海洋油气资源竞争

国际海域的海底资源是人类的共同财产，因此为实现全人类共同的利益，开发的同时应注重环境保护和资源可持续利用，同时这也是国际海洋争端产生的主要原因。国际海底区域面积约 2.5 亿平方千米，占地球表面积的 49%。国际海底区域蕴藏着丰富的海底资源，包括各类矿产资源、深海生物资源、基因资源等。海洋油气资源主要分布在大陆架，约占全球海洋油气资源的 60%，但大陆坡的深水、超深水域的油气资源开发潜力可观，约占 30%。全球陆地和浅海经过长期的勘探开发，重大油气资源发现的数量已越来越少，规模越来越小。同时，在高油价刺激下，石油公司纷纷将目光转向探明程度还很低的深海。深水油气勘探开发投资年均增长 30.4%。

（三）海洋生物资源竞争

海洋生物资源是海洋中蕴藏丰富的资源之一，其中以海洋鱼类资源为主，其他的还包括软体动物资源、甲壳动物资源、哺乳类动物资源和海洋植物资源。21 世纪全球进入了海洋的世纪，海洋渔业的发展直接关系到世界各国国民经济的发展，海洋资源已成为人类赖以生存和发展的新基石。当前由于各国近海渔业资源开发趋于饱和，世界海洋强国逐渐将渔业发展范围延伸至远洋，使全球海洋渔业资源压力增大的同时也使得海洋强国在海洋渔业资源领域的竞争力增强。海洋渔业是世界渔业的重要组成部分，据联合国粮食及农业组织（Food and Agriculture Organization of the United Nations，FAO）统计，海洋渔业约占世界水产品总量的 70%，2007 ～ 2015 年全球海洋渔业总产量保持稳步上升趋势，其中海洋捕捞产量有所下降而海水养殖产量有所上升，可见全球海洋渔业格局正在逐步演变。截至 2015 年，全球野生鱼类捕捞量达 9060 万吨，而水产养殖产量达 7800 万吨。

（四）海洋动力资源和新能源开发竞争

海洋动力资源和新能源的竞争是未来海洋强国争夺的重点领域。随着非可再生资源的枯竭，可再生资源已成为重要的替代品。海洋动力资源主要是指海水运动过程中产生的潮汐能、波浪能、海流能及海水因温差和盐度差而引起的温差能与盐差能等。海洋动力资源具有蕴藏量大、可再生、能流分布不均、密度低、能量多变、不稳定的特点。

总体来说，当前世界各海洋大国之间海洋新能源的竞争主要集中在技术、产业实践、国内外市场发展及国家政策扶持等方面。其中，欧盟在海洋新能源领域的技术水平、政策环境和开发实践方面有相对优势，处于行业领先地位——欧盟是目前海洋新能源最大的市场；其次是美国和日本等国家，其发展海洋新能源产业较欧洲稍晚，在发展中机遇与困难并存；最后是不具备海洋新能源发展技术和市场条件，且无法自主进行海洋新能源开发活动的国家，但却是欧盟、美国、日本等国家和地区新能源产业重要的潜在竞争市场。

四、海洋安全与权益

根据杨金森（2014）的研究，世界海洋史经历了陆权时代、旧海权时代和新海权时代三个阶段，不同阶段海洋的法律地位不同，世界各国关注的海洋安全与权益也不同。陆权时代阶段的奴隶社会所产生的国家还没有占领海洋的意识和观念，海洋还是公有物，各国经略海洋的目的是通过海洋进行贸易和抢夺财富，保护海上贸易，抗击海上入侵，从而捍卫国家安全与利益，古埃及、古希腊、波斯王国、古罗马、迦太基等陆上强国逐步形成控制海洋的意识，开始争夺海洋霸权。封建社会早中期，国家的概念进一步完善和巩固，大一统成为主流，此时的海洋法律地位是不确定的，未形成任何制度性公约，各海洋强国仅提出了权利主张，要求在其权利范围内的海域航行的外国船舶向其致敬，并征收通行费，控制或禁止外国船舶航行，禁止外国捕鱼等（刘楠来，1987）。由于未能实现环球航行，大国船队只能在局部海域活动，各国走向海洋的目的是维护大一统的地位，建立跨海帝国，从而捍卫国土安全。旧海权时代阶段的封建晚期社会，人类进入了大航海时代，新航路被开辟出来，环球航行得以实现。葡萄牙、西班牙、荷兰等国通过建立强大的海上军事力量而称霸海洋，为本国争取海上安全和利益，英国通过资产阶级革命在维护和捍卫本国海洋安全和国家利益的道路上更近一步，成为称霸一时的海洋强国。进入资本主义时期，新兴的民族国家为了能够实现海上自由航行，要求打破把世界海洋分割成各国势力范围的格局，英国、法国等海洋强国为了发展经济和维护国土安全，在全球范围内进行海上贸易，掠夺财富，完成了资本的原始积累。在这个时期海洋自由原则成为国际海洋法的基础，并逐步发展为国际海洋法体系。第一次世界大战以后，美国、日本等国家成为崛起的新势力，世界进入帝国主义时代，海洋强国将海洋自由原则作为建立海上霸权的工具，用于保证它们的军事航行自由，保证它们在海上自由掠夺资源和利用海洋侵略其他沿海国家。以美国、日本、英国、法国、德国为首的海洋强国争相建立强大海军，在捍卫海洋安全基础上获得了更大的海洋权益。新海权时代阶段是第二次世界大战以后，和平与发展成为这个时代的大背景。在这个时代国际海洋法律制度发生了重大变革，新的海洋法律制度基本原则包括：公平分享海洋恩惠，和平利用海洋，国际海底及其资源是人类共同继承的财产，合作开发和保护海洋等。因此形成并制定了《联合国海洋法公约》。

国家海洋权益从空间上看可以分为近海海域、公共海域和国际海底区域。其中，近海海域是沿海国家的领海区域，各国可以行使其领海主权并享受其领海带来的各项利益；公共海域是全球各国都可以行使自由主权和权益的区域；国际海底区域是全球各国共同管理和开发的区域。当前海洋权益还包括海洋政治权益、海洋经济权益、海洋交通权益、海洋安全权益、海洋科研权益等。随着国家海洋利益范围的全面扩大，影响国家利益的主要力量开始多元化，陆权、海权、天权都是影响国家利益的重要因素。海权也向多元化发展，包括海上军事力量、经济力量、科技力量、管理能力等结合起来的综合海上力量。

五、海洋科技竞争

当前国际海洋大国之间的竞争，无论是政治的、经济的还是军事的，归根到底是科技的竞争。而海洋科技竞争的重点在于深海高新技术。深海高新技术是实现国家海洋科技战略的重要技术保障，海洋竞争以高科技为依托，海洋科技水平和创新能力可综合体现一个国家的科技创新能力与综合国力。

根据高峰等（2009）的研究，当前国际海洋科技发展的重点竞争领域主要关注六个方面：①海洋（海岸）生态系统，包括海洋生态系统健康发展与海洋渔业资源开发，人类活动和全球环境变化对海洋生态系统的影响，基于生态系统的海岸带管理等三个前沿方向；②海洋生物技术，包括发育与生殖生物学、基因组学与基因转移、病原生物学与免疫学、生物活性产物、海洋生物技术等五个方向；③深海环境与生命科学研究包括深海环境特征、深海生物的演化——生命起源问题、深海微生物研究三个方向；④海洋能源开发，包括深水油气资源勘探开发、海洋天然气水合物开发、海洋新能源开发利用；⑤北极海洋综合研究，包括北极油气资源勘探开发、北极海洋地质研究、北极环境影响评价；⑥海洋观测技术发展，包括卫星海洋遥感、深潜器、浮标观测三个方向。

国际海洋科技未来发展趋势主要包括：①针对国家社会经济安全的需求导向更加突出，成为推进海洋科技发展的原动力；②将地球系统科学应用到海洋科学研究中，形成了海洋大科学整体研究思想；③海洋技术的发展成为海洋科学取得突破的关键；④重大海洋研究计划的组织方式还将继续作为海洋科学研究的主流；⑤对海洋能源的开发利用技术发展将成为未来 20 年海洋科技关注的重要焦点之一；⑥从分学科、分区域的分散观测转向综合的全球海洋观测系统的发展；⑦从单纯的自然科学研究转向注重结合人文科学和综合管理研究的发展。

六、海洋空间竞争

（一）占领海上岛屿

世界海洋上的岛屿大约有 20 多万个，总面积 970 多万平方千米，占陆地总面积的 1/15 左右。岛屿是国家主权的象征，也是划定领海、毗连区、大陆架和专属经济区的法律依据，具有重要的政治意义。根据《联合国海洋法公约》规定，远离大陆的岛屿，其周围 370 ～ 648 千米（200 ～ 350 海里）的海域内为该岛属国的领海、毗连区、大陆架和专属经济区。一个小岛和一个岩礁，以 22.2 千米（12 海里）领海距离计算，可获约 1500 平方千米（437 平方海里）面积的领海区，这相当于 2 个新加坡的面积；以 370 千米（200 海里）专属经济区距离计算，则可获 43 万平方千米（12.5 万平方海里）面积的专属经济区，这相当于 4 个浙江省的面积。因此，《联合国海洋法公约》签订后，一些国家千方百计地开始制造岛屿，甚至不惜巨资抢占岛屿。

岛屿还是海洋军事控制的基地，海上作战的依托，跨洋交通、通信的中继站和战时运送兵力、军用物资的中间站，具有重要的军事作用。第二次世界大战后，美国以日本列岛、琉球群岛、关岛、夏威夷群岛为太平洋舰队的基地，几乎控制了整个太平洋。接近海上战略通道的某些岛屿，还可控制这些通道，如朝鲜海峡的对马岛，马六甲海峡东口的新加坡岛和西口的槟榔屿。海洋岛屿所具有的重要政治意义、经济价值和军事作用，使岛屿争夺成为 21 世纪海洋权益争夺中的最大焦点。

（二）控制海上要道

海上交通要道一直都是海洋战略争夺的重要内容。历史上大部分海上军事斗争，都是围绕扼制海洋通道来展开的。据统计，全世界共有大小海洋通道（主要指海峡）1000 多个，其中适于航行的重要通道有 130 多个，它们是海上交通的咽喉，可扼控舰船航行和缩短航程，具有重要的经济和军事意义。

随着海洋运输的不断发展，海洋通道的经济意义日益凸显。例如，位于马来半岛和苏门答腊岛之间的马六甲海峡，便是连接太平洋和印度洋的捷径，据统计，平均每年经过的船只有8万多艘，日本90%的石油和其他原料及出口商品，美国进口的天然橡胶、锡等重要物资均由此通过。随着经济全球化的进一步发展，海洋通道的经济意义将会越来越突出。

（三）开发利用国际海底资源

国际海底资源是全人类共同的财富，世界各海洋强国在不满足自身领海海洋资源开发利用的背景下，对于国际海底资源的争夺日趋激烈。《联合国海洋法公约》中规定国际海底资源由全球各国统一管理，因此各自领海海洋资源有限的条件下，各国对于国际海底资源的争夺必将成为焦点。

七、海洋生态环境及国际化

21世纪初，随着世界各国海洋观念的改变，对海洋开发与利用的力度不断加大，国际海洋法不断发展完善，各国逐渐开始重视海洋的综合管理和利用，人类开始意识到海洋生态环境的重要性，只有维持和保护海洋生态环境，才能实现海洋资源的可持续利用，海洋生态环境保护与管理也上升到了国际层面。随着《联合国海洋法公约》的颁布和实施，国际组织和海洋强国在海洋生态环境管理方面制定了一系列措施。

日本自20世纪50年代以来，经济迅猛发展，同时其周边海洋环境也遭受了前所未有的破坏。为恢复被破坏的海洋生态环境，日本政府采取了一系列积极措施，积累了丰富的现代化海洋生态环境治理经验和教训。通过区域海洋污染联防联治，推动海洋环境教育与公民参与，依托海洋高科技，实现海洋生态环境治理现代化等一系列措施保护海洋生态环境。

美国于20世纪70年代以后在海洋、海岸带、河口管理方面，率先开展了海岸带综合管理。1972年美国制定了《海岸带管理法》，之后又陆续制定了《海洋保护、研究和保护区法》等区域管理法规和计划，吸收融合多部门、多学科的研究成果，形成新的管理理念，创建了区域多用途综合管理模式——基于生态系统的综合管理模式。主要从严格海洋生态环境立法与规划、建立协调一致的海洋管理体制机制、加强海洋科技创新以及构建海洋观测系统等四个方面对海洋生态环境进行管控。与此同时，通过海洋高科技的发展实现了海洋产业结构的优化升级和发展方式的转变，由粗放到集约，由传统海洋产业向新兴海洋高科技产业发展，间接减少了炼油、化工等传统产业带来的一系列海洋生态环境问题。

英国于2009年批准了《英国海洋法》，以适应现代海洋综合管理的需要，规范了海洋许可证审批与发放制度，强化了海洋自然保护区建设和野生动物保护方面的规定，有利于促进经济、社会与环境的协调发展，实现海洋可持续发展目标。2010年，英国政府发布《英国海洋科学战略（2010—2025）》报告，其中包含海洋生态系统研究，用于科学利用和保护海洋生态系统；气候变化与海洋环境互动关系，维持海洋环境与气候的协调；提高海洋生态效益并推动其可持续发展等。通过这些法律和研究，提升人类对海洋的认知水平，进一步对海洋生态环境进行有效管理。法国也通过海岸带综合管理政策保护海洋生物和生态平衡。

随着各国海洋观念的进一步强化和全球合作的进一步扩展，保护海洋生态环境已成为重要的国际议题，未来海洋环境的保护和治理将成为国家和区域共同承担的事务。

八、国际环境对中国的影响

当今国际海洋形势正在发生深刻变革，突出表现为世界各主要海洋国家纷纷强化和调整海洋政策，《联合国海洋法公约》生效的正面效应与负面效应同时显现；以海权角逐为核心的海洋地缘战略争夺不断加剧；海洋领域非传统安全威胁的影响日益凸显。在此背景下，中国的海洋安全面临着日趋严峻的挑战。因此，中国应该制定明确的海洋安全战略。在宏观战略层面，中国要把海洋安全战略纳入国家的大战略之中；在微观战略层面，中国应妥善处理中美关系中的海权问题，妥善解决中国与美国、日本及东南亚国家的海洋权益争端。

（一）美国海洋战略对中国的影响

1. 挤压中国海洋战略空间

美国全球海洋战略将亚太地区列为重点关注的战略地区，将防范中国作为维护其霸权和地区影响力的战略重点。近年来美国积极强化与日本、韩国、澳大利亚等军事盟国的关系，以防范和遏制中国发展壮大。美国在亚太地区加紧进行战场环境准备，以 Argo 浮标窃取我国专属经济区海洋环境要素资料，并通过军事侦察船侵犯中国领海等事件不仅严重侵犯了中国海洋权益，而且使中国处于海上对峙的劣势地位，威胁到了中国的国家安全。

2. 威胁中国海上交通安全

从中国东部沿海和南海经马六甲海峡进入印度洋的西行航线是中国的“海上生命线”，中国很大一部分的石油进口依赖这条要道，一旦出现安全问题，将重创中国经济发展。美国将马六甲海峡作为其必须控制的世界 16 条咽喉要道之一，并不断在此区域内开展军事行动，这给中国带来了巨大而直接的军事压力和海上通道安全风险。

3. 利用地区性冲突牵制中国

过去几十年间，美国通过不断插手台湾问题，将“以台制华”作为对华外交政策的重要内容，以此来防范和干扰中国。美国积极介入南海争端，强化其在南海周边的军事部署，加强与东盟的军事合作，促使南海问题向多边化、国际化和复杂化方向发展，以此维持南海地区的战略平衡，增加中国解决南海问题的难度，削弱中国在该地区的影响力。美国还借助钓鱼岛问题挑起中日矛盾，并借此不断强化美日同盟关系，其目的无非是要保持自己在西北太平洋海域的主导地位，使东亚国家互相制衡、彼此牵制。

（二）日本海洋战略对中国的影响

1. 进一步引发海洋争端

在钓鱼岛问题上，日本屡次破坏中日之间关于钓鱼岛的搁置原则。通过将钓鱼岛灯塔收归国有，把钓鱼岛的管理权从民间收归政府等一系列手段，加强对钓鱼岛的实际控制，改变钓鱼岛及其附属岛屿是中国固有领土这一既成事实，以逐步达成其占有的目的。在大陆架划分问题上，日本各部门协调一致，加大投入，在政府和民间力量的配合下，不计成本地加紧对面积约有 65 万平方千米的大陆架开展调查。在东海油气田开发问题上，日本拒不接受中方“搁置争议，共同开发”的主张，还妄图得到中国在东海勘测和开采的相关数据，这些举措都不利于中国和平解决海洋争端。

2. 威胁中国海洋安全

近年来，日本借口维护海上航线的安全，企图将海上势力渗透到马六甲海峡、巴士海峡等海上交通要塞。由于中国的对外贸易和石油进口大多须经由马六甲海峡，日本的战略部署将对中国的航线安全及海洋活动造成威胁。另外，日本把其防卫的范围向冲绳西侧推进了 555 千米（300 海里），直接威胁到中国进出太平洋及管辖海域的安全。

3. 孤立中国在亚太地区安全博弈中的地位

美日同盟的海上军事实力远超中国，日本国家海洋战略是以美国为后盾的战略，而中国没有完备的海洋战略，这两方面都导致了中国在亚太地区被孤立的被动局面。

4. 压缩中国海洋发展空间

日本海洋战略把中国定为首要威胁目标，并在军事和外交等方面企图围堵中国，压缩中国海域防卫范围，抢占中国领海周边海洋资源。日本借《联合国海洋法公约》中有关岛屿领域的规定，打着合法旗帜强行将冲之鸟礁在内及其附属 370 千米（200 海里）专属经济区和大陆架划归日本，非法辖制中国在太平洋上的海上航道。日本通过修改相关海洋法律，片面改变了关于海洋建筑物安全水域等的规定及其管辖措施，单方面提升这些水域的国际法律地位，扩大了日本在海上的管辖控制空间。这意味着中国海洋发展空间的缺失，给中国海上安全造成了严重威胁。

5. 强行干预台湾问题

日本有一条被称为“生命线”的西南航线，台湾海峡正处于其所谓西南航线上。因此，日本百般阻挠中国的统一，支持台湾“不独、不统”，这样一方面能够维护日本海上运输的畅通，另一方面还能阻挠中国伸向太平洋。台湾是对于中日两国都有重要影响的海上战略要道，因此也成为影响中日关系的重要因素。为此，日本不仅加强了与台湾的经济合作和贸易往来，还做好了应对台湾海峡突发事件的准备，将国家的战略重点逐渐转向西南方。据相关报道 2004 年日本防卫厅已经针对“台湾海峡危机”制订了详细的计划，并且明确规定了如果台湾海峡发生军事冲突，日本海上自卫队的潜艇可以攻击中国船只。台湾问题是中国的核心问题，也是关系到中日关系政治基础的敏感问题之一。日本上述行为严重影响了中日关系的政治基础，这将使中国解决台湾问题面临新的困难。

（三）东南亚国家和印度海洋战略对中国的影响

东南亚国家是中国海岸线上的邻国，也是中国经略海洋，走向远海的必经之路。东南亚国家如越南、菲律宾等国家海洋战略对中国的影响主要来自南海诸岛领土主权争端问题，也是美国、日本、印度等国家用于制衡中国的重要战略地带。但总体来说，对中国的影响并非致命。

印度是印度洋沿海新崛起的发展中国家中的海洋大国，印度海洋战略潜在威胁对象是中国，长期以来就有“中国威胁论”的说法。印度海洋战略对中国的影响主要有以下两点：一是使中国石油海上航线脆弱性增强。中国进口石油的50%来自中东地区，印度洋本就是印度海军活动的主要势力范围，加上印度的这些海军基地都处于印度洋海上交通路线的战略要地。中国主要的石油进口海运航线要从印度海军的势力范围内通过，这无疑将使中国的海运航线变得更加脆弱。印度国内一直有不少猜忌和反对中国的声音，一旦印度和中国的关系发生摩擦，中国通过印度洋的海上石油航线就可能出现危机。二是使中国海上安全压力倍增。印度一方面在政治和经济上通过加强与南中国海周边国家的对话与合作，提高自己在亚太地区的影响力和控制力，并通过加强对东南亚事务的干预实现其大国地位的梦想。另一方面，印度在军事上与东南亚各国展开战略合作，以抵消中国对南中国海地区日渐提高的影响。印度海军近年来频繁和东南亚国家进行海军联合演习，把活动范围扩大到了南中国海。印度还同越南建立战略关系，希望把越南作为其插手南海事务以牵制中国的“桥头堡”。印度和东南亚国家的军事合作，印度海军进入南中国海活动，把这一区域也划入其利益范围，也将刺激东南亚国家扩张海军力量，给中国的海上安全带来极大的压力。

第三节　建设海洋强国的国内背景

海洋强国建设是处理海洋事务的国策，各方面有较多的提法，我们综合归纳为以下五个方面的国内背景。

一、中华民族伟大复兴的需要

（一）建设海洋强国是必然趋势

党的十八大报告首次完整阐述了我国的“海洋强国”战略。党的十八届五中全会通过的《中共中央关于制定国民经济和社会发展第十三个五年规划的建议》提出要“拓展蓝色经济空间。坚持陆海统筹，壮大海洋经济，科学开发海洋资源，保护海洋生态环境，维护我国海洋权益，建设海洋强国”。这是我国战略理念、战略思路、战略举措上的一次重大突破。世界历史充分表明，实现国家富强和民族振兴，必须要建设海洋强国，掌握世界一流的海洋开发、控制和管理能力。

（二）建设海洋强国是历史使命

中国近代的百年屈辱史，可以说是海洋实力衰弱的直接体现。由于近代海洋军事实力的落后加之海权的丧失，多次阻碍了中国的工业化和现代化进程，致使中国严重落后于发达国家。以史为鉴，中国要想实现社会主义现代化、实现中华民族伟大复兴，就必须开发利用海洋，建设海洋强国。《联合国海洋法公约》正式实施以来，海洋作为国土空间和资源宝库的地位迅速显现，开发和利用海洋成为世界经济发展新的增长极，也成为沿海各国矛盾冲突多发的新焦点。尤其是当前我国正面临着严峻且复杂的海洋形势，海洋科技的飞速发展，海洋权益的争夺日趋激烈，海洋资源以及海洋边界的竞争成为各海洋国家海洋战略的重点。基于此，我国必须加快建设海洋强国以适应这种迅速变化的国际形势。海洋是全球化的战略通道和贸易走廊，是可持续发展的资源宝库和生态屏障，在中国当前"一带一路"的经济背景下，海上丝绸之路建设成为未来中国经济走向世界的重要通道，中国发展离不开海洋，必须加快海洋强国战略的实施。

（三）建设海洋强国关乎国家和民族命运，关乎改革开放和现代化建设全局

实施海洋开发，发展海洋经济，有利于拓宽未来发展空间，培育未来发展的新增长极，是促进国民经济持续稳定增长和加快转变经济发展方式的重要驱动力。保护海洋生态环境，维护人类生存的环境支持系统，是建设美丽中国、实现中华民族永续发展的重要内容。维护国家海洋权益，在战略上突破"海上包围圈"，形成区域海洋控制权，进而推动"和谐海洋"建设，是中华民族伟大复兴的重要标志。建设海洋强国是我国自近代以来的重大历史使命和时代要求。

（四）海洋事业的发展事关中华民族的伟大复兴

建设海洋强国是中国特色社会主义事业的重要组成部分。海洋安全是国家安全的重要组成部分，国家安全的威胁主要来自海洋方面。

（五）建设海洋强国是适应全球经济形势的必由之路

目前我国经济已深度融入全球经济，需要继续通过海洋利用世界资源和全球市场。我国在全球拥有不断增长和越来越广泛的战略利益，只有通过建设海洋强国，才有能力维护国家的领土主权、海洋权益和国家安全，才能为国家经济和社会发展提供必要的保障。海洋历来是大国战略博弈的舞台，中国必须积极参与各种国际海洋事务，发挥与我国国际地位相称的影响力，谋划和获取国家战略利益，保障国家的长远发展。走向海洋、建设海洋强国是保障国家实施"走出去"战略的重大举措，是全面建成小康社会的必然选择，是实现中华民族伟大复兴的必由之路。

二、全面建设小康社会的需要

海洋蕴藏着十分丰富的自然资源。实现全面建成小康社会的战略目标，要大力拓展海洋空间，科学开发海洋资源，把海洋建设成为补充和接替我国食物、能源、淡水、金属矿产和空间等资源的战略性基地。

我国可持续发展需要“以海撑陆”和“以洋补海”。我国陆地国土中 2/3 属于西部大高原区域，开发成本高，生态环境脆弱。我国周边海域被岛链封锁，管辖海域相对较小，需要谋求全球海洋的支撑。

我国是世界人口最多的国家，理应分享较多的海洋利益，应有效维护国家管辖海域的海洋权益，保障海上战略通道安全，行使公海自由航行的权利，分享国际海底财富。我国是综合实力快速增强的国家，理应积极探索海洋，维护世界海洋和平与稳定，为增进人类海洋知识做出应有贡献。

我国已成为高度依赖海洋通道的外向型经济大国。进出口货物总量的 90% 是通过海上运输完成的。世界航运市场 19% 的大宗货物运往中国，22% 的出口集装箱来自中国，我国商船队的航迹遍布世界 1200 多个港口。我们必须走向海洋，成为海洋强国，才有可能分享更多的海洋利益，实现民族复兴。

海洋生态文明是我国生态文明建设不可或缺的有机组成部分。“美丽中国”离不开“美丽海洋”。改革开放以来东部的率先发展，为实现“三步走”战略的阶段性目标做出了重要贡献。未来的海洋将为实现全面建成小康社会目标，增进广大民众的福祉，让人民群众享受碧海蓝天、洁净沙滩做出更大贡献。

三、建设海洋强国的条件基本具备

（一）我国具备了建设海洋强国的综合国力基础

2010 年我国 GDP 跃居世界第二位。目前，我国经济社会发展进入了历史新阶段，已成为世界第一大货物贸易国、第二大经济体、第三大对外投资国，综合国力稳步提升。雄厚的综合国力是建设海洋强国的重要物质保障。

（二）陆海兼备的地缘特征是建设海洋强国的基础条件

我国地处欧亚大陆东端，濒临西太平洋，背陆面海，是陆海兼备的大国。经过长期的投入与经营，我国形成了一定的陆权优势，陆地上的开发与建设取得了举世瞩目的成就，陆上安全环境也得到了前所未有的改善。我国大陆海岸线长达 18 000 多千米，岛屿岸线 14 000 多千米，领海、专属经济区和大陆架等主张管辖海域约 300 万平方千米。海洋环境条件比较优越，海洋资源相对丰富，具备走向海洋的基础条件。

（三）我国已经成为发展中国家中海洋事业最发达的国家

近年来，我国海洋经济以持续高于同期国民经济增速发展，海洋经济总量不断扩大，海洋产业增加值从 2001 年的 1 万亿元增加到 2016 年的 6.96 万亿元，年均增长 13.8%；

2016年占GDP的比重达到9.4%，海洋已经成为国民经济新的增长点。中国的国际地位和影响力不断提升。海洋渔业产量长期保持世界第一，海运货物吞吐量连续10年居世界第一，海洋油气产量超过5000万吨油当量，造船工业订单量位居世界第一，船舶出口覆盖169个国家和地区。从事涉海工作的人口3500多万。海洋科技创新能力不断提高，海上军事力量持续壮大，是名副其实的海洋大国，这也为由大变强奠定了坚实基础。

（四）建设海洋强国的条件基本成熟

我们选择走中国特色社会主义道路，国家政治稳定，经济发展较快，综合国力快速提升。海洋在国家发展中的战略地位不断提升，党中央做出了“实施海洋开发”“发展海洋产业”“建设海洋强国”的战略部署。海洋法律体系日益完备，制定了《中华人民共和国领海及毗连区法》《中华人民共和国专属经济区和大陆架法》等海洋法律。海洋管理体制逐步完善，综合管控能力不断提高。海洋科学技术取得重大突破，海洋产业体系不断优化，海洋资源开发能力持续增强，已初步构建具有国际先进水平的深海资源勘查技术体系。海洋石油981钻井平台实现了在南海2500米深水钻井作业，并发现了新气田。成功发射了“海洋一号”和“海洋二号”海洋系列卫星，实现了对海洋动力环境的监测。国家海上力量日益强大，维护海洋安全和权益的能力明显增强，实现了我国管辖海域的定期巡航执法。国民海洋意识快速增强，建设海洋强国已经成为全社会的共识。世界和地区局势总体平稳，我国与世界主要大国关系保持稳定。我国的海洋事业总体上进入了历史上最好的发展时期，建设海洋强国正处于重要战略机遇期。

四、国家战略安全的需要

当前我国正处于国际政治经济格局复杂多变的环境中，我国的改革发展也进入了关键时期，海洋正在深刻影响着我国经济社会发展形势和未来发展走向。我国是海陆兼备的大国，在全球范围内有着广泛的海洋战略利益，事关国家主权、安全和发展。

（一）国家战略利益

从区域看，维护国家战略利益就是维护周边安全环境和发展空间的利益。维护岛礁主权和国家统一，确保我国在领海、专属经济区、大陆架的主权和主权权益不受侵犯，是国家核心利益在海上的体现。保障海上国家安全、维护海洋权益，保障周边政治安全局势为我所控，防范海上军事威胁，不仅是国家安全和社会发展的根本利益，也是确保海上利益和发展空间的根本保障。

从海上看，维护国家战略利益就是维护海上自由航行和通道安全的利益。海上运输是我国的经济命脉。通往中东、非洲和欧洲的海上航线承担着我国80%以上的石油及天然气和40%以上的集装箱运输，通往澳大利亚和东南亚的海上航线承担着我国60%的矿石原料和粮食运输，通往日本和美洲的海上航线承担着我国近45%的集装箱和25%的矿石原料和粮食运输，保障关键海上通道安全不受威胁和在公海的航行自由不受他国制约是我国在海上的核心战略利益。只有维护好航行自由和通道安全，才能保障我国的发展利益不受损害，确保我国开放型经济体系的安全运行。

从全球看，维护国家战略利益就是维护海外利益和获取海洋资源的利益。我国海外利益广泛分布于全球各地，对国内经济社会发展的战略重要性日益凸显。2013 年，我国共对全球 156 个国家和地区的 5090 家境外企业进行了直接投资，累计实现非金融类直接投资 901.7 亿美元。确保海外利益是我国发展利益的重要组成部分，也是确立强国地位和履行国家责任的重要体现。向国际公海要资源、要空间，已经成为各海洋大国的重要战略需求，是积累海洋资源财富、壮大海洋经济、拓展海洋发展空间、推动海洋科技创新的重要出路，也是在新一轮国际竞争中保持优势的重点争夺战场。

综上所述，保障周边海洋安全、海上航行自由、海外利益和资源获取是我国建设海洋强国的重大战略利益，也是国家核心利益在海洋的体现。

（二）国家战略目标

着眼于建党一百年，建设海洋强国的目标是：成为海洋经济发达、海洋生态环境健康、海洋科技创新取得突破、管辖海域局势可控、在国际海洋事务中发挥重要作用的地区性海洋强国。

着眼于新中国成立一百年，建设海洋强国的战略目标是：成为海洋综合国力世界领先、确保对管辖海域有效控制、保障海上航行自由与安全、保障海外利益和海洋资源的获取、对国际海洋事务具有重大影响力、实现海洋治理能力现代化的新型海洋强国。

五、资源和环境压力

随着我国经济社会不断发展和国际地区形势复杂演变，海洋已成为我国维护国家安全、拓展发展空间的主要方向，我国全面经略海洋、建设海洋强国既面临严峻挑战也拥有难得机遇。我国海洋发展面临制约，由于经济全球化和一体化的深入发展，我国经济发展高度依赖海外市场、外部资源和海洋通道的特征进一步凸显，海洋经济发展不平衡、不协调、不可持续问题依然突出，高成本、低效率、粗放式增长模式尚未根本改变，部分海洋产业产能过剩问题仍有待解决。海洋资源开发与环境保护之间的矛盾加剧，近海生态恶化趋势尚未根本遏制，生态环境保护面临严重威胁。

随着我国人口的不断增长和经济的不断发展，海洋资源正面临枯竭的压力，一方面对海洋资源的需求量增加，另一方面海洋资源的开发利用水平较低，无法实现循环、永续、可持续的利用，加上粗放的开采方式，海洋资源面临严重的国内约束。主要体现在以下两方面：一是海洋资源开发利用不合理。海洋生物资源开发过度；大规模围填海破坏了海岸带环境，使海岸带生物失去了生存环境；海洋油污污染破坏了海洋生物的栖息环境。二是海洋资源开发能力不足。探采手段落后；装备与技术水平较发达国家差距大。

2012 年之前，中国沿海区域经济和海洋经济增长基本上沿袭了以规模扩张为主的外延式增长模式，使得近海海洋生态系统受到严重威胁。尽管中国政府高度重视海洋生态环境保护工作，采取多种措施积极防治，并取得了一定成效，但与陆地生态环境保护相比，海洋生态环境保护工作仍然是薄弱环节，中国近海环境质量不断恶化，生态系统受损，生态承载力持续下降，严重威胁到中国海洋的可持续发展。与此同时，随着国家沿海地区发展战略的实施，海洋可持续发展面临新的形势和挑战。

（一）中国近海生态环境现状形势严峻

近海海洋环境污染严重，近岸海域总体污染程度较高，主要集中在沿海经济最发达区邻近海域，如渤海、长江口、珠江口等海域；海洋生态系统健康受损，大规模围海造地、污染、外来物种入侵，导致滨海湿地大量丧失和生物多样性降低，我国近岸海洋生态系统严重退化；海洋生态环境灾害频发，中国管辖海域的生态环境灾害主要包括有害藻华（赤潮、绿潮）、海岸侵蚀、海水入侵和溢油等。海岸侵蚀、海水入侵等持续性海洋灾害继续呈增加态势；近海海洋渔业资源衰退，中国近海渔业资源在 20 世纪 60 年代末进入全面开发利用期，随着捕捞船只数和马力数不断增加，加之渔具现代化，对近海渔业资源进行掠夺式捕捞，导致资源衰退，渔业资源已进入严重衰退期。

（二）重大海洋生态环境问题威胁凸显

陆源污染物大量排放入海，海洋生态环境持续恶化；近海富营养化加剧，引发严重海洋生态灾害；大规模围填海失控，海洋生态服务功能受损；渔业开发利用过度，资源种群再生能力下降；流域大型水利工程过热，河口生态环境负面效应凸显；海平面和近海水温持续升高，近海生态环境面临新的威胁。

第四章　海洋强国战略体系研究

21世纪是海洋世纪。中国正处在全面走向海洋、建设海洋强国的战略机遇期。建设海洋强国必须顺应国际发展潮流，着眼于中国特色社会主义事业发展全局，统筹国内国际两个大局，走新型海洋强国建设之路，打破“国强必霸”的历史发展模式。通过和平、发展、合作、共赢的方式，分阶段、有步骤地扎实推进海洋强国建设。制定海洋强国战略，必须从我国的实际出发，着眼于21世纪全球政治、经济、军事、科技发展大格局，服从我国“三步走”的现代化总战略，坚持海洋经济和海洋安全同步建设的原则，牢固树立建设海洋强国的民族意识，把走科教兴海之路，开发和保护海洋，强化海洋综合管理，增强海防实力，维护国家海洋权益作为历史使命和神圣责任，合理开发利用海洋资源，全面振兴海洋产业，使海洋经济领域和海防建设率先实现现代化，从而实现由海洋大国向海洋强国的历史性跨越。

第一节　海洋强国的经验与启示

在全球政治多极化和经济全球化的历史进程中，海洋已成为国际政治、经济和军事斗争的战场，海洋战略在这场斗争中显得尤为重要。因此，国家海洋战略是国家发展战略的重要组成部分。本部分着重分析世界海洋强国包括美国、英国、俄罗斯、日本和澳大利亚等国海洋战略的发展过程及经验，并提出制定我国海洋战略的对策与建议，以期为我国海洋战略调整提供参考与启示。

一、以强大海军为基础的美国海洋战略

美国作为世界上综合实力最强盛的国家，离不开自然地理条件的优越性，海洋在美国的国家建立和发展、强大的过程中起到了天然屏障的作用。美国位于北美洲中部，东临大西洋，西濒太平洋，是一个海洋大国，海岸线长22 680千米，拥有1400万平方千米的海域面积，其专属经济区内海域总面积达到340万平方千米。一直以来，美国政府高度重视海洋管理、利用及相关产业的良性发展，美国沿海地区每年经济产值在GDP中约占1/10。美国是世界上制订海洋规划最早也是最多的国家，这是美国海洋战略的重要特点。美国将马汉的海权论作为国家海洋战略规划的根本理论，结合科学合理的海洋策略，不仅使自身发展成为海洋强国，而且凭借强大的军事实力和强权政治，成为世界的海洋

霸主，在军事、政治、经济等方面都有着重要的影响力。

（一）高度重视海洋军事实力的建设

强大的军事实力，一直是美国在国际舞台上扮演“警察”角色的重要手段。而美国在建设海洋强国过程中，始终将海洋军事力量建设放在核心战略位置上，通过两次世界大战的胜利，美国进一步壮大了海军队伍，尤其在航母和海空兵方面，为美国的海洋霸主地位奠定了坚实的基础，并且将优势一直保持并扩大。到今天依旧牢牢主导着全球海上的发展趋势，根据本国利益调整全球的海洋局势，当前在中国南海问题和干预朝鲜半岛局势上的强势态度正是最好的说明。

2015 年 8 月 21 日，美国国防部发布《亚太海上安全战略》，全面阐述了美国对于亚太海上安全的立场。该战略认为，亚太海上安全涉及太平洋、印度洋、东海、南海等海域，美国在该地区的目标是维护海洋自由，慑止冲突和胁迫，推动对国际法和国际标准的遵守。

（二）强调海洋科技的长远规划

美国高度发达的海洋事业得益于其强大的海洋科技实力。美国拥有众多世界著名的海洋科研机构，如伍兹霍尔海洋研究所、斯克里普斯海洋研究所、拉蒙特-多尔蒂地质研究所及国家海洋和大气管理局所属的水下研究中心等，各研究机构人才济济、装备先进、资金充足。更重要的是，美国从国家层面制定的海洋科技发展政策为其海洋科技的发展提供了巨大支持。美国非常重视海洋科技发展战略规划，从 20 世纪 50 年代起，先后出台了一系列战略规划，如《美国全球海洋科学规划》、《90 年代海洋学 ：确定科技界与联邦政府新型伙伴关系》、《90 年代海洋科技发展报告》、《1995—2005 年海洋战略发展规划》、《21 世纪海洋蓝图》及其实施措施《美国海洋行动计划》等，体现了海洋科技在海洋发展过程中的重要地位。此后，美国又先后制定并批准了《美国 21 世纪海洋工作议程》等文件，明确强调了海洋科技对于提高美国海洋地位和综合国力的重要作用。为其海洋科技的快速发展提供了强有力的政策支持，使美国在海洋科学基础研究和技术开发方面形成了显著的领先优势，为美国海洋事业的发展与强盛提供了根本的支撑。

2000 年 8 月，美国颁布了《海洋法令》，2001 年 7 月又根据该法令成立了全国统一的海洋政策研究机构——海洋政策委员会，并陆续制定了《21 世纪海洋发展战略规划》《2001 ～ 2003 年大型软科学研究计划》等文件。特别是在 2004 年底，美国海洋政策委员会对海洋管理政策进行了迄今为止最彻底的评估，向国会提交并通过了名为《21 世纪海洋蓝图》的海洋政策报告，标志着美国海洋发展战略迈上了新高度。2007 年，美国公布了海上力量发展的具体战略——《21 世纪海上力量合作战略》。并在同年发布了《规划美国今后十年海洋科学事业：海洋研究优先计划和实施战略》。

（三）加强海洋资源的开发与保护

美国对海洋环境的重视程度从国家意志上就得到了良好的体现，在立法和执法上美国政府关于对海洋的开发与环境保护有着一套完善的法律和制度保障，切实为美国海洋的可持续发展营造了长远的有利环境。美国相继制定并颁布了《海洋资源与工程开发法》《国家环境保护策略法案》《国家环境政策法》《海洋研究、保护和保护区法案》《海洋哺乳动物保护法》《海岸湿地规划、保护和恢复法》《渔业保护和管理法》等一系列从完整意义上关于海洋资源、海洋环境等方面的法律，对海洋资源的有序开发、海洋生态的合理保护、海洋污染治理做出了明确的规定。《21世纪海洋蓝图》中，从海洋生态体系的完整性角度对海洋的生态系统做出了详细的评价并对海洋资源利用、渔业物种保护、防治海洋污染等方面做出了细致的部署与要求。美国对于海洋可持续开发与利用的高度重视，不仅体现在详尽、系统的立法中，在海洋管理方面也可以看到其重视程度。实现经济社会的可持续发展和以生态系统为基础的管理是美国制定海洋政策的两个重要指导性原则。海洋政策委员会是美国新成立的部门协调机构，用以沟通协调渔业管理委员会、交通部、国家海洋和大气管理局、海岸警卫队等多个部门之间的对话与工作，在加强海洋环境保护方面起到了积极的作用。美国国家海洋和大气管理局隶属于商务部，它是负责开发海洋资源和管理海洋事务的主要机构，在开发与保护海洋资源、统筹管理海洋保护区、严格控制有害物质入海及处理海上溢油事件等方面承担着主要的职责。美国国家环境保护局作为美国环境科研工作的主要负责机构，它的宗旨和目标是保护人类的健康和进行环境保护。同时，它研究制定并执行与海洋环境保护相关的法律。因此，国家环境保护局在美国的海洋事务处理中承担了重要的任务。截至目前，美国已经拥有了完备的机构设置和完善的立法体系，在解决海洋问题上具有较为突出的成绩，值得我国借鉴。下设于美国政府的海洋保护办公室和海洋事务局是专门负责国际海洋问题的两个机构。前者承担着管理国际渔业事务的职责，后者主要负责国际海洋法与政策、海洋污染、海洋哺乳动物、极地事务和海洋科学等方面的工作。而海洋污染的防治作为海洋事务局重中之重的工作任务被列入国家重点研究的课题之中。

（四）强调海洋综合管理能力的提升

美国完善海洋经济政策、政治体制，以及对海洋可持续发展的开发与保护等举措都是其海洋发展领先的主要推动力。美国视海洋为国家的生命线，在有效利用海洋资源的前提下，美国的海洋经济水平居世界前列，主要特点为：利用海洋起步早、科技水平发达、开发程度高、资源配置科学，这些对海洋经济的可持续发展起到了重要保障作用。早在20世纪60年代，美国就树立了海洋和海岸的综合管理理念，到21世纪初期，经历了形成、发展、成熟阶段，颁布了一系列关于海洋经济战略规划的政策和诸多海洋法律，目前已经成为全世界最为系统和最具科学性的海洋经济管理体系。同时相应的海洋管理体制也基本确立，美国通过海洋行业管理机构、海洋综合性职能部门和集中管理部门（海岸警卫队）实现了国家对海洋管理的中央与地方相协调、统一与分散相结合的管理体制。尽管中间存在过诸多问题和矛盾，但是对美国的海洋经济发展发挥了巨大作用。随着21世纪初美国《21世纪海洋蓝图》战略报告的问世，美国在海洋管理上进行了全新的部署和确定了新的发展导向，通过强化海陆统筹协调、集中管理等措施，成立了新的海洋政策委员会，将海洋的地位进一步提升到国家战略高度，从整体上对国家海洋事务进行共同决策，从路线、方针、政策制定和实施过程中实现国家、州、社会成员等多方广泛协商，树立了国民性海洋意识，进一步提升了美国海洋强国综合实力。

二、英国以变革推动各时期海洋发展

英国是一个岛国，西临大西洋，东隔北海，南以多佛尔海峡和英吉利海峡同欧洲大陆相望，是一个典型的海洋国家。英国是近代以来 4 个世纪的海上世界巨人，在 400 多年的历程中，英国的海洋战略经历了发展海外贸易战略、确立海洋称霸的战略、维持海上霸主地位的战略及海洋霸主帝国衰落的几个阶段。早期英国把海洋当作阻挡外敌入侵的“城墙”。英国逐步成为富强国家之后，海洋成为聚敛财富的通道，海军则是推行海上扩张国策的基本工具。随着第二次世界大战的结束，资本主义国家形成了新的世界格局，海外殖民地争夺日渐激烈，殖民地、半殖民地国家人民进行了独立斗争。英国的海上霸主地位开始受到挑战，并将海外扩张政策调整为海洋防御策略。早期的英国各个政府部门对海洋事务及海上管理承担着相应的职责，各司其职、各负其责。英国政府各部门之间的明确分工加之有力的管理和有效的协调沟通，使得英国的分散管理模式成为适应当时国内外政治形势，并有效协调与管理海洋环境的一套运转良好的管理体制，发挥了英国自由主义政治制度的优势，有利于国家的整体发展，尤其为国家经济发展和市场的扩大做出了巨大贡献。

（一）海洋管理体制

随着世界范围内海洋环境的变化，以及各国对海洋重视程度的不断提高，对海洋经营程度的不断深化，英国有关政府部门、致力于海洋保护的非营利性组织和广大市民都开始积极呼吁英国政府制定并颁布综合性的海洋政策，希望海洋事务趋于统一、集中式的管理。在全球海洋形势变迁和海洋管理机制不断完善的背景下，加之英国海洋事业蓬勃发展的推动下，英国政府逐渐意识到现有的海洋事务分散管理体制已经阻碍了英国海洋事业的进一步发展。因此，英国政府也开始着手改变与完善海洋管理体制，以便更好地适应不断复杂的海洋问题以处理相应的海洋事务。在不打破原有机制的基础上，英国为了更有效地协调海洋各部门之间的权责义务，解决彼此间的海洋事务矛盾，英国将“治理”的理念引入海洋事务管理中，试图在政府各部门与社会企业之间、管理机构与研究部门之间建立起协调相处并实现共赢的网络伙伴关系。为此，英国首先以制定综合性高层次的海洋法律和政策为主，如《保护我们的海洋》研究报告。在《变化中的海洋》中，呼吁用新的管理方法对海洋进行集中开发与管理。英国成立了负责海洋管理的综合协调机构——海洋科学技术委员会和皇家地产管理委员会，前者作为海洋事务管理的主要协调机构，主要监督政府出资的相关海洋科技活动的进展情况，对各个研究领域与全国合作计划的实施情况进行评估，使研究方向与研究报告中的国家目标相一致，并有效地解决与处理日常工作中出现的问题。后者主要负责海域的使用管理。

为了顺应国际海洋发展形势，与《联合国海洋法公约》相适应，英国以法律的形式制定综合海洋政策。2009 年 11 月出台的《英国海洋法》，就是英国海洋政策制度化、法律化的具体体现。它标志着英国的海洋管理事业正式进入了综合性发展的行列，并明确了英国新海洋管理体系的主要内容，即海洋综合管理、海洋规划、海洋使用许可证审批与管理、海洋自然保护、近海渔业与海洋渔业管理及海岸休闲娱乐管理。《英国海洋法》不仅包含具有宏观性的指导条款，也包含处理微观事务的政策措施，实施性和可操作性较强。法律坚持可持续发展原则，重视和强调综合管理与协调，依靠综合管理来统筹处理海洋事务，注重海洋生物多样性保护。强调公开、透明，鼓励公众参与决策与管理。为英国建立新的海洋工作体系和进一步发展海洋事业奠定了坚实的法律基础。

（二）海洋科技发展

海洋科技发展战略是英国海洋战略的重要组成部分。2010 年 2 月制定的《英国海洋科学战略（2010—2025）》，是由英国政府资助、旨在实现关键战略科学目标的一个中期研究计划，主要包括 10 个研究主题和 3 个机构建设内容。10 个研究主题包括气候、海洋环流和海平面、海洋生物地球化学循环、大陆架和海岸带过程、生物多样性和生态系统功能等。该战略规划旨在促进政府、企业、非政府组织及其他部门支持英国海洋科学发展和海洋部门间合作；制定了英国海洋科学战略的需求、目标、实施及运行机制，并对英国 2010 ～ 2025 年的海洋科学战略进行了展望，对英国的海洋经济和社会发展意义重大。

（三）海洋产业提升

海洋产业对英国经济和社会发展意义重大。英国第一个海洋产业增长战略报告——《英国海洋产业增长战略》明确提出了海洋休闲产业、装备产业、商贸产业和海洋可再生能源产业是未来重点发展的四大海洋产业。报告提出了帮助英国海洋产业有效地应对全球市场变化，能够使海洋产业相关机构扩大其市场份额，能够帮助英国经济发展实现平稳增长和再平衡等战略原则。

三、俄罗斯走上海上强国建设复兴之路

俄罗斯三面环海，北临北冰洋，东接太平洋，西濒波罗的海，周围有鄂霍次克海、白令海、楚科奇海、东西伯利亚海、拉普捷夫海、喀拉海、巴伦支海、白海、里海、亚速海和黑海等 12 个边缘海。海上疆界达 38 800 千米，占俄罗斯所有疆界的 73%。俄罗斯的大陆架面积达 420 万平方千米，其中 390 万平方千米为油气资源的远景区，仅在俄罗斯北方海域的大陆架上就集中了 60% 的油气资源，在远东沿海大陆架上集中了 30% 以上的油气储量。

苏联解体后，由于地缘政治的结果，俄罗斯现在有 64% 的国土属于北方地区；远东太平洋海域更是与俄罗斯经济发展密切相关的重要区域，该区域的海洋综合力量居国家海洋经济综合力量的主导地位。苏联的解体，使俄罗斯经济发展一度受到影响，经过持续的努力，国力不断提升，从而摆脱了苏联解体后俄罗斯的羸弱形象，逐渐恢复了其世界海洋大国的地位。俄罗斯海洋发展战略主要包括以下两方面。

（一）海洋资源的充分开发

为全面提升海洋战略地位，2001 年 7 月 27 日，俄罗斯总统普京批准了《俄罗斯联邦海洋学说》，该文件为联邦至 2020 年期间的海洋政策，并将这一政策作为今后俄罗斯海洋政策的基础。政策制定的范围几乎涵盖了世界上所有的海洋。俄罗斯的主要目的是尽可能地获取更多的资源，其开发资源的目标已从大陆架延伸到了大洋底层。同时，开展与海洋有关的科技活动，强调对各大洋底层生物和矿物资源的勘探与开发，再次显示出这一政策的经济指向。随后，俄罗斯又编制并公布了世界上独一无二的北冰洋海底地形图，北冰洋海底独特的地图首次能详细预测有前景的油气田储量，并确保了船只在北极海域航行的安全。

（二）海洋军事力量的复兴

军事上，俄罗斯直言不讳地宣布要确保俄罗斯联邦海军在世界海洋中的地位，并为此在各海域确定了明确的走向。2009 年 3 月俄罗斯颁布了北极战略规划——《2020 年前及更远的未来俄罗斯联邦在北极的国家政策原则》。无论是俄罗斯科考队在北冰洋的科学考察和洋底插旗，还是俄罗斯海军重返世界大洋进行军演，都传递了同一个信号：俄罗斯正在走上复兴海上强国之路。

相比前面几个海洋大国，俄罗斯海洋战略则主要以军事战略为主，普京曾多次强调“重振俄军雄风必须首先从海军开始”，先后签署了《俄联邦海军未来 10 年发展规划》《俄罗斯联邦海洋学说》，形成了 20 世纪末 21 世纪初俄罗斯的海洋军事新战略。

四、日本高度重视海洋科技发展

日本是一个濒海的资源小国，同时具有大国化倾向，走向海洋有其独特的政治、经济和社会背景。因此，日本十分重视对海洋的控制，以便谋求更大的战略利益。日本海洋意识的发展经历了海洋屏障意识、海国论、耀武于海外思想和海洋利益线理论等几个阶段。研究认为，近年来日本主要从四个方面推进海洋战略。

（一）重视海洋经济发展

20 世纪 60 年代开始，日本开始推行“海洋立国”战略，大力发展国际贸易和海洋产业。自此，日本政府把经济发展的重心从重工业、化工业逐步向开发海洋、发展海洋产业转移，迅速形成了以海洋生物资源开发、海洋交通运输和海洋工程等高新技术产业为支柱的现代海洋经济结构。

（二）加强海洋资源开发与技术研发

20 世纪 80 年代以来，由于海洋战略地位的提高，日本认识到开发海洋资源不仅可以带来巨大的经济利益，也可以为海军发展提供经费保障。为此，从 1983 年起日本就开始调查海底资源，并耗费了巨大的精力和财力。冷战结束以后，日本政治右倾化逐渐明显，对海洋的关注和对海洋战略的研究逐步升温。

（三）完善海洋管理体系

日本的经济和社会发展高度依赖海洋，开发利用海洋的意识强烈，已经形成了比较完善的各类海洋政策。2007 年 4 月 20 日，日本国会通过了《海洋基本法》。该法规定，政府负责实施海洋政策，制定海洋基本计划并每 5 年进行一次修改。日本提出要“实现和平、积极开发利用海洋与保护海洋环境之间的和谐——新海洋立国”，建立国家战略指挥中枢——综合海洋政策本部（又称海洋本部）。此外，海洋本部制定的有关方针和计划及内阁审议通过的《防卫计划大纲》等政策性文件也具有法律效力。2012 年 2 月 28 日，野田内阁通过了《海上保安厅法》《领海等外国船舶航行法》修改法案，并提交国会审议。这是日本政府应对与邻国间的领土和海洋争端、加强实际控制的法律举措。2013 年 4 月，日本政府通过了作为日本未来 5 年海洋政策方针的海洋基本计划，将根据这一计划完善日本周边海域的警戒监视体制，并推进海洋资源的开发。

（四）重视海洋军事发展

2013 年 12 月 17 日，日本政府通过了新的《防卫计划大纲》，这是为期 10 年的新防卫计划，内容包括增加军事支出和扩建海上自卫队。同时公布了一套更为强硬的国防战略，即首部未来 10 年的《国家安全保障战略》。日本前首相安倍晋三的愿景是让日本成为一个更强大和更独立的军事强国，新国防战略是这一愿景迄今最具体的体现。2015 年 7 月 15 日，由执政党控制的日本众议院和平安全法制特别委员会，强行通过了安倍内阁制订的安保相关法案，为日本自卫队出兵海外、行使集体自卫权迈出了重要的一步。

五、澳大利亚推行海洋综合管理模式

澳大利亚四面环海，海洋资源丰富，海洋产业发达，在许多海洋产业中具有国际竞争力。其优势包括高速铝合金船和渡船的设计与建造、近海油气、海洋研究、旅游、环境管理、藻类养殖和鱼类养殖等。澳大利亚拥有广阔的大陆架和专属经济区，并且通过国内立法、向联合国申请和与邻国进行谈判，维护和扩展自己的海洋国土及利益。澳大利亚宣称在本土大陆及所属岛屿的周边海域一共拥有 815 万平方千米的海上专属经济区，这个面积在全世界所有国家中位居第三。如果把澳大利亚宣称拥有主权的南极领土也包括在内，再加上其周边海域，澳大利亚的海上专属经济区面积将会达到 1019 万平方千米。澳大利亚的大陆架总面积为 1071 万平方千米（如果包括南极领土的大陆架，总面积就是 1275 万平方千米）。2008 年 4 月 9 日，大陆架界限委员会采纳了一组确认澳大利亚大陆架的外沿界限的建议，对 9 个地区的大陆架边界进行了明确的界定。这项决议使得澳大利亚从海基线算起 370 千米（200 海里）内的大陆架管辖权增加了 256 万平方千米（其中包括南极领土周边 68 万平方千米的大陆架）。从这些数据可以看出，澳大利亚拥有管辖权的海洋面积比大陆的面积几乎大了一倍。如果把澳大利亚宣称拥有主权的南极领土也计算在内，那么澳大利亚就是对地球表面管辖权最大的国家——领土和领海的面积加起来，大约有 2720 万平方千米。换句话说，澳大利亚对地球表面 5% 的面积拥有管辖权，只算海洋面积大约是4%。澳大利亚的南极领土面积几乎相当于本土大陆面积的一半，但是，即使不算南极领土，从国家管辖权的角度来看，澳大利亚拥有管辖权的土地和海洋总面积也高居世界第二，仅次于俄罗斯。澳大利亚的海洋发展战略主要包括两方面。

（一）重视海洋产业的发展

20 世纪 90 年代以来，为了更好地统筹协调全国海洋产业的发展，澳大利亚制定了 1990 ～ 1994 年海洋产业发展战略，1996 年澳大利亚重新出台的海洋产业发展战略，其基本要点是：加强海洋资源的开发与利用；建立有效的海洋工作协调体系；加强海洋管理，促进海洋科学技术与海洋产业的有机结合。其目标是：海洋产业应具有国际竞争性；海洋产业发展具有可持续性。

（二）加强海洋综合管理及政策

澳大利亚在积极发展海洋产业的同时，十分注重海洋管理。1989 年，澳大利亚的海洋专家就开始呼吁政府制定海洋综合管理措施。由环境与遗产部牵头，就制定海洋管理政策问题进行了大量的调查研究，与政府各部门、社区及主要的利益相关者，进行了广泛的协商后，编写了一系列与海洋管理有关的技术报告。之后，于 1997 年在首都堪培拉召开了澳大利亚海洋论坛。根据论坛期间所收集的各种信息，完成了《澳大利亚海洋政策》的起草，并于 1998 年 12 月 1 日，获得了澳大利亚联邦政府总理的批准。2004 年 12 月 14 日，澳大利亚政府总理霍华德宣布建立“海事识别区域”（maritime identification zone），从澳大利亚海岸向外延伸 1852 千米（1000 海里），涉及识别那些试图进入澳大利亚港口的船只和途径澳大利亚专属经济区的运输船只。澳大利亚之所以要划定这样一个广阔的区域，是为了确保政府能够识别试图进入澳大利亚港口的船只（包括机组人员、货物和航线）。

澳大利亚发布海洋政策，其目的是：统一产业部门和政府管辖区内的海洋管理政策；为保证海洋的可持续利用提供一个框架；为规划和管理海洋资源及其产业的海洋利用提供战略依据。澳大利亚海洋政策的出台，标志着澳大利亚在保护、了解和利用海洋方面迈出了实质性的一步。

六、国际经验与启示

发达国家的海洋战略根据其所处的历史时期和地理环境的不同，在海洋发展战略规划中都呈现出鲜明的特点，如美国成为海洋强国有其独特的地理、移民和政治优势，同时又有两次世界大战的历史机遇等。英国海洋强国的崛起源于其对海外财富的攫取，以及后期对国家海洋战略的调整。虽然不同国家走向海洋强国有其不同的战略路径，但是究其背后的原因，可以得出一些共性的结论和特征，如海洋战略的核心目标自始至终都是最大化地谋求国家利益，海军是海洋建设的核心力量，海洋建设的有力保障是完善的海洋法律体系，综合国力是决定海洋强国兴衰的主要因素，建设海洋强国必须有坚实的政治基础和先进的科学技术支撑等，总结分析这些战略特点可以为中国提供有益的经验与借鉴。

我国虽然也拥有丰富的海洋资源，但海洋发展战略意识起步较晚，海洋经济与海洋科技乃至海洋军事等方面发展不成熟，如何对海洋强国的内涵再认识、再定位，坚持“以海兴国”的民族史观，使中国崛起于21世纪的海洋，是事关中华民族生存与发展、繁荣与进步、强盛与衰弱的重大战略问题，美国、日本、英国和俄罗斯等国家均根据自身特点及国家需要制定并完善了海洋战略，我们更应该分析其中特点，结合自身实际需要，从下面几点寻求海洋发展的突破口。

（一）重视海洋强国的战略决策

纵观美国、英国等海洋强国的发展脉络，说明沿海国家的生存发展从根本上与海洋息息相关，海洋强国的共同经验就是它们都制定了符合国家利益的战略。传统海洋观念是：掌握了先进的海上军事力量，就掌握了海洋的主动性。在新的历史时期，世界强国仍然十分重视海洋，坚持实施海洋强国战略。世界海洋强国在开发和利用海洋的过程中，普遍认识到国家综合管控海洋的重要性，制定高规格的海洋发展战略和政策，将海洋科技与海洋环境保护置于重要的战略高度。在可预见的期间内，将沿着海洋立国的国家战略轨道前进。中国已经发展成为外向型经济，在海洋上有广泛的战略利益，只有积极地经略海洋、发展海洋，建成海洋强国，才有可能分享和维护海洋利益，实现民族复兴。

（二）完善相关海洋法律法规

海洋法律与国家海洋战略密切相关，是国家海洋意志的维护和保障。国家海洋法律与国家海洋战略是相互推动、相互支持的关系，海洋战略需要通过法律的形式来确立并发挥作用，海洋法律需要海洋战略的推动与维护。不仅美国、英国等海洋强国的海洋法律体系健全，而且我国周边的日本、俄罗斯等国家也都已相继出台综合性的海洋法律法规，明确了海洋的基本政策。国家在建设海洋强国具体实施上、在“一带一路”的建设中、在维护海洋权益、化解海洋争议、科学开发海洋资源、保护海洋生态环境、对两岸关系的进一步深化等问题上，都需要相应的法律作为前提。2015年由国家海洋局起草的《中华人民共和国海洋基本法》和农业部起草《中华人民共和国渔业法》列入国务院制定的《2015年立法工作计划中》，这意味着我国今后在海洋活动中有了一部可以有效统管我国所辖海域的海洋基本法，为国家海洋战略的制定实施提供了强有力的法律依据及保障。

（三）建立健全海洋管理体制

设置什么样的海洋行政管理体制，是沿海国家都很重视的问题。国外管理海洋事务的体制有多种模式，世界上各沿海国家的海洋管理体制都经历了由分散到统一，最终建立综合协调的海洋管理机构或机制来保障管理的效率。美国等海洋大国，与中国类似，海洋事务都涉及10个以上的部门，通过海洋政策决策协调机制，对统一协调国家涉海事务发挥关键作用。英国也设置相应的部门作为国家海洋管理机构，统筹国家海洋事务的管理工作。

（四）重视海洋科技研究和科技战略规划

海洋科技的发展一直以来都是人类探索和开发海洋的重要支撑，从全球范围来看，一个国家海洋实力的强弱主要取决于这个国家海洋科技水平的高低。海洋领域的竞争归根到底会成为海洋科技的竞争。目前，海洋高新技术的竞争是海洋科技竞争的焦点。发展和利用海洋科技，革新海洋技术，已经受到许多国家的关注。目前，全球有 100 多个国家把海洋开发作为基本国策之一，确定了海洋发展战略，制订了各类海洋科技开发规划，把发展海洋科技作为不断探索海洋的重要支撑。美国高度重视海洋科技对于海洋事业的引领作用，在 2007 年就对其后 10 年的海洋科学事业的发展进行了规划。从英国的海洋战略发展轨迹看，海洋科技发展战略也是英国海洋战略的重要组成部分。

同时，现代海洋经济的一大特点就是对高新技术的高度依赖。例如，海上油田开发从勘查、钻探、开采和油气集输到提炼的全过程，几乎都离不开高技术的支持。海洋开发所需要的几乎所有技术都是资金密集、知识密集的高新技术。正由于世界海洋高新技术的迅速发展，才引发全球性的海洋开发热潮，推动了新兴海洋产业的形成及发展。

（五）引导海洋经济产业发展

不同时期的各种海洋资源开发活动形成了各种海洋产业，有传统的海洋渔业、海洋交通运输业和海盐业；近 20 年来形成的新兴海洋产业，包括海水增养殖业、海洋油气工业、滨海旅游娱乐业、海水直接利用业、海洋医药和食品工业等。另外，还有一些正处于技术储备阶段的未来海洋产业，如海洋能利用、深海采矿业、海洋信息产业、海水综合利用等。

（六）保障海军军备

加强海上防卫力量建设，扩大海洋防御纵深，具备海上重要运输线的护航能力，保障我国沿海经济带的安全，为我国的海洋发展战略提供安全保障。

发达国家对海洋建设的成功经验是我们在今后建设海洋强国进程中的有益借鉴，中国的海洋之路，始终要坚持自己的特色和原则，社会主义制度的优越性在海洋建设过程中得到了充分发挥。当前我国海洋事业仍处于高速发展阶段，我们应当充满信心，坚定信念，在以习近平海洋强国战略思想为指导的海洋强国建设中，我们必将快速提升和拓展走向海洋的能力，将中华民族的勤劳智慧充分展现在海洋上，早日实现海洋强国梦。

第二节　海洋强国目标体系

一、目标体系内涵

到 21 世纪中叶，我国建设海洋强国的总体目标是：海洋科技发展水平位于世界前列，海洋开发能力大幅度提高；海洋产业结构合理，海洋经济为国民经济做出更大贡献，新兴的海洋产业应成为推动海洋经济可持续发展的重要动力；海洋生态环境明显改观，全面提升海洋对社会福祉的贡献；海洋综合力量强大，海洋安全与权益得到有效保障；在地区海洋事务中享有主导权，在全球海洋事务中发挥重大影响，为世界和谐海洋建设做出较大贡献，实现海洋治理能力现代化。

二、目标体系框架

实现海洋强国的总体目标需要一个完整的指标体系框架来支撑，选取合适的指标要素是海洋强国目标体系的重中之重。通过查阅相关文献，本部分列出了相关学者对海洋强国指标的认识，如表 4.1 所示。

表 4.1　相关学者对海洋强国指标的认识

作者	文章名称	评价要素
殷克东、房会会	《中国海洋综合实力测评研究》	海洋经济综合实力、海洋科技综合实力、海洋资源综合实力、海洋可持续发展综合实力、海洋事务调控管理综合实力
田星星	《海洋强国评价指标体系构建及世界主要海洋强国综合实力对比研究》	海洋经济实力、海洋科技实力、海洋军事实力、海洋资源储量、海洋外交实力、海洋文化实力
王泽宇、郭萌雨、韩增林	《基于集对分析的海洋综合实力评价研究》	海洋资源、海洋经济、海洋产业国际竞争力、海洋科技推动力、海洋基础设施水平
杨金森、王芳	《他国海洋战略与借鉴》	海军力量、综合国力、社会经济基础、政治意愿、海洋管理体制、海洋科技
刘笑阳	《中国海洋强国的战略评估与框架设计》	海洋自然、人力资源、海洋经济、海洋军事、海洋科技、海洋政府、海洋国际、海洋文化
李振福、梁爱梅	《基于系统熵的中国海洋强国建设研究》	海洋经济、海洋科技、海洋资源、海洋管控、海洋生态、海洋文化

参照以上学者对海洋强国指标的认识，并结合区域经济理论、可持续发展理论、竞争力理论、系统理论等相关理论，借鉴国内外综合国力、航运强国、海洋强省等评价指标体系，构建海洋强国战略目标评价体系。考虑到目标评价体系的内涵，整个目标评价体系分为一级指标 8 个，二级指标 25 个。框架示意图如图 4.1 所示。

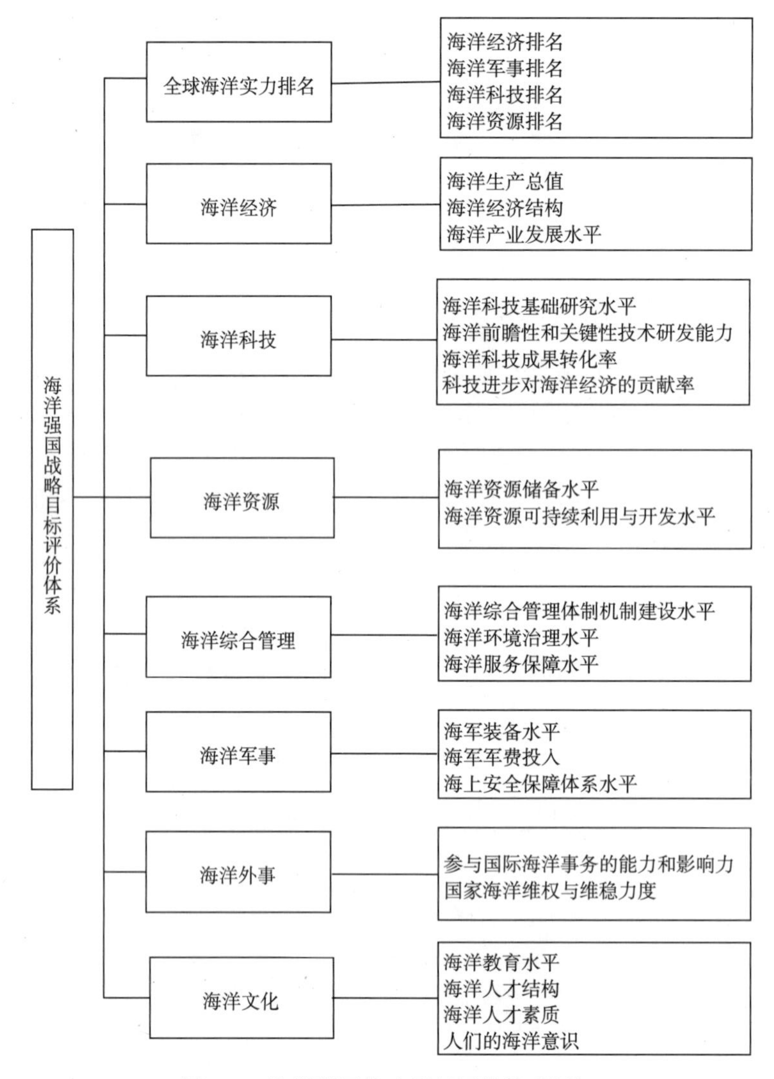

图 4.1　海洋强国战略目标评价体系框架

三、主要指标及内在联系

（一）全球海洋实力排名

一个国家海洋实力的强弱是需要参照物来描述的，在全球海洋国家中的指标排名是衡量一个国家海洋实力的重要标志，是我国海洋强国目标中的最基本要素。

（二）海洋经济

海洋经济是指开发利用海洋的各类资源，形成相关海洋产业及相关经济活动的总和。海洋经济综合实力主要是指利用一系列量化指标，通过一定的数学方法进行科学计算来全面反映一个区域海洋经济基础、海洋经济能力和经济发展水平及海洋经济发展的潜力和动力，可衡量一个国家或地区海洋经济发展水平的强弱，是海洋强国战略最重要的物质基础。

（三）海洋科技

海洋科技是指在一定的科技环境中，通过海洋科学研究、技术开发等海洋科技活动过程，取得海洋科学技术成果并将其转化为现实生产力，从而促进国家海洋、经济、社会、环境总体实力提升的能力。从世界范围看，一个国家的海洋经济是强还是弱，关键在于其海洋科技水平是高还是低。发展海洋技术，尤其是海洋高新技术已成为世界新技术革命的重要内容，是国家海洋综合实力竞争的重要助推器。

（四）海洋资源

一个国家的海洋综合实力，尤其是海洋经济的发展，与海洋资源的丰富程度有着密切关系，合理开发利用海洋资源已成为沿海国家海洋经济发展的重要途径，可以说海洋资源是一切海洋活动的空间和物质载体，对一个国家海洋综合实力的提升有重要意义。同时，海洋资源也是发展海洋军事的战略纵深，对增强一国海洋综合实力有重要的意义。

（五）海洋综合管理

一般认为，海洋综合管理是更高层次的海洋管理，是以国家海洋整体利益为目标的前提下，国家、地方各级海洋行政部门及其他海洋综合管理事务相关的主体利用法律、行政、经济等手段对管辖海域的空间、资源、环境和权益进行可持续的总体统筹和全面式的管理，是实现海洋强国目标重要的管理体制保障。

（六）海洋军事

随着经济全球化、国际贸易和航运的日益扩大，海洋开发的范围越来越广，深度越来越大，国际海洋斗争日趋激烈，国家海外利益的安全越来越需要强大的海军作为保障。蓝水海军是维护海外利益的重要保障，全球化的经济利益要求有全球化的海军力量与之匹配，因此海军在国家中的地位重要性日益上升，海军实力的强弱也直接关系到海洋强国目标的实现。海洋军事实力通常是指海军力量或海上力量，它反映了一个国家海洋防御能力与对外威慑力量的强弱，它是国家维护领海主权、国家海洋安全及政治稳定的决定性力量。

（七）海洋外事

海洋外事是指一个国家的海洋综合实力在外交领域的具体表现，主要表现为在国际海洋事务中的活动能力、作用和影响力。它以海洋立法、海洋政策及其执行为基础，旨在调整海洋国际关系并规范海洋政治秩序，体现了当代海洋政治游戏规则的进步性，是一国谋求海洋战略主动性的国家战略行为，是国家推进海洋战略和实现海洋战略目标的重要手段。一般来讲，国家的海洋实力越强，所拥有的海洋外交资源也就越多，在国际海洋领域的发言权也就越大。

（八）海洋文化

海洋文化，即人类对海洋本身的认识、利用和因有海洋而创造出来的精神的、行为的、社会的和物质的文明生活内涵。海洋文化的本质就是人类与海洋的互动关系及其产物。海洋文化是海洋强国的内在动力。文化是经济的精神动力，经济是文化的物质基础。在海洋强国战略中，海洋文化的重要体现之一是国民自觉的海权意识。在国际海洋争端中，海权意识的不足或缺位往往会导致海洋权益的丧失。分析世界海洋强国的发展规律不难发现，这些国家在从海洋大国向海洋强国崛起的过程中，都十分注重发挥海洋文化软实力的作用。

第三节　海洋强国能力建设体系

一、能力建设体系内涵

党的十八大报告做出了“提高海洋资源开发能力，发展海洋经济，保护海洋生态环境，坚决维护国家海洋权益，建设海洋强国”①的战略部署。习近平总书记在主持十八届中共中央政治局第八次集体学习时强调，“要提高海洋资源开发能力，着力推动海洋经济向质量效益型转变”“要保护海洋生态环境，着力推动海洋开发方式向循环利用型转变”“要发展海洋科学技术，着力推动海洋科技向创新引领型转变”“要维护国家海洋权益，着力推动海洋维权向统筹兼顾型转变”②。这四个“推动”和四个“转变”，具体化了党的十八大对海洋事业的重要部署和体系建设。海洋强国能力建设体系应围绕七个主要领域部署战略任务：提高海洋开发能力、发展海洋经济、保护海洋生态环境、加强海洋综合管理、有效维护海洋权益、建设强大的海上力量和共建海上丝绸之路。

二、能力建设体系框架

海洋强国目标体系是海洋强国建设要达成的最终目标，而海洋强国能力建设体系是以海洋强国目标为导向，在现实海洋实力基础上，在不同海洋发展领域进行的能力体系建设。

---

①《胡锦涛在中国共产党第十八次全国代表大会上的报告》，http://cpc.people.com.cn/n/2012/1118/c64094-19612151.html[2012-11-08]。

②《习近平总书记在中共中央政治局第八次集体学习时强调》，http://www.scio.gov.cn/zhzc/2/32764/Document/1422477/1422477.htm[2013-12-03]。

通过查阅相关文献，本节列出了相关学者对海洋强国能力建设的认识，如表4.2所示。

表4.2　相关学者对海洋强国能力建设的认识

作者	文章	主要观点
林昆勇	《习近平总书记海洋建设方略的全面理解和准确把握》	海洋意识、海洋策略、海洋经济、海洋科技和海洋生态是建设海洋强国的重要路径
吴立新	《建设海洋强国离不开海洋科技》	我国要大力发展海洋科技，需要加快推进海洋科技研究体制机制创新
王双	《海洋强国战略背景下我国海洋综合管理转型升级路径初探》	海洋综合管理升级转型是支撑海洋强国建设需求的重要部分
官玮玮	《中国海洋资源开发与海洋综合管理研究》	中国海洋资源开发和海洋综合管理是促进海洋资源可持续利用的重要手段
方金燕	《世界主要海洋国家海洋经济发展比较研究》	提出海洋经济发展的重要性及策略
殷克东、孟昭苏、张燕歌	《我国创新型海洋强国的战略选择》	提出海洋科技、海洋经济、海洋环保、海洋军事与海洋外交、资源开发、海洋管理“六位一体”的海洋强国战略
倪国江、文艳	《美国海洋科技发展的推进因素及对我国的启示》	海洋开发是21世纪关系到人类社会可持续发展的宏伟事业，海洋科技是这项事业的核心动力和根本支撑

海洋强国能力建设体系框架设计主要是基于目前的研究现状和海洋强国目标体系，结合我国目前海洋强国的基础和条件，考虑达成海洋强国目标应具有的能力进行构建的。整个指标体系分为一级指标8个，二级指标26个。框架示意图如图4.2所示。

三、主要指标及内在联系

（一）提升海洋经济质量效益和实力

加强海洋经济发展的指导与调节，转变海洋经济发展方式，调整海洋产业结构，加快淘汰涉海落后产能，奠定海洋强国的经济基础。

（二）推进海洋科学进步与技术创新

发展海洋科学技术，着力推动海洋科技向创新引领型转变。加强海洋基础性、前瞻性和关键性技术研究，重点在深水、绿色、安全的海洋高技术领域取得突破，加快海洋科技成果转化，提高海洋科技的支撑能力。

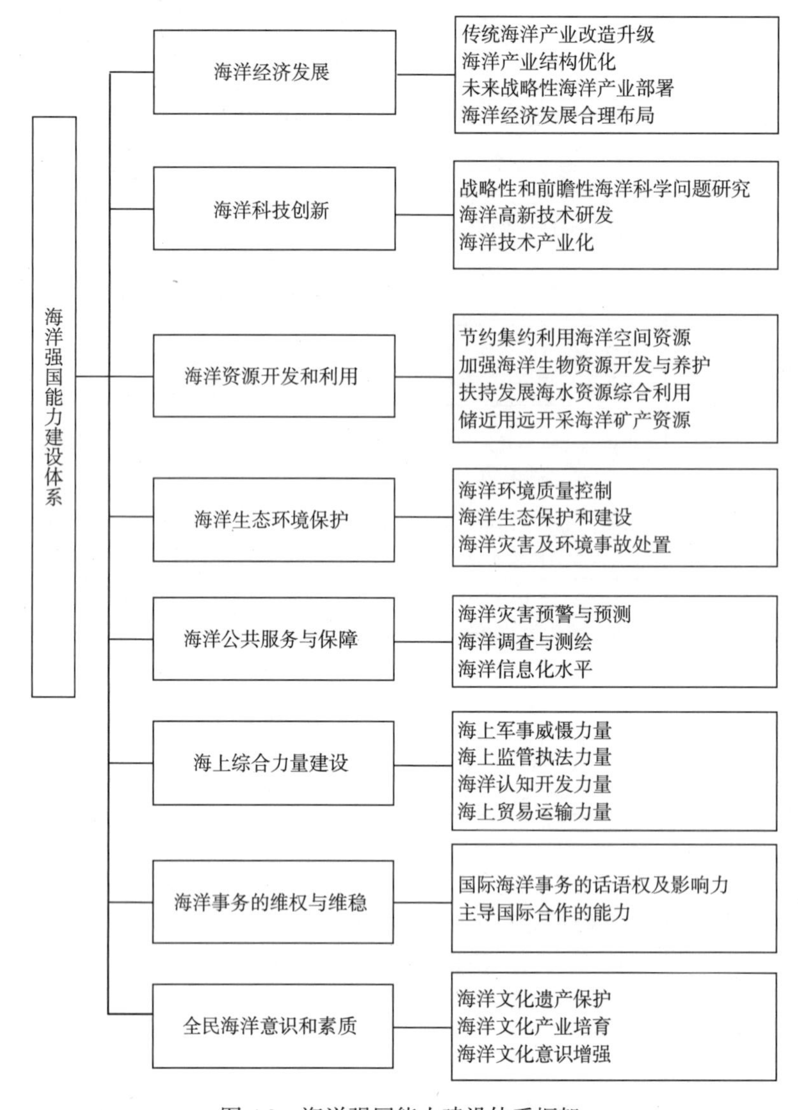

图 4.2 海洋强国能力建设体系框架

（三）提高海洋资源开发和利用能力

海洋资源开发利用应坚持节约集约利用、开发和养护并重、储近用远的方针，提高海洋资源的有效供给，保障经济社会的可持续发展。

（四）维护海洋环境健康与生态平衡

建立与国情相适应的海洋国土空间开发保护体系，探索入海污染物总量减排，划定海洋生态保护红线，全面防范海洋环境风险，努力提高海洋生态文明建设水平。

（五）增强海洋公共服务与保障能力

增强海洋灾害意识，提高海洋灾害观测能力和预警预报服务水平，提升海洋领域应对气候变化的能力。推进海洋调查与测绘、海洋信息化工作，提升海洋公共服务质量和水平。

（六）建设现代海上综合力量

推动我国海上维权、军事、海洋调查和运输力量建设，构筑海上安全保障体系，有效应对我国和平发展所面临的严峻挑战，维护国家战略利益和海外通道安全。

（七）提升参与海洋事务的主导力和影响力

积极开展海洋外交，完善海洋合作总体布局，拓展合作发展空间，着力深化合作互利共赢局面。

（八）提高全民海洋意识和素质

以弘扬社会主义核心价值观为主线，树立建设海洋强国的意识和理念，发掘和保护海洋文化遗产，培育海洋文化产业，增强海洋软实力。

第四节 海洋强国的综合指标体系

一、指标体系原则

为了建立一个可行的综合实力评价指标体系，首先要明确设计原则。世界主要海洋强国的综合实力评价指标体系不是一些指标的简单堆积和随意的组合，而是根据某些原则建立起来并能反映综合实力的重要指标集合。

（一）科学性与实用性原则

首先，指标体系应该能够明确把握国家层面海洋综合实力的实质，充分体现综合实力的内涵，反映评价事务的主要特征；其次，指标体系本身要有合理的层次结构，数据来源要准确，处理方法要科学；最后，指标体系中各指标的目的要明确、定义准确、内容简明、易于理解。

（二）可测性与可比性原则

指标体系应该充分考虑到数据的可获得性与指标量化的难易程度，定量与定性相结合。在设计指标体系时，应该增加定量指标的数量，减少难以量化的定性指标的数量。对于定量指标数据的获得，应保证其统计口径的统一；对于定性指标的量化，应有正确的手段。此外，指标的计算方法应该简洁、明确，每项指标应该是可测和可比的。

（三）完备性原则

指标体系的设计应当完备，即指标体系作为一个整体应当能够基本反映各海洋强国综合实力的主要方面和主要特征。这要求指标体系在设计时应该覆盖面广，并能综合地反映各国海洋实力的各种影响因素。

二、综合指标体系框架

海洋强国目标体系包括我国成为海洋强国需要完成的目标任务，构建海洋强国能力建设体系是为了完成海洋强国目标，需要在海洋各领域进行能力的提升。两种体系均包含了有关海洋方面的经济、资源、科技等一系列要素，由于出发点不同，指标选择存在差异，如表 4.3 所示。

表 4.3　海洋强国目标体系和能力建设体系指标对比

指标	目标体系	能力建设体系
全球海洋实力排名	☑	
海洋经济	☑	☑
海洋科技	☑	☑
海洋资源开发	☑	☑
海洋生态环境		☑
海洋综合管理	☑	
海洋外事	☑	
海洋事务的维权与维稳		☑
海洋公共服务与保障		☑
海洋军事	☑	
海上综合力量		☑
海洋文化	☑	
全民海洋意识与素质		☑

综合考虑两种体系中指标的交叉重叠及数据的不可获取性，通过对比分析、筛选和重组，结合海洋强国内涵，构建了海洋强国综合评价指标体系框架，选取 5 个关键指标作为海洋强国综合研究体系的评价因子，分别为全球海洋实力排名、海洋经济、海洋科技、海洋资源环境和海洋军事。海洋强国综合评价指标体系框架如图 4.3 所示，一级指标 5 个，二级指标 17 个。

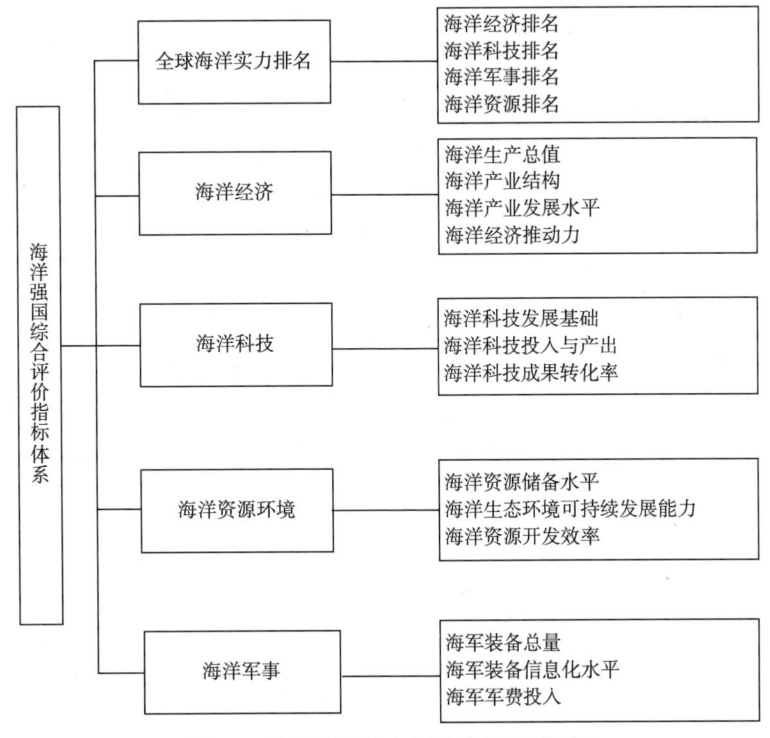

图 4.3　海洋强国综合评价指标体系框架

三、内在逻辑

经济的高度发达和高速发展历来是一个国家强大的有力表现，相对于陆地经济而言，海洋经济蕴藏着无穷大的潜力，向海洋索取资源与财富，带动了涵盖各类开发、利用海洋的产业及相关经济活动的发展，海洋各领域的发展都需要海洋经济基础的支撑。因此，将海洋经济综合能力作为衡量海洋强国评价指标体系首要条件的必要性是显而易见的。

海洋科技水平的高低决定了一个国家对海洋资源进行开发与利用的可行性大小和成功性与否，具有先进海洋科技水平的国家往往能先于其他国家获得更好的资源，对海洋进行更优质的开发。如今，海洋科技向着高、精、尖领域发展，为海洋资源的开发提供了技术支持，并且成为各国海洋产业的一个重要分支，是衡量一个国家综合国力的重要因素及海洋强国发展的重要助推器。

海洋是各种生物生命的起源和生存基础，蕴藏着大量的石油、天然气、海洋矿物等人类生产生活所需的资源，是全球国家在政治、经济、军事等方面与其他国家进行竞争与合作的舞台。海洋的资源、环境、生态与承载力状况作为一个整体，统一贯穿于海洋资源环境的可持续发展中，贯穿于海洋强国的建设过程中。海洋资源环境条件是海洋强国战略的重要载体，有至关重要的地位。

随着全球化的深入，海上权益的纷争不断，海洋军事能力对各国海洋安全的保护和海洋利益维护的重要性愈加明显，国家海外利益的安全越来越需要强大的海军作为保障。因此，海上力量在海洋国家中的重要性日益提高，海军实力的强弱反映的是一个国家海洋防御能力与对外威慑力量的强弱，它是国家维护领海主权、国家海洋安全及政治稳定的重要保障，直接关系到海洋强国目标的实现。

评判一个海洋国家是否为海洋强国，最直接的参考就是在全球海洋国家中的综合实力排名，在区域排名中位列前列的为区域海洋强国，在全球排名领先的是世界海洋强国。

如图 4.4 所示，海洋强国综合评价指标体系包含 5 大核心要素，也是海洋强国目标实现的最基本要素，各要素之间相互促进、相互制约。

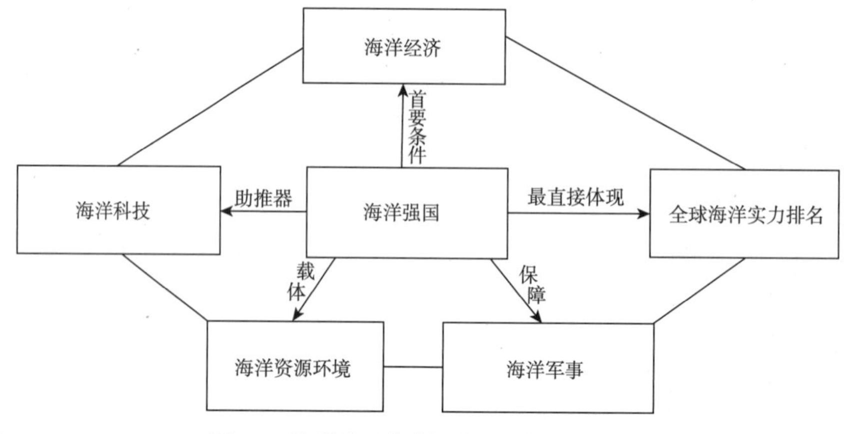

图 4.4　海洋强国综合评价指标体系逻辑图

第五节　海洋强国综合评价的基本结论

一、中国海洋实力的总体评价

目前，在我国海洋强国综合评价指标体系中，海洋经济发展最为突出。中国作为世界第二大经济体，其海洋经济与国民经济保持着一致的发展速度，近年来，海洋经济产值每年增长显著，且总量巨大，可以排在全球的前三位，是海洋强国建设的优势指标。我国海洋资源极为丰富，储量巨大，在全球范围内处于优势资源地位，排名靠前。在海洋科技创新方面，我国虽有长足的进步，但是距发达国家和地区的科技水平仍有较大的差距，排名中游。2016 年，中国总体综合军事实力排名世界第二位，海上力量排名第三，仅次于美国和俄罗斯。我国海洋军事完全有能力服务于海洋经济的发展，维护地区的稳定。

综上，在海洋强国综合体系中，海洋经济、海洋资源、海洋军事是优势指标，需要稳定发展与提升；而海洋科技指标是海洋强国目标实现的短板，需要大力投入与加快推进，即坚定不移地实施“科技兴海”方针，加强对海洋高新技术的支持，增加投入，培育新兴的海洋产业。结合自身现实条件，聚焦资源整合、机制优化革新，以理念、技术创新为驱动，人才与科研建设为支撑，探索稳健而适合的转型升级之路，以实现海洋资源、生态环境的可持续发展，从而支撑海洋强国战略建设的需求。

二、海洋经济评价

（一）内涵

海洋经济综合能力指海洋产业和其他相关产业的经济能力，全面反映海洋经济可持续发展状况和潜力，具体来说包括海洋产业的发展水平、海洋经济总量、海洋经济结构、海洋经济推动力四方面。想要了解一个国家或地区的海洋经济综合能力就必须从海洋产业的发展水平、海洋经济的总量与结构及推动力四方面综合考虑，从规模总体上对海洋经济的发展和能力进行考量，既要考察现有状况，又要做好与过去、未来还有其他国家、地区海洋经济的时空对比和预测，只有从多方面对海洋经济综合能力进行分析和比较，才能科学、全面地反映一个国家是否符合海洋强国的要求。

（二）发展现状

1. 海洋经济增速稳定

2016 年，面对复杂的国内外发展环境，我国海洋经济运行总体平稳，海洋生产总值增速缓中趋稳。初步核算，2016 年全国海洋生产总值 70 507 亿元，比上年增长 6.8%，与 2015 年增速相比回落了 0.2 个百分点，延续了“十二五”以来增速放缓的态势，但仍高于同期国民经济增速，为国民经济的稳定增长发挥了重要作用。同时，2016 年全国海洋生产总值占 GDP 的比重为 9.5%，与上年基本持平，海洋经济依然是国民经济的重要组成部分。

2. 海洋经济转型加快

海洋领域供给侧结构性改革全面推进，海洋经济发展在优化结构、增强动力、化解矛盾、补齐短板上取得了突破。2016 年海洋三次产业结构进一步优化，一产与上年持平，二产比重下降了 1.8 个百分点，三产比重提高了 1.8 个百分点；海洋产业新动能培育取得积极进展，以海洋生物医药、海洋电力、海水利用为代表的海洋新兴产业持续快速增长，增速超过 12%，高于同期海洋经济增速约 5 个百分点。

3. 海洋经济推动力增强

2016 年，全国涉海就业人员达到 3624 万人，占全国就业人数的比重达到 4.7%，较上年增长 0.1 个百分点。渔民人均纯收入比上年增长 6.3%，人均海洋水产品供应量比上年增长 1.8%，促进了城乡居民食品消费升级。人均国家级海洋公园面积达到 3.8 公顷 / 万人，比上年增长 41.4%，极大地促进了滨海旅游持续升温和居民消费结构升级，海洋经济增长对沿海民生改善贡献突出。

4. 海洋产业发展水平提升

海洋渔业稳中向好，质量和效益同步提升。2016 年实现增加值 4641 亿元，比上年增长 3.8%。海洋船舶工业发展形势仍较严峻，2016 年实现增加值 1312 亿元，同比下降 1.9%。众多海工装备企业加大技术投入，在高端海工装备设计、建造方面取得了重大突破，加速海工装备的产业结构调整。海洋生物医药业保持较快的发展态势，政策环境持续改善，2016年实现增加值336亿元，比上年增长13.2%，成为海洋产业的新亮点。海洋电力业保持良好的发展势头，全年实现增加值126亿元，同比增长10.7%。海上风电新增装机容量590兆瓦，同比增长64%，跻身全球前三。海洋能开发应用技术取得新突破，我国海洋潮流能发电技术研发与应用已达世界领先水平。海水利用业发展势头良好，海水淡化规模持续扩大，海水直流冷却、海水循环冷却应用规模不断扩大，海水淡化与综合利用科技创新能力进一步提升，2016年实现增加值15亿元，比上年增长6.8%。海洋交通运输业总体运行平稳，沿海港口生产保持平稳增长，沿海港口设施建设进一步完善，2016年实现增加值6004亿元，比上年增长7.8%。海洋旅游业继续保持较快发展，全年实现增加值12 047亿元，比2015年增长9.9%，依然是海洋经济的重要增长点。

5. 海洋经济贡献率高

中国经济已是高度依赖海洋的开放型经济，中国在世界上属于经济增长率最高的国家之一。2018年，中国对世界经济增长的贡献率超过30%，6.7%左右的经济增速明显高于美国、日本及欧盟的增速。建设海洋强国的基本条件之一就是海洋经济要高度发达，在经济总量中的比重和对经济增长的贡献率较高。从2011年起中国海洋经济增加值已高于美国等众多国家，海洋生产总值占GDP的9.6 %，海洋生产总值先于GDP位居世界首位，为海洋经济强国建设创造了良好的开端。

（三）存在问题

目前，海洋经济发展缺乏宏观指导、协调和规划，海洋资源开发管理体制不够完善；海洋产业结构性矛盾突出，传统海洋产业仍处于粗放型发展阶段，海洋科技总体水平较低，一些新兴海洋产业尚未形成规模；部分海域生态环境恶化的趋势还没有得到有效遏制，近海渔业资源破坏严重；部分海域和海岛开发秩序混乱、用海矛盾突出；海洋调查勘探程度低，海洋经济发展的基础设施和技术装备相对落后。

（四）能力提升对策建议

1. 改造传统海洋产业

通过技术创新，加快海洋渔业、海洋船舶工业、海洋油气业、海洋盐业等传统产业改造升级，提高产品技术含量和附加值，增强市场竞争力。将远洋渔业提升为国家战略性产业，扩大远洋渔业资源的份额。大力发展海洋交通运输业、海洋旅游业和海洋文化产业。将海洋交通运输业提升为战略性服务业，推进其从传统产业向现代服务业转变。进一步优化海洋产业结构，推动海洋经济结构的战略性调整。

2. 积极发展新兴海洋产业

扩大海洋开发领域，优化海洋产业结构。以国家级产业园区为依托，以重大技术突破为支撑，以市场需求为导向，积极发展海洋油气业、海洋装备制造业，加快发展海水利用业，扶持培育海洋药物和生物制品业及海洋可再生能源业，有效提升产业核心竞争力。积极发展涉海金融服务业、海洋公共服务业，加快推进产业结构转型升级，保障海洋经济健康发展。

3. 重视部署未来战略性海洋产业

加强海洋产业的规划指导，培养和壮大海洋战略性新兴产业。积极部署大洋固体矿产资源勘探开发产业、深海生物基因资源开发利用产业等未来战略性资源产业的技术储备，为保障国家海上贸易安全、能源安全和资源安全作贡献。

4. 优化海洋经济发展布局

坚持陆海统筹，联动发展。继续发挥环渤海、长江三角洲和珠江三角洲三个经济区的引领作用，推进我国北部、东部和南部海洋经济圈的形成。落实国家关于沿海区域发展的战略部署，重点推进国家海洋高技术产业基地和国家科技兴海产业示范基地建设。建设一批符合地区优势的特色产业园区，使其成为海洋经济的重要增长极。有序推进重要海岛开发与保护。因地制宜、科学开发近岸海岛，战略性部署开发利用和保护边远海岛，努力推进海洋产业向深远海布局。逐步构建起集海岸带、海岛、近海、远海多层次经济区于一体的海洋经济空间新格局。

三、海洋科技评价

（一）内涵

海洋科技综合能力是在一定的科技活动环境中，通过海洋科学研究、技术开发等海洋科技活动过程，取得海洋科学技术成果并将其转化为现实生产力，从而促进国家海洋经济、社会、环境总体实力提升的能力。它是在海洋科技资源与海洋科技活动过程统一的基础上，对社会实施全面影响的综合能力。海洋科技综合能力评价指标主要包括海洋科学技术投入产出、发展基础、转化率和贡献率等要素。

（二）发展现状

1. 海洋创新能力稳步提升

《全球海洋科技创新指数报告（2017）》于 2018 年 1 月 13 日在青岛正式发布。《全球海洋科技创新指数报告（2017）》显示，中国已跻身世界海洋科技创新产出和创新应用强国，中国海洋科技发展迅速，由第三梯队成功跃升至第二梯队。2017 年全球海洋科技创新指数前 10 个国家分别是美国、德国、日本、法国、挪威、中国、韩国、英国、澳大利亚、荷兰。2017 年中国海洋科技创新指数达到 67.3，由 2016 年排名第 10 位上升至第 6 位。其中，创新投入、创新环境的提升为综合排名提升贡献很大，在创新产出和创新应用上保持明显优势，与美国、英国、法国、德国均属于创新产出和应用的强国。《2017 中国海洋发展指数报告》显示，2016 年我国海洋科技创新指数为 130.1，比上年提高 1.7%，2010 ～ 2016 年该指数年均增速为 4.5%，科技创新能力稳中有升。

2. 海洋科技基础更加夯实

2016年国家加大对海洋专业人才的培养力度，中国地质大学等高校增设海洋科学等12个本科专业点。截至2016年底，全国共有海洋专业博士学位授权点29个，硕士学位授权点35个。同时，海洋科技人才队伍规模不断壮大，在重点监测的182家海洋科研机构中，科研人员近3万人；在这些重点海洋科研机构中，专利授权数也持续增加，2016年超3600件，比上年增长5.9%。

3. 海洋科技成果转化率超50%

面向国家重大需求，5年来，海洋领域120项旨在突破高技术瓶颈和解决重大公益性关键核心科技问题的海洋公益性行业科研专项项目陆续实施，在海洋安全保障和权益维护、海洋综合管理、海洋生态环境保护、海洋防灾减灾和应对气候变化、海洋资源可持续利用，以及海洋观测调查监测和信息6个领域取得了一批"落地生根"的创新成果，2015年海洋科技成果转化率达到50.4%，海洋科技自主创新能力大幅提升。

（三）存在问题

虽然我国海洋科技取得了一定的成就，科技水平落后、科技成果产业化水平不高仍是制约我国经济发展的重要因素。与发达国家相比，我国海洋科技还十分落后，依然是海洋强国体系中的短板，还存在很多亟待解决的问题和难题。据统计，发达国家科技创新因素在海洋经济发展中的贡献率达到80%左右，而我国目前海洋科技进步贡献率平均只有35%。造成这种现象的原因很多，比如海洋科技创新体制不完善，科技成果向市场转化的有效机制还没有真正建立起来；海洋科技成果产业化水平低，科技创新能力不强，科技知识有效供给不足；海洋科技管理落后，体制不健全；科技投入严重不足，优秀海洋科技人才缺乏；海洋科技研究多为低水平重复，投入产出比例较小等。

（四）能力提升对策建议

1. 深化海洋科技体制改革

健全海洋科技成果转化机制，加快海洋科技成果向现实生产力转变。积极推进涉海企业技术创新，加快培育一批集研发、设计、制造于一体的龙头企业。采取技术合作、知识共享、共同开发等方式，加快构建以企业为主体、市场为导向、产学研相结合的混合所有制海洋产业技术创新体系，重点鼓励形成深远海技术装备研发合作产业联盟。加大海洋科技投入和海洋科技人才培养力度，建立高效的科研机制。

2. 推进海洋技术产业化

促进海洋科技投融资平台建设，积极推进产学研结合，发挥企业在科技成果转化中的主体作用，推动形成区域海洋科技产业联盟。继续实施"科技兴海"，推进海洋工程技术（研究）中心、海洋技术成果转化和高新技术产业化基地、海洋技术推广中心建设。加快深海生物资源利用技术转化，搭建海洋可再生能源开发利用实验平台，强化海水淡化技术研发、示范及运行机制的集成创新，实现万吨级以上大规模海水淡化、海水循环冷却等工程示范和产业化推广。

3. 推动海洋高新技术取得突破

深化深海探测技术研究，加快高新海洋工程装备研发，加强大深度水下绿色运载设备、生命维持系统、高比能量动力装置、高保真采样、信息远程传输、深海装备制造等技术研发，实现重载作业型水下机器人装备与技术的国产化。加快推进水下立体观测网技术发展，发射海洋系列卫星。发展深海钻井船关键技术、大洋渔业船舶与装备关键技术、深远海多功能可移动式人工岛关键技术、海上救捞作业船和深潜救助打捞作业技术及配套装备。

四、海洋资源评价

（一）内涵

海洋资源是指一个国家海疆范围内的所有资源，按资源的不同属性可以分为生物资源和非生物资源，可再生资源和非可再生资源。按照海洋资源种类可以分为：海洋生物资源、海洋矿产资源、海洋动力资源、海洋空间资源四大类。一个国家的海洋综合实力，尤其是海洋经济的发展，与海洋资源的丰富程度有着密切关系，合理开发利用海洋资源已成为沿海国家海洋经济发展的重要途径，可以说海洋资源是一切海洋活动的空间和物质载体，对一个国家海洋综合实力的提升有着重要意义。

（二）发展现状

1. 海洋空间资源

我国濒临太平洋，主要领海有渤海、黄海、东海、南海，领海面积为 38.8 万平方千米，管辖海域面积约为 300 万平方千米，相当于整个陆地面积的 1/3。大陆海岸线全长 18 000 千米，面积 500 平方米以上的岛屿有 6500 个。总体来看，我国的海岸线长度、大陆架面积、200 海里水域面积在世界海洋国家中位居前列，在全球范围内处于优势资源地位。

2. 海洋动力资源

我国当前被列于世界上能够完整自主设计、建设海水淡化工程的少数国家的名单之中，海水淡化应用规模不断扩大，海水淡化市场也日益扩大。同时，我国海水化学资源综合利用在很大程度上可以弥补陆域资源的不足。据统计，2012 年全国海水制盐卤水提取溴素年产量为 11.5 万吨、氯化钾 3.1 万吨、硫酸钾 1.4 万吨、氯化镁 39.9 万吨。潮汐能利用在我国海洋可再生能源开发利用技术中最为成熟，我国潮汐电站总装机容量为 6000 千瓦，居世界第三，值得一提的是，江厦潮汐试验电站总装机容量 3200 千瓦，是世界第三大潮汐电站，如今它已经实现并网发电和商业化运行。此外，我国的波浪能、潮流能开发利用工作处于初探阶段，目前已有较好的技术设备，发展潜力较大。

3. 海洋生物资源

我国海洋生物资源种类多样，在中国海域已鉴定的海洋生物资源达 20 287 种，占世界海洋生物总数的 25% 以上。其中，具有捕捞价值的海洋动物鱼类有 2500 余种，渔场 70 余个。可入药的海洋生物 700 种。在对海洋生物资源的利用中，海洋捕捞、海水养殖及海洋生物医药领域居多。据统计，我国在 1995 年近海捕捞量已经超过了 1000 万吨，居世界首位。2012 年我国近海捕捞量为 1267.19 万吨，其中鱼类产量 102.84 万吨，甲壳类产量 124.96 万吨，藻类产量 176.47 万吨。2012 年，我国近海海水养殖产量达到 1643.81 万吨，而且在这一年，我国海水养殖总量占海水产品产量的 54.19%，较 2011 年增长 5.96%。在海洋生物医药的研发方面，我国也取得了多方面的成就。技术上，我国在海洋生物活性成分研究、海洋药物基因工程研究、海洋生物制药研究领域已经取得了丰硕的成果。我国已经申请了 200 多种海洋生物体新兴化合物的专利。

4. 海洋矿物资源

在海洋矿物资源的开发和利用方面，我国的海洋石油和天然气资源储量较为丰富。2014 年，我国海洋原油产量 4614 万吨，比上年增长 1. 6%；海洋天然气产量 131 亿立方米，比上年增长 11.3%；海洋油气业全年实现增加值 1530 亿元。我国南部沿海的钨、锡、铜、铁等资源储量十分可观，同时南海海底锰结核及锰结核矿产的蕴藏量也十分庞大。虽然滨海砂矿在我国也得到了开发与利用，但是开发程度较小。此外，我国于 2012 年 7 月通过了西北太平洋富钴结壳矿区勘探申请的审核，这意味着我国获得了 3000 平方千米富钴结壳矿区的勘探和开采权，这代表着我国在富钴结壳开采这一领域发展潜力十分巨大。

（三）存在问题

海洋资源是一国发展海洋经济的物质载体，近年来，虽然我国加大了对海洋资源的勘探和开采工作，但是由于总体技术水平落后，科研资金投入不足，在海洋资源，特别是需要以高科技为支撑的深海资源的勘探和开发方面还存在很多不足。相反我国对近海、浅海海洋资源已经过度利用，极大地阻碍了我国海洋事业的可持续发展。

（四）能力提升对策建议

1. 规范海洋资源开发利用秩序

综合运用行政、法律、经济等手段，探索新的途径和模式，突破陆地和海洋行政管理的部门和地域限制，实施基于生态系统的海洋综合管理。坚持“五个用海”的总体要求，规划用海、集约用海、生态用海、科技用海、依法用海，统筹海洋区域开发活动，宏观调控海洋空间开发秩序。强化海岛分区分类管理，提升海岛保护与开发规划在海岛的管理、开发、保护与建设中的统筹作用。

2. 节约集约利用海洋资源

完善海洋资源监管体制，健全海洋资源节约集约使用制度。建立海岸带综合协调机制，实现海陆资源统筹与合理配置。制订海岸线保护利用规划。建立海岛保护规划实施评价制度，推进区域用岛规划管理。健全海洋功能区划和海洋主体功能区划体系，建立健全海域综合管控体系，完善四级海域动态监测业务体系。建立大陆架及专属经济区人工构筑物建造使用管理制度。

3. 加强海洋生态保护和建设

大力推进海洋生态文明示范区建设，构建海洋生态文明新格局。实施以生态系统为基础的海洋环境管理，开展海洋生态系统调查、监测，严守海洋生态红线；加强海洋保护区网络建设，建立可持续的财政机制，提升海洋保护区的管理水平；开展海洋生态修复和建设工程，加强海洋生物物种保护；确立海洋生态功能区划，遏制盲目围填海；加快建立和实施海洋生态补偿和生态损害赔偿制度，加大受损海洋生态修复力度，恢复海洋生态系统的生机和活力。

五、海洋军事评价

（一）内涵

海洋军事实力通常情况下是指海军力量或者海上力量，用来描述一个国家开发利用各类海洋资源的整个行为过程。具体地说，海上力量应该包含政治、外交、经济和军事等各个方面，是国家维护领海主权、国家海洋安全及政治稳定的决定性力量。在考察和评价海洋强国的综合实力时，对海洋军事综合实力的评价主要包括海军军费投入、海军装备总量及总人数和海洋信息化水平等。

（二）发展现状

1. 海军装备总量

中国人民解放军海军以舰艇部队和海军航空兵为主体，其主要任务是独立或协同陆军、空军防御敌人从海上入侵，保卫领海主权，维护国家海洋权益。海军以新型航空母舰、新型驱逐舰、新型潜艇、新型战斗机为代表的新一代主战装备，以及与其相配套的新型导弹、鱼雷、舰炮、电子战装备等武器系统陆续交付使用。中国人民解放军海军已经拥有大型区域防空舰、核动力潜艇、AIP（air independent propulsion）潜艇等世界先进武器装备，中国人民解放军海军航空兵现已装备了轰炸机、巡逻机、电子干扰机、水上飞机、运输机等勤务飞机。海防导弹形成系列，不仅有岸对舰导弹、舰对舰导弹，还有舰对空导弹、空对舰导弹、空对空导弹等。截至 2019 年，中国人民解放军海军现役军人约 24 万人，舰船 300 余艘，飞机 600 余架，现役舰艇总吨位仅次于美国，是西太平洋地区最大规模的海上武装力量。

2. 海军信息化水平

从产业链角度看，信息化是未来发展空间最大的子领域。按照国外信息化标准的测评方法，一支军队的信息化装备规模只有达到 60% 以上时，才可成为信息化军队。美国陆军的信息化装备目前已经占到50%，海、空军已达70%。美军称，到2020年前后，美军各军兵种的武器装备将全部实现信息化。而目前我国海军的新装备比例还处于偏低水平，老旧装备规模较大，武器装备的信息化、一体化水平还处于较低水平。

3. 海军建设投入

2016年我国国防费用占GDP比重约为1.25%，西方大多数国家都已超过2%，美国和俄罗斯更是超过3%，我国的国防费用与我国的综合国力和国际地位不相匹配。2017年美国国防预算总额为5837亿美元，占GDP的3.3%，同比增长1%。其中海军军费占30%，相关设备的采购费用为重点支出，装备的相关占比达到38%。由于我国军事透明化程度不高，具体的数据很难考证，在三兵种中，海军的军费投入比例较低，按照与美国海军同样的比例换算，中国海军在800亿美元左右，在装备数量质量升级及信息化和现代化建设中仍有很大的提升空间。从国家战略和国际博弈来看，武器装备的更新换代已是大势所趋，我国还应当加快生产各类舰艇的速度，对国产航母、军舰等的建造要投入更多的经费并进行技术研发，以期尽快达到世界先进水平。

（三）能力提升的对策建议

1. 加大海军建设投入

随着“一带一路”倡议的实施、周边国家与我国围绕东南沿海海洋岛礁争议的持续，我国海军军事战略逐步转型，对海军建设的投入将持续大幅增加。近年来我国海军核心装备包括护卫舰、驱逐舰、核潜艇等各类舰艇的数量和质量都在快速提升，航母也开始列装我国海军，预计在未来较长一段时间内仍将持续加大对海军建设的投入，包括新建航母在内的各类海军核心装备，已有各类舰艇装备的更新换代，高素质的新型海军军事人才训练与培训，都将有力地促进包括声呐装备、声呐模拟仿真系统在内的舰艇配套产业的发展，拓展水声装备行业的市场空间。

2. 提升海军现代化水平

建设以海军为主体的现代化海上军事力量，建立一支在国内外拥有作战基地并能为国家各类船队和海上通道提供安全保障的、高素质、现代化的海军。着眼于建设一支多兵种合成的、具有核常双重作战手段的现代化海上作战力量，把信息化作为海军现代化建设的发展方向和战略重点，加快新一代武器装备建设。逐步推进近海防御的战略纵深，全面提高远海综合作战能力、战略威慑与反击能力，逐步发展全球海洋合作，以提高应对非传统安全威胁的能力。

3. 海军须向大型化、综合化方向发展

中国海军是防御型海军，对外永远不称霸、扩张。但是要想维护国家海洋权益，特别是随着国家经济利益的拓展，海军如果想要更好地维护国家交通线、主要航道的安全，就必须要向大型化、综合化的方向发展。另外，国家利益的拓展，必然要涉及一些相关利益的平衡问题。我们不搞对抗，但不意味着我们不用建设一个强大的海军，这完全是为了国家自身的利益。作为部队来讲，要向机动性强、大型化、综合化方面发展。建设一支既具备核心作战能力，又具备完成多样化军事任务能力的海军。

第六节 陆海统筹与海洋强国建设联系

在第一章论述了陆海统筹概念体系及本章研究了海洋强国战略体系的基础上，本节试图梳理清楚陆海统筹与海洋强国建设的内在逻辑。

一、陆海统筹是贯穿海洋强国建设全过程的基本原则

党的十九大报告提出“坚持陆海统筹，加快建设海洋强国”[①]，实际上已经明确了我国海洋强国建设历史进程中陆海统筹的地位。海洋强国建设是个复杂的系统工程，涉及海洋总体国际地位的提升，也涉及海洋经济、海洋科技、海洋军事防卫能力、海洋权益、海洋文化建设等方方面面；在空间尺度上，则是由沿海县区、沿海城市、沿海省区市等各级行政单元共同建设的过程；从海洋强国战略目标的制定、基本原则的确定到实施途径等过程，都不可回避地会遇到处理海洋与陆地关系的问题，陆海统筹的原则应该贯穿海洋强国建设的全过程。

二、陆海统筹在海洋强国能力建设中发挥作用

海洋强国建设指标体系具体包括海洋强国能力建设、目标体系和综合指标体系等三个部分，实施陆海统筹战略尽管对这三个方面都发挥作用，但更主要的是在海洋强国能力建设过程中发挥作用，始终将陆海统筹作为加强能力建设的重要依据。中国强国梦的实现需要与海洋强国建设紧密联系起来；海洋科技能力的建设涉及统筹配置陆海空三个领域科技力量的问题，尽快补上海洋科技短板；海洋经济发展更是需要处理好海洋产业与陆域产业的联系，从而为海洋强国建设提供经济支撑；海陆空军事力量的统筹布局，则是国家安全的重要保障；国家能源战略需要关注陆海能源统筹利用问题；海洋环境和陆域环境统筹治理才有可能达到目标。总之，陆海统筹主要是在海洋强国的能力建设方面发挥作用。

三、陆海统筹与海洋强国建设关系研究永远在路上

海洋强国建设是个复杂的系统工程，实施陆海统筹更涉及处理海洋事务与陆域关系的各个方面，陆海统筹与海洋强国建设关系研究永远在路上。在不同历史时期，面临的陆海统筹矛盾重点会不断发生变化，实施陆海统筹的环境条件也在不断变化。试图通过一个课题就能将陆海统筹与海洋强国建设涉及的相关问题都回答了的想法是不切实际的。

---

①《习近平在中国共产党第十九次全国代表大会上的报告》，http://cpc.people.com.cn/n1/2017/1028/c64094-29613660.html[2017-10-28]。

本书仅回答了现阶段对陆海统筹与海洋强国建设的认识；对陆海统筹的研究也仅是解决资源、环境、产业、交通等四个方面的部分认识问题。随着我国海洋强国建设进程的推进，将遇到新的矛盾和问题。因此，我们将在现有研究的基础上，密切关注与之相关的问题，跟踪最新的研究进展。

第五章　陆海科技的统筹发展

科技体系有多种划分方法，我们基于课题研究的需要，将科技体系按照空间类型划分为海、陆、空三个子系统。海洋科技是指以综合、高效开发利用海洋资源为目的的科学技术，包括深海挖掘、海水淡化以及对海洋中的生物资源、化学资源、动力能源和矿物资源开发利用的技术。这里的陆域科技是指海洋和航天工程以外所有科技的统称，包括的领域和内容十分广泛，是衍生海洋科技和航天科技的母体。从这个角度看来，海洋科技就由两部分组成，陆域科技相关领域能延伸到海洋，适应海洋特殊需求，经相应调整成为海洋科技的一部分；陆域成熟技术向海洋简单延伸难以满足要求的，构成最具有海洋特色的部分，深海工程是其主要载体。

本书关注的焦点就是从科技系统的角度研究海洋科技与另外两个系统间的关系，重点回答三个问题：一是深入分析海洋科技发展的现实背景及现状；二是构建了深海工程与航天工程比较分析的评估体系，比较分析深海工程与航天工程的差距及深层次原因；三是将海洋科技体系和陆域科技体系进行比较，提出借鉴航天工程先进经验培育深海工程的建议及陆海科技统筹的重点。

第一节　海洋科技体系现状

一、发展海洋科技的背景

研究中国的海洋科技战略，必须关注以下五个方面的背景。

（一）全球海洋争夺日益激烈

随着陆域资源的日益枯竭，人类争夺资源和拓展空间的对象逐渐转向海洋，第二次世界大战以后新科技革命的出现为人类开发利用海洋资源提供了强有力的技术支撑。战后新科技革命的技术成果主要体现在远洋技术、深海技术、信息技术等方面，海洋经济对整体经济的带动作用日益凸显，绝大多数国家从大陆经济转向海洋经济，从陆权转向海权或海陆权益并重。开发利用海洋资源、发展海洋经济是缓解人口、资源和环境压力的有效途径，也是世界各沿海国家竞争的战略重点。在海陆权益并重的当今世界，大国博弈与海洋战略纵深的争夺更加白热化，先是资源争夺，后是战略纵深的争夺，海洋空间现已成为国际博弈的主战场。因此，中国作为海陆兼备的大国，必须参与海洋领域的国际竞争，这关乎国家的政治权利、经济利益、军事安全和大国形象。党的十八大报告提出“提高海洋资源开发能力，发展海洋经济，保护海洋生态环境，坚决维护国家海洋权益，建设海洋强国”，首次将建设海洋强国上升为国家发展战略。党的十九大再次提出“坚持陆海统筹，加快建设海洋强国”，以陆海统筹为指导思想，加快建设海洋强国是我国新时代海洋事业的总体发展思路，是中国成为世界大国的必由之路，是中国今后继续保持高度稳定发展态势的必要条件。

（二）发展海洋科技是建设海洋强国的着力点

随着科学技术的发展，海洋科技在海洋经济中发挥着越来越重要的作用。现代海洋科技进步引发了新的产业革命，促使海洋高技术产业兴起，推动海洋经济由传统产业向现代产业过渡，带动海洋经济发展，进而推动经济社会可持续发展。同样，海洋权益的维护离不开海洋科技的提高。集成优势海洋科技力量，掌握核心技术，突破关键技术，才能强化海洋军事国防能力，不仅对管辖海域实行实际性管控，对国际公共海底，对深海远洋也能体现足够的控制能力，确保海洋国土安全、航运商贸安全、科学考察安全、资源开发安全、产业发展安全，创造和平、稳定的发展环境。海洋强国建设涉及海洋事务的各个方面，海洋科技是建设海洋强国最重要的部分。

（三）海洋科技是争夺资源的保障

人类走向海洋的每一步都与科技进步密不可分。世界海洋领域的竞争，争夺焦点是海洋资源，其本质是海洋科技的竞争，没有强大的海洋科技，就没有强大的海洋新兴产业，就不可能成为真正的海洋强国。从世界范围看，海洋科技创新能力和发展水平已经成为主要海洋国家间争夺全球海洋领导地位和话语权的决定性因素。海洋战略性新兴产业以科技含量高、技术水平高、环境友好型为特征，处于海洋产业链的高端领域，影响海洋经济的发展方向。海洋科技自主创新能力的提升，可以打破发达国家的技术垄断，促进海洋战略性新兴产业的培育和发展，科技兴海正成为国民经济新的增长点。

近年来，我国海洋科技硬实力的提升有目共睹，但是与陆地、航天科技体系比较还存在明显的差距。

（四）海洋科技的战略地位需要提升

我国已经制定了一系列海洋发展政策。1978 年国家制定了《1978—1985 年全国科学技术发展规划纲要》，共提出 108 项研究任务，其中第 1 项和第 24 项涉及海洋科学技术发展；1991 年全国海洋工作会议通过了《九十年代中国海洋政策和工作纲要》；1993 年 2 月国家科学技术委员会、国家计划委员会、国家海洋局等联合制定了《海洋技术政策要点》，提出了我国海洋科学技术发展重点领域选择及基础研究的政策框架安排。进入 21 世纪，国家进一步加快了海洋科技规划的编制，出台了《国家中长期科学和技术发展规划纲要（2006—2020年）》《国家“十一五”海洋科学和技术发展规划纲要》《国家海洋事业发展规划纲要》《全国科技兴海规划纲要（2008—2015年）》《国家“十二五”海洋科学和技术发展规划纲要》《海水淡化科技发展“十二五”专项规划》等一系列海洋科技领域的重大发展规划，形成了指导、规范全国海洋科技发展初步的规划体系。党的十八大以来，党和国家制定了海洋科技总体发展政策。2013年1月，国务院发布《国家海洋事业发展“十二五”规划》，规划确定了“十二五”时期及2020年中国海洋科技的主要目标。

但与世界主要海洋强国相比，我国对海洋的开发利用相对落后。我国海洋科技发展起步晚，过去一段时期以来，发展目标都是从近海向深远海推进，在近海领域往往遵循技术跟随战术，这种顺向思维模式在发展初期，适应了我国当时工业基础和科技水平的实际国情需要，实行此常规发展战略有助于实现技术上的追赶。随着我国整体科技实力和综合国力大幅提升，固守逐步递进的常规发展战略，缺乏跨越式发展战略思维，不仅易跌入低端路径锁定的陷阱，也不利于整合科技资源，进行关键、共性技术的攻坚克难，提高自主创新能力；同时，这种发展战略的选择，也使得对深海高端人才的需求减少，高校及科研院所难以自发形成系统性培养深海人才的机制，从而掣肘深海科技的发展。所以，目前最重要的是要提高我们对海洋的认知能力。海洋科学覆盖面广，想要全面开花难度很大，深入研究适合我国特色的海洋科技发展战略，从战略上抓住重点，找准突破口，强化海洋科技创新。

（五）中国海洋科技实力有明显提升

1. 海洋科研机构和人员占比在上升

科研机构是进行海洋科技创新的重要主体，其数量是海洋科技投入的重要标志。2006～2015年我国加大了对海洋科技的投入，海洋科研机构的数量和规模、科技从业人员的数量呈逐年递增态势，科研机构数量从2006年的136所增加到2015年的192所，新增56所，占全国科研机构的比重从3.58%提高到5.26%；海洋科技从业人员也从2006年的13 941人增长到2015年的35 860人，增长了157%，占全国科技人员比例从5.42%上升到8.22%。

图5.1显示，在各类科技课题中，基础研究课题所占的比重呈明显上升态势，成果应用类课题呈现明显下降趋势。基础研究课题比重的提高表明国家更加重视海洋科学研究的战略性、长远性，这对于我国在未来海洋科技领域的争夺中取得先发优势、保持海洋经济可持续发展奠定了良好的基础。但是，由于海洋领域“863计划”启动时间比陆地领域迟滞近10年，国家虽然对海洋科技发展有规划指引，但对重大工程的部署还需要加强。

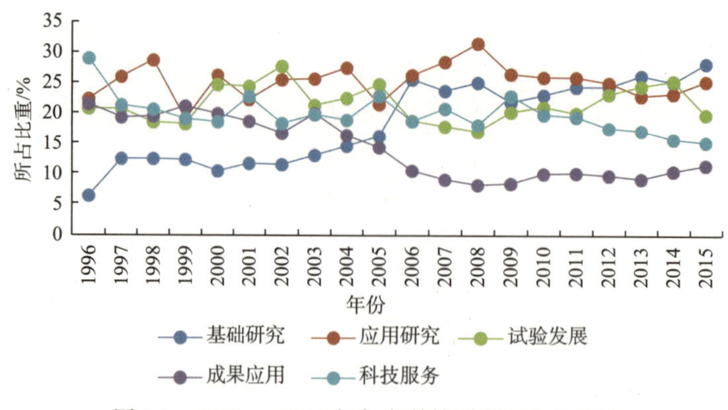

图 5.1 1996 ～ 2015 年各类科技课题所占的比重
资料来源：各年《中国海洋统计年鉴》《中国科技统计年鉴》

2. 海洋科技产出占比较大

海洋科技产出主要指科技投入所带来的效益和成果，表现为多种形式，其中包括专利、科技论文、科技专著等科技成果均呈现出持续性增长的态势。从数量和种类上看，我国海洋科技产出（论文、专著、专利）在 2006 ～ 2015 年 10 年间逐年递增，且增幅呈现不同水平。其中，科技论文（含国外）增幅为 203%，占全国科技论文的比重上升了 2.97 个百分点；出版的科技著作增幅为 67%，占全国科技著作的比重上升了 3.33 个百分点；专利申请增幅为 13%，占全国专利申请的比重上升了 8.53 个百分点；专利授权增幅为 5%，占全国专利授权的比重上升了 7.84 个百分点。发明专利的技术含量最高，最能体现科学技术水平。但综合来看，我国海洋领域专利多集中在渔业、医药及矿物开发方面，且大多处于原始技术探索阶段，在深海高技术方面较为缺乏。

3. 海洋科技投入、产出匹配度提升

相对于海洋经济在整个国民经济中的地位，我国现有的海洋科技投入和产出与整个国家的科技投入和产出相比是否相匹配？参考谢子远（2014）提出的相对强度分析指标，构建如下指标：

$$S_{it} = \frac{I_m^{it} / I_n^{it}}{\mathrm{GDP}_m^t / \mathrm{GDP}_n^t} \tag{5.1}$$

其中，I_m^{it}、I_n^{it} 分别表示第 t 年的海洋科技指标及对应的全国指标，二者比例反映了某海洋科技指标与对应的全国指标的比值；GDP_m^t、GDP_n^t 分别表示第 t 年的海洋生产总值和 GDP，二者比例反映了海洋经济在国民经济中的相对地位。S_{it} 代表某一科技指标在第 t 年的相对强度，用以考察海洋科技指标是否与海洋经济发展相适应，$S_{it}=1$ 表示相适应，$S_{it}<1$ 表示 i 指标落后于海洋经济发展。

表 5.1 显示，从海洋科技投入来看，科研机构数、科技活动人员两个指标相对强度的均值均小于 1，处于弱势状态，即海洋科研机构的设置偏少，科技活动人员不足；课题数的均值大于 1 接近 2，说明海洋科技课题设置较多；研发经费支出的均值大于 1，说明科技研发经费投入较多。从海洋科技产出来看，科技论文和科技著作两个指标相对强度的

均值均小于 1，处于弱势状态；专利申请和专利授权相对强度的均值均大于 1，说明海洋高科技发展迅猛，与海洋经济发展处于基本匹配状态。总体来看，研发经费支出、课题申请数、专利申请与授权数均与海洋经济发展程度相适应；科研机构数、科技活动人员、科技论文和科技著作四个指标处于明显的弱势状态，与海洋经济发展程度不匹配，提高这四个指标应当成为我国海洋科技下一步需要重点关注的问题。

表 5.1　2006 ～ 2015 年各海洋科技指标的相对强度

年份	科研机构数	研发经费支出	科技活动人员	课题数	专利申请	专利授权	科技论文	科技著作
2006	0.36	0.95	0.55	1.59	0.72	1.10	0.73	0.29
2007	0.38	1.19	0.54	1.62	0.69	1.04	0.76	0.36
2008	0.39	1.16	0.55	1.63	0.75	0.94	0.77	0.35
2009	0.54	1.75	0.94	2.24	1.75	2.12	1.14	0.56
2010	0.51	1.72	0.91	2.09	2.08	1.78	1.06	0.68
2011	0.52	1.91	0.91	2.16	1.97	1.80	1.12	0.70
2012	0.52	1.79	0.87	2.09	1.81	1.79	1.13	0.82
2013	0.52	1.62	0.86	2.09	1.57	1.86	1.08	0.90
2014	0.55	1.71	0.86	2.05	1.54	1.71	1.04	0.66
2015	0.55	1.64	0.86	1.99	1.62	1.96	1.07	0.66
均值	0.48	1.54	0.79	1.95	1.45	1.61	0.99	0.60

资料来源：各年《中国海洋统计年鉴》《中国科技统计年鉴》

二、中国海洋科技发展的瓶颈明显

（一）中国海洋科技实力与发达国家相比还有较大差距

近年来，我国海洋科技事业的发展呈现出突飞猛进的势头，极大地促进了海洋经济的发展。根据《全球海洋科学报告》，2010 ～ 2014 年，美国、英国、德国、法国、澳大利亚等国发文数量和引用次数均名列前茅，中国虽然发文数量和引用次数高，但相对影响因子较低（表 5.2），在国际海洋科学方面仍与第一梯队存在较大差距。

表 5.2　2010 ～ 2014 年主要海洋国家海洋科学方面的文章

国家	发文数量	引用次数	影响因子
澳大利亚	70 937	174 009	1.38
美国	96 088	801 788	1.27
加拿大	71 073	175 076	1.27
意大利	15 083	106 016	1.18
法国	22 078	196 093	1.36

续表

国家	发文数量	引用次数	影响因子
德国	74 777	718 785	1.39
挪威	9 888	75 613	1.32
西班牙	17 826	134 189	1.22
英国	79 477	771 018	1.45
俄罗斯	8 816	31 458	0.58
中国	57 848	283 431	0.90
日本	20 516	117 333	0.86
韩国	10 688	53 480	0.75
印度	12 631	54 753	0.75

资料来源：《全球海洋科学报告》

认识海洋、经略海洋，需要具备对海洋观测、探测及预测的能力。海洋科学考察船作为海洋探测与研究的重要平台，是海洋能力建设的关键组成部分，也是一个国家综合国力的重要体现。在全世界，目前至少有 325 艘科学考察船在作业（俄罗斯、美国和日本拥有船只总数的 60%），长度为 10 米至 65 米以上不等。40% 以上的科学考察船主要侧重于沿海研究，20% 从事全球性研究。而我国科学考察船事业经过了 60 余年的艰辛探索，在 2012 年组建了国家调查队，科学考察船建设迎来高峰期，截至 2017 年底，我国科学考察船数量已经增至 50 艘，正在设计及建造的约 10 艘，新建与在建数量均已位居世界首位，为我国海洋科学考察研究提供了强有力的保障，极大地提高了我国海洋事业的国际地位。但相较于美国、日本、俄罗斯等传统海洋强国，在科学考察船数量与性能方面还存在较大差距。

（二）海洋学科布点较少

专业点数反映了人才培养的专业方向数目，点数越多，说明海洋人才培养的专业领域越广泛，为海洋经济提供的服务越具有深度和广度。2006 ～ 2015 年全国院校海洋类本硕博专业点数如表 5.3 所示。2006 ～ 2015 年，海洋类专业点数设置大幅增加，尤其是硕士专业点数增长迅猛，增幅为 195.4%，其次是博士专业点数增幅为 141.4%，本科专业点数增幅较小，仅为 8.5%。总体而言，我国在海洋人才培养中，已经开始重视高端专业化人才的培养，着眼细分领域的深度探索与挖掘，但在普通本科教育方面还存在不足，整体发展不平衡，海洋高等教育专业单一，结构不合理。还未建立起海洋领域跨学科人才、交叉学科人才和海洋新兴产业领域高端人才培养的有效机制和教学体系。

表 5.3　2006 ～ 2015 年全国院校海洋类本硕博专业点数　　单位：个

类别	2006 年	2007 年	2008 年	2009 年	2010 年	2011 年	2012 年	2013 年	2014 年	2015 年
博士专业点数	58	65	67	121	124	125	131	137	140	140
硕士专业点数	109	136	138	288	291	294	327	345	332	322
本科专业点数	247	265	284	192	191	201	211	241	251	268

资料来源：各年《中国海洋统计年鉴》

（三）各层次人才培养占比偏低

为了反映各层次海洋人才培养数量的变化趋势，我们分别针对博士生、硕士生、普通高等教育本专科学生做如下两个方面的分析：一是各层次毕业生人数、招生人数、在校生人数的时序变动趋势及其增长速度；二是各层次毕业生人数、招生人数、在校生人数分别占全部学生人数的比重，从而分析海洋专业人才培养数量与非海洋专业人才培养数量的相对增长态势。

1. 全国院校海洋专业博士生情况

2006 ～ 2015 年，全国院校海洋专业博士招生人数与在校生人数呈现持续增长态势，由 2006 年的 465 人、1841 人分别上升到 2015 年的 979 人、4313 人，年均增长率分别为 8.6% 和 9.9%，毕业生人数则呈现波动式增长，2006 ～ 2010 年增长迅猛，从 330 人激增至 679 人，增幅高达 105.8%，但 2011 年以后呈现波动趋势,2015 年博士毕业生下降至 630 人。

2006 ～ 2008 年，海洋专业博士招生人数、在校生人数和毕业生人数占全国博士的比重均在 1% 以下，2009 年这三个指标分别为 1.29%、1.35% 和 1.29%，随后呈现波动趋势，到 2015 年海洋专业博士招生人数比 2009 年提高 0.32 个百分点，在校生和毕业生比重则略有下降，分别为 1.32% 和 1.17%。

2. 全国院校海洋专业硕士生情况

2006 ～ 2015 年，全国院校海洋专业硕士在校生人数与毕业生人数呈现大幅上涨趋势，由 2006 年的 4324 人、940 人分别上升到 2015 年的 10 215 人、2961 人，年均增长率分别为 10.0% 和 13.6%，招生人数增幅相对较缓，为 8.6%。

2006 ～ 2015 年，海洋专业硕士招生人数、在校生人数和毕业生人数占全国硕士比重均在 1% 以下，2006 ～ 2011 年所占比重大幅上升，尤其是 2009 年，硕士招生人数与在校生人数所占比重达到顶峰，分别为 0.81% 和 0.87%，随后总体呈现逐年下降趋势，2015 年，硕士招生人数比重、在校生人数比重和毕业生人数比重分别为 0.59%、0.64% 和 0.59%，所占比重增长乏力。

3. 全国院校海洋专业本科、专科生情况

2006 ～ 2015 年，全国院校海洋专业本科、专科生各项指标呈现大幅增加，尤其是 2010 年增幅迅猛，2006 年本科与专科招生人数、在校生人数、毕业生人数分别为 50 169、164 246 和 44 653 人，增幅分别为 131%、138% 和 205%。2011 ～ 2015 年，本科与专科毕业生人数略有增加，招生人数与在校生人数都呈现一定的下降趋势。

4. 海洋人才培养与海洋经济匹配度不高

由以上分析可以看出，从长期趋势来看，各学历层次海洋人才数量占相应学历层次全部人才培养数量的比重基本呈现上升趋势，尤其是 2009 年以来，或许是与海洋经济战略地位上升相适应，各学历层次海洋人才培养数量呈现出爆发式增长。那么，与海洋经济在整个国民经济中的地位相比，目前的海洋人才培养规模是否基本与其相适应呢？为此，参考谢子远提出的相对强度分析指标，构建如下指标：

$$S_{it} = \frac{\mathrm{EDU}_m^{it} / \mathrm{EDU}_n^{it}}{\mathrm{GDP}_m^t / \mathrm{GDP}_n^t} \tag{5.2}$$

其中，EDU_m^{it}、EDU_n^{it} 分别表示第 i 层次海洋人才培养数量及对应的全国指标；GDP_m^t、GDP_n^t 分别表示第 t 年的海洋生产总值和 GDP，二者之比反映了海洋经济在国民经济中的相对地位。S_{it} 代表某一科技指标在第 t 年的相对强度，用以考察海洋科技指标是否与海洋经济发展相适应，当 $S_{it}=1$ 表示相适应，$S_{it}<1$ 表示 i 指标落后于海洋经济发展。

如表 5.4 所示，无论哪个层次，海洋人才培养均远远滞后于海洋经济发展，2006～2008 年变化不大，2009 年开始，大多数指标呈现明显上升趋势，但即便如此，也仅有博士相关指标超过 0.1。这表明，虽然近年来我国加大了对海洋人才的培养力度，但还未能满足海洋经济的发展需要。人才是科技发展的重要保障，海洋人才储备不足严重阻碍了我国实现海洋强国的远大目标。加大海洋人才培养力度，应该成为我国海洋经济发展的重要课题。

表 5.4　2006～2015 年各层次人才培养的相对强度

年份	博士			硕士			本科与专科		
	招生	在校生	毕业生	招生	在校生	毕业生	招生	在校生	毕业生
2006	0.084	0.095	0.086	0.048	0.048	0.048	0.037	0.038	0.037
2007	0.083	0.090	0.093	0.052	0.048	0.043	0.041	0.037	0.035
2008	0.080	0.091	0.079	0.053	0.049	0.046	0.042	0.039	0.035
2009	0.131	0.087	0.092	0.082	0.051	0.048	0.023	0.041	0.035
2010	0.130	0.137	0.131	0.076	0.088	0.083	0.077	0.025	0.019
2011	0.127	0.135	0.141	0.071	0.082	0.089	0.073	0.075	0.079
2012	0.129	0.134	0.121	0.062	0.077	0.081	0.068	0.073	0.084
2013	0.134	0.131	0.121	0.066	0.071	0.075	0.067	0.069	0.081
2014	0.131	0.137	0.129	0.064	0.069	0.074	0.064	0.066	0.081
2015	0.134	0.138	0.127	0.060	0.068	0.064	0.059	0.062	0.074

资料来源：各年《中国海洋统计年鉴》《中国教育统计年鉴》

（四）海洋科技体系存在分割现象

我国的海洋科技体系存在分割现象，主要表现在军事与民用分割、系统内的条块分割、系统内外的体制分割等方面。①军用与民用分割。海洋科技领域一直是我国最为薄弱的战略要地，国防建设与经济建设仍存在军民分割的现象，同时存在军用技术与民用技术缺乏灵活、有效的传导机制、军民两用技术研发及成果转化协调机制不健全、军民共同研发常规机制不完善、军民技术标准化和通用化程度低等问题，统筹经济建设与国防建设受到了极大的限制。②系统内的条块分割。我国的海洋科研机构分布于国家林业和草原局、中国科学院、中国船舶重工集团有限公司（军工企业）等中央直管部门和企业及一些地方的部门和企业，分属于不同的部门和地域管理，管理上条块分割，研究机构横向并立，纵向传递缺乏，部门、地域间存在利益分割和信息沟通不畅的现象。③系统内外的体制分割。由于海洋科技发展具有风险高、投资大、周期长等特点，我国海洋科技的发展主要还是依靠国企和军工集团，民企介入较少，在融资便利、科技实力、政策措施等方面，民企进入还存在一定的障碍。海洋科技原始创新显著不足，关键领域中自主知识产权的核心技术较为匮乏，部分领域有所突破也依靠的是国际合作；海洋科技转换率仍然偏低等。

第二节 陆海科技的构架

一、海洋科技体系的划分

海洋科技是科技系统的重要组成部分，在遵循科技发展规律与趋势的前提下，基于陆海统筹的视角重新审视我国海洋科技体系，可以划分为由陆域技术衍生而来的陆海交叉型海洋科技体系和深海科技体系两大系统。陆海交叉型海洋科技体系，是指与陆域科技相连、交叉，主要服务于近海与海岸带，着眼于解决现实问题的体系，是海洋科技体系的重要组成部分，是陆域技术在海洋领域的延伸应用，其科技转化后在海洋产业中属于传统或新兴产业，这些科技具有“依陆向海”的特征，以相关陆域科技、产业为阵地带动该类型海洋科技、产业的发展。深海科技是指因海洋具有高盐、高压、高温、强腐蚀性等恶劣环境，对材料、装备、通信等有特殊要求，陆域成熟技术向海洋简单延伸难以满足要求的，构成最具有海洋特色的部分。

二、陆域科技、航天科技和深海科技的联系

基于对人类科技探索的基本认知，可将科技体系划分为陆域科技体系、航天科技体系和深海科技体系三大部分，其中，陆域科技体系是主体，航天科技体系和深海科技体系为“两翼”，形成了“一体两翼”的架构，三者之间具有紧密联系和特殊关系。其一，陆域科技体系为航天和深海科技体系提供了基础技术支撑。众所周知，航天科技和深海科技中的较大部分均源于陆域高科技的延伸，如航天和深海使用的精密仪器、仪表的研制、人工智能技术等，均由陆域科技发展而来。航天科技与深海科技发展的深度及广度，需要有强大的陆域高科技做后盾。其二，航天科技与深海科技的突破可引领陆域高科技新的发展方向，实现陆域科技的颠覆性创新，主要是航天和深海科技发展中的派生需求，对陆域科技和产业可产生引领、辐射和带动作用。其三，航天科技的发展为深海科技的突破提供了良好的技术对接。例如，航天科技在通信、导航、遥感等方面极大地促进了深海科技的发展，特别是近年来在轨使用和未来规划的天基信息平台，为国家海洋信息安全提供了强有力的保障。航天科技完整的技术体系和研发能力为实现海洋强国、科技强国目标奠定了坚实的基础。

三、深海科技与陆域科技相互联系

由于海洋的特殊性，深海科技相对于陆域科技而言要求更高。世界海洋科技发展的实践证明，从海洋资源勘探到生产产品、科技运用及管理，均依赖于整个知识系统和高新技术的支持。从产业层面来看，深海科技的发展对陆域空间、技术、相关产品等具有高度依赖性，决定了深海科技与陆域科技活动具有密切联系。而海陆两大系统的空间相连、生态系统相互融合，生产要素具有流动性、海陆科技间相互对应等构成了海陆联系的现实基础，反映了海陆科技统筹发展符合自然规律和经济规律。

四、深海工程大科学体系

“大科学”（big science）是第二次世界大战的产物，基于军事需要为催生第三次科技革命而蓬勃展开，逐步成为重大工程和研究计划的主要组织方式。“大科学”通常指投资强度大、研究规模综合性高，同时依赖于各种重大科研设施作为支撑开展的复杂型科学研究活动。随着“大科学”概念的诞生，大科学工程开始走入人们的视野。罗小安等（2007）认为大科学工程具有投资大、多学科交叉、集成工程、周期长和关系国家利益的特征。李建明和曾华锋（2011）认为大科学工程所反映出的现代科学体系的结构特征，是全方位、动态的一体化，尤其是“工程”要素，既是技术的集合体及其实现过程，又是社会组织管理工程。贺福初（2019）认为大规模科学技术工程具有国家行为性、系统集成性、科技攻关性、高度风险性、产业关联性、军民融合性等特征。王续琨和张春博（2017）认为大科学工程具有重大科学技术创新性、“科学—技术—工程”整体关联性和多层次、多部类、跨学科、综合性三大特征。

本书所提及的深海工程是指围绕创造一系列不同层级深海潜水器为载体，在深潜器的建造过程集中解决信息、新材料、新能源、生物、海洋空间技术和军事装备制造等重大海洋科学技术难题，并以大科学工程的组织形式、资源配置方式和科学管理活动等来保障其实施。以深海工程带动整体海洋科技体系的跨越式发展。

深海工程具备科技复杂性、需求战略性和高资产专用性等大科学工程的典型特征。第一，科技复杂性。深海工程创建所涉及的范围属于海洋科技的关键领域，是信息技术、新材料技术、新能源技术、生物技术、空间技术及军事装备制造等技术的综合集成，面临岩石圈、水圈、大气圈和生物圈等多圈层的复杂环境，符合海洋大科学多学科、多专业、多领域，相互交叉、相互支撑、融合集成的特性。深海环境的严酷性决定了科学探索活动还需依赖各种重大科研设施和技术手段，人类进军深海的每一次进步，都与深海装备的技术突破紧密相关。第二，需求战略性。深海工程的建设对中国海洋权益维护、经济可持续发展、军事行动能力提升等具有全方位的战略意义。深海是中国必须布局的重点领域。其中，南海及周边地区是中国冲破第一岛链限制、走向远洋的关键区域；太平洋和印度洋是冲破美国、日本等国围堵、维护海上通道安全和海外重大利益的重要海域。另外，主权内外深海资源的开发权利、生态环境的安全等都与深海攸关，迫切需要建设深海工程来统领深海科技的发展。第三，高资产专用性。深海工程创建的资金投入成本、人力资源协调成本等均较高，大国重器之一的“深海勇士号”深潜器的研制和海试总耗资达 3.7 亿元，建造聚集了国内 94 家单位共同参与，其建造和组织协调成本可见一斑。

构建以深海工程为核心的纯海洋科技体系，是构建中国新时代海洋科技体系的必然选择。深海与航天在科技体系方面具有天然的可比性，总结航天工程成功经验，为决策层制定前瞻性的海洋科技发展战略提供有益的参考。

第三节　深海工程体系与航天工程

一、深海工程与航天工程具有可比性

航天工程和深海工程不仅同属于大科学工程的范畴，而且处在大科学工程“一体两翼”体系之中，具有特殊的可比性。基于对人类科技探索的基本认知，可将科技体系划分为陆域科技体系、航天科技体系和深海科技体系三大部分，其中，陆域科技体系是主体，航天科技体系和深海科技体系为“两翼”，形成了“一体两翼”的架构，三者之间具有紧密联系和特殊关系，如图 5.2 所示。

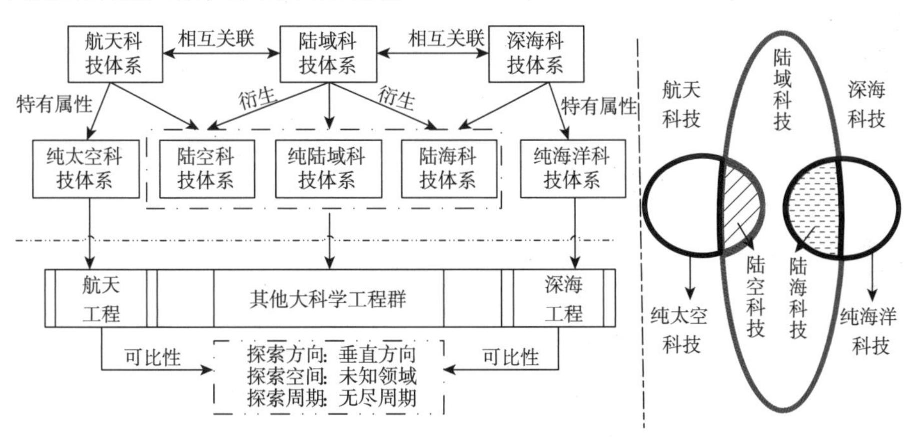

图 5.2　科技体系“一体两翼”示意图

从技术链角度来看，航天科技和深海科技与陆域科技相互交织的部分，是陆域科技向航天科技与深海科技的延伸，其发展主要沿着陆域科技的原生科技轨道，可以称之为陆空科技体系和陆海科技体系；相错部分是基于航天和深海的特殊属性而产生的颠覆性科技体系，即跳脱陆域的原生科技轨道而相对独立存在的纯太空科技体系和纯海洋科技体系。从科技的复杂性和前沿性角度来看，航天科技体系以航天科技为核心，深海科技体系以深海科技为核心，由此“一体两翼”的架构可以推演为以陆域科技为主体，航天与深海科技为“两翼”的科技体系架构。

航天科技和深海科技为“两翼”，源于二者具有诸多的相似性。一是探索空间的特殊和未知性。航天科技是指探索大气层以外的空间，而太空浩瀚无边，充满未知；深海科技探索的是海洋内部深处，深海不是地面过程的归宿，而是地球内部的出口，人类迄今为止对其认知几乎空白。二是探索方向和条件的类似性。二者均为垂直方向，航天科技垂直向上，需要克服地球引力，完成真空状态下综合性科技探索活动；深海科技垂直向下，需要克服水柱压力，完成强腐蚀性状态下综合性科技探索活动。这种垂直方向上的科技探索具有颠覆性和开创性，直接涉猎许多重大科技前沿，是多学科、多领域综合集成的新兴研究领域，极大地带动了科技和产业的发展。据权威数据显示，自航天工程启动后，有 2000 多种航天科技成果转移至国民经济各部门，对制造业的前向综合关联系数高达 0.84；在深海领域，我国目前对深海的探索处在初级阶段，但其标志性产品显现的产业关联效应已初现端倪，如深钻—蓝鲸 1 号半潜式钻井平台系列的研制，有效地带动了上下游 700 多家配套企业的发展，年带动相关产业产值 200 亿元以上。同时，由于航天科技与深海科技探索空间的未知性和高难度，意味着航天工程与深海工程的科技探索活动不会停息，进而总体工程周期是近似于无止境的，加之巨大的产业带动效应，迫切需要通过大科学工程的组织管理模式进行系统性规划和管理。

二、深海工程和航天工程比较的维度选择

为了更好地利用大科学工程框架比较分析航天工程与深海工程的差距，既突出重点又系统深刻，本小节选择了六个分析维度，其内在联系如图 5.3 所示。

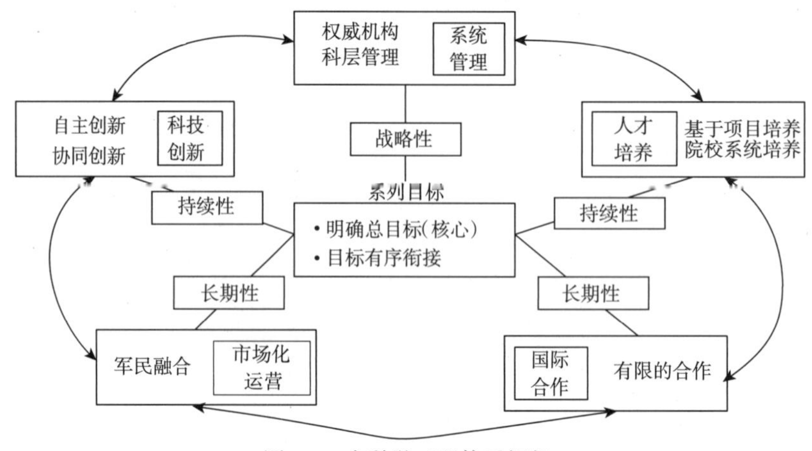

图 5.3 大科学工程体系框架

第一，系列目标。大科学工程是对未来科技发展的探索，是一项长期的系统性工程，明确的系列目标是保障大科学工程有效实施的核心。需要进行顶层设计和科学规划，使其总目标和阶段性目标相互衔接和配套，保证大工程科学有序地进行。第二，系统管理。大科学工程内部由多个复杂的系统构成，不仅包含综合集成自然科学技术的工程系统，还包括进行组织管理的社会系统，其管理需涵盖工程的规划、研究、设计、制造、试验和使用等方面，以最大限度地降低科学创新的不确定性所带来的风险。交易成本理论认为，资产专用性程度越高，越需要选择纵向或横向一体化的科层式治理结构。大科学工程满足国家战略性需求，需要政府履行管理职能，形成统一、集中的领导机构进行系统性管理。第三，科技创新。大科学工程具有知识密集度高、科技难度高和产品质量高等特性，需要多元创新主体和创新资源的有效汇聚，形成协同创新，保持工程项目的持续性。同时，大科学工程也是为国际所公认的主要以开展原始性科学创新为依托的工程项目。基于国家战略需求

的大科学工程，还强调自主创新能力的提升，以防止出现来自外部的技术封锁等风险事件的发生。第四，人才培养。大科学工程人力成本的高资产专用性，意味着人才培养的高度职业化和知识的复杂化。知识具有缄默性，隐性知识根植于实践活动中，大科学工程为知识的传承提供了良好的平台，有利于建立一套基于项目工程的人才培养体系；专业院校的系统性培养也是人才培养的主要途径。第五，市场化运营。大科学工程不仅需要依靠国家的长期投入，为了维持其工程的长期性，还需要进行一定程度的科技成果转化。在市场环境中运行，通过市场机制有效配置资源和保持竞争，最大限度地节约资源。军民融合是大科学工程市场化运营的主要形式之一。第六，国际合作。随着大科学时代的到来，很多耗资巨大的科学研究必须在国际范围内才能有效实现，国际合作是利用国际资源解决关键技术难题、避免低水平重复、提高工程技术水平的有效途径之一。

三、航天工程成功经验与深海工程的差距及原因分析

大科学工程与所在国的社会制度、经济基础和政策环境等存在千丝万缕的联系，呈现出各具特色的创新模式，我国航天工程在汲取了大科学工程的组织形式、管理经验的基础上，结合本国的实际，走出了一条极具中国特色的大科学工程的创新道路。本小节主要从六个维度对比航天工程的成功经验和深海工程的主要差距，并分析其深层次的原因。

（一）航天工程成功经验与深海工程的差距

1. 顶层系列目标的差距

航天工程在其60余年的发展历程中，基于国家重大战略需求，按照航天科技的内部技术联系，形成了“谱系式”的研究目标。例如，在“两弹一星”时期，先期开展了火箭推进器的发射研制，才有了“两弹”和我国第一颗人造卫星的成功发射；载人航天时期，在掌握了大推力火箭和返回式卫星技术等基础技术后，又突破了一大批包括船舱分离技术、环境控制与生命保障技术、返回舱升力控制与过载控制技术等具有自主知识产权的核心关键技术，进而缔造了载人航天系列的成功。随后，经过多次宇航员实景试验，基本掌握空间飞行器交会对接技术，通过发射“天宫二号”对空间站的建造进行了关键技术的验证。这种环环相扣的系列目标，形成了中国航天工程特有的系统性技术发展路径。

深海工程顶层设计不明确。深海工程是一个庞大而复杂的大科学工程，统一、明确的目标是科技创新的基础。从目前的发展现状来看，深海的勘探、开发活动呈现出分散发展的态势，尽管我国政府已将部分深海技术[①] 列入国家中长期科学与技术发展规划中，但由于规划的系统性欠缺，重点不突出，未能按照深海科技的内部技术链条形成系列目标。

2. 体制设计的差异

为保证系列目标的实现，航天工程采取了在国家主导下大科学工程的组织管理模式，

① 深海油气及矿产资源开发技术、深海探测技术及深海作业技术与装备等。

成立了极具权威、统一的领导机构进行组织协调，即从“两弹一星”时期较高层级的十五人专门委员会①，到载人航天时期国务院总理担任主任的载人航天专门委员会，打破了建制、部门、区域和体制内外等的限制，保障了航天工程的目标牵引、组织协调、决策指挥等活动的有效实施。

海洋科技表现为多头管理，权威性和专注度都较低。深海科技领域，受海洋管理体制的“九龙治水”影响，存在多头管理和权威性、专注度不高的现象。通过梳理我国涉及深海科技项目的管理部门和机构，仅国务院直管的部门就多达 7 ～ 8 个②，存在多头管理、各自为政的现象，容易出现政出多门、职责不清、相互推诿的弊端，不易形成合力。2013 年在重组国家海洋局的基础上，成立了由党中央、国务院、中央军委直接领导的国家海洋委员会，该机构虽集中、权威，但从其功能定位来看，也偏于领导管理海防事务，且具体工作由国家海洋局承担，缺乏一个专门、统一和权威的组织协调机构，以推动深海科技发展，解决“大兵团”科技攻关的统筹协调事宜。

3. 创新模式的差距

航天工程的科技创新模式为“自主创新 + 协同创新”。基于西方发达国家长期的技术封锁和严格的高技术出口限制，我国航天工程立足于自主创新，真正掌握了具有自主知识产权的核心和关键技术，把航天发展的主动权掌握在自己手中，为赶超世界先进水平和占领科技制高点提供了核心驱动力。例如，载人航天工程自启动以来，先后独立攻克了飞船总体技术、返回和载人技术，以及高可靠性和高安全性运载火箭技术等国际宇航界公认的技术难题；中国航天科技集团公司第六研究院拥有上百种发动机的自主知识产权，技术性能和可靠性均达到国际先进标准。同时，我国航天工程强调集成创新，形成了“一总两线”的分权协同机制，强调系统集成，强化分层化运作，实现了跨区域、跨机构、跨体制，甚至跨系统（军队和地方）的协同创新。比如，在中国航天科技集团公司第五研究院实行技术抓总的第一艘货运飞船“天舟一号”的研制中，有 22 个省区市、700 多家研究机构和企业参与其中，突破了区域、机构、体制和系统等限制，整合了优势资源，实现了人力、物力、财力的高度集中，联合攻关。

深海工程则存在自主创新能力不足和协同创新程度较低等问题。我国深海技术总体上以跟踪和模仿为主，原创性、引领性成果偏少，自主创新能力不强。比如，中国海洋石油集团有限公司拥有“深海石油钻井平台的 981”的知识产权，但只有船体、外壳由中国制造，井架、立管、采油树等内核设备均是从外国采购的。重大深海工程装备“缺芯少魂”，大型船用发动机多是“舶来品”，船舶电子控制系统仍受制于人。有数据显示，我国海洋石油钻井平台中，80% 的关键设备需要进口，深海中高端设备国产化率较低，科技总体水平处于第二梯队行列。我国高新技术发展的历程表明，事关国家核心利益和国防安全的战略工程绝不能建立在依赖国外科技的基础之上。一是核心技术买不到，无论是企业还是政府，其核心竞争力和支柱产业绝不会轻易让渡于未来的竞争者；二是买来的装备不安全，关键备件和维修不能保障。中国要成为科技强国和海洋强国，必须掌

① 即 1 位国务院总理、副总理和部长级领导各 7 位。

② 诸如自然资源部、两院（中国科学院、中国工程院）、科技部、国家发改委、国防部、工业和信息化部等。

握深海领域的关键核心技术，否则对国家的经济发展、科技进步和国防安全都将产生极为不利的影响。

协同创新程度不高。主要表现在科技资源的碎片化，最主要的“卡脖子”问题是分散。一是机构设置、人员分散。我国的海洋科研机构分布于原国家海洋局、中国科学院、中国工程院、中国船舶重工集团有限公司等中央直管部门和企业及各地涉海的高校和地方企业，分属于不同的部门和地域管理，管理上条块分割，研究机构横向并立，纵向合作缺乏；优秀科技人才分散于各个研究机构中，未能完全实现优势资源的集聚，形成拳头力量。二是研发经费分散。我国海洋科技研发经费的来源主要依靠政府的财政投入，资金有限；而研发经费又分散于国家 863、973 专项和国家自然科学基金等重大项目中，资金的集中度不足。三是设施配置分散。不同的研究机构由于条块分割，协作相对困难，不得不搞“大而全、小而全”的设施配置，而且这些设施的共享和利用率也不高。据统计，一般我国的大型海洋研究设备利用率仅在 10% ～ 30%，最高也不超过 50%，这种相对分散的科技资源现状将不能适应深海工程对于集成创新的要求。

4. 军民融合程度的差距

航天工程引入商业航天理念，促进军民融合深度发展。一方面，为适应世界航天企业大型集团化倾向，在载人航天时期进行体制改革，设立了在高技术领域拥有自主知识产权和著名品牌，由中央直管的两个特大型军工企业集团，即中国航天科技集团有限公司和中国航天科工集团有限公司，两大企业集团既有分工又有合作，同时兼顾了军事保密性的要求，开启了军民技术交融、产业共兴的新局面。从“航天制造”向“航天制造 + 服务”战略转型，大力开拓卫星及地面运营服务、国际宇航商业服务等民用服务业务，拓宽利润来源渠道，逐步形成了全要素、多领域、高效益的军民深度融合发展格局。另外，利用市场化手段拓宽融资渠道。通过设立多种用途靶向的基金组合进行融资，如航天基金、航天产业基金、航天信息产业投资基金、军民融合创投基金等；通过集团下属独立法人公司上市融资等方式，吸引社会资本加入航天工程建设；发挥航天工程的高技术和品牌优势，由中国航天基金会通过战略合作伙伴、合作伙伴、赞助商、支持商等冠名的方式依法筹措资金，有效地拓宽了科技投入渠道。

深海工程的军民融合机制亟待完善。我国深海领域的军民融合，还处在由初步融合向深度融合的过渡阶段，表现为融合范围窄、层次低和程度浅。同时，市场化融资手段运用不充分，筹资渠道单一。目前我国深海科技的投资渠道主要为财政投资和银行贷款，证券化率相对较低，主营深海科技装备和技术研发的上市公司屈指可数，比如，中国船舶重工集团有限公司麾下拥有 46 家工业企业，仅有两家公司上市，证券融资能力有限，债券、基金等融资杠杆基本未运用，庞大的民营资本因准入的高门槛或高风险等因素止步于门外。

5. 人才培养和储备体系的差距

航天工程高度重视人才的培养和储备。通过重大工程实践培养人才，是我国航天工程的一项软实力。在“两弹一星”时期，按照“出成果、出人才”的要求，通过研制–实验的实践，为中国的航天和核科技工业，培养了以中老年科技专家为学科、专用技术带头人，以中青年科技骨干为主力，以青年科技人员为后备军的科研生产队伍。在载人航天时期，秉持“在实践中造就人才”的理念，以重大工程项目为牵引，以型号研制为平台，在高强度实践中识别并培育人才。同时，高校、科研院所的系统培养，也是航天工程人才培养的有效途径。通过航天机构与理工学院合作培养，军工系统及军工院校系统培养和科研院所的导师制，知识传承效率较高。上述培养途径使得现阶段我国航天工程的人才储备较为充足，年龄、知识结构趋于合理，保障了航天事业的可持续发展。

深海高端人才短缺、复合型海洋人才匮乏。一是系统性培养不足，复合型海洋人才匮乏。建设海洋强国不仅是在科研能力、创新能力、技术能力上与其他国家进行竞争，在权益、法律、环境、安全等方面的综合能力也是克敌制胜的关键法宝之一。从目前我国涉海院校的培养模式来看，海洋教育还处于“专才”培养阶段，缺乏对海洋自然科学和人文科学相交叉的复合型人才的培养。人才专业结构分布不合理，我国开设的海洋类专业点有 300 多个，但大部分都是传统的海洋专业如水产养殖或者基础专业，有关深海基础研究和高技术方向的专业设置较少，师资力量不足。二是深海重大工程的实施还处于科研探索阶段，技术尚未成熟，通过工程实践培养人才的成效有限。高端人才主要包含领军式人才和高技术人才两大类。我国海洋工程装备及高技术船舶制造业至 2020 年人才缺口约为 16.4 万人，而至 2025 年，人才缺口预计将高达 26.6 万人。人才储备的不足和专业结构分布不合理将严重制约我国深海科技的综合竞争力。

6. 国际合作模式的差距

航天工程已经初步形成全方位的国际合作。由于航天高技术、高风险、高投入、高效益及长周期等突出特点，航天科技的国家间合作已逐渐成为各国加快本国航天事业发展的重要途径。中国的航天工程已形成了在政府引导下国家间在科技、商业层面双边及多边合作的机制。合作对象涉及发达国家和发展中国家，实现了南北和南南的大范围合作。同时，在卫星商业发射、搭载发射、整星出口等方面，积极参与空间领域国际商业活动。

深海工程的国际合作存在局限。中国深海领域的国际合作主要局限于海洋基础科学研究和大洋科考等方面，合作国家主要以俄罗斯、法国、德国等海洋发达国家为主，与发展中国家的合作还未涉猎。同时，受技术封锁、政治、军事等因素影响，实质上的技术、商业合作还未真正展开，“以我为主”的大型国际研究计划几乎空白。

（二）深海工程全方位落后的深层次原因

基于六个维度对航天工程和深海工程的比较发现，深海工程全方位落后，而追本溯源诊断出我国深海科技中的痼疾，是创建具有前瞻性、引领性、标志性深海工程体系的前提条件。

1. 思维逻辑起点

从人类与太空和海洋的空间距离来看，地外太空距离遥远，与人类的联系较弱，因此必须使用特殊的运输工具。加之航天科技与陆域科技交集较少，科技目标具有单一性，体系具有相对独立性，易于形成明确的航天工程体系。而海洋是人类生命的起源之地，与人类的空间距离相对较近，“舟楫之便，渔盐之利”是人类几千年来探索海洋的缩影。

陆域科技和海洋科技存在着紧密的相互渗透、交叉耦合的联系，尤其是中国长期处于陆域的发展思维，海域思维转换还未彻底完成，对于海洋的认识无不打上陆域思维的烙印，深海更是难以从陆域思维中抽离，使之具有相对的独立性，致使科技攻关的目标较为分散，未形成独立的深海工程体系。

2. 历史特定性

我国航天工程的“两弹一星”时期，工程启动主要是为了应对西方世界的核讹诈，形成了“刺激—反应”的应急性机制，带来了规划系统性强、政令畅通等效应，在载人航天工程中也一直发挥作用，形成了自上而下与自下而上相结合的决策路径机制。这种决策路径创造了资源的大规模动员、权力精英领导、强政治机会结构和强内生组织的模式，实现了重大的体制、机制变革。深海领域在缺乏外部的强军事刺激的条件下，强调发展性而非应急性，形成了自下而上的自发型决策路径机制。在条块分割的单位体制、注重绩效排名的竞标赛体制和通过项目实现财政资金的转移支付这三类主导性制度逻辑的影响下，深海科技形成了一种小科学的组织结构，滋生了诸如资源碎片化、信息相互封闭、激励扭曲、唯项目论、注重小团体利益等问题，容易形成各自为政、多头管理现象，难以产生“1+1>2”的协同创新效应。

3. 利益拓展的外部阻力

外部阻力主要是指在空间和实物资源开发利用中与其他国家交互性和共生性的强弱。从空间资源开发角度来看，太空没有严格意义上的国界之分，航天主要以空间资源开发为主，卫星或者航天飞船均能在多个轨道并行，具有相对动态性，与他国交互性弱；而海洋却有界线，部分深海区域属于本国专属经济区，加之海洋划界标准的多重性，致使海域纷争不断、冲突频发，与他国交互性强。从实物资源获取的角度来看，太空领域实物资源还未真正意义上得到开发，与他国资源共生性弱；深海中的油气、多金属矿产等不可再生资源为主要争夺标的物，获得的现实性和经济性都远高于航天领域，在国际公共海域又以“先到先得，胜者全得”理念为主导，与他国资源共生性强。因此，对于深海的探索除了应对技术难题外，还面临政治、经济、军事、外交等众多不确定性因素，缺乏稳定的投资预期，对诸如民间资本介入、投融资主体多元化和深海国际合作的开展等形成了阻碍。

第四节 创建深海工程体系

一、以大科学工程模式为导向，加强顶层设计和规划

中国在集中力量办大事方面的优势，蕴含着顺利实施大科学工程的优质基因，为创建深海工程营造了良好的制度环境。创建深海工程，关键在于从宏观层面以大科学工程模式进行顶层设计和规划。根据国家的重大战略需求和世界深海技术发展的前沿趋势，立足长

远，打破条块分割的体制障碍，由权威机构牵头，对顶层设计和规划进行自上而下和自下而上的科学论证，制定重点研发和技术储备相结合的中、长期目标，重视内部技术链条的衔接性，制定切实可行的技术发展路线图。合理配置科技资源，统筹开展“深海探测技术＋深海开发技术＋深海运载技术＋E级计算机技术”等的研发，努力抢占科技制高点，实现技术发展和产业带动的有机结合。以深海工程的战略为引领，通过科技创新和产业带动，进一步吸引决策层的政策关注，推动海洋科技体系实现“质”的飞越，对推动我国科技体系“一体两翼”平衡发展，以及海洋强国建设起到了重要的支撑作用。

二、以管理体制机制创新为保障，形成集中统一领导

体制机制创新对一个大科学战略工程的成败起着保障性作用。借鉴航天工程的经验，本着“由最高层领导最尖端”的原则，建议成立较高层级、极具权威的深海工程重大专项专门委员会，其成员由中共中央、国务院、中国科学院、中国工程院、中央军委、国防部、科技部、财政部、国有资产监督管理委员会、自然资源部等相关领导组成，集指挥权、财政权、人事权为一体，体现党、政、军深度融合、高度集权。重大专项专门委员会下设立深海工程项目指挥部，实施对深海工程的集中统一领导和指挥协调；实行“三师负责制”和系统化管理。“三师负责制”就是首席科学家设计负责制、总工程师技术负责制、总会计师财务负责制，从工程设计到技术把握直至资金保障，系统化管理覆盖深海工程的全生命周期，以保证深海工程顺利运行。

三、以整合和聚集科技资源为抓手，着力提高自主创新能力

针对我国海洋科技资源碎片化的现状，整合和聚集全国海洋优势科技资源，实行科技资源的共建共享共用，从集成创新走向自主创新。可参照2018年1月中国科学院13家院所联袂筹建“海洋大科学研究中心”的创新思路，组成中国科学院所有重大设施的集群、构建高效共享的综合大数据中心、集聚各领域高层次人才组建核心科研单元和交叉研究集群，面向国际前沿占领海洋科技最高端阵地，通过协同创新提升自主创新水平和国际竞争力。实现自主创新能力的提高有以下途径：一是加大对深海关键核心技术的科技投入。深海领域的科技突破要抓住重点，使财力向专注深海研发的重点机构、重点项目和重点工程汇聚和倾斜，为自主创新水平的提升提供较为充足的财力支持。二是提高深海装备的国产化使用率。政府应通过公共采购、价格补贴、税收减免、优惠等措施，鼓励使用国产化的深海设施和配件，从绩效考核导向上转变重引进轻消化吸收、重模仿轻创新的思想。三是逐步提高创新个人和团队的收益分配比例，注重知识产权的保护。四是营造宽容失败的科研环境氛围。深海领域的科学探索属于高科技密集的研发活动，其研制过程的每个阶段都充满失败的风险因素，允许科研主体有试错的机会，宽容失败，也是遵循科研活动规律的体现。

四、以军民融合为助力，实现市场化运营

深海工程是体现国家战略利益的大科学工程，建立良好的军民融合机制对市场化运营尤为必要。一是建立良好的组织协调机构。为加快深海领域军民融合机制的深度发

展，建议在现行的中央军民融合发展委员会下，设置深海技术的军民融合协调推进分机构，专门负责军用与民用技术和设备的共同研发、军民两用技术的标准设立，提高技术和设备通用化程度，协调军民两用技术研发及成果转化等事项，最大限度统筹经济建设与国防建设，提高统筹发展的综合效益。二是依托国家重点工程，鼓励以大型海洋军工装备企业为龙头，围绕深海产业链和技术链形成创新联盟，坚持设计、制造、总装和配套同步发展，打造通用化、系列化、组合化、标准化的海洋装备模式，形成低成本、安全、高效的现代化海洋装备制造体系。三是借力深海工程的品牌效应，拓展多元化投融资渠道：①鼓励有实力的大型国有企业保持每年的研发投入稳定增长，积极扶持竞争力强、成长性好、发展潜力大的海洋高科技企业上市融资。②在保障战略安全性和保密性的前提下，鼓励有较强资金实力和科技优势的民营企业参与深海资源的勘探开发，采用“民间资金＋国家支持”的资金组合方式，既为庞大的民间资本提供了良好的投资渠道和效益，也还原了深海资源勘探开发的社会属性。例如，由上海海洋大学研制的 11 000 米全海深载人深潜器“彩虹鱼”于 2017 年试验成功，就是这一融资模式的成功范例。③利用深海科技的高技术含量和标志性产品的品牌效应，通过商业化运作，建立多层次的融资渠道，如通过债券、基金等渠道，以战略合作伙伴、冠名等方式，吸引社会资本投入深海领域。

五、以完善人才培养机制为根本，开启国际化人才战略谋划

针对中国深海科技领域高端创新人才、产业技能人才和复合型人才短缺的实际状况，应加快完善深海工程人才培养机制。一是依托项目工程从实践中培养人才，建设一批高层次、创新性科技人才培养基地，加强领军人才、核心技术研发人才和创新团队建设，形成人才衔接有序、梯次配套的合理结构；二是实施顶尖人才引进计划，以需求和任务为导向，面向全球吸引首席科学家等世界级顶尖人才和团队，加速国际人才聚集；三是通过高校和科研院所培养储备性人才，构建跨学科的课程体系和海上实训系统，通过科教融合、名师垂范，系统性培养复合型人才；四是建立人才多元评价体系，扬弃单纯以论文和专利为牵引的学术机制，建立以技能和研发水平为主导的人才评价考核机制。

六、陆海科技统筹的重点

（一）强化科技“三驾马车”的理念

陆域科技、航天科技和深海科技是三个相对独立的科技领域，一个指向陆地，一个指向空天，一个指向深海，均有其科技发展侧重点和重点领域，是我国科技领域的三驾马车，其关系既独立又融合，统筹发展空间巨大。看似三个并不相关的领域，如今却有着越来越紧密的合作。陆域科技为航天科技和深海科技提供坚实的基础；航天科技在海洋监视监测、海上智能交通管理、防灾减灾、海洋权益维护等方面与深海科技存在较深的融合；深海科技的发展又为航天科技和陆域科技发展提供了发展需求，推动了陆域和航天科技的技术迭代升级和再创新，如智能制造技术、通信技术、海洋卫星观测技术等。树立航天科技、陆域科技和深海科技均衡发展的理念，“三驾马车”须并驾齐驱，不能失

之偏颇，忽视其中任何一项的发展，都将严重影响我国科技发展的进程。

（二）陆域科技规划兼顾深海科技需求

陆域科技是航天和深海科技体系的母体，是我国科技发展的主力军。需加大宣传力度，强化科技工作中的海洋和航天意识，在科技创新过程中为深海科技发展留出科技对接口。例如，2025 装备制造业、生物工程技术、动力能源利用技术、生态环境保护工程、新材料技术、信息工程技术等都具有向海洋领域拓展的空间。良性的交叉互动不仅不会影响相应科技的发展，而且可能培育更多的创新点和增长空间。

（三）强化深海科技对国民经济的拉动作用

深海科技已成为拉动国民经济发展的引擎。2016 年国家海洋信息中心首次向社会公开发布的《中国海洋经济发展指数》结果显示，“十二五”期间，随着我国科技兴海战略的深入实施，科技创新对海洋经济的引领作用显著，海洋科研创新成果丰硕，在海洋药物、海洋生物制品、海产品精深加工等技术研发领域取得了重大突破，由深海科技支撑的海洋新兴产业已成为拉动我国海洋经济发展的一匹“黑马”，年均增速达到 19.8%，为海洋经济强国建设提供了强有力的支撑。通过创新转化机制、优化服务环境、强化平台运作等措施，促进深海科技逐步向一般科技转化，提高科技创新贡献率。我国深海科技水平与国际先进水平之间存在的差距，恰恰是我国深海科技创新和拉动国民经济发展的潜力所在。

（四）积极探索构建深海工程体系是实现我国深海科技弯道超车的重要机遇

中国航天、大飞机和高速铁路等大科学工程的建设实践已经证明，实施大科学工程是发挥社会主义制度优越性、实现上述各领域弯道超车的成功途径。中国深海科技发展要在落实《国家中长期科学和技术发展规划纲要（2006—2020 年）》和《“十三五”国家科技创新规划》的基础上，积极探索构建深海工程大科学体系，开展深海工程科技攻关，追求深海科技跨越式创新，重点是实现军民融合及系统内外资源的整合。

美国实行“国家主导、民为军用、以军带民”的战略方针，提高了科技创新能力、产业竞争能力，节省了采购费用，增强了军事实力，提高了装备水平和作战能力，在推进军民融合方面的经验值得我们借鉴。我们要结合国情，围绕深海工程建立国家从顶层统筹军、民、商空间信息资源，实现军队、地方等相关科技的统筹，突破海洋与其他领域的壁垒，实现系统内外资源融合。将深海工程打造成军民融合的创新式领域，统筹海上开发和海上维权，推进军地共商、科技共兴、设施共建、后勤共保，加快推进南海资源开发服务保障基地和海上救援基地建设，逐渐形成国防建设与经济发展相互促进的发展模式。

第二篇　海洋与陆域产业的统筹发展

海洋与陆域的关系延伸到经济和管理领域后，最先引起关注的是海洋与陆域产业的联系（图 1）。随着我国经济社会进入新的发展阶段，海洋产业与陆域产业的矛盾及关联的重点都发生了深刻的变化。本篇以海洋产业与陆域产业为研究对象，通过对比陆海产业间的生产要素效率，探索陆海经济系统间的要素优化配置和联系机理，并选取典型海洋产业，采用定性分析与定量评价相结合的方法研究海洋产业与陆域产业的关联关系。在以下几个方面进行了创新性探索。

第一，利用实证分析的方法比较分析了海洋产业与陆域产业的差异性；从产业自然基础、产业链、生产要素流动性、海洋产业对陆域产业的依赖性等角度分析了海洋产业与陆域产业关联的必然性，奠定了陆海产业关联研究的理论基础。

第二，构建了海洋和陆域经济的广义柯布–道格拉斯（Cobb-Douglas，C-D）生产函数模型，采用岭回归分析法定量评价了陆海经济系统的劳动力、资本和技术三大生产要素的产出效应。结果表明三个要素对经济增长均有正向推动作用，但产出效应在陆海两大经济系统间存在明显差异，海洋经济仍处于物质要素投入驱动的初级阶段，而沿海陆域经济已进入以技术进步为主导、三大要素共同推动的成熟阶段。

第三，构建了海洋科技竞争力评价指标体系，运用 CRITIC（criteria importance though intercriteria correlation）方法定量测度了 2006 ～ 2012 年沿海省区市的海洋科技竞争力。结果表明沿海省区市海洋科技竞争力不断提升，陆域科技环境对海洋科技进步有明显的技术溢出效应，是现阶段影响海洋科技发展的主导因素，但随着海洋科技体系的不断完善，海洋本身的科技投入、产出、创新对海洋科技竞争力的影响将更加显著。

第四，基于陆海关联的视角，构建了海工装备制造业发展潜力评价模型，依据评价结果将沿海 11 个省区市发展海工装备制造业的潜力划分为三个等级。海工装备制造业具有技术密集、高附加值、关联效应强等特点，其发展潜力与市场需求、陆域相关产业和技术、政策等发展环境密切相关。目前，沿海各省区市发展海工装备制造业的潜力来源具有明显差异。

第五，基于对陆海产业关联的研究，比较系统地提出了以海岸带空间规划为载体、从产业链的视角关注陆海产业统筹、高质量发展临海产业、探索以滨海旅游带动陆海要素整合的途径、构筑优势互补的内陆与沿海产业关联体系、搭建产城融合的海洋产业聚集核心和将沿海地区风险防范与生态文明建设有机结合等七项实现陆海产业统筹发展的对策措施。为优化陆海产业间的资源配置、促进区域陆海经济统筹发展提供了一定的理论支撑。

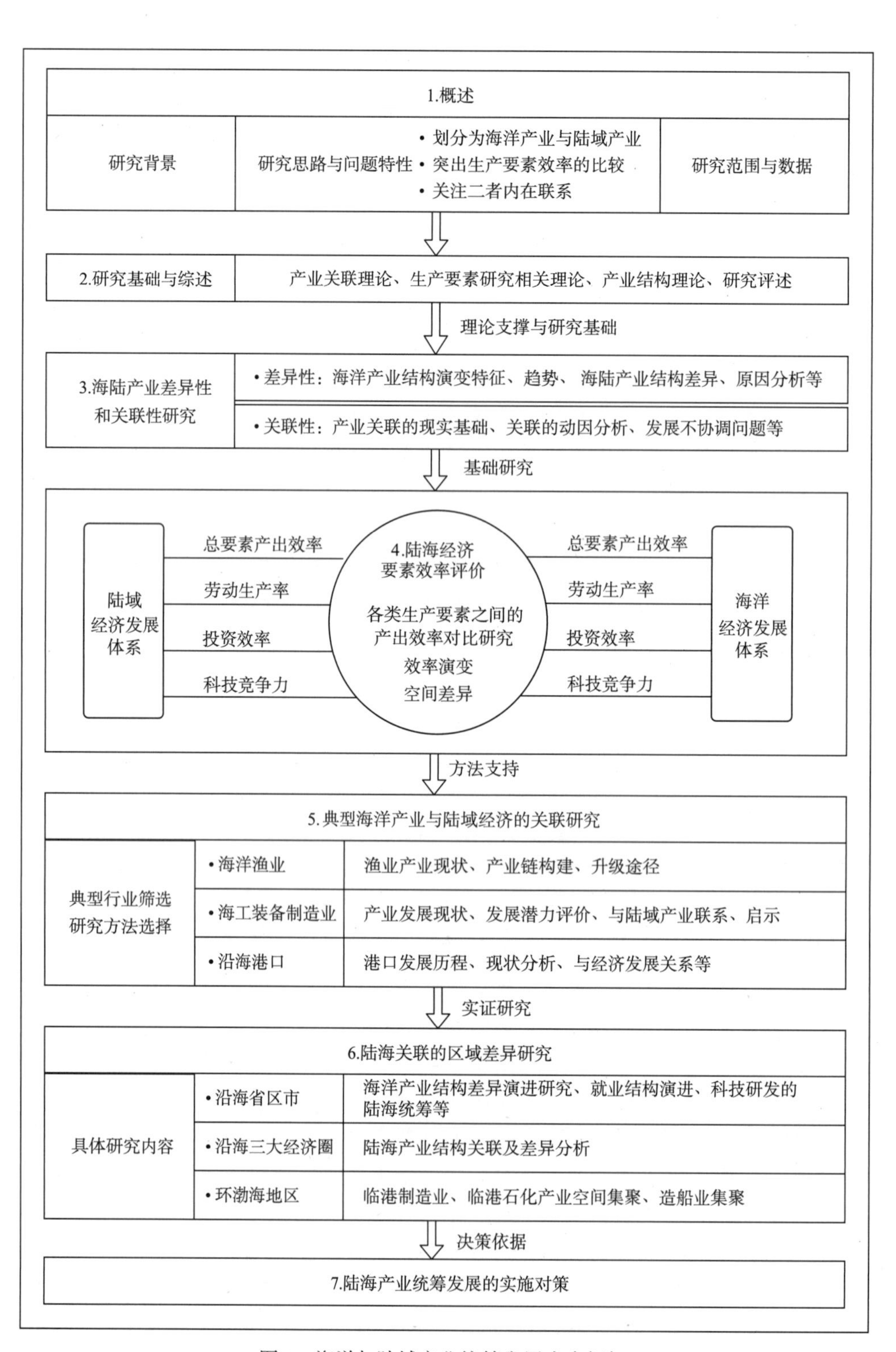

图 1　海洋与陆域产业统筹发展内容框架

第六章 概　述

第一节 研究背景

一、陆海经济联系紧密，构成了陆海联系的经济基础

当前世界经济步入资源和环境制约发展的瓶颈期，陆域资源、能源和空间的压力与日俱增。为谋求发展空间，世界沿海国家和地区纷纷将国家战略利益竞争的视野转向资源丰富、地域广袤的海洋，人口和生产要素向沿海地区聚集趋势明显，开发利用海洋成为缓解人口、资源和环境压力的有效途径。1978 ～ 2016 年，我国海洋生产总值由 64 亿元增至 7.7 万亿元，占 GDP 的比例也由 0.7% 上升到 9.5%，年均增长速度超过 20%，持续高于同期国民经济增速；海洋产业吸纳涉海就业人员由 2107 万人增加到 3513 万人。海洋经济的发展依托海洋和沿海陆域空间，海洋经济规模不断扩大，在国民经济中的比重提高，构成了海洋和陆域两大系统联系与统筹发展的经济基础。

二、陆海经济联系问题研究的需求非常迫切

陆地作为人类生产、生活的主要场所，陆域经济的发展历史悠久，形成了复杂、完备的产业体系，在相当长的时间内是整个经济系统的代名词。自 20 世纪 70 年代开始，人类活动空间不断拓展，陆域经济活动开始向海洋延伸，世界进入大规模开发利用海洋的新时期，海洋经济才开始受到国内外学者的关注。由于海洋环境的特殊性和复杂性，海洋经济对陆域空间、技术具有强烈的单向依赖性，随着海洋资源开发的不断深入，海洋产业与陆域产业之间的再生产过程相互联系、相互影响日渐增强。进入 20 世纪 90 年代以来，社会各界开始关注到海洋经济与陆域经济活动的联系问题，从不同角度提出了“海陆一体化”“陆海互动”“陆海统筹”的内涵和重要意义，这些概念的提出表明对海洋和陆域产业间的密切关联达成共识。“十二五”规划首次以专章部署海洋经济工作，要求“坚持陆海统筹，制定和实施海洋发展战略，提高海洋开发、控制、综合管理能力”[①]，陆海统筹已上升为海洋事业发展的基本准则。然而，现有的研究成果对陆海产业联系的

① 《中共中央关于制定国民经济和社会发展第十二个五年规划的建议》，http://cpc.people.com.cn/GB/64093/67507/13066322.html[2010-10-28]。

研究关注不够，且在陆海系统间的产业互动和经济联系的动因机理、测度理论与研究方法等方面还存在很大的研究空间，亟须从陆海关联的角度解决陆海两大经济系统间的要素效率与产业关联等问题，厘清海洋和陆域经济联系的基本原理和路径，为陆海经济统筹协调发展提供理论支撑。

三、陆海产业存在复杂的关系

陆海产业之间存在着要素、供需等多方面的密切关联。从产业联系角度可概括为互补关系、共存关系、竞争关系三种类型。

一是陆海产业间存在着多方面的互补关系。就我国目前的情况来看，陆海产业各具优势，可以以一方之长弥补另一方的不足，从而促进整个产业系统的发展。比如，由于海洋资源开发的难度大大高于陆域，海洋产业发展的技术门槛较高，陆域产业的发展为海洋产业崛起提供了技术基础，而海洋产业中新兴产业部门多于陆域产业，可以创造更多的就业机会。陆域产业的发展历史较长，海洋产业发展史相对较短，海洋产业可以充分利用这种后发优势，以高技术为基础，在较高起点上发展，通过走可持续发展的道路，将经济发展与环境保护同时进行，建立一套生态、经济配套产业。

二是海洋产业的关联系数较高，许多陆海产业之间存在共存关系。第一，海洋产业之间相关程度高，发展某类海洋产业，可以促进和带动其他产业的发展。例如，海洋石油工业的兴起，会影响和推动钢铁、冶金、土木工程、造船、运输、化工、机械、仪表、电子、深海工程、海洋调查、盐业、海水淡化、海洋能发电等产业的兴起，同样会影响和推动一系列工程技术的发展。此外，海洋第一产业的发展与陆域相关的一、二、三产业之间通过生产要素流动建立起复杂的产业体系。第二，陆海产业的共存关系在空间布局上表现明显。在目前技术水平下，海洋产业系统中各具体产业布局在沿海陆域，即使是在海域完成生产过程的海洋捕捞、海洋运输、海上石油等产业也需要建立相应的陆上基地。第三，许多产业无法明确区分是陆域产业还是海洋产业，本身属于陆海复合型产业，这类产业的发展本身就是陆海复合系统的重要支撑。例如，临港石化产业的大量原料来源于海上产品，又通过海洋运输供给全球市场；造船产业的大量原料、燃料和初级产品来自钢铁产业等陆域产业，但生产的船舶产品却是海洋产业发展的运输工具和载体。

三是陆海产业间存在竞争关系。第一，空间利用上的激烈竞争，突出表现在对海岸带土地资源的争夺。陆域产业需要通过港口利用扩大临海临港产业区位优势，获取最佳效益。而海洋产业则需建立陆上生产、加工基地实现海洋资源向海洋产业的升级。第二，陆海产业对于生产要素的竞争也十分激烈。从微观角度讲，生产要素在使用、分配上具有排他性与独占性，即具体产业对生产要素具有垄断性（栾维新，2004）。

第二节　研究重点及特性

一、研究重点的确定

本篇以产业经济学、区域经济学等理论为支撑，以海洋产业与陆域产业的要素效率评价及关联关系等相关问题研究为主线，从生产要素的角度，选取劳动力、资本、技术三大要素为研究对象，以要素效率评价为切入点，对比海洋与陆域产业之间要素效率的结构差异，为陆海经济系统间的资源配置提供参考依据。甄选出海洋渔业、海工装备制造业和海运业三类典型海洋产业，利用产业关联的相关分析方法评价其与陆域经济的内在联系。以期深化海洋经济与陆海统筹相关的经济理论问题，为探索海洋与陆域产业间的要素效率和关联关系提供有效的思路和理论依据，同时也为沿海地区在海洋产业的选择与培育方面提供一定的参考。

二、研究特性

（1）研究对象划分为海洋产业和陆域产业两大系统。陆海经济系统间存在复杂、密切的联系，海洋产业与陆域产业是相对而言的，生产对象和所依附的空间实体的差异是划分陆海产业系统的根本依据。海洋产业是指人类直接或间接开发利用海洋资源和依赖海洋空间所进行的各类生产和服务活动的集合。陆域产业则是指以陆域资源为主要开发对象、以陆域空间作为产业活动载体的各个产业部门的总称，本书中的陆域产业特指相对于海洋这个特殊的经济空间而言，以陆域空间作为载体的各种经济活动的集合。

（2）突出陆海经济系统间生产要素效率的比较研究。生产要素具有共有性和流动性，本书重点讨论劳动力、资本和技术三大生产要素在陆海两大经济系统中的产出效应，分析了陆海经济所处的发展阶段。深入研究沿海地区海洋与陆域产业的生产要素效率差异，明确生产要素在陆海经济系统间的流动，为要素资源优化配置及陆海产业的协调发展提供依据。

（3）研究关注海洋产业与陆域产业活动的内在联系。由于不同类型的陆海产业在关联的内容、形式及程度上都存在较大差异，陆海经济间的联系很难找到普适的研究规律。本书通过筛选海洋渔业、海工装备制造业和海运业三个典型海洋产业，分别从价值链、产品技术联系及供需关系的角度，探索各类海洋产业与陆域相关经济活动的内在联系。

我们认为海洋经济和海洋产业在概念上存在差异，海洋产业是相关企业的集合，研究对象较为明确，现有条件下有可能借助定性与定量相结合的方法来研究；而海洋经济则是各类海洋相关活动的总和，难以进一步细分，也不利于有针对性地解决海洋产业与陆域产业联系、产业持续高质量发展等现实问题。正是基于这样的考虑，我们将研究视角定位为产业统筹发展，而不是陆海经济体的统筹发展。

三、研究范围

本篇旨在通过划分海洋和陆域两大经济系统研究海洋产业与陆域产业间的要素效率及关联关系。为了使相关研究结论更具有典型性和代表性，根据研究需要，分别从空间和产业两个层次对本篇的研究范围加以说明。

考虑到海洋产业依托于陆域空间和海域空间的区位特殊性，本篇研究的陆域空间范围为天津、河北、辽宁、山东、上海、江苏、浙江、福建、广东、广西和海南11个沿海省区市，其中关于沿海港口货运与国民经济关系的部分，考虑到沿海港口作为货物运输的枢纽，与陆域交通系统相连接、辐射范围广，因此在研究过程中选用全国陆域范围。海域范围则是我国主张管辖的300万平方千米海域，包括渤海、黄海、东海、南海四个海域。

本篇研究涉及的产业包括海洋产业和陆域产业两部分。陆域产业的界定参照的是《国民经济行业分类与代码（GB/4754-2011）》的标准。根据劳动对象进行加工的顺序及经济活动的性质将国民经济部门划分为三次产业。第一产业指的是产品直接取于自然界或以未经加工的自然资源为劳动对象的生产部门，包括农、林、牧、渔业；第二产业指对经过初次加工的自然资源进行加工或者再加工的生产部门，包括工业（39个行业）和建筑业；第三产业一般指提供各种劳务的服务行业，包括交通运输业、通信业、旅游、餐饮业、金融保险业等非物质生产部门。依据《海洋及相关产业分类 GB/T 20794-2006》，海洋经济活动划分为海洋产业（包括主要海洋产业和海洋科研教育管理服务业）、海洋相关产业。其中，主要海洋产业包括12大类，即海洋渔业、海洋油气业、海洋矿业、海洋盐业、海洋船舶工业、海洋化工业、海洋生物医药业、海洋工程建筑业、海洋电力业、海水利用业、海洋交通运输业和滨海旅游业；而海洋环境保护、海洋科研教育、海洋信息服务业、海洋地质勘查业、海事保险等被列入海洋科研教育管理服务业，其余产业被列入海洋相关产业中。

四、数据来源

陆域经济的数据来源：1991～2013年《中国统计年鉴》、沿海各省（自治区、直辖市）统计年鉴、《中华人民共和国2013年国民经济和社会发展统计公报》、《中国工业统计年鉴》、《中国科技统计年鉴》；此外，还有部分关于产业发展规划、制度环境等资料来源于沿海省区市各级主管部门网站。

海洋经济的数据来源：①海洋生产总值、海洋从业人员数、主要海洋产业增加值、主要海洋产业生产能力、海洋科技投入与产出等指标均来源于1991～2013年《中国海洋统计年鉴》《中国海洋经济统计公报》；②海洋经济生产函数中所需固定资产投资数据来源于1991～2013年的《中国城市统计年鉴》；③三类典型海洋产业的相关数据来源于1991～2013年的《中国渔业统计年鉴》、《中国船舶工业年鉴》、《中国海洋工程装备汇编2011》、2014年《中国海洋工程年鉴》、《中国港口年鉴》、《中国交通运输统计年鉴》、沿海主要港口的财务报表；④还有部分数据收集整理于公开发表或出版的文章及著作。

第三节　理 论 基 础

本篇以海洋产业与陆域产业为研究对象，探讨陆海产业的差异性和关联性，并从生产要素和典型产业两个层面深入研究陆海经济系统的内在联系和协调发展问题，对本书研究具有指导意义的相关基本理论包括：产业关联理论、生产要素研究的相关理论和产业结构理论等。

一、产业关联理论

（一）产业关联理论的内涵及产生

产业关联理论又称产业联系理论或投入产出理论，侧重于研究经济社会中各产业间广泛存在的、复杂的技术经济联系。通过定量分析方法测度不同产业间的投入产出关系，探索国民经济中不同产业部门间技术经济关联方式，进而为产业发展预测、经济政策制定等提供参考。海洋运输、滨海旅游、海洋工程装备等很多海洋产业都具有长而复杂的产业链，特别是与陆域相关产业关联密切，通过与相关陆域产业形成产业链联系，实现陆海经济资源的统筹利用，对区域经济的支撑和带动作用十分显著。作为产业经济学重要的组成部分，产业关联理论的产生和发展在经济学发展史上具有重要的理论意义和实践价值。

产业关联理论的萌芽可追溯到 17 世纪中期，古典经济学的先驱威廉·配第及其同时代的早期学者们提出“把生产看作一种循环流，不同经济部门间生产中的相互联系，以及社会剩余”的观点。在此之后，法国重农学派的创始人魁奈于 1758 年发表了《经济表》，把生产看作一个循环过程，以经济剩余的形成为核心描绘再生产过程。马克思对《经济表》予以高度评价，并在此基础上提出再生产理论，建立了简单再生产和扩大再生产的图式和平衡条件。这一阶段的理论研究，为产业关联理论提供了重要的基础，通过对图表法描绘再生产过程的进一步深化研究，投入产出分析应运而生。在此基础上，瓦尔拉斯在《纯政治经济学纲领》中提出的全部均衡理论及凯恩斯的国民收入决定理论是产业关联理论正式产生的重要理论根源。1941 年，经济学家瓦西里·里昂惕夫出版了《美国的经济结构 1919—1929》，系统阐述了投入产出理论的基本原理及发展，标志着产业关联理论的正式产生。

（二）产业关联理论的发展及应用

产业关联理论产生以来，其理论价值逐渐受到各经济决策部门的认可，各国先后开始编制投入产出表。同时，投入产出的分析方法被众多学者多次用于分析经济生产中产业关联效应问题，其分析模型在应用数理经济学家的努力下不断得到补充和完善，并在经济学中的诸多领域得到广泛的应用。早期的产业关联研究主要针对宏观经济领域，随后扩展到地区、部门、企业间的生产活动领域。从应用范围来看，涵盖了宏观、中观和微观经济领域，并扩展到国际经济范围，如1974年里昂惕夫出版了《世界经济的未来》，研究了国际投入产出模型，1985年日本则编制了亚洲11个国家和地区的投入产出表。从研究对象来看，在最初的基于产品流通的投入产出表基础上，将环境、水资源、能源消耗、教育、金融等领域也纳入研究范畴，为国民经济综合平衡和分析提供了更多信息。从研究方法来看，投入产出表是研究产业关联最基本的工具，但随着信息技术的不断改进，产业关联的研究方法日趋多元化，很多学者提出了灰色关联理论、主成分分析、产业链条和计量模型等方法，用于研究某产业与国民经济、各类产业间的关联度。

二、生产要素研究的相关理论

（一）生产要素效率及优化配置的内涵

生产要素指进行社会生产经营活动时所需要的各种社会资源，是维系国民经济运行及市场主体生产经营过程中所必须具备的基本因素。生产要素概念的提出最早可追溯到17世纪，英国经济学家威廉·配第提出“土地为财富之母，而劳动则为财富之父和能动的要素”；而庞巴维克在其著作《资本实证论》中明确了这一概念，认为“土地和劳动是生产的真正要素”；1803年，法国经济学家萨伊出版《政治经济学概论》，首次将资本纳入生产要素，将土地、劳动和资本归结为生产的三个要素；19世纪末20世纪初，剑桥学派创始人、西方经济学家阿尔弗雷德·马歇尔在《经济学原理》（1890年）一书中，提出了生产要素包括土地、资本、劳动和企业家才能四种；随着科技的发展和知识产权制度的建立，技术、信息也作为相对独立的要素投入生产。

新古典及内生增长理论认为，从长期来看，一个国家或地区的经济增长主要取决于生产要素的投入和技术进步的带动，探讨生产要素对经济的贡献不仅体现在其投入量，还应包括要素生产率。在开放的经济系统中，经济发展的差异构成了要素流动的势差，生产要素具有向经济效率较高地区转移的特性，并在市场交换的过程中形成各类生产要素价格体系，同时也推动了整体经济的发展。因此可以说，生产要素产出效率的高低差异决定了生产要素的流动，而要素流动的实质就是通过以各种生产要素的空间转移形成最优配置。

需要特别说明的是，经济学中通常意义上的生产要素流动指的是生产要素在不同区域间甚至国际间的流动，由于各产业部门之间所需劳动力、技术、资本等具有一定的异质性，如劳动力技能的差别、技术的差别等，导致不同产业部门间存在要素流动的壁垒。本篇研究关注点在于海洋与陆域产业两系统间的要素流通，海洋产业是陆域相关产业向海洋延伸的结果，尽管海陆产业分属于海陆两个产业系统，但其本质具有相通性，因此这两个系统间的生产要素流动在一定程度上构成了陆海产业联系的纽带和基础。

（二）生产要素相关理论的实践应用

生产要素是经济活动的微观基础，因此生产要素的相关理论几乎涉及经济活动的各个方面。从研究对象来看，生产要素对经济增长、产业结构、要素效率及优化配置等方面都有影响。从研究方法来看，生产函数模型是研究生产要素对经济增长影响的最重要的工具，随着计量经济学和数理经济学的发展，主成分分析、因子分析、指标体系、要素关联度、灰色系统模型等方法也开始纳入研究体系，并扩展了相关研究范畴。

三、产业结构理论

（一）产业结构理论的内涵及产生

产业结构用于描述社会再生产过程中一个国家或地区的生产资源在产业间的配置状态。产业结构理论动态地揭示了产业间技术经济联系与联系方式不断发生变化的趋势，反映了经济发展过程中，起主导或支柱地位的产业部门不断替代的规律及其相应的结构效益。广义的产业结构理论既包括产业结构演变、产业结构优化，也包括产业关联理论，前文已经对产业关联理论进行了较为详细的介绍，因此本部分介绍的是狭义的产业结构理论。海洋经济的起步较晚，而且海域环境不具备发展实体经济的条件，对海洋资源的开发利用最早是为获得“渔盐之利、舟楫之便”，后来随着科学技术的进步及人类对海洋认识的逐步提高，逐步向全面开发海洋空间、化学、能源、生物、矿产资源等方向转变，这也决定了海洋结构的演变不同于一般产业结构的演变规律，只有厘清陆海产业结构演变的不同特征，才能更好地指导陆海产业的协调发展。

产业结构的变动与经济发展阶段密切关联，产业结构随着社会经济发展表现出由低级向高级演进的规律。产业结构优化是指推动产业结构合理化和高度化发展的过程。其中，产业结构合理化主要依据产业关联技术经济的客观比例关系，调整不协调的产业结构，从而促进国民经济各部门间的协调发展；产业结构高级化则是遵循产业结构演进规律，通过科技创新、提高生产率等方式加速产业结构向高级化演进。根据研究的方法、手段及研究重点的不同，国内外学者对产业结构的变动规律总结了许多理论依据，下面仅对常见的、认可度较高的产业结构演进规律作一些介绍。

早在17世纪，英国经济学家配第和克拉克共同提出了产业结构理论中重要的“配第-克拉克定理”——随着经济的发展，第一产业国民收入和劳动力的相对比重逐渐下降，第二产业国民收入和劳动力的相对比重上升，经济进一步发展，第三产业国民收入和劳动力的相对比重也开始上升，从而揭示了三次产业之间的变化规律。

1931年，德国经济学家霍夫曼对工业化过程中的工业结构演变规律做了开拓性的研究。他不仅提出了工业部门分类方法，而且根据近20个国家的时间序列数据，分析了制造业中消费资料工业和资本资料工业的比例关系，提出了著名的霍夫曼比例（即制造业中消费资料工业与资本资料工业的比例）和霍夫曼定理（即随着工业化水平的提高，霍夫曼比例下降）。

日本经济学家赤松要于1935年提出了产业发展的雁行形态理论，主张本国产业发展与国际市场紧密结合，认为日本的产业发展实际上经历了进口、进口替代、出口、重新进口四个阶段，从而提出发展中国家利用引进先进国家的技术和产品发展本国的产业，因此在贸易圈中势必存在不同发展层次产业结构的国家，这也是产业梯度转移动力之一。

钱纳里等在1975年发表的《发展的型式：1950—1970》中，运用大量的数据，分析比较了1950～1970年101个国家或地区经济结构转变的全过程，将经济发展过程归纳为积累、资源再配置、人口变化及分配等三个过程，其理论和方法在发展经济学中独树一帜，对我国的产业结构研究影响很大。

罗斯托试图用经济理论将社会经济的发展进程划分为六个阶段：传统社会阶段、起飞准备阶段、起飞进入自我持续增长的阶段、成熟阶段、高度消费阶段和追求生活质量阶段。

刘易斯在1954年发表的《劳动力无限供给下的经济发展》中，提出了二元经济模型，即发展中国家社会经济可以分为两大部门：一个是劳动生产率较高的现代工业部门，另一个是劳动生产率较低的传统农业部门。通过分析传统农业部门与现代工业尤其是制造业部门之间劳动力转移的特殊现象，得出在劳动力供给无限的前提下，二元经济结构最终转变为一元经济结构。

（二）产业结构理论的发展及应用

传统的经济增长理论认为，经济总量的增长是在竞争均衡的假设条件下，资本积累、劳动力投入和技术变化长期作用的结果。而结构主义观点提出，经济增长是生产结构转变的一个方面，生产结构的变化应适应需求结构的变化，资本和劳动从生产率较低的部门向生产率较高的部门转移能够加速经济增长。因此，众多经济学家开始关注产业结构演进与经济增长间的内在联系。从研究范围来看，产业结构理论不仅适用于一国（地区）的国民经济领域，也受到国际分工、世界市场、国际贸易、国际产业转移等因素的影响，且产业结构的界定也从简单的三次产业、轻重工业部门的划分发展到更加细致的如要素密集度分类、产业链供需关系分类等多个角度；从研究对象来看，在产业结构演进过程研究的基础上，越来越多的学者开始关注产业结构变动的影响因素，包括经济发展、需求和供给因素、科学技术、经济体制、社会因素和国际因素等方面，正确认识产业结构演进的动因及趋势，有利于产业结构优化和产业政策的制定。

第四节　相关研究综述

本篇涉及的研究领域较为广泛，经过认真梳理，重点回答陆海经济联系的研究现状、产业关联的研究现状和生产要素的研究现状，并对以上三个方面的研究现状进行了评述。

一、陆海经济联系的研究现状

（一）陆海经济联系研究的发展历程

相对于陆域经济而言，海洋经济发展起步较晚。伴随着海洋经济研究的不断深入，相关学者越来越多地关注到陆海经济系统间存在的密切联系，而研究成果也逐步深化。

海洋与陆域经济联系的研究历程大致可划分为三个阶段。

起步阶段——海洋经济引起关注，相关研究主要集中在海洋资源价值、海洋经济对国民经济的贡献度研究。自 20 世纪 70 年代，世界进入大规模开发利用海洋的新时期，人口和生产要素向沿海聚集的趋势明显。基于此背景，美国最先开始关注海洋产业对经济的影响问题，是海洋经济研究的先行者，并于 1972 年通过了世界上第一部综合性海岸带法——《海岸带管理法》，随后在 1974 年，美国经济分析局提出了“海洋经济”和“海洋生产总值”的概念和核算方法。进入 20 世纪 80 年代，各发达的沿海国家也逐渐意识到开发利用海洋资源对国民经济的重要性。随着改革开放经济政策的施行，我国海岸带开发规模与速度也全面提升，1980 ～ 1986 年完成了“全国海岸带和海涂资源综合调查计划”，海岸带管理制度制定工作也取得了较大进展。这一时期的研究成果主要集中在开发利用海洋资源的战略意义、海洋产业对国民经济的贡献度、海洋资源的经济价值等方面，研究方法多以定性分析为主，研究对象比较单一和具体。

快速发展阶段——海洋经济管理更加规范，开始涉及海洋产业对区域经济发展的重要性、陆海经济政策制定等方面的研究。20 世纪 90 年代，为制定相应的海洋发展政策，沿海各国纷纷建立海洋综合管理机构和海洋战略研究机构，如美国国会海洋政策委员会、澳大利亚的国家海洋部长委员会、加拿大的渔业和海洋部、俄罗斯的海洋委员会等负责海洋管理的相关事务。同时，海洋经济与陆域经济联系问题的相关研究也逐步成为国际关注的热点。1996 年《中国海洋 21 世纪议程》首次提出要根据海陆一体化的战略，统筹沿海陆地区域和海洋区域的国土开发规划，坚持区域经济协调发展的方针，“海陆一体化”原则成为沿海地区经济发展的一个新思路。随着研究视角的拓展和技术手段不断更新，相关研究理论和方法不断完善，研究内容也由单一性向综合性转变，主要集中在海洋经济的内涵及门类划分、海洋产业对区域经济贡献的定量评价、海洋资源开发利用途径、海洋经济发展政策制定等方面。

现阶段及发展趋势——陆海统筹战略已达成共识，陆海经济联系与协调发展成为研究热点。进入 21 世纪，沿海国家已经深刻意识到海洋资源、空间和环境对经济社会发展的重要意义。与此同时，陆域经济活动、海洋资源开发利用造成近岸海域环境污染、产业布局不协调、结构衔接错位问题也引起了管理部门、学术界的关注，越来越意识到海陆协调统筹发展是经济可持续发展的必要前提。我国相关学者提出了“陆海互动”“陆海联姻”“陆海统筹”等概念，“十二五”规划则首次确定了“陆海统筹”作为海洋事业发展的基本准则。而经济学的发展、海洋技术的革新及人们对海洋经济认识的逐步深化，为海洋经济进入更深层次的研究奠定了基础，研究内容变得更加微观、具体，如保护海洋生态环境、发展海洋新兴产业和海洋循环经济等。

（二）海洋与陆域经济联系的主要研究内容

随着海洋经济的发展，陆海经济的密切联系受到广泛关注。但是海洋和陆域两大系统的环境、发展基础等方面的差异，使陆海经济系统间的联系复杂、广泛，现有研究成果主要集中在海洋经济的战略地位、海陆统筹管理等层面。

1. 关于海洋经济的战略地位研究

早在 20 世纪六七十年代，国外学者就开始研究海洋资源价值、海洋产业对国民收入的贡献，确立了海洋经济的战略地位。1974 年美国经济分析署依据海洋产业和经济活动标准，评估海洋产业对国民收入的贡献程度；Pontecorvo（1988）提出了国民账户法用于评估海洋产业对美国经济的贡献值；Colgan（1994）则利用区域经济投入产出模型，评估某些特定海洋产业对区域经济的贡献和影响。

20 世纪 80 年代初期，国内学者开始关注海洋资源的利用和发展海洋经济的重要意义，特别是近年来，随着海洋经济战略地位不断提升，国内学者尝试从不同视角分析海洋经济的战略意义和发展对策，相关研究成果不断涌现。例如，韩增林和栾维新（2001）通过对区域海洋经济地理学理论的探讨，提出区域海洋经济布局，特别是陆海经济一体化与海洋经济可持续发展的战略意义；石洪华等（2007）在分析海洋经济理论研究进展的基础上，探讨了海洋经济的内涵及主要特征，并针对目前海洋经济归属问题的争论，提出区域海洋经济研究的主要理论；宋云霞等（2007）较为系统地研究了中华人民共和国成立以来，我国发展海洋经济的战略思想及其实践，以及世界主要沿海国家发展海洋经济的战略趋势，在此基础上提出新世纪新阶段发展海洋经济的主要战略对策；储永萍和蒙少东（2009）从全球海洋经济开发的总体趋势出发，分析了主要发达国家的海洋经济发展战略；郑贵斌（2005）从转变传统海洋经济开发方式的角度出发，指出实施海洋经济战略的集成创新，优化多战略组合是实现海洋经济可持续发展的战略选择；李靖宇和赵伟（2006）从海洋区域经济发展的角度出发，重点分析以海洋产业开发为导向的我国海洋经济战略体系；徐质斌（2007）通过分析我国海洋经济发展的战略环境及经济发展态势，构建了我国海洋经济总体战略体系，并从海洋产业、区域海洋经济、海洋经济绿色发展等层面对总体战略进行阐述，从而提出了适合我国国情的海洋经济发展的战略措施。

2. 关于陆海统筹管理的相关研究

发达国家的海洋经济起步较早，关于陆海统筹的相关研究主要是海岸带综合管理（integrated coastalzone management，ICZM）。海岸带综合管理是为保证对海岸带的国土、资源与环境进行最合理的、发挥最大生态和经济效益的开发，避免自然或人为灾害发生，以达到可持续发展目的而对海洋和海岸带进行的跨部门、跨行业、一体化的综合协调与管理方式。1972 年美国颁布了《海岸带管理法》，标志着海岸带综合管理正式取代行业分割式管理方式成为国家对海洋事务统筹管理的职能行为，并在主要的沿海发达国家率先实施。20 世纪 90 年代以后，海岸带综合管理进入一个蓬勃发展的阶段，沿海国家广泛开展海岸带和海洋综合管理。Suman（2001）对欧盟与美国海岸带综合管理情况进行了详细的比较研究；Philippe 等（2008）系统研究了 1973 ～ 1991 年、1992 ～ 2000 年及 2001 ～ 2007 年三个不同时间段影响法国海岸带综合发展的因素及海岸带发展情况。

国内学者对陆海统筹管理的战略意义、途径等的研究不断深入。具体研究现状详见第一章第三节相关内容，在此不再赘述。

3. 其他方面的研究

除上述介绍的海洋经济的战略地位、陆海统筹管理等方面之外，国内外学者研究的关注点还包括：一是海洋资源价值评估及统筹利用。Samonte-Tan 和 Davis（1998）以菲律宾 Bohol 海洋三角洲为例，对海洋资源的经济价值进行评估；郝艳萍等（2005）从海洋生物资源、海域资源、海洋矿产资源、自然环境资源和水环境资源等五方面，阐述了海洋资源可持续利用的内涵及特征；叶向东（2006）分析了我国海洋资源现状及存在的问题，提出了实施海洋资源可持续利用的对策；张耀光等（2010）评价了辽宁海洋资源的数量、空间分布特征，计算了辽宁沿海各个地区的海洋资源丰度，说明海洋资源对地区经济增长的基础作用。二是海洋生态环境的研究。邓宗成等（2009）以青岛为例，采用因子分析法和熵值法定量评估其生态环境承载力；刘伟民等（2013）认为沿海地区经济发展对海洋生态环境的影响不可忽视，以北部湾海域为例，探讨沿海地区人类活动可能引起的生态环境风险，进而提出海洋生态环境保护对策与生态补偿机制。此外，也有学者从区域海洋经济、海洋技术经济、海洋经济效率等角度进行了有益的讨论。

二、产业关联的研究现状

从古典政治经济学创始人威廉•配第的《政治算数》起，产业关联的思想在学术界就初露端倪。至 20 世纪 30 年代，里昂惕夫创建了投入产出方法，奠定了产业关联分析的理论基础。此后，各国开始着手编制本国及区域投入产出表，相关研究主要集中在国民经济各部门间的投入产出关系、产业结构特征及投入产出模型的改进等方面。进入 20 世纪 70 ～ 80 年代，学术界开始关注产业关联与产业结构、经济增长间的关系，并将产业关联理论应用于地区主导产业的选择中。随着环境、能源问题引发国际社会的高度关注，针对经济发展与环境污染、能源消耗间的关系研究也被纳入产业关联与投入产出分析的研究体系中。同期，国内学者关于产业关联的研究开始兴起，但仅涉及从产业关联的视角看待产业发展的定性分析，且研究成果较少。近年来，随着统计分析工具的不断改进，产业关联的研究成果更加丰富。应用产业关联的研究尺度不仅涉及国家、区域层面，同时向部门间、企业间和国际间拓展，研究角度不仅限于经济领域，也向人口、教育、交通运输、科技水平等方面延伸。

结合以上分析，产业关联在国民经济、产业结构、环境和资源保护研究等诸多领域得到了广泛的应用。在梳理产业关联的相关文献时，在关注产业关联在经济领域应用的基础上，同时结合本书的特点，重点梳理了海洋产业与陆域产业关联方面的研究现状。

（一）关于产业关联在经济领域的应用

产业关联理论侧重于研究国民经济各部门中间投入和中间产出的技术经济关系。国外学者对产业关联的研究较早，如 Kim 等（2002）利用多地区投入产出模型和区域商品流模型评估灾难性的大地震对国家和区域经济，特别是交通运输网络的影响；Stanislav（2012）将投入产出分析应用到生态经济领域，提出了英国各部门减少环境影响的评估方式。

相对而言，国内学者在产业关联方面的研究起步较晚，但是产业关联理论的普及应用迅速，研究尺度涵盖各个层级且成果丰富。国家间尺度：周及真（2013）利用中国、美国、印度三国的投入产出表，分别从整个经济体系与农业、制造业、生活性服务业等两个层面，分析了生产性服务业的产业波及效果；余典范等（2011）借鉴多国多部门投入产出模型的结构分解技术，利用 2002 年、2007 年投入产出表对我国 51 个产业部门的关联状态及其变化情况进行深入分析；李晓和张建平（2009）基于《2000 年亚洲国际投入产出表》的国际投入产出模型，对中韩双边产业关联现状进行了分析。全国尺度：齐中英和孙开利（2006）运用“投入–产出”关系模型和大道定理，分析国防科技工业的产业关联结构，提出改善产业结构即合理的技术创新;楚明钦（2013）以 1997 年、2002 年、2007 年中国投入产出表为基础，分析装备制造业与生产性服务业的关联效应，结果表明装备制造业的发展主要靠物质性投入并大幅上升，生产性服务业投入严重不足且下降明显，装备制造业对生产性服务业中间需求率很低，但是对研究与试验发展业和综合技术服务业中间需求增长很快；陈爱贞和刘志彪（2011）分析了我国装备制造业在全球价值链中地位的演变，借助投入产出表分析我国装备制造业各细分行业的中间投入结构及其能源消耗，提出了价值链创新的必要性。区域及省级行政单元尺度：崔峰和包娟（2010）利用 2005 年浙江省投入产出表，计算了投入结构、产出结构、中间需求率、中间投入率、感应度系数、影响力系数等指标，定量测度浙江省旅游业的产业波及效应；姚星等（2012）利用四川省 2002 年、2007 年的投入产出表，分析生产性服务业与制造业之间的中间需求率、影响力系数和感应度系数等指标，结果表明四川省制造业对生产性服务业的拉动作用要大于后者对前者的促进作用，先进制造业的发展仍需进一步推动；吴静茹和王国贞（2012）运用 DEA 方法对河北省 2007 年、2009 年高端装备制造业的投入产出效率进行了技术有效性和规模有效性实证测度。

（二）海洋与陆域产业关联的相关研究

海洋产业起步较晚，发展潜力巨大，能拉动陆域产业乃至整个经济系统的发展，陆海产业的协调发展是促进陆海统筹的重要组成部分。然而，国民经济投入产出表的产业部门分类中海洋产业没有被单独列出，且缺少海洋经济独立的投入产出表，因此利用投入产出方法分析海洋产业关联效应不具备可操作性，仅有少量学者借鉴了投入产出分析的思想，探讨海洋投入产出表的编制思路，或者以海洋产业所对应的陆域产业作为替代，表示海洋产业的关联效应。因此，目前关于海洋产业和陆域产业关系的研究方法多采用灰色关联、贡献度测算、主成分分析等。尽管相关研究成果相对较少，但仍为本书提供了很好的借鉴和支撑。

孙加韬（2011）以陆海产业关联度的影响因素为切入点，构建了我国陆海产业一体化增长的政策支撑体系；殷克东和卫梦星（2009）采用灰色关联分析、结构变动指数方法，认为陆海经济发展的关联效应较显著，相比陆域经济，海洋经济的结构变动指数较大；徐胜（2009）采用灰色关联分析计算 1996 ～ 2008 年我国陆海经济关联度的变化趋势；分析了主要海洋产业与陆域经济的关系，提出港口是区域经济发展的核心动力，并以大连为例对港口城市的发展规律进行了实证研究；董晓菲（2008）以辽宁沿海经济带及东北腹地为研究对象，采用灰色关联模型计算陆海产业关联度，分析了海陆三次产业间的联系程度，构建东北地区陆海复合产业链条；宫美荣和韩增林（2011）的研究结论表明辽宁海洋产业专业化水平较高，具有产业集群现象，各海洋产业关联度较大；刘伟光（2013）结合灰色关联度模型和灰关联熵模型，分析了1996～2008年辽宁省陆海产业的熵变情况，评价陆海产业子系统的协同演进状况，论证了陆海产业系统符合耗散结构的形成条件；吴雨霏（2012）利用灰色关联度模型，实证分析陆海资源开发与产业发展之间的内在关联；高金龙等（2012）构建灰色关联模型分析了江苏沿海产业发展与经济的关系；徐胜和张鑫（2012）对海洋产业的经济增长贡献率进行了量化分析，运用灰色关联度分析方法预测了海洋产业集群与海洋产业发展趋势，认为三次产业之间存在发展不均衡问题；杨羽頔和孙才志（2014）从资源、产业、科技与环境四个维度，测算了环渤海各城市的陆海统筹度。

三、生产要素的研究现状

经济学研究的是一个社会如何利用稀缺的资源生产有价值的商品，并将它们在不同的个体之间进行分配。可以说，经济学就是一门研究稀缺资源优化配置的学科。而稀缺资源指的就是劳动力、土地、资本、企业家才能、技术等生产要素。关于生产要素的相关研究起源于生产要素的概念及内涵的讨论，随后围绕着生产要素对经济发展的贡献率、要素生产率、生产要素流动及优化配置等方面进行了大量的研究，研究成果丰富。结合本篇的特点，将从生产要素总体研究和劳动力、资本与技术等单要素研究两个层面进行介绍。

（一）关于生产要素的总体研究

生产要素研究的核心是要素效率评价，研究的目的是实现要素的优化配置。生产函数是定量测度要素投入对经济增长贡献度的重要工具，在宏观经济和产业经济领域的应用非常广泛，研究成果主要集中在探讨要素投入对经济增长的贡献，如曹吉云（2007）估算了1979～2005年我国总量生产函数与技术进步贡献率；杨飞虎（2009）以江西省为例，构建了总量生产函数模型，提出技术进步处于江西经济社会发展的优先战略地位；李兵等（2009）利用1990～2005年的数据估计全国和部分省区市的生产函数，并确定了各投入要素对产出的贡献率；程毛林（2010）利用非线性回归方法对我国总量生产函数进行估计并预测未来经济增长趋势；刘媛媛和孙慧（2014）基于扩展C-D生产函数和DEA分析法评价了1994～2009年新疆地区科学研究与试验发展（research and development，R&D）投入对经济增长的贡献率；徐志仓（2015）利用2006～2013年饮料制造业数据构建超越对数生产函数评价其技术效率。此外也有学者通过统计分析、DEA方法测算区域经济或产业部门的要素投入产出效率，如范丹和王维国（2013）利用四阶段DEA和Bootstrapped DEA方法，对我国30个省区市（不包括港澳台和海南）规模以上工业企业的全要素能源效率及其分解变量进行了实证分析；郑倩（2013）基于我国31个省区市的面板数据，运用DEA方法测算了制造业各细分行业的要素配置效率；马海良等（2011）使用1995～2008年三大经济区域的面板数据，选取超效率DEA模型和 Malmquist 指数法，测算出三大经济区域的能源效率和全要素生产率，分析了全要素生产率分解的各指标对能源效率的影响。

生产函数对数据的完整性和一致性要求较高，而相比国民经济统计而言，海洋经济统计和核算体系发展较晚，统计数据不够完备，因此生产函数在海洋经济领域的应用很少，能够查阅的相关文献有：黄瑞芬和雷晓（2013）利用 C-D 生产函数进行要素投入对海洋经济增长的效应测度与评价，其中三大生产要素分别以主要海洋产业从业人员、固定资产投资、海洋科研机构科研课题量代表劳动力、资本和技术投入量；凌杨等（2015）以连云港市养殖用海为例，利用生产函数模型拟合养殖总收益与海域生产各项要素投入的关系，探讨养殖用海的海域使用权价格问题。

（二）关于单要素的研究

1. 劳动力要素

国外学者对于劳动力就业和劳动生产率方面的研究起步较早且成果丰富，如 Mitter 和 Skolka（1984）探讨了 1964 ～ 1980 年奥地利劳动生产率的变化过程；O'Mahony 和 Oulton（2000）对美国、英国和德国的运输邮电业劳动生产率进行了国际比较；Piacentino 和 Vassallo（2011）探讨了意大利 1982 ～ 2000 年劳动生产率的变动趋势，并采用 DEA 方法将劳动生产率增长分解为效率变化、技术进步和资本深化。我国是一个人口大国，劳动力资源丰富，如何有效提升劳动生产率一直是政府、学者和公众关注的焦点话题。关于劳动力就业的文献较多，包括劳动生产率的演化趋势、劳动力流动与产业结构、经济发展的关系等方面。例如，高帆和石磊（2009）采用指数方法实证研究了 1978 ～ 2006 年我国各省区市劳动生产率的收敛性问题；柯文前等（2013）综合探索性空间数据分析（exploratory spatial data analysis，ESDA）和地理加权回归（geographically weighted regression，GWR）模型研究江苏县域劳动生产率的空间关联和分异演化格局；高毅蓉和袁伦渠（2014）提出我国产业间劳动生产率的差异推动了东部地区劳动密集型产业向中西部地区转移，但是劳动力资源分配仍存在明显的区域差异。

2. 资本要素

资本作为最重要的生产要素之一，在工业化阶段起到了不可替代的重要作用。相关研究成果包括两方面：一是关于资本存量的测算，如徐杰等（2010）利用投入产出表数据对我国 1986 ～ 2007 年的固定资本存量和工业行业的固定资本存量进行了测算；李治国和唐国兴（2003）对我国生产性资本的总量水平、形成路径及其调整机制进行了深入分析；张军和章元（2003）详细探讨了测算资本存量时可能存在的问题，并对我国的资本存量进行重新估算；雷辉（2009）估算了我国 1952 ～ 2007 年的资本存量，并进一步计算改革开放以来我国投资效率的变动情况；陈昌兵（2014）利用生产函数和极大似然法估计我国不变和可变折旧率，并测算了 1978 ～ 2012 年我国的资本存量；孙琳琳和任若恩（2014）区分了资本财富存量和资本服务流量估算的差异，并使用经济合作与发展组织（Organization for Economic Co-operation and Development，OECD）的资本测算框架对我国行业层面的资本存量和资本流量数据进行估算；吴清峰和唐朱昌（2014）认为在投资信息缺失的前提下，永续盘存法无法直接用于资本存量的估计，因此提出了等资本-产量比和哈罗德-多马模型两种测算资本存量的方法。二是关于固定资产投资方面的研究，如王天营（2004）对我国固定资产投资与 GDP 变动趋势、固定资产投资效益系数测算和固定资产投资对 GDP 的滞后影响等问题进行了深入分析；龙霞（2006）分析了固定资产投资对经济增长、经济周期波动的影响，从理论和实证上判断固定资产投资增长是否过快及合理的投资率的波动范围；王坚强和阳建军（2010）以中国房地产上市公司为研究对象，运用 DEA 分析评价投资效率；杨佐平和沐年国（2011）比较资本产出比、边际资本-产出率（incremental capital-output ratio，ICOR）和资本收益率三种固定资产投资效率的测算方法，发现边际资本-产出率测算结果比较有效且可操作性强；孔令帅（2013）以山东省为例，分析了固定资产投资对区域经济差异的影响；侯新烁和周靖祥（2013）采用局部回归方法得出中国区域投资增长效应估测值，实证分析投资与其增长效应的一致性，结果表明区域投资多寡存在明显的时空差异，且投资作用发挥存在交替性；李珊（2014）深入分析了我国固定资产投资的现状和内部结构，并进一步研究了投资结构与经济增长的区域差异性。

3. 技术进步是推动经济增长的强大引擎

促进依靠生产要素投入的粗放增长模式向集约、创新、效率型转变是实现社会经济的可持续、协调发展的主要途径，技术进步则是转变经济发展方式的最重要手段。国内外相关学者对技术进步与经济增长的关系做了大量研究。Weyant 和 Olavson（1999）讨论了技术变革在能源、环境和气候政策制定中产生的相关问题；Colwell 和 Ramsland（2003）以零售业为例，讨论了技术进步环境下产业发展的应对策略。

我国经历了改革开放 40 多年的经济快速增长，取得了举世瞩目的成就。但主要依靠资本、劳动、能源等要素投入不断增加的粗放式增长模式，已经严重制约了国民经济发展和质量提升。以技术进步为手段，转变经济发展方式、调整产业结构是相关管理部门和学术界一直关注的焦点。王玺和张勇（2010）在利用要素有效分解基础上，基于新古典技术进步模型，对技术进步性质进行分解，结果表明我国的技术进步主要是以引进技术和设备为主，而以研发为主的一般技术进步对增长的贡献不足；赵志耘等（2007）对我国高投入型经济增长和技术进步率低的结论进行质疑，实证研究发现物质资本积累与技术进步的动态融合是我国经济增长的一个典型事实，高投入式增长并非一定是低效增长；陈勇和唐朱昌（2006）对 1985 ～ 2003 年来中国工业行业的技术选择进行了评估，采用 DEA 分析计算了该时期内工业行业的技术进步；赵楠等（2009）在 DEA-Tobit 两阶段分析框架下研究技术进步对地区能源利用效率的影响；张兵兵和徐康宁（2013）基于 DEA 的分析方法测算了 1990 ～ 2011 年我国 30 个省区市的技术进步状况，然后运用面板数据模型验证了技术进步对二氧化碳排放强度的影响；舒元和才国伟（2007）利用 DEA 测算了 1980 ～ 2004 年各省区市的全要素生产率（total factor productivity，TFP）、技术效率和技术进步指数，并探讨了省际技术进步的空间扩散问题。

（三）关于海洋经济生产要素的研究

相比整体国民经济生产要素的研究成果，受海洋经济统计资料的限制，特别是海洋资本、固定资产投资等数据至今未有统计，海洋经济生产要素的现有研究较少。目前关于海洋经济劳动力的文献主要从海洋产业就业效应、吸纳劳动力潜力角度进行分析。例如，栾维新和宋薇（2003）选取陆域产业为参照系，计算出海洋产业在吸纳劳动力方面对陆域产业的拉动效应，指出大力发展海洋产业是解决我国就业问题的有效途径；孙才志等（2013）构建了就业变化的对数平均迪氏指标分解模型，测度 1990 ～ 2011 年我国海洋产业就业变化的规模效应、结构效应与技术效应；张耀光等（2014）从发展速度、劳动生产率、比较劳动生产率和就业弹性等角度出发，分析了海洋产业吸纳劳动力的特征，并对比了中国与美国、加拿大、澳大利亚等国海洋产业的就业同构特征。

沿海陆域经济活动空间、资源、环境压力俱增的同时，海洋资源开发利用的需求也愈发强烈，由于海洋环境的特殊性、复杂性，海洋开发更依赖于高新技术的支撑。同时，海洋科技的相关研究也成为学术界讨论的热点，已有的研究成果可概括为海洋科技发展政策和必要性、海洋科技产业化机制及海洋科技发展水平评价三方面。其中，关于海洋科技发展政策和海洋科技产业化机制的定性研究较多，如王芳和杨金森（2001）、韩立民和刘晓（2008）、倪国江和文艳（2009）等明确了海洋科技对海洋开发、海洋经济和建设海洋强国的重要作用，提出我国海洋科技发展的方向及措施；乔俊果等（2011）、王树文和王琪（2012）对国内外海洋科技政策的发展过程进行梳理，总结了改革开放以来我国海洋科技政策演变的三个阶段；孙洪（2001）、方芳等（2011）回顾了我国海洋科技的发展历程，总结了我国海洋技术各领域的产业化成果，提出我国海洋高技术产业化的运行机制及途径选择。近年来，关于海洋科技发展水平的评价研究受到较多关注，如白福臣（2009）运用灰色系统理论建立了多层次灰色评价模型，并对我国 11 个沿海省区市的海洋科技竞争力进行综合评价及比较分析；殷克东和卫梦星（2009）利用解释结构模型构建了我国海洋科技实力的综合评价指标体系，对 2002 ～ 2006 年我国沿海省区市海洋科技实力的测度结果进行了分析；伍业锋和施平（2006）采用主观赋权方法评价了 2003 年沿海地区科技竞争力；谢子远（2014）建立海洋科技发展水平评价指标体系，利用主成分分析法对我国沿海 11 个省区市的海洋科技发展水平进行评价。

四、研究现状评述

综上所述，国内外学者从不同角度对海洋经济、产业关联及生产要素等问题进行了大量的研究，并取得了丰富的研究成果。系统梳理相关研究成果，为本篇研究思路的设计和研究内容的安排提供了有意义的参考。在总结和继承已有研究成果的基础上，本书尝试从以下几方面进行拓展和深化。

（一）海洋与陆域产业的差异性与关联性等问题亟须系统研究

现有研究主要从定性分析的角度阐述了海洋经济发展对国民经济的贡献、陆海统筹的战略意义和主要途径等，较少涉及海洋产业与陆域产业的特征及差异性、陆海关联所遵循的客观规律等问题。产业结构的演变特征是海洋和陆域经济发展的重要体现，由于海洋经济统计口径、范围历经几次变更，现有研究往往忽略了统计口径变动带来的海洋产业结构分析的误差，有必要进一步探讨海洋产业结构的演变趋势，并对陆海产业结构演变的差异性及内在原因进行深入分析。相关领域的学者、管理部门等对陆海产业的密切联系和实施陆海统筹战略已基本达成共识，但已有研究仍未能厘清陆海产业联系的内在机理和表现形式，需加强陆海协调发展的系统研究，为管理决策提供理论支撑和依据。

（二）探索生产要素在海洋和陆域产业间的效率、配置状态等问题

目前关于生产要素的研究主要集中在生产要素效率评价和要素优化配置两方面，要素生产率是要素优化配置的重要依据，也是评价生产要素与经济增长、产业结构关系的重要指标。然而，生产要素投入与海洋经济增长的关系研究很少，关于在陆海产业间生产要素效率的相关理论、测度方法等问题尚未得到有效解决，仍需进一步深化研究。结合本书关注的问题特点，基于陆海关联的视角，测度海洋和陆域两大经济系统间生产要素的效率差异及配置状态，为两大系统的生产要素配置提供依据。

（三）深入研究典型海洋产业与陆域经济活动的内在联系

关于产业关联的研究成果丰富，多采用投入产出表、DEA及数理统计分析等方法，研究应用领域和空间尺度广泛。现有的陆海产业关联的研究成果多采用灰色关联分析、贡献率指标等方法，以海陆两大经济系统、三次产业为研究单元。由于海洋与陆域产业具有对应性，产业发展既有明显差异又存在密切联系，陆海产业关联具有不同于一般的产业关联的特性，考虑到不同类型的海洋产业与陆域经济活动的联系路径、方式等均有不同特点，因此有必要针对不同类型的海洋产业，选用合适的研究方法深入分析陆海产业间的内在联系，明确陆海产业间关联的衔接点，从而寻求统筹陆海经济的具体途径。

第七章 海洋与陆域产业的差异性和关联性研究

当前世界经济步入资源和环境制约发展的瓶颈期，陆域资源、能源和空间的压力与日俱增。为谋求发展空间，世界沿海国家和地区纷纷将国家战略利益竞争的视野转向资源丰富、地域广袤的海洋。中国作为海陆兼备的大国，拥有18 000千米的大陆海岸线和300多万平方千米管辖海域，更加重视海洋资源开发和海洋经济的发展。改革开放以来，随着科学技术的进步及人类对海洋认识的逐步提高，海洋资源的开发利用也不断深入，我国海洋经济实力明显提升。从海洋生产总值看，1979年我国海洋生产总值仅64亿元，到2012年增至50 087亿元，年均增速22.4%，远高于同期GDP的增速，占GDP比重由1.6%提高到9.6%，吸纳涉海就业人员约3500万人，成为沿海地区经济发展的重要增长点。

海洋资源的深度和广度开发，必须以陆域空间、相关产业和科技环境为支撑，海洋经济发展中的制约因素，只有在与陆域经济的互补、互助中才能逐步消除。同时，依托海洋国土的优势也是提升沿海陆域经济发展战略优势和拓展战略空间的前提条件。海洋产业与陆域产业有密切联系，同时海洋与陆域环境属性的巨大差异也决定了海洋产业和陆域产业的发展规律明显不同。如何协调和正确处理陆地与海洋开发的关系，充分利用陆海资源的互补性和陆海产业的互动性统筹发展陆海产业，最大限度地发挥海岸带的空间和产业集聚优势，已经成为海洋相关管理部门和学者关注的重点问题。然而在陆海经济发展过程中缺乏对两个系统的差异性和联系性的认识，导致陆海产业发展存在不协调和冲突问题。实现陆海经济协调和互动发展，首要条件是厘清海洋产业与陆域产业的差异与关联的内在机理，明确陆海产业发展过程中的冲突，为后续研究提供现实支撑。

第一节 海洋与陆域产业的差异性研究

海洋资源的开发利用起步较晚，陆域经济活动向海洋延伸形成了相应的海洋产业。海洋产业从最初的获得“渔盐之利、舟楫之便”发展成为涵盖海洋生物、空间、矿产资源及可再生能源等的综合开发体系。但是，海洋产业的发展与陆域产业具有明显的差异性，陆海产业结构的演变规律大不相同，这种演变趋势的差异也反映了陆海产业发展、结构衔接错位的现实。因此本节重点分析海洋产业结构的演变过程，并以陆域产业结构的演变趋势作为参照系，对比陆海产业结构的差异性，探究差异特征产生的原因。

一、海洋产业结构演变过程及特征

一般认为，产值比重是描述产业结构最直接的指标，很多学者对海洋产业结构的演变过程进行了分析，如张耀光（1995）、张静和韩立民（2006）、姜旭朝和毕毓洵（2009）等，但由于海洋经济统计口径、范围历经几次变更，现有研究中往往忽略了统计口径变动对产业结构判断的影响，为满足统计资料的一致性和可比性，力求研究结论真实、合理，需要首先对海洋经济的统计口径变更进行梳理和数据处理。

（一）我国海洋产业发展过程及统计口径的变动

随着科学技术的进步及人类对海洋认识的逐步提高，海洋资源的开发利用也由简单的获取海洋初级产品向全面开发海洋的空间、化学、能源、生物、矿产资源等方向转变，如图 7.1 所示。改革开放至 20 世纪 80 年代末，海洋产业开始起步，仅以简单的海洋渔业、盐业、海上运输为主，并开始涉及海洋资源勘探及开发技术的研究；发展至 90 年代，海洋石油与天然气资源的开发实现产业化，且传统产业进一步发展，新增滨海国际旅游、沿海造船业，海洋产业规模扩大，在此时期，海洋医药生物技术也被纳入海洋资源开发的重点对象；2000 年以来，海洋产业步入快速发展阶段，海洋电力、海水利用、海洋生物医药业等相继实现产业化。目前我国海洋经济已形成以海上交通运输、海洋船舶和滨海旅游等传统产业为主导，以海洋电力和海水利用、海洋工程建筑、生物医药、海洋信息服务等新兴产业为支撑，优势突出、相对完整的产业体系。

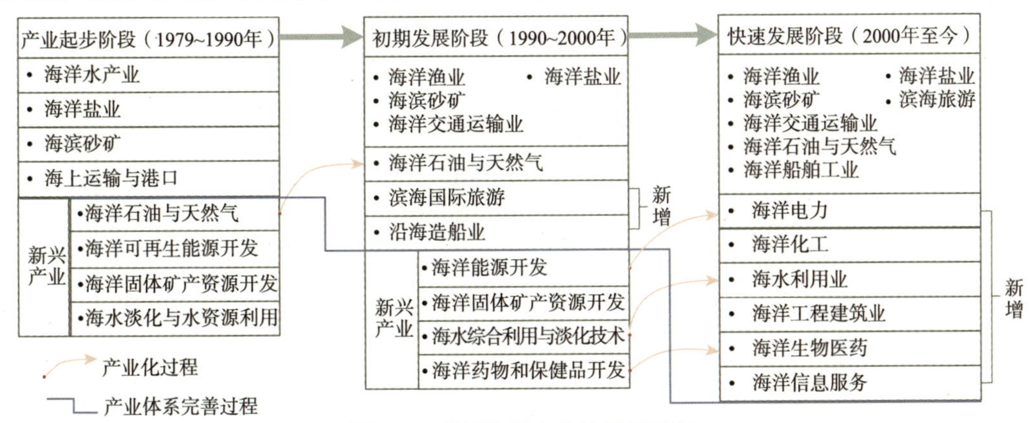

图 7.1　我国海洋产业的发展历程

海洋产业体系不断完善的同时，作为监测海洋经济运行、描述海洋经济状况的重要工具——海洋经济统计工作也历经数次调整。厘清海洋产业统计口径、范围的变更情况，对深入研究海洋产业结构及其演变过程具有重要意义。

从统计口径节点来看，1994年之前，海洋产业主要包括海洋渔业、海洋交通运输业、海洋盐业、海洋石油与天然气、海滨砂矿等部门；1995～2000年，在原有的统计基础上，增加沿海造船业，并将海洋天然气和海洋石油合并为海洋石油与天然气业；为规范海洋统计的基本定义和行业分类，适应海洋经济发展的需要，国家统计局出台海洋统计工作的第一个行业标准——《海洋经济统计分类与代码》，细分和丰富了海洋产业内涵，2001年海洋经济统计在原有的7类海洋产业基础上，增加了海洋化工、海洋生物医药、海洋电力和海水利用、海洋工程建筑、海洋信息服务及其他海洋产业，形成了相对完善的产业体系；2006年，考虑到现有的海洋经济统计范围没有包括海洋科研、教育、管理和服务等行业及与主要海洋产业密切相关的上下游产业，为了统一界定海洋经济范畴、合理划分海洋及相关产业，国家海洋局出台《海洋及相关产业分类 GB/T 20794-2006》，取代原有的分类标准，并在统计指标中将海洋产业划分为海洋一、二、三产，为研究海洋产业结构的演变趋势及结构优化调整提供了较为规范的统计数据。

考虑到海洋产业统计口径的变动对产业结构判断的影响，根据统计数据的可比性原则，将海洋产业结构的演变过程划分为原口径（1990～2000年）、新口径（2001～2012年）两个阶段（表7.1）。原口径的划分标准为：海洋渔业等属于海洋第一产业，沿海造船业、海滨砂矿业（2006年后变为海洋矿业）、海洋油气业、海洋化工业等构成海洋第二产业，海洋交通运输业及滨海国际旅游等构成海洋第三产业。新口径依据2006年发布的《海洋及相关产业分类》标准来划分海洋三次产业，对原海洋产业部门进行了适当的调整和细分，同时又新增了部分新兴的海洋产业部门。其中，海洋渔业被细分为海洋水产品、海洋渔业服务业及水产品加工业，海洋第一产业剔除了海产品加工业；海洋第二产业包含原产业及其细分产业，增加了原本属于第一产业的海产品加工业和海洋工程建筑业等新兴部门；海洋第三产业则包括未划入第一和第二产业的其他产业部门。

表7.1　1990～2012年我国海洋三次产业结构变动情况

统计口径	年份	海洋生产总值/亿元	海洋一产		海洋二产		海洋三产	
			产值/亿元	比重%	产值/亿元	比重%	产值/亿元	比重%
原口径	1990	443.9	248	55.9	41.9	9.4	154	34.7
	1991	527.2	311.9	59.2	49.9	9.5	165.4	31.4
	1992	750.9	441.8	58.8	83.3	11.1	225.8	30.1
	1993	978.8	601.9	61.5	98	10.0	278.9	28.5
	1994	1 707.3	913.3	53.5	264.5	15.5	529.5	31.0
	1995	2 463.9	1 176.9	47.8	340.5	13.8	946.5	38.4
	1996	2 855.3	1 445.3	50.6	449.6	15.7	960.4	33.6
	1997	3 104.4	1 568.5	50.5	556	17.9	979.9	31.6
	1998	3 269.9	1 772.1	54.2	499.3	15.3	998.5	30.5
	1999	3 651.3	1 998.8	54.7	561.3	15.4	1 091.2	29.9
	2000	4 133.5	2 084.3	50.4	693.9	16.8	1 355.3	32.8

续表

统计口径	年份	海洋生产总值/亿元	海洋一产		海洋二产		海洋三产	
			产值/亿元	比重%	产值/亿元	比重%	产值/亿元	比重%
新口径	2001	9 518.5	646.3	6.8	4 152.1	43.6	4 720.1	49.6
	2002	11 270.5	730.0	6.5	4 866.2	43.2	5 674.3	50.3
	2003	11 952.3	766.2	6.4	5 367.6	44.9	5 818.5	48.7
	2004	14 662.0	851.0	5.8	6 662.8	45.4	7 148.2	48.8
	2005	17 655.6	1 008.9	5.7	8 046.9	45.6	8 599.8	48.7
	2006	21 592.3	1 228.8	5.7	10 217.8	47.3	10 145.7	47.0
	2007	25 618.7	1 395.4	5.4	12 011.0	46.9	12 212.3	47.7
	2008	29 718.0	1 694.3	5.7	13 735.3	46.2	14 288.4	48.1
	2009	32 277.6	1 857.7	5.8	14 980.3	46.4	15 439.5	47.8
	2010	39 572.8	2 008.0	5.1	18 935.0	47.8	18 629.8	47.1
	2011	45 570.0	2 327.0	5.1	21 835.0	47.9	21 408.0	47.0
	2012	50 087.0	2 683.0	5.4	22 982.0	45.9	24 422.0	48.8

（二）产业结构变动的衡量及分析

海洋产业结构是指海洋产业各部门之间的比例构成及它们之间相互依存、相互制约的经济技术关系，是衡量海洋经济发展水平的重要指标。本书采用产业结构变动值指标对海洋产业结构变动情况进行分析，计算公式为

$$K=\sum\left|q_{it}-q_{io}\right| \tag{7.1}$$

其中，K 表示产业结构变动值；q_{it} 表示报告期 i 产业的产值比重；q_{io} 表示基期 i 产业的产值比重。K 值越大，表明产业结构的变动幅度越大，反之亦然。结果见表 7.2。

表 7.2　1990 ～ 2012 年我国海洋产业结构变动情况　　单位：%

统计口径	海洋一产结构变动值	海洋二产结构变动值	海洋三产结构变动值	总结构变动值
1990 ～ 2000 年（原口径）	-5.0	+7.4	-1.6	14.0
2000 ～ 2001 年（统计节点）	-43.6	+26.8	+16.8	87.2
2001 ～ 2012 年（新口径）	-1.4	+2.3	-0.8	4.5
1990 ～ 2012 年	-50.0	+36.5	+14.4	100.9

注：+、-分别表示正向（增长）、反向（降低）变动

1990 ～ 2012 年海洋产业结构变动值达 100.9%，然而按照统计范围划分两个阶段来看，原口径下，1990 ～ 2000 年海洋产业结构变动值为 14.0%，而新口径下总结构变动值仅为 4.5%，相比而言，在统计口径变动节点（2000 ～ 2001 年），总结构变动值达到 87.2%，因此可以说 1990 ～ 2012 年，海洋产业统计口径调整是导致产业结构发生剧变的根本原因。从产业结构变动方向来看，尽管存在统计口径的差异，但两个阶段均表现出海洋一产、三产结构变动值均为负值，即产业比重呈下降趋势，且海洋一产下降速度高于三产速度，海洋二产结构变动值为正值，表明产业比重呈上升趋势。从两阶段对比来看，2001 ～ 2012 年产业结构变动值为 4.5%，低于 1990 ～ 2000 年结构变动值，表明产业变动速度减缓，产业结构日趋稳定。

通过对海洋产业结构统计口径变动的分析，2001 年海洋生产总值达到 9518.5 亿元，相比 2000 年的 4133.5 亿元，产值增加了一倍多，其中统计口径的变动主要包括：①将海产品加工业从海洋渔业中剥离出来，调至海洋第二产业，因此海洋一产产值急剧下降，由 50.4% 降至 6.8%；②海洋二产统计分类增加了海洋化工、海洋电力及海水利用、海洋工程建筑业等部门，特别是海洋电力业增加值较高（2001 年为 421.3 亿元），并增加了海洋相关产业中涉及海洋第二产业范畴的部门（如海洋渔业中的海产品加工业），产值实现跳跃式增长，比重由 16.8% 增至 43.6%；③海洋三产除了统计范围的调整——增加了海洋信息服务业，滨海旅游业统计由原来的沿海国际旅游扩展为滨海旅游业，产值由 2000 年的 674 亿元增至 2503 亿元，对海洋三产产值贡献率超过 50%，海洋三产比重由 32.8% 增至 49.6%，因此实现海洋产业结构由"一、三、二"向"三、二、一"的转变。

（三）我国海洋产业结构的演变过程

1990 ～ 2012 年，我国海洋产业由原来的"一、三、二"结构变为"三、二、一"结构，演变过程如图 7.2 所示，海洋产业结构的变动主要有两方面原因：一是统计口径的变动，由于海洋经济发展起步晚于陆域经济，关于海洋经济的核算与统计也是近年逐步完善的，特别是随着对海洋资源开发利用的深入，海洋产业体系才不断完善，海洋经济的统计范围也日趋完整，因此统计口径的变动对产业结构的演变趋势影响较大；二是产业结构的升级，随着海洋资源开发利用能力、海洋科技水平的不断提高，海洋产业结构不断升级。受统计口径变动的影响，海洋产业结构在 2000 ～ 2001 年出现跳跃式变动，为规避统计口径变动带来的影响，划分两阶段分别对原口径与新口径统计的产业结构变动进行分析。

（1)1990 ～ 2000 年海洋产业结构演变趋势。1990 年我国海洋生产总值仅 443.9 亿元，2000 年增至 4133.5 亿元，年均增速约 25%，产业结构一直处于"一、三、二"阶段，但从趋势上看，海洋一产比重呈现波动下降趋势，但仍占海洋生产总值比重的 50% 以上；海洋二产比重呈现缓慢上升趋势，1994 年海洋二产统计中新增"沿海造船业"，产值增幅比较明显；海洋三产比重一直保持占海洋生产总值的 30% 左右。

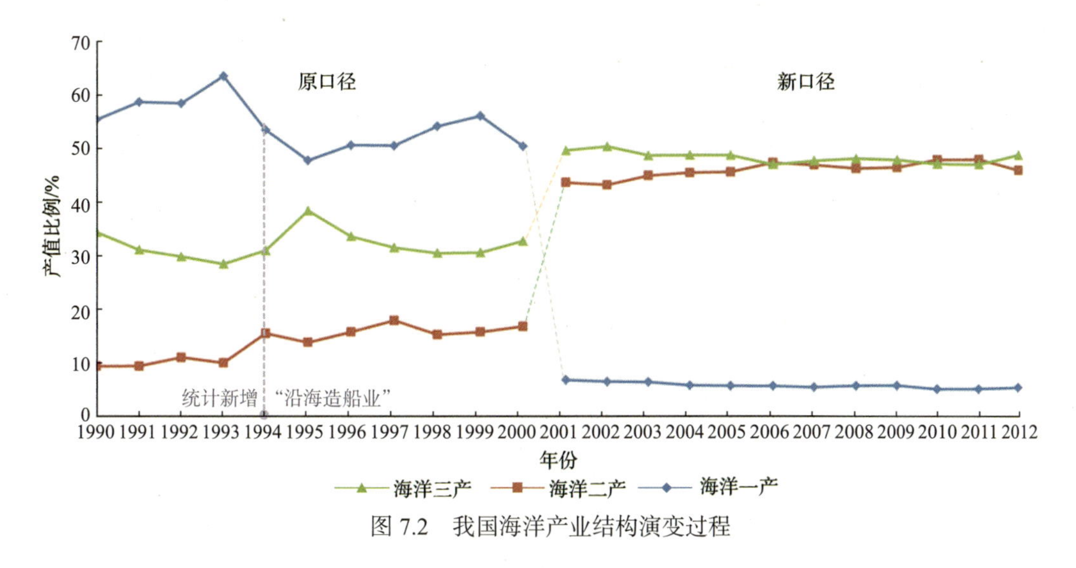

图 7.2　我国海洋产业结构演变过程

（2）2001～2012 年海洋产业结构演变趋势。2001 年我国海洋生产总值为 9518.5 亿元，2012 年增至 50 087 亿元，年均增速 16.3%。2001～2006 年，海洋一产比重由 6.8% 降为 5.7%，呈缓慢下降趋势；海洋二产比重呈现小幅增长趋势，由 43.6% 增至 2006 年的 47.3%，首次反超海洋三产（47.0%）；海洋三产比重由 49.6% 降至 47%，呈现小幅下降趋势。2006～2012 年，海洋产业结构处于"三、二、一"和"二、三、一"交替阶段，海洋二、三产业比重基本持平，呈现此消彼长的波动特征，海洋一产比重基本维持在 5% 左右。

二、海洋产业结构演变趋势判断

海洋产业结构演变趋势的合理判断取决于海洋三次产业的未来发展前景，具体包括以下几方面。

（1）海洋第一产业是直接获取海洋资源的传统产业，主要指海洋渔业中的海洋捕捞和海水养殖，产业特点决定了其产业未来产值比重将维持在较低水平。改革开放以来，我国海洋渔业资源的利用实现较快发展，然而随着近岸渔业资源日益衰竭，自 1998 年海洋捕捞产量稳步下降，不过远洋捕捞比重有所上升，2011 年远洋捕捞产量接近 115 万吨。与此同时自 20 世纪 90 年代海水养殖逐渐发展，养殖产量不断提高，海洋渔业内部结构逐步完善。从海洋渔业可持续发展的角度来看，未来应发展以生态资源养护为主的海水养殖，特别是以作为海洋战略性新兴产业的海洋生物育种和健康养殖为主导方向。根据《全国渔业发展第十二个五年规划》，我国海水养殖和远洋捕捞年均增幅分别为 3.36%、3.4%，近岸捕捞实现负增长和零增长，可以预见，未来海洋第一产业产值规模及发展潜力较小，在海洋生产总值中比重很可能进一步降低。

（2）海洋第二产业是海洋经济中起步最晚的产业，主要指海洋水产品加工、海洋资源能源开采利用的装备制造和工程建筑等部门。尽管海洋自身不具备建立实体经济的条件，然而海洋第二产业具有产业链条长、拉动效应明显等特点，与陆域经济关联也较密切。"十三五"期间将重点培育和发展海洋生物育种和健康养殖、海洋生物医药、海水淡化与综合利用、海洋装备、海洋可再生能源、深海技术、海洋服务业和国际区域资源利用等新兴海洋产业，其中除海洋生物育种和健康养殖、海洋服务业外，其他基本都属于海洋第二产业的范畴。同时，未来国际间海洋资源争夺将会进一步加剧，发展海洋第二产业对于开发利用海洋能源、南北极资源、国际海底区域资源等也具有重要的支撑作用，国家及地方政府出台的海洋产业发展规划也对上述海洋战略性新兴产业的发展给予了高度关注。因此，第二产业可能成为发展潜力最大、拉动海洋经济的主导产业，这也是海洋产业结构演变有别于一般产业结构演变规律的主要内因。

（3）海洋第三产业是为海洋资源、空间的开发利用等活动提供各种服务的部门，主要包括海洋交通运输、滨海旅游和海洋科研教育管理服务业等部门。①伴随着经济全球化进程和我国改革开放进程的加快，海洋交通运输实现了跨越式发展，1978～2012年，我国沿海港口货物吞吐量由1.98亿吨增长到72.81亿吨，年均增长率约11%；集装箱吞吐量由1.8万标准箱增长至1.70亿标准箱，年均增长率超过30%，沿海港口货物和集装箱吞吐量连续多年保持世界第一，全球货物吞吐量前十大港口中我国占有7位，海洋交通运输业已发展到了一定规模，未来增长空间较小。②随着经济社会快速发展和人均收入水平不断提高，发展海洋旅游对我国海洋经济和旅游经济都具有重要意义，特别是邮轮游艇旅游产业已经成为带动现代旅游业发展的新领域。我国的邮轮游艇旅游虽起步较晚，但发展迅速且潜力较大，2009年12月国务院发布了《国务院关于加快发展旅游业的意见》，首次提出“培育新的旅游消费热点，支持有条件的地区发展生态旅游、森林旅游、商务旅游、体育旅游、工业旅游、医疗健康旅游、邮轮游艇旅游”。目前，我国许多沿海城市已经建立了功能完善、设备齐全的邮轮港口，更多的邮轮码头正在规划或者建设当中。③海洋科研教育管理服务业是为海洋开发提供技术保障、信息监测、管理教育等服务的新兴产业，为海洋第一、二产业的技术升级和转型发展提供服务支持，海洋开发利用水平的不断提高也对海洋科技研发投资、信息化管理提出了相应的需求。可以说，海洋第三产业所承载的交通运输业的发展已基本达到顶峰，而海洋旅游业则可依托邮轮游艇旅游实现产业的较快发展，此外伴随海洋资源开发利用需求的加大，海洋科研教育管理服务业规模也将随之扩大。

综上分析，考虑到海洋三次产业发展前景及需求潜力，相比而言，受限于对陆域经济、空间和技术的高度依赖性，海洋第二、三产业演变趋势与陆域经济差距较大，本书对三次产业未来发展做出合理判断，认为海洋产业结构演变趋势受经济环境、资源条件和政策导向影响，海洋第二产业的发展潜力高于海洋第三产业，最终将成为海洋经济的主导产业，未来我国海洋产业发展将形成以海洋第二产业为主导的“二、三、一”结构（图7.3），因此海洋产业结构演变过程可以分为以下四个阶段。

第一阶段：第一产业主导的“一、三、二”结构。在海洋经济发展初期，海洋渔业、交通运输、滨海旅游等传统产业占据主导地位。

第二阶段：第三产业主导的“三、一、二”结构。随着海洋经济的发展，以交通运输和海洋旅游为主的第三产业实现较快增长，超过第一产业成为海洋经济的主导产业。

第三阶段：海洋第二、三产业交替演进。海洋技术不断升级，海洋资源开发利用能力增强，以海洋油气资源开发、海水利用、海洋电力等新兴产业为主的海洋第二产业实

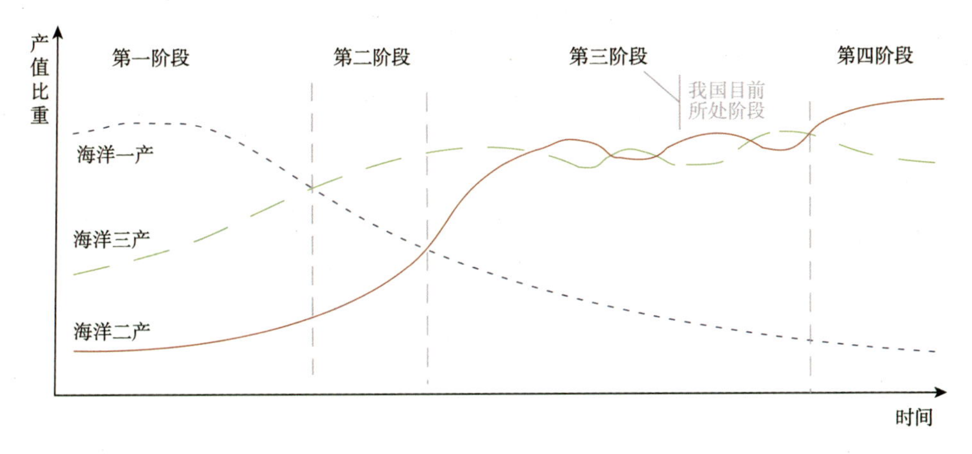

图 7.3　我国海洋产业结构演变趋势的判断

现快速增长，并与海洋第三产业交替演进，呈现此消彼长的波动特征，海洋第一产业比重持续下降并维持在较低水平。

第四阶段：第二产业主导的“二、三、一”结构。海洋战略性新兴产业，包括海洋生物医药、高端海工装备制造业、海洋资源、国际海底区域及南北极资源开发等实现产业化，最终形成了由海洋第二产业主导的“二、三、一”的模式。

三、海陆产业结构的差异性及原因分析

（一）陆域产业结构演变趋势的一般规律

早在 20 世纪 40 年代就有相关学者提出了关于产业结构与经济发展水平的密切相关性，揭示出产业结构由低级向高级的发展和由简单到复杂的演化是经济发展的本质特征之一。随着经济的发展，第一产业产值和劳动力的相对比重逐渐下降；第二、三产业产值和劳动力的相对比重上升，但第二产业的发展速度高于第三产业；经济的进一步发展将促使第三产业产值和劳动力的增速超过第二产业，最终实现产业结构“三、二、一”阶段（图 7.4），世界上大多数国家的经济发展历程和近年来许多经济学家的研究都证实了经济发展与产业结构的相关关系，即产业结构演变趋势的一般规律。

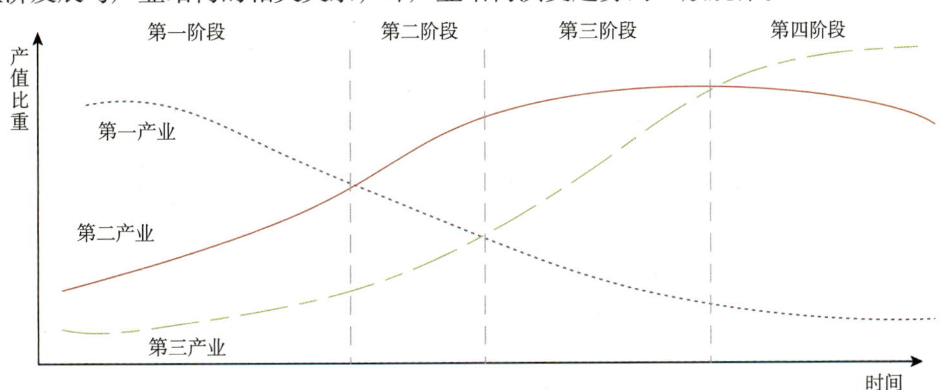

图 7.4　产业结构演变的一般规律

（二）陆海产业结构演变特征的差异性分析

从三次产业演变过程看，陆海产业结构演变特征具有相似性，也存在明显的差别，主要包括：①海陆第一产业的演变趋势比较相近，都呈现下降趋势。尽管海洋产业存在统计口径变动的影响，但划分两阶段的分析结果均表现为海洋第一产业比重呈下降趋势。这主要是考虑到第一产业主要从自然界直接获取资源，在陆海经济系统中扮演的角色相近，考虑到经济社会发展对第一产业的需求和技术水平进步带来的产业效应，第一产业在经济系统中的比重必然地呈现下降趋势，且降至一定水平后，基本保持不变。②海洋第三产业承载着海上交通、滨海旅游等传统职能，海洋第三产业起步高于第二产业，且占海洋经济的比重一直处于较高水平，呈现上升趋势。③海洋第二产业并未出现总体经济在工业化阶段所表现的主导地位，且长期低于海洋第三产业产值比重，在2006年之后，海洋二、三产业进入交替演进阶段。

（三）陆海产业结构差异性的原因分析

海洋产业结构演变趋势明显区别于陆域产业结构演变一般规律，主要基于以下原因。

（1）陆海产业发展的“下垫面”差异。陆域产业和海上产业各自发展的基础大不相同，其根本原因是陆地与海洋的属性差异。海洋具有流动性和开放性等环境特点，海洋资源的开发利用受海域自然条件的限制，海域空间不具备建设实体经济的条件，这些都决定了海洋产业的发展不可能遵循陆域产业的发展轨迹，产业形成和发展很大程度上取决于海洋开发利用的能力和水平。

（2）海洋第二产业对技术水平要求高，发展滞后于陆域产业。对海洋自然基础特殊性的分析结果表明，直接从海洋中摄取产品的海洋捕捞等第一产业较容易发展起来；可直接利用海域空间的海上运输业和旅游业等海洋第三产业也比较容易形成产业规模；而海洋第二产业是技术密集型产业，表现出对陆域相关产业和科技水平具有较强的依赖性，如海洋石油工业的发展，需要冶金、造船（海上平台）、运输、化工、机械、仪表、电子、深海工程、海洋调查勘探、海洋环境保护、海上救捞、海洋预报、海上建筑等一系列相关产业的发展。此外，海洋环境条件特殊，海洋工业对上述产品的材料性能和技术要求也比陆域相应部门的要求严格很多，因此海洋第二产业发展滞后于陆域第二产业。

（3）陆域第二、三产业向海域延伸受限制。海洋环境条件严酷，人类对海洋环境变化规律的认识程度也远不如对陆域的认识，这就使海洋开发活动难度更大。海洋是新兴的开发领域，开发区域由浅海到深海，可供开发的资源越来越多。海域特殊的环境条件使得海洋资源的平均开发成本明显高于陆地同类资源的开发，也决定了陆域一、二、三产业向海域延伸的可能性是有差异的，特别是陆域第二、三产业向海域延伸过程中，不可避免地受到陆域空间的限制，海洋第二产业的发展所需固定设施等必须以沿海陆域空间作为落脚点；海洋第三产业中的海底勘探、海洋仓储等活动在海上进行，而海洋交通运输、海上观光也依托沿海陆域，海洋相关的科学研究及海洋相关技术服务在海陆间交替进行，而海洋服务业也需要陆域空间的支撑。

第二节　海洋与陆域产业的关联性研究

海洋和陆域两大系统具有在空间上连续分布、资源可相互替代、物质能量循环交换、产业相互联系等特性，而陆域经济发展起步早，产业体系更加成熟、完善，科技水平更加先进，因此海洋经济的发展离不开陆域空间、技术和相关产业的支撑。海洋和陆域经济具有密切联系，两大系统的统筹协调发展是实现沿海地区经济可持续发展的重要前提。一方面，通过海洋经济与陆域相关产业的有机结合，以陆域相关产业为载体，释放依托海洋的区位优势；另一方面，依靠陆域相关产业、科技等为开发利用海洋资源提供有力支撑，推进陆域产业不断向海域延伸，进而实现沿海地区社会经济的可持续发展。本节将定性分析海洋产业与陆域产业间联系的现实基础和表现形式，为后续研究提供一定的理论支撑。

一、陆海产业关联的现实基础

（一）海洋产业与陆域产业联系的自然基础

由于海域和陆域的环境条件截然不同，在海域和陆域分别形成了具有不同特征的两个生态系统。海洋生态系统是地理环境的重要组成部分，与陆域生态系统之间存在着永无休止、复杂的物质能量交换过程。在海岸带地区海陆间的这种物质能量交换表现得最为强烈，相应地形成了一套兼有海陆特点的生态系统——陆海复合生态系统。海洋和陆域间的物质与能量交换过程概括为气候过程、地貌过程、元素迁移过程、生物过程和人类产业经济过程。海洋生态系统和陆域生态系统之间这种复杂的自然和经济联系，是陆海产业联系的自然基础。

（二）海洋产业是陆域产业的向海延伸，陆海产业间具有对应性

陆地作为人类生产、生活的主要场所，陆域经济的发展历史悠久，形成了复杂、完备的产业体系，为人类社会的发展奠定了雄厚的物质基础，相应的许多陆域产业的发展进入了成熟阶段。但同时，陆域资源、空间的开发利用导致人口、资源、环境压力日益增加。随着人类对海洋认识的逐步提高，特别是科学技术的迅猛发展为人类开发利用海洋资源提供了有力的支持。在海洋开发初期，许多海洋产业是融于陆地产业体系中的，只是随着海洋开发进程的深入，海洋产业体系日益成熟，各项海洋开发活动之间建立起纵向链状关系和横向交叉关系，逐渐从陆域经济中分离出来，自成体系。可以说，海上活动是人类活动空间不断拓展的需要，是陆域经济活动向海洋的延伸，这也体现在陆海产业的对应性和共生性。从产业结构划分的角度来看，陆海产业间对应性如表 7.3 所示。

表 7.3　海洋产业与陆域相关产业的对应关系

产业部门	海洋产业	相对应的陆域产业
第一产业	海洋农林业	农业、林业
	海洋牧业	牧业
	海水养殖、捕捞	渔业
第二产业	海洋水产品加工	食品加工制造业
	海洋盐业、海滨砂矿	非金属矿采选业
	海洋油气业	石油和天然气开采业
		石油加工、炼焦和核燃料加工业
	海洋船舶工业	装备制造业（交通运输装备、通用/专用设备、电子及通信设备、仪器仪表设备、金属制品业）
	海洋装备制造业	
	涉海产品和材料制造业	
	海洋工程建筑业	建筑业
	涉海建筑和安装业	
	海洋化工业	化学原料及化学制品业
	海洋生物医药业	医药制造业
	海洋电力（海洋能发电、海上风电）	电力、热力生产和供应业
	海水利用业（海水淡化、直接利用）	水的生产和供应业
第三产业	滨海旅游	旅游业、住宿和餐饮业
	海洋交通运输	交通运输、仓储
	海底电缆	邮电通信业
	海洋批发与零售业	批发零售业
	涉海服务业	卫生、社会保障
	海洋科研教育管理业（海洋信息服务、海域环境监测预报、海洋技术服务、海洋教育、海洋地质勘查业……）	教育、社会福利
		环境保护、地质勘探业
		……

（三）生产要素具有共有性和流动性

生产要素是指进行社会生产经营活动时所需要的各种社会资源，是维系国民经济运行及市场主体生产经营过程中所必须具备的基本因素。现代西方经济学认为生产要素包括劳动力、土地、资本、企业家才能四种，随着科技的发展和知识产权制度的建立，技术、信息也作为相对独立的要素投入生产。生产要素是产业系统运作的载体，是整个产业巨系统完成物质转换和能量传递的保障，是生产活动、产业循环得以实现的纽带。

生产要素具有共有性和流动性，这也是生产要素可以进行优化配置的重要前提。首先，生产要素的共有性体现在生产要素是人类社会经济发展、从事生产活动的基础工具，是全人类的共同财产。随着社会经济不断发展，科技水平不断提升，全球经济一体化进程不断加快，生产要素成为世界市场的共同基础。其次，生产要素的流动性是确保经济系统内部各产业间衔接的基础条件，构成了生产活动的链条。生产要素的流动性不仅体现在各产业间的流通，也体现在各区域间资源禀赋、经济发展基础的差异导致的生产要素在地域空间范围的流通，因此生产要素在陆海产业间的流动兼具产业间和区域间流动的双重意义。

二、陆海产业关联的动因分析

（一）海洋产业对陆域空间的高度依赖性

人口的不断增加和人均消费水平的提高，特别是人口、产业和其他生产要素向沿海地区的高度集聚，使海岸带地区面临能源、资源、水源、环境和生存空间等方面的巨大压力。海洋拥有丰富的资源、能源和广袤的空间，为缓解上述各种压力提供了巨大的潜力，即沿海地区陆域产业的发展对海洋资源和海洋空间的需求日益强烈，促进了海洋产业的发展。

海洋产业根据其经济活动发生的空间，可以划分为两大类：一类是海洋渔业（包括海水养殖、海洋捕捞）、海上运输、海洋油气、海滨砂矿、海洋电力等资源的开发活动，这类产业需要在海域完成资源开采的生产环节，并在沿海陆域完成其余环节的产业活动；另一类是海盐业、海洋水产品加工、海洋装备制造业、海水利用等完全在陆域完成所有环节的产业活动。也就是说，所有的海洋产业活动都对沿海陆域空间有较强的单向依赖性。海洋经济的发展必然要以沿海陆域为基础，海洋开发不仅需要陆域配套设施和相关产业的发展，而且海洋资源开发后的利用也必须以沿海陆域为落脚点。

（二）海洋产业对高技术等要素的依赖性

海洋特殊的自然环境和资源条件，导致海洋经济的发展直接依赖于海洋科学技术的突破，海洋开发利用的进步，很大程度上取决于科学技术的进步。对高技术的特殊依赖性，限制了海洋的开发规模。在技术水平比较低的条件下，我国对海洋的利用长期停留在“渔盐之利”“舟楫之便”，进入21世纪以来，陆域成熟产业的相应技术成果广泛应用于海洋经济领域，使海洋资源开发程度提高、海洋产业门类日益趋向陆地化。我国海洋开发技术的迅速发展为生物医药、海洋工程建筑、海洋化工、海洋电力和海水利用等新兴的科技含量较高的海洋产业发展及海上运输等传统海洋产业规模的扩大创造了条件。例如，陆域养殖技术的进步，推动了海水增养殖产业的发展；陆域采掘技术发展促使海底石油和天然气资源、海滨砂矿、海底金属矿产等资源开采应运而生；而伴随着陆域生物技术的进步，海洋生物医药业初露端倪……海洋新兴产业的发展正是开发利用陆域资源的高新技术在海洋经济领域扩散和应用的结果。

（三）海洋产业与陆域经济存在密切的产品联系

陆海经济间的产品联系包含两层含义：一是以海洋渔业、海洋油气、海滨砂矿等资源开发为主的海洋产业，将海洋生物、油气、矿产等初级产品提供给陆域相应的工业部门进行加工、提炼等，转化为生产和生活资料；二是海洋资源开发过程需要陆域经济提供相应的产品支撑，如海洋资源开发所需设备、仪器等，因此陆海经济间存在密切的产品联系（图7.5）。

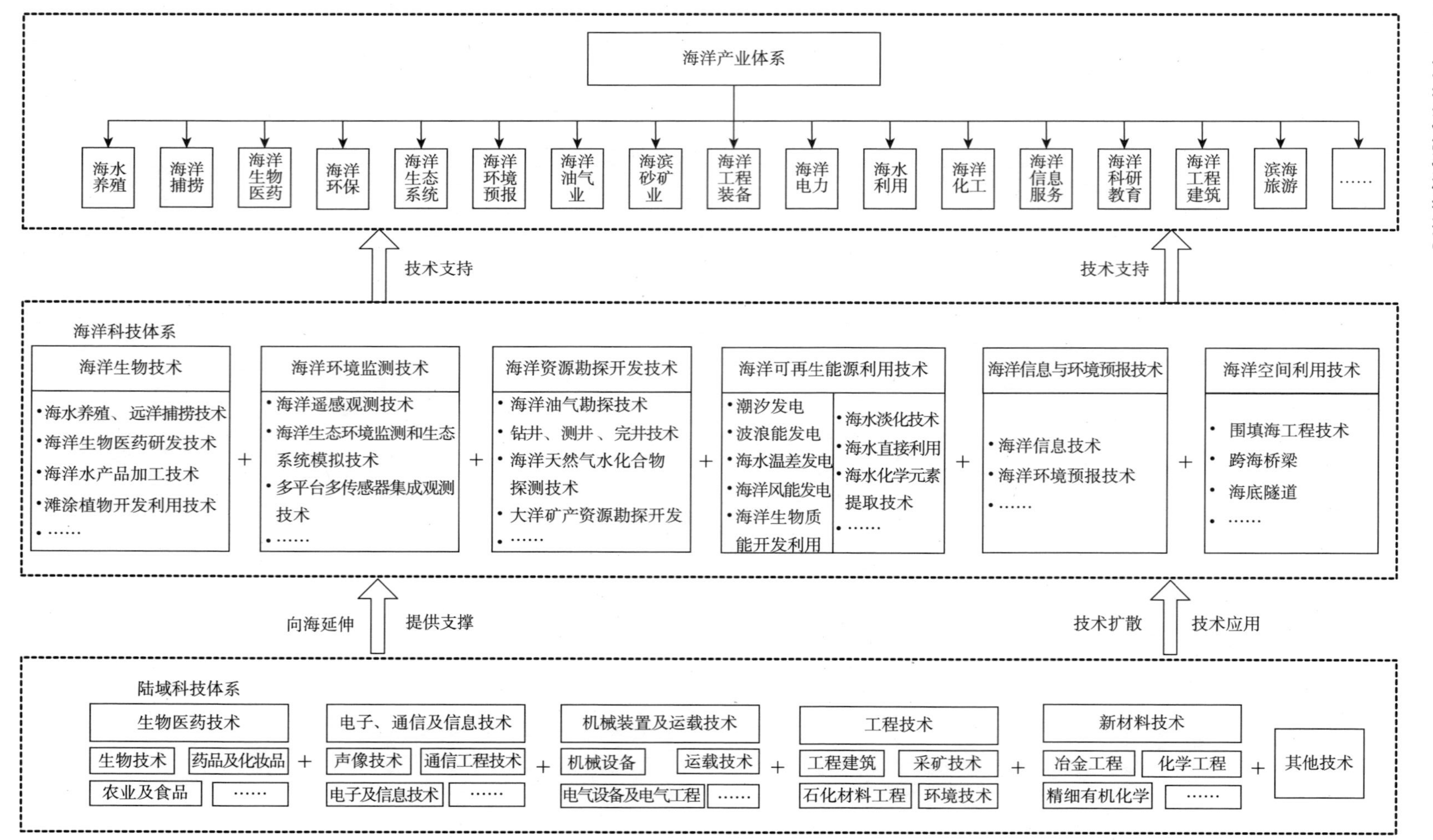

图7.5 海洋技术发展与陆域科技体系的关系

第三节　陆海产业发展不协调的问题研究

由于海洋和陆域两大系统在空间上连续分布、资源可相互替代、物质能量循环交换、产业相互联系，陆海统筹发展符合自然规律和经济规律。海洋产业是陆域产业和技术向海洋延伸的结果，海洋产业和陆域产业之间的再生产过程是相互联系、相互影响的。随着海洋开发的深入，海陆关系越来越密切，海陆之间资源的互补性、产业的互动性、经济的关联性进一步增强。

然而我国陆海产业发展过程中缺少系统的基础理论研究，现有的研究多属于应用性研究，对海陆统筹规律的认识和总结不够，缺乏理论层面的深入探讨，对海洋产业与陆域产业的结构差异和产业联系不明晰，难以有效指导当前沿海地区陆海产业统筹发展的实践活动，导致关于陆海经济的相互关系、陆海资源的统筹利用、沿海地区陆海环境的统筹管理等理论和现实问题都没能得到有效解决。同时由于机制的障碍及部门职能的限制，在制定陆域及海域发展政策的过程中，海陆各自为政、相互独立。国家海洋功能区划等仅限于管辖海域，而包含海岸带在内的陆域规划与管理则属于其他部委的管理范畴，涉海相关部门间缺乏陆海产业联动发展的协调机制，限制了区域资源的流动与有效配置，加剧了陆海产业间的矛盾，陆海经济发展不协调的问题日益突出，成为制约经济发展的瓶颈。

海洋与陆域产业系统间存在的诸多冲突主要表现在：①海域功能区与沿岸陆域功能区布局明显不协调，布局矛盾较多，如 33% 的陆源排污口设置在需要清洁环境的海水养殖区，11% 设置在度假和风景旅游区；②陆海产业结构衔接错位较大，不利于陆海经济资源互补，陆海产业结构的演变规律存在明显差异，沿海各地区海洋资源禀赋和经济基础差异较大，然而在海洋经济发展过程中，未能科学合理地确定陆海经济的连接点，难以实现陆海经济统筹的最优效益；③海洋经济区产业发展缺乏统一规划、产业结构同构化，现阶段沿海地区发展海洋产业的基本定位趋同，未能充分考虑区域自身的资源特征和经济基础，也未能统筹考虑海洋产业与陆域相关产业的上下游产业链环节，导致沿海地区间海洋产业发展同构。

第八章　海洋与陆域产业的要素效率评价研究

现阶段，我国社会经济发展处于重要的战略机遇期，转变经济发展方式、调整产业结构，推动经济由要素投入型向质量效率型转变对提升经济发展质量具有重要意义，也是适应经济新常态的根本要求。随着海洋经济规模的迅速扩大，在国民经济中的比重也不断提高，海洋经济与陆域经济的联系更为紧密，构成了海陆关联的经济基础。相对于陆域经济系统，海洋经济系统具有区位特殊性，两大经济系统发展基础、依托环境的差异导致陆海产业发展遵循不同的规律。生产要素是推动经济增长的最根本因素，其在陆海经济系统间的配置状态、效率差异等仍不清晰，且生产要素的效率差异也是陆海产业差异性的重要方面。基于此背景，本章将从生产要素角度，利用C-D生产函数模型及岭回归分析法，对比陆海经济两大系统的要素产出效应，定量测度和比较分析两大经济系统中的生产要素驱动作用，明确陆海产业间生产要素流动的势能差（图8.1）。在此基础上，从劳动生产率、投资效率、技术竞争力的角度，对比两大经济系统劳动力、资本和技术等要素的效率差异，深入分析生产要素在两个经济系统间的流动方向，为海陆两个系统间的资源优化配置提供依据，并为后续研究典型海洋产业与陆域产业的联系奠定基础。

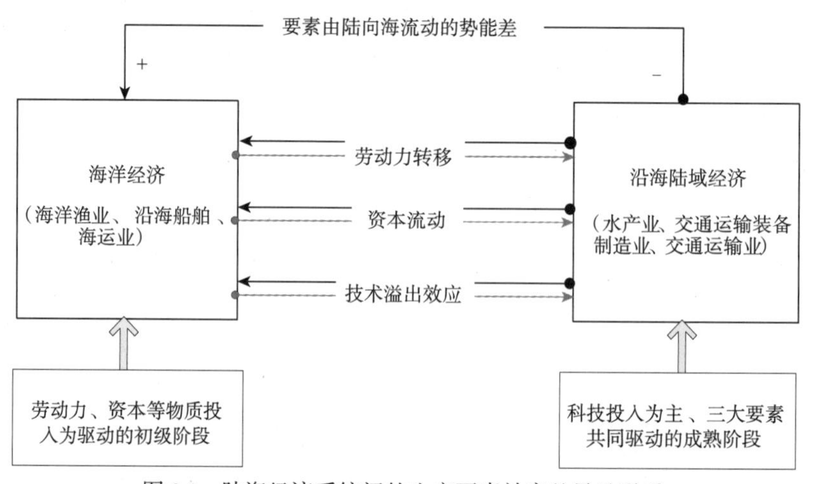

图8.1　陆海经济系统间的生产要素效率差异及联系

第一节　陆海经济生产要素产出效应的比较研究

经济增长问题一直是国内外学者、政府管理部门重点关注的议题。从短期看，凯恩斯学派提出消费、投资和出口是拉动经济增长的三驾马车。从长期看，新古典及内生增长理论认为，一个国家或地区的经济增长主要取决于生产要素的投入和技术进步的带动。陆海经济系统既存在明显差异又有密切联系，对比生产要素在两个系统间的产出效应，是陆海经济发展模式差异性的基本体现，也是确定陆海经济间生产要素流动方向的重要依据。

通过查阅相关研究资料可以发现，以国民经济为研究对象评价生产要素产出效应的相关文献较丰富，为本书提供了很好的参考和借鉴，然而关于海洋经济要素效率测度的成果较少，更鲜有研究涉及要素投入在海陆两大经济系统间的产出效应对比分析。本书立足陆海关联的视角，以海洋经济和沿海陆域经济为研究对象，分别构建沿海地区陆域经济和海洋经济包含劳动力、资本、技术三大投入要素的广义 C-D 生产函数模型，采用岭回归分析法进行参数估计，对比研究劳动力、资本和技术等三大生产要素在海陆两大经济系统的产出效应差异。

一、研究范围、研究方法与指标选取

（一）研究范围

本章内容涉及的空间范围为沿海陆域经济（包括天津、河北、辽宁、山东、上海、江苏、浙江、福建、广东、广西和海南等 11 个省区市）。而由于海洋统计口径历经几次变更，考虑到数据一致性及指标的科学性，海洋经济以海洋渔业、海洋石油和天然气、海滨砂矿、海洋盐业、海洋化工、海洋生物医药、海洋电力、海水利用、海洋船舶工业、海洋工程建筑、海洋交通运输和滨海旅游业 12 个主要海洋产业部门作为研究范围。

（二）研究方法

本章以劳动力、资本和技术三大生产要素作为投入指标，以 GDP 和海洋生产总值作为产出指标，对比分析海陆两大经济系统内要素投入的产出效应。生产函数正是描述生产过程中生产要素投入与产出间依存关系的最基本方法，因此本书选用生产函数模型研究陆海经济投入要素的产出效应。

20 世纪 30 年代初，美国数学家柯布和经济学家保罗·道格拉斯共同探讨投入和产出的关系时创造的 C-D 生产函数是经济学中使用最广泛、最具典型意义的一种生产函数形式，在数理经济学与计量经济学的研究与应用中都具有重要的地位，从而使抽象的纯理论研究转向实际生产的经验性分析，并为这一研究领域的发展奠定了基础。传统的生产

函数仅包含劳动力和资本两大要素，一般形式为

$$Y = AK^{\alpha} L^{\beta} \tag{8.1}$$

其中，Y表示产出；A表示大于0的常数；K和L分别表示资本投入量和劳动投入量；α和β分别表示资本的产出弹性系数和劳动的产出弹性系数。

传统的C-D生产函数模型只能分析资本和劳动力两种要素对产出的影响，其他变量如科学技术投入、制度变化等变量被概括到常数A中。然而，随着经济的快速发展，科技进步成为推动经济增长不可或缺的重要因素，因此，本书构建包含劳动力、资本和技术水平三个投入要素的广义C-D生产函数，表达式为

$$Y = \lambda K^{\alpha} L^{\beta} T^{\gamma} \tag{8.2}$$

其中，Y表示产出；λ表示常数项；K、L和T分别表示资本、劳动力和技术水平；α、β和γ则分别表示三个投入要素的产出弹性系数。

为方便模型参数估计和实证分析，对式（8.2）两边取自然对数，可得

$$\ln Y = \ln \lambda + \alpha \ln K + \beta \ln L + \gamma \ln T \tag{8.3}$$

（三）指标选取

1. 劳动力投入指标的选取

本书以年均从业人员数作为劳动力投入指标，由于各统计年鉴和相关资料中的统计指标为年末从业人员数，采用上年末从业人数与本年末从业人数的均值作为当年的劳动力投入量。其中，海洋经济的劳动力要素是指12个主要海洋产业部门年平均就业人数，不包含海洋相关产业。

2. 资本存量的测算

本书中资本存量仅指生产性资本存量（不含土地和人力资本）。多数研究成果均沿用Gold Smith在1951年提出的永续盘存法（perpetual inventory system，PIM）估算资本存量，公式为

$$K_t = K_{t-1}(1-\delta_t) + I_t / P_t \tag{8.4}$$

其中，K_t表示第t年的资本存量；K_{t-1}为第t-1年的资本存量；δ_t表示第t年的折旧率；I_t表示第t年的现价投资量；P_t表示第t年固定资产投资的定基价格指数。

根据式（8.4），估计资本存量需确定三个主要变量：基期资本存量、经济折旧率和当期的实际投资量。本章参考了确定资本存量的相关文献，其中研究基期资本存量和经济折旧率的众多学者采用不同的方法得出的研究结论差别明显，如张军扩（1991）、贺菊煌（1992）、张军和章元（2003）、雷辉（2009）、陈昌兵（2014）等。本书中考虑到陆海经济统计数据的一致性，选取1990年为基期，研究的时间范围为1995～2012年。首先，基期资本存量与经济折旧率的确定。在查阅大量相关文献的基础上，本书参考陈昌兵（2014）的研究结论，确定了我国1990年的资本存量为40 771.77亿元，计算得出资

本产出比为 2.1841，进而推断出沿海地区 1990 年的资本存量为 20 792.33 亿元，海洋经济资本存量为 977.41 亿元，并采用其可变资本折旧率作为计算沿海陆域经济和海洋经济资本存量的参数。其次，关于当期实际投资量的确定。从国际上同类研究来看，《OECD 资本度量手册（2001）》建议使用固定资本形成额作为投资流量。鉴于我国官方公布的统计资料《中国国内生产总值核算历史资料（1952—1995）》《中国国内生产总值核算历史资料（1952—2004）》仅能提供 1952 ～ 2004 年全国和省级固定资本形成总额及其指数，缺少近年的统计数据，此外我国海洋经济固定资本形成总额未有单独统计，而相关研究表明固定资本形成总额与全社会固定资产投资在测算资本存量上表现很相近，因此本章选取统计资料更为翔实的固定资产投资额和固定资产投资价格指数，同样以 1990 年为研究基期，计算得出 1995 ～ 2012 年的实际投资量。需要特别指出的是，海洋经济统计中固定资产投资额未单独核算，基于海洋经济依托海洋的特殊区位，本章选用 53 个沿海城市的固定资产投资，并以地区海洋生产总值占 53 个沿海城市地区生产总值的比重作为调整系数，估算得出海洋经济的固定资产投资额。

3. 技术投入指标的选取

当今世界，科技已成为推动经济增长的不可替代要素。现有研究中多以时间趋势项来表征技术水平，然而对于一个正处于经济转型期的发展中大国而言，时间趋势并不能完全反映其技术进步情况，因此选取技术水平的合理替代变量是准确测定陆海经济生产函数的前提。配第-克拉克定理描述了经济发展过程中，就业人口在三次产业中分布结构的变动规律，即随着经济发展，人均国民收入水平不断提高，就业人口由第一产业向第二产业转移，当人均国民收入进一步提高后，就业人口向第三产业转移。劳动力在三次产业间的转移反映了该地区的经济发展水平，并且这种规律性转移正是技术进步的必然结果。因此，本章选用第三产业从业人员比重作为技术水平的替代变量。然而海洋经济产业结构演变规律与陆域产业结构演变的一般规律不同，因此，海洋经济生产函数中的技术投入指标以海洋第二产业从业人员比重表示。

二、陆海经济要素产出效应的差异分析

本章选用的广义 C-D 模型经过取对数处理后成为多元线性方程，通常采用基于普通最小二乘法的传统回归方法进行参数估计。但在实际中，变量之间很可能存在多重共线性，导致参数估计结果无法通过检验，且参数符号不符合实际经济意义（如劳动力投入指标参数为负值）等特征，从而降低了回归方程的使用价值。

（一）多重共线性诊断

本章使用方差膨胀因子（the variance inflation factor，VIF）诊断法，运用 SPSS 18.0 软件对沿海地区经济、海洋经济生产函数进行多重共线性诊断，结果如表 8.1 所示。

表 8.1 自变量多重共线性诊断结果

自变量	沿海地区		海洋经济	
	容差	VIF	容差	VIF
技术水平	0.103	9.739	0.255	3.916
劳动投入	0.005	214.542	0.079	12.581
资本投入	0.006	172.889	0.072	13.893

由共线性诊断结果可知，除技术水平要素的 VIF 值小于 10 外，劳动投入和资本投入的 VIF 值均较大，其中沿海地区劳动投入、资本投入的 VIF 值大于 100，表明变量之间存在明显的共线性。在此情况下，生产函数的参数估计不适用普通最小二乘法，为了提高回归方程预测的科学性，下面将采用岭回归分析法分别对我国沿海陆域经济及海洋经济生产函数的自变量进行参数估计。

（二）岭回归的参数估计结果

运用 SPSS 18.0 软件，对陆海经济数据分别进行岭回归分析，由岭迹图（图 8.2）可以看出随着 K 值不断增大，资本投入、劳动投入、技术水平三个变量的标准化回归系数快速趋于稳定，两组模型的 K 值分别取 0.25 和 0.55，得到各变量的参数估计结果（表 8.2）和统计检验值（表 8.3）。根据统计检验结果，三个模型的 R^2 和调整后的 R^2 均大于 0.9，表明模型拟合效果较好；根据 F 统计量分布表，回归方程的显著性检验 F 分别为 508.6313、54.538 07，均大于 5.56［$F_{0.001}$（3，14）=5.56］，说明回归方程在 α =0.001 的水平下显著。

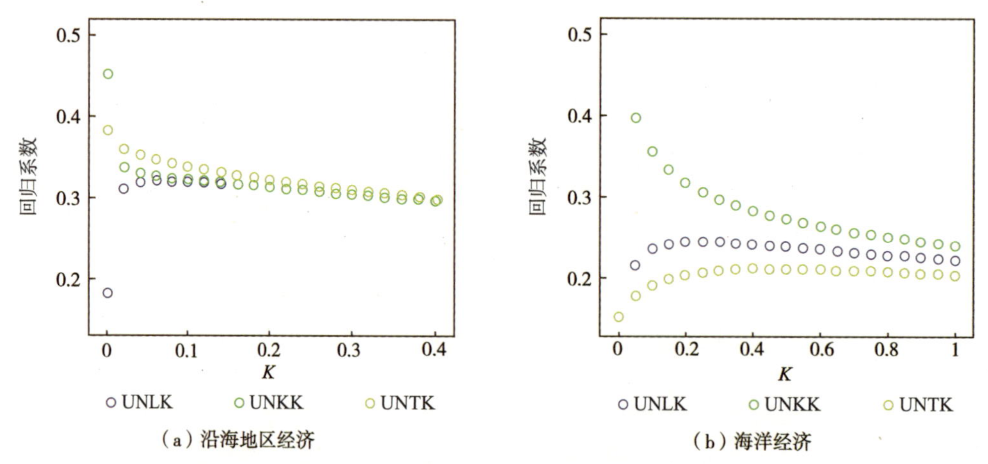

图 8.2 我国沿海地区经济及海洋经济增长影响要素的岭迹图

UNLK、UNKK、UNTK 为参数估计值

表 8.2　岭回归参数估计结果

模型	变量	回归系数	标准化回归系数	t 检验值	p 值
M1（沿海地区经济）	常数项	−24.2698	0.0000	−27.6702	0.0000
	ln*K*	0.3921	0.3095	22.3271	0.0000
	ln*L*	2.0472	0.3100	16.6183	0.0000
	ln*T*	1.5418	0.3157	15.5256	0.0000
M2（海洋经济）	常数项	−2.8995	0.0000	−5.4791	0.0000
	ln*K*	0.3492	0.3330	10.1742	0.0000
	ln*L*	0.4281	0.2802	8.2224	0.0000
	ln*T*	0.3086	0.2264	5.4063	0.0000

表 8.3　统计检验值

模型	复相关系数	R^2	调整后的 R^2	F 值	Sig F
M1（沿海地区经济）	0.995 4	0.990 9	0.989 0	508.631 3	0.000 0
M2（海洋经济）	0.959 8	0.921 2	0.904 3	54.538 07	0.000 0

需要说明的是，岭回归的参数估计结果包含回归系数和标准化回归系数两部分，前者是在不考虑自变量量纲的前提下解释各自变量对因变量的作用，而后者则表示剔除不同量纲的影响后比较不同变量的相对重要程度。结合研究需要，本书建立了标准化回归方程用来比较海陆两大经济环境下各类生产要素投入对经济增长影响的重要性。

（三）模型结果分析

根据参数估计结果，得出沿海地区经济、海洋经济的标准化回归方程式（8.5）、式（8.6）：

$$\text{M1（沿海地区经济）：} \ln Y = 0.3095\ln K + 0.3100\ln L + 0.3157\ln T \tag{8.5}$$

$$\text{M2（海洋经济）：} \ln Y = 0.3330\ln K + 0.2802\ln L + 0.2264\ln T \tag{8.6}$$

由上述回归方程，可以得出以下结论。

1. 各生产要素对陆海经济的相对重要性不同

生产要素投入和技术进步是经济增长的主要来源，然而对不同的经济环境各要素的相对重要程度存在差异。由上述回归方程可知，1995～2012 年，劳动力、资本、技术三要素对经济增长均有正向的推动作用，但可投入要素的产出弹性系数不同，且在陆海经济模型中表现不同。其中，推动沿海地区经济增长的三要素中技术进步 > 劳动投入 > 资本投入，而海洋经济则表现为资本投入 > 劳动投入 > 技术进步。因此可以看出，1995～2012 年我国海洋经济增长的主导要素为资本投入，其资本投入的产出弹性为 0.333，劳动投入的产出弹性为 0.2802，技术进步的产出弹性仅为 0.2264；而沿海地区则主要依赖其技术进步，其产出弹性系数为 0.3157，劳动力和资本产出弹性也达到 0.3 及以上，三大生产要素的贡献度相差较小。

2. 陆海经济系统处于不同的发展阶段

根据三大主要生产要素对陆海经济系统的产出弹性系数可以看出，我国海洋经济发展仍处于物质要素投入（即资本、劳动）驱动的初级阶段，而沿海地区则进入以技术进步为主导、三大要素共同推动的成熟阶段。与沿海地区经济增长模式相比，海洋经济的技术要素产出弹性较低，产出弹性系数仅为0.2264。这与现阶段仍以传统海洋产业为主导的海洋产业体系相一致，究其原因，海洋经济发展起步较晚，特别是海洋渔业、海洋船舶工业、海洋交通运输等产业属于固定资产投入较大的资本密集型产业，而高技术的海洋新兴产业如海洋电力和海水利用、海洋生物医药、高端海洋装备等产业规模较小，仍处于发展初期，因此在研究期内海洋经济的增长仍主要依赖物质投入，技术进步的贡献较小。而东部沿海地区经过改革开放40多年来的高速发展，生产要素、资源在沿海地区集聚，高新技术产业发展迅速，具备良好的研发环境和技术平台，技术进步对区域经济增长的带动效应明显。

3. 加强科技创新、提高生产率将成为推动经济增长的重要动力

我国沿海地区经济和海洋经济三要素弹性系数之和分别为0.9352、0.8396，均表现为规模报酬递减，即其他条件不变的情况下，产出增加的比例小于各要素投入增加比例，也说明要素投入规模的扩张带来的经济增长幅度较小。海陆两大经济系统中，以物质投入作为主导要素的海洋经济的规模报酬小于以技术投入作为主导因素的沿海地区的规模报酬，这也说明了技术进步对经济增长的贡献不仅体现为提升自身要素投入的生产效率，更体现在提升资本、劳动力等物质投入的生产效率，因此提高科技创新能力和要素生产率将成为未来经济增长的重要动力。

三、要素产出效应的分析结论与启示

基于C-D生产函数和岭回归分析法，探讨了劳动力、资本和技术等三大投入要素对经济增长的影响，并从海陆关联的视角，对比研究了沿海地区经济和海洋经济增长模式的差异。从分析结果看，1995～2012年，生产要素在海陆两大经济系统的产出效应存在明显差别，其中海洋经济增长主要依靠物质投入驱动，而在沿海地区技术进步则成为推动该区域经济增长的主要动力。另外，通过各生产要素的产出弹性系数可以看出陆海经济增长均表现为规模报酬递减，但以技术进步为驱动力的沿海地区经济增长模式更有竞争力，说明技术进步对于改善物质投入的生产率具有重要作用，提升要素生产率而非盲目扩大规模是促进经济增长的更有效途径。

结合我国陆海经济发展的现实条件和上述研究结论，对于如何推进陆海统筹战略实施、促进经济可持续健康发展，有如下几点启示：第一，海洋经济仍处于物质投入为主的初级阶段，积极引导资本和劳动力投入对推进海洋经济发展仍十分重要。充分利用现阶段物质投入对经济增长的拉动作用，合理配置和引导固定资产投资和劳动力资源流向高技术、高附加值的海洋新兴产业，优化产业结构，推动经济增长模式向创新集约型转变。第二，加大科技投入，提升创新能力。相比以物质投入为主的海洋经济，以科技进步为主导的沿海地区经济发展模式更有优势，技术进步是现代经济增长的主要驱动力，

加强科技创新，推动技术扩散，是提高海陆两大经济系统要素生产效率和经济增长质量，促进经济可持续发展的重要手段。第三，统筹发展陆海经济，加强陆海联系。陆海经济系统具有密切的互补联系，以海洋高新技术为特征的战略性海洋新兴产业已开始成为海洋经济新的增长点，随着海洋经济的发展和海洋高新技术的应用，海洋新兴产业也将实现快速发展，高技术、高附加值的战略性新兴产业将成为未来海洋经济的主导产业，因此加强陆域相关产业、高新技术与海洋经济的联系，是实现陆海经济更密切、更高效统筹发展的有效途径。

第二节　海洋与陆域产业劳动生产率的比较研究

近年来，海洋经济快速发展，陆域相关产业及临海产业蓬勃兴起，推动了海洋产业体系不断完善，同时吸纳涉海就业人数不断增长，2012 年，我国涉海就业人数已达到 3500 万人。本节基于劳动生产率的视角，对比研究陆海经济、典型产业劳动力要素的效率及流动性问题，试图为沿海地区劳动力就业结构、产业结构调整及生产资源在海陆两大经济系统间的优化配置提供参考。

一、指标选取与数据处理

（一）指标选取与计算

本部分以劳动力要素为切入点，分析劳动力资源在陆海产业间的生产效率差异和优化配置，劳动生产率是指劳动者在一定时期内创造的劳动成果与其相适应的劳动消耗量的比值，反映了单位劳动的产出能力，也是对劳动力进行优化配置的重要依据。因此本部分选取劳动生产率作为陆海产业间劳动力投入产出效率的衡量指标，探索陆海产业间劳动力生产率的时空差异。

劳动生产率（Lp）水平可以用平均每一个从业人员在单位时间内生产某种产品的数量或者产品价值量来表示，单位时间内生产的产品数量越多或价值越高，劳动生产率就越高，反之，则越低。考虑到本部分的研究需要和统计数据的支撑，对陆海经济、渔业、船舶工业及交通运输装备制造业的劳动生产率采用单位时间单个从业人员创造的价值量——增加值表示，单位为万元 / 人。然而，运输业包括多种运输方式，统计指标主要以货运量、货运周转量表示完成的产品数量，无产业增加值的统计。同时，考虑到不同运输方式的运距差别很大，为避免运距对产出指标的影响，运输业劳动生产率采用单位时间每个从业人员完成的货运量表示，单位是万吨 / 人。两类方法的计算公式为

$$\mathrm{Lp} = (Y / \mathrm{CPII}) / \mathrm{AL} \tag{8.7}$$

$$\mathrm{Lp}^{T} = Y^{T} / \mathrm{AL}^{T} \tag{8.8}$$

式（8.7）中，Lp 表示陆海经济、渔业、船舶工业及交通运输装备制造业的劳动生产

率；Y 表示陆海经济、渔业、船舶工业及交通运输装备制造业的产业增加值；AL 表示陆海经济、渔业、船舶工业及交通运输装备制造业的全部从业人员年平均人数。为了剔除价格因素的影响，引入居民消费价格指数（consumer price index，CPI）计算得出在时序意义上的实际劳动生产率。其中，CPII 代表 CPI 定基指数，以研究的起始年为基期。

式（8.8）中，Lp^T 表示运输业的劳动生产率；Y^T 表示运输业的产业增加值；AL^T 表示运输业的全部从业人员年平均人数。

（二）数据来源与处理

本部分的空间范围为沿海 11 个省区市，涉及的海洋生产总值、海洋产业增加值、从业人员等指标来源于 1986 ～ 2013 年《中国海洋统计年鉴》；沿海各地区陆域经济的产值、从业人员、消费价格指数等指标来源于历年《中国统计年鉴》、各省区市统计年鉴；海洋渔业、海洋船舶工业、海洋运输业和陆域相关产业的增加值、货运量、从业人员等指标来源于对应年份的《中国渔业统计年鉴》《中国船舶工业年鉴》《中国工业经济统计年鉴》。

考虑到统计数据的可获得性和可比性，对统计数据进行以下处理：①船舶工业和部分地区的交通运输装备制造业从 2008 年开始仅有总产值统计，缺少增加值统计，为了统一研究口径，本部分计算了 2000 ～ 2007 年的船舶工业、交通运输装备制造业的增加值率，结果表明各省区市产业增加值率变动不明显，因此以增加值率的平均值作为中间系数（表 8.4），计算得出各省区市的船舶工业和交通运输装备制造业的增加值；②海洋运输业的从业人员数无单独统计，本部分采用沿海地区水上运输业从业人员数代替，并将海洋货运量占水上运输货运量的比重作为中间系数，对江苏、浙江、山东、广东、广西等地区的内河运输部分进行调整；③运输业的劳动生产率以平均每人在单位时间内完成的货运量表示，单位为：万吨公里 / 人，包括铁路、道路、城市公共交通、水上运输、航空、管道运输及装卸搬运和其他运输服务业。

表 8.4　2000 ～ 2007 年沿海地区船舶工业与交通运输装备制造业平均增加值率

单位：%

项目	天津	河北	辽宁	上海	江苏	浙江	福建	山东	广东	广西	海南
船舶工业	0.26	0.25	0.23	0.26	0.25	0.21	0.35	0.31	0.25	0.25	0.39
交通运输装备制造业	0.23	0.26	0.24	0.27	0.23	0.21	*	0.25	*	0.24	0.22

*表示福建、广东两省统计指标包括交通运输装备制造业增加值

二、海洋产业劳动力变化趋势分析

（一）涉海就业人数占全国劳动人口的比重显著提高

近年来，海洋经济受到各沿海国家和地区的高度重视，海洋产业体系不断完善，竞争力明显提升，同时拉动了相关产业的劳动力需求，成为吸纳劳动力的重要就业增长点。2001 ～ 2012 年，我国涉海就业人数由 2107.6 万人增至 3466.8 万人（表 8.5），年均增速为 4.6%。同期，我国劳动力就业人数由 73 025 万人增至 75 825 万人，年均增速仅

0.34%，涉海就业人数占全部就业人口的比重由2.89%提高到4.57%，海洋经济为缓解国民就业压力做出了重要贡献。

表8.5　2001～2012年部分年份我国涉海就业人数的变化情况

项目	2001年	2005年	2010年	2011年	2012年
涉海就业人数/万人	2 107.6	2 780.8	3 350.8	3 421.7	3 466.8
全部从业人员/万人	73 025	73 740	74 432	75 200	75 825
涉海就业人数占全部从业人员的比重/%	2.89	3.77	4.50	4.55	4.57

（二）沿海地区涉海就业人数的区域差异明显

我国沿海11个省区市涉海就业人数具有明显差异（图8.3），从就业人数来看，2012年广东、山东两省涉海就业人数分别达到831.6万人和526.5万人，而河北、广西两省区仅为95.5万人和113.4万人，相差数倍；从对地区劳动力就业的贡献度来看，天津、海南的涉海就业人数分别占地区从业人员总数的21.8%和27.4%，海洋产业成为地区劳动力就业的重要途径，而河北、广西和江苏等省区的涉海就业人员占从业人员的比重不足5%。

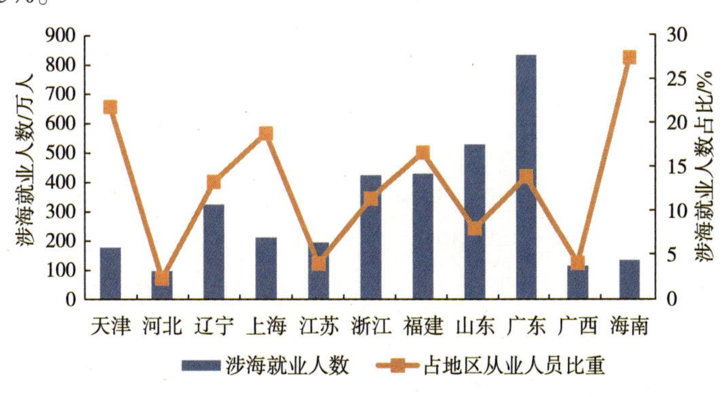

图8.3　2012年沿海地区涉海就业人数及占地区从业人员比重

（三）传统海洋产业的就业拉动效应更为突出

随着海洋产业体系不断完善，主要海洋产业吸纳劳动力人数大幅增长。1985年主要海洋产业从业人员仅97.07万人，2012年增长到958.9万人，约为原来的10倍（表8.6）。从就业结构来看，传统海洋产业中海洋渔业及相关产业的从业人员达573.2万人，占比为48.4%，海洋交通运输业和滨海旅游业从业人员分别为83.6万人、128.9万人，三大传统海洋产业吸纳劳动力占主要海洋产业从业人员总数的2/3，可见传统海洋产业仍是吸纳劳动力的主要部门。

表 8.6　主要海洋产业从业人员的变化趋势　　单位：万人

产业	1985 年	1990 年	1996 年	2000 年	2005 年	2006 年	2010 年	2011 年	2012 年
海洋渔业及相关产业	35.43	38.84	259.8	287.9	300.5	487.6	553.2	565.5	573.2
海洋石油和天然气	2.84	2.98	3.55	2.05	5.36	17.4	19.7	20.1	20.4
海滨砂矿	—	0.32	0.09	0.27	4.48	1.4	1.6	1.6	1.6
海洋盐业	11.67	8.22	16.4	17.69	13.79	21	23.8	24.4	24.7
海洋化工	—	—	—	—	2.89	22.5	25.6	26.1	26.5
海洋生物医药	—	—	—	—	5.91	0.8	1	1	1
海洋电力和海水利用	—	—	—	—	2.62	1	1.1	1.1	1.2
海洋船舶工业	—	—	15.58	13.34	0.13	28.8	32.7	33.4	33.9
海洋工程建筑	—	—	—	—	8.96	54.3	61.6	63	63.9
海洋交通运输业	38.61	43.34	44.93	32.72	89.49	71.1	80.7	82.5	83.6
滨海旅游业	8.52	23.88	43.75	64.64	53.56	109.6	124.4	127.1	128.9
合计	97.07	117.6	384.1	418.6	487.7	815.5	925.4	945.8	958.9

三、陆海经济劳动生产率的对比分析

（一）陆海经济劳动生产率的比较

通过计算和比较陆海经济的劳动生产率（图 8.4），可以看出，2006 ～ 2012 年我国陆海经济的劳动生产率均有明显程度的提升，且海洋经济劳动生产率远高于国民经济劳动生产率。2012 年，我国海洋经济劳动生产率为 11.7 万元 / 人，同期沿海地区经济和整体国民经济劳动生产率分别为 7.3 万元 / 人和 5.5 万元 / 人，表明与陆域产业相比，海洋产业劳动生产率具有明显的比较优势。

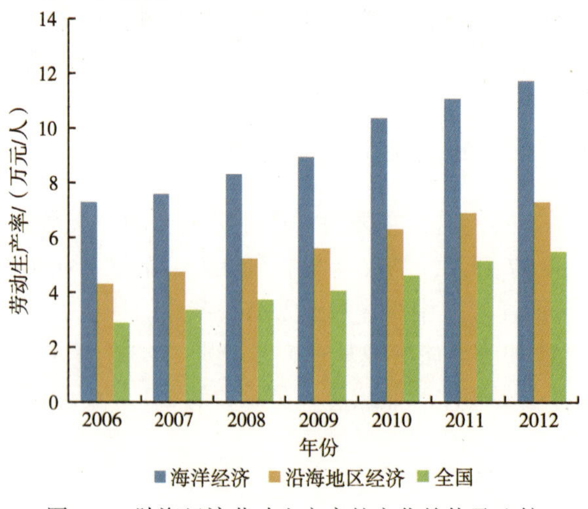

图 8.4　陆海经济劳动生产率的变化趋势及比较

（二）陆海经济劳动生产率的空间差异分析

海洋经济以沿海地区为主要依托空间，生产要素的趋海性移动导致劳动力在沿海地区集聚，但沿海地区陆海经济的劳动生产率存在明显的空间差异（表 8.7）。从海洋经济层面看，2006 ～ 2012 年，上海的海洋经济劳动生产率明显高于其他地区，江苏、天津两地的海洋劳动生产率也实现快速提升；从陆域经济层面看，上海、天津两市的劳动生产率优势明显，而海南、广西两省区劳动生产率较低；对比两个经济系统，2012 年除海南省外，其他省区市海洋经济劳动生产率均明显高于陆域经济。2012 年江苏、河北和山东三省的海洋劳动生产率为陆域经济的 2 倍以上。

表 8.7　沿海地区陆海经济劳动生产率的空间差异　　单位：万元 / 人

地区	2006 年		2012 年		
	海洋经济	陆域经济	海洋经济	陆域经济	二者之差[①]
天津	9.16	7.72	18.28	13.04	5.24
河北	13.40	3.19	13.80	5.28	8.52
辽宁	5.37	4.33	8.54	8.33	0.21
上海	22.27	11.71	23.03	14.70	8.33
江苏	7.84	4.68	19.94	9.23	10.71
浙江	5.16	4.96	9.53	7.63	1.9
福建	4.78	3.89	8.52	6.23	2.29
山东	8.19	3.70	13.85	6.20	7.65
广东	5.80	5.05	10.27	7.77	2.5
广西	3.11	1.75	5.45	3.83	1.62
海南	2.75	2.65	4.61	4.79	−0.18

注：①为海洋与陆域经济劳动生产率差值，正值表示海洋经济具有劳动力比较优势，负值表示海洋具有劳动力比较劣势

四、典型陆海产业间劳动生产率的演变及空间特征

在对陆海经济系统的劳动生产率进行对比分析的基础上，下面将从产业层面，深入分析沿海地区典型陆海产业劳动生产率的时空差异。考虑到统计数据的可获得性，本书选取海洋渔业、船舶工业、海运业分别作为海洋一、二、三产业的典型部门，相应地，选取陆域经济系统中水产业、交通运输装备制造业和交通运输业作为关联产业，对比分析陆海典型产业部门劳动生产率的演化趋势。在此基础上，为了更好地比较分析劳动生产率，本书根据陆海产业空间劳动生产率的差值，利用 SPSS 21.0 统计软件进行 K- 均值聚类，将沿海 11 个省区市划分为四个类型，并对比 2006 年与 2012 年空间结构的演化特征。

（一）典型陆海产业劳动生产率的演化趋势比较

对比沿海地区典型陆海产业劳动生产率及其演化趋势（表 8.8），可以看出，2006 ～ 2012 年，三个典型海洋产业的劳动生产率均略高于相应的陆域产业劳动生产率，且均有较为明显的增长趋势。但陆海产业劳动生产率的差异有缩小趋势，即海洋产业劳动生产

率的相对优势在减弱，从劳动生产率的增幅也可以看出，水产业和交通运输业劳动生产率的增幅明显高于对应的海洋渔业和海运业，而船舶工业与交通运输装备制造业则保持同步提升。

表 8.8 沿海地区典型陆海产业劳动生产率的变化趋势

产业	2006 年	2007 年	2008 年	2009 年	2010 年	2011 年	2012 年	增幅 / %
海洋渔业 /（万元 / 人）	3.73	3.73	3.63	3.92	4.24	4.40	4.79	28
水产业 /（万元 / 人）	2.75	2.67	2.52	2.96	3.21	3.38	3.87	41
船舶工业 /（万元 / 人）	14.22	21.72	24.94	24.71	23.11	25.32	28.02	97
交通运输装备制造业 /（万元 / 人）	13.99	17.22	17.50	21.73	24.54	26.65	27.51	97
海运业 /（万吨 / 人）	0.50	0.57	0.52	0.53	0.59	0.67	0.61	22
交通运输业 /（万吨 / 人）	0.43	0.47	0.46	0.47	0.51	0.52	0.60	40

（二）典型陆海产业劳动生产率的空间差异

通过计算沿海地区三个典型海洋产业与相应陆域产业的劳动生产率（表 8.9），深入分析沿海 11 个省区市劳动生产率的空间差异，可以得出以下结论。

表 8.9 2012 年沿海地区典型陆海产业劳动生产率的空间差异

地区	海洋渔业 /（万元 / 人）	水产业 /（万元 / 人）	船舶工业 /（万元 / 人）	交通运输装备制造业 /（万元 / 人）	海运业 /（万吨 / 人）	交通运输业 /（万吨 / 人）
天津	8.85	6.22	30.78	27.55	0.35	0.34
河北	3.87	3.92	13.23	24.17	0.08	0.88
辽宁	6.67	6.32	26.21	31.05	0.21	0.59
上海	6.48	4.18	35.25	45.75	0.70	0.24
江苏	5.46	3.86	26.30	24.32	0.97	0.72
浙江	5.36	4.03	27.34	18.52	2.31	0.72
福建	4.45	4.47	29.33	19.49	1.29	0.47
山东	4.99	4.43	48.61	33.14	0.20	0.87
广东	2.70	2.07	22.52	27.95	0.70	0.43
广西	4.25	2.32	11.45	22.97	1.21	0.86
海南	6.14	6.30	18.64	33.06	1.60	0.57

（1）海洋渔业与水产业。从劳动生产率绝对量来看，天津、上海、辽宁和海南等地区的海洋渔业劳动生产率高于其他地区，2012 年劳动生产率分别为 8.85 万元 / 人、6.48 万元 / 人、6.67 万元 / 人和 6.14 万元 / 人，其次为江苏、浙江、山东和福建等地，而劳动生产率较低的地区为河北、广东和广西；从海洋渔业与水产业劳动生产率的对比来看，除河北、福建和海南三省海洋渔业劳动生产率略低于水产业外，其他省区市的海洋渔业劳动生产率均不同程度地高于水产业。其中，海洋渔业比较优势最明显的为天津（海洋渔业劳动生产率高出水产业劳动生产率 2.63 万元 / 人，相当于水产业劳动生产率的 42%），其次为上海（2.30 万元 / 人）。

（2）船舶工业与交通运输装备制造业。从劳动生产率绝对量来看，山东省船舶工业劳动生产率为 48.61 万元 / 人，而广西仅为 11.45 万元 / 人，相差 4 倍以上。交通运输装备制造业劳动生产率最高的是上海市为 45.75 万元 / 人，最低是浙江的 18.52 万元 / 人，两者相差近 3 倍；进一步分析船舶工业与交通运输装备制造业劳动生产率差距的空间特点，可知江苏、浙江、福建、山东和天津等省市船舶工业的劳动生产率高于交通运输装备制造业，表明这些地区船舶工业相比交通运输装备制造业具有劳动力的比较优势，而上海、广东、广西、海南、河北和辽宁则相反，其中河北和辽宁主要受金融危机影响，导致 2009 年造船完工量和产值的大幅缩减，劳动生产率降低。

（3）海运业与交通运输业。沿海省区市的海运业和交通运输业劳动生产率的空间差异显著，浙江省海运业劳动生产率达 2.31 万吨 / 人，而河北省海运业劳动生产率仅 0.08 万吨 / 人，相差近 30 倍；交通运输业劳动生产率最高的地区是河北、山东（0.88 万吨 / 人、0.87 万吨 / 人），最低的是上海（0.24 万吨 / 人），相差 3 倍多；从两部门劳动生产率的对比来看，河北、辽宁、山东等地海运业劳动生产率低于交通运输业，表明该地区海运业劳动力具有比较劣势，其中河北、山东两地受金融危机影响，2009 年起远洋货运量大幅缩减，导致其海运业劳动生产率降低，而辽宁凭借其振兴老工业基地及辐射东北的交通枢纽区位优势，交通运输业规模扩张，劳动生产率迅速提高，除此三省外，其他地区海运业具有劳动力比较优势。

（三）典型陆海产业劳动生产率比较优势的空间特征及变动

通过对三个典型海洋产业与陆域产业劳动生产率的差距进行时空比较，采用 K- 均值聚类法将沿海 11 个省区市划分为四种类型（表 8.10），第Ⅰ、Ⅱ类表示海洋产业劳动力资源具有比较优势的优势区、良好区，第Ⅲ、Ⅳ类则是海洋产业劳动力比较优势不明显、甚至处于劣势的一般区和劣势区。可以得出以下结论。

表 8.10　典型海洋产业劳动力优势的空间差异分类及变动

年份	类别	海洋渔业	船舶工业	海运业
2006	Ⅰ类	上海（5.03）	浙江、江苏、福建、山东（5.50 ～ 1.64）	浙江（1.26）
	Ⅱ类	山东、天津（2.16、1.80）	河北、辽宁、广西、天津（3.52 ～ −0.26）	海南、福建、上海（0.31 ～ 1.02）
	Ⅲ类	广西、江苏、辽宁、浙江（1.37 ～ 0.83）	上海、广东（−9.41、−10.70）	江苏、天津、广东、广西、辽宁（0.04 ～ −0.12）
	Ⅳ类	河北、海南、福建、广东（0.45 ～ −0.08）	海南（−22.57）	河北、山东（−0.29 ～ −0.37）
2012	Ⅰ类	天津、上海（2.63、2.30）	山东、福建、浙江（15.46 ～ 8.82）	浙江（1.59）
	Ⅱ类	广西、江苏、浙江（1.93 ～ 1.33）	天津、江苏（3.23、1.98）	海南、福建、上海（1.02、0.82、0.46）
	Ⅲ类	广东、山东、辽宁（0.62 ～ 0.35）	辽宁、广东（−4.85、−5.43）	广东、江苏、广西、天津、辽宁（0.27 ～ 0.01）
	Ⅳ类	福建、河北、海南（−0.02 ～ −0.15）	河北、上海、广西、海南（−10.94 ～ −14.42）	山东、河北（−0.67、−0.80）

注：括号内数字为海洋产业与相应陆域产业的劳动生产率差值；各地区从左至右依据差值大小排序

（1）2006～2012年，海洋渔业的劳动生产率比较优势呈现下降趋势，表现为各地区两部门劳动生产率的差值缩小，各地区所处的类别也发生了明显变化，天津海洋渔业劳动力生产率优势进一步扩大，跨进第Ⅰ类优势区，而江苏、浙江和广西也由一般区迈进良好区，广东省海洋渔业劳动生产率也有较大提升，但山东省海洋渔业的相对优势减弱，由良好区滑落至一般区。

（2）沿海地区船舶工业与交通运输装备制造业劳动生产率差距明显，其中山东、福建、浙江、天津、江苏地区船舶工业劳动生产率具有比较优势，而其他地区的交通运输装备制造业劳动生产率高于船舶工业。此外，2006～2012年，各地区所处的类别也发生了明显变化，即各地区间船舶工业的相对优势发生了改变。山东、福建、浙江、天津、江苏等地一直处于优势区和良好区，表明其船舶工业劳动生产率较高，且比较优势进一步扩大；河北、辽宁、广西等地船舶工业劳动生产率下降明显，由第Ⅱ类良好区降至第Ⅲ、Ⅳ类。上海、广东、海南的船舶工业劳动生产率则一直低于交通运输装备制造业。

（3）沿海地区海运业劳动生产率比较优势呈现扩大趋势，表现为海陆运输劳动生产率差值增大，且各地区所处类别无明显变化，即各地区海运业的相对优势变动不大。其中，浙江、海南、福建和上海等地海运业劳动力比较优势明显，山东、河北两省海运业劳动生产率低于交通运输业，其他地区海运业与交通运输业劳动生产率水平不相上下。

（四）典型陆海产业劳动生产率的空间特征及原因分析

沿海11个省区市的典型陆海产业劳动生产率的相对关系如图8.5所示，正值表示相对于陆域产业而言，海洋产业劳动生产率具有比较优势，反之则表示该海洋产业劳动生产效率较低。劳动力要素在海洋经济与陆域经济间的分配并不均匀，三类典型海洋产业与陆域相关产业劳动生产效率差异明显。究其原因，主要有以下几方面。

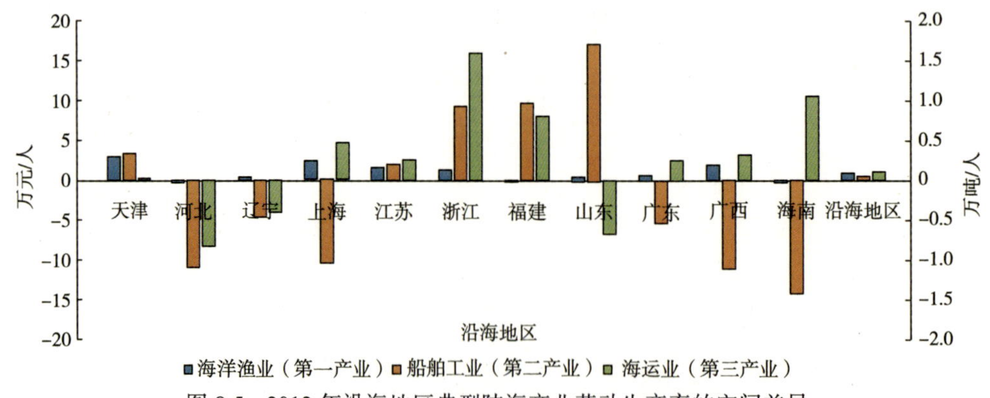

图8.5　2012年沿海地区典型陆海产业劳动生产率的空间差异

（1）资源禀赋差异。渔业水域环境是水生生物赖以生存、繁衍的最基本条件，海洋渔业发展对海域环境水质质量、水温、盐度等均有较高要求，且不同种类的海产品经济价值差别较大，而淡水养殖受环境影响相比较小，导致海陆渔业发展存在明显差异；船舶工业和海运业发展则受沿海地区港口、码头、岸线，以及水深、海底地质、海浪和风等的影响，水深和岸线条件较好的区域适宜大型深水船舶的建造和靠泊。沿海 11 个省区市所属海域具有明显的禀赋差异，因此三大典型海洋产业的发展均受到海域资源环境不同程度的影响。

（2）经济基础和产业结构的差异。改革开放以来，沿海地区率先进入工业化阶段，成为我国经济的领头羊，也是对外联系的门户。然而，沿海 11 个省区市发展的基础存在较大差别。从经济规模来看，2012 年广东、江苏的经济体量最大，地区生产总值分别为 62 163 亿元、59 161 亿元，而海南、广西经济发展较为落后，地区生产总值仅为 3148 亿元和 14 378 亿元；从三类典型海洋产业与陆域产业的关联来看，海洋渔业具有劳动力比较优势，其中天津、上海、江苏、浙江等省市与渔业加工、流通服务等较发达有关，广西则主要依托其丰富的海洋渔业资源。海洋船舶工业的劳动力比较优势差异在各地区之间更为突出，其中天津、浙江、福建和山东具有明显比较优势，而河北、辽宁、上海、广东、广西和海南具有比较劣势，这主要是由于造船业自身属于劳动力和资本密集型产业，且附加值较低，而交通运输装备制造业除船舶之外，还包括汽车、火车、轨道交通设备、航空航天设备等，因此船舶工业与陆域交通运输装备制造业的劳动生产率差异，很大程度上受陆域交通运输装备的产业内部结构的影响。而海运业劳动生产率更依赖于港口腹地对货物（特别是外贸货物）运输的需求。

（3）制度环境的差异。地区产业发展受政策、规划、科技等环境要素的影响，陆海产业间劳动生产率存在明显的空间差异，这与地区的产业发展定位、发展环境、科技水平有密切联系。以船舶工业为例，受经济周期和结构性因素的影响，我国船舶工业面临较大的产能过剩和转型升级的压力，沿海各地区的相关规划政策也着眼为本地区船舶工业转型寻求新方向。

（4）技术水平的差异。科学技术是第一生产力，技术水平的差异很大程度上影响了生产效率。例如，渔业养殖技术、船舶及配套工业技术、港口作业技术等从不同方面影响着海洋渔业、船舶工业和海运业的生产效率。

五、陆海产业劳动生产率差异的结论与启示

本节从劳动生产率的角度，对比研究了沿海地区陆海经济、典型产业的劳动生产率。结果表明海洋经济、典型海洋产业的劳动生产率略高于沿海地区和全国平均水平，海洋产业吸纳劳动力更具优势。劳动生产率的高低反映了该产业单位劳动的投入产出效果，进而形成劳动力流动的势能差，引导劳动力资源向海洋产业流动。2001 ～ 2012 年，我国涉海就业人数迅速增加，年均增速为 4.7%，远高于同期全国就业人数的平均增速。涉海就业人数占全部就业人口的比重由 2.89% 提高到 4.57%，海洋经济为缓解国民就业压力做出了重要贡献，同时也体现了劳动力要素由陆域向海洋流动这一特点。而从时间序列来看，海洋经济劳动生产率比较优势在缩小，表明随着生产要素在陆海经济间的流动，两大系统的劳动生产率在逐渐接近。

通过对三个典型海洋产业（海洋渔业、船舶工业、海运业）与相关陆域产业的劳动生产率进行时空演变特征的比较分析得出：从时间序列来看，三大海洋产业的劳动力具有比较优势，但这种劳动力比较优势呈现缩小态势；从空间结构来看，三类海洋产业劳动生产率的空间差异比较明显，表明沿海地区的劳动力要素在海洋经济与陆域经济间的

分配并不均匀。根据各地区各典型产业劳动生产率的相对关系，可以更好地指导未来沿海地区劳动力资源的优化配置，推动海洋产业结构调整和陆海产业的统筹发展。

第三节 海洋与陆域产业投资效率差异研究

资本累积是推动经济增长的重要因素之一，资本形成的结果是物质生产资料（机器、设备、建筑物及其他基础设施）的增加，这些物质资本的规模与结构反映了一国的生产能力，同时也构成了未来经济发展的基础。其中，固定资产投资是资本存量增加的最重要途径。固定资产投资是指建造和购置固定资产的经济活动，包括固定资产更新（局部和全部更新）、改建、扩建、新建等活动，是反映固定资产投资规模、速度、比例关系和使用方向的综合性指标。作为资本积累的重要途径，固定资产投资对宏观经济的作用可通过短期的需求效应（即扩大投资会推动对原材料、生产设备、劳动力等的需求）和长期的供给效应（扩大生产能力）来实现，因此对经济增长的拉动作用更为直接和显著，一直是政府实现经济增长目标和进行宏观调控的首要手段。

尽管我国自20世纪90年代初就已经开展了海洋经济的统计工作，但迄今为止，海洋经济投资相关的指标仍未被纳入公开发表的统计年鉴、公报等，这给海洋经济研究带来了不便。本节重点研究陆海产业间固定资产投资效率的差异问题，受限于海洋经济统计资料不完善，仅选取海洋渔业和沿海港口作为研究对象，以陆域一、三产业作为参照系，探索固定资产投资在陆海产业间的配置效率及流动状况。

一、指标选取与投资滞后期判断

（一）指标选取与数据处理

本节选取衡量固定资产投资对产出影响效率的指标主要是固定资产投资效果系数、边际资本-产出率、投资-产出回归系数。

（1）固定资产投资效果系数指报告期地区生产总值增量与同期固定资产投资额的比率，该指标反映投资的经济效益，是重要的宏观经济效益指标。计算公式为

$$F=(\mathrm{GDP}^{t}-\mathrm{GDP}^{t-1})/\mathrm{FAI}\times 100\% \tag{8.9}$$

其中，F表示固定资产投资效果系数；GDP^{t}表示报告期地区生产总值；GDP^{t-1}表示上期地区生产总值；FAI为报告期固定资产投资额。

（2）边际资本-产出率（ICOR）指增加一单位的产量时，需要增加资本的数量。

$$\mathrm{ICOR}=\Delta C/\Delta P\times 100\% \tag{8.10}$$

其中，ΔC为资本的增量；ΔP为总产出的增量。

资本的增量等于投资增量，因此，边际资本-产出率（ICOR）与投资效果系数互为倒数。

（3）投资-产出回归系数，是指用固定资产投资额与地区生产总值做线性回归，以拟

合系数作为投资效率的指标。

三个指标中固定资产投资效果系数与边际资本-产出率的内涵一致，都是研究资本增量，即投资额与总产出增量的比例关系，比较客观地分析了资本增加对总产出的拉动作用；而投资-产出回归系数则从计量经济学的角度，对投资额与总产出进行回归分析得出拟合系数。本节以陆海产业的投资效率为研究对象，选用固定资产投资效果系数作为效率指标，比较海洋产业与陆域产业投资额对产出拉动的效果。

由于海洋经济统计指标中缺少对海洋产业部门固定资产投资的统计资料，本节仅针对海洋渔业和沿海港口两个典型海洋产业的固定资产投资效益进行分析，并对数据进行以下处理：首先，海洋渔业固定资产投资数据以海洋渔业增加值占沿海各省区市渔业增加值的比重作为调整系数，结合各地区渔业的固定资产投资额，计算得出各地区海洋渔业的固定资产投资额；其次，同样由于缺少统计资料支撑，无法获得沿海港口的全口径固定资产投资额，并且为了便于各指标间的比较，本节以主营业务收入代替吞吐量作为其产出指标，搜集了沿海 11 个主要港口的固定资产投资及营业收入数据。

（二）固定资产投资滞后期的确定

确定固定资产投资的滞后期是研究固定资产投资效率的前提，固定资产投资的目的在于通过增加固定资产促进总产出的增加，然而在短期内生产能力的约束和产业结构的相对稳定性，导致从固定资产投资到生产能力的形成需要一段相当长的时间。当期完成的固定资产投资往往不能带来当期较多的产出增量。例如，当年购买的机器、建造的厂房、修建的道路等可能还没有实际投入（或服务于）产品（或劳务）的生产，其真正发挥作用是在以后的若干年，这种现象可称之为固定资产投资对经济增长的滞后效应。

本节根据 2000 ～ 2012 年沿海地区的地区生产总值、三次产业增加值及固定资产投资额等数据，利用 EViews 6.0 软件，根据 AIC（Akaike information criterion）和 SC（Schwarz criterion），判断沿海地区固定资产投资对地区生产总值增长的滞后期（表 8.11），可以看出，沿海地区固定资产投资的滞后期为 2 年，即当期的固定资产投资需要 2 年时间才具有生产能力；分三次产业来看，第二产业的滞后期较短，仅为 1 年，第一、三产业滞后期为 2 年，说明我国沿海地区第二产业的投资转化能力比较突出。

表 8.11 沿海地区固定资产投资的滞后期

项目	地区生产总值	第一产业	第二产业	第三产业
滞后期	2 年	2 年	1 年	2 年

二、沿海地区固定资产投资效率分析

根据固定资产投资滞后期的研究结果，采用移动平均法确定各年份的固定资产投资额，即考虑到投资的滞后效应，取滞后期内投资额的均值作为本年度的实际投资额。根据式（8.9）计算得出沿海地区三次产业固定资产投资效率（表 8.12）。可以发现，2002 ～ 2012 年，我国沿海地区生产总值及三次产业固定资产投资效率均值分别为 0.6445、1.2663、0.7573、0.4289，除第一产业固定资产投资效率均值大于 1 外，地区生产总值、第二、三产业的固定资产投资效率均值均小于1，表明我国沿海地区固定资产投资效率较低，也反映出单纯依靠固定资产投资规模扩张对经济增长的推动作用不显著。此外，投资效率波动明显，呈现高低锯齿状的变化，从三次产业来看，固定资产投资效率按大小排序大体为第一产业 > 第二产业 > 第三产业。除第一产业的投资效率全部为正值外，个别年份的地区生产总值、第二产业、第三产业由于产值下降，其投资效率为负数。

表 8.12　2002 ～ 2012 年沿海地区生产总值及三次产业固定资产投资效率

年份	地区生产总值	第一产业	第二产业	第三产业
2002	1.817	0.0745	0.7827	2.6097
2003	−0.1869	1.1101	1.191	−1.4224
2004	0.8416	2.7576	1.0581	0.3982
2005	0.9099	1.2956	0.8083	0.4485
2006	1.3804	0.9157	0.7583	1.9006
2007	−0.0353	1.9882	0.8456	−0.7433
2008	0.6094	1.8373	0.7231	0.386
2009	1.0862	0.5072	1.8825	0.2404
2010	−0.1438	1.2034	−0.7084	0.3354
2011	0.5458	1.4756	0.7049	0.3472
2012	0.2648	0.7638	0.2843	0.2176
效率均值	0.6445	1.2663	0.7573	0.4289

三、典型海洋产业的投资效率及空间差异分析

（一）海洋渔业固定资产投资效率的变动趋势及空间差异

从表 8.13 中可以看出，2008 ～ 2012 年，沿海地区海洋渔业固定资产投资效率均大于1，这与陆域经济第一产业投资效率一致，表明海洋渔业的固定资产投资拉动的产出增量较大。从空间结构来看，沿海 11 个省区市海洋渔业固定资产投资效率差异比较明显。以 2012 年为例，福建、海南、浙江、广东、江苏等地海洋渔业固定资产投资效率均大于4，而天津、上海等地区海洋渔业的固定资产投资效率不足 0.1，相差数十倍。从变动趋势来看，各地区海洋渔业投资效率波动剧烈，这与投资的经济属性密切相关，投资不同于劳动力、技术等其他生产要素，投资额本身并非平稳变动的序列，而是存在投资的“大小年”之分，即某一年投资额加大，而后续几年投资可能很少，因此反映在投资效率上，也表现出这种剧烈波动。但是，尽管投资效率存在明显波动，其空间结构却相对稳定，即 2008 ～ 2012 年，投资效率较高的地区包括江苏、浙江、福建、海南，而效率较低的地区为天津、上海、广西。

表 8.13　2008～2012 年海洋渔业的固定资产投资效率

地区	2008 年	2009 年	2010 年	2011 年	2012 年	效率均值
沿海地区	1.8185	1.0109	1.3627	1.6687	1.4443	1.4610
天津	0.0431	0.0149	0.0066	0.0434	0.0180	0.0252
河北	8.1621	4.8188	22.4049	0.8432	2.5645	7.7587
辽宁	3.2612	2.4047	1.2688	1.0077	0.9191	1.7723
上海	0.2282	−0.4404	−0.1439	0.1381	0.0837	−0.0269
江苏	80.8208	12.4026	4.7103	1.9729	4.0540	20.7921
浙江	21.1321	10.5561	43.3486	27.7954	5.1842	21.6033
福建	21.3630	2.8116	22.6962	12.4387	6.5909	13.1801
山东	1.1472	0.7621	1.0356	1.8304	2.1862	1.3923
广东	−3.1433	2.1895	−0.3921	1.7578	4.2459	0.9316
广西	1.7740	0.2299	−0.1228	0.9238	0.2411	0.6092
海南	−3.7105	4.1221	6.7665	7.6909	5.5855	4.0909

（二）沿海港口固定资产投资效率的变动趋势及空间差异

本节选取了大连、秦皇岛、天津、青岛、上海、连云港、宁波—舟山、厦门、广州、北部湾、海口等沿海 11 个主要港口，分析其固定资产投资效率，结果如表 8.14 所示。可以看出，2008～2012 年，沿海 11 个主要港口中有 9 个港口的固定资产投资平均效率均小于 1。以 2012 年为例，沿海 11 个主要港口投资效率均值为 0.6608，其中仅秦皇岛港、上海港投资效率大于 1，其他港口效率均小于 1，连云港港和海口港投资效率为负值。与陆域第三产业整体投资水平相比，除秦皇岛港、上海港外，其他港口的投资效率值均低于沿海地区第三产业的投资效率均值。

表 8.14　2008～2012 年沿海主要港口的固定资产投资效率

港口	2008 年	2009 年	2010 年	2011 年	2012 年	效率均值
大连	−0.0571	0.0352	0.6739	0.3008	0.2465	0.2399
秦皇岛	0.6816	2.6803	4.2229	4.3351	2.9184	2.9677
天津	1.2970	−0.9484	0.6890	1.0545	0.3177	0.4820
青岛	0.0404	0.2155	0.1052	−0.2066	0.0808	0.0471
上海	0.0459	0.0474	1.6008	1.9471	2.9279	1.3138
连云港	0.0999	0.1337	0.1655	0.8958	−0.1958	0.2198
宁波—舟山	0.1420	0.1127	0.3529	0.3062	0.2302	0.2288
厦门	0.2732	−1.7033	1.3227	0.0840	0.2229	0.0399
广州	0.1199	0.0400	0.1538	0.1239	0.1226	0.1120
北部湾	0.0061	0.0105	0.1039	0.2582	0.4056	0.1569
海口	—	—	0.0392	0.0318	−0.0083	0.0209

四、陆海产业投资效率差异的分析结论与启示

改革开放以来，沿海地区率先形成了以物质资本投入为主导的经济发展模式，固定资产投资在工业化进程中起到了举足轻重的作用。海洋经济作为后起之秀，为沿海地区

的经济增长提供了空间、能源、资源。受统计资料限制，本书分别以沿海地区第一、三产业投资效率的均值作为参考，与海洋渔业、沿海港口的投资效率进行比较分析。可得出以下结论。

（1）2002 ～ 2012 年，沿海地区固定资产投资效率均值为 0.6445，即增加一个单位的固定资产投资推动地区生产总值增加 0.6445 个单位，表现为投资的低效率。分产业来看，仅第一产业的投资效率较高，第二、三产业同样表现为投资低效率。不同于劳动力、技术等要素，投资的经济属性决定了固定资产投入不是平稳的连续投入，因此投资效率表现出明显的波动性。

（2）研究期内，沿海地区海洋渔业固定资产投资效率均值为 1.4610，高于沿海地区第一产业的投资效率 1.2663。尽管投资效率存在明显波动，但空间结构相对稳定，投资效率较高的地区包括江苏、浙江、福建、海南，而效率较低的地区为天津、上海、广西。

（3）沿海 11 个主要港口的固定资产投资效率差异明显，仅秦皇岛港、上海港投资效率大于 1，投资效率有明显优势。秦皇岛港、上海港和天津港的投资效率高于陆域第三产业平均水平（0.4289），其他港口投资效率不足 0.3，沿海港口投资低效率特征明显。

研究结果表明我国海洋渔业、沿海港口的投资效率均值高于沿海地区第一、三产业的整体投资效率，但是各地区的空间差异明显。海洋渔业投资效率的空间差异主要受所处海域的资源禀赋和海域环境的影响。而沿海各港口的投资效率差异突出，多数港口的投资效率不足 0.3，沿海港口投资过度的风险加大，需要引起有关部门的高度关注，港口规模扩张及投资需要充分考虑陆域国民经济发展的需求。

第四节　海洋科技竞争力与陆域科技环境的关系研究

开发利用海洋资源、发展海洋经济是当今世界各沿海国家竞争的战略重点。由于海洋环境的特殊性、复杂性，海洋开发更依赖于高新技术的支撑。世界海洋经济发展的实践证明：从海洋资源勘探到生产产品、经济运行及管理均依赖于整个知识系统和高新技术的支持，海洋资源开发、海洋经济的竞争焦点越来越多地集中在海洋科技竞争力的较量。中国作为海陆兼备的大国，更加重视海洋资源开发和海洋经济的发展。近年来，国家及沿海省区市先后出台多项海洋科技的发展规划及政策，促进海洋科技发展，发挥海洋科技进步对发展海洋经济、提高海洋开发和综合管理能力的支撑引领作用。

技术要素不同于劳动力、资本等物质投入要素，技术进步通过改善生产方式、提高生产效率等促进经济增长。海洋科技发展的起步较晚，陆域科技发展环境对海洋科技水平的提升有着必然的支撑和联系，二者之间的关联关系是不可忽视的。现有研究成果中很少从海陆关联的角度分析技术要素在陆海产业间的关联性，基于此，本节尝试从以下几个方面进行深化：首先，基于陆海关联的视角，将陆域科技环境纳入评价体系，构建了包含海洋科技投入水平、海洋科技产出水平及陆域科技环境支撑力等三方面的指标体系，对我国沿海省区市（包括北京）海洋科技竞争力进行综合测度；其次，采用相关系数法、熵值法与主成分分析法对各项指标分别赋权，并基于 CRITIC 组合赋权方法确定三种赋权结果的最优组合权重向量，进而得到综合权重；最后，对 2006 ～ 2012 年我国海洋科技竞争力的演化过程进行深入分析，并采用系统聚类和 K-均值聚类法，对沿海省区市海洋科技竞争力进行类别划分和区域差异的比较。对沿海省区市海洋科技竞争力进行测度和比较研究，明确沿海省区市海洋科技竞争力自身定位，同时厘清了陆域科技环境对海洋科技竞争力的重要作用，对于制定适合本地区的海陆科技发展战略，更有效地实施科技创新引领经济发展的战略具有重要的现实意义。

一、研究范围、数据来源与处理、研究方法

（一）研究范围

本节的空间范围为沿海 11 个省区市和北京市。将北京纳入研究范围，是基于以下考虑：①北京市集中了丰富的科技、教育资源，海洋科研机构规模、经费投入、海洋科技论文、发明专利等指标均明显高于其他省区市；②相关统计年鉴、公报等资料中海洋科技的统计范围也包括北京市；③北京与海岸线的距离较近，大约 100 千米。

（二）数据来源与处理

本节采用的海洋科技投入、海洋科技产出等指标来源于 2007 ～ 2013 年《中国海洋统计年鉴》，沿海省区市和北京市的科技环境指标来源于《中国科技统计年鉴》，高技术产业增加值数据来源于《中国高技术产业统计年鉴》。

由于评价体系中指标变量较多且性质不同，具有不同的量纲和数量级。为避免量纲带来的各指标的属性差异及不可比性，保证结果的可靠性，本节选用标准化法对原始指标数据进行无量纲化处理。公式如下：

$$x_{ij}^{'} = \frac{x_{ij} - \overline{x}_j}{s_j} \tag{8.11}$$

其中，$x_{ij}^{'}$ 表示 i 地区 j 指标无量纲化之后的值；x_{ij} 表示指标原值；$\overline{x}_j$ 表示各地区 j 指标的均值；s_j 表示 j 指标的标准差，用于衡量指标变异程度的参数。

（三）研究方法

由于海洋科技竞争力评价涉及指标较多，需要将反映海洋科技实力的多种指标加以汇总，得到一个综合指数，以反映海洋科技竞争力的整体情况，即多指标综合评价。基于海洋科技竞争力评价指标体系的特点，本节选取相关系数赋权法、熵值法和主成分分析法三种客观赋权方法对各项指标赋权，这主要基于以下考虑：①本节着眼于海洋科技竞争力的时空演变趋势，各项指标对海洋科技竞争力的作用力将发生变化，主观赋权方法很难区分不同时间点的相对权重，因此客观赋权法更适合研究需要；②各类赋权方法有其优势又有局限性，结合统计数据特点，本节选取三种常用的客观赋权方法分别赋权，并采用 Kendall 协调系数进行一致性检验，提出基于 CRITIC 原理的组合赋权方法，最终

确定 2006 ～ 2012 年海洋科技竞争力各项指标的综合权重。

1. 基于CRITIC的组合赋权方法

CRITIC 法是一种基于指标间相关性的确定指标权重的方法，其基本思路是利用不同赋权方法的对比强度和冲突性，确定不同赋权结果的相关性，进而确定不同方法的权重系数向量和综合权重。

（1）冲突量化指标为

$$C_p = \sum_{p=1}^{3}(1 - R_{pq}) \tag{8.12}$$

其中，R_{pq} 表示 p、q 两种赋权结果的相关系数。

（2）第 p 种权重结果所含信息量 I_p 为

$$I_p = S_p C_p \tag{8.13}$$

其中，S_p 表示 p 种赋权结果的标准差，用于反映不同赋权结果的对比强度。

（3）第 p 种赋权方法的权重向量为

$$\theta_p = I_p / \sum_{p=1}^{3} I_p \tag{8.14}$$

（4）组合权重 w'_j 的确定：

$$w'_j = \sum_{p=1}^{3}(\theta_p \cdot w_{pj}) \tag{8.15}$$

其中，w_{pj} 表示第 p 种赋权方法对 j 指标的赋权结果。

2. 海洋科技竞争力评价模型

根据式（8.16）可计算得出各地区海洋科技竞争力评价结果。

$$\mathrm{TC}_i = f(A_1, A_2, A_3) = \sum_{j=1}^{n} w'_j \cdot x'_{ij} \tag{8.16}$$

其中，TC_i 表示 i 地区的海洋科技竞争力；A_1 表示海洋科技投入水平；A_2 表示海洋科技产出水平；A_3 表示陆域科技环境支撑能力；w'_j 表示各项指标的综合权重；x'_{ij} 表示评价指标无量纲后的数值。

二、海洋科技竞争力评价方法与指标体系构建

（一）海洋科技竞争力的概念及内涵

海洋科技竞争力是指在一定的科技支撑环境下，一个国家（地区）通过研究与开发、技术创新、技术转移等活动反映出的海洋科技投入、产出及海洋科技发展潜力的综合水平。海洋科技竞争力是衡量海洋资源开发能力的重要指标，表现为现有海洋资源基础上，将海洋科技要素转化为现实生产力的能力。陆海统筹战略已经成为我国海洋事业发展的基本准则，陆海两大系统间的生产要素联系构成了陆海统筹的基础，科技要素是重

要组成部分，陆域科技环境对海洋科技的发展具有重要的支撑作用。因此，本节认为海洋科技竞争力的内涵应包括：①海洋科技投入，反映一个地区海洋科技要素的投入，涉及海洋科研机构、科技人员、科研经费等指标；②海洋科技产出，反映一个地区海洋科技活动发挥效能转化为科技产出的能力；③陆域科技环境支撑能力，包括科研机构规模、R&D 经费支出、高技术产业规模和技术市场合同成交额等指标，反映一个地区整体科技实力、高技术产业的培育及技术市场的活跃度，与海洋科技水平紧密联系。

（二）海洋科技竞争力指标体系设计

海洋科技竞争力的定量评价能够比较直观地反映出沿海省区市海洋科技发展的时空演变特征，本节基于科学性与整体性、可比性与可操作性原则，结合海洋科技竞争力的内涵与海洋科技发展的特殊性，构建了包含海洋科技投入水平、海洋科技产出水平、科技环境支撑能力三方面的海洋科技竞争力评价指标体系。本节借鉴陆域经济的科技竞争力评价指标体系的相关研究成果，充分考虑海洋统计数据特征，对海洋科技的影响因子进行筛选、分析，确定了 14 项用于表征海洋科技投入、产出及科技环境的指标，构建了海洋科技竞争力评价指标体系（表 8.15）。

表 8.15　沿海省区市海洋科技竞争力评价指标体系

目标层	领域层	指标层
沿海省区市海洋科技竞争力	海洋科技投入水平 A1	A11 海洋科研机构数（个）
		A12 海洋科研机构从业人员数（人）
		A13 高职比例（%）
		A14 科技经费收入（万元）
	海洋科技产出水平 A2	A21 科技论文（篇）
		A22 科技著作（种）
		A23 海洋科研机构专利申请受理数（件）
		A24 发明专利授权数（项）
	科技环境支撑能力 A3	A31 海洋科研机构中的政府投资（万元）
		A32 R&D 经费内部支出（万元）
		A33 科研机构数（个）
		A34 科研机构从业人员（人）
		A35 高技术产业规模（亿元）
		A36 技术市场合同成交额（万元）

注：高级职称科研人员比例=高级职称科技活动人员/科技活动人员总数 × 100

三、基于陆域科技环境的海洋科技竞争力评价

（一）指标权重的确定

本节选取相关系数法、熵值法和主成分分析法用于指标层赋权，各项指标的最终权

重由于方法原理不同而有差异。通过比较三种方法的赋权结果，发现熵值法所得的各项指标的权重差异很小，不能体现各指标的差别，因此本节采用 Kendall 协调系数检验三种赋权结果的内部一致性。Kendall 协调系数介于 0 ～ 1，系数越大表明一致性越高。一般认为，当不同赋权方法所得结果一致性较高时，可以采用简单的算术平均值作为指标的综合权重，然而当赋权结果一致性较低时，为了更加科学合理地确定综合权重，需要将不同的赋权法所得的权重系数按照一定的方法进行组合。

通过 SPSS 21.0 对三种赋权结果进行 Kendall 一致性检验，发现 2006 ～ 2012 年三种赋权方法所得的指标权重 Kendall 协调系数均小于 0.2，即一致性较低，因此有必要对三种赋权方法进行优化组合。在此基础上，本节基于 CRITIC 法提出组合赋权方法，确定三种赋权结果的最优组合权重向量（表 8.16），进而得出综合权重。

表 8.16　基于 CRITIC 法的组合权重向量

年份	相关系数法	熵值法	主成分分析法
2006	0.428	0.173	0.399
2007	0.550	0.167	0.283
2008	0.478	0.135	0.386
2009	0.525	0.193	0.282
2010	0.547	0.160	0.293
2011	0.553	0.160	0.287
2012	0.539	0.195	0.266

根据各项指标的综合权重（表 8.17）可以看出，2006 ～ 2012 年，陆域科技环境支撑能力位列第一，表明海洋科技竞争力对科技环境的依赖程度明显，科技环境支撑能力不仅为海洋科技提供较好的发展基础，而且其溢出效应有较强的辐射作用，其中科研机构数、技术市场合同成交额和 R&D 经费内部支出的贡献度较大且上升趋势明显，表明科研机构规模、科技经费投入及科技市场的活跃程度对科技环境的影响显著且作用力增强；而海洋科研机构中的政府投资和高技术产业规模两项指标的权重较小且呈现下降趋势。海洋科技产出水平位居第二位，体现了海洋科技的成果和产出效应，其中海洋科技论文数贡献度最大。海洋科技投入水平的权重排在第三位，科研机构规模、科技经费投入影响明显。从增长趋势来看，科技环境支撑能力、海洋科技产出水平的权重有明显的下降趋势，同时海洋科技投入水平的权重上升，可以反映出随着海洋科技进步与发展，陆域科技环境对海洋科技的支撑作用逐渐下降，而自身的投入水平更显著地影响着海洋科技竞争力。

表 8.17　沿海省区市海洋科技竞争力指标权重（2006 年、2012 年）

方法 指标	2006 年				2012 年			
	相关系数法	熵值法	主成分分析法	综合权重	相关系数法	熵值法	主成分分析法	综合权重
A1	0.266	0.286	0.298	0.282	0.297	0.284	0.304	0.296
A11	0.050	0.069	0.073	0.062	0.068	0.070	0.077	0.071
A12	0.077	0.071	0.084	0.079	0.084	0.071	0.078	0.080
A13	0.057	0.076	0.056	0.060	0.061	0.066	0.071	0.065

续表

方法 指标	2006年				2012年			
	相关系数法	熵值法	主成分分析法	综合权重	相关系数法	熵值法	主成分分析法	综合权重
A14	0.083	0.070	0.085	0.081	0.084	0.076	0.077	0.081
A2	0.319	0.281	0.320	0.313	0.320	0.290	0.286	0.305
A21	0.083	0.072	0.077	0.078	0.084	0.071	0.080	0.081
A22	0.076	0.070	0.083	0.078	0.077	0.073	0.068	0.074
A23	0.083	0.070	0.082	0.080	0.078	0.074	0.068	0.074
A24	0.078	0.070	0.078	0.077	0.080	0.073	0.071	0.076
A3	0.415	0.433	0.382	0.405	0.383	0.426	0.410	0.399
A31	0.084	0.078	0.081	0.082	0.056	0.064	0.057	0.058
A32	0.074	0.063	0.063	0.067	0.063	0.081	0.081	0.071
A33	0.075	0.075	0.071	0.073	0.082	0.067	0.081	0.079
A34	0.072	0.073	0.056	0.066	0.080	0.070	0.073	0.076
A35	0.039	0.071	0.057	0.051	0.023	0.073	0.047	0.039
A36	0.071	0.072	0.055	0.065	0.080	0.072	0.071	0.076

注：综合权重=∑（三种赋权结果×各自权重向量）；由于篇幅有限，未列出2007～2011年的计算结果

（二）海洋科技竞争力评价

首先，根据式（8.11）对沿海省区市海洋科技竞争力评价指标体系的原始统计数据进行标准化处理，结合各指标的综合权重，可计算得出2006～2012年沿海省区市海洋科技竞争力得分（表8.18）。从海洋科技投入水平来看，2012年北京、上海、江苏、山东等地区海洋科技投入得分较高，与这些地区的海洋科研机构规模、科技经费投入密切关联；从海洋科技产出水平来看，北京、山东、广东、上海排在前列，主要依托相关海洋专业院校、科研机构等优势，科技产出效率较高；从科技环境支撑能力来看，北京、广东、山东、上海、江苏等地科技环境比较优越，有力地支撑了海洋科技水平的提高。福建、广西和海南三省区各指标评价值均较低。

表8.18　沿海省区市海洋科技竞争力得分（2006年、2012年）

地区	2006年				2012年			
	A1	A2	A3	竞争力	A1	A2	A3	竞争力
北京	0.963	1.063	1.816	3.842	1.837	2.358	2.286	6.481
天津	0.825	0.821	1.013	2.658	0.940	0.862	1.091	2.893
河北	0.706	0.770	0.947	2.423	0.737	0.871	1.000	2.608
辽宁	0.712	0.759	1.077	2.547	0.931	0.972	1.167	3.070
上海	0.842	0.857	1.273	2.972	1.031	1.128	1.358	3.516
江苏	0.822	0.835	1.161	2.818	0.977	0.879	1.566	3.422
浙江	0.835	0.803	1.066	2.704	0.955	0.822	1.164	2.941
福建	0.739	0.775	1.013	2.527	0.812	0.795	1.014	2.620
山东	0.942	0.952	1.239	3.133	1.126	1.107	1.479	3.711

续表

地区	2006 年				2012 年			
	A1	A2	A3	竞争力	A1	A2	A3	竞争力
广东	0.936	0.888	1.296	3.120	1.081	1.043	1.566	3.690
广西	0.564	0.748	0.970	2.282	0.669	0.741	0.988	2.399
海南	0.519	0.752	0.879	2.151	0.533	0.742	0.873	2.148
沿海省区市	0.784	0.835	1.146	2.765	0.969	1.027	1.296	3.292

1. 海洋科技竞争力不断提高，地区间不均衡状况更加突出

根据沿海省区市海洋科技竞争力的变化趋势（表 8.19），总体来看，2006 ～ 2012 年，沿海省区市海洋科技竞争力由 2.765 提升至 3.292，竞争力水平提升 19.1%。沿海 12 个省区市中除海南之外，各地区海洋科技竞争力均有不同程度的提高，但地区间增长不平衡状况突出。北京市的海洋科技竞争力由 3.842 提升至 6.481，提高了 68.7%，而海南省的海洋科技竞争力则降低了 0.1%。2006 年，北京市海洋科技竞争力位居首位，是排名最后的海南省的 1.8 倍，到 2012 年差距扩大到 3 倍。

表 8.19　2006 ～ 2012 年沿海省区市海洋科技竞争力的变化趋势

年份	沿海省区市	北京	天津	河北	辽宁	上海	江苏	浙江	福建	山东	广东	广西	海南
2006	2.765	3.842	2.658	2.423	2.547	2.972	2.818	2.704	2.527	3.133	3.120	2.282	2.151
2007	2.852	4.050	2.703	2.472	2.574	3.138	2.914	2.837	2.555	3.284	3.296	2.282	2.119
2008	2.878	4.257	2.704	2.496	2.607	3.198	2.983	2.738	2.544	3.341	3.302	2.271	2.093
2009	2.956	4.979	2.679	2.534	2.854	3.134	3.007	2.755	2.527	3.216	3.310	2.356	2.127
2010	3.095	5.748	2.779	2.446	2.928	3.343	3.192	2.802	2.558	3.387	3.454	2.369	2.138
2011	3.211	6.038	2.863	2.600	3.003	3.531	3.346	2.883	2.592	3.599	3.551	2.394	2.133
2012	3.292	6.481	2.893	2.608	3.070	3.516	3.422	2.941	2.620	3.711	3.690	2.399	2.148
增幅 /%	19.1	68.7	8.8	7.6	20.5	18.3	21.4	8.8	3.7	18.4	18.3	5.1	-0.1

2. 各地区海洋科技竞争力变化的影响因素不同

从各地区来看，三类影响因素对沿海各地区海洋科技竞争力的贡献度不同，除北京外，其他 11 个省区市的陆域科技环境支撑能力是海洋科技竞争力的主要影响因素（图 8.6），但各地区海洋科技竞争力的影响因素存在明显差别，以上海和江苏为例，2012 年，上海市海洋科技竞争力的影响因素中海洋科技产出水平为 1.128，高于海洋科技投入水平 1.031，而江苏省的海洋科技投入水平为 0.977，高于海洋科技产出水平 0.879。

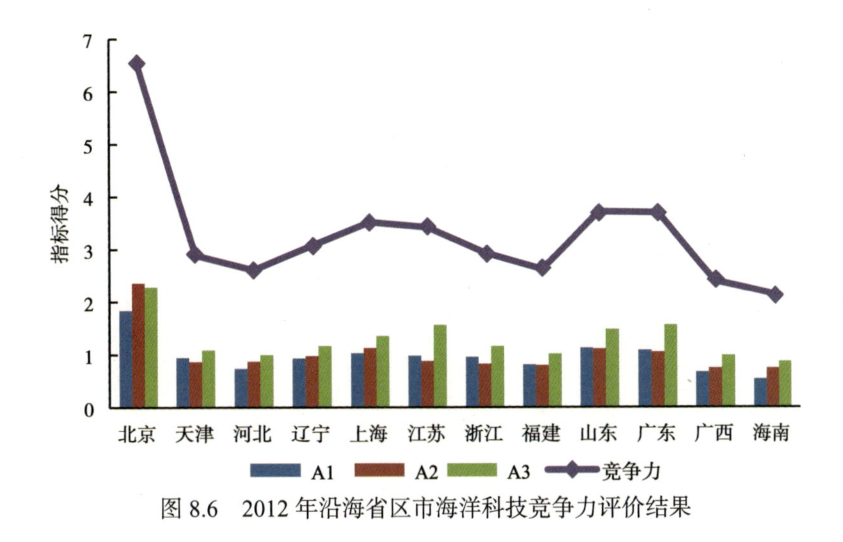

图 8.6　2012 年沿海省区市海洋科技竞争力评价结果

3. 陆域科技环境是海洋科技竞争力的主导因素，但影响力呈下降趋势

海洋科技竞争力的三类影响因素（海洋科技投入、产出与陆域科技环境）对各地区海洋科技竞争力的贡献度存在明显差别。总体来看，2012 年沿海省区市海洋科技竞争力为 3.292，海洋科技投入、海洋科技产出和科技环境支撑能力分别为 0.969、1.027、1.296，陆域科技环境支撑能力占主导地位。然而，从增长速度的角度来看，海洋科技投入水平由 0.784 提高至 0.969，增幅为 23.6%，高于另外两个指标的增幅（23.0%、13.1%）。结合组合赋权结果和原始数据，尽管海洋科技产出水平的综合权重减小，但由于各省区市加强了海洋科技成果的转化，提高了产出效率，各省区市海洋科技产出量不断提高，对海洋科技竞争力的影响日益明显；海洋科技投入水平对海洋科技竞争力的影响力增强，特别是研发经费投入增速明显。因此，从时间序列来看，陆域科技环境的支撑能力对海洋科技竞争力的影响显著，但随着海洋科技进步和发展，陆域科技环境的支撑能力对海洋科技竞争力的影响呈现下降趋势，海洋科技投入、产出水平的自身作用力增强，尽管海洋科技投入水平得分较小，但增速明显，在未来可能成为海洋科技竞争力的关键要素。

四、海洋科技竞争力的空间差异分析

按照沿海省区市海洋科技竞争力的测度结果，运用 K- 均值聚类和系统聚类分析方法，依据海洋科技竞争力、海洋科技投入水平、海洋科技产出水平和科技环境支撑能力对沿海 12 个省区市进行区域划分，结果表明两种方法的类型划分一致，如表 8.20 所示。该分类也通过了显著性检验（表 8.21）。

沿海省区市海洋科技竞争力的梯度划分结果表明：2006 ～ 2012 年的梯度划分结果存在差异，但主要体现在各类型内部，仅江苏、福建、河北等地区出现跨类型现象，各类型间变化较小，相对稳定，这也反映出所划分的类型具有较高的可信度。

表 8.20　沿海省区市海洋科技竞争力的类型划分

年份	第一类（优势区）	第二类（良好区）	第三类（潜力区）	第四类（较差区）
2006	北京	山东、广东、上海	江苏、浙江、天津、辽宁、福建、河北	广西、海南
2007	北京	广东、山东、上海	江苏、浙江、天津、辽宁、福建	河北、广西、海南
2008	北京	山东、广东、上海、江苏	浙江、天津、辽宁、福建、河北	广西、海南
2009	北京	广东、山东、上海、江苏	辽宁、浙江、天津、河北、福建	广西、海南
2010	北京	广东、山东、上海、江苏	辽宁、浙江、天津、福建	河北、广西、海南
2011	北京	山东、广东、上海、江苏	天津、辽宁、浙江、河北	福建、广西、海南
2012	北京	山东、广东、上海、江苏	辽宁、浙江、天津、福建、河北	广西、海南

注：表中沿海12个省区市自左向右按照海洋科技竞争力大小排序

表 8.21　方差检验结果

指标	聚类		误差		Sig.
	均方	df	均方	df	
海洋科技投入水平 A1	0.366	3	0.007	8	0.000
海洋科技产出水平 A2	0.689	3	0.007	8	0.000
科技环境支撑能力 A3	0.540	3	0.008	8	0.000
海洋科技竞争力 TC	4.557	3	0.032	8	0.000

第一类（优势区）：北京。北京市尽管并不属于海岸带的沿海地区，但是却集中了丰富的海洋科技要素，加上陆域科技环境的有力支撑，凭借其优越的区位优势和战略地位，海洋科技竞争力一直远高于其他省区市，且增幅显著，海洋科技竞争力优势突出。北京海洋科技投入、产出水平及陆域科技环境支撑能力等均高于其他地区，海洋科技投入指标中海洋科研机构从业人员数、科技经费投入等得分明显高于其他地区，海洋科技产出的 4 个指标均有突出优势，科技环境支撑能力的指标中科研机构数、技术市场合同成交额等得分较高。从影响因素的演变趋势来看，2006 ～ 2009 年，北京海洋科技竞争力三个影响因素中占主导地位的是陆域科技环境支撑能力，随着海洋科技进步和产出水平不断提高，陆域科技环境支撑作用减小，海洋科技自身投入、产出等指标的影响力增强，至 2010 年主导因素转化为海洋科技产出水平。

第二类（良好区）：山东、广东、上海、江苏。对比分析可知，山东、广东、上海、江苏等地依托雄厚的科技、经济实力，科技环境支撑能力较强，研发经费投入、科研人员的培养、技术市场的活跃度均优于其他地区，此外海洋科技投入、产出水平也有明显优势，海洋科研机构规模、科技论文、发明专利等产出指标也在其他地区之上，属于海洋科技竞争力良好区。在 2006 ～ 2012 年，山东、广东两省位居第二梯队前两位，其中科技环境支撑能力一直是其主导因素，但比较来看，广东省科技环境支撑能力更强，而山东省则依托于海洋科研机构、高校等，海洋科技投入、产出水平突出。上海市海洋科技竞争力一直稳居第二梯队的第三位，海洋科技投入、产出和科技环境支撑能力均稳步提升，但与其他三省不同，上海市海洋科技产出水平优势明显，科技论文、专利等指标明显高于其他地区。江苏省凭借其高技术产业的培育，为发展海洋科技、海洋高技术产业提供了较好的环境基础，于 2008 年由第三类跨进第二类，但是海洋科技投入和产出水平较低，成为其发展海洋科技的短板，因此应加大海洋科技投入和科技成果转化力度，提升产出效率。

第三类（潜力区）：辽宁、浙江、天津、福建、河北。第三类内部各省市的海洋科技竞争力波动较大，且该类型的海洋科技竞争力处于中游潜力区，更应该明确本地区海洋科技竞争力的优势、劣势，进而有效提升自身海洋科技水平。比较来看，辽宁的海洋科技产出水平、陆域科技环境支撑能力迅速提升是其海洋科技竞争力排名不断进步的主要原因，统计数据也表明了辽宁的科技论文、发明专利、R&D 经费支出等指标相对较突出，并实现了较快增长。天津、浙江两地区的海洋科技投入相关指标中海洋科研机构规模、科技经费投入等指标明显高于本组内其他地区，科技环境支撑能力的影响也比较显著，特别是研发经费投入比较多，提升了本地区的科技竞争力。研究期内，福建、河北两省海洋科技竞争力较低，三个影响因素的得分都相对较低，其中河北省的海洋科技投入水平得分最低，而福建省则是海洋科技产出不足制约了海洋科技竞争力水平的提升。

第四类（较差区）：广西、海南。在 2006 ～ 2012 年，海南、广西两省区的海洋科技竞争力一直排名最末，三个影响因素得分均较低，海洋科技投入水平低、产出较少，科技环境支撑能力较弱。广西海洋科技竞争力增长 5.1%，而海南省海洋科技竞争力降低了 0.1%。海南、广西两省区的经济、科技基础都比较薄弱，因此发展海洋科技面临较大障碍。

五、海洋科技竞争力评价的主要结论与启示

海洋科技竞争力是支撑和引领海洋资源开发利用，推动我国海洋经济实现持续、快速、健康发展的重要基础和核心动力。陆域科技体系的技术溢出效应对海洋科技进步提供了必要的支撑。科技兴海已经成为发展海洋经济的共识，2011 年起，国务院批复了上海、辽宁、江苏和福建四省市为科技兴海示范基地，同期福建、广东、山东、浙江、天津、江苏等地也成为海洋经济创新发展区域示范试点，为提升海洋科技水平，促进科技成果转化提供了良好的政策支持。基于此，本节从陆海关联的视角，将陆域科技环境支撑能力纳入评价体系，分析陆域科技环境对海洋科技竞争力的重要作用及其演变趋势，得出以下结论。

第一，沿海省区市海洋科技竞争力不断提升，且各地区海洋科技竞争力不均衡状况更加突出。沿海省区市海洋科技竞争力评价结果表明：2006 ～ 2012 年，沿海 11 个省区市和北京市的海洋科技竞争力不断提升，总体来看，海洋科技竞争力由 2.765 提升至

3.292，竞争力水平提升了 19.1%；各地区增长差异明显，北京市海洋科技竞争力提升了 68.7%，海南省降低了 0.1%，二者差距由 1.8 倍扩大至 3 倍。

第二，海洋科技投入、产出水平和科技环境支撑能力等三个影响因素对海洋科技竞争力的贡献度不同，并且随着海洋科技进步而发生变化。研究发现，沿海各地区的海洋科技竞争力受三个影响因素的作用力不同，总体来看，陆域科技环境支撑力是海洋科技竞争力的主导因素，但从时间序列来看，随着海洋科技进步和发展，陆域科技环境的支撑能力对海洋科技竞争力的影响相对减小，海洋科技投入、产出水平的自身作用力增强，且增速明显高于陆域科技环境支撑能力，海洋科技投入与产出水平将是未来沿海各地区提升海洋科技竞争力的关键要素。因此，本书认为在海洋科技发展初期，陆域科技环境的支撑能力是推动和引导海洋科技发展的重要基础，随着海洋科技体系的不断完善，陆海科技将各成体系同时密切联系、互相促进，并且海洋科技自身投入、产出、创新发展对科技竞争力的影响更加显著。

第三，本节运用系统聚类、K- 均值聚类分析方法，对沿海省区市海洋科技竞争力划分为四种类型，依次表示海洋科技竞争力由强到弱。优势区、良好区表明海洋科技竞争力较强，海洋科技投入较多、科技成果产出丰富、科技环境支撑能力优越；第三类为潜力区，表示海洋科技竞争力处于中等水平，既存在优势又有劣势，应当明确自身海洋科技的短板，提升海洋科技竞争力；第四类的海洋科技竞争力较差，其海洋科技投入、产出及科技环境支撑能力均处于劣势，在不断提升自身科技水平的同时，更要注意汲取、引进国内外先进的海洋技术带动本地区海洋科技进步，推动海洋高技术产业的发展。

从海洋科技竞争力的角度，分析陆域科技环境对提升海洋科技水平的重要作用，对于准确把握沿海各地区海洋科技的发展状况，明确沿海各地区科技环境、海洋科技投入产出等指标对海洋科技竞争力的贡献度提供了有意义的参考，有利于国家及沿海省区市海陆科技统筹发展，对各地区海洋科技、海洋经济政策的制定与出台也具有重要参考价值。

第九章　典型海洋产业与陆域经济的关联研究

海洋产业与陆域经济活动存在密切、复杂的联系，这也是实现陆海产业协调发展的前提和基础。本篇第八章从生产要素效率评价的角度，深入研究了海陆两大经济系统的劳动力、资本和技术等要素的产出效率差异，明确了陆海经济处于不同的发展阶段。两大系统间存在生产要素由陆向海流动的势能差，为生产要素在两系统间的优化配置提供了依据，也体现了陆海经济系统间的生产要素联系。实现陆海产业统筹发展的一个关键点在于，厘清海洋产业与陆域经济活动的内在联系，这也是本章要解决的核心问题。主要海洋产业包含 12 个部门，而国民经济的分类更为系统，由于不同类型的陆海产业在关联的内容、形式及程度上都存在较大差异，表现出与陆域经济活动不同的联系方式。因此本章结合三次产业的分类标准，在海洋第一、二、三产业中分别选取海洋渔业、海工装备制造业和沿海港口（海运业）作为典型海洋产业，分析其与陆域相关经济活动的内在联系。在研究过程中，针对不同类型的产业特点，兼顾统计数据的特点，分别选用产业链条、指标模型评价和灰色系统关联等方法深入分析陆海产业间的联系方式。研究结论可为推动陆海经济协调发展、提升沿海地区经济发展质量及推进海洋强国战略的实施提供理论支撑和参考依据。

第一节　典型海洋产业筛选与研究方法选择

一、典型海洋产业的筛选

根据《海洋及相关产业分类（GB/T 20794-2006）》，我国海洋经济活动可划分为 12 个主要海洋产业部门，即海洋渔业、海洋油气业、海洋矿业、海洋盐业、海洋船舶工业、海洋化工业、海洋生物医药业、海洋工程建筑业、海洋电力业、海水利用业、海洋交通运输业和滨海旅游业。由于不同类型的陆海产业在关联的内容、形式及程度上都存在较大差异，因此根据海洋三次产业的划分方法，本节筛选了海洋渔业、海工装备制造业、海运业作为典型海洋产业，探究其与陆域相关产业、经济环境的内在联系。海洋第二产业中船舶工业产值规模最大，且与相关产业的前后向联系密切，但现阶段我国船舶工业面临严峻的国际航运市场环境和产能过剩矛盾，迫切需要加快结构调整促进产业转型升级。海工装备制造业是船舶工业转型升级的主要方向，也是“十二五”时期重点培育的战略性新兴产业，具有技术密集、高附加值、经济贡献和成长空间大、拉动效应强等特点，因此本章选取海工装备制造业作为海洋第二产业的代表性产业。

二、研究方法的选择

经济学中关于产业关联的研究方法主要分为四类：产业链条法、投入产出分析法、以统计数据为基础的数理分析方法和系统论的关联分析法。各类方法因分析角度、理论基础及分析方法不同而各具特点。综合判断各分析方法的适用性和局限性，根据各产业的特点选择合适的研究方法，是科学、合理地研究海洋产业与陆域经济活动内在联系的又一关键问题。

（一）通过构建产业链条分析上下游产业间的联系

产业链是基于产业关联理论中各个产业部门之间广泛存在的技术经济关联，并依据特定的逻辑关系和时空布局关系客观形成的链条式关联关系形态。产业链分析方法在定性描述产业（企业）所处的位置，分析产业链条的整合升级等方面应用比较广泛。局限性在于产业链条难以量化判断产业间的关联程度。

海洋渔业属于海洋第一产业范畴，海洋渔业与陆域经济活动的联系主要集中在捕捞/养殖海产品→海产品加工→物流/消费网络，其中还有相当比例的海产品直接用于消费，因此海洋渔业与陆域产业联系相对简单、产业链条较短。海洋渔业与陆域经济活动的联系是由海到陆的单向联系，选用产业链条法描述海洋渔业与陆域经济活动的联系比较直观，研究重点在于如何延伸产业链条、加强产业联系。

（二）投入产出分析是基于投入产出表，研究经济系统各要素之间投入与产出相互依存关系的经济数量分析方法

投入产出分析法揭示了国民经济各种活动间的连锁反应和复杂的因果关系、相互联系，在国民经济领域中应用最为普遍。其缺点在于投入产出表数据只适用于短期而不适用于长期，不同的技术水平条件下，产业间的感应度、影响力系数等都随之发生变化，因此只适用于短期分析而不能用于长期预测。尽管投入产出表是研究产业关联最系统、应用最为广泛的方法，但是海洋经济统计中尚未编制海洋产业的投入产出表，因此在海洋经济中的应用受限，故不适用于本书的研究。

（三）以统计数据为基础的数理分析方法，如回归分析、主成分分析、指标评价模型是关联分析中的常用方法

回归分析、主成分分析、指标评价模型等方法多从宏观角度，通过收集相关统计数据、构建数学模型，进而笼统分析自变量与因变量间的关联关系。其局限性体现在以大量的基础统计数据为基础，且往往要求数据分布具有典型特点，否则无法发现变量间的联系规律。

海工装备制造业是“十二五”期间提出的重点培育的海洋战略性新兴产业，产业仍处于发展的初期，与陆域市场需求、相关产业发展和陆域发展环境等有密切联系，选用指标评价法研究沿海地区发展海工装备制造业与相关产业的关系更为合适。因此本书以发展潜力评价为切入点，研究沿海地区相关产业的支撑、陆域发展环境等与发展海工装备制造业间的密切联系。

（四）系统论的关联分析方法中较典型的是灰色系统关联分析法

在不完全信息条件下，通过建立灰色系统关联模型，基于变量间的曲线相似性，对联系复杂多变、存在诸多无法确知性特征的各项指标进行灰色系统关联拟合分析，从而实证比较序列对参考序列的影响力和关联度。但是目前灰色系统关联模型仅适用于具有正相关关系的指标，变量间的负相关性无法体现，此外，对原始数据进行标准化的过程也就是对变量曲线的比例尺进行调整的过程，不同的标准化方法所得结论可能存在差异。

沿海港口货运需求与国民经济间的联系复杂，而社会经济发展是一个综合概念，本书选用灰色系统关联方法评价沿海港口吞吐量与国民经济各指标的关联度及其变化情况。在此基础上，结合国民经济各物质生产部门与海上分货种运输需求的联系，从宏观和微观两个层面，实证分析沿海港口货运吞吐量与陆域经济活动的供需关系。

综上分析，本章选用产业链条法、指标评价法和灰色系统关联模型等方法分别用于研究海洋渔业、海工装备制造业、海运业与陆域经济活动、相关产业的内在联系，从价值链、技术联系和供需关系的角度探索海洋产业与陆域经济活动的联系路径。

第二节　海洋渔业产业链构建与升级研究

渔业是人类利用水域中生物的物质转化功能，通过捕捞、养殖和加工，以取得水产品的社会产业部门，是人类食物构成中主要蛋白质来源之一。从产品所属水域可以划分为海洋渔业和淡水渔业两大类。海洋渔业通过与陆域水产品加工、渔业流通服务网，以及渔船、渔具制造、相关养殖技术的联系，海产品鲜销、加工品形式日趋多样化，流通网络延伸也日益广泛。

一、海洋渔业发展现状与问题分析

作为传统海洋产业，海洋渔业在人们的生活中发挥着非常重要的作用，是生产与消费的重要对象。面对海洋渔业资源的日益衰退及生态环境的不断恶化，转变海洋渔业生产方式越来越受到重视。从20世纪80年代中期开始，我国根据渔业发展情况和资源衰退的现实，确立了“以养为主”的渔业发展方针，对渔业产业结构进行了重大调整。在此背景下，渔业养殖技术不断发展，养殖产量快速增加，渔业内部结构逐步完善。

（一）我国渔业发展现状分析

我国是海洋大国，拥有丰富的水资源和渔业资源，海水养殖面积218万公顷，发展海洋渔业具有得天独厚的资源优势。1978年，我国海产品总量359.5万吨，其中海洋捕捞量达314.5万吨，占全部海产品总量的87.5%。然而，随着近岸海域水产品捕捞量迅速增加，海洋渔业资源被过度开发，传统经济鱼类的捕捞量急剧减少，海洋渔业资源受到严重的破坏。1999年，农业部渔业局制定了捕捞量零增长的措施，后进一步提出负增长目标，对海洋捕捞强度实施严格控制，同时鼓励海水养殖技术和品种的推广，改善海产品以海洋捕捞为主体的格局。2006年我国海水养殖产量首次超过海洋捕捞产量，实现以海水养殖为主导的海洋渔业生产方式的转型。至2012年，我国海产品总量达3033.3万吨，相比1978年增长7倍以上，海洋捕捞、海水养殖产量分别为1389.5万吨、1643.8万吨（图9.1、表9.1）。

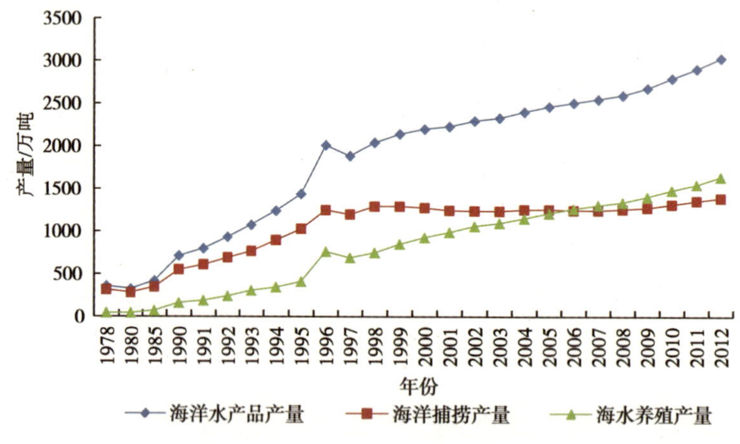

图9.1　1978～2012年我国海洋水产品、海洋捕捞与海水养殖产量变化

表9.1　2012年沿海省区市海洋渔业增加值、产量及养殖单产的空间分布

地区	海洋渔业增加值/万元		产量/万吨			养殖单产/（万吨/公顷）
	海洋捕捞	海水养殖	海洋捕捞	远洋渔业	海水养殖	
天津	43 694	26 070	16 516	10 793	14 285	3.58
河北	258 756	391 419	252 570	—	382 061	2.84
辽宁	892 958	2 266 344	1 079 288	178 376	2 635 627	3.24
上海	41 269	—	20 387	110 198	—	—
江苏	639 373	624 891	566 085	13 770	904 959	4.54
浙江	1 897 646	822 318	3 160 189	290 881	861 364	9.60
福建	1 568 237	2 439 211	1 927 150	212 330	3 326 595	22.87
山东	2 194 786	3 999 203	2 363 321	134 982	4 362 443	8.33
广东	445 907	1 238 790	1 510 457	55 616	2 757 362	13.66
广西	563 043	788 336	666 603	4 012	977 307	18.35
海南	1 019 519	485 215	1 109 325	—	216 102	13.64
沿海地区	9 565 188	13 081 797	12 671 891	1 010 958	16 438 105	7.54

海洋渔业是典型的直接从海洋获取生物资源的传统产业部门，我国海岸线北起辽宁省的鸭绿江口，南至广西壮族自治区的北仑河口，长达 18 000 多公里，沿海地区所属海域的生物资源、自然环境具有明显差异，因此各地区海洋渔业的空间特征比较突出（表 9.1）。沿海 11 个省区市的海洋渔业增加值与产量的空间分布具有高度一致性，以产值结构为例进行说明。2012 年，山东省海洋渔业增加值约 620 亿元，其次为福建、辽宁、浙江分别达 400 亿元、316 亿元和 272 亿元，而天津、上海两市渔业增加值仅有 7 亿元、4.1 亿元，可以看出渔业产值规模与该地区海岸线长度、海域生物资源、自然环境密切相关。

（二）我国海洋渔业经济结构特征分析

本节所指的渔业结构包含两层含义：一是渔业生产结构，分为捕捞和养殖两种生产方式；二是渔业经济结构，即以捕捞和养殖等方式获取生物资源的渔业（第一产业）、渔业工业和建筑业（第二产业）及渔业流通和服务业（第三产业）。

（1）海陆渔业生产结构的特征比较分析。改革开放初期，我国水产品总量仅 465.5 万吨，其中海产品占比超过 77%，特别是海洋捕捞产量约占水产品总量的 68%，淡水产品约占 23%。随着“重点鼓励渔业养殖、严格控制捕捞量”相关政策的出台，我国渔业生产结构发生变化，体现在以下两方面：一是海陆水产品结构日趋平衡。2012 年海陆水产品产量基本持平，海产品与淡水产品产量分别为 3033.3 万吨、2874.3 万吨，转变了以海洋渔业为主的水产品结构。二是海陆渔业系统均形成了以养殖为主的生产方式。1978 年淡水渔业中捕捞与养殖比例约为 1 ∶ 2.57，2012 年这一比例扩大为 1 ∶ 11.51；海洋渔业中捕捞与养殖比例由 1 ∶ 0.14 转变为 1 ∶ 1.18（图 9.2）。

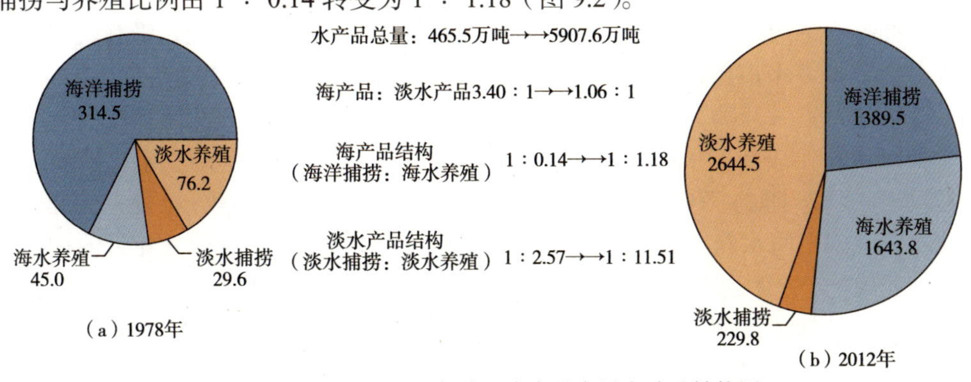

图 9.2　1978 ～ 2012 年我国水产品产量变动及结构图

（2）我国渔业经济结构特点及演变趋势。按照三次产业的分类标准，渔业经济可以划分为渔业、渔业工业和建筑业、渔业流通和服务业。其中，渔业指的是捕捞和养殖水产品、水产苗种等活动；渔业工业和建筑业包括从事水产品加工、渔用机具制造、渔用饲料工业、渔药制造业、渔业建筑业等部门；渔业流通和服务业包括渔业流通业、渔业（仓储）运输、休闲渔业及渔业文教科技等部门。

根据渔业经济的三次产业增加值比重变动情况（图 9.3），可以发现渔业经济增加值中约 70% 来自科技含量相对较低的第一产业，渔业第二、三产业比重均不足 20%，渔业三次产业结构不合理。从变动趋势来看，2003～2012年，渔业第一产业增加值比重由71.4%降至64.2%，渔业第二产业由14.7%提高到18.1%，渔业第三产业由13.9%提高到17.7%，产业结构的优化调整比较缓慢。这也反映出以海洋和淡水生物资源为主要产品的渔业经济占据主导地位。但随着水产品初加工、深度加工进入流通环节，渔业第二、三产业产值比重有所提高。

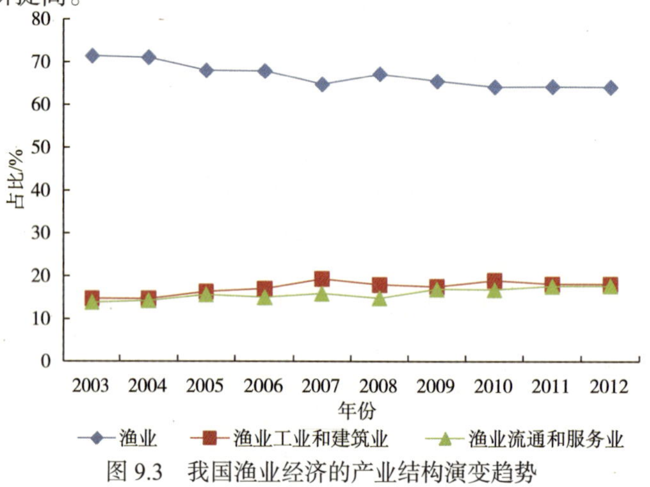

图9.3 我国渔业经济的产业结构演变趋势

（三）海洋渔业发展存在的问题

（1）海水养殖发展空间不平衡、粗放经营现象突出。从生产方式的角度来看，尽管我国海洋渔业整体已经实现以海水养殖为主的格局，但天津、上海、浙江、海南等地仍处于海洋捕捞为主的生产方式，也说明我国海水养殖产业化进程较慢，仍有较大的发展空间。养殖方式多采取传统的自然养殖，占海域面积较多、资源消耗量大、污染严重，而牧业化养殖及集约开发、节约资源、绿色无污染的工业化养殖方式还比较少。从养殖单产的角度分析（表9.1），福建省单位海水养殖面积的海产品产量达到22.87万吨/公顷，其次，广西为18.35万吨/公顷，而河北省养殖单产仅2.84万吨/公顷，远低于全国平均水平，反映出海水养殖业的粗放经营现象十分普遍，即使地理位置相近的福建和浙江两省的养殖单产差距也很明显。

（2）水产品加工比例低、缺少精深加工。水产品加工业能够提高初级产品附加值，同时缓解大量水产品鲜销难的问题，能够满足人们对方便、营养、健康、优质水产品的需求。现阶段，尽管我国水产品渔获量稳居世界第一位，但水产品加工业的发展远远落后于发达国家。2012年我国水产品总量中用于加工的产品量为2135.81万吨，占总量的比例仅为36.15%（表9.2），而在发达国家这一比例超过75%。我国渔业以鲜活水产品销售为主，水产加工品中冷冻产品占61.6%，也反映了我国水产品加工比率低、加工技术含量低，精深加工产品、附加值大的产品相对短缺的现实。

表 9.2　2012 年我国水产品加工量与加工比率

水产品	总量 / 万吨	加工量 / 万吨	加工比率 /%
全部水产品	5907.7	2135.81	36.15
海产品	3033.4	1625.00	53.57
淡水产品	2874.3	510.81	17.77

二、我国海洋渔业产业链的构建研究

根据前文分析，海洋渔业生产结构已经由捕捞转变为养殖为主，而渔业经济结构中第二、三产业比重逐渐增大。随着需求结构的变化与技术进步，海洋渔业与陆域水产品加工业、渔业流通和服务业等经济活动的联系日益紧密，推动了海洋渔业结构由低加工度、低附加值、低技术集约化向深度加工、高附加值和高技术集约化方面转化。海洋渔业的发展需要陆域经济活动（如水产品加工、交通物流网络等）的支撑，从最初的原材料获取到初加工、深加工，再到产品流通等，海洋渔业产业链的各个环节存在密切的经济技术联系，随着产业链条的不断扩展和延伸，产业结构随之优化、海陆渔业的联系也更加紧密。

不同的学者基于经济学、产业组织学、管理学等不同理论，从价值链、产业间技术经济联系、供求关系等不同角度阐述了产业链的主要内容。尽管关于产业链的定义并未有统一结论，但是关于产业链的基本内涵达成了一些共识：①产业链产生于同一产业或关联产业之间；②产业链用于描述关联企业间的技术经济联系；③产业链反映了明显的上下游关系和价值的相互交换，上游环节向下游环节输送产品或服务，下游环节向上游环节反馈信息；④产业链是从原材料到最终消费品的价值增值的活动过程。

根据上述产业链的基本内涵，本小节构建了海洋渔业产业链——海产品从生产到最终消费的众多环节及各环节间关系的总和（图 9.4）。海洋渔业产业链分为主链和辅链两部分。

主体产业链分为上中下游三部分，分别对应渔业三次产业。海洋渔业第一产业为产业链上游，主要包括海水养殖和海洋捕捞等环节；海洋渔业产业链中游主要是针对上游提供的水产品进行加工和生物产业增值等活动；海洋渔业产业链的下游是水产品的仓储运输、批发零售、休闲服务等环节。辅助产业链则由相关制造建设业（包括饲料加工、渔具制造、渔港建设等）和渔业生产性服务业（包括科技研发、技术服务、金融扶持、互联网 +）组成。辅助产业链与主体产业链各环节相联系，为主体产业链中的某些环节提供支撑。辅助链条上各环节的发展程度及其对主体链条各环节的支撑水平影响了整体渔业产业链条的整合和效益。例如，渔业科技的发展水平及技术推广的力度很大程度上影响着海水养殖业的发展规模和生产方式的转变。另外，水产品加工技术水平、渔业基础设施的完善与产品加工利用的程度、捕捞及养殖业的发展等都有密切联系。

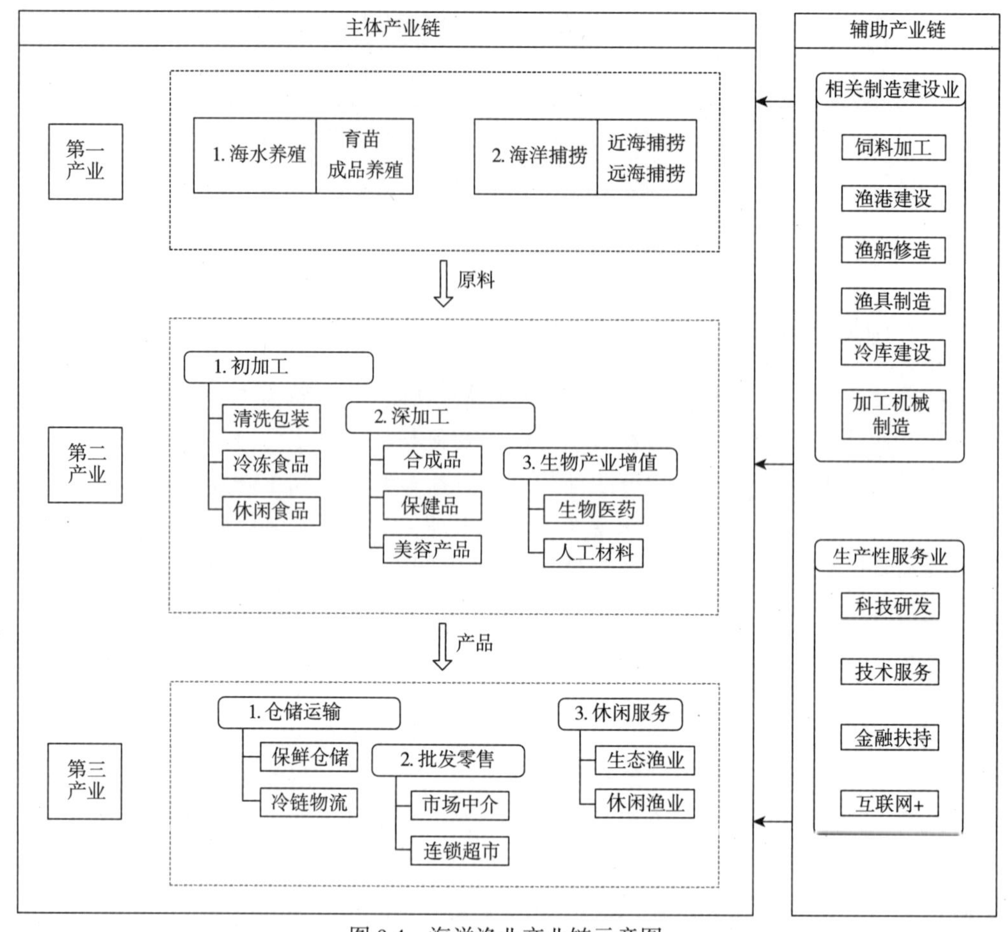

图 9.4 海洋渔业产业链示意图

三、海洋渔业产业链升级的主要途径

近年来，我国海洋渔业形成了以养殖为主的生产方式，渔业经济结构也逐渐优化，海洋渔业与陆域经济活动的联系日益紧密。但海洋渔业资源的开发利用仍存在一些问题，如海水养殖粗放模式、水产品加工度和附加值低、销售网络不完善等。从陆海关联的角度，延伸产业链条，加强海洋渔业与陆域经济活动的联系是提升产业链价值、促进海洋渔业发展的关键。主要有以下途径。

一是充分发挥流通网络优势，促进海洋渔业资源与陆域交通物流等服务网络的融合，完善海产品“生产—消费”的网络；加强水产品生产单位、加工企业和销售企业三者之间的战略合作，促进产业链上中下游企业的紧密联结，构建产品生产、加工、贮藏、运输、销售等一系列过程的衔接枢纽和桥梁，保证主链条的整体协调，从而降低生产成本、运输成本及资源浪费，提高产业链附加值。

二是促进海产品精深加工和休闲渔业的发展，优化海洋渔业结构。一方面，大力发展以精深加工和综合利用为重点的海产品加工业，促进水产加工业规模的扩大和链条的延长，提高海产品的多样性，提升产品附加值；另一方面，推动具有发展空间广、比较效益高、增值潜力大的休闲渔业发展，优化海洋渔业结构，进而实现渔业产业链的增值。

三是加快海洋渔业科技创新和设备升级，适应海洋渔业发展对科技水平和相关设施、机械制造业的需求，加大辅助链条对主体链条的支撑力度。重点是以市场为导向，解决当前水产养殖和加工业发展中存在的问题，随着海洋渔业的规模化、集约化、产业化的不断发展，利用现代生物技术、信息技术和机械设备、材料技术的新成果，推动海洋渔业养殖、加工技术创新和渔用设备升级，进一步推动优质、高效、生态、安全的现代渔业发展。

第三节　基于陆海关联的海工装备制造业的发展潜力研究

海洋蕴含丰富的资源、能源，在当前资源环境压力与日俱增的背景下，开发利用海洋已经成为世界各沿海国家的战略重点，国际间对海洋资源、空间等海洋权益争夺日益激烈。2010 年 10 月，国务院颁布《关于加快培育和发展战略性新兴产业的决定》，明确指出我国海工装备制造业为“十二五”期间战略性新兴产业的大力培育和发展重点之一。海工装备是海洋资源（特别是海洋油气资源）勘探、开采、加工、储运、管理和后勤服务等方面的大型工程装备和辅助装备的总称，是海洋经济发展的前提和基础，处于海洋产业价值链的核心环节。海工装备制造业自身不仅凝聚了陆上相关技术和产品成果，更需要创造性地开发高新技术以适应海洋环境的特殊性、复杂性，集中体现了我国在海洋开发领域的竞争力，更是维护国家海洋权益的重要支撑和有力保障。

一、海工装备制造业的发展现状及问题分析

广阔的市场前景及有利的政策支撑环境下，沿海省区市纷纷出台相应的产业发展规划，将海工装备制造业列为地区重点培育的支柱产业。目前，沿海省区市初现海工装备基地的建设热潮，规划、在建及现有海洋工程项目 30 多个，据不完全统计，基地建设投资超过 1500 亿元。然而受制于高端技术装备瓶颈，海工产品仅涉及部分海洋平台装备和海洋钢结构建造，产品附加值、技术含量较低，仍处于产业链的低端。此外，在未充分考虑自身发展环境和产业发展潜力前提下，沿海省区市盲目扩大产业规模，将导致产业布局分散、低质化竞争领域重叠，同时产能过剩和投资浪费风险加剧，从而抑制产业的良性、快速发展。

（一）我国海工装备制造业的发展历程及现状分析

近年来，我国海工装备制造业在全球市场的地位逐渐提升。自 20 世纪六七十年代起，我国海洋油气开发推动了海洋工程装备的发展，经过几十年的发展和进步，我国海工装备制造业已经粗具规模（表 9.3）。据统计，2012 年中国完工交付生产平台、钻井平台 7 座，新承接钻井平台 8 座，FPSO（即浮式生产储油卸油装置，可对原油进行初步加

工并储存，被称为“海上石油工厂”）2 座、半潜式支持平台、生活平台、作业平台和钻井辅助平台各 1 座，浮式 LNG 液化再气化存储装置 1 座，各类辅助驳船 5 艘，拥有全球海工装备市场约 15% 的份额。

表 9.3　我国海工装备制造业的发展历程

时期	发展阶段	特点	主要企业	海工市场
1960 ～ 1990 年	初期：从无到有	自升式平台的引进、自主设计、制造	制造：大连造船厂（大连船舶重工集团有限公司前身）、沪东造船厂、中华造船厂、江南造船（集团）有限责任公司 设计：中国船舶工业集团公司第七〇八研究所	国内市场
2000 ～ 2005 年	快速发展：FPSO	FPSO 设计、建造领域取得较大进展	制造：中国船舶重工集团有限公司旗下的大连船舶重工集团有限公司和中国船舶工业集团公司旗下的上海外高桥造船有限公司 设计：中国船舶工业集团公司第七〇八研究所	
2006 年至今	走向国际：群雄并起	产品结构升级，企业结构多元化	国内市场：中国船舶工业集团公司、中国船舶重工集团有限公司； 国际市场：中集来福士海洋工程有限公司、中远船务（启东）海洋工程有限公司、上海振华重工(集团)股份有限公司、江苏韩通船舶重工有限公司、江苏熔盛重工有限公司及 TSC 海洋集团	国内、国际市场

沿海地区已形成三大海工装备制造业聚集区。从海洋资源开发现状来看，海洋油气资源已进入产业化发展阶段，是未来一段时间内海洋工程装备的重点发展方向，而海上风能、海水淡化等技术装备也具有较好的发展前景。目前我国已经形成以环渤海地区、长江三角洲地区和珠江三角洲地区为中心的三大海工装备产业集聚区。

初步构筑较全面的海工装备产业链过程中，产品设计和核心配套设备环节是短板。我国企业已经全面涉足从上游的海工产品设计、配套设备制造到下游的海工总包建造的整个产业链。尽管如此，在设计和核心配套装备领域，中国海工装备制造企业仍主要依赖国外企业。海工装备设计基本由欧美企业所垄断，目前，世界著名海工装备设计企业主要是欧美企业和日本企业，如美国 F&G 公司、日本 MODEC 公司、挪威 Aker Kvaemer、意大利 Saipem 等。海工装备对安全性、可靠性要求极高，因此对配件的要求也很高，海工装备配套设备 70% 以上需要进口，而关键设备对外依存度甚至超过 95%，设计和关键设备依赖进口导致建造项目管理协调难度大、生产周期长、成本更高、售后服务响应速度慢，影响了我国海工装备制造业的国际竞争力。

（二）我国海工装备制造业发展存在的问题分析

1. 基础技术和建造经验不足

我国海工装备制造业与世界发达国家的发展水平差距较大，处于该行业的第三阵营，设计开发能力与国外差距较大，目前仅能自主设计部分浅海海洋工程装备，基本未涉足高端、新型装备设计建造领域，更不具备其核心技术研发能力。而深水海工装备的前端设计还是空白，专业设计机构与专业设计人员少。此外，国内大多数船企未涉足过海工市场，缺乏海工建造和管理等相关经验，一定程度上制约了我国海工装备制造业的快速发展。

2. 自主创新能力不强、国外技术封锁

海工装备制造业属于技术密集型产业，而国内海工企业缺乏技术及相关科研人才支持，自主创新能力不强，基本是参照或直接引进国外技术。海洋平台的各类功能模块及各类配套设备规格品种多，对技术性能、材料、精度、可靠性、寿命及环境适应性的要求十分严格。海工产品的配套设备是海工装备制造业价值链中的关键环节，占比高达55%。但是，关键技术、高端装备多被国外供应商垄断，面临国外技术封锁的严峻事实，我国大部分海工装备的配套设备依赖进口，自配套率不足30%，尤其在核心配套领域，自配套率更是低于5%。产业链核心技术受制于人，产业发展面临严重制约。

3. 国内企业竞争领域重叠，初现结构性产能过剩隐忧

近年来，国内很多大型船舶企业纷纷借助海洋工程装备转型，努力扩大海洋工程装备基地建设，造船业鼎盛时期一拥而上的局面再度显现。然而，受技术、人才及配套支持限制，国内海工产品竞争领域重叠严重，主要集中在浅水和低端深水装备领域竞争，高端海工装备设计建造基本空白，海工企业扎堆于价值链低端。然而，随着海域水深的增加，为了适应更加复杂多变的海水环境，海洋工程装备呈现多元化趋势，如TLP、SPAR等，但我国目前基本未涉足TLP、SPAR、LNG-FSRU、LNG-FPSO等高端、新型装备设计建造领域，更不具备其核心技术研发能力。海工装备产品供求结构不均衡，已经显现出低端产品过剩、高端产品不足的结构性产能过剩隐忧。

二、海工装备制造业发展潜力评价模型与方法

现阶段，海工装备制造业仍处于发展初期，包含门类复杂，缺少专门的统计资料，定量评价产业自身运行情况受限制。海工装备制造业处于产业链中间环节，与陆域产业的关联效应明显。鉴于此，本节基于陆海关联的视角，初步构建包含市场需求、相关产业及发展环境支撑能力三个层次的20项指标评价体系，定量评价沿海省区市发展海工装备制造业的潜力及区域差异的同时，明确海工装备制造业与陆域相关产业、经济政策环境的相关性。为正确定位区域产业发展，推进海陆相关产业的协调发展提供理论依据。

（一）模型构建

产业发展潜力是一个可持续性、潜在性和综合性的概念，强调在产业发展现状及相关支撑环境基础上，依托前期资本积累和技术沉淀，以产业未来发展为目标的综合、协调和可持续发展的潜在能力。作为战略性新兴产业，海工装备制造业市场前景广阔，定量评价海工装备制造业发展潜力的省际差异，对规划产业发展途径，明确产业分工及地区定位具有指导意义。

鉴于现有研究甚少涉及海工装备制造业的定量评价，本节参考可持续发展能力的评价方法，从发展潜力的角度，结合海工装备制造业发展潜力影响因素和产业特点，构建评价模型和指标体系。沿海省区市海工装备制造业发展潜力主要由三方面因素决定：一

是市场需求支撑能力，反映该地区海工装备制造业的市场需求，涉及海洋资源禀赋与开发利用强度；二是相关产业支撑能力，反映该地区发展海工装备制造业的工业基础支撑能力，特别是关联性强的装备制造业与船舶工业；三是发展环境支撑能力，海工装备制造业是高技术、高附加值产业，科技投入及发展环境反映该地区海工装备制造业持续发展的动力及环境支撑力。在此基础上，构建适合的评价模型如下：

$$\mathrm{DP}=f(C_1,C_2,C_3)=\sum_{i=1}^{3}w_iC_i \tag{9.1}$$

$$C_i \quad \sum w_{ij}x_{ij} \tag{9.2}$$

其中，DP 表示产业发展潜力；C_i 表示评价指数；C_1 表示市场需求支撑能力；C_2 表示相关产业支撑能力；C_3 表示发展环境支撑能力；w_i 表示 C_i 的权重；x_{ij}' 表示评价指标的标准化值；w_{ij} 表示各具体指标的权重。根据上述模型，本节将海工装备制造业发展潜力评价体系分为四个层次，即总目标层为产业发展潜力（DP）；第二层为准则层，采用市场需求支撑能力、相关产业支撑能力和发展环境支撑能力三类指标；第三层为领域层，共 6 个指标用于描述准则层，其中海洋经济发展水平和海洋产业生产能力用于表征海工装备市场需求支撑能力，装备制造业和船舶工业的产业规模和效益用以表征相关产业支撑能力，科技投入、政策及投资用以描述产业的发展环境；第四层为指标层，遵循科学合理、综合性和数据可获得性等原则，本节选取 20 个指标用于表征指标层的各类指标（表 9.4）。

表 9.4 沿海省区市海工装备制造业发展潜力评价指标体系

目标层	准则层（层次分析法赋权结果）	领域层（层次分析法赋权结果）	指标层	相关系数法赋权结果
海工装备制造业发展潜力	C1 市场需求支撑能力（0.41）	B1 海洋经济发展水平（0.34）	A1 海洋生产总值（亿元）	0.39
			A2 涉海就业人员（万人）	0.31
			A3 海洋及相关产业劳动生产率（万元 / 人）	0.30
		B2 海洋产业生产能力（0.66）	A4 海洋原油产量（万吨）	0.25
			A5 海洋天然气产量（万立方米）	0.36
			A6 海洋矿产产量（吨）	0.18
			A7 海洋油田生产井（口）	0.21
	C2 相关产业支撑能力（0.26）	B3 支撑产业规模（0.65）	A8 装备制造业总产值（亿元）	0.22
			A9 装备制造业从业人员（万人）	0.21
			A10 装备制造业资产总计（亿元）	0.22
			A11 造船完工量（万吨）	0.19
			A12 船舶企业数（个）	0.16
		B4 支撑产业效益（0.35）	A13 劳动生产率（万元 / 人）	0.30
			A14 主营业务利润率（%）	0.33
			A15 产值贡献率（%）	0.37
	C3 发展环境支撑能力（0.33）	B5 科技投入（0.45）	A16 海洋科研人才（人）	0.39
			A17 科研经费投入（万元）	0.33
			A18 发明专利数（项）	0.28
		B6 政策及投资（0.55）	A19 产业发展规划（项）	0.46
			A20 项目投资额（亿元）	0.54

注：A19采用沿海省区市公布的相关产业发展规划，其中海工装备发展规划取值为2，涉及的其他相关发展规划取值为1；A20采用沿海省区市的主要海工装备项目的投资额，其中外商投资项目以2011年美元平均汇率6.4588折算

（二）评价方法

基于产业发展潜力评价指标体系的特点，本节选取相关系数法用于指标变量层赋权，选取层次分析法（analytic hierarchy process，AHP）用于领域层和准则层赋权。主要基于以下考虑：层次分析法更适用于领域层和准则层这类抽象概念的评权；相关系数法是利用相关系数所反映的量指标之间的密切（相关）程度来衡量指标被替代的可能性，从而得出指标的重要程度，即权重，相关程度越大，指标可替代性越强，反之亦然。此方法更适合具有相关关系的多指标赋权。因此本节选用主客观组合赋权方法，令评权结果更加可信（表 9.4）。

由表 9.4 可以看出，市场需求支撑能力排在第 1 位，表明发展海工装备制造业对市场需求依赖程度较高，市场需求不仅是该地区海工装备制造业市场份额和发展现状的综合体现，而且对扩大产业市场规模、增强产业辐射力有重要影响；发展环境支撑能力排在第 2 位，说明对于高技术、高投入、高附加值的海工装备制造业而言，科技投入和政策环境对产业未来发展影响显著；最后是相关产业的支撑能力，特别是产业发展规模对发展海工装备制造业贡献度更明显。海工装备制造业前向集成了陆域装备制造业的技术成果，更是船舶工业未来的发展重点和转型升级的方向，因此装备制造业与船舶工业对海工装备制造业发展也有重要影响。

（三）数据来源与处理

依据我国海工装备制造业发展规划及布局，本节研究的空间范围为沿海 11 个省区市（天津、河北、辽宁、山东、江苏、上海、浙江、福建、广东、广西、海南）。根据海工装备制造业发展潜力评价体系，本节选取的统计数据来源主要有 2013 年《中国统计年鉴》、沿海各省区市统计年鉴、《中国工业经济统计年鉴》、《中国海洋统计年鉴》、《中国海洋工程装备汇编》及沿海省区市产业发展的相关规划等，并根据式（8.11）对原始数据进行标准化处理，剔除指标不同量纲、性质的影响，确保结果准确、客观。

三、海工装备制造业发展潜力的综合评价

（一）领域层发展水平测度

首先，在海工装备制造业发展潜力评价指标体系的基础上，对沿海省区市各指标变量进行标准化处理（表 9.5）；其次，根据各指标变量层的标准化值与表 9.4 相应的指标权重可测算出沿海省区市各领域层的评价值（表 9.6）。

表 9.5　沿海省区市各指标变量层标准化值

指标	天津	辽宁	河北	山东	江苏	上海	浙江	福建	广东	广西	海南
A1	1.80	1.06	1.63	3.43	2.06	2.45	2.13	1.98	3.92	0.78	0.78
A2	1.38	1.03	2.04	2.95	1.46	1.54	2.48	2.51	4.31	1.11	1.19
A3	2.99	2.24	1.37	2.25	3.27	3.78	1.53	1.36	1.65	0.85	0.71

续表

指标	天津	辽宁	河北	山东	江苏	上海	浙江	福建	广东	广西	海南
A4	4.72	1.53	1.80	1.85	1.52	1.54	1.52	1.52	2.98	1.52	1.52
A5	2.54	1.59	1.77	1.60	1.54	1.90	1.54	1.54	4.88	1.54	1.54
A6	1.52	1.52	1.52	2.75	1.52	1.52	4.80	1.84	1.52	1.57	1.89
A7	4.83	1.71	2.43	2.12	1.46	1.51	1.46	1.46	2.09	1.46	1.46
A8	1.61	2.10	1.57	1.21	2.49	2.31	2.48	1.51	4.55	1.22	0.96
A9	1.53	1.51	1.58	1.33	3.54	1.73	2.42	1.49	4.25	1.38	1.23
A10	1.47	1.90	1.48	1.28	3.86	2.30	2.60	1.35	3.67	1.14	0.96
A11	1.31	1.53	1.19	2.74	3.65	1.55	3.77	1.39	2.52	1.20	1.14
A12	1.25	2.16	1.22	2.19	4.57	1.77	2.83	1.65	1.97	1.31	1.09
A13	2.14	4.26	1.70	2.39	0.46	2.73	1.16	2.06	1.05	1.81	2.23
A14	1.95	1.42	2.08	0.91	3.53	1.78	1.39	1.66	0.87	2.36	4.04
A15	2.78	2.54	1.44	0.57	1.68	3.54	2.43	1.68	3.32	1.36	0.66
A16	2.45	2.02	0.96	3.47	2.12	3.40	1.78	1.42	2.94	0.80	0.63
A17	2.12	1.68	1.06	3.98	1.85	3.47	1.58	1.44	2.75	1.07	1.00
A18	1.51	3.56	1.28	2.53	1.57	4.12	1.41	1.31	2.14	1.32	1.27
A19	1.82	1.82	1.15	1.82	3.83	3.83	2.49	1.15	1.82	1.15	1.15
A20	1.20	2.73	2.18	1.90	2.20	2.22	1.93	1.06	4.46	1.06	1.06

表 9.6　沿海省区市各领域层评价值

指标	天津	辽宁	河北	山东	江苏	上海	浙江	福建	广东	广西	海南
海洋经济发展水平	4.43	3.28	2.95	4.83	4.84	5.53	3.45	3.24	4.86	1.81	1.70
海洋产业生产能力	3.38	1.59	1.87	1.98	1.52	1.66	2.11	1.57	3.21	1.52	1.58
支撑产业规模	1.46	1.85	1.43	1.72	3.61	1.97	2.82	1.49	3.52	1.26	1.08
支撑产业效益	2.32	2.69	1.73	1.23	1.92	2.72	1.70	1.79	1.83	1.83	2.25
科技投入	2.08	2.34	1.08	3.37	1.88	3.62	1.61	1.39	2.65	1.04	0.93
政策及投资	1.48	2.31	1.70	1.86	2.95	2.96	2.19	1.10	3.25	1.10	1.10

（二）发展潜力综合测度

将各领域层评价值和表 9.4 中相应的权重代入评价模型式（9.2），即可测算出沿海省区市发展海工装备制造业的市场需求支撑能力、相关产业支撑能力和发展环境支撑能力的评价值，进而将各评价值及表 9.4 中准则层权重代入式（9.1），计算出沿海省区市海工装备制造业发展潜力的综合评价值（图 9.5）。

根据沿海省区市海工装备制造业发展潜力评价结果，从市场需求支撑能力来看，广东、天津海工装备产品市场需求较高，这主要是由于两地区海洋油气产量远高于其他地区，其次是上海、山东、江苏和浙江；从相关产业支撑能力来看，江苏、广东和浙江排在前列，这主要是由于依托相关产业发展规模较大的优势；从发展环境支撑能力来看，

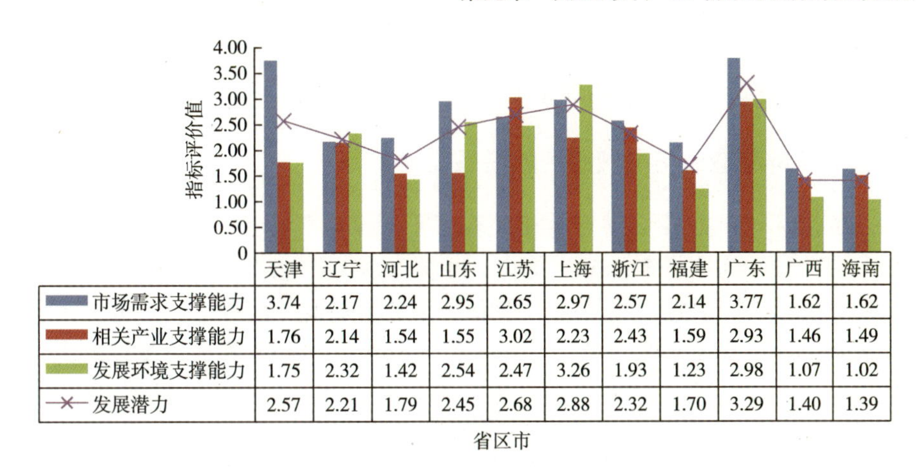

图 9.5　沿海省区市海工装备制造业发展潜力评价结果

上海、广东、山东和江苏发展海工装备制造业的环境较优。河北、福建、广西和海南等省区各指标评价值均较低，如图 9.5 所示。

（三）发展潜力的区域划分

按照沿海省区市海工装备制造业发展潜力评价结果，运用 K- 均值聚类分析方法将 11 个省区市划分为三个类型：一级发展潜力区、二级发展潜力区和三级发展潜力区。一级发展潜力区包括广东、上海和江苏三省市；二级发展潜力区包括天津、山东、浙江和辽宁等四省市；三级发展潜力区包括河北、福建、广西和海南等。该分类也通过了显著性检验（表 9.7、表 9.8）。

表 9.7　沿海省区市海工装备制造业发展潜力等级划分

等级	一级发展潜力区	二级发展潜力区	三级发展潜力区
评价值	2.68 ～ 3.29	2.21 ～ 2.57	1.39 ～ 1.80
省区市	广东、上海、江苏	天津、山东、浙江、辽宁	河北、福建、广西、海南

表 9.8　方差检验结果

指标	均方	df	F	Sig.
发展潜力指数	1.702	2	34.856	0.000

根据沿海省区市的地理构成、经济关联及所属海域特性，可将沿海 11 个省区市分为三大区域：环渤海地区、长江三角洲地区、环南中国海地区。在环渤海地区，天津和山东的海工装备制造业发展潜力最大，主要得益于两地区海工装备制造业市场需求旺盛，相比而言，辽宁省的市场需求较差，但是发展环境优势明显，河北省发展海工装备制造业的基础最为薄弱，可作为环渤海地区发展海工装备制造业的辅助支撑；在长江三角洲地区，上海发展海工装备制造业的潜力最大，市场需求和发展环境支撑能力较强，而相关产业支撑能力较差，而江苏发展潜力中相关产业支撑能力在沿海省区市位列首位，恰好与上海优势互补，同时浙江省也可成为区域海工装备制造业发展的重要支撑；在环南中国海地区，广东省发展海工装备制造业的优势突出，其他三省区发展潜力较差，可作

为区域产业发展的支撑。加强区域统筹规划，集中区域内资源协调利用，对各区域的产业发展进行专业化分工，是实现产业快速、健康发展的关键。

四、海工装备制造业与陆域经济的联系及启示

第一，各指标与产业发展潜力的相关程度不同。本节构建产业发展潜力评价体系，将发展潜力指数分解为市场需求支撑能力、相关产业支撑能力和发展环境支撑能力三个层面，这 3 个变量共同决定了沿海省区市海工装备制造业的发展潜力。分析评价各省区市海工装备制造业市场需求支撑能力、相关产业支撑能力和发展环境支撑能力对其发展潜力的贡献能力，对于提高产业发展潜力具有参考价值。因此，本节将沿海 11 个省区市的 3 个指标与发展潜力进行相关分析，结果如表 9.9 所示。从相关分析结果来看：发展潜力与 3 个变量的相关性均很强，且在 0.01 水平（双侧）上显著相关，与发展环境支撑能力关联度最高（达 0.913），与市场需求支撑能力和相关产业支撑能力关联度分别为 0.889、0.771，因此可以说发展环境支撑能力对海工装备制造业发展潜力的贡献度最高，增加科技投入、改善政策环境及提高投资额可以有效提高产业的发展潜力。

表 9.9　产业发展潜力与市场需求支撑能力、相关产业支撑能力、发展环境支撑能力相关分析

相关性		市场需求支撑能力	相关产业支撑能力	发展环境支撑能力	发展潜力
市场需求支撑能力	Pearson 相关性	1.000	0.494	0.676*	0.889**
	显著性（双侧）		0.123	0.022	0.000
相关产业支撑能力	Pearson 相关性	0.494	1.000	0.690*	0.771**
	显著性（双侧）	0.123		0.019	0.005
发展环境支撑能力	Pearson 相关性	0.676*	0.690*	1.000	0.913**
	显著性（双侧）	0.022	0.019		0.000
发展潜力	Pearson 相关性	0.889**	0.771**	0.913**	1.000
	显著性（双侧）	0.000	0.005	0.000	

*表示在 0.05 水平（双侧）上显著相关；**表示在0.01水平（双侧）上显著相关

第二，各省区市发展海工装备制造业的潜力来源各有侧重。市场需求支撑能力、相关产业支撑能力和发展环境支撑能力 3 个变量共同影响海工装备制造业的发展潜力，对沿海省区市而言，发展海工装备制造业的优势、劣势各有侧重。以江苏、广东两省对比，江苏相关产业支撑能力对产业发展潜力的贡献度更高，而广东省发展海工装备制造业的优势则主要来自市场需求潜力。在此基础上，对沿海省区市发展海工装备制造业潜力评价结果进行区域划分，结果表明三大区域内发展海工装备制造业潜力存在不同层级，根据各地区发展海工装备制造业的优劣势因素，因地制宜，明确地区定位及产业发展前景，对于提高产业发展潜力、实现区域内的统筹协调发展、把握产业发展方向具有指导意义。

第三，各省区市海工装备制造业发展潜力的分类是地区产业发展途径选择的重要依据。本节运用聚类分析方法，对沿海 11 个省区市海工装备制造业的发展潜力划分为三个等级：一级发展潜力区是优先鼓励发展海工装备制造业的省区市，该地区产业市场需求前景相对广阔，相关产业基础雄厚，且科技投入、金融投资及政策环境比较优越，产业发展潜力大，应当鼓励发展；二级发展潜力区发展海工装备制造业既有优势也有劣势，

这些省区市可以适当发展海工装备制造业，注意控制规模，折长补短，避免低质化的重复竞争，发挥自身优势的同时不断规避自身劣势，逐步成长为一级发展潜力区；对于三级发展潜力区而言，发展海工装备制造业基础相对薄弱，市场需求较小，相关产业支撑能力不足，而海工装备制造业所需基础建设投资庞大，因此更应认真审视本区域发展海工装备制造业的适应性，切忌盲目跟风，合理控制海工装备制造业规模，避免造成产能过剩和资源浪费。

第四节　沿海港口货运量与国民经济的关系研究

一、沿海港口的发展历程及现状分析

在经济全球化和我国经济快速增长的大背景下，作为对外贸易的口岸和枢纽，我国沿海港口的发展一直处于上升时期。中华人民共和国成立以来，特别是改革开放40多年，我国一直处于城市化、工业化的快速发展阶段，沿海港口建设投资及货物吞吐量均呈现出阶段性快速增长态势（表9.10）。自2003年起，我国港口货物吞吐量和集装箱吞吐量连续十多年保持世界第一，全球排名前十大港口中，中国占7席。目前，已基本形成港口布局合理、专业码头齐全、配套设施完整、功能完善的现代化港口群，为国民经济发展和对外贸易增长提供了有力保障。从发展历程来看，沿海港口的建设发展可划分为以下五个阶段。

表9.10　不同阶段我国沿海港口生产及建设投资情况

发展时期	港口生产		港口建设		
	货物吞吐量 / 万吨	年均增速 /%	建设投资 / 亿元	新建及改（扩）建泊位数 / 个	新增吞吐能力 /（万吨 / 年）
恢复生产阶段（1949～1972年）	452 → 10 504	14.66	—	250	6 197
起步发展阶段（1973～1978年）	12 040 → 19 834	10.50	—	533	11 061
全面建设阶段（1979～1990年）	21 257 → 48 321	7.75	172	282	21 801
港口体系形成阶段（1991～2000年）	53 220 → 125 603	10.01	677.7	569	31 779
全面提升阶段（2001～2012年）	142 634 → 665 245	15.03	7 235.19	3 054	265 420

（1）恢复生产阶段（1949～1972年）。20世纪50年代，中央人民政府确定了“为恢复生产服务”的航运工作方针，进入60年代，各种指令性运输物资计划，尤其是铁矿石、焦炭的运量急剧增长，沿海港口新建了一批多用途、原油、化工品等类型的码头。这一阶段我国港口的发展以技术改造、恢复利用为主要特征。中华人民共和国成立初期，我国沿海港口码头泊位数仅75个，至1972年增至约250个，货物吞吐量由452万吨增加到10 504万吨，年均增速14.66%。

（2）起步发展阶段（1973～1978年）。1973年，周恩来总理发出了“三年大建港”的号召，掀起了中华人民共和国成立后的第一次港口建设高潮，这一阶段港口发展以基础设施建设、生产能力提高为主要特征。在此背景下，沿海港口建成了一批机械化、半机械化大型专业码头泊位，1978年底，沿海港口码头泊位数达到533个，完成货物吞吐量为19 834万吨。

（3）全面建设阶段（1979～1990年）。在全球经济一体化的浪潮下，生产要素在全世界范围内流动，对外贸易迅速发展。20世纪70年代末开始，我国实行向沿海倾斜的非均衡区域发展战略，全面进入了工业化发展时期。东部沿海地区率先实行改革开放政策，而沿海港口作为对外联系的枢纽，港口建设成为国民经济的战略重点。在这一阶段，我国沿海港口发展形成以煤炭为主要能源的运输大通道和以杂货泊位为主的外贸码头建设的主要特征。1989～1990年，累计投资172亿元，新增及改（扩）建泊位数282个，新增万吨级泊位146个。截至1990年底，沿海主要港口生产性泊位达到1200个，其中万吨级以上泊位284个，完成货物吞吐量48 321万吨。

（4）港口体系形成阶段（1991～2000年）。在这一时期，我国改革开放不断深化，以重化工业为特征的经济结构日益明显，推进了沿海港口泊位深水化、专业化建设。十年间，沿海港口建设累计投资677.7亿元，重点建设我国海上主通道的枢纽港及煤炭、集装箱、客货滚装等三大运输系统的码头设施，基本形成了以大连、秦皇岛、天津、青岛、上海、深圳等20个主枢纽港为骨干、区域性重要港口为补充、中小港适当发展的分层次的港口体系。1991～2000年，我国沿海港口码头泊位数由1211个增加到1772个，其中新增万吨级泊位237个，货物吞吐量由53 220万吨增至125 603万吨，年均增速10.01%。

（5）全面提升阶段（2001～2012年）。2001年，中国加入世界贸易组织，融入经济全球化的步伐加快，为了适应贸易自由化、国际运输一体化和现代信息网络技术的发展要求，沿海港口加大了专业化、大型化、现代化深水泊位的建设投资，并积极推进老港区的功能调整和技术改造。2001～2005年，沿海港口累计投资1407.3亿元，新增吞吐能力5.24亿吨。到2005年底，我国沿海港口体系不断完善，形成了规模庞大和相对集中的五大港口群，构建了以五大货种（集装箱、煤炭、金属矿石、石油、粮食）为主线的沿海港口货运系统。2006～2012年，沿海港口投资力度加大，累计投资额达5827.9亿元，新增吞吐能力21.3亿吨。至2012年底，我国沿海港口泊位数为5715个，其中万吨级泊位1453个，占用码头岸线长721.2千米，完成货物吞吐量66.52亿吨。

综上分析，沿海港口为各产业部门发展提供原材料、产品等运输服务，同时也是融入世界经济一体化的重要纽带，对社会经济发展具有重要意义。港口建设与生产能力很大程度上受国民经济发展阶段、经济发展方式、国际产业转移态势、对外贸易及相关发展政策等环境因素的影响，两者相辅相成、紧密联系。

二、经济发展阶段对沿海港口货运量的影响

港口是水陆交通的集结点和枢纽，是工农业产品和外贸进出口物资的集散地，其服务对象涉及国民经济各个部门。沿海港口的发展为社会经济发展提供了必要的服务保障，可以说，沿海港口的发展是陆域社会经济活动的派生需求。从经济发展的角度来看，处

于不同发展阶段的经济体系将表现出不同的产业特点，进而影响国民经济各部门的发展特征。因此，明确处于不同经济发展阶段的社会经济特征和生产状况，对于把握沿海港口的生产特点具有重要意义。

（一）经济发展阶段的划分及特征

对经济发展阶段特征和规律的把握是一国制定经济战略的科学基础，是发展经济学研究的重要领域，引起了世界各国经济学家持续而广泛的关注。关于经济发展阶段的研究最早起源于20世纪20年代，以罗斯托、钱纳里、霍夫曼、库兹涅茨、诺瑟姆、弗里德曼等为代表的西方经济学者基于不同的研究角度和考察问题的方法，对经济发展阶段的划分进行了一系列的探索。尽管划分的依据和结论各有侧重，但对于解释经济发展阶段性的普遍规律都具有启发意义。改革开放以后，我国开始了市场经济体制转型，很多学者开始借鉴西方经济学的相关理论对中国经济发展阶段的划分标准进行广泛的讨论。总体来看，经济发展阶段理论的研究可分为三类：一是以霍夫曼、罗斯托和刘易斯等为代表的结构主义观点，认为经济发展的本质是生产结构的变化，经济发展阶段的划分取决于工农业部门（消费品和资本品）的产值比重；二是以库兹涅茨为代表的总量主义观点，认为经济发展过程最终是一个总量扩张的过程，并选用人均GDP作为衡量一国经济发展阶段的最直接指标，世界银行等国际组织在对各国进行分类时往往也采用该指标作为划分依据；三是综合主义观点，认为单一指标不能全面、科学地判定一国（地区）所处的经济发展阶段，而应该是若干指标（如产业结构、经济总量和人口结构等）的综合评价。

综合已有的研究成果，本部分对不同经济发展阶段的生产特征进行归纳梳理（表9.11）。可以看出，经济发展是国民经济由低水平向高水平演进的过程，同时也表现为经济规模、产业结构、消费结构、空间结构、对外贸易等多方面协调发展的过程。结合现阶段经济发展的实际情况，我国正处于经济发展的第三阶段——全面工业化阶段。

表9.11　不同经济发展阶段的主要特征

发展阶段	传统经济阶段	工业化初期	全面工业化阶段	后工业化阶段
产业结构（三产比重）	Ⅰ＞Ⅱ＞Ⅲ	Ⅱ＞Ⅰ＞Ⅲ	Ⅱ＞Ⅲ＞Ⅰ	Ⅲ＞Ⅱ＞Ⅰ
主导产业	农业	劳动密集型产业为主，如食品、纺织、采矿、建材等	资本密集型产业为主，如冶金、机械、能源和化工等	智力和技术密集型现代服务业为主，如金融、信息、运输、商务服务等
经济规模①，用人均国民收入（美元）表示	＜745	746～2975	2976～9205	⩾9206
消费结构	食品支出比重大	对工业品需求增加（特别是轻工业产品）	转向耐用消费品和劳务服务，并呈多样性和多变性特点	从耐用消费品和劳务服务转向文化娱乐享受
空间结构	无序均衡状态	增长极发展	城市化进程加快，空间分布不平衡	城市空间分布均衡化
对外贸易	低	轻工业产品、初级加工品为主	大宗能源、矿石、钢材及工业制成品等为主	高技术产品、服务贸易为主

注：表中Ⅰ、Ⅱ、Ⅲ分别表示第一、第二、第三产业。经济规模：采用2012年世界银行对高中低收入国家的分类标准

（二）我国经济发展对沿海港口的需求分析

国民经济由低级阶段向更高级阶段演进和发展的过程推动着港口货运需求的演进。处于不同经济发展阶段的国家（地区）在产业结构、对外贸易等方面表现出不同特征，而产业结构、经济规模和对外贸易等对海运业的货运量与货运种类产生了不同的需求。货运吞吐量是衡量沿海港口发展的最重要统计指标，表明了一定时期内海洋运输的最终成果，是体现国民经济货物运输需求的重要表征。沿海港口分类货物中煤炭及制品、石油、天然气及制品、金属矿石、粮食和集装箱约占总货物吞吐量的 80%，图 9.6 列示了 1979 ～ 2012 年五类主要货物吞吐量的变化情况。可以看出，各类货物吞吐量均呈现大幅增长的态势，2000 年之后增幅更加明显。从各类货物吞吐量结构来看，初期的粮食吞吐量在很长一段时间占据主导地位，随后煤炭及制品、石油、天然气及制品、金属矿石等吞吐量相继开始增长。值得关注的是，我国的集装箱运输兴起于 20 世纪 90 年代，以其高效、便捷、安全的特点迅速发展成为交通运输现代化的重要形式，对促进经济贸易发展、改善经济结构和运输结构发挥了重要作用。沿海港口的货物运输结构从侧面反映了我国社会经济发展对海运业的需求结构：经济发展处于较低水平时表现出以粮食为主的货运结构，随着经济进入工业化阶段，煤炭、石油、天然气、金属矿石等大宗能源运输逐渐成为货运的主要需求，同时科学技术的革新催生了新的运输方式——集装箱运输。

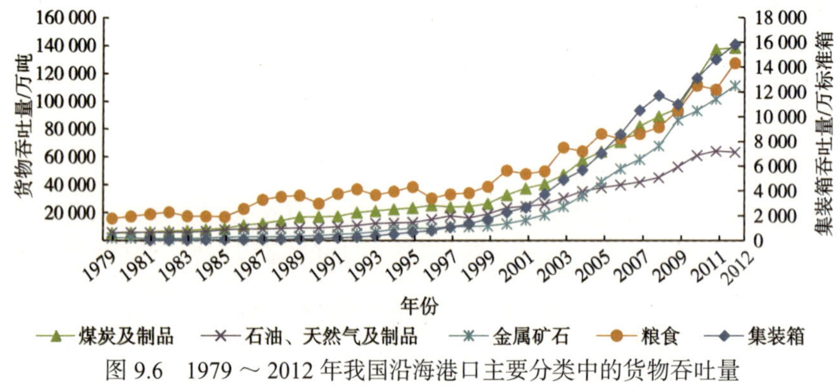

图 9.6　1979 ～ 2012 年我国沿海港口主要分类中的货物吞吐量

三、沿海港口货运量与经济发展的关系研究

（一）影响沿海港口货运量的主要经济指标

沿海港口货运量与国民经济各方面均有密切联系，而经济发展是一个综合、系统和动态的概念，是经济、社会、科技、环境等综合发展能力的集中综合体现。国内外诸多学者关注和研究了海运业发展与经济发展水平、产业结构等的关系，为本节的研究提供了很好的参考和借鉴。

基于科学性、全面性、合理性和可操作性等原则，结合我国社会经济发展实际，本节认为影响沿海港口货运吞吐量的经济因素可以归纳为四方面：一是经济发展规模，反映出经济发展对海运贸易的需求动力，涉及经济规模、财政实力、投资能力和人力资源等方面，分别选取 GDP、财政总收入、固定资产投资额和从业人员数等指标。二是经济结构与效率，产业结构特别是工业结构在很大程度上影响着贸易结构和货运结构，而经济运行效率则反映了国民经济的投入产出效果，从而在一定程度上影响着货运结构和效率，因此选用第二产业占 GDP 比重、轻重工业比和全社会劳动生产率等指标。三是对外贸易水平，选取进口总额、出口总额分别表示国民经济对国际市场的聚集和辐射能力，而实际利用外资额反映了经济发展过程中吸引外资的水平。外贸货运量中 90% 以上的货物通过海上运输完成，因此对外贸易水平直接影响着沿海港口货运量。四是科技创新能力，反映了一国经济发展的创新活力，影响着国民经济各产业部门的技术水平，进而决定了各产业的产品特性和产品需求，涉及科技产出水平、研究与开发投资额和资本市场成熟度，因此选取高技术产业主营业务收入、研究与开发经费支出额和上市公司数量等指标。基于以上分析，筛选确定了影响沿海港口货运吞吐量的 13 项经济指标（表 9.12）。

表 9.12　影响沿海港口货运吞吐量的主要经济指标

项目	主要内涵	具体指标
经济发展规模	经济规模	地区生产总值（亿元）
	财政实力	财政总收入（亿元）
	投资能力	固定资产投资额（亿元）
	人力资源	从业人员数
经济结构与效率	产业结构	第二产业占 GDP 比重（%）
	工业结构	轻重工业比（%）
	经济效率	全社会劳动生产率（元 / 人）
对外贸易水平	辐射能力	出口总额（亿元）
	聚集能力	进口总额（亿元）
	吸引外资	实际利用外资额（亿美元）
科技创新能力	科技产出水平	高技术产业主营业务收入（亿元）
	研究与开发投资额	研究与开发经费支出额（亿元）
	资本市场成熟度	上市公司数量（个）

由于各类经济要素对海运业的影响力存在差异，首先对四类指标赋权重，前文已有介绍，主观赋权法更适用于类别不同的领域层赋权，因此选用层次分析法对四类指标进行赋权，结果如表 9.13 所示。

表 9.13　四类经济要素的层次分析法赋权结果

综合竞争力	经济发展规模	经济结构与效率	对外贸易水平	科技创新能力	权重（w_i）
经济发展规模	1.0000	2.0000	1.0000	3.0000	0.3512
经济结构与效率	0.5000	1.0000	0.5000	2.0000	0.1887
对外贸易水平	1.0000	2.0000	1.0000	3.0000	0.3512
科技创新能力	0.3333	0.5000	0.3333	1.0000	0.1089

（二）沿海港口货运量与经济要素的关联度分析

沿海港口货运量与国民经济各指标间的联系比较复杂，国民经济的繁荣发展支撑了沿海港口的货运市场需求，而沿海港口的发展又为陆域产业部门的货物流通提供了运输服务，二者相辅相成，密切联系。沿海港口吞吐量受经济发展状况、产业结构、对外贸易等诸多因素的影响，因果联系复杂多变，存在诸多无法确知的联系，符合灰色系统理论的特征，因此选用灰色系统关联模型测度沿海港口发展与国民经济间的关联度系数。考虑到统计口径的一致性和资料的可得性，本节利用 1990 ～ 2012 年《中国统计年鉴》《中国港口年鉴》获得沿海港口货运吞吐量、国民经济各相关指标的原始资料数据，并对数据进行标准化处理，最后根据以下步骤计算沿海港口货运量与各项经济指标的关联矩阵。

（1）选取沿海港口货运量作为参考数列（母序列）：

$$X_0 = \{X_0(k) | k = 1,2,\cdots,n\} = (X_0(1), X_0(2), \cdots, X_0(n)) \tag{9.3}$$

其中，k 表示时刻，且 n=12 年。

（2）计算比较数列 X_i 对参考数列 X_0 在 k 时刻的关联系数：

$$\zeta_1(k) = \frac{\min\limits_i \min\limits_k |X_0(k) - X_i(k)| + \rho \max\limits_i \max\limits_k |X_0(k) - X_i(k)|}{|X_0(k) - X_i(k)| + \rho \max\limits_i \max\limits_k |X_0(k) - X_i(k)|} \tag{9.4}$$

其中，$\rho \in [0,1]$ 表示分辨系数。一般来讲，选取分辨系数为 0.5。

（3）计算各序列间关联度系数：

$$r_i = \frac{1}{n}\sum_{k=1}^{n}\zeta_1(k) \tag{9.5}$$

（4）综合关联度计算模型：

$$r = \sum_{i=1}^{n} w_i \times r_i \tag{9.6}$$

其中，w_i 表示各指标序列的权重。需要说明的是，根据灰色系统关联的基本理论，当 $0<r<0.4$，表示序列间的关联程度为弱；当 $0.4<r<0.7$，表示关联水平中等；当 $0.7<r<0.9$，表明序列间存在较强的关联度；当 $0.9<r<1$，则序列间关联度极强。

根据灰色关联度模型的计算过程，可得出 1990 ～ 2012 年我国沿海港口货物吞吐量与国民经济各项指标间的灰色关联度系数（表 9.14），该系数反映了两者之间关联程度的动态变化过程。结果如下。

表 9.14 1990 ～ 2012 年我国沿海港口货物吞吐量与经济发展的关联系数

年份	经济发展规模	经济结构与效率	对外贸易水平	科技创新能力	综合关联度
1990	0.8447	0.7149	0.8529	0.8361	0.8221
1991	0.8620	0.7370	0.8528	0.8420	0.8330
1992	0.8800	0.8094	0.8720	0.8580	0.8615
1993	0.8972	0.7733	0.9532	0.8926	0.8930
1994	0.9214	0.8236	0.9520	0.9247	0.9141
1995	0.9290	0.7281	0.9220	0.9063	0.8862
1996	0.9435	0.7069	0.9006	0.9747	0.8872
1997	0.9084	0.7031	0.8619	0.9160	0.8542
1998	0.8696	0.7549	0.8825	0.8826	0.8539

续表

年份	经济发展规模	经济结构与效率	对外贸易水平	科技创新能力	综合关联度
1999	0.8731	0.8334	0.9206	0.8788	0.8829
2000	0.8948	0.7336	0.9074	0.8746	0.8666
2001	0.8849	0.8406	0.9615	0.8797	0.9029
2002	0.8868	0.7965	0.9450	0.8608	0.8874
2003	0.8601	0.8143	0.9766	0.8583	0.8922
2004	0.8299	0.8169	0.9505	0.8530	0.8723
2005	0.8131	0.7554	0.8915	0.9064	0.8399
2006	0.8155	0.7575	0.8479	0.8651	0.8213
2007	0.8728	0.9134	0.8418	0.8485	0.8669
2008	0.9404	0.9553	0.8714	0.8933	0.9138
2009	0.9291	0.7681	0.8055	0.8834	0.8503
2010	0.7848	0.7309	0.8896	0.9406	0.8284
2011	0.7676	0.6566	0.8885	0.8981	0.8033
2012	0.7464	0.5709	0.8469	0.7957	0.7540
均值	0.8676	0.7693	0.8954	0.8813	0.8603
变异系数 /%	6.26	10.50	5.12	4.31	4.46

（1）关联度总体水平较高。我国沿海港口货物吞吐量与国民经济发展及各子系统间均存在较高的关联度，其中沿海港口货运量与对外贸易水平的关联度最高，均值达0.8954，其次为科技创新能力和经济发展规模，最后是经济结构与效率。从对外贸易水平来看，沿海港口作为交通运输系统的重要环节，承担着国民经济建设过程中所需能源、原材料、产品等与国际市场的流通任务，是连通国内外市场的枢纽，因此与进出口贸易额、实际利用外资情况有密切联系，总体上关联性最为明显。对科技创新能力而言，尽管科技创新能力并未直接产生货运需求，但通过提升运输组织方式的效率、促进产业结构升级等提升各类经济实体的活跃度，进而与沿海港口系统产生间接关联，与货运量关联系数为0.8813，排第2位。从经济发展规模来看，沿海港口运输本身属于第三产业的范畴，经济规模的扩大必然引发对能源、原料和产品等货物的运输需求，因此两者之间存在较强的关联性。相比而言，经济结构与效率与货物吞吐量的关联度较低，均值为0.7693，这主要是由于产业结构的调整直接影响产品货运结构，然而货物吞吐量仅反映了海洋运输的产品数量，并不能反映各种货物的数量差别，因此关于产业结构与货运结构的联系问题将在后面加以详细说明。

（2）关联系数呈现明显的波动趋势。变异系数可以用于描述沿海港口货物吞吐量与国民经济各子系统关联度的离散程度，进而揭示各年度关联系数变化幅度及稳定性。计算结果表明沿海港口发展与经济发展规模、对外贸易水平、科技创新能力及国民经济综合关联度的变异系数较低，表明其关联关系相对稳定，而与经济结构与效率的关联度离散程度达到10.5%，二者的关联稳定性较差，波动性较为明显。从表9.14中的数据还可以看出，沿海港口货物吞吐量和经济结构与效率的关联度呈现明显的波动，2008年二者关联系数达到最大值0.9553，但之后开始不断下降，至2012年此系数仅为0.5709。这主要是由于经济结构调整与沿海港口的货物吞吐量变动存在一定的时滞性，二者并非完全同步。通过查阅相关统计资料，可以发现我国第二产业比重自 2008 年之后开始下降，同时期的重工业与轻工业的产值比例也开始下降，而 2008 ～ 2012 年沿海港口货物吞吐量仍以 12% 的增幅增长，因此两个系统的发展趋势产生偏离，关联度降低。

（三）沿海港口分货类吞吐量与产业结构的关联关系

沿海港口的发展为国民经济各部门的生产需求提供运输服务，二者的密切联系不仅包含直接的货运需求，也包括间接需求。本节选择粮食、煤炭及制品、石油、天然气及制品、金属矿石、集装箱等五类货物，深入分析国民经济主要物质生产部门与海运业主要运输货类间复杂的供需联系（图 9.7），图中实线表示各产业部门对海上货运的直接需求，虚线则表示间接货运需求。可以看出以下内容。

（1）直接货运需求。直接货运需求描述的是国民经济各物质生产部门在产品生产、流通过程中对原材料、能源、产品等的运输服务需求。从图 9.7 中可以看出，粮食的货运需求相对单一，主要来自第一产业（包括农业、林业、牧业、渔业）的农产品；煤炭及制品的直接货运需求主要来自煤炭采选业、电力、热力生产和供应业等；石油和天然气开采业、石油加工及炼焦业、燃气生产和供应等以石油、天然气及其制品为主要原料，进而产生货运需求；而金属矿石的直接货运需求则来自金属矿采选业和金属冶炼等。随着集装箱技术的提升，适箱货物种类越来越多，农业、轻工业、装备制造业、石化工业甚至是金属冶炼工业等部门产品均可以采用集装箱运输，这推动了集装箱运输以年均 23% 的速度高速增长。

（2）间接货运需求。煤炭及制品、石油、天然气及制品、金属矿石等属于战略性资源，为国民经济各部门发展提供了重要的动力能源和矿产资源。因此，尽管不存在直接货运需求联系，但各产业部门的发展与货物运输存在复杂的间接需求联系。以石化工业为例，产业发展所需直接原材料为石油、天然气、化学原料等，但产业运行过程中仍需要输油管道、采油、加工机械等相关设备及电力、热力动能，进而对金属矿石、煤炭等产生间接需求联系，通过产业链条的延伸，这种间接联系更加复杂。

从国民经济各部门发展情况与货物吞吐量的增长趋势来看，中国作为人口第一大国，粮食等农产品贸易关系国计民生，1990 ～ 2012 年，粮食吞吐量增长趋势平稳，年均增速 7.4%；随着近年来金属冶炼工业（特别是钢铁工业）、装备制造业和石化工业等部门的快速发展，对金属矿石的需求量以年均 17% 的速度增长，煤炭及制品、石油和天然气及其制品等也分别以 10%、9.3% 的速度增长；集装箱运输则凭借其高效、便捷、安全的特点和运输、装卸成本低的优势，随着适箱货物种类的增多，实现年均增速 23% 的快速发展。与此同时，国民经济各部门，特别是工业各部门基本保持年均 20% 的比例快速扩张，推动着我国工业化进程不断加快。这也从侧面反映出，伴随着我国经济发展和产业结构调整步伐的加快，海洋货物运输也同样表现出高速增长的趋势，二者存在密切且复杂的联系。因此，沿海地区港口建设的规模、结构、布局应该适应国民经济发展的要求。

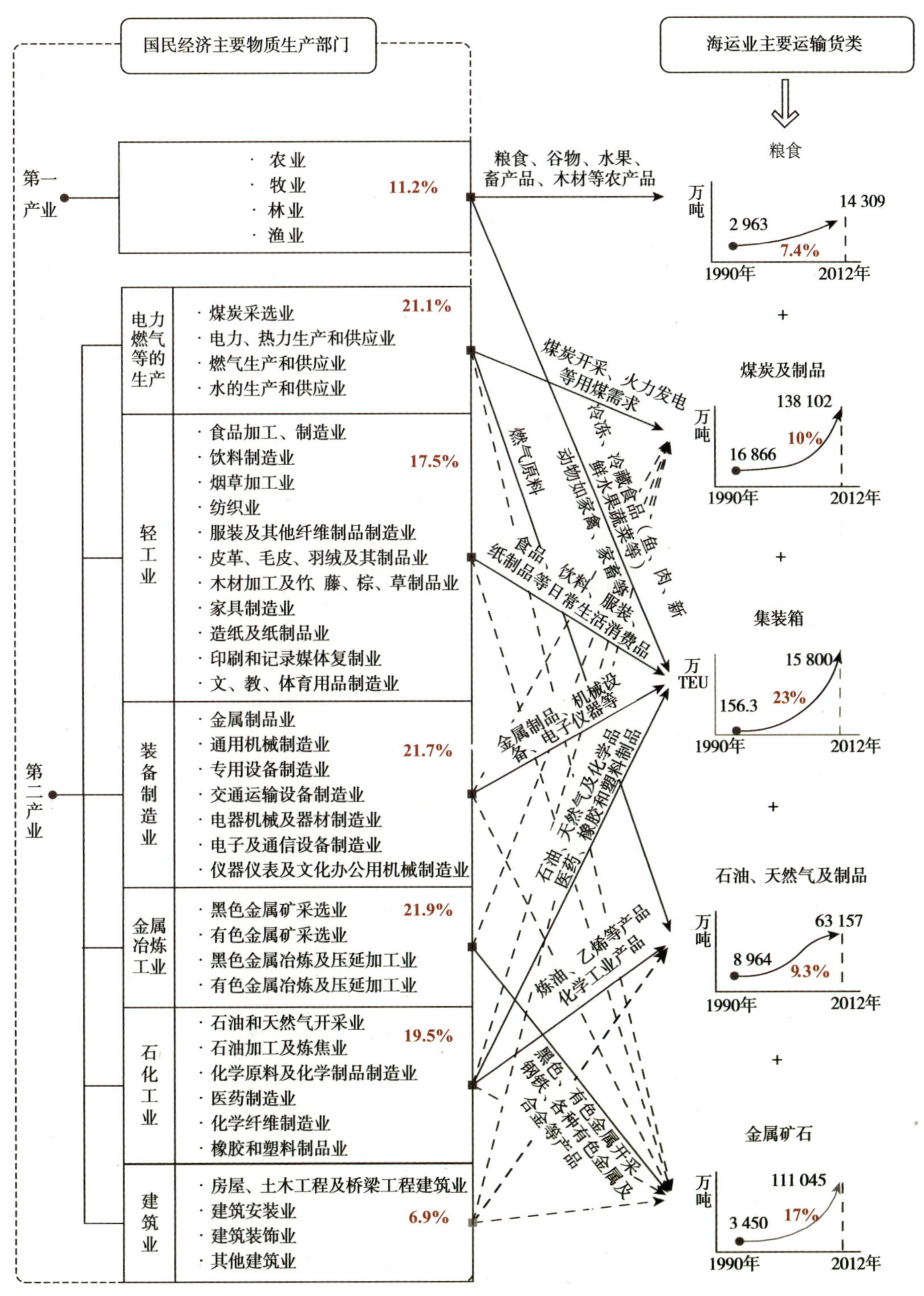

图 9.7　国民经济主要物质生产部门与海运业主要运输货类间复杂的需求关系示意图

图中红色数字表示1990～2012年国民经济各部门与主要货类吞吐量的年均增速

第十章　沿海省区市海洋产业结构差异化演进研究

海洋是我国经济社会发展的重要战略空间，是孕育新产业、引领新增长的重要领域，在我国经济社会发展中发挥着重要的作用。海洋产业结构是指海洋产业各部门之间的比例构成及各部门之间相互依存、相互制约的关系，合理的海洋产业结构直接影响海洋经济发展的速度和质量，是实现海洋经济可持续发展的重要保证。2005 年以来，我国海洋经济总量呈现稳步增长趋势，但海洋经济增速却有所下降，同时我国海洋经济发展仍然处于依赖资源的粗放型发展模式，存在部分产业结构性产能过剩，新兴海洋产业尚未形成一定规模及海洋科技创新能力不足等问题。因此，只有正确认识海洋产业结构演进特征及其发展规律，才能推进海洋领域供给侧结构性改革，促进海洋经济发展方式转变。

目前，国内学者对产业结构的研究主要集中在产业结构演进的特征与机理，产业结构变迁对经济增长的影响，能源效率与产业结构的耦合关系，进出口贸易结构，技术创新和金融对产业结构的影响等方面。相比于陆域产业结构的研究，海洋产业结构的研究相对较少，主要集中在：①海洋产业结构变动对海洋经济增长的贡献。例如，狄乾斌等（2014）测算了海洋产业结构的贡献度，提出海洋产业结构变动与海洋经济增长具有明显的正相关关系。②海洋产业结构优化升级。例如，周洪军等（2005）探讨了海洋产业结构的现状及影响因素，分析海洋产业结构存在的问题并提出优化措施；张红智和张静（2005）较早分析了我国海洋产业的划分方法、海洋产业结构现状及存在的问题，在此基础上提出了海洋产业的优化目标、原则及改进措施。武京军和刘晓雯（2010）对沿海各省区市海洋产业的发展情况进行了定量刻画，并提出了优化调整方向。③海洋产业结构演进规律。例如，曹忠祥等（2015）基于区域视角探讨了区域海洋经济的结构性特征及演变规律。张静和韩立民（2006）分析了产业结构的演进规律，并将其划分为四个阶段。④省际尺度海洋产业结构分析。例如，孙才志等（2014a）分别对辽宁、山东、广东和江苏海洋产业结构进行了分析，同时提出了海洋产业持续发展的对策建议。

总体来看，学者们关于海洋产业结构的理论研究比较丰富，但多是对海洋产业结构的整体性评价，研究视角较为单一。空间方面，多为全国和省域范围的研究，缺乏空间上的对比分析。因此，本章基于我国海洋产业发展现状，借鉴《中国（大陆）区域社会经济发展特征分析》中八大经济区的观点，以北部沿海地区、东部沿海地区、南部沿海地区为研究区域，在经典偏离份额模型基础上，应用分量结构修正和增速标准化处理的比例性偏离份额模型，以 ArcGis 9.3 为工具，对我国沿海各省区市海洋产业结构演进特征进行对比与讨论，以期为海洋产业结构调整提供一定的理论参考。

第一节　研究方法与数据来源

一、偏离份额法

经典偏离份额模型包含的不是真正意义上的结构和竞争分量，二者存在相互交织的情况，其诸多拓展模型为分离二者又产生了更多的残差分量。而比例性偏离份额模型通过在分量结构中置换共享分量、直接嵌入区域分量和重组残差分量实现了区域分量和结构分量的初步分离；又通过区域、产业增速标准化处理分别排除了产业结构差异（即区域产业比例）和产业规模差异（即产业区域比例）的影响，最终实现了区域分量和结构分量的完全分离。比例性偏离份额模型的结构分量将区域产业结构与地区产业结构相比较，更能反映区域产业结构的优劣及区域之间的差异，更重要的是新结构分量同时反映了区域产业规模结构和增速结构差异，即揭示了区域规模和增速占优产业的集中分布情况。模型结构如下：

$$\sum_{i=1}^{S} X_{ij} r_{ij} = \sum_{i=1}^{S} X_{ij} r_i' + \sum_{i=1}^{S} X_{ij}(r_i' - r') + \sum_{i=1}^{S} X_{ij}[(r_{ij} - r_j') - (r_i' - r')] \tag{10.1}$$

模型中各标准化增速分别按式（10.2）计算：

$$r_j' = \sum_{i=1}^{S} r_{ij} \frac{X_i}{X}；\quad r_i' = \sum_{j=1}^{R} r_{ij} \frac{X_j}{X}；\quad r' = \sum_{i=1}^{S} r_i' \frac{X_i}{X} = \sum_{j=1}^{R} r_j' \frac{X_j}{X} \tag{10.2}$$

其中，X 表示海洋产业产值；r 和 r' 表示海洋产业产值增长速度和标准化增速；j 和 i 分别表示区域和产业，分别设定其数量为 R 和 S，如 X_{ij} 表示 j 区域 i 产业于基期的就业量。式（10.1）右边三个分量分别为地区共享分量（简称共享分量），即区域各产业基期初始量参照地区相应产业标准化增速应享有的增长量，作为参照基准以便从总增量中分离出偏离分量；区域偏离分量（简称偏离分量），即区域各产业基期初始量参照区域与地区标准化增速差值产生的增量，表征区域相对于地区的竞争优势（指竞争偏离分量为正值）；结构偏离分量（简称结构分量），即区域各产业基期初始量参照其增长速度与区域标准化增速差值同地区相应产业标准化增速与地区标准化增速差值的差值产生的增量，表征区域相对于地区的结构优势（指结构偏离分量为正值）。

二、“三轴图”法

“三轴图”是由原点 O 引出的三条两两相交成 120 度的射线，分别记为 X_1、X_2、X_3，三轴尺度均为三次产业产值占总产值的百分比，则有 $X_1+X_2+X_3=100$。把 X_1，X_2，X_3 坐标分别标在对应轴上，依次得到 A，B，C 三点，连接这三个点就得到一个三角形，为该年度的结构三角形。从这个三角形的形状可以看出三次产业分布的情况（吴碧英，1994）。通过三角形重心位置的变化来判定产业结构是否发生了质的变化。把 X_1 轴和 X_2 轴作为平面轴（仍取百分点为单位），建立仿射坐标系｛设其仿射坐标为（X_1，X_2）｝，仿射坐标轴及两轴角的角平分线将平面划分为六个区域，依次记为区域 1 ～ 6，则结构三角形的三个顶点仿射坐标分别为 A（X_1，0）、B（0，X_2）、C（$-X_3$，$-X_3$）。重心位置有跨区域变化，表明 X_i 大小顺序改变，产业结构发生了质变。不同区域代表三次产业不同的比例关系。产业结构演进的高级化过程，就是产业结构重心由 1 区落向 4 区的“三二一”模式，依据演进方向，分为右旋模式和左旋模式。

三、数据来源及处理

中国海洋产业官方统计口径在 1996 年和 2000 年后有所调整，2000 年后《中国海洋统计年鉴》中界定海洋第一产业包括海洋渔业及相关产业、海洋第二产业包括海洋油气业、海洋盐业、海洋矿业、海洋化工业、海洋生物医药业、海洋电力和海水利用业、海洋船舶工业、海洋工程建筑业；海洋第三产业包括海洋交通运输业和滨海旅游业等。

以省级区域作为比较单元，以沿海 11 个省区市为研究对象，同时借鉴八大经济区分类标准，根据地理邻近性原则及区域研究与区域政策分析便利性原则，选取北部沿海省市（天津、河北、辽宁、山东三省一市），东部沿海省市（上海、江苏、浙江两省一市），南部沿海省区（福建、广东、广西、海南四省区）。鉴于海洋数据的可获得性，选择 2005 年作为研究基期，各省区市海洋生产总值和主要海洋产业部门产值等相关数据均来源于 2006 ～ 2015 年《中国海洋统计年鉴》和《中国海洋经济统计公报》。为排除物价变动和通货膨胀等影响，沿海省区市历年海洋生产总值统一按 2005 年可比价格计算，计算公式如下：

$$X_{ij}^{t}=X_{ij}^{2004}\times\frac{d_{ij}^{2005}}{100}\times\frac{d_{ij}^{2006}}{100}\times\cdots\times\frac{d_{ij}^{t-1}}{100}\times\frac{d_{ij}^{t}}{100} \tag{10.3}$$

其中，d_{ij}^{t} 表示各产业生产总值指数（上一年 =100）。

第二节　海洋产业结构的省际比较

一、我国海洋产业发展水平与现状

随着海洋强国的建设，海洋经济也实现了缓中趋稳的发展态势，2005 ～ 2014 年海洋生产总值由 16 755 亿元增至 60 699 亿元；从产业结构看，增长最快的海洋三产由 8600 亿元增至 30 930 亿元，其次为海洋二产，由 8047 亿元增至 26 660 亿元（图 10.1）。就海洋产业构成而言，海洋一产比重出现下降，由 5.71% 降至 5.12%，而海洋三产比重则由 48.71% 升至 50.96%，海洋二产则是先升后降，2010 年达到最高 47.75%，2014 年降至 43.92%（图 10.2）。海洋一产比重下降与海洋三产比重升高，反映了海洋三产已成为海洋经济增长的重要组成部分，随着海洋领域供给侧结构性改革的不断深入，海洋三产将逐渐成为海洋经济增长的主导力量，海洋三产的不断增长不仅反映了海洋产业结构的优化升级，而且反映了海洋经济的高级化发展模式。

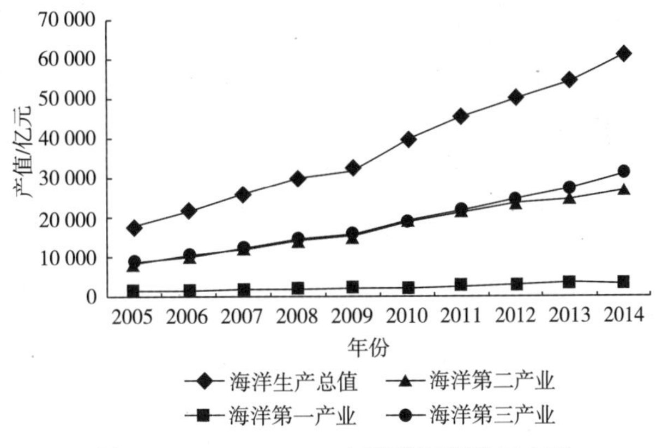

图 10.1 2005 ～ 2014 年海洋经济发展水平

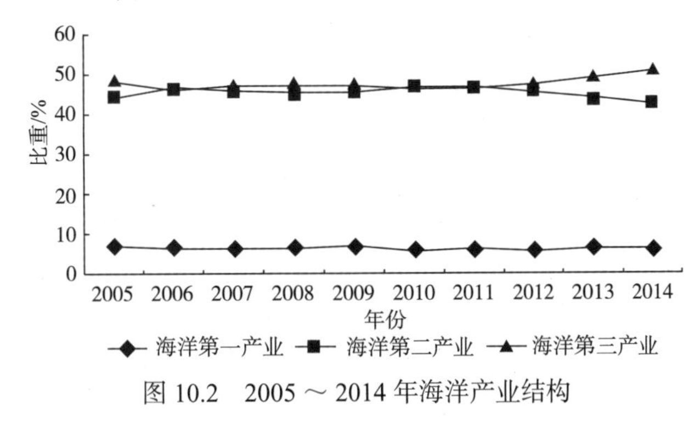

图 10.2 2005 ～ 2014 年海洋产业结构

运用三轴图分析，从 1997 ～ 2016 年的海洋产业结构演进轨迹（图 10.3）来看，我国海洋总体产业结构为“左旋模式”，重心轨迹为 6 → 5 → 4，与此同时，陆域产业结构重心轨迹为 3 → 4。表明海洋产业结构逐渐由“一三二”转为“三二一”的结构特征，海洋产业进入高级化阶段，近年来，我国大力发展海洋现代服务业，2016 年海洋第三产业增长率达到 11.4%（远高于第二产业的 3%），特别是海洋信息、海洋高科技服务的兴起，促进海洋产业转型升级。

二、沿海省区市海洋产业结构比较

自 2003 年《全国海洋经济发展规划纲要》颁布以来，北部沿海地区海洋经济实现快速增长，海洋产业工业化高于东部和南部沿海地区，这在很大程度上影响着海洋经济发展水平和海洋产业结构的地区差异。2005 年海洋一产和海洋三产是各省区市海洋经济增长的主要来源，占多数省区市海洋总产值的 70% 以上，但沿海省区市间还存在一定的差异。海洋一产比重较高的为广西（72.57%）和海南（56.96%），最低的为天津（0.64%）。海洋三产比重上海最高（88.15%），广西最低（12.92%）。海洋二产比重中较高的为江苏（39.18%）和天津（32.48%），最低的为海南（0.99%），北部的辽宁、河北、山东二产比重也均在 15% 以上。

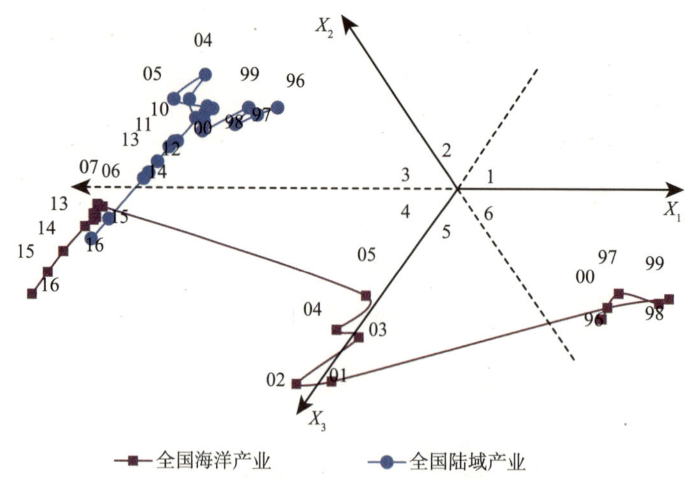

图 10.3　海洋产业与陆域产业演变轨迹比较

① 97、98、99…代表年份（1997、1998、1999…）② 1-6 代表不同产业结构，其中 1 区（一二三）、2 区（二一三）、3 区（二三一）、4 区（三二一）、5 区（三一二）、6 区（一三二）

至 2014 年（表 10.1），沿海省区市海洋一产比重均降至 25% 以下，平均为 7.7%，最低的上海仅 0.07%，最高的海南也仅为 22.26%，其中广西降幅最大，由 74.95% 降至 17.22%；海洋二产比重明显上升，除海南（19.96%）外，其他省区市均达到 35% 以上，平均比重为 41.6%，最高的天津达 62.14%，增幅最大的为福建，上升了 34 个百分点。除天津和上海外，海洋三产比重均有所提升，但最高的仍为上海（63.47%），其次为海南（57.78%）和浙江（55.28%），最低的天津为（37.57%）。海洋产业结构的变化反映了海洋产业的工业化和信息化程度，同时也将对海洋经济增长产生重要的影响。

表 10.1　2005 年和 2014 年我国沿海省区市海洋产业结构比较　　单位：%

省区市	2005 年			2014 年		
	海洋一产	海洋二产	海洋三产	海洋一产	海洋二产	海洋三产
辽宁	38.56	9.24	52.20	10.69	36.02	53.29
河北	14.78	26.38	58.85	3.67	49.14	47.19
天津	0.52	34.32	65.16	0.29	62.14	37.57
山东	39.06	18.79	42.16	7.04	45.08	47.88
江苏	27.95	34.28	37.77	5.66	51.78	42.56
上海	0.34	2.17	97.49	0.07	36.46	63.47
浙江	16.75	29.27	53.98	7.86	36.86	55.28
福建	37.98	4.06	57.96	8.04	38.45	53.51
广东	12.95	30.05	57.00	1.52	45.31	53.17
广西	74.95	8.41	16.63	17.22	36.59	46.19
海南	47.84	3.21	48.95	22.26	19.96	57.78

第三节　海洋产业结构静态比例性偏离份额分析

一、海洋产业结构比例性偏离份额的总体比较

2005～2014年，沿海省区市海洋经济共享分量、增速和总偏离分量无论与全国相比还是与省区市间平均增速相比，均存在较大差距（表10.2）。高于全国平均增速（14.7%）的有8个地区，其中，江苏达到25.2%，总偏离分量和共享分量也分别达到1817.95亿元和3140.12亿元；河北、广西和海南3个海洋经济较弱的省区平均增速均高于全国平均水平，总偏离分量介于50亿～650亿元；增速低于全国平均水平且海洋经济较为发达的有上海、浙江和广东，最低的浙江省增速仅为10.04%，实际增量低于共享分量6389.21亿元。省区市间对比显示，共享分量最高的广东与最低的广西相差17 536.06亿元，共享分量3000亿元以上的省市多位于东南部，海洋经济普遍较为发达；增速最低的浙江与最高的江苏相差15.16个百分点，与共享分量相比，增速没有明显地带性差异，主要因为增速受增长量和各省区市海洋经济原始水平的综合影响。

表10.2　2005～2014年沿海省区市海洋产业结构比例性偏离份额

区域	省区市	共享分量/亿元	区域分量/亿元	结构分量/亿元	总偏离分量/亿元	平均增速/%
北部沿海	天津	7 249.09	−2.62	−3 287.71	−3 290.33	14.85
	河北	1 688.77	811.32	−756.27	55.05	22.74
	辽宁	3 520.89	30.49	−674.29	−643.80	15.88
	山东	6 369.01	2 253.10	365.27	2 618.37	18.67
东部沿海	上海	12 625.68	−2 333.74	−6 339.50	−8 673.24	11.77
	江苏	3 140.12	2 507.38	−689.43	1 817.95	25.20
	浙江	9 772.27	−2 600.61	−3 788.60	−6 389.21	10.04
南部沿海	福建	3 230.72	447.12	927.61	1 374.73	16.58
	广东	17 784.71	−1 485.68	−6 446.62	−7 932.30	13.33
	广西	248.65	470.92	154.32	625.24	24.01
	海南	407.50	−13.21	278.01	264.80	15.28

从区域比较看（表10.2），结构分量对海洋经济发挥正向作用的4个省区（山东除外）均为南部沿海省区，这说明南部沿海省区具有明显的结构优势；大部分北部和东部沿海省市结构分量为负值，结构劣势损失（指结构分量为负值时对海洋经济的贡献情况）均在500亿元以上，海洋产业结构劣势对海洋经济增长负向作用较大。区域分量对海洋经济增长起正向作用的6个省区（江苏除外）均为北部和南部沿海省区，反映了该区域海洋经济增速较快。

从省区市比较看（表 10.2），结构分量对海洋经济发挥正向作用的 4 个省区为山东、福建、广西、海南，其中福建的结构分量最高（927.61 亿元），结构优势突出，广西和海南也具有一定的结构优势；其他省市结构分量为负值，结构劣势损失均在 500 亿元以上，海洋产业结构劣势对海洋经济增长负向作用较大，尤其是广东省结构劣势损失最大（6446.62 亿元）。区域分量对海洋经济增长起正向作用的 6 个省区分别为河北、辽宁、山东、江苏、福建、广西，其中区域分量最高的江苏为 2507.38 亿元，其他省份也均在 30 亿元以上，说明这些省份海洋经济增速较快；而浙江、上海等省市区域分量为负值，竞争劣势损失（指区域分量为负值时对海洋经济的贡献情况）最高的浙江省为 2600.61 亿元，上海、广东的竞争劣势损失也在 1000 亿元以上，说明这些省市海洋经济增速低于全国平均水平。

二、海洋经济增长类型划分

借鉴曹卫东关于经济增长类型划分的相关研究，根据结构分量和竞争偏离分量对海洋经济增长的影响状况，将沿海 11 个省区市分为以下四类。

（1）竞争强结构优化型：海洋经济增长中结构分量和竞争偏离分量均发挥正向作用。山东、福建和广西属于该类型，2005 ～ 2014 年，3 省区的结构和竞争优势共同推动海洋经济的增长，总偏离分量较高的山东，其结构分量和区域分量分别为 365.27 亿元和 2253.10 亿元，这得益于海洋三产的结构优势和海洋一产的竞争优势；福建和广西的总偏离分量分别为 1374.73 亿元和 625.24 亿元，结构和竞争优势也较为突出。

（2）竞争强结构退化型：海洋经济增长中区域分量起正向作用，结构分量起负向作用。河北、辽宁和江苏属于该类型，江苏省在海洋一产方面竞争优势明显，而河北和辽宁在三产方面竞争优势显著，但 3 省份海洋经济发展层次较低，且海洋二产结构劣势较大，致使结构偏离份额为负值，成为 3 省份结构优势提升的主要限制性因素（表 10.3）。

表 10.3　2005 ～ 2014 年竞争强结构退化型省份结构分量对比

省份	结构	偏离分量	2005 年	2006 年	2007 年	2008 年	2009 年	2010 年	2011 年	2012 年	2013 年	2014 年
河北	海洋一产	结构分量	−9.66	32.18	−5.25	1.96	19.14	6.21	1.88	2.32	3.88	−18.89
		区域分量	1.37	142.14	−1.28	−1.16	−11.40	0.86	5.14	1.07	−1.23	5.13
	海洋二产	结构分量	−14.30	−145.17	20.42	−40.14	38.94	9.75	−3.56	−16.90	−2.22	−24.35
		区域分量	2.55	274.13	−28.57	−31.75	−307.61	11.74	71.30	14.28	−15.21	60.03
	海洋三产	结构分量	11.00	−18.55	−15.22	25.35	−61.96	−18.47	5.90	19.37	6.31	41.13
		区域分量	2.72	321.73	−26.48	−28.87	−279.54	8.92	49.30	10.12	−11.71	49.57
辽宁	海洋一产	结构分量	−55.16	9.84	21.67	31.72	49.99	−15.36	34.26	1.71	19.81	−119.20
		区域分量	−9.32	176.65	1.40	−0.84	2.62	−25.69	40.24	−37.66	5.34	−32.60
	海洋二产	结构分量	31.44	−162.17	−25.26	−42.68	−183.35	−21.05	3.41	−97.33	−33.31	5.62
		区域分量	−3.39	83.33	7.59	−3.82	11.17	−76.33	144.89	−124.55	16.00	−91.53
	海洋三产	结构分量	−37.66	−84.62	6.34	−3.21	129.05	73.72	−31.24	94.09	17.40	62.16
		区域分量	−6.76	114.46	5.19	−2.82	7.79	−75.15	148.66	−126.01	19.17	−120.04

续表

省份	结构	偏离分量	2005 年	2006 年	2007 年	2008 年	2009 年	2010 年	2011 年	2012 年	2013 年	2014 年
江苏	海洋一产	结构分量	-50.30	-95.49	-11.34	-4.29	57.98	-33.92	-58.92	69.16	-11.47	66.95
		区域分量	-18.52	182.50	18.00	-4.61	16.81	13.68	7.82	1.42	3.14	-8.37
	海洋二产	结构分量	9.30	-780.75	84.73	-67.36	171.81	50.95	5.56	-65.97	-187.92	389.34
		区域分量	-19.34	243.82	150.60	-47.23	189.75	113.24	92.68	24.05	34.70	-90.21
	海洋三产	结构分量	20.00	369.28	-77.89	63.33	-239.48	-12.84	65.47	6.76	216.30	-514.95
		区域分量	-8.04	105.59	185.64	-49.95	207.64	92.34	70.28	19.06	29.36	-95.08

（3）竞争弱结构优化型：结构分量对海洋经济增长起正向作用，而区域分量逐渐趋于负向作用。海南属于该类型，其结构分量为 278.01 亿元，主要得益于海洋一、二产业的结构优势效应，但海洋一、二产业的竞争优势不足以抵消海洋三产的竞争劣势损失，致使总体竞争优势不足，对海洋经济增长起负向作用。

（4）竞争弱结构退化型：结构分量和区域分量均为负值。天津、上海、浙江和广东属于该类型。4 省市大多在海洋二产或三产方面结构劣势较为显著，个别省市海洋一产的结构劣势也较为显著；且其海洋三产的区域分量均为负值，致使总体竞争优势不足，对海洋经济增长的作用不明显（表 10.4）。

表 10.4　2005 ~ 2014 年竞争弱结构退化型省市结构分量对比

省市	结构	偏离分量	2005 年	2006 年	2007 年	2008 年	2009 年	2010 年	2011 年	2012 年	2013 年	2014 年
天津	海洋一产	结构分量	-3.50	2.94	0.86	-1.27	0.12	-0.29	0.10	-0.19	-0.20	4.73
		区域分量	0.99	-1.64	-0.04	-0.02	0.23	0.89	0.09	0.14	0.51	-0.06
	海洋二产	结构分量	40.62	-933.25	-2.30	-27.24	-87.40	78.54	121.80	-24.18	112.08	-122.71
		区域分量	33.06	-83.22	-9.86	-3.30	66.82	231.45	29.83	46.58	170.21	-21.60
	海洋三产	结构分量	-10.55	-575.75	10.41	-11.19	91.49	-101.99	-108.13	51.01	-71.17	175.33
		区域分量	51.56	-105.18	-5.09	-1.81	33.52	143.40	15.60	21.29	84.61	-10.43
上海	海洋一产	结构分量	10.35	-15.56	0.36	-0.08	-0.04	-0.46	-0.17	0.16	-0.43	0.32
		区域分量	0.11	19.27	-0.34	-0.31	-0.91	0.06	-0.27	-0.16	-0.13	-0.47
	海洋二产	结构分量	-16.14	860.20	-82.85	-174.30	-173.33	-53.51	-0.21	-33.20	4.37	85.32
		区域分量	1.27	143.90	-186.39	-145.00	-450.10	27.51	-152.93	-91.49	-69.33	-280.61
	海洋三产	结构分量	10.59	-2562.15	77.19	155.89	147.82	52.25	7.67	11.00	-51.70	-197.09
		区域分量	11.10	1213.93	-199.60	-174.37	-564.91	42.08	-234.72	-142.34	-113.92	-482.27
浙江	海洋一产	结构分量	-119.89	286.85	-14.58	58.51	-59.10	49.00	15.90	-14.14	-3.74	25.26
		区域分量	2.49	-144.79	3.93	1.51	41.29	-19.36	5.31	-3.32	-10.56	-29.42
	海洋二产	结构分量	12.20	-1925.97	35.77	-18.50	149.99	-68.15	-22.31	15.25	9.37	-229.65
		区域分量	2.33	164.72	21.00	8.90	200.04	-126.66	32.64	-19.14	-62.28	-175.72
	海洋三产	结构分量	20.67	4.62	-29.64	-34.64	-105.94	37.30	16.00	-4.25	-3.06	152.73
		区域分量	2.33	-149.61	28.03	11.55	235.14	-129.62	33.94	-20.48	-68.47	-203.99
广东	海洋一产	结构分量	-27.28	159.63	3.36	-32.82	-70.37	-7.33	10.05	-79.12	4.66	-30.69
		区域分量	54.82	-69.75	-14.37	21.21	11.91	2.41	-7.00	9.74	-3.12	11.64
	海洋二产	结构分量	-307.90	-3474.83	-33.39	375.36	-100.39	148.40	-19.73	291.93	-1.09	-41.68
		区域分量	93.17	-111.32	-128.96	177.74	147.20	38.89	-141.47	185.99	-89.02	323.46
	海洋三产	结构分量	-12.66	182.00	10.69	-323.30	145.69	-137.55	30.16	-217.72	-3.61	-3.37
		区域分量	88.16	-103.31	-180.07	264.52	156.23	45.86	-149.39	200.77	-90.00	346.77

三、海洋产业结构明细比例性偏离份额比较

由于我国海洋渔业生产存在渔业资源下降、沿海养殖比例较低、生态环境与渔业发展矛盾日益突出等问题，单纯依靠海洋渔业已无法促进海洋经济的快速增长。河北、山东、江苏、福建和广西等省区海洋一产结构分量均为负值，尤其是山东结构分量负值较大，劣势损失达1276.6亿元；其他省区海洋一产结构分量为正值（浙江高达839.12亿元），但优势并不突出。从海洋一产区域分量看，河北、辽宁、山东、江苏、福建和广西的区域分量均为正值，说明这些省区的海洋一产区域标准化增速普遍高于全国增速，区域分量最高的山东为1259.88亿元；其他省区的区域分量为负值，最低的浙江为-820.13亿元，这与个别地区海洋一产的发展速度密切相关（表10.5）。

表10.5　2005～2014年沿海省区市海洋产业结构明细比例性偏离份额 单位：亿元

区域	结构	共享分量	区域分量	结构分量
天津	海洋一产	-3.42	-0.02	8.78
	海洋二产	4 167.67	-1.15	-1 509.34
	海洋三产	3 084.84	-1.45	-1 787.14
河北	海洋一产	-21.91	156.27	-118.46
	海洋二产	1 013.82	301.36	-421.24
	海洋三产	696.86	353.70	-216.58
辽宁	海洋一产	-181.23	14.38	94.96
	海洋二产	2 051.66	6.79	-878.87
	海洋三产	1 650.46	9.32	109.63
山东	海洋一产	-475.23	1 259.88	-1 276.60
	海洋二产	3 810.23	420.92	428.05
	海洋三产	3 034.01	572.30	1 213.82
上海	海洋一产	-11.87	-32.66	16.69
	海洋二产	2 127.28	-243.86	155.02
	海洋三产	10 510.28	-2 057.22	-6 511.21
江苏	海洋一产	-80.12	860.30	-680.87
	海洋二产	2 568.76	1 149.35	-1 113.17
	海洋三产	651.48	497.72	1 104.61
浙江	海洋一产	-239.38	-820.13	839.12
	海洋二产	6 535.28	-933.03	-4 334.94
	海洋三产	3 476.36	-847.45	-292.78
福建	海洋一产	-279.57	246.11	-242.53
	海洋二产	727.21	26.68	1 463.39
	海洋三产	2 783.08	174.33	-293.25
广东	海洋一产	-306.01	-364.39	43.03
	海洋二产	11 720.58	-581.58	-6 467.21
	海洋三产	6 370.13	-539.71	-22.45
广西	海洋一产	-39.46	341.75	-233.21
	海洋二产	189.36	68.33	94.45
	海洋三产	98.75	60.84	293.08
海南	海洋一产	-52.79	-8.21	118.90
	海洋二产	21.99	-0.14	155.78
	海洋三产	438.30	-4.85	3.33

随着沿海省区市的海洋工业化和信息化程度加深，海洋经济的增长逐渐由依赖一产转向二产，海洋二产结构分量为正值的5个省区市为山东、上海、福建、广西和海南；其他省市的海洋二产比重低于全国平均水平，导致结构优势不足。从海洋二产的区域分量看，对海洋经济增长贡献较大的6个省区为河北、辽宁、山东、江苏、福建和广西，这些省区海洋二产增速明显高于全国（表10.5）。

海洋三产的快速增长不仅能推动海洋经济的增长，还能促进产业结构的优化。随着海洋领域供给侧结构性改革的推进及国家对海洋经济发展的政策支持，使得海洋三产得到较大程度的增长。辽宁、山东、江苏、广西和海南等省区海洋三产结构优势突出，其中山东结构分量增长1213.82亿元；结构分量为负值的6个省市中，结构劣势最明显的为上海，劣势损失达6511.21亿元。对于海洋三产的区域分量而言，河北、辽宁、山东、江苏、福建和广西等省区区域分量为正值，竞争优势较为突出，山东海洋经济因竞争优势增长572.3亿元，其次是河北、江苏和福建，均在150亿元以上；而海洋三产区域分量为负值的5个省市中，上海区域分量最低，劣势最明显，劣势损失达2057.22亿元，海洋三产竞争力有待提高（表10.5）。

第四节　海洋产业结构动态比例性偏离份额分析

一、海洋产业结构比例性偏离份额总体动态

将研究期分为2005～2009年和2009～2014年两个阶段，对各阶段各省区市海洋产业结构进行比例性偏离份额分析（表10.6）。2005～2009年海洋经济增长量和增速均高于全国的省区有8个，增速最高的江苏高出全国平均增速（16.28%）超22.17个百分点，增长量也位居中上游，总偏离份额达575.45亿元；增速低于全国平均水平的3个省市中均为传统海洋经济大省，其中浙江增速低于全国平均增速6.06个百分点。从区域比较看，结构分量为正值的4个省区分别位于北部和南部沿海，区域分量为正值的6个省区中，除江苏外，均为北部和南部沿海地区。从省区市比较看，结构分量为正值的分别为山东、福建、广西、海南，其中，福建的结构分量高于500亿元，其海洋产业结构优势明显高于其他省区；区域分量为正值的分别为河北、辽宁、山东、江苏、福建和广西，其中，山东区域分量高于900亿元，竞争优势突出。

2009～2014年海洋经济增长量和增速高于全国平均水平的省市降至7个，增速最高的天津高于全国平均水平（13.46%）近5个百分点，河北、山东、江苏、广西、海南继续保持高于全国平均增速的速度增长；辽宁、上海、福建和浙江落后于全国平均增速，总偏离分量继续负增长。海洋产业结构分量为正值的省区市增至9个，结构分量最高的山东省达到85.33亿元，天津、河北、辽宁、江苏和浙江的海洋产业结构对海洋经济增长的贡献由负值转为正值，而山东、福建、广西和海南的结构分量下降幅度较大。区域分量为正的省区市增至7个，天津、广东和海南的区域分量由负值转为正值，区域标准化

增速逐步加快，而辽宁和福建的区域分量由正值转为负值，限制了其海洋经济增长。

表 10.6　我国各省区市海洋产业结构动态比例性偏离份额

区域	省区市	2005 ～ 2009 年					2009 ～ 2014 年				
		共享分量/亿元	区域分量/亿元	结构分量/亿元	总偏离分量/亿元	平均增速/%	共享分量/亿元	区域分量/亿元	结构分量/亿元	总偏离分量/亿元	平均增速/%
北部沿海	天津	3452.50	−313.34	−2054.71	−2368.05	10.50	1855.37	973.98	44.94	1018.92	18.45
	河北	782.52	262.85	−430.36	−167.51	29.85	797.56	316.16	15.08	331.24	17.33
	辽宁	1438.16	158.68	−355.55	−196.87	21.70	1948.87	−372.87	59.79	−313.08	11.42
	山东	2417.67	953.29	148.42	1101.71	24.56	5039.36	343.31	85.33	428.64	14.17
东部沿海	上海	5193.01	−482.70	−2802.26	−3284.96	16.32	3872.09	−1657.79	−169.90	−1827.69	8.25
	江苏	1509.92	1124.31	−548.86	575.45	38.45	2346.29	479.96	46.44	526.41	15.52
	浙江	4481.57	−943.37	−2200.45	−3143.82	10.22	2971.53	−941.96	15.73	−926.23	9.89
南部沿海	福建	983.46	240.00	604.59	844.59	20.81	2804.13	−42.85	16.12	−26.73	13.30
	广东	8304.17	−930.02	−4090.54	−5020.56	11.64	5970.57	703.59	−105.36	598.23	14.71
	广西	72.51	143.43	80.75	224.18	31.77	374.07	186.46	16.67	203.13	18.14
	海南	89.28	−16.19	170.40	154.21	17.20	413.28	12.04	3.47	15.51	13.77

二、海洋经济增长类型区变迁

根据结构分量和区域分量对海洋经济增长的贡献，将 2005 ～ 2009 年和 2009 ～ 2014 年两个阶段进行分类。整体而言，我国南部沿海省区海洋经济增长依靠结构优势推动，北部沿海省市在增长速度上更占优势，而东部沿海省市则在结构和增速上均落后于其他地区。省区市对比方面，竞争强结构优化型在 2005 ～ 2009 年和 2009 ～ 2014 年发生了显著变化，省区市由 3 个升至 6 个，除山东和广西保持不变外，天津、河北、江苏和海南等省市在结构和竞争优势方面均有很大提升。竞争强结构退化型空间格局则稳中有变，由 3 个降至 1 个，其中河北和江苏由保持相对较高的竞争优势，转为竞争强结构优化型，辽宁的结构优势得到提升但竞争优势大幅下跌，转为竞争弱结构优化型。竞争弱结构退化型在两个阶段发生了较大变动，省区市由 4 个降至 1 个，除上海保持不变外，天津转为竞争强结构优化型，浙江转为竞争弱结构优化型，而广东则转为竞争强结构退化型。竞争弱结构优化型省区市由 1 个升至 3 个，海南的结构优势略有降低，辽宁和浙江转为竞争弱结构优化型，反映了辽宁和浙江的海洋经济增速放缓、竞争能力趋弱，但结构却逐渐优化。

三、海洋产业结构明细比例性偏离份额演变

分析 2005 ～ 2009 年和 2009 ～ 2014 年海洋产业结构演变过程（表 10.7）。相比 2005 ～ 2009 年，2009 ～ 2014 年海洋一产结构分量增大的有河北、山东、上海、江苏、福建和广西，结构分量增幅最大的山东高达 692 亿元；结构分量减小的有天津、辽宁、浙江、广东、海南，其中，广东结构分量下降最大，由正值转为负值。河北、山东和江苏的结构分量由负值转为正值，天津、浙江和海南结构分量有所下降，但不明显。海洋一产区

域分量增大的有天津、上海、浙江、广东、海南，增幅最大的是广东，增长247.58亿元；河北、辽宁、山东、江苏、福建、广西区域分量有所下降，其中，山东下降最大，达509.08亿元；辽宁和福建区域分量由正值转为负值，而上海和浙江的区域分量虽然增大，但依然为负值，竞争优势依然不足，其中浙江变幅达231.33亿元。

表10.7　沿海各省区市海洋产业结构明细比例性偏离份额演变　单位：亿元

区域	结构	2005～2009年		2009～2014年	
		区域分量	结构分量	区域分量	结构分量
天津	海洋一产	-2.71	4.49	2.30	3.96
	海洋二产	-137.21	-1271.59	599.96	193.84
	海洋三产	-173.42	-787.61	371.72	-152.85
河北	海洋一产	50.63	-34.72	12.71	1.81
	海洋二产	97.64	-260.30	172.45	-47.84
	海洋三产	114.59	-135.34	131.00	61.10
辽宁	海洋一产	74.85	80.60	-54.07	-68.28
	海洋二产	35.31	-400.42	-160.64	-153.60
	海洋三产	48.51	-35.73	-158.16	281.67
山东	海洋一产	533.06	-586.25	23.98	105.49
	海洋二产	178.09	209.44	170.52	-156.14
	海洋三产	242.14	525.23	148.80	135.97
上海	海洋一产	-6.76	-0.93	-1.50	-0.42
	海洋二产	-50.44	313.25	-654.68	18.35
	海洋三产	-425.51	-3114.57	-1001.61	-187.84
江苏	海洋一产	385.76	-293.78	29.94	9.03
	海洋二产	515.37	-799.51	247.89	183.06
	海洋三产	223.18	544.43	202.14	-145.65
浙江	海洋一产	-297.50	304.21	-66.17	104.01
	海洋二产	-338.46	-2396.24	-432.84	-299.20
	海洋三产	-307.41	-108.42	-442.95	210.92
福建	海洋一产	132.11	-130.49	-3.64	39.40
	海洋二产	14.32	916.82	-18.85	-155.08
	海洋三产	93.57	-181.73	-20.36	131.80
广东	海洋一产	-228.10	116.44	19.48	-120.08
	海洋二产	-364.06	-4364.50	313.89	463.38
	海洋三产	-337.86	157.52	370.21	-448.66
广西	海洋一产	104.09	-48.27	39.49	-17.33
	海洋二产	20.81	22.28	70.36	9.11
	海洋三产	18.53	106.74	76.62	24.89
海南	海洋一产	-10.07	75.09	2.95	7.96
	海洋二产	-0.17	88.83	2.62	-3.51
	海洋三产	-5.95	6.48	6.47	-0.97

相比2005～2009年，2009～2014年海洋二产结构分量增加的有天津、河北、辽宁、江苏、浙江、广东，其中，天津增长高达1465.43亿元；而山东、福建和海南的结构分量由正值转为负值，河北、辽宁和浙江的结构分量均有不同程度增长，但依然为负值，结构劣势较为明显。海洋二产区域分量增大的有天津、河北、广东、广西和海南，其中天津、广东和海南区域分量由负值转为正值，尤其是天津增长高达737.17亿元，拥有一定的竞争优势；山东和江苏的区域分量有所减小；辽宁和福建区域分量则由正值转为负值，辽宁下降较大，达195.95亿元，失去了原有的竞争优势；上海区域分量下降非常大，高达604.24亿元。

海洋三产结构分量增大的有天津、河北、辽宁、上海、浙江、福建，河北、辽宁、浙江、福建结构分量由负转为正，其中浙江增长高达319.34亿元；江苏、广东和海南结构分量则由正值转为负值，结构优势不足；天津和上海结构分量增长较快。从海洋三产的区域分量看，天津、河北、广东、广西和海南区域分量增大，广东增长高达708.07亿元；而辽宁和福建区域分量由正值转为负值，辽宁下降达206.67亿元；上海和浙江的区域分量下降均在100亿元以上。

第十一章　沿海地区陆海产业就业结构演进与关联

“十三五”是我国建设海洋强国的重要战略机遇期，掀起了新一轮海洋及相关产业就业的新浪潮。因此，科学梳理我国海洋产业就业结构及其内在影响因素，对于完善海洋就业政策、优化海洋产业就业结构、推动海洋经济高效发展具有十分重要的意义。目前，国内关于就业的研究主要集中在产业结构与就业结构的协调性、就业结构的影响因素及产业结构调整对就业结构的影响等方面。而海洋产业就业的相关研究主要集中在海洋产业的就业效应及特征、海洋产业就业预测的研究等方面。例如，张耀光等（2014）分析了海洋产业在吸纳劳动力方面所具有的特征，并与主要发达国家的就业结构进行比较，提出主要海洋国家间海洋产业就业结构具有同构的特征。毛伟和赵新泉（2014）利用拉格朗日函数分析了中国海洋产业的就业效应，研究发现海洋产业能够有效促进就业。崔旺来等（2011）对海洋产业劳动力的吸纳能力进行了分析预测，指出海洋产业是浙江省吸纳就业的主力。

总体来看，国内学者关于就业影响因素的研究少有涉及，只有马芒等（2012）、何德旭（2009）等少数学者进行研究，而海洋产业就业作为新兴研究领域，此方面的研究相对匮乏。鉴于此，本书以海洋产业就业为视角，综合分析海洋产业吸纳就业的特征，并运用“三轴图”对比分析海洋产业及其就业结构的演变规律，借助对数平均的Divisa方法对我国海洋产业就业变化进行因素分解，探讨海洋产业大发展时代海洋产业就业的新特征及影响因子对海洋产业就业发展的影响程度，在丰富我国海洋产业就业研究理论基础之上，为海洋产业与就业协调发展提供理论依据。

第一节　研究方法与数据来源

一、研究方法

1.“三轴图”法

详见第十章第一节相关介绍，在此不再赘述。

2. Divisa方法

对数平均的Divisa方法是一种完全的、不产生残差的分解分析方法。本书假设海洋

产业就业变化受已知因素影响，如海洋产业结构等。某一地区的海洋产业就业总量可通过扩展的 Kaya 恒等式表达为

$$P=\sum_{i=1}^{3}P_i=\sum_{i=1}^{3}G\times\frac{G_i}{G}\times\frac{P_i}{G_i}=\sum_{i=1}^{3}GS_iI_i \tag{11.1}$$

其中，P 表示就业人口（万人）；P_i 表示第 i 产业就业人口（万人）；G_i 表示第 i 产业的总产值（亿元）；G 表示 GDP（亿元），代表经济规模；$S_i=G_i/G$，表示产业结构，无量纲；$I_i=P_i/G_i$，表示海洋第 i 产业就业强度（万人 / 亿元）。

用 0，t 代表基期和末期，就业变化量可表示为

$$\Delta P=P_t-P_0=\sum_{i=1}^{3}G_tS_{it}I_t-\sum_{i=1}^{3}G_0S_{i0}I_0 \tag{11.2}$$

令 $W_i=(P_{it}-P_{i0})/\ln(P_{it}-P_{i0})$，则有

$$\Delta P=P_t-P_0=\sum_{i=1}^{3}(P_{it}-P_{i0})=\sum_{i=1}^{3}W_i\left(\ln\frac{G_t}{G_0}+\ln\frac{S_{it}}{S_{i0}}+\ln\frac{I_{it}}{I_{i0}}\right)=\Delta P_G+\Delta P_S+\Delta P_I \tag{11.3}$$

其中，ΔP_G、　　、ΔP_I 分别表示经济效应、结构效应和技术效应。经济效应是指由经济规模的扩大而带来的经济效益提高；结构效应是指产业结构变化对经济发展产生影响的方式和效果；技术效应是指技术因素对经济发展产生的影响。海洋产业就业人数变化可分解成这 3 个主要影响因素的贡献。

二、数据来源

选取“十五”至“十二五”时期的海洋一二三产业、海洋产业部门产值和涉海就业人口为研究数据，参照 GDP 和就业人口，相关数据来源于 2003 ～ 2016 年《中国海洋统计年鉴》和《中国海洋经济统计公报》，为排除物价变动和通货膨胀等影响，GDP 和海洋产业产值统一按 2002 年可比价格计算，计算公式如下：

$$X_{i,t}=X_{i,2001}\times\frac{d_{i,2002}}{100}\times\frac{d_{i,2003}}{100}\times\cdots\times\frac{d_{i,t-1}}{100}\times\frac{d_{i,t}}{100} \tag{11.4}$$

其中，$d_{i,t}$ 表示各产业生产总值指数（以上一年为 100 计算得到）。

第二节　海洋产业就业现状

一、海洋就业人口持续增长，海洋产业部门就业状况不同

从海洋产业就业总量来看，2002 ～ 2014 年，海洋产业就业人口由 410.4 万人增长至 1212.5 万人，占全国就业人口的比重由 0.56% 增长至 1.57%，海洋产业就业人口年均增速 9.45%，增长速度高于全国就业的年均增长速度。具体表现为：2014 年，海洋第一产业就业人口所占比重高达 48%，说明传统海洋产业依然是吸纳就业的主力军。随着海洋

第三产业的发展，海洋第三产业就业人口比重达到 18%，其中滨海旅游业所占比重较大，为 10.9%。海洋第二产业中新兴产业由于技术密集、技术门槛高的特点，所占比重较低，对就业的推动明显弱于其他产业，值得注意的是，海洋船舶工业、海洋工程建筑业等行业依然是第二产业中吸纳就业人口较高的产业，而海洋生物医药业、海洋电力和海水利用业等战略性新兴产业就业比重较低（图 11.1）。就结构发展而言，海洋产业及其就业的发展模式和发展水平均有很大区别。海洋产业结构呈现“三二一”的结构特征，海洋产业结构水平较高，2014 年海洋第三产业产值增速达到 16.78%，同时海洋第二产业增速也达到了 7.03%，海洋第一产业增速最慢，说明海洋产业发展不均衡。而海洋产业就业结构呈现“一三二”的特征，就业结构水平较低，2014 年海洋第三产业就业实现了较快增长，增长率达到 1.11%（高于海洋第二产业的 1.08%），就业结构转型初见成效（表 11.1）。

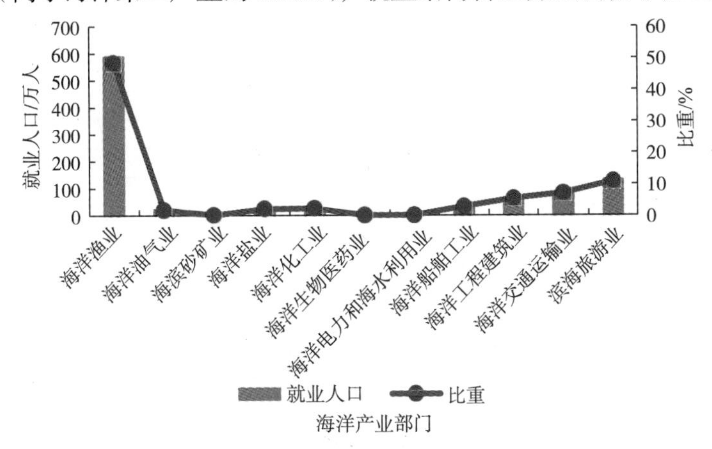

图 11.1　2014 年海洋产业部门就业情况

表 11.1　2014 年海洋产业结构与就业结构比重及增长率　　单位：%

产业类型	海洋产业结构	海洋产业就业结构	海洋产业产值增长率	海洋产业就业增长率
第一产业	5.12	48.44	6.56	1.12
第二产业	43.92	14.62	7.03	1.08
第三产业	50.96	37.07	16.78	1.11

二、海洋就业人口综合素质逐步提高

相比于陆域产业，海洋产业对资本、科技和人才的要求更高，特别是海洋科技创新促进了新兴海洋产业的发展，并促进了传统海洋产业的优化升级。与发达国家相比，我国海洋产业高技术人才占海洋产业就业人口的比重还比较低，海洋高端人才、专业人员和复合型人才尤为短缺，远不能满足海洋产业发展的需要。同时海洋就业人口偏少、综合素质不高，受教育程度低制约了我国海洋产业可持续发展与进步。

近年来，我国海洋就业人员素质在逐渐提高，海洋科研机构数量逐年增长。2002 ～ 2014 年，海洋科研机构由 109 个增至 189 个，海洋专业科技从业人员由 10 253 人增至 34 174 人，增长了 3 倍多。从地区分布来看（表 11.2），2014 年海洋科研机构和专业技术人员地区分布不均，主要表现为北京、辽宁、浙江、山东、广东科研机构数较多，海洋科技活动人员也主要分布在北京、天津、上海、辽宁、江苏、山东、广东等地区。从科技活动人员学历结构来看，硕士占从业人员的比例较高，为30.4%，其次是大学生，占比为29.5%，博士和大专生居后。从行业分布来看（表11.3），2014年，从事海洋基础科学研究的科研机构有104个，海洋工程技术研究机构73个。从业人员中，从事海洋工程技术研究的最多，海洋生物医药业最少。

表11.2 2014年分地区海洋科研机构及人员情况

地区	机构数/个	科技活动人员学历结构				
		从业人员/人	博士/人	硕士/人	大学生/人	大专生/人
北京	24	12 603	4 055	3 746	2 881	889
天津	14	2 269	203	791	932	181
河北	5	515	49	139	236	49
辽宁	22	1 836	188	515	734	240
上海	15	3 484	616	1 125	1 157	324
江苏	11	1 954	383	530	632	230
浙江	20	1 638	180	592	674	124
福建	14	1 100	159	329	391	136
山东	21	3 338	877	961	935	367
广东	25	3 292	920	1 042	857	249
广西	11	627	37	200	308	56
海南	3	240	11	73	118	32
其他	4	1 278	599	343	214	54
合计	189	34 174	8 277	10 386	10 069	2 931

表11.3 2014年分行业海洋科研机构及人员情况

行业	机构数/个	从业人员/人
海洋基础科学研究	104	18 441
海洋自然科学	62	14 121
海洋社会科学	3	781
海洋农业科学	37	3 446
海洋生物医药	2	93
海洋工程技术研究	73	20 375
海洋化学工程技术	12	6 322
海洋生物工程技术	2	230
海洋交通运输工程技术	19	5 361
海洋能源开发技术	4	3 150
海洋环境工程技术	14	1 194
河口水利工程技术	18	3 319
其他海洋工程技术	4	799
海洋信息服务业	9	1 050
其他海洋信息服务业	9	1 050
海洋技术服务业	3	673
海洋工程管理服务	1	543
其他海洋专业技术服务	2	130
合计	189	40 539

三、海洋产业人力资源开发水平有待提升

人力资源的教育培训是保证海洋产业可持续发展的重要手段，与发达国家相比，我

国海洋产业人力资源的投入和开发远远不够，海洋就业人口受教育程度低，制约了海洋产业的科技创新及结构的优化升级。从海洋类高校来看，我国涉海本科高校 28 所，仅占本科院校的 2.3%，海洋类专业高校数量少。从培养层次来看，2014 年中等职业教育以上层次海洋专业毕业生为 76 107 人，仅占海洋产业就业人数的 0.63%，难以满足近千万的海洋就业缺口，同时反映了我国整体海洋产业就业人口综合素质不高，受教育程度低，海洋产业就业人口多为从事低端生产的劳动力。

第三节　陆海产业就业特征比较及动态变化

一、海洋产业就业总体特征

2002 ～ 2015 年，我国海洋经济蓬勃发展，海洋经济总量由 11 271 亿元增至 65 534 亿元，增长了 4.8 倍，海洋经济总量占 GDP 的比重由 8.26% 增加到 9.51%，年均增速 14.5%，增速超过陆域经济。海洋产业就业人数由 410.4 万人增至 1224.4 万人，占全国就业人口的比重由 0.56% 增至 1.58%，年均增速 8.77%，增速高于全国。2015 年，海洋第一产业就业人口所占比重高达 48.4%，说明传统海洋产业依然是吸纳就业的主力军，随着海洋第三产业的发展，海洋第三产业就业人口比重达到 18%，海洋第二产业中新兴产业由于技术密集、技术门槛高的特点，所占比重较低，对就业的推动力明显弱于其他产业。

二、陆海产业劳动生产率比较

从劳动生产率（图 11.2 和表 11.4）来看，2002 ～ 2015 年，相比全国和陆域产业，海洋产业劳动生产率上升明显，增长了 94.9%，说明海洋产业发展迅速，生产能力逐渐提高，单位产值所需就业人数在不断下降。但海洋渔业劳动生产率出现下降，从 8.92 万元 / 人降至 7.28 万元 / 人，降幅 18.4%。海洋第二产业劳动生产率增长了 22.4%。其中，海洋生物、海滨砂矿、海洋船舶劳动生产率增长明显，分别增长了 584%、232%、40.4%，而海洋工程建筑、海洋油气业、海洋盐业劳动生产率下降明显，降幅均在 50% 以上。海洋第三产业劳动生产率从 65.2 万元 / 人增至 157.1 万元 / 人，增幅 141%，其中滨海旅游和海洋交通运输分别增长了 63%、43%。说明此阶段海洋第三产业发展快于海洋第一、二产业，海洋产业劳动生产率提高较快；2003 年《全国海洋经济发展规划纲要》颁布以来，海洋第二、三产业加速发展，尤其是海洋新兴产业发展迅速。依据刘国军和周达军（2011）关于劳动生产率的 a 值来判断海洋产业就业的吸纳能力。从劳动生产率 a 值（表 11.4）来看，海洋产业劳动生产率 a 值为 4.60，大于全国（1.07）和陆域产业（1.06），说明海洋产业在劳动生产率不断增长的同时，吸纳就业的空间远大于全国和陆域产业。其中，海洋化工、海洋砂矿、海洋电力和海水利用、海洋渔业、海洋交通运输、滨海旅游、海洋船舶工业 a 值均大于 1，说明这些产业劳动生产率不断提高的同时，仍拥有较大的就业空间，而海洋工程建筑、海洋油气业和海洋盐业就业空间较小，对就业的推动能力有限。

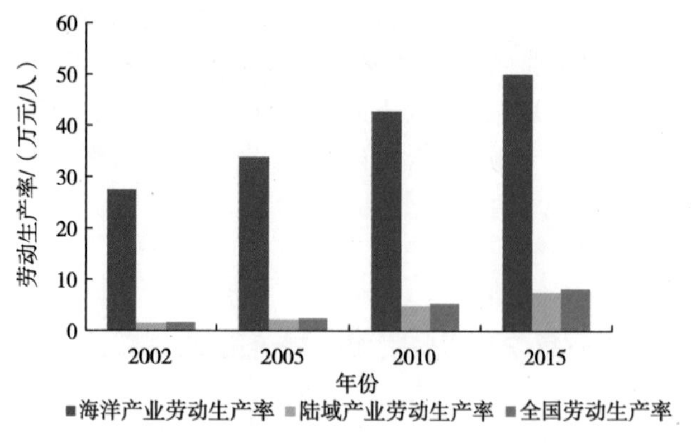

图 11.2 2002 ～ 2015 年劳动生产率比较

表 11.4 2002 ～ 2015 年海洋产业部门劳动生产率 单位：万元 / 人

年份	海洋渔业	海洋油气	海洋砂矿	海洋盐业	海洋化工	海洋生物	海洋电力和海水利用	海洋船舶	海洋工程建筑	海洋交通运输	滨海旅游
2002	8.92	180.99	11.33	5.50	38.42	43.24	212.11	29.33	1242.67	45.49	49.97
2003	10.47	913.71	—	5.21	5.21	68.32	268.98	55.53	94.31	32.59	84.76
2004	5.38	140.12	1.00	3.47	2.12	2.31	88.14	10.85	0.89	13.63	42.39
2005	6.39	96.39	1.85	2.83	41.71	3.91	235.79	21.34	1.22	17.66	60.32
2006	3.50	38.44	4.50	1.95	8.20	35.25	7.80	13.22	5.63	39.97	23.90
2007	3.67	37.38	4.80	2.12	9.74	48.56	9.30	17.86	6.77	44.12	27.55
2008	4.17	46.25	6.20	2.57	22.05	64.78	14.36	24.26	6.95	49.78	28.77
2009	4.52	31.98	26.00	1.87	18.61	57.89	26.00	30.92	11.17	39.93	35.85
2010	5.15	66.10	28.25	2.75	23.98	83.80	42.73	37.17	14.19	46.91	42.63
2011	5.66	85.56	33.31	3.15	26.66	150.80	63.27	40.48	17.01	51.12	49.09
2012	6.21	84.25	28.19	2.43	31.81	184.70	73.67	38.09	21.19	56.85	53.78
2013	6.67	79.63	28.88	2.22	33.87	224.30	82.58	34.48	25.97	60.34	60.12
2014	7.03	72.75	35.06	2.70	33.95	258.10	100.33	40.22	26.53	62.27	73.88
2015	7.28	46.54	37.59	1.61	35.19	295.70	111.50	41.19	31.37	65.22	81.62
a 值	3.49	−4.28	4.60	−0.61	14.38	0.91	9.31	2.87	−91.10	3.49	2.95

三、陆海产业就业弹性比较

就业弹性是衡量经济增长引起就业增长大小的一个指标，即在某一时期内就业数量的变化率与产值变化率之比。就业弹性系数越大，说明该产业对劳动力的吸纳能力越强，就业弹性系数越小，说明该产业对劳动力的吸纳能力越弱。计算我国 2002 ～ 2015 年海洋产业部门、陆海产业及全国的就业增长率、产值增长率和就业弹性系数（表 11.5）。与全国和陆域产业相比，海洋产业的就业弹性较高，优势明显。说明海洋产业对就业的拉动效应要远远大于全国和陆域产业。从就业增长率来看，海洋产业的就业增长率是陆域产业的 43 倍，而海洋产业的高增长率是拉动海洋产业就业增长的主要原因。从 GDP 增长率来看，海洋产业的增长率大于陆域产业和全国，且海洋生产总值每增加 1%，海洋产业能为社会创造 5.04 万个就业机会（以 2015 年海洋从业人数为基准计算）。从海洋产业部门比较来看，海洋产业部门间就业弹性差异性明显，吸纳就业的潜力不同。其中，海洋工程建筑业、海洋盐业、海洋油气业的就业弹性较大，说明这些行业吸纳就业显著，海洋产值每增加 1%，就业人数分别提高 9.506%、3.54%、3.477%。而其他海洋产业部门就业弹性较小，这些行业就业增速明显小于产值增速，说明这些行业吸纳就业不显著。可能由于这些行业多为新兴产业，对就业的挤出效应更强，对就业的推动作用有限。

表 11.5　2002 ～ 2015 年我国陆海产业及海洋产业部门就业弹性对比

产业	就业增长率 /%	产值增长率 /%	就业弹性系数
海洋工程建筑	77 391.210	8 141.256	9.506
海洋盐业	55.769	15.754	3.540
海洋油气	959.237	275.919	3.477
海洋电力和海水利用	−49.850	−52.689	0.946
海洋渔业	108.208	267.993	0.404
海洋化工	914.740	3 108.652	0.294
滨海旅游	131.721	614.100	0.214
海洋交通运输	193.225	1 212.616	0.159
海洋砂矿	315.242	3 228.125	0.098
海洋船舶	160.014	1 718.491	0.093
海洋生物	−8.842	2 007.627	−0.004
海洋产业	198.355	481.468	0.412
陆域产业	4.607	461.330	0.010
全国	5.692	463.195	0.012

第四节　海洋产业及其就业结构演变

根据三轴图[①]分析方法，分析我国 2002 ～ 2015 年海洋产业及其就业结构的演变轨迹（图 11.3）。

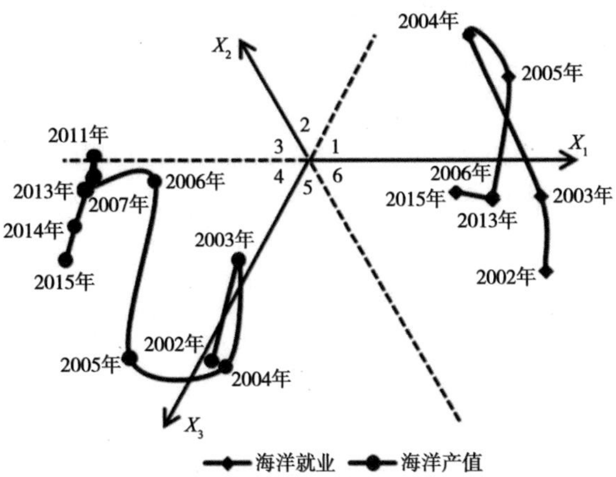

图 11.3　我国海洋三次产业产值与就业人口发展轨迹

① 三轴图是描述产业结构演化轨迹的方法，主要分为右旋模式（1→2→3→4）和左旋模式（6→5→4），其中第 1 区指一二三结构、第 2 区指二一三结构、第 3 区指二三一结构、第 4 区指三二一结构、第 5 区指三一二结构、第 6 区指一三二结构。

第一阶段（2002～2004年），海洋一、二产业交替演化阶段。海洋经济发展水平得到一定提升，海洋化工、海洋电力和海水利用、海洋工程建筑和海洋船舶等产业加速发展。海洋产业重心轨迹为5→4→5，海洋产业结构呈现“三一二”向“三二一”转变。此时期，海洋第三产业占据主导地位，海洋一、二产业交替演化。而此时的海洋产业就业结构则为三、二产业交替演化阶段。海洋产业就业重心轨迹为6→1，属于“右旋模式”，海洋产业就业主要依靠一、二产业带动，呈现出明显的“一二三”特征，海洋产业就业主要集中在海洋渔业、盐业及海洋化工等海洋第一、二产业，海洋第三产业比重较低，这与海洋产业发展初期，我国海洋开发主要局限于近海的渔盐之利、舟楫之便有直接关系，此时期海洋产业就业人员多为从事海洋捕捞和养殖、盐业及化工的普通劳动力。如2004年海洋渔业、盐业和化工业就业人数达到366万人，占主要海洋产业就业人数的58%，超过以海洋交通运输和滨海旅游业为主的海洋第三产业17.3%的比重，海洋产业就业实现了三、二产业交替。

第二阶段（2004～2015年），海洋产业发展高级化阶段。此阶段海洋产业发展渐趋成熟，传统海洋产业得到了技术升级，产业发展由粗放型向集约型过渡，海洋第三产业加速发展，特别是海洋信息、科技服务业等现代海洋产业推动海洋产业演变为“三二一”高级结构。此阶段，海洋产业就业重心轨迹为1→6，属于“左旋模式”，就业结构呈现“一三二”特征。海洋产业就业主要集中在海洋捕捞和水产养殖、加工等海洋第一产业和海洋运输、滨海旅游等海洋第三产业，海洋制造业比重下降，如2015年海洋第三产业就业比重为18%，超过海洋第二产业的15%。这主要是因为海洋第三产业进入快速发展轨道，对海洋就业人口具有很强的吸纳能力，带动海洋就业人口从海洋第一、二产业向海洋第三产业转移。而海洋第二产业中，海洋电力和海水综合利用、海洋化工、海洋生物、海洋能源利用和海洋装备制造等新兴产业具有技术密集、就业门槛高的特点，更多的是高级工作者。所以，限制了海洋第二产业就业人口的增长。

综上所述，我国海洋产业发展遵循了“三一二三”的动态演变特征，而海洋产业就业结构则呈现完全不同的演变特征，说明海洋产业就业发展滞后于海洋经济的发展。①2002～2015年我国海洋产业就业结构演进呈现先“右旋”再“左旋”的发展模式，而海洋产业结构则为“左旋”发展模式，并且海洋产业就业结构演进滞后于海洋产业结构演进。②海洋产业结构与海洋产业就业结构均存在波动幅度大、稳定性差的特点，说明海洋产业中第二产业比重低，第一产业和第三产业中的传统产业比重高，受自然地理及经济波动影响较大。③海洋第一产业和第三产业仍是吸纳就业人口的主力。究其原因，海洋制造业与陆域制造业相比，具有技术密集型、技术门槛高等特点，所以，海洋制造业吸纳劳动力的能力有限。

第五节 海洋产业就业变化因素分解

根据对数平均Divisa分解模型，对“十五”至“十二五”时期海洋产业就业人数进行分解（表 11.6）。经济效应是促进海洋产业就业增长的主要因素，结构和技术效应在不同时期对海洋产业就业的增长的影响不同，三种因素共同影响海洋产业就业的变化，导致就业变化呈现波动性特征。从平均值来看，海洋经济的增长是促进海洋产业就业变化的主导因素，对海洋产业就业产生增量效应，年均效应值为 14.246 万人；而结构和技术为减量效应，对海洋产业就业增长的推动能力有限，年均效应值分别为 -0.501 万人，-1.24 万人。特别是“十一五”时期海洋产业结构效应和技术效应同时出现负值，且相比其他时期负值较大，但此时期海洋产业以年均 17.6% 的速度增长，海洋经济效应显著，促进了海洋产业就业人数大幅上升。

表 11.6　中国海洋产业就业变化的因素分解结果　　单位：万人 / 年

时期	经济效应	结构效应	技术效应	就业变化量
“十五”	10.558	0.418	13.952	110.711
“十一五”	14.167	-1.710	-12.657	109.900
“十二五”	18.012	-0.212	-5.016	277.700
平均值	14.246	-0.501	-1.240	166.104
标准差	3.044	0.893	11.186	78.911
变异系数	0.214	-1.781	-9.020	0.475

一、经济增长对海洋产业就业变化的影响

经济增长与就业是密切关联的，没有经济增长就没有就业增长。同样海洋经济发展带动海洋产业就业人数的增长，主要是因为海洋产业具有明显的资源优势，发展速度快，新兴部门多，产业关联系数高。从表 11.6 中可知，海洋经济效应值一直为正值，表明海洋产业发展对海洋产业就业增长产生较强的拉动作用。其中，“十五”到“十二五”时期，经济发展效应呈现增长趋势，且变化幅度较大，主要因为 2003 年《全国海洋经济发展规划纲要》颁布，分别从财政、税收、法律等方面加大了对海洋产业的支持力度，促进海洋经济快速发展。“十二五”时期，经济效应值达到 18.012 万人 / 年，带动就业变化量 277.7 万人，这与党的十八大提出建设海洋强国、发展海洋经济的战略部署有很大关系，同时国务院印发了《全国海洋经济发展“十二五”规划》，在政策上对海洋经济优化发展进行指导，促进海洋经济实力不断提升，“十二五”时期，海洋经济年均增长 10.6%，高于同期国民经济增速，2015 年，海洋生产总值达 65 534 亿元，相比“十一五”期末，增长了 1.7 倍，海洋经济的高速增长效应是促进海洋产业就业增长的重要因素。

二、结构效应对海洋产业就业变化的影响

经济增长过程中，产业结构的变动对整个经济增长的就业变化产生直接影响。海洋产业结构效应在不同时期效应值不同，其中“十一五”和“十二五”时期，结构效应负值明显，导致年均效应也为负值。主要因为海洋产业就业结构滞后于产业结构的发展，“十一五”和“十二五”时期，海洋产业结构为“三二一”的高级模式，而海洋产业就业结构为“一三二”的结构特征，二者发展不匹配，同时海洋产业生产率不断提高，对劳动力产生挤出效应，特别是新兴海洋产业有资本和技术密集的特点，所需劳动者多为高

技术人才，进一步限制了海洋产业就业人数的增长，同时海洋产业结构转化过程中，专业型人才短缺也是影响海洋产业就业变化的原因之一。而“十五”时期，结构效应对海洋产业就业呈现增量效应，促进了海洋产业就业人数的增长，这与传统海洋产业结构升级、新兴产业增加、涉海服务业增长有直接关系。例如，2002 年新增海洋化工、海洋生物医药、海洋电力和海水利用、海洋工程建筑业，同时海产品深加工、滨海旅游、海洋交通运输等传统产业快速发展，也促进海洋产业就业人数不断增长。

三、技术效应对海洋产业就业变化的影响

技术进步对就业的影响来自两个方面。一方面，技术进步直接促进劳动生产效率提高，使劳动力需求减少，对就业产生“挤出效应”；另一方面，技术进步对于被新技术替代的传统产业具有毁灭性效应，但同时具有创造性效应，它使得新兴产业层出不穷，且技术进步还使得产品生产环节增加和劳动分工细化，就业岗位被更多地创造出来。计算结果表明，“十五”时期，技术效应为正值且较大，主要因为此期间海洋化工、海洋生物、海洋工程建筑、海洋电力和海水利用的新兴产业兴起，对高技术人才的需求量较大。“十一五”到“十二五”时期，技术效应均为负值，说明我国海洋产业技术进步对就业增长产生挤出效应。从目前发展状况来看，海洋产业技术进步对就业增长的毁灭性效应更加明显，对海洋产业就业增长的推动作用有限，如何通过技术创新促进海洋产业就业人数增长，改变技术对就业增长产生的不利影响仍是海洋产业就业所关注的焦点问题。

从变异系数绝对值来看，经济效应的绝对值最小，说明我国海洋经济发展相对稳定，对就业增长的推动较为平稳，是推动就业增长的主力军；技术效应变异系数绝对值最大，说明技术效应对就业的影响存在波动性，主要因为随着海洋经济的发展，技术进步所产生的挤出效应逐渐增强，研究期内减量效应更加明显，要通过相关政策引导，改变技术进步对就业的挤出效应，引导技术效应向有利于增加就业方向转变；结构效应变异系数绝对值处于二者之间，说明海洋产业结构的调整存在一定的波动。因为海洋产业结构的优化升级，在短期内对就业的拉动能力有限，因此，应抓住产业结构调整的契机，增加吸纳就业能力强的产业。

第十二章　陆海产业统筹发展的实施对策

结合对陆海产业差异、产业要素效率评价、产业关联研究等方面的认识，为沿海地区实施陆海产业统筹提出如下几个方面的对策供参考。

一、充分利用海岸带空间规划

2018年以来，自然资源部不断推进海岸带空间专项规划工作。在构建国土空间规划任务十分繁重的情况下，为什么会如此重视海岸带空间规划呢？经过改革开放40多年的高速发展，经济、社会、人口、资本、科技等向沿海地区聚集的趋势更加明显，沿海地区在率先进入高收入发展阶段、为国民经济发展做较大贡献的同时，也积累了更多的资源和环境矛盾与问题。沿海地区高速发展是由于其依陆面海的特殊位置，积累的矛盾和问题与我国长期分别实施海洋和陆域空间规划有关系，集中体现在海岸区域。海岸带是指海陆衔接的地带，包括陆海交界的海域和陆域，是陆域生态系统和海域生态系统联系最密切的区域。在自然资源部统一管理海域和陆域空间规划的大背景下，海岸带空间规划，有条件尝试解决统筹陆海空间规划及产业布局这个长期没有解决的难题。

第一，要强化各级沿海行政区空间规划的陆海统筹特色。当前，沿海各级地方政府在进行区域空间规划时有两种倾向。一是不重视海洋，在五年规划、产业规划、城市规划中，对于海洋特色重视不够，蜻蜓点水或者可有可无。二是将陆域与海域明确分开，专门开展海洋专项规划，仅为陆海分界线就争论得不可开交。两种倾向都存在问题，要从资源利用与国土开发的第一步就开始做好陆海统筹。

第二，强化重点项目或园区前期规划与空间管制。对沿海布局的园区要细化产业发展的综合配套与保障措施，为港口与产业的持续、互动发展提供有力保障。沿海地区是海陆交互作用最明显、人类活动最频繁、人地关系最复杂的区域；这里人口密集、生态灾害风险高。因此，必须强化大型临港产业园区特别是高耗能、高风险、高密度的重化工业项目在投产前的科学论证和前期规划，实行更具体、更细致的空间管制。对于占地面积大、投资周期长、不易搬迁的龙头产业项目，一个失败的决策不仅可使区域生态环境处于高风险，而且可能导致整个区域产业集群陷入困境，有必要强化重点项目的风险认识；规范大型产业项目决策程序，建立科学、民主、公开、透明的公众参与机制和听证制度，在实现公众参与的同时，普及安全教育；参照国际惯例和国家相关法规、技术标准，严格大型产业项目的环境评价，落实重点企业和重点区域的配套防范设施及公共安全设施建设，完善灾害应急响应机制和应急预案。

第三，突出海岸带空间规划在沿海地区空间利用上的系统性。要高度重视海岸带空间规划在陆海统筹方面发挥的引领和保障作用，组织各方力量，开展专题研究，广泛征求意见，体现高标准。在总体发展规划之下，有空间布局规划、产业发展规划、城镇体系规划、海洋开发规划等多层次规划，强化海岸带空间规划的系统性。

第四，避免以海岸空间规划代替海洋空间规划。海岸带区域覆盖的陆域面积很有限，没有必要担心海岸带空间规划的问题。海岸带区域覆盖的海域的确是海上经济活动最集中的区域，海岸带以外的海域人类活动比较少，对海洋特色并不清楚的多数规划工作容易产生以海岸带规划替代海洋空间规划的想法，这样的想法是存在风险的。一方面，在陆地和海域采用同样的投影来做一张规划图是有障碍的；另一方面，陆域已经实施的土地分类体系没有办法运用到海域。陆域的人类活动与下垫面在空间上是耦合的，人类活动对海洋的影响与下垫面错位分布，采用同样的分类体系是不现实的。同时，在对海洋空间进行独立专项规划的情况下，有些理论和方法问题并没有解决。如果在海岸带空间规划中将海洋空间规划也做了，可能会是一种倒退。

二、从产业链的视角关注陆海产业统筹

运用投入产出表或产业链等手段分析海洋经济体系内各部门间的联系会发现，海洋经济体系内部各产业部门之间的联系较少，基本是海洋产业与相关的陆域产业间形成了紧密的产业链联系。为什么会这样？根据我们对海洋产业特点的分析，主要有两类产业。一类是以利用海洋资源为主的产业，如渔业、海洋油气业、盐业、海洋能产业，这些产业位于产业结构的上游，为各类加工业提供原材料；另一类是滨海旅游、海洋运输等服务业，主要为陆域社会经济提供最基本的旅游、运输等服务。海上没有条件发展装备制造业等产业链条较长的工业，也没有条件发展科技、金融等高端服务业，因此，海洋经济体系内部各部门之间联系较少，更多是与陆上相关产业形成产业联系，本篇第五章重点探讨了典型海洋产业链，已经说清楚了这方面的问题。

海洋产业关联的这个特点就决定了在制订沿海地区经济发展规划时，重要的不是海洋产业本身能发展到什么程度，最关键的是将已经有的海洋产业和陆域关联产业构建成链条，通过陆上相关产业的发展释放沿海的区位优势。同时，通过这种产业链的延伸，达到统筹发展陆海产业的目标。例如，沿海港口的布局一定要以腹地的货运需求为基础，腹地货运需求不充足就不能认为港口会发挥作用；再如，滨海旅游业发展也与依托城市的服务条件有密切联系，将滨海旅游与陆域相关产业统筹规划才可能有较好的发展前景。

三、高质量发展临海产业

在过去相当长的时期内沿海地区利用港口优势，集聚了大量临港石化、钢铁、造船等重化工业。由于沿海城市基本是以港口为核心构建的向陆（面向国内）和向海（面向国际）两市场的体系，沿海城市的功能和区域产业结构雷同现象较为突出，在重化工业时期这是符合发展规律的。但是，当我国逐步进入工业化的高级阶段后，这些资源依托型产业的技术相对落后、产品附加值低、受资源约束较强、部分传统产业的生产工艺较落后、环境污染严重等问题逐步暴露出来，同时产能过剩问题也日益突出，特别是钢铁、水泥、电解铝等高耗能、高排放行业，表现为重复生产、重复建设、过度竞争现象突出，

降低了资源配置效率，沿海的河北、辽宁、山东等是全国产能过剩大省。因此，沿海地区各级政府要清醒地认识到，在经济进入新常态的情况下，沿海港口发展重化产业的优势已经在逐步丧失，发展相关重化产业没有好的出路，重点应通过相关政策的实施控制产能过剩产业的发展，并形成合理的退出机制，实现临海产业的高质量发展。

第一，强化对产能过剩类产业项目的用地、税收等调控政策。对产能严重过剩产业的土地利用、岸线及海域使用权要全面检查和清理整顿，严格限制新增使用土地、岸线审核；取消项目用地优惠政策。同时，对产能过剩行业实施有保有控的金融政策，严格控制对产能过剩行业和企业的信贷，加大对产能严重过剩行业企业兼并重组，整合过剩产能、转型转产、产品结构调整、技术改造和向境外转移产能、开拓市场的信贷支持。

第二，建立合理的产能过剩企业退出机制。在消减产能过剩时，首先，要开展深入的调查研究，摸清企业底数，制定淘汰产能过剩的地方细规。其次，要建立提前告知制度，要在企业知情的前提下，让企业有足够时间，处理好有关的债权债务问题、经济合同问题、库存原材料问题等，确保企业平稳退出，降低成本，保护投资者利益；或使企业有足够时间实现转型、转产和升级；并探索给退出企业以土地利用、建筑物和附着物赔偿，搬迁补偿，企业关、停、迁造成的损失利润补偿等；可设立削减产能过剩援助基金，给退出企业的职工提供养老、医疗、失业保险方面的援助，给职工再就业培训补贴等措施。

四、探索以滨海旅游带动陆海要素整合的途径

在中国人均收入水平逐步由中等收入迈入高收入的背景下，休闲旅游本身就成为一种生活方式，中国具有较大的旅游客源市场潜力。滨海旅游业有条件充分利用旅游资源，并借助不同沿海地区陆域相关产业的支持，探索以滨海旅游带动陆海资源要素整合的途径，这是未来一个时期海洋产业的重要增长点。

第一，邮轮度假休闲旅游。我国已成为世界各大邮轮公司高度关注和大力开发的新兴市场，巨大的国内旅游市场将成为今后相当长时期内推动我国海洋旅游扩大规模、提升水准的主要动力。中央政府相关部委和上海、天津、海南、福建四个邮轮发达省市都出台了促进邮轮发展的政策措施，中国邮轮产业走过了从无到有的粗放式的起步培育发展阶段，未来 10 年将进入黄金发展阶段。

第二，海钓与休闲渔业。海钓产业涉及渔业、渔船、渔民、码头、岛礁、深海资源、气候、环境、陆地交通、通信、安全救护、钓具及配件生产、导钓服务等各个环节，同时与房车露营、旅游观光、游艇体验、海鲜美食高度关联。由于海钓产业链长，经济和社会价值高。海钓业在许多发达国家早已形成发展强劲的产业链。发展海钓业，要带动游钓区内渔民转产转业，开展陪钓、救护、船艇租赁、渔家乐、宾馆餐饮等休闲渔业项目，增加当地渔民收入。同时将以海钓产业为起点，探索建立国内海钓旅游与休闲渔业相结合的试验区、示范区。

第三，游艇帆船休闲旅游。随着政府及相关部门鼓励游艇旅游政策的陆续出台，公共游艇码头的规划建设和游艇旅游企业优化整合，必将推动游艇帆船旅游成为滨海休闲旅游新业态。旅游度假小镇可以成为以度假地产、滨水运动、综合商业为主要盈利模式

的滨水休闲度假目的地。游艇旅游小镇不是单纯的房地产项目，而是融合滨水休闲产业、滨水休闲文化、游艇帆船旅游、滨水度假生活等功能的创新型旅游综合项目。游艇旅游小镇不仅是滨水休闲生活社区，还是游艇产业发展载体，是水上运动基地，是滨水旅游景区，是滨水度假目的地。

第四，滨海休闲综合体。滨海休闲综合体是指基于一定的滨水岸线资源与土地基础、以滨水休闲产业为导向进行综合开发而形成的，以水上运动、滨水商业地产、滨水综合娱乐为核心功能构架，整体服务品质较高的休闲度假聚集区。作为聚集综合滨水休闲旅游功能的特定空间，滨海休闲综合体是一个泛旅游产业聚集区，也是一个旅游经济系统，并有可能成为一个滨水度假目的地。滨海休闲综合体是以滨海岸线资源为基础，融合水上运动、滨海旅游、水岸商业、滨海度假酒店、滨海综合娱乐五大核心功能于一体的滨海度假目的地。滨海休闲综合体是滨水休闲产业聚集体，是滨水休闲生活方式的体验地，是滨海岸线集约型、创新型、优化组合型的度假产品。水上休闲娱乐方面可开发房艇、舫舟、突堤码头、船屋、组合式漂浮平台、海上鱼排、水上度假别墅等产品；海上运动方面可推进潜水、冲浪、帆板、摩托艇、滑水、托拽伞、水上喷气式飞行器等及相关各类赛事。海上运动以体育产业为基础，融合滨海休闲度假产业元素，形成滨海休闲旅游新业态。

五、构筑优势互补的内陆与沿海产业关联体系

在全球化时代，沿海地区利用以港口经济和外贸为主导的开放经济优势，获得了较快的发展，而内陆腹地基本还停留在以制造业为导向的传统陆域经济发展阶段，两者具有不同的区位特征，只有实现一体化发展和优势互动，才能在全球化竞争中取得双赢。

第一，建立陆海产业联动发展的战略联盟。通过陆海产业链的延伸，从更高的层面统筹产业空间布局，推动海洋产业与陆域产业重组是加快沿海与腹地互动发展的主要内容。在推进内陆资源性城市转型、企业搬迁改造的过程中，将对港口依赖性强的产业向沿海转移；但是，对于那些已经形成综合竞争优势、特色鲜明的现代制造业，没必要大规模向海布局；面向国内需要的，具有区域特色的高新技术企业，尤其是国防工业和尖端技术企业应重点放在内陆中心城市，通过港口与工业区融合发展，将临港产业、海洋产业、其他陆域产业的发展有机地结合起来，促进陆海产业联动和陆海经济一体化。

第二，培育利益共同体，使企业成为沿海与腹地互动发展的主体。沿海与腹地互动效果如何，关键是看是否培育出利益共同体，企业是否成为互动的主体。为此，要通过改革和重建，在沿海省区市与内陆城市培育出一批你中有我、我中有你、优势互补、密不可分的利益共同体。在推进沿海与腹地互动发展，形成区域经济一体化发展格局方面应重点培育和发展跨区域的企业集团、上市公司、民营企业三大互动主体。一是推进跨区域的企业重组，组建投资主体多元化的大型企业集团。沿海地区应充分利用区位、对外开放、城市环境等优势，积极主动地推进跨区域企业重组。对于有吸纳实力的大型企业，应积极吸纳腹地的企业加盟，实现资产经营一体化。鼓励腹地具备实力的大企业到沿海地区来收购、兼并企业。二是积极发展投资主体多元化的股份制企业。必须加快对

沿海地区国有独资企业投资主体多元化的改造，在进行股份制改造中，积极吸收腹地的法人或自然人入股。要把上市公司作为重点，吸引这些上市公司到沿海地区投资，收购企业，拓展事业，同时鼓励沿海城市有实力的企业特别是一批实力强、成长性好的民营企业，投资腹地城市，成为具有示范带动作用的民营骨干企业。

第三，加强沿海港口与内陆干港的联系。一是加快区港联动发展。在内陆中心城市设立陆港保税区，将沿海地区保税港区部分功能延伸至内陆，加快开展“属地申报、口岸验放”的进出口通关改革。同时，积极拓展枢纽港的通关服务功能，加快内陆干港建设，使陆港享受到沿海港区同样的政策，逐步具有全方位的综合服务功能。二是加快推进飞地经济和特色园区，加紧制定相关的配套政策和实施细则；支持和鼓励内陆各城市的企业通过土地置换等多种办法，到沿海投资兴业或设立沿海飞地；在临港工业园区发展时，设立具有飞地意义的特色园区，完善飞地经济的政策体系以及利益分配机制；推动相关城市加紧制定基于飞地经济的特色园区具体实施细则。三是要打通多层次沿海内陆大通道网络，并鼓励企业走出去。通过加强沿海与内陆各地区域合作，加快打通沿海各港口至内陆腹地乃至边境口岸的交通路网，构建立体、多层次洲际大通道网络。以多条陆路通道和交通路网建设为契机，加强沿海与内陆的区域政府联动，成立专门机构，以政府主导、企业为主体，建立丝绸之路产业合作的平台。

六、搭建产城融合的海洋产业聚集核心

关于产业空间结构的表达形式，如增长极、轴带、网络和面状等形态，海洋产业也有条件形成这样的空间结构吗？我们认为海洋经济活动主要表现为增长极和面状形态，海洋渔业是面状形态，其他经济活动基本是集中在沿海港口城市的增长极形态。因此，搭建产城融合的海洋产业聚集核心是有可能的，主要有以下几个方面的内容。

第一，推进创新型临港产业集群发展。当今世界最先进的港口已发展至第四代，港口已经由最初的水陆转运枢纽、工业中心转变为国际物流枢纽节点和资源配置枢纽；现代临港产业体系不仅包括传统的重化工业，而且是一个囊括了港口直接产业、共生产业、依存产业、关联产业等在内的复合型产业体系，并且表现出临港制造业的高技术化、服务化、港口生产性服务业方兴未艾等发展特点。①现代物流是临港产业发展的润滑剂和第三利润源，具有广泛的产业关联效应。应加快发展以现代物流为核心，包括展示、设计、金融、保险、信息服务、人力资源开发、滨海旅游等临港型生产性服务业，以第三产业发展推动产业结构优化和制造业服务化、高端化。②在石化、造船、钢铁、能源等传统临港重化工业方面，积极淘汰落后产能和低端环节，围绕主导产业和龙头企业，加快核心技术研发和产品升级换代。围绕临港主导产业，建立区域性产业研发中心和博士后科研流动站，打造一批具有自主知识产权的临港高技术产业创新成果和产业集群。③坚持海陆联动，促进临港产业与临海产业融合发展。对于临港产业，往往比较重视陆域产业发展，而不太重视海上钻井平台建造、海洋机械、海洋制药、深海潜水、海水淡化及综合利用、海洋能开发、海洋新材料等更多依靠或应用于海洋的新兴产业。今后在产业链拓展和产业体系构建中，应加强对此类临海新兴产业培育力度，促进临港和临海产业融合发展。

第二，通过港口周边滨水区再利用培育陆海复合型新兴产业发育区。伴随着我国航运业的发展，主要港口城市已经出现港口周边滨水区再利用的趋势。要大力强化公共港区建设，提升公共港区对周边临港产业辐射的规模效应和综合服务功能。对于大型项目抢占优质港口资源的问题，我们要有清醒的认识。在规划大型临港产业区时，应充分考虑该区域主港区的公共服务功能，留有足够的优质港口岸线强化公共港区建设，为吸引大型产业集群或相关配套产业创造条件。在制订区域产业规划和岸线利用规划上，政府部门应根据各产业的临港程度，划分不同的港口岸线利用门槛。同时，加强对已占用港口岸线的跟踪、监督，为港口岸线使用设置过渡期，对于无法达到预先规模或荒废的，坚决予以收回；充分借鉴西方发达国家在城市滨水区复兴和功能再造方面具有的成功经验；加强对各城市老港区、废弃港区的功能再造和产业培育，围绕高端临港服务业、休闲、旅游等，推进不同港区的可持续发展；根据各类产业的临港程度，对港口岸线使用进行针对性的空间规划，保证对港口依赖程度高、产业带动作用强的龙头企业优先使用优质港口资源，实现港口资源利用最大化和区域综合效益最大化。

第三，以集装箱国际港口为中心布局航运网络。完善的海洋航运贸易网络是开展海洋贸易的基础。国际航运中心涉及航运、贸易、综合服务、物流供应链提供、咨询与信息、金融等一整套的发展能力和综合竞争力的培育，是航运综合能力和资源整合能力的体现。因此，国际航运中心建设必须与自由贸易区相结合，建议出台相关优惠政策，积极吸引船公司班轮挂靠与航线布局等核心资源，力争在激烈的航运市场竞争中占据有利位置，为形成海上丝绸之路的重点始发港提供支撑，为方便企业与沿线国家开展海上贸易提供便利。此外，要为航运企业发展提供一站式综合服务，提升服务效率和服务水平，优化航运中心发展环境。

第四，高度重视海洋信息服务业发展。伴随着大数据时代的到来，加快发展海洋电子信息产业，着力提升海洋信息服务业水平。鼓励和引导大型企业和金融资本参与青岛市海洋信息服务业建设，着力培育提供海洋信息服务的小微企业；利用多样化、专业化的海洋信息服务。推进海域动态监控系统、海洋环境在线监测系统、海洋预警报系统、渔港船舶系统的专业化建设，加快提供电商交易、出海垂钓、海岛旅游等多样化海洋信息服务；健全海洋信息服务业体制机制；加快构建海洋信息互联互通机制，利用海洋大数据技术，建立高储存、高配置、可长期利用的综合性海洋信息服务平台，实时更新海洋信息。

第五，推动海洋科技创新和现代产业体系建设。要依托造船、深海重型装备制造等第二产业的技术储备，鼓励和推动涉海企业瞄准深海技术，围绕深海采矿、深海钻井平台、民用深海旅游探险装备等开展技术研发和产品开发，以有所为有所不为的理念，推动海洋科技创新实现突破，并为海洋战略性新兴产业培育新的生长点；要鼓励和扶持有实力的传统骨干涉海企业开拓新兴业务，推动其多元化发展和产业转型发展，特别是在养殖技术、生物工程、品种培育、精加工和附加值提升等方面，积极为企业与科研机构牵线搭桥，为涉海类企业科技人才提供优惠政策，为企业发展引路领航，提供各种便利和高水平服务；充分认识到海上丝绸之路沿岸国家经济发展状况差别很大、海洋产业构成及需求千差万别等特点，充分挖掘与沿岸国家的互补条件，围绕沿海港口城市的需求和沿岸国家市场，建立更立体、更合理的现代海洋产业体系，在推动传统产业、海洋制造业和科技产业发展的同时，还要注重海运运输综合服务、海洋旅游、海洋保险、海洋信息咨询等海洋综合服务产业，为与各国开展更丰富的海洋贸易提供条件。

七、将沿海地区风险防范和生态文明建设有机结合

当前，有一个比较明显的认识误区，认为海洋生态文明建设与人工构筑物完全对立，只有保持原生态的海岸才是符合海洋生态文明建设的。其实，我们的生态文明建设是从工业文明过渡来的，起码目前还不具备完全否定工业文明的条件。经过长期的快速发展，沿海地区成为人口、社会经济要素、资金、基础设施高度聚集的区域，也正是由于社会经济要素聚集，也就成为资源环境约束最明显、海上自然灾害风险最大的区域。

无数的事实已经证明，在工业文明时代，人工构筑物（堤坝、防护栏、山体护网）等是抵御自然灾害最有效果的方式。因此，在沿海城市岸段，适当通过人工构筑物的建设提高防范自然灾害的能力是必要的，特别是在海平面有抬升趋势的沿海区域，提高风险防范等级十分必要。

在建立沿海区域基础设施建设及风险防范体系的过程中，不宜将自然灾害风险防范设施建设与海洋生态文明建设对立起来。事实上，在沿海城市段通过构筑物提高抗灾能力，恰恰是生态文明建设的重要内容。当然，将减少海洋环境负面影响的理念纳入沿海各类改变海域自然属性的规划体系也是必然的。

第三篇 陆海资源统筹利用

自然资源是人类社会经济活动的生产原料来源。由于陆地资源和海洋资源存在着相互替代、相互补充的关系，在制订国家或地区资源利用规划和战略时，人类的经济活动究竟是用海洋资源还是用陆地资源？受到资源的利用价值、可获得性、开发利用技术、投资能力和国家的资源战略等多方面因素的影响。本篇涉及的研究内容较广泛，在以下几个方面进行了创新性探索。

第一，针对海洋资源经济学理论比较薄弱的现实，本篇从海洋资源的可得性、陆域资源开发报酬递减对海洋资源的影响、勘探投资分配上受距离与能力限制、资源开发中私有部门与政府部门的决策差异性、资源长期保障性等维度分析海洋资源替代陆域资源的可能性，丰富了陆海资源统筹的基础理论。

第二，针对我国海洋空间规划体系不完善的现实。在对国内外空间规划理论与实践经验总结的基础上，提出以海洋功能区划为核心的海洋空间规划理论、方法、原则等，并从规划目标性、实施弹性、强化海洋生态文明意识等角度讨论海洋空间规划的基本问题，为统筹规划陆海空间资源提供借鉴。

第三，针对我国沿海岛屿战略格局并不明确的现实，提出了陆连岛利用、近岸“安全岛”利用、旅游海岛利用、渔业海岛利用和边远海岛利用等五个类型的海岛利用模式，为充分发挥海岛优势，逐步形成我国海岛新的战略空间格局提供了重要依据。

第四，用地空间狭小而分散一直是限制南海能力建设的瓶颈。我们建议，加速南海陆岸基地的建设，集中为南海开发利用和管理提供后方保障；加强陆岸基地与南海岛礁为支点的网络联系；搭建陆岛网络系统，放大岛礁的战略支点作用，突破用地空间对南海能力建设的限制，有利于提升南海海洋权益能力建设的水平。

第五，针对沿海地区围填海管理现实问题，比较分析了土地与围填海区的差异性和相似性，为分析围填海的内部驱动力提供基础；从区域经济角度分析了交通条件、依托城市投资能力、建成区等要素对围填海区成长潜力的影响；从空间功能联系、土地供需关系、陆海景观协调等角度提出土地与围填海统筹要点。从区域经济的视角寻求充分发挥围填海区潜力的途径。

第六，海洋油气开发成本高、收益低、技术门槛高等，是企业开发海洋油气动力不足的重要原因。我们运用经济理论分析了海洋油气资源开发可能带来的海洋权益效益、资源收益、突破技术垄断收益和促进海洋油气资源开发技术能力提升等经济正外部性特征，并建议国家制定相关政策，鼓励企业加大东海和南海海洋油气资源开发力度，可为提升我国海洋油气开发水平提供理论依据。

第七，针对海水淡化的产业化进程较慢、淡化海水与陆域淡水成本比较参照系不合理等现实，我们的研究重点回答了淡化海水能否成为沿海地区“第二水源”、根本解决沿海地区淡水资源问题是否需依靠淡化海水、海水淡化产业化的进程推进较慢的原因等问题，并提出淡化水与陆源水统筹利用的三点建议，可作为加速海水淡化产业化进程的重要依据。

第八，针对国际海底区域资源方面的研究没有纳入陆海资源统筹利用体系的现实，系统阐述了国际区域资源的主要特征，分析了我国在国际区域资源产业化过程中的主要难题。提出强化国际区域资源纳入国家战略资源陆海统筹，强化建设国际区域资源战略接续区的意识，并希望充分估计国际区域资源产业化的艰巨性，尽早布局国际区域资源开发与产业力量。

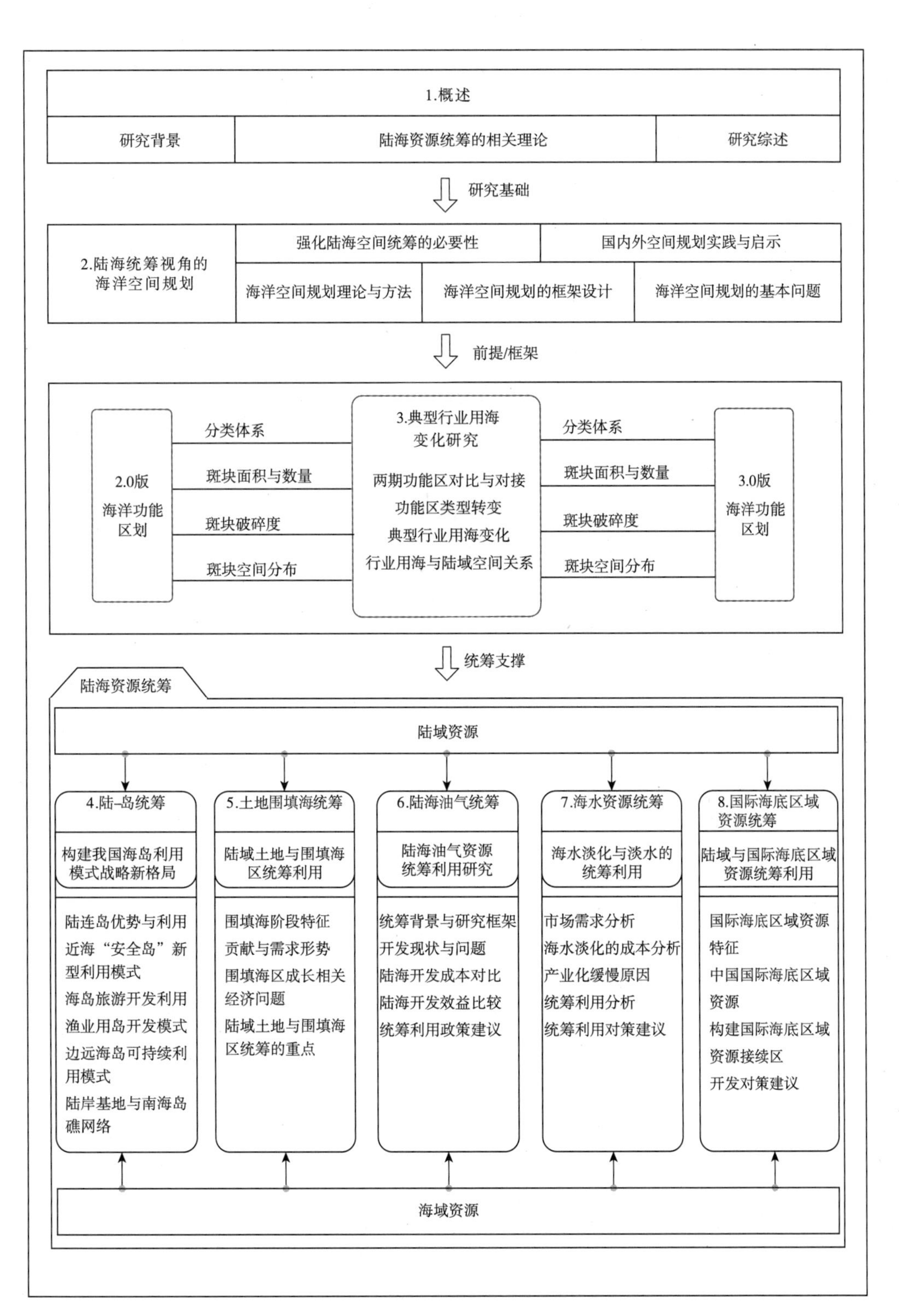

图 1　第三篇陆海资源统筹利用内容框架

第十三章 概　述

自然资源是指天然存在的自然物（不包括人类加工制造的原材料），是在一定的时间和技术条件下能够提高人类当前和未来福利的自然环境因素的总称。地球表面可分为陆地和海洋两大自然系统，赋存在陆地系统的就是陆域自然资源，赋存在海洋系统的就是海洋自然资源。客观看来，陆地的可再生资源、可更资源和耗竭类资源都面临与海洋资源统筹利用的问题，如生物资源的利用、旅游资源的开发、可再生能源（海洋风电）等统筹利用问题，有较大研究空间。基于课题研究计划、研究基础和资源重要性等多方面因素考量，我们重点回答陆海资源统筹利用背景和理论基础、空间规划、海岛利用模式、海水淡化与淡水统筹利用、陆海油气资源统筹利用、国际海底区域资源利用战略等方面的问题。

第一节 研究背景

一、自然资源约束明显

当前，人类社会面临自然资源稀缺和污染物不断累积的双重挑战，不断增长的对资源的需求和有限的资源供给之间的矛盾对人类生存发展造成了严重威胁。以水资源为例，联合国数据显示，2008 年全世界约 40% 的人口生活在存在中等或严重缺水压力的地区（联合国淡水资源评价报告中，中等压力是指人类消费的水资源占所有可获得的、可再生的淡水资源的比例超过 20%，严重压力是指消费的水资源数量的占比超过 40%）。到 2025 年，预计将有 2/3 的世界人口，约 55 亿人，生活在存在中等缺水压力或严重缺水压力的地区。从全球范围来看，缺水压力的分布是不均匀的，如美国的一些地方、中国和印度的地下水消耗快于其更新速度，并且水位在持续下降。一些大河如美国西部的科罗拉多河和中国的黄河已出现周期性断流；一些曾经规模巨大的水体如咸海和乍得湖，现在其容量仅是历史时期规模的一小部分；亚洲的许多河流源头的冰川规模也在逐渐缩小。

全球范围内的资源短缺已经成为常态，不同地区、不同时期各类资源的状况也不相同，联合国粮食及农业组织数据显示，世界森林面积总量是在减少的。俄罗斯森林面积最大，其次是巴西，中国虽然地域广阔但森林面积不大。印度、美国、俄罗斯的耕地面积总量领先于中国，美国的森林面积也大于中国。《国外非能源矿产》收集的资料显示，铁、锰、镍等全球 18 种重要的非能源矿产在 2015 年的总开采量接近 100 亿吨，比 2015 年全球煤炭 78 亿吨的开采量还要多。全球非能源矿产资源年开采量大幅增长，多种矿产资源品位和开采品位不断下降，随着需求量的不断增加，各类陆域矿产资源也将面临枯竭。

中国的陆域自然资源面临的形势十分严峻。随着中国人口的增多，从 20 世纪 50 年代到 80 年代，全国耕地面积减少 9.56 万平方千米，人均耕地面积已减少了近一半；受干旱影响的耕地面积约占总耕地面积的 1/5，由于缺水得不到有效灌溉，每年造成粮食严重减产 50 亿千克以上；中国能源工业发展很快，为经济快速发展提供了有力的保障，但中国的石油、天然气、铁、铜、钾盐、天然碱等储量不足，一些重要矿产如铬、铂、金刚石、硼等严重短缺，铜矿只能满足生产需要的一半，铁矿由于贫矿多而长期依赖进口。老矿山可采资源日益衰竭，后备资源基地短缺，石油、天然气、铜、金等可供规划开发的储量缺口很大。

各类自然资源短缺的现状造成了中国资源利用的各种冲突矛盾，如各类资源的供应和生产生活需求之间的矛盾；不同行业之间资源利用竞争的矛盾；资源的有限性与各部门利用资源的权力之间的矛盾；各类资源区域分布不均的矛盾；资源禀赋和资源质量及资源利用效率之间的矛盾。

由此可见，自然资源是人类社会经济活动的最基本要素，随着全球人口数量的不断增长，人类对于资源的依存度也在不断提升，资源的短缺是必然存在的。从经济学角度看，人类在不断探索低成本获取资源的路径，在这一过程中，各类资源的优化配置就显得尤为重要。人类社会的生产过程，就是运用资源、实现资源配置的过程。由于资源的有限性，投入到某种产品生产的资源的增加必然会导致投入到其他产品生产的这种资源的减少，因此人们被迫在多种可以相互替代的资源使用方式中，选择较优的一种，以达到消费者、企业及社会利益的最大满足。从这个意义讲，人类社会的发展过程，就是人们不断追求并实现资源的优化配置，争取使有限的资源得到充分利用，最大限度地满足自己生存和发展需要。为实现人类社会的可持续发展和构建人类命运共同体，除了优化配置已有陆域资源以外，还应重点关注陆海资源的统筹发展，共同开发、共同规划、共同利用。

二、海洋是重要的资源接续区

在陆域资源短缺的常态背景下，人类开始向海洋要能源、要资源、要食物、要矿藏、要空间。海陆作为两个独立的系统，其所蕴含的资源具有一定的共性，在陆域资源减少和面临枯竭的局面下，海洋完全具有建立成为陆域资源接续区的条件。

首先，陆地资源和海洋资源分类具有共性。随着时代进步，社会生产力的提高和科学技术的发展，自然资源分类也进一步扩展（表 13.1），根据自然资源的可耗竭性，陆地和海洋自然资源均可分为耗竭性资源（不可更新）和非耗竭性资源（可更新）。耗竭性资源又分为再生性资源和非再生性资源，再生性资源可生长、可反复利用，如土地资源、森林资源等；非再生性资源包括地质资源和半地质资源，前者如矿产资源，后者如土壤资源等。非耗竭性资源即可更新资源，是可循环的资源，如能源资源（太阳能、风能等）。

表 13.1　陆地和海洋资源分类体系

<table>
<tr><td rowspan="4">自然资源</td><td colspan="2">属性</td><td>陆地</td><td>海洋</td></tr>
<tr><td rowspan="2">耗竭性资源（不可更新）</td><td>再生性资源</td><td>土地资源、森林资源、野生动植物资源、陆地水产渔业资源、遗传资源</td><td>海洋热能资源、海洋渔业资源、海水化学资源、海洋生物资源、深海基因资源</td></tr>
<tr><td>非再生性资源</td><td>矿产资源、土壤资源</td><td>海洋矿产资源、深海油气资源</td></tr>
<tr><td colspan="2">非耗竭性资源（可更新）</td><td>地热资源、陆地风力资源、陆地水力资源、陆地核能资源</td><td>海洋风力资源、海洋潮汐能资源、海水波浪能资源、海水盐度梯度能资源</td></tr>
</table>

其次，海洋资源作为陆地资源的接续区也有其特殊性。第一，海洋资源具有公有性，国际水域的资源属于全人类共同拥有，国际海洋区域内的大规模海洋调查、勘探和开发活动常采用国际合作的形式进行，因此也会引发一系列的海洋争端；第二，海水具有流动性和连续性，海洋资源随海水的流动使得海洋资源难以进行明确而有效的占有和划分；第三，海水具有三维立体特性，海洋资源立体分布于海洋范围内，在开发利用过程中这种立体分布的海洋资源往往可以由不同部门同时使用，因此加大了固定设施建设的难度；第四，海洋资源赋存环境复杂，与陆地不同，在海洋上开展的各类生产活动要受到海洋复杂多变的环境的制约，开发难度大，技术要求高，风险也进一步加大。

综上所述，海洋资源完全可以作为陆地资源的接续区，供人类开发利用，以缓解陆域资源枯竭的现状，但在开发过程中还存在诸多争议和技术难关，需要建立更加完备的法律体系，只有不断进行海洋高新技术的革新，才能充分利用和分享海洋资源。

三、发展海洋科技，利用海洋资源

近年来，随着科学技术和生产力的飞速发展，人类对海洋的开发利用进入了一个新的阶段，海洋科技的进步为人类开发利用海洋资源提供了可能。但是由于海洋环境的复杂性，世界各国需要为开发海洋资源、平衡海洋权益、维护国家海洋利益而大力发展海洋科技。

自 20 世纪 80 年代以来，世界各种国际重大海洋研究计划应运而生，这些计划不仅为探索海洋、开发海洋资源、保护海洋生态环境做出了详细的部署，还取得了一些科技成果，如海底深部探测技术、深水成矿探测，解决了与深水油气资源有关的深水区地层层序、储集层预测等技术难题；对海底的天然气水合物分布进行了深度探测；深潜器的研制为人类探索海底资源及生物发挥了重要作用；卫星遥感和海洋观测平台的建设为监测海洋环境提供了重要手段；为开发海洋油气资源而发展的深海地球物理技术，海底钻探技术等，为海洋科学重大发现（“海底下的海洋”和“暗能量生物圈”）做出了重大贡献。

中国近年来在海洋科技发展中虽与发达国家相比还有一定的差距，但也取得了一系列的成果，如海洋科技平台建设、海洋调查与极地考察、海洋基础科学研究、海洋高新技术研究等。一系列的海洋科技进步为海洋资源的开发创造了条件，也为海洋能够接续陆地资源奠定了重要基础。

除此之外，还应利用海洋科技进步，做好陆海统筹，做好区域发展规划，以科学技术为手段，综合考虑陆海的经济、生态和社会功能，利用二者之间的物流、能流、信息流等联系，以协调、可持续的科学发展观为指导，对区域的发展进行规划，并制定相关的政策指引，实现资源的顺畅流动，形成资源的互补优势，强化陆域与海域的互动性，从而促进区域又好又快地发展。

四、国际海洋竞争就是海洋资源竞争

21 世纪是海洋世纪，世界沿海国家，特别是一些海洋大国和海洋强国，都把海洋权益的争夺作为战略国策，高度重视海洋发展。从古至今，世界各国经略海洋的目的是发展本国经济，当前全球海洋权益争夺的核心和本质是海洋资源的争夺。从经济学角度来看，发展海洋经济的核心就是发展资源经济，因此国际海洋权益的竞争实质上是海洋资源的争夺。

中国海洋经济发展的主导产业仍是传统海洋产业，我国海盐产量连年保持世界第一，海洋渔业产量上升世界第一位，截止到 2015 年，中国海洋渔业总产量达 6699.65 万吨，实现经济总产值 2.2 万亿元；海运船队也进入世界十大海运国家行列；港口吞吐量逐年增长，海洋运输事业逐年发展；新兴海洋产业随着科学技术的进步，其地位与作用将越来越突出。海洋石油开发、海水增养殖和海洋旅游业将是我国在目前可以建立和发展起来的新兴海洋产业。一些地区新兴海洋产业的发展，使海洋产业成为地区经济的支柱产业。特别是海水增养殖业的发展，对一些海岛经济高速增长起了相当重要的作用，如山东蓬莱区，由于海水增养殖业的发展，养殖收入占全部经济收入的比重逐年提高，由原来的 30% 左右提高到 40% ～ 50%。

从海洋产业来看，当前海洋资源的竞争主要焦点有以下方面：一是国际海水资源的争夺；二是矿产资源和油气资源的争夺；三是海洋生物（水产）资源的争夺；四是海洋动力资源和新能源的争夺；五是海洋空间资源的争夺。

五、资源经济是海洋经济的主体

（一）海洋经济的主要特点

（1）整体性。海水的流动性和连续性，将海岸带、海洋区和大陆架连接起来，使海洋资源的开发利用具有相互依存性，各部门各行业之间凭借港口、航道、船舶及一系列通信运输设施以海洋水体为纽带建立了特定的联系，突破了陆地空间距离的限制，使海洋经济具有了整体的特性。

（2）综合性。由于海水介质的三维立体特性，不同的水层存在不同的资源，可以从不同方向加以开发利用。所以，海洋是一个多层次、复合型的综合经济体系，只有综合开发利用海洋，才能产生最大的经济效益。

（3）公共性。对于一个国家而言，海洋资源是公共资源，并非一人或一个企业所有，而是由国家拥有并开发利用，因此开发利用海洋资源的海洋经济也是公共经济，国家和政府也应加强对海洋资源的管理，避免过度利用和破坏公共海洋资源。

（4）高技术性。海洋环境是复杂多变的，人类在海洋环境中从事生产活动，必须借助专业的技术装备，如船舶、潜水装备和抗风浪设施，这加大了海洋经济活动的技术要求和对高技术的依赖性。因此，从另一层面来看，海洋经济的发展历程也是海洋科学技术发展的历程。

（5）国际性。海水的流动性和连通性决定了海洋经济具有国际性。许多自然资源随海水的流动其分布也会产生变化，不会受到地域和国界的限制，同时海洋污染也会随海水进行扩散，海洋资源在给各国各地区带来巨大经济利益的同时也会由于污染而使沿岸国家遭受经济损失。世界各国在开发和利用海洋资源、发展海洋经济过程中，既存在利益的一致性，也存在利益的矛盾性，因此需要世界各国在《联合国海洋公约法》的基础上，通过国际合作，共同寻求解决办法。

（二）资源经济与海洋经济的关系

资源经济是指通过对资源的占有与配置而发展的经济，也可以理解为以消耗资源为基础的经济。社会学家、经济学家认为，自人类文明以来，人类的经济活动按照产业结构划分为：农业经济、工业经济，将来可能过渡到高技术经济。从技术进步和生产力发展的角度看，按上述三个阶段可对应划分为：劳力经济阶段、资源经济阶段、智力经济阶段。人类经略海洋以来，就是不断地从海洋中获取资源和能源，以满足自身生产生活的需要，尤其是进入海洋世纪以后，这种以获取资源而发展经济的现象更加明显。

从古代直接利用海洋，“兴渔盐之利，通舟楫之便”，到现代开发利用海洋生物资源、矿产资源和石油天然气资源等，都是在一定的海洋空间或者是以开发利用海洋资源而形成的经济。据此可认为，海洋经济是以海洋空间为活动场所或以海洋资源为利用对象的各种经济活动的总称。海洋经济的本质是人类为了满足自身需要，利用海洋空间和海洋资源，通过劳动获取物质产品的生产活动。

海洋经济与海洋相关联的本质属性是海洋经济区别于陆域经济的分界点，也是界定海洋经济内容的依据。按照经济活动与海洋的关联程度，海洋经济可分为三类：一是狭义海洋经济，指以开发利用海洋资源、海洋水体和海洋空间而形成的经济；二是广义海洋经济，指为海洋开发利用提供条件的经济活动，包括与狭义海洋经济产生上下接口的产业，以及陆海通用设备的制造业等；三是泛义海洋经济，主要是指与海洋经济难以分割的海岛上的陆域产业、海岸带的陆域产业及河海体系中的内河经济等，包括海岛经济和沿海经济。由此看来，资源经济属于狭义海洋经济的范畴，也是泛义海洋经济的主体。

（三）海洋产业分类

海洋产业发展是海洋经济发展的重要标志，也是世界海洋经济发展水平的重要标志。海洋资源需通过海洋产业的转化才能成为海洋经济。海洋产业作为人类开发利用海洋空间和海洋资源而形成的构成国民经济的一个生产门类，根据国民经济三次产业分类标准可以将海洋产业划分为海洋第一产业、海洋第二产业和海洋第三产业。其中，海洋第一产业主要有海洋水产业，包括海洋捕捞业、海水养殖业和海水灌溉农业；海洋第二产业有海洋盐业、海洋油气业、海滨砂矿业、沿海造船业及深海采矿业和海洋制药业；海洋第三产业有海洋交通运输业、滨海旅游业及海洋公共服务业。海洋产业的鲜明特点是其严重依赖海洋资源而形成，即使是海洋交通运输业、滨海旅游业等第三产业也是依托海洋空间发展的。海上是没有条件建设工厂，也没有条件发展其他生产性服务类产业的。

六、陆海资源统筹的必要性

（一）陆域经济发展遇到瓶颈，要求实施陆海统筹规划

丰富的陆域资源一直是陆域经济发展的重要支撑，但近年来，随着全球资源的短缺、人口膨胀、生态破坏等问题的不断凸显，陆域经济发展的可持续性受到挑战。陆域经济的进一步发展受到资源的严重制约，发展瓶颈亟须突破。

陆域经济历史悠久，基础雄厚，拥有经济发展所需的技术、资金、管理经验等方方面面的优势资源，而海洋经济是近年来才发展起来的，新兴产业比较集中，高技术含量也较高。海洋经济的发展需要有良好的外部条件，单纯地进行海洋经济的发展后劲不足，事实也证明这样的发展是不可取的。同时海洋中的资源宝库宏大而利用不足，丰富的空间资源更是陆域经济发展缺少并急需的。只有将二者统一起来，加强二者之间的要素流动，形成优势互补，才可以实现陆海经济的共同发展。因此，陆海统筹成为区域经济发展的必然选择。

（二）陆海产业矛盾逐渐凸显，亟须确立陆海统筹地位

由于海洋经济发展所带来的良好经济效益，沿海地区纷纷加大了对海洋资源的开发与利用，传统与粗放型的经济发展方式导致陆海经济间的矛盾日渐突出。再者，由于我国行政区域划分的客观存在性，各区域之间协调性受到限制，产业布局趋同，区域的资源配置与流动性没有很好的实现，陆海产业矛盾激烈，主要表现在以下三个方面：一是海洋产业结构同构化、低度化，滞后于国内经济整体结构；二是陆海产业结构衔接错位较大，不利于陆海经济资源互补；三是陆海功能区不相协调，陆海产业空间争夺日益激烈。因此，将陆海统筹地位提升到发展国民经济基本指导方针和战略模式的高度，有利于从国家的角度来统一安排资源的配置与调度，理顺陆海产业关系，缓解陆海产业矛盾，促进陆海经济协调发展。

（三）海洋资源争夺日渐激烈，需要重视海洋地缘政治经济关系

二战对陆域空间基本瓜分完毕，海洋成为国家存在与发展的资源宝库与最后空间，因此海洋也成为各国进行争夺的对象。尤其是近年来，随着科学技术的进步，海洋所蕴藏的丰富的石油、天然气资源被发现并进行开发，使人们加深了对海洋的认识，各国纷

纷划定海洋区域并宣布对划定海洋区域拥有主权。我国在黄海、东海、南海都有关于海洋国土安全的问题存在，这是我国经济发展的一大隐患，陆海统筹有利于提高我国陆域与海域的联系，提升海洋经济的发展，加强民众的海洋国土安全意识，保证我国主权不受侵犯。再者，由于海上并没有明显的地标与地界划分，沿海地区之间的资源争夺现象比较严重，往往造成海洋无人管理，或者过度开发而无人治理的现象，造成海洋资源的大量浪费。而陆海统筹发展可以从更加科学的角度来配置资源，优化资源的开发与利用，是提升海洋国土地位的必然选择。

第二节 研究综述

一、自然资源经济学研究现状

自然资源经济学思想早在17世纪时就已萌发，开始的相关研究以自然资源价值论为代表，沿用古典经济学的基本思想和理论，学者从“资源的稀缺性”方面探讨了经济发展和自然资源开发利用之间的关系，并初步得出了自由市场的价格机制可以实现稀缺自然资源的优化配置这一结论。进入20世纪以后，自然资源经济学的研究逐渐发展为两个重要的方向：一是将自然资源经济学作为研究自然资源和环境政策的独立学科，以及微观经济学的分支来研究；二是从经济学的角度来研究自然资源如何进行优化配置。后一个研究方向，即纯经济学研究自然资源优化配置方面的成果对指导中国近年来的陆海资源统筹利用起到了更加直接的作用。在相关研究成果的支持下，“庇古税”成为政府管制自然资源供求的重要理论基础。随后，“科斯市场”理论又提出外部性方面的市场失灵可以通过明确单一的产权安排来加以矫正。现有的研究表明，政府管制与外部性产权交易相结合的方式可以有效提高自然资源优化配置的效率。

改革开放以后，中国的自然资源经济学研究才开始系统地开展起来。当时中国正处于计划经济向市场经济的过渡时期，自然资源经济学的研究主要集中在自然资源的价格理论和使用制度两个方面。这一时期研究的鲜明特征是较注重政府管理方面的研究，而忽视市场机制作用方面的研究。20世纪90年代以后，中国自然资源经济学的研究重点开始变为综合运用新制度经济学研究自然资源优化配置问题，研究大多集中在产权制度改革、引入市场机制和激励性规制手段方面，包括公共资源补偿机制、外部性激励与抑制机理、资源代际管理机制优化、可持续发展经济机制、环境经济手段、排污权交易、经济激励机制、资源产权市场化等方面（李克国和魏国印，2007）。

在计划经济体制下，自然资源的使用成本几乎为零，但其开发利用效率却较为低下。因此，改革开放之后自然资源经济学的研究自然而然就以资源有偿使用的理论基础为起点。该时期相关研究围绕着自然资源价值理论、自然资源定价理论和自然资源核算三大主题展开。

随着中国市场经济改革的不断深入，自然资源经济学方面的研究开始利用西方新制度经济学相关理论来分析中国传统的自然资源管理制度。与经济整体改革方向相一致，中国自然资源产权制度也开始向市场化改革。这种渐进的变迁可以分为三个历史阶段，即公有产权“完全”所有阶段——开发利用产权无偿授予阶段——开发利用产权有偿获得和可交易阶段。其中每一个历史阶段都有特定产权制度安排，总体上制度变迁在向有利于自然资源合理配置的方向前进。但是现有的研究表明，市场化虽然有利于提高自然资源的优化配置效率，但尚不能完全解决所有的问题。由于自然资源的特殊性质，其在优化配置时需要考虑在时间上的配置、对社会最优、实现代际公平等，然而在自由市场中，私人最优与社会最优往往存在较大的差异。因此，涉及自然资源利用决策时，政府管理与市场机制相结合的方式是十分必要的。

自然资源投入与经济增长之间的关系一直是自然资源经济学研究的重点，同时该方面的相关研究也最能体现出自然资源经济学研究的时代特征。从人类社会发展进步的历史来看：经济相对落后时，其增长基本都需要依赖自然资源的大量投入，表现出明显的资源利用方式粗放的特点；而经济发展到一定程度后，再单纯依靠资源投入维持经济增长变得十分困难，经济增长更依赖于技术进步，对资源的利用方式也将从粗放式转向集约式。21 世纪以来，资源利用与经济增长之间关系的研究成为中国资源经济学研究的重要方面。许多学者尝试基于内生经济增长模型和可持续发展理论，将污染环境和破坏资源而必须支付的环境资源成本纳入生产函数，得出最优可持续增长路径。许多学者根据中国经济增长方式转变的实际，借鉴国外研究成果，提出了许多考虑自然资源和环境的经济增长模型（焦必方等，1999；芮建伟等，2001；范金等，2011；魏晓平和王新宇，2002）。

尽管国内外学者在自然资源经济学研究方面取得了许多成果，但是还存在一系列的问题需要进一步研究解决。例如，中国维持经济增长所需要的自然资源基础如何；如何对自然资源进行集约式可持续地开发利用；在中东战乱、中美（中国和美国）贸易战等新的国际条件下，未来资源安全的走向如何等。针对我国人口众多、资源相对短缺、资源供需形势严峻这一情况，考虑到在全球化条件下国家安全的新特点，体现国家利益、保障资源供给安全成为资源战略研究的重点。

二、海洋资源研究现状

现有的发达国家绝大多数都是沿海国家，这些国家在建设发展过程中都非常重视海洋资源的开发和利用。随着经济不断发展和陆域资源的不断消耗，现有海洋资源开发的速度和程度都在大幅度提高。发达国家对海洋资源的利用已经逐步转向开发与保护并举的可持续发展模式。与陆域资源开发相比，海洋资源开发利用还具有显著的国际间合作与竞争、高技术深度参与等特征。

20 世纪 50 年代末期中国就开始着手进行以全国海洋资源普查为代表的海洋资源调查方面的基础工作。改革开放以来，中国海洋经济发展开始加速，海洋资源方面的研究也随之深入展开。海洋资源方面的研究开始涉及海洋环境保护和治理对策、海洋灾害的危害与防治、海平面变化及影响、海洋自然保护区建设、海洋资源开发技术、海洋资源调查和监督管理等多个领域。在海洋经济发展的初级阶段，海洋渔业是海洋经济的主要内容，此阶段内相关研究成果主要探讨海洋环境污染对海洋渔业的影响。随着海洋经济体系不断完善和人们环保意识的不断增强，海洋资源的研究开始关注海洋资源的可持续利用和海洋环境保护。该阶段许多学者在继续开展渔业资源环境可持续利用研究的同时，开始关注红树林、沿海湿地、珊瑚礁的保护；强化海洋环境监测，海域环境质量的评价、分析及定量指标分析；探讨海洋生态环境问题及可持续发展对策。相关研究在海洋资源特性和分类、可持续利用的内涵和机制、海洋与资源产权等方面做了从理论到实证的分析和探讨。海洋资源可以分为空间资源、矿物资源、生物多样性资源和生态资源等类型，具有丰富性、递耗性、更新性、递增性和不稳定性等特点，其可持续开发利用应该包括海洋资源的协调利用、高效利用、公平利用和环保利用等方面的内容。在统计数据不断完善和计量模型不断发展的基础上，海洋资源可持续利用方面的实证研究也取得了非常丰富的成果，具体来说在指标建构、资源核算方法、评估等方面均取得了较大的进展。于谨凯和于平（2008）选取了人均水产品产量等指标建立了海洋产业可持续发展水平的指标体系。刘明（2010）构建了海洋经济可持续发展能力的评价指标体系，并且建立了评价海洋经济可持续发展能力的模型。翁立新和徐丛春（2008）提出了由海洋企业循环经济评价指标体系、海洋生态工业园区循环经济评价指标体系和基于社会层面的海洋循环经济评价指标体系构成的海洋循环经济评价指标体系框架，并认为资产核算与评估方法技术也在海洋资源可持续开发过程中不可或缺。王广成（2007）论述了海洋资源价值核算方法及海洋生态环境损失价值的评估方法，建立了相应的评估模型，设计了海洋资源和经济一体化核算的基本框架。王震（2007）确立了以绿色海洋生产总值为核心指标的绿色海洋经济核算体系和一套切实可行的海洋资源成本、海洋环境成本的核算方法。

此后，许多学者开始关注区域海洋资源开发与利用实践方面的研究。针对中国海洋资源的开发利用现状，现有学者主要持有两种不同的观点：一种观点认为中国海洋资源开发利用方式过于粗放，以至于现阶段中国海洋资源遭到严重破坏，主要表现在海洋环境污染、海洋资源生态平衡遭到破坏、近海生态环境恶化等方面；另一种观点认为中国海洋资源的开发利用程度和效率都有待提升和提高，中国海洋资源价值被严重低估，现阶段应该依据依法开发和高效开发等原则，制订若干优化开发、针对性加强海洋资源开发利用的总体规划，不断加强海洋管理法规体系建设，持续增加海洋科技投入，强化海洋生态环境保护及提高海洋资源保护意识。研究海洋资源开发与利用的学者目前都达成了一个重要共识：科技创新和科技产业在海洋可持续发展中发挥着重要的决定性的作用。

近年来，中国海洋资源方面的研究取得了许多研究成果，表现出以下三大主要特征。第一，相关研究队伍不断壮大，研究成果不断丰富。海洋资源开发与利用在经济发展中发挥着越来越重要的作用，其相关的理论和实践研究也日益成为学术界研究的重点和热点。研究海洋资源开发与利用、海洋经济与管理的学术团队开始逐步成立并不断发展壮大。各学术团队通过不断地探索研究逐渐找到自己的专业领域，产出了较多的学术成果。第二，研究内容不断丰富，几乎覆盖了海洋资源价值评估开发与利用等所有方面，研究的深度和广度都有大幅度的提升。第三，研究方法不断丰富，日趋科学化。定性和定量的方法都应用在了海洋资源的相关研究中。当前，海洋资源可持续利用已经成为一个颇具时代性和现实性的研究领域，该领域研究对促进海洋事业可持续发展具有重要的理论价值和现实价值。

三、陆海资源统筹研究现状

随着陆域资源的开发难度和成本的不断增加，海洋资源的开发与利用成为推动经济发展的重要力量。当前，海洋经济在世界所有沿海国家的国民经济中的地位变得越来越重要。海上运输业为长期以来的全球经济一体化起到了重要的支撑作用，所有沿海国家都非常重视海洋的利用与开发，都出台了以海洋资源开发和海洋权益维护为核心的现代海洋战略。目前，世界上大多数的沿海国家也都制定了明确的相应的海洋经济发展战略或海陆资源和产业一体化发展战略，实施陆海资源统筹来保证本国经济的可持续发展。

海洋资源是近乎完备的陆域资源接续者，经济的可持续发展要求各国在发展中必须重视陆海资源统筹。国外的陆海资源统筹方面的研究是海洋经济研究到一定程度，然后扩展到海岸带经济研究而形成的海岸带综合管理研究。海岸带综合管理研究仅仅局限于沿海海岸带地区的研究，忽略了陆海经济系统和资源统筹利用的深入联动，为陆海资源统筹利用提供了很大的启发和借鉴，但还不是真正意义上的陆海资源统筹研究。

中国国内对于陆海资源统筹利用的研究既有以海洋经济为主的研究，又有从陆海资源和产业一体化角度出发的整体把握。目前，国内关于陆海资源统筹利用的研究主要分为以下几类。一是对陆海资源统筹利用理论的研究，包括了概念、特征、资源分类、战略规划等方面（韩增林等，2012；宋建军，2014；曹忠祥和高国力，2015）。二是关于某一特定区域的陆海资源统筹利用和经济一体化建设的研究（范斐和孙才志，2011）。三是关于陆海经济关联的研究（金雪等，2016）。四是关于海洋资源开发和经济发展的研究（项永烈，2014）。

陆海资源统筹利用发展是沿海区域经济发展的重要问题，研究重点是如何发挥沿海地区海洋资源的优势，与陆域资源开发和产业发展相协调，共同促进沿海地区经济又好又快、可持续的发展。陆海资源统筹利用的研究需要将海洋经济、资源产业经济、区域经济等相关理论应用到陆海资源流通、陆海产业关联、陆海环境调控等相关具体研究内容中，总结出具有实践意义的规律和结论，这是陆海资源统筹利用的研究重点。

第三节　陆海资源统筹的相关理论

从资源可得性的度量，到资源的探勘阶段，再到资源开发利用阶段，最后到资源的长期保障及可持续利用的整个过程，海洋资源与陆域资源在一定程度上具有相似性，这也是研究陆海资源统筹的理论基础。下文将从这四个方面（图 13.1）分为六个小点进行分析。

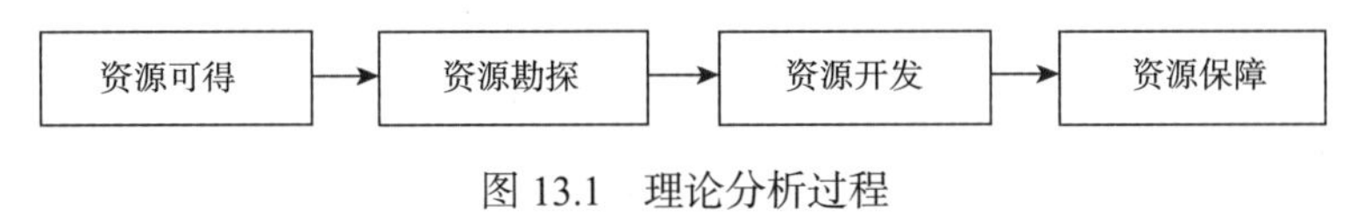

图 13.1 理论分析过程

一、海洋资源的可得性

任何自然要素在被归为资源之前，必须满足两个前提：一是必须有获取和利用它的知识及技能；二是必须对所产生的物质或服务有某种需求。一种资源一旦被看作自然资源，就必然会遇到一个问题：可为人类利用的数量有多少？这就是自然资源可得性的度量问题，通常针对不同的资源类型（储存性和流动性两大类自然资源分述之）而使用不同的方法。海洋资源是指赋存于海洋环境中可以被人类利用的物质和能量及与海洋开发有关的海洋空间，海域资源和陆域资源具有相似性，其资源可得性的度量方法也具有相似性。对于流动性海洋资源的估算，如海洋再生资源、海洋化学资源、海洋生物资源、海洋旅游资源等，由于观测手段的丰富、观测精度的提高、观测网点的加密，以及数据处理技术的迅速发展，已有较为成熟的方法。储存性海洋资源的度量，如海底矿产资源等，在分布规律方面远比流动性资源复杂，目前对整个海洋物理过程的认识还不够完善，深部探测技术还有待发展，对该类资源可得性的度量还不能满足社会发展的需求。因此，需要借助陆域资源的勘探和开发的技术支撑，结合海洋资源特殊属性，不断探明各类海洋资源的可得性及可得性度量，更好地服务未来海洋资源的开发。

二、陆域资源开发报酬递减，海洋资源纳入开发体系

资源有限性与人们需要无限性的矛盾是人类社会最基本的矛盾，是当今世界一个最基本的事实，因此自然资源具有稀缺性，当资源的利用开发超越了资源基础的终极自然极限，就会发生资源的自然耗竭。虽然随着技术的革新与发展，探明储量在不断上升，但人类需求数量也在不断激增。随着开发强度和力度的加大，在运作完善的市场经济中高质量的资源被开采殆尽后，较低质量的资源生产成本必然上升，稀缺的资源产品价格上涨、报酬递减，进而产生一系列需求、供给和技术层面的响应（图 13.2）。一方面替代资源的不断发现和利用使得对原始资源的需求减少；另一方面新的资源储备、原本开发不经济、开发技术难度较大的资源被列入开发行列。随着陆地资源开采枯竭，海洋资源的开发空间和潜力逐渐被挖掘出来。海洋作为资源丰富储藏区域，技术的发展和完善使海洋开发的成本下降，当陆地资源出现匮乏、开发成本上升后，应将海洋资源纳入开发体系。

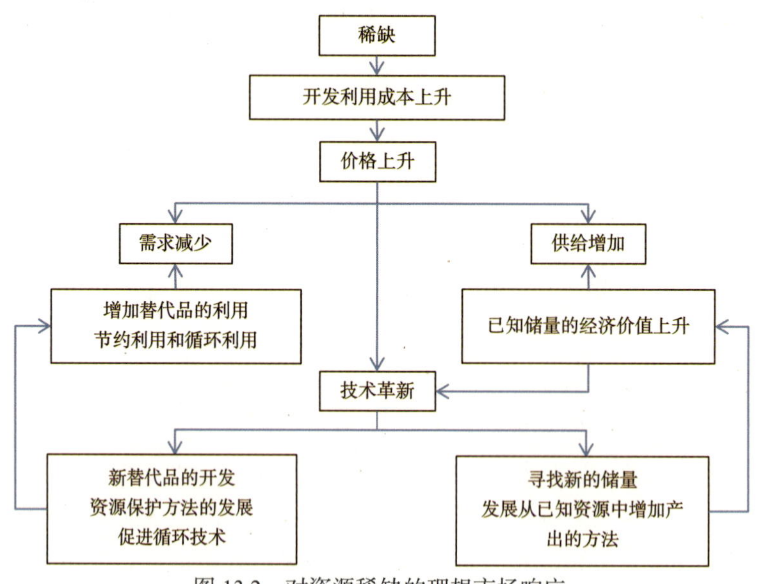

图 13.2 对资源稀缺的理想市场响应

三、勘探投资分配上受距离与能力限制

在资源形成任何价值或产生任何经济增长之前，必须被查明位置，进而开采生产形成产品，在投入大量资金、劳动力后才能产生利用价值并存在消费市场。前期的勘探投资不会均匀地分配到世界上所有的资源潜力区，所有的勘探活动都具有空间偏斜，在确定资源探勘范围上容易受到距离和能力的影响。勘探必须局限于地质上可考虑的地区，在受地质资料和探测技术限制的情况下，勘探投资的基本分配顺序为由近及远、由易到难。因此，人们优先考虑勘探和开采本国的陆域资源，随着交通运输的改善再将陆地勘探范围不断扩大。由于海洋资源在寻找、勘探方面有较大的难度，技术支撑能力较弱，投资盈利率很低，很多国家在海洋资源尤其是国际区域方面的勘探投资较少。但随着陆域资源储量基本探明及资源的逐渐耗竭，海洋资源的开发利用已经提上日程，未来资源的争夺重点将会在海洋。因此，在资源勘探投资上，必须有陆海统筹的战略视野，适当将陆域资源的投资逐渐向海洋资源倾斜，尤其是国际区域深海资源的探勘开发，将深海发展总体规划上升到国家战略，引领深海全面协同发展。

四、资源开发中私有部门与政府部门的决策

资源开发的主体主要私有部门和政府部门两类，私有部门的目标往往是满意的利润、投资风险最小化、稳定的市场价格等，政府部门则要考虑收入重新分配、创造就业机会、避免环境破坏、维持长期资源保障、维护政治权利等。根据私有部门的生产决策过程，基于需求和供给的基本理论来构建简化的决策模型（图 13.3）。假设陆域与海域资源产品市场是完全竞争和不受政府干扰的，生产者和消费者都是完全理性的，资源生产规模取决于消费者的需求水平和他们获取产品的价格。对于大多数产品而言，其需求曲线 D 是下降的；在不同的价格水平下，生产者都有一个愿意且能够提供的产品数量形成上升的

供给曲线 S，海洋资源产品由于技术成本、资本价格、劳动力成本、运费等使其供给曲线要高于陆域资源产品；需求曲线和供给曲线的交点决定了市场上资源产品的价格和数量。生产相同或相似资源产品时，海洋资源产品的价格要高于陆域资源产品，私有部门通常优先考虑生产陆域产品。但是现实世界中自由的资源产品市场并不存在，这不仅是由于市场的竞争形态，更是由于政府部门的干预与介入。私有部门的目标往往与公共政策目标并不一致，因此政府部门通过强制性的法规介入资源生产与消费领域，这些强制性法规包括贸易管制、征税、价格管制、计划和环境管理、补贴及政府所有权等六大类政策措施。因此，虽然海洋资源产品没有竞争力，但从资源的可持续发展、国家长期资源保障上来看，海洋资源的开发和利用更具战略意义，因此需要政府更多地介入与引导，综合考虑国家、社会和经济利益。对于沿海本国的海洋资源，政府部门需要加大对涉海资源开发的基础设施建设投资和科技支撑力度，通过对涉海资源产业减免税收、支付补贴等措施来吸引更多的企业进入海洋资源生产的体系中，使海洋产品在价格上具备与陆源产品竞争的能力；对于国际区域和极地这些全球资源共享的区域，由政府部门进行投资勘探和科技研发。

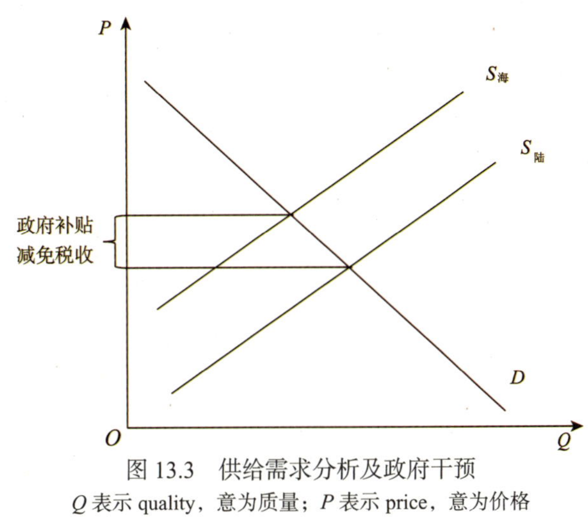

图 13.3 供给需求分析及政府干预

Q 表示 quality，意为质量；P 表示 price，意为价格

五、影响资源开发的主要因素

资源产品在生产过程中受到各方面因素的影响，其中最为关键的有四方面因素（图 13.4）：市场因素、生产成本因素、运输因素及社会效益因素。市场因素主要是各市场的区位和构成。资源产品生产的最低成本位置会随着消费市场区位的变化而变化，市场规模的扩展也会拓宽生产的空间分布；最终资源产品的需求构成及替代品价格与可得性也会影响产品生产的水平；陆域资源产品对应的生产和消费市场一致，对市场因素的影响更为敏感。生产成本因素中：从资源的自然特性上看，储量规模会影响生产规模及是否能形成规模经济，资源的含量及合成产品的可能性会通过开采费用、加工费用等影响单位产品的生产成本，且海洋资源开发成本要高于陆域资源；而在资本成本上，基础设施建设等固定费用的资本投入及投资资本的利率是总成本中最重要的因素，既影响生产的布局，

也影响企业投入生产以后的产量，因此海洋资源开发前期基础设施投资较大，资本回收期较长；资源密集型和资本密集型产业中劳动力成本的影响较小，工资率水平和劳动力生产率水平对劳动力成本同样重要。运输因素是资源开发的重要因素，除了贵重金属外，其他资源很少能够在没有建成一套运输系统的情况下进行开发；而在考虑运输成本时，由于资源产品大多会进行多次中转，装卸费、港口费、保险费等操作费用尤为关键，其次是运费率及运输距离；陆域资源的开发可凭借现有运输系统进行扩展，但海洋资源的开发必须首先建立海陆之间资源的运输通道，因此海洋资源产品对运输因素更为敏感。前三个因素是影响经济效益的因素，而最后一个因素是社会效益因素，资源开发具有拉动经济增长、增加就业、提高财政收入、改善生活水平等社会福利方面的贡献，海洋资源开发相较于陆域资源还具有维护国家主权、形成高科技海洋产业簇群、争夺资源、保障资源可持续利用等独特的社会效益。因此，在海洋资源开发利用的评估体系中，不能只考虑经济效益的影响因素，也要充分考虑对社会效益的影响，从国际、社会及经济三个层面评估海洋资源开发的前景和意义。

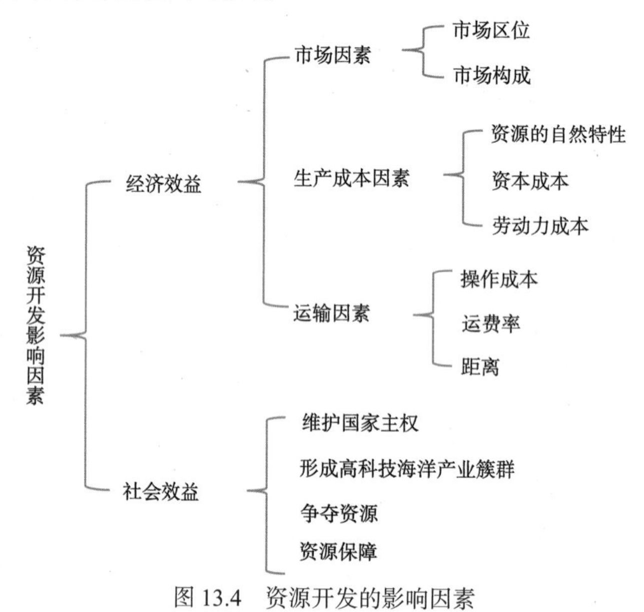

图 13.4　资源开发的影响因素

六、资源长期保障的问题

世界各国对于资源长期保障的关注点有两个：一是某种资源在世界范围内出现绝对自然意义上的稀缺；二是资源的储量和供给在世界范围内分配的不均衡。解决资源稀缺问题的途径主要是遵循图 13.2 中对资源稀缺的理想市场响应，减少资源的消费量、遵循某种非增长的发展战略、投资于可更新资源、鼓励技术革新以寻求新的替代资源等。解决资源供给不均衡问题的途径主要是发达国家通过确保获取和控制国外供给渠道来维持国内的需求，即“尽可能保存自身资源的完整，使用他人的资源”，这往往与国家的经济和政治利益相关。扩大国外资源投资既可以控制廉价资源供应，又可以在政治敏感地区维持强大的经济存在，但从长远来看也会在一定程度上形成进口依赖，进而产生资源保障威胁，1973 年的石油危机就很好地印证了这一点。因此，在世界陆域资源的开发和争夺日益激烈的情况下，以上两种途径均不是解决资源长期保障问题的长久之计，利用和开发海洋资源才是根本。海洋资源具有共享性的特点，除了国家管辖海域内的自然资源可以开发利用外，世界海洋中有 2.5 亿平方千米公海和国际海底区域，其中蕴含着丰富的共有海洋资源，国际水域资源属于全人类，每个国家都有勘探和开采的权利。因此，海洋是保障资源长期接续利用的根本途径及实现可持续发展的重要空间。

第十四章　陆海统筹视角的海洋空间规划

随着我国经济社会发展进入新阶段，资源环境约束日前趋紧，迫切需要加快转变国土空间开发方式、创新国土空间保护模式、提升国土空间开发保护质量和效率。党的十八届三中全会提出“建立空间规划体系”，坚持创新、协调、绿色、开放、共享的新发展理念，对建立空间规划体系提出了新的更高要求。国土空间包括陆地和海洋这两个各有特点又密切联系的空间，在自然资源部统一管理陆域国土和海洋国土的背景下，基于陆海统筹的理念构建海洋空间规划框架就显得更为迫切。

海洋空间规划就是根据国民经济和社会发展总体方向与目标要求，按规定程序制定的有关海洋国土空间合理布局和开发利用方向的战略、规划或政策，以达到强化海洋空间管制、提升空间效率、优化空间结构等国家目标。海洋空间规划既包括海域空间资源的利用，也涉及海洋油气、海水利用、围填海区布局问题，是陆海资源统筹利用的核心内容。

第一节　强化陆海空间统筹的必要性

长期以来，我国的陆地空间规划主要由国家发改委和自然资源部组织实施，海洋空间规划是由国家海洋局组织编制。尽管目前已经改由自然资源部统一管理陆域国土和海洋国土，但由于管理部门分离及规划体系等方面条件的限制，目前还没有制订出一个海洋和陆地一张图的陆海统筹规划，而且由于海域在地理环境、规划工作基础、产业特点等方面明显不同于陆地，也有必要分别构建海洋和陆地空间规划体系。但是，在制订海洋空间规划的过程中，需要不断强化陆海统筹的意识，主要有以下四个方面的原因。

一、海洋与陆域空间联系

地球表面是由陆域和海洋两大自然系统所构成的，这两大系统在空间上是连续分布的，自然分界线是海岸线，两个系统联系最密切的区域是海岸带。海岸带是指海陆衔接的地带，包括海陆交界的海域和陆域，具体包括岛屿、珊瑚礁、海岸、海滩、海湾、海峡、河口、红树林等区域。海岸带的宽度不是固定的，需要考虑其独特区域自然、生态、经济及海域开发的程度等。海岸带区域多样的栖息者不可能孤独地生活在那里，它们是地球上不可或缺的一部分，它们同周围的物种一起，影响着生态的变化；海陆生态系统之间存在着密切、复杂的物质能量交换，这种物质能量交换过程在海岸带地区表现得最为典型和强烈，并相应形成了兼有陆地、海洋特点的陆海复合生态系统。陆海间自然要素的流动没有界线，也不会因为管理上的分散而断开联系，而这就是海洋空间规划要强化陆海统筹意识的自然基础。

二、海陆空间功能联系密切

千百年来，人类以陆地作为生活、生产的主要场所，陆域经济得到了十分充分的发展，相应地陆域许多产业的发展也进入了成熟阶段。特别是科学技术的迅猛发展为人类开发海洋提供了有力的支持，使得陆域成熟产业不断向海洋延伸。海岸带的陆域和海域功能紧密联系，如海水浴场及海上运动与岸上旅游服务设施统筹布局、海岸整治修复要考虑海域和岸上景观的协调、陆源排污口远离海水浴场或养殖区布局、港池航道与陆域码头设施统筹安排等。随着人类社会经济活动对海洋的依赖性及趋海性日益明显，海上功能区与陆上基础设施统筹安排也更为重要。

三、陆海相关规划需要衔接

为了合理利用资源和保护环境，由各部门各地区组织编制了数量较多的相关规划（图 14.1）。从横向看，具有空间规划性质的有主体功能区规划、国土规划、土地利用总体规划、城乡规划等，这些规划大多自成体系、决策分散，规划的内容、期限和边界等都不一致，影响管理效能和社会效率。从纵向看，规划层级日益增多，内容趋同、事权错配，影响空间政策的统一性和有效性。在这样的背景下，亟须从战略高度协调好各种空间需求，既要保障经济社会发展，也要保护海洋生态环境，制订超越部门利益的空间规划。与陆地空间规划相对应，海洋规划的内容也日益复杂。这两个规划体系之间，存在密切的内在联系，在沿海地区或高级规划层面，需要协调和衔接陆海相应规划的关系。

四、陆海统筹视角的主要体现

陆海统筹是个重要理念，在海洋空间规划过程可能在以下几个方面会有所体现（图 14.2）。一是充分借鉴陆地空间规划的经验。从规划的完整性和发展过程来看，早期的空间规划主要还是针对陆域国土空间，总结的国内外经验及启示也重点是针对陆地国土规划。近些年来国内外才逐步在海洋空间规划的理论与实践方面有一定的进展，但还基本处于起步阶段。在海洋功能区划等具体的空间规划方面，中国又处于国际前沿。因此，国外海洋空间规划的经验有限，更多需要借鉴的是陆地空间规划的经验。但是，在研究海洋空间规划时不能简单将陆地空间规划照搬过来，要充分考虑海洋空间规划的特殊性。二是在设计海洋空间规划的核心目标、基本原则、基本框架和实施对策等方面要强化陆海统筹的意识。三是在海洋空间布局过程中，重点实现海洋空间和陆域空间、海上功能与陆域功能的对接。

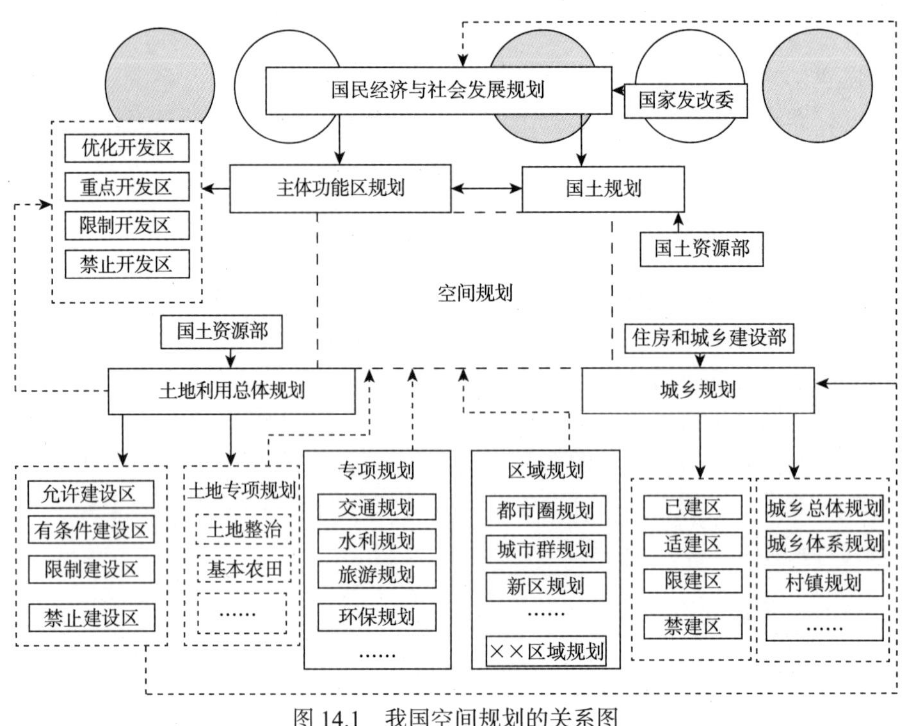

图 14.1 我国空间规划的关系图

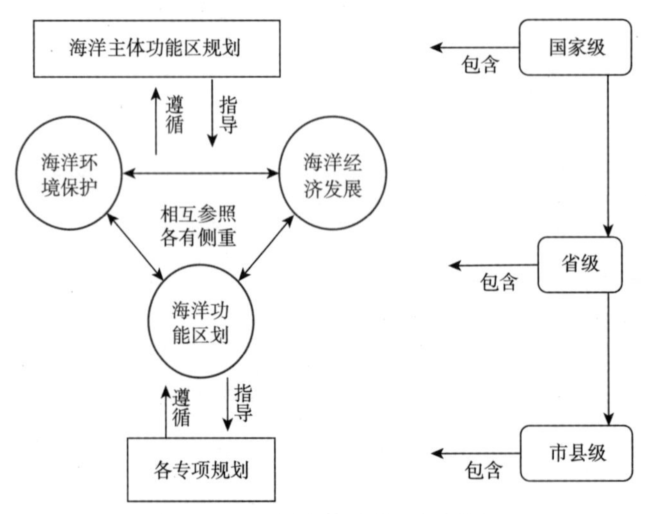

图 14.2 海洋主体功能区规划图

第二节 国内外空间规划实践与启示

一、空间规划的基本内涵

1980 年之前，“空间规划”在国际上并未形成专有概念，往往泛指与物质形体空间相关的具体规划设计，如外部空间规划设计、城市空间规划设计等。1980 年以来，随着理论上空间的社会意义被认知，以及现实中空间与非空间因素的相互作用在各种尺度上均日益普遍而复杂，空间规划逐渐作为一个特定含义的专用概念和名词正式出现。然而，对于空间规划的本质定义依然尚未达成共识，空间规划的名称也不一致。

大体上，欧盟及德国称为“空间规划”、英国称为“发展规划”、美国称为“综合规划”或“总体规划”、法国称为“综合服务规划”、日本称为“全国综合开发规划”、韩国称为“国土建设综合规划”。各种空间规划内容不同，发挥作用各异，但都是针对具有综合性、层次性和地域性空间问题的政策方案。

2003 年以来，随着主体功能区划等空间规划的推进，相关学者和管理部门也对空间规划基本内涵展开讨论。综合各方面的观点，我们认为空间规划就是根据国民经济和社会发展总体方向与目标要求，按规定程序制定的涉及国土空间合理布局和开发利用方向的战略、规划或政策，从而达到强化空间管制、提升空间效率、优化空间结构等国家目标。相应地，海洋空间规划就是根据国民经济和社会发展总体方向与目标要求，按规定程序制定的有关海洋国土空间合理布局和开发利用方向的战略、规划或政策，以达到强化海洋空间管制、提升空间效率、优化空间结构等国家目标。

二、国际空间规划的发展

（一）空间规划与经济发展阶段联系紧密

19 世纪末，发达国家在工业化和城市化进程中遇到空间布局问题并开始着手对城市进行规划，二战以后逐步构建了完善的空间规划体系，几十年的空间规划经历和规划体系实践表明，空间规划是与城市化水平相伴形成与发展的。城市化是人类文明的产物。当城市发展到一定程度，其辐射力、吸引力影响超过城市范围时，就需要站在区域高度研究城市问题。而当涉及多个区域而不是单一区域问题时，就需要针对不同区域之间的关系站在全域高度研究空间问题。因此，从建筑、城市规划、区域规划到空间规划，空间规划的产生、形成和发展经历了一个必然的过程。工业生产的迅速发展，引起工业和人口向少数工矿区和城市畸形集聚，从而产生了一系列突出的问题，提出了进行区域（空间）规划的客观要求。区域（空间）规划就是为了解决工业的发展、城市的扩张引发的一系列社会经济问题而产生的（交通、医疗、银行、房价等）。

从世界各国城市化发展来看，城市化率达 10% 即进入城市化起步阶段，10%（含）～30% 的城市化率为初期阶段，30%（含）～70% 的城市化率为加速和快速发展的阶段，70% 及以上的城市化率为稳定发展的阶段。国外发达国家空间规划形成于不同的地域背景、文化制度、科技进步和产业发展阶段，构成国际空间规划发展的时空图谱。

1. 经济加速发展期，形成以城市规划为主导的规划类型

一般来讲，城镇化水平为 30% ～ 50% 时，经济发展处于加速发展期。工业化拉动了国家经济的蓬勃发展，老牌的资本主义国家城市化水平分别在 19 世纪不同时期超过 30%，同时都面临城市急剧膨胀，以及公共卫生、住房等诸多城市问题，由此城市规划

相应产生，所以最初的规划都是源于住宅需求的住宅与城市规划。例如，1848 年英国政府颁布了第一部《公共卫生法案》；法国 19 世纪的空间活动集中在道路建设和卫生健康两个方面；荷兰政府 1901 年制定《住宅法》，提出了发展公共住宅与城市规划的框架；日本早在 1940 年发布了《国土规划编制纲要》，是亚洲最早开展空间规划的国家。受二战影响，日本城市化进程受阻，1945 年日本城市化水平降到 27.9%，还不足 30%，二战后，针对重建中粮食短缺和基础设施不足问题，1946 年提出《复兴国土规划纲要》，并借鉴美国田纳西河流域开发经验，重点开展以电力为核心的水资源开发型特定区域的开发规划。

随着经济的快速发展，城市人口大量增加，为控制新开发地区建设和城市无序蔓延问题，综合性城市规划纷纷出台，城市规划法颁布，城市规划成为国家空间规划体系建立的基础。例如，美国 1909 年第一届全国城市规划会议召开，编制了美国第一个综合性的城市规划——《芝加哥城市规划》；1909 年，英国颁布了第一部城市规划法——《住房与城镇规划诸法》，标志着英国现代城市规划的建立；法国在 1919 年通过首部城市规划法即《科尔尼代法》，提出人口超过 1 万的所有市镇应在 3 年期内编制城市规划、美化和扩展计划；日本 20 世纪 60 年代进入快速发展时期，1962 年以后，在经济高速增长背景下分别采用据点开发方式，谋求地区间的均衡发展（《第一次全国综合开发计划》，以下简称“一全综”）。

2. 经济快速发展期空间规划体系逐渐完善

通常城市化水平为 50% ～ 70% 时，经济发展处于快速发展期并进入经济转型阶段。当城市化水平达到 50% 时，经济进入快速发展期，城市化进程加速，城市的规模迅速扩大。城乡之间、区域内部的城镇之间的关系越发紧密，城市规划工作也相应地超越了传统的城市聚居区内部及其边缘的有限范围，开始关注城市与外部的乡村地区、城市与周边的城镇之间的关系。区域规划等其他类空间规划作为促进可持续发展的重要手段，而被各国政府所采用，空间规划体系开始建立。例如，1944 年英国以大城市为中心对区域发展规划进行大胆尝试，编制了《大伦敦规划》，二战后，英国的城市、经济遭到严重破坏，百废待兴，因重建城市的需要，以城市为核心的区域规划得到了前所未有的重视，1968 ～ 2004 年，城市建设的扩张和人口的大量增长带来诸多城市问题，地方规划产生；美国 1909 年后，城市化水平快速超过 50%，小汽车使用广泛，美国开启了由城市向郊区转变的历程，1916 年起，纽约及其他城市相继开始进行分区规划和总体规划的编制，《州分区规划授权法案标准》（1922 年）和《城市规划授权法案标准》（1928 年）出台，城市规划和分区规划全面开展，1929 年美国纽约编制了城市区域规划，尤其是二战后，廉价石油的使用、高速公路建设及技术革新再次促进美国的郊区化发展，区域规划不断发展；德国 19 世纪末期编制的《首都柏林扩展规划》，就是包括了大城市及其周围地区的规划，1912 年柏林成立了德国最早的具有区域规划性质的机构——“大柏林地区协作联合会”，鲁尔区也建立了“鲁尔煤矿区社区联合会”，在柏林和鲁尔区工作成果的影响下，从 20 世纪 20 年代中期开始，区域规划工作逐渐受到了国家层面的重视，并进行了相关的制度化和组织化的工作，1920 年 5 月德国成立的鲁尔煤矿居民点协会，是德国区域规划开始的标志，该协会编制的鲁尔区《区域居民点总体规划》已是一个典型的区域规划；荷兰在20世纪20年代，城市规划扩展到乡村领域；法国1932年颁布法律，要求全国范围内编制与巴黎一样的区域性城市规划，1967年出台了《土地指导法》，首次提出编制《城市规划整治指导纲要》和《土地利用规划》两级规划，作为地方城市管理的工具，奠定了空间规划体系的基础；日本1969年开始推进关于交通网络的建设、产业开发促进、环境保护的大项目开发方式，旨在创造多样化环境（《第二次全国综合开发计划》，以下简称“二全综”）。

经济的快速发展会出现城乡或区域的空间问题、经济发展与环境保护的矛盾问题等可持续发展问题，经济面临转型发展，转型国家在发展与环境保护矛盾不断加剧阶段时，规划在生产空间框架基本建立的基础上，开始重视生活空间和生态空间，重视区域协调，开始编制空间规划，且空间规划体系逐步形成。例如，美国1960～1980年城市化水平由69.9%增加到73.7%，民权运动（1964年通过《民权法》）和环保运动（1969年通过《国家环境政策法》）兴起，政府对城市更新计划、社区行动计划及社区发展计划等社区规划给予资助，各类社区规划不断增加，空间规划体系向下延伸，以推动州和区域可持续发展；德国20世纪60年代战后重建结束后，1960年《联邦建设法》出台，1965年通过《联邦空间秩序规划法》，无论是在城市扩张阶段，还是在后来的城市复兴及转型过程中，通过空间秩序规划与州域规划的共同引导，城市与区域的交通基础设施、城市的发展及自然保护区建设均得以保障，从而对大规模的发展建设投资起到了重要的引导和调控作用，有力地提升了德国城市的宜居水平；法国1995年颁布《国土整治与开发指导法》，要求在大区层面上编制《大区国土规划纲要》和针对特殊地区的《国土规划指令》，1999年修订的《可持续国土整治与开发指导法》，用部门导则管理全国规划政策，编制《公共服务发展纲要》，实现“服务为民”的技术目标，针对地方分权产生的社会冲突和资源环境等问题，2000年颁发《社会团结与城市更新法》，标志着空间规划进入新的时期；荷兰将1956年编制的《荷兰西部及其他地区》与1958年编制的《国家西部开发远景》合称为第一次正式的国家规划政策，《空间规划法》于1965年正式生效实施，2008年又通过了新《空间规划法》；日本在20世纪70年代中期开始，面临经济低增长和环境问题，规划倡导定居圈开发方式，旨在改善居住综合环境（《第三次全国综合开发计划》，以下简称“三全综”），并由经济开发转向了提高国民生活水平的社会开发，以生活空间开发、基础设施完善和生态环境建设为主，重视区域协调（《第四次全国综合开发计划》，以下简称“四全综”）。

3. 经济发展平稳期，城市设计成为主导

城市化水平高于70%时，经济发展进入平稳期，如20世纪末，日本的国土空间、国土结构和产业布局已经基本成形，在价值多样化背景下，日本共同规划转向促进区域自立及创造美丽国土，并提出社区营造战略，倡导参与和合作开发，以形成多轴型国土空间战略（《第五次全国综合开发计划》，以下简称“五全综”、《第六次全国综合开发计划》，以下简称“六全综”）；1980～2015年，美国城市化水平由73.7%增加到81.6%，大都市区逐步形成，国家空间格局基本稳定，规划体系趋于稳定，这一时期，联邦政府主张发展自由经济，由地方政府决定发展目标，政府的规划资助减少，与市场相关的城市设计得到更多重视。经过百年城市化发展，空间发展由物质规划走向技术性、社会性、艺术性等相结合的精细化规划，新城市主义、可持续城市等思想成为城市设计的主导。

但是各国国情、发展背景、发展道路不同，规划工具的选择也不相同，因此经济发展阶段与空间规划特点并非一一对应，规划的多元化仍然是未来发展的主要趋势。

（二）国际空间规划的主要类型

从国家和地方主导程度出发，总体而言，国际空间规划有以下几种模式。

一是国家规划主导的空间规划类型。以德国为代表，形成自上而下指导或控制的垂直规划体系（图 14.3）。德国《宪法》规定空间规划是联邦和州共同管理，联邦政府仅拥有确立空间规划总体框架的权限，空间规划的法定权限在各联邦州和地方政府，联邦政府和各州共同制定空间开发模式和指导原则，由各级政府组织实施开发。与政权组织形式对应，联邦空间规划分为联邦（国家）、州、区域和地方四级。德国自上而下的空间规划体系分工明确，层级关系联系紧密且职能清晰，各层面的空间规划既能从整体区域的角度进行考虑，又可与部门规划及公共机构相互衔接和反馈，形成有主有次、完整灵活的空间规划体系。

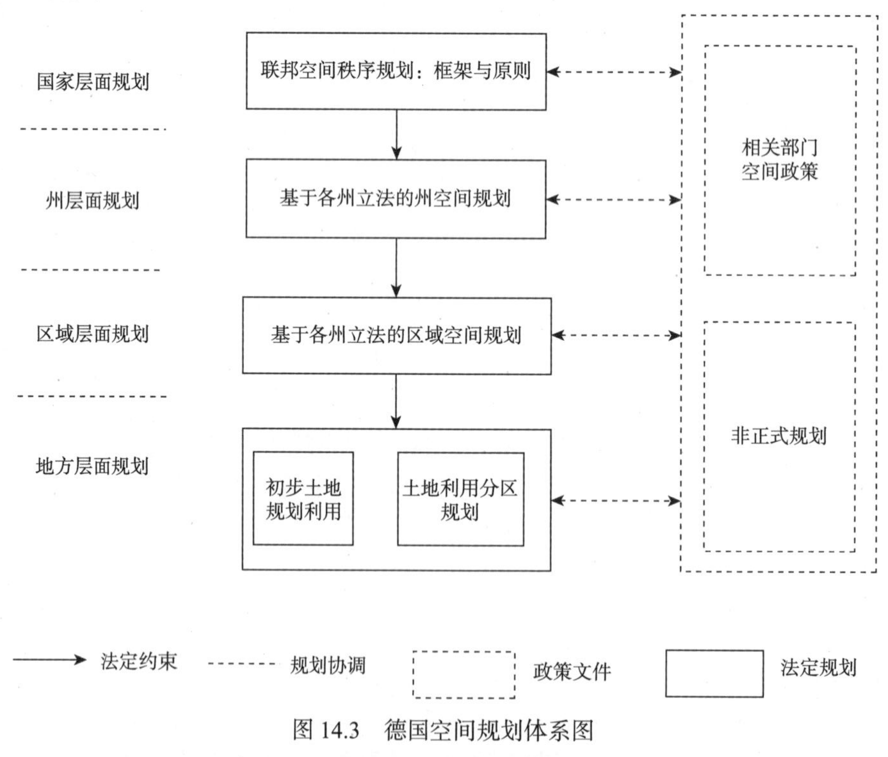

图 14.3　德国空间规划体系图

二是地方规划主导的空间规划类型。以英国（图 14.4）和美国为代表。英国自 1947 年颁布《城乡规划法》以来，城乡规划模式对国际空间规划的发展发挥了重要作用。但是从未编制全国范围的规划，国家规划政策框架是国家层面的政策指引，说明规划政策不是法定文件；区域空间战略是由区域政府编制的区域层面的法定规划，用以指导地方发展框架与地区交通规划；地方发展框架是次区域政府编制的地方层面的法定规划，地方发展框架不仅必须在垂直方向与国家和区域的规划政策相一致，还必须在水平方向上与专项规划、战略相协调。

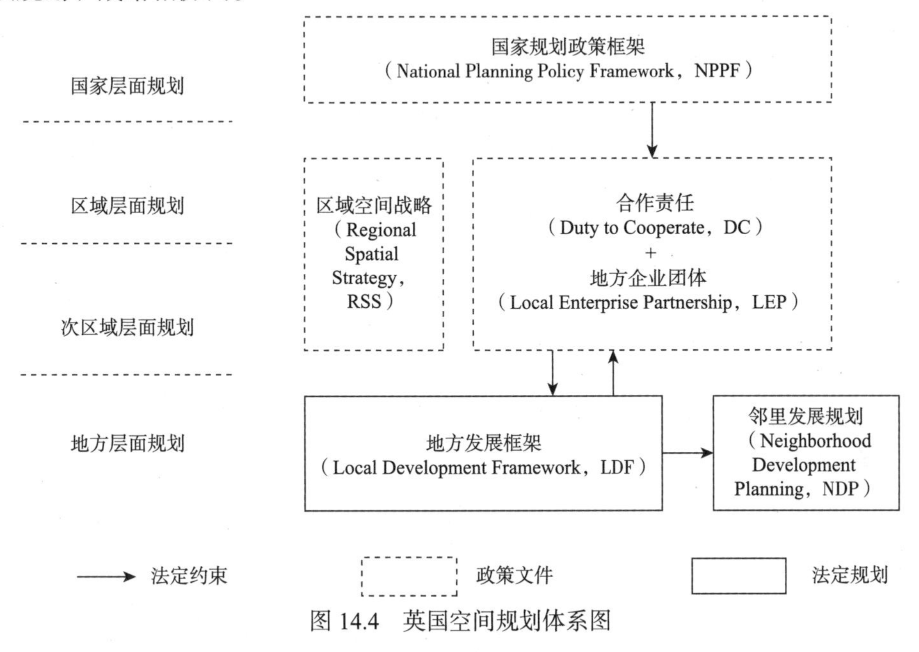

图 14.4 英国空间规划体系图

美国从来没有过全国性的空间规划，也没有全国性的统一空间规划体系。美国州以下政府通常分市政府、县政府、镇及乡村政府。与此相对应，具有代表性的是区域规划（跨州 / 跨市）、州综合规划或土地利用规划、县域综合规划、镇村规划。各州的情况也有较大差别，一些州规划体系完备，相互衔接，而一些州则只是在部分层级或地区编制规划，具有多样性和自由性的特点。

三是综合发展模式的国家空间规划模式，以日本为代表（图 14.5）。日本自 1950 年制定并颁布了《日本国土综合开发法》后，根据不同时期的国情与问题，进行了七次全国综合开发规划的编制，从 1962 年到 1998 年间制订过五次全国综合开发计划，后国土规划变国家主导为地方主导、变政府主导为国民主导、变国土开发为国土管理，由整体布局变布局改善和补充，且开发规模也发生了变化。与行政体系对应，日本的空间规划分为国家、区域和都道府县及市町村四级。日本空间规划的法律基础是《国土形成规划法》《国土利用计划法》《城市规划法》等，2005 年日本颁布了《国家空间规划法》，根据《国家空间规划法》，2008 年日本通过了首个国家空间规划。空间规划体系由国土规划、土地利用规划和城市规划并存的多头规划走向规划合一，实现国民经济和社会发展规划、土地利用规划和城市总体规划等三大空间规划的合一。

四是上下分权指导为主的平行体系。以荷兰为代表（图 14.6）。荷兰空间规划是由国家和地方共同主导，根据行政管理体制划分，荷兰空间规划体系由国家、省、市三个层级架构。国家级和省级的空间规划都是非法定、非强制性的，荷兰《空间规划法》规定下级规划必须顺应上级规划所提出的主要规划理念和战略，服从重点项目的选址安排。

各个层级政府具有自己的规划编制权和审批权，制订规划的时限也不尽相同，只要从战略衔接意义上符合上级规划的宏观指引，具体规划理念和形式可以有较大的自由。三级政府具有相对独立的规划权利，规划体系具有平行性特点。

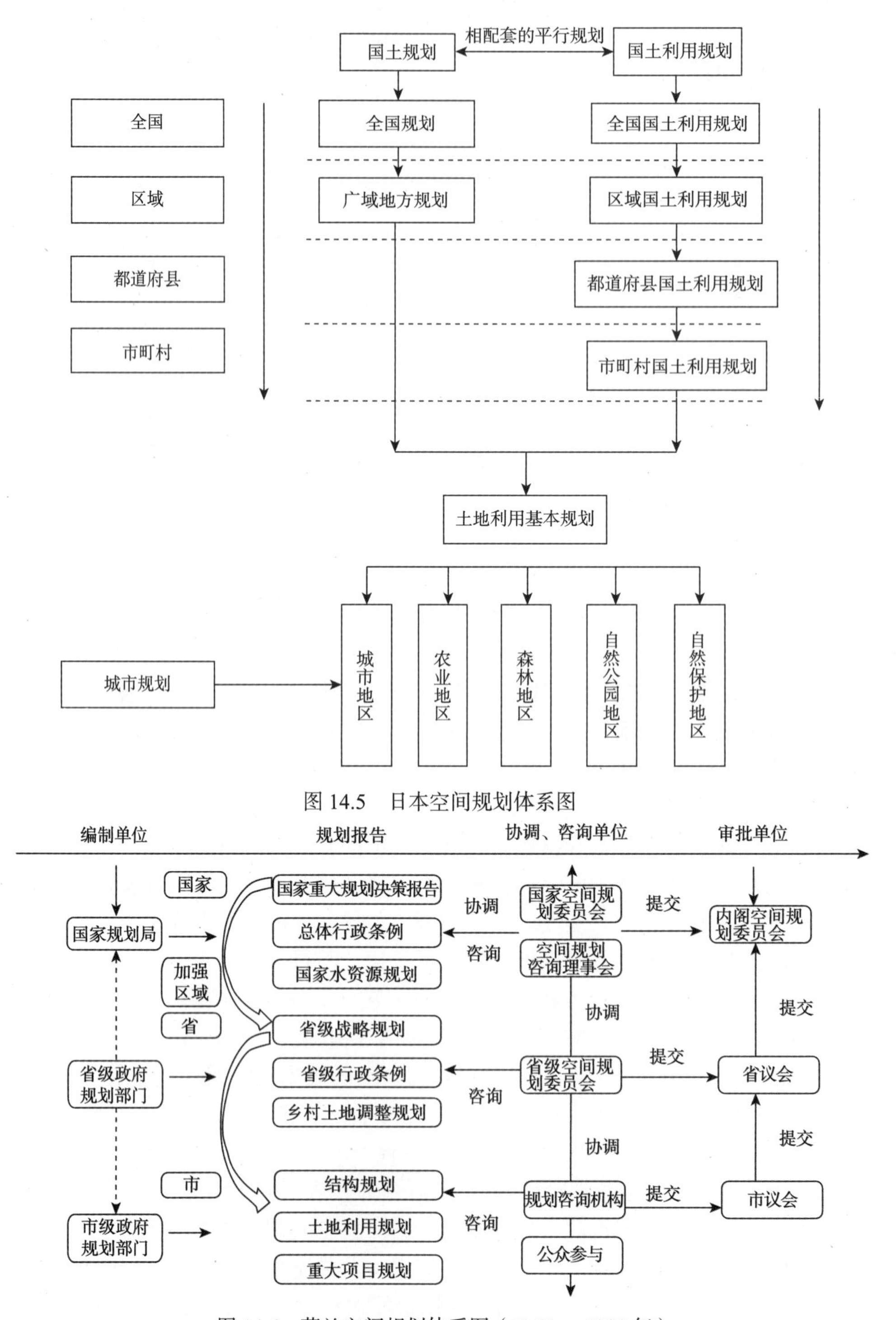

图 14.5　日本空间规划体系图

图 14.6　荷兰空间规划体系图（1965 ～ 2008 年）

（三）国际空间规划的经验与启示

国外发达国家空间规划形成于不同的地域背景、文化制度、科技进步和产业发展阶段，构成国际空间规划发展的时空图谱，通过分析国外发达国家的空间规划，总结的基本经验如下。

1. 和而不同、与时俱进的空间规划类型体系

国外发达国家空间规划体系都与其经济发展阶段、行政管理体系相适应，从不同空间规划之间的关系出发，这些国家空间规划体系分为四种类型。当前我国的规划体系横向上包括主体功能区规划、土地利用规划、城乡规划和生态功能区规划，纵向上包括国家、省、市、县和乡镇五个层级的规划，但尚未形成完善、统一、有序的空间规划体系。各类空间规划仍处于相对独立的并行状态，规划之间的层次关系不清晰、事权错配，规划期限、重点内容、统计口径、分类标准、技术方法等方面存在明显对接障碍，导致空间规划难以有效发挥空间管制与调控作用。国家规划主导的空间规划类型等应适合中国国情。

2. 空间规划通过政策指导加以落实

空间规划多通过政策指导相关规划和地方规划加以落实。控制性的德国联邦空间规划所控制的是空间结构，不设立控制性的指标，空间利用通过下一级空间规划确定；合作性的荷兰空间规划实施措施是县土地配置规划，如果县级政府不能执行，则直接对特殊地区编制法定的土地配置规划；指导政策性的美国州空间规划的实施一方面通过重大项目优先选址，提供公共设施投资、基础设施投资、资源保护资金等方式落实，另一方面是通过区域规划和市县规划进行落实。

在我国规划演进发展的过程中，政策指导起到了重要作用，指导了相关规划和地方规划加以落实。但我国现有法律法规、不同政策指导各自运行，未对各类空间规划的功能定位、主体内容、相互关系及监督程序等做出明确规定，造成空间规划保障能力不足。

3. 系统的空间规划法律、行政和运行体系

国外成熟的空间规划体系体现为法律、行政和运行体系各司其职，国家、区域和地方层级清晰，系统总体目标一致且具有弹性。从行政体系看，各国基本按“一级政府，一级事权，一级规划”原则构建本国的空间规划体系；运行体系有国家级（战略定方向，原则性）、区域级（战术定方法，衔接性）和地方级（战场定方案，操作性）；法律体系体现为不同层级规划有法可依，规划的主干法律、配套法和相关法相配。

在我国现有的各类空间规划中，部门间横向职能划分不清，国家发改委、住房和城乡建设部、自然资源部、生态环境部等为平级部门且缺乏统筹协调机制，各部门均编制了部门的空间规划，国家层面上尚无统一、完善的有关空间规划的法律法规。

4. 体现国家制度基础性决定作用的空间规划

国家制度对空间规划起基础性作用。从政治体制看，联邦制国家通常不编制国家规划，或只编制需要的专项规划，且地方规划具法定控制性；非联邦制国家强调国家规划

的法定指导性和控制性，区域规划具有协调性，地方规划具有实施性；经济体制对空间规划体系影响体现在不同层级规划发挥作用的方式和程度不同。德国是社会市场经济国家，联邦层面的规划比较宏观，底层的规划尤其是乡镇级规划比较具体，属适度干预型。美国是自由市场经济国家，至今都没有国家级的空间规划，有一些问题导向型的州级规划和区域规划，地方土地用途管制分区具有法律效应，属于地方自治型。

我国是社会主义国家，应发挥制度优势，发挥国家主导作用，并推动区域试点、地方互动，探索构建适合我国的空间规划体系。

5. 符合国家经济发展阶段的空间规划

各国空间规划作为政府管理的工具，其内容和模式总是与经济发展阶段密切相关。

快速发展期，规划以"物质规划"为主，强调"发展规划"，重视落实生产空间，生活和生态空间置于次要地位；采用单核心发展模式，以工业开发、基础设施建设为主，规划类型以城市规划为主。转型发展期，规划转向"以人为本"，强调"理性规划"，将满足人的生产和生活需要作为第一要务，重视区域协调，开始编制空间规划，空间规划体系逐步形成。平稳发展期，规划转为"人与自然和谐"，强调"智慧规划"，采用网络开发模式，以城市更新、环境美化和健康服务为主，关注地方的多样化和个性化，灵活调整规划体系，深化城市设计。

我国目前正处于经济转型发展期，面临着生态建设、区域可持续发展等问题，对空间规划、空间规划体系的建设和完善也提出新的要求。

二、中国空间规划体系的实践历程

（一）空间规划的阶段性特点

1. 各自为政的空间类规划的形成

中华人民共和国成立后，为配合大规模的工业化建设，满足城市建设的实际需要，主要规划有国民经济和社会发展规划、城市规划，城市规划以国民经济计划为指导，是国民经济计划的延续和具体化。1990 年开始实施的《中华人民共和国城市规划法》，标志着城市规划工作全面走上了制度化的轨道。

在城市规划实施中，对各地区、各城市的规划建设活动进行统筹协调的区域规划需求逐渐增加，空间规划开始从区域的角度研究城市，但当时我国还没有全国性的区域规划，1985 ～ 1987 年借鉴日本的经验，国家开始了全国国土规划的编制，属于全国区域规划，由 1986 年成立的国家土地管理局牵头，于 1990 年形成了《全国国土总体规划纲要（草案）》，并在许多省区市都开展了全省和地市一级的国土规划。由于国土规划工作尚未通过立法取得应有的法定地位，全国国土规划纲要和省区市国土规划均未报请国务院审批，不具有权威性和约束力，一段时间内全国性区域规划处于缺失状态，城市建设部门为了使城市规划有所依据，在第二轮城市总体规划（1980 ～ 1990 年）的编制中增加了城镇体系规划的内容，第二轮城市总体规划作为对城市总体规划编制的指导和依据，城市建设部门已经制定了相应的规划法。目前新的《全国国土规划纲要（2016—2030 年）》已颁布。

但城市规划重点在城市，随着经济的高速发展，开发区的建设使大量耕地被占用，加强土地统一管理、保护耕地变得越来越重要，1986 年我国颁布了《中华人民共和国土地管理法》，规定各级人民政府编制土地利用总体规划，地方人民政府的土地利用的总体规划经上级人民政府批准执行。我国第一轮土地利用总体规划（1987—2000 年）启动，目前正在开展第四轮土地利用总体规划的编制。

进入 21 世纪后，我国经济高速发展，城市化发展迅速，是国民经济计划迅速开展和转型的时期，2006 年“国民经济计划”更名为“国民经济与社会发展规划”，并将其定格为对空间规划具有约束功能的总体规划。同时“区域规划”被放到空间规划体系中亟待加强的重要位置，从“十一五”开始，几乎各省区市都非常重视国家的“区域发展战略”，许多省区市都努力使自己的一部分区域规划上升为“国家战略”，从 2005 年批复浦东新区综合配套改革试点开始，截至 2014 年，由国家发改委系统牵头的各类区域规划已出台 50 多个。

2. 主体功能区规划战略性、基础性、约束性地位的确定

2006 年发布的《中华人民共和国国民经济和社会发展第十一个五年规划纲要》提出了推进形成主体功能区的要求，明确提出主体功能区的概念。国家层面的空间发展政策引起了决策层的高度重视，在 2006 年中央经济工作会议上，提出要分层次推进主体功能区规划工作，为促进区域协调发展提供科学依据。2006 年，国务院办公厅下发了《关于开展全国主体功能区划规划编制工作的通知》（国办发〔2006〕85 号），明确工作任务，成立全国主体功能区划规划编制工作领导小组。2007 年发布《关于编制全国主体功能区规划的意见》（国发〔2007〕21 号），提出编制全国主体功能区规划。同年胡锦涛在中国共产党第十七次全国代表大会报告中提出了“完善国家规划体系”的要求[①]。2010 年 12 月《全国主体功能区规划》发布，全国主体功能区规划被确定为战略性、基础性、约束性规划，是国民经济和社会发展总体规划、区域规划、城市规划、土地利用总体规划、环境保护规划等在空间开发和布局的基本依据。

2011 年发布的《中华人民共和国国民经济和社会发展第十二个五年规划纲要》中，将主体功能区上升为国家“主体功能区战略”，提出“以国民经济和社会发展总体规划为统领，以主体功能区规划为基础，以专项规划、国土规划和土地利用规划、区域规划、城市规划为支撑，形成各类规划定位清晰、功能互补、统一衔接的规划体系”。

3. “多规合一”实践，为空间规划体制改革凝聚共识

2003 年，广西钦州发改委首先提出了“三规合一”的规划编制理念：即把国民经济与社会发展规划、土地利用规划和城市总体规划的编制协调、融合起来。钦州“三规合一”的做法得到了国家发改委的首肯，并发布了《市县“十一五”规划体制改革试点的通知》（发改委计规划〔2003〕343 号），选择了苏州、宁波、宜宾、钦州、庄河、安溪等 6 个市县进行市县规划体制改革试点，提出贯彻空间规划观念，增强对市县传统国民经济

① 《胡锦涛在党的十七大上的报告（全文）》，http://www.scio.gov.cn/tp/Document/332591/332591_4.htm[2020-11-05]。

和社会发展规划的空间指导，确定主体功能及空间规划思路。

地方自下而上开始积极有益的探索。一是体制创新的探索，通过规划和土地部门的合并，推动土地利用规划和城市规划的同步编制与协调，如 2008 年上海市规划和国土资源管理局、2009 年深圳市规划和国土资源委员会的相继成立，对土地利用规划和城市规划的探索更加深入。二是强调不改变现行管理体制和法律框架，并不是编制一个规划，而是通过行政主管部门协商，完成一个规划协调工作，形成“一张蓝图”。2007 年以来，上海、天津、深圳、武汉、沈阳、广州、苏州、重庆和河源等各地自发的探索就是此类型。三是通过编制一个综合规划来明确城市发展的战略目标，统筹城市空间，重构空间规划体系。例如，厦门市出台了《厦门经济特区多规合一管理若干规定》，编制从“多规合一”转向空间综合规划，实现了创新；宁夏于 2015 年编制了《宁夏空间发展战略规划》；广东通过下发《广东省“三规合一”工作指南（试行）》（2015 年 3 月），推动全省“三规合一”工作的开展；江西于 2015 年 1 月在全省选取了 9 个县市进行“多规合一”试点，并与国家住房和城乡建设部共同推进《江西省空间规划》编制工作，推进全域空间“多规合一”。

国家自上而下地大力支持规划体制的改革创新。2014 年国家发改委、国土资源部、环境保护部、住房和城乡建设部联合印发了《关于开展市县“多规合一”试点工作的通知》，确定 28 个市县为全国“多规合一”试点，推动经济社会发展规划、城乡规划、土地利用规划、生态环境保护规划“多规合一”，形成一个市县一本规划、一张蓝图；2016 年中共中央办公厅、国务院办公厅印发了《省级空间规划试点方案》（厅字〔2016〕51 号），以主体功能区规划为基础统筹各类空间性规划、推进“多规合一”的战略部署，在市县“多规合一”试点工作基础上，制订省级空间规划试点方案。在海南、宁夏试点基础上，国家发改委与广西、浙江、贵州和福建签署了省级空间规划试点合作机制，住房和城乡建设部将陕西列为省级空间规划试点、国土资源部与河南和陕西两省合作开展省级空间性规划编制工作。

（二）中国空间规划主要逻辑类型

1. 以城市空间规划为核心的空间规划体系建构（城市规划主导）

以城市空间规划为核心，国民经济和社会发展规划及全国空间综合规划是最高层次的规划，且设有各项专项规划，省域的经济和社会发展规划及空间综合规划依据国民经济和社会发展规划及全国空间综合规划制订，也设立相应的专项规划，且省域专项规划在全国专项规划的指导下进行。省域国民经济和社会发展规划及省域空间综合规划共同指导城市空间综合规划且制订相应的专项规划，城市空间综合规划又分为城市规划区控制性详细规划和农业、林地、自然保护等发展控制地区区划（图 14.7）。

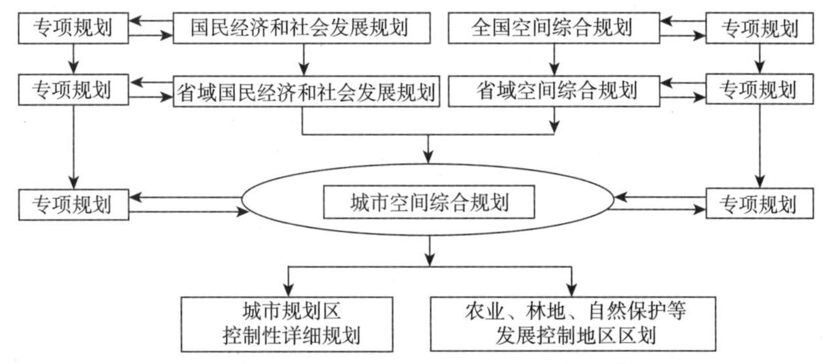

图 14.7　以城市空间规划为核心的空间规划体系图

以城市空间规划为核心，依据主体功能区规划制订国民经济和社会发展规划及城镇体系规划，依据国民经济与社会发展规划和主体功能区规划制订城市总体规划，城市总体规划与土地利用总体规划相互影响、相互制约。

2. 以国土空间规划为核心的空间规划体系建构（国土、土地规划主导）

构建一个以国土空间规划为顶层规划，将现有其他规划作为延伸的“1+X”体系。成立国土空间规划委员会，同时各职能部门依据国土空间规划制订本部门详细规划，进行具体控制，逐级制订。

按照“三层多级”目标构建空间规划体系，原则上下一层级规划要服从上一层级规划，下一层级规划要晚于上一层级规划出台。“三层”是指：第一，顶端层——主体功能区规划和国土规划，为避免交叉矛盾，从长远来看宜将上述“两规”合一；第二，中间层——区域规划，区域规划是国民经济和社会发展规划及顶层空间规划在某一区域的综合体现，重点解决跨行政区面临的共同问题和体制机制性障碍；第三，基础层——涉及空间开发的专项性规划。“多级”是指根据空间尺度不同，可因需将各层规划分成多级（图 14.8）。

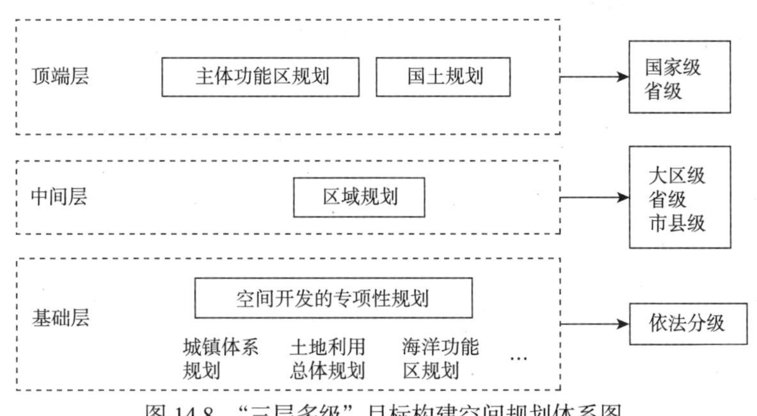

图 14.8　“三层多级”目标构建空间规划体系图

3. 以重构的空间综合规划为核心的空间规划体系构建（发改委空间规划主导）

依据国家空间综合规划制订省级空间综合规划，由省级空间综合规划确定市县的发展定位、区域协调、空间管制和监督考核机制，推进市县“多规合一”（图 14.9）。

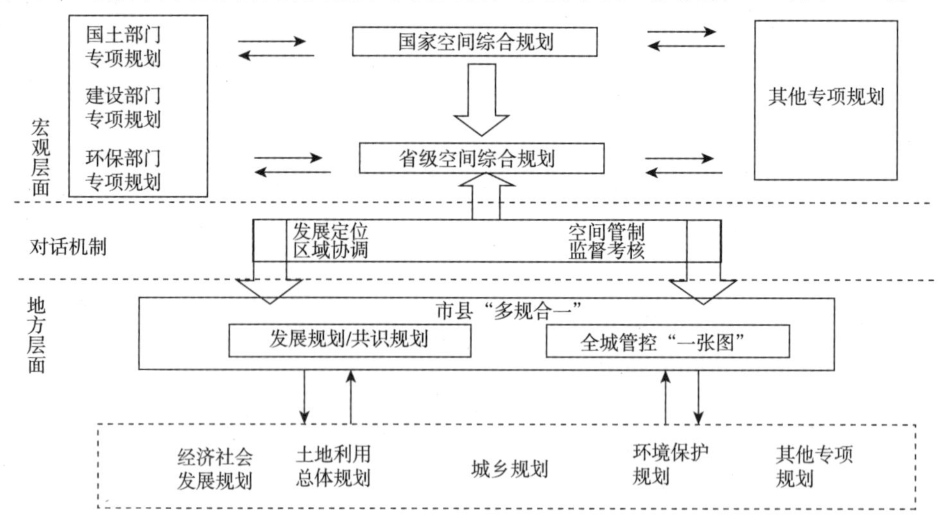

图 14.9　以重构的空间综合规划为核心的空间规划体系图

国家层面依据全国国民经济和社会发展中长期规划制定全国空间发展纲要。省级层面的省国民经济和社会发展中长期规划依据全国国民经济和社会发展中长期规划及全国空间发展纲要制订，省域空间发展战略规划依据全国空间发展纲要和跨省域空间协调规划制订。市级规划以此类推。

四、海洋空间规划的实施历程

（一）国际上海洋空间规划的推进

1992 年联合国召开环境与发展大会，通过了《21 世纪议程》。在该议程中明确提出了开展海洋综合管理的建议。从 20 世纪 90 年代开始，欧盟及其成员及美国、澳大利亚针对海洋综合管理，提出了一系列加强工作的建议和措施（表 14.1）。

2002 ～ 2006 年欧盟委员会先后发布了《海岸带综合管理建议书》（*Recommendations on Integrated Coastal Zone Management*）、《欧盟海洋环境策略纲要》（*EU Thematic Strategy for the Marine Environment*）和《欧洲海洋政策绿皮书》，明确提出将海洋空间规划作为整体区域资源管理的重要组成部分，确定了海洋空间规划支持性框架，将海洋空间规划作为海洋管理的关键手段。

从 2006 年开始，联合国教育、科学及文化组织政府间海洋学委员会（Intergovernmental Oceanographic Commission，IOC）开始推行基于生态系统的海洋空间规划实践。

2007 年 10 月欧盟委员会颁布的《海洋综合政策蓝皮书》指出，必须利用海洋空间规划手段，实现海洋的可持续发展，恢复海洋环境健康发展。

2009 年政府间海洋学委员会发布了海洋空间规划的技术框架，美国政府也提出要在其领海范围内实施海岸带与海洋空间规划，并制定了相应的管理和技术框架。

2011 年，政府间海洋学委员会出版了《海洋空间规划——循序渐进走向生态系统管理》，详细地阐述了海洋空间规划评价的步骤和方法。

表 14.1　国外近期海洋空间规划实施（部分）

国家 / 组织	规划名称	时间
欧盟	北海区域空间规划的预备行动	2010 ～ 2012 年
	和平共处项目	2010 ～ 2013 年
	欧洲大西洋海域跨界规划	2012 ～ 2014 年
	亚得里亚海和爱奥尼亚海洋空间规划	2013 ～ 2015 年
	波罗的海空间项目	2015 ～ 2017 年
美国	马萨诸塞州海洋行动	2008 年
	罗得岛海洋特殊区域管理规划	2010 年
	华盛顿海水规划和管理行动	2010 年
澳大利亚	海洋生物区规划	2012 年
	珊瑚礁和水质量保护规划	2013 年
	珊瑚礁 2050 规划	2015 年

（二）我国海洋空间规划的实施历程

1. 全国海岸带和海涂资源综合调查

1978 年 8 月，国务院批准国家海洋局和国家水产总局等多部门共同启动全国海岸带和海涂资源综合调查工作（此前中国三次经济区划几乎不涉及海洋），该项工作于 1986 年完成，为开展海洋功能区划奠定了基础。

2. 海洋功能区划的编制和完善

1989 年国家海洋局组织开展了第一次全国海洋功能区划并组织制定了《全国海洋功能区划大纲》和《全国海洋功能区划简明技术规定》，选定渤海为海洋功能区划示范区；1990 ～ 1998 年开展海洋功能区划试点，海洋开发规划工作起步；1990 年完成了《渤海海洋功能区划报告》和《渤海区功能区划书》；1993 年完成《中国海洋功能区划报告》和《中国海洋功能区划图集》的编写和编绘工作；1995 年开始了大比例尺海洋功能区划试点；1997 年《海洋功能区划技术导则》（GBl7108—1997）成为强制性国家标准；1999 年 12 月 25 日，修订并通过的《中华人民共和国海洋环境保护法》，首次对海洋功能区划制度的法律地位加以明确，对其制定机关、程序作出规定，并将之作为全国海洋环境保护规划和重点区域海洋环境保护规划的制定依据，确定了海洋功能区划在海洋环境保护制度中的基础作用①；2001 年 10 月 27 日通过的《中华人民共和国海域使用管理法》对海洋功能区划作了专章规定，对其编制机关、编制原则、审批制定、修改变动、公布方式等

①《中华人民共和国海洋环境保护法》第二十四条规定："国家建立健全海洋生态保护补偿制度。开发利用海洋资源，应当根据海洋功能区划合理布局，严格遵守生态保护红线，不得造成海洋生态环境破坏。"第三十条规定："入海排污口位置的选择，应当根据海洋功能区划、海水动力条件和有关规定，经科学论证后，报设区的市级以上人民政府环境保护行政主管部门备案。环境保护行政主管部门应当在完成备案后十五个工作日内将入海排污口设置情况通报海洋、海事、渔业行政主管部门和军队环境保护部门。在海洋自然保护区、重要渔业水域、海滨风景名胜区和其他需要特别保护的区域，不得新建排污口。在有条件的地区，应当将排污口深海设置，实行离岸排放。设置陆源污染物深海离岸排放排污口，应当根据海洋功能区划、海水动力条件和海底工程设施的有关情况确定，具体办法由国务院规定。"

做了进一步详细规定，海洋功能区划是《中华人民共和国海域使用管理法》建立的基本制度之一。至此，海洋功能区划制度确立为海洋管理的基本法律制度之一，明确了其在海洋管理工作中的法律地位和作用。

2002 年国务院审批通过了《全国海洋功能区划》。这是依据《中华人民共和国海域使用管理法》和《中华人民共和国海洋环境保护法》的规定出台的第一部全国性海洋功能区划，弥补了我国海洋管理工作的空白，为加强海域使用管理和海洋环境保护提供了具有法定效力的科学依据；2003 年国务院批准了《省级海洋功能区划审批办法》，并先后批准了辽宁、山东、广西、海南等沿海地区的海洋功能区划；2007 年国家海洋局出台《海洋功能区划管理规定》，对海洋功能区划编制、审批、修改和实施等具体环节做出了明确规定，这是我国首次出台的针对海洋功能区划工作的部门规范性文件；2010 年开始，我国启动了新一轮的海洋功能区划编制工作，也对海洋功能区划体系做了较大调整和完善；至 2012 年 11 月，全国和省级海洋功能区划（2011 ～ 2020 年）已全部批准实施，海洋功能区划成果成为各级政府监督管理域使用和海洋环境保护的依据。

3. 各类海洋开发和保护规划的协同发展

20 世纪 90 年代，全国海洋开发规划启动，1991 年根据《全国国土总体规划纲要》开始编制《全国海洋开发规划》，1995 年《全国海洋开发规划》完成，各沿海省区市也开始制订本地区各类海洋开发规划。例如，辽宁省海洋开发规划和“海上辽宁”建设规划、《海南省海洋开发规划》（1993 年）、《河北省海洋开发规划》（1992 年）、《上海海洋开发规划》（1993 年）、《浙江省海洋开发规划纲要（1993—2010）》（1993 年）。

进入 21 世纪后，海洋开发、海域使用管理进一步加强。2003 年《全国海洋经济发展规划纲要》发布，标志着我国开发利用海洋资源、发展海洋经济进入一个新时期，各地方纷纷根据自身实际海域资源状况编制海洋开发规划；2008 年《国家海洋事业发展规划纲要》发布；2009 年通过的《中华人民共和国海岛保护法》提出依据国民经济和社会发展规划、全国海洋功能区划，组织编制全国海岛保护规划，2012 年《全国海岛保护规划》公布实施；2013 年《国家海洋事业发展“十二五”规划》正式发布；2017 年《海岸线保护与利用管理办法》发布，国家对海岸线实施分类保护与利用；2017 年 12 月国家海洋局印发《关于开展编制省级海岸带综合保护与利用总体规划试点工作的指导意见》，指出“海岸带综合保护与利用总体规划”是海岸带地区的总体性、基础性和综合性空间类规划，该文件对海岸带地区生态保护和综合整治、岸线开发保护、海域使用等具有约束作用，以陆海主体功能区规划为基础，与其他相关规划融合和衔接，并将广东省作为第一批试点地区。

4. 海洋主体功能区规划的推进，完善海洋空间规划体系

2006 年，《国民经济和社会发展“十一五”规划纲要》提出推进形成主体功能区，编制《全国主体功能区规划》，并将海洋国土空间也纳入其中；2010 年发布的《全国主体功能区规划》明确提出“鉴于海洋国土空间在全国主体功能区中的特殊性，国家有关部门将根据本规划编制全国海洋主体功能区规划”，其中还将“陆海统筹”作为国土空间的重要开发原则，这标志着海洋国土空间已纳入国家主体功能区规划体系；2015 年《全国海

洋主体功能区规划》（国发〔2015〕42 号）发布，该规划是《全国主体功能区规划》的重要组成部分，是推进形成海洋主体功能区布局的基本依据，是海洋空间开发的基础性和约束性规划。

五、空间规划面临的主要难题

目前我国具有空间规划性质的规划主要涉及海洋主体功能区规划、海洋功能区划、海岸带综合保护利用规划、海岛规划、环境保护规划等。这些规划大多自成体系、决策分散，规划的内容、规划期限、基础数据、坐标体系、用地分类标准、空间管控分区和手段、编制审批制度等方面的法律法规、部门规章、技术规范等都不一致，影响管理效能和社会效率。

（一）规划法治建设滞后

法律是规划实施的重要保证，完善的规划体系终究要靠法治来护航。目前，我国空间规划的法律依据主要有《中华人民共和国城乡规划法》《中华人民共和国土地管理法》《中华人民共和国海域使用管理法》。这些法律大多属于专项性法律，在国家层面上尚无统一、完善的空间规划法律法规。其中，发改委部门编制的主体功能区规划和区域规划、国土部门编制的国土规划等主要依据行政文件，缺乏明确的法律保障，难以对其他空间规划发挥基础约束作用。

（二）缺乏统一编审程序

各个规划审批主体不统一、管理体制不一致，内容出现矛盾时，规划的执行者无所适从。《中华人民共和国城乡规划法》规定城市总体规划的审批由国务院和省区市两级管理[①]。《中华人民共和国土地管理法》第二十条规定，“土地利用总体规划实行分级审批。省、自治区、直辖市的土地利用总体规划，报国务院批准。省、自治区人民政府所在地的市、人口在一百万以上的城市以及国务院指定的城市的土地利用总体规划，经省、自治区人民政府审查同意后，报国务院批准。本条第二款、第三款规定以外的土地利用总体规划，逐级上报省、自治区、直辖市人民政府批准；其中，乡（镇）土地利用总体规划可以由省级人民政府授权的设区的市、自治州人民政府批准。土地利用总体规划一经批准，必须严格执行”。

（三）规划基础内容差异较大

国内各种空间规划的规划期限、重点内容、统计口径、分类标准、技术方法等方面都不尽相同，这导致空间规划难以有效发挥空间管制与调控作用。

编制标准不同。各类规划之间在技术标准、规划年限、技术平台等方面存在差异，

①《中华人民共和国城乡规划法》第十四条规定，城市人民政府组织编制城市总体规划。直辖市的城市总体规划由直辖市人民政府报国务院审批。省、自治区人民政府所在地的城市以及国务院确定的城市的总体规划，由省、自治区人民政府审查同意后，报国务院审批。其他城市的总体规划，由城市人民政府报省、自治区人民政府审批。

如土地利用总体规划采用1980年西安坐标系，城乡总体规划采用地方坐标系统。

期限错配，近远期缺乏协调。国民经济和社会发展规划的规划期限为5年，土地利用总体规划、城乡总体规划的规划期限一般为15～20年，国民经济和社会发展规划作为其他中长期规划依据难度较大。现行市县土地利用总体规划的期限到2020年，城市总体规划到2020年或2030年。

分区繁杂，用地类型标准多样。每类规划都有各自类型分区，如城乡规划分为已建区、适建区、限建区、禁建区；土地利用规划分为允许、有条件、限制、禁止四种类型建设区；环境功能区划分为聚居环境维护区、食物环境安全保障区、生态功能保育区、自然生态保留区等。在建设用地二级分区上，城市规划和土地利用规划分别从用地功能和土地使用属性分类，难以对照统一。各类分区单元、边界、管控标准差别很大，管理实践中矛盾百出，地方政府经常感到无所适从。

（四）不适应大部制改革的要求

2018年海洋空间管理已经纳入国土资源部的统一管理，在新管理体制下，就需要对国土空间规划的基础理论有全面系统的认识，同时要针对海洋空间的特点制订更有效的海洋空间规划。现有的海洋规划体系切实需要根据管理要求、规划环境、部门关系的变化进行相应的调整。

第三节　海洋空间规划理论与方法

一、海洋的特殊性

（一）边界特殊

一是海洋地理边界没有明显的标志，界线的标志是以抽象的地理空间定位（经纬度）来确定的。

二是不同海域边界有不同的主权权利，如领海权包括对自然资源的所有权，沿岸航运权，航运管辖权，国防保卫权，边防、关税和卫生监督权，领空权，管辖权，海上礼节权等。而沿海国在专属经济区内有以勘探和开发、养护和管理海床上覆水域与海床及其底土的自然资源为目的的主权权利。

三是与临海国家之间的海洋地理边界还没有界定，有的边界还存在较大争议。

（二）不承载人口

受海洋自然地理环境和当前技术条件的制约，人类尚不具备在海洋上居住与生活的能力，因此与陆地的主体功能区相比，海洋主体功能区一般不承载人口，更不涉及人口的转移与迁移。

（三）权益形势复杂

由于国际性划界工作滞后，我国与周边国家产生主张边界重叠。开展海洋主体功能区划，特别是在领海之外划分海洋主体功能区，可能会引起有关海洋权益的争端，但是为维护我国海洋权益，对管辖海域划定海洋主体功能区是必要的，符合国家战略需要。

（四）海陆交互性

海洋与陆地是不可分割的两个系统，它们在资源、环境和经济社会发展等方面存在着必然联系，决定着海洋与陆地主体功能区划是既联系又制约的关系，共同统一在国家整体发展战略之中。联系表现在两者在经济上相互依赖、相互支持、相互补充、共同发展；制约表现在陆地社会经济发展对海洋生态环境的冲击，以及海洋资源开发所引起的生态环境变化对海陆社会经济发展的制约作用。

二、空间规划的基本理论

（一）可持续发展理论

可持续发展理论是基于生态环境恶化而提出的，是对社会进步过程中所付出的环境代价的思索，从内涵上包括生态或自然的可持续发展、经济的可持续发展及社会的可持续发展。可持续发展是着眼于未来的发展，不但要考虑社会问题，还应考虑经济的可持续能力、环境的承载能力及资源的永续利用问题，强调人类社会与生态环境、人与自然界的和谐共存前提下的延续，是“生态–经济”型的发展模式。可持续发展从环境和自然资源角度出发，是关于人类长期发展的战略及模式。可持续发展不是一般意义上的经济发展，其特别强调资源环境承载能力的长期性。可持续发展突出强调的是发展，实现人口、资源、环境与经济的协调，强调代与代之间在环境资源利用与保护方面的机会均等，强调建立经济增长新模式，经济发展与环境保护联系紧密。

海洋空间规划应当建立在海洋环境和生态可持续的前提下，既要满足当前或本地区人们的需要，实现海洋经济快速增长，又不对后代或其他地区人们满足其需求的能力构成危害。海洋空间可持续利用要求辩证处理开发利用与治理保护的关系，正确处理各种利益关系，建立合理的海洋空间管理机制，并不断提高海洋空间管理水平，保证海洋空间开发利用与管理的公正和公平，倡导更加科学和文明的海域开发利用方式。海洋空间规划的目标之一就是实现海域资源可持续利用，有效实施海洋综合管理，宏观调控海洋开发秩序，引导生产力合理布局，优化配置海洋资源，遏制海洋生态环境恶化，促进沿海地区社会经济实现可持续发展。海洋空间规划的空间划分和管控重点、管控措施等都是以可持续发展理论框架为指导的，是使可持续发展理念从思想层面进入实践操作层面的有效途径。

（二）劳动地域分工理论

劳动地域分工是社会分工在地域空间上的反映，它的发展必然促进区域生产的专业化，促进区域之间商品生产和商品交换的进一步发展，因此客观上要求区域间组成一个开放系统，以加强协作及区域间的横向经济联系。分工的形成首先是建立在区域差异的基础上的，正是区域在自然条件、资源优势、劳动力状况和历史基础及经济发展程度等方面存在的明显差异，为分工提供了前提条件。地域分工决定着区域生产专门化的发育程度，决定着区域产业结构和空间结构的特征，也决定着区域经济联系的内容、性质和规模等。以前劳动地域分工的形成发展机制是社会生产力，当今主要是科技创新。劳动地域分工的最终目的是获取更大的经济、社会、生态效益。

劳动地域分工将区内分工和区际分工作为两个基本层次，主张各区域之间进行有效的分工与协作。区域协调是相关区域之间经济发展上相互联系、关联互动、经济利益共同增长、经济差异趋于缩小的状态和过程。区域发展是一项综合性、复杂性、系统性的工程，涉及经济、社会、资源、环境等方面，区域协调发展强调协作与和谐；区域协调发展应立足于建立有序、和谐、良性、协调、公正发展的区域系统，立足于构建区内经济、社会、资源和环境各要素发展及全面发展的机制与框架，同时立足于处理好区域系统海洋相关各要素之间的协调关系。

（三）区域差异与区域关联

区域差异与区域关联是区域地理学乃至地理学的重要的基础理论，是指导各类地理区划的理论基础，是支撑“三类空间”划分的基础理论。空间或地域研究的基本方法是，根据较大地区的“必定需要”，选择具体的因素，根据区域内部属性的相似性、地区之间差异，将地区分成若干个“同质性”子区域。其基本理论如下。

第一，区域是客观存在的。现象在地区分布上的区别便是区域，区域是系统的物质或构成地球表面的一些元素的现象。

第二，结节空间与均质空间、空间结构理论与部门结构具有一致性，形成了具有一定规模和层次的区域经济差异化及组合化的经济中心，通过该中心对周围（吸引领域）经济活动发挥组织协调作用，并形成相应的部门结构和区域结构。基于生产社会化的条件，出现了具有区域特色的专业化经济部门，区域间相互的经济联系应运而生。所以，这些不同层次、不同水平、不同类型的区域经济单位，是区域经济复合体。类别和层次差异的区域经济复合体形成了区域经济体制。

第三，区域具有一定的层次性。区域范围内的人口、经济、资源、环境和社会方面相互关联、发展和变化，而地区本身相对稳定。区域拥有层次性，规模大小和空间尺度在任何一个区域都可大可小，可以根据具体的空间或规模大小划分为若干不同层次的地理区域。例如，有区域范围在高水平上，从宏观和整体上产生差异化，那么，在低水平上，从微观、中观和部分上将出现一定的结合。

第四，区域之间的差异是明显的。区域内具有鲜明的地区差别，区域不同，其人口、环境、资源和发展内涵之间也存在明显差异。区域发展不平衡与发展阶段不同，其空间也具有明显差异。功能区划研究，需要协调区域差异的关系，协调好区域间的差异与不平衡是非常重要的。通过对环境因素和资源的综合分析，探索其间的关系，可为功能区的划分提供依据。

第五，区域间也存在着关联。区域间的关联的基本前提是区域间的差异，区域发展之间的相关性是降低不同的区域之间的差异的最终结果。区域经济增长的过程显示，区域经济空间结构的不平衡发展是空间集聚和扩散两种力量相互作用、此消彼长的结果。一般而言，不发达区域由于发达区域形成的集聚和扩散效应，其强度随时间变化而变化。

海洋空间规划需要针对海洋相关社会经济活动的特殊性，考虑区域的一致性和差异、分层次性、区域间联系，特别是在海洋主体功能区规划中，对区域差异与联系理论给予特别关注。

（四）生态环境承载力

生态环境承载力是某一时期某一地区的生态环境系统，在确保系统的组成、结构和功能不发生退化而处于良性循环发展的条件下，所能承受的人类活动的阈值。具体内涵包括：①承载体是生态环境系统，包括生物圈和生物圈的环境部分；②承载的压力是区域人类活动，而不局限于人口或经济规模，区域人口和经济发展对生物资源的消耗及需求并不完全依赖于对区域生物资源的开发利用，并未对区域生态环境系统产生相应扰动；③人类活动产生的压力是否大于生态环境系统的支撑能力，是区域生态环境系统是否处于超载状态的评判依据，生态环境系统是否发生退化是生态环境系统是否超载的具体表现和结果。人类的可持续发展必须建立在生态系统完整、资源可持续供给和环境长期可容纳的基础上。生态承载力具有以下特点：第一，生态承载力是客观存在的；第二，生态承载力不是固定不变的，只是处于一个相对稳定状态；第三，生态承载力体现在多个水平层次上，在不同层次水平上，生态承载力也不同。

生态承载力是海洋空间规划的基本条件。海洋空间规划就是要使海洋空间开发真正建立在以海洋生态系统为基础、综合考虑海洋生态承载能力的开发框架之下，使海洋开发活动控制在生态承载力范围之内，实现海洋生态系统的健康持续发展。海域承载力是指在一定时期内，以海洋资源可持续利用、海洋生态环境不受破坏为原则，在符合当前社会文化准则的物质生活水平下，通过海洋自我调节、自我维持，海洋所能支持的人口、环境和社会经济协调发展的能力或限度，海域承载力是海洋可持续发展的基础，也是海洋资源环境承载能力的综合表现，为综合评价海洋主体功能区的资源环境承载能力提供了理论和方法借鉴。

（五）地域功能学说

地域功能是指一定地域在更大的地域范围内，在自然资源和生态环境系统中、在人类生产和生活活动中所履行的职能和发挥的作用。从本质上讲，地域功能是自然生态系统提供的自然本底功能与人类因生活生产活动需要而赋予的开发利用功能的复合体。因此，地域功能是地域系统固有的属性，是综合性的功能。地域功能的生成机制和演变规律主要是基于自然生态系统赋予的自然功能和社会经济系统赋予的利用功能所叠加的综合功能取向作为特定地域的功能，各种地域空间规划应在识别地域功能的基础上进行因地制宜的编制和实施，这是规划的发展条件和发展目标相协调的最根本保障。

与地域功能相关的是功能区，即承载一定地域功能的区域。地域功能的研究就是在识别地域功能类型的基础上，优化空间组织，寻求最优或次优的功能区划方案。合理的功能区组织方案至少应符合三个方面的要求：①同时满足对自然生态系统干扰小、有利于自然可持续发展，又支撑人类不断增长的生产生活需要的双重目标；②实现不同功能区综合发展效益的均等，这是保障不同地域功能建设的前提条件；③实现各功能区所组成整体的效益最大化，而这不仅同功能如何划分有关——空间结构问题，而且与时间取值有关——地域功能的类型、功能区划的方案会因时间的不同而发生变动。

类型随时空转化而不断增加和多样化是地域功能的基本特征。地域功能类型与空间尺度相关，尺度越小，地域分异越显著，功能类型越多；地域功能类型与时间尺度相关，随着人类社会的进步，新的地域功能类型不断涌现，原有的功能类型分化出更多的功能，或演进为更高级的功能。所以，经济越发达的地区，空间结构越复杂，地域功能类型越丰富，等级也越高。

空间规划的核心是进行空间管制，重点是对空间利用方向，即功能的管制。功能区划是以地域功能理论为基础的。地域功能类型是一个非常复杂的体系。除了自然生态系统服务功能、土地利用类型、人类社会活动的空间类型等是确定地域功能类型的基础之外，从规划的视角也有两个方面是确定地域功能类型的关键。①目标导向和问题导向相结合，即未来国土空间格局的理想蓝图应该由哪些功能构成，目前中国国土空间开发和保护在功能格局上有哪些亟须解决的无序问题。②空间尺度效应与不同层级政府职责相结合，在全国国土空间中优化开发保护格局的地域功能应该包括哪些，以及中央和省区市等不同层级政府进行空间管制的职责权利和义务适用于哪些功能类型。

三、空间规划方法

（一）“三区三线”空间划分

根据已有条件，开展陆海覆盖的资源环境承载能力基础评价和针对不同主体功能定位的差异化专项评价，以及国土空间开发网格化适宜性评价。结合海洋功能分区分析并找出需要生态保护、利于渔业生产、适宜建设用海功能单元，划分适宜等级并合理确定规模，为划定“三区三线”奠定基础，将环境影响评价作为优化空间布局的重要技术方法，增强空间规划的环境合理性和协调性。

确定生产、生态、生活用海三类空间比例和开发强度指标。根据不同海洋功能定位，综合考虑经济社会发展、产业布局、人口集聚趋势，以及各类自然保护区、重点生态功能区、生态环境敏感区和脆弱区保护等底线要求，科学测算生产、生态、生活三类空间比例和开发强度指标。

划分“三区三线”空间。按照严格保护、宁多勿少原则科学划定生态保护红线，按照最大程度保护生态安全、构建生态屏障的要求划定生态空间。沿海地区要在管理海域范围内，按照海域开发与保护的管控原则，划定海洋生态保护红线和生态空间、海洋生物资源保护线和生物资源利用空间，以及围填海控制线和建设用海空间。

（二）地理信息系统应用的叠加分析

叠加法系将判别或判定的区域功能完整地标在地理底图上，叠加在一起，作为进一步研究的基础。叠加分析是地理信息系统（geographic information system，GIS）中一种常见的分析功能，矢量叠加主要分为交集（intersect）、擦除（erase）、裁减（clip）、更新叠加（update）、分割（split）、合并叠加（union）、融合（dissolve）等。进行叠加的图层必须具有相同的坐标系统和比例尺。将同一区域、同比例尺的两组或两组以上的多边形要素数据文件进行叠加产生一个新的数据层，其结果综合了原来图层所具有的属性。叠加分析不仅包含空间关系的比较，还包含属性关系的比较。

在我国，地理信息系统技术也被应用在海洋功能区划编制、海域使用审批与管理、海域动态监视监测等领域。地理信息系统的数据组织管理、浏览查询、空间分析、可视化及制图功能为县级海域使用规划编制与管理提供了强大的技术支撑。在规划编制前期，利用地理信息系统技术进行规划数据搜集、分析和信息数据库建设，有利于充分、全面地掌握规划相关信息。在规划编制过程中，充分利用地理信息系统的空间叠加、缓冲、距离分析等空间分析方法，可以进行海域使用强度评价、开发适宜性分析、海域使用潜力分析、涉海活动兼容性分析等专题分析和空间管制分区、用海布局安排等规划方案的编制。

（三）“多规合一”技术途径

1. 统一规划基础

统一规划期限，空间规划期限设定为 2030 年；统一基础数据，完成各类空间基础数据坐标转换，建立空间规划基础数据库；统一不同坐标系的空间规划数据；统一用海分类，系统整合《全国海洋功能区划》，形成空间规划用海分类标准；统一目标指标，综合各类空间性规划核心管控要求，科学设计空间规划目标指标体系；统一管控分区，以“三区三线”为基础，整合形成协调一致的空间管控分区。

2. 划定“三区三线”

开展陆海全覆盖的资源环境承载能力基础评价和针对不同主体功能定位的差异化专项评价，以及国土空间开发网格化适宜性评价，划定“三区三线”。

3. 形成空间布局底图

以“三区三线”为载体，合理整合协调各部门空间管控手段，绘制形成空间规划底图，形成空间布局总图。在空间规划底图上进行有机叠加，形成空间布局总图。

4. 搭建信息平台

基于 2000 国家大地坐标系的规划基础数据转换办法，整合各部门现有空间管控信息管理平台，搭建基础数据、目标指标、空间坐标、技术规范统一衔接共享的空间规划信息管理平台，为规划编制提供辅助决策支持，对规划实施进行数字化监测评估，实现各类投资项目和涉及军事设施建设项目空间管控部门并联审批核准，提高行政审批效率。

第四节　海洋空间规划的框架设计

一、核心目标

党的十八届三中全会通过的《中共中央关于全面深化改革若干重大问题的决定》提出“建立空间规划体系，划定生产、生活、生态空间开发管制界限，落实用途管制。健全能源、水、土地节约集约使用制度”，坚持创新、协调、绿色、开放、共享的新发展理念，对建立海洋空间规划体系提出了新的更高要求。2015 年 9 月中共中央国务院颁发的《生态文明体制改革总体方案》进一步要求“构建以空间治理和空间结构优化为主要内容，全国统一、相互衔接、分级管理的空间规划体系，着力解决空间性规划重叠冲突、部门职责交叉重复、地方规划朝令夕改等问题”。加强海洋空间规划基础理论的研究，合理构建海洋空间规划框架，不仅为海洋资源开发管理提供依据，更是率先在海洋领域探索“建立空间规划体系”的前提条件。

二、基本原则

（一）坚持生态优先的原则

切实加强海洋环境保护和生态建设，统筹考虑海洋环境保护与陆源污染防治，控制污染物排海，改善海洋生态环境，防范海洋环境突发事件，维护河口、海湾、海岛、滨海湿地等海洋生态系统安全。

（二）陆海统筹的原则

根据陆地空间与海洋空间的关联性，以及海洋系统的特殊性，统筹协调陆地与海洋的开发利用和环境保护。严格保护海岸线，切实保障河口海域防洪安全。

（三）尊重自然属性原则

根据海域的区位、自然资源和自然环境等自然属性，综合评价海域开发利用的适宜性和海洋资源环境承载能力，科学确定海域的利用方向和基本功能。

（四）可操作性原则

海洋空间规划是海洋空间利用、功能管制、资源配置的重要依据，其编制涉及内容广泛。基本框架的搭建要具有强制可操作性，一方面保证编制的科学性，另一方面为实施创造条件。

（五）管理政策连续性原则

长期以来基于海洋功能区划的用海分类、功能划分、各类用海类型变更、海域及海岸线控制指标等已经形成。因此，海洋空间规划体系构建需要充分考虑这种管理的延续性，以利于对海域利用趋势的把握。

三、基本框架

为了合理利用海洋资源和保护海洋环境，由各部门各地区组织编制的海洋相关规划的数量不断增多。从横向看，具有空间规划性质的有海洋主体功能区规划、海洋功能区划、海岸带综合保护利用规划、海岛规划、环境保护规划等，这些规划大多自成体系、决策分散，规划的内容、期限和边界等都不一致，影响管理效能和社会效率。从纵向看，规划层级日益增多，内容趋同、事权错配，影响海洋空间政策的统一性和有效性。在这样的背景下，亟须从战略高度协调好各种空间需求，既要保障经济社会发展，也要保护海洋生态环境，制订超越部门利益的海洋空间规划。

以海洋主体功能区规划为顶层规划，现有其他涉海规划作为延伸的海洋空间规划体系如图 14.10 所示。原则上下一层级规划要服从上一层级规划，下一层级规划要晚于上一层级规划出台。顶端层为海洋主体功能区规划，中间层为海洋功能区划。通过海洋功能区划综合体现国民经济和社会发展总体规划及顶层规划在某一海域的利用功能，重点解决跨行业用海的现实问题。基础层为涉及海洋空间开发专项性规划。这三层的关系是：海洋主体功能区划是对一定层级行政区管辖海域的基本定位（背景），海洋功能区划是对一定空间尺度海域的功能定位（棋盘），海洋空间开发专项性规划是在功能定位的基础上进行具体项目的布局（棋子）。从海洋空间规划的角度看来，海洋功能区划无疑是最核心的部分。

四、海洋功能区划为核心的基本依据

（一）海洋功能区划是海域管理四项制度的核心

国务院海洋行政主管部门会同国务院有关部门和沿海省区市人民政府编制全国海洋功能区划，报国务院批准。海域使用项目必须符合海洋功能区划。国家严格管理填海、围海等改变海域自然属性的用海活动。海域权属管理制度、海域有偿使用制度和海域审批制度的实施以海洋功能区划制度为基础，四者的关系如图 14.11 所示。

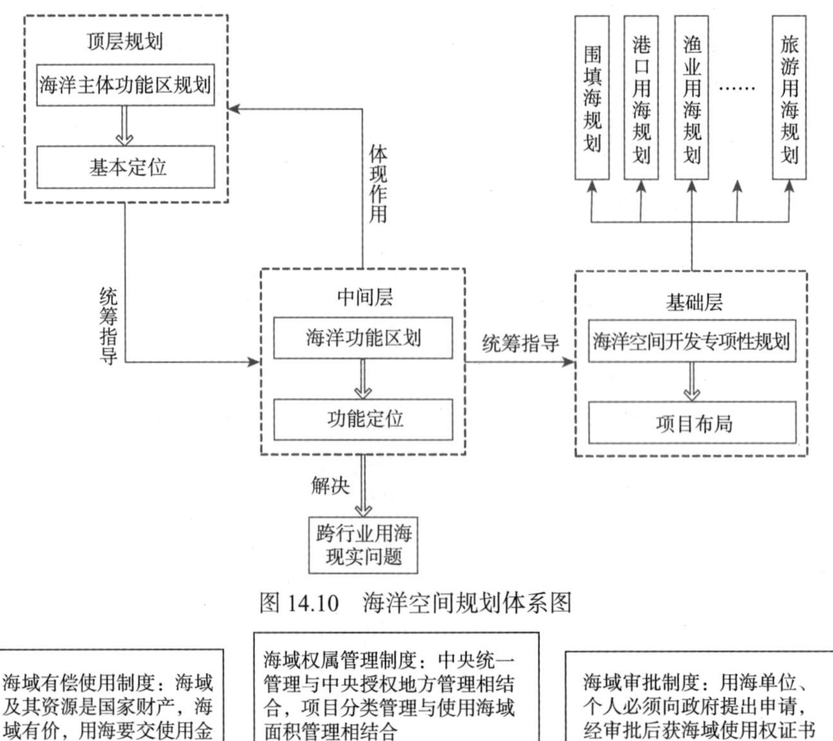

图 14.10　海洋空间规划体系图

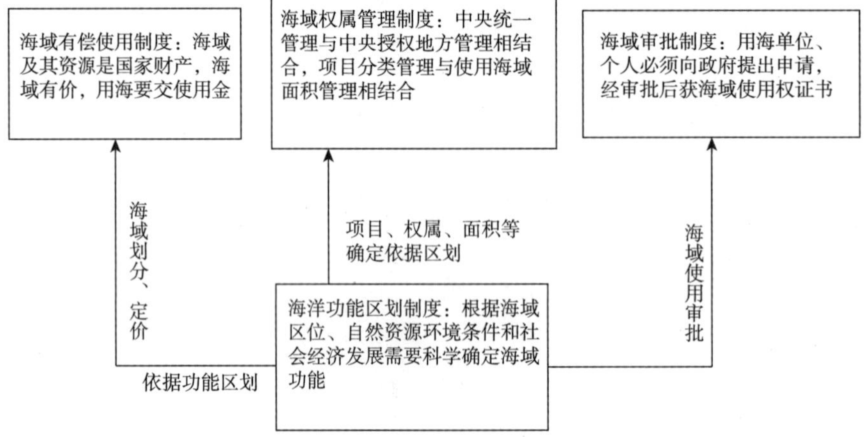

图 14.11　海域管理四项制度间关系

（二）海洋功能区划的法律依据充分

目前，海洋主体功能区规划和海岸带综合保护利用规划等空间规划主要依据行政文件，法律法规依据不充分。各个部门均负责自身规划的编制、执行、评估、调整，即使存在部门之间的沟通协调，也主要是非核心问题的协调，这使得规划内容制订、调整、修改缺乏外在约束力。而海洋功能区划是由《中华人民共和国海域使用管理法》《中华人民共和国海洋环境保护法》《中华人民共和国海岛保护法》三部法律共同确立的一项基本制度，并逐步形成了以海洋功能区划制度为核心，以海域权属管理制度和海域有偿使用制度为支撑的海域使用管理体系。在这个过程中，海洋功能区划的技术标准、方法体系和配套制度不断完善，形成区划评估、区划调整、区划修编等比较完整的制度体系。

（三）海洋功能区划具有空间规划的主要特征

2000年以来，规划界开始关注空间规划的相关问题研究，空间规划一般具有以下三个方面的特征。首先，空间规划是决定国土空间发展框架的10年以上的长期基本规划，对其他部门规划具有指导性，是对海洋国土上的主要经济活动和海洋资源等经济要素进行综合配置的物理空间规划。海洋功能区划一般以10年为周期，作为海域使用审批的具体依据已经证明其具有很强的可操作性。其次，空间规划的目标是优化空间结构，这要求不同尺度空间规划的内容有差异，提升空间利用效率。我国海洋功能区划已经形成全国、省级和市三级不同空间尺度规划体系，国家级海洋功能区划主要划分了五大海区和29个重点海域，构筑了我国海洋利用的宏观框架；省级海洋功能区划主要是划分八类一级功能分区，确定海域的利用方向；市级海洋功能区划主要是在不突破省级一级功能分区的前提下，具体划分二级功能区，甚至落实到了具体用海项目的布局。这三级功能区划在任务重点、空间尺度、信息载荷量和区划内容上都有明显差异。最后，空间规划是为了协调发展与保护的关系及各类活动对空间需求之间的关系，是利用公共权力对空间发展作出合理安排，规范空间开发秩序。全国海洋功能区划是由国家海洋局会同相关部门编制报国务院审批，省级海洋功能区划由省级相关部门组织编制报国务院审批。

综合起来分析，目前已经开展的各种海洋空间规划中，海洋功能区划是法律依据最充分、规划管理体系最完整、空间规划主要特征最鲜明的规划形式，具备形成海洋空间规划抓手的各方面条件。从这个角度分析，实施以海洋主体功能区划为基本框架、以海洋功能区划为抓手的海洋空间规划，要比在陆上“建立空间规划体系”更现实，因为陆上有法律依据的空间规划比较多，难以统筹。这也是我们建议率先在海洋领域探索“建立空间规划体系”的基本判断。

（四）海洋功能区划是经过长期实践检验的制度

经过20多年来3个版本海洋功能区划的艰苦探索和管理实践，围绕海洋功能区划已经形成相对完整的配套管理体系。一是以海洋功能区划为核心的信息，目前的海域动态监测、海洋环境质量控制、海域承载力评估、海域使用现状的空间信息及分类基本是依据海洋功能区划实施的；二是《海洋功能区划技术导则》已经修订过一次，目前执行的是《海洋功能区划技术导则》（GB/T17108—2006），是指导省级、市级海洋功能区划编制的依据；三是建立了国家、省、市三级区划体系，对各级功能区划的约束与衔接等有具体要求；四是逐步建立了海洋功能区划的评估制度。

尽管在实施海洋功能区划的过程中遇到了一些问题，在规范用海行为方面还存在不适应的情况。但是，在海洋管理领域，海洋功能区划是唯一已经实施了两个周期，也经历了管理实践检验的管理手段。在没有建立一个完全可以取代海洋功能区划的方案前，就盲目另起炉灶也不现实，也存在较大的管理风险。因此，目前应以海洋功能区划为核心构建海洋空间规划体系。

五、海洋功能区划与“三生空间”的衔接

我国海洋空间规划体系是在海洋生态文明建设的大背景下提出来的，按照海洋属性合理划分海域使用空间，利用海洋功能区划的空间管制手段强化海洋生态文明建设的目标是各级海洋功能区划关注的重点。海洋空间布局不能简单套用陆域的“三生”（生产、生活、生态）空间，而应以海岸线为轴线，陆向和海向确定不同的划分目标。在海岸线的陆域方向，可将渔业设施、港口设施、工业设施等占用岸线划为生产岸线，城市亲水岸线、旅游观光和浴场等岸线划为生活岸线，人工生态岸线和自然岸线划为生态岸线。全国海洋功能区划需要对海岸线的陆域方向“三生”功能空间有一个比较明确的约束要求，作为省级海洋功能区划的重要依据，而省级海洋功能区划海岸线的陆域方向“三生”功能空间的具体划分，则要以达到优化沿岸陆域空间布局为目标。

海岸线向海方向管辖海域也可根据海洋功能区划归并为生产、生活、生态功能空间。海水浴场及海上旅艇活动等范围可归为生活空间，工业与城镇建设区、矿产能源区、港口航运水域等可归为生产空间，农渔业区、自然保护区和保留区等可归并为生态空间。全国海洋功能区划应该对海岸线向海方向管辖海域的“三生”空间提出一个比较明确的约束要求，作为省级海洋功能区划的重要依据，而省级海洋功能区划具体划分海岸线向海方向管辖海域的一级海洋功能区，并落实国家功能区划对“三生”功能空间约束要求，达到优化海岸线向海方向用海空间布局的目标。海域方向的功能区的划分，要以不突破海洋生态红线、渔业保障线、围填海控制线为基础。

第五节　海洋空间规划的基本问题

一、强化空间规划的目标导向

（一）问题导向的海洋功能区划存在隐忧

海洋功能区划是根据海域区位、自然资源、环境条件和开发利用的要求，按照海洋功能标准，将海域划分为不同类型的功能区。全国海洋功能区划是编制地方各级海洋功能区划及各级各类涉海政策、规划，开展海域管理、海洋环境保护等海洋管理工作的重要依据；海洋功能区划是从全局和长远出发，对一定时期内各类用海活动做出的综合协调和统筹安排，目的是对海域使用实行空间管制。海洋功能区划虽然已经成为规范海域项目使用的主要依据，在海洋开发和管理中发挥了重要作用，但也暴露出与社会经济发展的新形势不适应的问题。省级海洋功能区划是审批用海的依据，海洋工程建设项目等必须符合海洋功能区划，且省级海洋功能区划强调作为审批用海依据的海洋空间管控功能，因此主要针对现实问题，解决了短期内海域使用中的突出问题。这虽然在一定程度上缓解了沿海港口用海和工业城镇用地（围填海）等现实矛盾，但是部门政策的多样性、碎片化、缺乏战略引导的盲目性，导致港口和围填海等规模过大、分布不合理，实施效

果上表现出区划的不合理性，并付出较大代价。

（二）海洋功能区划应以目标导向为主

总体看来，海洋功能区划的策略应该是以目标导向为主、问题导向为补充（图 14.12）。由于海洋功能区划分的沿海港口区、沿海工业城镇用海区、滨海旅游、海岸整治修复区等项目是部分改变海域自然属性的用海行为，一旦形成基本框架就难以恢复原有面貌，具有很强的后效性。如果对未来发展预判不足，缺少长远目标引导，区划形成的空间格局不适应未来发展要求，将会造成难以估量的损失。改革开放以来，围填海在深圳经济特区、上海浦东新区、天津滨海新区的发展建设过程发挥了难以估量的积极作用，是目标导向的典型成功案例。

图 14.12　全国海洋功能区划版本情况图

资料来源：杨玉洁（2020）

（三）实施目标导向海洋功能区划的建议

强化 4.0 版海洋功能区划目标导向的核心是确定战略目标。我国改革开放以来，粗放的经济增长方式使沿海地区的发展以海洋资源环境破坏为代价，因此迫切需要将海洋资源环境保护纳入长期发展目标。由单纯地追求经济效益，转变成经济、社会和生态效益三者综合的可持续发展。沿海工业与城镇建设区的布局，不仅仅是一个县或一个市配置工业区那么简单，而是要从沿海地区城镇体系这个大的格局来评估工业与城镇围填海区布局的合理性；在沿海港口总体吞吐能力过剩的大背景下，港口建设也已经不仅仅是某个企业需求或是在某个城市规划码头那么简单，而是要从沿海港口总体格局的高度来考量其合理性。因此，强化海洋功能区划目标导向的难点不在区划技术本身，而是在于对沿海地区相关用海宏观格局的长远规划。

二、提高海洋生态理论对海洋功能区划的支撑能力

（一）保护和改善生态环境是海洋功能区划的重要任务

海洋在我国社会经济发展中占有极为重要的地位，是保障国家安全、拓展经济发展空间、缓解陆域资源矛盾的重要支撑系统，也是我国生态文明建设的重要组成部分。然而，近年来由于人类对海岸带和海洋资源的开发强度不断加大，海洋的生态服务功能在过去的几十年里遭到了较严重的破坏，海洋环境质量恶化、自然生境大面积缩减、渔业资源严重减少、生态灾害频发等问题突出，环境、生态、灾害和资源四大生态环境问题共存，相互影响叠加，表现出明显的复合性和系统性。现阶段我国的海洋开发利用，迫切需要以“生态文明”的理念，来规范人的意识、行为和道德，统筹海洋经济发展和生态环境保护，将海洋开发活动控制在海洋资源环境承载力之内。海洋功能区划是推进海洋生态文明建设的重要管理手段。

（二）强化生态文明理念

近些年来，我国以生态系统作为基本管理单元而非传统的行政单元，全面考虑生物和非生物的所有联系，在一定的时空尺度范围内将人类价值和社会经济条件整合到生态系统经营中，以恢复或维持生态系统整体性和可持续性，即基于生态系统的管理（ecosystem-based management，EBM）在海洋领域的应用越来越受到重视，基于生态系统的海洋功能区划也已提上日程（海洋公益专项“基于生态系统的海洋功能区划关键技术研究与应用”）。在我国处于由工业文明向生态文明转型的大背景下，加强海洋生态系统完整性的保护是必需的。但是，我们认为短时间内还不具备编制基于生态系统 4.0 版海洋功能区划的基本条件，理由有三。一是对我国海洋生态系统的基础研究难以支撑功能区划的需要。尽管相关研究单位已经对海洋生态系统进行了一定深度的研究，但是海洋生态系统的基本概念、体系、单元等基本理论问题并没有彻底解决，中国近岸海域的海洋生态功能分区并不明确。二是省级海洋功能区划单元的空间尺度与海洋生态系统的空间尺度相差较大。一般来讲，海洋生态系统的空间尺度较大，而省级海洋功能区划的空间尺度较小，具体的海洋功能区划必然会造成海洋生态系统的破碎化。以福建省东山岛为例，在比较小的范围内分布有渔业、港口、保护区、围填海、特殊利用区等多类功能区划，环境质量要求各不相同，这种不一致性使得相连的海区所需达到的环境质量要求呈现出“不连续”或“破碎化”的特点，不利于海洋生态环境保护。三是协调海洋生态保护与利用的关系。目前海洋功能区划中的“海洋保护区”是指专供海洋资源、环境和生态保护的海域，主要包括海洋自然保护区、海洋特别保护区，并没有涵盖海洋生态系统重要但尚未建保护区的区域。一些重要的海洋渔业资源产卵场、重要渔场水域、滨海湿地、珊瑚礁、红树林、河口等典型海洋生态系统还被划分为渔业养殖、旅游等具有开发功能的类型区，因此只能通过细化海洋生态保护管理措施来保护生态环境。

（三）加强海洋生态系统的理论研究

根据国内外海洋管理的实践经验，加强海洋生态系统的理论研究以支撑海域管理的任务十分紧迫繁重，国家海洋局应努力推进我国海洋生态系统功能区划等重大基础研究。在没有形成系统可操作成果的情况下，不宜急于编制基本生态系统的海洋功能区划，而是应该认真落实海洋生态建设的优化空间布局、集约节约利用海洋资源、加强海洋生态系统和环境保护及加速海洋生态文明制度建设等四项任务，将生态文明的理念贯穿于功能区划的各个环节，尽量规避改变海域自然属性的用海行为，将对海洋生态环境的影响降到最低限度，为后代逐步建立基于生态系统的海洋管理保留机会。

三、规划弹性的实施

（一）客观认识海洋功能区划的动态性

海洋功能区划作为海洋环境保护和海域空间管理最直接的工具，为合理利用海洋资源发挥了重要作用。在过去 20 多年中，从早期对海洋功能区划理念、技术体系、编制技术和海域管理实践的初步探索，到其逐步成为《中华人民共和国海域使用管理法》《中华人民共和国海洋环境保护法》《中华人民共和国海岛保护法》确立的一项基本制度，形成了以海洋功能区划制度为核心，以海域使用权制度和海域有偿使用制度为支撑的中国海域使用管理体系。在这个过程中，海洋功能区划的技术标准、方法体系和配套制度不断完善，形成区划评估、区划调整、区划修编等管理制度。但是，人们认为海洋功能区划一经审批后，就是刚性的不能修改的。对某些省级海洋功能区划实施修编的管理实践，就动摇了对海洋功能区划科学性及严肃性的信念，出现了怀疑海洋功能区划的声音。省级海洋功能区划划出的功能区，不能完全满足审批用海的需要甚至需要进行局部调整，就影响功能区划的科学性了吗？我们认为，包括海洋功能区划、区域规划和城市控制规划等空间规划都是个动态的过程，有以下三个方面的理由。

第一方面，区划方案存在“更优”的可能性。相关学者以“科斯定理”为基础，从制度经济学的角度阐释规划的动态性，研究结果表明，第一，在理想世界里，区划关注的是方案合理性，即不论如何实施这个方案，都能实现综合效益的最大化；而在“真实世界”中，不同的实施路径存在不同的交易成本，所以不仅需要方案最优，而且需要实施路径也合理，才能达到效益最大化。第二，不同的区划方案会导致不同权力界定的资源配置产生不同的效益，不同的制度安排也会有不同的实施效果。所以在现实世界中，无法达到“最好”的区划方案制度设计，总是存在更好方案的可能性。所以，海洋功能区划就一直处于对“更合理”的功能区划分与制度设计组合的探索中。

第二方面，区划不可能预测所有用海需求的变化。2002 年随着沿海各省区市海洋功能区划编制完成并作为审批依据以来，海洋管理部门遇到的主要难题已经转向区划修编与制度建设，管理实践也表明“终极蓝图式”的功能区划难以适应不断变化的用海需求；而且再高明的区划编制者也存在认识的局限性，难以预测 5 年以上国家重大项目等用海需求的变化，也必然引发调整功能区划的诉求。

第三方面，区划面临政策滞后性困境。每一版本海洋功能区划都是区划期限之前所实行的一系列政策的集中体现，但作为我国国土空间规划中的中长期基础性安排，海洋功能区划执行期内的政策变动难以在区划中体现，必然存在不适应最新政策的滞后性问题。3.0 版海洋功能区划的规划期为 2011 ～ 2020 年，这期间的 2014 年《中华人民共和国环境保护法》修订，2015 年国家在生态文明建设领域连续发布的政策性文件，2016 年《中华人民共和国海洋环境保护法》修订均对海洋生态环保工作提出新要求，这些政策变化在 3.0 版海洋功能区划无法得到体现。

（二）海洋功能区划弹性管理的风险

为解决海洋功能区划的动态性问题，我国已经逐步建立了从严控制省级海洋功能区划的修改的弹性机制，并提出“确需修改省级海洋功能区划的，由省级人民政府提出修改方案，报国务院批准”的制度设计与路径安排。一些省级海洋功能区的修编确实发挥了积极作用，解决了国家重大建设项目的用海需求。但是，海洋功能区划修编实施的弹性管理也存在以下两个方面的风险：一方面，由于海洋区划修改的模糊性产生负外部性，有一些本没有必要修改功能区划的项目进入修改程序（“搭便车”），目前推动功能区划修改的真正力量主要是海洋资源开发、建设单位的利益诉求等因素，而区划修改也成为海洋管理部门应对各方面压力的管理手段；另一方面，尽管海洋功能区划修改的一个重要环节是由技术单位论证，但是论证往往着眼于现实问题本身，缺少对用海区域的关联性和延伸性的论证，并且为了减轻区划修改耗费的时间、调查、行政成本，主动发现整体性和前瞻性关联问题的动力较小，而且在现实中，区划修改的技术论证更多是一种职业活动形式，论证基本服务于建设单位的利益诉求。论证立场的局限性和监控机制的缺失，可能会导致区划修改工作的盲目性。在这种情形下，海洋功能区划修改的合理性难以得到保障，可能会出现侵害公共利益和恶性竞争的消极现象，甚至可能使人们质疑海洋功能区划编制的科学性。

（三）实施海洋功能区划弹性管理的建议

为了通过弹性管理切实适应功能区划动态性需要，同时较好地防范海洋功能区划弹性管理的风险，4.0 版海洋功能区划需要从制度设计的角度做深入研究：一是要加强对海洋功能区划基础理论的探索，完善区划体系设计，从用海方式角度（透水性、非透水性、开放式）规范用海行为，而不再将功能区划分工作深入用海项目可行性的程度，提高区划科学合理性，减轻动态变化的影响；二是设置比较严格的准入门槛，将那些可修改也可不修改的项目屏蔽在门槛之外，降低一部分交易成本，也减少由修改产生新的“外部性”机会；三是进一步修订省级海洋功能区划的技术标准，界定哪些用海项目可调、哪些项目不可调及哪些用海指标可调、哪些不可调等问题，使海域管理部门的行政裁量有依据，使各级管理部门可以主动、从容地应对区划修改工作；四是通过分类管理机制区别对待不同的修改项目，减少一些公共价值低、负外部性较高的项目“搭便车”行为，而为那些公共价值较高的项目提供机会；五是建立严格的评估机制，特别是加强海洋功能区划修改的论证、评审、监督评估等制度建设。

四、海洋空间规划的分层陆海统筹

我们对《全国海洋功能区划》和沿海 11 个“省级海洋功能区划”的全面梳理发现，沿海各省区市海洋功能区划在基本原则、主要目标、空间布局和保障措施方面都考虑了陆海统筹问题。在基本原则方面，根据陆地空间与海洋空间的关联性，以及海洋系统的相对独立性，强调统筹和协调陆地与海洋的开发利用及环境保护，坚持海域与近岸陆域发展的衔接和联动，实现海洋综合开发和环境保护的陆海统筹协调发展；在主要目标方面，主要关注陆海产业的协调发展、陆海交通设施的统筹布局及陆海环境的统筹管理；在空间布局方面，主要关注陆海联动、以海引陆、以陆促海，按照陆海统筹的原则布局工业与城镇用海，陆海统筹、河海兼顾、有效控制陆海污染源等；保障措施方面，主要坚持陆海统筹发展理念、限制“三高”类产业在沿海地区布局，坚持陆海统筹、保护海洋环境，坚持陆海统筹原则、加强围填海管理等。

海洋功能区划需要统一筹划管辖海域与沿海陆域两大系统的资源利用、经济发展、环境保护、生态安全和区域管理等，具有以下几个特征：一是内容上的广泛性，陆海统筹是海洋开发、利用与保护过程中的全方位统筹，内容涉及陆海资源的统筹利用、陆海经济产业一体化调控、陆海生态环境的保护及海岸带综合管理等多个领域；二是手段上的多样性，落实海洋功能区划、围填海年度计划、海域和海岸带综合管理法律等都是实施陆海统筹的手段；三是对象上的区域性，由于沿海各省区市的陆域资源环境存在明显差异，从海南的热带到辽宁的温带海域，海洋资源环境条件也相应形成明显的地带性和非地带性差异，陆海资源统筹利用面临的问题具有特殊的区域性。因此，沿海各省区市编制海洋功能区划的陆海统筹内容有差异；四是目标上的持续性，海陆统筹的目的是追求海洋、陆地经济可持续发展，实现海洋、陆地经济社会与环境的全面协调发展。

五、完善海洋功能区划的管理体系

3.0 版海洋功能区划已经在原有规划体系的基础上不断完善，但显然不能完全满足十八大和十八届三中全会等的新要求，需要寻求管理体系的创新，重点抓好以下几方面工作。

（一）建立科学决策机制

完善海洋功能区划修编工作领导小组、人大代表、公众参与决策等制度，保障规划的权威性。创新规划决策辅助机制，调整专家委员会构成，以专业队伍和专家团队建设为重点，积极与国内外重要研究机构、重点高校、知名专家对接，建立规划管理专家库，形成“小机构牵动大智库”的规划管理决策辅助机制。海洋管理部门需超脱部门利益，着力协调涉海各方利益。

（二）强化区划技术保障

海洋功能区划涉及“三生”空间合理比例、海岸线管控指标、围填海管控指标、海洋生态理论等重大理论和现实问题，还包括区划编制技术、编制规程、信息技术、法律法规等方面的创新，以上都需要强有力的技术支撑。明确划定与国家、省区市、市（县）各级海洋功能区划编制界限，调动各级海洋管理部门的积极性，提升区划的共识，促进各层级、多类型功能区的衔接、协调。海洋功能区划既需要海洋科学方面的专门人才，也需要空间发展战略方面的人才。应通过引进和培养两种方式，强化规划综合性人才的培养，增强区划技术人才的保障能力。

（三）建立区划评估机制

在已有海洋功能区划评估制度的基础上健全第三方评估机制，加强对区划实施的跟踪管理，及时发现区划实施中的偏差，采取有效应对措施。重点是要建立多元主体协同评估模式，即在政府主导的基础上，组成由政府部门、利益相关群体、专业组织和人员及公共媒体、群众代表等共同参加的评估工作机构，并将评估结果作为考核的重要依据。

（四）建立区划考核机制

根据海洋功能区划中设定的考核指标和考核体系，加强对各地区的考核，发挥考核的导向作用；按照区划实施的目标责任和任务分工，考核各有关部门的落实情况；坚持单位自评和统计部门监测相结合，运用定量考核与定性评估的方法，提高规划评估考核的科学性；以第三方评估的结果作为考核的重要参考，增强规划考核的客观性；把各地区、各部门的考核结果作为党政领导干部选拔任用、培训教育、奖励惩戒的重要依据；建立健全问责制，对履职不力造成损失的行为人严格追究责任；建立规划监督机制；强化规划执法监督、公众监督，维护科学有序的规划管理秩序。

第十五章　构建我国海岛利用模式战略新格局

我国濒临渤海、黄海、东海、南海及台湾以东海域，跨越温带、亚热带和热带，管辖的辽阔海域中点缀着上万个岛礁。海岛是我国海洋国土的重要组成部分，是我国经济社会发展中的一个特殊区域，作为国防的前沿和海洋资源生态的核心支点，具有很高的权益、安全、资源和生态价值。新形势下，我国海岛保护和利用面临新的机遇和挑战：既有深度参与全球海洋事务和赢得海洋领域国际竞争的机遇，也有解决周边海洋权益争端和维护海上战略通道的挑战；既有发展开放型经济的巨大空间，也有承接沿海产业转移、资源环境约束形势趋紧的挑战。为了深入贯彻落实《中共中央关于制定国民经济和社会发展第十三个五年规划的建议》和党的十八大以来的相关要求，我们建议从维护国家海洋权益、保障国家安全和推进沿海地区经济发展全局的高度，逐步构建我国海岛利用模式的战略新格局，具体指导未来一个时期我国的海岛开发与保护，更充分地发挥海岛的潜力和作用，并重点处理好海岛开发格局与陆域的关系。

第一节　海岛利用模式战略新格局的现实背景

党的十八大以来，“海洋强国”、“一带一路”、“生态文明”和“南海岛礁建设”等一系列重大战略的部署和实施，对海岛的生态保护、资源开发、权益维护和经济发展等方面都提出新的要求，这是构建我国海岛利用模式战略新格局的现实基础和战略需求。海岛的利用模式与依托陆域存在密切联系，陆海统筹的意识需要渗透到海岛利用模式的建设过程中。

一、海岛类型多样，奠定了海岛利用模式战略新格局的现实基础

海岛利用模式就是根据海岛的区位、资源与环境、保护和利用现状、基础设施条件等特征，统筹海岛的自然、经济、社会属性，结合国家维护海洋权益、保障安全和推进沿海地区经济发展的全局要求，综合运用法律法规、政策规划等手段，引导某种类型的海岛逐步具有特色的利用方向和形成特色的开发模式。

我国面积大于500平方米的海岛有7300多个。按离岸距离统计，距大陆岸线10千

米之内的海岛数量占总数的70%，10 ～ 100 千米的占27%，100 千米之外的占3%；海岛广布于温带、亚热带和热带海域，不同区域海岛的岛体、海岸线、沙滩、植被、淡水和周边海域的各种生物群落及非生物环境共同形成了各具特色、相对独立的海岛生态系统，一些海岛还具有红树林、珊瑚礁等特殊生境；海岛及其周边海域自然资源丰富，有港址、渔业、旅游、油气、生物、海水、海洋能等优势资源和潜在资源。海岛区位、资源与环境及基础设施条件等的差异是构建我国海岛利用模式战略格局的现实基础。

二、挖掘海岛优势，落实相关要求

我国海岛具有面积狭小而分散（约占全国面积0.8%）、总人口规模小（0.35%）、经济总规模小（0.4%）、基础设施薄弱等特点，通过发展海岛经济实现促进国民经济发展的目标既不现实也没必要。但是，深入挖掘海岛在区位、资源环境等方面的优势，发挥海岛在我国海洋经济发展、海洋国防和生态安全、突破资源环境约束等方面的特殊作用，寻求利用海岛这枚“棋子”盘活沿海地区经济发展全局的途径，则是必要而现实的。

总结和分析海岛开发利用的条件及基础，在落实《中华人民共和国国民经济和社会发展第十三个五年规划纲要》的过程中，海岛在以下三个方面具有明显优势。一是可探索并充分利用陆连岛屿的区位和条件优势，在拓展蓝色经济空间，坚持陆海统筹，发展海洋经济，科学开发海洋资源，保护海洋生态环境，维护海洋权益，建设海洋强国等方面落实中央要求。二是充分利用近岸无居民岛的空间条件，探索建设石化基地、核电等基地，在实施危险化学品和化工企业生产、仓储安全环保搬迁工程等方面落实中央要求。三是对拟开发生态旅游的无居民海岛，维护海岛旅游景观的原生态，开展海岛受损植被、景观的修复与整治；加强旅游基础设施建设；开展以海岛自然生态系统为基础的景观设计与建设，建立基于资源环境承载力的海岛旅游开发模式，打造各具特色的绿色、高效的宜游类海岛。在筑牢生态安全屏障，坚持保护优先、自然恢复为主，推进自然生态系统保护与修复，构建生态廊道和生物多样性保护网络，全面提升各类自然生态系统稳定性和生态服务功能等方面落实中央要求。

三、总结南海仲裁案经验，迫切需要探索边远海岛循环经济路径

尽管我国外交部已经就关于菲律宾单方面提起南海仲裁案仲裁庭所作裁决发表声明，该裁决是无效的，没有约束力，中国不接受、不承认。但是，菲律宾提起仲裁事项的实质，是有选择性地把有关岛礁从南海诸岛的宏观地理背景中剥离出来，否定中国在南沙群岛部分岛礁的领土主权和海洋权益。在明知领土问题不属于《联合国海洋法公约》调整范围，海洋划界争议已被中国2006年有关声明排除的情况下，菲律宾将有关争议刻意包装成单纯的《联合国海洋法公约》解释或适用问题。本质上，就是菲律宾妄图通过仲裁将侵占的我国的中业岛、西月岛、礼乐滩等九个岛屿主权合法化，同时侵蚀我国南海的海洋权益。

认真分析南海仲裁案事件，有两个方面的问题必须引起高度关注。一方面，要全力

以赴地收复我国南海被越南侵占的29个岛礁、菲律宾侵占的9个岛礁和马来西亚侵占的5个岛礁，消除越南和马来西亚效仿菲律宾在南海制造事端的隐患；另一方面，我国控制的南沙岛礁要充分利用起来，以体现中国的存在。南沙岛礁距离中国大陆的路途遥远，与海南岛的距离相当于从北京到广州的距离，全依靠陆上补给维持这些岛礁的生存，将产生巨大的运输成本。因此，迫切需要探索建立一套基本的生命支持系统，以维持海岛的生产和生活。建议探索建立以海洋能和太阳能为动力→驱动海水淡化体系→建立海岛生态系统的循环经济模式。

四、海岛利用模式战略新格局的基本框架

根据我国海岛的区位、资源与环境、保护和利用现状、基础设施条件等特征，统筹考虑国家维护海洋权益、保障安全和推进沿海地区经济发展等全局要求，初步确定了包括五种海岛利用模式的战略格局：①已经与陆地直接连接的陆连岛，重点研究布局前置海防前沿、海岛陆岸基地和海洋综合利用区；②距大陆岸线10千米之内开发利用条件优良的无居民海岛，重点探索转移陆域高危险工业区的利用模式；③旅游娱乐用岛的开发利用模式（区分有居民和无居民）；④渔业用岛的开发利用模式（区分有居民和无居民）；⑤边远海岛构建生命支持系统的模式，重点功能是维护国家海洋权益。

第二节 陆连岛优势及利用

一、陆连岛工程已经将多数重要海岛连接为陆地

陆连岛可以分为天然陆连岛与人工陆连岛，天然陆连岛是连岛沙堤（或称连岛沙洲、沙坝）与大陆相连的岛屿，人工陆连岛是通过人工实体通道方式与大陆相连的岛屿，如以连岛坝、桥梁、海底隧道等方式与大陆相连的岛屿。

20世纪60年代以来，随着桥梁工程技术的进步，为适应我国重要海岛开发利用需要，沿海实施了多个陆连岛工程。据不完全统计，截至2018年，已有67个陆连岛。海岛规模排名居前20位的海岛中已经有16个成为陆连岛，陆连岛面积约为3873平方千米；12个海岛县所在本岛已经有5个成为陆连岛，陆连岛的面积约相当于12个海岛县总面积的66.7%、居住了12个海岛县总人口的89.3%、地区生产总值相当于12个海岛县地区生产总值总量的84.6%。

二、陆连岛为改变我国海洋开发利用格局奠定了基础

当某一海岛实施陆连工程后，不仅改变了海岛与陆地隔绝的自然属性，也为改变我国海防、沿海经济发展、海洋开发基地等战略格局奠定了基础，具体表现在以下方面。

1.陆连岛的建设为改善我国海防格局创造了条件

近些年来，美国加快实施重返亚太的战略，插手南海东海事务，在韩国部署萨德导弹防御系统；日本通过钓鱼岛和东海油气田挑起与中国的海上争端，并插手南海事务；菲律宾单方面提起南海仲裁，妄图通过仲裁将侵占的我国的中业岛、西月岛、礼乐滩等九个岛屿主权合法化，同时侵蚀我国南海的海洋权益。我国的黄海、东海、南海海防形势日益紧张，海防安全的任务加重。

我国实施“近海防御、远海防卫”的海防战略，沿海陆地是海防边疆的基点。陆连岛改善了海岛能源、物资、人员补给效率，将我国东海舟山的核心海防空间向海洋纵深推进了约 30 千米，将海峡西岸和台湾岛的联系距离缩短了 20 千米，为优化我国海防空间格局、重新部署海防军事力量提供了条件。

2. 陆连岛的建设为优化海洋开发综合服务基地格局提供了条件

实施陆海统筹，海岸前沿区域承载着服务海洋监测、海洋渔业补给、临近海岛陆岸基地等功能。从某种意义上来讲，陆连岛可看作大陆向海洋延伸的触角，将对应的海岸线向海域推进了一大步，建设以陆连岛为中心的海洋综合服务基地会显著扩大基地服务的辐射范围。由于舟山大陆连岛工程的实施，原距离陆地 46 千米的岱山岛距离缩短为 11 千米，原距离陆地 50 千米的嵊泗岛距离已缩短至 30 千米，原距离陆地超过 58 千米的衢山岛其相对位置已缩短为 20 千米，可见，舟山大陆连岛工程将海洋综合服务基地向海推进了约 30 千米；福建平潭岛周边的大练岛、山洲岛、牛尾岛、莺山岛、小痒岛等多个岛屿与陆地的距离因平潭海峡大桥的建成由之前的 30 多千米，缩短至相对距离 2～4 千米，明显提高了岛屿物资补给的效率。陆连岛不仅缩短了陆地对近岸岛屿高效补给的服务距离，同时扩大了对近岸海域的影响范围，以半径 15 千米的影响范围计算，一个 1 平方千米的海岛可影响超过 700 平方千米的海域。目前我国已有 50 多个陆连岛，这些岛屿的进一步开发利用将明显改善沿海海洋开发综合服务基地的格局。

3. 陆连岛的建设为优化东部地区经济格局提供了可能

陆连工程建设不仅极大地改善了海岛的通达性，而且放大了海岛本身在区位、人文、景观、资源等方面的优势，与陆地相比，近岸海岛具备更为开放的地理区位和更加独立的开发空间，使陆连岛更有利于深化经贸交流、承接产业转移、促进科技成果转化。因此，陆连岛的开发具备纳入东部地区经济总体格局的可能，我国主要陆连岛近些年来的发展实践已经在某种程度上改变了沿海地区的经济格局。

舟山群岛新区 2011 年被国务院批准为第四个国家级新区，成为东部地区重要的海上开放门户、现代海洋产业基地、海洋综合开发试验区、海洋海岛综合保护开发示范区和陆海统筹发展先行区，未来将成为长江三角洲地区经济发展的重要增长极，并努力打造面向环太平洋经济圈的桥头堡；长兴岛位于辽东半岛西侧中部，渤海东岸，充分利用区位和临港优势，承接国际国内特别是东北产业升级转移，重点发展船舶制造、石油化工、装备制造、高新技术、现代服务和港口物流产业，建成东北重要临港产业集聚区、大连东北亚国际航运中心重要组合港，是大连拉近和辐射东北腹地的重要节点城市；平潭岛是大陆距台湾岛最近的地区，具有对台交流合作的独特区位优势，两岸合作综合实验区的建设，先行先试，承接台湾产业转移，构建了两岸共创未来的特殊区域，打造台湾同胞“第二生活圈”，促进了两岸经济社会的融合发展；东山岛与台湾隔海相望，毗邻港澳，由主岛和周边67个小岛组成，优越的地理条件使东山岛成为福建对外对台经济贸易的重要窗口，设立的东山经济技术开发区成为海内外实业家的投资福地；珠海高栏港经济技术开发区由18个海岛及黄茅海东部沿岸陆域和海域组成，地理位置十分优越，已形成了以海洋工程装备制造、石油化工、清洁能源和港口物流为主导的临港产业格局。

陆连岛作为我国沿海特殊的区域，优越的地理区位和便捷的交通条件已经使其成为沿海经济开发区、综合实验区、综合保护开发示范区、陆海统筹发展先行区、临港产业集聚区等先行先试经济发展模式的热点区域。国家应根据现有陆连岛的发展现状统筹规划。

三、陆连岛利用的政策建议

（1）整体规划岛屿利用空间，为海岛综合服务等功能保留发展空间。陆连岛不仅在经济开发中具有率先发展的区位优势，在海洋安全、海洋开发、海岛基地服务等方面也有特殊的优势，随着对陆连岛认识的进一步深化，陆连岛的开发建设不能仅局限于经济发展，还应为其他功能的发挥保留发展空间。在岛屿开发中应因地制宜，集约利用岛屿空间，处理好商务区、港口经贸区、特色产业区、科技研发区、旅游休闲区、海岛生态环境保护区等各功能区的空间规划关系，整体把握海岛各功能区开发的节奏，尤其要为未来军事国防和海洋综合服务基地的建设预留空间。

（2）谨慎规划新的陆连工程，优化近岸海岛开发空间格局。陆连工程提高了陆岛间物资转运的效率，加强了岛屿开发的程度和利用的便捷性，进一步强化了海岛的区位优势，但并不能因此而盲目实施更多的陆连工程。近岸海岛是不可复制的稀缺资源，据初步统计，截至2018年，我国近岸规模较大的30个岛屿中已经有20个实施了陆连工程，经陆连的海岛的原本的地表景观与海岸属性会发生改变，进而会影响到海岛的独立性、独特性与神秘感，海岛的自然属性也会逐渐淡化。应优先开发已陆连的岛屿，慎重规划新的陆连岛工程，要有意识地维持近岸岛屿的海岛属性，为海岛旅游和海洋文化保留自然载体，形成近岸岛屿人工开发利用与自然保护协调的海岛开发格局。

（3）严格控制围填海工程，切实保护海岛生态环境。陆连岛除了其交通条件得到明显改善外，海岛独立生态系统的环境脆弱性依然存在，要充分认识海岛资源的有限的承载能力和生态的脆弱性，避免过度的岛陆和海洋空间资源开发。规划建设中应根据岛屿的环境资源特征，制定不同的开发策略，尤其要严格控制海岛的围填海工程，确保海岛自然岸线的保有量。应探索构建海岛循环经济，试点推行清洁生产，加强垃圾资源化利用和无害化处理，建设垃圾焚烧发电厂，降低排污强度，开展海水淡化和海洋可再生资源的研究利用，探索海岛生态建设有关技术的综合示范区。严禁开展不符合功能定位的开发活动，把海岛生态环境、历史文化的保护作为海岛资源利用的前置条件，杜绝不科学、不合理的海岛开发利用活动。加强水土流失综合防治，减少地貌植被破坏和可能的水土流失，促进海岛自然生态良性循环。

第三节　近海“安全岛”的新型利用模式

一、东部沿海经济密集地区安全风险需要高度关注

我国东部沿海经济密集地区的主要安全风险有以下四种。①对二甲苯（Paraxylene，PX）等石化产品生产基地的选址受到限制。我国PX的对外依存度高达50%，但在厦门、大连、宁波、安宁和茂名等地新建PX项目都遇到较大阻力。②石化基地和石油战略储备基地已经发生多起安全事故。2010～2013年，大连和青岛的石油战略储备基地先后发生6次安全事故。据不完全统计，这些事故共造成200余人伤亡，直接经济损失达10多亿元。③其他化工危险品运输和仓储的安全风险不断加剧。1993年8月5日，深圳市安贸危险物品储运公司清水河化学危险品仓库发生特大爆炸事故，事故造成15人死亡，200多人受伤，其中重伤25人，直接经济损失2.5亿元。2015年8月12日22时51分46秒，位于天津市滨海新区天津港的瑞海国际物流有限公司危险品仓库发生火灾爆炸事故，造成165人遇难、8人失踪，798人受伤，已核定的直接经济损失68.66亿元。④核电站选址有明确的限制区要求。从核安全的角度来看，核电站选址必须考虑到使公众和环境免受放射性事故所引起的过量辐射影响，同时要考虑到突发的自然事件或人为事件对核电厂的影响。以核电站反应堆为中心，半径0.5千米范围为核电站的非居住区，该区域内严禁常住居民，由核电站行使管辖权；半径5千米范围内为限制发展区，在这一区域内的人口机械增长受到限制，不得兴建大型工业企业、采矿企业和事业单位，不得兴建监狱、大型港口及铁路枢纽，限制各类开发区的设立与发展；10千米范围内不得有10万以上人口聚集区域；厂址16千米范围内，不宜建设机场，包括空中走廊垂直投影距离边缘线在厂址4千米范围内的飞机航线；直线距离20千米范围内不得有100万人口以上大城市。

上述四类风险源布局在沿海密集区主要是为了利用沿海港口海运成本较小、接近消费市场和利用海水等优势；面临的最大限制则是在沿海密集区难以留出足够的安全距离，预留安全区通常受到工业和城镇用地的挤压。位置和面积规模适宜的某些无居民岛屿，或许是既可以充分利用沿海区位优势，又能留出足够的安全距离的一种选择。

二、国内外近海“安全岛”的利用模式

（1）大连长兴岛（西中岛）石化产业基地。为消减经济稠密区集中布置的石化园区的风险，将石化产业集中布局到远离居住区、完全独立的无居民海岛上，实现封闭化管理更利于石化园区的长远发展。现有的大连西中岛石化产业基地建设规划就是要将所有重化工业和石化主体产业全部转移到西中岛，将西中岛发展为封闭化管理的石化岛。西中岛石化产业园区规划按照“一体化、大型化、规模化、专业化、园区化”的基本原则，贯彻循环经济理念利用海水淡化浓海水发展氯碱工业；为石化企业搬迁预留发展空间，

实现企业产品结构及技术的优化升级；构建炼化一体化格局，形成石油化工深加工集群。

（2）舟山市绿色石化基地主体项目为浙江石油化工有限公司4000万吨/年炼化一体化项目，分两期建设，一期、二期项目均为2000万吨/年炼油产能，原油加工能力4000万吨/年、重点生产1040万吨/年芳烃、配套建设280万吨/年乙烯裂解装置及下游化工装置，生产符合国六标准汽油和柴油产品，原油加工规模和乙烯生产规模都达到世界级水平。

（3）舟山国家石油战略储备基地。项目位于浙江省舟山市岙山岛，全岛面积5.4平方千米，西与宁波北仑港隔海相望。这里现有石油总库容为500万立方米，总投资超过40亿元。岙山岛上还有我国最大的石油储运公司——中化兴中石油转运（舟山）有限公司投资建设的158万立方米的储油罐，此外浙江万向集团投资12亿元建设的150万立方米岙山石油储存项目正在进行。一旦这些工程陆续完成，岙山岛上的石油储备能力将达到1100多万立方米，成为世界最大的单体石油储备基地。

（4）宁德核电站项目。项目规划总装机容量为6台百万千瓦级机组，其中一期工程建设四台机组，单机容量为108.9万千瓦，以岭澳核电站为参考电站，采用成熟的二代改进型压水堆核电技术（CPR1000），该堆型由中国广东核电集团有限公司经过持续改进和自主创新形成，具有技术成熟、安全可靠、自主化程度高等特点，四台机组设备的综合国产化率达80%以上。宁德核电站也是我国第一个在海岛上建设的核电站。该工程将分三期建设。一期工程四台机组工程总投资约512亿元，项目建成后四台机组年发电量预计将达到300亿千瓦时。

（5）新加坡的裕廊岛石化基地。1961年，新加坡政府抓住亚洲石化市场蓬勃发展之机，投入巨额资金建设裕廊工业区，由此揭开了石化产业发展的序幕。截至2017年，其原油炼制能力日产超过130万桶，日加工原油能力相当于东南亚地区炼油总量的40%，使新加坡成为仅次于美国休斯敦和荷兰鹿特丹的世界第三大炼油中心。另外，裕廊岛非常强调安全的重要性，采取封闭式管理，人员和车辆进出都要经过严格的安全检查，内部的企业安全管理也非常严格。集中布局的化工企业也使得严格的监管成为可能，以保证在排放上达到标准。现在，有近百家世界领先的石油、石化公司进驻裕廊岛工业区。

三、近海“安全岛”利用模式可行性

所谓“安全岛”利用模式，就是将新建或搬迁的石化产业、石油战略储备基地、危险品仓储和核电站等项目布局在条件适宜的无居民海岛，充分利用无居民海岛的条件优势化解安全隐患，提高安全生产基础能力和防灾减灾能力。

（1）无居民海岛的天然安全屏障可减少对人民生命财产安全的威胁。分析沿海经济密集区发生的安全事故不难发现，除安全生产意识和防范等级迫切需要提高外，最大的安全隐患就是难以按相关安全规范留出足够的限制发展区，或者即便按要求预留出了安全范围，但因后期工业或城市发展惯性填充了更多的人口或生产设施，也会对人民生命财产安全造成威胁。而无居民海岛均是孤悬海外的状态，其与大陆之间被一定距离的海域隔离开，构成天然安全屏障，可部分化解安全隐患。

（2）无居民海岛周边能满足“安全岛”布局的相关要求。石化产业等四类风险源布局在沿海经济密集区，主要是受沿海布局的影响，无居民海岛也具备相关的沿海布局条件。①充分利用沿海港口，降低运输成本。我国对进口原油的依赖性越来越大，对外依存度达50%以上，依托沿海港口可节省大量的原料运输成本，是依赖全球市场优化配置石油资源的必然选择。海岛一般具备建设油品专业码头的条件。②更接近消费市场。我国东部和南部沿海地区是主要的油品消费市场，石化企业布局向沿海调整，或就地销售或直接经海运分销，都可以节省大量的运输成本，保障华中和华南地区基本石化产品的供应，改善成品油“北油南运”的状况。距岸10公里以内的海岛，并不影响这种宏观区位优势的发挥。③无居民海岛可经济快捷地提供冷却水资源。石化基地和核电站在生产营运过程中需要大量的冷却水，因此石化基地和核电站一般优先布局在条件适宜的沿海地区，无居民海岛周边被海域包围，可以方便经济地提供大量用于冷却的海水。

（3）“安全岛”利用模式是纳入沿海经济体系的重要选择。从现实情况来看，取得无居民海岛上土地使用权所需要支付的成本要远远低于在大陆上取得同等面积土地使用权所需要的费用。绝大部分无居民海岛土地的所有权非常明晰，土地征用并不涉及拆迁和补偿等敏感且复杂的问题。我国的无居民海岛的开发利用方式多数比较单一，多局限于养殖、旅游、矿产开采等单一利用方式，缺乏依靠科技进步和管理创新的深度综合开发。大连长兴岛（西中岛）石化产业基地、宁德核电站项目和舟山国家石油战略储备基地等“安全岛”利用模式，是充分利用海岛优势，将无居民岛这枚“闲棋”纳入沿海经济体系的重要选择，需要认真总结并提升为发展模式。

四、主要对策与建议

（1）统筹考虑，实施近海“安全岛”的利用模式专项规划。近海“安全岛”的利用模式的推进，涉及全国石化生产、石油战略储备基地、危险品仓储和核电站等相关行业发展现状、存在问题、供需平衡状况、国家基本发展战略等众多因素。因此，必须以相关的中长期规划为指导，从国家高度统筹考虑石油资源战略、海域环境容量、沿海港口条件、生产安全和规模效益的发挥，结合我国沿海无居民岛的利用条件等制订专项规划，确定近海“安全岛”的利用模式布局的基本原则、发展目标、综合管制措施，确立合理建设时序和规模。处理好专项规划与全国海岛保护利用规划、海洋功能区划、海洋主体功能区划的衔接关系。明确哪些建设项目是解决国家行业发展的现实需求，哪些项目是实施危险化学品和化工企业生产、仓储安全环保搬迁工程。

（2）研究制定相应海岛管理配套政策。近海“安全岛”的利用模式是无居民岛利用模式的创新，必然面临与原有海岛管理制度的冲突。要在宁德核电站项目等“安全岛”推进过程中，不断总结管理经验，调整和完善无居民岛的管理体系，并针对“安全岛”利用模式的特殊性制定配套管理政策，如国家明确了无居民海岛的有偿使用制度和缴纳无居民海岛使用金规定，并曾发布了使用金评估试行方案，形成了无居民海岛的初步评估体系，但还有待进一步健全完善。

（3）创新近海“安全岛”利用的安全管理模式。近海“安全岛”的利用模式有两大优势，一是土地使用权所需要支付的成本要远远低于在大陆上取得同等面积土地使用权所需要的费用；二是无居民海岛大陆经济密集区之间被一定距离的海域隔离开，构成天然安全屏障，可部分化解安全隐患。但是，也面临海岛四周海域水动力条件复杂，溢油等环境风险控制难度大等问题。因此，近海“安全岛”利用过程中，需要加强探索用节省的用地成本提高安全防范等级的模式，构筑几道防线。一是增加安全防范设施投资，提高设备运营的安全系数；二是厂区内部设置高等级防范体系，压缩影响范围；三是提高海岛岸线的防范要求，切实保证将安全问题限制在岛陆上，避免溢油等环境问题对海洋环境的影响。

（4）强化近海“安全岛”利用环境风险评价机制。近海“安全岛”的利用模式面临严峻环境风险问题，为了加强相关海岛生态环境保护，需要加强两个方面的制度建设。一方面，结合近海“安全岛”的利用模式的推进，制定更为全面、严格、规范的“安全岛”的利用环境风险评价机制，客观评估建设项目自然灾害风险和事故风险，建全风险防范应急预案和体系，降低风险影响；另一方面，要结合“安全岛”的利用完善生态补偿机制，依据“谁开发谁保护、谁受益谁补偿”的原则，将海岛的生态环境与生态资源作为产品与服务，其受益方对输出方进行相应的补偿。建立和完善海岛生态补偿机制，以利于协调海岛保护与地区经济发展的矛盾，拓宽海岛保护资金渠道，提升海岛保护的管理水平，促进海岛地区经济发展、保护海岛生态环境、保障国家安全和国防权益。

第四节　海岛旅游开发利用

一、海岛旅游利用现状

我国是海洋大国，海岛众多，无居民岛多、有居民岛少，沿岸岛多、远岸岛少。据统计，我国海岛岸线长 14 000 千米，相当于大陆海岸线的 77.8%；500 平方米以上的海岛有 7300 多个，其中有居民海岛 433 个，仅占海岛总数的 6% 左右，离大陆岸线 10 千米以内的沿岸海岛占 70%，据大陆岸线 10 ～ 100 千米的近岸海岛占 27%。适宜旅游开发的海岛按海区分布统计，黄渤海区占 9%，东海区占 66%，南海区占 25%。我国海岛广泛分布在热带、亚热带和温带海域，生物多样性突出，形成了有别于陆地景观的海岛旅游景观。目前，无居民海岛开发程度缓慢。根据国家海洋局公布的《第一批开发利用无居民海岛名录》，以旅游用岛为主导用途总计 111 个，已开放岛屿占总数 63.06%，发证岛屿占已开放岛屿 22.5%，广东、福建、浙江旅游开发最快，已发证岛屿均属于近岸岛屿，仅有 3 个在 1 平方千米以上。

海岛旅游逐渐成为海岛地区的主导产业。2017 年，我国 12 个海岛县共实现旅游收入 897 亿元，接待国内外游客 9836 万人次。我国海岛旅游呈现“重开发、轻保护，重近岸、轻远岸”的发展态势，存在海岛生态系统和自然景观破坏严重、海岛开发结构不合理、海岛特色文化保护意识淡薄等问题。同时国际形势日益复杂，海岛旅游开发面临新需求，即海岛开发利用的环保需求、国家主权凸显的战略需求、海洋文化传承的时代需求和海岛旅游产品的创新需求。

二、国外海岛旅游开发经验

全球海岛旅游发展成功的共同经验（表 15.1）有发展规划完善、可持续生态旅游理念、个性化发展特色、积极宣传推广意识、科学的管理体制等。海岛空间布局与资源禀赋是决定海岛旅游开发的关键性因素，不同类型的海岛旅游开发模式为我国提供了可借鉴的经验。

表 15.1 全球著名海岛旅游开发特点

发展模式	岛屿类型	资源特点	典型岛屿	岛屿案例	开发产品特色	经营模式
资源主导模式	边远小型岛屿或岛群	自然资源优越	马尔代夫、斐济、百慕大群岛等	马尔代夫群岛	“三低一高”、“一岛一品”高端消费	采取公私合作建设—经营—转让（build-operate-transfer，BOT）的“整岛”开发
特色生态模式	边远大型岛屿或岛屿群	自然生态良好	冲绳岛、鹿儿岛、济州岛等	冲绳岛	亚热带岛屿旅游，如宫古八重山红树林	专项法规、计划出台，专项资金支持
综合协调模式	近岸大型岛屿或岛屿群	自然资源丰富	普吉岛、温哥华岛、纽芬兰岛等	普吉岛	小岛屿专项定位大岛屿综合发展	①城市型：分散式开发，划出地块供开发商投资，市政设施由政府负责； ②非城市型：单一开发商开发
产品主导模式	近岸小型岛屿或群岛	以人工景点为主	坎昆岛、新加坡岛、马耳他岛等	坎昆岛	国际会议为品牌度假生态旅游	①起步期：以政府为主导，组建政府旅游发展公司，提升区域形象； ②发展期：政府与企业合作，高规格招商

资料来源：根据相关文献整理得到

无论采取哪种发展模式，合理开发和良好管理都是旅游业成功的前提。为了缓解环境问题，只有不断开发有较强环境容量的生态旅游类型的旅游产品，整体地、实际地看待行业成本和收益，才能促使海岛旅游可持续发展。

三、国际海岛旅游开发对我国的启示

根据我国“沿岸岛多、远岸岛少，无居民岛多、有居民岛少”的特征，海岛旅游开发在借鉴国外经验时应坚持因岛制宜，对空间布局和资源禀赋迥异的岛屿采取差异性功能定位。

1. 边远海岛旅游资源主导型模式

选择条件适宜的边远海岛进行旅游开发，能通过市场化途径引导资本和人口等向海岛聚集，可在获得经济收益的同时加强我国对边远岛屿的控制，从而有效维护我国的主权和海洋权益。可借鉴日本出台的《振兴冲绳特别措施法》专项政策，对边远岛屿出台专项法律和扶持政策，通过以政府为主导，逐步引入内资的 BOT 合作方式开发群岛旅游，消费定位可借鉴马尔代夫模式，开发高端旅游产品，从而实现维护主权与发展经济的双赢局面。

2. 近岸海岛多元化利用模式

近岸海岛有交通便利的先天优势，开发强度大，应在满足环境承载力的前提下开展多元化海岛旅游新业态，利用市场机制健全海岛旅游开发服务体系，加大对外开放力度，引入先进的开发与管理模式。

（1）综合协调模式。近岸大型岛屿群如舟山岛、平潭岛等，因区位、资源禀赋优势可以借鉴泰国普吉岛的开发经验，以自身资源禀赋为基础，综合考虑陆、海、岛联动发展关系，形成主体各异的功能区，通过点、轴、面等空间要素组合形成全方位、开放型旅游网络结构，分区规划开发。

（2）产品主导模式。①海岛文化产品。我国不同的海岛也都有各自独特的人文景观，如舟山的佛教文化、妈祖文化、金庸武侠文化等。《中华人民共和国国民经济和社会发展第十三个五年规划纲要》中提及，共创开放包容的人文交流新局面，发挥妈祖文化等民间文化的积极作用。可借鉴坎昆岛的发展模式形成特色海岛文化品牌，可通过政府、企业、当地社区居民共同建设三位一体、分工协作的区域旅游发展公司促进普通观光型旅游向高层次、更富吸引力的文化需求型旅游发展。②生态旅游产品。对于高生态敏感性的岛屿应以保护生物多样性、生态旅游为主的开发理念，给予严格保护，在挖掘自身潜力资源基础上小尺度开发。例如，上海崇明岛可以凭借世界上面积最大河口冲积岛、良好腹地经济的区位优势，打造集教育科普、休闲度假于一身的生态旅游品牌。

第五节　渔业用岛开发模式

一、我国渔业用岛开发利用现状

我国海岛渔业资源种类多、质优、价值高，有巨大的开发价值。渔业是海岛的传统产业，渔民依托海岛进行养殖和捕捞。由于有居民海岛周围的空间资源日益紧张，依托海岛从事水产养殖生产活动在无居民海岛上非常常见。2013 年 12 个海岛县生产总值达到 2088 亿元，渔业产值约为 484 亿元，水产品产量约为 416 万吨。根据 2013 年全国海岛地名普查，我国已开发利用的无居民海岛总数达到 3000 多个，其中有 1381 个海岛有渔业开发。但现在海岛渔业资源开发利用与环境保护的矛盾日益尖锐，普遍缺少科学规划，开发随意性、粗放性较大，养殖结构单一，科技含量不高。

渔业用岛在海洋渔业方面具有重要的地位。当前渔业用岛保护与开发处于关键时期，必须本着可持续发展的理念，保障科学发展，增强渔业用岛保护意识，积极探索渔业用岛发展新模式，促进渔业用岛和周围海域资源、生态的协调发展。

二、渔业用岛开发利用案例

（1）集体所有制模式——长岛县南隍城岛。山东省长岛县南隍城岛鲍鱼、海参、虾夷扇贝的养殖已形成规模，水产品销往全国各地，并出口韩国、日本等国。“南隍城牌”

水产品商标被山东省工商局认定为全省著名商标。该地坚持因地制宜，以集体所有制企业——烟台南隍城海珍品发展有限公司为依托，采取由公司统一调配、采购、生产、销售、分配的“五个统一”经营模式，依靠集体经济规模化、集约化经营，在产业开发、对外合作、项目承接、科技创新等方面显现优势，渔业获得较快发展、渔民收入大幅增加。

（2）渔业合作经济组织模式——岱山县。从 2004 年第一家渔业捕捞专业社成立到 2013 年底，岱山县共有渔业专业合作社 33 家。合作社坚持民办民管民收益和自愿加入、退出自由、民主管理、盈余返还的原则，按照章程进行共同生产、经营、服务活动。渔业合作经济组织克服了分散化经营、信息闭塞及渔民的有限理性和机会主义思想，降低了交易费用，有利于产业链的延伸。

（3）传统小规模生产模式。传统渔业用岛在生产组织方式上，大多以个人、家庭为基本单位，形成分散化小规模经营。在渔业结构上依赖近海捕捞，造成近海传统经济渔业资源衰退；养殖区域缺乏合理规划，养殖方式粗放，科技含量低，污染大；渔民收入低，渔业经济效益不高。

三、政策建议

1. 扶持龙头企业和合作经济组织，提高渔业组织化程度和产业化水平

扶持渔业龙头企业和合作经济组织，规模化集约化经营，成为集水产品生产、加工、物流配送等多种功能于一体的综合型现代渔业，实现了转型升级。

政府按照“扶优、扶大、扶强”的原则，在政策、税收、投入等方面对主导性突出、带动能力强、经济实力雄厚的龙头企业进行重点扶持，加强龙头企业的动态管理。积极引导和推动龙头企业按照市场规则运作，建立现代企业制度，支持符合条件的龙头企业通过股份制改革向社会融资，壮大龙头企业。

加强合作社立法建设、设定经济扶持政策等，为合作组织健康成长营造良好制度空间。通过先期试点、培育典型来以点带面，逐步推广；建立渔业合作经济培训，聘请专家指导发展；建立专项扶持奖励基金，引导发展；加大宣传力度，调动渔民入社积极性。

2. 引导家庭生产模式转型

传统渔业用岛粗放、科技含量低，盲目性大，不利于水域生态环境保护，海产品质量下降，已严重制约海岛渔业的健康发展。渔业主管部门应对这些渔户提供生态养殖技术支持，提高科技含量，提高渔民收入；定期发布渔业信息，减小盲目性；科学规划和控制海域养殖容量，并加大对海域水生资源繁育区的保护和修复力度；加强养殖海域生态环境的监测力度，定期发布水质监测信息；严格实行禁渔区、禁渔期和休渔制度，控制渔业资源捕捞强度；合理扩大增殖放流的规模；适当加大保护性人工鱼礁的投放。

第六节　边远海岛可持续利用模式

所谓边远海岛主要是指距离我国大陆比较远，正常的交通补给不能维持海岛系统运行，但从维护国家海洋权益和体现中国存在的角度，又必须保证一定规模人口居住的海岛，主要以南海的中沙群岛、南沙群岛、西沙群岛及东海的钓鱼岛诸岛为代表。

一、构建边远海岛持续利用模式的必要性

伴随着我国海洋强国和“一带一路”倡议的实施，迫切需要加紧探索边远海岛持续利用模式。

1. 海洋权益保障对边远海岛持续利用提出新要求

我国1996年公布了大陆和西沙群岛的77个领海基点，2012年公布了17个钓鱼岛及其附属岛屿的领海基点，逐步构筑了维护我国领海主权和海洋权益的第一道国防屏障，海岛成为海域划界维护国家海洋权益的标志。我国从北到南与一些海上邻国存在海洋权益争端，这些争端主要围绕苏岩礁、冲之鸟礁、钓鱼岛、南海诸岛等边远海岛展开。为了适应海洋强国战略的实施，在海洋权益维护和权益岛礁保护工作等方面国家已经有了新的战略部署，通过对海岛开发与保护的空间布局进行战略性的优化与调整，以维护国家海洋权益为核心诉求，制订开发保护规划，切实加强权益岛礁的保护管理和实际利用，确保国家安全。

2. 实施“21世纪海上丝绸之路”也需要加强边远海岛的利用

我国的西沙群岛和南沙群岛，位于中国大陆、中南半岛和马来群岛之间，扼守太平洋通向印度洋航道，是“21世纪海上丝绸之路”的重要组成部分，对保障交通和国防安全具有重要的战略价值。选择海上丝绸之路沿线的关键海岛节点，探索性拓展海岛陆域空间，开展近岸和南海重点海岛中转站、补给站、助航设施、海洋保护区、远洋渔业基地、战略基地等基础设施建设，迫切需要加强相关海岛的实际利用。

二、缺水少电是边远海岛持续利用的最大瓶颈

（1）淡水资源匮乏。我国500平方米以上的海岛，仅有9%的海岛拥有天然淡水，近岸岛可以依靠大陆供水，边远海岛离岸距离太远，输供水成本太高，基本只有依靠大气降水，靠水库、蓄水池供水，淡水补给来源单一，容易受污染，水质较差，供水量有限，干旱季节缺水比较严重。淡水资源问题是边远海岛社会经济发展过程中，最主要的问题之一。

（2）电力供应是难题。边远海岛仍以火力发电或者柴油发电为主，需定期运送煤炭、柴油等能源物资，且发电机故障率高，发电成本高，对环境污染较大。虽然海岛风能资源比较丰富，但是风电本身的不稳定性、间断性特点，以及电能无法储存、无法入网的

技术问题，使得风电在海岛的供电组成中不能有效发挥作用。淡水及能源等各类物资缺乏，与大陆的距离导致交通补给不可能及时，也难以常态化，突破淡水和电力供应的限制是维持边远海岛生存的主要难题。

三、探索以生命维持系统为基础的海岛利用模式

1. 构建以可再生能源利用为基础的动力系统

密切结合海岛特殊的资源条件，研发利用风能、海洋能、太阳能等可再生能源的先进技术（图 15.1）；集成燃气轮机、风电、光伏发电、燃料电池、储能设备等大量的现代电力技术，研究构建以太阳能为核心的边远海岛独立微电网；寻求多电源可协调配合、削峰填谷、保证一级负荷不间断供电、孤网运行、无缝切换、节能降耗，提高海岛供电的稳定性和可靠性。

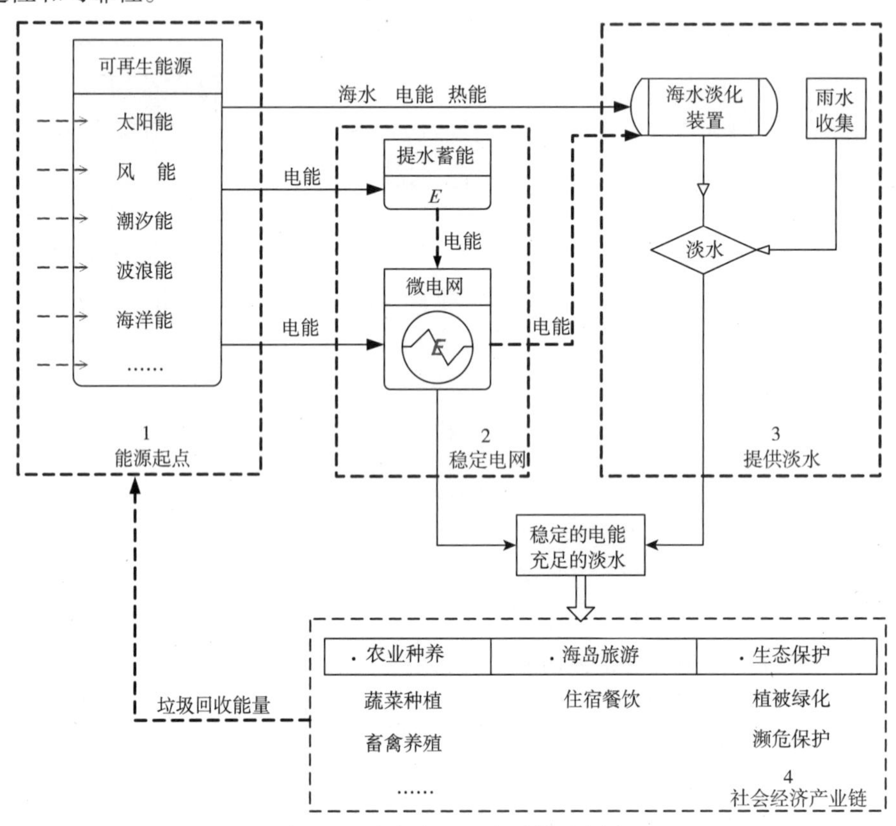

图 15.1　海岛人工生态系统示意图

2. 构建岛内海水淡化与能源存储结合的能量循环体系

边远海岛由于远离大陆，无河水过境，地表水和地下水稀缺，淡水资源十分贫乏，严重制约边远海岛的发展。以太阳能等可再生能源为边远海岛循环经济模式的原动力，利用可再生能源转化的电能结合海水淡化技术将海水纳入海岛循环经济体系（如图 15.1 第二部分所示）。我国应大力支持海岛淡水储存水利设施的建设，充分利用不连续、峰谷

明显的太阳能和风能等淡化海水，寻求将多余的不便存储的电力转化为淡水资源存储的途径，以达到降低海水淡化成本的目标。

3. 探索构建边远海岛人工生态系统

多数边远海岛淡水缺乏，具有“四高一缺”（高温、高湿、高盐、高光照、缺淡水）的自然环境特点，生态环境极其脆弱，无法支撑复杂的生态系统。一旦海水淡化的成本降下来（如图 15.1 第三部分所示），就有可能解决生态用水、生活用水和产业用水瓶颈问题。

在边远海岛绿化上采取“先绿化后美化、宜林则林、宜草则草”的策略，因地制宜选择抗风、抗干旱、耐瘠薄、耐盐碱、生长迅速、根系发达、枯落物丰富等特点的植物进行种植，并探索合适的粮食蔬菜种植，为岛上人员提供食物保障，同时绿化植被，人工种植的实现对于保护边远海岛脆弱的生态环境，实现可持续发展具有重要意义。

四、构建功能联动的网络，加强海岛与外界的联系

选建三沙后方陆岸基地，并规划搭建一个以后方陆岸基地为核心、以辖区内各岛礁和人工构筑物为节点、以物流和信息流为载体的综合网络体系，将分散在各岛礁的有限资源用网络联系起来，形成具有资源共享等多种功能的立体网络，彻底改善岛礁功能单一、岛礁间缺乏联系、岛礁与后方陆岸基地相互脱节的局面，并通过网络解决边远海岛与外界联系的问题。

该网络的功能、结构、管控范围由岛礁的自然特征、南海维权与开发的多元化需求、远程技术服务的能力及陆岸基地的功能共同驱动。由于物流、信息流和远程公共服务所依托的传播载体、传输方式、基础设施等明显不同，其网络空间拓展模式也存在较大差异。

1. 物流网体系的建设

在陆岸基地的综合物流园区应集中规划布局一定规模客货运码头、物资堆储场地、货物集疏运体系，专门保障南海主要岛礁的生活、建设及军事等方面需求。在后方陆岸基地与核心岛礁间设立干线，核心岛和周边小岛间采用小型船舶过泊，形成一个多层级、以海上运输为主体、以航空运输为辅助的物流网络体系，保障综合物流补给网络的高效运行。物流网络空间拓展模式受船舶类型、靠泊条件、岛礁货运需求、岛礁区位等实体要素的影响，其网络空间的拓展方式更趋于多中心、多层级中转的推进模式。

2. 信息网体系的建设

充分利用现代信息化技术全面提升南海的管控能力，使后方陆岸基地规划布局信息综合管理中心发挥南海信息收集、处理、分析及发布等功能。组合应用光纤、无线通信和卫星通信等技术，逐步将后方陆岸基地的信息综合管理中心与分散的岛礁、资源勘探开发平台等节点连接构成信息网络；逐步丰富岛礁的信息采集的类型，采集海洋环境监测、国防服务等信息，最终实现对南海动态的实时监控。信息网络的空间拓展受管控需求和采获技术的影响应是全覆盖、信息交叉共享的模式。

3. 公共服务的网络体系的建设

后方陆岸基地规划建设远程公共服务中心，主要服务于南海各岛礁的远程教育、远程医疗、远程行政管理等。依据技术与需求变化，不断丰富远程服务的内容，拓展服务网络空间。公共服务网络空间拓展受服务对象、服务内容、服务形式、对接设施及远程服务技术等因素的制约，其空间拓展或是陆岸基地与远程服务岛礁间单线联系是辐射状网络模式。

五、边远海岛开发利用的对策建议

1. 推进建设边远海岛人工生态系统示范基地

采取国家制定、地方主导、科研院所设计、企业实施的多层级落实制度，选择我国南沙群岛的典型海岛（包括填海岛屿），建立边远海岛人工生态循环系统示范基地。搭建以太阳能、风能等为初级能源的微电网，将海水淡化与提水蓄能纳入能量转化系统，解决偏远海岛能源和淡水资源的限制。探索蔬菜种植与畜禽养殖相结合的初级农业生产，补充驻岛军民日常生鲜蔬菜，逐步构建岛内人工生态循环系统，探索在边远海岛形成相对独立的能量物质循环系统，改善海岛生存生活环境。

2. 做好整体规划，理顺海岛空间开发次序

我国边远海岛位置分散、数量较多、规模差异较大，在维护国家权益方面所发挥的作用也有所差别，在边远海岛开发利用中应做好整体规划，理顺开发的重点与次序，避免因全面开发造成资源浪费与重复建设。选择西沙群岛、中沙群岛、南沙群岛中规模较大，区位优势突出的典型岛屿作为开发重点，加速推进这些岛礁与陆岸基地功能联动网络体系建设，优先加强物流与信息服务能力，逐步实现岛屿的公共服务功能，发挥核心岛屿在边远岛群中的综合服务支点作用，强化群岛内网络体系的构建，实现后方陆岸基地、岛礁、海域资源的统筹利用，延伸我国对南海的管控范围，提高南海维权和管控能力。

3. 注重军民融合，实施一岛多能利用模式

边远海岛在体现维护国家海洋权益的同时还肩负着服务南海通航、海上救援支点、海洋信息监测、远海渔业试点等任务，但大多边远海岛面积狭小，一岛多能的开发利用模式需要做到军民融合、平战结合。建立健全边远海岛监视监测系统，实现卫星遥感监测、航空遥感监测、船舶巡航监测、无人机航拍监测、视频监测、登岛实地监测等多种方式相结合的监视监测网络，逐步加强定期监测能力，实现对边远海岛地形地貌、外部势力干扰等影响国家权益和国防安全的自然现象及人为活动的监测，有效维护海洋主权；通过改善基础设施条件、科教文卫公共服务能力、发放驻岛补贴、生产补贴等多种措施，鼓励居民在权益海岛和边远海岛驻岛、守岛；围绕海洋观测、生态保护、预报预警、科学研究等内容，开展岛礁基础设施建设，充分发挥海岛的支点作用，为海上丝绸之路建设提供有力保障。

第七节　陆岸基地与南海岛礁网络

三沙市是我国特殊的海域边境城市，管辖海域广阔，生态环境良好，发展潜力巨大，战略地位十分重要。为了贯彻落实国家维护南海主权与海洋权益的总体要求，更好地实现批准设立三沙市的战略意图，推进《海南省三沙市经济社会总体发展规划（2015—2030年）》的实施。在客观分析三沙市发展瓶颈和建设后方陆岸基地现实需求的基础上，重点讨论了后方陆岸基地的功能定位、建设节奏等问题，并提出四个方面的对策建议，为推进三沙市后方陆岸基地建设提供借鉴。

一、三沙市辟建后方陆岸基地的现实需求

（一）三沙市地位重要，任务繁重

随着全球贸易一体化的加速推进，南海的地缘政治地位、战略通道作用和海洋资源的商业价值迅速提升。南海连接西太平洋与印度洋，是东亚通往南亚、中东、非洲、欧洲最为便捷的国际航道，是“21世纪海上丝绸之路”的重要组成部分，全国3/4的外贸进出口和几乎全部的石油进口都由此经过。海域油气矿产等战略资源储量十分丰富，被称为“第二个波斯湾”，海底拥有开发前景可观的可燃冰、多金属结核及核能物质和其他矿产资源，也是我国最大的热带渔场。

近年来，一些周边国家不断侵占我国岛礁，非法攫取海底油气和海洋渔业资源，美国、日本等域外国家也不断插手南海事务，使南海成为世界上岛礁主权争端最多、海域划界问题最尖锐、资源争夺最激烈、地缘政治形势最复杂的区域。南海在我国海洋强国建设的战略体系中承载着维护权益战略保障基地、国际航道通畅保障基地、资源合作开发示范区、特色高效海洋产业发展试验区、生态环境保护先行区、海洋综合管理合作区等职能，迫切需要迅速提升南海的海洋资源开发利用、海洋生态环境保护和海洋维权等能力的建设。

（二）岛礁陆域狭小而分散成为三沙市发展的主要瓶颈

三沙市与一般概念上的地级市不同，是由众多分散的岛礁及其海域组成的行政区。全市管辖范围内的陆地总面积仅20多平方千米（包括近两年填海面积），由分散在西沙、中沙和南沙三大群岛的岛礁组成，三沙市政府驻地的永兴岛面积也仅为2.6平方千米，陆海面积约200万平方千米。

虽然国家已经启动的美济礁、永暑礁、赤瓜礁等岛礁围填海工程建设，充分利用南沙岛礁的礁盘面积远大于岛陆面积的特点，扩大了相关岛礁的陆域面积，形成了南海行政管理和维权的重要战略支点。但是，由于岛礁围填的面积有限，每1平方千米岛陆承担的海域管理面积仍高达1万平方千米以上，仍然难以突破南海能力建设遇到的陆域空

间资源不足的“瓶颈”。土地是人类赖以生存与发展的重要资源和物质保障，也是人类各类活动的载体，绝大多数的经济活动是在土地上实现的，海上活动对陆地具有强烈的依赖性。

（三）环境承载力脆弱限制了岛礁大规模建设的可能性

三沙市所辖岛礁具有“四高一缺”的自然环境特点，生态环境极其脆弱。永兴岛等已开发的岛礁出现淡水开发过度、珊瑚礁退化和破坏、垃圾填埋难以处理等问题。相关研究表明，三沙市所辖的其他岛礁的环境承载力比永兴岛的承载力要小得多。因此，岛礁生态环境脆弱也是其大规模建设的主要限制因素。

二、建设后方陆岸基地的五个有利于

在海南本岛选划出一定面积的陆地，划归三沙市管理和开发，专门用于建设服务三沙市众多岛礁的物资集散地、信息汇集中心、公共服务等基地，集中承载面积狭小且分散的岛礁无力承担的行政办公、公共服务、物资仓储、信息处理等功能，可突破土地空间的“瓶颈”制约，对三沙市的长远发展产生深刻的有利影响。

（一）有利于三沙市落地生根

国务院批准设立三沙市，主要是为了对西沙群岛、中沙群岛、南沙群岛的岛礁及其海域实施有效管控，增强南海战略通道安全保障能力，建立岸、海、空、天、潜一体化的立体管控体系；培育发展特色海洋产业，探索海洋经济发展的路径，提高南海综合开发能力，积极拓展经济发展新空间；切实加强政策支持和科技保障，着力打造南海资源开发、服务保障基地和科学研究试验平台，进一步提升南海的综合开发能力与水平；辟建后方陆岸基地，既可以集中进行基础设施建设，也在海南本岛为三沙市的长远发展设置了集中区。

（二）有利于充分利用南海资源和培育城市的造血功能

截至 2019 年 6 月 25 日，我国设置的 393 个地市级及以上城市绝大多数都具有管理与发展经济的职能，三沙市是为数极少不以发展经济为主要职能的城市。三沙市管辖的海域具有较为丰富的海洋石油、海洋渔业、海洋旅游和海底矿产等资源，同时具有发展海洋能、海水淡化和海洋生物医药等新兴海洋产业的条件。辟建后方陆岸基地形成明确稳定的陆域发展空间，不仅可以充分开发利用南海资源，而且可以逐步培育三沙市的经济职能，形成城市自身的造血功能，有利于三沙市持续健康发展。

（三）有利于海上综合执法能力的提升

三沙市承担着比较繁重的海域综合执法能力建设任务，包括防范打击海上走私、偷渡、贩毒，维护海上安全和秩序；对海域使用、海岛保护及无居民岛开发利用、海洋矿产资源勘探开发、海底电缆管道铺设、海洋测量等活动执法检查；对海底资源勘测、钻井采油、水上水下施工、海上交通、邮轮等进行监管。因此，需要统一建设港口、码头、机场、通信设施，为海上综合执法提供有力支撑。辟建后方陆岸基地集中布局综合执法力量，将对提升南海的海上综合执法能力发挥积极作用。

（四）有利于培育海南新的经济增长点

在海南本岛辟建三沙市的后方陆岸基地，就相当于在海南省设立了一个新的经济园区，不仅可集中布局三沙市的基础设施，也可以在合理开发利用南海的旅游、渔业、矿产资源等过程中逐步形成经济功能。由于三沙市政建设等现实需求较为明确，也由于南海资源利用的内容比较具体，后方陆岸基地的推进将比较迅速，有可能培育出海南省新的经济增长点。

（五）有利于切实推进军民融合

南海主要岛礁都驻守有部队和居民，海岛各类物资的补给同时服务于住岛居民和守岛部队，统筹布局军民所需物资的供给基地将极大提高物流运输效率。因此，三沙市的后方陆岸基地不仅要满足海岛居民及市政物资补给，也应该考虑为军队补给提供服务。

在当前的国际形势下辟建南海的军事供应基地将产生较大的国际影响，通过辟建三沙市后方陆岸基地的形式，将后方军事供应基地的职能扩充进来，将切实推进军民融合，也为维护南海的海洋权益创造更好的条件。

三、三沙市后方陆岸基地的功能定位

（一）目前是后方陆岸基地模式抉择的关键时期

我们比较系统地梳理了与三沙市后方陆岸基地建设相关的报道和研究现状。从2012年7月以来，媒体较多地报道了海南省政府和三沙市政府主要领导对后方陆岸基地建设的指示，以下四个方面的信息需要高度关注：①2013年1月省政协委员陈际阳向海南省五届人大一次会议提交《关于在海南本岛建设三沙市后方基地的建议》；②2015年10月三沙市积极委托国务院发展研究中心进行了专题比选研究；③2015年11月三沙市专门成立了腹地研究建设工作领导小组，开展对腹地特别是木兰湾片区的功能定位、建设内容及空间布局问题的研究工作；④《海南省三沙市经济社会总体发展规划（2015—2030年）》要求，在海南本岛规划建设服务保障基地。在海南本岛适当地方划出一定区域，作为国家支持三沙市建设发展相关项目、资金、政策的重要承接地和服务南海开发保护的后方保障地；重点推进海口、文昌后方服务保障基地和三亚旅游合作开发基地、澄迈等油气勘探生产服务基地、琼海渔业和维权执法基地建设，建成立体式、全功能的服务保障体系。

根据对相关报道的分析还可以看出来：一是建设后方陆岸基地的现实需求是客观存在的。早在2012年就开始建设文昌的后方服务保障（码头项目）基地，后续还建设了海口和琼海等保障基地；二是在路径选择上存在分歧，或是根据功能要求分散建设保障基地，或是尽可能将相关功能集中在一个区建设综合服务基地，三沙市的总体规划已经反映出这样的思路；三是需要尽早做出路径选择，如果按照规划建设几个专门服务基地的路径走下来，再考虑建设综合服务基地的问题，势必造成相关设施重复建设的局面，必将对综合基地建设造成较大负担。集中建设后方陆岸基地或许不是三沙市长远发展的最佳选择，但显然是目前可以想到的合理选择之一。

（二）后方陆岸基地主要功能的选择

后方陆岸基地建设战略思路是“以退为进”推进三沙市发展，目前对基地的功能定位有三种观点：一是将基地建设成“三沙新城”，作为生活保障和产业基地；二是把后方陆岸基地建设成特色海洋产业示范园区；三是把陆岸基地建设成虚拟经济产业园区。由此可以看出，将三沙市后方陆岸基地建成什么样、发挥什么样的功能等方面还存在较大分歧。我们认为，后方陆岸基地应充分满足岛屿对陆域承载的各类功能的需求，应集中承载分散的岛礁无力承担的行政及公共服务、物资仓储与综合补给、信息收集与综合处理、特色产业发展集聚区等多重功能。后方陆岸基地应承担的主要功能包括以下四个方面。

（1）离岛行政中心功能。在后方陆岸基地建立三沙市的离岛行政区，设置可异地办公的行政机构，将三沙市海岛上的部分行政机构、公共办公及配套设施、办公人员等转移至陆岸基地，与岛内的行政机构形成职能互补、优势互补，在统一行政管理前提下实现办公的异地延伸，实现行政办公的“离岛不离市”，建立健全三沙市的行政职能。

（2）物资仓储与综合补给基地。后方陆岸基地应具备物资仓储与综合补给功能，重点保障三沙市所属各岛礁的生活、建设及军事等方面的物资能源需求。基地应集中规划一定规模的客货运码头、物资堆储基地，构建便捷的陆、海、空交通体系，并具备向三沙市各岛礁进行物资输送的各类运输通道，实现进岛出岛物资的持续高效汇集，并同时兼顾军民互惠的设计思路。

（3）信息汇集与综合处理中心。基于国防安全、资源监测与开发，海洋环境监测与保护、离岛办公、远程公共服务等对信息处理的需求，后方陆岸基地应是三沙市各类信息汇集与管理中心，应具备对南海各类信息的收集、处理、分析、管理及发布功能。实现远程政务、远程医疗、远程教育、远程定点及流动监测等信息服务，延伸公共服务范围，加强海域监测与管理水平，增强我国对南海的实际管控能力。

（4）特色产业发展基地。三沙市在渔业、油气、矿产、旅游、空间资源等方面的独特禀赋，使其具备了做大做强优势产业的特殊比较优势。后方陆岸基地应成为三沙市特色产业发展基地，重点培育和发展南海旅游业、海洋渔业、海洋油气相关产业，可选择性地发展海洋工程装备制造业，也可作为培植海洋可再生能源利用业的试验区。通过培育和发展特色海洋产业，实现后方陆岸基地的“造血”功能，为三沙市经济社会发展和南海资源开发提供基础支撑。

（三）后方陆岸基地的选址条件

三沙市后方陆岸基地的选址应该满足以下几个方面的条件。①具有比较优越的陆海交通枢纽条件。为南海主要岛礁提供补给首先必须拥有比较良好的港口建设条件，以满足陆岛之间物资周转及海上监察船舶停泊的需要；比较好的陆上交通运输条件则主要是满足后方陆岸基地集疏运货物的需要。②规划区内拥有较大比例的非建设用地。后方陆岸基地不宜布局在现有市区或者是建设用地比例较大区域，一方面后方陆岸基地的各类职能分区具有比较强的内部联系，不宜为已有的各类功能区过度切割；另一方面，三沙市的行政区也需要根据陆岸基地的设置相应做必要调整，在城市经济职能和市政管理职能并不完备的背景下，管辖区内不宜有太多的居民。③具有较大的开发利用潜力。伴随着南海海洋资源开发利用规模的扩大，以及南海综合管理职能的日益提升，三沙市的经济职能和管理职能将逐步完善。因此，规划区应该具有地势平坦、地质条件稳定、非农建设用地有较大拓展余地等方面的条件。

（四）后方陆岸基地的合理规模

三沙市后方陆岸基地的空间规模应控制在 80 ～ 100 平方千米，而且要实施分阶段开发，合理控制开发节奏，先期启动规模应为 20 ～ 30 平方千米。一是根据对各类园区成长过程的分析，一般园区发展到 20 ～ 30 平方千米需要 30 年左右的时间，难以在短期内形成较大规模；二是海南省年财政收入不足 1000 亿元，投资能力有限，三沙市建设发展的财政来源目前也很有限，如果后方陆岸基地空间规模太大，必然会影响其功能的实现。暂不开发的空间作为长远发展空间，近期可按三沙市后方蔬菜基地建设。

四、主要对策建议

（一）统筹考虑，实施三沙市后方陆岸基地专项规划

三沙市后方陆岸基地的布局，与国家海洋强国战略、“一带一路”倡议、南海海洋资源开发等密切相关。因此，必须以相关的中长期规划为指导，从国家高度统筹考虑我国南海海洋权益维护、海洋资源开发、海洋通道安全等方面的需要，结合三沙市履行管理职能的需要，研究编制三沙市后方陆岸基地建设专项规划，确定后方陆岸基地选建的基本原则、发展目标、综合管理措施，确定基地的基本职能与分区布局。从目前的情况看来，三沙市后方陆岸基地推进还较缓慢，应争取纳入相关发展规划，尽早启动基地的具体规划，且形成可操作的规划体系还有较多的工作要做。

（二）以网络思维统领三沙市支撑体系的建设

选建后方陆岸基地，如果仅仅是增加一定面积的建设用地，对开发利用南海的支撑作用也将十分有限。应构建一个以后方陆岸基地为核心、以辖区内各岛礁（资源勘探开发平台或者环境监测站位）为节点的综合网络体系。只有充分利用网络集成分散在各岛礁的有限资源，搭建具有资源共享等多种功能的服务平台，彻底改善各岛礁功能相对单一、岛礁之间缺乏必要联系、岛礁与后方陆岸基地相互脱节的局面，才有可能最大限度地发挥后方陆岸基地和岛礁的作用。

（三）同步规划，切实形成陆岛统筹的网络系统

根据对海南省发改委等部门的调研及《海南省各部门、有关市县三沙规划建议汇总》等材料的分析，在制定海南本岛、三沙岛礁、南海海区发展规划及相关政策的过程中，还部分存在海、陆、岛的规划相互独立，各管理部门各自为政的问题，缺少良好的陆海统筹协调机制，更缺少从陆海统筹的角度研究南海开发与保护规划。

要强化三沙市后方陆岸基地作为后勤物资补给基地，承接三沙市各岛转移出来的行政办公、公共服务、信息处理等服务职能，淡化产业基地功能。一是要始终围绕国务院批准设立三沙市的总体战略要求，准确把握中央设立三沙地级市的战略意图和战略需求，从国家发展稳定的大局出发，始终将维护国家海洋权益和安全作为首要职责，三沙市战略定位的确定、发展重点的部署、保障措施的设计，均要以此为基点统筹安排。二是要充分考虑三沙市特殊的自然地理条件、经济社会发展水平和生态环境基础，不能脱离实际，赋予其太多、太重、难以担负的职能，并结合三沙市的实际情况，探索管理创新和多元的城市发展评估指标体系。三是因为面临复杂严峻的外部环境和维权形势，迫切需要加强我国西南中沙海域岛礁的主权宣示标识，彰显国家主权，加强三沙岛礁上的码头、公路、供水、污水和垃圾处理及医院、储备中心等基础设施建设，努力实现海空运输便捷的目标，使用水、用电、住宿、医疗、生活必需品供给得到安全保障，基本满足驻岛军民的生产生活需求；加强边防、渔政、海监等综合执法能力，加强边防监控及执法装备建设，加快渔政和海监执法船建造，建设海上突发事件紧急救援设施，进一步提升三沙市管控岛礁及其周边海域的能力，提高护渔和海洋监管的能力；加强南海开发的服务保障基地建设，努力将发展海洋经济与维护国家海洋权益更好地结合；加强南海生态环境保护，建设南海气象预警工程，保护岛屿资源和生物多样性，推进海洋资源可持续利用。

充分利用网络体系的集成优势，构建一个以后方陆岸基地为核心、以辖区内各岛礁为节点的综合网络体系，最大限度地发挥后方陆岸基地和岛礁的支点作用。要逐步强化后方陆岸基地与其远程服务的岛礁是一对功能互联的共生体的意识，后方陆岸基地规划的重点是为岛礁服务，各岛礁的开发规划也应以纳入网络体系为依托，协同定位、协同规划和协同建设陆岸基地及岛礁。

（四）开阔视野，完善多部门协作协同机制

在南海构建一个以后方陆岸基地为核心的综合网络体系，是一项复杂的系统工程，在规划与建设过程中跳出就海洋论海洋的狭窄圈子，加强南海的海洋开发与相关涉海规划的统筹，最首要的任务是寻求管理机制的创新。比较现实的途径是致力于建立以发改委部门为主导的协同研究机制，在全局和长远利益的指导下发现不同部门的关注焦点；在其他部门出台相关政策前的征求意见阶段，发改委等部门主动参与，提高对相关政策实施后果的预见性；对于其他部门可能对海域管理造成负面影响的政策行为，既要坚持原则要求调整也要有理有节；而对于联合制定的政策制度都要严格执行，并且相互督促以提升实施效果。

随着维护南海海洋权益的形势日益严峻、海洋开发管理涉及的利益关系日益复杂，仅仅依靠三沙市现有的机构解决相关问题的难度加大，可以考虑建立较为独立的高层次协调机构，强调各级政府之间、行业之间、后方陆岸基地与岛礁之间统筹考虑，从国家利益的高度推动以后方陆岸基地为核心的综合网络体系建设。

三沙市后方陆岸基地的建设要重点考虑创新军民融合机制，一是要统筹布局综合补给基地、机场、港口码头等基础设施；二是立足军民共同需要，加快建设军民结合的跨海投送体系和便捷的交通网络；三是要建立军民共同投资保障体系。

第十六章　陆域土地与围填海区统筹利用

围填海区是指围填海造地形成的用于临海工业与滨海城镇建设的集中连片的土地，包括已经填海成陆和规划围填海两类区域，不包括围填海形成的农垦区和养殖区、盐田区等。围填海是人类开发利用海洋空间资源的一种重要活动，是沿海社会经济发展的重要组成部分。近年来，我国沿海地区经济社会持续快速发展，工业化、城镇化和国际化速度加快，围填海造地成为各地拓展发展空间、落实耕地占补平衡、促进经济持续较快发展的有效途径。但是，这种大规模、快速围填海造陆，与其他海洋资源开发利用之间的冲突，以及与海洋生态环境保护之间的矛盾，助推了各地投资的过快增长和国家宏观调控政策的有效实施。围填海已经成为海域管理的“热点”和“难点”问题，引起管理部门和社会各界的高度关注。

围填海管理是海域管理最为复杂的问题，不仅涉及围填海活动与其他海洋资源开发利用的冲突、海洋开发与生态环境保护之间的矛盾，而且还与沿海地区土地资源的合理利用、临海产业的合理布局等宏观调控密切联系，需要统筹利用围填海区和沿海陆域土地资源。

第一节　研究特性

一、围填海的特殊属性

（一）改变海域自然属性

一般情况下，区域及城市规划对建设用地的布局都有清晰的界线（控制线），伴随着城市化进程的推进，其他用地逐步转化为建设用地，用地的节奏、规模等都是水到渠成的过程。围填海（区域建设用海）是通过相应的施工过程，将大面积的浅滩或海湾填成陆地，使其彻底由海域属性改变为陆地的属性，围填前后的景观有明显的变化，而且围填海区功能定位就是建设工业区或城镇区。围填成陆地短时间就建设为城市是没有问题的，但是如果长时间没有转化为建设用地，就将引起各方面的关注，这就是围填海区明显区别于一般建设用地的特殊性。

（二）集中连片实施围填海合理性需要论证

如果一个集中连片的海域有比较明确的用海需求，一次性集中将区域整体围填起来，可统筹布局围堰和规范性处理围填海对海洋环境的影响，使围填海对海洋环境的总体影响降到最低。但是，由于围填区域不能及时充分利用，将面临比较大的社会舆论压力；如果将围填按照具体建设项目分阶段实施，分散的围填区域有可能及时得到利用，但是，这种分阶段的围填不利于集中处理影响海洋环境的主要因素，必将加大对海洋生态环境的总体影响。这种两难的选择需要以科学理论为依据。

（三）围填海的特殊形成周期

一般的新城区或经济园区建设尽管也面临划定合理规模的问题，但由于只是规划在图上的建设区，在其他用地转变为建设用地之前这个阶段是隐蔽性存在的，转变为建设用地的周期再长也不会引起各方面的关注。围填海域同样也需要一个较长时间的建设过程，但由于围填后就成为显性化的问题，因此围填海区域开发利用周期的问题更容易引人关注。围填海与土地资源的存量形式不同，围填海是先将海域筑堤分割成池塘，再将围堰池塘回填成土地，围填成的土地需要经过一个时期的地基沉降，才能投入开发利用。根据围填海区的存在形态，可将围填海的利用过程分为围填海增量期、围填海沉降期、围填海消量期。

围填海增量期是海域空间向陆地空间转变阶段，包括修筑围堰、在围堰内填海的过程，随着填海工程的推进，成陆面积逐步增加。围填海沉降期是指围海区域形成土地后，由于松散的填充物在重力作用下自然压缩固结，填海土地表面标高降低的时期。在淤泥质海岸采用海砂吹填造地区域的沉降时间需要 2 年以上；对基岩海岸回填造地区域，沉降期为 1 年。围填海消量期是指经过沉降期的土地，还需要一个消化利用过程，主要用于临海产业、滨海城镇、滨海旅游等。由此看来，应该容忍围填海区一定时间的闲置，围填出来的土地不可能立即得到充分的利用，当然这个闲置时间长短还需要深入研究。

（四）围填海特殊的区位问题

围填海特殊的区位体现在两个方面。一方面，围填海显然与海域存在不可分割的区位联系，可能以周边为海域的人工岛的形式存在，也可能是依陆面海的区位，合理利用海洋景观是个重要内容；另一方面，围填海区功能定位就是建设工业区或城镇区，因此选择的区位应该具有较好的城市发展潜力。围填海的区域规划中，新规划的“飞地”一般应有相应的居民区依托和比较便捷的交通条件，具有较好的发展前景。围填海区如果既远离居民点，也没有很好的交通条件，则需要对其发展潜力有比较清楚的判断。

二、围填海区和土地相似的特性

围海形成土地后，松散的填充物在重力作用下经过自然压缩固结、土地表面标高下降的沉降期后，与陆域土地就没有本质差别了，并具备土地的相关特性。

（一）土地具有的一般自然性

土地的一般自然属性是指其位置固定性、总数量的确定性和质量的差异性。位置的固定性是指每一块土地在地球表面的空间位置是固定的，是无法通过技术手段和运输来进行移动的，土地可以通过经纬度和地籍登记标识等手段进行确定和管理。总数量的确定性是指地球表面土地的总面积在很长一段历史时期内是几乎保持不变的，尽管现在人们可以通过围填海来增加可以利用的土地的面积，但是增加的土地面积相比原有陆地面积来说是非常小的，这就意味着在人类开发利用土地的时段内土地资源是有限的，人们需要节约集约利用土地。质量的差异性指的是不同的土地在质地、结构、物质构成、水文等条件及光照、温度、雨量等气候条件方面存在巨大差异。土地的自然差异性是其级差生产力的基础，也是分等定级的依据。土地的自然差异性，要求人们因地制宜合理利用各类资源，确定资源利用的合理结构与方式，以取得土地利用最佳综合效益。

（二）土地具有的经济属性

土地的经济特性表现为用途的多样性、利用方向难变性、利用报酬递减的可能性及利用的外部性和社会性。

土地用途的多样性是指土地作为人类几乎所有社会活动的承载体，可以作为农业用地，可以作为工业用地，还可以作为商业用地和居住用地等。一块土地往往可以同时具备两种以上的利用方式，人们在利用土地时，应该考虑土地的最有效利用原则，力争使土地的用途和规模、利用方法等均为最优状态。土地利用方向难变性是指，一旦土地用途确定之后，往往需要投入大量人力和物力对原有的土地进行改造或者建设，而这些投入往往与土地资源结为一个整体，难以分离。如果改变土地用途，前一用途的土地开发投资不仅会失去价值，甚至会成为另一用途使用的“障碍”。例如，将农业用地改作建设用地，原有的兴修农田水利和改良土壤等的投入不仅会失去其作用，而且还要为拆除这些设施、进行土地平整等付出较多的费用；而将建设用地改为农业用地，不仅要为拆除原有的建筑物付出一定的费用，还需为改良土壤、培肥地力等进行大量投入。土地利用方向难变性要求土地利用规划制订要有科学性和长期性，尽力避免朝令夕改和任意改变土地利用方向。土地利用报酬递减的可能性是指对单位面积土地投入的资源超过一定限度之后，就会产生新投入的资源收益回报率快速下降的后果。这就要求人们在利用土地增加投入时，必须在一定技术、经济条件下寻找投资适合度和合理投资结构，并不断改进技术，以便提高土地利用的投资效益。土地利用的外部性和社会性是指每块土地和每一区域土地利用的后果，不仅影响本块土地和本区域土地的自然生态环境及经济效益，而且影响到邻近地区甚至整个国家的生态环境和经济效益，并产生较为严重的社会后果。例如，在一块土地上建设一座有污染的工厂，就给周围地区造成环境污染；在一个城市中心的繁华地段建设一座占地很大而单位面积效益较低的仓库，不仅使该地段的土地效益不能充分发挥，而且还影响城市繁华地段土地利用综合效益的提高。土地利用后果的外部性和社会性，要求任何国家都应以社会代表的身份，对全国土地利用进行宏观的规划、管理和调控。

（三）土地资源的稀缺性

由于土地具有总数量确定的自然属性，同时土地又是人类社会活动的主要载体。随着人口规模的不断增加和社会活动日益丰富，土地资源的稀缺性日益凸显出来。土地资源的稀缺性不仅表现在土地总供给与土地总需求之间的矛盾上，还表现在由于土地位置固定性和质量差异性导致的某些地区（城镇地区和经济文化发达、人口密集地区）和某种用途的土地（如农业用地）供给的特别稀缺上。土地资源的稀缺性是引起土地所有权垄断和土地经营权垄断的基本前提。由于土地供给稀缺，开放土地市场之后就可能出现地租、地价猛涨和土地投机泛滥的现象，引发经济波动，威胁经济社会的健康发展。政府的重要职责是，正确规范和调控土地市场，保证国民经济健康可持续发展。

（四）土地是各类社会经济活动的载体

土地是人类社会经济活动的主要载体。具体来说，土地具有以下五项基本功能。

一是承载功能。土地由于其物理特性，具有承载万物的功能，因而成为人类进行一切生活和生产活动的空间及场所，成为人类进行房屋、道路等建设的地基。

二是生育功能。土壤是地球上一切生物生长、繁育的基本环境与条件。没有这些环境与条件及其功能，地球上的生物就不能生长繁育，人类也就无法生存和发展。

三是资源功能。人类要进行物质资料生产，除了需要生物资源外，还需要大量非生物资源，如建筑材料、矿产资源和动力资源（石油、煤炭、水力、风力、天然气、地热）等。这些自然资源蕴藏于土地之中，没有土地，没有这些丰富的自然资源，人类就无法进行采矿业和加工工业生产。

四是生态功能。土地（陆地及水面）生态系统是地球生态系统的基本子系统。土地有多种状态和用途，林地生长着茂密的森林，草地被一望无际的牧草覆盖，农田种植着品种繁多的各类农作物。这些绿色植物，不仅对保持水土、涵养水源、净化空气、调节气候发挥着重大作用，而且还为各类动植物和微生物提供了各种食物。陆地上的水面，为各类生物提供了水源和食物，特别是在保护地球生物的多样性方面发挥着无可替代的作用。

五是财产和资产功能。当土地所有制出现以后，土地就拥有了财产功能，形成了土地所有制和土地使用制度等一系列土地财产制度。当土地产权进入市场流转之后，土地又具有了资产功能。土地产权在市场流转中，其价值得以显现和实现。

围填海成陆区完全可替代土地，同样具备陆域土地的上述五个方面的属性，是实施陆域土地和围填海区统筹规划的前提。在没有特殊说明的情况下，本章的余下部分都将围填海区与土地等同看待。

三、围填造地问题引起各方面的高度关注

围填海已经成为海域管理的“热点”和“难点”问题，引起管理部门和社会各界的高度关注。我们比较全面地收集了中国知网期刊、管理部门相关文件、报纸、网络评论等相关文献，经过认真梳理，认为关注围填海的各方面人士可以划分为三个类别，不同

类别关注的重点有明显的差异。

（一）海洋科学工作者重点关注围填海相关的科学问题

相关学者通过构建围填海对海洋生态环境的效应评估体系，以及对典型地区或者重大的围填海工程的实证分析，确定围填海的综合影响效应；通过对围填海环境影响的分类，对各类价值损失进行货币化衡量，探索围填海的效应评估和量化的价值补偿问题；通过对围海造地涉及的海域使用权、填海权和土地使用权的分析，提出了加强围填海造地法律规制建设的对策建议。具体研究集中在以下几个方面。①围填海项目对海洋环境影响评价的研究。罗章仁（1997）研究了填海对维多利亚港海港运营环境的影响；王学昌等（2000）、秦华鹏和倪晋仁（2002）、陈彬等（2004）等分别应用定量模型研究了围填海工程对胶州湾边界潮流场、深圳湾潮间带湿地生境损失、福建泉州湾海洋环境的影响；苗丽娟（2007）研究了适合评估我国围填海造地对生态环境影响的方法与测算模型。②围填海的综合效益研究已经引起关注，黄玉凯（2002）总结分析了福建围填海造地的综合效益和环境影响；彭本荣等（2005）建立了用于评估填海造地生态损害价值的一系列生态-经济模型；朱凌和刘百桥（2009）探索了围海造地综合效益的评价方法与模型。③围填海项目可行性和适宜性评价是另一个关注热点。苏纪兰（2011）提出实施围填海工程要综合考虑海域自身价值、自然条件和生产力发展布局；罗艳等（2010）提出加强围填海前期规划、运营监控及后期评估的系统管理框架；于永海等（2011）建立了基于地理信息系统的围填海适应性评价模型体系；肖建红等（2010）运用市场价值法、影子工程法、碳税法等评估江苏围填海造地对潮滩湿地生态系统的食品生产、基因资源、气体调节等服务功能的影响。

（二）相关管理部门重点关注围填海相关政策和制度建设

科学运用围填海计划管控手段，严格控制围填海规模，合理安排围填海计划指标执行进度；通过严格规范围填海立项审批，加强计划执行监管，达到控制围填海节奏的目标；通过科学论证，预防和治理围填海活动对海洋资源、环境的影响，以期降低围填海对海洋环境的负面效应。

（三）新闻媒体关注的重点是围填海引发的社会和环境问题

这些重点包括围填海的海洋生态环境影响；利益驱使围填海造地造房，补偿不到位；围填海影响养殖户利益；围填海利益分配，政府公信力受到质疑，围填海区开发房地产等问题。相对而言，社会评论针对具体围填海项目的评论较多，更加关注围填海引发的社会问题。

例如，由“让候鸟飞”公益基金发起的“黄渤海潮间带调查项目”在历经两个月后，2014 年 9 月 14 日完成《“潮间带”消逝，候鸟何所依——黄渤海“围填海现状”调查》，认为各种盲目无序的填海工程占用了大量潮间带泥质滩涂，对鸟类栖息地构成了巨大威胁，相关新闻被凤凰网、腾讯、网易等各大网站转载，吸引了网民参与讨论，认为非理性的围填海造地违反自然规律，破坏生态平衡，还存在导致政府失去民众信任等诸多隐患。

（四）缺少对围填海相关区域经济问题的深度研究

围填海问题的研究和分析可以分为两个环节：一个环节就是围填海改变海域属性相应产生的问题，另一个环节就是围填海成陆后土地的开发利用问题。已有的研究并未区分这两个环节，而是将这两个环节出现的问题混在一起分析，特别是对围填海成陆后土地的开发建设问题的研究不够深入。

第二节　我国围填海的阶段特征

关于我国围填海的发展过程已经有一些相关研究，形成两个基本结论。一是中华人民共和国成立到现在已先后经历了四次大规模围填海。包括中华人民共和国成立初期的盐田围海、20 世纪 60 年代中期至 20 世纪 70 年代期间的农业围垦、20 世纪 80 年代中后期到 20 世纪 90 年代初的围海养殖，以及 21 世纪以来以工业和城镇建设为主的围填海；二是中华人民共和国成立到现在，我国围填海总面积超过 12 000 平方千米。我们利用不同围填海类型的历史统计数据的分析，研究我国围填海发展过程，对以上两个结论进行了分析论证。除特别注明外，书中数据均来自《中国海洋统计年鉴》《中国海洋年鉴》《海域使用管理公报》。

一、第一阶段——盐田围海发展过程

中华人民共和国成立初期兴起的围海晒盐热席卷了全国沿海地区，从辽东半岛到海南岛，沿海省区市均有盐场分布，在这个阶段初步形成沿海地区四大盐场——苏北盐场、青岛盐场、复州湾盐场、长芦盐场，其中长芦盐场经过新建和扩建成为我国最大的盐场。南方最大的海南莺歌海盐场也是在 1958 年建设投产的，这一阶段的围填海以顺岸围割为主。1952 年至 1982 年，沿海地区盐田面积增加较快，1952 年全国盐田生产面积约为 898.68 平方千米，1982 年增加至 3272 平方千米。按全国盐田统计资料分析（图 16.1），1982 年以来我国盐田面积不断波动，最大盐田总面积为 2010 年，达 4730.68 平方千米。

从 20 世纪 80 年代至今，全国沿海盐田总面积变化不大，但是部分地区变化显著，除山东省盐田面积大幅增加外，其他沿海省区市盐田面积逐步减少。将沿海各省区市历史最大盐田面积与 2015 年盐田面积进行对比可发现，浙江、天津、海南、辽宁、江苏、山东等省市盐田面积都减少了 200 平方千米以上，分别减少了 1041 平方千米、700 平方千米、223 平方千米、333 平方千米、611 平方千米、456 平方千米；2015 年各省区市盐田面积比其历史最大面积减少了 4952 平方千米；山东省发展趋势不同于其他省区市，2009 年盐田总面积达到 2120 平方千米，近几年来盐田面积增长速度较快，仅 2006 年一年

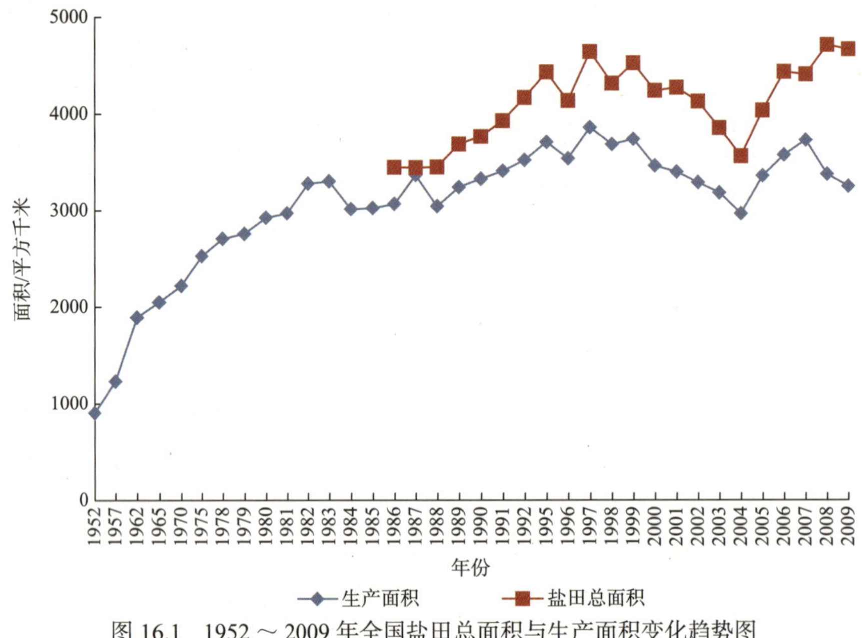

图 16.1　1952 ～ 2009 年全国盐田总面积与生产面积变化趋势图

由于可获取数据的年份不均匀，因此刻度不均匀

就增加了 514.48 平方千米；此外，江苏与山东两省虽然目前盐田面积较大，但是盐田的实际生产面积并不大，2015 年两省分别有 611.44 平方千米、1663.91 平方千米盐田未被利用，盐田利用率分别为 32.6%、50%。沿海地区历史最大盐田面积与 2015 年盐田面积对比如表 16.1 所示。

表 16.1　沿海地区历史最大盐田面积与 2015 年盐田面积对比

盐田信息	天津	河北	辽宁	江苏	浙江	福建	山东	广东	广西	海南
历史最大盐田面积所处年份	1986	2005	1986	1996	1992	1995	2009	1986	2000	1999
历史最大盐田面积 / 平方千米	969	872	670	907	1060	165	2120	169	58	258
2015 年盐田面积 / 平方千米	269	739	337	296	19	40	1664	86	10	35
差值 / 平方千米	700	133	333	611	1041	125	456	83	48	223

由于部分盐田利用方向在不断调整，有些可能围填为土地，有些可能调整为围海养殖，因此各省区市盐田面积最高的年度并不一致。根据对我国沿海各省区市最高盐田面积统计资料的分析（表 16.1），我国沿海盐田的海域总面积曾高达 7249.23 平方千米。

二、第二阶段——农业围垦发展过程研究

第二次大规模的围填海热潮是 20 世纪 60 年代中期至 20 世纪 70 年代。在这一阶段，围海范围逐渐扩大，即从高滩围海发展到中低滩促淤围海，从河口海岸筑堤围海扩大到堵港围海。各级政府开始加强对围海工作的管理，沿海各地对围垦出来的滩涂加快开发利用。例如，江苏、浙江和上海两省一市围垦面积达 5330 平方千米，所围垦的滩涂基本

辟为耕地，以粮食、棉花和油菜生产为主；辽宁滩涂围垦的重点集中在辽河三角洲和东沟、庄河等沿海平原上，全省开垦滩涂的面积达3800平方千米，用于种植中、晚粳稻；福建约2000平方千米海涂被农业围垦的面积约为750平方千米。根据以上统计，辽宁、江苏、浙江、福建、上海等10省市这个阶段农业围垦总面积高达11 880平方千米。

三、第三阶段——围海养殖发展过程

第三次大规模的围填海热潮发生在20世纪80年代中后期到20世纪90年代初，这一阶段的围海主要发生在低潮滩和近岸海域。1983年全国沿海围海养殖面积为218平方千米，1988年达到1357平方千米，平均围海强度达到227.92千米^2/年。20世纪90年代围海养殖面积增长较慢，21世纪初期，又兴起了一轮养殖热潮，2002年围海养殖面积达到2561平方千米（表16.2）。《中国海洋统计年鉴》显示2004～2009年全国沿海围海养殖面积保持在1850平方千米，2016年全国围海养殖面积为4369平方千米。1983年至2016年全国围海养殖面积增加约4151平方千米。

表16.2　1983～2004年全国围海养殖面积

年份	1983	1985	1986	1988	1990	1993	1995	1999	2002	2004
围海养殖面积/平方千米	218	773	1013	1357	1318	1548	1594	2013	2561	1806

四、第四阶段——工业和城镇建设围填海发展

2000年以来，我国进入了围填海的第四阶段——工业和城镇建设围填海阶段。伴随沿海地区新一轮的海洋开发战略的实施，围填海造地成为缓解土地资源紧缺的主要方式，也引起社会各界的高度关注。

根据沿海省区市公布的管理岸线（按2002年岸线）起算，截至2016年，全国遥感监测的填海造地面积约为2232平方千米。根据近年来《海域使用管理公报》统计分析，围填海造地主要用于滨海城镇建设，围垦，港口码头建设，钢铁生产、石油化工、大型制造业和电力生产等工业区建设和滨海旅游项目建设。

工业和城镇建设围填海阶段主要有以下特点。

第一，围填海的用海方向发生转变。由前期的农业围垦、围海养殖转向满足港口、临港工业、城镇建设用地需求转变，并形成后备土地资源。

第二，围填海的范围向海推进。从过去的高潮滩向潮间带、潮下带延伸，围填海的范围扩大。围填海造地，完全改变了用海区的海域自然属性，对海岸海洋生态系统的影响深远。

第三，围填海的平面布局简单。其主要以顺岸块状围填、海湾裁弯取直或利用连岛大堤为依托进行顺堤围填。

第四，开发秩序有待进一步规范。近年来，随着围填海规模的扩大，非法用海、无证填海、超面积填海等行为屡有发生，违反海洋功能区划布局，违规乱上围填海项目等问题仍然客观存在。受各方面利益驱动，临海土地价格和楼价不断抬高，催生了“炒海皮”的现象，一些地方也出现了项目圈占滩涂、低效用地，甚至侵害渔民利益等行为。

第三节 围填海的贡献及需求形势

一、围填海区对沿海地区社会经济发展的贡献较大

近年来，沿海地区“土地城市化”明显加快。1990 年沿海 53 个地级市建设用地面积约为 2653 平方千米，约占全国城市建设用地的 20.2%；2000 年增至 4470 平方千米，占全国的 27.6%；2016 年增至 13 210.44 平方千米，占全国的比例下降为 25.6%；2000 ～ 2016 年沿海 53 个地级市的建设用地面积增加了 8740.44 平方千米。据相关统计，2000 年以来，用于石化、钢铁等临海产业和城镇建设用地的围填海区面积超过 2232 平方千米，解决了沿海城市这一时期 1/3 以上的新增建设用地。围填海区已经成为东部沿海城市新增建设用地的主要途径。科学合理的围填海对于沿海地区经济社会发展的贡献是不容置疑的。

（一）为国家产业布局和结构调整创造了条件

钢铁、炼油等重化工业的区位选择受到原料、运输、基础设施、水源、消费市场、区域环境容量等多种因素的综合制约。这些产业向沿海地区转移可以充分利用沿海港口降低运输成本，接近消费市场，缓解内陆石化工业布局的诸多矛盾，这符合产业布局规律，也符合国家调整这些产业布局的要求。

我国已经基本完成石化工业由内陆向沿海地区的转移。根据统计资料分析，1990 年至 2010 年间，沿海地区的炼油能力所占比重由 42.3% 上升到 71%，乙烯生产能力所占比重由 57% 上升到 75%。我国已经形成渤海湾、山东半岛、长江三角洲、珠江三角洲、北部湾等 9 个炼油和乙烯基地。宁波、舟山、大连、青岛 4 个石油战略储备基地、3 个 2000 万吨级炼油和 4 个 100 万吨级乙烯生产基地布局在沿海地区。这些石化项目建设的用地有相当部分是通过围填海解决的，而且紧密依托沿海港口的条件。

钢铁工业向沿海地区转移的趋势也较明显，首钢搬迁至河北曹妃甸填海造地区、鞍钢建设营口鲅鱼圈钢铁基地、邯郸钢铁企业向黄骅钢铁加工区转移，此举不仅优化了我国钢铁工业布局，而且首钢搬迁也对北京改善空气质量发挥了重要作用。

（二）围填海支撑了沿海地区港口的大规模建设和外向型经济的发展

沿海港口的大规模建设加速了沿海地区经济的繁荣，为快速城市化和工业化的原材料与能源供应、为对外贸易的发展、为区域经济发展与中心城市建设提供了强大的基础性支撑。据统计，我国 90% 以上的外贸进出口货物是通过港口实现的，沿海 200 千米范围内 62 个地级以上城市的地区生产总值之和占全国的 42%，每 100 万吨吞吐量约创造人民币 1 亿元以上的地区生产总值及约 2000 人的就业机会。

2000 年至 2016 年，我国沿海港口的码头岸线由 205 公里增至 827.193 公里、港口吞吐量由 12.7 亿吨增至 84.55 亿吨，沿海集装箱吞吐量由 2046 万国际标准箱单位（twenty-feet equivalent unit，TEU）增至 20 985 万 TEU，海洋交通运输业增加值由 322.8 亿元增至 5641.1 亿元，对外贸易吞吐量由 5.2 亿吨增至 34.53 亿吨，对外贸易额由 39 274.2 亿元增至 192 874.646 9 亿元，万吨级泊位由 518 个增至 1894 个，在居全球货物吞吐量前 10 名港口中我国占有 7 席，集装箱贸易量占全球的 20% 以上，拥有全球前 10 位集装箱港口中的 6 席。在全国依据海洋功能区划确权的 194 万公顷海域中，约 8.3 万公顷为交通用海，围填海有力地支撑了沿海地区港口的大规模建设和外向型经济的发展。

（三）沿海港口布局及其影响

沿海港口是占用海岸线和利用海域的重要部门，而港口建设也正是围填海需求的主要驱动力。在通过围填海形成深水码头岸线的观念和技术实现了突破的前提下，自然岸线水深、海域水文、避风等自然条件对港口建设的约束明显减弱，一些本不具备建港自然条件的区域形成了“创造需求”型发展模式，也就是在距离岸边一定距离的深水区建设港口——利用航道和港池的疏浚物吹填造陆——利用围填的土地发展钢铁、石化等重化工业园区——工业园区的发展成为港口货物的主要来源——围填海区布局港口外部疏港道路、通信、物流园区等配套设施。因此，对沿海港口规模和布局的研究将有利于调整和管理围填海需求，有利于更充分地利用海岸线和海洋空间资源，其原因如下。①港口建设占用岸线并形成围填海区。我国沿海港口建设经历了能力不足、能力基本平衡到吞吐能力过剩的发展历程。2000 年至 2013 年间，沿海码头岸线已经由约 205 千米增长到 737 千米，按码头后方堆场平均纵深 500 米计算，约有 260 平方千米的后方堆场是靠围填海解决的。②相当比例的区域建设用海是以建设港口为依托的。天津临港经济区和南港工业区占用海域 100 平方千米以上；曹妃甸中期建设占用海域 185.69 平方千米，其中填海 117.42 平方千米；长兴岛港口与船舶工业园区占用岸线 30 千米，占用海域 100 平方千米以上；渤海新区规划用海 117.2 平方千米，其中填海 74.57 平方千米；盘锦辽滨经济区占用岸线 14.68 千米，规划用海 76.51 平方千米，其中填海 45.28 平方千米。许多新的临港大型物流园区的规划和建设，占地均超千亩（1 亩 ≈666.67 平方米），但是很多园区因为签约率低，荒废时间长、经营困难，形成了大规模不合理的围填海需求。③沿海港口对围填海的需求减弱。为了比较深入地研究港口供需平衡关系，我们将海运划分为集装箱、原油、煤炭、矿石（主要是铁矿石）和杂货等四个海运子系统（杂货运输单独划分为子系统的条件不成熟），对每个子系统海上货运需求趋势、影响因素、货运腹地划分等问题进行系统研究，继而分析了专业港口布局的要求。研究结果表明，随着我国进入工业化后期，以及经济发展方式的逐步转变，我国沿海港口吞吐量将进入中低速增长的“新常态”。由于石化、钢铁、能源等临海产业处于产能过剩的状态，相应进入淘汰落后产能阶段，导致重化工业派生的沿海煤铁油码头也逐步呈现出吞吐能力过剩的局面；国际贸易的持续低迷及产业转型升级使外贸集装箱吞吐量增长有限，目前的集装箱吞吐能力也可以满足外贸集装箱运输需求。因此，未来一个时期由于港口建设而产生的围填海需求将有望减少。

（四）围填海支撑了国家级新区的建设

围填海形成土地主要用于沿海港口码头、电厂、临海产业园区和部分城镇建设。围填海曾经支撑了深圳特区、上海浦东新区、天津滨海新区等国家级新区的建设。关于所有围填海区对区域经济的贡献，现有的研究基础还不能给出准确的答案。我们对沿海的上海、天津等6个重点地区的建设用地面积、建成区面积等（表16.3）进行了分析，同时利用地理信息系统对近些年来围填海区域进行了类别判断，保守估计这些城市范围内的围填海面积合计约为345.9平方千米，2016年地区生产总值达13 021.94亿元。

表16.3 2016年沿海重点地区主要统计指标

指标	上海	天津	深圳	青岛	大连	广州	合计
建设用地面积/平方千米	1 913	962	921	493	385	668	5 342
建成区面积/平方千米	999	1 008	923	599	396	1 249	5 174
建成区单位面积产值（亿元/千米^2）	28.21	17.74	21.12	16.71	17.20	156.51	257.49
围填海面积/平方千米	20	117.7	63.5	73.4	24.1	47.2	345.9
2016年围填海区地区生产总值/亿元	564.14	2 088.40	1 341.04	1 226.76	414.46	7 387.14	13 021.94

（五）围填海与海岸整治修复相结合，改善了局部地区的海洋生态环境

厦门、青岛、珠海等地通过围填海对一些开发利用不合理、生态环境恶化的海域进行整治修复，形成了一批优质的自然岸线和高品位的人工岸线，改善了海岸景观，提高了防灾减灾能力。

天津、连云港、汕头等城市都通过填海造地建设滨海新城，解决了沿海不靠海、有海不能用海的问题，提升了城市价值。据相关资料，围填海工程建设及项目投资大，每公顷1亿元左右，按照最近几年的围填海面积测算，每年可拉动投资约2万亿元，与铁路、高速公路等基础设施建设投入具有相似的效果。

二、围填海区规模需要控制

我国执行土地管理制度较严格，导致沿海土地资源的供需矛盾尤其突出，也由于围填海的综合成本低于土地整理和搬迁成本，促成沿海省区市产生旺盛的围填海需求，呈现围填海规模“冒进”的趋势。

（一）围填海与其他行业用海的冲突加剧，成为社会不稳定因素

围填海造地的海域大多是渔民从事养殖和捕捞的滩涂、浅海，渔民或养殖户“失海”犹如农民“失地”和工人“失业”。有些地区对渔民或养殖户的经济补偿和转产转业安置不到位，由此引发的矛盾和冲突成为社会不稳定的因素。2008年，辽宁“五点一线”滨

海公路锦州段修建过程中，由于部分海参养殖业户不能正常交换海参圈海水，一系列上访事件发生。辽宁营口、葫芦岛因港口扩建、航道疏浚，大量疏浚物在海中倾倒，致使大面积增养殖贝类死亡，养殖户到法院上告，要求赔偿其经济损失。广东有的地方大面积围填海造陆，施工单位、地方政府对“失海”百姓经济补偿没到位，曾一度发生村民围堵施工通道，阻碍施工，社会影响较严重。

（二）围填海区利用不充分

实地调研显示，依托深圳和上海等特大城市的围填海项目普遍利用比较充分，经济发展潜力较大。与此形成鲜明对比的是，依托辽宁盘锦、河北沧州和山东潍坊等中小城市的围填海区利用效率普遍较低，基本处于未利用的闲置状态，河北曹妃甸工业区已经填海造地达 200 平方千米以上，但只有首钢等少数企业入驻；启东五金机电城、启东滨海工业集团综合配套服务区、吕四港物流中心、连云港市滨海新区、如东洋口港经济区、大丰市南港、东台市琼东、启东市、宁海县下洋涂、临海市北洋涂等十余个区域建设用海区都已经批准规划五年以上，但实际调查发现，除与港口建设配套的用海区外，其他类园区开发利用并不充分。

（三）严重破坏了海岸带生态系统

缺乏合理规划的大规模围填海活动，导致海岸线缩短，滨海湿地、红树林、珊瑚礁、河口等重要生态系统严重退化，生物多样性降低，沿海滩涂湿地面积已损失 50% 以上。大面积围填海工程改变了海洋水文特征，鱼类的栖息地、产卵场和洄游通道等关键的生存环境遭到破坏，渔业资源锐减。由于围填海工程改变了原生态岸滩地形地貌，海岸带的防灾减灾能力降低，海洋灾害的破坏程度加剧。

（四）围填海监管需要逐步完善

《中华人民共和国海域使用管理法》出台后，海域使用的规范程度明显提高，但目前涉及海域使用管理的配套制度建设相对滞后，如国家对围填海换发土地证等方面尚无统一规定，执法力量较为薄弱，管理体制还不够顺畅，对非法、不合理的围填海行为难以管理到位。另外，现阶段围填海工程与国家土地管理在管理政策上不一致，海域使用金征收标准未与沿岸土地出让金标准挂钩，而现代化的技术和设备的应用使得填海造地工程的直接成本降低，征海费用和工作难度也没有征地搬迁那么大，围填海工程的经济回报率较高。在土地财政占地方财政比例达 30% ～ 60%、土地城市化明显快于人口城市化的背景下，围填海监管体系需要相应调整完善。

三、围填海的需求形势变化

对围填海需求形势的准确判断，是确定围填海相关管理政策的重要依据。根据相关资料的系统分析，“十三五”期间全国工业和城镇围填海需求有下降的趋势。

（一）沿海地区的“土地城市化”达到较高水平，人均建设用地有较大挖掘空间

据相关研究，目前我国城市存在“土地城市化”与“人口城市化”不均衡的状况，城市建设用地和空间扩张的速度快，但是所吸纳的就业和常住人口增长速度相对较慢。沿海城市建成区面积扩张速度远高于城市化水平速度，土地城市化大大快于人口城市化，在大、中城市这种趋势更为明显，如 1990 ～ 2015 年台州市城市建成区面积扩张了近 5 倍，而城市化水平基本无明显增长；泉州市城市建成区面积从 26 平方千米扩张至 110 平方千米，而城市化水平仅为 15%，只增加不到 5 个百分点。沿海 53 个地级市中只有南通、盐城、莆田、汕头、中山、丹东 6 市城市化水平速度与城市建成区扩张速度基本持平，其他城市扩张速度均远远高于城市化水平。1990 年沿海城市建设用地仅占全国 18.7%，2016 年占全国建设用地比例达 25.6%，明显高于全国平均城市建设用地扩张速度。截至 2016 年，沿海地区城市人均建设用地已经达到 107.62 平方米 / 人左右。城市土地具有较大的利用空间，“土地城市化”进程将逐步放慢，工业和城镇建设的围填海需求压力减轻。

（二）港口扩建和临海重化产业聚集放慢

对日本、韩国等围填海发展历程的分析发现，在快速城市化和工业化阶段，也是港口岸线和围填海规模迅速扩张的时期。伴随着重化工业发展阶段的结束，城镇和工业用围填海需求明显减弱。我国已经表现出明显的重化工业发展放缓的趋势。

国务院于 2013 年 10 月下达了《关于化解产能严重过剩矛盾的指导意见》，指出受国际金融危机的深层次影响，国际市场持续低迷，国内需求增速趋缓，我国部分产业供过于求矛盾日益凸显，传统制造业产能普遍过剩，特别是钢铁、水泥、电解铝等高消耗、高排放行业尤为突出。2012 年底，我国钢铁、水泥、电解铝、平板玻璃、船舶产能利用率分别仅为 72%、73.7%、71.9%、73.1% 和 75%，明显低于国际通常水平。钢铁、电解铝、船舶等行业利润大幅下滑，企业普遍经营困难。值得关注的是，这些产能严重过剩行业仍有一批在建、拟建项目，产能过剩呈加剧之势。如不及时采取措施加以化解，势必会加剧市场恶性竞争，造成行业亏损面扩大、企业职工失业、银行不良资产增加、能源资源瓶颈加剧、生态环境恶化等问题，直接危及产业健康发展，甚至影响到民生改善和社会稳定大局。根据《建设项目用海面积控制指标（试行）》，上述临海产业是占地面积和用海需求比较大的产业，近几年沿海工业和城镇围填海也主要是满足钢铁等产业向沿海聚集的需要。至于生物医药等新兴产业，占用的土地面积十分有限。因此，临海重化产业聚集对围填海需求的压力有望减轻。

2000 年至 2013 年间，沿海码头岸线已经由约 205 千米增长到约 737 千米，按码头后方堆场平均 500 ～ 800 米计算，有 260 ～ 420 平方千米的后方堆场是靠围填海解决的。沿海港口成为占用海岸线和海域的主要产业部门，也是围填海需求的助推器。但是，由于石化、钢铁、能源等临海产业处于产能过剩的状态，其发展速度将明显放缓，由重化工业派生的沿海港口逐步呈现出吞吐能力过剩的局面。因此，未来一个时期由于港口建

设而产生的围填海需求有望减少。

（三）转变经济发展方式的效果逐步显现

未来一个阶段是我国转变经济发展方式的关键时期，国家要求转变经济发展方式的三个基本要求必须贯穿经济社会发展全过程和各领域。一是海洋管理部门已经逐步将转变经济发展方式的要求落实到海域管理工作中，强调以建设资源节约和环境友好型社会为围填海管理的着力点，按照适度从紧、集约利用、保护生态、陆海统筹的原则严格控制围填海规模；围绕保障和改善民生完善相关围填海管理政策，切实维护养殖用海者的合法权益；采取完善立法、项目审查、市场配置、协作配合、加强监管等措施，逐步完善围填海管理的相关配套制度。二是"土地城市化"步伐将逐步放慢。在国家切实坚持和完善最严格的耕地保护制度、切实坚持最严格的节约集约用地制度的大背景下，城市建设用地快速扩张的趋势将得到遏制。三是由于我国处于资源和环境约束不断强化的时期，高耗能、高消耗和土地利用率低等重化工业发展条件受到严重制约，也将减轻对土地资源的压力。

（四）滨海旅游有可能形成一定的用海需求

沿海区域发展战略及建设指导意见对区域滨海旅游业的发展提出了相关要求：辽宁规划加强滨海、湿地等旅游景区的建设；黄河三角洲地区着力打造沿黄河生态旅游品牌，依托观海栈桥和莱州黄金海岸，发展滨海度假旅游及海上观光游乐项目；江苏规划将连云港建成国际知名的海滨旅游城市和国内著名的旅游目的地，将盐城建成我国东部沿海重要的旅游城市和湿地生态旅游地，将南通建成我国独具特色的"江海旅游"门户城市和历史文化名城；长江三角洲地区规划建设世界一流水平的旅游目的地体系；福建规划拓展闽南文化、客家文化、妈祖文化等两岸共同文化内涵，突出"海峡旅游"主题，使之成为国际知名的旅游目的地和富有特色的自然文化旅游中心；珠江三角洲地区规划建设全国旅游综合改革试验区，建成亚太地区具有重要影响力的国际旅游目的地和游客集散地；海南岛规划大力发展热带海岛冬季阳光旅游、海上运动、潜水等旅游项目，丰富热带滨海海洋旅游产品，积极稳妥推进开放开发西沙旅游，有序发展无居民岛屿旅游；广西规划依托国家4A级以上旅游景点，打造旅游精品，构筑泛北部湾旅游圈。上述旅游项目规划的实施将产生一定量的围填海需求。

第四节　围填海区成长相关经济问题

围填海区的成长（表现为空间规模拓展、经济发展、形成建设用的节奏等）与依托沿海城市经济、社会、科技和生态环境等方面条件有什么样的关系？围填海区在城市的什么区位宜于成长？围填海区一定时期的闲置合理吗？本节将重点回答这些与围填海区成长相关的区域经济问题。

一、容忍围填海区有一定的闲置期

一个时期以来，相关管理部门对围填海区不能及时形成建设用地极为关注，并将围填海区开发利用率作为海域资源管理的重要指标。管理部门审批围填海区及地方关注围填海的利用率也是必要的。但是，围填海区的充分利用需要一定的周期，应该容忍围填海区有合理的闲置期，主要有两个方面的依据。

一方面，围填海有个沉降期，其主要是指围海地形成土地后，松散的填充物在重力作用下自然压缩固结，填海土地表面标高降低的时期。淤泥质海岸采用海砂吹填造地区域沉降时间需要 2 年以上；基岩海岸回填造地的区域，沉降期为 1 年。

另一方面，从区域经济发展角度也需要有一个成熟期。为了说明这个问题，我们选择沿海经济园区作为参照系（表 16.4）。首批国家级经济技术开发区是 1984 年设立的，到 1989 年经济园区平均地区生产总值仅为 5.23 亿元，地均地区生产总值为 2.95 亿元 / 千米^2；到 2014 年经济园区发展三十年，其平均地区生产总值达到 1219.54 亿元，增长了 232 倍，地均地区生产总值达到 27.24 亿元 / 千米^2，增长了 8 倍，总体实现着“量与质”的飞跃发展。

表 16.4　沿海经济园区经济发展情况

经济园区所在城市	1989 年			1999 年			2009 年			2014 年		
	地区生产总值/亿元	地均工业产值/亿元	地均地区生产总值/(亿元/千米^2)	地区生产总值/亿元	地均工业产值/亿元	地均地区生产总值/(亿元/千米^2)	地区生产总值/亿元	地均工业产值/亿元	地均地区生产总值/(亿元/千米^2)	地区生产总值/亿元	地均工业产值/亿元	地均地区生产总值/(亿元/千米^2)
大连	4.55	0.94	0.91	140.25	9.52	4.68	1001.55	58.28	25.05	1661.2	29.88	15.10
秦皇岛	0.43	1.81	0.69	10.50	5.14	1.5	160.98	19.5	7.59	253.18	32.50	11.94
天津	6.45	7.38	10.24	211.90	25.41	8.83	1273.98	93.38	28.31	2801.01	200.06	62.24
烟台	1.21	0.91	0.61	36.95	4.11	1.85	704.73	53.1	16.78	1278.63	86.05	26.64
青岛	7.55	1.09	3.78	66.02	7.56	3.00	850.00	75.95	26.56	1685.75	69.38	23.09
连云港	0.70	1.25	0.80	20.12	3.37	1.12	158.37	26.18	8.80	480.10	19.77	6.32
南通	5.39	0.60	2.70	15.95	1.75	0.66	296.43	39.15	12.20	785.49	91.73	32.32
宁波	7.05	0.55	2.96	58.10	6.26	2.08	375.93	41.78	12.70	735.30	71.81	22.98
广州	14.66	1.80	3.19	56.00	18.96	6.67	1321.8	87.03	33.46	2212.00	133.52	56.00
湛江	4.29	1.68	3.58	22.22	3.45	2.22	92.20	12.38	7.81	302.76	30.47	15.77
平均值	5.23	1.80	2.95	63.80	8.55	3.26	623.60	50.67	17.93	1219.54	76.52	27.24

（1）开发区土地面积在不断扩大。1984 年国家在审定各开发区总体开发建设规模时，各开发区首期开发面积一般都在 5 平方千米以内，到 1999 年开发区的面积扩大到 10 ～ 30 平方千米，至 2009 年开发区的面积基本达到 20 ～ 40 平方千米，经过几十年的发展 10 个沿海经济技术开发区的面积没有突破 40 平方千米的。因此，40 平方千米可以作为控制围填海规模的参考。

（2）开发区的城市功能在不断完善。开发区起步发展阶段的建设重点在工业区，还不具备一般意义上的城市功能，仅仅具备“七通一平”工程（平整土地和供排水、排污、电力、电信、道路、供热，有的还通了煤气）及部分标准工业厂房的建造，其他配套设施入驻企业较少，产业发展处于初级阶段，地均工业产值大多在1亿元左右，经济发展水平相对较低，不及依托城市的1/20。随着工业生产规模的日益扩大，第三产业开始逐渐发展，为满足第三产业发展和人们生活的需要，公共配套服务设施建设开始加强，房地产业也得到迅速发展。2000年以来，开发区的定位从工业区向综合性的新城区转变，在推进工业化的过程中，不断完善城市功能，改善城市环境，通过完善的基础设施、优美的城市环境和综合的城市功能及高效的管理，进一步增强了对国内外投资者的吸引力。

（3）开发区单位面积产值在不断提高。开发区在其起步发展阶段的5年内主要是集中力量搞基础建设，产业发展处于门类多、规模小的原生状态，单位面积产值普遍较低，一般在1亿元/千米^{2}左右。随着投产项目的增多，开发区逐步把提高效益放在重要位置，1999年与1989年相比，开发区土地的产出效率增长较多。2000年以来，开发区开发重点从量的快速提高向质的完善的发展阶段转变，开发区单位土地面积产出增长，投入产出效益明显。2009年10个国家级经济技术开发区平均每平方千米工业用地的地区生产总值达17.93亿元，工业产值达50.67亿元，经济增长的质量和土地利用效益的提高明显，形成了良好的投入产出效益，发展水平与城区发展水平相近。

综上，对围填海区和其他类经济园区的发展要有一定的耐心，不能急于求成。期望围填海区短期内形成开发规模的要求是不符合区域成长规律的。一般情况下，10年以内围填海区还处于初期发展阶段，经过10年以上的建设，围填海区才有可能发展为成熟城区。

二、经济园区和围填海区对沿海城镇布局的叠加影响

为了克服“工业与城镇建设围填海区”发展历史较短，不足以刻画其成长规律的限制，我们选择与围填海区相似的沿海经济园区作为研究对象，主要考虑以下因素：①区位上，两者均分布于沿海城市的独立区域；②功能用途上，两者均作为工业发展与城镇建设的集中区域；③与城市的空间关系，两者均既独立又有联系，即既独立于城市空间，又依托于城市支持，都有自己的“母城”；④发展本质上，两者的发展均为一种新的区域城市化过程，这个过程需要一定的成长周期，从无到有，再到发展成熟实现土地城市化与人口城市化。不同的是，沿海经济园区已经有多年的发展历史，且学者研究表明，部分园区已基本发展成熟，所以沿海经济园区适合作为围填海区的参照。本节利用沿海各类经济园区相关统计资料，重点分析了经济园区的空间布局、发展规模、功能类型及产业结构等方面的演变特征，基本掌握了园区成长的规律，在类比围填海区成长机制及经济发展潜力的过程中，发现了沿海经济园区发展的几个趋势值得我们关注。

（一）经济园区设置类型多样，变化更迭加快

研究发现，我国沿海地区先后拥有经济园区类型12种，园区类型设置大体经历了三个阶段：以经济技术开发区为代表的起步阶段（20世纪80年代至20世纪90年代末）；

沿海经济园区类型多样化发展阶段（2000～2010年）；以保税区为代表的优化升级调整阶段（2011年至今）。园区设置类型的演变是经济发展阶段、发展模式及国家政策多种因素综合影响的结果，不同类型的园区在发展速度、发展潜力、发展质量上也存在较大差别，发展好的园区可从低等级向高等级园区升级，类型更迭成为园区后期发展的重要特征。沿海经济园区及围填海区的设立与规划，应该根据宏观经济发展阶段及国家鼓励政策进行园区类型的选择与产业发展规划。

（二）园区空间布局以大城市为核心呈集聚趋势

20世纪80年代设立的24个经济园区，从北向南沿海岸线分散分布，未形成大规模集聚态势，仅在上海形成小范围的空间集聚。20世纪90年代出现的“开发区热”，设立园区总数达265个，山东半岛、长江三角洲地区、珠江三角洲地区园区范围扩展明显，与此同时，园区的空间集聚程度显著增强，形成了以天津、上海、广州为核心的集聚圈。2000年后，沿海经济园区数量仍快速增长，扩张势头依然强劲，空间分布由集聚圈扩大为集聚区或集聚带，长江三角洲地区、珠江三角洲地区及海峡两岸表现尤为显著，上海、天津成为超级集聚中心。近年来，园区设置从新设为主转为升级为主，园区的整合和内涵式发展形成了以大城市为核心相对稳定的空间集聚格局，而这种空间集聚的程度与核心城市的经济规模有较强的相关性，研究发现，若依托城市的经济实力相对雄厚，其园区经济规模与质量也相对较高，反之亦然。

（三）经济园区带动区域经济发展，优化区域产业结构，但同质化明显

沿海经济园区在区域发展中发挥了经济增长极作用，带动了区域产业发展与产业结构的调整升级，园区高技术、中高技术产业的功能定位使园区成为高新技术产业发展的沃土。据资料统计，电子信息、装备制造、食品加工、医药制造、服装纺织成为沿海经济园区发展的五大主导产业，还推动了诸如太阳能光伏、智能装备、新能源新材料等高技术产业及其相关技术产业的发展。高技术产业汇集于经济园区，逐渐形成了产业集聚效应，提升了区域技术经济水平，优化了区域产业结构。虽然不同等级、不同类型的园区的功能定位不同，但园区产业发展大多倾向选择具有市场广阔、对资源条件要求低、可极大解决劳动力就业问题特点的产业，从而导致了沿海经济园区产业同质化发展的问题。随着我国经济进入“后工业化”时代，沿海经济园区率先进行“退二进三”的产业结构调整，区内现代服务业、旅游业等第三产业项目不断增多，不仅完善了园区内社会服务功能，而且将第三产业发展作为主要产业。园区规划与设置，应避免同类型、同功能定位的园区在区域内重复设置，促进产业与经济园区的个性化发展，避免区域内园区同质发展、恶性竞争现象的出现。

（四）沿海经济园区存在分散冒进“隐患”

我国沿海经济园区在设置过程中缺乏有效的规划和监管，在园区经济发展中存在一段时间的盲目和步子过大问题，一些地方擅自批准设立名目繁多的各类园区（包括各类

开发区、度假区等），随意圈占大量耕地，越权出台优惠政策等，造成经济园区过多过滥、明显超出实际需要，造成目前经济园区规划数量多、规划面积过大等问题。还存在诸如忽略依托城市的规模，超前超大规划园区；忽视区位、交通因素，园区空间规划不合理、布局分散；产业规划不合理，园区发展动力不足，持续性不强；园区经济效益不高，土地闲置、浪费，空间利用不集约；产业发展雷同、园区间恶性竞争等问题。国家发改委城市和小城镇改革发展中心课题组2013年对12个省区的156个地级市和161个县级市的调查发现，90%以上的地级市正在规划建设新城或经济园区，全国新城、新区规划人口达34亿人。经统计，我国沿海53个地级市设置国家级和省级各类型经济园区达482个，平均下来，每个城市拥有9个省级以上园区。各市设置的种类园区数量越多，越不利于园区的健康发展。

（五）围填海区和经济园区对沿海城镇布局的叠加影响深刻

根据海域使用管理方面的相关统计，截至2017年，全国沿海已经先后批准44个区域建设用海规划、批准22个高涂围垦养殖用海规划、已经受理正在审查的区域建设用海规划有31个、已经受理正在审查的高涂围垦养殖用海规划有7个，总计涉及104个围填海区。而根据各省区市的海洋功能区划，全国已经选划的围填海区达300多个，平均下来，沿海53个地级市选划了5个以上的围填海区。

围填海区是沿海规模浩大的永久性基础建设，工业与城镇围填海区在实施围填活动的同时就已经确定了其用途。沿海地区近百个已经形成的围填海区的空间布局，以及设置的482个国家级和省级各类型经济园区，对沿海地区产业和城镇体系布局的影响不是相互分割的，而是具有深远的叠加影响。

三、依托母城投资能力影响围填海区成长潜力

为了解决围填海区应该规划多大规模、多长时间能够成长起来、哪些因素对围填海区成长至关重要等理论问题，本部分选择与围填海区相似的沿海经济园区作为研究对象，类比解决围填海区成长相关问题。

（一）依托城市影响园区经济发展的主要因素

经济园区既是独立于城市的空间，又与依托的“母城”存在密切联系。本节以大连、广州、天津等16个沿海城市及其经济园区为研究对象，从经济、社会、科教三方面构建城市对经济园区经济发展影响因素指标体系，运用因子分析法将指标体系提炼成城市综合经济实力与城市化两项公因子，根据分析结果对比实际情况发现，城市综合经济实力与城市化对经济园区经济发展具有显著正向影响。城市综合经济实力因子的影响系数达到0.786，说明城市综合经济实力的辐射能力对经济园区经济发展的影响作用较强，也说明城市资本、劳动力等资源要素投入对经济园区经济发展具有重要影响。城市化因子的影响系数为0.529，虽影响作用不及城市综合经济实力因子，但是其对经济园区经济发展的影响不容忽视。本节进一步通过回归分析法探究城市各要素对经济园区经济发展的影

响机制，研究结果表明，影响经济园区经济发展的具体城市要素有经济规模、产业结构、投资能力、科教水平、城市化水平和人力资源等。一方面依托城市为经济园区提供了充足的资金、技术、人才支持，以促进其经济的快速发展；另一方面依托城市产业结构调整与城市化方式为经济园区转变发展创造了新的契机。

（二）依托城市投资对园区经济发展的影响效应

投资是拉动经济增长的三驾马车之一，经济园区发展初期投资主要来源于依托城市，园区与依托城市间的资金流动是二者联系的重要内容。同时，依托城市固定资产投资因素在影响园区经济发展的因子载荷矩阵中包含的信息量最多，因此有必要就依托城市投资对园区经济发展的影响效应进行深入研究。本小节构建了以广州、天津、大连等 16 个沿海经济技术开发区时间序列的地区生产总值为因变量，以各开发区依托城市时间序列累计投资为自变量的面板数据模型，探究了城市投资对开发区经济发展的影响。研究发现，城市投资与开发区经济发展的关系是显著正相关的（图 16.2），且依托城市投资每增长 1%，开发区地区生产总值平均增长 1.209%；运用模型推算出当前生产力发展水平下城市投资与开发区经济发展的一般数量关系，如城市累计投资规模为 200 亿元时，可支持开发区发展实现生产总值约 5 亿元；城市累计投资规模为 15 000 亿元，其开发区地区生产总值可达到 946 亿元左右，说明开发区的经济规模与城市投资能力密切相关。因此各地在规划和辟建新的经济园区时，应该充分考虑城市的投资能力。

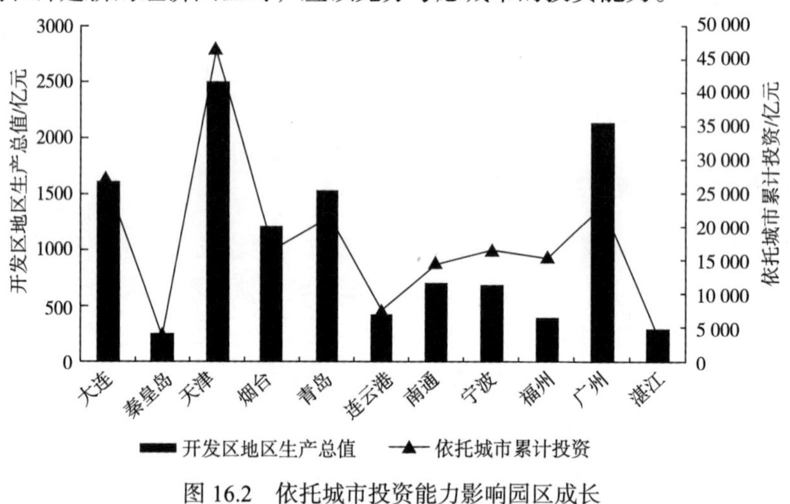

图 16.2 依托城市投资能力影响园区成长

尤其对于以围填海形式建设的经济园区，若城市投资能力有限，应严格控制区域建设用海（连片围填海区）的区块数量，以利于围填海形成的土地资源得到充分利用，避免出现城市投资能力有限而导致的资源浪费现象。城市投资对开发区经济发展的影响是波动变化的，大体上城市投资对开发区经济发展的影响在 0.79% ～ 1.09% 波动。在开发区建设初期、“二次创业”及转型升级阶段，即开发区建设高峰、投资需求较强时，城市投资对开发区经济发展的带动作用较大，此时应增加城市投资以保障开发区基础设施建设与产业发展；当开发区基本建成、产业发展相对稳定时，弹性系数有所下降，开发区经济发展受城市投资的影响减弱，应控制城市投资，避免投资效率降低。

经济园区的发展是个系统复杂的经济问题，受到依托城市投资能力、区位、交通、规模、产业、政策等多种因素的影响（张晓平，2002；胡幸等，2007），每个城市都应量力而行慎重设置新区。同样，城市投资能力较弱也不适宜划定太多的围填海区。围填海区依托的城市总体规模较大，可为围填海区成长提供有力支持。反之，围填海区依托的城市总体规模较小，则应严格控制审批规模。

四、交通通达性是影响经济园区成长的重要条件

交通基础设施作为区域经济和社会发展的基本要素，对经济园区发展起到引导、支撑和保障作用，同时交通运输水平也是反映园区发展条件优劣的重要指标。经济园区已经成为城市发展新的增长点，交通设施的空间非均衡性决定着园区与依托城市空间、经济联系的紧密程度，直接影响着各园区社会经济发展的机遇与潜力及社会经济活动中的区位优势。

（一）样本的选择

为了较全面地反映经济园区区域交通运输体系状况，本小节选取大连、营口、天津、青岛、宁波、温州、厦门、广州、惠州九个沿海经济技术开发区作为研究样本。主要基于以下考虑：①这些园区成立时间较早、建设时间长，发展相对成熟，具有一定的代表性；②这些园区的数据资料相对完整、规范，可得性较高；③研究样本均为远离城市的飞地经济园区，相比而言，位于城市边缘或者城市内部的经济园区与城市基本为一体，其交通优势与城市一致，而远离城市型园区在空间上远离城市，它是一种“飞地型的城市化”，对园区的经济发展和空间扩展产生重要影响的交通因素是以园区自身为中心的区域交通环境，因此独立评价远离城市型园区的交通优势度十分必要，对经济园区的交通与空间发展也更具指导意义。

（二）交通优势度评价指标体系的构建

交通优势度是评价区域交通条件、通达性水平的综合性集成指标，其核心是通过定量分析，在更宏观背景下评价研究区域交通条件的相对优劣水平（周宁等，2012）。交通优势度要比可达性指标更能够反映一个区域的交通运输体系水平，因此本小节选择以交通优势度评价模型评价沿海经济园区交通运输体系。

相对于城市，远离城市型经济园区有其自身的特殊性，与依托城市既有联系又有区别。经济园区是依托城市的一部分，但又远离依托城市市区独立发展。园区与依托城市间便捷的交通线路、设施可使二者联系更加紧密，也可使园区具有与依托城市相当的交通区位。以园区为核心的交通运输体系在交通线路、交通设施及交通区位等方面均有别于以依托城市市区为核心的交通运输体系。以天津经济技术开发区为例，园区虽然远离依托城市，但是与依托城市连接的交通线路密集，包括津塘高速、京津塘高速及津滨轻轨，园区与依托城市交通便捷，可借助依托城市交通网络对外联系；同时园区周边建有若干公路、铁路、机场、港口等交通设施，形成了自身的交通运输体系。

交通优势度评价首先由金凤君等（2008）提出，他指出交通优势度由区域交通设施网络规模（交通体系支撑能力）、干线的技术等级的影响程度（联系与集聚能力）和在宏观整体交通基础设施网络中该区域的通达性状态（区位优势）三方面集成。借鉴已有研究结果，结合经济园区的特殊性，构建包括路网密度、交通设施影响度、区位优势度三方面内容的经济园区交通优势度评价指标体系（表 16.5）。

表 16.5 沿海经济园区交通优势度评价指标体系

目标值	一级指标	二级指标
交通优势度	路网密度	高速密度
		国道密度
		省道密度
	交通设施影响度	港口影响度
		铁路影响度
		公路影响度
		机场影响度
	区位优势度	与中心城市交通便捷性

（三）交通优势度与园区发展水平的相关性

结合经济园区的路网密度、交通设施影响度、区位优势度，得到经济园区交通优势度评价结果（图 16.3），超过 2.5 与低于 0.5 的经济园区数量有 2 个，说明经济园区交通优势度的极化效应不明显，园区综合交通优势度整体处于较优水平。

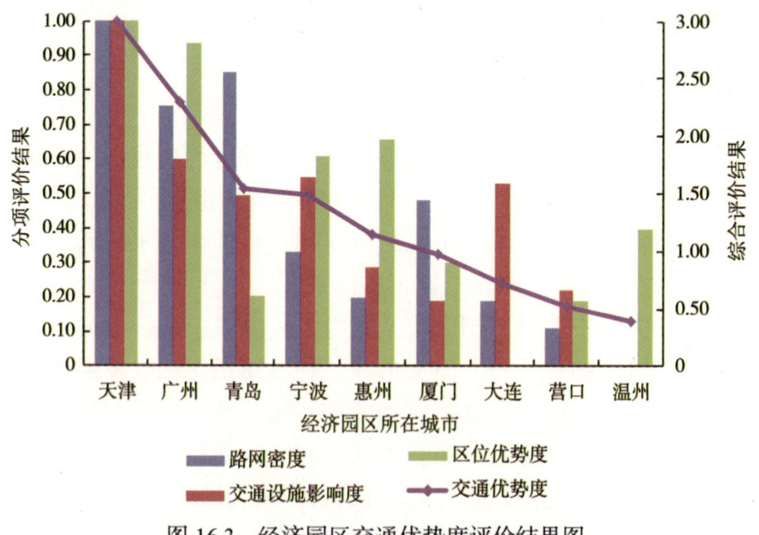

图 16.3 经济园区交通优势度评价结果图

总体来看，天津经济园区交通优势度在样本园区中处于绝对优势地位，路网密度、交通设施影响度、区位优势度评价值均为样本园区中最高值，表明天津经济园区交通运输体系完善、发达、高效，这与天津市是重要的交通枢纽城市有直接关系。依托城市发达的交通基础设施为经济园区发展提供了便利，而园区与依托城市间便捷的交通联系可使园区充分利用依托城市交通这一便利条件，使园区拥有高效、发达的交通运输体系。温州经济园区是样本园区中交通优势度评价最低的园区，路网密度、交通设施影响度两项指标均垫底，说明温州经济园区交通运输体系相对不完善——交通网络不密集、交通设施不丰富。温州市地域范围广，多山的地理环境使得温州交通基础设施建设难度较大，交通网络相对不发达，这也是温州经济园区交通优势度相对落后的原因。

其他经济园区交通运输体系各有优势。①以路网密度占优的经济园区有天津、青岛、广州经济园区，路网密度评价归一化结果分别达到 1.00、0.85、0.76，其道路总长度分别为 3454.56 千米、2852.40 千米、1713.66 千米。道路总长度名列前茅，说明其交通线路密集、交通网络发达。②交通设施影响度明显占优的是天津，其后依次是广州、宁波、大连、青岛经济园区，其他经济园区交通设施影响度表现一般，说明大多经济园区与交通基础设施存在一定距离，园区内拥有的交通基础设施数量有限。天津、广州、宁波、大连经济园区拥有或邻近多个港口码头及铁路设施，且交通设施等级较高，形成了完善的、运输能力强大的海陆联运体系，可以充分满足园区人员与货物运输的多重需求。③经济园区区位优势度差异化显著，位于城市群核心区的天津、广州经济园区区位优势度较高，评价结果分别达到 1.00、0.93，而位于边缘地理位置的大连、营口经济园区区位优势度较低，大连经济园区垫底，营口经济园区评价值仅为 0.19。多数园区区位优势度评价值在 0.3 ～ 0.7，说明沿海经济园区在交通环境中具有一定区位优势。

（四）对围填海区成长的启示

经济园区和围填海区均作为工业发展与城镇建设的集中和独立区域，发展本质上，均属于一种新的区域城市化过程，较高的综合交通水平对于围填海区的发展非常重要。在围填海区区位选择的过程中，尽量选择近交通优势明显的区域来布局，特别是高速交通体系（高速公路、高速铁路）等，这样可以加强围填海区与一线城市、省会城市、周边城市及依托城市的快速交通联系，从而提高围填海区接受中心城市辐射能量的水平，同时，布局在港口城市的围填海区要充分利用沿海临近港口的交通优势，促进港口与围填海区形成新的港城联动发展。

五、经济园不同区位空间扩张特征及对围填海区启示

交通区位是经济园区发展的基础性要素，是区域空间扩张的牵动力，对空间扩张具有指向性作用。本小节以经济园区与依托城市的交通区位关系为切入点，对经济园区空间扩张变化进行深入研究，以期明晰经济园区空间扩张的区位选择、空间形态与扩张规模，为经济园区及围填海区制订合理的空间规划提供理论参考。

（一）数据来源及处理

为能较完整、清晰地反映经济园区空间扩张特征与节奏，本小节选取了 16 个沿海

国家级经济技术开发区及其依托城市作为研究样本，分别为大连、秦皇岛、天津、烟台、青岛、连云港、南通、宁波、福州、广州、湛江、温州、营口、威海、惠州、厦门经济技术开发区。

数据选取的依据主要有以下考虑：一是这些经济技术开发区都是于 1984 年或者 1992 年设立的，它们已经有超过 20 年的发展历程，可以反映出经济园区长期发展所能实现的空间建设规模与空间扩张节奏，使研究成果具有可参考性；二是园区成立时间较早、建设时间长、数据资料相对完整规范，研究具有可行性。

经济园区空间规模以 16 个城市五期建设用地专题制图仪（thematic mapper，TM）遥感数据为依据。五期数据分别为 1990 年、1995 年、2000 年、2005 年、2010 年，来源于中国科学院测绘部门;经济园区的社会经济数据来源于 1989～2015 年《中国开发区年鉴》及各经济园区官方网站数据，城市社会经济数据来源于 1985 ～ 2015 年《中国城市统计年鉴》及各市统计年鉴。

根据园区与依托城市的空间位置关系，以园区设立时园区边界与依托城市市区边界的交通距离作为标准，将最短交通线路距离超过 20 千米的园区归类为远离城市型园区，这类园区包括大连、青岛、温州、营口、天津、宁波、厦门、惠州、广州经济园区；将依托城市市区边界向外到最短交通线路距离 20 千米范围以内设立的园区归类为城市边缘型经济园区，包括秦皇岛、福州、烟台经济园区；将在依托城市市区范围内设立的园区归类为城市内部型经济园区，主要有连云港、南通、湛江、威海经济园区。

（二）远离城市型经济园区扩张的空间特征

从远离城市型经济园区各时段空间扩张情况来看，园区扩张节奏明显表现出“先慢后快”的态势。园区 5 年岁空间规模平均为 9.62 平方千米，虽然低于所有园区平均水平，但仍为园区企业开拓了比较充足的发展空间；经过 10 年的发展建设，园区空间规模得到较快扩张，平均规模突破 20 平方千米；远离依托城市使得园区拥有较大扩张空间，当园区发展到 25 年岁时，其平均空间规模超过 50 平方千米，年平均扩张 2 平方千米。

远离城市型经济园区空间扩张呈现两极性差异，扩张面积最大的大连与扩张面积最小的温州，均属于远离城市型园区。二者距依托城市的距离均超过 20 千米，大连经济园区距离依托城市的距离大于温州经济园区，二者空间扩张规模相差 58 平方千米。对比大连与温州经济园区（图 16.4）可以发现，关键因素在于交通条件。大连经济园区拥有多种与外界及依托城市连接的交通线路与设施，如鹤大高速、沈大高速、大窑湾疏港高速及辽宁滨海大道等公路线路及与市区连接的轨道交通（轻轨），园区还拥有大连港大窑湾港区、北良港区、鲇鱼湾港区及专门的矿石、石化码头并配有专门的疏港铁路；而温州经济园区缺少与外界及依托城市连接的交通设施，经过园区的等级公路只有温州绕城高速公路，园区内没有港口码头及铁路设施。由此可见，大连经济园区与温州经济园区交通条件差距较大。经济园区与市区拥有便捷的交通线路连接，可以缩短园区与市区的时间距离，降低由于距依托城市较远，园区缺少依托城市支持而变成“孤岛”的可能性，增强依托城市对园区的人才、资金与技术支持，同时便利的对外交通可以促进园区企业对外联系及降低货物运输费用，推动园区的经济发展。

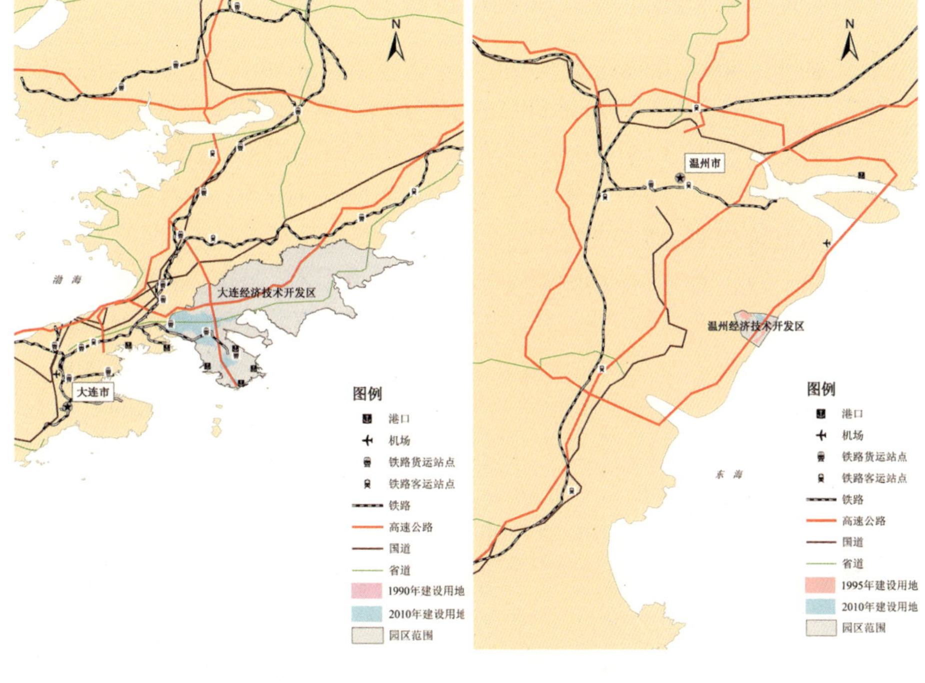

图 16.4　大连与温州经济园区空间扩张图

远离城市型经济园区在扩张空间上具有明显优势，而其距离依托城市较远也是园区扩张的劣势（图 16.5）。经济园区对依托城市具有一定依赖性，尤其园区建设初期，人力、物力、财力主要来源于依托城市，园区部分企业也来自依托城市的产业转移。理论上，经济园区距离依托城市越远，则关联度越低，依托城市对园区的经济辐射越弱，园区接受依托城市各类支持、带动越少，越不利于园区发展。

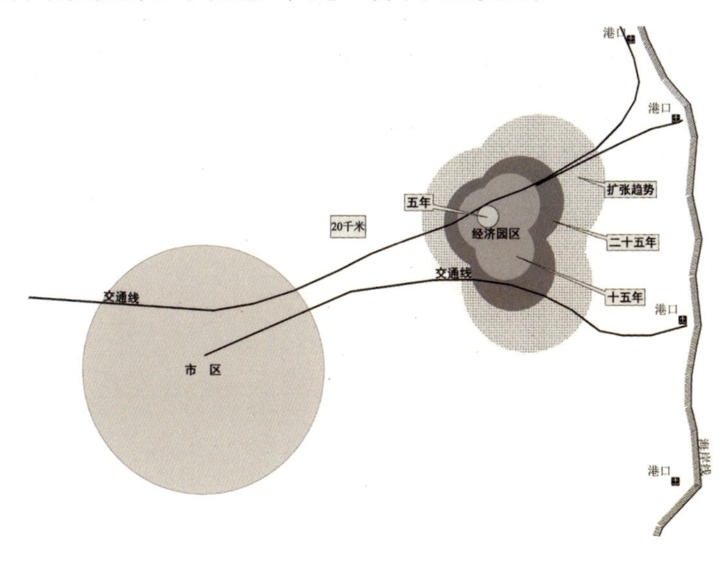

图 16.5　远离城市型经济园区空间扩张示意图

（三）城市边缘型经济园区空间扩张特征

秦皇岛、福州、烟台经济园区是典型的城市边缘型经济园区，这些园区借力依托城市的城市化进程，成为依托城市空间结构调整的重要载体，拥有较多扩张机会。从园区空间扩张数据来看，城市边缘型园区呈现先快后慢的扩张节奏：经济园区建设初期扩张速度快，5年岁园区空间规模平均为13平方千米，快于远离城市型经济园区；而后扩张速度平缓，发展到25年岁平均空间规模达到30平方千米，小于远离城市型经济园区；园区5～25年岁平均扩张面积为18平方千米，年平均扩张面积不足1平方千米。城市边缘型园区空间扩张特征总体表现为前期扩张速度快，后期平缓，扩张规模介于远离城市型与城市内部型之间。

城市边缘型经济园区扩张空间介于城市内部型经济园区与远离城市型经济园区之间。园区始建于依托城市边缘，一方面向依托城市外部扩张比向依托城市内部扩张的阻力小；另一方面园区发展同期经历依托城市推进城市化、调整依托城市空间结构的过程，这为园区向外扩张提供了助动力。研究秦皇岛（图16.6）、烟台、福州等经济园区的空间扩张过程发现，其扩张形态具有明显的由依托城市边缘向外扩张的特征。因此，可以将城市边缘型园区的扩张形态与方向概括为由依托城市向外展开的宽幅面扇形甚至是半圆形，如图16.7所示。

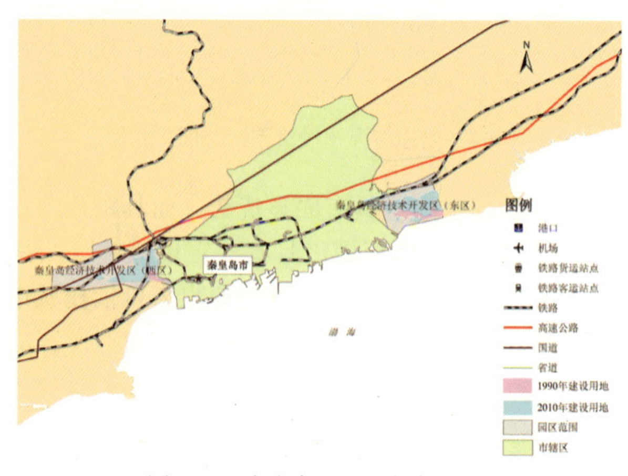

图16.6　秦皇岛园区空间扩张图

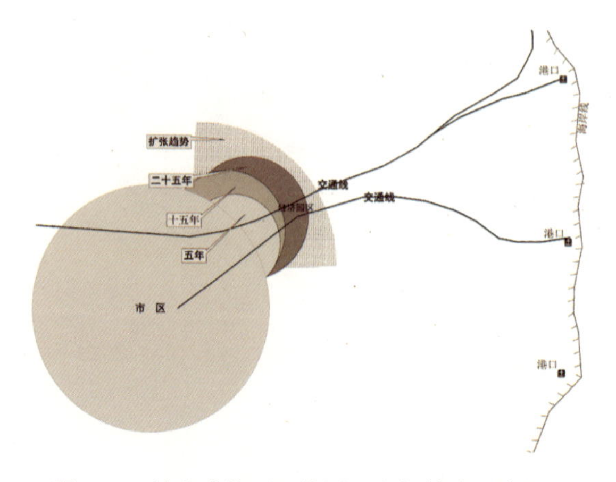

图16.7　城市边缘型经济园区空间扩张示意图

（四）城市内部型经济园区空间扩张特征

连云港、南通、威海、湛江经济园区是典型的位于市区内的经济园区，连云港、南通、湛江、威海经济园区的建设用地面积在建设初期即达到 59.90 平方千米、47.68 平方千米、16.96 平方千米、10.51 平方千米，平均规模为 33.76 平方千米，是本节所列所有园区平均水平的 2 倍，其中大部分为依托城市原有建设用地，因此园区建设前期即拥有较大建设用地面积。但其位于依托城市内部，受限于依托城市空间格局，扩张空间狭小，扩张阻力较大，经过二十年的建设，园区平均扩张了 16.15 平方千米，年平均扩张面积不足 1 平方千米，是三类园区中扩张规模最小的，远低于总体平均水平。城市内部型经济园区空间扩张特征总体表现为前期空间规模大，但扩张规模较小，扩张速度较慢。

经济园区布局于城市内部，在园区建设初期就拥有较好的基础设施条件，这为经济园区，尤其是依托城市实力较弱的经济园区的发展奠定了良好基础，为园区招商引资创造了基础优势。但是对园区的空间扩张存在一定的限制，受依托城市土地政策——控制新增建设用地，以及依托城市空间规模，既定的居住、商业空间结构的影响，园区扩张阻力较大，扩张空间有限，且扩张方向较狭窄。以南通经济园区的空间扩张过程为例（图 16.8），可看出城市内部型经济园区扩张首先以内生填充式为主，内部空间消耗殆尽后园区开始向外扩张，且扩张角度较小，基本以某个方向扩张为主，如南通经济园区以西北-东南方向向外扩张、连云港经济园区以东北-西南方向向外扩张。

图 16.8　南通园区空间扩张图

因此，城市内部型园区扩张形态基本呈现窄小的扇形，扩张过程多以内生式扩张与外延式扩张相结合（图 16.9）。

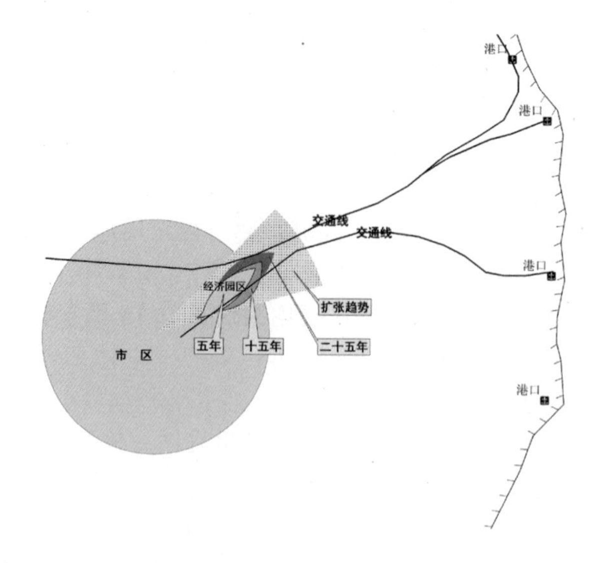

图 16.9 城市内部型经济园区空间扩张示意图

(五)园区扩张的资本投入比较

平整土地、给水、排水、通电、通路、通信、通暖气、通天然气等基础设施建设是园区扩张的基础工程，只有园区完成了良好的一级开发，才能使二级开发商进场后迅速开发建设。对于不同区位的经济园区而言，受区位环境影响，其进行一级开发所需要的投资存在差异。

本小节选择以投资密度来比较园区扩张的资本投入变化与差异。投资密度是指每单位土地的投资额，即投入多少资金可产出一平方千米基础设施完备的土地。整体来看(图 16.10)，园区投资密度平均不超过 10 亿元 / 千米^2，在建设初期投资密度相对较低，平均在 0.5 亿元 / 千米^2 左右。随着园区发展建设与宏观经济环境变化，园区基础设施建设的标准不断提升，由“五通一平”向“七通一平”甚至“十通一平”的高标准优质园区环境建设，使得投资密度逐渐提高。

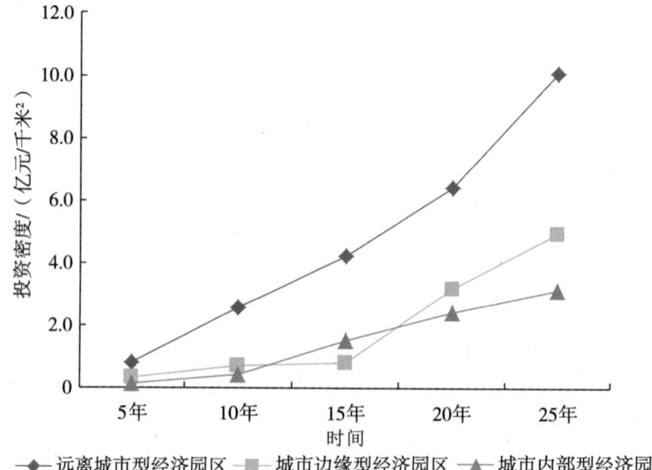

图 16.10 不同区位经济园区投资密度

三种不同区位园区的投资密度差别明显，主要由园区区位与空间扩张工程量决定。远离城市型经济园区，距离城市较远，空间扩张几乎完全需要新建基础设施，平整土地与建设基础设施等工程需要耗费更多的投资，因此远离城市型经济园区的投资密度高于其他区位的园区。城市边缘型经济园区由于贴近市区，市区的道路、电网、管道等设施可延长至园区，既节省了园区建设成本，又加强了依托城市对园区的支持与联系，因此城市边缘型经济园区投资密度低于远离城市型经济园区。但园区位于依托城市边缘，其扩张方向基本为由依托城市边缘向外扩张，由此会出现随距离增加园区借助依托城市基础设施优势逐渐削弱的情况。当无法借助依托城市基础设施时，城市边缘型经济园区则像远离城市型经济园区一样，完全自主建设园区基础设施，这使得园区投资密度迅速提高。城市边缘型经济园区扩张的资本投入过程为园区建设前期投入较低，增长平缓，后期大幅度提高，增长迅速。城市内部型经济园区投资密度最低，且增幅远低于其他区位的园区，这绝大部分得益于园区位于依托城市内部的区位优势，可最大程度地借助依托城市基础设施，降低园区建设成本。

（六）区位扩张特征对围填海区成长的启示

毗连大城市的区位条件优越、交通便利、区域发展潜力大、土地珍贵，可以较快与城市功能融合，具备较好的人力、财力、产业聚集条件，围填海区往往会得到较充分的开发利用。例如，大连市区的小平岛、星海湾和海之韵广场等围填海项目，天津滨海工业园区一期和二期围填海项目，青岛胶州湾沿围填海项目，深圳市盐田港区围填海项目等，基本属于毗连沿海大城市市区的围填海区，土地开发建设比较充分，与城市发展空间的功能融合较好。但还有很多围填海区存在依托的城市规模较小、远离城市、规模过大发展不起来的问题，如锦州新能源和可再生能源产业园区等围填海区进度较慢，开发建设程度较低，基本处于起步状态，已经填成陆地部分利用并不充分。远离城区的“飞地型”围填海区的开发与依托城市的建成区规模、人口规模、经济规模等有密切的联系。根据资料，上海等沿海发达城市的经济基础雄厚，围填海区域占城区建设用地的比例在 1/40 ～ 1/5，属于“大马拉小车”的状态，围填海形成的土地利用率比较高；而锦州等沿海中小城市的经济实力较弱，规划的围填海区域占城市建设用地的比例在 80% ～ 150%，个别城市的围填海规划区超过依托的“母城”建成区规模，属于“小马拉大车”的状态，围填海形成的土地短期内难以发挥效益是符合区域成长规律的。

六、建城区是围填海区成长的重要因素

（1）关注政策的波动性影响。在研究期间内，各等级城市新增建设用地平均规模总体上均处于波动上升的趋势，这与国家（区域）政策波动变化密切相关。2010 ～ 2015 年建设用地总体增长规模较大，远高于平均扩展水平。同时，城市等级越高，扩展规模相对越大。土地城市化的进程过快会带来诸如土地粗放利用、热岛效应、生态环境污染等问题，不利于城市的集约发展。临近市区的围填海区利用，要充分考虑城市面临的主要环境问题，减轻对城市发展的叠加效应。

（2）城市“核心—边缘”影响差异明显。城市建成区对其边缘新增建设用地的分布有着很强的引力作用，距离越近，扩展强度越高，扩展强度与建成区的距离存在衰减的对数曲线关系。同时，新增建设用地景观分离度与建成区距离总体上呈缓慢上升趋势，图斑分布越来越分散。城市等级越高，对图斑的分布影响越大。城市核心区与边缘区存在着经济发展不平等的关系，核心区资源集聚较高，经济发展持续增长；边缘区处于依赖地位，社会发展较落后。如何处理“核心—边缘”区域空间发展关系，不同等级城市应给予不同策略。例如，中、小城市可以增强核心区的综合实力，通过产业转移的方式带动边缘区域的发展，最终达到区域空间一体化的相对均衡模式。同时，在用地布局的规划过程中，可以考虑依托建成区较近区域来开发，提升规模效益。

围填海区的成长也在某个方面验证了上述结论。根据实地调查，依托大连、天津、青岛、上海和深圳等沿海规模较大城市的围填区，开发利用比较充分。与此形成鲜明对比的是，锦州新能源和可再生能源产业园区等围填海区进度较慢，土地开发建设效率比较低，基本处于起步状态，已经填成陆地部分利用并不充分。

（3）关注城市微区位影响。围填海区的土地用地类型属性为新增建设用地，故建成区对新增建设用地扩展影响的规律对围填海区的发展也有着积极的启示作用。首先，对于沿海城市而言，建成区等级越高，经济发展速度越快，那么对围填海规模的需求也越大。围填海区的发展规划要考虑依托城市建成区的等级规模、城市化发展阶段，以及该城市的发展政策导向。其次，围填海区域成长过程还受距离城市建成区远近的微区位影响，一般情况下，离核心建成区越近，扩展强度越高，规模效益越明显。

第五节 陆域土地与围填海区统筹的重点

一、陆域土地与围填海区空间规划的统筹

围填海造地影响的区域，是陆地和海洋交叉的海滨地区。目前我国的空间规划在海洋和陆地上基本是分割的、独立的，“管海洋的不上陆，管陆地的不下海”，这对具有海陆双重特点的区域的有效管理、科学开发和可持续利用造成影响。因此，有必要研究陆域土地与围填海区空间规划的统筹问题。

陆域相关规划主要包括国民经济和社会发展规划、空间综合规划、主体功能区规划、土地利用总体规划、城乡总体规划，上述规划是海洋功能区划的上位规划（图 16.11），在划定围填海区时要与上述规划合理衔接。海洋主体功能区划也是海洋功能区划的上位规划，在划定围填海区时要考虑与主体功能定位的衔接。

海洋功能区划一经批准，就应该成为制订陆域相关上位规划的重要依据，不能随意突破。同时，海洋功能区划中的围填海区划定与港口用海规划、滨海旅游用海规划、城市规划区详细控制规划具有密切的联系，这些具体的用海规划需要符合海洋功能区划的功能定位。

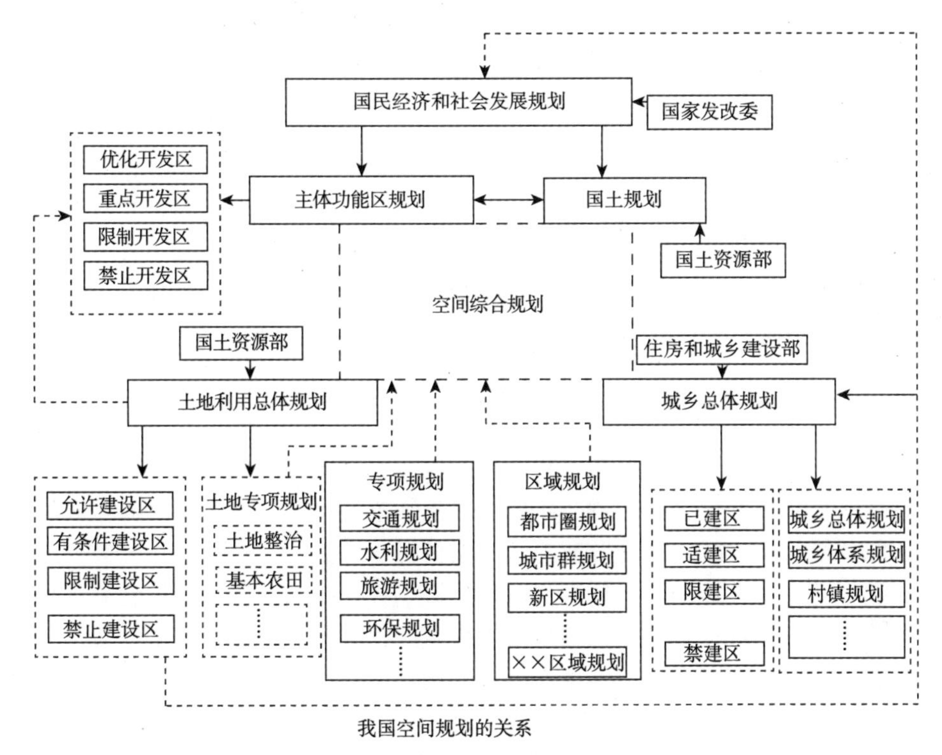

图 16.11　空间规划内容示意图

二、充分发挥海洋功能区划对围填海区的调控作用

我们通过对《全国海洋功能区划（2011—2020 年）》和沿海省级海洋功能区划的全面梳理发现，沿海各省区市海洋功能区划在基本原则、主要目标、空间布局和保障措施方面都考虑了陆海统筹问题。在基本原则方面，根据陆地空间与海洋空间的关联性，以及海洋系统的相对独立性，强调统筹和协调陆地与海洋的开发利用及环境保护，坚持海域与近岸陆域发展的衔接和联动，实现海洋综合开发和环境保护的陆海统筹协调发展；在主要目标方面，主要关注陆海产业的协调发展、陆海交通设施的统筹布局及陆海环境的统筹管理；在空间布局方面，主要关注陆海联动、以海引陆、以陆促海，按照陆海统筹的原则布局工业与城镇用海，陆海统筹、河海兼顾、有效控制陆海污染源等；保障措施方面，主要有坚持陆海统筹发展理念、限制“三高”类产业在沿海地区布局，坚持陆海统筹、保护海洋环境，坚持陆海统筹原则、加强围填海管理等。为了更科学合理地发挥海洋功能区划作用，优化配置海域资源，建议在新一轮海洋功能区划划定工业与城镇围填海过程中重点做好以下几个方面工作。

一是要调整海洋功能区划的目标。《全国海洋功能区划（2011—2020 年）》确定的围填海控制要求是“合理控制围填海规模。严格实施围填海年度计划制度，遏制围填海增长过快的趋势。围填海控制面积符合国民经济宏观调控总体要求和海洋生态环境承载能力”。重点要求控制围填海面积，反映 2010 年前后我国围填海需求压力较大的背景。时至今日，围填海需求的背景发生了明显变化，其管理可考虑从“需求引导供给”的模式导入“供给引导需求”的模式，可考虑对围填海的审批节奏提出合理的要求。

二是对各省区市的围填海区进行分类管理。建议各省区市对每个省级海洋功能区划选划的工业与城镇围填海区的水文泥沙、资源状况、集疏运条件、产业用地需求、园区发展潜力等因素综合评价，经过综合评价后将未审批的围填海区分为三个类型。第一类是必须保障的工业与城镇围填海区，按程序申报审批；第二类是经过严格论证才能审批的工业与城镇围填海区；第三类是工业与城镇围填海区的储备性用海，在本轮海洋功能区划执行过程中原则上不宜审批工业与城镇围填海区，且审批的其他用海应以不改变海域的自然属性为原则，为长远的工业与城镇围填海区建设需求留足空间。

三、统筹考虑城镇与围填海区空间联系

围填海区的布局问题十分复杂，按照其影响因素的差异可划分为两个阶段。第一个阶段就是从选址到围填成陆的过程，主要受自然因素的影响，围填海与海域和海岸生态系统、资源系统、防灾减灾系统及航道水文条件等自然因素具有关联性。需要重点关注近岸海域围填海适宜性评估、围填海生态环境影响评估、海湾围填海工程总量控制指标及控制线、围填海工程关键技术、围填海工程生态损害与补偿等围填工程所涉及的科学技术问题和自然科学问题。虽然围填海引起的局部海域环境问题存在，但并不是各方面关注的核心问题。

第二个阶段是围填成陆到实际利用的过程，由围填海区闲置且不能及时利用而引起关注。这类问题与沿海地区产业和城镇布局、用地需求、发展基础等社会经济要素的联系更密切，是非常复杂的区域社会经济发展过程，也必须从区域经济发展规律方面寻求答案，重点关注以下几个方面的问题。一是结合相关的中长期规划统筹围填海工程，从整体上统筹考虑海域资源环境的容量、临海产业的布局和综合效益的发挥，充分吸取世界各国围填海的经验教训，结合我国实际，以海洋功能区划为基础，研究编制和实施我国围填海总体规划，确立围填海开发的基本原则、控制指标、区划管控和综合管制措施，确立围填海科学合理的开发时序和规模。二是客观评估围填海拉动地区经济发展的作用，抑制不合理的建设。沿海每个县甚至镇都规划自己的围填海区，形成“一县多区”分散布局的状态，其根源是片面夸大了围填海区对区域经济发展的拉动作用。要组织力量深入研究经济园区对地区经济的贡献、定量评估围填海拉动地区经济的作用、建立规范的围填海投入产出评价体系等，提高围填海的科学性，减少盲目性，切实抑制不合理的围填海需求。三是充分考虑到区域成长的漫长过程，容忍围填海区有一个合理的闲置期。四是充分考虑围填海区依托城市的社会经济条件，包括城市发展阶段、城市投资能力、城市土地压力特点等。五是考虑围填海的区位选择，包括位于城区的相对位置、交通通达性、与中心城市距离、铁路线对其影响等。

四、围填海工程项目层的陆海统筹

一是选择有较大利用潜力的区位。近岸海域资源既是宝贵的自然资源，也是重要的环境资源和经济资源，然而目前有些地方未能结合当地的实际经济发展规划区域建设用海，从而出现规划区内土地资源利用率低和综合效益不高的问题，造成近岸海域资源的

极大浪费。因此，需要根据地区的资源环境技术条件、社会经济发展状况，结合其他约束条件及对未来的预测，在有较大利用潜力的地区规划区域建设用海项目，从而达到经济效益、生态效益和社会效益的最佳结合。

二是选择海水动力条件较好的海域。海水动力条件将影响附近海域的淤积、污染物输移扩散等，从而对周围海域的生态资源环境产生很大影响。区域建设用海应选择在水动力条件较好的区位布局。工业、港口等都需要良好的水动力条件进行污染物输移扩散，而城镇商业建设需要良好的水动力条件提供一个适宜亲水的工作和居住环境。

三是海上活动与陆上产业关联。部分区域建设用海在确定产业定位时，在产业选择上没有考虑当地的要素禀赋，没有明确主导产业，产业链体系还较为薄弱，企业间关联度不高，难以形成特色鲜明、具有产业集中度的区域，甚至有些规划与区域发展规划或区域产业定位不衔接。作为一个新建设的项目集中区，理应与周边陆上产业优势互补、良性互动，形成产业特色，进而拉动地区经济发展。

四是与海岸修复和治理相结合。围填海活动固然会产生加剧海岸侵蚀、影响江河的泄洪能力和港口的航运功能、造成泥沙淤积、渔业资源衰退、近海生态环境退化等环境和生态问题，但经过严格科学论证，选择适宜的区位围填，通过采取多岛式、离岸式的平面布置，可以在一定程度上减少对海洋环境的影响。同时，在岸边参差不齐、滩涂淤泥沉积、海岸带环境脏乱差的海岸，通过部分围填海项目与海岸带整治修复项目有机结合，有可能改善海洋生态环境。厦门环东海域综合整治建设工程从海洋生态环境修复入手，通过开展养殖清退、清淤吹填、红树林生态湿地公园、人造沙滩修复建设等手段，形成了洁净的城市生活岸线，营造了美丽的滨水景观，呈现出经济效益、社会效益和生态效益三赢的良好局面。

第十七章　陆海油气资源统筹利用研究

我国陆地和海洋均有油气资源的储藏，有两个事实需要引起重视。一是我国海洋石油和天然气平均探明率较低，具有较大的开发潜力；二是在我国石油国际依存度不断提高的同时，南海油气资源却遭受周边国家的大量掠夺。无论从国家海洋权益角度还是从国家能源安全的角度考虑，加大东海和南海油气资源的开发力度都十分迫切。开发利用海洋油气资源固然受到海洋油气开采技术、海洋权益等方面限制，但海洋油气开发利用成本高、收益低也是企业动力不足的重要原因。如何看待海洋油气资源的开发成本和效益，企业视角和国家视角是存在差异的。从企业视角比较陆域和海洋油气资源的开发成本，海洋油气资源的开发成本高、收益低；从国家视角来看开发利用海洋油气资源的收益问题，则需要将海洋油气资源开发带来的海洋权益效益、资源收益、突破技术垄断收益和促进海洋油气资源开发技术能力提升等经济正外部性因素考虑进来。在这样的前提下考虑统筹利用我国陆海油气资源问题，尽早开发利用东海和南海油气资源是利大于弊的，国家需要制定相关政策鼓励企业加大海洋油气资源开发力度。本部分重点围绕以上三个方面开展讨论。

第一节　研究背景、基本概念及研究框架

一、研究背景

（一）陆上油气资源的勘探开发成本不断上升

我国油气资源主要存在于陆上的盆地中，地质条件非常复杂。我国的陆上油气资源经过几十年的大力开发，几大主力油田基本已经进入高采出、高含水阶段，特别是大庆油田和胜利油田等主力油田，综合含水率均已超过 88%，采出程度达到 75%，总体已进入产量递减阶段。其中，东部地区待发现的油气田规模逐渐减小、隐蔽性不断增强；中西部地区地表条件复杂多样、油气资源埋藏较深、技术要求高，低品位、难开发的油气资源比例逐渐增大，老油田综合含水率高，普遍已经进入产量递减阶段，开发成本不断增加，开发难度逐渐加大。

（二）我国海洋油气资源的开发仍处于起步阶段

随着技术进步和经济发展，人类开发海洋资源的能力大幅提高，有越来越多的国家希望从海洋中寻求生存所需的基本物质资源。据美国《油气杂志》统计，截至2017年，全球石油剩余探明储量为2262.8亿吨，石油产量约为43.6亿吨，储采比为57年；天然气剩余探明储量为196.8万亿立方米，天然气产量达3.7万亿立方米，储采比为53年。我国海洋油气资源的开发比西方国家的海洋油气资源开发起步晚，我国海洋油气资源开发大约起步于中华人民共和国成立以后。1966年首先在渤海开始了海洋油气资源的开发，建成了2座钻井平台，自此我国海洋油气资源的开发进入高速发展阶段，然而目前我国海洋油气资源的勘探开发程度仍然相对较低，2017年中国海洋石油集团国内石油产量约为4278万吨，天然气产量为143亿立方米。第三次油气资源评价结果显示，我国海洋石油和天然气平均探明率仅为12.3%和10.9%，远低于73%和60.5%的世界平均探明率，因此我国海洋油气资源整体上还处于开发的早中期阶段，未来开发潜力是巨大的。

（三）我国管辖海域的油气资源遭受严重掠夺

渤海海域一直是我国海洋油气资源开发的重点海域，开发时间早、程度深，所以我国企业在海洋油气资源开发项目的选择上，以渤海项目为主，渤海原油产量逐年增加。南海海域的油气资源比渤海海域的油气资源储量丰富，但是由于近年来我国与周边国家在南海问题上存在诸多争端，且我国深海油气资源开发技术较为落后，南海油气资源的开发程度较低。我国政府一直秉持着“搁置争议，共同开发”的态度，但是周边国家对南海油气资源的开采从未停止。相关资料显示，近年来，超过200家的西方石油公司在南海海域进行油气资源的开采，这些公司钻井1700多口，日平均产油量达到17. 9万吨，石油年产量达到6500万吨，天然气年产量达到750亿立方米，大约等于我国大庆油田的年均产量。针对南海存在的问题，有必要探讨调整油气资源开发战略，优先开发南海油气资源问题。

（四）海洋油气资源利用是陆海资源统筹利用的重要部分

油气资源作为我国的主要能源，研究油气资源开发的成本效益，提出合理的油气资源开发战略，对解决我国能源安全问题具有重要意义。为了解决我国海洋资源与陆域资源统筹利用问题，研究我国油气资源开发战略，优先开发深海油气资源，替代或补充陆上油气资源是项目的重要组成部分。目前我国油气资源勘探开发的区域是由国家划定的，主要是由国家所控股的石油公司对这一区域进行总体的勘探和开发，我国政府通过征收探矿权价款、采矿权价款和采矿权使用费、矿产资源补偿费等费用来获取收益。企业在开发某个油气项目时，以企业利润最大化为目标，主要考虑这个油气资源开发项目给企业带来的经济效益，因此企业在选择开发项目的时候就会选择成本最小、风险最低、效益最大的项目。因此，在陆海油气资源的开发项目中，企业就更愿意选择成本和风险都相对较小的陆上项目。但是，油气资源作为一种战略资源和不可再生资源，它的开发利用不应该完全由企业决定，应该以国家为主导，由国家来指导企业综合考虑国家、社会和经济三方面的效益，从而让企业选择最合适的油气资源开发项目。我国有绵长的海岸线，海上与许多国家相邻或相向，因此存在海洋划界争端问题。在这种情况下，优先开发南海等争议海域的油气资源既能解决复杂的南海争端问题，又能为我国带来经济效益和社会效益。我国尚未大规模勘探开发的争议海域，其油气资源具有吸引力，探讨优先开发争议海域油气资源的必要性和相关制度，为国家激励企业开发海洋油气资源提供政策建议，对我国的能源建设、能源安全、经济发展，对维护我国海洋权益，稳定周边形势都具有现实的意义。

二、相关基本概念

（一）成本的基本内涵

成本是生产和销售一定种类与数量的产品以耗费的资源用货币计量的经济价值。产品在生产过程中会消耗一定的生产资料和劳动力，这些可以用货币计量的消耗表现为材料费用、折旧费用、工资费用等。企业的经营过程包括生产活动和销售活动，销售活动中的费用也应计入成本，但本书不考虑企业销售石油产生的销售费用。

油气资源开发成本效益研究以油气资源开发成本核算要素的研究为基础，现有的研究主要按照油气资源开发活动的阶段划分，以美国证券交易委员会的SX4-10条例为依据。SX4-10条例将油气资源的开发活动分成矿区的取得阶段、勘探阶段、开发阶段和生产阶段。企业或个人取得在矿区进行勘探生产的权益过程为矿区的取得阶段，寻找可开发的油气资源的过程为勘探阶段，将探明可开发储量转化为探明已开发储量的过程为开发阶段，将探明已开发储量转化为可供出售的油气产品的过程为生产阶段。整个油气资源开发过程从取得矿区权益开始，到生产出来的油气资源进入销售环节为止。凡是在油气资源开发过程中发生的成本就是油气资源的开发成本，否则就不是油气资源的开发成本（如销售油气资源所产生的成本）。

在进行油气资源开发活动的阶段划分时，一般规定油气资源开发活动中每一类成本按照它所发生的阶段进行划分。在油气资源开发的每一阶段，油气资源的储量类别都会发生变化，因此对油气资源开发活动阶段的划分也可依据储量类别的变化。勘探成本就是把非探明储量转化为探明储量，开发成本就是把探明的未开发储量转化为探明的已开发储量，生产成本就是把探明已开发储量转化为油气产量。

本章的海洋油气资源主要是处于海平面以下的石油资源和天然气资源；陆上油气资源是指处于我国陆上领土范围内的石油资源和天然气资源；油气资源的开发成本主要由矿区取得成本、勘探成本、建设成本和生产成本构成。本章认为油气生产企业的主要收入来源是销售收入，销售收入与产量和油气产品的市场价格有关。为了分析方便，假设国家在油气资源开发项目中所获得的“收入”不仅有产品的销售收入，还要考虑社会效益的影响；收入和成本之差是构成效益的基础，油气资源开发项目的效益主要包括经济效益和社会效益。

（二）收入的基本内涵

收入是财务会计的基本概念。收入可以分为广义和狭义两种，广义的收入是指企业的正常生产活动及正常生产活动以外的各项活动所形成的经济利益的总流入；狭义的收入指收入限定在企业的正常生产活动所形成的经济利益总流入，我国企业在日常会计核算中采用的是狭义收入的概念，即指计算正常生产活动中的经济利益的流入。

油气生产企业要进行油气的生产活动，从而生产出一定数量的油气产品，企业在生产出产品之后要将产品销售出去，才能取得收入。本章认为油气生产企业的主要收入来源就是销售收入，销售收入与产量和油气产品的市场价格有关。

为了分析方便，假设国家在油气资源开发项目中所获得的“收入”并不仅仅是财务会计中所定义的收入，还要考虑社会效益的影响，因此国家在油气资源开发项目中所获得的“收入”与企业在油气资源开发过程中所获得的收入不同。因为考虑的社会效益无法用货币计量，因此本章中对社会效益与国家在油气资源开发项目中所获得的“收入”的关系只是做一个相对分析，并没有分析社会效益具体数据的变动对“收入”的影响。

（三）效益的基本构成

虽然效益的概念被广泛运用，大量出现在一些报纸、杂志和文献中，但国内外尚未形成效益的一致定义。本章认为：收入和成本之差是构成效益的基础，油气资源开发项目的效益主要包括经济效益和社会效益（图 17.1）。

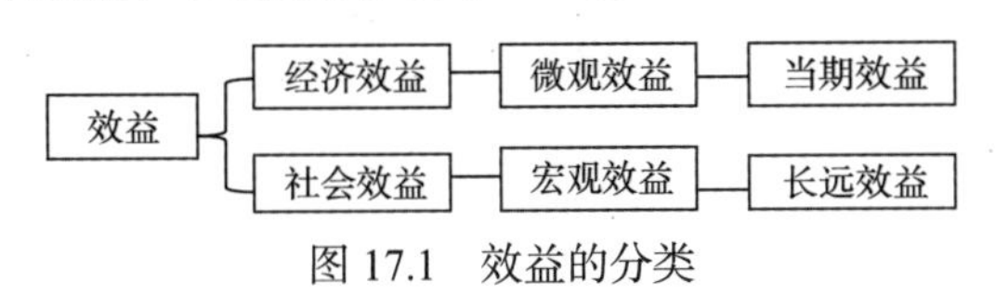

图 17.1　效益的分类

1. 经济效益

经济效益是一切经济活动的核心，是指用耗费最少的劳动取得最多的经营成果，或者耗费同等的劳动取得更多的经营成果。一般的计算方式是“生产总值－生产成本”，要评价一项经济活动是否应该进行，经济效益是重要的指标。

2. 社会效益

社会效益是企业对社会、环境、居民等带来的综合效益，是对经济增长、增加就业、提高财政收入、改善生活水平等社会福利方面所作出的贡献的总称。

为了分析方便，在企业视角下开发油气资源项目的效益仅包括经济效益；在国家视角下油气资源开发项目的效益不仅包括经济效益，还包括社会效益。同时，本章只考虑油气资源开发带来的正的社会效益，不考虑油气资源开发所带来的负的社会效益。

（四）成本–效益分析法

成本–效益分析法自提出后被广泛应用。英国的经济学家马歇尔对成本效益分析法的定义进行了扩展，形成了成本–效益分析法的理论基础（Gjolberg and Johnsen，1999）。多年以后，意大利经济学家帕累托在前人发展的理论基础上重新界定了成本–效益分析法的概念（Forero，2005）。1936 年，成本–效益分析法首次应用于实践中，在美国《联邦航海法案》中运用成本–效益分析法分析了法案的可行性（Yergin，2005）。1940 年美国经济学家尼古拉斯总结提炼了前人的成果，重新建立了成本–效益分析法的理论基础，即卡尔德—希克斯准则。随着经济社会的不断发展，政府投资项目逐渐增加，投资越来越受到人们的重视，项目支出的经济效益和社会效益也越来越重要，这就需要一种能够把成本和效益进行对比的方法，因此成本–效益分析法迅速应用于实践之中，并被世界各国广泛采纳。

成本–效益分析法归纳总结了投资中可能发生的各项成本和效益，然后通过计算成本和效益的比值，得出该投资项目的绩效。成本效益是一个矛盾的统一体，二者互为条件，相伴共存，又互相矛盾，此增彼减。

成本–效益分析法归纳企业在经营生产活动中的各项成本和效益，然后计算成本和效益的比值，得出该投资的绩效。本章中所运用的成本–效益分析就是将项目中可能发生的成本与收入归纳起来，根据效益 = 收入 – 成本，计算出开发油气资源项目能为企业和国家带来的效益。然后分别在企业视角下和国家视角下绘制出成本理论曲线和收入理论曲线。通过图形的分析，得出了企业愿意开发陆上油气资源而不是海上油气资源的原因，以及从国家视角出发，企业应该优先开发深海油气资源，其次是浅海油气资源，最后开发陆上油气资源的结论。

三、基本研究框架

本章采用了成本–效益分析方法，选取陆上和海洋油气资源开发作为研究对象，以陆上和渤海、东海、南海三大海域为研究范围，首先对我国油气资源开发的现状进行分析，综合评价目前我国油气资源开发中存在的问题。其次分析了影响陆上和海洋油气资源开发的成本指标，找出陆上和海洋油气资源开发项目中成本的不同点，并且将陆上油气资源开发成本与海上油气资源开发成本进行比较分析，从成本的角度出发说明了目前我国油气资源开发是以陆上油气资源为主的原因。再次从企业和国家两个视角分析了油气资源开发过程的效益构成，并重点分析了海洋油气资源开发中区别于陆上油气资源开发的三个社会效益，即对附近海域主权的维护、提高深海勘探开发技术，形成高技术产业族群和争议海域油气资源的争夺，说明了国家应该指导企业综合考虑经济效益和社会效益，从而让企业的开发重点转向海洋油气资源，特别是深海海域油气资源。最后为国家激励企业开发海洋油气资源提供政策建议，保证我国海洋石油资源开发的持续健康发展。本章的基本研究框架如图 17.2 所示。

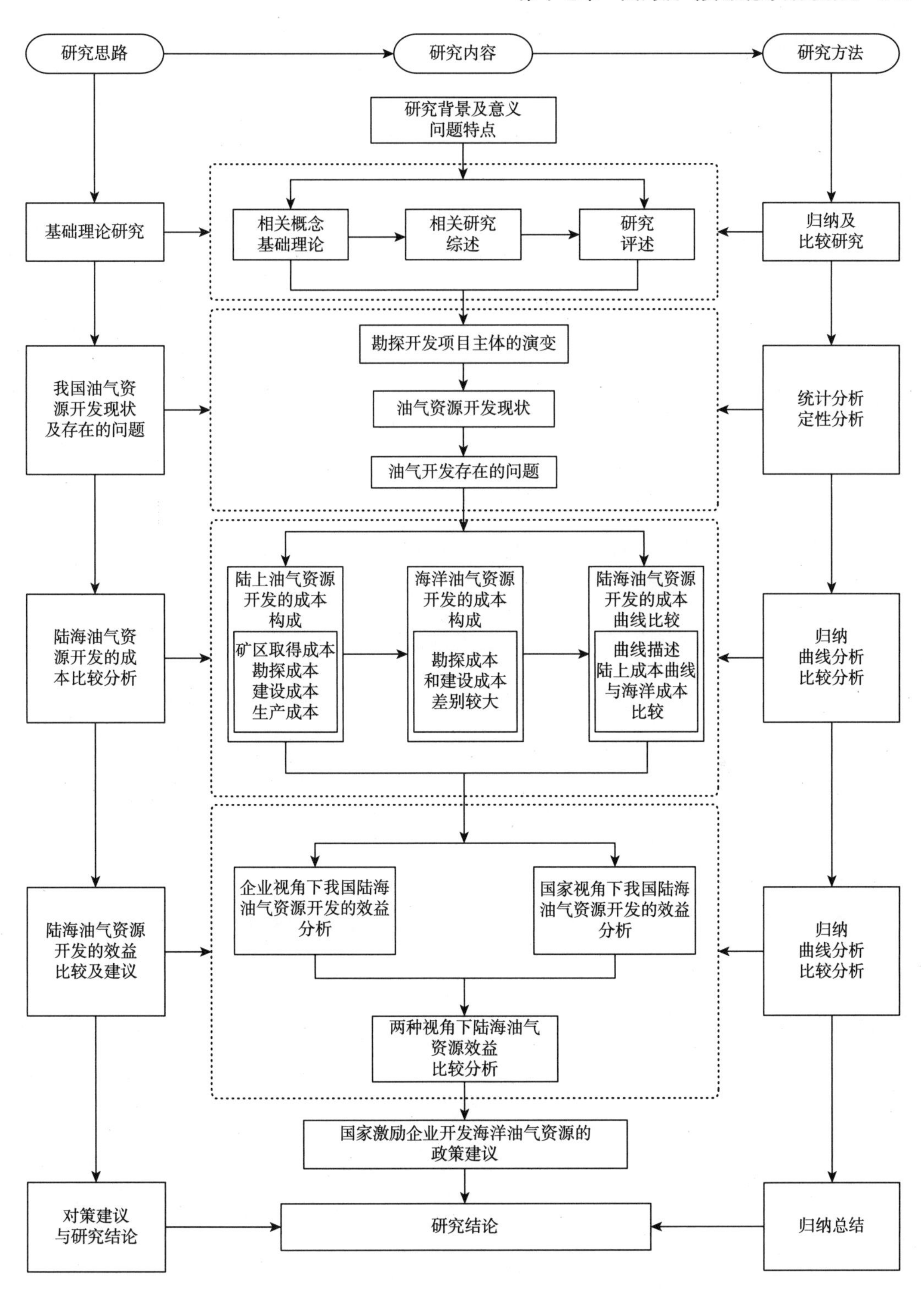
研究思路
研究内容
研究方法
研究背景及意义
问题特点
基础理论研究
相关概念
基础理论
相关研究
综述
研究
评述
归纳及
比较研究
我国油气资
源开发现状
及存在的问题
勘探开发项目主体的演变
油气资源开发现状
油气开发存在的问题
统计分析
定性分析
陆海油气资
源开发的成
本比较分析
陆上油气资源
开发的成本
构成
矿区取得成本
勘探成本
建设成本
生产成本
海洋油气资源
开发的成本
构成
勘探成本
和建设成本
差别较大
陆海油气资源
开发的成本
曲线比较
曲线描述
陆上成本曲线
与海洋成本
比较
归纳
曲线分析
比较分析
陆海油气资源
开发的效益
比较及建议
企业视角下我国陆海
油气资源开发的效益
分析
国家视角下我国陆海
油气资源开发的效益
分析
两种视角下陆海油气
资源效益
比较分析
归纳
曲线分析
比较分析
国家激励企业开发海洋油气资源的
政策建议
对策建议
与研究结论
研究结论
归纳总结

图 17.2　技术路线图

四、拟解决的主要难题

（一）寻求油气资源陆海统筹利用的抓手

油气资源是重要的战略资源，也是耗竭性能源，陆海油气资源利用如何纳入统筹利用战略体系是必然会遇到的问题。按照资源利用序次确定的一般标准来看，只有当海洋油气资源的开发成本具有竞争性时才会考虑其利用问题。但是，经济效益不是海洋油气资源开发利用唯一要考虑的因素，还要考虑国家海洋发展战略和能源利用战略的影响，需要不断强化国家战略层面的陆海资源统筹利用意识。因此，通过深入的理论和实证研究，寻求将陆海资源统筹这种宏观抽象的战略落到实处，是较大的难题。

（二）构建能反映陆海差异的成本收益体系

陆上和海洋油气资源开发的成本既有相同的部分，也存在明显的差异。和陆域油气资源开发利用的效益相比，海洋油气资源开发还具有较大的社会效益，包括海域主权的维护、形成高技术产业族群和争议海域油气资源的争夺。如何客观评估海洋油气资源开发的社会效益，并纳入陆海油气资源开发成本收益体系，是需要深入研究的理论问题。

（三）在企业和国家利益间架设联系的桥梁

海洋油气资源开发主体是相关的油气企业，海洋权益等效益是国家视角的宏观利益。具体企业更多关注的是油气开发具体的成本收益，国家关注的维护海洋权益和提高海洋技术的竞争力的宏观成本收益是海洋油气资源开发明显的经济正外部性，在企业和国家利益间架设联系的桥梁，可达到既维护企业利益又体现国家战略意志的目标。

第二节　我国油气资源开发现状及存在的问题

一、我国油气资源开发现状

（一）我国油气资源开发项目主体的演变过程

从我国开始油气资源开发到改革开放以前，油气资源的整个开发过程是计划经济体制下的一种政府行为。油气资源的整个开发过程如下：原地质部组织勘探，勘探得到的成果需要提供给石油生产部门，即原石油工业部，由该部门负责油气资源的开发，经过多年的发展，石油生产部门已形成了自己的管理模式和生产经营体系。

伴随着改革开放的步伐加快，我国进行了经济体制的改革，逐步建立了有中国特色的社会主义经济体制，逐渐将油气资源的开发从政府行为变成以企业为开发主体的企业行为。至此，我国基本上形成了以中国石油天然气集团有限公司、中国石油化工集团有限公司等油气资源生产企业的油气资源勘探生产大格局。

（二）我国陆海油气资源产量增长趋势放缓

油气资源不仅用于人们的日常生活，保障经济的正常发展，同时是一种十分重要的战略资源，石油和天然气作为特定矿种，在维护国家的政治安全、军事安全上也发挥着重要作用。从 20 世纪 50 年代以来，中国油气资源的开发速度不断加快，原油的产量在 1950 年大约只有 0.0012 亿吨，而 2017 年原油的产量大约是 1950 年的 1600 倍，达到 1.92 亿吨，原油产量的大幅上升极大地促进了我国经济和社会的高速发展。但是，我国的经济增长速度一直保持在高位，油气资源供给远远不能满足国内的生产需求，供求矛盾十分突出，我国的经济增长速度要远大于油气资源产量的增长速度。2017 年石油产量负增长 4.0%

中国石油天然气集团有限公司、中国石油化工集团有限公司和中国海洋石油集团有限公司这三大石油公司是中国原油和天然气资源生产的主要力量，其原油产量占全国生产总量的百分比分别为 53.39%、18.02%、22.29%；天然气产量占全国生产总量的百分比分别为 70.05%、17.53%、9.70%。

（三）我国海洋油气资源产量逐年上升

中国近海油气资源开发主要集中在渤海湾盆地、东海盆地、珠江口盆地、琼东南盆地、莺歌海盆地和北部湾盆地。近几年，中国近海盆地油气资源储量的增长主要集中在表 17.1 所示的四个盆地中。

表 17.1　我国近海四个主要盆地储量情况

盆地	储量情况
珠江口盆地	经测算石油的累计探明地质储量为 4045 亿吨左右
莺歌海盆地	天然气累计探明储量为 1.5 万亿立方米，储量较为丰富
东海盆地	油气资源储量非常丰富，特别是天然气储量可达 35 000 亿立方米；东海盆地地理规模是六大盆地中最大的，有较大的油气资源的开发潜力
渤海湾盆地	最早开始海洋油气资源开发的盆地，据估计石油资源的地质储量大约为 10 亿吨，目前只探明大约 1/3。渤海是我国的内海，在这里开发油气资源不存在与邻国的领土争端问题

值得注意的是，作为我国油气资源勘探开发主力的这六个盆地，不仅近海海域的油气资源十分丰富，而且深海海域也是具有开发潜力的区域，石油资源的储量约为 243 亿吨，天然气资源储量约为 8.3 亿立方米。

1. 海洋油气产业稳步发展

我国海洋油田生产井数在不断增长。开井数由 2000 年的 1055 个上升到 2015 年的 7505 个，增长为原来的 6 倍多。其中采油井上升的幅度最大，从 2000 年 855 个上升到了 5541 个，增加了 4686 个。注水井的年平均增长率最高，达到 26.17%，采油井和采气井分别为 13.27% 和 11.46%。

海洋原油和天然气的产量逐年上升。1997 年海洋天然气产量为 44 亿立方米，海洋石油产量为 1967.96 万吨。经过持续增长，2015 年海洋天然气产量达到了 147.24 亿立方米，海洋石油产量达到了 5416.35 万吨，分别是 1997 年的 3.35 倍和 2.75 倍（图 17.3）。

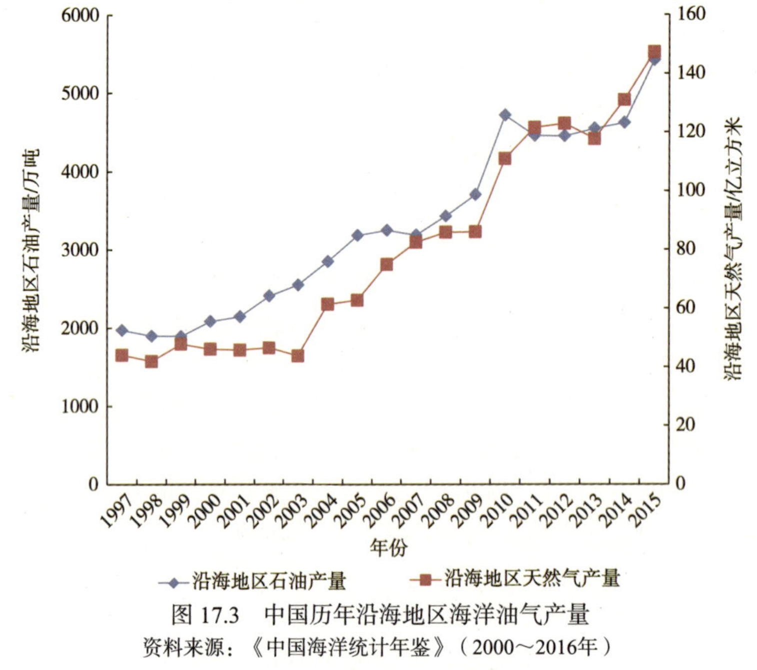

图 17.3 中国历年沿海地区海洋油气产量

资料来源：《中国海洋统计年鉴》（2000～2016年）

1997 ～ 2015 年，海洋油气产量占全国油气产量的比重一直不断上升，海洋石油产量占全国产量的比重由 12.24% 一跃上升到 25.24%，海洋天然气产量占全国产量比重由 19.90% 下降到 10.94%。

中国海洋油气业不断稳步发展，1997 年海洋油气产业增加值为 126.3 亿元，2011 年达到最大值 1719.7 亿元，而后又缓慢回落至 2015 年的 981.9 亿元（图 17.4）。

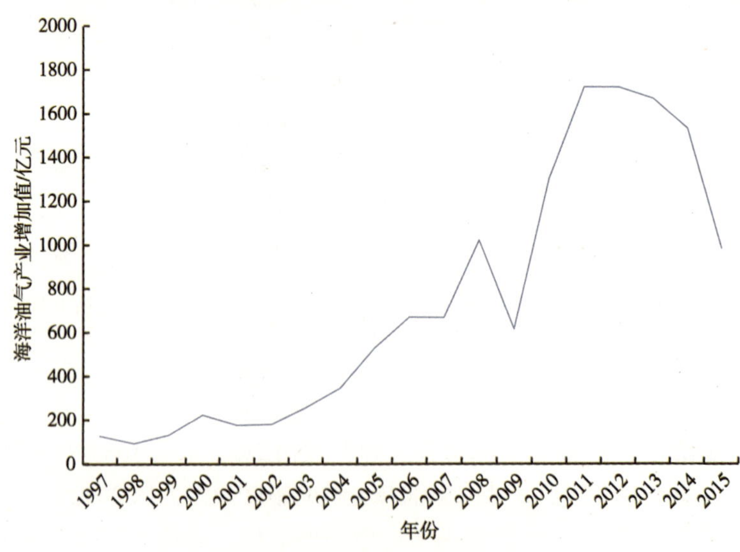

图 17.4 海洋油气产业增加值

资料来源：《中国海洋统计年鉴》（2000～2016年）

2. 三大海域海洋油气产业发展略有区别

1）渤海海域油气资源开采现状

渤海作为我国海洋油气资源开发最早的海域，它的油气资源的储量是十分丰富的。整个渤海海域的可勘探面积达到 53 000 平方千米，估计的石油储量为 97 亿吨。从渤海最初开发开始，发现了绥中 36-1、秦皇岛 32-6 等亿吨级和近亿吨级大油田。1999 年菲利普斯石油公司发现了蓬莱 19-3 油田，该油田累计探明储量为 10 亿吨，可采储量约为 6 亿吨，仅次于大庆油田。自此渤海的累计探明地质储量达到了 20 亿吨。此外，辽东湾位于渤海盆地的东北部，油气资源十分丰富，石油资源已经探明的地质储量大约为 1.4 亿吨，天然气大约为 200 亿立方米。

渤海作为我国内海之一，不存在与邻国的主权争端，在这里开发海洋油气资源的风险相对较小；而且渤海属于浅海，平均深度大约为 18 米，开发难度较东海和南海小，因此渤海是我国海洋油气资源开发的主要区域。2011 年渤海原油产量为 2709.46 万吨，占我国海洋原油总产量的 59.67%，天然气产量为 17.97 亿立方米。

2）东海油气资源开采现状

东海盆地油气资源的储量十分丰富，盆地面积大约为 46 万平方米，整个地区的油气资源地质储量可以达到 10 亿～ 60 亿吨，是中国已发现的近海盆地中面积最大且远景最好的油气盆地。东海盆地大部分属于浅海区域，整个海域基本水深为 200 米以内，向太平洋缓慢的倾斜自然延伸之后，在到冲绳岛的西侧时，突然进入水深为 2700 米的海槽中，因此从技术层面上来说，东海油气资源的开发属于浅海油气资源的开发，技术要求没有南海高。但是，由于我国东海区域与日本存在主权领土争端，严重影响了该海域的油气资源的开发进程，2011 年只有 8 口高产油井，9 口有油气显示的井。2011 年东海海域的石油产量仅为 11.14 万吨，天然气产量为 7.66 亿立方米，与渤海和南海油气资源的产量差距较大。

3）南海油气资源开采现状

南海地区主权和领土争端十分严重，区域环境复杂，导致南海海域油气资源的勘探不足，相关研究机构关于南海海域油气资源储量的说法不一（表 17.2）。

表 17.2　相关机构关于南海油气资源储量的估计汇总表

机构	油气资源储量 / 亿吨当量	石油资源储量 / 亿吨	石油探明可采总储量 / 亿吨	天然气资源储量 / 万亿立方米	天然气探明可采总储量 / 万亿立方米
海南有关专家	707.8	291.9	20	58	4
自然资源部		230 ～ 300		16	
美国能源信息署		15.07		5.38	

虽然相关机构对南海海域油气资源的储量估计各不相同，但我们应该看到南海海域是我国油气资源十分丰富的地区，也是世界上四个油气资源储量最丰富的海域之一，被许多专家认为是“第二个波斯湾”。在南海海域的曾母盆地、沙巴盆地和万安盆地中，蕴藏着大约 200 亿吨的石油，在这三个盆地中，大约有一半的油气资源是分布在中国的海洋领土中。因此，全世界都在关注南海海域的领土争端问题，南海也一定会成为我国未来油气资源开发和解决能源安全问题的焦点。

近几年我国与周边国家在南海问题上存在诸多争端，且我国深海油气资源开发技术较为落后，所以我国企业在海洋油气资源开发项目的选择上，以渤海项目为主，渤海原油产量逐年增加。渤海原油产量从2008年的1486.86万吨增长到2015年的3695.85万吨，东海原油产量从2008年的15.17万吨增长到2015年的32.52万吨，南海原油产量从2008年的1404.09万吨增长到2015年的1687.98万吨；渤海天然气产量从2008年的8.48亿立方米上升到2015年的38.11亿立方米，东海天然气产量从2008年的6.51亿立方米上升到2015年的12.40亿立方米，南海天然气产量从2008年的61.24亿立方米上升到2015年的96.74亿立方米。从增长速度方面来看，渤海和东海油气产量增长较为明显，南海油气产量增长相对较低；从产量数量上来看，渤海和南海的油气产量较大，东海油气产量相对较低。

二、我国油气资源开发中存在的问题

（一）我国陆海油气资源开发中的共性问题

1. 油气资源开发前期勘探投入少

中华人民共和国成立初期到改革开放前，我国油气资源的勘探开采工作一直由政府主导，即由原地质部门负责勘探，得到的结果提供给原石油工业部；改革开放以后，油气资源的勘探工作仍然主要由政府出资进行，得到的结果提供给油气资源的开发企业使用，企业再进行更深入的勘探和开发工作。国家单独承担这项工作，所能投入的资金有限，而且国家对油气资源勘探工作重视不足，缺乏有效的经济效益评价机制，难以形成油气资源勘探的重大突破，因而石油产量增长缓慢。

2. 油气资源的供求矛盾突出

我国油气资源主要存在于陆上的盆地中，地质条件非常复杂。我国的陆上油气资源经过多年的大力开发，几大主力油田基本已经进入高采出、高含水阶段。因此，陆上油气资源的不足严重制约了我国原油产量的增长，而原油产量的缓慢增长导致我国的原油进口量不断上升。从1993年起，我国再次成为原油净进口国，随着我国经济和社会的不断发展，我国的石油消费量不断上升，自1997年以来石油消费量的年平均增长率大约为5.82%，由于我国油气资源的国内供给量不足，原油的进口量逐年上升，截止到2017年，我国的原油进口量已经上升到6.1亿吨，占当年原油消费总量的68.85%，而自1997年以来我国石油产量的年平均增长率只有0.88%。我国石油资源供需矛盾越来越突出，对石油资源的进口依存度逐年上升（图17.5）。

3. 开发油气资源的企业对油气资源开发中产生的正外部性关注不高

油气资源在开发过程中存在一些外部性，对地区和国家产生不同的影响，正外部性包括对所在区域经济的拉动、海洋油气资源开发对我国主权的维护、海洋油气资源开发形成的海洋高技术产业族群和海洋油气资源开发与邻国争夺资源等。企业在评价油气资源开发项目时，对这些正外部性的关注不高，因此对油气资源开发项目的评价存在一定的缺陷。

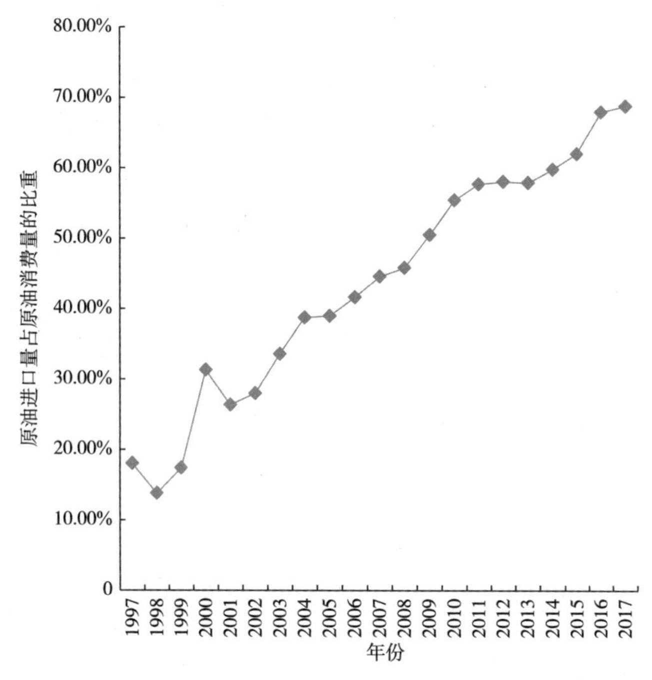

图 17.5　1997 ～ 2017 年我国原油进口量占原油消费量的比重

资料来源：《中国海洋统计年鉴》（2000～2016年）、《中国能源统计年鉴》（2000～2017年）

（二）我国海洋油气资源开发存在的问题

1. 海洋油气资源流失严重

目前，我国与邻国的主权争端问题越来越激烈，南海问题已经成为全世界关注的焦点。近年来，我国周边国家已经分别与西方许多家大型石油公司开始联合开采南海海域的油气资源，这种与外国公司联合开发的模式，弥补了周边国家在资金和油气勘探技术上的不足，给合作的双方带来了丰厚的利益。相关资料显示，截至 2011 年，超过 200 家的西方石油公司在南海海域进行油气资源的开采（表 17.3），这些公司钻井 1700 多口，日平均产油量达到 17. 9 万吨，这 200 多家的西方石油公司的石油年产量达到 6500 万吨，天然气年产量达到 750 亿立方米，大约等于我国大庆油田的年均产量。

表 17.3　2011 年中国及南海周边国家在南海的石油产量　　单位：万桶 / 日

马来西亚	中国	越南	印度尼西亚	其他
64.5	29	18	4.6	136.7

2. 争议海域的主权维护力较弱

南海油气资源的开发程度较低，目前已经开发的油气资源项目均在近海位置。因此，我国目前应该调整油气资源的开发战略，优先开发南海油气资源。我国政府一直秉持着“搁置争议，共同开发”的态度，并希望通过双边协商的办法逐步解决我国与周边国家的领土争端问题，但是周边国家对南海油气资源的开采从未停止，它们在南海开采油气资源，不断冲击着我国的利益底线。

3. 企业在项目评价中只考虑经济效益

目前，我国海洋油气资源的开发以企业为主体，从经济利益的角度出发，以企业利润最大化为目标，那么企业在选择开发项目的时候就会选择成本最小、风险最低的项目。比如，一个渤海海域的开发项目和一个南海海域的开发项目，由于渤海海域的油气资源大多在浅海区域，开发条件较好且成本较低，且不存在与其他国家的主权争议、开发风险小，因此一个企业可能更倾向于选择渤海海域的开发项目。但是石油资源作为一种战略资源和不可再生资源，它的开发利用的主体不应该是企业，而应该以国家为主导，由国家来指导企业综合考虑经济效益和社会效益，从而选择最合理的油气资源开发项目。开发南海海域的项目存在维护主权，推进海洋石油开发技术的发展等正社会效益，这些是企业不会去考虑的，但对我国海洋油气资源开发利用的可持续发展具有重要意义。

第三节　陆海油气资源开发的成本比较分析

一、陆海油气资源开发的成本构成

（一）陆上油气资源开发的成本构成

油气资源开发成本包括矿区取得成本、勘探成本、建设成本和生产成本。它们之间既是一个统一的整体，又具有自身的特点。图 17.6 为陆上油气资源开发项目的成本构成图，四大类成本所包括的各个具体成本按照成本由大到小依次排序。

1. 矿区取得成本

矿区取得成本是企业通过购买或者租赁等方式获得矿区产权时所耗费的成本，包括探矿权、采矿权使用费，探矿权、采矿权价款，经纪人手续费，办理相关事务登记费用等。

2. 勘探成本

勘探过程分为钻井勘探和非钻井勘探两个环节，这两个环节的总投入组成了油气资源开发的勘探成本。依据勘探成本经济内容的不同，可以将勘探成本分为探井钻井成本、相关设备成本、地质和地球物理勘探成本和保留未开发矿区成本等。有些勘探成本是在矿区取得成本之前，有些勘探成本是在矿区取得成本之后。

勘探投入和探明的地质储量是决定勘探成本大小的重要因素。二者互为因果，相互影响。在一定的勘探环境下，勘探投入的越小，勘探成本越少，油气资源开发项目的效益越高；反之，则效益越低。随着油气资源开发越来越成熟，企业的管理能力越来越高，成本控制水平也越来越高，这时油气资源开发中的各项成本越来越稳定，决定勘探成本大小的因素就是探明地质储量的大小。

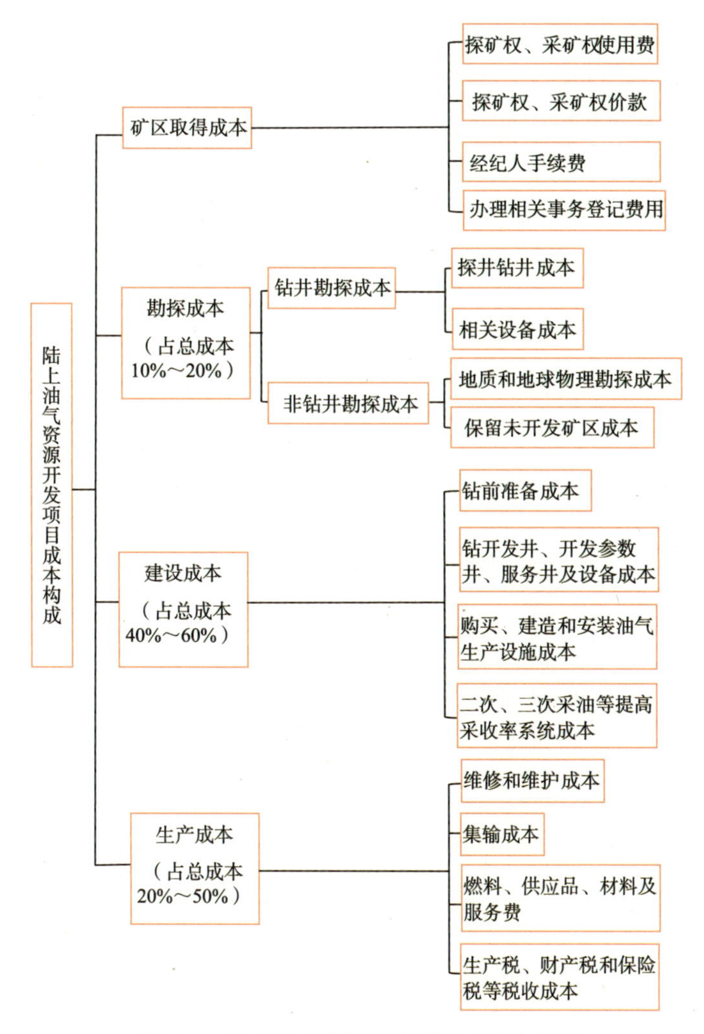

图 17.6　陆上油气资源开发项目成本构成图

3. 建设成本

在国家和企业对油气资源进行一定的勘探开发之后，企业就要开始进行油气资源的开采工作。对油气资源的开采首先要进行相关基础设施的建设，先是钻生产井，然后再进行油田地面建设，其中钻井的投资最大，所以建设阶段油气资源的开发成本先较快上升，当生产井建成开始投入生产后，成本有一个回落，开始进行地面建设。建设成本主要包括钻前准备成本，钻开发井、开发参数井、服务井及设备成本，购买、建造和安装油气生产设施成本，二次、三次采油等提高采收率系统成本等。

4. 生产成本

生产成本包括维修和维护成本，集输成本，燃料、供应品、材料及服务费，生产税、财产税和保险税等税收成本。生产阶段的主要成本为维护和维修成本及集输成本，这两部分成本在整个生产阶段基本稳定，没有较大的波动。因此，进入生产阶段，油气资源的开采成本先小幅下降，之后基本保持平稳。值得注意的是，生产阶段企业管理能力、集输方式的不同、高新技术的大量应用等影响着油气资源的开发成本。

根据陆上油气资源开发的形成过程，我们可以绘制出陆上油气资源开发每一阶段的成本曲线（图 17.7）及陆上油气资源开发的累计成本曲线（图 17.8）。

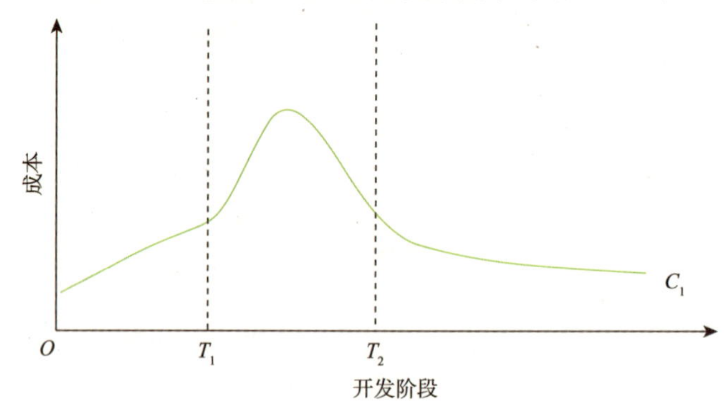

图 17.7　陆上油气资源开发每一阶段的成本曲线

C_1 表示陆上油气资源开发成本曲线

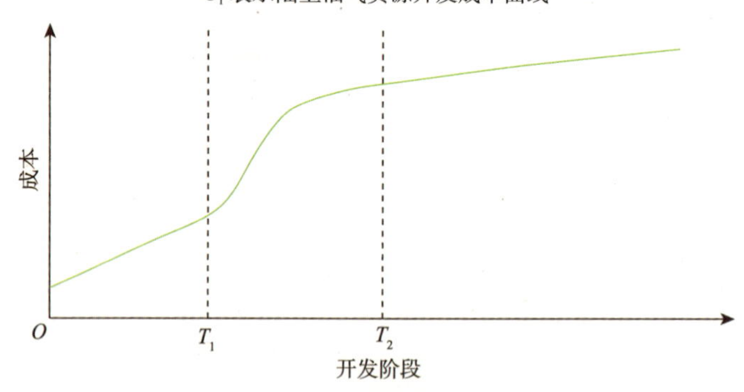

图 17.8　陆上油气资源开发的累计成本曲线

（1）O 点为企业取得勘探开发权的时点；区间 OT_1 表示勘探阶段；区间 T_1T_2 表示建设阶段；T_2 点以后的区间表示成本上升前的生产阶段。三个阶段的总成本大约占整个阶段总成本的比例如下：勘探阶段为 10% ～ 20%；建设阶段为 40% ～ 60%；生产阶段为 20% ～ 50%。

（2）建设阶段是先钻生产井然后再进行油田地面建设，其中钻井的投资最大，所以建设阶段曲线先较快上升，当生产井建成开始投入生产后，成本曲线有一个回落，开始进行地面建设（图 17.7）。

（3）生产阶段的主要成本为维护和维修成本及集输成本，这两部分成本在整个生产阶段基本稳定，没有较大的波动。因此，进入生产阶段，成本曲线先小幅下降，之后基本保持平稳（图 17.7）。

（二）海洋油气资源开发的成本构成

与陆上油气资源的开发相比，海上开采石油，技术要求高。海洋油气资源开发所用技术原理虽然与陆上油气资源开发基本相同，但是也存在很多不同（图 17.9）。正是这些不同之处要求海洋油气资源的开发必须拥有更高的技术水平，也就需要更多的资金投入，海洋油气资源开发的成本一般为陆上成本的 3 ～ 5 倍。

1. 勘探成本

（1）海洋是一个十分复杂的生态系统，环境变化较大，极端天气也比较容易出现，因此要求在海洋油气资源开发中要建立一个牢固且稳定的海上井场，能够使油气资源的生产工作经受住海上的大风、海浪、海潮等的考验。

（2）由于海洋油气资源的开发只能高于海平面进行，这就是需要一套特殊的隔水系统、导向系统、套管挂系统和定位装置等，从而完成井上设备和井下设备的连通，适应井下复杂的海洋环境。

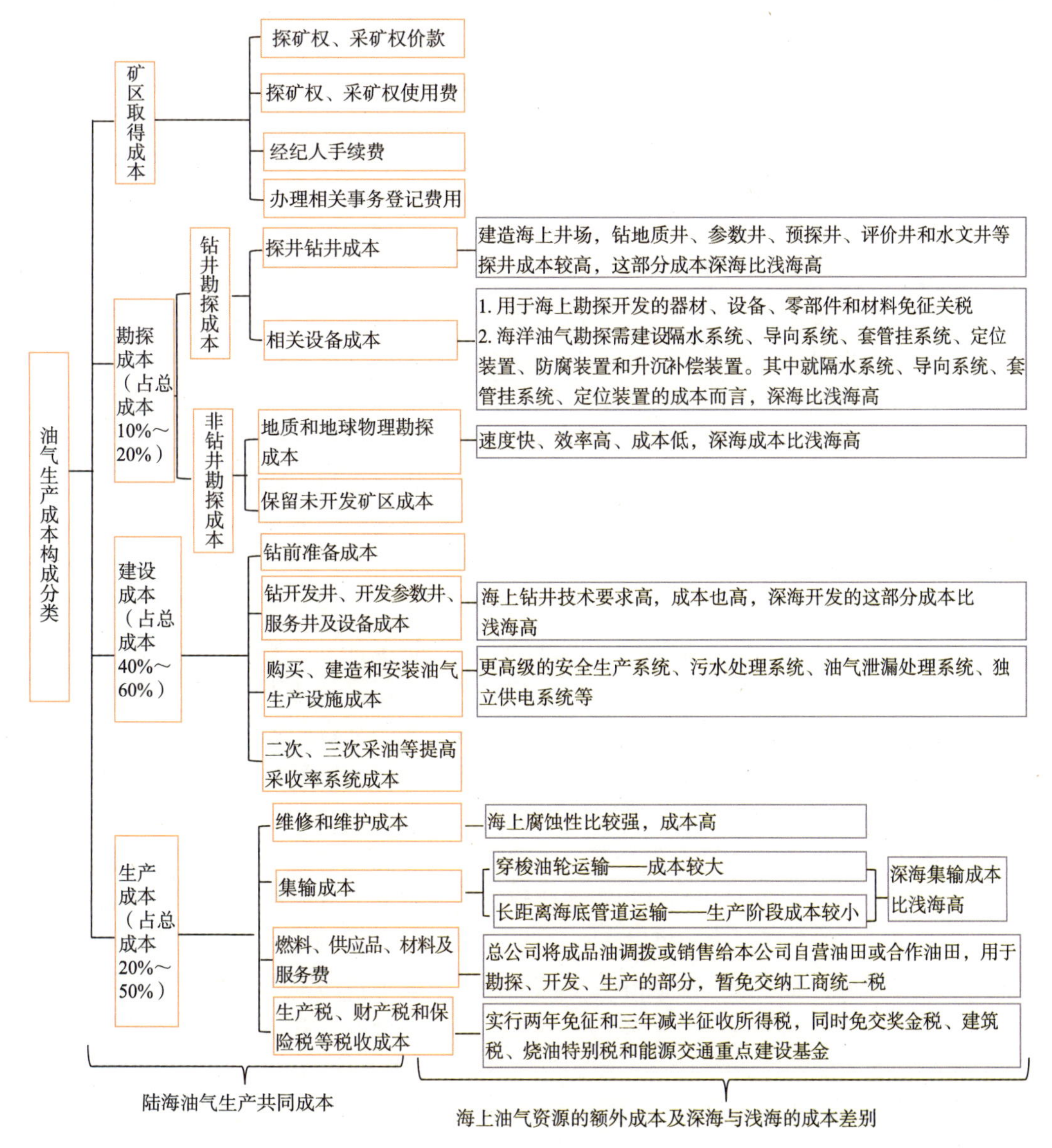

图 17.9　油气生产成本构成分类图

（3）海上通常风力比较大，海浪不断地高低起伏，在这种情况下，钻井平台也会不断随着海浪起起伏伏，因此就需要有一套将钻井平台固定住的装置，即定位装置和升沉补偿装置。

（4）海上交通运输、通信联络、生活安全等问题，也都比陆地上困难得多，工艺和设备也比陆地上的复杂。

（5）海水含盐量较大，特别容易腐蚀设备，因此海上油气资源的开发相对陆上油气资源的开发，要有更加高效的防腐装置。

（6）允许对外合作或自营进口，用于海上勘探开发的器材、设备、零部件和材料免征关税。

2. 建设成本

（1）海上环境复杂，极端天气频发，海上钻井平台的设计和建造不仅要能经受住这样的极端天气，还要保障施工人员能够安全的工作。

（2）油气资源是一种极其危险的产品，容易发生火灾和爆炸事故，而且海上油气资源的开采作业十分频繁，极容易发生此类事故。同时，海上钻井平台受成本的限制，面积十分有限，相关基础设施和工作人员都在这一个平台上，这就要求石油开发企业的安全生产意识要非常高，不仅要保证相关设施的正常使用，而且要保证工作人员的人身安全。

（3）海洋油气资源在生产的过程中会产生污水，这些污水如果直接排入大海，会对海洋环境产生不良的影响，所以海洋油气资源在开发过程中要有一套完整的污水处理系统，污水要处理达标后才能排放。值得注意的是，海洋油气资源在开发过程中还会发生油气资源泄露的情况，因此企业还应该准备应对油气泄露这些突发状况的应急处理设施。

（4）海上油气资源的开发设施距离陆地有一定的距离，有时可以达到上百公里，工作人员不可能当天往返，在陆上居住，他们只能在平台上生活，因此油气资源的生产过程中还要有一套完善的供应系统，以满足工作人员正常的生活需要。供应系统主要是建立陆上供应基地，主要通过供应船和直升机运送物品。

（5）海上油气资源开发所用到的供电系统与陆上油气资源开发中所用到的电网供电不同，因为海上无法连入陆上的电网，因此海上油气资源开发需要自己独立供电，即要有自发电系统。在目前的技术水平下，海上钻井平台利用燃气透平驱动发电机发电，在同一个平台上的各个耗电设施可以通过配电盘连接，几个平台间的供电可以用海底电缆连接。为了满足油气资源开发连续生产的需要，仅配备一台主发电机是不够的，很多油气资源开发项目中还会配备一个备用的发电机组。

（6）海上生产作业的环境十分复杂，主发电机组可能会发生故障或出现紧急关闭的情况，因此海洋油气资源的开发过程中还要建立应急电源，从而在主发电机关闭的情况下，应急照明灯和应急指示设施可以正常运转，保障油气资源生产和工作人员安全。

（7）油气资源的生产是一个合作完成的工作，钻井平台与陆上、钻井平台之间，以及一个平台内部的交流都是十分必要的，因此海上油气资源的开发过程中必须要有一套完善且高效的通信系统，使海上油气资源的开发有序高效进行。

（8）随着水深增加，海洋油气资源开发难度逐渐加大。例如，随着海洋油气资源开发的不断深入，隔水系统变得越来越大，对钻井装置大小的要求也越来越高；随着钻井装置安装在海里的位置越来越深，其所要承受的压力越来越大，钻井的难度也越来越大，钻井设备的尺寸和钻井深度都受到影响。相关研究数据表明，当油气资源开发项目在水深超过 300 米的深海区域进行时，企业将需要更多的高新技术。

3. 生产成本

（1）海上油气资源开发的集输方式有两种：一是穿梭油轮运输，这种方式成本较高；二是长距离海底管道运输，这种方式比陆上困难。海底铺设油气运输管道需要克服海底的高压等因素，因此在海底铺设管道难度较大，需要高技术的支持。

（2）财政部确定以中国海洋石油集团有限公司为汇总缴纳所得税单位，同意该公司从获利年起，实行两年免征和三年减半征收所得税，同时免交奖金税、建筑税、烧油特别税和能源交通重点建设基金。

（3）中国海洋石油集团有限公司将成品油调拨或销售给本公司自营油田或合作油田，用于勘探、开发、生产的部分，暂免交纳工商统一税。

根据海洋油气资源开发与陆上油气资源开发的不同，我们可以绘制出在每个单位时间点上我国海洋油气资源开发的成本曲线（图 17.10）及海洋油气资源开发的累计成本曲线（图 17.11）。

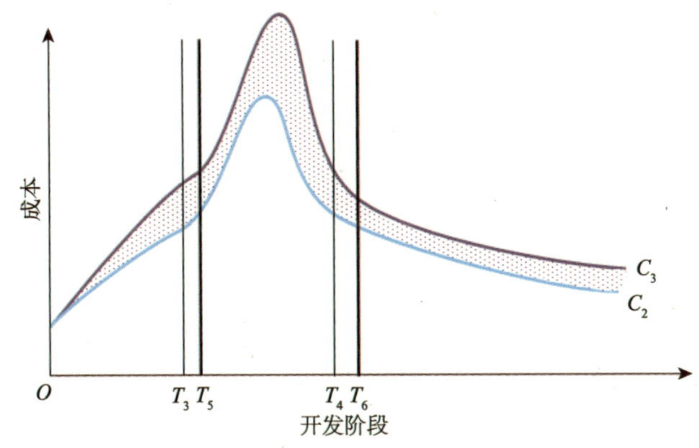

图 17.10　海洋油气资源开发每一阶段的成本曲线

C_2 表示浅海油气资源开发成本；C_3 表示深海油气资源开发成本

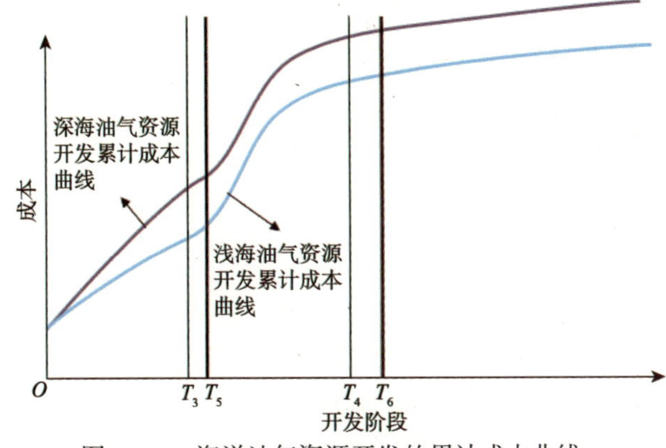

图 17.11　海洋油气资源开发的累计成本曲线

（1）O 点为企业取得勘探开发权的时点；区间 OT_3 表示浅海油气资源开发的勘探阶段；区间 OT_5 表示深海油气资源开发的勘探阶段；区间 T_3T_4 表示浅海油气资源开发的建设阶段；区间 T_5T_6 表示深海油气资源开发的建设阶段；T_4 点以后的区间表示浅海油气资源开发的成本上升前的生产阶段；T_6 点以后的区间表示深海油气资源开发的成本上升前的生产阶段。

（2）图 17.10 阴影部分的面积是深海油气开发与浅海油气资源开发成本的差额。

二、陆海油气资源开发的成本曲线比较

根据前文的分析，我们将我国陆上油气资源开发成本、浅海油气资源开发成本和深海油气资源开发成本进行比较（图 17.12、图 17.13）。

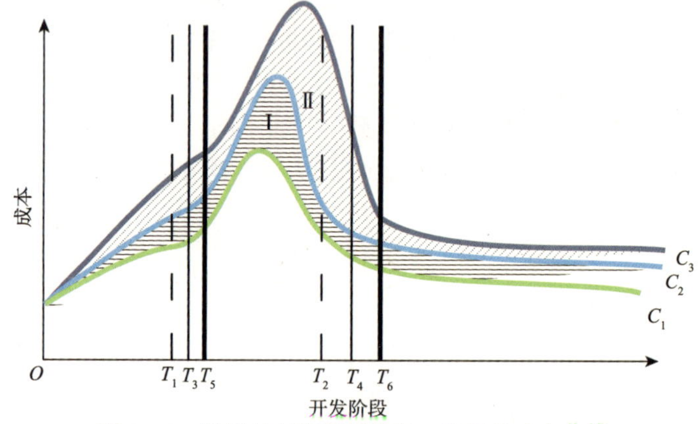

图 17.12　陆海油气资源开发每一阶段的成本曲线

C_1 表示陆上油气资源开发成本曲线；C_2 表示浅海油气资源开发成本曲线；C_3 表示深海油气资源开发成本曲线

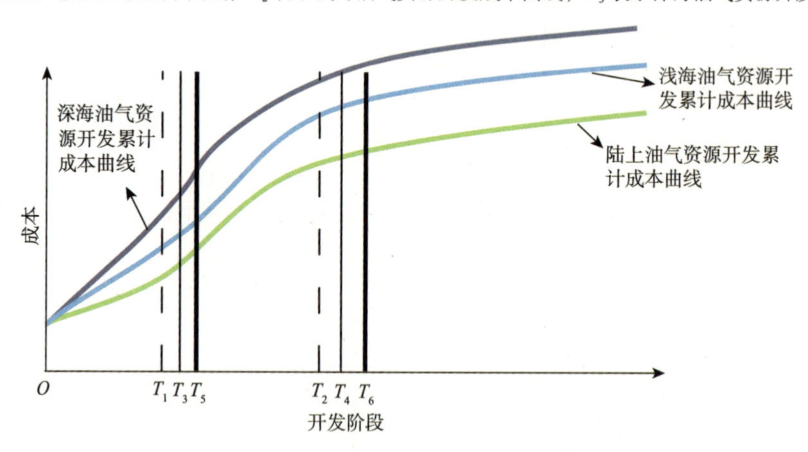

图 17.13　陆海油气资源开发的累计成本曲线

（1）O 点为企业取得勘探开发权的时点；区间 OT_1 表示陆上油气资源开发的勘探阶段；区间 OT_3 表示浅海油气资源开发的勘探阶段；区间 OT_5 表示深海油气资源开发的勘探阶段；区间 T_1T_2 表示陆上油气资源开发的建设阶段；区间 T_3T_4 表示浅海油气资源开发的建设阶段；区间 T_5T_6 表示深海油气资源开发的建设阶段；T_2 点以后的区间表示陆上油气资

源开发的成本上升前的生产阶段；T_4 点以后的区间表示浅海油气资源开发的成本上升前的生产阶段；T_6 点以后的区间表示浅海油气资源开发的成本上升前的生产阶段。

（2）进入平稳生产阶段，陆海开发成本差主要来自油气集输过程。

（3）图 17.12 中阴影部分 I 的面积是浅海油气开发与陆上油气资源开发成本的差额；阴影部分 I 和阴影部分 II 的面积之和是深海油气资源开发与陆上油气资源开发成本的差额。

根据上述分析，石油资源开发成本随着离陆地距离的增加而增加，陆上油气资源开发的成本最低。随着离陆上的距离越来越远，海洋的深度的逐渐增加，油气资源的开发所需的技术含量越来越高，成本也越来越高，因此浅海油气资源开发成本比陆上油气资源开发成本大，深海油气资源开发成本比浅海油气资源开发成本大，即深海油气资源开发成本 > 浅海油气资源开发成本 > 陆上油气资源开发成本（图 17.14）。

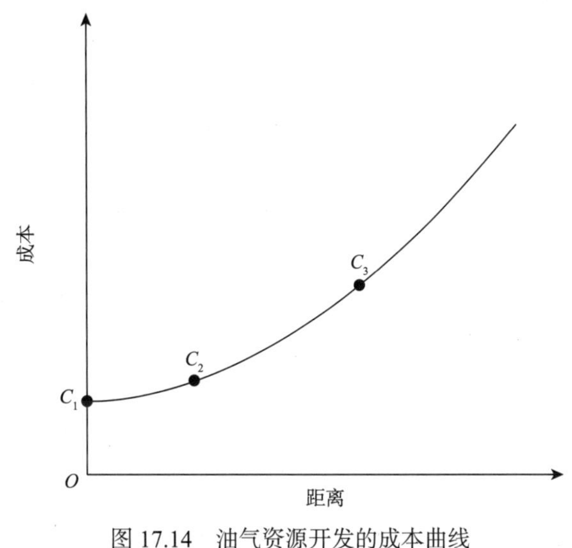

图 17.14　油气资源开发的成本曲线

（1）横坐标表示距离陆地的远近，本节考虑的距离是目前人类海洋油气资源开发的所能达到的最深距离，O 点表示离陆地的距离为零，即为陆地。

（2）点 C_1 表示陆上油气资源的开发成本，C_2 表示浅海油气资源的开发成本，C_3 表示深海油气资源的开发成本。

综上所述，陆上油气资源开发的总成本最低，其次是浅海油气资源开发的成本，深海油气资源开发的成本最高。因此，从成本的角度出发，企业更愿意选择开发成本较低的陆上油气资源，其次是浅海油气资源，最后才会考虑开发深海油气资源。

第四节　陆海油气资源开发的效益比较及建议

一、企业视角下我国陆海油气资源开发的效益分析

在企业视角下我国陆海油气资源开发项目的效益主要是经济效益，而经济效益等于

油气开发项目的收入与油气开发项目的成本之间的差额。油气生产企业要进行油气的生产活动，从而生产出一定数量的油气产品，企业在生产出产品之后要将产品销售出去，才能取得收入。油气生产企业的主要收入来源就是销售收入，销售收入与产量和油气产品的市场价格有关。

为了下文分析方便，本章做以下两点假设。

（1）假设油气资源的市场价格不变，销售收入随着产量的增加而增加。

（2）本章研究单位油气资源的开发成本和收入，即陆上油气资源开发项目和海上油气资源开发项目的产量一致，在企业视角下两个项目的收入相同。

根据上述假设，不论是陆上油气资源开发项目企业还是海上油气资源开发项目企业，它们所取得的收入都是一致的，因此油气资源开发项目企业的收入曲线为一条水平的直线（图 17.15）。

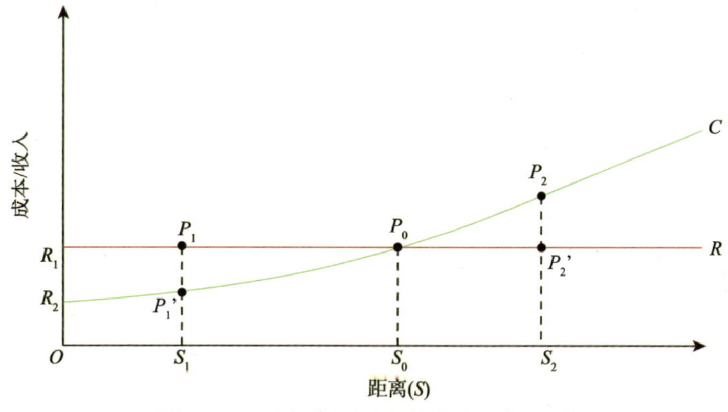

图 17.15 油气资源开发的成本和收入图

C 表示油气资源开发项目成本曲线；*R* 表示油气资源开发项目企业的收入曲线

其中，R_1O 表示陆上油气资源开发项目中企业所获得的收入，R_1R_2 表示陆上油气资源开发项目中企业的效益。

油气开发企业的主营业务是石油天然气勘探、开发与销售，油气产品是最终的生产成果。油气开发企业在开发油气资源时，随着油气资源开发项目距离陆地的远近，收入和成本相比，可能出现三种情况。

（1）当收入大于成本时，如企业在距离陆地 S_1 处进行油气资源开发时，企业能实现利润，企业是盈利生产，此时企业所能获得的效益（经济效益）为 P_1P_1'，企业可以在 S_1 处进行油气资源的开发。

（2）当收入小于成本时，如企业在距离陆地 S_2 处进行油气资源开发时，企业不能实现利润，企业就是亏损生产，当资不抵债时，企业将面临破产、倒闭风险。此时企业所能获得的效益（经济效益）为 P_2P_2'，为负值，企业不会在 S_2 处进行油气资源的开发。

（3）当收入与成本相平衡时，如企业在距离陆地 S_0 处进行油气资源开发时，企业处于不亏不盈的状态，此时企业所能获得的效益（经济效益）为零。这就是正效益与负效益的分界点，即盈亏临界点。

综上所述，随着油气开发项目距离陆地越来越远，企业从项目中能取得的效益越来越少，因此与海上油气资源开发相比企业更愿意开发陆上油气资源。

二、国家视角下我国陆海油气资源开发的效益分析

在国家视角下我国陆海油气资源开发项目的效益不仅包括经济效益，还包括社会效益。其中社会效益主要考虑了海洋油气资源开发对我国主权的维护、海洋油气资源开发形成的海洋高技术产业族群和海洋油气资源开发与邻国资源争夺。

（一）经济效益

本节中我们假设国家视角下我国陆海油气资源开发项目的经济效益与企业视角下我国陆海油气资源开发项目的经济效益一致，均等于企业在油气开发项目中所取得收入与所用的成本之间的差额。

（二）社会效益

1. 主权维护

南海局势日益复杂，特别是美国和其他西方国家试图干涉南海问题之后，因此，我们必须采取新的解决南海主权争端问题的方法，通过开发油气资源，在相关海域建立油气资源勘探钻井平台和相关设备，这些平台和设备就相当于“流动的国土”，在争议海域宣誓着我国的主权，这样不仅可以挽救我国不断流失的海洋资源，而且还能通过这些钻井平台实现我国海洋经济建设和国防建设的统筹规划。

2. 海洋高技术产业族群

我国海洋油气资源开发技术经过了引进、消化吸收国外技术，国际合作，自主研发的过程。随着“九五”和“十五”国家 863 计划海洋资源开发技术主题研究课题的完成，一批具有国际先进水平的高技术成果应用于海洋油气资源勘探开发中并取得明显效益。目前已初步建立了近海油气勘探开发技术体系，基本具备了一定的深水油气勘探开发技术基础。

但是目前我国海洋油气资源的开发主要是在 200 米以下的浅海区域，深海油气资源的勘探开发仍处于起步阶段，和西方发达国家深海油气资源勘探开发技术存在较大的差距，这成为制约我国深海油气资源开发的瓶颈。一方面，目前深海油气资源勘探开发的核心技术只是由少数国家掌握，在技术引进过程中还存在技术壁垒；另一方面我国南海海域环境复杂、原油的物理性质多变及油气藏特性本身就是世界油气资源开发领域面临的难题。

我国深海油气资源开发进展缓慢的关键原因就是我国深海油气资源勘探开发技术落后。相关研究数据表明，当油气资源开发项目在水深超过 300 米的深海区域进行时，企业将会需要更多的高新技术。因此，积极开展深海油气资源的开发，促进我国深海勘探开发技术的发展，不仅为我国未来深海油气资源的开发奠定基础，而且促进形成海洋高技术产业族群，有利于其他深海资源的开发和其他相关产业的发展。

3. 资源争夺

相比周边各国的大范围开采，我国在南海的油气资源开发项目十分稀少，开发进程十分缓慢，特别是在南沙海域，我国还没有企业在该区域进行油气资源的开采。造成这种状况的原因有两个方面，一方面我国深海油气勘探开发技术比较落后，无法自主进行深海油气资源的开发；另一方面在我国技术发展逐渐成熟之后，国际形势剧烈变化，我国采取了保守的态度。但是这种态度使我国的海洋油气资源不断被别国掠夺，损失严重。因此，我国必须加快对海洋油气资源的开发，与周边国家争夺本就属于我国的海洋油气资源，才能减少这部分损失。

企业在油气资源开发过程中并不会考虑社会效益，但是这部分效益是巨大的，不应该被忽略。本节为了方便说明，将社会效益加入国家在油气资源开发项目中所获得的“收入”里。本节考虑的社会效益是无法用货币计量的，因此本节中社会效益对国家在油气资源开发项目中所获得的“收入”的影响只是做一个相对分析，并没有分析社会效益具体数据的变动对“收入”的影响。

值得注意的是，社会效益对浅海和深海的影响是不同的。在浅海范围，由于距离陆地较近，并不存在与邻国的主权争端，资源由我国自行开采，因此社会效益中的维护主权和争夺资源占比较小；浅海开发油气资源仍属于海洋油气资源的开发，在开发过程中仍需要许多相关技术的支持，因此也会产生海洋高技术产业族群的社会效益，但是这部分社会效益小于深海油气资源开发中形成的海洋高技术产业族群所带来的社会效益。在深海，由于距离陆地较远，存在与邻国的主权争端，资源被别国大量掠夺，因此维护主权和争夺资源的社会效益占比较大；相关研究数据表明，当水深超过 300 米时，深海油气资源开发比浅海油气资源开发需要更多的高新技术支持，因此深海油气资源开发中形成的海洋高技术产业族群所带来的社会效益大于浅海油气资源开发中形成的海洋高技术产业族群所带来的社会效益（表 17.4）。

表 17.4　南海地区主要国家油气开发情况

社会效益分类	浅海	深海
主权维护	小	大
海洋高技术产业族群	中	大
资源争夺	小	大

综上所述，随着油气资源开发项目距离陆地越来越远，水深越来越深，国家视角下油气资源开发项目的“收入”也越来越高，但是在浅海区域，国家视角下油气资源开发项目的“收入”与企业视角下油气资源开发项目的收入差别不大，只是小幅上升，即“收入”曲线斜率开始时较小，随后逐渐变大；在深海区域，国家视角下油气资源开发项目的“收入”与企业视角下油气资源开发项目的收入差别较大，即“收入”曲线斜率较大，大于浅海区域内的成本曲线。在国家视角下油气资源开发项目只考虑社会效益的“收入”曲线为 R_0，总收入曲线为 R'（图 17.16）。

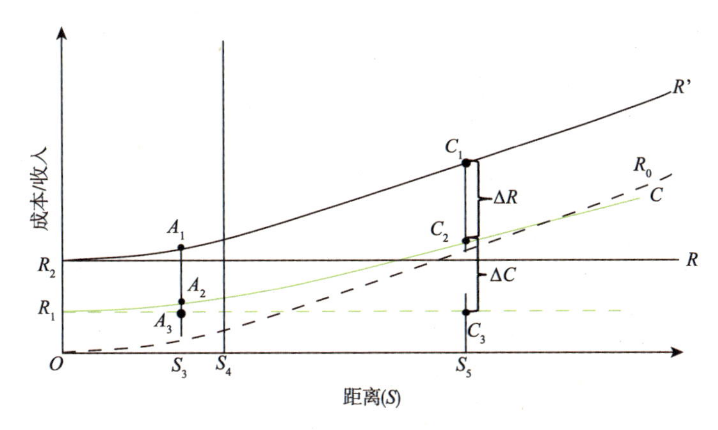

图 17.16　国家视角下油气资源开发的成本曲线

C 表示油气资源开发项目成本曲线；R 表示油气资源开发项目企业的收入曲线；R’表示油气资源开发项目的国家总收入曲线；R_0 表示油气资源开发项目只考虑社会效益的“收入”曲线

（1）点 S_4 是深海和浅海的分界线。

（2）由于在国家视角下陆上油气资源开发项目中不存在社会效益，因此在国家视角下陆上油气资源开发项目的“收入”为 R_1O，与在企业视角下陆上油气资源开发项目所取得的收入一样，国家所能取得的效益是 R_1C，与企业从陆上油气资源开发项目中所能取得的效益一致。

（3）在点 S_4 的左边，如点 S_3，即油气开发项目距离陆地比较近时，我们假设国家在这个油气资源开发项目中所能取得的效益为 ΔR，在这里 $\Delta R=A_1A_2$，所用成本与陆上油气资源开发的成本差为 ΔC，在这里 $\Delta C=A_2A_3$。在这里 $A_1A_2>A_2A_3$，即 $\Delta R>\Delta C$，所以国家应该开采这部分海洋油气资源。为了鼓励企业开发，需要弥补 ΔC 这部分成本，使企业开发陆上油气资源和海洋油气资源的效益相同。

（4）在点 S_4 的右边，随着油气资源开发项目距离陆地越来越远，水深越来越深，国家从海洋油气资源开发项目中所获得的社会效益越来越大，因此国家在海洋油气资源开发项目中所能取得的效益和海洋油气资源开发成本与陆上油气资源开发成本的差 ΔC 之间的差越来越大，即 ΔR 与 ΔC 的差值越来越大。这个差值表示国家弥补了这部分成本差之后所剩的效益，这个效益越大说明国家最终能从海洋油气资源开发项目中获得的效益越多。

综上所述，国家弥补了这部分成本差之后所剩的效益随着油气资源开发项目距离陆地越来越远，水深越来越深而越来越大，因此在国家视角下应该优先开发深海油气资源，然后是浅海油气资源，由远到近逐步开发。

三、开发海洋油气资源的政策建议

根据上述分析，要想使企业开发海洋油气资源，国家需要使企业开发海洋油气资源所获得的效益大于等于企业开发陆上油气资源所能获得的效益，即国家需要出台一些政策弥补海洋油气资源开发成本比陆上油气资源开发成本高的部分；要想使企业优先开发深海油气资源，然后开发浅海油气资源，国家不仅需要使企业开发海洋油气资源所获得的效益大于等于企业开发陆上油气资源所能获得的效益，而且需要有差异地去弥补。在前文研究的基础上，结合我国油气资源开发的实际情况，国家应该按照由远到近的原则有顺序性地进行海洋油气资源的开发，同时保证企业和国家油气资源开发的战略相一致，并且增加我国油气开发企业的国际竞争力，增加油气资源勘探开发投资，提升技术水平。

（一）按照由远到近的原则有序推进海洋油气资源的开发

我国的海域广阔，在社会资金有限和开发技术落后的情况下，我国油气资源的开发不能全面展开，必须要实行“相对集中、重点开发”的战略。根据上文的分析，从目前油气资源的发展趋势上看，油气资源的开发趋势是从陆上油气资源的开发转向海洋油气资源的开发，由浅海油气资源的开发逐渐向深海油气资源的开发发展，因此未来深海油气资源开发是世界油气资源开发的重要发展方向。我国南海海域的水深平均超过了300米，是我国深海油气资源的集中分布区域，而且我国领土范围内的主要海洋油气资源大部分分布在南海深海海域之中。因此，未来我国应该把开发南海油气资源作为油气资源战略中最重要的部分，有针对性地为南海油气资源的开发提供技术、资金和政策的支持。

重视南海海域油气资源的开发，在坚决维护国家主权和领土完整的前提下，可以加强与周边国家的合作研究与开发，逐步实现对南海深海海域油气资源的开发；目前与日本的领土争端严重影响了东海区域的油气资源开发，东海油气资源开发速度较缓慢，未来该区域的开发仍然以天然气资源为主，要排除日本的干预积极开发；渤海作为我国的内海，水深较浅，油气资源的开发难度低，因此应该作为油气资源的战略储备基地，暂缓开发。

（二）规范油气资源开发

国家应该制定海洋油气资源发展的国家战略，以加快海洋油气资源开发为核心思想。一是要加快海洋油气产业的发展。加入新的投融资形式，如激励国外资本和民间资本加入海洋油气资源开发产业中，促进投融资渠道的多元化。同时，国家应该规范海洋油气资源开发的各个阶段，通过成本控制的方法，降低成本，而且海洋油气资源开发企业应该按照法律，合理利用和保护海洋油气资源。二是在政策制定上要对海洋油气资源开发企业有一些倾斜，弥补海洋油气资源开发的高成本，在勘探阶段、建设阶段、生产阶段给予相应的免税、减税政策，包括海洋油气资源的开发中减免采矿权使用费和价款、探矿权使用费和价款等。通过建立和完善海洋油气资源开发的法律法规体系，让海洋油气资源的整个开发过程受到法律的严格规范。在法律的依托下统一监管海洋油气资源开发企业，保证海洋油气资源开发的安全、高效和环保，加强政府对油气资源开发企业的管理和监督，规范油气资源市场的准入政策。

（三）提升油气开发企业的国际竞争力

国家通过建立相关的法律法规，保护我国的海洋权益免受周边国家的侵扰，实施有利于海洋油气资源开发的政策。首先要重视开发我国领土范围内的海洋油气资源，其次我国的油气开发企业要走出去，积极地参与到国际海洋油气资源的开发中，从而从国内国外两个方向同时促进我国海洋油气产业的发展。从国家经济、能源安全角度考虑，有顺序地开发南海海域、东海海域和渤海海域的油气资源，把海洋油气资源的开发作为我国能源战略的一个重要组成部分。

值得注意的是，目前我国与邻国的矛盾和争端比较突出，相关国家不断地掠夺我国的油气资源。因此我国政府应该维护我国的海洋权益，加大在南海、东海等争议海域油气资源的开发力度，保障专属经济区的各项利益。同时，促进投融资渠道的多元化，激励国外资本和民间资本加入海洋油气资源开发产业，也可以与西方发达国家的一流石油公司合作，共同开发海洋油气资源。我国的三大石油公司，应该起到带头作用，增加与国际一流石油公司的合作，加快我国海洋油气资源的开发，并积极在世界范围内寻找新的开发海洋油气资源的机会，增加企业的国际竞争力。

（四）增加油气资源勘探开发投资

海洋油气资源开发的成本要高于陆上油气资源，因此缺乏资金一直是海洋油气资源开发所面临的最主要的问题。我国海洋油气资源勘探资金的主要来源是国家向油气资源开发企业所征收的各项税收，主要包括资源税、资源补偿费、探矿权使用费和价款及采矿权使用费和价款与财政专项补助，这些资金远远不能满足我国海洋油气资源勘探开发的需要，因此不仅要合理利用这些资金，同时可以建立海洋油气资源风险基金，专门用于海洋油气资源的勘探和基础地质研究、资源评价等工作，这些举措对于增加海洋油气资源探明储量，提高油气资源勘探开发的技术水平具有十分重要的意义。

（五）提升深海油气资源勘探开发技术水平

与陆上油气资源的开采相比，海洋油气资源开发需要更高的技术水平。深水海域油气资源勘探开发技术要以南海大型油气盆地的勘探为主要任务，形成勘查评价技术体系，针对深水复杂的海底地形、水深变化和复杂构造沉积条件发展针对深水油气资源的高精度勘探技术，突破深海水域钻完井关键技术，针对我国南海环境条件，继续开发新型深水平台技术、深水油气集输技术、深水水下生产系统技术，形成相对完备的深水海洋工程技术体系。

在近海油气勘探开发技术领域，针对我国近海油藏的特点，重点突破多波多分量地震勘探技术、剩余油监测技术；在开发技术方面，以提高油气采收率为目标，重点突破时移地震油藏监测技术、地质导向钻井技术、随钻测井技术和三次采油关键技术等难点，针对边际油田，重点开发低成本的海上油田水面工程技术、海底管线设计技术、水下作业技术，完善海底管道检测维修技术，促进油田的高效安全开发。

目前，我国研制成功了可用于2500米的半潜式钻井平台，可以开发深海2500米左右的海洋油气资源。因此，要建立一个油气科技创新体制，以政府为主导、石油公司为主体，着力发展自己的核心技术，加快科技成果转化力度，将海洋油气资源风险基金用于油气资源勘探开发技术的科研投资，争取实现技术研发和部署开发相互促进的良性循环。

第十八章　海水淡化与淡水的统筹利用

水资源短缺是我国沿海地区经济社会可持续发展的重要限制性因素之一，淡水资源更是偏远海岛开发利用的主要制约因素。随着我国海水淡化产业的不断发展，淡化海水已成为解决北方沿海地区水资源短缺的重要途径，更是解决偏远海岛用水的唯一途径，具有较好的产业化发展前景。

淡化海水和陆域淡水在功能上是可以相互替代的，淡化海水能在工业、农业及生活用水等领域替代淡水资源。淡化海水替代陆域淡水需要具备三个方面的基本条件：一是该区域具有利用海水的区位和资源条件；二是该沿海地区淡水供需矛盾紧张，有将淡化海水纳入解决区域淡水供需矛盾的迫切需求；三是海水淡化的成本具有竞争力，也就是单位淡化海水的成本接近或低于陆域淡水的供水成本。

然而，海水淡化并没充分发挥缓解淡水供需矛盾的作用，海水淡化的产业化进程较慢。除了受到海水淡化技术进步和淡化水成本竞争优势不明显等因素的影响外，目前解决淡水供需矛盾主要通过陆地淡水资源的配置调度来解决的思维也是个重要原因。特别是在海水淡化供水成本与陆地淡水供应成本比较的参照系选择等问题还没有解决的情况下，海水淡化的成本是与陆地平均供水成本比较，还是与现有条件下新增单位供水的边际成本进行比较？这在某种程度上影响了海水淡化水与陆源水（远程调水、开采地下水、雨水收集等）统筹规划的推进。我们的研究重点想回答以下四个方面的问题：①淡化海水能成为沿海地区“第二水源”吗？能成为缓解沿海城市水资源的供需矛盾的主要途径吗？②根本解决沿海地区淡水资源问题是依靠长距离调水还是依靠淡化海水？有可能建立淡化海水成本与长距离引水成本比较的体系吗？③海水淡化产业化的进程推进较慢的原因是什么？④如何加快推进我国的海水淡化产业化过程，实现海水淡化与淡水的统筹利用。

第一节　我国海水淡化的市场需求形势

一、中国的淡水资源短缺

（一）中国水资源供需矛盾突出

淡水资源在全球各地分布不均。据美国太平洋研究院两年一次的不完全统计显示，2017

年，全球 64.5% 的饮用水仅集中在 13 个国家：巴西（14.9%）、俄罗斯（8.2%）、加拿大（6%）、美国（5.6%）、印度尼西亚（5.2%）、中国（5.1%）、哥伦比亚（3.9%）、印度（3.5%）、秘鲁（3.5%）、刚果（2.3%）、委内瑞拉（2.2%）、孟加拉国（2.2%）和缅甸（1.9%）。与此同时，越来越多的国家正面临着严重的水资源短缺问题，一些国家甚至每年人均可用量不足 1000 立方米。

我国地域辽阔，陆域面积约为 960 万平方千米，水资源总量虽名列世界第六位，但人均水资源量只有 2348.03 立方米，仅为世界平均水平的 1/4，是全球人均水资源最贫乏的国家之一。根据《2016 年中国水资源公报》，全国水资源总量为 32 466.4 亿立方米，比多年平均偏多 17.1%，比 2015 年增加 16.1%。其中，地表水资源量为 31 273.9 亿立方米，地下水资源量为 8854.8 亿立方米，地下水与地表水资源不重复量为 1192.5 亿立方米。2016 年全国供水总量为 6040.2 亿立方米，其中，生活用水占总用水量的 13.6%；工业用水占 21.6%；农业用水占 62.4%；人工生态环境补水占 2.4%。水资源的需求几乎涉及国民经济的方方面面，如工业、农业、建筑业、居民生活等，严重的缺水问题导致我国城镇现代化建设进程、GDP 的增长和居民生活水平的提高都受到了限制。我国城市水资源存在极其匮乏且涉及面广的问题。2017 年，在我国 600 多个城市中，有 400 多个城市供水不足，其中严重缺水的城市有 110 个。城市水资源的量是有限的，多数城市的当地水资源已接近或达到开发利用的极限，部分城市的地下水已处于超采状态。当地下水开采量超过补给量时，水资源质与量的状态便失去平衡，还会引起一系列环境工程地质问题。例如，大量开采利用水资源的同时，会增大生活污水和工业废水的排放，使地表水和地下水体遭受不同程度的污染。过量开采地下水导致地下水位逐年下降，单井出水量减少，供水成本增加，水资源逐渐枯竭，从而产生地面沉降、塌陷、地裂缝等问题。

（二）水资源污染严重

随着城市规模的不断扩大，排出的污水数量也不断增多，水质发生恶化，水体遭受污染，从而影响了水资源的可持续利用，加剧了我国水资源的短缺。工业废水、生活污水和其他废弃物进入江河湖海等水体，超过水体自净能力所造成的污染，导致水体的物理、化学、生物等方面特征发生改变，影响到水的利用价值，危害人体健康或破坏生态环境，造成水质恶化。根据《2017 中国生态环境状况公报》，2017 年，全国地表水 1940 个水质断面（点位）中，Ⅰ～Ⅲ类水质断面为 1317 个，占 67.9%；Ⅳ、Ⅴ类有 462 个，占 23.8%；劣Ⅴ类有 161 个，占 8.3%。在地下水方面，以地下水含水系统为单元，以潜水为主的浅层地下水和承压水为主的中深层地下水为对象，原国土资源部门对全国 31 个省区市 223 个地市级行政区的 5100 个监测点（其中国家级监测点 1000 个）开展了地下水水质监测，评价结果显示：水质为优良级、良好级、较好级、较差级和极差级的监测点分别占 8.8%、23.1%、1.5%、51.8% 和 14.8%，其中较差级和极差级占比超过了 65%。主要超标指标为总硬度、锰、铁、溶解性总固体、“三氮”（亚硝酸盐氮、氨氮和硝酸盐氮）、硫酸盐、氟化物、氯化物等，个别监测点存在六价铬、铅、汞等重金属超标现象。可见，我国城市区域污染源点多、面广、强度大，极易污染水资源，即使是发生局部污染，也会因水的流动性而使污染范围逐渐扩大。

（三）季节性洪旱灾害严重，水土流失严重

我国水资源的时空分布不均，进一步体现了我国水资源供需矛盾突出、局部水资源季节性洪旱灾害严重。根据《2016年全国水利发展统计公报》，“2016年，全国洪涝灾害总体偏轻。全国农作物受灾面积9443千公顷，成灾面积5063千公顷，受灾人口1.01亿，因灾死亡686人，失踪207人，倒塌房屋43万间，城市受淹192个，直接经济损失3643亿元，其中水利设施直接经济损失698亿元”“全国旱灾总体偏轻……全国农田因旱受灾面积9873千公顷，成灾面积6131千公顷，直接经济损失484亿元。全国因旱累计有469万城乡人口、650万头大牲畜发生临时性饮水困难”。水旱灾害中洪灾对我国城市影响较大，而旱灾则对我国农业生产影响更大一些，农业生产的季节性缺水问题严重。同时，水旱灾害造成的水环境恶化又加剧了我国的水土流失。中国是世界上水土流失最为严重的国家之一，由于特殊的自然地理和社会经济条件，水土流失成为主要的环境问题。根据《第一次全国水利普查水土保持情况公报》，2011年全国（未含港澳台）共有土壤侵蚀总面积294.91万平方千米。根据《中国水土保持公报（2017）》，2017年，水利部组织开展了16个国家级重点预防区和19个国家级重点治理区典型县的水土流失动态监测，监测总面积为76.43万平方千米，其中水土流失面积为30.04万平方千米。

我国正处在经济高速发展、人口规模不断扩大和城镇化快速推进的耦合时期，在此背景下的水污染问题日益严重、季节性水旱灾害频发、水土流失严重，使得我国水资源供给风险增加。同时，由于沿海地区位于我国长江、珠江、“黄淮海”等主要河流下游，工农业生产与城镇取水时常会受到河流水质的制约和河湖水污染突发事件的侵袭，使得沿海地区的供水风险加大。

二、北方沿海地区供需矛盾突出

受海陆位置和气候条件的制约，我国水资源地区分布很不均匀，总体趋势由东南沿海向西北内陆递减。北方地区水资源匮乏，南方地区水资源相对丰富。

如表18.1所示，2016年我国北方地区（东北、华北和西北）水资源量为4642.6亿立方米，占全国水资源总量（32 466.2亿立方米）的14.30%；南方地区（华东、中南和西南）水资源量为27 823.6亿立方米，占全国水资源总量的85.70%。从人均水资源量看，北方地区是1208.82立方米，南方地区是2794.15立方米。在北方缺水区，华北地区水资源量为822.9亿立方米，仅占北方地区（东北、华北、西北）水资源量的17.73%，人均水资源量为472.7立方米，仅是当年全国人均水资源量（2348.03立方米）的20.13%，而人口和地区生产总值却分别占本区的45.32%、53.08%。在南方，华东地区水资源量是7921.6亿立方米，占南方地区（华东、中南、西南）水资源量的28.47%，人均水资源量1950.3立方米，大约是全国人均水资源量的83.06%，而人口和地区生产总值却分别占本区的40.79%、50.54%。这说明在我国贫水区中有水资源更“贫瘠之地”，在相对富水区中仍有“干渴之方”。

表 18.1　2016 年我国各地区水资源、人口、土地面积、耕地面积和地区生产总值的比较

地区名称		水资源量 / 亿立方米	人口总数 / 万人	人均水资源量 / 立方米	土地面积 / 平方千米	耕地面积 / 公顷	地区生产总值 / 亿元
全国		32 466.2	137 984	2 348.03	9 611 969	13 492.08	780 070.0
北方地区	东北	1 664.1	10 910	1 525.3	791 389	2 781.80	52 409.8
	华北	822.9	17 407	472.7	1 555 324	2 048.84	106 803.5
	西北	2 155.6	10 089	2 136.6	3 114 168	1 645.66	41 990.7
南方地区	华东	7 921.6	40 618	1 950.3	795 152	2 462.94	292 560.0
	中南	9 159.0	38 993	2 348.9	1 015 873	2 523.04	207 914.3
	西南	10 743.0	19 967	5 380.4	2 340 063	2 029.80	78 391.7

资料来源：根据2017年《中国统计年鉴》计算得出，全国总量以各地区总和为准

自北向南，我国大陆沿海地区包括辽、冀、津、鲁、苏、沪、浙、闽、粤、桂、琼等 11 个省区市，分布在我国 18 000 千米的漫长海岸线上，整个区域土地面积 130.26 万平方千米，约占全国土地总面积的 13.6%。改革开放使我国经济总体实力不断增强，凭借地理区位和经济社会环境的优势，人口、资本和技术等生产性要素不断向沿海地区集聚，沿海地区经济发展水平高于全国平均水平。然而，经济发展却给沿海地区水资源供应造成了巨大的压力，水资源短缺形势严峻。2016 年沿海 11 个省区市的地区生产总值共计 425 081.83 亿元，占全国地区生产总值（780 070.00 亿元）的 54.49%；沿海地区水资源量为 10 141.2 亿立方米，占同期全国水资源量（32 466.2 亿立方米）的 31.24%，而沿海地区用水量（2382.2 亿立方米）占全国用水量（6040.2 亿立方米）的 39.44%。在水资源利用率① 上，2016 年沿海地区水资源利用率是 23.49%，高于 18.60% 的全国平均水平（表 18.2）。

表 18.2　2016 年沿海地区和全国水资源利用情况比较

地区	水资源量 / 亿立方米	用水量 / 亿立方米	人均水资源量 / 立方米	地区生产总值 / 亿元	水资源利用率 /%
沿海	10 141.2	2 382.2	1 690.40	425 081.83	23.49
全国	32 466.2	6 040.2	2 348.03	780 070.00	18.60

资料来源：《2016年中国水资源公报》、2017年《中国统计年鉴》

2016 年沿海 11 个省区市总人口为 59 994 万人，占全国人口（137 984 万人）的 43.48%；城镇人口为 38 310 万人，占全国城镇人口（79 298 万人）的 48.31%；城镇人口比重高于总人口比重，说明沿海地区承载了全国更多的城镇人口。同时，从城镇化水平看，沿海地区城镇化率较高（表 18.3）。2010 年，沿海 11 个省区市城镇化的平均水平是 60.04%，比当年全国平均水平（49.95%）高出 10.09 个百分点；2016 年沿海地区城镇化水平达到 65.72%，高出全国平均水平 8.37 个百分点。高度的城镇化意味着有更高的用水需求，而我国南北方沿海地区水资源分布不均，尤其北方沿海地区缺水严重。我国北方沿海地区（辽宁、河北、山东、天津）的水资源量为 779.1 亿立方米，仅为全国水资源量的 2.40%，而用水量高达 559.0 亿立方米（表 18.4），是全国用水量的 9.25%，更是该地区水资源量的 71.75%，且人均水资源量仅为 333.6 立方米，而人口和地区生产总值却分

① “水资源利用率”=用水量（供水总量即开发水量）/ 水资源量，其实质是水资源开发利用率。

别是全国的 16.93%、17.98%。其中，天津用水量更超出其水资源量 8.3 亿立方米。我国南方沿海地区（江苏、浙江、福建、广东、广西、海南、上海）的水资源量为 9362.1 亿立方米，占全国水资源量的 28.84%，人均水资源量为 2555.4 立方米，且该地区用水量为 1822.9 亿立方米（表 18.4），是全国用水量的 30.18%，也是该地区水资源量的 19.47%，而人口和地区生产总值分别是全国的 36.52%、26.55%。其中，上海用水量超出其水资源量 43.8 亿立方米。

表 18.3　2010 年和 2016 年我国大陆沿海 11 个省区市城镇化水平　　单位：%

年份	辽宁	河北	天津	山东	江苏	上海	浙江	福建	广东	广西	海南	均值	全国
2010 年	62.10	44.50	79.55	49.70	60.58	89.30	61.62	57.10	66.18	40.00	49.80	60.04	49.95
2016 年	67.37	53.32	82.93	59.02	67.72	87.90	67.00	63.60	69.20	48.08	56.78	65.72	57.35

数据来源：2017年《中国统计年鉴》数据

表 18.4　2016 年部分省级行政区供水量和用水量　　单位：亿立方米

省级行政区	供水量				用水量					
	地表水	地下水	其他	供水总量	生活	工业	其中：直流火（核）电	农业	人工生态环境补水	用水总量
天津	19.1	4.7	3.4	27.2	5.6	5.5	0.0	12.0	4.1	27.2
河北	51.5	125.0	6.0	182.5	25.9	21.9	0.1	128.0	6.7	182.5
辽宁	74.3	57.0	4.2	135.5	25.3	19.6	0.0	84.9	5.6	135.4
上海	104.8	0.0	0.0	104.8	25.1	64.4	54.0	14.5	0.8	104.8
江苏	561.0	8.9	7.5	577.4	56.1	248.5	200.9	270.8	2.0	577.4
浙江	178.5	1.6	1.1	181.2	46.3	48.4	0.9	81.0	5.5	181.2
山东	123.3	82.3	8.4	214.0	34.2	30.6	0.0	141.5	7.6	213.9
福建	182.8	5.6	0.7	189.1	33.1	68.6	8.2	84.2	3.1	189.0
广东	418.8	14.3	1.8	434.9	99.9	109.2	36.3	220.5	5.4	435.0
广西	278.0	11.5	1.1	290.6	39.7	49.8	16.1	198.3	2.7	290.5
海南	41.9	2.9	0.2	45.0	8.3	3.1	0.0	33.1	0.5	45.0

资料来源：《2016年中国水资源公报》

我国沿海地区水资源的突出矛盾是经济发展与城镇化两大主导因素耦合作用的结果，以“珠三角”、“长三角”和“环渤海”为代表的沿海“城镇密集团块”具有吸引人口与生产要素的极强磁力，未来仍将进一步集聚演化，淡水供需矛盾将越来越严峻。

三、海岛普遍存在淡水供应问题

我国濒临渤海、黄海、东海、南海及台湾以东海域，跨越热带、亚热带和温带，管辖的辽阔海域中点缀着上万个岛礁。我国海岛广布于热带、亚热带和温带海域，不同区域海岛的岛体、海岸线、沙滩、植被、淡水和周边海域的各种生物群落及非生物环境共同形成了各具特色、相对独立多样的海岛生态系统，一些海岛还具有红树林、珊瑚礁等特殊生境；海岛及其周边海域自然资源丰富，有港址、渔业、旅游、油气、生物、海水、海洋能等优势资源和潜在资源。海岛区位、资源与环境及基础设施条件等方面的差异，是构建我国海岛利用模式战略格局的现实基础。作为我国海洋国土的重要组成部分，海岛是我国经济社会发展中的一个特殊区域，是国防的前沿和海洋资源生态的核心支点，具有很高的权益、安全、资源和生态价值。新形势下，我国海岛保护和利用面临新的机遇和挑战：既有深度参与全球海洋事务和赢得海洋领域国际竞争的机遇，也有解决周边海洋权益争端和维护海上战略通道的挑战；既有发展开放型经济的巨大空间，也有承接沿海产业转移、资源环境约束形势趋紧的挑战。

根据《2016年海岛统计调查公报》，海岛及其周边海域生物资源和旅游资源丰富，海岛淡水资源匮乏。全国海域海岛地名普查结果显示，我国共有海岛11 000余个，海岛总面积约占我国陆地面积的0.8%。浙江、福建和广东海岛数量位居前三位。我国海岛分布不均，呈现南方多、北方少，近岸多、远岸少的特点。按区域划分，东海海岛数量约占我国海岛总数的59%，南海海岛约占30%，渤海和黄海海岛约占11%；按离岸距离划分，距大陆小于10千米的海岛数量约占海岛总数的57%，距大陆10至100千米的海岛数量约占39%，距大陆大于100千米的海岛数量约占4%。截至2016年底，全国已查明有淡水存储或供应的海岛有681个，其中有居民海岛455个，约占有居民海岛总数的93%；无居民海岛226个，约占无居民海岛总数的2%。海岛淡水存储和供应方式主要包括水井、水库、雨水收集、管道引水、船舶或汽车运水及海水淡化。截至2016年底，已建成水库和大陆引水工程522个和108个，较2015年分别增加10个和7个。海岛淡水存储和供应能力有所提升，但淡水基础设施建设和保护力度仍需加强。

第二节　海水淡化有可能成为第二水源

最简易的海水淡化设备出现在公元前4世纪，但最早记录的海水淡化是17世纪初期，由日本海员使用陶器壶蒸馏海水并用竹筒收集其冷凝物而得。后来，这些早期的淡化器具被应用到许多传统的日本饭店。第一份有关海水淡化的技术报告可以追溯到1791年，时任美国国务卿的托马斯·杰斐逊曾描述了简易的海水淡化过程，后来这一做法被印到船舶票据的背面而传播开来，让人们知道在紧急情况下如何得到淡水。海水淡化装置最初应用在蒸汽船舶上，到二战时期大多数船舶都已安装了这种便携式的海水淡化装置。首个被公认的商业型海水淡化厂是于1881年在马耳他岛上建设的。1907年，土耳其人在吉达建设了沙特阿拉伯的首个淡化厂。由于对淡水的大量需求，二战之后，中东地区率先进行大规模的海水淡化。20世纪60年代反渗透膜被广泛证明可以有效淡化海水后，海水淡化变得更加普及。据不完全统计，截至2017年底，全球已有160多个国家和地区在利用海水淡化技术，已建成和在建的海水淡化工厂有接近2万个，合计淡化产能约为10 432万吨/日。纵观海水淡化历程，全球淡化产能快速增长：2001～2005年年均淡化能力与1996～2000年相比，海水淡化市场年均增长率是25%，全球累积海水日淡化能力从20世纪80年代开始快速增长。1985～1994年年均增长率为6.41%，1995～2004年年均增长率为7.32%，淡化能力与增长率同步提升，2016年的海水淡化产能同比增长了14%，2017年同比增长了9%（图18.1）。

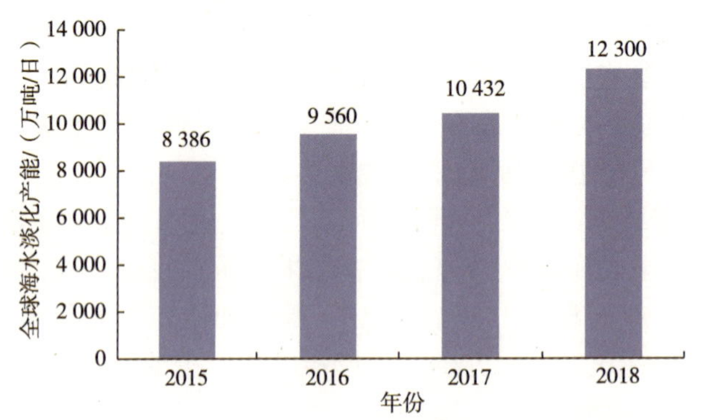

图18.1　2015～2018年全球累计海水日淡化产能
资料来源：前瞻产业研究院

一、海水淡化可行性分析

（一）国际淡化海水替代传统淡水的成功经验

从国际看，大规模海水淡化应用已有成功实践。目前，沙特阿拉伯、以色列等国家70%的淡水资源来自海水淡化，美国、日本、西班牙等国家为保护本国淡水资源也竞相发展海水淡化产业。淡化海水替代传统淡水作为饮用水的新水源已在世界沿海地区得到了广泛应用，海水淡化技术成熟的主要有美国、日本等，这些地区海水淡化历史悠久、技术成熟，而且海水淡化规模也在世界前列。根据《2018—2023年中国海水淡化产业深度调研与投资战略规划分析报告》统计，虽然全球已有160多个国家和地区在利用海水淡化技术，但沙特阿拉伯、美国、欧盟、阿联酋就占据了全球近60%的海水淡化产能，而中国的海水淡化产能仅为世界的总产能的5%左右（图18.2）。

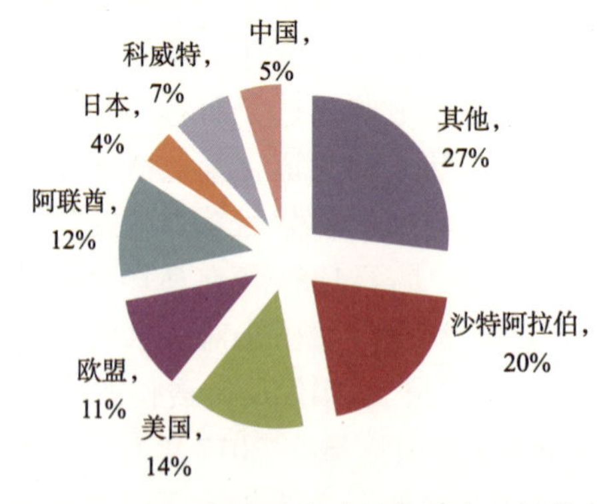

图18.2　2017年全球海水淡化能力区域分布
资料来源：前瞻产业研究院

目前，全球海水淡化技术超过20余种，包括反渗透法、低温多效蒸馏法、多级闪蒸、电渗析法、压汽蒸馏、露点蒸发法、水电联产、热膜联产及利用核能、太阳能、风能、潮汐能淡化海水等，此外还有微滤、超滤、纳滤等多项预处理和后处理工艺。从大的分类来看，主要分为蒸馏法（热法）和膜法两大类，其中多级闪蒸法和反渗透法是全球主流技术。反渗透海水淡化技术发展很快，工程造价和运行成本持续降低，目前其发展趋势为降低反渗透膜的操作压力，提高反渗透设备系统回收率，降低预处理技术的价格，提升预处理技术的效率，增强系统抗污染能力等。低温多效蒸馏技术由于节能的因素，近年发展迅速，装置的规模日益扩大，成本日益降低，目前其主要发展趋势为提高装置单机造水能力，采用廉价材料降低工程造价，提高操作温度，提高传热效率等。全球海水淡化技术中反渗透法占总产能的65%，多级闪蒸法占21%，电除盐法占7%，电渗析法占3%，纳滤法占2%，其他占2%（图18.3）。

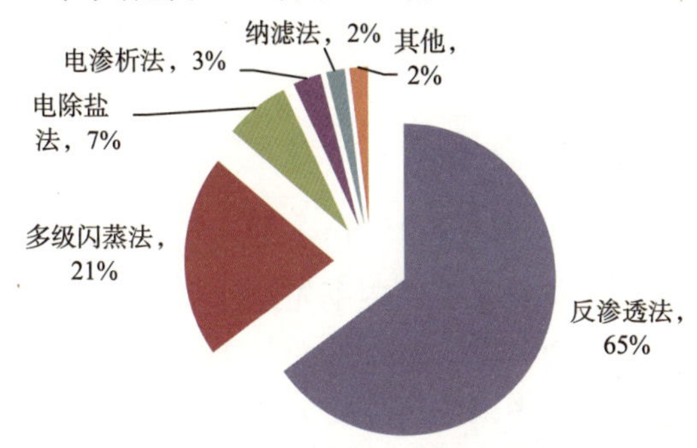

图18.3 全球海水淡化技术市场份额
资料来源：前瞻产业研究院

国际海水淡化可划分为两种类型：一是以美国和日本为代表，重点追求的是发展海水淡化技术，同时将淡化海水作为优质的水源；二是以沙特阿拉伯及北非为代表，淡水资源极度缺乏，将淡化海水作为解决水资源供需矛盾的主要途径。中国淡水资源供需矛盾比美国和日本突出，发展海水淡化技术的工业基础也优于沙特阿拉伯及北非，因此应该有更大动力推进海水淡化的产业化进程。

（二）沿海地区具备了海水淡化的综合条件

1. 海水淡化自然条件较为优越

我国位于亚洲东部，太平洋西岸，自北向南分别临黄海、渤海、东海、南海，大陆岸线18 000千米，海岛岸线14 000千米，管辖的海域面积达300多万平方千米。我国近海海域大陆架面积广阔，渤海和黄海海域全部为大陆架，东海和南海的大陆架面积分别占各自海域的2/3和1/2，大陆架在近海海域的自然延伸为海水利用提供了有利的海底地形条件和海洋空间资源。同时，大连、青岛等沿海缺水城市直接面海，海水淡化取水距离很近。

我国南北跨越近50个纬度，东部沿海地区在海洋性季风气候条件下各海域海水温度同季不同度，四大海域海水温度和盐度比较适合海水淡化。黄海海域水温夏季为25℃，冬季为2℃～8℃，海水盐度为32‰。渤海海域水温2月为0℃左右，8月为21℃，海水盐度为 30‰ ～ 32‰。东海海域夏季水温为 27℃～ 28℃，冬季水温为 9℃～ 12℃，南部海域水温可达 20℃以上，海水盐度为 31‰ ～ 32‰，东部海域为 34‰。南海海水表层水温为 25℃～ 28℃，年温差为 3℃～ 4℃，海水盐度为 35‰。一级反渗透膜海水淡化最适宜的温度是 25℃，海水淡化可以在 12℃～ 28℃的水温进行。按照这样一个水温要求，黄渤两海冬季水温较低，海水需要先加热再淡化；东海南部海域及南海全部海域全年水温都适合海水直接淡化，不受季节影响。

海水水质方面，根据《2017 年中国海洋生态环境状况公报》，我国海洋生态环境稳中向好，海水环境质量总体有所改善，夏季符合第一类海水水质标准的海域面积占管辖海域面积的 96%，连续三年有所增加。海洋功能区环境状况基本满足使用要求。全国污染海域主要分布在辽东湾、渤海湾、莱州湾、长江口、杭州湾、江苏沿岸、浙江沿岸、珠江口等近岸区域，超标要素主要为无机氮、活性磷酸盐和石油类等，沿海大中城市近岸局部海域水质状况不佳可能会对海水淡化产生一些不利影响，淡化厂的布置和取水位置将受到海水水质状况的限制。

2. 海水淡化技术条件成熟

我国开展海水淡化技术研究应用较早，1958 年首先开展离子交换膜电渗析海水淡化的研究，1965 年山东海洋学院化学系在国内率先进行了反渗透 CA（cellulose acetate，乙酸纤维素）不对称膜的研究，20 世纪 60 年代船舶工业管理局上海 704 研究所开发了 5 米 ^{3}/ 天的压汽蒸馏淡化装置和利用柴油机缸套水余热的闪蒸淡化装置装备船舰。20 世纪 70 年代进行了中空纤维和卷式反渗透膜及元件的研究，20 世纪 70 年代至 20 世纪 80 年代初，天津市科学技术委员会支持了日产淡水百吨级的多级闪蒸中试研究。“七五”期间，完成了中、低盐度反渗透膜及组件的研究，建立了海岛苦咸水淡化示范工程。同时，国家海洋局天津海水淡化与综合利用研究所进行了 30 米 ^{3}/ 天规模压汽蒸馏装置的研发。“八五”和“九五”期间，实行自主研发和设备引进双轨并行的发展道路，中盐度反渗透膜和聚酰胺复合研制取得较大进展。1997 年舟山市嵊山镇建造了 500 米 ^{3}/ 天反渗透海水淡化示范工程，1998 年仿制了 1200 米 ^{3}/ 天规模多级闪蒸系统原型装置。进入 21 世纪，我国海水淡化技术研发应用的步伐加快，单项海水淡化工程规模不断增大，拥有了 5000 米 ^{3}/ 天最大规模反渗透海水淡化工程，浙江华能玉环电厂 3.5 万米 ^{3}/ 天双膜法海水淡化工程已建成出水。2003 年天津海水淡化与综合利用研究所研制的 60 米 ^{3}/ 天低温双效压汽蒸馏工业试验装置投入运行。2004 年该所设计的 3000 米 ^{3}/ 天低温多效蒸馏海水淡化工程在山东黄岛发电厂成功运行。截至 2016 年底，我国已建成海水淡化工程 131 个，如图 18.4 所示，工程规模达 118.81 万吨 / 日，仅 2016 年就新建了 10 个海水淡化工程，新增海水淡化工程规模高达 17.92 万吨 / 日；全国已建成万吨级以上海水淡化工程 36 个，工程规模达 105.96 万吨 / 日；万吨级以下、千吨级以上海水淡化工程 38 个，工程规模达 11.75 万吨 / 日；千吨级以下海水淡化工程 57 个，工程规模达 1.10 万吨 / 日。全国已建成最大海水淡化工程规模为 20 万吨 / 日。全国海水淡化工程规模增长情况如图 18.4 所示。

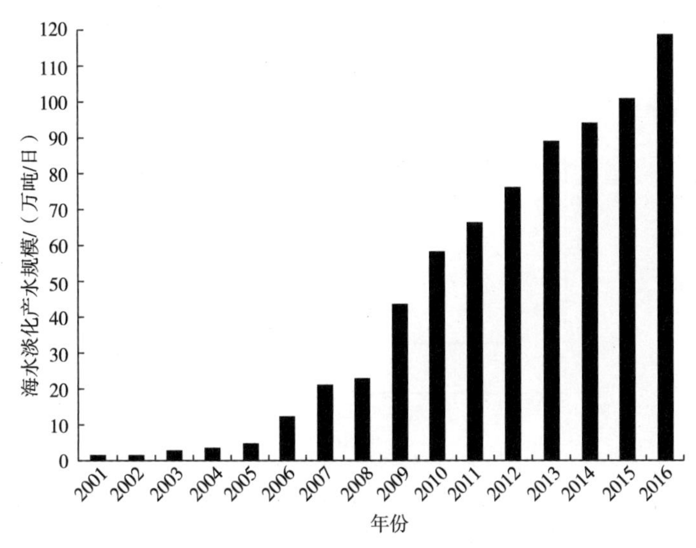

图 18.4 全国海水淡化工程规模增长情况

资料来源:《2016年全国海水利用报告》

经过坚持不懈的长期努力，我国现已具备了开展较大规模海水淡化的技术条件，天津、大连、青岛等北方沿海缺水城市在海水淡化方面积累了丰富的实践经验。反渗透、低温多效和多级闪蒸海水淡化技术是国际上已商业化应用的主流海水淡化技术。我国已掌握反渗透和低温多效海水淡化技术，相关技术达到或接近国际先进水平。截至 2016 年底，全国应用反渗透技术的工程达 112 个，工程规模达 812 615 吨 / 日，占全国总工程规模的 68.40%；应用低温多效技术的工程达 16 个，工程规模达 369 150 吨 / 日，占全国总工程规模的 31.07%；应用多级闪蒸技术的工程有 1 个，工程规模达 6000 吨 / 日，占全国总工程规模的 0.50%；应用电渗析技术的工程有 2 个，工程规模达 300 吨 / 日，占全国总工程规模的 0.03%。

3. 海水淡化经济条件可行

海水淡化是否经济可行关系到海水淡化能否得到广泛开展，也是淡化海水能否得到普遍接受的关键。迄今为止，海水淡化之所以没能在中国沿海地区得到广泛开展，根本原因是饮用淡化海水比饮用传统淡水更昂贵，自来水价格更能让老百姓接受。实则不然，目前，自来水供给价格不断上涨，而海水淡化成本不断降低，二者的弥合空间越来越小，未来饮用淡化海水将比自来水更经济（图 18.5）。

如表 18.5 所示，2018 年我国 21 个沿海城市现行自来水价格（含污水处理费，未含水资源费和公用事业附加费）平均为 2.82 元 / 米^3。近十年来自来水价格不断上涨，与自来水价格不断上涨相反，海水淡化成本却在不断下降。目前，国内海水淡化成本为 5 ～ 8 元 / 米^3，随着淡化技术的进步和淡化能耗的降低及水电、水核等淡化组合方式的实施，海水淡化成本降低的空间还很大。

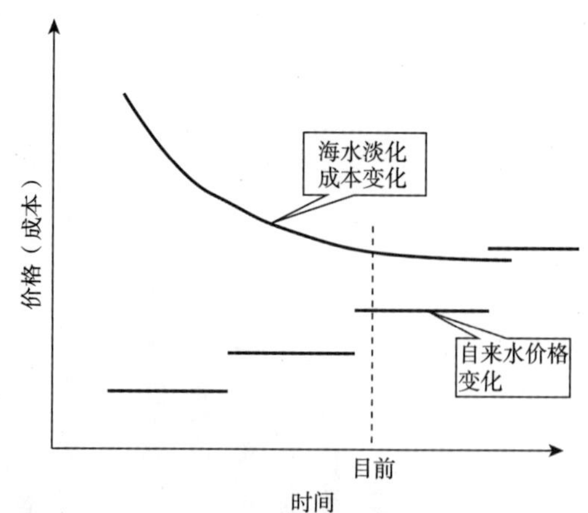

图 18.5　自来水价格变化与海水淡化成本变化示意图

表 18.5　我国 21 个沿海城市 2018 年自来水价格（含污水处理费）

城市	价格 /（元 / 米^3）
大连	3.25
秦皇岛	3.60
天津	4.90
烟台	2.90
威海	2.85
青岛	2.50
连云港	2.95
上海	2.93
宁波	3.20
杭州	1.85
舟山	3.50
温州	2.40
福州	2.55
厦门	2.80
汕头	2.60
珠海	2.64
广州	2.88
深圳	2.20
湛江	2.41
北海	1.99
海口	2.40

资料来源：中国水网

4. 海水淡化已成为沿海地区新的“开源”途径

就沿海地区而言，当传统开源节流途径无法缓解经济社会发展和城镇化带来的日益严峻的水资源供需矛盾时，人们不得不寻求更快捷的解决办法，如长距离调水和海水淡化等。在沿海地区缺水问题显现初期或者水资源问题并不严重的时候，向邻近相对富水地区调水以平衡水资源供需平衡是沿海地区惯用的办法。例如，大连市的“引英入连”“引碧入连”、天津市的“引滦入津”和青岛市的“引黄济青”等工程。然而，当水资源问题变得越来越严重的时候，向更远地方调水以缓解本地区用水的“燃眉之急”变得越来越困难，即使行政上没有障碍，但经济上也难以承受，有时还受困于水资源时空不匹配问题。人们已意识到调水不能在根本上解决问题，且调水并未增加水资源总量，只是改变了水的空间分布。因此，依靠既增加水量又经济可行的海水淡化就成了沿海地区的必然选择。

目前，沿海各城市及海岛也在不断扩大海水淡化规模。2016 年，天津已建成海水淡化工程规模为 317 245 吨 / 日，山东已建成海水淡化工程规模为 282 005 吨 / 日，浙江已建成海水淡化工程规模为 227 795 吨 / 日，河北已建成海水淡化工程规模为 173 500 吨 / 日，辽宁已建成海水淡化工程规模为 87 664 吨 / 日，广东已建成海水淡化工程规模为 81 160 吨 / 日，福建已建成海水淡化工程规模为 11 031 吨 / 日，江苏已建成海水淡化工程规模为 5 100 吨 / 日，海南已建成海水淡化工程规模为 2 565 吨 / 日。其中，在海岛地区，海水淡化工程规模为 135 730 吨 / 日。在未来，我国将围绕解决石化和电力工业纯净水、供应城市居民饮用水、满足海岛军民用水需求等问题，不断增加大、中、小型海水淡化工程建设，加大海水淡化推广力度，使淡化海水真正成为缺水沿海城市（天津、青岛、大连）的新水源。

二、海水淡化与长距离引水的成本效益比较

一直以来，我国最常使用的淡水取用方式主要有开采地下水、地表水、长距离引水和海水（苦咸水）淡化等几种。开采地下水具有工程量小、成本低的优点，但开采地下水受资源条件限制很大，而且许多地区，特别是沿海地区，多年来由于过度开采地下水，已经形成“地下漏斗”，造成房屋倾斜、地面下陷，甚至导致了海水倒灌等严重后果。

目前，淡水的供水成本通常是按区域平均成本计算的，并以此与海水淡化成本进行比较。我们将以现有供水能力为基础，分析每新增单位供水能力的边际成本，以其作为与海水淡化成本比较的依据。当许多城市水源枯竭面临供水危机时，一个全国性的调水时代正在到来，北方沿海城市新增供水能力基本是通过引水工程实现的。因此，我们将长距离引水和海水淡化这两个解决现阶段淡水危机的主要途径进行可行性比较。

长距离引水是解决我国地区性缺水的重要途径。长距离引水工程基本是为解决北方沿海地区用水问题而实施的，包括南水北调的东线工程、“引碧入连”工程、“引滦入津”供水工程、“引黄济青”工程、烟台的老岚水库枢纽工程等。这些水利设施使我国北方沿海地区的缺水状况得到了部分缓解，对于应急城市供水效果比较明显。当然，像南水北调这样的大型跨流域调水工程还能在农业灌溉、发电、淡水养殖等领域发挥作用。

淡化海水是淡水的重要替代资源，根据《2016 年全国海水利用报告》，我国 2016 年利用海水作为冷却水用量达 1201.36 亿吨，工程规模为 1188 065 吨 / 日，海水利用已有一定基础和规模，海水淡化吨水成本已降至 5 ～ 8 元。根据《全国海水利用“十三五”规划》，到“十三五”末，全国海水淡化总规模达到 220 万吨 / 日以上。沿海城市新增海水

淡化规模105万吨/日以上，海岛地区新增海水淡化规模14万吨/日以上。海水直接利用规模达到1400亿吨/年以上，海水循环冷却规模达到200万吨/小时以上。新增苦咸水淡化规模达到100万吨/日以上。海水淡化装备自主创新率达到80%及以上，自主技术国内市场占有率达到70%以上，国际市场占有率提升10%，海水的替代作用将进一步得到发挥，海水利用前景广阔。

我国沿海城市已将海水淡化作为解决淡水缺乏的重要途径之一，如大连、青岛作为海水淡化的示范基地，在运作能力、技术水平上都有了长足的发展。但是，现阶段长距离引水与海水淡化的比较仍然集中在经济成本的比较，即以长距离引水的平均成本与海水淡化的平均成本进行比较。从现有的资料可以看出，长距离引水的平均成本涉及工程投资的折旧、源水的价格、运行费用与管理费用、占用土地与居民动迁的补偿费用及净化费用，而海水淡化的平均成本涉及固定资产的折旧、运行费用与管理费用。从一定意义上讲，这种单纯对两者平均成本的比较缺乏一定的可比性，在实践操作中存在一定的问题。

1. 比较因素不全面

任何一个项目，只要是在自然环境与人文环境中展开，必然会带来一定的生态环境影响与社会影响，而且这部分影响对工程的进展起到越来越重要的作用。许多专家还提出，将绿色GDP纳入我国国民经济指标中，习近平指出："我们既要绿水青山，也要金山银山。宁要绿水青山，不要金山银山，而且绿水青山就是金山银山。"[①] 党的十八大报告将生态文明建设列入"五位一体"的总体布局，提出"建设美丽中国"的要求。十八届三中全会进一步明确了要深化生态文明体制改革，加快建立生态文明制度的基本要求。十九大将生态文明建设写入报告。此举充分表明我国已经把生态文明建设放在了突出地位，也意味着我国生态文明水平的提升和进步。可见，现阶段对环境影响的重视程度非常高，因此我们在比较时不能忽视生态环境影响和社会影响因素的存在。

2. 核算体系不完善

有学者认为，长距离引水与海水淡化进行比较分析时常常采用两者的平均经济成本，这种比较方法从经济学角度来考虑是不恰当的。由于之前我国实行的长距离引水都是在一个较小的区域内展开，不存在行政区域间的问题，引水的源水价格也在地区政府的控制之中，长距离引水的成本较低。但是，随着缺水问题的日益严峻，长距离引水的引水路线慢慢被拉长，我国的南水北调工程就是很好的例子。线路的拉长，使长距离引水面临了更多的问题，也在很大程度上增加了引水的成本。曾有专家预测，南水北调工程实施后，长江水流到北京，按现行不变成本计算，综合成本在每立方米5元以上，甚至有专家预测每立方米将达20元。这就说明了，我们在对长距离引水与海水淡化进行比较时，不能一味地拿两者的平均成本进行比较，也不能依照最初的行政区域内的长距离引水成本进行比较。我们要与时俱进，从实际出发，从一个相同的平台上对两者进行比较，将两者所产生的各种影响（经济成本、环境影响、社会影响等）都考虑进去，以期运用

①《习近平：绿水青山就是金山银山》，http://theory.people.com.cn/n1/2017/0608/c40531-29327210.html[2020-11-10]。

一个较合理的比较因素，来验证海水淡化替代长距离引水是否真正可行（图 18.6）。

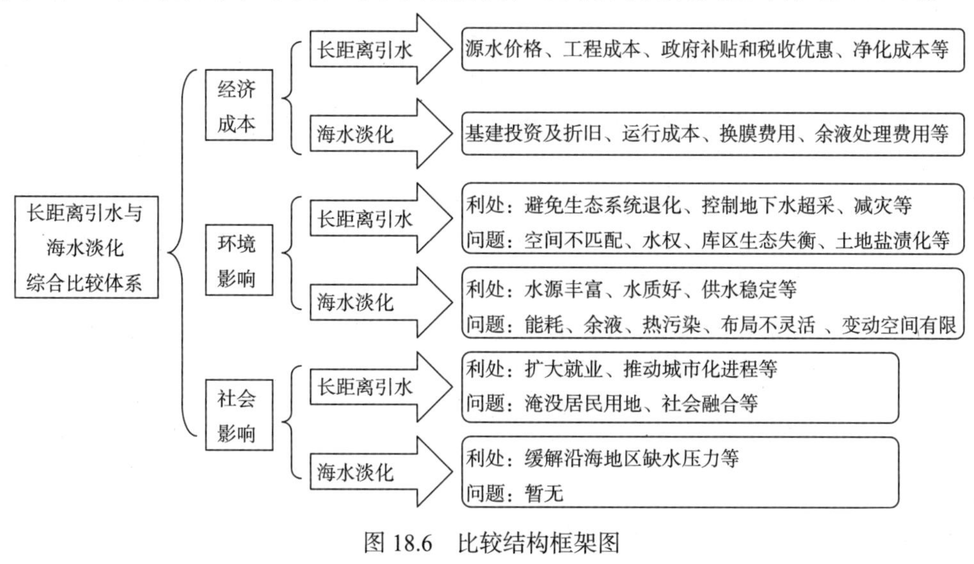

图 18.6　比较结构框架图

（一）长距离引水成本与影响分析

1. 长距离引水的成本

2002 年 11 月下旬，水利部副部长张基尧宣布，中国政府批准“南水北调”的总体规划，确定东线、中线和西线三条调水线路，分三期实施。首先开工的是东线和中线第一期工程，总投资为 1548 亿元，工期为 5 至 10 年。至此，一项关系着全国民生的“南水北调”工程正式开始实施。

南水北调是长距离引水的典型案例，以南水北调工程为例，水价测算的原则是：还贷、保本、微利；两部制水价；定额用水、差别水价、超额累进加价。据《南水北调工程总体规划》，依据国家有关规程规范，按供水水量和输水距离，逐段分摊投资，进行成本分析，测算主体工程的水源水价和分水口门水价。根据对水价的承受能力分析，为了使分水口门水价能够被受水区用水户所承受，部分贷款由征收的南水北调基金来偿还。当时预测，利用南水北调工程基金偿还部分银行贷款本息后，受水区用水户的最终水价估计为每立方米 3.2 ～ 4.8 元，另有专家预测，南水北调工程实施后，长江水流到北京，按现行不变成本计算，综合成本在每立方米 5 元以上，甚至有专家预测每立方米将达 20 元。

随着现政策的改变，以及各项事宜的考虑不够全面，南水北调工程施工中遇到了不少阻碍，因此不得不追加投资，最终导致价格的增加。根据河南省发改委价格管理处发布的《关于我省南水北调工程供水价格的通知》，河南省南水北调工程水价暂实行“运行还贷”水价，南阳段综合水价为 0.47 元 / 米 ^{3}、黄河南综合水价为 0.74 元 / 米 ^{3}、黄河北综合水价为 0.86 元 / 米 ^{3}。根据河北省物价局发布的《关于南水北调配套工程实行过渡水价的通知》，南水北调水厂以上配套工程实行超额累减水价，2015 年免收市、县引用江水的水费，产生的费用计入水厂以上输水工程建设成本（不包括未引用江水部分国家干线工程基本水费）。2016年最低用水计划内水量，水价按2.00元/米^{3}执行；超过规划分配20%至40%的水量，水价按1.76元/米^{3}执行；超规划分配40%的水量，水价按1.50元/米^{3}执行。2017年最低用水计划内水量，水价按2.15元/米^{3}执行；超过规划分配30%至50%的水量，水价按1.76元/米^{3}执行；超过规划分配50%的水量，水价按1.50元/米^{3}执行。2018年最低用水计划内水量，水价按2.30元/米^{3}执行；超过规划分配40%至60%的水量，水价按1.76元/米^{3}执行；超过规划分配60%的水量，水价按1.50元/米^{3}执行。为便于市、县物价部门核定终端水价，2016～2018年入水厂水价统一按2.15元/米^{3}核定，2019年起按2.76元/米^{3}核定。南水北调工程考虑到用户对水价的承受能力，为了使分水口门水价能够被受水区用水户所承受，部分贷款由征收的南水北调基金来偿还。可见，各地区对南水北调工程供水价格的计算过程存在政府补偿因素，使得工程水价相对较低。

长距离引水的经济成本与引水的距离在一定程度上呈正比关系。引水距离的增加必然导致工程投资的扩大，运行成本和管理成本也会相应增长；如果长距离引水还涉及一个行政区域间的因素，则还要考虑到源水价格的增长；空间跨度越长，产生的其他影响，如生态环境影响、社会影响涉及的也会越多。因此，从一定意义上说，长距离引水的距离越长，海水淡化的相对竞争力就越强。

2. 有益的影响

一个地区生态系统提供服务的能力取决于该地区基本自然条件和资源，水是其中一项重要的基本资源。长距离引水工程能有效满足缺水地区经济和社会发展对水资源的不断增加的需求，确保这些地区的农田、森林、湿地、城市绿地等各种生态系统的生态用水不受城市生活和工业用水挤占，遏制这些地区生态环境继续恶化的趋势，为恢复和改善这些地区的生态环境提供必要的前提条件。

（1）避免森林生态系统退化，增加森林覆盖面积。森林生态系统的发育和恢复能力能为人类提供许多生态系统服务：第一，森林生态系统能有效地涵养水源、遏制水土流失，减轻泥沙对江河湖泊的淤积；第二，森林生态系统能阻滞粉尘，大大减少北方沙尘暴发生的频率；第三，森林生态系统能释放氧气、固定二氧化碳，为减轻温室效应做贡献；第四，森林生态系统能够维持生物多样性；此外，森林生态系统还具有调节气候、净化空气、杀灭有害细菌、降低噪声等功能。

（2）有效控制地下水超采局面。随着长距离引水工程的展开，受水区将有能力回补地下水。地下水的回补可以有效地阻止海水入侵对沿海地区生态环境的影响，消除沿海地区土地不正常的盐碱化，以及缓解和消除地下水漏斗现象，解决部分城市周围地面沉降问题。

（3）长距离引水工程有利于减灾。例如，南水北调西线工程将有利于恢复和发展适合西北地区自然环境条件的草原畜牧业，缓解土壤侵蚀，减轻沙尘暴的危害。长距离引水工程使我国北方和南方水资源的大规模联合调度成为可能，有助于缓解受水区的旱灾和水源区的洪灾。

（4）改善城市生态用水，维持足够的城市绿地。城市绿地有类似森林生态系统的服务功能，在城市这种人口、经济和社会活动密集的地方其效益更为显著。

3. 引发的问题

1）空间不匹配问题

调水改变了受水区和供水区的空间水量，对受水区有以上等方面的益处。长距离调水工程的年均调水量一般都很大，如中国南水北调三线的年（设计）调水量是448亿立方米，不到我国目前用于冷却海水用量一半（2016年是1201.36亿立方米）。这一数字通常是根据长江的多年平均径流量（近1万亿立方米）得来的，前者仅为后者的4.48%，可谓九牛一毛。

但受水区获得水量的多少往往与供水区的水量状况有关，并不由受水区的主观意愿所左右。受水区与供水区都有各自的丰枯水期与丰枯水年，当受水区处于枯水年期时，调水需求量通常较大，但如果此时恰逢供水区也处在枯水年期，自身需水量同样较多，一旦按受水区的要求供水，那么本地区的工农业生产用水甚至居民生活用水都会受到影响，如果再遇到长期的或严重的干旱（如2006年重庆地区旱灾），供水区将会自顾不暇，更谈不上对外供水了。以大连市“引碧入连”北段工程为例，日供水能力达到190万立方米，每年为大连及开发区城市提供原水4.2亿立方米。1986年碧流河水库建成时的库容是9.34亿立方米，兴利库容是6.44亿立方米，碧流河的多年平均径流量是9.51亿立方米，调水量占河流径流量的比重是44.16%。国际上通常认为用水量占河流径流量超过40%时，将对河流生态系统构成威胁。可见，“引碧入连”调水工程调水能力已超过河流的饱和供给能力，如遇河流枯水期或干旱年份，实际调水量将不会达到120万米^3/天的调水能力。再以“引黄济津”工程为例，1998年前后黄河断流，导致以黄河为水源的天津等城市无法得到充足供给。因此，长距离引水工程（特别是跨流域的）建设，需要考虑水资源的空间不匹配问题，否则工程会陷入无水可供和浪费建设投资成本的境况。

2）水源地的机会成本或水权问题

调水使水资源发生空间位移，为受水区人们提供了新水源，但同时意味着剥夺了水源区人们享用这部分水资源的权利，即对水权（主要是使用权和经营收益权）的部分丧失。如果受、供水双方都有意愿，那么调水实现了水权的自然转让，对双方都是有益的，完成了“不为我所有”但“为我所用”的水价值的有效实现，真正做到了“物尽其用”，这种发展趋势是市场经济“自然选择”或资源有效配置的必然结果。

但如果只是出于受水区的单方考虑，调水势必以一方水权的部分丧失来满足另一方水权的额外获得，尽管在水权过程中政府可能会对供水区给予一定的经济补偿即支付源水价格，但对供水区而言，水权的部分丧失不仅意味着水资源使用权的丧失，也意味着水资源经营收益权的丧失，即我们常说的“机会成本”的失去。对受水区而言，水权的额外获得意味着获得了新的发展机会，有了更多的发展选择，增加了“机会成本”。由此可见，对受、供水双方而言，调水是谋求最大发展利益的博弈，双方利益协调的主导权在政府。

3）调水产生的生态环境问题

库区生态平衡被打破：为增加蓄水面积会人为抬高水坝，淹没库区周围的植被，改变库区原有的生态平衡。

生物链循环系统被打乱：河流流域的大幅度变化会打乱原来的生物链循环系统，特别是对有洄游现象的鱼类来说，洄游的通道很有可能被切断，物种的存亡面临着很大的考验。

河口生态平衡被打破：调水造成河流多年平均径流量的减少，意味着河流入海水量减少，导致河口地带的咸水入侵严重，河口湿地及水生系统遭到破坏，水鸟及其他河口生物将失去它们所依赖的生境，海洋生物将减少，最终河口生态平衡被打破。

土地盐渍化：在受水区和调水流经线路，由于水量的异常增加，地表蒸发旺盛，经过长时间的累积，土壤中盐分越积越多，土地盐渍化，失去原有的农业生产能力，造成农业减产，影响农业经济。

河流纳污能力减弱：河流水量的减少也就意味着纳污能力的减弱，河流水质会变坏，影响到河流、河口地带的生物生存及河流沿线居民的取水和农业灌溉用水。

增加水旱灾害发生的频率：调水河流水量的减少，在枯水期会增加沿河两岸的干旱程度，影响工农业生产；同时，河流水量的减少，将增加河流泥沙的淤积，这也意味着增加了丰水期河流发生洪灾的可能。

输水管道沿线的污染治理问题：长距离引水涉及的管线越长，对中途河流的水质影响就越大，因此就涉及污染治理的问题。曾有报道指出，淮河污染严重，且相关截污导流工程没有完成规划批复，导致大量污水进入南水北调输水干线，同时南水北调东线重要调蓄湖泊治污滞后，南水北调工程的调水水质正面临着被污染的威胁。南水北调东线工程已经开始调水，如果不对流经地河流的污染进行治理的话，势必会影响到整条南水北调东线工程的引水水质。

输水管线引起的疾病传播：大型的跨流域调水工程的输水管线也是病毒、病菌的传播载体，容易使异地发生的伤寒、痢疾、霍乱等传染病得以蔓延，影响到受水区的居民健康。例如，1948年芝加哥受到流行性伤寒的侵袭，元凶是密执安湖的供水管道进口遭到了污染。美国还有一些调水工程传播一种脸板蚊，曾使脑炎猖獗。同时，调水也会给受水区带来新的生物，对原有生物构成侵袭和危害。

4）长距离引水可能引起的社会影响

长距离引水有利于扩大就业；有利于减轻贫困；有利于抑制地区差距的扩大；有利于居民收入的增长；有利于居民生活质量的提高和人居环境的改善；引水工程的投资将拉动城市化的发展；工程建成供水后，将会为城市化创造有利的条件；工程将通过促进城市经济的扩张促使劳动力从传统产业向现代产业、从农业向非农业的转移，使人口从农村向城镇和城市流动，从而促进城市化的发展。

但同时，大型调水工程建设将会淹没或占用部分土地（耕地、林地甚至是居住用地），造成受、供水区及调水沿线的资源或资产损失。尽管政府对失地农民或资产损失农民给予一定的经济补偿，但迫于生计，受影响的居民将不得不被重新安置和进行新的职业选择，这使局部地区产生社会问题，如受迁居民异地生活习惯与当地居民有异及当地居民的接纳意愿问题、受迁居民新职业的稳定性与社会治安问题（社会融合问题）、受迁居民子女的教育问题等。

（二）海水淡化成本与影响分析

1. 海水淡化的成本

目前，影响海水淡化产业发展的主要因素是其成本，如果海水淡化的成本接近自来水的价格，它就会被广泛应用。我国海水淡化每吨水成本已降至 5 ～ 8 元，但海水淡化的成本具有多因性，主要包括电力成本、蒸汽成本、药剂成本、膜更换成本、人工及管理成本、维护成本、折旧等。随着我国海水淡化技术的不断进步，如今，万吨级海水淡化工程产水成本平均为 6.22 元 / 吨，千吨级海水淡化工程产水成本平均为 7.20 元 / 吨，部分使用本厂自发电的海水淡化工程产生成本可达到 4 ～ 5 元 / 吨。对于一套海水淡化设备来讲，其耗电量基本是固定的，但可以将海水淡化结合电力工业一起运行。发电厂的发电机组需要大量的海水作为冷却水，从机组凝汽器排出的大量海水已经被加热，可以直接用作海水淡化的原水。反渗透法海水淡化技术一般要求海水温度在 15 ～ 30℃范围之间，若低于 10℃，反渗透膜组的运行压力会增高，耗电量增大；若超过 30℃，产水电导度将升高，膜组脱盐率下降，膜的污染程度加快。一般在进水压力不变的条件下，海水温度每变化 1℃，产水量将同向变化 2.7%。合理地保持淡化水的入口水温对于火电厂来说没有难度，而且减少了对大海的热污染，降低了海水淡化的能耗，控制了成本。对于拥有丰富的亚海水资源的沿海地区，特别是对于耗水大户来说，大级别亚海水淡化装置的意义非凡。而且亚海水淡化的成本更低、污染更少、运作更灵活，在一定程度上符合自来水的所有功能，应给予更多的重视与利用。

现阶段，海水淡化成本随着海水淡化工艺的不断进步、能耗的显著降低正逐渐下降。如果再发展海水综合利用，形成一条海水利用产业链，其淡化成本还要降低。海水淡化的价格已为缺水岛屿和沿海发电厂用水所接受。国际海水淡化水的价格已从 20 世纪六七十年代的 2 美元以上降到目前的不足 0.7 美元的水平，接近或低于国际上一些城市的自来水价格。由此可以预见，随着我国海水淡化成本的不断降低和消费水价的不断抬升，海水淡化的市场优势将凸显出来。海水淡化的价格将普遍被接受，并对海水淡化的广泛应用及产业化进程产生极大的促进作用。

2. 海水淡化的优势

相对于长距离引水来说，海水不受时空和气候的影响，具有水源丰富、水质好、供水稳定等特点。建立在此基础之上的海水淡化工程，随着技术的日趋成熟，其成本也在持续下降，与长距离引水相比已具有绝对的竞争力。

从投资规模看，海水淡化还具有投资小、建设周期短的优势。淡化海水产出的淡化水电导度更低、水质更纯，机组的汽水品质进一步提高。因此，海水淡化能够按照需求灵活增加供应量，对沿海城市、岛屿和长期在海上作业的部门来说，是一项可持续的、长久解决缺水问题的重要方式。

通过海水淡化替代长距离引水工程，一方面可以置换出大量宝贵的淡水资源，将淡化海水替代淡水用于生活与农业用水，从而促进水资源结构的优化，还有利于保护淡水资源，从总体上改善沿海缺水地区的水环境；另一方面，有利于减少沿海地区因过度开采地下水而造成的地下漏斗扩大、地面沉降严重等问题，从总体上有利于沿海地区保护和改善生态环境，有利于沿海地区经济社会的可持续发展。

从实际运行操作上看，降低了锅炉排污量，基本实现零排放。机组补充高纯度的除盐水，提高了汽水品质，正常情况下汽水品质符合质量标准，因此锅炉的排污量有了明显的降低。以二期两台机组为例，海水淡化设备投产之前，锅炉的排污一般是两天排一次，每次排污 2 ～ 3 小时，每次排污量在 60 吨左右；海水淡化设备投产后，锅炉的排污基本上处于关闭状态，也就是说，只要机组正常运行，凝汽器不漏泄，就不用开启排污。排污量的降低既降低了锅炉的补给水率，同时节省了大量的能量，对全厂的节能降耗工作起到了积极的作用。机组汽水质量的提高，意味着水汽中含盐量的降低，含盐量的降低势必将减轻锅炉的结垢和汽机的积盐，从而提高机组运行的安全经济性。

3. 海水淡化引发的问题

1）能源消耗

能源消耗在海水淡化成本中占有很大比重，其中以电力消耗为主，因此用电电价和耗电量成为制约海水淡化的重要组成部分。用电电价是由该地区的政策统一决定；而耗电量则取决于系统的设计、能量回收装置的效率、高压泵电机是否变频、反渗透膜组的运行时间等，不同的海水淡化设备装置，其耗电量也会有很大的不同。随着海水淡化技术的不断发展，淡化中所使用的能耗也在逐步减少，但在总的核算成本中仍占有相当大的比例。部分沿海地区能源资源相对比较匮乏，会增加海水淡化的相关成本，进而阻碍海水淡化的进一步发展。

2）余液、热污染、后处理

工厂直接利用后的海水排放到大海，其水温会明显高于周边海水的温度，产生一定的热污染，影响周边生物的生存，而对于淡化后的海水所形成的余液，因其浓度非常高，若不加处理直接排放出去，必定不利于排放口周边的生态系统的正常运行。

海水中存在着各种细菌和海藻类物质，有时被活性炭吸附的有机物还会成为细菌繁殖的温床。为了控制海水中各种微生物的繁殖，常增设 NaCl 发生器，有时还加 $CuSO_4$ 控制海藻。聚酰胺（polyamide，PA）反渗透膜对氯敏感，CA 反渗透膜耐氯虽好些，但在某些金属离子存在时，也易被氯氧化而降解。CA 膜易被细菌污染，并成为细菌的培养源和繁殖地。因此，这两类膜组件的给水均需除氯处理，通常采用 $NaHSO_3$ 去氯。但这种方法并不能解决海洋微生物的污染问题。当海水温度高于 25℃时，产生所谓“后繁殖”现象，会加速细菌的污染。PA 膜需用大量的 $NaHSO_3$ 去除氯和溶解氧，创造保护膜的还原气氛，增加了运行成本。

另外，常规预处理方法的工艺繁杂，先是对给水间歇式加氯，再加絮凝剂和凝聚剂，然后经二级压力多介质过滤器去除已絮凝的胶体物质，接着添加阻垢剂和 $NaHSO_3$，再经过保安过滤器。一是操作繁琐；二是费用高（估计占设备总投资的 30% ～ 40%，占运行费用的 20% ～ 30%）；三是需经相当长的一段时间才能产出合格的滤水；四是占地大（占厂总地盘的 50% 左右）。

3）布局的灵活性不够

从供水范围看，调水工程供水范围要远远大于海水淡化。海水淡化是先处理后输送，输水设施技术要求高、投资大，而且我国西高东低，海水淡化水源在东部，向西输送必然要提水，运行成本高。因此，受水源分布和输水成本限制，淡化海水的销售范围十分有限，只有沿海城市和一些岛屿才适合大规模开发，不适合远距离输送到内陆城市。

4）变动空间有限

反渗透法海水淡化一般要求海水温度在 15 ～ 30℃范围之内，最好在 20 ～ 25℃。因为海水温度越低，其产水量越低。水温不能低于 10℃，否则对反渗透膜有一定的影响，也会导致膜组压力太高，耗电量增大。水温也不要超过 30℃，因为水温越高，产水电导度越高，膜组脱盐率越低，膜的污染程度越高。这在一定程度上对海水淡化提出了更进一步的要求。

然而，就北方海滨而言，冬季海水温度最低为 0℃或 0℃以下，所以冬季海水淡化设备如果要运行，其入口海水就必须事先经过加热。这一点，海滨电厂有着得天独厚的优越性，从机组凝汽器排出的大量被加热后的海水，温度一般都在 15℃以上。

5）占用海域和土地

企业建造海水淡化厂需要占用一部分土地，虽然不及长距离引水占用土地多，但一般海水淡化多应用于沿海发达地区。沿海发达地区，经济快速增长、人口众多，特别是现阶段人口趋海性移动越来越明显，沿海地区土地也越来越成为稀缺资源。占用这部分稀缺资源建造海水淡化厂，也会在一定程度上增加海水淡化的间接投资成本。

海水淡化厂取水口与排放口的放置也会占用一部分海域。海水淡化及海水直接利用后的海水排放，或多或少会使排放口附近的海水有异于正常标准的海水，影响附近海域的养殖业等相关海水利用产业。

4. 海水淡化可能引起的社会影响

海水淡化不但可以在一定程度上缓解沿海地区的缺水压力，保障经济的可持续发展，海水淡化及其设备制造还可形成新的产业和经济增长点。随着人们生活水平的提高，对饮用水的要求也越来越高，海水淡化可提供高质量的纯净水。海水利用作为保障我国水资源安全和社会经济可持续发展的重要措施，具有突出的公益性特征，是充满生机、颇具魅力的朝阳产业。从目前角度进行的综合考虑说明，海水淡化并不存在潜在的社会负面影响。

三、综合比较

通过对长距离引水与海水淡化的经济成本、生态环境影响、社会影响等方面的综合分析，我们可以归纳为以下这张表格（表 18.6）。

表 18.6 长距离引水与海水淡化综合比较

比较因素		长距离引水	海水淡化
经济成本		单位供水成本随距离的增长不断增加，以大连市“引英入连”应急供水工程为例，供水成本约为 2.7 ～ 3.2 元 / 吨	单位供水成本随技术更新、能耗降低而减少，现阶段基本维持在 5 ～ 8 元 / 吨
生态环境影响	有利之处	避免森林生态系统退化，增加森林覆盖面积；有效控制地下水超采局面；有利于减灾；改善城市生态用水，维持足够的城市绿地	增加淡水资源总量，基本实现锅炉排污零排放
	潜在问题	空间不匹配问题；水源地的机会成本或水权问题；库区生态平衡被打破；生物链循环系统被打乱；河口生态平衡被打破；土地盐渍化；河流纳污能力减弱；增加水旱灾害发生的频率；输水管线引起的疾病传播	能源消耗较大，海水淡化后形成的余液会产生一定的热污染，海水淡化后产生的余液二级处理难度较大
社会影响	有利之处	增加城市建成区面积；扩大就业；减轻贫困；抑制地区差距的扩大；利于居民收入的增长；利于居民生活质量的提高和人居环境的改善	缓解城市缺水压力，增加就业机会
	潜在问题	淹没或占用部分土地；社会融合问题	暂无
淡水资源总量（开源）		淡水资源总量没有增加，只是实现了空间上的转移	增加了淡水资源的总量，真正达到了开源的目的
国家政策优惠		国家拨款，税收优惠	无，全部由企业承担
供水范围		广阔，适用于大范围地区的供水	沿海城市、海岛等，不适合输送到远距离内陆城市
对未来发展的预期		水资源总量一定，随着需水量的不断增加，必定会向跨地域供水的趋势发展，会不断增加供水的成本	海水资源非常丰富，一定程度上增加了淡水资源的总量，随着技术的不断更新，海水利用领域将越来越广

从长远角度考虑，海水淡化对于长距离引水有一定的竞争优势。

1）从经济成本角度出发

目前海水淡化的成本略高于长距离引水，但随着技术的更新、能耗的降低，海水淡化的成本也正慢慢接近于长距离引水的成本。而且，伴随着南水北调工程的展开，长距离引水的成本也在呈现缓慢的递增趋势，加速了两者之间交集的产生。

2）从生态环境影响角度出发

长距离引水解决了很大一部分地区的生态危机，但与此同时也面临着越来越多的生态环境问题，不论是水源地的生态破坏，还是输水管线途经地的生态环境改变，都给长距离引水提出了更高的要求，这也势必要增加环境治理的费用，来维持长距离引水周边的生态平衡。海水淡化除了对能源消耗较多，不符合国家“节能减排”的要求外，其产生的余液若不经过处理直接排入大海，则会对海洋生物造成一定的影响，污染工厂周边的海水。

3）从社会影响的角度出发

长距离引水改善了部分地区的缺水情况，使居民的生活环境与工作环境得到了改善，但是，长距离引水或多或少会占用一些土地，迫使多年来生活与劳作在该土地上的居民移居到其他地区，会产生一系列的社会融合问题。海水淡化在缓解淡水资源危机的同时，作为一个新兴产业，必有其经济效益与社会效益，能够解决一部分人的就业问题，还能带动相关产业的发展。

4）从其他相关角度出发

长距离引水只是实现了水资源空间上的转移，并没有增加淡水资源的总量；海水淡化则是从根本上解决了我国，特别是沿海城市淡水资源缺乏的现状。长距离引水一次性投入很大、建设周期较长，不利于在短时间内解决部分地区的缺水问题；海水淡化具有投资小、建设周期短的优势，在沿海城市的利用上较为灵活。

第三节　海水淡化缓慢的原因分析

我国海水淡化规模偏小，利用量较少，且多为分散供水，海水利用涉及管理部门较多，协调协作机制尚不健全，淡化装置产能闲置与城市缺水并存。产业国际竞争能力偏弱，部分关键部件和材料仍依赖于进口，核心技术亟待突破。因此，要抓住机遇，突破核心技术和体制机制瓶颈，大力推进海水利用规模化应用，全面推进海水利用产业健康、快速发展。面对新形势、新要求，我国海水利用仍存在着诸多问题。

一、观念、认识上的误区

人们对于海水淡化存在着认识上的误区。首先，人们的海洋意识不强，即使是在沿海地区，特别是淡水缺乏的沿海地区，人们不知道如何合理利用海水，不知道如何充分利用我国极为丰富的海水资源。截至 2017 年底，全球已有 160 多个国家和地区在利用海水淡化技术，已建成和在建的海水淡化工厂有接近 2 万个，合计淡化产能约为 10 432 万吨 / 日。截至 2016 年底，我国已建成海水淡化工程仅为 131 个，海水淡化工程规模仅为 118.8 万吨 / 日（全球 1% 以下），而且海水利用的范围也不广，许多领域可以用海水而未用海水，加大了我国沿海地区淡水资源不足的供需矛盾。2016 年我国海水淡化工程产水用途如图 18.7 所示。

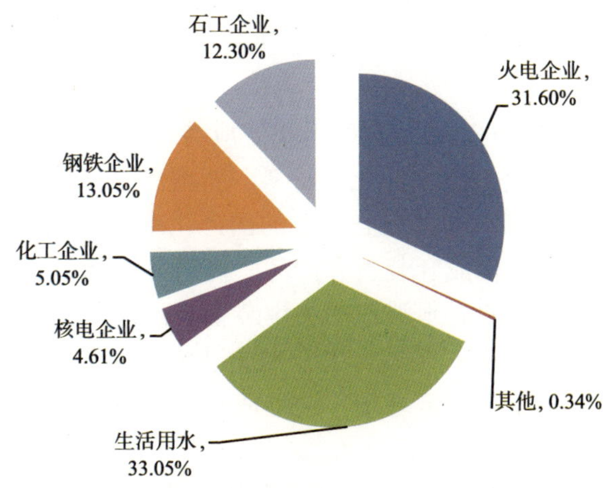

图 18.7　全国已建海水淡化工程产水用途分布

资料来源：《2016年全国海水利用报告》

其次，认为海水水质低劣的思想观念一直盘踞在人们的脑海中，形成这种观念的主要原因还是人们对海水淡化这一技术不够了解。

最后，也是最重要的一点，就是人们普遍认为海水淡化利用技术复杂、造水价格过高，因此即使是在淡水资源极端缺乏的情况下，城市居民还是难以接受直接以海水作为低质生活用水，更不用说是用于饮用。不仅是城市居民存在着这种观念，像某些沿海城市的工业部门也同样存在着“利用海水成本太高、防腐和防海洋生物附着技术复杂”等观念。

二、具有自主知识产权的关键技术较少

海水淡化是一门高新技术，并且融合了现代科技成果，将知识、技术与资金三者密切集合在一起。反渗透、低温多效和多级闪蒸海水淡化技术是国际上已商业化应用的主流海水淡化技术。我国已掌握反渗透和低温多效海水淡化技术，相关技术达到或接近国际先进水平。截至2016年底，全国应用反渗透技术的工程达112个，工程规模达812 615吨/日，占全国总工程规模的68.40%；应用低温多效技术的工程达16个，工程规模达369 150吨/日，占全国总工程规模的31.07%。2017年12月26日，科技部社会发展科技司在浙江宁波组织召开了“十二五”国家科技支撑计划项目“大型反渗透海水淡化关键技术及装备研究与示范”项目验收会，“十二五”国家科技支撑计划项目“大型反渗透海水淡化关键技术及装备研究与示范”实施以来，在大型反渗透海水淡化工程取水与预处理技术、反渗透单机和关键装备、淡化水后矿化调质工艺、反渗透海水淡化工程运行管理等方面取得了创新性突破，形成了一批具有自主知识产权的技术和产品。项目研发出万吨级反渗透海水淡化单机集成技术，已在浙江舟山六横、福建鸿山和伊朗等地建立了总规模为6.5万吨/日海水淡化示范工程，反渗透膜元件、膜壳、高压泵、能量回收装置和海水预处理卧式滤器等一批自主研发的关键技术装备得到应用。其中，六横海水淡化示范工程关键装备国产化率已达100%，为国产化海水淡化装备提供了验证平台。目前，一些发达国家的海水淡化产业拥有一定的具有自主知识产权的关键技术，它们研制的淡化设备稳定性强、核心部件的生产工艺更完善。虽然我国在海水淡化产业方面，近几年有了长足的发展，淡化技术也有了突飞猛进的进展，但与发达国家相比尚存在一定的差距。

《全国海水利用“十三五”规划》指出我国应持续增强海水利用核心材料、关键装备的国产化能力；推进自主海水淡化膜材料、新型传热材料等材料的开发，研制海水水处理绿色药剂，提高海水利用核心材料的国产化率；突破海水利用规模化设计、加工和制造技术，开发系列化成套装备和产品，提高关键装备的可靠性、稳定性和竞争能力，重点突破膜法和热法海水淡化用关键装备系列产品制造技术、一体化海岛或舰船用海水淡化装备制造技术；开展自主技术成果转化与应用，鼓励应用首台套自主创新产品装备，为规模化应用奠定基础。这也从侧面体现了我国海水淡化技术有待进一步提高。

对于我国海水淡化技术而言，坚持自主创新与引进消化吸收相结合至关重要，一方面采用引进消化吸收，尽快缩短与发达地区的差距；另一方面，把增强自主创新能力作

为战略任务来抓，充分发挥我们的后发优势，有效利用国际国内技术资源，包括吸引人才、技术和管理经验等，推进海水淡化技术方面的快速发展。

三、经济条件与产业布局的影响

改革开放以来，我国东部沿海地区的大中城市经济发展较快，水短缺现象越来越突出。20 世纪 90 年代以后，青岛、大连和天津等严重缺水的城市逐渐认识到电力、石油化工等高耗水工业企业用海水作为工业冷却水的必要性，不断增加海水利用量，以缓解淡水短缺的危机。但受经济发达程度的影响，我国的海水直接利用与美国、日本等发达国家相比存在很大差距。当前，在以经济建设为主要目标的城市发展计划中，很少能将海水利用作为经济投入的重点。若在工业生产和城市生活中大量直接利用海水，存在着改造上下水管网及防腐、防海洋生物附着等实际问题，需要投入大量资金，如果政府不投资，在当前情况下企业和市民难以承受，这在很大程度上将会制约我国沿海城市社会经济的进一步发展。

我国社会经济的发展与产业布局息息相关，高耗水而又可以直接利用海水的钢铁、化工和电力等工业企业远离海岸是我国工业布局的一大特点。太原钢铁集团有限公司等均建在水资源严重短缺而又远离海岸的内陆。因此，应通过产业布局的调整，尽可能地将耗水量大的工业企业设在沿海城市，以便利用海水，节约淡水。

四、成本核算体系不合理

对淡化海水成本核算体系不合理也是限制海水淡化迅速发展的重要因素，主要表现在两个方面。

（一）成本比较参照系选择不当

目前，衡量海水淡化在成本上是否有竞争力，通常以区域淡水的平均供水成本为参照系。我们认为应该在区域现有供水能力的基础上，对每新增单位供水能力的增量成本与海水淡化成本进行比较。由于大连、天津、青岛、秦皇岛、烟台等沿海城市新增供水能力主要是依靠长距离引水来解决，可将规划的长距离引水成本作为海水淡化成本比较的参照系。

（二）成本核算体系不完备

经济成本固然是分析海水淡化是否有竞争力的重要依据，但不应该是唯一的依据。长距离引水和海水淡化都将引起相应的环境问题和社会问题，可以借助环境经济学的分析方法建立一套综合分析长距离引水和海水淡化的环境效益及社会效益的指标体系（外部不经济内部化），借以校正经济成本核算的结论。我国水资源成本核算体系的不完善，导致人们从观念上对海水淡化水形成价格过高的误解，这在一定程度上使海水淡化得不到社会各界的重视，也使海水淡化水缺乏市场竞争力。

五、海水淡化产业化体系不完善

海水淡化推进缓慢的最大障碍还是成本问题，通过提高海水淡化的技术水平降低成本只是主要途径之一。比较现实的是根据循环经济学的原理建立海水淡化的产业化体系，通过三个途径达到降低成本提高效益的目标。

（1）建立前向关联产业。通过建立前向关联产业，如电力工业——海水淡化、核能利用——海水淡化等组合模式降低淡化海水成本。

（2）建立后向关联产业。通过建立后向关联产业，如淡化余液——新型盐化工、淡化余液——人工死海、淡化废液——高盐水养殖等循环利用模式提高综合效益。

（3）建立侧向关联产业。通过建立侧向关联产业，如根据海水淡化技术和设备的市场需求，引导培育海水淡化的高技术产业簇群，既为降低海水淡化成本创造条件，也培育相关的高技术产业。

六、环境污染尚未很好解决

将海水淡化作为解决淡水资源匮乏的战略选择，是确保国家安全和可持续发展的必然要求，是沿海地区未来生存发展的必然选择。然而，任何一种海水淡化技术都会对海洋环境产生一定的影响。因此，为了建设资源节约型、环境友好型、可持续发展型社会，合理高效地利用海水资源，必须正视并研究海水淡化引起的环境问题。目前，许多工程利用热电厂的余热进行海水淡化，其废水未经降温处理直接排入大海，余热将会使局部海域水温升高，导致微生物与藻类生物的急剧繁殖与高密度聚集，产生“赤潮”，造成海洋生物的大量死亡。综上所述，海水淡化过程中浓盐水的排放、重金属污染、固废弃物堆积及排放废水的温度如得不到妥善解决，将会对海洋环境造成较大的负面影响，阻碍我国海水淡化产业的发展。

第四节　淡化海水与陆源水的统筹利用

《全国海水利用“十三五”规划》指出，在沿海严重缺水城市，地方政府根据区域水源构成、水资源配置状况、用水需求和政策条件，逐步提高纳入当地水资源中的海水淡化水供水比例，将一定比例的海水淡化水作为应急保障水源。沿海各地因地制宜，在充分论证和试验的基础上，允许经检验合格的海水淡化水进入城市市政供水管网。沿海城市应加强城市水源建设方案比选，对远程调水、开采地下水和海水淡化从工程经济性、适用性和生态环境影响等方面进行综合比较。

一、区位选择

淡化海水供给区域的选择应当重点考虑水资源供需矛盾突出的沿海地区及具有发展潜力的海岛，在综合考虑经济、环境、生态等方面因素的基础上，统筹利用海水淡化水与陆源水。

（一）海岛地区

海岛作为陆海统筹的重要内容之一，其淡水资源长期依赖内陆供给。因此，有必要结合内陆海水淡化技术，有序推进海岛海水淡化产业的发展，从而进一步支持海岛开发。沿海地区应根据海岛的自然条件、社会经济发展现状、人口密度等不同因素，因地制宜开展不同类型海岛海水淡化分类示范，促进海水淡化在海岛的特色应用和规模发展。例如，在经济发达、人口众多，已形成稳定电网的大型海岛，建议参照沿海大陆发展海水淡化的有关模式，因地制宜发展大、中、小型海水淡化，并积极发展海水冷却、海水冲厕、浓海水制盐及海水化学资源提取等海水综合利用产业；对于地理位置偏远、人口稀少、没有外联电网且尚不具备发电能力的小型海岛，致力发展与太阳能、风能、海洋能等可更新能源相结合的、灵活弹性的小型海水淡化装置；对于离大陆较近的缺水小岛，可独立安装海水淡化装置，或通过输送大陆已有淡化工程产品水来解决岛上居民的用水问题。通过统筹海水淡化与海岛开发，满足岛内工业用水、生活用水及旅游用水需求，保障海岛地区国民经济和社会发展用水安全，并为海岛开发保护与管理及国家海洋维权提供供给保证。

（二）沿海缺水城市

沿海缺水城市是直接利用淡化海水解决水资源供需矛盾最有区位优势的地区。截至2016年底，全国海水淡化工程在沿海9个省市的规模分布如图18.8所示。其中，北方以大规模的工业用海水淡化工程为主，主要集中在天津、山东、河北等地的电力、钢铁等高耗水行业；南方以民用海岛海水淡化工程居多，主要分布在浙江等地，以百吨级和千吨级工程为主。

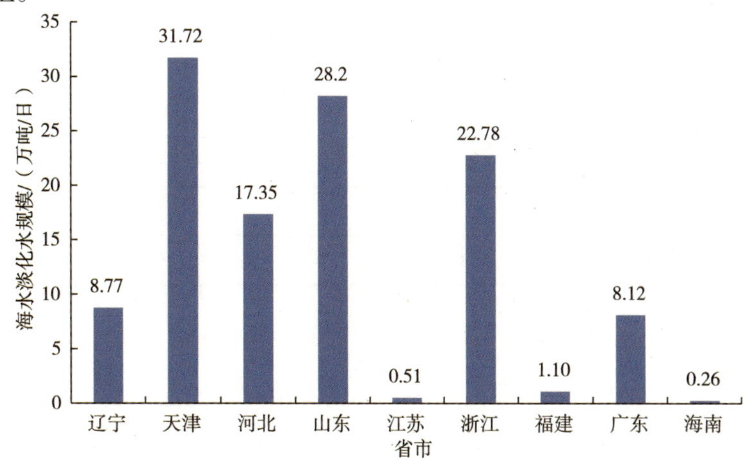

图18.8 全国沿海省市海水淡化工程规模分布图
资料来源：《2016年全国海水利用报告》

由于我国沿海省区市经济社会发展程度较高、速度较快，其用水量也相对较大。截至2016年底，我国沿海11个省区市用水量为2382.2亿立方米，其中，我国北方沿海地区（辽宁、河北、山东、天津）的用水量高达559.0亿立方米，我国南方沿海地区（江苏、浙江、福建、广东、广西、海南、上海）的用水量为1822.9亿立方米，而沿海省区市海水淡化产水规模仅为用水量的4.99%，其中，北方沿海地区海水淡化产水规模仅为其用水量0.002%，南方沿海地区（除广西及上海）的这一占比为0.0002%（表18.7）。可见，我国淡化海水利用量非常少，还有很大的提升空间，且我国北方沿海城市海水淡化产水规模与利用效率高于我国南方沿海城市，这主要是由于我国北方水资源供需矛盾相对突出。目前，我国北方沿海地区人均水资源量仅为全国人均水资源量的14.17%，而南方沿海省区市这一比例高达108.51%。因此，在沿海缺水城市，尤其是北方沿海缺水城市应当集中发现海水淡化项目，增强沿海城市供水保障能力，保障民生基本淡水需求和应急供水需要，降低淡水供应风险，增强沿海城市供水保障能力。同时，加强城市水源建设方案比选，对远程调水、开采地下水和海水淡化从工程经济性、适用性和生态环境影响等方面进行综合比较。在有条件的沿海城市，加快推进海水淡化水作为生活用水补充水源。探索海水淡化水为近海特大城市供水的有效方式，优化城市用水结构，多渠道保障水资源供给。

表18.7 沿海省区市海水淡化占比

省级行政区	水资源量/亿立方米	用水量/亿立方米	海水淡化产水规模/万立方米	用水量中海水淡化产水占比/%
天津	18.9	27.2	31.72	0.011 662
河北	208.3	182.5	17.35	0.000 950
辽宁	331.6	135.4	8.77	0.000 648
上海	61.0	104.8		
江苏	741.7	577.4	0.51	0.000 009
浙江	1323.3	181.2	22.78	0.001 258
福建	2109.0	189.0	1.10	0.000 058
山东	220.3	213.9	28.2	0.001 318
广东	2458.6	435.0	8.12	0.000 187
广西	2178.6	290.5		
海南	489.9	45.0	0.26	0.000 058

二、可行性分析

目前，海水淡化发展缓慢的原因之一是其成本相对来说还是偏高，难以为大众所接受。要降低海水淡化的成本，首先要促进具有自主知识产权的关键技术的研发，减少对关键技术的引进与关键设备的进口，在促进海水淡化相关技术与设备市场开发的前提下，降低海水淡化的成本。

（一）海岛地区水资源统筹利用

《全国海水利用“十三五”规划》指出，针对海岛经济社会发展和保护性开发及船舶作业生产对淡水资源的迫切需求，实施海水淡化“百岛工程”“进岛上船”计划。大力推进海岛和船舶海水淡化自主技术应用，示范建设一批以解决海岛军民饮用水和船舶补给为目的的海水淡化工程。在面积较大的有居民海岛，发展大中型海水淡化工程，保障驻岛居民饮水安全。在面积较小、人口分散的有居民海岛和具有战略及旅游价值的无居民海岛，建设小型海水淡化装置，促进旅游开发、生态岛礁建设，服务海岛开发与经济发展。截至2016年底，海岛地区已建成水库和大陆引水工程分别为522个和108个，海水淡化工程规模为13.57万吨/日，12个主要海岛县（市、区）年末常住总人口约为350万人，海洋产业总产值约4250亿元。海岛淡水存储和供应能力有所提升，但淡水基础设施建设和保护力度仍需加强。目前，我国500平方米以上的海岛，仅有9%的海岛拥有天然淡水，近岸岛可以依靠大陆供水，边远海岛离岸距离太远，输供水成本太高，基本只有依靠大气降水，靠水库、蓄水池供水，淡水补给来源单一，容易受污染，水质较差，供水量有限，干旱季节缺水比较严重。淡水资源问题是边远海岛社会经济发展过程中最主要的问题之一，边远海岛由于远离大陆，无客水过境，地表水和地下水稀缺，淡水资源十分贫乏，严重制约边远海岛的发展。

海岛四面环海，海水资源相对较为丰富，但海岛上像煤、石油等固定的能源较少，不能满足大面积海水淡化的需求，海岛上淡水资源极其缺乏，用其他方式输送淡水（如大连长海的管道输送供水）成本非常高。因此，可以考虑以太阳能等可再生能源为边远海岛循环经济模式的原动力，利用可再生能源转化的热能结合海水淡化技术将无尽的海水纳入海岛循环经济体系。支持海岛淡水储存水利设施的建设，充分利用不连续、峰谷明显的太阳能和风能淡化海水，寻求将多余的不便存储的电力转化为淡水资源存储的途径，以达到降低海水淡化成本的目标。同时，有必要结合内陆海水淡化技术，有序推进海岛海水淡化产业的发展，从而进一步支持海岛开发。值得高兴的是：2016年10月，海南三沙水兴岛建成1000吨日海水淡化工程，该工程针对海岛高湿、高盐雾特点，采用“超滤+反渗透”双膜法工艺、“两用一备”运行方式和系统全自动控制，充分保证设备的产水量和稳定运行，为岛上军民用水提供了保障。

面对星罗棋布的海岛，不可能实现所有海岛淡水资源的内陆补给，必须因地制宜地采用将海水淡化产水纳入海岛循环经济体系的可持续发展模式，例如，距离大陆较近的大型海岛可综合考虑通过引内陆水、储存雨水、海水淡化的方式解决淡水资源紧缺的问题；而对于偏远海岛则建设小型海水淡化装置，促进旅游开发、生态岛礁建设，服务海岛开发与经济发展。通过统筹水井、水库、雨水收集、管道引水、船舶或汽车运水、海水淡化与海岛开发，满足岛内工业用水、生活用水及旅游用水需求，保障海岛地区国民经济和社会发展用水安全，并为海岛开发保护与管理及国家海洋维权提供保证。这不仅是从成本节约的角度考虑，更是从海岛长远发展的角度进行的考虑。

（二）沿海城市水资源统筹利用

从需求角度来考虑，沿海城市淡水资源也比较匮乏，特别是随着经济的发展、人口的增加，淡水资源短缺问题越来越严重。从区位来看，沿海城市利用海水比较便利，最重要的是，沿海城市经济较发达，水资源需求较大，海水淡化因此可以较大幅度地采用。

因此，沿海城市，尤其是北方沿海缺水城市，应加强城市水源建设方案比选，对远程调水、开采地下水和海水淡化从工程经济性、适用性和生态环境影响等方面进行综合比较，统筹利用好海水淡化产水与陆源水。

通常，沿海城市可以通过长距离引水方式补给淡水，如“引英入连”“引碧入连”“引滦入津”“引黄济青”，但长距离引水工程的成本会随着引水距离的增加而增高，且会对沿途生态环境产生影响。与“南水北调”工程相比，“引英入连”工程距离相对较短，其两期工程一次性投入共13.81亿元（涉及工程占地、动迁等一系列事项的费用），设计年供水量为2亿立方米。我国“南水北调”工程堪称长距离引水的经典之作，截至2016年5月底，中国南水北调工程办公室和水利部已累计下达南水北调东、中线一期工程投资2619.7亿元（其中，中央预算内投资254.2亿元，中央预算内专项资金（国债）106.5亿元，南水北调工程基金196.5亿元，国家重大水利工程建设基金1586.6亿元，贷款475.9亿元），工程建设项目累计完成土石方159 649万立方米，占在建设计单元工程设计总土石方量的99%；累计完成混凝土浇筑4280万立方米，占在建设计单元工程设计混凝土总量的99%。

海水淡化可以说是沿海地区水资源“开源”的重要途径，与改变水资源空间分布特性的长距离引水相比，海水淡化工程对生态环境影响的空间范围较小、工程建造涉及事项较少，且成本相对固定。2018年，洛杉矶首个大型海水淡化项目计划投资3.8亿美元，将建于曼哈顿海滩边界的El Segundo发电站附近，产能初步可达7.6万立方米/天，后续或可扩增至22.7万米^3/天，可满足美国洛杉矶西部盆地地区11%的用水需求。沙特阿拉伯于2018年1月计划投资5.3亿美元，耗时18个月，在红海沿岸建造九座海水淡化厂，这九座海水淡化项目将全部采用现代科技，日产淡水量将达24万立方米。根据《全国海水利用“十三五”规划》，全球海水淡化年增长率达到8%，有60%用于市政用水，可以解决2亿多人的用水问题。一批沿海国家加强政策制定、加大资金投入、抢占技术制高点，不断扩大海水淡化应用规模。“十三五”期间，水资源短缺依然是制约我国经济社会发展的主要因素之一。《中华人民共和国国民经济和社会发展第十三个五年规划纲要》明确提出要“以水定产、以水定城”和“推动海水淡化规模化应用”，以此在一定程度上缓解水资源短缺的压力。随着沿海经济社会的快速发展，在沿海形成了一批钢铁、石化等产业园区、示范基地，高耗水行业呈现向沿海集聚的趋势，海岛保护性开发出现了新的态势。与此同时，沿海部分地区存在地下水超采和水质性缺水严重等问题，水资源的压力越来越大，急需寻找新的水资源增量。“一带一路”倡议及西部开发战略的实施为海水利用带来新的机遇和更广阔的市场空间。“海洋强国”建设需要加快提高海水利用创新能力和装备国产化水平，增强海水利用产业实力。

可见，尽管海水淡化也存在废液、热污染（水温高，排出后影响生态环境）等问题，但比长距离引水潜在的生态环境影响要小得多，而且超过一定距离的引水，其成本将高于淡化海水，同时，无可厚非的是在均衡水源地与受水区的情况下，长距离引水不可能完全解决沿海地区的缺水问题。从增加水资源量（开源）、提高供水保证率的角度看，淡化海水有不可比拟的优势。目前，我国沿海地区以地表水为主要供水来源，地下水为第二大供水来源，且以农业用水为主（表18.4）。沿海地区自来水价格虽然较低，但非居民用水价格与海水淡化成本相当，而特殊行业用水价格则远远超过海水淡化成本（表 18.8）。我国沿海地区缺水问题由来已久、影响深远，绝非一朝一夕、一种方式就能够完全解决，因此沿海地区应根据自身需求出发，综合考虑长距离引水（合理范围内）、开采地下水和海水淡化产生的配比，从操作、经济、生态、环境等方面出发，设计最优的水资源利用方案。

表 18.8　我国部分沿海城市现行非居民用水价格、特殊行业用水价格（含污水处理费）

单位：元 / 米 ^{3}

类别	大连	天津	青岛	上海	杭州	福州	广州	深圳	海口
非居民	4.28	7.90	5.25	4.96	4.40	3.70	4.86	4.82	3.50
特殊行业	22.00	22.30	17.25	6.13	5.35	6.8	22.00	18.17	11.10

三、淡化项目选地址

项目选址需要考虑诸多影响因素，包含行业准入性、城乡规划相容性、环境与资源影响性、建设方案的安全性等方面。海水淡化项目除了考虑普遍性因素外，还应根据海水淡化项目自身特点考虑其独有的影响因素。对于海水淡化项目而言，其生产成本直接受到海域环境的影响，而海水淡化水所能涵盖的市场范围在一定程度上决定了其收益水平及能否长期运营，同时，完善的市政基础设施是海水淡化厂运行的保障。

（一）海域环境

对于海水淡化项目而言，其全生命周期内持续获得充足、优质的海水资源至关重要。我国海岸线漫长，海水资源丰富，但水质状况不容乐观。按照我国的海域环境清洁程度划分，可分为以下几类。①清洁海域：符合国家海水水质标准中一类海水水质的海域，适用于海洋渔业水域、海上自然保护区和珍稀濒危海洋生物保护区。②较清洁海域：符合国家海水水质标准中二类海水水质的海域，适用于水产养殖区、海水浴场、人体直接接触海水的海上运动或娱乐区，以及与人类食用直接有关的工业用水区。③轻度污染海域：符合国家海水水质标准中三类海水水质的海域，适用于一般工业用水区。④中度污染海域：符合国家海水水质标准中四类海水水质的海域，仅适用于海洋港口水域和海洋开发作业区。⑤严重污染海域：劣于国家海水水质标准中四类海水水质的海域。根据《2017 年中国海洋生态环境状况公报》，2017 年，我国近岸局部海域污染依然严重，冬、春、夏、秋四个季节劣于第四类海水水质的近岸海域面积各占近岸海城面积的 16%、14%、11% 和 15%。枯水期、丰水期和平水期，多年连续监测的 55 条河流入海断面水质劣于第 V 类地表水水质标准的比例分别为 44%、42% 和 36%，入海河流水质状况仍不容乐观。海水水质对于海水淡化效果与淡化成本至关重要，尤其是对于反渗透膜技术。反渗透技术是海水淡化的主流技术，截至 2016 年底，我国应用反渗透技术的工程 112 个，工程规模为 812 615 吨 / 日，占全国总工程规模的 68.40%。反渗透膜的更换是反渗透海水淡化技术的主要成本之一，一般情况下，膜的平均使用寿命约为 5 年，而海水对反渗透膜的污染则是造成膜使用寿命减短的主要原因。因此，海水水质越好，预处理效果越好，越能够降低其对反渗透膜的污染，延长膜的使用期限，减少反渗透膜的更换频率，并进一步降低海水淡化成本。

目前，国际上对海水淡化后产生的高浓度余液的处理方法可分为两类：一是回收再利用；二是直接排放。海水淡化后产生的高浓度余液的盐度约为原海水的1.7倍，对于海水淡化厂而言，处理如此高盐度余液的费用较高，约为其总成本的5%～33%，具体费用则主要取决于浓盐水特性，排放前的处理水平、处理方式，浓盐水体积及环境特征。为降低海水淡化成本，大多数海水淡化厂通常采用强化扩散的方式直接排放浓盐水，而高浓度盐水的集中排放会对排放海域的水生环境造成极大影响。若采用直接排放的方式处理高浓度盐水，那么浓盐水排放口应选择水动力条件好的海域，加快浓盐水的扩散速度，以降低海水淡化余液直接排放造成的环境影响。其实，在综合考虑经济效益与社会效益的情况下，我们更鼓励海水淡化余液进行循环使用。中国石油大连石油化工有限公司打造的“接龙式”生产链使一些生产装置产生的“废物”成为另一套生产装置最佳的生产原料，将节能减排与企业的经济效益和社会效益紧密联系在了一起。海水淡化后会产生一些高浓度的余液，如何将其“化废为宝”，我们也可以选择走产业化道路：将高浓度的余液用作提取溴、钾等稀有化学资源的原材料；或建设人工死海，为海滨浴场的特色旅游增加新热点的同时避免淡化余液直接排入大海造成环境影响；或进行高盐水养殖等，真正做到“化废为宝”。这不仅响应了国家一直以来倡导的“节能减排”的生产理念，而且有利于海水淡化项目的选址。

（二）市场需求条件

市场的扩大是海水淡化项目能够持续经营的一大保障。从当前我国海水淡化规模与供给情况来看，我国沿海地区，尤其是北方缺水严重的沿海地区的海水淡化产品发挥着越来越重要的作用，一方面淡化海水可以作为水资源的补充和战略应急储备；另一方面，能够优化用水结构，促进水资源的可持续及资源化利用。可以说，海水淡化水在优化城市水资源结构中发挥着独特的作用。

沿海地区淡化海水的工业应用是海水淡化产水的最主要用途之一，虽然很多地区都开展了海水淡化水面向社会供应的探索，但受淡化成本、公众接受度及政策机制等因素的影响，尚没有大范围开展对外供水。在沿海地区发展海水淡化，应结合城市和园区自身发展需求及条件，以大型电力、钢铁、化工等企业为依托，建设满足工业用水需求的海水淡化工程，推进开展海水淡化水的大规模社会供水，并依托海水淡化应用项目，重点开展浓海水制盐、提取化学资源、旅游开发等活动，有效延伸海水淡化产业链，合理布局海水淡化与各类产业。以浙江省为例：浙江省根据沿海地区和海岛的水资源供需状况、城市发展战略、产业布局特点，以及海水淡化的现实基础和发展条件，海水淡化产业发展的总体布局围绕“一核两区一带”的框架展开。“一核”即以杭州国家级海水淡化装备产业基地和“两个联盟”为依托，规划建设国家海水淡化技术研发和装备制造核心区。“两区”即以舟山群岛新区为主体，建设国家级海水淡化应用综合试点示范城市；以湖州膜法水处理设备制造循环经济试点基地为平台，培育膜法水处理装备制造产业集群。“一带”即规划建设浙东南（甬台温）沿海海水淡化示范应用产业带。

（三）基础配套条件

海水淡化项目的用地应具备良好的生产基础条件。首先用地应临近海边，由于海水淡化的取水规模远大于产水规模，超大规模的取水及尾水排放不宜铺设过长的管道进行输送。其次，淡化产品水要纳入城市供水管网统一供水，项目选址用地也应尽量临近主要产品水用户所在的地区，这样有利于节约长距离输水的成本。此外，电力作为生产能源要有可靠的保障，道路、通信、给水、排水等基础设施应齐备。

海水淡化水作为海岛和沿海缺水地区市政新增供水及应急备用水源的重要来源，应结合不同地区的实际需要，将海水淡化水纳入市政供水，支持建设或改造必要的配套供水管网。切实推进沿海新建和改扩建的电力等大型高耗水企业配套建设相应规模的海水淡化装置，鼓励沿海高耗水企业优先选用海水淡化水作为锅炉补给水和工艺用水。推动缺水地区电厂配套生产的多余淡化水进入市政供水管网，补充当地淡水资源。在条件成熟的区域逐步推行分质供水，优化供水结构。

（四）建立以长距离引水为参照系的定价体系

就临海地区而言，当开采地下水、雨水集蓄、“中水”回用、污水资源化等途径无法缓解经济社会发展和城镇化带来的日益严峻的水资源供需矛盾时，人们不得不寻求更快捷的解决办法，如长距离引水和海水淡化等。在沿海地区缺水问题显现初期或者水资源问题并不严重的时候，向邻近相对富水地区调水以平衡水资源供需平衡是沿海地区惯用的办法。然而，当水资源问题变得越来越严重的时候，向更远地方调水以解本地区用水的“燃眉之急”变得越来越困难，而既增加水量又经济可行的海水淡化就成了临海地区水资源“开源”的必然选择。目前，现有条件下就如何衡量海水淡化对临海地区新增单位供水的边际成本而言，长距离引水可以说是最好的参照系。

对受水区而言，长距离引水是在现有水资源基础上引入新增水量，而海水淡化则是在现有水资源基础上生产新增水量。因此，长距离引水与海水淡化的成本对比应以受水区新增水量的整个过程为主，综合考虑二者的经济成本、环境影响及社会影响。

1. 成本比较应在同一标准下

长距离引水的经济成本包含工程成本、净化成本、水源价格等，海水淡化包含基建投资及折旧、运行成本、换膜费用、余液处理费用等。通常，长距离引水能够获得政府补贴，设立有长距离引水专项基金，而海水淡化则缺乏这部分的补偿，使得二者的成本对比存在“不公平”的问题。以“南水北调”为例，截至 2017 年 4 月底，南水北调东、中线一期工程投资 2627.4 亿元，其中中央预算内投资 254.2 亿元，中央预算内专项资金（国债）106.5 亿元，南水北调工程基金 196.5 亿元，国家重大水利工程建设基金 1594.3 亿元，贷款 475.9 亿元。“南水北调”的水价通常以还贷为主，庞大的专项基金支撑了“南水北调”的顺利完成，保障了“南水北调”价格在居民可接受范围内。如果海水淡化也能获得上千亿的专项基金补偿，相信海水淡化的经济成本更具竞争力。因此，为不失公允，长距离引水与海水淡化的经济成本应在剔除各类补偿后进行比较。

2. 合理分析长距离引水与海水淡化可能引起的环境影响

应综合分析长距离引水解决的生态环境问题，同时正视其对水源地、输水管线沿途生态环境产生的影响。同样，也应对比分析海水淡化项目建设、运行过程中对周边环境的影响，对能源的消耗及未处理的海水淡化余液可能对海水造成的影响。

3. 合理评价长距离引水与海水淡化造成的社会影响

综合评价长距离引水对缺水地区水资源情况、居民生活环境与工作环境等方面的改善，以及其对土地资源、居民拆迁移居、迁居居民社会融合等方面的问题。海水淡化在缓解淡水资源危机的同时，作为一个新兴产业，必会产生一定的经济效益与社会效益。因此，要客观评价海水淡化对就业、带动相关产业发展、促进技术进步等方面的利弊。

相较于海水淡化，长距离引水只是实现了水资源空间上的转移，并没有增加淡水资源的总量，而且长距离引水一次性投入很大、建设周期较长，不利于在短时间内解决部分地区的缺水问题。海水淡化具有投资小、建设周期短的优势，在沿海城市的利用上较为灵活，同时海水淡化不受洪旱灾害影响，能够持续稳定地提供水资源。可以说，海水淡化是解决我国北方沿海城市淡水资源缺乏的重要途径。

第十九章　陆域与国际海底区域资源统筹利用

国际海底区域资源是指国家管辖范围以外的海床、洋底及其下原来位置的一切固体、液体或气体资源。目前关于国际海底区域资源方面的研究较少，也很少纳入陆海统筹的研究体系进行研究，我们提出“陆域与国际海底区域资源统筹利用”议题，基于以下几个方面的考虑。一是将国际海底区域资源利用纳入维护国家海洋权益体系。国际海底区域资源是人类的共同财富，适时参与国际海底区域资源的相关研究并申请勘探矿区，是中国分享人类共同资源的重要部分。要强化一种意识，也就是中国除拥有主张管辖的300万平方千米的海域外，已经申请的国际海底区域也具有“准国土”的特征，尽力申请新的勘探矿区是维护中国海洋权益的重要部分。二是强化建设国际海底区域资源战略接续区的意识。陆地的铜、钴、镍、锰、石油和天然气等战略资源面临枯竭，多金属结核、富钴结壳、海底热液硫化物、可燃冰、深海生物基因资源等国际海底区域资源储量巨大，是缓解陆域上述战略资源压力的重要选择。需要从国家资源安全的高度，尽快制定国家区域资源发展战略，将国际海底区域资源作为战略接续区来建设，加强相关技术储备。三是要充分估计国际海底区域资源产业化的艰巨性。目前为止，还没有实现国际海底区域资源大规模商业化开发利用，老牌海洋强国也还在积极进行技术研发。根据相关研究的结论，国际海底区域资源的产业化路程比较漫长，涉及的技术及商业化运营难题较多。要将国际海底区域资源的产业化纳入海洋强国建设体系，围绕开发利用国际海底区域资源推进“深海工程”创新体系建设，既为建设战略接续区创造条件，也为提高海洋核心科技创新能力寻求抓手。国家层面国际海底区域资源产业化战略制定的越早、相关技术储备越充分，在分享人类共同资源方面就越主动。

客观说，我们对国际海底区域资源方面的研究也不成熟，意识到上述三个方面的问题也促使我们做一些基础性研究，主要包括了国际海底区域资源的主要特征、中国国际海底区域资源利用现状、构建国际海底区域资源战略接续区等三个方面的内容。

第一节　国际海底区域资源的主要特征

一、国际海底区域资源的基本定义

在国际海洋法中明确规定国际海底区域是指国家管辖范围以外的海床、洋底及其底土。其水深在 2000 ~ 6000 米，总面积为 2.517 亿平方千米，约占地球表面积的 49%。国际海底区域蕴藏着多种战略性资源，国际海底区域资源是指国际海底区域内在海床及其下原来位置的一切固体、液体或气体资源。国际海底区域资源也即深海资源。同时，世界各国的采矿法中也对其作出了定义，表 19.1 和表 19.2 中列举了一些国家有关深海及深海资源（深海矿物资源）的定义。

表 19.1　各国采矿法关于深海矿物定义

定义	内容	出自法律
硬矿物资源	指第三次联合国海洋法会议通过协商缔结的、涉及硬矿物资源的勘探及事业开采和建立调整这种勘探及商业开采的国际制度的综合性协定	美国《深海海底硬矿物资源法》
硬矿物资源	至少含有（数量上大于微量的）锰、镍、钴、铜和钼诸元素之一的结核矿床	英国 1981 年《深海采矿法（暂行条例）》对于深海采矿作业和为了与此有关的目的而作出规定的法令
固体矿物资源	沉积、生长于深海海底表层或者直接位于深海海底表层之下的任何结核，结核中包含一种或多种矿物，此种矿物至少有一种含有锰、镍、钴或铜	美国商务部、国家海洋大气局深海采矿勘探许可证条例
矿物资源	含有数量上大于微量的锰、镍、钴或铜的矿物聚合体的矿床或沉积物	《德国深海海底采矿暂时调整法》
深海海底矿物资源	含有一种或数种由铜、锰、镍或钴组成的矿物的结核状矿石	日本《深海海底采矿暂行措施》

资料来源：《深海研究报告》

表 19.2　各国采矿法有关深海海底的定义

国家	内容	出自法律
英国	英国政府不承认其他国家可以行使资源开采权的公海海底	英国 1981 年《深海采矿法（暂行条例）》对于深海采矿作业和为了与此有关的目的而作出规定的法令
日本	在公海的海床及底土（仅在此部分对矿物资源的勘探或开采不属任何国家的管辖）中，存在或可能存在深海海底矿物资源的区域的海床及底土，该区域由通商产业省令规定	日本《深海海底采矿暂行措施》
意大利	根据国际法在沿海国国家管辖区域以外的海床及其底土	《意大利深海海底矿物资源勘探和开发法》

资料来源：《深海研究报告》

丰富的资源和广阔的空间决定国际海底区域重要的战略地位，在资源和空间竞争日趋激烈的今天，它向人类展示了巨大的利益前景。尽管历史短暂，但国际海底区域活动是新时期海洋权益争夺与扩展的历史，在 20 世纪 70 年代末着眼于商业开采的技术储备具备一定规模后，西方发达国家纷纷投入巨资开展国际海底区域资源勘查开发研究。国际海底区域权益竞争的实质是科技的竞争，随着陆地资源的日趋减少与科学技术的发展，国际海底区域将成为国际社会经济、科技竞争甚至政治、军事竞争的重要场所。

二、国际海底区域资源是最大的资源体系

国际海底区域资源多分布于深海洋盆和洋盆中的海山上，构造活动带——如大洋中

脊和弧后扩张带也是国际海底区域资源产出的重要环境。目前已经认识和发现的资源主要包括多金属结核、富钴结壳、海底热液硫化物、天然气水合物、深海生物基因资源等。

多金属结核又称锰结核，于1873年2月18日在北大西洋加那利群岛西南约300公里处的深海底被英国“挑战者”号考察船首次发现，主要赋存于水深4000～6000米的海底，分布于深海沉积物表层，结核大小不等，一般为直径0.5～15cm的球状、不规则状；富含铜、钴、镍等多种金属。其主要分布在太平洋克拉里昂-克里帕顿断裂区（CC区）、秘鲁盆地、彭林盆地、中北印度洋等区域，其中CC区是结核最为富集和潜在经济价值最高的区域。对CC区已调查的六个勘探合同区的统计显示，结核资源量约为340亿吨，其中含锰75亿吨、镍3.4亿吨、铜2.65亿吨、钴0.78亿吨，按照回收率20%和含水率30%计算，可回收21亿吨干结核矿石。

富钴结壳是一种生长于大洋固结基岩表面的“壳状”海底自生水成矿床，1982年9月，美国在夏威夷西南海域首先发现，分布于水深1000～3000米的海山坡或山顶表层，最大厚度可达20多厘米。富含钴、铂等战略金属，其中钴平均含量（2%）比陆地原生钴矿高几十倍，铂平均含量高出陆壳80倍。富钴结壳在三大洋均有分布，其中太平洋海山区是世界海底富钴结壳资源主要的产出区域，中太平洋国际海域富钴结壳的潜在资源量达到5亿吨，分布面积达4万平方千米。

海底热液硫化物是海底热液经地层裂隙向地表溢出时遇低温海水凝固而成的，主要为硫化物的结晶矿物组分，1948年瑞典的“信天翁”号调查船在红海考察时首次发现，主要产出于大洋中脊、岛弧、弧后盆地等构造环境中，大多以小丘、沉积层、块状、球状形态赋存于水深1000～5000米处，主要集中于东太平洋洋脊、西太平洋弧后盆地、西南太平洋火山弧、大西洋和印度洋中脊及夏威夷火山区等。海底热液硫化物富含铁、铜、铅、锌、金、银、钴、镍、铂等金属。截至2010年底，已发现海底热液多金属硫化物矿床（点）588个，其中多处预测资源量达到百万吨级以上。

天然气水合物是一种由碳氢气体与水分子组成的白色结晶状固态物质，普遍存在于世界各大洋沉积层孔隙中，目前已发现近60处储藏地，分布区域约占海洋面积的10%。根据国际天然气潜力委员会的初步统计，世界各大洋中天然气水合物的总量换算成甲烷气体约为1.8×10^{16}～2.1×10^{16}立方米，还不包括水深超过3000米的海底沉积层中的天然气水合物。即使比较保守的估算，天然气水合物的甲烷总量也可相当于全世界已知煤、石油和天然气等化石燃料总资源量的两倍，被认为是一种潜力很大的，可供21世纪开发的新型能源。据计算，美国、加拿大和俄罗斯的北部极地地区，天然气水合物甲烷资源量可达100万亿立方米。而在上述地区，向外延伸的环北冰洋海底，天然气水合物资源量可望达到3000万亿立方米。总之，天然气水合物无论是就其全球规模而言，还是就其局部成矿带或成矿区的规模而言，其甲烷气体资源量都极为可观。

深海生物基因。深海海洋生物处于独特的物理、化学和生态环境中，在高压、剧变的温度梯度、极微弱的光照条件和高浓度的有毒物质包围下，形成了极为独特的生物结构、代谢机制系统。深海生物广泛分布于国际海底，尤其是深海热泉区域，其体内的各种活性物质在食品加工、医药等领域具有广泛的应用前景。

三、国际海底区域资源是国际共享的人类共同财富

国际海底区域拥有丰富的资源。为反对少数海洋大国妄图掠夺国际海底区域资源的理论主张，发展中国家认为必须建立不同于公海的国际海底制度，对国际海底区域资源的勘探开发进行国际管制，使国际海底区域及其资源为全人类的利益服务。在国际海底区域适用的国际法原则方面，国际社会进行了长期的激烈争论。其中一方以经济和技术相对先进的发达国家为主，另一方以经济和技术相对落后的广大发展中国家为主。前者凭借先进的技术和雄厚的资金，希望获得合法抢先开发深海海底资源的权利，力主在国际海底区域实行自由开发的市场型资源配置模式；而后者则坚持认为深海海底资源的开发利用应造福于全人类，主张建立以国际海底管理局为中心的权威型资源配置模式。

国际海底区域法律制度的形成经历了曲折而漫长的国际博弈和协商过程，在这一过程中主要有四种理论依据。

1. 无主物原则

早期著名国际法学者格劳秀斯等认为海中之物不会因公众所用而耗尽，任何人不得享有排他的专属权利，因此主张先占取无主物。但是取得无主物须符合以下条件：第一，该物过去不属于任何人；第二，获得者必须对该物有效地、实际地进行控制。所以无主物原则认为海床与底土及其上覆资源不属于任何人，可以通过先占取得。但是主张国家通过无主物先占海底是限于邻近国家海岸的近海地区，这些地区不涉及深海底。而这些地区现已并入大陆架范围内，适用大陆架的规定。大陆架学说否认近海地区是“无主物”的说法，因此深海底不是“无主地”。开发海底资源是国家扩大主权、争夺资源的机会，国际海底区域若适用无主物原则必定会引起混乱，大国夺大利，小国得不到利益，世界更加不公平。

2. 共有物原则

在罗马法中，共有物是指不属于任何形式的专用或私用之物。持此学说者认为海洋和海底是一个共同体，深海海底的资源可供各国自由使用。分析共有物可以看出，它有两个特点：第一，共有物的数量应足够多；第二，任何人不得独占共有物的整体。但是深海底中的矿产资源形成的速度极为缓慢，还达不到取之不尽、用之不竭的程度，且海底锰结核矿等资源只能分次分批取得。如果各国对海底资源自由使用，则一定会影响其上覆的公海水域权利，会直接威胁到公海的法律地位。总之，无论是无主物原则还是共有物原则都未被普遍接受。

3. 公海自由原则

格劳秀斯在《海洋自由论》提到，空气是共有物，因为它不能被占有，而且是用之不竭的，因而属于全人类。海洋也是共有物，它是广阔无垠的，在某种意义上也不能被占有，而适合于供商业航海和捕鱼之用，它应当属于全人类，不得为任何人所占用。格劳秀斯提倡的海洋自由只限于“商业航海和捕鱼”的水域部分，并不包括海底与深海海底。1958 年的《日内瓦公海公约》才进一步提出航行自由、捕鱼自由、铺设海底电缆和管线自由、公海上飞行自由，但是仍未涉及深海海底及资源的法律地位。主张深海海底

适用公海自由原则的学者认为海床与底土属独立的法律实体，国家管辖权范围以外的海床及其上的海域为公海自由的范围，底土部分则是无主物，可以对其实施先占取得。公海自由论势必会导致发展中国家因资金与技术不足而无法与发达国家竞争抗衡，无法获得公海资源的收益，公海自由原则将会名存实亡。

4. 人类共同继承财产原则

1967 年马耳他驻联合国代表帕多提出了“人类共同继承财产”的概念，1969 年联合国大会通过的《暂缓深洋底资源开发的决议》，再次重申了“人类共同继承财产”的概念。1970 年第 25 届联合国大会通过的《关于各国管辖范围以外海床洋底与下层土壤的原则宣言》，主张各国管辖范围以外的海床、洋底及其底土与该区域的资源为全人类的共同继承财产，任何国家不得对该地域主张或行使主权或主权权利。1973 年第三次联合国海洋法会议上，人类共同继承财产从概念变成了现实。同时，深海底矿产资源开发制度在 1982 年《联合国海洋法公约》中也具体化了，而且是建立在深海底区域及其资源为人类共同继承财产的基本原则上。规定任何国家不应对国家管辖范围以外的洋底及其底土资源主张或行使主权或主权权利，任何国家或个人不得将国际海底及其资源据为已有，国际海底进行的任何活动应为全人类利益而进行，并应特别考虑发展中国家的利益；在国际海底事务管理上，充分照顾发展中国家的利益，在理事会成员分配上为亚非拉的发展中国家按比例分配了名额，在位于中北太平洋 CC 区的多金属结核富集区内，为发展中国家预留了申请区，以备以后申请；同时，还要求技术发达的国家履行对发展中国家的人才培养、技术培训等方面的义务，使发展中国家共同分享“人类共同继承财产”。

改革开放以来，中国的海洋科学技术水平和深海探测能力取得了长足的进步。但是，我们必须清醒地认识到，中国的深海资源开发和获取能力还需要进一步增强，目前中国进行国际海底区域资源研究的力量和资金投入还很薄弱。另外，中国在技术装备与人才培养方面也与发达国家存在明显差距。因此，基于目前情况分析，确认国际海底区域资源为人类共同继承财产更加符合中国现阶段的国家利益，中国应该联合广大发展中国家，与发达国家在国际海底区域资源法律属性的确定过程中进行博弈。

四、国际海底区域资源开发利用的产业化道路漫长

国际海底区域资源开发产业化是指以市场为导向，将国际海底区域开发的知识创新成果转化为现实的生产力，将国际海底区域开发的技术研发、勘查、开采、加工、服务诸环节整合为一个完整的产业系统，实现商业性开发、专业化生产、社会化服务、企业化管理，形成开发产业自我积累，自我发展良性循环的产业发育机制，不断满足国际海底区域开发市场需求。国际海底区域资源开发产业化不仅是实现国际海底区域资源商业开发的过程，更将带动国家航空、生物等众多高新技术发展，增强国家科技竞争力从而有力维护国际海底区域和整个海洋权益，无论从建设海洋强国还是国家可持续发展的角度考虑都具有十分重要的战略意义。

国际海底区域资源开发过程可以划分为初期阶段、可行性研究阶段、研究开发阶段、建造阶段、生产阶段五个阶段，这五个阶段反映了国际海底区域开发从知识创新成果

（技术）产生到成果的转化再到产业产生的产业化逻辑顺序，彼此独立又相辅相成。

各阶段以创新为纽带构成产业化链条，各种国际海底区域资源的开发沿产业化链条实现商业化即国际海底区域开发产业形成的过程。产业化每个阶段涉及勘探、运载、加工、销售、财政、管理等各环节，在进入生产阶段后形成上下游企业，企业组织联系上下游企业构成了产业链。协调不同产业及产业内部上下游企业之间的关系与比例是国际海底区域开发产业结构优化的重要内容。因此，国际海底区域资源开发实现产业化必须具备以下特征。

（一）技术成熟具备创新能力

技术的成熟性是指技术能够达到产业化标准，即具有一定的技术功能特性、具有一定的经济可行性、具有完整的技术保障和质量服务及足够的安全性。技术的成熟性是国际海底区域资源开发实现产业化的必要条件。除此之外，产业化的国际海底区域开发技术必须具备创新能力，在使用过程中经过某些改进和创新之后，可以不断扩张，表现为同一技术发展出多种新的用途，或者将多种现有技术加以系统组合又创造新的功能，使其使用价值得以扩展。创新能力不仅是实现产业化过程的动力也是产业化复杂动态系统不断更新升级的动力。

（二）形成合理的产业簇群

在国际海底区域资源开发产业化动态系统中，随着产业化沿纵向链条的深入，产业链条上不同行业（企业组织）逐渐发展成熟，各环节的前向和后向关联作用不断加强，产业化系统中衍生出若干产业群。随着产业化进程的不断进行，产业化经营的趋向合理，国际海底区域资源开发逐渐实现规模化、集约化。产业结构、产业布局日趋合理，国际海底区域资源实现优化配置，开发整体效益高。

（三）健全的市场运行机制

健全的市场运行机制包括融资渠道多样，风险投资机制完善；技术创新市场完善，专业队伍稳定，研发行为与市场运作紧密结合；人才培养管理机制合理；科技成果转化市场健全；市场制度完善；竞争环境公平；市场法治建设严明，市场行为规范。

（四）良好的国际海底区域资源开发环境

国际海底区域资源开发环境包括政策环境和法规环境。良好的政策环境为国际海底区域资源开发产业化的发展提供决策依据，也为立法提供参考。良好的法规环境使国际海底区域资源开发产业化管理、决策及资源保护有法可依，规范开发行为。

在矿产资源的开发周期上，已经有大量的经验证据表明，一项深海矿产开采新技术，从初期的研发到最终投入使用，通常需要 15 年左右的周期，如日本的锰结核的勘探和技术开发，共耗资 10 亿美元，历时 22 年。美国与日本在深海矿产勘探和采矿技术的研发上基本是同步的，共先后投入了 15 亿美元，此外，英国、意大利等欧洲国家也经过了长期的研究。受技术、国际矿产价格及开采成本等方面的影响，深海矿产目前仍处于小规模开发的状态，规模化的商业开采仍需时日。但随着科研水平的不断提升及国际间的交流日益频繁，海洋采矿的成本将逐步降低，结合矿产市场的供需形势，预计海洋采矿的产业化将在未来20年内逐步完成。

第二节　中国国际海底区域资源利用的现状

一、中国是国际先驱投资者

（一）开展国际海底区域资源调查

从20世纪70年代末开始，中国开始进行大洋多金属结核资源的调研；1978年4月，我国“向阳红05”号考察船在进行太平洋特定海区综合调查过程中，首次从4787米水深的地质取样中获取到多金属结核；1984年，国务院明确提出加强国际海底多金属结核资源的调查工作；1990年，中国将国际海底多金属结核资源研究开发列为国家长远发展项目，设立大洋专项，并以中国大洋矿产资源研究开发协会的名义向联合国申请矿区登记；1991年3月，中国向联合国提交的《中华人民共和国政府关于将中国大洋矿产资源研究开发协会登记为先驱投资者的申请书》获批，使中国成为继印度、苏联、日本、法国后的第五位先驱投资者。截至2017年底，中国已先后组织了40余个航次调查深海资源、环境和生物多样性，调查对象从单一的多金属结核资源拓展为多金属结核、多金属硫化物、富钴结壳、稀土等多种资源，作业海域从太平洋向三大洋拓展，并且获取了大量的实物样品和数据资料。

（二）申请勘探矿区

为了维护我国的海洋权益，拓展海洋空间、获取海洋资源，我国积极参与国际海底矿区申请工作（表19.3）。2001年，我国与国际海底管理局签订了多金属结核勘探合同，在东北太平洋获得7.5万平方千米的勘探合同区；2011年与国际海底管理局签署国际首份海底多金属硫化物勘探合同，在西南印度洋获得了1万平方千米的多金属硫化物勘探合同区；2014年与国际海底管理局签订了富钴结壳勘探合同，在西北太平洋“麦哲伦”海山区的“采薇”和“采杞”海山获得了面积为0.3万平方千米的富钴结壳勘探合同区。由此我国成为世界上第一个同时拥有多金属结核、多金属硫化物和富钴结壳三种资源勘探合同区的国家。2015年国际海底管理局核准了中国五矿集团公司提出的东太平洋海底多金属结核资源勘探矿区申请，这也是发展中国家以企业名义获得的第一块矿区。

表 19.3 我国在国际海底获得的勘探矿区情况

承包者	获取时间	面积 / 万平方千米	区域	期限 / 年	备注
中国大洋矿产资源研究开发协会	2001 年 5 月	7.5	东北太平洋	15	延期 5 年
中国大洋矿产资源研究开发协会	2011 年 11 月	1	西南印度洋脊	15	
中国大洋矿产资源研究开发协会	2014 年 4 月	0.3	西北太平洋	15	
中国五矿集团公司	2015 年 7 月	7.3	CC 区	15	

（三）参与国际海底事务管理

中国作为全球最大的发展中国家，既是联合国安理会常任理事国，又是《联合国海洋法公约》的缔约国，一直以来都是国际海底管理事务的重要参与者和建设者。中国 1996 年以海底最大投资国之一的身份成为国际海底管理局第一届理事会 B 组成员，2000 年获得连任；2004 年，在国际海底管理局第 10 届会议期间，我国当选为理事会 A 组成员，成为在国际海底区域事务中最具影响力的国家之一，2012 年成功连任国际海底管理局理事会 A 组理事会成员。自从联合国成立国际海底管理局法律技术委员会以来，截至 2012 年我国先后有 5 位专家担任筹备委员会委员和国际海底管理局法律技术委员会委员，4 位专家担任财政委员会委员，直接参与了国际海底事务的管理。另外，上海交通大学极地与深海发展战略研究中心于 2017 年 8 月正式获得了国际海底管理局观察员席位，直接参与国际海底相关事务的监督和讨论。同时，国内参与国际海底管理研究的机构也逐渐增加，并积极参与到国际海底管理局的全球治理中来。

（四）发展深海技术

海底资源勘探技术与装备取得长足进步，从起初的单纯引进到简单仿制取样装备，“十五”“十一五”期间自主研发的电视抓斗、深海钻机、海底电视摄像和多管取样器等成为主力调查设备，以及通过系统集成建立深海资源立体探测体系；“十一五”“十二五”期间更是大力发展了水下机器人、电法探测仪、中深孔岩心取样钻机、深海多波束系统和深海测深侧扫系统等高精尖技术装备。近年来，以“蛟龙”号载人、“海龙”号无人缆控和“潜龙一号”无人无缆等潜水器为代表的深海调查装备技术体系，开始逐步成为大洋调查主力军。深海调查装备国产化率逐步提高及深海装备体系化发展并逐步形成能力，极大地提升了大洋调查航次效率。

（五）完善国内海洋法律制度

为了规范中国公民、法人或者其他组织在国家管辖范围以外海域从事深海海底区域资源勘探、开发活动，2016 年 2 月 26 日，十二届全国人大常委会第十九次会议审议通过了《中华人民共和国深海海底区域资源勘探开发法》，并于 2016 年 5 月 1 日开始实施；2017 年 4 月 27 日，国家海洋局又印发了《深海海底区域资源勘探开发许可管理办法》，并出台了相关的规范文件。这一系列法律法规的出台也表明了中国认真履行国际义务的态度，以及积极参与国际海底区域活动的意向。

二、逐步形成了多元投资体系

大型跨国公司在深海资源开发全球治理体系中已经占据了一席之地。跨国公司对深海资源开发全球治理的深度参与本身的特殊性和《联合国海洋法公约》规定的开发制度紧密相关。具体而言，这主要是由以下两个要素决定的：一是深海资源开发技术难度大，系统集成性强，涉及面广，时间跨度长，属于重投入领域，需要大量的物质资源和组织资源投入，只有大型跨国公司才具备相应的实力。离开跨国公司卓有成效的组织和巨大的投入，深海资源的商业开发就很难实现。二是《联合国海洋法公约》规定，对国际海底区域的勘探开发实行平行开发制，其主体不仅包括国际海底管理局企业部、缔约方，还明确地把缔约方的公私企业（缔约方的国有企业或在其担保下具有国籍，或受缔约方或其国民有效控制的自然人和法人）列为重要的主体。《联合国海洋法公约》允许企业和个人直接申请区域矿区，这为跨国公司参与深海资源开发扫清了制度障碍。

我国国际海底区域资源开发主要以政府投资为主，通过专家咨询机制，政府制定国际海底区域政策并对国际海底区域活动进行规划，调集人员、资金进行开发活动。其中，中国大洋矿产资源研究开发协会在组织国际海底区域研究开发活动发挥了重要作用，组织团结社会各界力量参与我国国际海底研究开发活动的同时注重与国家海洋发展战略、国家高技术发展计划等重大方案配合与衔接，实现了战略目标的融通和工作计划的相互协作。2015 年国际海底管理局核准了中国五矿集团公司提出的东太平洋海底多金属结核资源勘探矿区申请，这也是发展中国家以企业名义获得的第一块矿区。中国五矿集团公司成为新的国际海底区域勘探合同承包者。我国目前作为承包者的主体只有中国大洋矿产资源研究开发协会和中国五矿集团公司，都是政府主导的国有企业，单一的申请主体力量有限，只有引入更多的投资开发主体，才能最大限度地发挥国家的综合优势，整合人才、技术、资源的最大效能，进而实现多方投资主体的共赢，推动整个国家的远洋海底资源开发进程，有效地维护国家的海洋权益。随着《中华人民共和国深海海底区域资源勘探开发法》及《深海海底区域资源勘探开发许可管理办法》等的出台，鼓励国内民营企业参与到国际海底区域的申请和勘探开采工作中，将逐渐有效统筹管理各活动主体。2016 年 12 月 27 日，上海海洋大学深渊科学技术研究中心和上海彩虹鱼海洋科技股份有限公司组成的科考队利用自主研制的三台万米级着陆器，拿到了万米深渊的宏生物、微生物及海水样本和影像资料。这次推动“深渊”科研发展的上海彩虹鱼海洋科技股份有限公司就是民间资本参与到深海海底区域勘探的成功范例。

一个大项目启动需要资金支持，但是国家资金往往难以迅速到位，可以另辟蹊径。比如，可以探索出一条公私企业一齐开发国际海底区域资源的道路，从税收、信贷等多方面激励私营企业从事深海活动。其实，激励性管理在我国立法中已有较广泛的运用，如在环境保护问题上。《中华人民共和国节约能源法》的第五章中规定了财政补贴、价格政策等激励措施；《中华人民共和国环境保护法》第十一条规定：对保护和改善环境有显著成绩的单位和个人，由人民政府给予奖励。

因此，在完善我国的国际海底区域立法时，也可以在法规中体现激励原则。例如，若研发出新技术或者新设备，则企业可以享受各类形式的补贴；若在深海活动中，合理地保护了深海环境，也可以获得一定奖励等。以采取激励政策的方式，更好地吸引公私营企业从事国际海底区域勘探与开发。我国对国际海底区域勘探开发已晚人一步，若单靠国家进行国际海底区域开发必更加迟缓。而民营企业资金到位快，以市场为导向，并最终服务于市场，因此，若能吸引更多的民营企业加入深海区域勘探开发中，将推动整个国家的远洋海底资源开发进程，推进区域资源开发产业化。

三、存在的主要差距

我国的国际海底区域开发在历史上取得了比较好的成绩，但值得注意的是，面对新的、激烈的国际竞争形势，我国的国际海底区域开发举措已显滞后。这主要体现在以下几个方面。

（一）远洋开发战略地位不突出

长期以来，由于受“重陆轻海”的传统资源开发思想的制约，我国对海洋资源特别是远洋海底资源开发利用的意识薄弱，使得我们对海洋资源的实际性利用与我国海洋大国地位不符。目前，我国的海洋开发战略重点仍然集中在争议频繁的近海专属经济区和大陆架上，尚未将远洋深海资源的开发利用提升到战略高度，进而导致近年来我国对国际海底区域资源的开发利用步伐缓慢，总体上显得被动滞后，难以在日趋激烈的国际间资源冲突、竞争中，掌握国际海底区域资源开发利用的主动权，这将极大制约国家海洋权益的全球拓展。

（二）投资开发的主体单一

《联合国海洋法公约》规定，对国际海底区域的勘探开发实行平行开发制，其主体不仅包括国际海底区域管理局企业部、缔约方，还明确地把缔约方的公私企业（缔约方的国有企业或在其担保下具有国籍，或受缔约方或其国民有效控制的自然人和法人）列为重要的主体，这是公平开发原则的重要体现。但目前我国的开发以国家为主导，资金投入渠道单一，开发的力度、范围有限，难以集中雄厚的资金、推动技术攻关、提供有效的安全保障，也就难以形成开发资源的最大经济价值，难以推动国家海洋战略的实现。

（三）综合技术保障能力有限，深海采矿技术面临着技术垄断

国际海底区域资源的开发是一项极其复杂的工程，因为海底环境复杂，气象状况多变，商业开采需要经过勘探海域、选定矿址、深海采集、海上远距离运输、分析精选矿物、加工冶炼等一系列开发程序，每一环节都是高技术的综合运用。可以说，国家的技术水平决定了远洋深海开发的状况和进程。我国国际海底区域资源开发事业起步较晚，海洋科研和海洋经济尚未上升到应有的战略高度，近几年虽然我国海洋科技和海洋工程有了长足进步，但远不能适应当前和未来开发战略的需要，特别是在技术、设备等方面

还要借助外国力量搞跨国勘探与开发，在规模开采、规模运输、产业加工等方面仍存在诸多有待攻关的技术难题。20 世纪 50 年代末，西方各国开始对深海资源的商业性开采进行投资，不仅占据了最具商业远景的资源区块，而且形成了多种矿产资源的商业开采技术储备，并在多项技术领域拥有知识产权。如果短期内转入开采阶段，我国势必要引进相关技术装备，关键技术将受制于人，从而导致采矿成本增加。

（四）产业化发展水平较低

与美国、日本等国家相比，我国国际海底区域资源开发产业化发展水平明显较低，商业采矿的技术储备和组织实施能力不足。目前，我国国际海底区域矿产资源的开发应用仍然停留在勘探和实验室研究阶段，没能建立起由中国大洋矿产资源研究开发协会、科研机构和大型金属矿产企业共同参与的商业化开发促进机制，至今未能实施国际海底区域矿产资源的商业试开采活动；没有将深海开发技术与市场机制有效地结合起来，深海开发技术成果转化平台建设滞后；深海技术装备产业发展相对缓慢，没能对深海矿产资源开发产业化发展提供强大的支撑作用；深海矿产资源开发产业化发展的投融资机制、科技和咨询服务机制尚未形成。

（五）法律制度层面的差异

出台国内立法是发达国家维护和拓展国家管辖范围外海域利益的重要手段，也是管理海洋资源开发利用与环境保护等多种活动的基本措施。海洋立法在维护国家海洋权益、开发海洋资源、保护海洋环境等方面发挥着极为重要的作用。鉴于国际海底区域及其资源对国家发展的重要意义，各国均加强了本国的国际海底区域立法。美国于 1980 年通过《深海海底硬矿物资源法》；德国于 1980 年颁布《深海海底采矿暂时调整法》，并于 1995 年制定《海底采矿法》；法国于 1981 年制定《深海海底矿物资源勘探和开发法》；日本于 1982 年通过《深海海底采矿暂行措施》。中国国际海底区域立法工作长期以来处于空白状态，不利于中国对本国国际海底区域矿产资源开发活动的监督和管理，也不利于中国国际海底区域利益的拓展与维护。直至 2016 年 2 月 26 日，《中华人民共和国深海海底区域资源勘探开发法》经十二届全国人大常委会第十九次会议审议通过，并于 5 月 1 日正式实施。《中华人民共和国深海海底区域资源勘探开发法》是首部规范我国公民、法人或者其他组织在国家管辖范围以外海域从事深海海底区域资源勘探、开发活动的法律，建立了深海海底区域资源勘探、开发许可制度。2017 年 4 月，国家海洋局公布了《深海海底区域资源勘探开发许可管理办法》，作为《中华人民共和国深海海底区域资源勘探开发法》的首部配套制度。就目前来看，由于国内关于国际海底区域的立法刚刚起步，与发达国家相比，在数量和质量上存在很大的差距。我国《中华人民共和国深海海底区域资源勘探开发法》大多数的条款的指导、引导的作用不甚明显，还需要进一步完善与补充。

第三节 构建国际海底区域资源战略接续区

一、国际海底区域资源关系国家资源安全

国家资源安全是指一个国家或地区可以持续、稳定、及时、足量和经济地获取所需自然资源的状态或能力。它有五种基本含义，即数量、质量、结构、均衡、经济或价格。战略资源安全是国家资源安全问题的核心。能源（特别是国家石油安全）、战略性矿产资源，生物（特别是基因资源安全）是国家战略资源安全的主要内容。

在世界经济一体化和资源开发全球化的大趋势下，国家主权的弱化，使得国家对风险的控制能力减弱，资源的不安全因素加大，资源安全已成为国家安全和经济社会可持续发展面临的重要问题。对矿产资源的争夺，仍是国际冲突发生的重要导火索。尽管世界经济一体化使国家尤其是发展中国家的经济安全受到了威胁，但经济全球化进程仍在不断推进。经济发展和人口增长使资源的需求量大幅增长，陆地上的矿产资源迅速减少，许多资源面临枯竭。各经济大国都十分注意本国矿产资源安全问题，制定了较长期的矿产资源战略储备政策和计划。矿产资源储备可以是矿产品储备，也可以是尚未开采的原生自然资源的储量储备。就安全性而言，后者比前者更为可靠。

国际海底区域同国家资源安全的密切关系根植于国际海底区域资源的丰富性和优质性。国际海底区域资源蕴藏着的铜、镍、钴、锰等多种战略性资源。它们是国民经济、国防工业、科学技术领域不可缺少的基础材料和重要战略物资，特别是高新技术的发展在很多方面有赖于这些金属工业的发展，因此国际海底区域资源是影响国家工业化和现代化的一个根本制约因素。如果不考虑开采选冶难度，等量投入获取的国际海底区域资源明显优于陆地资源，国际海底区域开发是保障资源安全的更佳选择。因此，占领国际海底区域不仅是开辟一个新的资源基地，更是获取战略资源储备、维护战略资源安全的过程。

世界政治、经济形势多变，资源安全作为国家政治、经济、国防安全的重要物质基础尤显重要。一旦国际海底区域资源开发技术研制成功，商业开发时机成熟，国际海底区域将成为陆上战略资源的“接替区”甚至“替代区”，可以影响甚至改变一个国家的战略资源安全。因此，实现国际海底区域的占有是“蓝色圈地”年代保障国家资源安全的重要途径。国际海底区域资源在储量和种类上的重要性决定了其在政治上的战略地位，使国际海底区域问题不仅仅局限为资源问题，而是上升到了政治的高度。

二、分享人类共同资源

国际海底区域是中国拓展海洋权益的新疆域，国际海底区域矿产资源对于中国提升战略能源储备、摆脱矿产资源进口依赖具有深远意义。党的十九大报告提出的“和平、

发展、合作、共赢”[1]是中国推动建立新型国际关系的基础。这与作为国际海底区域制度的基础性原则即人类共同继承财产原则相互契合。

中国在国际海底区域“开采法典”制定过程中应发挥“引领国”的作用。所谓“引领国”是指中国一方面要不断提升本国的有关国际海底区域资源的开发技术和开发能力，另一方面也要考虑其他发展中国家的利益，并且推动其他发展中国家加强国际合作、共同参与国际海底区域资源的开发活动，从而进一步落实全人类共同继承财产原则。此外，共享国际海底区域资源开发的科研利益与环境利益是从整体上对全人类利益的考虑，与经济利益共享相比更加依赖在国际合作中实现国际社会的共同受益。中国在国际海底区域的科学研究、资源勘探等领域都跻身国际前列，有义务在《联合国海洋法公约》的框架下促进国际合作，尤其是带动发展中国家进一步参与国际海底区域活动。一方面，中国需要在国际海底管理局的平台上履行缔约国与承包者的相关义务，积极参与由国际海底管理局主导的人员培训计划、深海科学研究项目、深海环境监测和评价方案等国际合作项目；另一方面，中国需要从国家海洋战略发展的角度增进国家间的直接合作，加强与发达国家的技术合作提升本国深海采矿技术能力，同时发挥相对的技术引领优势推动发展中国家的技术能力建设。另外，在国际海底区域法律制度的构建中，中国应继续坚持人类共同继承财产原则，协调国际海底管理局成员和相关利益攸关方的利益，推动有关规则的制定，进一步提升中国在国际海底区域资源开采活动中的国际话语权。

中国在国际海底区域“开采法典”制定过程中发挥“引领国”的作用，既是当今中国综合国力的必然要求，也是符合国际社会的期待的。中国目前在国际海底区域获得了四块专属勘探矿区、三种资源的勘探权。同时，中国的国际地位在近几年得到了较大提升。例如，在经济方面中国是世界上最大货物出口国和最大外汇储备国，也是世界第二大经济体；在政治上中国是联合国安理会五大常任理事国之一，还是最大的发展中国家，对世界和平与安全的维护发挥了应有的作用。此外，中国还是当今世界上第一大原油进口国。因此，有外国媒体指出，中国或许成为全球化进程中的“首席小提琴手”。可见，国际社会也期盼中国能发挥更大的作用。

三、强化深海技术创新

1. 深海技术基本特点

海洋开发离不开高科技。由于资源分布的平均水深都在3000米左右，条件恶劣，同时资源赋存状态及产出形式不同，因此对测量、探矿、运输、开发等要求较高，在技术研究开发中需要借鉴和移植现有的航天、机械、电子、通信、材料技术、海上石油、船舶制造和生物工程等多种高新技术。

20世纪50年代后期以来，资源争夺的加剧推动了深海勘探开发技术迅猛发展，极大地推动了深潜技术、深海探测技术和水下工程的飞速发展。各种相关领域高技术的有机集成和进一步开发已经形成以深潜运载技术为水下作业平台，与资源勘探专门技术、资

[1]《决胜全面建成小康社会 夺取新时代中国特色社会主义伟大胜利——在中国共产党第十九次全国代表大会上的报告(2017年10月18日)》,《人民日报》2017年10月28日，第1版。

源开发专有技术、深海矿物加工利用专有技术有机结合的规模综合技术体系。

深海运载技术涉及通信、定位、控制、能源和材料等各种通用深海基础技术；涉及的高新技术范围很广，其关键技术包括深海运载器复合材料耐压仪表舱技术等。深海运载技术是人类进入海洋内层空间，认识海洋，勘探、开发海洋资源必不可少的手段，是深海勘探和开采技术共有的技术平台，更是深海勘查技术及未来开发技术与装备的基础性技术。同航天运载技术一样，深海运载技术是一个国家综合国力的象征，是意义深远的战略与前沿高技术。

深海勘查技术为了解决海上勘探快速、高效、精确要求，目前深海勘探技术总的发展方向是集成化、小型化和智能化，并逐步融合航天探测技术、深潜探测技术、航天遥感技术和计算机处理技术即物、化、遥、生物等高新技术的综合集成与联用。深海勘探技术的发展将为缩短资源调查的周期、节约投资、发现新类型资源和推进地球科学的发展提供重要的手段。随着调查船、钻探船（平台）、各类探测仪器及装备，无人/载人/遥控深潜器、水下机器人、取样设备、海底监测网等相继问世，探测广度和深度不断刷新，在深海极端环境、地震机理、深海生物和矿产资源，以及海底深部物质与结构等领域取得一系列重大进展和新发现。

目前最有实践价值的深海开采技术是以美国公司为主的四大财团研究开发的集矿机器人和管道提升采矿系统。20 世纪 70 年代末在太平洋 CC 区进行了海上中试。该系统配备了拖曳式水力集矿机或机械集矿机，气力或水力管道提升系统及改装的 2 万～ 4.5 万吨级宽体双底采矿船。该系统的基本构成包括集矿技术、提升技术、水面支持技术。

深海资源开发综合技术体系在内容上应是深海运载技术与资源勘探专门技术、资源开发专有技术及资源加工利用专有技术的有机组合；在适用性上既能提供适用于深海多种资源勘查开发的技术基础，又能适应于不同开发阶段技术继承与发展的需要。与技术发展相适应，深海已成为与地球科学、环境科学和生命科学交叉综合研究的重点，成为当代海洋科学研究开发的前沿阵地，对相关领域将起到强劲的带动和辐射作用。

作为参与深海开发的主要国家之一，我国深海资源勘探、开发及科考起步虽然晚于发达国家，但近年来取得了长足进步，部分领域进入世界先进行列。例如，我国研发了以“蛟龙”号载人潜水器、“海龙”号无人缆控潜水器、“潜龙”系列无人无缆潜水器为代表的深海勘探技术装备；我国自主研制的“海斗”号无人潜水器最大潜深达 10 767 米，使我国成为继日本、美国两国之后第三个拥有研制万米级无人潜水器能力的国家；建成了具有世界影响力的深海装备总体与系统集成技术试验室群体；自主建造了第六代深水半潜式钻井平台“海洋石油 981”、研发了世界先进的深海起重铺管船等产品。

虽然我国在向深海发展过程中取得了不菲的成绩，但是在深海科学技术研究水平和深海资源勘探、开发能力建设等方面与发达国家相比，仍存在较大差距。由于深海矿产资源开发对深海开发高新科技具有强烈的内在需求，为此，要加大技术研发力度，提高自主创新能力，增加技术储备，不仅为我国勘探矿区未来的开发提供技术支持，也可以走出去，承包其他国家在海底矿产资源的开发。具体而言，可以做到以下几点。①鼓励企业积极参与到深海科学技术研究、技术装备研发及相关产业发展上来。企业的加入，必将推动相关技术的研发及产业化进程，有利于提前布局资源开发技术储备。②支持深海科学技术研究和专业人才培养，将深海科学技术列入科学技术发展的优先领域，鼓励与相关产业的合作研究，鼓励单位和个人通过开放科学考察船舶、实验室、陈列室和其他场地、设施，举办讲座和提供咨询等多种方式开展深海科学普及活动。这些政策的实施必将促进相关人才队伍的成长和壮大，吸引更多年轻人加入深海科学技术研究行列，孕育出在国际领域的高层次技术研究人才。

2. 选择陆域登陆点实施产业基地牵动战略

国际海底区域开发产业非矿业经济的发展模式对产业的陆域布局提出了较高的要求。考虑到产业布局的区位指向、集聚与扩散机制、距离衰减的规律，以及国际海底区域开发产业的拉动与极化效应，我们认为，国际海底区域开发产业化应选择经济实力雄厚，创新环境优越，科技、化工、冶金、海洋产业优势明显的沿海港口地区作为国际海底区域开发产业的“登陆点”。并在区域内建立产业基地（主要采取产业孵化器形式），从政策、信息、技术、资金、市场开拓、管理、服务多方面给予基地企业扶持，创造良好的产业培育环境，联合国内外相关企业，建立良性科技成果转化机制，牵动国际海底区域开发活动的产业化进程。选择陆域登陆点有利于充分发挥国际海底区域开发产业对海洋造船业、海洋运输业、海港建设、海底潜水和打捞、机械工业、电子工业、冶金工业的拉动效应，带动区域及相关产业的跨越式发展，并借产业间的互动效应推进产业化进行。

3. 政府带动社会实现投融资多元化

国际海底区域资源的最终商业开发本身应是市场竞争行为，在法律上表现为不允许政府补贴，因此应当树立企业或者社会是投融资主体的观念。产业化投融资体系构成如下。

1）政府投资

（1）财政性投资：具有指令性的特征，承担一些政府的重大工程，其参与的形式主要通过国有控股的投资公司实现股份参与。资金来源主要为政府财政预算和政策性银行贷款。

（2）风险投资：与社会投资中的风险投资性质相仿，政策导向略强于后者。政府的风险投资主要通过风险投资机构规范的市场运作，以股份持有的形式参与，并在适当时候向海内外上市公司和战略投资者进行推荐，从而实现在资本市场上的退出。国际海底区域资源产业本身的特殊性和政府在产业发展中的主导地位决定了政府也间接地参与风险投资。

（3）其他：包含担保基金、孵化基金、优秀创业计划扶持基金和基本市场干预基金等形式。该部分功能具体由政府主管部门及其资本经营者承担。

2）社会融资

（1）银行贷款：银行贷款是企业在日常经营活动中经常采用的一种融资方式，贷款有长期贷款和短期贷款之分，长期贷款可以满足企业的基本建设需要，短期贷款可以满足企业的流动资金需要。

（2）股票市场融资：企业通过在股票市场上公开上市，发行股票获得资金，其所筹集的资金属于企业长期自有资本金。

（3）债券市场融资：企业通过发行债券可以以相对较低的资金成本获得大量资金，也不用出让企业的部分控制权。发行债券是市场经济条件下发达国家普遍采用的现代资金筹措方式，它将社会零散闲置资金转化为使用资金，达到“积沙成塔”的目的。

（4）非金融机构贷款：主要指企业向信托公司申请信托贷款，向财务公司贷款。

（5）融资租赁：又称资本租赁，是一种以融通资本为主要目的的租赁方式。在这种租赁方式中，由出租人支付设备的全部价款，等于向承租人提供了百分之百的长期信贷。

（6）项目融资：项目融资是一种大规模筹集国际资金的融资手段，但目前我国缺乏相关的国际性运作人才，且国内相关法律还不完善。

（7）风险投资基金：企业向风险投资公司申请风险投资基金支持。

（8）产业投资资金：企业向资金管理公司申请产业投资基金投入，产业投资基金是一种股权融资形式，企业获得资金同时向基金管理公司出让部分控制权。

国际海底区域开发产业化不同阶段的融资方式与资金来源不同：①勘探阶段融资的最大特点是融资风险高，资金需求量小，成功时收益回报率高，可选择的融资方式相对少，可选择的只有政府投资、风险投资、银行贷款；②开发阶段是融资中需求资金最大的阶段，与勘探阶段相比较，其风险程度较低，资金回报率有所下降，可选择的融资方式很多；③矿山经营阶段的融资，其资金需求主要是营运资金及债务的偿还。

4. 国际海底区域资源开发与环境保护并重

深海生态系统是一个脆弱、原始又极富多样性的系统，人们对其了解很少，盲目开发会造成难以估计的影响。因此，在资源开发中要充分体现环境保护的原则，在生态环境保护基础上进行。坚持“预防为主”的方针，加强环境基线研究工作，掌握开辟区的环境状况；在勘探、开采、运载技术研究中充分考虑环保技术研究，进行“国际海底区域资源环境联合评价”。将勘探、开采、加工、环保有机地耦合起来。对国际海底区域资源尤其是不可再生的重要战略资源要制订长远的开发计划，合理、高效利用国际海底区域资源。

遵循可持续发展的原则，对那些赋存稳定、不易流动的重要战略性资源，应该有节制地进行开发，要考虑到以后的消费需求。在进行深海资源开发的过程中，要尽量避免因资源开发而破坏生态环境的事件的发生。根据矿产资源开发利用与生态环境保护并重，预防为主、防治结合的方针，在进行深海矿产资源开发时要充分体现环境保护的原则，注意在勘探、开采和运输过程中可能对环境造成的不良影响的处理。坚持资源的集约开发和资源的综合利用，保证深海资源的高效利用。

第四篇　陆海环境的统筹治理

地球表面的陆地和海洋两大系统之间进行着不断的物质和能量交换，绝大部分交换是自然过程，小部分是人类干预的交换过程。人类活动是干扰自然环境物质能量交换的外在过程，也是影响生态环境的主要因素。随着科学技术的高速发展和人类社会经济活动规模的迅速扩张，人类对自然环境干预强度也不断加大。人类活动主要集中在陆地空间，由此对陆地的土地、地下水、河流、湖泊、森林、空气等自然生态环境造成影响。海洋本来是远离人类活动中心的，海洋生态环境受人类活动影响较小。但是，伴随着海岸带地区社会经济活动强度的加大，人类集中在陆域社会活动产生的环境影响已经扩展到近岸海域。因此，要达到改善海洋环境的目标，不仅需要规范人类在海上的有限活动，以减轻对海洋环境的直接影响；而且需要加强对可能影响近岸海陆环境的陆域相关活动的控制，以减轻陆域活动对海洋环境的负面影响，即统筹陆海环境的治理。本篇将在论述陆海环境统筹治理背景和政策基础的前提下，着重结合渤海和长江口两个海区分析陆域污染源与海洋环境污染的联系，并提出加强陆海环境统筹治理政策建议。

根据对当前我国近岸海域环境污染现状分析，仅仅依靠规范人类在海上的有限活动减轻海洋环境直接影响，是难以达到改善海洋环境目标的；更需要的是加强对陆域相关活动传导到近岸海域环境污染源的控制，以减轻陆域活动对海洋环境的负面影响，即统筹陆海环境的治理。本篇在以下几个方面进行了创新性探索。

第一，针对陆海环境统筹治理没有引起足够重视的现实，本篇系统分析了人类陆域活动影响海洋环境的机制，分析了陆海环境统筹治理的政策基础，提出以海洋功能区划为实施海洋环境保护的抓手，建议从四个方面加强海洋环境治理，为实施陆海环境治理提供理论依据。

第二，针对陆域社会经济活动产生的污染压力如何传导到海域这个难题，建立了评估社会经济活动污染压力的指标体系，识别社会经济活动污染物压力的内部机理，提出识别社会经济活动空间差异的方法，估算现实的污染物压力，切实将陆域社会经济活动产生的污染物与远离人类活动中心的海洋联系起来。

第三，长江流域社会经济活动聚集，地理环境复杂，长江经济带的绿色发展不仅对保护长江水质有利，而且也是长江口海洋环境改善的基础条件前提。在对长江流域社会经济特点系统梳理的基础上，重点研究长江的江苏、上海、浙江近岸海域环境污染物压力的空间差异，为长江口陆海环境分区统筹治理提供支撑。发挥河长制优势则被看作控制长江中上游污染压力的有效途径。

第四，河流上下游的跨境污染问题已经形成比较成熟的研究思路，而陆海环境统筹治理的理论问题还没有解决。将跨境污染治理的思路导引到陆海环境统筹治理领域，成为解决陆海环境统筹治理的创新性探索。运用博弈论模拟陆海环境统筹治理激励和补偿机制，都取得较为满意的结果。

第五，在长沙口和环渤海污染压力估算的基础上，从衔接陆海环境监控体系、统筹流域—河口—海湾环境分区治理、内湾型海洋污染治理长效机制、河口型海洋污染治理长效机制、统筹陆海环境规划等角度提出环境陆海统筹治理的对策建议，为进一步处理好陆海环境关系提供了有益的思路。

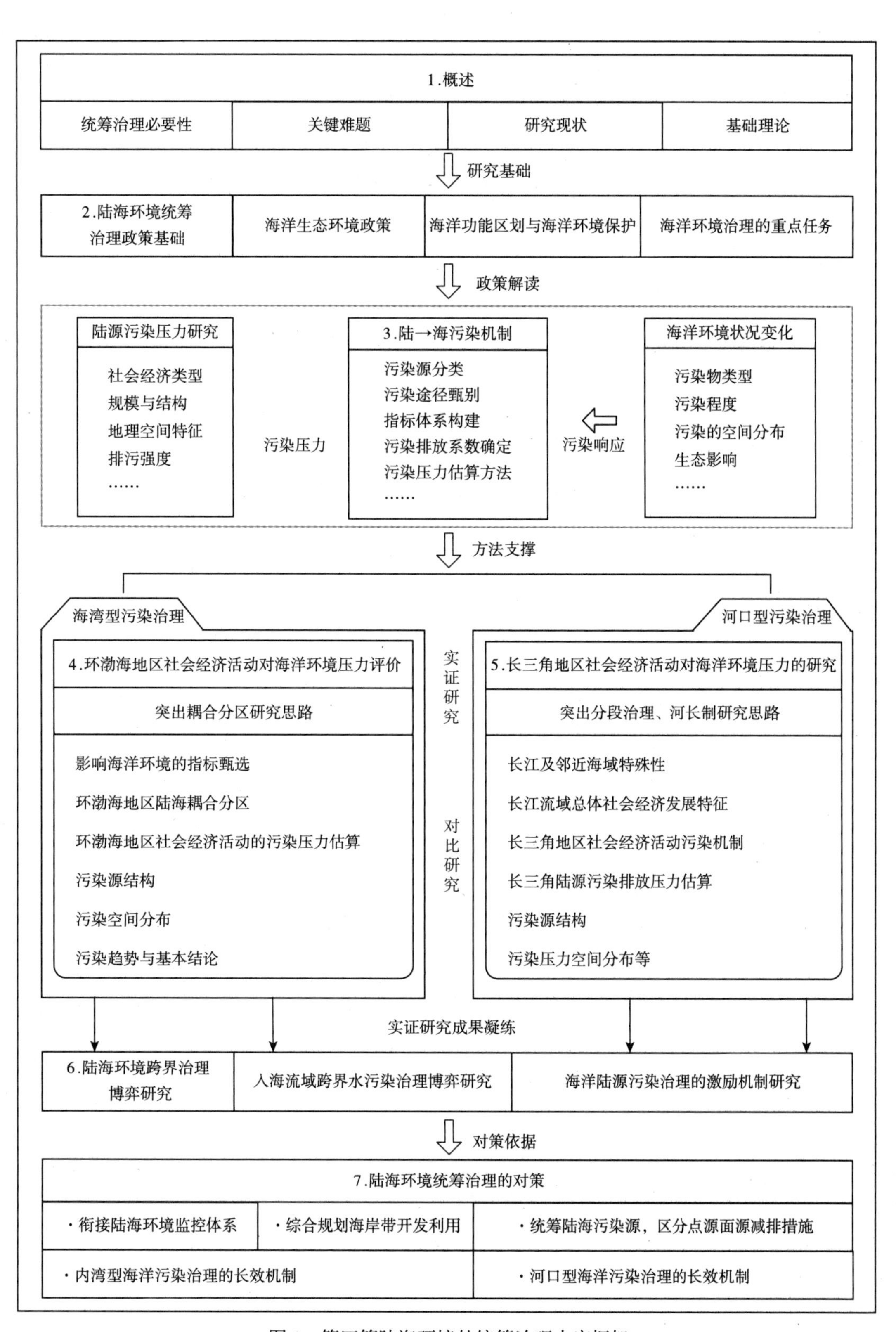

图 1　第四篇陆海环境的统筹治理内容框架

第二十章 概　　述

本章拟重点回答以下五个方面的问题：近岸海域环境问题与人类的哪些活动有关系？为什么将陆海环境统筹治理作为研究重点？陆海环境统筹治理的关键难题是什么？已经有的研究解决了哪些问题，哪些问题还需要深入研究？统筹治理陆海环境依据的主要理论有哪些？

第一节　海洋环境问题

一、近海环境污染严重

国家海洋局发布《2017 年中国海洋生态环境状况公报》显示，2017 年我国入海河流水质状况仍不容乐观，近岸局部海域污染依然严重，海洋环境风险依然突出。《2017 年中国海洋生态环境状况公报》表明，全国近岸海域水质级别为一般，主要超标因子为无机氮和活性磷酸盐。近岸海域富营养化点位比例为 25.2%，中度及以上富营养化主要集中在莱州湾、长江口和珠江口近岸海域。全国入海河流水质与上年相比，水质下降，总体水质为中度污染，主要超标因子为 COD、总磷和高锰酸盐指数。404 个直排海污染源污水排放总量约为 636 041 万吨，总磷、COD、氨氮、五日生化需氧量、悬浮物和粪大肠菌群数监测中出现超标的排口较多。

过去，我国沿海区域经济和海洋经济基本上沿袭了以扩张为主的外延式增长模式，过快过热的经济增长使得海岸带和近岸海洋生态环境难以适应，海洋环境质量恶化、自然生境大面积缩减、生态灾害频发等问题十分突出。生境退化严重，海洋生态系统更加脆弱。随着沿海地区开发建设规模逐年增大，受围填海、养殖业和海洋工程等海洋开发活动的影响，滨海湿地、海湾河口大面积萎缩，岸线人工化程度增高，自然生境退化严重。

无机氮和活性磷酸盐等营养盐的过量输入是导致海水富营养化的主要原因，1997 ～ 2015 年，重度富营养化海域面积增加了 146.9%，中度富营养化海域面积增加了 288.9%，整体表现为近岸海域的富营养化程度持续加剧。可以预见，在我国当前经济高速发展、城市化水平不断提高和能源消耗不断增长的模式下，近海富营养化问题在未来一段时间内仍会不断加剧，赤潮绿藻等灾害性生态问题也会更加严峻，这将对我国近海生态系统的健康发展和海洋资源可持续利用构成严重威胁。

继“珠三角”“长三角”迅速发展成为我国沿海地区经济增长极以来，天津滨海新区、海峡西岸经济区、北部湾经济区、苏北沿海经济带、辽宁沿海经济带、黄河三角洲高效生态经济园区建设也相继被国家重视，沿海地区面临空前的发展空间需求和土地需求压力。石油加工、冶炼、有色、医药和化工等行业进一步向沿海地区集聚，重化工产业规模进一步扩张，沿海地区将成为新一轮重化工业的重要集聚区，近岸海洋生态环境的污染压力增大。

二、人类活动影响近岸海洋环境的表现

中国沿海地区集中了中国较发达的制造业和较密集的城市群，人口密度相当于全国平均水平的 3 倍，经济密度是全国平均水平的 4.5 倍。改革开放以来，伴随沿海人口与经济的急剧膨胀，近岸海洋环境在人类活动的影响下发生了深刻的变化（图 20.1）。

（一）海岸侵蚀

在内外营力的相互作用下，海岸经历着侵蚀、堆积过程的不断演变。我国海岸处于世界上最大的大陆与最大的海洋的接触带，海岸演变大多受到不同程度的人为干扰，海岸侵蚀因素中的人为因素影响十分突出。主要体现在以下几个方面。

1. 流域内截流蓄水或向外调水

流域内截流蓄水或向外调水，造成河口潮流作用增强、河流入海径流和输沙量减少，这种情况以渤海沿岸最为突出。入海径流减少的人为原因主要是生产和生活用水增加，河流中上游被截流蓄水或跨流域调水，致使入海水量迅速递减。

入海水量和沙量减少是黄河三角洲西部和中部海岸近期被不断侵蚀的一个重要原因。黄河流域修建了很多水库，甚至在河口区也修建了 14 座，加上引黄放淤、引黄济青等工程，使入海径流和泥沙锐减。长江近年来入海径流和泥沙也呈减少趋势。

2. 盲目开挖海滩砂土和大量围垦

盲目开挖海滩砂土和大量围垦，造成沿岸悬浮泥沙减少、湿地消失，使水动力相对增强或侵蚀—堆积条件改变。结果会直接减少沿岸海水的悬移质泥沙的含量，使海水挟沙能力相对提高，从而增强海岸侵蚀作用。辽宁、山东、福建等省的砂砾岸都有优良的建筑和工业用砂。各地多年来在沿岸开挖砂土和贝壳堆积，造成沙滩破坏和海岸线后退。

3. 海滩植被和珊瑚礁破坏

分布于岸堤外的芦苇、大米草、红树林等海滩植被和珊瑚礁有消浪、滞流和促淤保滩功用，是保护海岸的有效屏障。我国海滩植被主要有芦苇、大米草和红树林等，通常分布于高潮区，起消浪、阻流和滞沙作用，对保护海岸和海堤有重要作用。低纬度河口和内湾中生长的红树林，有明显的防风消浪性能。海南等地的珊瑚礁被誉为海岸天然屏障，能减轻波浪尤其是台风浪的冲击，防止海岸后退。

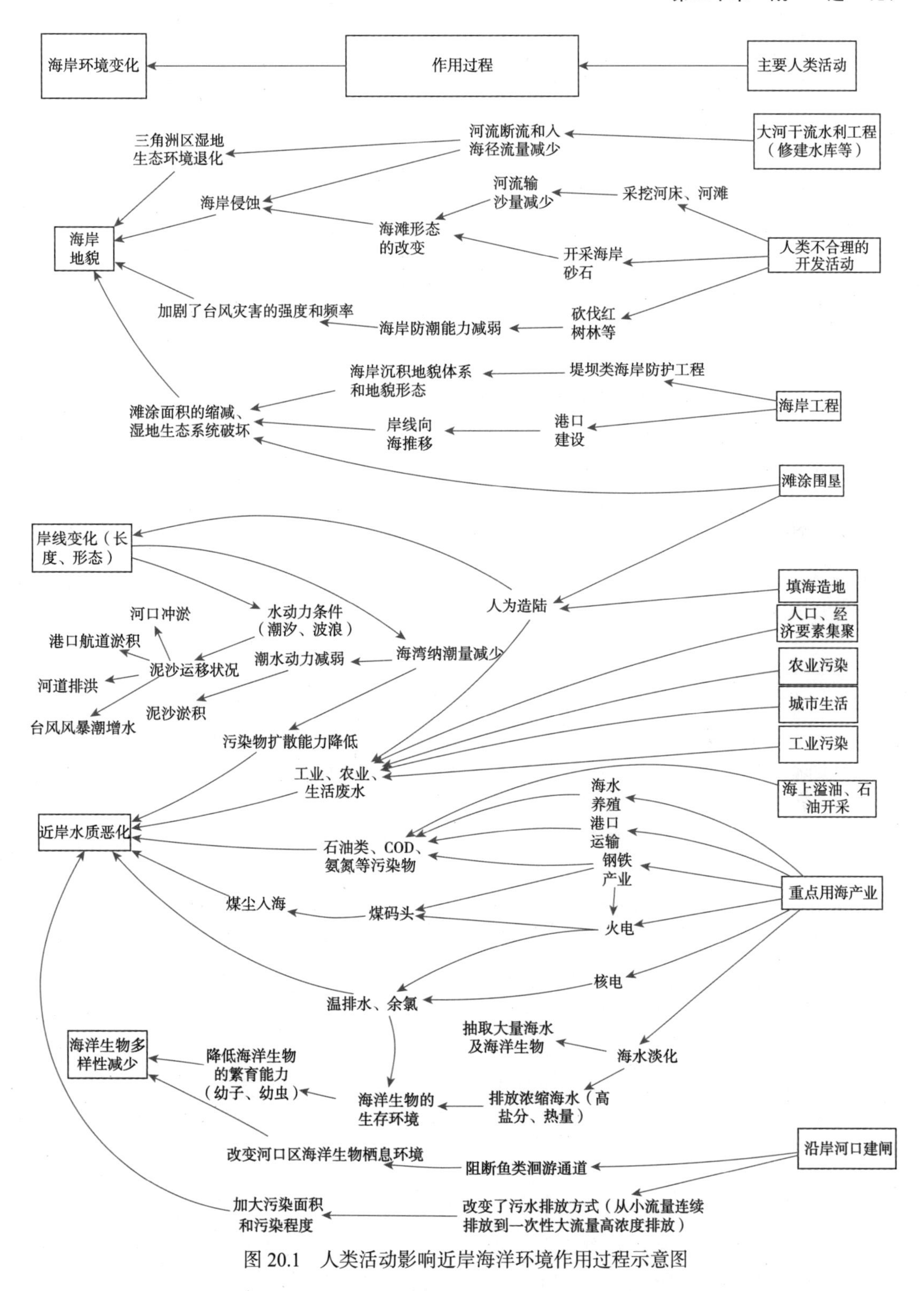

图 20.1　人类活动影响近岸海洋环境作用过程示意图

海滩植被破坏主要是由大量围垦和肆意砍伐造成的。上海和江苏沿海自 20 世纪 50 年代以来围垦的土地基本上都是有植被的潮滩。红树林分布于广东和海南等省，原有面积近4万公顷，因大量砍伐和封堵海湾围垦而锐减，且外貌和结构已趋简单化。海南岛80%海岸珊瑚礁遭到不同程度的破坏，岸礁破坏成为海南海岸侵蚀的主要原因。

（二）滨海湿地环境的变化

滨海湿地为海陆交错地带，是一个边缘区域，处于淡、咸水交汇处，受海洋和陆地交互作用，其复杂的动力机制，造就了滨海湿地复杂多样的湿地类型和生态环境。滨海湿地主要分布在中国东部的沿海地区，以杭州湾为界分为南、北两部分。自北向南，面积比较大的滨海湿地有鸭绿江河口湿地、辽河三角洲湿地、滦河河口湿地、黄河三角洲湿地、长江三角洲湿地、钱塘江河口湾海岸湿地、闽江河口湿地、韩江河口湿地、珠江三角洲湿地和南渡江河口湿地等。

滨海湿地是生态环境条件变化最剧烈和生态系统最易受到破坏的高脆弱生态系统。人口压力、传统工农业生产和经营方式及人们对经济利益的追逐是导致湿地资源变化的重要原因。人类活动对我国南、北滨海湿地的影响也有一定的差异，北方主要是油田的开发破坏及污染，如石油开发造成了石油污染、植被退化和动物栖息的减少等，大大降低了滨海湿地的生态功能和社会与经济效益；南方主要是对红树林及珊瑚礁的破坏。

1. 陆源污染降低了滨海湿地生态系统功能

近年来，中国沿海地区每年约10×10^9吨污水直排放入海，主要包括石油污染、农药污染、水质污染、生活垃圾污染等，大部分河口、海湾及大中城市邻近海域污染日趋严重，其中，尤其以无机氮和无机磷营养盐污染最为严重，超标面积很大，富营养化程度明显加重，发生赤潮的频率和规模越来越大，持续的时间也逐渐延长，不仅破坏了海滨景观，也造成了生物多样性丧失。

辽河三角洲石油污染主要包括井喷油管破裂、原油泄漏等。随雨水携带的油污造成水体和土壤污染，进而影响动、植物的生存。冷延慧等对苇田生态系统的研究结果表明：尽管油田开发不是芦苇产量降低的主要因素，但已经产生了很大的影响。被石油污染的芦苇，苇叶枯萎或死亡，栖息在芦苇中的鸟类缺乏必需的隐蔽物，而影响了鸟类的栖息及繁殖；石油污染使水中虾、蟹、鱼等动物数量锐减，影响了鸟类的食物来源和质量；杭州湾湿地的主要污染源包括大量的工农业废水和生活污水的排放、运输等引起的漏油、溢油事故，以及农药、化肥和除草剂的不当使用等，直接影响了杭州湾的水质。莱州湾沿岸城市生活污水、工业废水和虾蟹池养殖废水在潮下带湿地，造成严重污染，使莱州湾南部浅海水域向富营养类型发展，赤潮灾害日趋频繁，潮间带湿地贝类、软体动物等资源减少。

2. 土地利用变化对滨海湿地的影响

土地利用变化明显地影响着整个湿地生态系统。围垦是造成滨海湿地大面积减少的主要原因，全球海岸湿地由于围垦正以每年1%的速率消减。相关研究显示，近50年来，中国已围垦滩涂1.2×10^6公顷。土地利用的变化尽管在短期内将给区域经济发展带来较大效益，但也将给区域经济的长期发展带来不利影响，如天然水域、滩涂与苇田面积的减少，一方面降低了区域蓄水与防涝抗旱的生态功能，另一方面降低了区域生物多样性保护功能，并有可能使原有的河道发生淤积，造成海岸风暴潮的加剧、区域工业与生活用水排污困难。油田开发过程中需要修路建井，虽然作为线状和点状地物所占面积不大，但由于数量巨大，也占据了不少湿地。湿地利用类型主要受经济发展、人口增长和农业生产等因素的影响。

3. 城市、港口及水利工程的建设对滨海湿地的影响

沿海城市、港口的扩建和开发是造成滨海湿地面积不断消失的另一个主要原因。中国是人口大国，东部沿海又聚集了中国大部分的人口，滨海湿地所承受的城市和人口压力较大。城市、港口开发导致了湿地面积减少、生境破碎化、污染加剧、资源过量开采和物种入侵等破坏滨海湿地的问题发生，进而增加了滨海湿地生态环境的脆弱性。相关研究显示，仅沿海港口岸线就已经由 1996 年的 150 余千米增加到 2014 年的 780 余千米。

水利工程对河口生态环境的影响是长期的、缓慢的、潜在的且极其复杂的，往往是上游各水利工程的叠加作用。姜翠玲和崔广柏（2002）的研究表明，水文因素是沼泽湿地和滨海湿地形成及发育的重要环境因素，上游建坝蓄水以后，洪水的消除或洪泛次数减少，削弱了河流与湿地之间的联系，造成湿地逐渐萎缩，甚至大面积丧失，生物食物链中断，生物多样性和生产力下降。入海径流量减少将造成海水沿河上溯，盐水入侵河道，并污染地下水，滩地土壤发生盐渍化。河流携带泥沙能力下降，将导致三角洲从淤积型向侵蚀型转化，并造成海岸线蚀退。

4. 湿地水文过程改变对滨海湿地的影响

人类以不同的方式影响着湿地水文系统和湿地功能，如过量抽取地下水使地下水位下降，导致海水或与海水有水力联系的高矿化地下咸水沿含水层向陆地方向扩侵，进而导致海水入侵，造成地下水质恶化，矿化度增加，潮上带湿地土壤盐碱化加重，湿地植被退化。另外对湿地资源的开发还会影响到湿地的横向水流和垂直水力梯度。

5. 人类活动对热带海岸的开发与破坏

中国的红树林主要分布在海南、广西、广东、台湾和福建等地的沿海地区。红树林不仅有很好的保滩护堤作用，而且能抗污染和净化污水。随着沿海经济的发展，人口、资源、环境压力的不断增大，热带海岸被过度利用。热带海岸人类活动主要有围塘养殖、海岸工程建设、城市建设等开发活动，以及如砍伐、放牧、采果、薪柴、绿肥、海产采捕、旅游、珊瑚礁区的海藻养殖和核电厂温排水等活动，使位于河口、海岸开发前沿地带的珊瑚礁和红树林受到特别严重而普遍的破坏，对河口、海岸资源可持续利用和环境健康带来了极大的威胁，也是导致滨海湿地生态系统衰退的主要原因。

（三）海洋生态环境的变化

20 世纪末海水质量监测结果表明，我国已有约 20 万平方千米的近海海域受到污染影响，海水水质劣于国家一类海水水质标准，已对海洋渔业水域水质造成负面影响。其中约 4 万平方千米海域水质劣于四类海水水质标准，已不能满足水产养殖、海水浴场、海

上运动娱乐及滨海旅游区、海港和海洋开发作业区的水质要求。大部分滨海地区，水质劣于一类海水水质标准的区域扩展至距岸 10 ～ 30 千米处，而江苏、上海、浙江及辽东湾沿岸，已扩展至距岸 120 ～ 200 千米处。对我国海水环境质量造成明显影响的主要是氮、磷等营养物质，油类和有机物质，以及铅、汞等重金属。

1. 近岸水域污染总体情况

2015 年，我国近岸局部海域海水环境污染依然严重，近岸以外海域海水质量良好。冬季、春季、夏季和秋季，劣于第四类海水水质标准的海域面积分别为 67 150 平方千米、51 740 平方千米、40 020 平方千米和 63 230 平方千米，分别占我国管辖海域面积的 2.2%、1.7%、1.3% 和 2.1%。污染海域主要分布在辽东湾、渤海湾、莱州湾、江苏沿岸、长江口、杭州湾、浙江沿岸、珠江口等近岸海域，主要污染要素为无机氮、活性磷酸盐和石油类。

2. 沉积物质量

20 世纪末近海沉积环境质量总体尚属良好，但局部海域，尤其是一些河口、海湾的沉积物已受到有机物、营养盐物质、重金属及有机氯化合物等的污染。有机污染主要是在鸭绿江口、大连湾、辽河口、秦皇岛近岸、海州湾、象山湾、厦门湾、海口湾等地；长江口、杭州湾、象山湾、三门湾、乐清湾均有大范围的总氮污染区。沉积物重金属污染主要是在锦州湾、大连湾、辽河口、烟台近岸等地。其中锦州湾沉积物汞的最高含量超过沉积物环境标准值 11 倍，镉超标 5 倍。沉积物有机氯（滴滴涕、多氯联苯）污染区主要是在辽河口、锦州湾、大连湾、烟台近岸和珠江口。

多年监测与评价结果表明，辽东湾、莱州湾、青岛近岸、苏北近岸和广西近岸海域沉积物中石油类含量呈显著上升趋势；渤海湾和长江口沉积物中镉含量呈显著下降趋势。

3. 生活垃圾和固体废弃物污染

我国近岸海面漂浮垃圾主要为聚苯乙烯泡沫塑料碎片、塑料袋和片状木头等。2017 年大块和特大块漂浮垃圾平均个数为 29 个 / 千米 ^{2}；中块和小块漂浮垃圾平均个数为 2819 个 / 千米 ^{2}，平均密度为 15 千克 / 千米 ^{2}，其中，78% 的海面漂浮垃圾来源于陆地。海滩垃圾和海底垃圾也主要由塑料袋、塑料碎片和片状木块构成，海滩垃圾平均密度为 1622 千克 / 千米 ^{2}，海底垃圾的平均密度为 36 千克 / 千米 ^{2}，同样地，大部分垃圾都是来自陆地。

4. 海水入侵

海水入侵是特定区域自然与人类社会经济活动两大因素叠加影响的结果。在我国，至少有 11 个城市和地区发生了不同程度的海水入侵。大连发生海水入侵的岸段有 12 处，入侵面积累计 230 平方千米；受海水的污染，地下水中氯离子含量达 300 ～ 1000 毫克 / 升。海水入侵严重地区分布于渤海和黄海的滨海平原地区，海水入侵距离一般距岸 10 ～ 30 千米。东海和南海沿岸海水入侵范围小、程度低，海水入侵距离一般距岸 3 千米以内。2014 年渤海滨海平原地区海水入侵较为严重，主要分布在辽宁盘锦地区，河北秦皇岛、唐山和沧州地区，山东滨州和潍坊地区，海水入侵距离一般距岸 15～30 千米；另外，土地盐渍化较为严重的地区主要分布在辽宁、河北和山东滨海平原地区。

三、不同空间范围人类活动对海岸环境的影响

从空间上可以将人类影响海洋环境的活动分为三种情况：海上人类活动对海洋环境的影响、海岸线附近人类活动对海洋环境的影响、陆域人类活动对海洋环境的影响（图 20.2）。这三方面人类活动对海洋环境的作用过程不同。

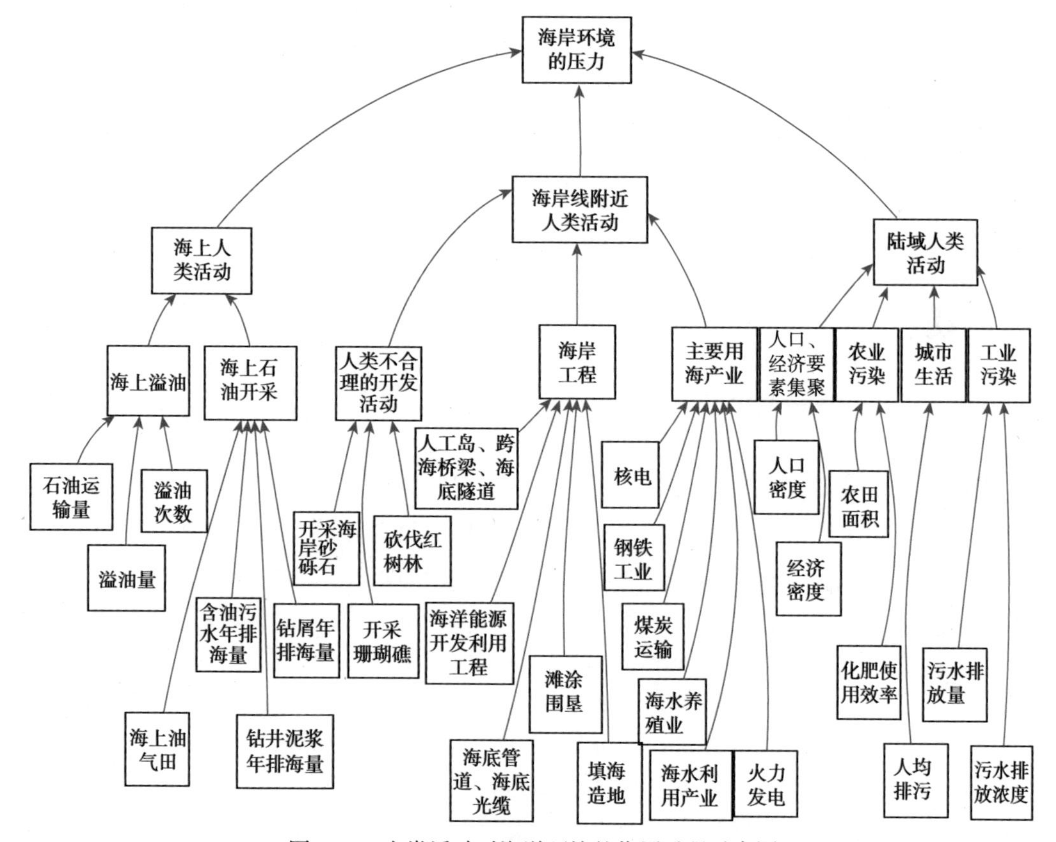

图 20.2　人类活动对海洋环境的作用过程示意图

（一）海上人类活动对海洋环境的影响

海上人类活动对海洋环境变化的影响主要是指海上溢油事故和海上石油开采中石油及危险化学品给海域带来的污染，这种污染不易清除，对海洋鱼类的生存及繁殖危害极大。石油类物质漂浮在海面上，对周边的海洋渔业、养殖业造成毁灭性破坏，油膜凝聚以后的物质还是潜伏在海洋中的长期杀手。

全球经济一体化将加大海运的往来，由此海源的污染也将不可忽视，而频繁的海运事故所造成的海洋污染对海洋生存环境将是一个瞬间和严重的挑战。

自 1993 年我国从石油出口国转为石油净进口国以来，石油进口量不断上升，沿海的石油运输量大幅增加，2006 年我国沿海石油运输量达到 4.31 亿吨，我国进口的石油 90%

是通过海上船舶运输来完成的，2006年航行于中国沿海水域的船舶已达到464万艘次。石油进口量的迅速增加，使港口和沿海油轮密度增加，导致船舶溢油污染，特别是重特大船舶溢油污染的风险增大。

（二）海岸线附近人类活动对海岸环境的影响

1. 人类不合理的开发活动

沿海地区大量不合理的经济活动不仅引起岸滩冲淤多变与生态环境的恶化，而且使部分资源遭到破坏，使资源利用效益下降和投资风险增加。其中，尤以海岸砂石料与红树林砍伐等问题突出。

2. 海岸工程建设的影响

随着海洋资源与空间的开发利用及发展，沿海地区的海岸工程建设数量越来越多，规模日益复杂和庞大，某些不合理的海岸工程的兴建也给海洋环境带来了损害。主要海岸工程包括港口类海岸工程、堤坝类海岸工程、连岛工程和跨海交通工程等。国外建设的大型海岸工程也有类似问题，如荷兰早期的“三角洲工程”，建坝后出现水体滞留现象，使水体的生态环境恶化。由于海岸开发利用不当，曾使美国75%的港湾退化，其中23%严重退化。

围垦作为影响淤泥质海岸带环境的最主要人文因素之一。滩涂围垦是沿海国家拓展陆域，缓解人地矛盾的最主要方式之一。滩涂围垦通过对潮滩高程、水沙动力条件、沉积物特征等多种环境因子的改变，促进生物演替，并通过垦区土地的人为利用，对海岸环境演变产生重要影响。一是水动力环境的影响。围垦工程通过海堤建设，改变局地海岸地形，影响着垦区附近海域的潮汐、波浪等水动力条件，导致附近泥沙运移状况发生变化，并形成新的冲淤变化趋势，从而可能对工程附近的海岸淤蚀、海底地形、港口航道淤积、河口冲淤、海湾纳潮量、河道排洪、台风风暴潮增水等带来影响。二是滩涂围垦对堤外滩地及近海水域营养元素循环的影响。围垦对堤外滩地及近海水域生态环境的影响研究主要集中在滩涂底质和近海水域污染两方面。不同的围垦规模和污水排放体系有着不同的污染物排放通量和输移方式。同时，土地利用方式的差异也造成污染种类和污染程度不同。三是对海水入侵和地下水位的影响。滩涂围垦在海水入侵地带具有一定的正效应，虽然围垦后地下水位下降不大，但筑堤御潮及垦区灌排水网建设，降低了地下水矿化度，海水淡化趋势明显。淡水资源的严重不足、地表水体污染和水质恶化是垦区的水资源与水环境的突出问题，滩涂围垦还可改变地下水流系统。四是围垦对滩涂生物的生态学影响。围垦改变了滩涂生物生境条件，干扰了滩涂盐生植被的正常演替，甚至导致盐生植被的逆向演替，引起底栖动物生物多样性减少及陆生动物的发展，同时影响着鸟类等其他生物的群落特征。

3. 主要用海产业的环境影响

核电、煤炭专业码头、火电厂、海水利用等临海产业对近岸海域环境产生多重影响。

1）核电对海洋环境的影响

核电站由于其自身的生产特点，会对其所处的海岸环境及生态系统产生一定程度的影响。核电站大量的高温废水排放势必对临海水域环境造成影响：一是温排水对海岸环境的影响。一般情况下，在局部海域长期将超过周围海水正常水温 4℃的热水排到海洋里，就可能造成热污染，核电站的冷却水无疑是海区的一个重要的热污染源。尽管世界上大多数海区的热污染还不十分明显，但已经发生了一些热污染的危害事件。例如，美国佛罗里达州的比斯坎湾，一座核电站排放的温排水使附近水域水温增加了 8℃，造成 1.5 千米海域内生物消失。二是余氯的排放对海岸环境的影响。为保护循环冷却系统不被海洋附着生物堵塞，避免因其繁殖而导致管道断面变小和流量的降低，通常在循环冷却水中连续注入 1 毫克 / 升浓度的次氯化物。加氯处理在抑制海洋生物在管道内繁殖的同时，也造成了电厂排放的循环冷却水中有一定数量的余氯，余氯具有生物毒性。根据南海水产研究所研究，当海水中余氯浓度为 0.1 毫克 / 升时，鱼的种类多样性指数下降 50%。三是机械作用对海洋环境及生物的影响。核电站运转过程对水体有抽吸和搅动作用，冷却水体还要经过许多特殊的处理工序，这些过程将会对水体中的生物造成连续的机械损伤。Jackson 等（2006）对法国海岸 Grave lines 核电站进行了长期观察和研究，发现被携带进入冷却水系统的鱼卵、仔鱼大部分死因是机械作用造成的，约占总死亡率的 75% ～ 90%。

2）沿海煤炭运输对海岸环境的影响

根据相关报告中关于沿海煤炭运输对环境影响的相关评估，专业煤码头工程营运后对海洋环境的影响主要表现为煤尘入海。根据大气总悬浮物降尘预测，海向降尘量约为 206.52 吨 / 年，这部分降尘在海面上经过 1 ～ 2 小时湿润漂移后沉入海底，在气象正常的情况下，约有 84% 的降尘将沉入港池内（最远影响距离约为 900 米），仅有 16% 的降尘落入外部海域。按装卸每 1 万吨煤炭会落入海域中 1 吨计算的话，那么入海煤尘会对水环境产生明显影响。以北方主要运煤港口为例，每年由于煤炭运输而产生的煤尘入海量为 6.6 万吨，将影响 577.6 公顷的海域面积。可见，在煤炭卸船的过程中会对沿海地区海域环境造成不利影响，不利于沿海地区的可持续发展。

3）火力发电对海域环境的影响

火力发电对海域环境的影响主要体现在以下几个方面。

一是温排水。现有火电厂主要采用水力除灰系统，温排水是火电废水中排放量最大、污染物超标最严重的废水。相关研究表明，每兆瓦发电量温排水量为 64 万～ 217.8 万立方米，火电站使用现有的水资源，并在水交换条件不良的海湾排进大量的热，使水温越来越高。如此巨量的热负荷将对海洋生态产生不容忽视的影响；温排水使水域温度升高，造成溶解氧的溶解度降低，对生物产生不利的影响，特别在夏季，高温对生物的胁迫作用会被温排水的升温所强化，而且溶解氧浓度的下降会造成生物的缺氧，甚至窒息。这种影响会在夏季升温较高的局部海域发生。温度也是影响赤潮发生的重要因子，局部水域的水温高于其周边海域，可能会使局部水域赤潮发生的时段有所延长。

二是残余氯对海洋生态环境的影响。为了防止污损生物在电厂冷却系统内壁附着，通常冷却海水并氯化处理，以杀死或抑制污损生物的生长。冷却水通过冷却系统排出，其中的氯也随之排入海洋环境中。这样会产生一系列的化学反应，它与水中的一些无机物和有机物发生反应会产生有毒化合物。

三是泥沙冲淤。火电工程厂区和灰场建设除围海造地、码头栈桥建设干扰水体流场及取排水工程对局部流态产生影响外，清礁也会影响海域悬沙分布及海床演变过程。通过分析电厂围涂、码头建设及取排水工程建成后对工程所处海域的影响，我们发现，实施工程后，局部地区含沙量增大，围堤、码头近海区含沙量有所减少，含沙量变化绝对值较小，一般相对量在 5% 以下。从总体上看，海床的冲淤需要十年甚至数十年时间，才能达到平衡状态。

4）钢铁工业对海岸环境的影响

近年来，我国钢铁工业的能耗约占全国工业能耗的 10%，排放的废水和废气约占工业排放总量的 14%，固体废弃物约占工业废物总量的 16%。我国钢铁工业规模仍在进一步扩大，废水、废气、固体废弃物等污染物的产生和排放量进一步增加，环境污染进一步恶化。我国钢铁工业向沿海布局，将会对我国海洋环境产生巨大影响。主要表现为以下几个方面。

一是自备电厂温排水、余氯对海洋环境的影响。温排水对海洋的影响主要表现在以下几个方面：一是对水域富营养化程度产生影响，主要表现在水温升高可能加剧水中富营养化藻类的生长、溶解氧浓度下降。二是热排放会造成底栖动物栖息场所的减少，其中夏末至中秋期间，影响最大。三是高温排放水体增温 3℃及以上时，会促进浮游动物种类数量和生物量的增加，冬季尤为明显。当水温超过一定范围，浮游动物数量会急剧减少。四是鱼类喜欢比环境略高的温度。热排放会增加畸形鱼的比例，对有洄游习性的鱼类迁徙活动也会产生较大影响。五是对于浮游植物，温排水作用的季节性影响明显，夏季会使某些藻类暂时消失，使海区的浮游植物的基本种类组成发生改变。此外，温排水也直接作用于浮游动物，对它们的分布和生活习性产生影响。

二是钢铁工业废水对海洋环境的影响。根据相关研究，我国沿海钢铁企业排放废水总量在 2 亿吨以上。废水中含有的石油类和 COD 污染物对我国海洋水生物影响较大。石油类污染物对水生生物的危害甚大，在海水中含石油量为 0.01 毫克 / 升时，24 小时能使鱼体产生油臭味。石油粘到鱼鳃上或附在鱼卵上，很快会使鱼窒息死亡，或使孵化受到影响。水体中含有一定量的石油类物质后，会在表面形成厚度不一的油膜，破坏水体的复氧过程，从而影响水质和水中动、植物的生存。另外石油类物质中的三致物质（致癌、致畸、致突变物质）也会由水中鱼、贝类等生物富集，并通过食物链传递给人体。COD 是指化学氧化剂氧化水中有机污染物时所需的含氧量。COD 越高，表示水中有机污染物越多。水中有机污染物主要由于生活污水或工业废水的排放、动植物腐烂分解后流入水体产生的。水体中有机物含量过高可降低水中溶解氧的含量，当水中溶解氧消耗殆尽时，水质则腐败变臭，导致水生生物缺氧，以至死亡。

三是占用沿海土地带来的影响。根据已经收集到的沿海钢铁企业用地情况，平均每产 1 万吨钢占地面积为 14 049 平方米，比我国整个钢铁行业万吨钢的平均占地面积约少 6000 平方米，但沿海已建和在建钢铁企业需要占用土地面积在 150 平方千米以上，势必也将形成一定的用海需求。

5）海水利用业对海洋环境的影响

按照海水利用方式，可划分为大生活用海水、工业冷却海水、海水淡化等对海洋环境的影响。

（1）大生活用海水对海洋环境的影响。大生活用海水排放入海主要有两种方式：一是排入城市污水处理系统，经过处理后排放入海；二是直接排放入海，其对海洋环境的影响程度因排放方式而异。大生活用海水经过处理后再排放入海，其对海洋环境的影响则同普通污水一样，甚至会略小（因其盐度较高）。但海水盐度较高，排入普通的污水生化处理系统可能会影响处理效果，甚至破坏其处理能力，因此需要对污水处理系统进行必要的技术改进，这必将增加排放成本，且只适合于小型大生活用水。如果直接排放入海，则混入海水中的各种化学物质会对海洋生态系统造成较大影响，如造成海水富营养化，影响海水的化学组成及海水性质等。

（2）工业冷却海水对海洋环境的影响。海水直流冷却技术具有（深海）取水温度低、冷却效果好和系统运行管理简单等优点；但也存在取水量大、工程一次性投资大、排污量大和温排水热污染明显等问题。海水循环冷却技术因为循环使用海水，所以与同等规模的海水直流冷却系统相比，其取水量和排污量（包括温排水热污染和药剂污染）均降低 95% 以上。海水作为工业冷却水对海洋环境的影响，主要表现在高温水的输入及部分药剂污染。

（3）海水淡化对海洋环境的影响。在 20 世纪后半叶，随着生活和工农业用水需求的增加，海水淡化为许多国家提高生活标准做出了贡献，但同时带来了一定程度的环境影响。主要包括以下三个方面。一是预处理和化学清洗中使用的化学药剂对海洋环境的影响。淡化厂排放的浓盐水含有多种在海水淡化预处理过程中使用的化学药剂、添加剂，膜清洗过程中使用的弱酸清洁剂（柠檬酸、多磷酸钠和乙二胺四乙酸等）和苛性碱，以及管道锈蚀产生的大量重金属等。这些化学物质随浓盐水一起排放到海洋中，会对海洋生态系统造成一定程度的影响和破坏，如改变一些种群的结构、组成和多样性，降低生物的繁殖率、成活率，破坏种群生物链等。二是机械作用对海洋生物的影响。机械作用对海洋生物的影响包括多种非生物因素和生物因素，其中非生物因素主要是淡化厂地点和冷却系统的设计及冷却水的环境状况和用量；生物因素主要与生物的丰度、存活状态、生态作用和再生能力有关。海水流过过滤系统和冷凝系统的过程中均会伴有海洋生物的死亡，从而对海水中生物的数量和群落产生较大的影响。三是能源消耗对海洋环境的影响。海水淡化是能量密集型产业，淡化方法中的多级闪蒸、多效蒸馏等主要使用热能，膜法的反渗透和电渗析则主要使用电能。从源头上看，这些能源主要来自石油和煤炭等化石燃料。化石燃料是储量有限的不可再生资源，且在燃烧时会向环境中释放出大量的温室气体。减少能源的消耗和对环境的影响的主要方法是寻找替代性能源，传统化石燃料的替代型能源主要有核能、太阳能、风能、地热能、海洋能及生物质能等。与化石燃料相比，它们都是清洁能源。另外，核能具有能量密度大的优点，其他几种则属于可再生能源。

6）海水养殖业对海岸环境的影响

近年来，我国的水产养殖业突飞猛进。但在取得辉煌成就的同时，由于长期以来片面追求养殖面积与产量，缺乏科学的论证和海域功能区划，形成了大面积、单品种、高密度的养殖格局，加之养殖区域排灌水设施不合理，给海域环境带来了严重的损害。另外，我国的水产养殖主要靠高施肥、高投饵来获得尽可能多的产量。但科学研究表明，投入池塘或网箱的饵料，通常有30%或更多未被鱼虾摄食，产生的残饵、残骸与鱼虾的排泄物一起沉到水底，残物在水体中分解消耗溶解氧，分解产物主要成分为氨氮，大密度的养殖使水域的自净能力变差，致使大量的病毒、细菌等致病微生物在水中滋生，水质严重恶化。污染的水体则通过水的流动导致邻近海区的污染和水体的富营养化，致使病原生物四处蔓延。

（三）陆域人类活动对海洋环境的影响

人类在陆域的社会经济活动远离海洋，似乎不会对海洋环境造成影响。但是，居民生活、农业生产、畜牧养殖和工业生产活动产生的氮、磷、重金属、新型污染物等通过流域汇集到河口，排放到近岸海域，形成流域—河口—海湾系统，是近岸海域主要的污染源。

1. 居民生活污染

生活废水来源于人们日常生活中产生的各种混合性污水，其中含无机盐类、有机物及多种致病性微生物，是造成渔业水质有机污染、生物污染和产生富营养化作用的主要来源。生活污水中产生的铁和锰等的氢氧化物悬浮物引起的浑浊度，减少了太阳辐射，使水体初级生产力下降；生活污水产生的恶臭可导致水生生物死亡，且附着臭味的水产品的食用价值也大打折扣。生活污水中有机物大量富集，会造成水体色度加深，出现富营养化，从而导致缺氧，发生鱼类浮头及死亡事故。

2. 农业污染

在农业生产过程中使用大量的农药、化肥，除部分被农作物利用吸收外，相当一部分通过大气降水、地表径流的冲刷进入海域中。大部分农药对鱼类生长都有很大影响，特别是有机氯类农药和菊酯类农药对鱼类的毒性很大。

3. 工业污染

工业废水是海域最严重的污染源，由此导致的渔业污染事故占总发案率的70%。工业废水含有大量的悬浮物、有机物和还原性物质，以及大量的有毒有害物质，对渔业水体污染是毁灭性的。据专家介绍，造纸厂废水中的硫化物，可使所有鱼类死亡；农药厂的产品和原料，都是鱼类的克星；冶金矿山废物中的重金属，会毒死一切水生动植物。

4. 畜禽养殖污染

随着经济的快速发展，人们生活水平大幅提高，对肉蛋等畜禽产品的需求不断增加，促进了我国畜牧业的迅速发展，然而快速发展的畜禽业引起了巨大的环境污染和温室气体排放。畜禽养殖污染是指畜禽养殖过程中产生的污染物，通过地表径流或地下渗漏进入水体所引起的污染，主要是总氮、总磷、COD 等传统污染物。

第二节 陆海环境统筹治理的必要性

一、陆域社会经济活动是海洋环境污染主要来源

海洋环境污染物的来源主要包括陆地污染源、空中污染源、海上污染源等，其中，陆地污染源是海洋环境污染的主要来源，80% 的海洋污染物来自陆域社会经济活动，美丽健康的海洋环境必须防治陆源污染。陆源污染的根本原因在于陆域经济社会活动，是陆上行为对海洋环境负外部性的集中呈现。累积性的陆源排污，是过度利用海洋环境容量与忽视海洋自净能力的体现，不仅损害海域使用者权益，也影响沿海地区发展。海洋是陆源污染物的接纳者，很难和陆地之间形成回馈机制或互补机制，在海岸带地区开展的各类经济活动，已经达到扰动和影响海陆生态系统的程度，且已经打破两个系统之间的平衡状态。

东部沿海地区是我国工业化、城市化、现代化水平最高的地区，同时是资源环境压力最大、相关产业争夺海陆空间矛盾最突出的地区。随着沿海城市化建设和社会经济的飞速发展，陆源排污量日趋增加，近岸海域尤其排污口邻近海域环境质量状况总体较差。近 10 年来，河流入海污染物总量整体呈波动式上升趋势，2015 年我国主要河流入海污染物总量达 1750.8×10^4 吨，比 2006 年增加了 34.9%。2017 年经排查，全国共有陆源入海污染源 9600 余个，其中入海河流 700 余条，入海排污口 7500 余个，排涝泄洪口 1300 余个；一些入海排污口设置不合理，违反相关法律和海洋功能区划要求设置于海洋保护区、重要滨海湿地、重要渔业水域等生态敏感区域；入海排污口邻近海域环境质量状况总体较差，90% 以上无法满足所在海域海洋功能区的环境保护要求。

陆域经济活动产生的废水通过排污口、地表径流、河流排入海中，其中携带大量的氨氮、总磷、石油类、重金属等污染物。海洋环境具有一定容纳和稀释入海污染物的能力，但这种自净能力有限，在周边社会经济快速发展，产生的污染物不断入海的状态下，海洋环境不足以容纳和净化这些陆域污染，就会导致海洋生态的失衡，甚至会导致严重的地区生态环境灾害。因此，在缓解和改善海洋环境时应把握“治海先治陆”的基本思路，控制好陆域社会经济活动的污染源，从源头上消减海洋环境的压力。

二、人类活动影响环境表现出明显的海向性

人类目前基本需要依托陆域开展各类社会经济活动，能在海上开展的活动十分有限。因此，人类活动对环境的影响也表现出明显的海向性，即人类在陆域的活动会对海洋环境产生影响，而在海上开展活动对陆域产生的环境影响是有限的。

人类在海上活动对海洋环境的影响通过规范海上行为就能达到目标；人类在海岸线

附近活动产生的环境影响，基本是改变海域属性造成的。基于上述分析，本节总结归纳了针对海岸环境的主要调控方案。有些方案已在海岸管理的实践中使用，有些还没得到应有的重视。海岸管理的最终目的是要实现海岸带与人类社会经济活动之间的协调。因此，从政策层面对相关的海岸环境问题进行分析，有助于这一目标的实现。

相关环境管理措施主要是针对陆域的具体活动制定的，陆域人类活动对环境影响在空间上是耦合的，也就是其环境影响分布与人类活动强度和类型紧密相关。而临海产业的环境影响及人类陆域活动对海洋环境的影响空间是错位的，即在距离海岸线数百公里以外的活动，通过流域—河口—海湾的传导过程影响到海洋环境，传导过程既有物理变化也有化学反应，责任主体不明确，产生的环境影响过程也十分复杂（表 20.1）。制定针对性较强的管理措施的难度极大。

表 20.1　海岸环境压力及可调控因子

因素	正影响因素		负影响因素		可能调控方法
	易调控	难调控	易调控	难调控	
海岸养殖排放浓度		√			制定排放标准，养殖废水处理
养殖面积	√				养殖面积目标控制
养殖亩均排放量		√			养殖类型改进，养殖技术提高
企业数		√			根据社会发展的总体规划，在宏观产业调控的前提下，进行有计划的工厂布局
资源利用率				√	进行 ISO 14000 的宣传与培训，制定相关激励政策，鼓励适应企业进行 ISO 14000 的申报
排放浓度	√				严格工厂排放标准，并加强监控
农田面积		√			严格土地规划的政策效用，对各类土地的使用进行严格管理
单位面积施肥量	√				对有机肥的使用进行有效引导，在市场上对有机食品进行鼓励
化肥效率				√	生产高效化肥，并进行示范与推广
常住人口		√			对区域人口发展规模进行控制
人均排放量	√				调整合理的水价，提供有效的节水技术
排放浓度		√			建立市、镇生活污水集中处理设施
海域船只数		√			对不同类型的船只发放不同的许可证
燃油效率				√	政府在技术上提供支持，对不同类型的船只发放不同的许可证，对相对贫困人群的有关福利政策，如船只更新补贴等
船员、乘客数	√				对船只进行人员核定
船、乘员人均排放		√			主要指固废，船上废物收集设施的更新
石油勘探、开发引起的污染				√	勘探、开采石油和其他矿藏，不得排放未经处理的油类和油类混合物等有害的污染物质

正是基于以上分析，我们判断陆源污染是陆海环境统筹治理的重点，并重点围绕流域—河口—海湾这一系统开展研究。本章的后几部分重点分析我国海洋环境政策的现状及调整取向、实施陆海环境统筹治理的环境政策协调等问题。

三、生态文明建设提出新要求

生态文明建设是中国特色社会主义事业的重要内容，关系人民福祉，关乎民族未来，事关“两个一百年”奋斗目标和中国梦的实现。海洋生态文明建设是国家生态文明建设的重要组成部分，对于推动经济持续健康发展和美丽中国建设具有重要意义。党的十八大以来，党中央、国务院高度重视生态文明建设，先后出台了一系列推动生态文明建设的重大决策部署，同时对海洋生态文明建设提出了新的更高要求。但总体上看，我国生态文明建设水平仍滞后于经济社会发展，资源约束趋紧，环境污染严重，生态系统退化，发展与人口资源环境之间的矛盾日益突出，已成为经济社会可持续发展的重大瓶颈制约。海洋是人类生存和发展的重要空间，人类的发展将越来越多地依赖海洋资源。然而由于人类无节制地开发海岸、海洋资源和无管制的经济行为，海岸和海洋的生态功能在过去的几十年里遭到了严重的破坏，对沿海地区和海洋经济的发展构成了严重威胁。

面对资源约束趋紧、环境污染严重、生态系统退化的严重趋势，必须树立尊重海洋、顺应海洋、保护海洋的生态文明理念，把海洋生态文明放在海洋强国建设的突出地位，并作为一项长期任务和系统工程。加强海洋生态文明建设已成为沿海地区贯彻落实科学发展观的当务之急，是缓解环境资源压力、保护海洋环境的战略需要，是支撑我国沿海地区经济社会可持续发展和建设现代化海洋强国的必然选择，是全面推进国家生态文明建设的重要内容。全面贯彻落实党的十八大和十九大精神，需紧紧围绕建设海洋强国和美丽海洋的总目标，坚持问题导向、需求牵引，坚持陆海统筹、区域联动，以海洋生态环境保护和资源节约利用为主线，以海洋生态文明制度体系和能力建设为重点，以重大项目和工程为抓手，将海洋生态文明建设贯穿于海洋事业发展的全过程和各方面，实行基于生态系统的海洋综合管理，推动海洋生态环境质量逐步改善、海洋资源高效利用、开发保护空间合理布局、开发方式根本转变，为建设海洋强国、打造美丽海洋，全面建成小康社会、实现中华民族伟大复兴做出更积极、更重要的贡献。

四、迫切需要研究陆海环境统筹治理

由于海洋和陆域两大系统在空间上连续分布、资源可相互替代、物质能量循环交换、产业相互联系，我国在发展海洋经济和管理海洋资源的过程中逐步认识到，割裂海洋和陆域资源的管理不符合自然规律，不控制陆域污染源近海的环境就难以保护海洋环境，分别制订海域和沿岸陆域空间规划可能形成不合理布局。陆源污染物扩散已成为近岸海域污染加剧的根本原因，港口及围填海活动等已经占用了较长的自然岸线和浅海滩涂，核电站和火电厂的温排水已经达到影响近海水温的程度等。为此，唯有从陆海统筹的角度出发，严格规范和控制沿海社会经济活动，才有可能实现陆海两个系统的生态平衡，达到改善海洋环境质量的目标。

党的十七届五中全会通过的《中华人民共和国国民经济和社会发展第十二个五年规划纲要》中明确提出“坚持陆海统筹，制定和实施海洋发展战略，提高海洋开发、控制、综合管理能力”。“陆海统筹”成为实施海洋开发、利用与保护的基础要求。我国提出陆海统筹战略，意味着国家开始从“重陆轻海”转为“陆海统筹”，明确了中国海洋经济开发的国家战略取向，为中国海洋经济发展指明了方向。党的十八大提出“提高海洋资源开发能力，发展海洋经济，保护海洋生态环境，坚决维护国家海洋权益，建设海洋强国”[①]的战略目标，在推进实现这一战略目标的伟大征程中，坚持陆海统筹是题中应有之义，也是一项不可或缺的基本原则。党的十八届五中全会提出要“拓展蓝色经济空间、坚持陆海统筹、壮大海洋经济”，会议进一步强调了陆海统筹、发展海洋经济将是中国“十三五”时期建设海洋强国的重要支撑。

如果不对陆域的社会经济活动进行管理调控，仅仅是管理排污口及海上污染活动，很难遏制海洋环境持续恶化的趋势，因此迫切需要逐步建立以海定陆的污染管理的“倒逼机制”。在污染物入海总量控制前提下，设定各污染物最高允许排放量，通过流域指标分配，逐级分解落实到各行政区，行政区根据自身社会经济发展实际，制定各行业或部门的污染物排放消减计划，并以此为基础，尝试建立 COD 和氨氮排污权交易制度，实现以环境的客观容量为基准限定污染物的排放量。采取调整工业结构、改善农业生产方式、强化城市生活污水处理等措施，切实减轻陆源污染对海洋环境的压力。为此，海洋、环境保护、发展改革、工业信息化、农业、水利、城乡建设等相关部门要充分协调，整体规划，从准入政策、发展规模、排放标准等方面制定系统的海洋环境保护政策，以陆海统筹的思路来改善和优化海洋环境。根据国务院机构改革要求，海洋环境保护职责划入生态环境部。

第三节　陆海环境统筹的关键难题

一、主要海洋环境因子的识别

本篇研究对象选择的依据是“以海定陆”。社会经济活动引起环境污染的类型多样，污染物众多，鉴于研究的最终目的是保护海洋环境，在选择要研究的污染物类型上也主要考虑海洋污染物，因此并未考虑固体废弃物污染和废气污染。众多社会经济与环境变化的研究，大多选择废水、废气、废渣作为污染研究要素，或从宏观上研究“三废”与经济增长的关系，或从微观上分析点源或面源污染的产生过程机理，对于海洋环境保护而言针对性不强，本篇研究选择海洋主要环境污染要素为研究对象，结合陆域社会经济活动研究经济发展与污染排放压力间的关系，对于研究海洋环境变化针对性强。本篇主要以 COD、氨氮、总氮、总磷和重金属为环境污染要素进行研究。

COD：化学需氧量，又称化学耗氧量，是反映水体中有机质污染程度的综合指标，其值越小，说明水质污染程度越轻，含量过高会导致水生生物缺氧以至死亡，使水质腐败变臭。

氨氮：是水体中的营养素，也是主要耗氧污染物，可导致水体富营养化，致使水质

①《坚定不移沿着中国特色社会主义道路前进 为全面建成小康社会而奋斗——在中国共产党第十八次全国代表大会上的报告（2012 年 11 月 18 日）》,《人民日报》2012 年 11 月 18 日，第 1 版。

恶化，破坏水体生态平衡，对鱼类及某些水生生物有害。

总氮：指的是水中有机氮、氨氮等各种形态氮的总和。总氮量的增加，主要导致微生物和藻类等水生生物大量繁殖，造成水体富营养化。

总磷：指的是水样经消解后将各种形态的磷转变成正磷酸盐后测定的结果，以每升水样含磷毫克数计量。水中磷可以元素磷、正磷酸盐、缩合磷酸盐、焦磷酸盐、偏磷酸盐和有机团结合的磷酸盐等形式存在。其主要来源为生活污水、化肥、有机磷农药及洗涤剂所用的磷酸盐增洁剂等。水中的磷是藻类生长需要的一种关键元素，过量磷是造成水体污秽异臭，使湖泊发生富营养化和海湾出现赤潮的主要原因。

重金属污染：指由重金属或其化合物造成的环境污染。重金属不能被生物降解，且具有生物累积性，很难在环境中降解，可直接威胁高等生物包括人类，对土壤的污染具有不可逆转性。

二、海陆影响的空间错位

陆源污染源与海洋污染在空间上错位分布，难以确定污染与源头之间的对应关系，增加了研究难度，本篇依据陆域水系自然特征将陆域划分为若干流域和汇水单元，同时，依据海洋污染状况和水动力情况将海域污染进行分区，并通过陆域污染入口将两类分区进行耦合链接，组成若干陆海统筹管理单元，实现陆源污染源与海域污染区的空间耦合，将自然分区、行政分区与管理分区有机结合，为污染治理提供了污染源识别、污染量估算等重要参考，为陆海环境统筹提供了可操作的研究思路与技术手段，在理论和研究方法方面有所突破。

（一）社会经济活动与海洋环境要素的空间耦合

基于地理信息系统技术和关联分析方法，利用近岸海域环境监测和抽样调查资料、社会经济统计和实地调研资料，在行业层次上研究陆域社会经济活动与海洋环境的空间耦合关系，建立空间关联模型分析社会经济要素的空间分布与海洋环境质量空间差异的联系。

海域总体层面的空间耦合研究。以渤海三大湾为例，分析三大湾海洋环境现状，对比三者间在海洋污染类型、污染面积、污染分布等方面的差异，分析每个海湾的海洋环境污染特征。从经济发展总量、城市化水平、人口增长、经济结构、距海远近等宏观层面上分析三个海湾沿海区域的社会经济发展特点。利用地理信息系统等空间分析技术和因子分析模型、关联模型等相关分析方法，研究不同的社会经济发展水平、结构、布局与海洋环境污染类型、面积、空间分布之间的联系。

海域环境要素空间耦合分析。研究海洋环境各要素污染空间分布与社会经济活动的空间耦合关系。例如，海域重金属密集区的位置、范围、强度等与哪些社会经济活动相关，这些社会经济活动的类型、范围、强度及布局的具体情况如何？该部分内容重点关注产业层面上社会经济活动与海洋环境各污染类型区之间的关联，是研究调控政策的重要支撑。以海洋环境监测各个站点数据为基础，通过插值将各环境要素的点状数据面状化，利用地理信息系统分析平台划分环境要素梯度，计算各梯度中的分布总量；在海域耦合单元划分基础上，利用数字高程模型（digital elevation model，DEM）数据并结合流域范围确定对应的陆域影响范围，整理陆域范围的社会经济统计资料并对其进行空间化；通过灰色关联分析、因果分析、地理信息系统空间分析等方法，重点研究该区域社会经济发展产业层面的特征（类型、结构、规模、距海远近等）与海洋环境污染分布区的相互联系。

（二）社会经济活动与海洋环境要素的时间耦合

海洋环境质量状况是社会经济活动影响长期积累的结果，某一年的陆域社会经济活动影响与海洋环境现状的空间耦合研究不能完全解释两者间的空间联系。利用地理信息系统和关联模型分析若干时段沿海社会经济活动与海洋环境的时空耦合关系，研究社会经济活动影响海洋环境压力机制的动态变化和累积效应，为海洋环境承载力监测和产业结构调控等提供技术支撑，也为建立海洋环境管理的海陆统筹机制提供依据。

时间累积效应耦合分析。本篇研究以 1990 年为海洋环境变化的起点，根据不同的污染物“生命周期”选择不同的时间跨度作为累积单元（如 COD 可选择 3 年为一个单位跨度，而重金属可选择 10 年或更长时间为一个时间跨度），逐年叠加，研究社会经济活动的累积对海洋环境变化产生的时间累积效应。

边际累积效应耦合分析。边际累积效应研究的是一定时期内社会经济的变动与海洋环境变化两者间的关系，即两个变动间的联系，反映的是海洋环境对社会经济影响的敏感度。通过该研究可得出在一定的时期内，社会经济每变动一个单位，相应的海洋环境将会变动多少幅度。该研究结论对制定针对性的调控建议具有很大的参考价值。

（三）耦合模型构建、验证及过程反演

以时空协整模型为总体模型框架，整合吸收空间和时间耦合研究的成果，将空间与时间耦合模型系统融合，构建社会经济发展影响海洋环境变化的系统模型，并以地理信息系统为平台对海洋环境变化进行模拟反演。

三、陆域影响海洋的识别途径

陆域社会经济活动都或多或少地影响着海洋环境，甄别具有代表性的经济活动，选择切实可以反映主要影响海洋环境的经济活动，对其他相关但相关性不强的经济活动进行必要的剔除。陆域社会经济活动类型十分复杂，需要根据社会经济统计年鉴进行规范的分类，包括人口和城镇等社会统计指标、种植业和牧业等农业统计指标、工业行业分类统计指标。按照一定的原则（如产业规模、行业在全国占的比重等），在众多统计指标中，初步判定可能对海洋环境产生较大影响的社会经济活动统计指标。

农业生产活动中对环境产生的影响主要体现为农田径流（化肥、农药流失）、水土流失、农村生活污水及垃圾、畜禽养殖等造成的农业面源污染。农业面源污染物的产生与降水过程关系密切，农田中的氮、磷、农药及其他有机或无机污染物质，通过降水时产生的农田地表径流、地下渗漏进入江河湖海。分散堆放的农村生活垃圾、畜禽粪便中

含氮、磷物质经径流汇入水体，引起水质污染。沿海地区工业发展水平较高，工业基础雄厚，原油石化、采矿冶炼、装备制造、食品加工等工业门类齐全。工业生产的同时会产生各种工业废水，有些经处理后排放，有些直接排放，这些废水的排放对海洋环境造成一定的影响。工业规模越大、生产水平越低，废水排放越多，不同的工业结构也决定了不同的废水种类和排放量。因此，从工业总体规模、工业结构、影响海洋环境的重点行业等方面入手，分析沿海地区工业发展对海洋环境造成的总体压力。城镇化的发展直接从两个方面影响陆域的生态环境，进而对海域环境形成压力。一是随着城镇化的发展，流域建成区面积急剧扩张，城市地表径流污染量也逐渐增加，城镇化将成为加剧海洋环境压力的重要因素，尤其是大量的填海造地，对海域环境造成极大威胁，陆域的建设和开发或多或少、直接或间接都会对海洋环境产生影响，可以说每增加一平方千米的建成区，海洋环境压力就增大一分。二是城镇人口的大量集聚，造成大量生活污水的排放，直接污染海域环境。城镇居民生活废水经管道排放，容易排入河道，入河系数高，污水处理规模和程度较低，导致城镇居民生活产生的废水入河量较大。

在全面收集、分析国内外关于社会经济活动污染物特征研究成果的基础上，通过对重点社会经济活动排放污染物的取样化验，研究各主要社会经济活动的排污方式、污染物类型，确定其污染物特征。依据社会经济活动污染物特征分析的结论，参照“行业排污手册”等相关行业污染物排放标准，针对每个经过筛选的典型海洋环境污染监测要素，提取主要社会经济活动排放相关污染物系数，通过对不同产业部门产污、排污能力及污染物排海量的分析，运用产业关联分析等方法，甄选产生海洋环境监测要素污染物的主要社会经济活动，建立海洋污染物和社会经济活动的关联。以系统理论为指导，运用数量经济学、环境科学、区域经济学等理论方法，应用层次分析法、主成分分析法、产业关联分析法等数量分析方法，建立影响海洋环境的社会经济活动评价指标体系。

第四节 研究现状

1996 年《中国海洋 21 世纪议程》提出要根据海陆一体化的战略，统筹沿海陆地区域和海洋区域的国土开发规划，坚持区域经济协调发展的方针，逐步形成不同类型的海岸带国土开发区，奠定了陆海统筹的基本理念。陆海统筹（或海陆统筹）相关理论是我国首先提出的，陆海环境统筹是实施陆海统筹的重点领域之一，国外的相对应的研究还比较鲜见。

相较之下，国外相关研究主要集中在海洋与海岸带管理和陆源污染控制两方面。Hanssan 对美国 TMDL（total maximum daily load，最大日负荷总量）计划的实施背景做了介绍，指出美国于 1972 年颁布实施了《清洁水法》，对污染水体污染物排放进行控制。Cicin-Sain 等（2005）等从理论和实践两方面研究了整合海洋与海岸带的自然保护区管理实践。Panayotou（2009）则认为，海岸带综合管理应该对生态环境的变化做出更为积极的应对。

我国在20世纪80年代经济管理研究中开始有论述海洋环境保护的文献出现，在1990～2000年数量较少，在进入21世纪后相关研究逐步得到丰富，这也是与我国海洋经济的发展水平和阶段紧密相关的。研究的地域性特征较为明显，省级层次的研究集中于浙江省、辽宁省、福建省、山东省，区域层次的研究集中于环渤海地区、长江三角洲地区、珠江三角洲地区。随着我国海洋经济的不断发展，以及人们对环境问题的逐步重视，海洋环境的统筹管理研究的具体内容也逐步得到完善和深化，主要包括以下方面。

一、海洋环境污染

（一）环境污染研究

近些年，针对流域环境污染方面研究内容涉及鄱阳湖流域、太湖流域、巢湖流域、松花江流域和辽河流域。鄱阳湖、太湖、洞庭湖和巢湖流域由于环境水体污染较为严重，环境与经济的矛盾较突出，文献相对丰富。吴锋等（2012）用可计算的一般均衡模型、多区域均衡分析模型及环境库兹涅茨曲线（environmental Kuznets curve，EKC）模型对鄱阳湖流域的氮磷排放与经济增长关系进行了研究；俞映倞等（2013）对太湖流域不同氮肥管理模式下的氮素平衡特征及环境效应进行了分析；乔俊等（2011）对太湖流域不同轮作制度下的氮肥减量进行了研究；夏立忠等（2003）对太湖流域的非点源污染负荷估算、畜禽养殖非点源污染控制等进行研究；向平安等（2005）对洞庭湖的氮面源污染控制对策进行了研究；李如忠（2001）对巢湖流域的氮磷污染、水体富营养化及生态环境整理对策进行了探讨；马广文等（2011）对松花江流域的非点源氮磷负荷及其差异特征、非点源污染负荷估算与评价、农业面源污染特征等进行了研究；苏丹等（2010a，2010b）分析了辽宁省辽河流域工业废水污染物排放的变化趋势，并讨论了重点污染物排放的时空变化规律，分析了辽河流域COD和氨氮排放的重污染行业及单元分布，指出了各单元控制的重点；赵卫等（2008）估算了辽宁省辽河流域的水环境承载力，指出通过排污结构和用水结构的优化，水环境承载力各指标均有增加，水环境系统逐渐实现对粮食产量和GDP的可承载，但对人口总量的承载却始终处于超载状态。关于流域环境污染的研究文献的分析可知：①在研究流域污染时集中关注于水体污染的现状，也多是在流域水环境污染与经济增长发生矛盾下引起的关注，对流域未来污染的估测较为缺乏，对污染风险压力的认识略显不足；②研究污染负荷时通常考虑流域部分区段，或者关注个别社会经济活动污染特征，未能将各类社会经济活动与整个流域的污染压力结合起来；③数据处理上没有考虑流域内社会经济分布与污染产生的空间关系，分析污染负荷的精度有待提高。

（二）主要污染物的研究

现有关于污染物的文献通常将COD和氨氮污染物作为研究重点，这是由于COD和氨氮污染物都是水体中普遍存在的污染物，并且在产生源头上具有相似性，部分学者也将其同时讨论。朱梅等（2010）对海河流域农业生产和生活的COD污染进行了系统研究；赵宪伟等（2009）研究了河北COD排放趋势和减排措施，发现河北COD排放空间分布格局同当地的产业结构和经济发展水平关系密切，采用回归分析法针对河北COD排放进行了预测并提出减排的措施；夏立忠和杨林章（2003）对太湖流域的非点源污染负荷估算及污染控制等进行了研究；盛学良等（2002）根据太湖流域同类型污水中总氮、总磷的浓度和当前废水治理技术及接纳水体的环境质量等分析，确定了太湖流域三级保护区内各类排污单位总氮、总磷允许排放浓度；俞映倞等（2011）在太湖主要入湖河流直湖港下游开展了五种氮肥管理模式的田间小区试验，实测了稻季的径流和淋洗氮损失，研究了不同氮肥管理模式下的稻田氮素平衡特征和环境效应；乔俊等（2011）通过设置不同轮作制度及施氮量，研究其对稻季的田面水氮素含量、氮素径流损失、产量及土壤养分的影响。关于辽河流域COD和氨氮污染的研究也多集中在辽河水体中COD等污染物含量变化特征方面，常原飞等（2002）研究发现辽河流域污染的主要因子是COD、氨氮、石油和生化需氧量，而氨氮和COD占90%以上，说明水质污染属于有机好氧型污染，河流COD污染严重，五类水质超标率最高达100%以上；张峥等（2011）研究发现2001年后辽河径流变小，工业废水和生活污水污染的特征凸现出来，而2008年实施造纸厂综合整治后，支流COD污染明显减轻，辽河干流水质有所改善；齐青青等（2011）针对污染物估算了辽河流域水环境容量，并提出典型河流沿岸排污口的来源排污特征；苏丹等（2010a，2010b）分析了辽宁辽河流域工业废水污染物排放的变化趋势及氨氮等重点污染物排放的时空变化规律，指出了各单元控制的重点；马溪平等（2011）对辽河流域主要干流水质进行评价，并结合多元统计分析方法对辽河流域主要干流水体中主要污染物进行源解析，表明城市生活污水和工业废水是耗氧有机物污染物的主要来源。对有关COD和氨氮污染研究文献的分析可知，①比较多的文献侧重对水体污染状况、污染物构成特征及时空变化规律的研究；②对主要污染物产生的社会经济原因给予了肯定，但是分析内容局限于特定区域的具体经济活动，缺乏各类社会经济活动在污染来源机制方面的系统性分析；③在数据处理上同样很少考虑流域内社会经济分布与污染产生的空间关系。

二、陆海环境统筹治理

国内陆海环境统筹相关研究主要包括以下三方面。

（一）陆海环境统筹的内涵及战略思路研究

杨凤华（2013）指出，以循环经济作为海洋资源开发、利用和保护的指导模式，是陆海统筹战略下海洋经济可持续发展的必然选择和趋势；认为构建由陆地循环经济、海洋循环经济、海陆循环经济组成的海陆循环经济体系，是实现海洋经济可持续发展的重要保障。鲍捷等（2011）从地理学的特性出发，提出我国海陆统筹战略的对策分析框架，认为海陆统筹的核心内容是海陆区域复杂系统的协调，海陆生态环境子系统的统筹是其过程中的重要组成部分，且从目前的生态环境状况来看，海陆统筹是实现区域生态环境可持续发展的必然选择。杨荫凯（2014）将陆海环境统筹管理作为陆海统筹战略的重要组成部分，探讨陆海统筹的基本内涵与特征，说明了坚持陆海统筹的必要性，并针对重点领域提出政策建议，认为随着我国社会经济要素向沿海地区进一步集中，迫切需要进行海陆环境的统筹管理，严格实行陆源污染物的总量控制和源头治理。曹忠祥等（2015）对陆海统筹的战略内涵做出了阐释，认为生态环境保护领域的统筹应该是陆海关系协调的重点任务，并对包括陆海环境统筹在内的我国陆海统筹发展难点问题进行了深入剖析，进而提出了未来我国陆海统筹发展的战略思路和相关对策建议。

（二）管控陆源污染治理海洋污染的相关研究

1995 年 108 个政府和欧洲委员会签署了《保护海洋环境免受陆基活动影响的全球行动纲领》，该行动纲领旨在引领各国和地区机构采取持久的行动防止、减少及消除陆基活动导致的海洋退化。国内学者逐步关注陆源污染的研究，内容主要涵盖以下方面。

（1）陆源污染管理研究。戈华清和蓝楠（2014）重点探讨了我国海洋陆源污染的产生原因，认为根本原因在于陆域经济社会活动，海洋污染是陆上行为对海洋环境负外部性的集中呈现；剖析了我国陆源污染防治的三种模式的特点与问题，并提出相应的对策建议。

（2）陆源污染总量控制研究。丁东生（2012）通过建立三维空间数值模型计算渤海海域 COD、氮和磷污染物环境容量，在此基础上应用多目标非线性回归法对渤海排污管理带陆源污染物分配容量进行计算，最后研究了环渤海排污管理带陆源污染物排放总量控制率定量化分级管理。赵骞等（2013）以总量控制的概念为出发点，从立法与政策、方法与技术、总量控制下的排污权交易制度三个方面对国内外入海污染物总量控制的相关研究进行了归纳总结，同时分析了我国现阶段实施入海污染物总量控制制度存在的问题，最后针对这些问题提出了完善我国入海污染物总量控制制度的建议。杨潇和曹英志（2013）探讨了我国陆源污染物总量控制实践对海域总量控制制度建设的启示，主要比较了“九五”至“十二五”时期我国陆源污染物总量控制制度目标及其完成情况，总结了总量控制制度发展至今形成的具有中国特色的管理体系和技术体系，并据此对即将开展的海域污染物总量控制制度建设提出了建议。王金坑等（2010）根据我国入海污染物总量控制标准研究现状，借鉴环境标准体系的构成，提出了我国入海污染物总量控制标准体系的基本框架，以及入海污染物总量控制标准体系制定的原则和重点。

（3）陆源污染治理政策研究。陈平等（2012）以排污治理工程投资政策为例，对中国近岸海域环境保护的陆源污染防治政策进行了研究，利用实物期权理论和随机动态优化技术，建立了不确定条件下海洋环境政策时机选择的理论模型，并进行数值模拟求解，对排污治理工程的最优建设规模和投入使用时机进行了分析。张继平等（2013）通过对中国和澳大利亚在海洋环境陆源污染治理政策执行主体、执行手段和执行监督方面的对比分析，得出澳大利亚政策执行主体更为多元、政策执行手段更为综合、政策执行监督更为高效的结论，这为两国陆源污染的有效治理奠定了基础。

（三）陆海环境统筹的管理分区研究

盖美（2003）针对近岸海域水环境污染，进一步探讨了中国近岸海域污染的现状、污染的机理、海陆一体化的作用，在对影响近岸海域水环境因素分析的基础上，运用系统动力学模型与水质模型的集成方法进行水环境调控；提出了海陆一体化调控的指标，采用多层次多目标系统多维模糊决策理论模型对中国近岸海域污染海陆一体化分区调控进行了探讨。王辉等（2013）以环渤海三省两市为空间范围，以氮污染要素为研究对象，从渤海氮污染形成的自然过程出发，通过陆海统筹管理分区研究寻求解决渤海环境问题的途径，以流域分区为基础，分析了陆域总氮及其产生相关的主要经济指标的空间分布特征，应用基于流场的空间插值方法，进行海域污染响应分区研究。

第五节 经济与环境关系相关基础理论

一、环境—经济系统协调发展理论

环境—经济系统协调发展理论要求经济系统发展的同时要维持环境系统的良好运行，即发展经济不能追求单一的增长目标而违背环境系统的生态运行机制，使环境污染超出系统的自我恢复能力。

经济系统与环境系统并非完全独立不相关的两个子系统，但两个系统又存在各自的构成、属性、特征和运行机理。经济系统与环境系统是相互促进、相互制约的关系。一方面，环境系统是经济系统存在和发展的自然物质基础，环境为经济提供生存和发展的资源、空间，为经济系统的上升注入有利的发展要素；而以人类为核心的经济系统通过环境功能完善、自然灾害风险防范与创伤修复等干预对环境系统产生积极的影响。另一方面，环境系统对经济系统具有一定的约束和限制作用，通过资源和环境条件的供给限制经济系统的发展，给经济系统的向上运行带来压力；同时经济系统对环境系统也会产生不利的影响，如掠夺性的资源开发、经济生产和人类生活废弃物的排放，这些可以统称为对环境的污染，都会对环境系统的生态功能和运行状态产生不良影响，若其影响超过环境的自然承载能力，则会反过来引发环境对经济的负效应和不利输出，形成恶性循环。经济系统与环境系统之间的相互促进和制约能力共同构成了环境—经济系统支撑机制，而人类活动作为这一系统中的“行为主体”，其行为的合理与否直接影响着整个系统的运行是否协调。我国在工业化中期阶段，经济增长很大程度上是以资源的高消耗及对环境系统的高输入为代价的，这不仅会加重资源衰竭和环境污染，也会使得社会生产、生活与资源、环境之间的矛盾越来越尖锐。因此，我们要高度清醒地认识区域经济系统与环境系统之间协调发展的重要性和艰巨性，切实贯彻落实以转变经济增长方式为主线的经济发展战略，既能保证好经济的高效增长、合理发展，又能与环境系统友好相处、相互促进，最终形成环境—经济系统的协调发展。因此环境—经济协调发展理论是研究社会经济活动对环境的压力机制及二者之间关系的理论基础。

二、环境库兹涅茨曲线假说理论

环境库兹涅茨曲线假说理论是指环境系统与经济系统间的关系从不协调到协调的过程，即认为在经济发展过程中，随着经济发展水平的逐步提高，由于对资源、环境的应用开发日益增多，逐渐产生环境污染问题，而随着经济水平进一步提高，环境污染逐渐降低，环境质量逐渐提高。环境经济学者对欧美发达国家的大量经济环境数据进行分析后得出结论，若以人均 GDP 表示的地区经济发展水平作为横坐标轴，以某种环境污染物的产生水平作为纵坐标轴，则曲线关系呈现倒“U”形状，由于该曲线形状与经济学家库兹涅茨在研究人均收入差异问题所用的倒“U”形曲线非常相似，因此后来就称其为环境库兹涅茨曲线（图 20.3）。这标志着环境库兹涅茨曲线假说理论的诞生。环境库兹涅茨曲线假说理论认为，环境库兹涅茨曲线存在，即随着经济系统能值的上升，与之对应的环境系统会出现一个先恶化、后改善的过程，而经济与环境之间的关系则呈现出从不协调到协调的变化。具体来说，环境库兹涅茨曲线假说理论认为：在经济发展水平较低时，社会生产和生活的规模较小，对环境的污染也较轻，但随着经济进入快速发展阶段，工业化开始出现，重污染工业迅猛发展，对资源开始过度开发和利用，人口规模也逐渐增多，经济系统对环境输出的负效应逐渐增多，环境污染日益严重；在经济发展的成熟阶段，社会生产开始从粗放式向集约式转变，经济结构逐渐优化，重污染产业被调整或转移，经济的积累也开始可以为环境的治理提供资金的支持，人类环保意识开始增强，环境污染开始减少，环境质量开始改善，经济也逐渐进入高水平阶段，与环境逐渐协调。因此，依据环境库兹涅茨曲线假说理论，社会经济的发展模式是遵循“先污染，后治理”的发展模式。从辽宁的经济与环境发展来看，环境污染问题已经出现，已初见“先污染、后治理”模式的雏形，不论是不是沿着环境库兹涅茨曲线假说理论所述的倒“U”形发展，环境库兹涅茨曲线假说理论都可以为研究辽宁环境—经济关系提供参考。

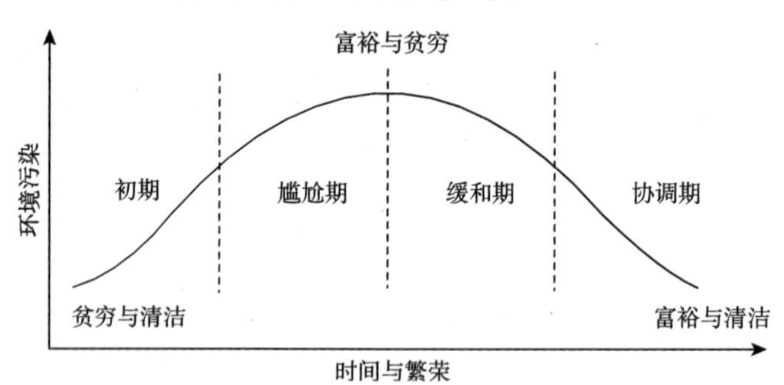

图 20.3　倒“U”形环境库兹涅茨曲线

三、外部性理论

外部性理论是环境经济学建立和发展的理论基础。“外部性”这一概念源于马歇尔 1890 年发表的《经济学原理》所提出的“外部经济”概念，他的学生庇古在 1920 年出版的《福利经济学》中首次从福利经济学的角度系统地分析外部性问题，用外部性理论来解释环境污染。外部性的实质在于，这种外部影响只能由非价格机制传递而不能通过市场价格进行买卖。环境问题的产生与外部性紧密相关：经济主体从事正外部性的经济活动而不能获得相应的利益补偿，积极性受挫；从事负外部性的经济活动不必为此付出相应的代价，社会承担损失导致外部负效应迅速扩展，环境污染不断加剧，生态环境遭到破坏。环境资源的外部性不能内化，是造成环境污染和生态破坏的重要原因。

四、产权理论

1960 年科斯在《社会成本问题》中提出了产权理论。产权理论认为，产权不明晰是外部性产生的一个典型来源。与庇古为代表的福利经济学家所持观点不同，科斯等学者认为，外部性问题的根源不是市场机制本身的缺陷所引起，而是由于对公共物品缺乏清晰的产权定界，市场交易机制对资源的配置丧失了有效性。在产权明晰的前提下市场机制才能够发挥正常作用，且产权必须具备排他性和可转让性。但由于环境本身具有不可分割的特性，无法界定其产权或界定成本很高，导致无法明晰产权，结果必然是人们为了追求个人利益的最大化而无节制地争夺有限的环境资源，从而导致环境质量日益恶化。环境产权在对资源的合理配置中主要解决两个问题：一是如何消除利用环境资源过程中的外部性；二是如何对环境资源进行合理定价。

五、环境公平理论

作为环境问题研究的一个重要方面，环境公平问题受到的关注日益提高。不同于其他形式的社会经济财富，生态环境资源先天具有非排他性和非竞争性，导致配置这种生态环境资源的政策和市场都很不完善。很多学者认为，环境公平也是判别环境质量优劣的重要标准之一。研究者普遍认为，环境公平包含代际公平和代内公平。在代际公平的研究上，Page 最早提出代际公平的概念，指出代际公平问题就是当前决策的后果如何在后代人之间进行公平分配的问题（Page and Trout，1998）。代内公平要求资源和环境在代内进行公平分配，并对不同发展空间上的分配进行了强调，即任何地区和国家的自身发展不能以损害其他地区和国家的发展为代价，如不能通过污染出口转移有害影响，对发展中国家的利益和需要应给予特别关注，整体和长远的利益应当高于局部和暂时的利益。

第二十一章 陆海环境统筹治理政策基础

第一节 海洋生态环境政策

20 世纪 80 年代以来，我国沿海地区社会经济活动强度不断加大，海洋环境问题越来越突出。海洋生态系统提供的产品及服务并非都能以货币形式衡量，仅依靠市场难以实现资源最优配置，结果导致海洋环境资源作为公共物品被过度使用。在此情况下，政府不断出台海洋环境政策法规是必然趋势。

一、中国环境保护法律体系不断完善

为应对快速工业化带来的复杂环境问题，中国加快了环境保护法律体系的建设，截止到 2017 年，中国环境法体系包括现行有效法律 26 部、行政法规 50 余部；地方性法规、部门规章和政府规章 660 余项，国家标准 800 多项。黄锡生和史玉成（2014）认为在中国特色社会主义法律体系中，环境法律占全部法律的 10% 左右；环境行政法规占全部行政法规的 7% 左右。环境法律体系已经成为中国特色社会主义法律体系中一个门类相对齐全、结构较为完整的法律部门。环境法律体系的完善，使得中国的环境与资源保护领域基本上实现了有法可依，为促进国家环境管理的法治化、保障公众合法环境权益、为协调环境保护与经济社会发展、促进生态文明建设发挥了不可替代的作用。我国的环境保护法规主要包括三个方面的内容。一是综合性法律法规，包括《中华人民共和国宪法》《中华人民共和国环境保护法》《中华人民共和国侵权责任法》《中华人民共和国物权法》《中华人民共和国行政许可法》等；二是环境污染法律法规，包括水污染防治、大气污染防治、海洋污染防治、固体废物管理、噪声污染防治、化学物质、农药、电辐射污染防治、环境影响评价与建设项目环境保护等方面；三是自然资源与生态保护，包括土地资源、海域使用、海岛保护、水资源、森林、草原、渔业、矿产资源、野生动物保护、水土保持、防沙治沙、清洁生产、循环经济促进、节约能源、可再生能源等方面法律法规。

除国家层面的法律、法规和规章之外，各地还结合实际制定了地方性环境法规和规章，其中既有综合性环境立法，也有专门和单行的环境立法。这些地方立法既弥补了国家立法之不足，又通过地方的实践和试点，推动了国家层面环境立法的整体创新。

二、海洋生态环境法规日益健全

1983 年实施《中华人民共和国海洋环境保护法》以来，中国政府出台实施了一系列海洋生态环境保护的法律法规。目前为止，已经基本形成了以宪法为根本依据，以《中华人民共和国环境保护法》为基础，以《中华人民共和国海洋环境保护法》《中华人民共和国渔业法》《中华人民共和国海域使用管理法》《中华人民共和国海岛保护法》《中华人民共和国野生动物保护法》等专门法作为主体的海洋生态环境保护法律保障体系。中国海洋生态环境保护相关的主要法律、法规及标准见表 21.1。

表 21.1　中国海洋生态环境保护相关的主要法律、法规及标准

项目	具体分项
国家法律	《中华人民共和国环境保护法》 《中华人民共和国海洋环境保护法》 《中华人民共和国环境影响评价法》 《中华人民共和国固体废物污染环境防治法》 《中华人民共和国水污染防治法（2008 修订）》 《中华人民共和国清洁生产促进法》 《中华人民共和国安全生产法》 《中华人民共和国水法》 《中华人民共和国防沙治沙法》 《中华人民共和国海域使用管理法》 《中华人民共和国专属经济区和大陆架法》 《中华人民共和国防洪法》 《中华人民共和国水土保持法》 《中华人民共和国野生动物保护法》 《中华人民共和国渔业法》 《中华人民共和国土地管理法》 《中华人民共和国矿产资源法》
国家法规	《防治海洋工程建设项目污染损害海洋环境管理条例》 《中华人民共和国水污染防治法实施细则》 《淮河流域水污染防治暂行条例》 《中华人民共和国自然保护区条例》 《中华人民共和国水生野生动物保护实施条例》 《中华人民共和国防治陆源污染物污染损害海洋环境管理条例》 《中华人民共和国防治海岸工程建设项目污染损害海洋环境管理条例》 《中华人民共和国防止拆船污染环境管理条例》 《中华人民共和国渔业法实施细则》 《中华人民共和国海洋倾废管理条例》 《中华人民共和国海洋石油勘探开发环境保护管理条例》 《中华人民共和国防止船舶污染海域管理条例》 《中华人民共和国防治船舶污染内河水域环境管理规定》

续表

项目	具体分项
环境标准	《地表水环境质量标准》 《海洋沉积物质量标准》 《海洋生物质量标准》 《海水水质标准》 《渔业水质标准》 《污水综合排放标准》 《城镇污水处理厂污染物排放标准》 《污水海洋处置工程污染控制标准》 《畜禽养殖业污染物排放标准》 《畜禽养殖业污染防治技术规范》 《海洋石油开发工业含油污水排放标准》 《船舶污染物排放标准》 《港口溢油应急设备配备要求》 《船舶油污染事故等级标准》 《溢油分散剂技术条件》 《溢油分散剂使用准则》 《自然保护区类型与级别划分原则》 《海洋自然保护区管理技术规范》 《自然保护区管护基础设施建设技术规范》 《海洋功能区划技术导则》 《海洋工程环境影响评价技术导则》 《海洋沉积物中放射性核素的测定 γ 能谱法》

三、海洋生态环境政策取向

20 世纪 80 年代以来，海洋生态环境保护政策导向在不断调整，在对待海洋资源利用与海洋生态环境保护这对矛盾上，先后经历了在海洋开发中保护——海洋开发与保护并重——海洋生态文明建设等三个阶段，总体趋势是海洋生态环境保护砝码不断加大。

（一）海洋可持续发展理念不断深化

1992 年联合国环境与发展大会后，我国政府率先组织制定了《中国 21 世纪议程——中国 21 世纪人口、环境与发展白皮书》（以下简称《中国 21 世纪议程》），明确 21 世纪初我国实施可持续发展战略的目标、基本原则、重点领域及保障措施，开始了我国可持续发展的进程。为了在海洋领域更好地贯彻《中国 21 世纪议程》精神，1996 年 4 月我国制定了《中国海洋 21 世纪议程》，是海洋可持续开发利用的政策指南。2003 年 1 月 14 日《国务院关于印发中国 21 世纪初可持续发展行动纲要的通知》，从三个方面对海洋生态环境问题提出明确要求。一是“资源优化配置、合理利用与保护”中针对海洋资源的可持续利用提到：“制定合理利用和保护海洋的发展规划；严格执行海洋功能区划，强化海域使用管理，加强海域使用审批，全面推行海域有偿使用制度；加强海洋监测、执法管理系统建设；开展全国性海洋生态环境调查与研究；大力发展海洋高新技术，积极开发利用深海和大洋资源。”二是“生态保护和建设”中，针对建立自然保护区提到：“加强现有森林生态系统、珍稀野生动物、荒漠生态系统、内陆湿地和水域生态系统等类型自然保护区建设，强化现有草原与草甸生态系统、海洋和海岸生态系统、野生植物、地质遗迹、古生物遗迹等类型自然保护区的建设。”三是“环境保护和污染防治”中，针对海洋污染防治提到："完善全国海洋环境监测网络，强化海洋污染及生态环境监测；逐步减少陆源污染物向海排放和各种海洋生产、开发活动对海洋造成的污染，实施污染物入海总量控制制度；开展重点海域的环境综合整治，加大海岸带生态环境保护与建设力度。"

（二）海洋生态文明建设任务繁重

2013年11月12日中国共产党第十八届中央委员会第三次全体会议通过《中共中央关于全面深化改革若干重大问题的决定》在"加快生态文明制度建设"指出："划定生态保护红线。坚定不移实施主体功能区制度，建立国土空间开发保护制度，严格按照主体功能区定位推动发展，建立国家公园体制。建立资源环境承载能力监测预警机制，对水土资源、环境容量和海洋资源超载区域实行限制性措施。对限制开发区域和生态脆弱的国家扶贫开发工作重点县取消地区生产总值考核。"

2015年4月25日，《中共中央 国务院关于加快推进生态文明建设的意见》，从加强海洋资源科学开发和生态环境保护、发展绿色产业、加强资源节约、保护和修复自然生态系统、全面推进污染防治、积极应对气候变化、严守资源环境生态红线、加强统计监测、提高全民生态文明意识多方面对海洋生态文明建设提出指导性意见。在"主要目标"中指出，"国土空间开发格局进一步优化。经济、人口布局向均衡方向发展，陆海空间开发强度、城市空间规模得到有效控制，城乡结构和空间布局明显优化。""生态环境质量总体改善。主要污染物排放总量继续减少，大气环境质量、重点流域和近岸海域水环境质量得到改善。"在"（七）加强海洋资源科学开发和生态环境保护"中强调，根据海洋资源环境承载力，科学编制海洋功能区划，确定不同海域主体功能。坚持"点上开发、面上保护"，控制海洋开发强度，在适宜开发的海洋区域，加快调整经济结构和产业布局，积极发展海洋战略性新兴产业，严格生态环境评价，提高资源集约节约利用和综合开发水平，最大程度减少对海域生态环境的影响。严格控制陆源污染物排海总量，建立并实施重点海域排污总量控制制度，加强海洋环境治理、海域海岛综合整治、生态保护修复，有效保护重要、敏感和脆弱海洋生态系统。加强船舶港口污染控制，积极治理船舶污染，增强港口码头污染防治能力。控制发展海水养殖，科学养护海洋渔业资源。开展海洋资源和生态环境综合评估。实施严格的围填海总量控制制度、自然岸线控制制度，建立陆海统筹、区域联动的海洋生态环境保护修复机制。在"（十四）保护和修复自然生态系统"中指出：加快生态安全屏障建设，形成以青藏高原、黄土高原—川滇、东北森林带、北方防沙带、南方丘陵山地带、近岸近海生态区及大江大河重要水系为骨架，以其他重点生态功能区为重要支撑，以禁止开发区域为重要组成的生态安全战略格局。在"（十五）全面推进污染防治"中强调加强重点流域、区域、近岸海域水污染防治和良好湖泊生态环境保护，控制和规范淡水养殖，严格入河（湖、海）排污管理。在"（二十一）严守资源环境生态红线"中强调：在重点生态功能区、生态环境敏感区和脆弱区等区域划定生态红线，确保生态功能不降低、面积不减少、性质不改变；科学划定森林、草原、湿地、海洋等领域生态红线，严格自然生态空间征（占）用管理，有效遏制生态系统退化的趋势。

（三）《水污染防治行动计划》成为统筹治理陆海水环境的关键

2015 年 4 月 16 日，国务院下发《水污染防治行动计划》，其中关于海洋生态环境保护的相关说明见表 21.2。

表 21.2 《水污染防治行动计划》关于海洋生态环境保护的相关说明

<table>
<tr><th colspan="2">项目</th><th>具体内容</th></tr>
<tr><td colspan="2">总体要求</td><td>强化源头控制，水陆统筹、河海兼顾，对江河湖海实施分流域、分区域、分阶段科学治理，系统推进水污染防治、水生态保护和水资源管理</td></tr>
<tr><td colspan="2">工作目标</td><td>到 2020 年，全国水环境质量得到阶段性改善，污染严重水体较大幅度减少，饮用水安全保障水平持续提升，地下水超采得到严格控制，地下水污染加剧趋势得到初步遏制，近岸海域环境质量稳中趋好，京津冀、长三角、珠三角等区域水生态环境状况有所好转</td></tr>
<tr><td colspan="2">主要指标</td><td>近岸海域水质优良（一、二类）比例达到 70% 左右</td></tr>
<tr><td rowspan="3">全面控制污染物排放</td><td>（二）强化城镇生活污染治理</td><td>敏感区域（重点湖泊、重点水库、近岸海域汇水区域）城镇污水处理设施应于 2017 年底前全面达到一级 A 排放标准</td></tr>
<tr><td rowspan="2">（四）加强船舶港口污染控制</td><td>2018 年起投入使用的沿海船舶、2021 年起投入使用的内河船舶执行新的标准；其他船舶于 2020 年底前完成改造，经改造仍不能达到要求的，限期予以淘汰</td></tr>
<tr><td>位于沿海和内河的港口、码头、装卸站及船舶修造厂，分别于 2017 年底前和 2020 年底前达到建设要求</td></tr>
<tr><td rowspan="2">推动经济结构转型升级</td><td>（六）优化空间布局</td><td>积极保护生态空间。严格水域岸线用途管制，土地开发利用应按照有关法律法规和技术标准要求，留足河道、湖泊和滨海地带的管理和保护范围，非法挤占的应限期退出</td></tr>
<tr><td>（七）推进循环发展</td><td>推动海水利用。在沿海地区电力、化工、石化等行业，推行直接利用海水作为循环冷却等工业用水。在有条件的城市，加快推进淡化海水作为生活用水补充水源</td></tr>
<tr><td>着力节约保护水资源</td><td>（八）控制用水总量</td><td>严控地下水超采。编制地面沉降区、海水入侵区等区域地下水压采方案</td></tr>
<tr><td>强化科技支撑</td><td>（十二）攻关研发前瞻技术</td><td>整合科技资源，通过相关国家科技计划（专项、基金）等，加快研发重点行业废水深度处理、生活污水低成本高标准处理、海水淡化和工业高盐废水脱盐、饮用水微量有毒污染物处理、地下水污染修复、危险化学品事故和水上溢油应急处置等技术</td></tr>
<tr><td rowspan="4">严格环境执法监管</td><td rowspan="2">（十七）完善法规标准</td><td>健全法律法规。加快水污染防治、海洋环境保护、排污许可、化学品环境管理等法律法规制修订步伐，研究制定环境质量目标管理、环境功能区划、节水及循环利用、饮用水水源保护、污染责任保险、水功能区监督管理、地下水管理、环境监测、生态流量保障、船舶和陆源污染防治等法律法规</td></tr>
<tr><td>完善标准体系。制修订地下水、地表水和海洋等环境质量标准，城镇污水处理、污泥处理处置、农田退水等污染物排放标准</td></tr>
<tr><td rowspan="2">（十九）提升监管水平</td><td>完善流域协作机制。健全跨部门、区域、流域、海域水环境保护议事协调机制，发挥环境保护区域督查派出机构和流域水资源保护机构作用，探索建立陆海统筹的生态系统保护修复机制</td></tr>
<tr><td>完善水环境监测网络。统一规划设置监测断面（点位）。提升饮用水水源水质全指标监测、水生生物监测、地下水环境监测、化学物质监测及环境风险防控技术支撑能力。2017 年底前，京津冀、长三角、珠三角等区域、海域建成统一的水环境监测网</td></tr>
<tr><td>切实加强水环境管理</td><td>（二十三）全面推行排污许可</td><td>加强许可证管理。强化海上排污监管，研究建立海上污染排放许可证制度。2017 年底前，完成全国排污许可证管理信息平台建设</td></tr>
</table>

续表

项目		具体内容
全力保障水生态环境安全	（二十六）加强近岸海域环境保护	实施近岸海域污染防治方案。重点整治黄河口、长江口、闽江口、珠江口、辽东湾、渤海湾、胶州湾、杭州湾、北部湾等河口海湾污染。沿海地级及以上城市实施总氮排放总量控制。研究建立重点海域排污总量控制制度。规范入海排污口设置，2017 年底前全面清理非法或设置不合理的入海排污口。到 2020 年，沿海省区市入海河流基本消除劣于 V 类的水体。提高涉海项目准入门槛
		推进生态健康养殖。在重点河湖及近岸海域划定限制养殖区。实施水产养殖池塘、近海养殖网箱标准化改造，鼓励有条件的渔业企业开展海洋离岸养殖和集约化养殖。积极推广人工配合饲料，逐步减少冰鲜杂鱼饲料使用。加强养殖投入品管理，依法规范、限制使用抗生素等化学药品，开展专项整治。到 2015 年，海水养殖面积控制在 220 万公顷左右
	（二十八）保护水和湿地生态系统	加大红树林、珊瑚礁、海草床等滨海湿地、河口和海湾典型生态系统，以及产卵场、索饵场、越冬场、洄游通道等重要渔业水域的保护力度，实施增殖放流，建设人工鱼礁。开展海洋生态补偿及赔偿等研究，实施海洋生态修复。认真执行围填海管制计划，严格围填海管理和监督，重点海湾、海洋自然保护区的核心区及缓冲区、海洋特别保护区的重点保护区及预留区、重点河口区域、重要滨海湿地区域、重要砂质岸线及沙源保护海域、特殊保护海岛及重要渔业海域禁止实施围填海，生态脆弱敏感区、自净能力差的海域严格限制围填海。严肃查处违法围填海行为，追究相关人员责任。将自然海岸线保护纳入沿海地方政府政绩考核。到 2020 年，全国自然岸线保有率不低于 35%（不包括海岛岸线）

注：表格中内容由《水污染防治行动计划》整理得到

第二节　海洋功能区划与海洋环境保护

一、海洋功能区划的实施过程

在我国陆域，早在 20 世纪 50 年代就开展了农业区划和土地适宜性评价的工作，20 世纪 70 年代已经取得了较系统的研究成果，为科学制订我国的国土规划和国民经济发展规划打下了坚实的基础。但是，作为海洋规划体系中的基础性工作——海洋功能区划，迟至 1989 年才起步。海洋功能区划等基础性工作滞后有两个原因：一方面，人类对海洋环境的认识要比对陆地的认识浅得多，诸如海洋在不断变化的地球生态系统中的作用、人类社会与海洋生态系统间相互作用、海陆交互作用等问题都需要更深入研究；另一方面，我国对海洋的利用长期停留在“鱼盐之利”“舟楫之便”，大规模的海洋开发仅仅是 20 世纪 80 年代以后的事情。海洋环境认识和海洋开发滞后于陆域的现实，为海洋功能区划借鉴陆域土地适宜性评价、土地利用区划等相关理论提供了可能。

我国海洋功能区划工作开展于20世纪80年代，1989～1995年，我国组织了小比例尺的海洋功能区划工作。迄今为止，我国已经于1989～1995年、2002年和2012年分别完成了三轮海洋功能区划的编制。为了理顺不同时期海洋功能区划之间的关系，本书提出了海洋功能区划的版本定义，将前述已完成编制的海洋功能区划依次定义为我国海洋功能区划的三个版本：1.0版、2.0版和3.0版；未来海洋功能区划定义为4.0版。

1995年开展了大比例尺海洋功能区划的试点工作（1.0版）；1998年，国家海洋局决定在全国范围内开展1∶50 000比例尺的海洋功能区划工作。2002年8月22日，《全国海洋功能区划》（2.0版）经国务院国函〔2002〕77号文批准实施，同年国务院先后批复沿海11个省区市的省级海洋功能区划；经过新一轮修编，2012年3月3日，国务院正式批准《全国海洋功能区划（2011—2020年）》（3.0版），同年10月、11月，国务院先后批复沿海11个省区市的省级海洋功能区划。全国海洋功能区划是我国海洋空间开发、控制和综合管理的整体性、基础性、约束性文件，是编制地方各级海洋功能区划及各级各类涉海政策、规划，开展海域管理、海洋环境保护等海洋管理工作的重要依据。同时，为进一步落实海洋功能区划制度，提出完善立法、项目审查、市场配置、协作配合、加强监管等措施，逐步完善海域管理的相关配套制度。

海域使用管理配套法规体系建设逐步完善。《中华人民共和国物权法》中，海域使用权被确立为基本的用益物权。国务院先后发布了五个相关规范性文件，沿海11个省区市全部出台海域使用管理的地方性法规规章，国家海洋局会同国务院有关部门相继出台了海域使用金征收、减免和使用管理、违法违纪行为处分规定等五个规范性文件。海洋功能区划、海域权属管理及海域有偿使用管理等各项制度体系已趋完善。

二、海洋功能区划的法律依据

海洋功能区划是《中华人民共和国海域使用管理法》《中华人民共和国海洋环境保护法》《中华人民共和国海岛保护法》确立的一项基本制度，是我国海洋空间开发、控制和综合管理的整体性、基础性、约束性文件，是开发利用海洋资源、保护海洋生态环境的法定依据，是我国国土空间规划的重要组成部分，是开展海域管理、海洋环境保护等海洋综合管理工作的重要依据。

中国海域使用管理制度包括三项基本制度：海洋功能区划制度、海域使用权登记制度和海域有偿使用制度。该法的通过和实施为21世纪中国的海洋开发和管理奠定了坚实的法律基础。海洋功能区划方案和海域使用征收标准是我国海域使用和管理的基础。2013年11月13日，《海域评估技术指引》获国家海洋局批准发布。该指引明确了海域价格和海域基准价格的定义，厘清了海域价格与海域使用金、海域产品价格、海域资源价格和海洋生态价值等概念的区别与联系，并确立了五种海域价格评估方法。《中华人民共和国海域使用管理法》中海洋功能区划相关条款见表21.3。

表 21.3 《中华人民共和国海域使用管理法》涉及海洋功能区划的相关条款

标题	法条	内容
第一章 总则	第四条	国家实行海洋功能区划制度。海域使用必须符合海洋功能区划。国家严格管理填海、围海等改变海域自然属性的用海活动
第二章 海洋功能区划	第十条	国务院海洋行政主管部门会同国务院有关部门和沿海省、自治区、直辖市人民政府，编制全国海洋功能区划。沿海县级以上地方人民政府海洋行政主管部门会同本级人民政府有关部门，依据上一级海洋功能区划，编制地方海洋功能区划
	第十一条	海洋功能区划按照下列原则编制： （一）按照海域的区位、自然资源和自然环境等自然属性，科学确定海域功能； （二）根据经济和社会发展的需要，统筹安排各有关行业用海； （三）保护和改善生态环境，保障海域可持续利用，促进海洋经济的发展； （四）保障海上交通安全； （五）保障国防安全，保证军事用海需要
	第十二条	海洋功能区划实行分级审批。 全国海洋功能区划，报国务院批准。沿海省、自治区、直辖市海洋功能区划，经该省、自治区、直辖市人民政府审核同意后，报国务院批准。沿海市、县海洋功能区划，经该市、县人民政府审核同意后，报所在的省、自治区、直辖市人民政府批准，报国务院海洋行政主管部门备案
	第十三条	海洋功能区划的修改，由原编制机关会同同级有关部门提出修改方案，报原批准机关批准，未经批准，不得改变海洋功能区划确定的海域功能。经国务院批准，因公共利益、国防安全或者进行大型能源、交通等基础设施建设，需要改变海洋功能区划的，根据国务院的批准文件修改海洋功能区划
	第十四条	海洋功能区划经批准后，应当向社会公布；但是，涉及国家秘密的部分除外
	第十五条	养殖、盐业、交通、旅游等行业规划涉及海域使用的，应当符合海洋功能区划。沿海土地利用总体规划、城市规划、港口规划涉及海域使用的，应当与海洋功能区划相衔接
第三章 海域使用的申请与审批	第十七条	县级以上人民政府海洋行政主管部门依据海洋功能区划，对海域使用申请进行审核，并依照本法和省、自治区、直辖市人民政府的规定，报有批准权的人民政府批准。海洋行政主管部门审核海域使用申请，应当征求同级有关部门的意见
第四章 海域使用权	第二十二条	本法施行前，已经由农村集体经济组织或者村民委员会经营、管理的养殖用海，符合海洋功能区划的，经当地县级人民政府核准，可以将海域使用权确定给该农村集体经济组织或者村民委员会，由本集体经济组织的成员承包，用于养殖生产
	第二十八条	海域使用权人不得擅自改变经批准的海域用途；确需改变的，应当在符合海洋功能区划的前提下，报原批准用海的人民政府批准
第七章 法律责任	第四十三条	无权批准使用海域的单位非法批准使用海域的，超越批准权限非法批准使用海域的，或者不按海洋功能区划批准使用海域的，批准文件无效，收回非法使用的海域；对非法批准使用海域的直接负责的主管人员和其他直接责任人员，依法给予行政处分

《中华人民共和国环境保护法》和《中华人民共和国海洋环境保护法》均为涉及国家海洋环境的法律。前者是国家环境管理的基本法，后者是针对海洋环境的专门法。二者之间的关系，属于一般法与特别法的关系。这两部法律确立了中国对海洋环境实行国家统一监督管理与部门分工负责相结合的管理体制。《中华人民共和国海洋环境保护法》对于海洋功能区划的相关说明见表 21.4。

表 21.4 《中华人民共和国海洋环境保护法》涉及海洋功能区划的相关条款

标题	条款	内容
第二章　海洋环境监督管理	第七条	国家海洋行政主管部门会同国务院有关部门和沿海省、自治区、直辖市人民政府根据全国海洋主体功能区规划，拟定全国海洋功能区划，报国务院批准。沿海地方各级人民政府应当根据全国和地方海洋功能区划，保护和科学合理地使用海域
	第八条	国家根据海洋功能区划制定全国海洋环境保护规划和重点海域区域性海洋环境保护规划。毗邻重点海域的有关沿海省、自治区、直辖市人民政府及行使海洋环境监督管理权的部门，可以建立海洋环境保护区域合作组织，负责实施重点海域区域性海洋环境保护规划、海洋环境污染的防治和海洋生态保护工作
第三章　海洋生态保护	第二十四条	国家建立健全海洋生态保护补偿制度。开发利用海洋资源，应当根据海洋功能区划合理布局，严格遵守生态保护红线，不得造成海洋生态环境破坏
第四章　防治陆源污染物对海洋环境的污染损害	第三十条	入海排污口位置的选择，应当根据海洋功能区划、海水动力条件和有关规定，经科学论证后，报设区的市级以上人民政府环境保护行政主管部门备案。环境保护行政主管部门应当在完成备案后十五个工作日内将入海排污口设置情况通报海洋、海事、渔业行政主管部门和军队环境保护部门。在海洋自然保护区、重要渔业水域、海滨风景名胜区和其他需要特别保护的区域，不得新建排污口。在有条件的地区，应当将排污口深海设置，实行离岸排放。设置陆源污染物深海离岸排放排污口，应当根据海洋功能区划、海水动力条件和海底工程设施的有关情况确定，具体办法由国务院规定
第六章　防治海洋工程建设项目对海洋环境的污染损害	第四十七条	海洋工程建设项目必须符合全国海洋主体功能区规划、海洋功能区划、海洋环境保护规划和国家有关环境保护标准。海洋工程建设项目单位应当对海洋环境进行科学调查，编制海洋环境影响报告书（表），并在建设项目开工前，报海洋行政主管部门审查批准。海洋行政主管部门在批准海洋环境影响报告书（表）之前，必须征求海事、渔业行政主管部门和军队环境保护部门的意见

三、海洋功能区划是实施海洋生态环境保护的主要抓手

全国海洋功能区划是编制地方各级海洋功能区划及各级各类涉海政策、规划，开展海域管理、海洋环境保护等海洋管理工作的重要依据。依据相关学者对国家空间规划体系的研究，按照主体功能和突出特色，海洋功能区划属于强化资源开发利用保护和支撑经济社会发展的专题性、单项性、约束型规划。作为我国空间规划的重要组成部分，海洋功能区划是实施海洋生态环境政策的重要平台。总结海洋功能区划与相关空间规划关系见图 21.1。在空间规划体系中，在海洋生态环境保护方面，海洋功能区划应该首先符合于最顶层的全国主体功能区规划和国土规划；中观层次的区域规划涉海部分应与海洋功能区划进行衔接；由于海洋功能区划的约束力和执行力较强，基础

性的城镇体系规划和重大基础设施规划中涉海部分应严格按照海洋功能区划的相关要求执行。2016年新修正的《中华人民共和国海洋环境保护法》进一步明晰了海洋功能区划与相关海洋规划的关系，明确指出："国家海洋行政主管部门会同国务院有关部门和沿海省、自治区、直辖市人民政府根据全国海洋主体功能区规划，拟定全国海洋功能区划，报国务院批准。""国家根据海洋功能区划制定全国海洋环境保护规划和重点海域区域性海洋环境保护规划。"从法理地位和制度保障来看，国土规划、区域规划等空间规划及相关生态环保规划的推进主要依据中央文件，规划实施主要依靠行政手段，缺乏明确的法律保障；相较而言，海洋功能区划编制的法律依据是《中华人民共和国海洋环境保护法》《中华人民共和国海域使用管理法》，这两部法明确了海洋功能区划在海洋环境保护中的地位，保障了海洋功能区划发挥约束作用，通过管控海洋开发利用活动促进海洋环境可持续发展。

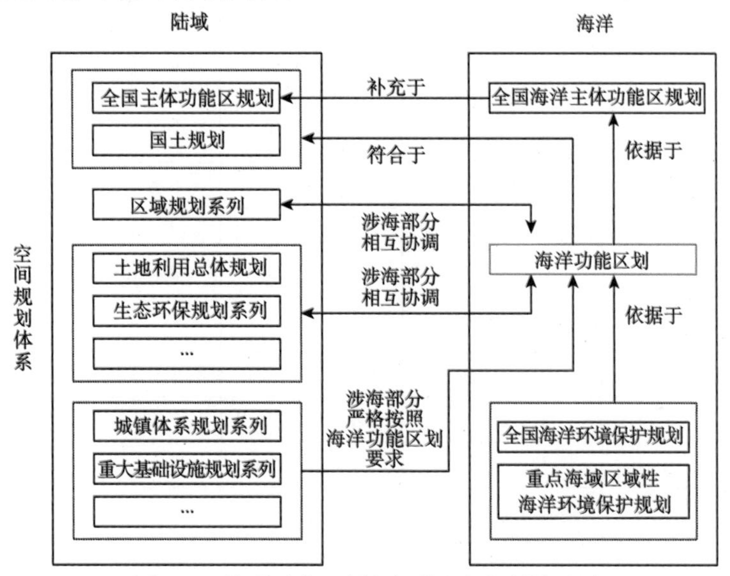

图21.1　海洋功能区划与相关空间规划关系图

海洋功能区划立足构建良好的海洋生态环境，合理安排生产、生活和生态功能区，优先保护自然生态空间，确保生态安全。《全国海洋功能区划（2011—2020年）》有针对性地制定了五大海区、29个重点海域的海洋开发保护格局与海洋环境保护策略；省级海洋功能区划依据全国区划的海洋环境保护要求，划分了一级类海洋功能区，并在功能区登记表中，详细阐明了各功能区生态保护重点目标、环境保护要求及海域整治要求，并通过用途、用海方式的管控保护海洋生态环境（表21.5）。

海洋功能区划中采纳了具体量化的海洋生态环境指标进行约束："至2020年，海洋保护区总面积达到我国管辖海域面积的5%以上，近岸海域海洋保护区面积占到11%以上""海水养殖用海的功能区面积不少于260万公顷""大陆自然岸线保有率不低于35%""完成整治和修复海岸线长度不少于2000公里"。

表 21.5 海洋功能区分类及海洋环境保护要求

一级类	二级类	海水水质质量（引用标准：GB3097—1997）	海洋沉积物质量（引用标准：GB18668—2002）	海洋生物质量（引用标准：GB18421—2001）	生态环境保护措施
1. 农渔业区	1.1 农业围垦区	不劣于二类			不应造成外来物种侵害，防止养殖自身污染和水体富营养化，维持海洋生物资源可持续利用，保持海洋生态系统结构和功能的稳定，不应造成滨海湿地和红树林等栖息地的破坏
	1.2 养殖区	不劣于二类	不劣于一类	不劣于一类	
	1.3 增殖区	不劣于二类	不劣于一类	不劣于一类	
	1.4 捕捞区	不劣于一类	不劣于一类	不劣于一类	
	1.5 重要渔业品种养护区	不劣于一类	不劣于一类	不劣于一类	
	1.6 渔业基础设施区	不劣于二类（其中渔港区执行不低于现状海水水质标准）	不劣于二类	不劣于二类	
2. 港口航运区	2.1 港口区	不劣于四类	不劣于三类	不劣于三类	应减少对海洋水动力环境、岸滩及海底地形地貌的影响，防止海岸侵蚀，不应对毗邻海洋生态敏感区、亚敏感区产生影响
	2.2 航道区	不劣于三类	不劣于二类	不劣于二类	
	2.3 锚地区	不劣于三类	不劣于二类	不劣于二类	
3. 工业与城镇用海区	3.1 工业用海区	不劣于三类	不劣于二类	不劣于二类	应减少对海洋水动力环境、岸滩及海底地形地貌的影响，防止海岸侵蚀，避免工业和城镇建设对毗邻海洋生态敏感区、亚敏感区产生影响
	3.2 城镇用海区	不劣于三类	不劣于二类	不劣于二类	
4. 矿产与能源区	4.1 油气区	不劣于现状水平	不低于现状水平	不低于现状水平	应减少对海洋水动力环境产生影响，防止海岛、岸滩及海底地形地貌发生改变，不应对毗邻海洋生态敏感区、亚敏感区产生影响
	4.2 固体矿产区	不劣于四类	不劣于三类	不劣于三类	
	4.3 盐田区	不劣于二类	不劣于一类	不劣于一类	
	4.4 可再生能源区	不劣于二类	不劣于一类	不劣于一类	
5. 旅游休闲娱乐区	5.1 风景旅游区	不劣于二类	不劣于二类	不劣于二类	不应破坏自然景观，严格控制占用海岸线、沙滩和沿海防护林的建设项目和人工设施，妥善处理生活垃圾，不应对毗邻海洋生态敏感区、亚敏感区产生影响
	5.2 文体休闲娱乐区	不劣于二类	不劣于一类	不劣于一类	
6. 海洋保护区	6.1 海洋自然保护区	不劣于一类	不劣于一类	不劣于一类	维持、恢复、改善海洋生态环境和生物多样性，保护自然景观
	6.2 海洋特别保护区	使用功能水质要求	使用功能沉积物质量要求	使用功能生物质量要求	
7. 特殊利用区	7.1 军事区				防止对海洋水动力环境条件改变，避免对海岛、岸滩及海底地形地貌的影响，防止海岸侵蚀，避免对毗邻海洋生态敏感区、亚敏感区产生影响
	7.2 其他特殊利用区				
8. 保留区	8.1 保留区	不低于现状水平	不低于现状水平	不低于现状水平	维持现状

四、3.0 版海洋功能区划强化了生态环境保护

作为海洋环境保护工作的重要依据，海洋功能区划调整修改、逐步完善的过程反映了我国海洋环境保护工作上的新要求和新思路。在逐轮修编过程中，我国海洋功能区划强化了生态环境政策的相关要求。3.0 版海洋功能区划在 2.0 版海洋功能区划的基础上有较大改变，主要体现为（以下简称 2.0 版区划和 3.0 版区划）以下几个方面。

一是区划原则更强调生态环保意识。3.0 版区划强调了“在发展中保护、保护中发展”的原则，在 2.0 版基础上增加了“陆海统筹”和“保护渔业”两项原则。二是海洋功能区分类体系更多体现了与生态保护的衔接。海洋功能区分类体系得到进一步调整，由 2.0 版区划的“10 个一级类，24 个二级类”变更为 3.0 版区划的“8 个一级类，21 个二级类”。在分区分类体系设置上，2.0 版区划重点考虑了海洋开发利用活动类型的划分，3.0 版区划更多设置了海洋保护性质的功能区，体现了对生态环保的重视。三是管理目标中提出了更明确的环保指标。2.0 版区划所提出的目标较为笼统和概念化，缺少具体约束性指标，3.0 版区划加入了具体量化指标，增强了区划可操作性，也为区划实施评价奠定了良好基础。3.0 版区划将“改善海洋生态环境，扩大海洋保护区面积”作为第二个主要目标提出，并针对海洋保护区、近岸海域保留区面积和自然岸线保有率分别提出量化指标。四是五大海区和重点海域相应的重点环保任务得以明晰。基于地域分异特点，3.0 版区划明确了各区域的主要功能定位和开发保护战略。五是各功能区的管理上提出了更为严格的环保要求。3.0 版区划结合各海洋功能区自然条件，依据相应国家标准，从海水水质质量、海洋沉积物质量、海洋生物质量、生态环境四个方面对海洋环境保护要求做出了规定。六是在区划的实施上强化了环境保障措施。

五、海洋功能区划面临生态环境政策滞后的困境

现有海洋功能区划面临的主要制度障碍是政策滞后性困境，包括两方面含义：一是每一版海洋功能区划都是区划期限之前所实行的一系列生态环保政策的集中体现（总结海洋功能区划与相关生态环境政策的发展历程见图 21.2），但作为国土空间规划中的中长期基础性安排，区划期限内海洋功能区划无法根据同期环境政策的变动进行相应的调整，因此客观上其编制存在滞后性。二是海洋功能区划从获批、实施到在海洋生态环境保护方面产生治理成效，往往需要一定的时间。这种政策滞后性的困境给海洋生态环境保护带来了一定程度的负效应。

从 1982 年到 1990 年，我国通过了一系列环保法律法规，包括以《中华人民共和国海洋环境保护法》为代表的专项法，以及《中华人民共和国海洋倾废管理条例》等一系列行政法规。1989 年后提出了环保领域的三项政策和八项环境基本制度。这一段时期为我国环境政策迅速发展时期，1.0 版海洋功能区划反映了这一时期我国海洋环境保护工作的基本诉求（图 21.2）。从时间上看，2.0 版区划和 3.0 版区划的规划期均完整覆盖两个五年计划时期。2.0 版区划于 2002 年公布，其生态环境政策基础为 2002 年以前的相关环保政策法规。2001 年《中华人民共和国海域使用管理法》的颁布进一步增强了海洋功能区划在海洋环境保护中的重要地位。2.0 版区划的实施期完整覆盖了“十五”和“十一五”

时期，在此期间我国环保工作形势有了较大变化，国家对包括海洋在内的环境保护工作重视程度逐步提高，发布的一系列政策法规指导了 3.0 版区划的编制工作。3.0 版区划的规划期为 2011 ～ 2020 年。在此实施期内，2014 年《中华人民共和国环境保护法》的修订和 2016 年《中华人民共和国海洋环境保护法》的最新修正都对海洋生态环保工作提出新要求。2015 年国家在生态文明建设领域连续发布政策性文件，这种政策变化在 3.0 版海洋功能区划中无法及时得到体现。海洋功能区划存在的这种政策滞后性困境就要求，在明确国家生态环境政策选择及定位的基础上，实施海洋功能区划中生态环境政策的前瞻性研究。

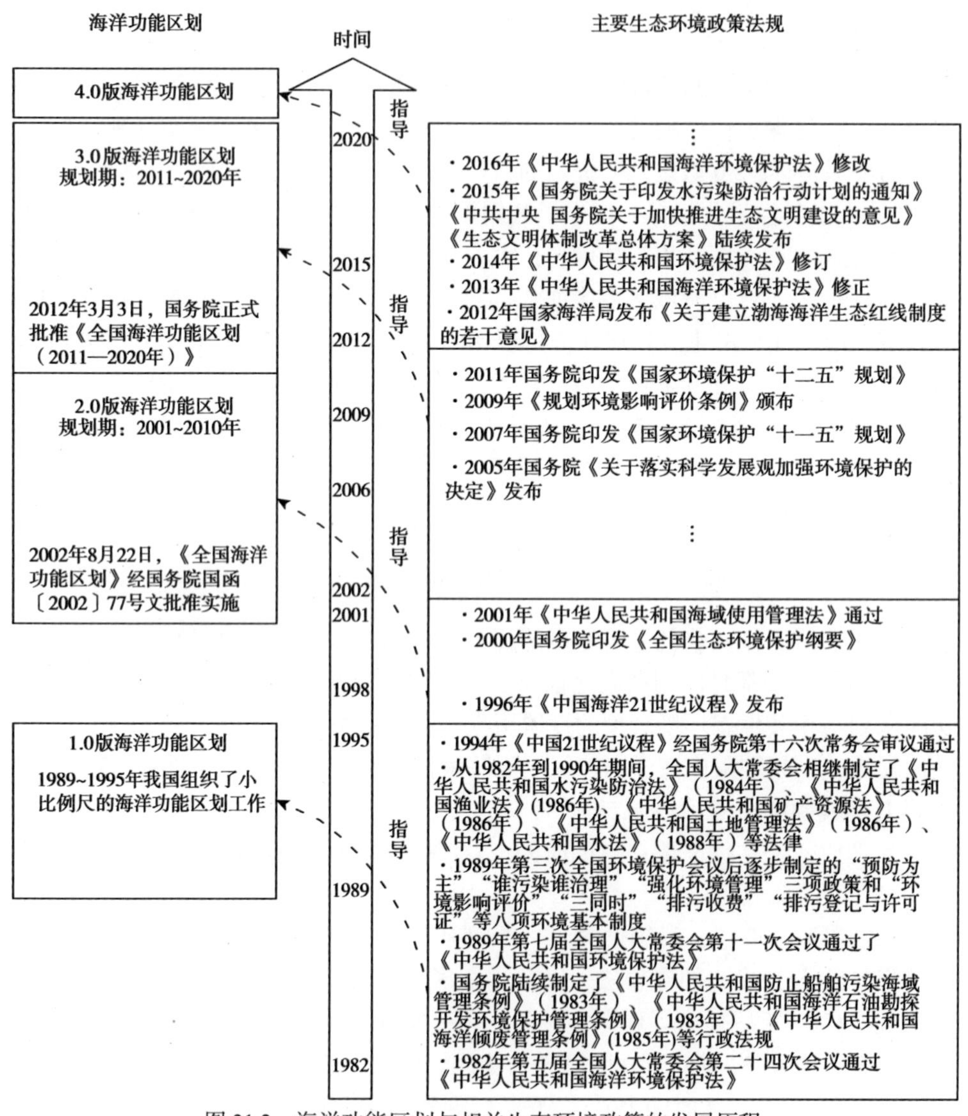

图 21.2 海洋功能区划与相关生态环境政策的发展历程

六、海洋功能区划保护海洋生态环境的局限性

尽管新一轮海洋功能区划特别关注环境保护问题，但与基于生态系统的海洋功能区划要求还存在一定的差距。其在海洋生态环境保护管理上的局限性表现为以下三方面。

（一）需要强化海洋功能区划与海洋环境保护的协调性

从海洋功能区划编制的主体内容上看，海域功能的确定依然是海洋功能区划的核心。因此，海洋功能区划的具体方案仍侧重于缓解不同用海方式之间的矛盾，对于原则中生态保护的理念体现相对不足。尤其是海洋开发利用活动与生态保护发生冲突的时候，如何通过海洋功能区划来保护敏感、脆弱的海洋生态系统以实现协调人类活动与海洋生态环境之间关系尚未进行充分的说明。

具体而言，海洋功能区划实施海洋环境保护局限性体现在以下几方面。①功能区划设定的环境保护目标与实施保障措施还比较宽泛。总体来看，海洋功能区划所设定的目标和保障措施较为宏观。目标上，虽然从全局出发考虑了需要实现的环境管理目标，但对典型的海洋生态系统缺乏一定的针对性。措施上，还需要提供更具可操作性、可控性的政策工具以便于海洋功能区划的实施与监督评估。②环境保护要求与海洋环境保护的制度措施需要协调与衔接。海洋功能区划所提出的环境保护要求需要与相关政策形成良性对接，包括海洋生态环保领域可操作的行政法规、部门规章及相应的技术标准。③具体的海洋环境保护任务指标等还需要在专门的海洋环境保护相关规划中落实。

（二）功能区环境质量标准需要与其他规划对接

以福建省东山岛为例，在比较小的范围内分布有渔业、港口、保护区、围填海、特殊利用区等多类功能区划，环境质量要求各不相同，这种不一致性使得相连的海区所需达到的环境质量要求呈现出不连续或破碎化的特点，不利于海洋生态环境保护。

（三）协调海洋生态保护与利用的关系

目前海洋功能区划中的“海洋保护区”是指专门用于海洋资源、环境和生态保护的海域，主要包括“海洋自然保护区”“海洋特别保护区”，但并没有涵盖目前尚未建成保护区的重要海洋生态系统区域。一些重要的海洋渔业资源产卵场、重要渔场水域，滨海湿地，珊瑚礁、红树林、河口等典型海洋生态系统还被划分为渔业养殖、旅游等开发功能区等，因此只能通过细化海洋生态保护管理措施来保护生态环境。

第三节　海洋环境治理的重点任务

一、关注国际海洋生态环境管理趋向

进入21世纪以来，在海洋领域基于生态系统的管理的应用越来越得到重视。基于生态系统的管理源于传统的自然资源管理和利用领域，以生态系统作为基本管理单元而非传统的行政单元，全面考虑生物和非生物的所有联系，在一定的时空尺度范围内将人类价值和社会经济条件整合到生态系统经营中，以恢复或维持生态系统的整体性和可持续性。实现基于生态系统的区域海洋管理的重要途径之一就是海洋空间规划。近年来，海洋空间规划已成为欧美等发达国家研究的热点。根据联合国政府间海洋学委员会的定义，海洋空间规划是在生态系统基础上分析人类的海洋利用活动并在时间和空间上对其进行分配，寻求人类用海活动之间、人与海洋环境之间的冲突最小化和分区间兼容性最大化的途径，共同实现生态、社会和经济三方面特定目标的公共决策规划过程。海洋空间规划最初是澳大利亚大堡礁海洋公园自然保护区的一种管理手段，现在已成为海洋综合管理研究关注的重点，尤其在开发强度较大的海域，欧洲学者多将其作为实现海洋功能多样化的一种有效手段。海洋空间规划能为一国提供可操作性框架，使得海洋开发利用具有可持续性，同时维持海洋多样性价值。海洋空间规划强调“空间”和“时间”，认为规划的制订者需要了解海洋的时空分异特性。

中国是国际上为数不多的、已经实现全海洋管辖区空间规划的国家之一，海洋功能区划覆盖我国全部管辖海域。作为海域使用审批依据之一，我国海洋功能区划具有较高的法律地位，覆盖范围全面且层次分明，执行力较强，在保护海洋生态环境、保障海洋经济可持续发展等方面发挥了积极重要作用。总体上，我国在海洋空间规划的理论和实践两方面都有更深入的发展，相对而言走在国际前列。

关于海洋生态系统的研究现状，还不足以支撑基于生态系统的海洋管理要求，需要关注以下几个方面的问题。一是海洋生态系统的基本概念与相关问题；二是海洋生态系统的基本功能与划分；三是识别迫切需要保护的海洋生态系统；四是研究海洋生态系统管理与海洋管理的结合点等问题。

二、生态环境保护的任务

2015年国家发布的生态文明领域纲领性文件包括《水污染防治行动计划》《中共中央 国务院关于加快推进生态文明建设的意见》《生态文明体制改革总体方案》等，均对生态文明建设做出重要指示。

在《水污染防治行动计划》和《中共中央 国务院关于加快推进生态文明建设的意见》的基础上，国家海洋局同年印发《国家海洋局海洋生态文明建设实施方案》(2015—2020年)，为我国“十三五”期间海洋生态文明建设划定路线图和时间表。三个文件反映了经济新常态下国家对生态文明制度体系的设计思路，其中，对海洋环境问题的关注有侧重也有共识。对《水污染防治行动计划》《中共中央 国务院关于加快推进生态文明建设的意见》《生态文明体制改革总体方案》进行综合整理、归纳，与海洋生态环境保护有关的主题见表 21.6。

表 21.6　2015 年发布的生态文明重要规定中与海洋环境保护有关的主题

主要内容	关注的主题	《生态文明体制改革总体方案》	《中共中央　国务院关于加快推进生态文明建设的意见》	《水污染防治行动计划》
海洋生态系统	典型生态系统保护		△	△
	生态修复	△	△	△
	生态补偿及赔偿	△	△	△
海洋资源	海洋空间开发与利用	△	△	△
	海洋渔业资源科学养护	△	△	
	自然岸线保有	△	△	△
	海水及海洋能利用		△	△
相关人类活动	围填海活动控制	△	△	△
	战略性新兴产业		△	
	绿色产业及环保产业	△	△	△
海水水质	陆源污染物排海总量控制	△	△	△
	近岸海域环境保护	△		△
	船舶港口污染控制		△	△
	海水养殖控制	△	△	△
气候变化	海洋碳汇	△	△	
海洋治理	海域综合整治		△	
	海岛综合整治		△	
制度与机制	围填海总量控制制度	△	△	△
	自然岸线控制制度	△	△	△
	国土空间开发保护制度	△	△	△
	海洋主体功能区制度	△		
	海洋功能区划制度		△	
	海洋渔业资源总量管理制度	△		
	碳排放总量控制制度	△		
	海洋督察制度	△		
	海洋生态环境保护修复机制	△	△	△
	海洋资源环境承载力预警机制	△	△	△
法律法规	海洋环境保护法律	△	△	△
	海洋环境质量标准		△	△
海洋管理	海洋资源和生态环境综合评估		△	
	海洋生态红线划定	△	△	△
	海水环境监测	△	△	△
	海洋环境监管	△	△	△
	绩效考核与责任追究	△	△	△
	环境准入与许可证管理	△		△
	海洋环境信息统计与公开	△	△	△
	推广示范适用技术			△

注：“△”表示涉及的内容

未来4.0版海洋功能区划将继续作为我国实施生态环境政策的关键平台，在顶层设计上承载着海洋生态文明建设的任务，在区划层面上需要进一步加强与相关规划的衔接，在制度层面上需要破解政策滞后性的困境。研究认为，梳理我国生态文明纲领性文件，筛选出热点问题，识别4.0版海洋功能区划具体所需承载的生态环保任务，有助于适应生态文明建设背景下海洋环境保护工作的新要求。

一是继续开展基于生态系统的研究有助于进一步充实海洋环境理论体系。当前海洋生态系统问题得到了高度关注，海洋功能区划的管理需求也得到进一步的肯定，二者对接的一个重要途径是基于生态系统的海洋管理。随着我国海洋生态环境保护形势逐渐严峻，4.0版海洋功能区划也需纳入生态系统方法，积极开展基于生态系统的海洋功能区划研究，审慎推进基于生态系统的区划工作；重点探索生态系统服务功能和价值在海洋功能区划分区方法体系、实施措施及管理评价等方面的应用；适当借鉴基于生态系统的海洋管理理论，吸收国外实践中的宝贵经验，结合我国国情研究如何将海洋的生态系统特性与海域使用管理相结合以实现海洋环保目标。4.0版海洋功能区划需要对海洋生态修复、海洋生态补偿及赔偿等关键性问题进行探索性研究。

二是4.0版海洋功能区划需纳入更多量化生态环境指标，加强量化控制。生态领域改革的一项重要措施是量化控制，现有政策已将海洋功能区划的部分量化指标纳入，如《水污染防治行动计划》中将"近岸海域水质优良（一、二类）比例达到70%左右"作为主要指标之一，并将"到2020年，全国自然岸线保有率不低于35%（不包括海岛岸线）"作为保障水生态环境安全的具体指标之一。这些量化指标有助于对陆源污染物排海控制和自然岸线保护的效果进行评估。在量化控制指标的选取方面，可在最终成果类型指标基础上适当加入投入、中间两种类型指标。采纳与海洋功能区划目标相适应的量化控制指标是4.0版海洋功能区划进一步完善的重要方向。

三是4.0版海洋功能区划需要进一步与海洋生态环保制度、机制、管理相协调。包括围填海总量控制制度、自然岸线控制制度、海洋渔业资源总量管理制度、碳排放总量控制制度，这些制度确立后怎样通过海洋功能区划来具体实现也是一个关键问题。海洋环境管理问题上，海洋功能区划如何与诸如海洋资源和生态环境综合评估、海洋生态红线划定、海水环境监测及海洋环境信息统计与公开等实现无缝对接也是一个重要问题。

四是4.0版海洋功能区划需要为海洋生态政绩考核提供有力支撑与科学依据。国家对生态领域绩效考核和责任追究十分重视，提出"领导干部自然资源资产离任审计""损害生态环境终身追责"等，释放了加强生态文明政绩考核的政策信号，海洋生态政绩考核也会逐步提上日程。我国仍处于实施生态绩效考核的探索阶段，海洋功能区划的编修从提供监督机制、技术体系等方面对健全政府海洋生态政绩考核具有重要意义。

三、特别关注渤海的环境问题

渤海具有独特的资源和地缘优势，是环渤海地区社会经济发展的重要支持系统。环渤海地区的经济和社会发展进步取得了举世瞩目的成就，由此产生的陆域水资源、水环境条件恶化，使渤海生态服务功能显著下降、可持续利用能力加速丧失、陆海一体的环境保护压力日益增大等问题。渤海海洋环境恶化、生态安全脆弱等问题已经引起国家高度关注。例如，① 2001 年国务院批准了第一个以整治陆源污染为重点的“渤海碧海行动计划”；② 2006 年 8 月，国家发改委同科技部、财政部、建设部、交通部、水利部、农业部、环保总局、林业局、海洋局、中国石油天然气集团有限公司等单位，以及辽宁省、河北省、山东省和天津市环渤海三省一市在北京召开环境保护总体规划编制工作会议，并成立《渤海环境保护总体规划》编制组；③ 2009 年，国家发改委牵头编制了《渤海环境保护总体规划（2008—2020 年）》；④ 2012 年 10 月，国家海洋局印发《关于建立渤海海洋生态红线制度的若干意见》。

第二十二章 陆域社会经济活动影响海洋环境的压力机制

海洋本来是远离人类活动中心的，海洋生态环境受到人类活动的影响较小。但是，伴随着海岸带地区社会经济活动强度的提升，人类集中在陆域社会经济活动产生的环境影响已经扩展到近岸海域。如何识别陆域社会经济活动产生的污染物？陆域社会经济活动产生污染物的压力空间分异如何？通过什么方法能将陆域社会经济活动产生的污染物压力与海洋环境污染联系起来？这一系列问题都是陆域社会经济活动影响海洋环境压力机制研究需要解决的难题。

第一节 影响海洋环境的陆域社会经济活动要素甄选

一、指标选取的原则

1. 系统性

指标选取从影响渤海环境变化的各个社会经济层面出发，在分析单项指标的基础上构建影响渤海海洋环境的指标体系。指标体系间应具有一定的层次感且体系完整。

2. 代表性

严格意义上，环渤海地区陆域社会经济活动都或多或少地影响着渤海海洋环境，在研究过程中需要甄别具有代表性的经济活动，选择切实可以反映主要影响海洋环境的经济活动，对其他相关但相关性不强的经济活动进行必要的剔除，从整体上把握指标体系的代表性。

3. 有效性

选择的指标应具有良好的时间序列、量纲、通用性等共性，可以满足研究中对指标的处理、对比。例如，可以采用产量的指标尽量采用产量，避免产值因素中的价格波动影响。

4. 可操作性

指标体系应该具有可操作性强的特点，尽可能简单实用，充分考虑数据获取、定量化处理的可行性，尽可能保证数据的可靠性，力求简单清楚，不宜过多。

二、指标确定的方法

将污染物入海的途径分析（排污口、河流入海、海岸地表径流、沉降）和社会经济活动的产污、排污分析结合起来，指标筛选需同时考虑排放强度和源强规模。指标确定的基本思路如下。

总体指标类：参考现有研究成果进行筛选。

农业指标类：比较直观，采用排污系数法筛选。

工业指标类：比较复杂，采用污染普查数据统计。

城镇生活类：比较固定，采用排污系数法筛选。

环境保护类：需依据研究对象而定。

（1）以分析海洋环境污染要素为基础，追根溯源（图 22.1）。海洋污染物类型分析（总氮、总磷、COD、重金属、石油类）；入海污染物途径分析（排污口、河流入海、海岸地表径流、沉降）；每种污染物的来源分析。

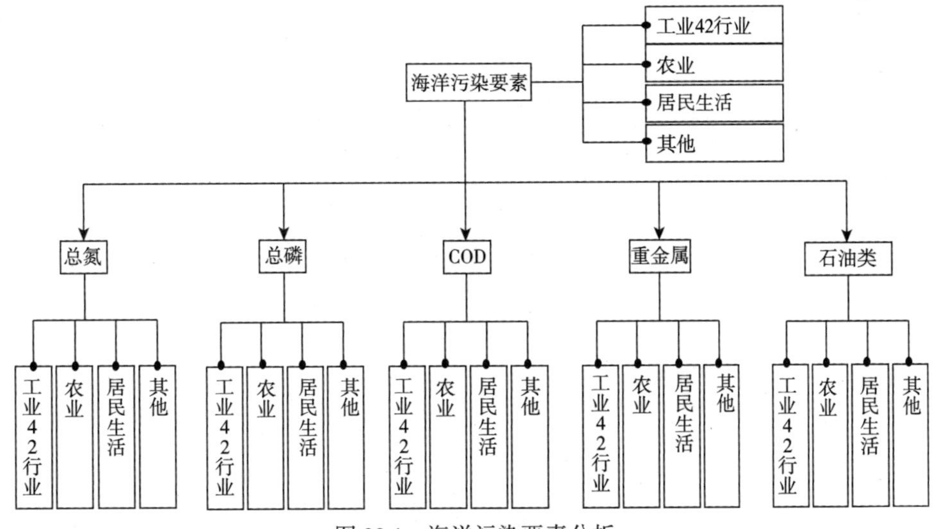

图 22.1　海洋污染要素分析

（2）依据社会经济活动的分类提取不同层面指标（图 22.2）。将社会经济活动污染以点源和面源污染特征分类，分别对工业、农业和城市生活进行分类。

（3）利用规模比重和排污能力选择行业指标。依据工业行业规模、行业排污总量、排污入海总量和污染物构成特征，筛选主要影响的指标项，如图 22.3 和表 22.1 所示。计算辽宁近 10 年各工业行业实际排放量，采用公式 $P=\alpha \cdot s \cdot \beta$（排放系数 × 行业规模 × 废水处理率），将各行业每年的 P 进行排序，选择比重累计达 80% 以上的所有工业行业作为指标。各类系数的来源具体参考表 22.2。

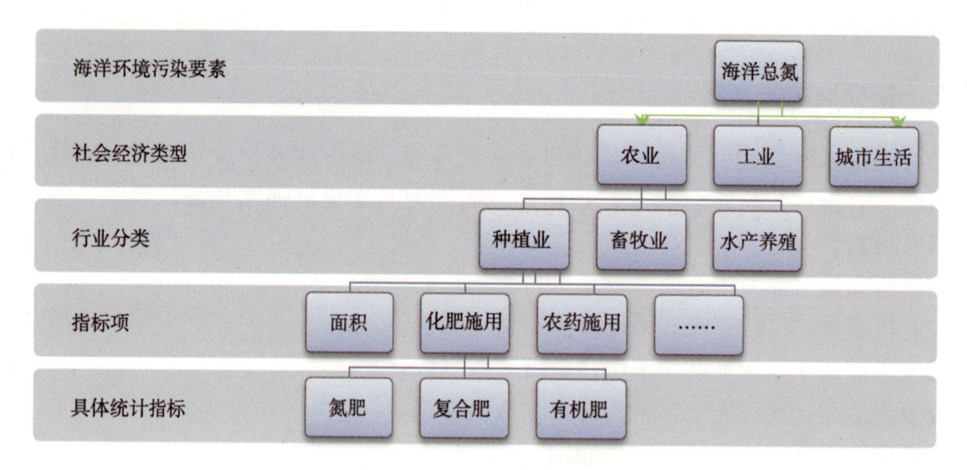

图 22.2　社会经济活动污染分类

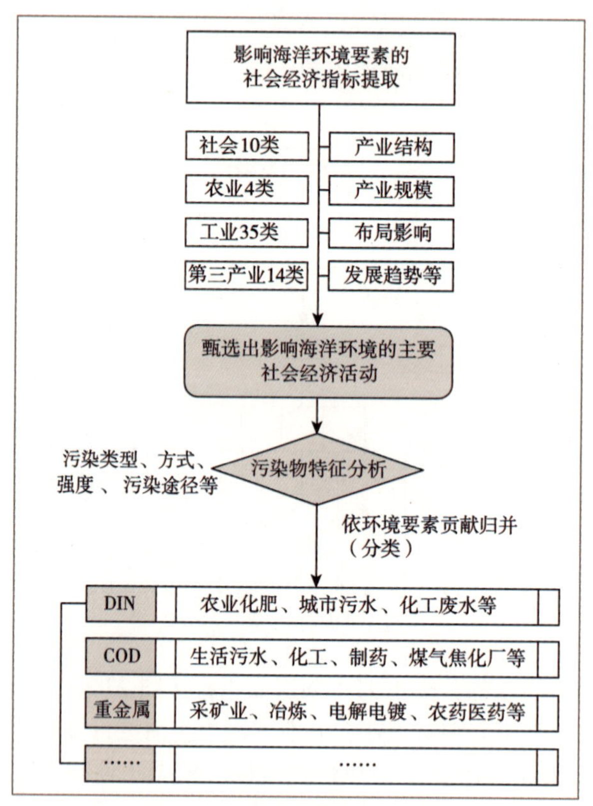

图 22.3　指标选取的基本思路

表 22.1　指标选取的基本步骤

步骤	指标来源或参考依据
社会经济活动标准分类	参考统计年鉴分类方法
依据含氮污染物的产排污系数提取具体行业	污染手册或国家、行业排放标准（类型、方式、严重程度）

续表

步骤	指标来源或参考依据
依据行业规模进行筛查并剔除	产值或主要产品产量
选取操作性强、获取相对容易的产生类指标	产生类指标
选取对污染物产生、分布影响较大的影响类指标	影响类指标
依据研究结论对指标进行再调整	根据实际剔除冗余，选取主要指标项
确定指标体系	具体确定产值（产量）

表 22.2　各行业产污、排污系数来源

各类系数	来源 / 方法	
产污系数	种植业	化肥、有机肥实际施用量
	畜牧业	排泄系数
	工业各行业	工业污染普查手册 工业各行业废水排放标准
	居民生活（城镇 + 农村）	城镇生活源产排污系数手册
排污系数	种植业	吸收率、流失率
	畜牧业	平均浓度估算法 排泄系数估算法
	工业各行业	工业污染普查手册 工业各行业废水排放标准 统计数据的反演
	居民生活（城镇 + 农村）	城镇生活源产排污系数手册
入河系数	文献资料；点源污染物（0.8 ～ 0.9）；面源污染物（0.02 ～ 0.2）	

三、指标体系的构建

指标体系按社会经济分为四大类，包括总体指标类、农业生产类、工业生产类、城镇生活类。表 22.3 为社会经济主要指标项。

表 22.3　影响污染物排放的主要社会经济指标

类型层	行业层	指标层（变量层）		备注
总体指标	种植业	人口	非农人口	数量
			农业人口	数量
		经济发展水平	GDP	数量
			一产 GDP	数量
			工业 GDP	数量
			三产 GDP	数量
		土地利用	建成区面积	数量
			工业用地面积	数量

续表

类型层	行业层	指标层（变量层）		备注
农业生产	种植业	化肥	N	数量
			P	数量
			K	数量
			复合肥	数量
			有机肥	数量
		农药	主要农药种类	数量
		生产水平	耕地面积	数量
			灌溉面积	数量
			机械化水平	投入量
	畜牧业	种类	猪	数量（产量）
			牛	数量（产量）
			羊	数量（产量）
			鸡等	数量（产量）
		粪便	猪、牛、羊、鸡等	数量 × 排污系数
	渔业	产量	产量（产值）	数量（产值）
		饵料	投入量	数量
		粪便	排污系数	数量 × 排污系数
工业生产	内陆工业（污水排放重点行业）	黑色金属矿采选业	生铁、钢	产量
		黑色金属冶炼及压延业	生铁、钢	产量
		石油和天然气开采业	原油	产量
		石油加工业	乙烯	产量
		化学原料及化学品制造业	化学纤维	产量
		塑料制品业	塑料	产量
		煤炭开采业	煤炭	产量
		装备制造业	产值	产值
		食品加工业	产值	产值
		医药制造业	产值	产值
		造纸及纸制品业	产值	产值
		纺织业	产值	产值
	临海产业	港口工业	吞吐量	数量
		造船工业	造船吨位	数量
		海水淡化产业	淡化水量	数量
		海水运输业	运输量	数量
		海水油气开发	产量（比重）	数量（比重）
城镇生活	居民生活及服务业	（三产）	产值	产值
	城市径流		径流数据	数量

四、构建影响海洋环境的社会经济活动指标体系

将社会经济活动划分为农业生产活动、工业生产活动和居民生活三大类，指标选取具体方法为：①依据氮污染特征，参考产排污系数，筛选出与氮排放有关的生产、生活活动；②通过统计数据的分析，筛选出规模大、强度大的社会经济活动；③在此基础上选择能很好反映该社会经济活动的操作性强、获取相对容易的统计指标；④参考已有文献研究对指标进行修正和补充（图 22.4）。依据以上思路确定了影响流域氮排放的社会经济指标 34 个（表 22.4），具体分为总体指标类、农业生产类、工业生产类和土地利用类。另外，总磷的污染源类型与总氮具有高度的同源性，因此，总氮和总磷的污染源指标基本相同。

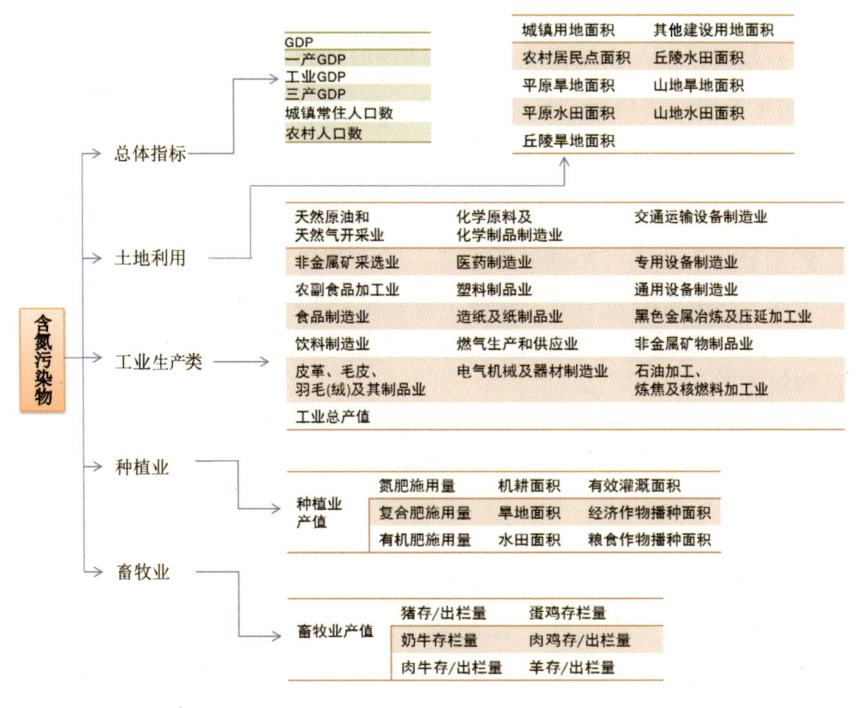

图 22.4　氮污染的社会经济指标体系

表 22.4　影响氮排放的主要社会经济指标

指标类		指标项	
总体指标		GDP	三产 GDP
		一产 GDP	城镇常住人口数
		工业 GDP	农村人口数
农业生产指标	种植业	氮肥施用量	机耕面积
		复合肥施用量	旱地面积
		有机肥施用量	水田面积
	畜牧业	猪存 / 出栏量	蛋鸡存栏量
		奶牛存栏量	肉鸡存 / 出栏量
		肉牛存 / 出栏量	

续表

指标类	指标项	
工业生产指标（产值或产量）	化学原料及化学制品制造业	造纸及纸制品业
	石油加工、炼焦及核燃料加工业	黑色金属冶炼及压延加工业
	农副食品加工业	食品制造业
	饮料制造业	医药制造业
土地利用指标	城镇用地面积	丘陵旱地面积
	农村居民点面积	丘陵水田面积
	其他建设用地面积	山地旱地面积
	平原旱地面积	山地水田面积
	平原水田面积	

1. 影响总氮/总磷排放的社会经济活动指标体系

在对各类社会经济活动产排污系数和统计数据分析基础之上，筛选确定了影响流域总氮 / 总磷排放的社会经济指标，具体如表 22.4 所示。

2. 影响COD排放的社会经济活动指标体系

从影响 COD 排放的众多社会经济活动中甄别其主要影响因素是研究的基础。将社会经济活动依然划分为农业生产活动、工业生产活动和居民生活三大类，在指标选择过程中充分考虑了社会经济活动的类型、规模、强度及 COD 产排系数。在对各类社会经济活动产排污系数和统计数据分析基础之上，筛选确定了 32 个影响流域 COD 排放的社会经济指标，具体如表 22.5 所示。

表 22.5　影响 COD 排放的社会经济指标

指标类		指标项	
总体指标		GDP	三产 GDP
		一产 GDP	城镇常住人口数
		工业 GDP	农村人口数
农业指标	种植业	有机肥施用量	旱地面积
		机耕面积	水田面积
	畜牧业	猪存 / 出栏量	蛋鸡存栏量
		奶牛存栏量	肉鸡存 / 出栏量
		肉牛存 / 出栏量	
工业指标（产值或产量）		造纸及纸制品业	饮料制造业
		化学原料及化学制品制造业	农副食品加工业
		黑色金属冶炼及压延加工业	医药制造业
		石油加工、炼焦及核燃料加工业	皮革、毛皮、羽毛（绒）及其制品业
土地利用指标		城镇用地面积（建成区面积）	丘陵旱地面积
		农村居民点面积	丘陵水田面积
		其他建设用地面积	山地旱地面积
		平原旱地面积	山地水田面积
		平原水田面积	

指标体系构建是社会经济活动影响海洋环境压力机制的基础，之后的污染物排放量估算，以及污染治理重点对象的确定都需要以该指标体系为基础。

总氮 = 农业生产源 + 居民生活源 + 工业生产源

= 种植业 + 畜牧业 + 城镇生活 + 农村生活 +39 个工业行业

= 水田 + 旱地 + 园地 + 各类畜禽 + 各级城镇 + 各地区农村生活 +39 个工业行业

= 448 个区县的（水田 + 旱地 +…+…+39 个工业行业）

社会经济活动污染排放估算结果分析逻辑如图 22.5 所示。社会经济活动氮污染排放估算项如表 22.6 所示。

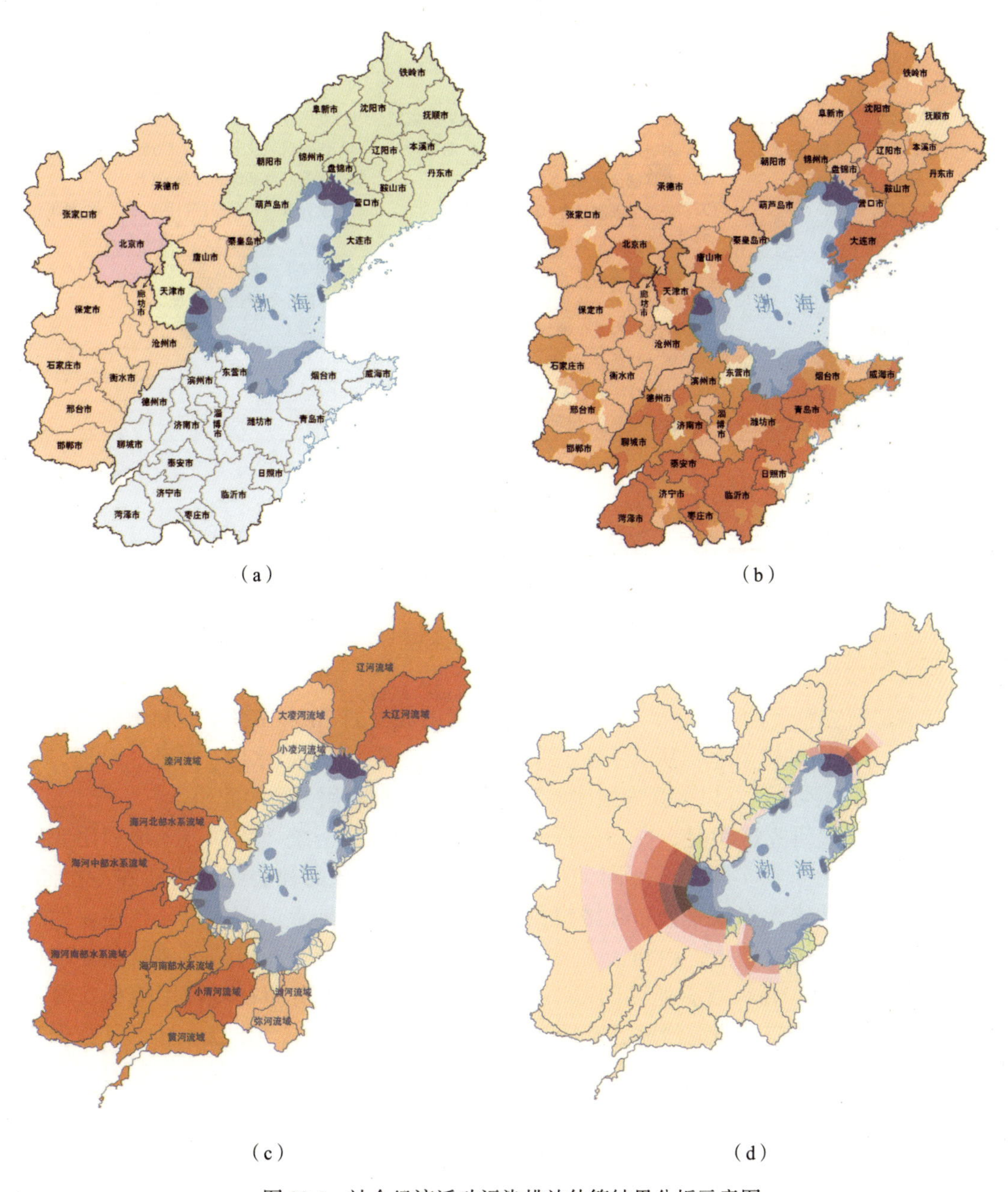

图 22.5　社会经济活动污染排放估算结果分析示意图

表 22.6 社会经济活动氮污染排放估算项

编号	估算项目	编号	估算项目	编号	估算项目
1	城镇_生活污水量	21	有色金属矿采选业_氨氮	41	塑料制品业_氨氮
2	城镇生活_TN	22	非金属矿采选业_氨氮	42	非金属矿物制品业_氨氮
3	乡村_生活污水量	23	其他采矿业_氨氮	43	黑色金属冶炼及压延加工业_氨氮
4	乡村生活_TN	24	农副食品加工业_氨氮	44	有色金属冶炼及压延加工业_氨氮
5	乡村生活_动植物油	25	食品制造业_氨氮	45	金属制品业_氨氮
6	乡村_生活垃圾量	26	饮料制造业_氨氮	46	通用设备制造业_氨氮
7	总氮（TN）_水田_单季稻	27	烟草制品业_氨氮	47	专用设备制造业_氨氮
8	总氮（TN）_旱地_春玉米	28	纺织业_氨氮	48	交通运输设备制造业_氨氮
9	总氮（TN）_旱地_大田一熟	29	纺织服装鞋帽制造业_氨氮	49	电气机械及器材制造业_氨氮
10	总氮（TN）_旱地_露地蔬菜	30	皮革毛皮羽毛（绒）及其制品业_氨氮	50	通信计算机及其他电子设备制造业_氨氮
11	总氮（TN）_旱地_园地	31	木材加工及木竹藤草制品业_氨氮	51	仪器仪表及文化办公制造业_氨氮
12	猪_总氮	32	家具制造业_氨氮	52	工艺品及其他制造业_氨氮
13	奶牛_总氮	33	造纸及纸制品业_氨氮	53	废弃资源和废旧材料回收加工业_氨氮
14	肉牛_总氮	34	印刷业和记录媒介的复制_氨氮	54	电力、热力的生产和供应业_氨氮
15	蛋鸡_总氮	35	文教体育用品制造业_氨氮	55	燃气生产和供应业_氨氮
16	肉鸡_总氮	36	石油加工、炼焦及核燃料加工业_氨氮	56	水的生产和供应业_氨氮
17	猪_总磷	37	化学原料及化学制品制造业_氨氮		
18	煤炭开采和洗选业_氨氮	38	医药制造业_氨氮		
19	石油和天然气开采业_氨氮	39	化学纤维制造业_氨氮		
20	黑色金属矿采选业_氨氮	40	橡胶制品业_氨氮		

第二节 社会经济要素的空间化

一、社会经济要素不均匀分布的空间处理

在满足研究精度的前提下，将 2005 年土地利用数据的 26 个二级土地利用分类合并为 10 类，分别为城镇用地、其他建设用地、农村居民点、旱地、水田、林地、草地、水体、滩涂、裸地沙地，并以区县为统计单元提取每类土地利用类型的面积。

为客观反映研究区状况，提高分析的精度，对社会经济统计数据与土地利用数据进行了匹配，由于在实际中，不同利用类型的土地上承载的社会经济活动并不相同，如工业生产活动绝大多数是分布在城镇用地和其他建设用地上，而不是分布在耕地或其他类型土地利用类型上，因此，工业相关统计数据也应分布在城镇用地及其他建设用地上；相应地，污染普查监测的 COD 或氨氮数据应主要分布在城镇用地和农村居民点用地上，而不应分布在沙地、草地或其他土地利用类型上，图 22.6 显示了数据空间化及与各土地利用类型匹配的过程，数据空间化过程中每类土地利用类型内部各社会经济数据按平均分布处理。

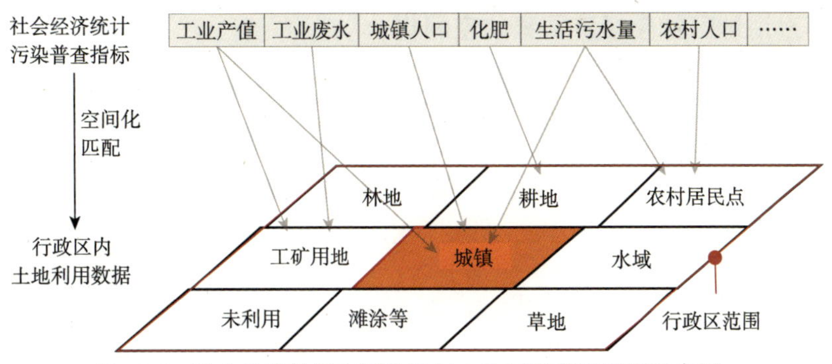

图 22.6　社会经济数据空间化及与土地利用类型匹配示意图

用地面积权重法在空间分布模拟时，通过将统计数据的空间基础从行政单元替换为与之关联的土地利用类型单元（以下简称用地单元），实现行政单元内统计数据的不均匀分布。用地面积权重法需要在地理信息系统环境下实现，环渤海三省两市土地利用数据量超过 1GB，多边形单元数量超过 37 万个。其原理是：统计指标是对社会经济活动的定量表达，其发生的位置存在空间差异。土地利用类型是人类社会经济活动对地球表面综合作用的结果，以人类社会经济活动为纽带，建立统计指标与土地利用类型的关系，将统计指标分配到与之对应的用地单元上，只有与之相关的用地单元才被赋予统计指标值，其他位置不存在统计值。这种分配方法打破了统计指标值均匀分布的假设，实现了行政单元内统计数据的不均匀分布，通过赋权的方法表达统计指标在不同类型用地单元的不均匀分布。

流域边界外数据的剔除是指跨流域边界且位于流域边界之外的行政区范围内各类数据的剔除。流域边界与行政区划边界并不重叠，流域边界往往将行政区范围割裂为多个部分，位于流域边界之外的部分并不属于研究区范围，为提高研究精度，该部分数据应予剔除。具体思路为：依据边界外各土地利用面积比例确定各类型数据的剔除比例，如化肥施用量数据的确定。承载化肥投入的主要土地类型是耕地，包括各类旱地和水田，以地理信息系统为平台计算流域范围外该行政区的各类旱地和水田面积，确定该面积占该行政区旱地和水田总面积的比例，行政区化肥施用总量乘该比例即为该行政区落在流域外的施用量数据，应予以剔除，图 22.7 显示了剔除过程。

图 22.7　跨流域边界的行政区数据剔除示意图

二、环渤海地区社会经济要素的空间化

（一）环渤海实证分析结果的误差评价

选择应用最为广泛的人口、一产 GDP、工业 GDP、三产 GDP 四项指标进行简单面积权重法和用地面积权重法的比较。数据采用《中国区域统计年鉴》2005 年地市级行政单元统计资料和县市级统计资料。以河北省、山东省、辽宁省地市级行政单元为源分区单元，以县市级行政单元为目标分区单元，用各地市的统计数据估计各县市的统计指标值。最后以县市统计资料为实际值，通过计算估计值 y' 相对于实际值 y 的误差的绝对值与实际值的百分比 e，进行两种方法的比较。

$$e=\frac{|y'-y|}{y} \tag{22.1}$$

简单面积权重法计算人口指标的平均误差为 43.12%，最大误差为 527.81%；第一产业增加值平均误差为 47.03%，最大误差为 1194.11%；工业增加值平均误差为 144.40%，最大误差为 1711.11 %；第三产业增加值平均误差为 135.56%，最大误差为 2101.10%。用地面积权重法计算人口指标的平均误差为 22.06%，最大误差为 115.98%；第一产业增加值平均误差为 29.84%，最大误差为 295.33%；工业增加值平均误差为 52.18%，最大误差为 460.54%；第三产业增加值平均误差为 45.29%，最大误差为 476.03%。不论哪一种指标使用简单面积权重法，均会造成很大的误差。用地面积权重法的平均误差和最大误差较简单面积权重法小很多，并且可以保证 90% 以上单元的误差控制在实际值的一倍以内。因此，与简单面积权重法相比，用地面积权重法能够有效控制误差，平均误差综合降低了 52%，可以提供更高的统计数据空间分析准确度。

（二）环渤海社会经济要素不均匀空间化

从地图渲染的结果来看，面积权重内插法的结果通过行政单元进行地图渲染，人口密度在整个行政单元范围内是均匀分布的，无法显示人口分布的特征。用地面积权重法地图渲染的结果能够客观地显示人口分布特点。以辽宁省为例，首先，用地面积权重法呈现了地形对人口分布的影响。辽宁省西部和东部地势高的山区人口密度低；辽宁省中部地势平缓的地区人口密度高。其次，用地面积权重法呈现了人口向海分布的特征。沿海岸带地区的人口密度整体较高。再次，用地面积权重法呈现了河湖水系对人口分布的影响。河流沿线人口密度较高。最后，用地面积权重法呈现了交通线路对人口分布的影响。铁路、国道沿线人口密度较高。采用用地面积权重法对空间分布进行模拟的过程中并没有考虑距海岸线、河流、交通线的距离及地形等因素，但其结果仍然能够客观地体现出这些自然因素和社会经济因素所影响的人口分布特征。

（三）用地面积权重法呈现更真实的区域差异

用地面积权重法较简单面积权重法而言，不仅精度提高，还反映出了均匀分布掩盖的区域差异，这对分区转换有重要的意义。图 22.8 是辽宁省人口数据采用两种方法地图

渲染的结果。简单面积权重法缺乏现实基础，导致以下结果。①不能正确反映城乡差异：图 22.8（a）中标注位置可以看出锦州、盘锦、大连地区城区所在分区的人口数少于乡村地区人口数。②不能反映面积相近区域的区域差异：图 22.8（b）中标注位置可以看出阜新、铁岭地区两个分区的面积相当，简单面积权重法没有表现出两区域差异。③不能很好反映近岸特征：由于近岸区域流域分区面积大小相近，简单面积权重法难以表达社会经济要素近岸空间分布特征。用地面积权重法在上述区域与简单面积权重法呈现了完全不同的结果，主要原因在于其进行空间分布模拟是基于土地利用数据，具有现实基础，因此，其结果能够呈现更真实的区域差异。

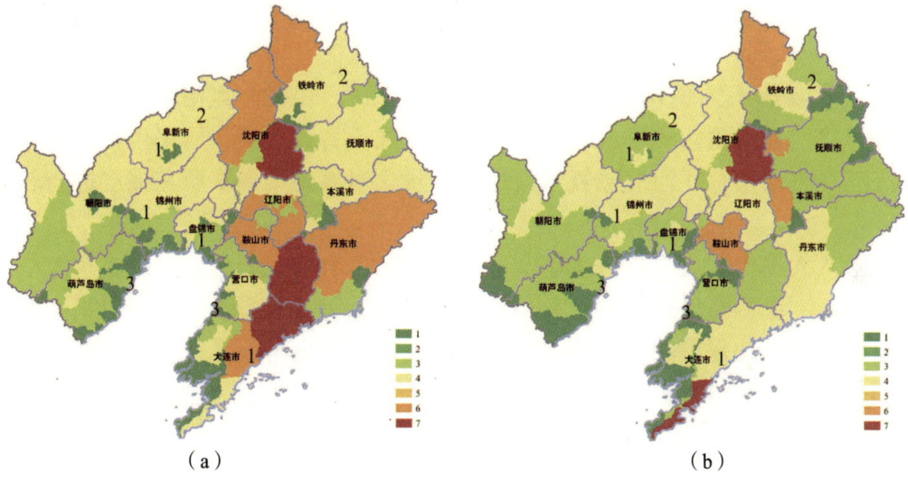

图 22.8 简单面积权重法和用地面积权重法对人口数据的空间分析结果（调整到渤海）

第二十三章 环渤海地区社会经济活动对海洋环境压力评价

本章以流域分区及海洋污染分区耦合研究为基础，以渤海氮污染为例，分析环渤海地区社会经济活动总氮污染排放，从农田化肥流失、畜禽养殖、居民生活、城市径流和工业生产五个方面估算辽河流域氮污染负荷总量，对氮污染的来源和强度进行较为全面的剖析。

党的十八大提出“大力推进生态文明建设”①，十九大进一步提出要“改革生态环境监管体制”，“统一行使监管城乡各类污染排放和行政执法职责”②。国家不仅重视生态环境建设，而且加强了制度化落实。海洋生态文明建设是不可替代的，是生态文明建设的基石。而过去的30年，我国的海洋环境变化令人担忧，尤其是渤海环境的恶化。1980年以前，渤海海域基本为清洁海域，1990年渤海各海域海水质量总体处于较好水平，仅辽东湾、渤海湾、莱州湾局部海域有二类水质的分布，至2015年，渤海未达到一类海水水质标准的海域面积已达3.7万平方千米，占渤海面积的48%，其中，四类和劣四类水质面积约1.1万平方千米，集中分布在近岸海域及三大海湾，渤海已然成为我国海洋环境最为脆弱的海区。在30年的时间尺度内，渤海环境急剧恶化与沿岸社会经济快速发展、人口高度集中、工业化进程等社会经济活动强度不断加大有密切的联系。初步结论表明，临海及邻近陆域的社会经济活动对渤海海洋环境污染的贡献超过80%，要遏制海洋环境污染的趋势，需要厘清沿岸污染源的结构与强度，为落实城乡各类污染排放监管提供积极支撑。

第一节 社会经济活动与渤海海洋环境的关系

国内学者已经对渤海污染及污染源进行了多方面研究。最早关注渤海污染的文章发表在1977年第17期《环境科学动态》上，是关于国务院环办召开的防止渤海污染座谈会的内容，当时渤海的污染物是石油类，文章提出要加强企业管理，严控“三废”治理。

①《坚定不移沿着中国特色社会主义道路前进 为全面建成小康社会而奋斗——在中国共产党第十八次全国代表大会上的报告（2012年11月8日）》，《人民日报》，2012年11月18日，第1版。

②《决胜全面建成小康社会 夺取新时代中国特色社会主义伟大胜利——在中国共产党第十九次全国代表大会上的报告（2017年10月18日）》，《人民日报》，2017年10月28日，第1版。

至此以后到 1995 年，关于渤海污染的文献资料多是关于石油类污染的研究，关注其他污染物的文献较为零星。1995 ～ 2005 年，评价渤海重金属和赤潮污染状况的研究逐渐增多，重点关注了污染规模和空间分布特征，但对污染源的分析评价较少。2005 年后，随着渤海污染的加剧，研究对象逐步细化，针对各海湾污染的研究增多，同时，氮、磷和 COD 等污染物成为学者关注的热点。2015 年后，研究重点逐渐由污染状况评价转移至污染途径与污染源分析上，污染物入海途径研究主要体现在海河、滦河、辽河等渤海周边河流的污染入海通量和影响因素分析，这些研究将海洋污染的源头追溯到流域，进一步探索流域污染驱动机制与河海污染影响的关系。至此，陆源污染研究逐渐细化，从社会经济总体发展与污染的关系、种植业面源污染、工业点源污染、畜禽养殖业污染等不同角度聚焦污染源分析，并通过定量方法对陆源污染压力进行估算，提出要通过管控陆域社会经济活动来保护海洋环境，以陆海统筹思路治理海洋环境的观念逐步被人们所认同。

现有研究为分析陆源污染的来源、规模、空间分布特征等问题提供了很好的借鉴，但现有研究多以行政区为研究单元分析污染源压力，这样会因行政区范围与流域（或汇水区）范围不统一造成入海污染压力估算上的误差，导致陆源污染排海压力与海洋环境实际变化在空间上难以对应起来，制约了陆海统筹环境管理政策的制定和实施。

本章以环渤海地区为研究区域，采用 2、3 级河网分类将环渤海地区划分为 23 个汇水区，确保每个汇水区有独自对应的入海岸段，即每个汇水区内的水体都可通过自己的入海口排入渤海，组成 23 对陆海统筹管理分区。本章以陆源社会经济活动的氮污染物为研究对象，分析区域内氮污染排放源，估算不同污染源的污染排放量，以县区、地市和汇水区三级空间单元为基础，分析环渤海地区社会经济活动氮污染排放的空间分布特征，并将 23 个汇水区产生的污染物压力均摊到对应的海岸线上，研究陆源污染压力与海域环境污染之间的空间对应关系，为以陆海统筹思路治理渤海污染提供积极的探索。

第二节　影响海洋环境的主要社会经济要素的甄选与指标体系构建

根据第二十二章的指标筛选原则与方法，确定对渤海环境造成影响的各类陆域社会经济活动，依据生产方式和排污方式的不同，将影响海洋环境的社会经济指标体系分为四大类，包括：总体指标类、农业指标类、主要工业指标类、土地利用指标类。表 23.1 为社会经济主要指标项。

表 23.1 影响污染物排放的主要社会经济指标

指标类		指标项	
总体指标		GDP	三产 GDP
		一产 GDP	城镇常住人口数
		工业 GDP	农村人口数
农业指标	种植业	氮肥施用量	机耕面积
		复合肥施用量	旱地面积
		有机肥施用量	水田面积
	畜牧业	猪存 / 出栏量	奶牛存栏量
		蛋鸡存栏量	肉鸡存 / 出栏量
		肉牛存 / 出栏量	
主要工业指标（产值或产量）		化学原料及化学制品制造业	黑色金属冶炼及压延加工业
		造纸及纸制品业	石油加工、炼焦及核燃料加工业
		农副食品加工业	食品制造业
		饮料制造业	医药制造业
土地利用指标		城镇用地面积	丘陵水田面积
		农村居民点面积	丘陵旱地面积
		其他建设用地面积	山地旱地面积
		平原旱地面积	山地水田面积
		平原水田面积	

在指标筛选过程中需同时考虑排放强度和源强规模两类因素，环渤海地区社会经济活动中主要影响氮污染物排放的指标选取如表 23.1 所示。

第三节 环渤海地区陆海耦合分区研究

一、陆海耦合分区研究的必要性

陆海统筹管理分区的管理调控思路是以遵循陆源水污染输出的自然规律为前提，以某一种污染要素（如氮污染要素）的陆海空间关系构建陆海一体的管理分区，并依据以海定陆的原则确定陆域管理调控的目标及重点，从陆域社会经济活动入手进行管理调控。陆域和海域如何衔接，如何实现陆海统筹分析是陆海统筹管理分区方法要解决的关键问题。岸线是表达陆海空间关系的地理要素，本节以岸线为中心，通过对岸线进行岸段划分，并分别表达岸段陆源污染输出的压力特征及岸段海域污染响应特征，在综合分析岸段陆海污染特征的基础上，将污染源头的范围和污染影响的范围关联起来，陆海统筹地制定海域水质管理目标，根据统筹分区的水质管理目标确定管理调控的重点区域，并分析区域内污染来源及社会经济活动特征，从而提出相应的管理对策，实现对海域污染的陆海统筹管理。

依据陆域水系自然特征将陆域划分为若干流域和汇水单元，同时依据海洋污染状况和水动力情况将海域污染进行分区，并通过陆域污染入口将两类分区进行耦合连接，组成若干陆海统筹管理单元，实现陆源污染源与海域污染区的空间耦合，将自然分区、行政分区与管理分区有机结合，为污染治理提供污染源识别、污染量估算等重要参考，为陆海环境统筹提供可操作的研究思路与技术手段，在理论和研究方法方面有所突破。

统筹的概念建立在系统理论的基础上，系统理论是陆海统筹管理分区问题研究的理论基础，根据系统理论的基本原理，将陆海统筹管理分区划分为陆域子系统分区、海域子系统分区。第一，根据渤海环境污染的自然过程，以污染物为纽带建立陆海子系统联系并进行陆海统筹分析。第二，分区管理理论是分区研究的理论基础，也是分区调控的理论基础。分区管理理论指导分区认识氮污染形成的自然过程，对海域环境资源进行因地制宜的管理，为以海定陆的分区管理调控提供科学依据。第三，环境经济学理论对环境问题进行了经济学解释，是运用经济学的方法研究解决环境问题的理论基础，环境-经济协调发展理论指导陆海统筹管理分区调控目标及管理对策的制定。陆海统筹管理分区的过程首先是通过氮污染的压力响应特征分析确定分区单元，其次，制定各分区单元的水质管理目标，最后根据分区单元的水质管理目标及邻接关系对分区单元进行归并，形成陆海统筹管理分区。

海洋污染主要源于陆源排污已是共识，由于水体污染的输移，陆域污染源可以在遥远的海域引起显著的污染，这种污染源与实际污染区域在空间上的错位分布导致难以明确污染与源头的对应关系，仅能笼统地认为海域污染物来自周边陆域排放，这种认识显然不能满足陆海环境统筹治理的需要。如何将海洋污染与陆域污染源在空间上尽可能对应起来，是落实陆海环境统筹治理需要解决的关键问题。河流输入是陆源污染物入海的主要途径，入海口成为陆域污染输入和海洋污染区域最直接的联系纽带，向上承接着流域污染物的汇集，向下将污染源源不断地扩散到对应的海域，不同的入海口对应着不同的流域范围，影响着不同的海域范围，以入海口为切入点对陆域和海域进行分区，将这些分区一一对应起来，做到对污染物的溯本求源，这有利于划清责权，为陆海环境统筹治理提供技术保障。

本节以环渤海地区为例介绍分区内容，具体包括陆域流域分区、社会经济要素空间化、海域污染分区和陆海分区匹配等方面。

二、流域分区的方法

采用 Arc Hydro Tools 结合高分辨率 DEM 数据，通过已知河网校正的流域提取方法能够提取到小面积（1 平方千米）的汇水区。定义相邻流域边界和水陆分界线（岸线）构成的三角形区域为近岸分区单元，研究区域被划分为汇水单元和近岸分区单元。近岸分区单元可以进一步细分为面积更小（汇水面积更小）的汇水单元和近岸分区单元。面积更小的汇水单元和近岸分区单元刻画了上一级近岸分区单元，即水陆交界区域污染输出的细节，可以更加准确地确定陆源水污染入海的位置。不断重复这个过程可以形成多尺度的层级嵌套的分区体系，如行政单元分区体系，地级市行政单元可以被进一步细分为面积更小的区、县行政单元。同样地，近岸分区单元也可以通过更小的汇水面积阈值划分为更小的汇水单元和近岸分区单元。一个近岸分区单元面积在 1000 平方千米以上的大尺度分区单元，可以被不断细分为汇水单元面积在几十平方千米，近岸分区单元面积在 10 平方千米以内的小尺度分区单元。大尺度分区单元对其细分的小尺度分区单元具有嵌套性，即被细分的分区单元的边界与其内部所有分区单元合并后的边界一致（图 23.1）。

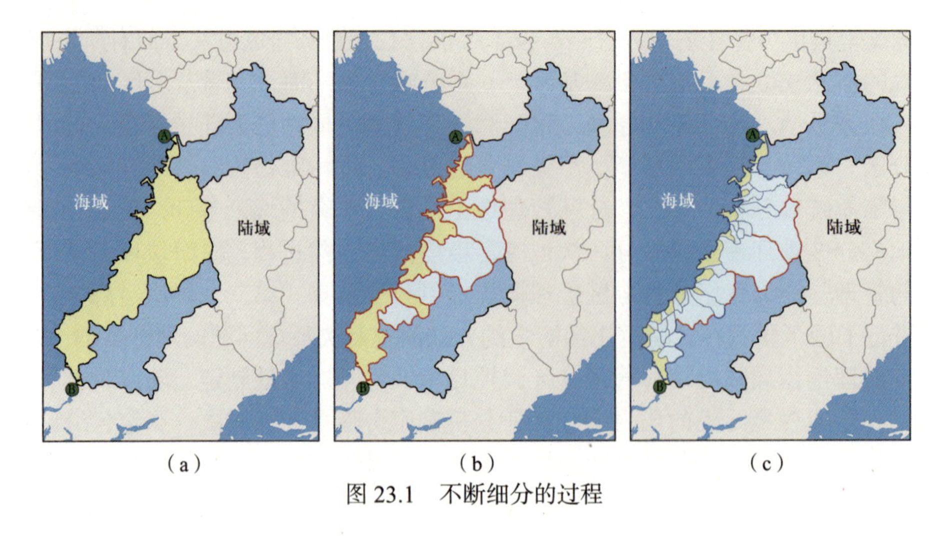

（a）　（b）　（c）

图 23.1　不断细分的过程

流域分区是先细化再概化的过程。细化的目的是对水陆交界区域陆源水污染的输出位置进行清晰的界定，是一个追求自然规律的过程。概化的目的有两个：一是数据分析的需要，二是实现管理的需要。

DEM 数据采用源于中国科学院计算机网络信息中心国际科学数据服务平台的水平分辨率为 30 米的 ASTERGDEM DEM 数据。环渤海三省两市的行政界线来自国家基础地理信息系统全国 1 ∶ 400 万地形图，河流数据分别来自国家基础地理信息系统全国 1 ∶ 400 万地形图，以及近海区域我国近海海洋综合调查与评价专项成果的 1 ∶ 25 万基础地理数据。

（一）流域分区技术流程

流域分区技术流程如图 23.2 所示，其中，汇水单元的划分流程采用前文所述的技术流程。

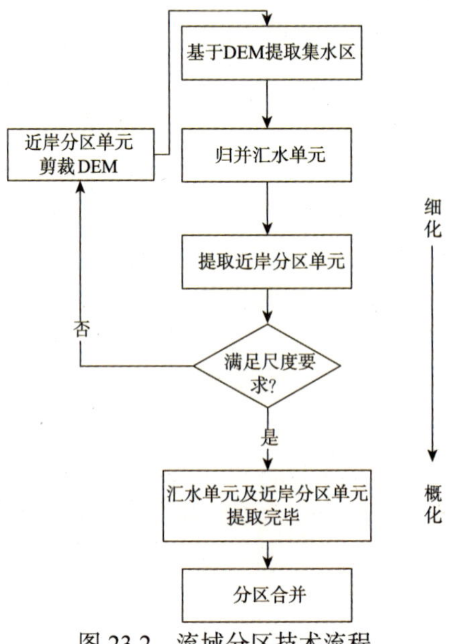

图 23.2　流域分区技术流程

第一步，基于 DEM 数据设定一定集水面积阈值提取集水区。

第二步，归并汇水单元，如果是第一次划分流域，可以根据河网关系，通过连接集水区归并汇水单元，也可以直接提取已知河网的流域。如果不是第一次划分流域，而是要将近岸分区单元细化，则通过 ArcMap 中的 select by location 命令用近岸分区单元选择新提取的集水区，新提取的集水区即是近岸分区单元内更小尺度的入海河流的流域。

第三步，提取近岸分区单元，如果是第一次划分近岸分区单元，以研究区域和上一步刚划分的流域单元为输入参数进行 Identity 叠加分析，即可得到新的近岸分区单元。如果不是第一次划分近岸分区单元，以上一次操作得到的大尺度的近岸分区单元和刚划分的流域单元为输入参数进行 Identity 叠加分析，即可得到新的小尺度的近岸分区单元。

第四步，判断汇水单元和近岸分区单元结果是否能满足应用的尺度要求，如果满足，操作完毕；如果不满足，用近岸分区单元剪裁 DEM 数据，重新回到第一步（如果有必要，可以基于更大比例尺的已知河网数据进行地形修复和流向校正），设定更小的集水面积阈值，基于近岸分区单元内的 DEM 提取集水区。

第五步，通过地图叠加显示，综合分析各分区单元的面积、污染输出类型、土地利用类型、地貌特征、海域污染特征及邻接单元的特征，将特征相似的流域分区单元进行合并。入海口邻近流域及中间所夹的岸线分区合并为一个大的输出分区单元，合并时采用 merge 数据编辑工具。

（二）已知河网校正的流域提取方法

Arc Hydro Tools 是由美国环境系统研究所（Environmental Systems Research Institute，ESRI）公司和美国得克萨斯州奥斯汀大学水资源研究中心（Center for Research in Water Resource，CRWR）联合开发的水文模型，作为组件运行于 ArcGIS 平台。Arc Hydro Tools 提供了基于 DEM 数据的完备的水文特征提取方法，并基于已知河流、湖泊、水库等辅助信息，提供了地形修复、河道校正等功能，这能有效解决平原地区河网提取及流域提取的问题。相关研究已经表明，基于高分辨率的 DEM 数据应用 Arc Hydro Tools 进行地形修复和河道校正，可以很好地解决平原地区河网提取及流域提取的问题，并且通过设定不同集水面积阈值，可以实现多级河网提取、子集水区及流域提取。

Arc Hydro Tools 基于 DEM 数据的流域提取的基本流程如图 23.3 所示，其中，洼地填充、流向计算、汇流能力计算和传统方法的实现方式一致。Arc Hydro Tools 不再通过出水口定义流域，而是首先通过设定汇流能力的阈值定义河网，其次根据河网的交点划分河段，由河段确定集水区，最后根据河网关系，连接集水区形成流域。

Arc Hydro Tools 仅仅基于 DEM 数据提取河网划分流域的结果与传统基于 DEM 数据的流域提取技术得到的结果基本一致。仅基于 DEM 数据进行流域提取有时难以得到满意的结果，如 DEM 的误差或流向计算采用的 D8 算法的缺陷使得在地势平缓的地区生成的河网与实际河网往往不匹配。因此，Arc Hydro Tools 提供了基于辅助信息的数据处理方法，以河道、湖泊、水库、流域边界、河流分支等已知水文要素数据为辅助信息，用辅助信息对 DEM 数据进行校正，进而改进流向计算的结果，最终把辅助信息的水文模式刻画在 DEM 数据提取的水文特征中。

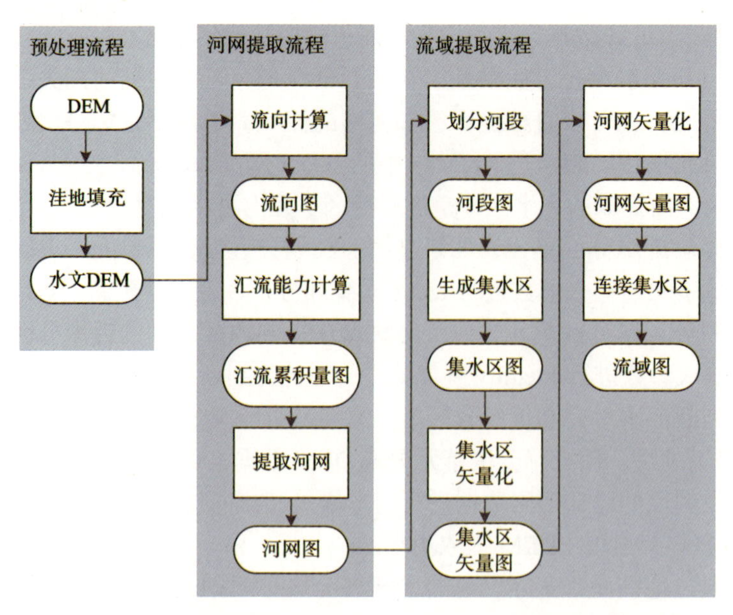

图 23.3　Arc Hydro Tools 基于 DEM 数据的流域提取的基本流程

Arc Hydro Tools 提供了地形修复和河道校正的功能，可以将已知河网作为辅助信息对 DEM 数据进行地形修复和流向校正处理（图 23.4），将已知河网的水文模式刻录在（burning）DEM 数据中，其改进了流向计算结果，使基于 DEM 数据提取的河网与已知河网相吻合。

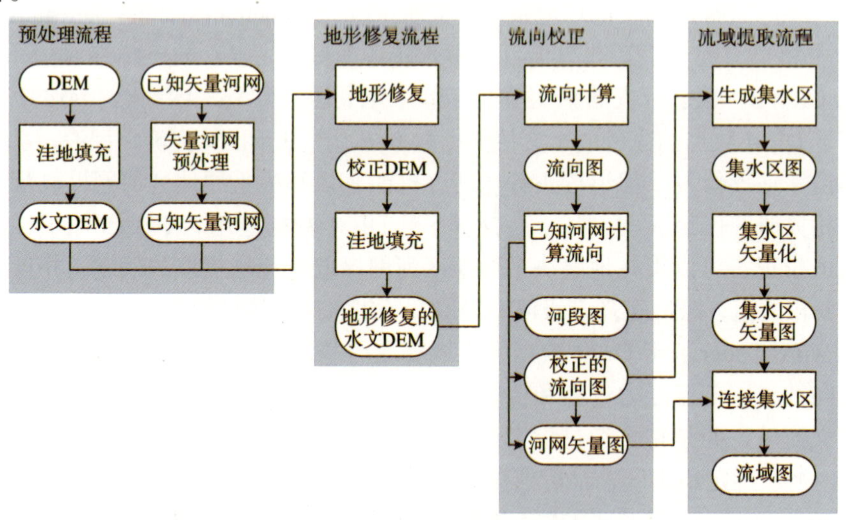

图 23.4　Arc Hydro Tools 基于已知河网的流域提取流程

Arc Hydro Tools 通过地形修复将已知河道信息刻录在 DEM 数据中。地形修复采用的 AGREE 算法利用具有代表性的矢量河网降低 DEM 数据中与矢量数据重叠的网格单元的高程值，以矢量线为基准进行缓冲区分析，选出水系邻近区域，再采用线性插值的方法获得各个网格的高程值，进而修改原始 DEM 数据，将已知河网的径流模式融合到

DEM 中，从而改进流向计算结果，使之与已知河网的径流模式相吻合。已知河网数据需要满足以下要求：只包含干流的枝状河网，且径流下游要延伸出其流域边界，设定的缓冲区宽度要保证在集水区内。经过地形修复之后，都必须重新进行洼地填充，以避免上述数据处理过程使 DEM 数据形成了新的洼地。地形修复可以有效解决平原地区河网提取结果与实际河网不匹配的问题。

流向校正用来解决河网中存在的流向计算错误、分支或辫状河流的问题。首先，D8 算法无法处理河网存在分支的情况，因为一个栅格位置不能存储 2 个流向。其次，由于高程精度不足，在地平地区容易出现流向计算错误。流向校正通过已知矢量河网数据的流向对 DEM 数据流向计算结果进行校正，与进行地形修复相比，用于流向校正的已知河网数据必须保证各河段的流向正确。

三、环渤海流域划分的结果

（一）初始划分结果

以 1 ：400 万地形图的 1 ～ 5 级河流为辅助信息，采用 Arc Hydro Tools 基于已知河网提取流域的流程（图 23.5）提取了环渤海地区的主要流域。结果显示，环渤海地区入渤海的主要河流有 47 条，主要河流的流域单元覆盖了辽宁省面积的 70%、京津冀地区面积的 95%、山东省面积的 48%，代表了陆源水污染最主要的输出范围，据此可以确定陆源水污染主要影响的海域位置。辽宁省内面积最大的是辽河流域，约 40 110.2 平方千米，占辽宁省面积的 27.0%；其次是大辽河流域，约 28 083.7 平方千米，占辽宁省面积的 18.9%；排在第三位的是大凌河流域，约 20 070.4 平方千米，占辽宁省面积的 13.5%。这三大流域的入海位置均位于辽东湾顶部，加上排在第四位的小凌河流域，整个辽东湾顶部承载着辽宁省 64.3% 面积的陆源污染。京津冀地区入海河流众多，位于渤海湾北部流域面积最大的是滦河流域，约 46 418.9 平方千米，约占京津冀地区面积的 21.6%。海河流域覆盖了京津冀大部分地区，约 156 516.1 平方千米，约占京津冀地区面积的 72.8%。海河流域分布有五大水系，由北向南分别是北三河（蓟运河、潮白河、北运河）、永定河、大清河、子牙河及南运河。北三河在渤海湾西北部入海，面积约 33 545.5 平方千米，约占京津冀地区面积的 15.6%。大清河、永定河主要通过海河及独流减河在渤海湾西部入海，面积约 57 368.7 平方千米，约占京津冀地区面积的 26.7%。子牙河及南运河通过南北排水河及宣惠河在渤海湾西南部入海，面积约 62 955.8 平方千米，约占京津冀地区面积的 29.3%。渤海湾顶部承载了覆盖京津冀地区面积 72.8% 的陆源污染。山东省内面积最大的是黄河流域，约 16 071.4 平方千米，占山东省面积的 10.4%。其次是徒骇河流域，约 11 230.3 平方千米，占山东省面积的 7.3%，加上德惠新河、马颊河、秦口河及漳卫新河，山东省内影响渤海湾（南部）的流域面积约 39 182.1 平方千米，占山东省面积的 25.4%。山东省北部流域面积最大的是小清河流域，约 10 725.2 平方千米，占山东省面积的 7.0%；其次是潍河流域，约 6753.7 平方千米，占山东省面积的 4.4%；胶莱河流域约 4004.2 平方千米，占山东省面积的 2.6%，山东省北部还有弥河、白浪河、淄脉沟河、泽河，其均在莱州湾顶部入渤海，莱州湾顶部约承载着山东省面积 19.3% 的陆源污染。

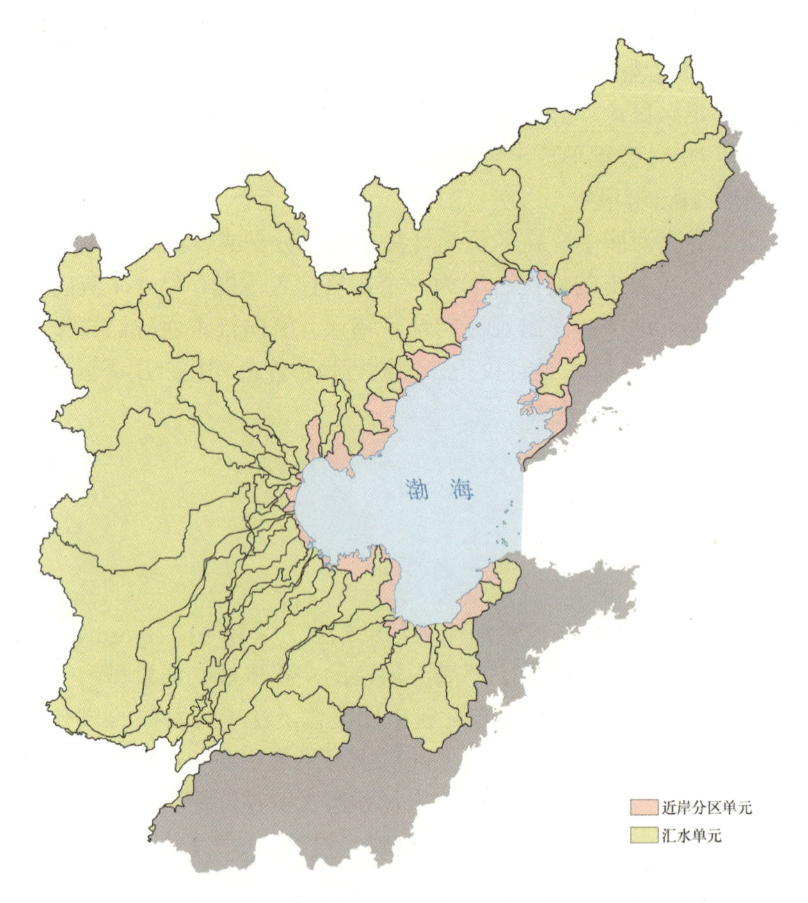

图 23.5　汇水单元及近岸分区单元，汇水面积 1000 平方千米

主要入海河流流域间存在大面积的近岸区域，划分为 37 个近岸分区单元，近岸区域覆盖了沿海县级行政单元面积的 34.2%，包括大面积的建设用地及耕地，是社会经济活动的重要区域（图 23.6 和表 23.2）。辽宁省内最大的近岸分区单元面积约 3490.4 平方千米，占辽宁省面积的 2.4%，京津冀地区最大的近岸分区单元面积约 1190.7 平方千米，山东省内最大的近岸分区单元面积约 1523.6 平方千米。大连市、瓦房店市、营口市、兴城市、秦皇岛市、昌黎县、乐亭县、莱州市等部分县市大面积处于近岸分区单元。近岸分区单元涵盖的岸线长度都在几十至上百千米，仅通过主要入海河流流域间的近岸分区单元无法确定近岸区域陆源污染物输出的重点位置及对应范围。

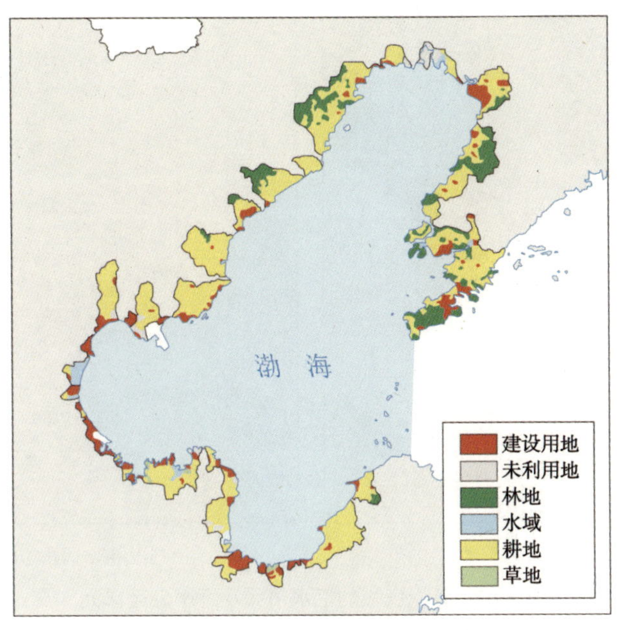

图 23.6　岸线分区土地利用现状

表 23.2　岸线分区土地利用面积占比统计

统计量	耕地	建设用地	林地	草地	水域	未利用地
最大值	76.01%	86.29%	46.75%	16.16%	100.00%	9.69%
平均值	34.24%	34.67%	7.06%	3.04%	20.39%	0.59%

以汇水面积 100 平方千米为阈值将近岸区域进一步划分为 46 个汇水单元和 86 个近岸分区单元，结果如图 23.7（a）所示。近岸区域有 56.5% 的面积形成了汇水单元，新划分出的汇水单元最大面积 825.7 平方千米，平均面积 267.5 平方千米，进一步细化了近岸区域污染输出的重点位置。新的近岸分区单元最大面积 666.1 平方千米（除辽东半岛），平均面积 92.6 平方千米，岸线分区涵盖的岸线长度大部分在 20 千米以内（除辽东半岛）。以汇水面积 10 平方千米为阈值对上一步得到的近岸分区单元进一步划分后，得到 177 个汇水单元和 244 个近岸分区单元，结果如图 23.7（b）所示，近岸区域有 57.3% 的面积形成了新的汇水单元，新划分出的汇水单元最大面积 96.6 平方千米，平均面积 29.3 平方千米，更进一步细化了近岸区域污染输出的重点位置。新的岸线分区涵盖的岸线长度大部分在 10 千米以内。新的近岸分区单元最大面积 301.7 平方千米（位于曹妃甸的填海造地区域），平均面积 15.8 平方千米。

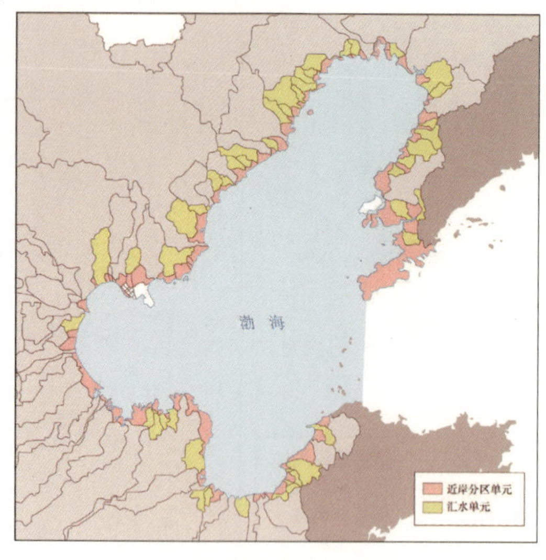

（a）汇水面积 100 平方千米

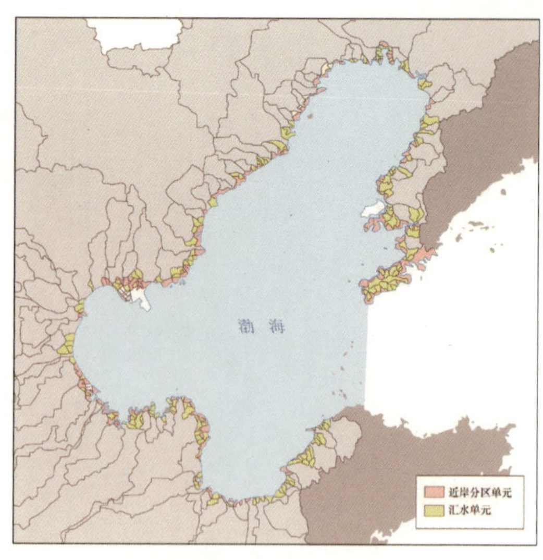

（b）汇水面积 10 平方千米

图 23.7　近岸区域的汇水单元及近岸分区单元

辽东半岛区域在以汇水面积 100 平方千米为阈值进行提取后仍然是一个完整的区域单元，辽东半岛西岸濒临渤海，东岸濒临黄海，需要通过图 23.5 的流程才能划分出入渤海分区单元。图 23.7（b）显示了以汇水面积 10 平方千米为阈值仍然无法完全区分入海的位置，最终通过以 1 平方千米为阈值提取汇水单元可以区分入渤海的分区单元。

（二）合并后的结果

在细化分区结果的基础上，根据分区单元入海口的邻近关系及岸线分区面积的大小，将邻近的两个汇水单元及其所夹的近岸分区单元进行合并，细化分区的结果被归并为 119 个分区单元（图 23.8）。其中，汇水面积 1000 平方千米以上的汇水单元共 27 个，汇水面积 1000 平方千米以下的近岸分区单元共 92 个。面积排在前 5 位，流域面积在 30 000 平方千米以上的大型流域，占环渤海流域分区面积的 55% 以上；流域面积在 10 000 平方千米以上，排在前 6 ～ 12 位的较大流域，占环渤海流域分区面积的 30% 以上；流域面积在 4000 平方千米以上的中型流域占环渤海流域分区面积的 5%；近岸区域占环渤海流域分区面积的 5%。本书研究所关注的重点区域（如北戴河区域）保留了小面积的分区单元，呈现出比较细致的分区特征。

四、渤海海域环境分区研究

（一）海域污染分区方法选择

基于流场的空间插值原理：假设流场是一个二维流场，即不考虑垂直方向的流体作用，只考虑海水的水平流动。对于水平尺度远大于垂直尺度的情况，可将三维流动的控制方程沿水深积分，并取水深平均，得到沿水深平均的二维浅水流动质量和动量守恒控

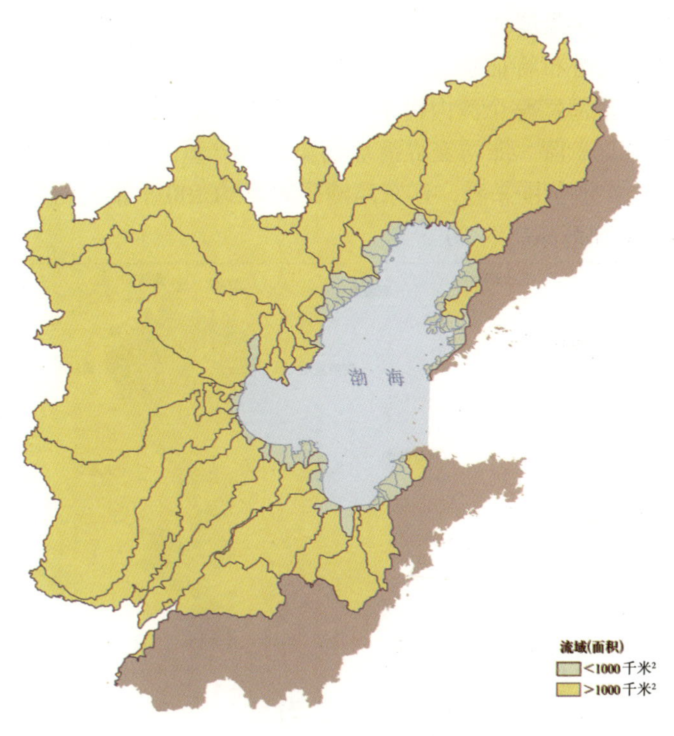

图 23.8　合并后的结果

制方程组，实现流场的平面二维表面数值模拟。渤海的水动力环境可以采用二维流场的模拟方法。

污染扩散可以描述为水质点携带污染物运动的过程。流场的水动力因子（流速、流向）对污染扩散有影响，影响水质点的运动过程，即污染物不是从圆心向外 360° 各个方向均匀地扩散。流速对污染扩散的影响表现在流速大的区域，单位时间内水质点携带着污染物会运动到更远的位置。流向对污染扩散的影响表现在流向与污染物扩散方向成一定角度时，流速对污染扩散的影响分解为平行于运动方向的影响和垂直于运动方向的影响。

插值计算包括两个核心过程：一是距离计算，二是插值计算。GIS 栅格数据空间分析中，距离计算用于描述每个栅格点（cell 像元）与源点（source）的空间关系，包括距离、方向及配置（allocation），源点可以是一个点也可以是多个点，源点是多个点时，距离计算的结果是区域每个栅格点到最近源点的距离。栅格数据距离计算包括欧氏距离、费用距离和路径距离三种方式。流场距离可以采用路径距离进行表达。路径距离表达距离关系时，可以考虑流场水平作用的影响及污染扩散程度的区域差异，这样可以更好地表达待估位置与监测站位的距离关系。

（二）海域氮污染响应分区的结果分析

基于流场插值方法得到的渤海氮污染响应分区结果如图 23.9 所示。渤海无极氮污染的总面积超过 3.6 万平方千米，占渤海近岸海域范围的 10%，其中，水质标准超过四类水质的严重污染区域面积约 5600 平方千米，四类水质污染面积约 3220 平方千米。渤海近岸海域，除辽东湾西侧沿岸海域受无机氮污染影响小外，其他近岸海域无机氮污染都比较严重。从总体空间分布特征看，污染主要分布在辽东湾顶部及其以东海域，包括营口、大连近海海域；渤海湾整个湾内污染严重，天津北部近岸海域污染最为严重；莱州湾整个海域污染严重，东营、潍坊交界海域污染最为严重。这些区域大面积水质为劣四类和四类。从污染的扩散范围来看，辽东湾湾顶离岸约100千米，两岸约50千米，渤海湾离岸约60千米，莱州湾离岸约60千米。

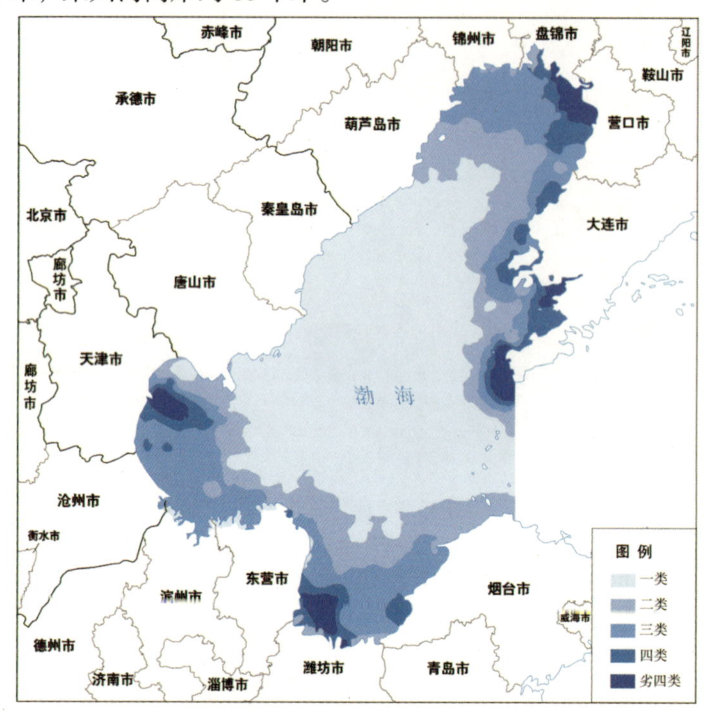

图 23.9 渤海氮污染分类结果示意图

（三）基于海域氮污染响应分区的管理矛盾研究

海域水质管理要求与海域污染的现实状况存在矛盾，表现为海域污染状况难以达到海域管理的水质目标。矛盾一方面反映了氮污染需要重点治理的问题区域；另一方面，也反映了有些区域的水质管理要求脱离实际，难以实现。

（四）氮污染状况与水质管理要求矛盾分析思路

将渤海水质管理要求图与氮污染响应分区图进行叠加分析，可以确定矛盾存在的位置。渤海水质管理要求图来自渤海三省一市海洋功能区划。海洋功能区划分为11个大类，每个功能区类型都定义了水质管理要求。一类水质要求主要位于保护区，二类水质要求主要位于旅游区、矿产与资源利用区，三类水质要求主要位于港口航运区、农渔业区、工业与城镇建设区，四类水质要求主要位于港口航运区、特殊利用区，水质要求为保持现状的区域都位于保留区。

分析时，剔除保持现状的区域，一类水质至劣四类水质分别用 1 ～ 5 的整数表示，通过叠加分析及属性值计算，定义海域水质管理要求减去海域污染程度的结果为海域污染程度与水质管理要求的符合度。结果的具体数值表示污染程度与水质管理要求相差的水质等级。结果为负整数表示污染程度高于海域水质管理要求，对海域开发利用造成不良影响，其绝对值越大表示影响的程度越大；结果为正整数表示污染程度低于海域水质管理要求，未对海域开发利用造成不良影响，其数值越大表示环境承载力越大；结果为 0 表示污染程度刚能达到海域水质管理要求。

（五）氮污染状况与水质管理要求矛盾分析结果

符合度结果为 -4 ～ 3 中的 8 个整数值，分别统计各符合度的海域面积，将符合度从大到小排序，计算达到各符合度的累积面积，结果如图 23.10 所示。48.1% 的海域污染状况低于水质管理要求。符合度为 -4，水质氮污染状况与海域功能类型的水质要求严重不符，对海域开发利用活动能够造成严重影响的区域面积占总面积的 1.4%；符合度为 -3，水质氮污染状况与海域功能类型的水质要求相差很大，对海域开发利用活动能够造成很大影响的区域面积约占总面积的 5.1%；符合度为 -2，水质氮污染状况与海域功能类型的水质要求相差较大，对海域开发利用活动能够造成较大影响的区域面积约占总面积的 19.8%；符合度为 -1，水质氮污染状况尚未达到海域功能类型的水质要求，但差距不大，对海域开发利用活动易产生不良影响的区域面积约占总面积的 21.8%；符合度为 0，水质氮污染状况刚达到海域功能类型的水质要求的区域面积约占总面积的 22.7%。29.2% 的区域符合度大于 0，不受氮污染影响。

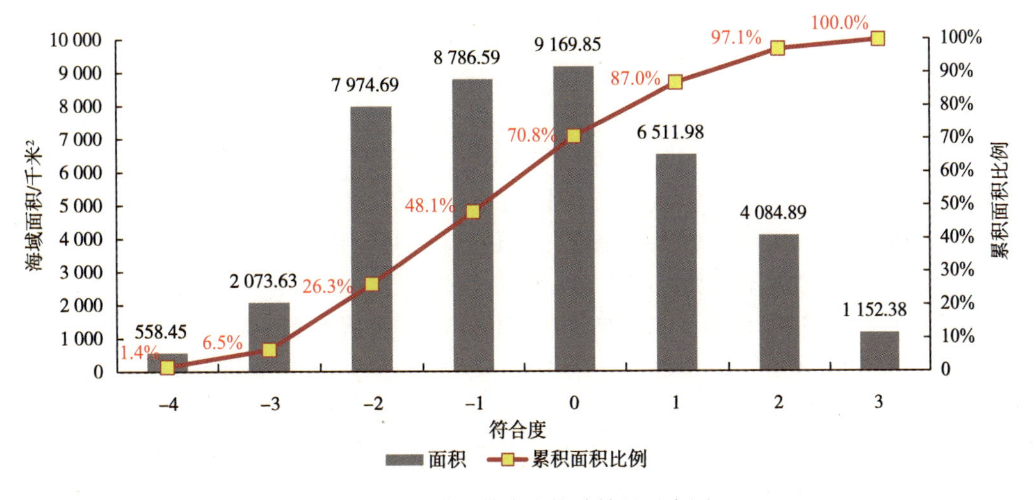

图 23.10　渤海符合度统计结果示意图

分别统计各类功能区中各种符合度区域所占面积比重，各种类型功能区符合度小于 0，即水质氮污染状况达不到海域功能类型水质要求的情况，结果如图 23.11 所示。

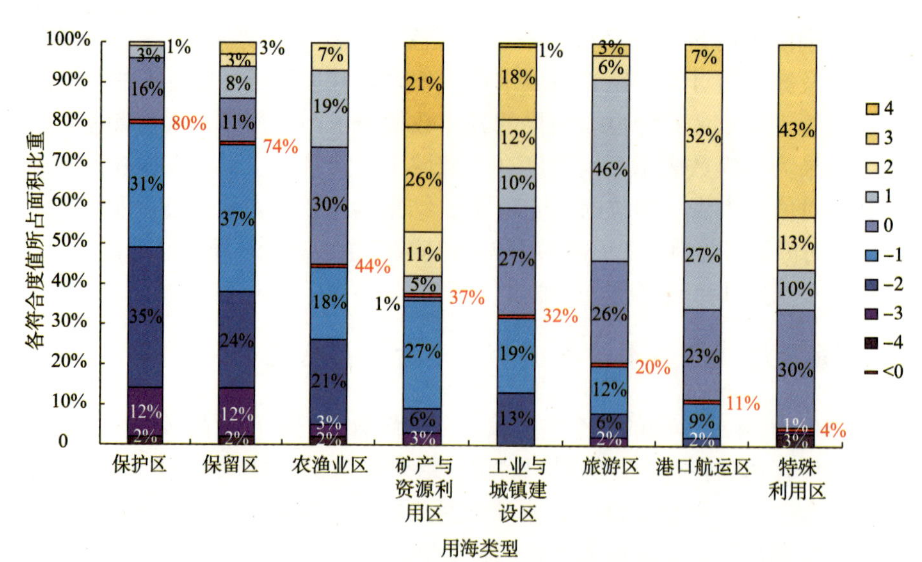

图 23.11 渤海功能区符合度统计结果示意图（按符合度从低到高排序）

从总的面积比重来看，符合度小于 0 所占面积比重大的功能类型主要是保护区与保留区，其中，保护区有 80% 的区域氮污染状况不达标，保留区有 74% 的区域氮污染状况不达标；农渔业区有 44%，矿产与资源利用区有 37%，工业与城镇建设区有 32%，不达标的情况也比较严重；旅游区氮污染状况不达标的面积比重为 20%，港口航运区氮污染状况不达标的面积比重为 11%，比例相对较低；特殊利用区氮污染状况不达标的面积比重为 4%，受氮污染影响最小。

从具体各符合度值所占面积比重（图 23.11），分析氮污染导致的各功能区水质不达标情况：保护区和农渔业区都存在面积比重为 2% 的区域符合度为 −4，水质氮污染状况与海域功能类型的水质要求严重不符；符合度为 −3，水质氮污染状况与海域功能类型的水质要求严重相差很大的情况也主要位于保护区、保留区，面积比重均占到 12%，农渔业区和矿产与资源利用区均为 3%，旅游区为 2%；符合度为 −2，水质氮污染状况与海域功能类型的水质要求相差较大的情况主要位于保护区、保留区、农渔业区、工业与城镇建设区，占保护区面积的 35%，保留区面积的 24%，农渔业区面积的 21%，工业与城镇建设区面积的 13%，矿产与资源利用区、旅游区均有 6%；符合度为 −1，水质氮污染状况与海域功能类型水质要求相差不大的情况在除特殊利用区以外的其他功能类型区都有普遍存在，其中，保留区有 37%，保护区有 31%，矿产与资源利用区有 27%，农渔业区有 18%，工业与城镇建设区有 19%，旅游区有 12%，港口航运区有 9% 的区域属于此种情况。

从符合度的空间分布特征来看（图 23.12），符合度低的区域在空间上分布相对集中，主要位于辽东湾东部，盘锦市、营口市及大连海域，渤海湾北部天津海域，渤海湾南部滨州市、东营市海域，整个莱州湾海域。锦州市以西至唐山市沿岸海域符合度较好。符合度为 −4、−3 的区域主要位于辽东湾顶部的农渔业区和保留区、莱州湾的农渔业区及大连市的保护区，此外还有天津市及营口海域的保护区。符合度为 −2 的区域主要位于大连海域的保护区与保留区，营口市的工业与城镇建设区和保留区，盘锦市的保护区，天津市的农渔业区、保护区、工业与城镇建设区，滨州市的保护区与农渔业区，东营市的保护区，潍坊市的农渔业区、旅游区，烟台市的农渔业区。

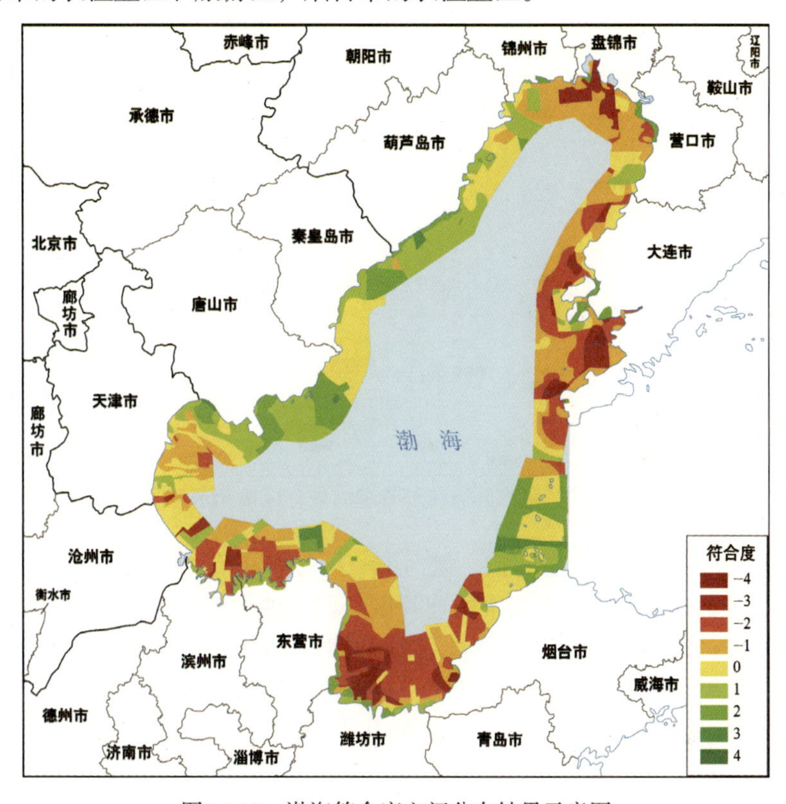

图 23.12 渤海符合度空间分布结果示意图

综上所述，水质氮污染状况与海域水质管理中的矛盾主要表现在：第一，存在大面积符合度低，水质氮污染状况达不到海域功能水质管理要求的区域；第二，存在这种矛盾的区域位置相对集中；第三，不同功能类型区的矛盾特征突出，保护区和保留区总体上有大面积符合度低的区域，水质状况与水质管理要求严重不符的区域主要位于保护区和农渔业区。

五、环渤海地区陆海耦合分区的结果

陆海统筹管理分区在空间范围上覆盖了陆域和海域的空间范围。每个分区单元都包含陆域和海域部分。陆域部分以流域分区为基本单元，海域部分以功能区划外边界为管理边界进行划分。海域单元的划分以岸段压力分析和岸段响应特征分析结果为基础。首先，从流域分区对应的岸段两端点出发，离岸方向分割功能区划的外边界，形成流域分区对应的海域单元；其次，从污染岸段响应特征的端点出发，离岸方向分割功能区划的外边界，对海域单元进行进一步细分，二者共同构成海域分区单元（图 23.13）。

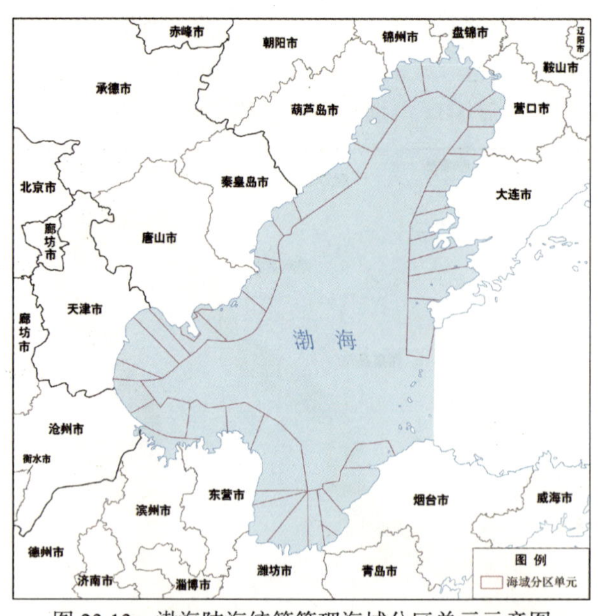

图 23.13　渤海陆海统筹管理海域分区单元示意图

归并分区单元是将空间位置邻接、氮污染“压力-响应”特征相似的空间单元进行归并，形成可以制定有针对性管理政策的连片区。归并的过程是首先将水质管理目标相同的海域单元与其空间位置上邻接陆域单元进行归并，这一过程也将陆源氮污染输出的影响位置从岸线进一步延伸到了海域；其次，对相邻接的陆海特征相似的单元进一步归并。归并结果如图 23.14 所示，环渤海地区最终归并为 23 个氮污染的陆海统筹管理分区。

图 23.14　渤海氮污染的陆海统筹管理分区示意图

将陆域流域划分结果归并为 23 个分区，如表 23.3 所示，流域可以分为四类，第一类是大型流域，面积均在 4 万平方千米以上，包括 LS-6、LS-14、LS-16、LS-17，其中 LS-16 面积最大，约 93 859.78 平方千米；第二类是中型流域，面积在 2 万～ 3 万平方千米，包括 LS-5、LS-7、LS-18；第三类是中小型流域，面积在 1 万～ 2 万平方千米，包括 LS-20、LS-21、LS-22，LS-20 即黄河流域，黄河流域在山东省内仅相当于中小型流域，但其在三省两市以外的流域面积大于整个三省两市的面积；第四类是余下的分区，面积约 1000 ～ 6000 平方千米，属于近岸小流域。从对海域部分的划分看，将渤海近岸海域划分为 23 个部分，辽东湾东部沿岸、大连−营口近岸海域被分为 3 部分，包括 LS-1、LS-2、LS-3；辽东湾顶部近岸海域被分为 5 部分，包括 LS-4 ～ LS-8，海域单元面积小于 1000 平方千米；辽东湾西部沿岸被分为 5 部分，包括 LS-9 ～ LS-13，其中，LS-9 面积约 1831 平方千米，LS-11 面积约 1486 平方千米，其余海域单元面积小于 1000 平方千米；滦河三角洲海域被分为 2 部分，LS-14 面积约 1134 平方千米，LS-15 面积约 2475 平方千米;渤海湾近岸海域被分为 3 部分，LS-16 约 3066 平方千米，LS-17 约 738 平方千米，LS-18 约 1400 平方千米；渤海湾与莱州湾之间，老黄河口外海域属于 LS-19，约 2185 平方千米；莱州湾海域被分为 4 部分，包括 LS-20 ～ LS-23，位于东西两侧的 LS-20 与 LS-23 面积均大于 2800 平方千米，位于湾顶的 LS-21 与 LS-22 面积较小，LS-21 约 983 平方千米，LS-22 约 1538 平方千米。

表 23.3　统筹管理分区面积及岸线长度

单元编号	总面积 / 千米 ^{2}	陆域面积 / 千米 ^{2}	海域面积 / 千米 ^{2}	岸线长度 / 千米
LS-1	6 279.26	2 022.12	4 257.14	190.15
LS-2	2 617.40	1 926.81	690.59	31.65
LS-3	4 146.50	1 900.12	2 246.39	98.05
LS-4	3 261.99	2 554.63	707.35	36.75
LS-5	29 109.91	28 270.59	839.32	34.24
LS-6	45 603.34	44 870.89	732.45	31.02
LS-7	20 753.06	20 270.65	482.41	21.01
LS-8	6 145.00	5 479.51	665.49	24.54
LS-9	4 242.04	2 410.61	1 831.43	81.49
LS-10	3 757.83	3 296.87	460.96	20.02
LS-11	3 351.97	1 865.53	1 486.44	62.29
LS-12	1 590.08	970.86	619.22	34.83
LS-13	3 298.12	2 560.56	737.57	42.48
LS-14	49 570.35	48 435.91	1 134.44	42.01
LS-15	8 513.91	6 038.66	2 475.25	165.81
LS-16	96 925.58	93 859.78	3 065.79	86.91
LS-17	60 629.48	59 891.69	737.79	36.96
LS-18	29 665.58	28 265.24	1 400.34	59.75
LS-19	3 894.53	1 709.15	2 185.38	110.53
LS-20	19 374.42	16 544.99	2 829.44	63.47
LS-21	14 088.08	13 104.78	983.31	37.61
LS-22	19 423.48	17 885.39	1 538.09	58.91
LS-23	6 397.28	3 535.61	2 861.67	142.27

注：此表数据因四舍五入，可能存在总面积与陆域面积和海域面积之和有偏差的情况

第四节　环渤海地区社会经济活动的污染压力估算

一、污染压力估算

（一）种植业与养殖业氮污染排放估算方法

种植业与畜禽养殖业有较为稳定的污染排放系数，因此，这两类生产活动的氮污染排放量估算可采用排污系数法，具体是根据污染源的数量或者规模及相对应的排污系数进行估算。公式如下：

$$P_{TN}=\sum_{i=1}^{n}(Q_{(TN)i}\times\beta_{(TN)i}\times T) \tag{23.1}$$

其中，P_{TN} 为氮污染物的年排放总量；$Q_{(TN)i}$ 为产生氮污染的第 i 类种植业土地面积或养殖业禽畜的数量；$\beta_{(TN)i}$ 为第 i 类种植业农田的氮素地表径流流失系数或禽畜养殖的氮排放系数；n 为类别总数；T 为估算周期。氮素地表径流流失系数和各类畜禽产排污系数主要参考第一次全国污染源普查的产排污系数手册。

农田氮素地表径流流失系数：将研究区农田划分为旱地大田、水田、菜地和园地，参考《第一次全国污染源普查——农业污染源肥料流失系数手册》，四个类型农田的氮素地表径流流失系数分别为 1.2%、2.2%、4.1% 和 1.0%。

畜禽养殖氮排放系数：养殖业的污染排放量与地区、气候和养殖规模有较强的相关性，环渤海地区位于华北与东北区，养殖规模分三种类型，即养殖小区、养殖专业户和养殖场，其中，养殖专业户的规模介于其他两者之间，而且在该地区数量较多，具有代表性，这里采用养殖专业户各类畜禽的氮排放系数作为估算系数。系数确定中，猪的氮排放系数取保育期和育成期两期排放系数的均值，奶牛为育成期和产奶期两期排放系数的均值，肉牛为育肥期排放系数，蛋鸡为育雏育成期和产蛋期排放系数的均值，肉鸡为商品肉鸡期的排放系数。在以上畜禽的氮排放系数确定中都采用干清粪和水冲清粪排污系数的均值。最终的系数见表 23.4。

表 23.4　各类畜禽养殖的氮排放系数

系数	猪	肉牛	奶牛	肉鸡	蛋鸡
氮排放系数 /［克 /（天 · 只）］	14.6	24.5	125.6	0.91	0.36

资料来源：《第一次全国污染源普查畜禽养殖业源产排污系数手册》

（二）居民生活氮污染排放估算方法

居民生活氮排放系数的确定：居民生活的污染排放量多采用排污系数法进行估算，因城镇居民和农村居民排污系数差别较大，一般对城镇居民生活和农村居民生活排放量分别估算。依据污染源普查中城镇生活源产排污系数手册划定环渤海区各城市的类别，进而确定各城镇居民生活氮污染物排放系数，具体系数见表23.5。农村居民生活的污染排放系数与生活环境和排放方式有很大关系，很难分类确定其具体系数，相比城镇居民，农村居民生活污水排放量较少，约占城镇居民的40%～65%，估算中农村居民生活排放系数取相应城镇系数的50%。

表23.5　城镇居民生活源污染物排放系数

地区	生活污水系数/[升/(人·天)]	氨氮排放系数/[克/(人·天)]	氮排放系数/[克/(人·天)]
一类城市	142	8.9	12.3
二类城市	135	8.6	11.5
三类城市	125	8.0	9.9
四类城市	115	7.5	9.4

资料来源：《第一次全国污染源普查城镇生活源产排污系数手册》

（三）工业氮污染排放估算方法

环渤海地区工业门类齐全、生产环节复杂多样、排污特征千差万别，采用排污系数法估算工业各行业的污染物排放量不具有可操作性，以全国第一次污染源普查数据为基础，结合工业统计数据估算各行业排污量是相对准确的方法。在2008年全国第一次污染源普查中，调查了环渤海地区工业污染源4193万个，收集了大量细致的工业排污数据，整理形成了研究区448个区县各工业行业的污染产排数据集。以该数据集为基准，计算出当年各工业行业万元产值氨氮排放强度，并假定在2008～2015年工业污染治理投资水平保持不变，以各地区各工业行业2008年的万元产值氨氮排放强度和2015年各行业产值为基准，采用行业分类计算法估算2015年工业各行业的氨氮排污量，具体如下：

$$\mathrm{TN}_{\mathrm{ind}}=\sum_{i=1}^{n}\left(X_i\times\delta_i\times(1-\rho)\right)\tag{23.2}$$

其中，$\mathrm{TN}_{\mathrm{ind}}$为2015年工业生产的氨氮排放量（吨）；$X_i$为第$i$个工业行业2015年的产值（亿元）；$\delta_i$为第$i$个工业行业2008年的氨氮排放强度（吨/亿元）；$\rho$为工业废水排放强度年均递减率，由2000～2014年各地区工业产值与废水排放量数值计算得出。

二、环渤海地区氮污染排放总量与污染源结构

（一）环渤海地区氮污染排放总量约86万吨

依照以上估算方法，对研究区448个区县的农田氮径流、畜禽养殖业氮排放、农村生活氮排放、城镇生活氮排放和工业生产氨氮排放分别估算，经汇总得出环渤海地区各类社会经济活动的氮污染排放总量约86万吨，各类社会经济活动的氮污染排放见图23.15。

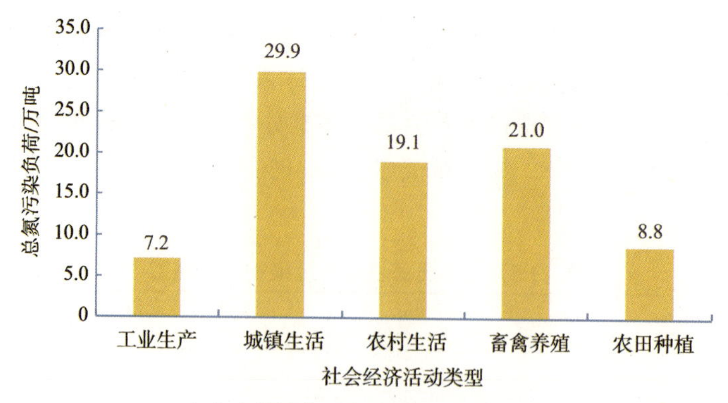

（a）各类社会经济活动氮污染排放量

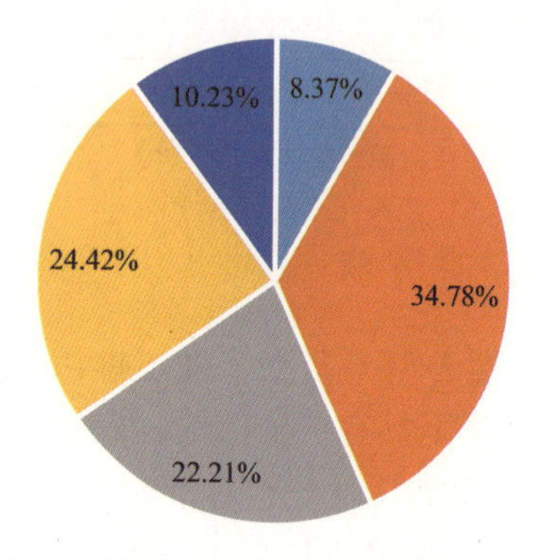

（b）排放结构

图 23.15 各类社会经济活动氮污染排放量与排放结构

（二）居民生活氮污染排放量约占总量的57%，是区域氮污染的最大污染源

研究区内城镇居民生活氮污染排放量约 29.9 万吨，占氮排放总量的 34.78%。生活废水中氮含量为 20 ～ 40 毫克 / 升，有些甚至更高，现阶段环渤海地区县级以上城市的工业和生活污水处理率约 70%，氮的去除率约 70% ～ 80%，可得出城市生活污水中氮的有效去除率仅为 50% ～ 60%，并且部分县市仍没有污水处理厂，生活污水仅经化粪池沉淀后直接排入环境水体，而这种排放方式下氮的平均削减率仅 15% 左右，入河系数较高。研究区内农村居民生活氮污染排放量约 19.1 万吨，占氮排放总量的 22.21%。农村居民生活废水还未实现管道排放，主要是房前屋后的倾倒，而且北方农村旱厕比例大，粪便没有任何处理环节，主要的处理方式是田间地头堆肥后还田，在堆肥过程中，降水形成的地表径流会造成大量污染物流失入河导致水体污染。因此，环渤海地区人口密集、生活污水排量大、县区和农村生活污水处理率低、入河系数高是造成水体氮含量较高的重要原因。

（三）畜禽养殖的氮污染排放量约占总量的24%，是氮污染的第二大源头

畜禽养殖业氮污染排放量约 21 万吨，占氮排放总量的 24.42%，是氮污染的第二大污染源。研究区畜禽养殖业发展速度快、规模大，1978 ～ 2015 年，畜牧业产值由 32 亿元增长至 6254 亿元，其产值占农业总产值的比重也由 13% 增加到 29.7%；养殖的主要品种为猪、鸡、奶牛等，猪的存栏量由 4771 万头增长至 6533 万头，1990 ～ 2015 年，鸡的出栏量由 5.07 亿只增长至 33.6 亿只；牲畜存栏量由 1073 万头增长至 1589 万头；畜牧业的产业化发展使肉、蛋、奶等畜产品产量的增长更为迅猛，禽蛋产量由 40.8 万吨增长至 1155.4 万吨，奶类产量由 22.4 万吨增长至 1134.6 万吨，肉类产量由 152.9 万吨增长至 1804.8 万吨。研究区的畜禽养殖中 70% 是养殖专业户，打破了以往畜—肥—粮的良性循环，养殖专业户规模大、排污集中、浓度大，排污系数高、处理率低，污染物在堆积和处理过程中流失较多。这种养殖户多分布在村庄、道边、河畔附近，畜禽粪便常收集并堆积在养殖场周边，其在雨水冲刷下容易随地表水径流汇入附近水体，或者直接流入河中，最终汇入海洋。

（四）工业生产氮污染排放量约占总量的8.4%

经估算，研究区工业生产氮污染排放量约 7.2 万吨，占氮排放总量的 8.37%，从氮污染排放的贡献量看，工业生产并不是环渤海地区氮污染的主要污染源。分析全国污染普查的工业污染排放特点和排污系数发现，环渤海地区的黑色金属冶炼及压延业、石油和天然气开采业、化学原料及化学品制造业、石油加工业、造纸业、黑色金属矿采选业、装备制造业等工业部门是比较典型的生产规模大、污染物排放量也大的工业污染源，以上工业行业的废水排放超过总量的 75%。工业是氨氮废水的主要产生者，虽然工业生产中产生氨氮的绝对量大，但工业内部废水回用率高，废水产排比为 6.2 ：1，氨氮回收利用和削减率高，工业废水实际排放到环境中的量较小，对周边环境造成的污染有限，但因监管不足导致部分企业偷排对河道造成严重污染的现象时有发生，引发了环境污染恶性事件，需重点关注。但从区域总体来看，工业并不是环渤海地区氮污染的主要贡献源。

（五）种植业的氮污染排放量约占总量的10.2%

种植业通过农田径流造成的氮污染排放量为 8.8 万吨，占氮污染排放总量的 10.23%，种植业生产并不是该地区主要的氮污染源。分析发现，华北地区和东北地区大部分农田具有地垄，受地垄的阻隔，常规的农田灌溉和一般强度的降水难以在农田形成较大规模的地表径流，农田氮肥以地表径流形式的流失比例较少，多数通过挥发、淋溶、硝化等方式流失。

总体来看，氮排放污染主要源于人和动物的生物体代谢，占总排放量的 75% 以上，相较居民生活和畜禽养殖而言，工业生产和种植业污染排放所占比重较小。

三、环渤海地区氮污染排放压力的空间分布

（一）氮污染压力的地区分布特征

以县区为单元汇总各社会经济类型氮污染排放量，得到各县区总氮污染排放压力的空间分布，见图 23.16。氮污染负荷比较大的县区（单个县区的氮污染负荷超过 6000 吨 / 年）有 13 个，主要分布在山东省，其他地区零星分布，这些县区污染压力大的主要原因是畜禽养殖规模大，养殖污染排放占各区县总排放量的 30% 以上。除此以外，北京、天津、河北和辽宁的绝大多数县区氮污染负荷在 1000 ～ 3000 吨 / 年。

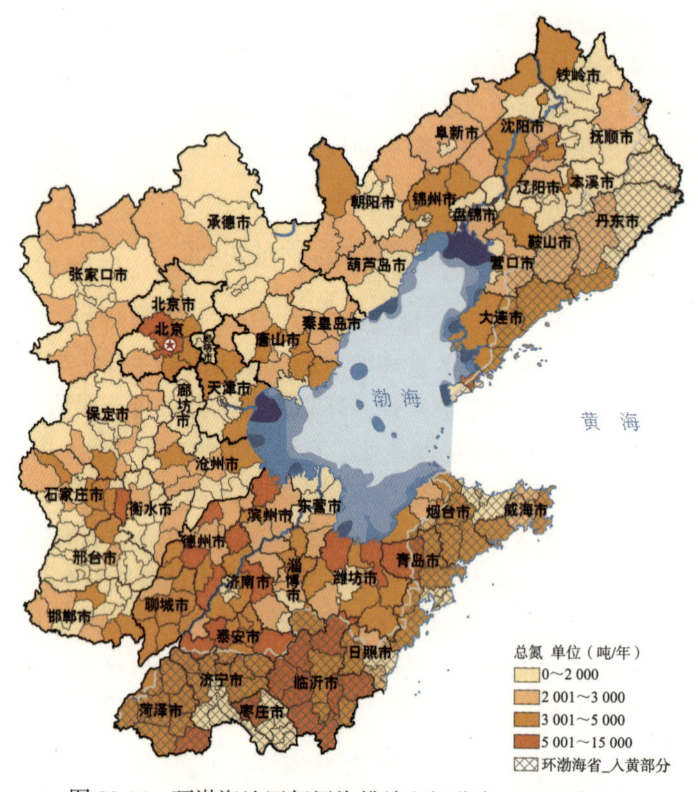

图 23.16　环渤海地区氮污染排放空间分布（县区单元）

在地市单元上，氮污染排放主要集中在沈阳、北京、石家庄、潍坊、德州 5 个城市，排放量均超过 5 万吨，河北及山东大多数地级市的排放量在 3 万吨左右，辽宁除沈阳和大连外，其他地级市的排放量均小于 2 万吨，其中营口、辽阳、盘锦、葫芦岛和阜新等城市的排放量小于 1 万吨。氮污染的地级市空间分布［图 23.17（a）］表明，河北省各地级市排放量相对较高，其次是山东省各地级市，辽宁省各地级市排放相对较低。经统计分析得出，河北和山东的养殖业规模大是导致两省各地级市氮污染排放压力大的主要原因。从行政区氮污染排放量来看，河北排放量约 32.2 万吨，为环渤海 5 省市最大，天津排放量最少，约 2.9 万吨，山东约 25.6 万吨、辽宁约 18.0 万吨、北京约 7.2 万吨（表 23.6）。各行政区氮污染排放结构各有特点，北京氮污染主要源于

城镇生活排放，占氮排放总量的 70% 左右；居民生活与畜禽养殖业排放是山东和河北两省氮污染的主要来源；辽宁的工业氮污染排放较为突出，占总排放量的 18.9%，其他省市的这一比例不到 10%，工业结构偏重且规模较大是导致辽宁工业排放突出的主要原因。

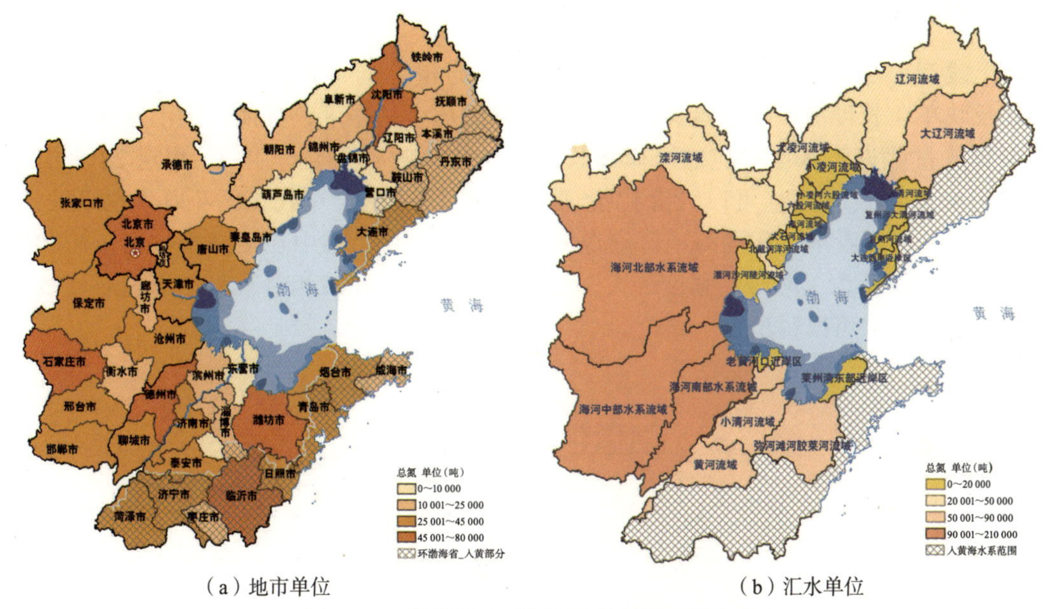

（a）地市单位　　（b）汇水单位

图 23.17　环渤海地区氮污染排放量空间分布

表 23.6　环渤海地区氮污染负荷的构成情况　　单位：万吨

地区	工业生产	城镇生活	农村生活	畜禽养殖	农田种植	合计
北京	0.11	5.45	1.13	0.47	0.03	7.19
天津	0.13	1.58	0.57	0.41	0.21	2.90
辽宁	3.39	7.40	3.19	3.02	1.01	18.01
河北	2.85	8.33	8.73	6.89	5.40	32.20
山东	2.01	6.64	5.12	9.83	1.98	25.58

以汇水区为分析单元，将各县区氮污染排放压力汇总到 23 个汇水单元上，得到每个汇水单元总氮污染排放量的空间分布情况［图 23.17（b）］。海河流域及大辽河流域的污染排放量大，海河流域划分了三个汇水单元，每个单元内的污染排放量都比较大，这三个汇水单元对应渤海湾海域，直接导致该海域海洋环境污染严重；大辽河流域对应着辽东湾海域，也成为辽东湾海洋污染的主要原因。山东的小清河、弥河和胶莱河汇水单元污染排放量比较突出，其对应的莱州湾海域相对周边海域而言污染较为突出。滦河、大凌河、小凌河等单元，以及辽东湾延伸的两翼地区、河北沿岸地区和大连的渤海沿岸地

区的各汇水单元氮污染排放量相对较小，有些汇水单元没有明显的入海河道，主要以地表漫流形式汇入渤海，这些汇水单元对应的海域环境污染状况相对要好，海域严重污染的面积较小，或为轻度污染。

（二）岸线污染压力强度的空间分布

岸线污染压力强度是指每千米岸线上承载的相对应的陆源污染排放负荷量的大小，反映单位长度海岸线上承载的陆源污染排放压力的强度，具体是用汇水区的年氮污染排放量除以汇水区对应的海岸线长度，单位为吨/（千米·年）。测定 23 个汇水区对应的海岸线长度，可以计算出渤海 23 个岸段的单位岸线氮污染压力强度。从图 23.18 中可以看出，环渤海地区陆源氮污染的排海压力集中在渤海湾、辽东湾和莱州湾，且岸线压力以渤海湾强度最大，辽东湾次之，莱州湾相对较小。通过对岸线污染压力的分析，可以得出以下结论。

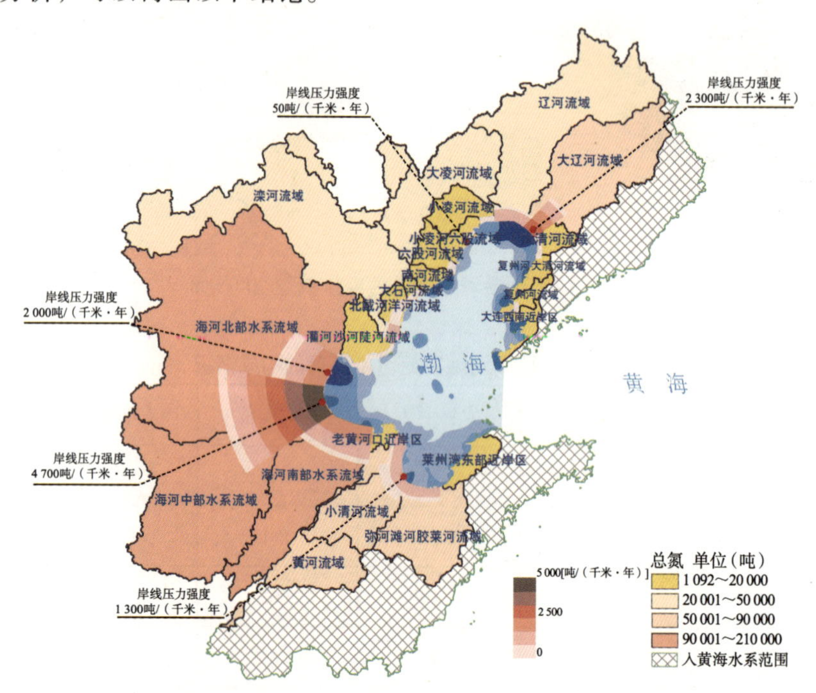

图 23.18 各汇水区对应岸线承载的陆源氮污染排放强度

渤海岸线氮污染压力强度分布与海域污染状况在空间上高度一致。国家海洋环境质量公报显示，渤海氮污染物严重超标的海域主要分布在渤海湾、莱州湾、辽东湾顶的近岸，局部污染的海域有大连近岸，辽西-冀东海域沿岸、辽东湾东部沿岸和烟台沿岸海域。图 23.18 表示各汇水区对应岸线承载的陆源氮污染排放强度，扇形堆积越高表示污染压力越大。可以看出，大辽河流域、海河流域和山东的小清河流域所对应的岸段成为环渤海地区氮污染排放压力较大的主要岸段。其中，海河中部汇水区对应的岸段承载的氮污染排放压力约 4700 吨 /（千米·年），海河北部汇水区对应岸段的氮污染排放压力约 2000 吨 /（千米·年），以上两个汇水区对应的岸线主要是渤海湾沿岸，陆域强大的污染压力导致渤海湾海域严重污染；大辽河汇水区对应岸段的污染排放压力约2300吨/（千米·年），这些污染物主要排放到辽东湾海域，造成辽东湾海域污染突出；山东小清河汇水区是莱州湾海域污染的主要来源，其对应岸段的污染排放压力约1300吨/（千米·年）。汇水区岸线承载的氮污染压力中，海河水系污染压力最大、大辽河次之、小清河最小，以上三个汇水区分别对应的渤海湾污染最重、辽东湾次之、莱州湾相对较轻，三大海湾的海洋环境污染程度与对应的陆源污染压力强度在空间分布上一致。三大海湾之外的海域污染相对较轻，对应的汇水单元岸线污染压力也相对较小，且强度不一，从10～900吨/（千米·年）均有分布。从渤海岸线污染压力分析可知，渤海海域污染状况与沿岸各汇水单元的污染排放压力存在高度的关联性。

渤海湾对应的陆源污染排海压力大，城镇居民生活污染排放量大。渤海海洋环境污染最为严重的海域是渤海湾，水质状况全部低于三类水质，其中，四类和劣四类水质属重度污染的海域面积约占渤海湾总面积的1/3。渤海湾沿岸的海河北部水系、海河中部水系和海河南部水系等汇水区，是环渤海地区社会经济活动强度最大、污染物排放压力最大的区域，单位海岸线氮污染排放的压力分别为2387吨/（千米·年）、4703吨/（千米·年）、1621吨/（千米·年）。

辽东湾海域污染中工业污染排放量相对较大。氮、磷营养盐和有机污染物是辽东湾近岸海域的主要污染物，劣于二类水质的海域面积约占海湾总面积的18%，劣于三类水质的海域面积约占总面积的5%，劣于四类水质的重度污染海域面积约占总面积的10%。辽东湾沿岸的大辽河、辽河和大凌河三个流域的社会经济活动强度大，高能耗、高污染的重工业比重较大，区内黑色金属冶炼和压延加工业、石油加工业、通用设备制造业、农副食品加工业、化学原料和化学制品制造业、非金属矿物制品业、电气机械和器材制造业、汽车制造业8个行业的总产值占辽宁全部工业产值约60%。污染排放估算结果表明，该地区工业生产的氨氮污染排放量占总氮排放量近20%，远高于莱州湾和渤海湾周边工业污染排放比例。大辽河、辽河和大凌河三个汇水区的单位岸线氮排放压力分别为2300吨/（千米·年）、678吨/（千米·年）、667吨/（千米·年）。辽西–冀东海域沿岸对应的（大凌河、小凌河、六股河、大石河、滦河、北戴河）等流域，产生的单位岸线氮排放压力为42～92吨/（千米·年）；辽东湾东部沿岸（大清河、复州河）等流域，单位岸线氮排放压力约为16吨/（千米·年）、63吨/（千米·年），对应海域仅有局部轻度污染海域分布。

莱州湾海域主要污染来自农业面源污染。莱州湾海域海水水质劣于二类，其中，四类和劣四类水质的重度污染海域面积占莱州湾总面积的30%，劣三类水质的海域面积约占20%，劣二类水质的海域面积约占35%。莱州湾沿岸的潍河、小清河和徒骇河三个汇水区对应的岸线氮排放压力分别为925吨/（千米·年）、1390吨/（千米·年）、790吨/（千米·年），汇水区内农业污染特征明显，氮污染物中农村农业污染源的比重分别为64%、51%和65%，以地表径流形式输移的农村生活和畜禽养殖污染成为该地区水体的主要污染源，该区域污染治理重点应关注畜禽养殖和农村生活。

本章估算了环渤海地区各类社会经济活动的氮污染物排放量，以区县、地级市和汇水区为空间单元，分析了环渤海地区氮污染排放空间分布的特征，并以23个汇水区为单元将陆源污染压力与渤海海域污染状况在空间上联系起来，为以陆海统筹思路管控海洋污染提供了积极支撑。

本章的主要结论为：①渤海氮污染主要来自周边陆域居民生活和畜禽养殖业氮排放，工业氮排放对渤海环境的影响有限。从总量上看，工业氨氮排放量可不作为重点考虑，但在工业企业集中布局的河段，应加强工业废水排放的监管，避免因集中排放造成的典型环境污染事件。②渤海污染海域与各汇水区污染排放压力在空间上高度耦合。渤海湾、辽东湾和莱州湾污染比其他海域严重，三个湾对应的汇水区氮污染排放强度相比也是最大的，同样地，渤海其他近岸汇水区氮污染排放压力相对较小，这些汇水区对应的海域环境污染状况也相对较好，陆源氮污染排放强度与其对应的海域污染状况在空间上高度耦合。③主要汇水区内氮污染来源构成存在明显差异。渤海湾顶部海河北部汇水区城镇生活污染排放量占总量的一半以上，应作为治理重点，工业污染源仅占5%；海河中部汇水区各类社会经济活动氮污染的排放量占比相对均衡，城镇生活、农村生活、农业种植业、畜禽养殖业排放量占比基本相当；海河南部汇水区农业面源污染排放量占比为80%。莱州湾顶部对应的小清河、弥河、潍河及胶莱河流域农业污染特征明显，该区域污染治理重点应关注畜禽养殖和农村生活。辽东湾对应的辽河、大辽河及大凌河流域的工业污染特征明显，大辽河流域氮污染中，工业污染源的比重约占1/3，其工业污染源所占比重是环渤海各流域中最大的。④短期内渤海氮污染的压力依然较大。由研究可知，消减居民生活和畜禽养殖的排放是减少地区氮污染最有效的措施，但无论是居民生活还是畜禽养殖的氮排放，其都是生命体代谢产生的废弃物，削减生命体代谢氮污染的主要措施是着力改变农村居民生活习惯、完善农村污水排放管网建设、改变畜禽养殖废水排放方式、优化城镇污水管网、提高城镇污水处理率、提倡居民节约用水等，但以上这些措施需要大量投资和长期引导，不可能很快实现，因此，短期内渤海面临来自周边陆源氮污染的压力依然较大。

本章研究将汇水区污染压力与海洋污染状况在空间上联系起来，实现海洋的污染可以在陆域上追根溯源。通过区县、地级市和汇水区三者之间的融汇关系将海域环境控制“倒逼”到汇水区内各行政单元主要污染减排目标与陆域综合治理相结合的层面上，在污染物入海总量控制的前提下，设定各污染物最高允许排放量，通过流域指标分配逐级分解落实到各行政区，行政区根据自身社会经济发展实际，制订各行业或部门的污染物排放消减计划，并以此为基础，尝试建立氮排污权交易制度，实现以环境的客观容量为基准限定污染物的排放量，提高环境治理投资的综合效益，同时也提高海洋环境治理的可操作性，为以陆海统筹思想管控和治理海洋污染提供有效支撑。

第二十四章　长江三角洲地区社会经济活动对海洋环境压力的研究

第一节　研究边界的确定

一、长江口及邻近海域的特殊性

（一）长江流域涉及范围大

长江发源于青海省唐古拉山，最终于上海市崇明岛附近汇入东海，是我国第一大河，世界第三长河，干流流经青、藏、川、滇、渝、鄂、湘、赣、皖、苏、沪八省二市一区，干流全长 6387 千米，流域面积 180 万平方千米，约占全国陆地总面积的 1/5。长江流域呈多级阶梯性地形，大小湖泊与干支流众多，流经山地、高原、盆地（支流）、丘陵和平原等，长江河口呈向东张口的喇叭形，水面辽阔，潮汐作用显著。在海水的顶托下，长江每年带来的 4.7 亿吨泥沙大部分沉积下来，在南、北两岸各堆积成一条沙堤。长江年径流量达 9200 亿吨，长江冲淡水的影响最远可达济州岛附近。枯季盐水入侵一般可至南北支分汊口。

（二）长江入海口界线模糊

长江河口区分三个区段：近口段——安徽大通至江苏江阴，长 400 千米，受径流控制；河口段——江阴至口门（拦门沙滩顶），长 240 千米，径流、潮流相互作用；口外海滨段——口门至 30 ～ 50 米等深线附近，以潮流作用为主。

江阴下游 80 千米处的徐六泾河段，1985 年大量围垦，河宽由 13 千米缩窄到 5.8 千米，形成节点河段；徐六泾至口门 160 千米，口门启东咀至南汇咀江面宽达 90 千米。长江口目前是三级分汊四口入海。

（三）海上多海岛，海水动力环境复杂

在长江口南侧、杭州湾外缘的东海洋面上，舟山群岛岛礁星罗棋布，共有大、小

岛屿 1339 个，约相当于我国海岛总数的 20%；分布海域面积 22 000 平方千米，陆域面积 1371 平方千米。地理位置介于东经 121°30′～123°25′，北纬 29°32′～31°04′，东西长 182 千米。整个岛群呈北东走向依次排列。南部大岛较多，海拔较高，排列密集，北部由三组列岛组成，即嵊泗列岛、衢山列岛、岱山列岛，地势较低，分布较散；主要岛屿有舟山岛、岱山岛、六横岛、金塘岛、衢山岛、朱家尖岛等，其中舟山岛最大，面积为 502 平方千米，为中国第四大岛。众多岛屿的分布使长江口海域水动力环境十分复杂，海水污染物输移及分区也受到岛屿的明显影响。

二、陆域研究范围的确定

影响长江口海洋环境的陆域范围的确定比较复杂。宏观层面，长江流域全部范围都应该列在陆域研究范围内，这样的思路在逻辑上是客观严谨的，但在操作层面有较大难度，而且也没有必要。为了兼顾研究重点和对流域全面认识的两方面要求，在综合考虑典型性、可操作性和数据可获得性等方面的基础上，我们拟从长江流域和长江三角洲两个层面分析社会经济要素的影响。

（一）长江流域社会经济发展作为污染压力研究的宏观背景

长江全流域的社会经济活动对长江口海域的环境污染都有一定程度的影响，特别是在河流水环境关注度较低、还没有实行“河长制”等的背景下，中上游流域对长江口环境污染的贡献量可能还比较大。因此，我们重点分析全流域宏观社会经济发展环境变化，包括社会经济活动总量和经济增长速度、农业生产总量及化肥农药施用量变化、工业产业结构及重点污染行业的总体情况、城市人口及其分布等方面内容，以便对长江口海域环境污染压力有比较全面的认识。

（二）长江三角洲社会经济特征与演变作为污染压力研究的重点

相对于长江流域社会经济宏观背景，我们重点分析长江三角洲的陆域社会经济活动的环境压力，包括社会经济活动总量和经济增长速度、农业生产总量及化肥农药施用量变化、工业产业结构及重点污染行业的总体情况、城市人口及其分布等方面内容，利用在国家海洋公益性行业专项“基于环境承载力的环渤海经济活动影响监测与调控技术研究”已经成熟的陆域环境污染压力评估方法，对长江三角洲进行环境压力的评估与分区。主要研究范围确定为上海、江苏和浙江（图 24.1）。

（三）确定长江三角洲研究范围的依据

（1）行政区的完整性。长江三角洲的具体范围包括上海市和浙江、江苏两省，保持省一级行政单元的完整性。

（2）海域环境管理的可操作性。将长江三角洲从长江流域划出来，以江苏和安徽的河流断面为界线，只研究长江三角洲社会经济活动的压力，对长江中上游流域的环境控制以河流断面为界线，利用污染监测断面是可以对中上游提出压力要求的（图 24.2）。

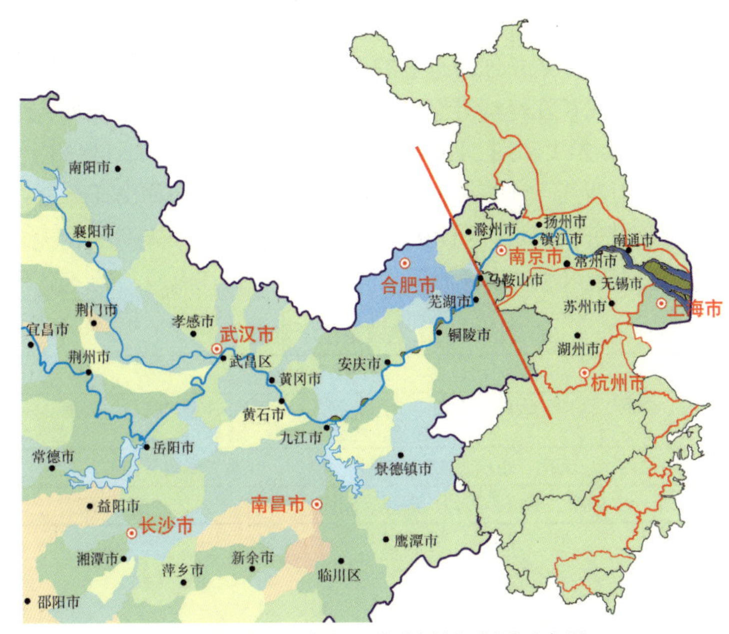

图 24.1 长江三角洲研究范围示意图

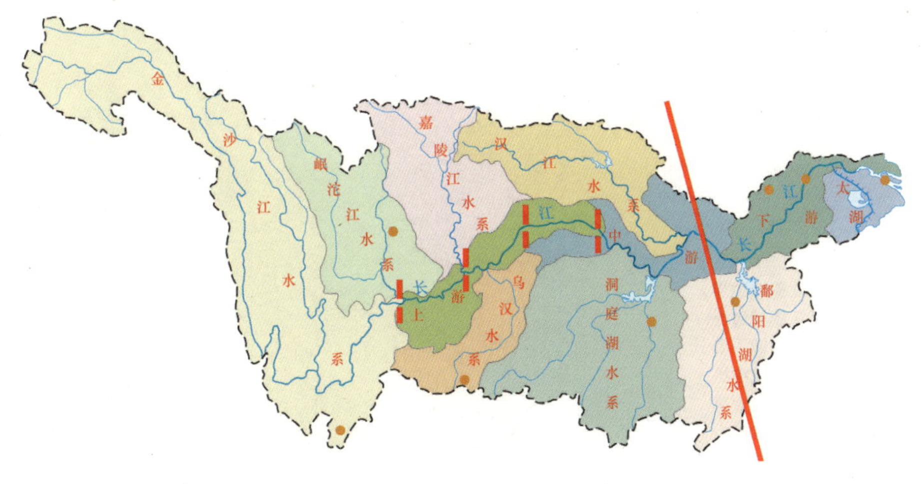

图 24.2 长江流域分段监测示意图

（3）有利于陆海环境统筹措施的实施。近些年来，在河流的环境管理方面已经形成了比较成熟的“河长制”，可对河流污染物排放实施量化管理。海洋主管部门已经考虑推动海上环境管理的“湾长制”，借鉴河流管理经验，省市政府主要领导对管辖海域的环境质量负责。海域的环境压力主要来自河流，当沿海省级的主要领导集“河长”与“湾长”于一身时，河流污染控制好了，海域的环境压力自然减轻，十分有利于环境治理的陆海统筹。

（四）长江流域的范围

本章重点关注长江流域社会经济活动对长江口附近海域水污染的影响，而现有的研究表明我国经济发展与污染物排放之间的倒“U”形关系（环境库兹涅茨曲线）仍未达到转折点，也就是说污染物排放强度与社会经济活动的强度仍呈正相关关系。另外，从长江流域污染物扩散和转移的空间特征上看，距离长江口越近的地区对海水污染的影响越大。因此，本章研究充分参考自然地理学、国家长江经济带等对长江流域的划分，确定本章研究的陆域范围为长江流域地区八省两市（表 24.1 和图 24.3），其中上游为四川、重庆、贵州，中游为湖北、湖南、安徽、江西，下游为浙江、江苏、上海。辖区面积约 166 万平方千米，占全国土地面积的 17.29%。基于长江流域邻近海域环境角度的“长江流域地区”与邻近河流之间的特殊关系，降雨及陆域活动造成的废水经地表径流汇入河流，流入长江流域，最终流入海域。

表 24.1 长江流域范围示意表

划分类别	范围
自然地理学	青海、西藏、四川、云南、重庆、贵州、湖北、湖南、甘肃、陕西、河南、广西、广东、浙江、福建、江西、安徽、江苏、上海
长江经济带	四川、云南、重庆、贵州、湖北、湖南、江西、安徽、江苏、浙江、上海
本章研究	四川、重庆、贵州、湖北、湖南、江西、安徽、江苏、浙江、上海

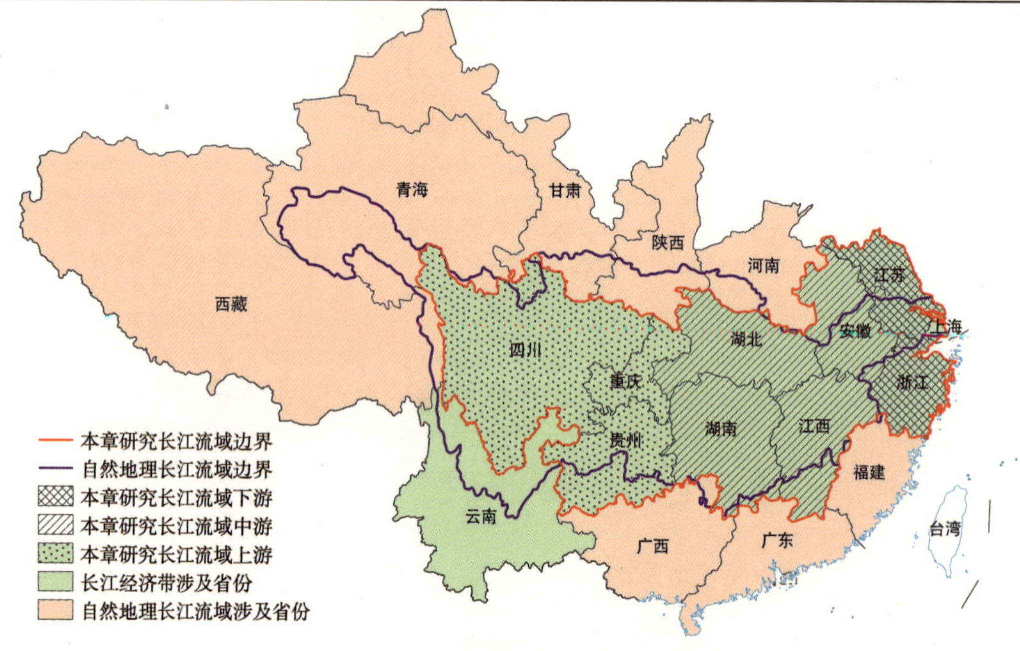

图 24.3 长江流域研究范围界定示意图

台湾资料暂缺

根据长江流域经济发展一级长江口附近海域水污染变化的时间特征，结合数据的可获取性等现实条件，在保证研究科学性的基础上，将研究时间范围确定为 1990 ～ 2015 年。

三、以“河长制”为基础处理中上游污染

2016 年 10 月 11 日，习近平总书记主持召开的中央全面深化改革领导小组第二十八次会议通过了《关于全面推行河长制的意见》。这预示着“河长制”从地方政府制度创新上升为全国性水环境治理方略，也预示着“河长制”从一项应对危机的水环境治理制度向着常规化、长效化方向演进。所谓“河长制”，简而言之，是指由地方党政主要负责人

兼任“河长”，负责辖区内河流的水污染治理和水质保护。相较于过去的领导督办制、环保问责制，“河长制”改革具有更加丰富的内涵，它的目标定位不局限于问责层面，而是以问责助力水治理制度的系统变革，是一场涉及职能分工整合、治理主体格局变迁、组织再造、政策工具调整的系统性变革。

（一）“河长制”的形成

2007年太湖蓝藻暴发并引起供水危机后，无锡市于当年8月开始了流域治理机制上的创新尝试，为应对太湖蓝藻创立了“河长制”，即各级政府的主要负责人担任辖区内重要河流的河长，以负责河道、水源地的水环境、水资源的治理与保护。无锡市在改善河湖生态环境上的成效受到社会各界的广泛关注，一些地方政府纷纷效仿，并在全国扩散。水利部的数据显示：北京、天津、江苏、浙江、安徽、福建、江西、海南8个省（直辖市）出台文件，在全省（直辖市）范围内推行“河长制”；山西、辽宁等16个省（自治区、直辖市）的部分市县或流域水系实行“河长制”。目前全境开展“河长制”的省份中属于长江三角洲地区的较多，达4个（江苏、浙江、安徽、江西）。2016年，中共中央办公厅、国务院办公厅发布的《关于全面推行河长制的意见》明确把构建责任明确、协调有序、监管严格、保护有力的河湖管理保护机制作为改革的目标。在改革的原则上凸显了生态优先、绿色发展，党政领导、部门联动，问题导向、因地制宜和强化监督、严格考核。在改革的任务上有了一个更加明确的规定，除了水污染防治、水环境治理外，还把水资源保护、水域岸线管理保护、执法监管纳入其中，“河长制”改革也从早期的污染防治拓展到了水域综合治理。为了确保《关于全面推行河长制的意见》取得实效，水利部、环境保护部制订了《贯彻落实〈关于全面推行河长制的意见〉实施方案》。水利部将把全面推行“河长制”工作纳入最严格水资源管理制度考核，环境保护部将把全面推行“河长制”工作纳入水污染防治行动计划实施情况考核。水利部、环境保护部在2017年底组织了对建立“河长制”工作进展情况进行中期评估，2018年底组织了对全面推行“河长制”情况进行总结评估。

作为全国“河长制”的发源地和试点先行区，太湖流域片区的五省市（浙江、江苏、上海、福建、安徽）都已启动建立了科学规范的“河长制”体系，其中大部分地区都处于长江三角洲范围内。江苏省是“河长制”的发源地和最早在全境推行“河长制”的省份，2012年发布的《关于加强全省河道管理“河长制”工作的意见》是江苏省推行“河长制”的纲领性文件。江苏省在“河长制”的实践中将区域与流域结合起来，在决策制度上采取“一河一策”，在考核制度上采用“河长制”管理保证金制度，在横向协作制度上实行联席会议制度，将经费投入、问题诊断、运行管理和协调协作纳入运行机制中，以“河长制”为引擎开启河湖治理体制的系统变革。长江三角洲地区中浙江省也已经建立起“河长制”为核心的治水体系和长效机制，成效尤为明显，这为各地推行“河长制”提供了宝贵经验。在地方立法方面，浙江省也进行了积极探索，已经形成正式“河长制”的地方法规：《浙江省河长制规定》（于2017年7月28日经浙江省第十二届人民代表大会常务委员会第四十三次会议审议通过，自2017年10月1日起施行）。

（二）长江流域实施“河长制”的合理性

长江流域是我国环境跨界管理的典型代表地区，而我国流域治理问题主要表现为管理的碎片化和机构之间的协同失灵。水是联结不同公共组织的纽带，不同涉水机构产生了无法分离的关系，而流域上、中、下游隶属于不同行政区域的政府也深受与水相关的利益纷扰。水资源和水环境管理整体呈现条块分割的特点，区域流域管理和行政管理之间及地区之间缺少协调，无法解决跨部门、跨地区和影响多个利益主体的复杂涉水问题和冲突。“河长制”的首要任务就是明确责任，其最大优越性在于从制度上解决了激励的问题。在这种制度下，责任不仅非常明确，而且完全落实到人。由于河长的加薪、晋升和评优都与流域的治理成效挂钩，工作效率高，执行力度大，容易在短期内出成绩。因此，“河长制”在部分地方流域治理的实践中取得了较好的成绩和效果。

长江流域环境问题成因复杂，河湖的治理涉及流域范围内上下游、左右岸的政策互动及利益协调，也跨越多个职能部门和行政层级，利益相关者的关联程度较高。江苏省、浙江省在“河长制”实践中形成的可复制、可推广的经验值得整个长江流域的地方政府进行学习和借鉴。需要特别注意的是，由水危机的情境下转移固化到非危机治理情境下，当“河长制”成为一种常规化的治理制度时，地方政府往往会面临新的难题。以“河长制”为代表，长江流域各地区地方政府的实践进程差异较大，长江下游地区已经于2007～2016年对其进行了卓有成效的探索和实践，面临新形势下升级和再创新“河长制”的问题，但中上游地区仍处于开启“河长制”相关机制体制探索的阶段。安徽省-江苏省交界地区是长江流域污染治理的重点关注区域，地方政府需要尤其注意环境管理“本土化”，根据实际情况在实践中对“河长制”的实施经验进行适应性调整和推广。此外，长江流域的环境治理绝非某一主体的治理活动，而是一项涉及诸多主体的集体行动。从治理主体的构成来看，其不仅涵盖体制内不同区域、不同层级的政府部门，还包括企业、非政府组织和社会公众等体制外力量。不同治理主体的构成及协作状况是影响治理绩效的关键变量，治理主体的职能分割、参与制度、协调机制很大程度上影响着长江流域环境治理的协作效率。长江流域的治理并非一日之功，“河长制”是否能实现本区域范围内的“河长治”，需要各地区在制度设计和制度保障上进行长期探索。

第二节　长江三角洲地区社会经济发展的污染压力判断

众多研究海洋环境的专家对海洋环境变化的主要途径有一致的认识，即影响海洋环境变化的途径分为面源污染和点源污染。面源污染是指污染物从非特定地点，在降水或融雪的冲刷作用下，通过径流过程而汇入受纳水体并引起有机污染、水体富营养化或有毒有害等其他形式的污染，根据面源污染发生区域和过程的特点，一般将其分为城市面源污染和农业面源污染两类。现阶段，随着农业生产物质能量的巨大投入，农业面源污染成为面源污染的主要部分。点源污染是指有固定排放点的污染源，一般是工业污染源和生活污染源产生的工业废水和城市生活污水，经城市污水处理厂或经管渠输送到水体排放口，作为重要污染点源向水体排放。这种点源含污染物多，成分复杂，其变化规律依据工业废水和生活污水的排放规律，即有季节性和随机性。因此，在分析长江口及邻近海域环境过程中，针对其污染途径确定人类活动的重点研究对象。

本章在完成长江三角洲地区社会经济统计资料收集与分析的基础上，从以下几个方面对社会经济活动影响长江三角洲邻近海域环境的宏观背景进行分析：从宏观上分析长江三角洲地区经济发展现状与特点、产业结构及演变、城市和社会发展等对长江三角洲邻近海域环境的总体压力；具体分析长江三角洲地区农业生产的规模、结构，以及化肥、农药施用量对环境的总体压力；分析工业生产的规模、内部结构，以及重点污染产业对环境的总体压力；分析社会经济发展规划、农业现代化、工业结构调整、城镇化进程、产业发展方式转变等经济要素对长江三角洲邻近海域环境的影响趋势。长江三角洲地区社会经济活动的宏观背景分析是基础研究部分，为其他部分研究提供理论和技术支撑。

一、研究范围与数据来源

基于长江三角洲邻近海域环境角度的“长江三角洲地区”与邻近海域之间的特殊关系，降雨及陆域活动造成的废水经地表径流汇入河流，最终流入长江三角洲邻近海域。研究的陆域范围为长江三角洲地区两省一市（浙江省、江苏省、上海市），研究的时间范围为 1990 ～ 2015 年。长江三角洲沿岸陆域范围包括上海市及江、浙二省辖区内的 24 个地级市，辖区面积约 21 万平方千米（表 24.2），占全国土地面积的 2.26%。

表 24.2　2015 年长江三角洲两省一市概况

省市	地区	行政单元面积 / 千米 ^{2}	入海流域面积 / 千米 ^{2}
上海	上海	6 340.5	6 340.5
浙江	杭州	16 596	16 596
	宁波	9 816	9 816
	温州	12 083	12 083
	嘉兴	968	968
	湖州	5 820	5 820
	绍兴	8 279	8 279
	金华	10 942	10 942
	衢州	8 844.55	8 844.55
	舟山	1 455	1 455
	台州	9 411	9 411
	丽水	17 298	17 298
	小计	101 512	101 512

续表

省市	地区	行政单元面积 / 千米^2	入海流域面积 / 千米^2
江苏	南京	6 587	6 587
	无锡	4 650	4 650
	徐州	11 765	11 765
	常州	4 372	4 372
	苏州	8 657	8 657
	南通	10 549	10 549
	连云港	7 615	7 615
	淮安	10 030	10 030
	盐城	16 931	16 931
	扬州	6 591	6 591
	镇江	3 840	3 840
	泰州	5 787.36	5 787.36
	宿迁	8 524	8 524
	小计	105 898	105 898
合计		213 751	213 751

本章中的社会经济数据主要来源于正式出版的国家及各地方的社会经济统计年鉴、行业统计年鉴、农业统计年鉴、城市统计年鉴、海洋统计年鉴、工业经济统计年鉴等。研究的社会经济数据时间跨度从 1990 ～ 2015 年，该时间段内中国经济经历了由起步到高速发展的阶段，也正是这个阶段，长江三角洲地区的环境发生了巨大的变化，社会经济数据时间尺度能很好地满足对长江三角洲邻近海域环境研究的需要。

二、长江三角洲地区社会经济总体特征

（一）拥有明显的区域优势

长江三角洲位于中国大陆东部沿海，是长江入海之前形成的冲积平原、中国第一大经济区、国家定位的我国综合实力最强的经济中心、亚太地区重要国际门户、全球重要的先进制造业基地、我国率先跻身世界级城市群的地区。长江三角洲城市群已是国际公认的六大世界级城市群之一。目前，长江三角洲已经形成了优越的地理位置、发达便捷的交通、雄厚的工业基础及密集的骨干城市群等优势。

（1）优越的地理位置。长江三角洲地区以上海为经济中心，地理位置优越，经济腹地广大。从国际上看，以上海为中心的长江三角洲地区处于亚洲经济圈的中心地带、太平洋西岸中间位置、远东中心点，是我国与世界各国开展国际交流与合作的重要门户，是连接内陆和西亚、欧洲的亚欧大陆桥的重要起点之一。从国内来看，长江三角洲地区地处沿海中段和长江口，既可通过海运与东北、华北、华南乃至海外往来，又

可通过内河航运与占全国1/5陆地面积、1/3人口的长江流域内各省区市相沟通，还可通过铁路与中、西部地带的各省区市相联系，经济影响几乎遍及全国。这种独特的地缘优势为长江三角洲地区经济的发展、国内外多领域经济合作的开展，提供了有利环境和条件。

（2）立体交通网络发达。长江三角洲地区是我国交通枢纽功能聚集地区，是我国海运、铁路、公路、航空、通信网络的枢纽地带，交通联片成网，形成了以港口为中心、陆海空为一体的较为完善的综合立体交通网络，成为我国产品进入国际市场的战略要地。该区域以高速公路网为骨架，众多等级公路四通八达，覆盖了区域内绝大多数城市。2015年，长江三角洲地区公路里程达到29万千米，公路密度为全国的2.8倍，高速公路通车里程9281千米，高速公路密度为全国的3.3倍，二级以上公路里程达到55 621千米；铁路营运里程的平均密度为265.5千米/万千米^2，远高于全国平均水平；航空运输网络也很发达，以上海为中心的20个机场开通了多条国内、国际航线；长江三角洲地区港口在我国举足轻重，拥有吞吐量排名全国前两位的宁波舟山港和上海港，而江海联运的远东最大港口——上海港是我国部分内陆地区重要的进出口通道和货物集散地，2015年，长江三角洲地区主要规模以上港口吞吐量达17.36亿吨，超过全国主要规模以上港口吞吐量的1/5。

（3）工业基础雄厚。长江三角洲地区是我国四大工业基地之一，作为我国历史最悠久、规模最大、结构最完整、技术水平和经济效益最高的第一大综合性工业基地，该地区轻、重工业都很发达。长江三角洲工业基地有纺织、化纤、电气、电子、机械、化学、黑色冶炼及压延加工、交通运输设备制造、金属制品、食品、服装加工等多种行业，且很多行业的产品产量在全国对应总产量中占很大比重，此外，微电子与电子信息、精细化工、新材料、生物工程、机电一体化等高新技术产业已经具有一定基础。该地区乡镇工业发展迅速，乡、镇、村及村以下工业产值约占全国同一类型总数的40%，大部分县及县级市的乡镇工业产值已超过整个工业的1/2，大多数县市的农村工农业产值中，工业已占90%以上，可见乡镇工业已成为农村经济的主要支柱。乡村工业化的发展同时促进了乡村城镇化的发展，各种人口规模的城镇等级齐全，使其成为我国城镇化程度最高的地区之一。

（4）拥有实力强大的骨干城市群。长江三角洲地区是我国城市分布最密集、经济发展水平最高的三大地区之一，包括1个直辖市（上海），3个副省级城市（南京、杭州、宁波），以及24个地级城市。该区域内平均每1800平方千米就有一座城市，不足70平方千米就有一座建制镇。在总长不超过600千米的沪宁、沪杭、杭甬三条铁路线上，密布着20座城市，占区域内城市总数的37%，平均每30平方千米一座城市。长江三角洲地区以上海为轴心，以宁波等沿海开放城市为扇面，以杭州、南京等城市为支点，构成了我国沿海地区最重要的，集政治、经济、文化、国际交往多功能的城市群落。上海是我国金融和商业中心；杭州、南京分别是所在省份的政治、经济、文化中心，宁波又是副省级的经济中心城市，这些城市在全国和区域经济中发挥着集聚、辐射、服务和带动作用，有力地促进了本地区特色经济区域的发展。

（二）经济总量大，增速快，经济密度约是全国平均的9倍

2015 年长江三角洲地区生产总值为 138 126.32 亿元，占全国 GDP 的 20.22%，其中，第一产业增加值占 10.18%、第二产业增加值占 21.65%、第三产业增加值占 20.73%。可以看出，除第一产业增加值约占全国的 1/10 之外，第二产业、第三产业增加值均达到全国总值的“1/5 强”（图 24.4）。

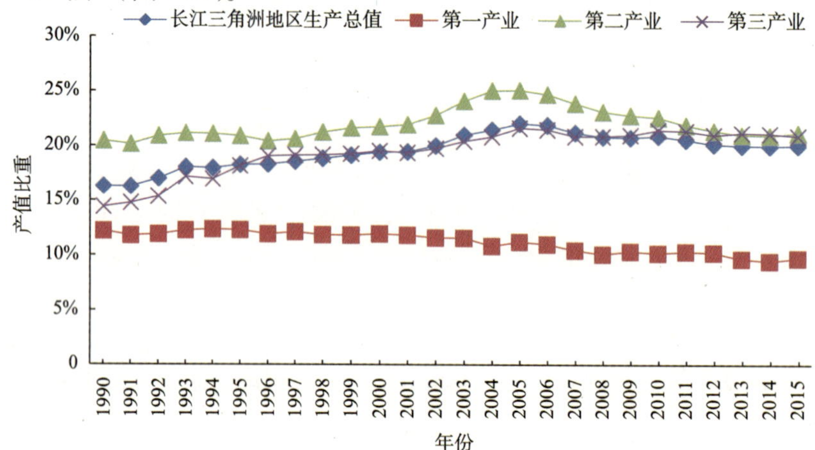

图 24.4　长江三角洲地区生产总值及各产业增加值占全国经济总量比重

1990 年长江三角洲地区生产总值占全国经济总量的 16.44%，在随后的 16 年间，比重逐步提高，2007 年以后长江三角洲地区生产总值的比重趋于稳定，维持在 20.00% ～ 21.20% 的水平。2002 年长江三角洲地区生产总值首次突破全国经济总量的 20.00%，并维持在全国经济总量的 20.00% ～ 22.00%；与此同时，第二产业、第三产业所占全国比重也逐步提高；第一产业所占比重有所降低，比重由 12.25% 降至 10.18%（区域产业结构调整因素），但总体而言维持在全国的 10% 左右。

由图 24.5 可以看出，长江三角洲地区的经济无论是在 1990 年还是现阶段，均在全国经济发展中占据了非常重要的地位。1990 ～ 2001 年长江三角洲地区经济总量占全国经济总量是“近 1/5”，而 2002 年后长江三角洲地区经济总量已是全国经济总量的“1/5 强”，因此可以说，中国经济的 1/5 在长江三角洲。

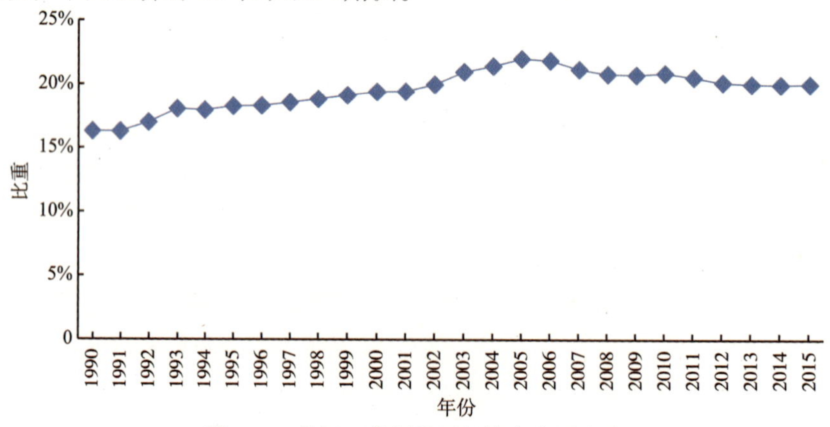

图 24.5　长江三角洲地区经济占全国比重

（1）经济增速快。从 1990 年到 2015 年的 26 年时间里，长江三角洲地区生产总值总量由 3077.64 亿元增加到 138 126.32 亿元，增长了 43.88 倍，年均增速达 16.43%，从图 24.6 中可以明显看出这种发展趋势。

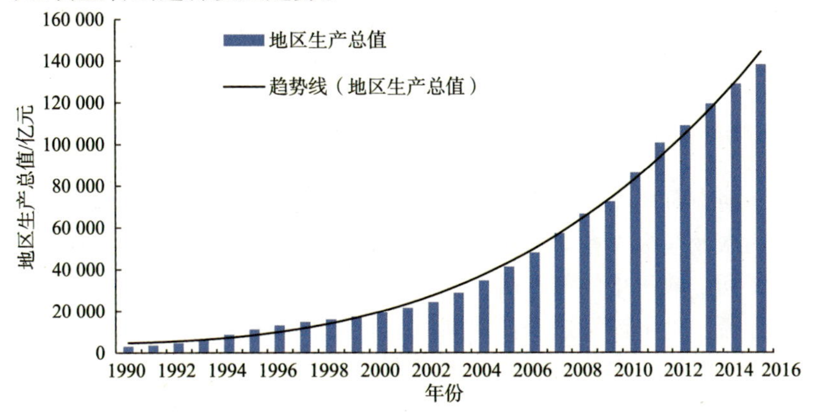

图 24.6　1990 ～ 2015 年长江三角洲地区生产总值增长情况

伴随改革开放四十多年我国经济的快速发展，长江三角洲地区已成为继珠江三角洲之后的我国第二个大规模区域制造中心。以上海为龙头的江苏、浙江经济带，是中国经济发展速度最快、经济总量规模最大、最具有发展潜力的经济板块。长江三角洲地区快速积聚国际资本和民间资本，不仅规模越来越大，而且以其特有的活力强有力地推动着这一地区的经济快速发展。从 1990 ～ 2015 年长江三角洲地区生产总值增长情况可以看出，近几年长江三角洲地区经济增长速度加快，呈现出更加良好的发展势头。经过了几十年的奠基，长江三角洲地区的经济迎来了新一轮的发展浪潮，上海自贸区等多项国家发展战略区域落户该地区，内在的经济基础和外部优越的发展政策确保了该区域经济的稳步发展。有理由相信，未来长江三角洲地区的经济增长将在中国经济发展蓝图中再续浓浓一笔。

（2）地区经济密度大。图 24.7 清晰地反映出长江三角洲经济圈的经济密度远远大于全国平均水平，尤其体现在第二产业、第三产业上，计算得出该地区经济密度是全国经济密度的 8.88 倍，反映出该地区的生产要素集中度与经济开发强度高出全国水平 7 倍以上。

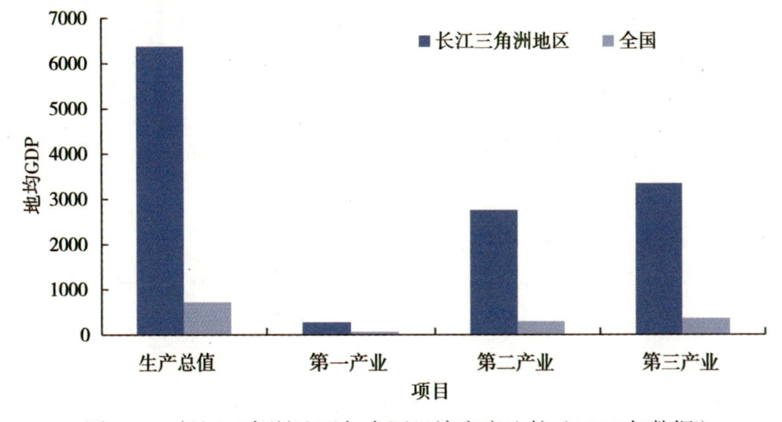

图 24.7　长江三角洲地区与全国经济密度比较（2015 年数据）

这个占中国陆域面积仅 2.25% 的区域却创造了全国 20% 的国内生产总值，伴随着如此高强度的经济开发，污染物的产生量也是巨大的，正如前面我们提到的，长江三角洲邻近海域作为该经济区废水的最终容纳地，正在承受着巨大的环境压力。经济不断发展，内陆产业不断向沿海聚集的同时，沿海本身的开发力度加大，双重的开发活动将继续加剧该海域的这种环境压力。

三、长江三角洲地区农业生产强度大，面源污染压力显著

农业生产活动中对环境产生的影响主要体现为农田径流（化肥、农药流失）、水土流失、农村生活污水及垃圾、畜禽养殖等造成的农业面源污染。农业面源污染物的产生与降水过程关系密切，农田中的氮、磷、农药及其他有机或无机污染物质，通过降水时产生的农田地表径流、地下渗漏进入江河湖海。分散堆放的农村生活垃圾、畜禽粪便中含氮、磷物质，经径流汇入水体，引起水质污染。根据农业面源污染的产生途径，通过前面对长江三角洲地区农业发展状况资料的搜集，分析出该区域农业在总体规模、产业结构、生产方式等方面的总体特征，进一步总结出长江三角洲地区农业生产影响长江口及邻近海域环境的压力表现。

（一）种植和畜牧业为主的农业结构

1990 年长江三角洲地区农林牧渔业总产值为 980.25 亿元，2015 年增长至 10 266.82 亿元，26 年间，农林牧渔业总产值增长了 9.47 倍，年均增长率为 9.85%，如图 24.8 所示。其中，农业产值增长了 8.0 倍，林业产值增长了 11.0 倍，牧业产值增长了 5.6 倍，渔业产值增长了 23.7 倍，可以看出在过去的 20 多年里，长江三角洲区域农业生产取得了长足的发展，通过图 24.8 可以看出该地区的农林牧渔业仍将保持快速的发展。

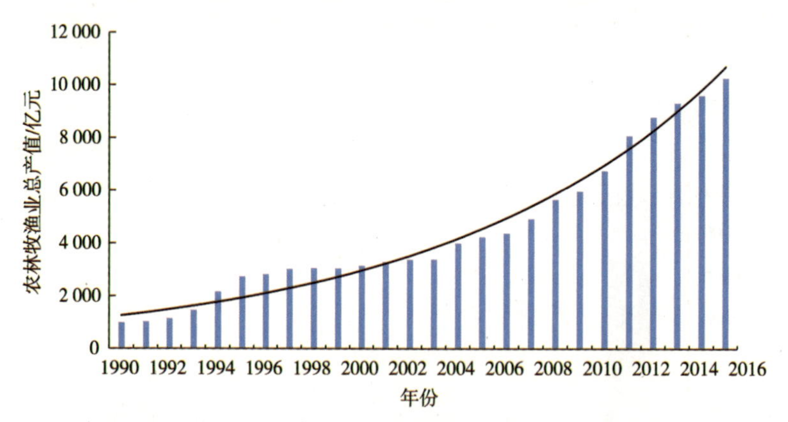

图 24.8　1990 ～ 2015 年长江三角洲地区农林牧渔业总产值变化

2015 年农业内部结构中，种植业和渔业占 75.4%，其中，种植业产值达到 51.8%，渔业为 23.6%，而林业产值所占比例最低，为 2.9%，牧业产值占 17.1%。从农业内部结构看，长江三角洲地区仍是以种植业为主的农业生产模式，渔业也占有重要地位。

在全国范围内，长江三角洲地区渔业占据重要位置，产值占比达到 22.3%，而农林牧

渔业总产值、农业产值、林业产值、牧业产值均占全国各产值的 10% 以下，见图 24.9。

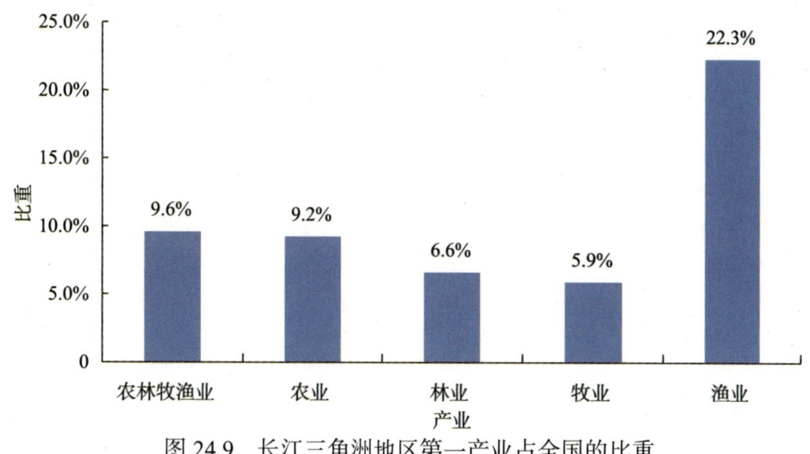

图 24.9　长江三角洲地区第一产业占全国的比重

（二）高投入的化肥、农药施用量对区域环境造成巨大的压力

该地区的农用地面积仅占全国土地面积的 1/42，耕地面积占全国的 1/20，该地区农业产值高的重要原因也在于农业物质能源投入上的增长。化肥、农药残留物随着降雨、径流进入水体、土壤形成大规模的面源污染，造成广泛的、持续的、严重的环境问题。表 24.3 中列出了各地区的农业化肥投入量（折纯量），长江三角洲地区的化肥施用总量为 417.43 万吨，其中，氮肥 213.29 万吨，复合肥 124.37 万吨，磷肥和钾肥合计约 79.77 万吨。如果将 2015 年该地区化肥施用总量用 40 节的列车运输（每节载重 60 吨），那么大约需要 1740 列这样的列车。从 1990 年到 2015 年，长江三角洲地区总的化肥施用量为 11 019 万吨，那么就需要 45 931 列这样的列车。

表 24.3　2015 年全国和长江三角洲地区化肥农药施用情况

地区 / 单位	农用化肥施用量	氮肥	磷肥	钾肥	复合肥	农药施用量
上海 / 万吨	9.92	4.98	0.73	0.45	3.76	0.44
江苏 / 万吨	319.99	162.05	42.35	19.25	96.34	7.81
浙江 / 万吨	87.52	46.26	10.15	6.84	24.27	5.65
长江三角洲 / 万吨	417.43	213.29	53.23	26.54	124.37	13.9
全国 / 万吨	6022.6	2361.57	843.06	642.28	2175.69	178.3
长江三角洲占全国的比重	6.9%	9.0%	6.3%	4.1%	5.7%	7.8%

表 24.3 和图 24.10 反映了 20 多年里长江三角洲地区各主要农业化肥施用量的变化情况，其中，2015 年长江三角洲地区农用化肥施用量为 417.43 万吨，在 1990 年 341.3 万吨

的基础上增长了不到1倍，1990～1999年呈现迅速上升的趋势，2000年后增速放缓进入平稳期；长江三角洲地区氮肥施用量由1990年的234.5万吨增至1999年的269.1万吨，2000年开始进入缓慢下降阶段；2015年磷肥施用量为53.23万吨，比1990年略有下降，经历了1990～1999年的缓慢增长期，2000～2015年缓慢下降；长江三角洲地区钾肥施用量整体缓慢增长，2015年长江三角洲地区钾肥施用量达到26.54万吨，是1990年的2倍多；复合肥施用量始终处于不断上升的状态，从1990年的36.4万吨增长至2015年的124.37万吨，增长了2.4倍，增长也最为迅速。相对氮肥和复合肥的施用量，磷肥和钾肥的总体施用量少些，两者2015年合计为79.77万吨。

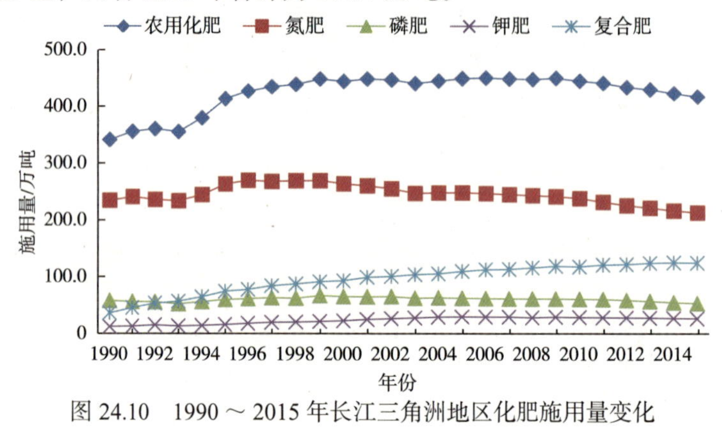

图24.10 1990～2015年长江三角洲地区化肥施用量变化

2015年长江三角洲地区农药施用量为13.9万吨，地均农药用量为20.6千克/公顷，是全国同期水平的1.6倍。与施肥密度不同，浙江省地均农药用量较高，而江苏省最低，低于长江三角洲水平，但长江三角洲整体及两省一市的地均农药用量均高于全国平均水平。

1990～2015年长江三角洲地区农业高投入的生产方式促进了该地区发展农业的同时，也有相当多的化肥通过各种途径汇入海洋。近几年，化肥施用量虽然呈下降趋势，但其带来的污染仍需引起重视。长江三角洲地区化肥和农药的绝对用量占全国的比重虽然较小，但其地均用量均高于全国平均水平，长江三角洲地区农业产值高的重要原因也在于农业物质能源投入上的增长。大量的化肥、农药流失加剧了湖泊和海洋等水体的富营养化。

（三）畜牧业规模仍在扩张

由于近年来长江三角洲地区产业结构不断优化，长江三角洲地区的畜牧业产值虽有大幅增加，但其在农业总产值中的占比呈下降趋势。2015年长江三角洲地区的畜牧业产值是1990年的6.59倍，但畜牧业产值占农业总产值的比重由1990年的27.16%下降到2015年的17.08%，低于27.82%的全国平均水平。到2015年，长江三角洲地区牛、马、骡等大牲畜年底存栏数55.1万头，肉猪出栏数2654.4万头，羊年底存栏数561.4万只。

标准化、规模化、产业化的发展模式促进了畜牧业的快速增长，畜牧业专业化的发展使其与种植业彼此孤立开来，打破了以往畜—肥—粮的良性循环，畜禽排泄物不加处理的任意排放，造成水、空气和土壤的污染，水中的氮、磷、钾等营养物质富集，造成水体富营养化，畜牧业已成为长江三角洲地区邻近水体污染的重要源头之一。规模饲养场畜禽排污集中、浓度大、规模大，不加以处理直接堆放在饲养场周围，经过雨水冲刷进入水体，或者直接排入河流中，最终汇入海洋，增加了海洋环境压力。

四、长江三角洲地区工业生产特征

改革开放以来，长江三角洲工业发展速度极为迅猛，该地区工业基础雄厚，原油石化、采矿冶炼、装备制造、食品加工等工业门类齐全，工业产值占本地区生产总值比重较高，尤其是 1990 ～ 2015 年工业增长速度快，直至今日仍保持强劲的发展势头。目前的主要工业产品产量水平与改革开放初期相比已经有了数十倍甚至上百倍的提升。工业生产的同时会产生各种工业废水，这些废水的排放对长江口及邻近海域海洋环境造成一定的压力。工业规模越大，生产水平越低，废水排放越多，不同的工业结构也决定了不同的废水种类和排放量。虽然目前长江三角洲城市群经济中心城市基本已经跨越了单纯追求经济增长速度的阶段，然而大量污染企业转移时为了减少迁移距离所造成的负面经济效益，迁移地基本上以经济中心的周边城市，如无锡、宁波、泰州等为首选，对长江口及邻近海域的环境状况依旧会造成一定负面影响。通过分析长江三角洲工业总体规模、产业结构、重点行业等方面的总体特征，进一步总结出长江三角洲工业生产影响长江口及邻近海域环境的压力表现。

（一）工业快速增长的累计效应严重影响了长江口及邻近海域环境

自 20 世纪 80 年代以来，长江口及邻近海域水质经历了从一类到二类、三类、四类、劣四类的变化过程，尤其集中在 1996 ～ 2015 年。而这二十年正是长江三角洲地区工业快速发展的时期，大量的工业废水通过各种途径汇入长江口及邻近海域，致使长江口及邻近海域的环境快速恶化。

改革开放后，长江三角洲的工业取得了迅猛的发展，工业增加值增长了 130 多倍，工业总产值密度一直保持在全国平均密度的 4 倍以上。1990 ～ 2015 年长江三角洲地区工业废水排放总量出现了快速增长。该区域地形西高东低，其排放的大部分工业废水随着城市污水排放管道、河流、排污口输送，最终的归属地仍是长江口及邻近海域。2010 ～ 2015 年，长江三角洲地区的工业废水总计为 200 多亿吨，而长江口及邻近海域的海洋生态体系薄弱，工业废水大范围超过其承受能力，工业废水排放产生的影响和后果可想而知。2015 年，长江三角洲地区工业增加值达 5.6 万亿元，占全国工业增加值的 24.5%，较 1995 年有了飞速的发展与提升，尤其是进入 21 世纪后，工业快速增长，平均增长近 17.4%。从区域角度来分析，自 2000 年以来，两省一市的工业产值都出现了大幅度增长，浙江省增长速度最快，江苏省总量全国第一。一直以来长江三角洲地区是全国经济发展的标杆和领头羊，今天的长江三角洲地区正酝酿着新一轮的经济腾飞，化工、钢铁、装备制造业等对环境影响大的行业仍呈现出快速发展势头。虽然 2015 年长江三角洲地区工业污染治理投资总额达 142 亿元，为部分工业污染的有效防治提供了资金保障措施，但工业快速增长的累计效应依旧严重影响了长江口及邻近海域环境。新一轮的产业调整与布局正在进行，随着未来长江口及邻近海域区工业的进一步发展和工业排放量的增加，长江口及邻近海域环境的压力将会进一步加大。

（二）重工业比重大加剧了长江口及邻近海域的环境压力

长江三角洲地区工业基础雄厚，工业规模庞大，门类齐全，工业基础坚实，是我国石油、钢铁、化工、重型机械、造船、煤炭等产业的重要生产基地。依据国家统计年鉴中对工业行业的分类标准，计算得出长江三角洲地区工业各行业的企业个数与工业总产值在全国各行业中所占的比重，表 24.4 列出了该地区的 35 个工业行业在全国的地位，其中，工业总产值占全国比重超过 20% 的行业有 22 个，占总行业的 62.9%；产值占全国比重超过 30% 的行业有 16 个，占总行业的 45.7%。

表 24.4　长江三角洲地区各工业行业的企业个数及总产值占全国比重（2015 年）

煤炭采选业		石油和天然气开采业		黑色金属矿采选业		有色金属矿采选业		非金属矿采选业	
企业个数比重	总产值比重	企业个数比重	总产值比重	企业个数比重	总产值比重	企业个数比重	总产值比重	企业个数比重	总产值比重
0.27%	0.72%	2.13%	0.05%	0.85%	13.22%	1.48%	0.55%	6.14%	10.35%
食品加工业		食品制造业		饮料制造业		烟草加工业		纺织业	
企业个数比重	总产值比重	企业个数比重	总产值比重	企业个数比重	总产值比重	企业个数比重	总产值比重	企业个数比重	总产值比重
10.00%	11.84%	11.35%	13.53%	6.87%	12.71%	8.29%	26.33%	47.77%	41.71%
服装及纤维品制造业		皮革、毛皮、羽绒制品业		木材加工竹、藤、棕制品业		家具制造业		造纸及纸制品业	
企业个数比重	总产值比重	企业个数比重	总产值比重	企业个数比重	总产值比重	企业个数比重	总产值比重	企业个数比重	总产值比重
35.12%	43.03%	29.20%	24.49%	20.15%	27.46%	22.03%	27.32%	24.27%	24.61%
印刷及记录媒介复制业		石油加工业		化学原料及化学品制造业		医药制造业		化学纤维制造业	
企业个数比重	总产值比重	企业个数比重	总产值比重	企业个数比重	总产值比重	企业个数比重	总产值比重	企业个数比重	总产值比重
24.80%	32.55%	11.76%	12.26%	24.17%	37.35%	18.36%	32.89%	73.13%	78.21%
橡胶及塑料制品业		非金属矿物制品业		黑色金属冶炼压延加工业		有色金属冶炼压延业		金属制品业	
企业个数比重	总产值比重	企业个数比重	总产值比重	企业个数比重	总产值比重	企业个数比重	总产值比重	企业个数比重	总产值比重
28.66%	27.85%	13.70%	16.77%	24.71%	18.97%	27.31%	18.80%	30.22%	32.98%
通用设备制造业		专用设备制造业		交通运输设备制造业		电气机械及器材制造业		电子及通信设备制造业	
企业个数比重	总产值比重	企业个数比重	总产值比重	企业个数比重	总产值比重	企业个数比重	总产值比重	企业个数比重	总产值比重
37.96%	42.00%	30.08%	31.52%	30.25%	33.98%	38.00%	46.08%	30.04%	39.00%
仪器仪表文化、办公用机械制造业		其他制造业		电力、热水的生产和供应业		煤气生产和供应业		水的生产和供应业	
企业个数比重	总产值比重	企业个数比重	总产值比重	企业个数比重	总产值比重	企业个数比重	总产值比重	企业个数比重	总产值比重
40.81%	70.39%	29.54%	31.26%	9.47%	19.27%	13.71%	38.87%	17.71%	30.58%

资料来源：中国及各省市统计年鉴

表 24.4 清楚地呈现出各行业在全国的地位，其中化学纤维制造业，纺织业，仪器仪表文化、办公用机械制造业，电气机械及器材制造业，通用设备制造业，服装及纤维品制造业成为长江三角洲地区工业行业的第一梯队，占全国比重均超过 40%，成为长江三角洲地区的主导产业；交通运输设备制造业，金属制品业，专用设备制造业，电子及

通信设备制造，其他制造业，印刷及记录媒介复制业，化学原料及化学品制造业，医药制造业，水的生产和供应业等成为长江三角洲地区的第二梯队行业，占全国比重均超过30%。仔细区分长江三角洲地区各省市的产业地位，可以得出两省一市的主要支柱产业的排名，从排名中可以发现长江三角洲地区工业构成的明显特征，即化工业、纺织业及资本密集型器械设备制造业扮演了该地区工业发展的主要角色，在各省市的支柱产业中，轻工业和设备制造业占据了重要的地位。

长江三角洲总体区域经济正处于工业化阶段后期，其主导产业虽然已经向轻工业和高技术装备制造业转移，但重污染行业比重依旧大，其大规模发展必然会对长江口及邻近海域环境造成很大压力。以江苏省为例，2015年排污申报数据表明，排污大户主要集中在纺织、黑色金属采矿、化工、石油冶炼、钢铁、造纸和煤炭开采业，占整个地区总废水排放的58%以上，这些行业的万元产值废水排放量相对其他行业高得多。很多重化工产品，尤其是电解铝、钢铁等的生产需要进行切割、熔化、冷却等耗能很多的工序，再加上大多数重工产业生产使用大型重型机器，这些机器的正常运转需要耗费大量的能源。据统计，我国重工业单位产值能耗约为轻工业的4倍。长江三角洲地区重化工业的大规模发展加剧了长江口及邻近海域环境的压力。

（三）重点工业行业对长江口及邻近海域环境的影响

长江三角洲地区制造业比重高的工业结构，决定了该地区工业生产的环境影响特点，通过分析该地区工业各行业在全国所占比重和各行业自身的生产排污特点，选取了以下几个典型环境影响产业作为重点研究对象，从各行业发展演变及未来发展趋势上分析其对长江口及邻近海域环境的影响。

1. 黑色金属矿采选业和黑色金属冶炼压延加工业

将黑色金属矿采选业和黑色金属冶炼及压延加工业两个产业合并分析是考虑到两个产业生产过程中的废水排放具有相似的特点，而且两者共同产生该行业的最终产品类：生铁、粗钢、钢材等，在分析过程中可以进行统一计算，不需要剥离开两者各自的产品产量（实际上很难剥离开），生产过程中所产生的废水也无法分开计算，因此将两行业合并起来进行分析。

2015年，长江三角洲地区黑色金属冶炼及压延加工业的企业数量为2357个，占全国的24.71%；工业总产值为12 692亿元，占全国的18.97%。2015年不论是企业数量还是工业总产值的增加都是十分惊人的，产值是1987年的近6倍，可以看出行业规模的扩大是该行业迅速发展的主要表现方式。这两个行业的发展反映到具体产品上是生铁和钢的生产量的变化，从表24.5可以发现，1994年两者产量均在1000多万吨，至2000年两者产量均有所增加，但净增加幅度并不大，2015年生铁产量接近一亿吨，钢产量突破一亿吨，两者产量的增长幅度较前一时期有所提高，进入飞速发展时期，相比之前两个时期的产量发生了数量级上的变化，其绝对体量增加巨大，达到了一个新的水平。2015年生铁产量是1994年的8.04倍、2000年的5.15倍；2015年钢产量是1994年的8.02倍、2000年的5.66倍。2015年，长江三角洲地区的生铁与钢产量均约占全国总量的17.88%，钢铁产业排放的工业污水主要流入长江口及邻近海域，对其环境造成了较大影响。

表 24.5 三时期长江三角洲地区生铁和钢产量变化

项目	1994 年 / 万吨	2000 年 / 万吨	2015 年 / 万吨	2015 年 /1994 年	2015 年 /2000 年
生铁	1 220	1 904.58	9 804.0	8.04	5.15
钢	1 792	2 540.66	14 372.8	8.02	5.66

黑色金属矿采选业和冶炼及压延加工业的生产过程中，主要产生的废水有选矿废水、冶金废水、重金属废水、酸碱废水等，全国 1/3 的黑色金属矿采选业及压延加工业所产生的废水都是在长江口及邻近海域地区处理和排放的，该行业在过去 30 年间产生的各种废水直接或间接的都会对长江口及邻近海域环境造成影响，几十年的累积排放，该行业对造成长江口及邻近海域重金属污染方面的影响不可忽视。

2. 造纸和印刷业

造纸和印刷业是将造纸及纸制品业与印刷及记录媒介复制业合并分析的，该产业属于典型的水污染较重行业。造纸及纸制品业的工业总产值由 1990 年的 121 亿元增长到 2015 年的 3093 亿元，企业数量由 1990 年的 55 家增长到 2015 年的 1650 家。

2015 年，长江三角洲地区造纸量已经超过了 3000 万吨，印刷及记录媒介复制业产值约占全国的 33%，而从长江三角洲地区内部可以看出该产业在长江三角洲地区的分布相对平均，江苏省和浙江省都具有相当的生产能力，行业集中度不高。在生产各类用纸漂白的过程中，各个环节上产生的废水量可想而知，如果将近 30 年造纸累计产生的废水统一排放到长江口及邻近海域，产生的后果更是不可想象的，经过处理和未经处理的废水通过各种方式汇入附近海洋，对化工和生态的影响都是巨大的。长江三角洲地区现阶段各类工业开发区规划数量多，其中不乏大量造纸和印刷业的园区，并且大多布局在沿岸，未来造纸和印刷业的发展对长江口及邻近海域的影响还将持续，产生的废水如果处理不当，将加剧对海洋环境的破坏。

3. 化学原料及化学品制造业

化学原料及化学品制造行业包括了化学原料及化学品制造业、化学纤维制造业、橡胶及塑料制品业。2015 年，长江三角洲地区几种典型化工产品的产量总计约 6261.28 万吨，化学原料及化学品制造业、化学纤维制造业、橡胶及塑料制品业占全国相应行业的产值比重分别为 37.35%、78.21%、27.85%，其中化学纤维制造业比重最大，比重超过全国产值的 2/3。

由表 24.6 可知，化学纤维、化学农药、塑料三种产品在 1990 年的产量均处于较低水平，绝对产量不大，经历了 26 年的发展，2015 年三种产品产量的增长幅度巨大，分别达到 3633.24 万吨、134.40 万吨、2493.64 万吨，其中 2015 年的塑料产量为 1990 年的 26.78 倍。化学纤维生产量在该时期增加了近 50 倍，占全国产量的 70% 以上。

表 24.6　长江三角洲各主要化学制品四时期的产量变化

项目	1990 年 / 万吨	1995 年 / 万吨	2000 年 / 万吨	2015 年 / 万吨	2015 年 /1990 年	2015 年 /1995 年	2015 年 /2000 年
化学纤维	75.03	79.25	392.23	3633.24	48.42	45.85	9.26
化学农药	7.66	11.49	26.55	134.40	17.55	11.70	5.06
塑料	93.12	116.54	317.77	2493.64	26.78	21.40	7.85

分析该行业的各产品产量变化可以发现，2000 ～ 2015 年的产量累积量占 1990 ～ 2015 年总产量的比重基本都在 80% 以上，说明该行业的快速发展期集中在 2000 年之后，而长江口及邻近海域环境也是在 21 世纪逐步发生较大变化的，说明工业快速发展与邻近海域环境的变化有着直接的关系。长江三角洲地区现阶段各类工业开发区规划数量多，其中不乏引进化工行业的园区，并且大多布局在长江口及邻近海域沿岸，未来化工行业的发展对长江口及邻近海域环境的影响还将持续，生产废水如果处理不当，则其对长江口及邻近海域环境的破坏将加剧。

4. 纺织业

纺织废水主要包括印染废水、化纤生产废水、洗毛废水、麻脱胶废水和化纤浆粕废水五种。印染废水是纺织工业的主要污染源。据不完全统计，国内印染企业每天排放废水量约 300 万～ 400 万吨，印染厂每加工 100 米织物，将产生废水量 3 ～ 5 吨。排放的废水中含有纤维原料本身的夹带物，以及加工过程中所用的浆料、油剂、染料和化学助剂等，具有以下特点：① COD 变化大，高时可达 2000 ～ 3000 毫克 / 升，生物需氧量（biochemical oxygen demand，BOD）也高达 2000 ～ 3000 毫克 / 升。② pH 值高，如硫化染料和还原染料废水 pH 值可达 10 以上。③色度大，有机物含量高，含有大量的染料、助剂及浆料，废水黏性大。④水温水量变化大，加工品种、产量的变化可导致水温在 40℃以上，从而影响了废水的处理效果。

江苏和浙江是全国纺织行业的领头军，2015 年长江三角洲地区纺织行业的产值占到全国产值的 41.68%（表 24.7），远远高于其他各省区市。单从纺织行业的空间布局来看，杭州湾的海洋环境受到纺织排污的影响较大。

表 24.7　2015 年长江三角洲地区纺织业构成

项目	上海	江苏	浙江
企业个数比重	1.90%	47.19%	50.90%
总产值比重	0.69%	22.19%	18.8%

长江三角洲地区 1990 ～ 2015 年代表性年份纺织业布和纱的产量情况见表 24.8。

表 24.8　长江三角洲地区布和纱产量变化

项目	1990 年	1995 年	2000 年	2015 年	2015 年 /1990 年	2015 年 /1995 年	2015 年 /2000 年
布	59.55 亿米	60.8 亿米	53.27 亿米	381.03 亿米	6.40	6.27	7.15
纱	123.66 万吨	121.16 万吨	167.5 万吨	843.72 万吨	6.82	6.96	5.04

总体而言，2015 年长江三角洲地区布产量比 1990 年增加了 5 倍多，纱产量增加了 5 倍多。

纺织产业是我国经济发展的重要产业之一，但却存在着上游研发投入不足、中游技术装备落后、下游自主品牌和营销网络滞后等缺点，淘汰落后产能、整合产业资源将成为纺织产业升级的关键。具体到长江三角洲地区，其纺织业本身规模较大，未来发展规模持续扩大的可能性较小，但江苏和浙江两省纺织业规模继续扩张的可能性存在，随着国家环境保护力度的加强，对纺织业污水的处理和限排会阻止或减缓该地区未来纺织业污水排放的增加。目前，该行业的最主要问题是做好现有污水的处理工作，限制环境影响大的小规模生产。

五、长江三角洲地区城镇生活排放压力

随着城镇化率的大幅提高，城市规模将不断扩大，城市地表径流污染量也逐渐增加，城镇化成为加剧长江口及邻近海域环境压力的最重要影响因素。“十二五”期间，长江三角洲地区城市化进程进入到了快速增长阶段，人口密度的区域增长为“强向心集聚”模式。据统计，2015 年上海市常住人口城市化率高达 87.60%，位居全国榜首，江苏省和浙江省的城市化率分别为 66.52% 和 65.80%，排名分别为第 6 位和第 7 位。随着长江三角洲地区周边城市群的不断扩大，上海市提出在 2020 年基本建成“四个中心”的基础上，到 2040 年将上海建设成为综合性的全球城市，国际经济、金融、贸易、航运、科技创新中心和国际化大都市；江苏省在《江苏省城镇体系规划（2015—2030 年）》中提出“13+8”中心城市（组群）规划；浙江省也在《浙江省住房和城乡建设事业发展“十三五”规划纲要》中提出要实施四大都市规划纲要，推进“多合一”战略，这就必然导致长江三角洲地区的城市人口在未来相当长一段时间内仍将呈增长趋势。人口大量集聚造成的居民生活废水排放和不合理的交通扩张带来的污染将加剧对长江口及邻近海域环境的压力。

（一）城镇人口迅速集中，给环境造成巨大压力

长江三角洲地区是中国经济最发达的区域之一，面积 21.9 万平方千米，占国土面积的 2.2%。长江三角洲地区两省一市总人口从 1990 年的 1.17 亿人增加到 2015 年的 1.59 亿人，增加了 4200 万人，增长了 35.9%，2015 年该地区总人口约占全国人口的 12%，跟 1990 年相比，增加了 2 个百分点。1990 ～ 2015 年，长江三角洲地区的人口密度由 534 人 / 千米 ^{2} 增加到 727 人 / 千米 ^{2}，相比而言，全国平均人口密度由 118 人 / 千米 ^{2} 增至 143 人 / 千米 ^{2}。2015 年长江三角洲地区人口密度是全国平均水平的 5 倍多。1990 ～ 2015 年，长江三角洲地区非农人口由 2967.3 万人增加到 11 066.3 万人，年均增长 324 万人，增加近 3 倍。

城市化率是衡量一个地区经济发展水平的重要标准。由表 24.9 可以看出，2015 年长江三角洲地区的城市化率为 69.47%，高于全国平均水平约 13 个百分点，说明该地区人口城市化水平相对较高，区域内上海的非农业人口比重最高，达到了 87.60%。

表 24.9　2015 年长江三角洲地区非农业人口与农业人口数量及城市化率

地区	总人口 / 万人	非农业人口 / 万人	农业人口 / 万人	城市化率
全国	137 462.0	77 116.2	60 345.8	56.10%
长江三角洲	15 930.6	11 066.3	4 864.3	69.47%
江苏	7 976.3	5 305.8	2 670.5	66.52%
上海	2 415.3	2 115.8	299.5	87.60%
浙江	5 539.0	3 644.7	1 894.3	65.80%

非农人口的增加反映了该地区的城市化进程，长江三角洲地区周边城市群不断扩大，居民生活的废水也随之增多，城镇居民生活废水经管道排放，容易排入河道，入河系数高，污水处理规模和程度较低，导致城镇居民生活产生的废水入河量较大。除沿海城市外，内陆城市排放的污染物也有相当一部分经由入海河流排入海洋，据统计，2015 年长江三角洲地区用水总量约 864.4 亿立方米，其中，城市用水人口约 7650.8 万人，城镇生活用水量近 123 亿立方米（1990 年约为 16 亿立方米），城镇污水排放量达 87.7 亿立方米，其中，上海市、江苏省和浙江省城市污水排放总量分别为 17.7、41.5 和 28.6 亿立方米。

地区经济的发展驱动农村人口向城市转移，未来该地区的非农业人口数量还将不断增长，城镇居民生活的废水也随之增多，长江及邻近海域在消化吸收工业生产废水的同时还要承担居民生活废水的排放。人口及其他生产要素向沿海集中，在看到其为沿海地区经济繁荣做出了重要贡献的同时，也应看到高的人口集中度对生态环境、海洋环境的巨大影响。

（二）建成区面积增加4倍，城市面源污染逐渐突出

建成区是指市行政区范围内经过征用的土地和实际建设发展起来的非农业生产建设地段，它包括市区集中连片的部分，以及分散在近郊区与城市有着密切联系，具有基本完善的市政公用设施的城市建设用地。采用 1990 年与 2015 年的统计数据，分析长江三角洲地区城市发展，总体而言，2015 年长江三角洲地区建成区面积是 1990 年的 5 倍多，由 1990 年的 1445 平方千米增加至 2015 年的 7778.7 平方千米，也就是在 26 年间，长江三角洲地区新增了约四个 1990 年长三角城市建成区总面积。从表 24.10 中可以看到各省市的建成区面积变化情况。

表 24.10　1990 ～ 2015 年长江三角洲地区建成区面积变化

项目	江苏	上海	浙江	长江三角洲	全国
1990 年 / 千米 ^{2}	697	250	498	1 445	21 106
2015 年 / 千米 ^{2}	4 189.2	998.8	2 590.7	7 778.7	52 102.3
1990 ～ 2015 年变化量 / 千米 ^{2}	3 492.2	748.8	2 092.7	6 333.7	30 996.3
年均增长率	7.44%	5.70%	6.82%	6.96%	3.68%

在两省一市层面上，江苏建成区面积增加速度最快，年均增长率为 7.44%，上海增速最慢，为 5.70%，长三角建成区面积年均增长 253.3 平方千米，年均增长率为 6.96%，远高于全国 3.68% 的平均水平。建成区内用水包括居民生活用水和工业生产用水，其中

工业生产用水所占比例较大，废水成分复杂，经处理和不经处理的工业废水直接或间接排入长江三角洲邻近海域，导致周边海水环境不断恶化，环境问题日益严峻，统计数据表明，2015年长江三角洲沿海城市工业废水排放总量达17.3亿吨。

近年来，随着长江三角洲中心城区截污干管网络的不断建设完善及城市“退二进三”的功能转型，点源污染已经可以通过科学途径进行管控，但道路交通与土地利用格局造成的面源污染正逐渐成为城市内河水体污染的新型污染源。道路表面，尤其是交通活动复杂的城市道路表面，能够通过机动车石油燃料的不完全燃烧、尾气排放、油脂的渗漏，以及轮胎和路面磨损等过程累积大量的有机物、悬浮颗粒、营养盐、多环芳烃、重金属等污染物质。由于城市路面的高度不透水性，这些污染物质在降雨初期会达到很高的浓度，并被雨水径流冲刷、溶解，进而通过城市排水管网迁移进入城市水体，对受纳水体的水质造成明显破坏，从而影响水生生态环境。

在强大的经济发展驱动下，长江三角洲地区未来的建设，尤其是沿海地区的建设力度不断加大，城市的扩张，各大工业园区、临海产业园区的建设如火如荼，陆域的建设和开发或多或少、直接或间接都会影响邻近海域的环境，可以说每增加一平方千米的建成区，邻近海域的海洋环境压力就增大一分，日益严重的近岸海洋生态问题已经说明海水环境的恶化程度和环境压力负荷逐渐增大，如何面对和处理这种不断加大的环境压力是值得我们思考的。

第三节　长江三角洲地区社会经济活动环境影响压力机制研究

一、重点污染物选定

研究对象的选择依据“以海定陆”。社会经济活动引起环境污染的类型多样、污染物众多，研究的最终目的是保护长江流域–河口–邻近海域环境，在选择要研究的污染物类型上也主要考虑海洋污染物/进入水环境的污染物，因此，并未考虑固体废弃物污染和废气污染。社会经济与环境变化的研究大多选择废水、废气、废渣作为污染研究要素，或从宏观上研究三废与经济增长的关系，或从微观上分析点源或面源污染的产生过程机理，对于海洋环境保护而言针对性不强。选择海洋主要环境污染要素为研究对象，结合陆域社会经济活动研究经济发展与污染排放压力间的关系，对于研究海洋环境变化针对性强。本节主要以COD、总氮、总磷为环境污染要素。

二、长江口–邻近海域污染的特殊性

自然界河海的相互关系非常密切，在河海交互的河口海域，既不同于一般典型河流，也不同于一般典型海洋，河口地区有着自身特有的现象和规律。长江口是长江与东海相互作用的交汇区，既有潮汐、盐度、波浪等海洋属性，也有径流、淡水、泥沙等河流属

性，更有混合带、拦门沙、盐水楔和交互区特有的生态群落。长江口的这种特殊性使河口区的管理具有复杂性、交织性和多样性的特点。长江口–邻近海域污染具有一定的特殊性，表现为如下两个方面。

一是河海界线模糊，长江口管理环境界线较为复杂。长江口河海划界之事由来已久：最初是在 20 世纪 80 年代中期，缘于河口选划海洋倾倒区。确定《中华人民共和国海洋环境保护法》在河口区适用的地理范围，在长江口、珠江口等选划海洋倾倒区，确定海洋倾废管理地理范围时，遇到了长江口、珠江口是“海域”还是“内河水域”之争的问题。再次引发长江口河海划界之争是在 20 世纪 90 年代初。1993 年，财政部、国家海洋局颁布《国家海域使用管理暂行规定》(简称《暂行规定》)，上海在贯彻《暂行规定》时收到了在适用地理范围问题的不同意见，认为长江口不在《暂行规定》的适用地理范围内。第三次是《上海市海洋功能区划》，其虽然涵盖了长江口，但水务部门坚持长江口滩涂的开发利用管理应执行《上海市滩涂管理条例》，两部门在长江口海域使用管理问题上争执不下。此外，海洋、水务、交通海事、农业渔政等各部门在长江口存有多条管理界线，情况比较复杂。这些历史上形成的管理界线，既是各部门履行职能，满足行业或专业管理特殊要求所决定的，也都具有一定的法律依据或政策依据。

二是长江口和邻近海域直接污染源不同。进入长江口邻近海域的污染物主要经由淮河进入，而进入长江口的污染物主要经由长江流入，这种直接污染源的差异导致环境管理对象存在区别，也使得长江口和邻近海域的环境保护工作更具复杂性。

三、长江三角洲地区社会经济活动分类与污染特征

长江流域中下游地区经济水平发达，南京、镇江、上海等沿江城市，无论是平水期还是枯水期均出现明显污水带。长江流域中下游地区集中了我国约 2/3 的淡水湖泊，大部分的湖泊都面临富营养化的威胁。长江流域沿岸排放的各类污染物直接影响长江口及邻近海域，社会经济活动仍然是长江流域环境压力产生的主要来源。

一是农业化肥、农药的施用是长江口及邻近海域面源污染的主要来源。2010 年环境保护部、农业部及国家统计局联合发布的《第一次全国污染源普查公报》显示，农业面源污染已成为中国流域污染的重要来源。该流域是我国社会经济最活跃的区域，农业集约化程度较高，农业生产方式发生了重要改变。农业生产规模在过去几十年快速增长，除农业科学技术的贡献之外，这些成绩大多仍是依靠了大量的物质和能量的投入而取得的。大量的农药化肥用于经济作物的生产，产生的污染没有统一规范的治理环节，污染物消减工作主要靠生产习惯，客观上存在管理难、监管难、治理难的特点，导致农业污染压力迅速提高，面源污染不断加重。

二是重工业为主的工业结构持续对长江口及邻近海域形成环境压力。长江三角洲总体区域经济正处于工业化阶段后期，主导产业虽然已经向高技术产业和第三产业转移，但工业结构整体依旧呈现重型化特征，高能耗、高污染的产业作为产业占比较高的产业，其大规模发展必然会对长江口及邻近海域环境造成很大压力。黑色金属冶炼业、石油开采和加工业，以及化学原料及化学品制造业是地区经济规划的重点产业，在未来有进一步向海集聚或扩大的趋势，对长江口及邻近海域环境的影响还将持续。同时，长江三角

洲地区的纺织业规模较大，未来发展规模扩大趋势显著，该行业高排放、小规模的生产特点将对长江口及邻近海域环境的影响较大。

三是城镇化加快加剧了长江口及邻近海域的环境压力。随着长江流域城镇化水平的大幅提高，城市地表径流污染量也逐渐增加，城镇化成为加剧长江口及邻近海域环境压力的最重要影响因素。“十二五”期间，长江三角洲地区城市化进程进入到了快速增长阶段，人口密度的区域增长为“强向心集聚”模式。城市化使得大量人口涌向城市，第二产业和第三产业快速发展，人类活动显著增强，污染物排放量随之明显增加，城镇居民生活产生的废水入河量较大。长江三角洲地区的城市人口在未来相当长一段时间内仍会持续增长，由此带来的环境影响不容小视。

四、长江三角洲地区社会经济活动的污染源甄选

长江三角洲污染压力源的社会经济活动的甄选主要遵循以下原则：一是系统性。指标选取从影响长江三角洲环境变化的各个社会经济层面出发，在分析单项指标的基础上构建长江三角洲社会经济活动污染压力的指标体系。指标体系间应具有一定的层次感，体系完整。二是代表性。严格意义上，长江三角洲地区陆域社会经济活动都或多或少地影响着长江口环境，在研究过程中需要甄别具有代表性的经济活动，选择切实可以反映影响海洋环境的经济活动，对其他相关但相关性不强的经济活动进行必要的剔除，从整体上把握指标体系的代表性。三是有效性。选择的指标应具有良好的时间序列、量纲、通用性等共性，可以满足研究中对指标的处理、对比。例如，可以采用产量的指标尽量采用产量，避免产值因素中的价格波动影响。四是可操作性。指标体系应具有可操作性强的特点，尽可能简单实用，充分考虑数据获取、定量化、处理的可行性，尽可能保证数据的可靠性，力求简单清楚，不宜过多。

将污染物入海的途径分析（排污口、河流入海、海岸地表径流、沉降）和社会经济活动的产排污分析结合起来，指标筛选需同时考虑排放强度和源强规模。指标确定的基本思路如下。

（1）总体指标类：参考现有研究成果进行筛选。

（2）农业指标类：比较直观，采用排污系数筛选。

（3）工业指标类：比较复杂，采用污染普查数据统计。

（4）城镇生活类：比较固定，采用排污系数法筛选。

（5）环境保护类：需依据研究对象而定。

以分析海洋环境污染要素为基础，追根溯源。海洋污染物类型（COD、有机氮、活性磷酸盐）；入海污染物途径分析（排污口、河流入海、海岸地表径流、沉降）；每种污染物的来源分析。

五、构建社会经济影响海洋环境的评价指标体系

依据社会经济影响海洋环境的评价指标体系构建过程（图 24.11），将长江三角洲社会经济活动划分为农业生产活动、工业生产活动和居民生活三大类，指标选取具体思路为：①依据氮污染特征，参考产排污系数，筛选出与氮排放有关的生产生活活动；②通

过统计数据的分析筛选出规模大、强度大的社会经济活动；③在此基础上选择能很好反映该社会经济活动的操作性强、相对容易获取的统计指标；④参考已有文献研究对指标进行修正和补充。依据以上思路确定了影响流域氮污染的社会经济指标（表 24.11），具体分为总体指标类、农业指标类（种植业和畜牧业）、工业指标类和土地利用指标类。另外，总磷的污染源类型与总氮具有高度的同源性，因此，总氮和总磷的污染源指标基本相同。

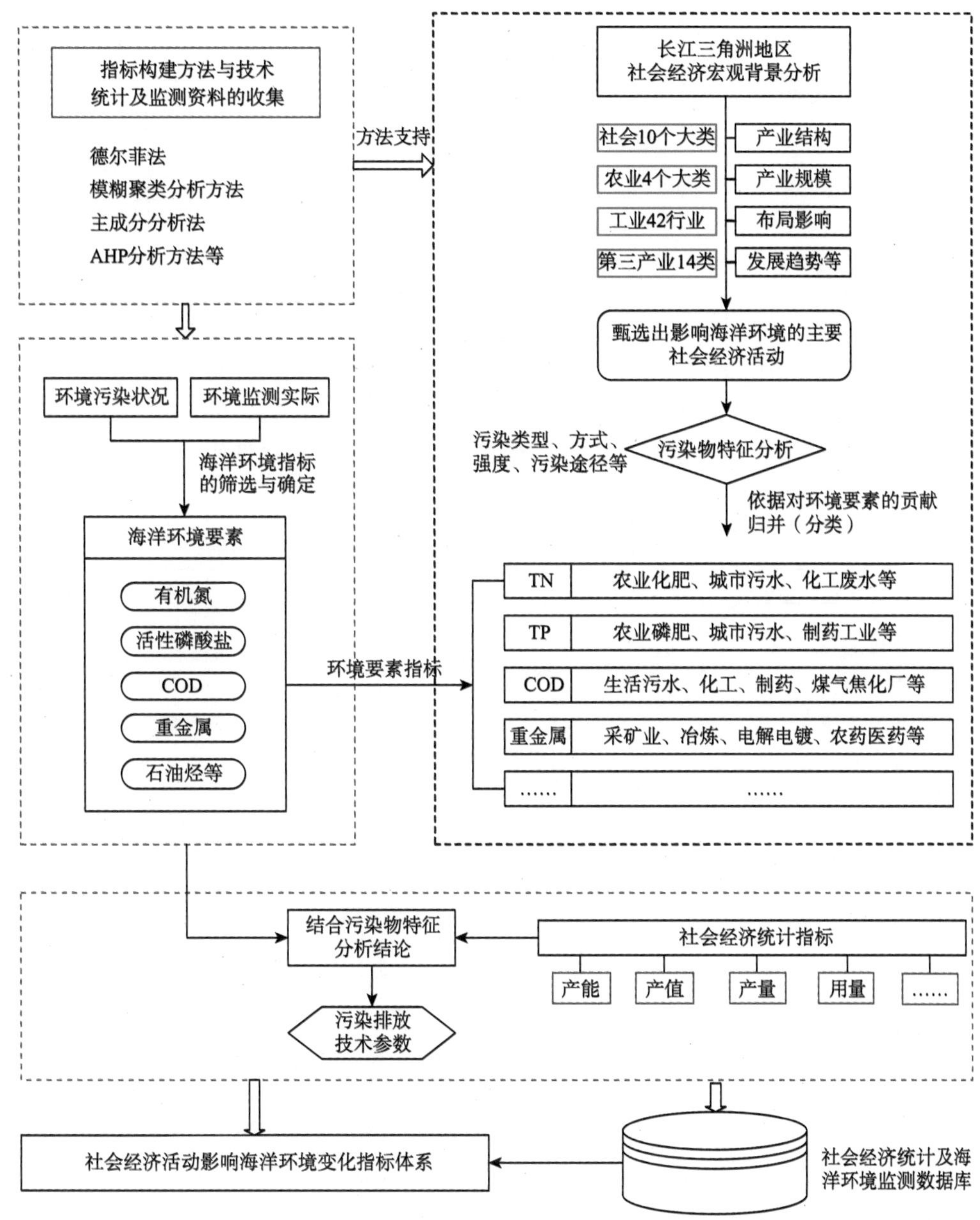

图 24.11　社会经济影响海洋环境的评价指标体系构建过程

AHP分析方法，即analytic hierarchy process；TN为总氮，TP为总磷

表 24.11　影响长江三角洲氮污染的主要社会经济指标

<table>
<tr><th colspan="2">指标类</th><th colspan="2">指标项</th></tr>
<tr><td colspan="2" rowspan="3">总体指标</td><td>GDP</td><td>三产 GDP</td></tr>
<tr><td>一产 GDP</td><td>城镇常住人口数</td></tr>
<tr><td>工业 GDP</td><td>农村人口数</td></tr>
<tr><td rowspan="6">农业指标</td><td rowspan="3">种植业</td><td>氮肥施用量</td><td>机耕面积</td></tr>
<tr><td>复合肥施用量</td><td>旱地面积</td></tr>
<tr><td>有机肥施用量</td><td>水田面积</td></tr>
<tr><td rowspan="3">畜牧业</td><td>猪存 / 出栏量</td><td>蛋鸡存栏量</td></tr>
<tr><td>奶牛存栏量</td><td>肉鸡存 / 出栏量</td></tr>
<tr><td>肉牛存 / 出栏量</td><td></td></tr>
<tr><td colspan="2">工业指标（产值或产量）</td><td colspan="2">全部工业行业（42 个行业）</td></tr>
<tr><td colspan="2" rowspan="5">土地利用指标</td><td>城镇用地面积</td><td>丘陵旱地面积</td></tr>
<tr><td>农村居民点面积</td><td>丘陵水田面积</td></tr>
<tr><td>其他建设用地面积</td><td>山地旱地面积</td></tr>
<tr><td>平原旱地面积</td><td>山地水田面积</td></tr>
<tr><td>平原水田面积</td><td></td></tr>
</table>

同理，从影响 COD 排放的众多社会经济活动中甄别其主要影响因素是研究的基础。将长江三角洲社会经济活动依然划分为农业生产活动、工业生产活动和居民生活三大类，在指标选择过程中充分考虑了社会经济活动的类型、规模、强度及 COD 产排污系数。在对各类社会经济活动产排污系数和统计数据分析的基础之上，筛选确定了影响流域 COD 污染的社会经济指标，具体如表 24.12 所示。

表 24.12　影响长江三角洲 COD 污染的主要社会经济指标

<table>
<tr><th colspan="2">指标类</th><th colspan="2">指标项</th></tr>
<tr><td colspan="2" rowspan="3">总体指标</td><td>GDP</td><td>三产 GDP</td></tr>
<tr><td>一产 GDP</td><td>城镇常住人口数</td></tr>
<tr><td>工业 GDP</td><td>农村人口数</td></tr>
<tr><td rowspan="5">农业指标</td><td rowspan="2">种植业</td><td>有机肥施用量</td><td>旱地面积</td></tr>
<tr><td>机耕面积</td><td>水田面积</td></tr>
<tr><td rowspan="3">畜牧业</td><td>猪存 / 出栏量</td><td>蛋鸡存栏量</td></tr>
<tr><td>奶牛存栏量</td><td>肉鸡存 / 出栏量</td></tr>
<tr><td>肉牛存 / 出栏量</td><td></td></tr>
<tr><td colspan="2">工业指标（产值或产量）</td><td colspan="2">全部工业行业（42 个行业）</td></tr>
<tr><td colspan="2" rowspan="5">土地利用指标</td><td>城镇用地面积（建成区面积）</td><td>丘陵旱地面积</td></tr>
<tr><td>农村居民点面积</td><td>丘陵水田面积</td></tr>
<tr><td>其他建设用地面积</td><td>山地旱地面积</td></tr>
<tr><td>平原旱地面积</td><td>山地水田面积</td></tr>
<tr><td>平原水田面积</td><td></td></tr>
</table>

指标体系构建是社会经济活动影响海洋环境变化机制的基本，之后的污染物排放量估算，以及污染治理重点对象的确定都需要以该指标体系为基础。

以社会经济活动氮污染排放估算项为例：

总氮 = 农业生产源 + 居民生活源 + 工业源

　　= 种植业 + 畜牧业 + 城镇生活 + 农村生活 +39 个工业行业

＝水田＋旱地＋园地＋各类畜禽＋各级城镇＋各地区农村生活 +39 个工业行业
＝448 个区县的（水田＋旱地 +…+…+39 个工业行业）

依照这个思路，可以将研究区各类社会经济活动的氮污染排放量分别估算出来，表 24.13 列出了各个氮污染排放估算项。

表 24.13　氮污染排放估算项

编号	估算项	编号	估算项	编号	估算项
1	城镇 _ 生活污水量	21	有色金属矿采选业 _ 氨氮	41	塑料制品业 _ 氨氮
2	城镇生活 _TN	22	非金属矿采选业 _ 氨氮	42	非金属矿物制品业 _ 氨氮
3	乡村 _ 生活污水量	23	其他采矿业 _ 氨氮	43	黑色金属冶炼及压延加工业 _ 氨氮
4	乡村生活 _TN	24	农副食品加工业 _ 氨氮	44	有色金属冶炼及压延加工业 _ 氨氮
5	乡村生活 _ 动植物油	25	食品制造业 _ 氨氮	45	金属制品业 _ 氨氮
6	乡村 _ 生活垃圾量	26	饮料制造业 _ 氨氮	46	通用设备制造业 _ 氨氮
7	TN_ 水田 _ 单季稻	27	烟草制品业 _ 氨氮	47	专用设备制造业 _ 氨氮
8	TN_ 旱地 _ 春玉米	28	纺织业 _ 氨氮	48	交通运输设备制造业 _ 氨氮
9	TN_ 旱地 _ 大田一熟	29	纺织服装鞋帽制造业 _ 氨氮	49	电气机械及器材制造业 _ 氨氮
10	TN_ 旱地 _ 露地蔬菜	30	皮革毛皮羽毛（绒）及其制品业 _ 氨氮	50	通信计算机及其他电子设备制造业 _ 氨氮
11	TN_ 旱地 _ 园地	31	木材加工及木竹藤草制品业 _ 氨氮	51	仪器仪表及文化办公制造业 _ 氨氮
12	猪 _ 总氮	32	家具制造业 _ 氨氮	52	工艺品及其他制造业 _ 氨氮
13	奶牛 _ 总氮	33	造纸及纸制品业 _ 氨氮	53	废弃资源和废旧材料回收加工业 _ 氨氮
14	肉牛 _ 总氮	34	印刷业和记录媒介的复制 _ 氨氮	54	电力、热力的生产和供应业 _ 氨氮
15	蛋鸡 _ 总氮	35	文教体育用品制造业 _ 氨氮	55	燃气生产和供应业 _ 氨氮
16	肉鸡 _ 总氮	36	石油加工、炼焦及核燃料加工业 _ 氨氮	56	水的生产和供应业 _ 氨氮
17	猪 _ 总磷	37	化学原料及化学制品制造业 _ 氨氮		
18	煤炭开采和洗选业 _ 氨氮	38	医药制造业 _ 氨氮		
19	石油和天然气开采业 _ 氨氮	39	化学纤维制造业 _ 氨氮		
20	黑色金属矿采选业 _ 氨氮	40	橡胶制品业 _ 氨氮		

六、长江三角洲地区陆海环境统筹分区

（一）数据来源与处理

DEM 数据采用来源于中国科学院计算机网络信息中心国际科学数据服务平台的水平分辨率为 30 米的 ASTERGDEM DEM 数据。江苏、浙江和上海的行政界线来自国家基础地理信息系统全国 1 ∶ 400 万地形图，河流数据分别来自国家基础地理信息系统全国 1 ∶ 400 万地形图，以及近海区域我国近海海洋综合调查与评价专项成果的 1 ∶ 25 万基础地理数据。

数据处理分为数据预处理、多尺度分区处理、数据后处理及分区合并四个过程。数据预处理内容包括投影与坐标系的转换、数据格式转换、数据编辑处理。投影与坐标系转换是因为数据来自不同的数据源，DEM 数据、行政单元数据、河流数据的投影与坐标系不同，为了实现在 GIS 中的叠加显示和分析，必须在同一投影与坐标系统。

数据格式转换主要是指对 DEM 数据的整型化处理。DEM 数据对高程值的存储有浮点型和整数型。这一流程往往被人忽视，Dean 通过实验对比分析了这一流程的重要性，

浮点型虽然能够带来一些精度的提高，但其对结果的影响极为有限，整型化的 DEM 能够大大提高数据处理的性能。整个流域提取过程中要对 DEM 数据进行多次计算处理，因此，一开始进行整数型 DEM 转换是影响整个流域提取流程性能的关键一环，特别是在使用高分辨率 DEM 进行大范围流域提取的情况下，这一处理流程对提高效率非常重要。

数据编辑处理主要是对 DEM 数据的合并与裁剪。首先，DEM 数据是分幅下载的，需要将其合并为一个文件。其次，要用长江三角洲地区两省一市行政单元的外边界将长江三角洲地区的 DEM 数据进行裁剪，去掉多余的数据，仅保留研究区域的 DEM 数据，以提高后续数据处理的效率。最后，需要对 DEM 数据进行分割。采用高分辨率 DEM 数据处理的一个问题是数据量太大，将长江三角洲地区两省一市 DEM 数据作为一个整体进行处理，在进行洼地填充计算时会造成死机，因此，本章决定以省为单元对 DEM 数据进行分割。分割前首先分别对各省行政单元边界做 1 千米缓冲区，然后再对 DEM 数据进行分割，这样处理是为了保证有重叠区域，便于后续数据处理结果的合并。

数据后处理指完成各省的汇水单元和近岸分区单元的划分后，将所有结果进行合并处理，通过 merge 功能将数据合并为一个文件，然后用 dissolve 工具将省界位置重叠的分区单元合并为一个单元。由于 DEM 数据的缘故，部分分区单元存在坑洞，需要手工编辑完成。最后，完善各分区单元的属性，对各分区单元进行命名和编码。

（二）长江三角洲地区流域分区结果

以 1 ：400 万地形图的 1 ～ 5 级河流为辅助信息，采用 Arc Hydro Tools 基于已知河网提取流域的流程提取了长江三角洲地区主要流域（提取方法参考本篇第二十四章渤海流域分区方法）。结果显示：长江三角洲地区有 14 个独立的汇水区。为进一步明确各汇水区入海路径，将陆域排放的空间与影响的海域空间一一对应，我们对这 14 个初划定的汇水单元做了归并，结果如图 24.12 所示。

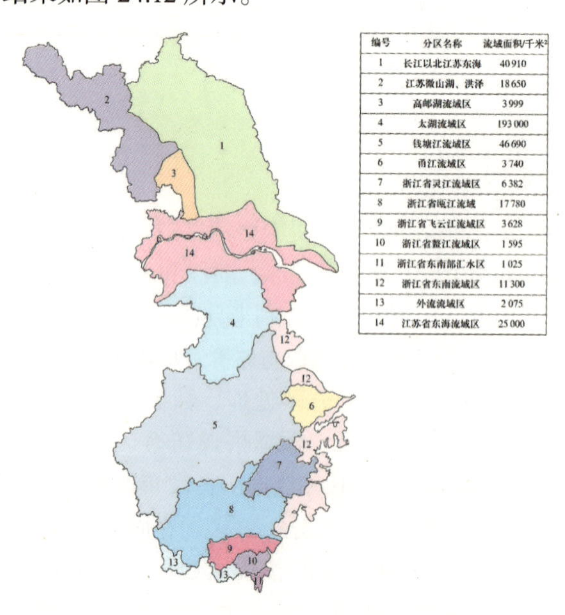

编号	分区名称	流域面积/千米²
1	长江以北江苏东海	40 910
2	江苏微山湖、洪泽	18 650
3	高邮湖流域区	3 999
4	太湖流域区	193 000
5	钱塘江流域区	46 690
6	甬江流域区	3 740
7	浙江省灵江流域区	6 382
8	浙江省瓯江流域	17 780
9	浙江省飞云江流域区	3 628
10	浙江省鳌江流域区	1 595
11	浙江省东南部汇水区	1 025
12	浙江省东南流域区	11 300
13	外流流域区	2 075
14	江苏省东海流域区	25 000

图 24.12　长江三角洲地区流域分区结果

可以看出，原有的 14 个汇水单元经过合并计算融合后为 10 个单元，每个单元均有独立的入海路径，每个汇水单元都对应了各自的入海海域。这 10 个汇水区将作为之后在总氮、总磷和 COD 污染排放的空间分析中的基本流域单元，具体名称见图 24.13。

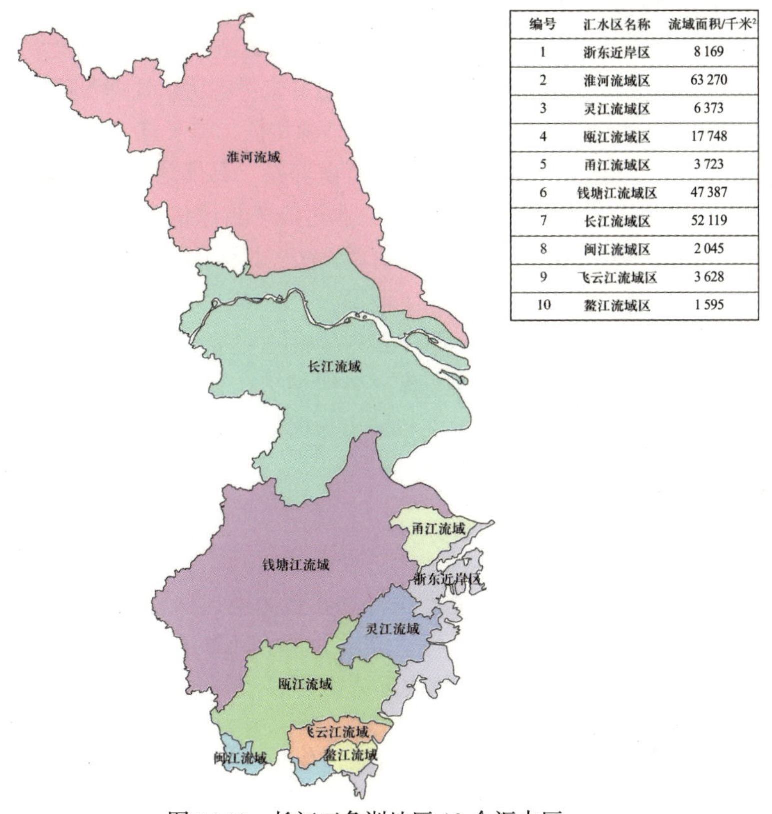

编号	汇水区名称	流域面积/千米²
1	浙东近岸区	8 169
2	淮河流域区	63 270
3	灵江流域区	6 373
4	瓯江流域区	17 748
5	甬江流域区	3 723
6	钱塘江流域区	47 387
7	长江流域区	52 119
8	闽江流域区	2 045
9	飞云江流域区	3 628
10	鳌江流域区	1 595

图 24.13　长江三角洲地区 10 个汇水区

第四节　长江三角洲地区陆源污染排放压力估算与污染源分析

一、数据来源与处理

本节研究所用数据来源：①社会经济数据来源于江苏省、浙江省和上海市 2015 年和 2016 年的社会经济统计年鉴，以及各个地级市的统计年鉴，部分县区资料来源于中国县（市）社会经济统计年鉴；②地图资料为两省一市基础地理数据，来源于国家基础地理信息系统，土地利用数据为中国科学院 2015 年长江三角洲两省一市土地利用资料，采用土地利用二级分类数据；③估算 2015 年工业污染的基准数据来自第一次全国污染普查资料（2008 年数据）和《中国环境统计年鉴》；④各社会经济活动排污系数来自第一次全国污染源普查各系数册，还有部分系数收集整理于公开发表或出版的文章和著作。

二、长江三角洲地区氮污染排放量的估算方法

总氮、总磷和COD污染排放估算的基础数据、估算方法和流程基本一致，主要区别在于各自指标体系有所差异。为避免内容重复、篇幅冗余，以总氮污染排放量的估算为例，具体介绍估算的思路和方法，COD和总磷的估算思路与方法不再单独重复给出。另外，因污水处理资料缺乏，这里最终给出的污染排放估算量并未考虑污水处理各环节的污染消减量。

结合影响流域氮污染的社会经济指标和污染源特征，将长江三角洲两省一市流域的氮污染源分为农业生产污染（包括农田径流和畜禽养殖，具体估算中农田径流没有COD排放数据）、农村生活污染、城镇生活污染和工业污染（具体估算中工业污染没有磷排放数据），根据不同污染源类型选择不同的污染估算方法。具体污染估算项目的构成如下所示。

总氮＝农业生产源＋居民生活源＋工业源

＝种植业＋畜牧业＋城镇生活＋农村生活＋主要工业行业

＝水田＋旱地＋园地＋各类畜禽＋各级城镇＋各地区农村生活＋主要工业行业

采用排污系数法估算农业面源污染和城市居民生活污染；通过修正污普资料估算工业污染，具体如下。

（一）农业生产氮排放估算方法

农业生产污染包括种植业农田径流和畜禽养殖污染，这几类污染源的氮污染负荷估算采用排污系数法，该方法也称为源强估算法，是一种基于各种非点源污染源的数量及其排污系数的估算方法。总氮排放量的估算公式如下：

$$P_{\mathrm{TN}}=\sum_{i=1}^{n}(Q_{(\mathrm{TN})i}\times\beta_{(\mathrm{TN})i}\times T) \tag{24.1}$$

其中，P_{TN}为污染物中总氮TN的年排放总量，$Q_{(\mathrm{TN})i}$为产生总氮污染的第i类禽畜或人口的数量，$\beta_{(\mathrm{TN})i}$为第i类禽畜或人口的总氮排放系数，n为类别总数，T为估算周期。化肥流失率、畜牧业产排污、居民生活废水排放等相关系数在参考第一次全国污染源普查各类社会经济活动产排污系数手册的同时，依据研究区域的具体情况进行了必要调整。

1. 农田总氮径流流失系数

采用黄淮海区农田径流标准，根据种植作物类型将农田划分为水田_单季稻、旱地_大田两熟、旱地_大田一熟、旱地_露地蔬菜和旱地_园地，各类型用地总氮径流流失率（包括基础流失和本年流失）分别为1.5%、0.95%、0.56%、0.58%和0.59%，系数来源于《第一次全国污染源普查——农业污染源肥料流失系数手册》。

2. 畜禽养殖氮排放系数

根据不同养殖规模总氮系数计算，将养殖的主体分为三种类型，即养殖专业户、养殖场和养殖小区，其中，养殖专业户的规模介于另外两者之间，数量较多，具有一定的代表性，本节采用养殖专业户排放系数作为各类畜禽污染排放系数。具体系数确定中，猪采取保育期系数和育成期系数的均值、奶牛为育成期和产奶期系数的均值、肉牛为育肥期系数、蛋鸡为育雏育成期和产蛋期系数的均值、肉鸡为商品肉鸡期系数。以上各类型在

总氮排放系数确定中都采用干清粪和水冲清粪排污系数的均值。具体系数见表 24.14。

表 24.14　畜禽养殖总氮排放系数

系数	猪	奶牛	肉牛	蛋鸡	肉鸡
总氮排放系数 /［克 /（天 · 只）］	6.4	75.3	58.1	0.24	0.16

资料来源：《第一次全国污染源普查畜禽养殖业源产排污系数手册》

（二）居民生活氮排放估算方法

居民生活污染包括城镇居民和农村居民生活排放，依据污染普查系数表的分区，江苏、浙江和上海均属于二区，进而依据不同地级市分属于不同的城市类别，确定其居民生活源污染物排放系数，具体系数见表 24.15。相对于城镇居民，农村居民生活污水和废水排放量均较少，占城镇居民的 40% ～ 65%，估算中农村居民生活用水及污水排放系数取相应城镇系数的 50%。

表 24.15　城镇居民生活源污染物排放系数

地区	生活污水排放系数 /［升 /（人 · 天）］	氨氮排放系数 /［克 /（人 · 天）］	总氮排放系数 /［克 /（人 · 天）］
一类城市：南京、无锡、常州、苏州、上海、杭州、宁波、温州、台州	185	9.4	11.8
二类城市：徐州、南通、嘉兴、湖州、绍兴、金华、舟山	175	8.8	11.0
三类城市：连云港、盐城、扬州、镇江、泰州、衢州、丽水	164	8.0	9.9
四类城市：淮安、宿迁	153	7.7	9.7

资料来源：《第一次全国污染源普查城镇生活源产排污系数手册》

（三）工业氮排放估算方法

工业行业众多，生产工艺多样，排污特征千差万别，对各行业排污的普查是比较准确的估算方法。因未能获取长江三角洲地区第一次污染源普查工业污染源的相关数据，所以在工业各行业污染排放系数的确定过程中，参考了山东省第一次污染源普查的工业各行业的相关数据。在长江三角洲两省一市工业污染排放估算中，采用了全工业统计 39 行业全覆盖（包括：煤炭开采和洗选业，石油和天然气开采业，黑色金属矿采选业，有色金属矿采选业，非金属矿采选业，其他采矿业，农副食品加工业，食品制造业，饮料制造业，烟草制品业，纺织业，纺织服装、鞋、帽制造业，皮革、毛皮、羽毛（绒）及其制品业，木材加工及木、竹、藤、棕、草制品业，家具制造业，造纸及纸制品业，印刷业和记录媒介的复制，文教体育用品制造业，石油加工、炼焦及核燃料加工业，化学原料及化学制品制造业，医药制造业，化学纤维制造业，橡胶制品业，塑料制品业，非金属矿物制品业，黑色金属冶炼及压延加工业，有色金属冶炼及压延加工业，金属制品业，通用设备制造业，专用设备制造业，交通运输设备制造业，电气机械及器材制造业，通信设备、计算机及其他电子设备制造业，仪器仪表及文化、办公用机械制造业，工艺品及其他制造业，废弃资源和废旧材料回收加工业，电力、热力的生产和供应业，燃气生产和供应业，水的生产和供应业）。

以 2008 年山东省工业各行业污染普查数据为基准，污染治理投资增长水平在 2008 ～ 2015 年保持基本稳定，以各地区各行业 2008 年的万元增加值氮排放强度和 2015 年各行业增加值为基础，利用行业分类计算法估算 2015 年流域内工业的氮排放量，具体公式如下：

$$TN_{ind}=\sum_{i=1}^{n}\left(X_i\times\delta_i\times(1-\rho)^2\right) \tag{24.2}$$

其中，TN_{ind} 为 2015 年流域工业总的氨氮排放量（吨）；X_i 为第 i 个行业 2015 年的产值（亿元）；δ_i 为第 i 个行业的排放强度（吨 / 亿元）；ρ 为工业废水排放强度平均递减率，由 2008 ～ 2015 年长江三角洲地区工业增加值与废水排放量统计数值估算。

三、总氮污染排放的社会经济来源与结构

（一）排放总量与结构分析

依照以上估算方法，以地级市为单位，对研究区 25 个单元的农村生活总氮排放、农田径流总氮排放、畜禽养殖总氮排放、城镇生活总氮排放和工业生产中的总氮排放分别估算，进而将 25 个地级市的估算数据归并为 10 个汇水区数据，经再汇总得出长江三角洲地区各类社会经济活动的总氮排放总量约 85 万吨，各类社会经济活动的污染排放与构成见图 24.14。

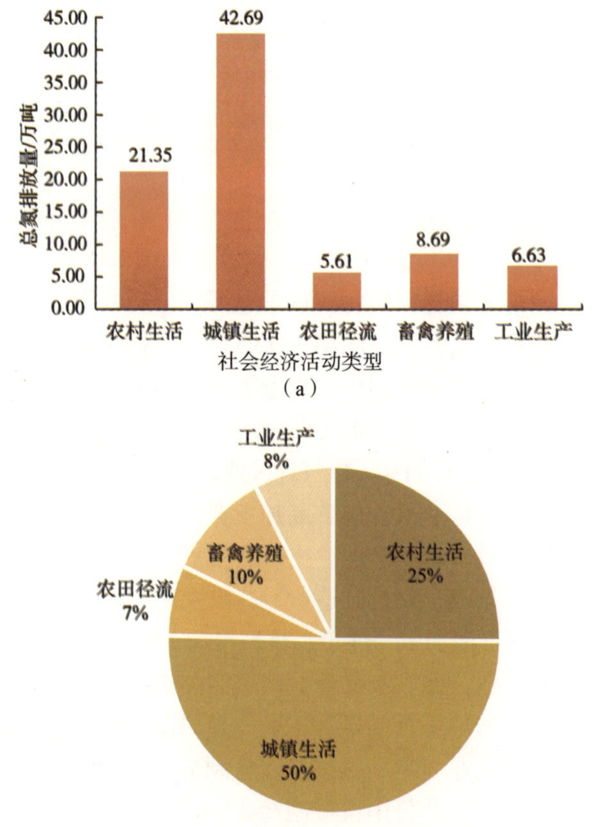

图 24.14　长江三角洲地区各类社会经济活动总氮污染排放与构成

总氮污染排放量 = 农业生产源 + 居民生活源 + 工业生产源
= 种植业 + 畜牧业 + 农村生活 + 城镇生活 +42 个工业行业
= 水田 + 旱地 + 园地 + 各类畜禽 + 农村生活 + 城镇生活 +42 个工业行业

（二）居民生活排放是长江三角洲地区氮污染主要来源

从长江三角洲总体看，各类社会经济活动氮排放中居民生活和畜禽养殖排放占到总氮排放总量的 85%，成为整个地区氮污染的主要来源，具体比重见图 24.14（b）。

从行政区总氮污染排放量来看，江苏总氮污染排放量约 43 万吨；浙江其次，约 25 万吨；上海约 17 万吨，位列第三。各行政区总氮污染排放均主要来源于城镇生活排放，占总氮排放总量的 40% ～ 60%。长江三角洲地区城镇化水平高、人口密集、小城镇数量多、城镇人口比例高、居民生活水平相对较高、废水排放量较大是造成城镇生活排放量大的主要原因。农田径流和畜禽养殖污染排放相对不高，工业生产氮污染排放量也并不高，长江三角洲地区总氮污染排放主要源于居民生活污染。

（三）农村污染排放约占地区氮污染排放总量的四成

农村污染源包括农村生活排放、农田径流和畜禽养殖排放，三者总氮排放量约 36 万吨，占地区氮排放总量的 42%。农村污染源中农村生活排放量约 21.4 万吨，是农村污染的主要来源；畜禽养殖排放量约 8.7 万吨，是农村污染的第二污染源；农田径流排放量约 5.6 万吨，是农村污染中排放量最小的。可以看出，与城镇居民排放相似，农村污染中居民生活排放量最大，农业种植业和养殖业的污染排放相对较小，其并不是农村面源污染的最大贡献源。

（四）工业生产排放在地区氮污染总排放中占比较小

经统计估算，长江三角洲地区的工业氮排放约 6.6 万吨，其中化学原料及化学制品制造业，皮革、毛皮、羽毛（绒）及其制品业，食品制造业，医药制造业，饮料制造业，造纸及纸制品业，石油加工、炼焦及核燃料加工业，纺织业，燃气生产和供应业，黑色金属冶炼及压延加工业 10 个工业行业氨氮排放量较大，排放量占工业总氨氮排放量的 90% 以上。从工业排放量上看，工业生产氮排放量 6.6 万吨约占长江三角洲地区总氮排放量的 8%，可见，工业污染并不是区域氮污染的主要贡献源。

（五）长江三角洲各省市污染源结构基本类似

从社会经济活动类型来看，总氮污染排放主要源于人和动物的生物体代谢，占总排放量的 80% 以上，其中，城镇居民生活和农村居民生活排放量占总排放量的 75%，是各省市氮污染排放的最大来源（表 24.16）。具体到各地市单元，也具有类似的污染源结构（图 24.15）。

表 24.16　长江三角洲地区总氮污染负荷的构成情况　　　单位：万吨

项目	城镇生活	农村生活	农田径流	畜禽养殖	工业生产	小计
上海	10.40	5.20	0.12	0.59	0.41	16.72
江苏	19.33	9.67	4.39	5.31	4.03	42.73
浙江	12.96	6.48	1.10	2.79	2.19	25.52
总计	42.69	21.35	5.61	8.69	6.63	

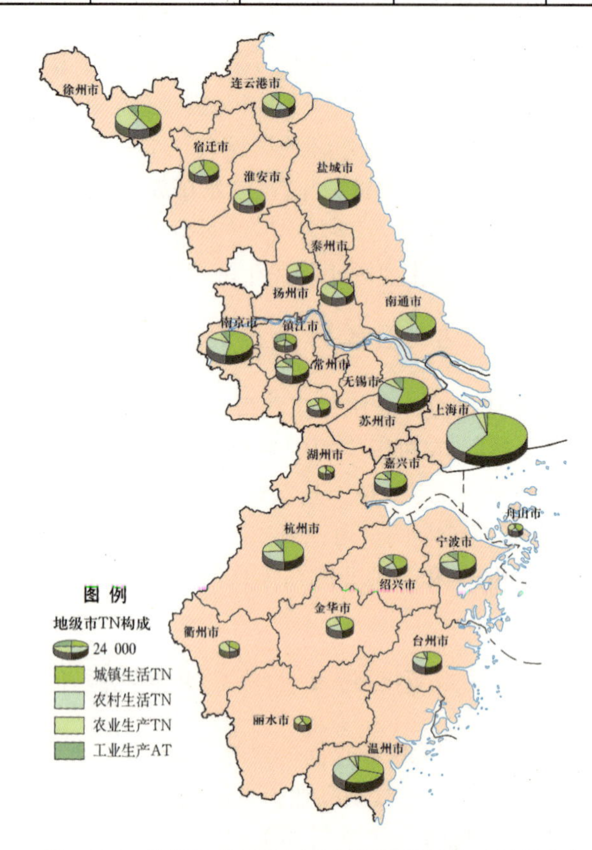

图 24.15　长江三角洲地区总氮污染源结构（地级市）

相较居民生活和畜禽养殖而言，工业生产和农田径流污染排放所占比重较小，各省市的比例在 2% ～ 10%，上海的农田径流占比最小，江苏与浙江工业排放量约占各自总排放量的 9%。总体而言，上海、江苏、浙江的总氮污染源中大体排序为：城镇生活、农村生活、畜禽养殖、工业生产和农田径流。各省市具体的情况如下。

上海市：城镇生活 > 农村生活 > 畜禽养殖 > 工业生产 > 农田径流

江苏省：城镇生活 > 农村生活 > 畜禽养殖 > 农田径流 > 工业生产

浙江省：城镇生活 > 农村生活 > 畜禽养殖 > 工业生产 > 农田径流

（六）氮污染排放的空间特征分析

依照污染估算的流程，污染的空间分布特征分析以地级市和流域两个层级进行。本节研究中对污染物排放量估算的基本单元为地市单元，流域单元的污染物分布是由 25 个地市单元合并得出的，因此，地市单元分析是总氮污染空间分布的基础。

污染排放量数据从地市向流域单元归并的基本思路如下：依据 2015 年上海、江苏和浙江土地利用资料的二级分类体系数据，将各类社会经济活动的污染排放量数据量面状化；利用 GIS 确定出 10 个汇水区边界与 25 个地级市各类土地利用类型的交割面积，进而确定出各个汇水区内包括的各类土地类型的面积；按照各土地利用类型归属不同汇水区的比例分配污染物的分配比例；以汇水区为单元，将边界内各地级市的各类社会经济活动的总氮污染排放量依据各自比例加总，算出各汇水区内总氮污染排放量。

各地级市氮污染排放量差别较大，临海地区排放压力集中。图 24.16 反映出长江三角洲地区各地级市氮污染负荷的空间分布情况，从中可以看出，总氮污染负荷比较大的地级市主要分布在沿海城市，除徐州和南京以外，排放量较大的上海、苏州、温州、盐城、南通、杭州等城市都是沿海城市。

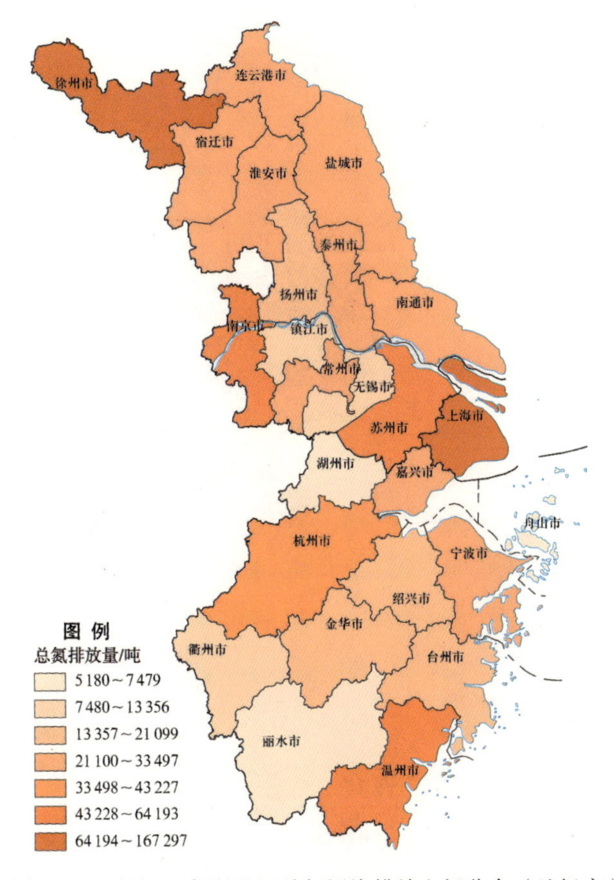

图 24.16　长江三角洲地区总氮污染排放空间分布（地级市）

长江三角洲地区包括上海在内的 25 个地级市氮污染排放量有较大的差异，年排放量超过 5 万吨的有 5 个城市，排放量约 4 万吨的有 3 个城市，排放量在 2 ～ 4 万吨的有 8 个城市，其他城市排放量均小于 2 万吨。25 个地级市的氮污染排放量差别较大，城市规模是造成其差异的最主要原因。

1. 三大汇水区污染贡献量占地区总氮排放量的近九成

依据河网分布特征，将长江三角洲地区陆域划分为 10 个汇水单元。图 24.17 是 10 个汇水单元内总氮污染负荷分布情况，从图 24.17 中可以看出，总氮污染负荷集中分布在长江流域、淮河流域和钱塘江流域（也是面积最大的三个流域），其中，长江流域总氮污染排放负荷最大，约 42 万吨，淮河流域约 20 万吨，钱塘江流域约 10 万吨，其他 7 个汇水区总计氮污染排放负荷约 10 万吨，仅占长江三角洲地区总排放量的 12%，可以得出，长江三角洲地区以钱塘江流域为界，北部地区是长江三角洲地区污染的最主要来源，南部 7 个汇水区面积相对较小，污染排放压力也相对较小，但瓯江、甬江和灵江流域入海口较窄，污染物入海相对集中，对入海口附近海域的环境影响较大，容易导致河口、湾内等水动力较弱的海域环境恶化。

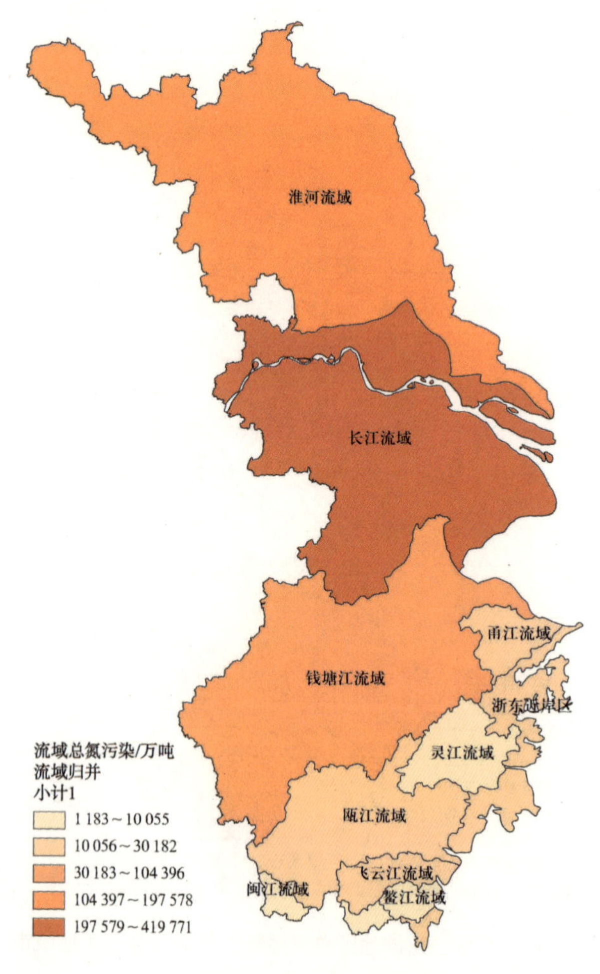

图 24.17　长江三角洲地区各汇水单元总氮污染排放量分布

2. 各汇水区对应岸线氮污染压力空间分析

岸线污染压力是指单位岸线上承载对应陆源污染排放负荷量的大小，反映单位长度海岸线上承载的陆源污染排放压力的强度，具体是用汇水单元的年总氮污染负荷量除以汇水单元对应岸段的长度，单位为吨 /（千米 · 年），见表 24.17。

表 24.17　长江三角洲 10 个汇水单元对应岸段各社会经济活动的氮污染物压力情况

单位：吨 /（千米 · 年）

汇水单元	城镇生活	农村生活	农业生产	工业生产	合计
长江流域	2908	1415	496	427	5246
淮河流域	163	88	143	28	422
甬江流域	342	152	76	96	666
浙东近岸区	30	19	13	4	66
灵江流域	2364	1171	648	231	4414
钱塘江流域	561	276	231	132	1200
鳌江流域	200	152	23	11	386
飞云江流域	392	182	33	22	629
瓯江流域	1367	486	197	107	2157
闽江流域	16	7	5	2	30

每个汇水单元包含的行政区面积不同，大小差别较大，但均有各自对应的入海岸线，单个汇水单元入海岸线的长度差别很大，长江与钱塘江具有典型的入海口，淮河没有具体的入海口，下游入海路径分散，借道长江入海或通过人工运河入海，这三个面积较大的汇水区在确定其直接影响的海洋区域时比较直观，也比较简单。长江流域入海口直线岸线约 80 千米，平均每千米承载总氮污染排放压力约 5247 吨 / 年；钱塘江流域对应的直线岸线约 87 千米，平均每千米承载总氮污染排放压力约 1200 吨 / 年；淮河流域入海口分散，将沿海岸线均作为入海岸线，计算出的平均每千米承载总氮污染排放压力约 422 吨 / 年。除三大汇水区之外，其他岸段的潜在污染压力相对较小，且强度不一，从 30 ～ 4500 吨 /（千米 · 年）均有分布，但这些汇水单元入海口或相对较窄或比较分散，且入海路径弯曲绵长，并在沿海地带交织分布，在陆海污染空间关系中，难以确定出规律性较强的一一对应的“陆–海”环境统筹单元。总体而言，尽管长江三角洲地区的 10 个汇水区对应岸线承载的陆源总氮污染排放压力差别较大，但该地区陆源总氮排海压力集中在长江流域、淮河流域和钱塘江流域三个汇水区，且岸线压力以长江流域最强。

从图 24.18 中可以看出 10 个汇水单元中各类污染源的贡献大小，每个汇水单元内部社会经济活动的结构、规模、发展程度等存在差别，因此，各类污染源的贡献大小差别很大，但总体而言，城镇居民生活排放和畜禽养殖排放的贡献相对较多，成为长江三角洲地区总氮污染的主要污染源。

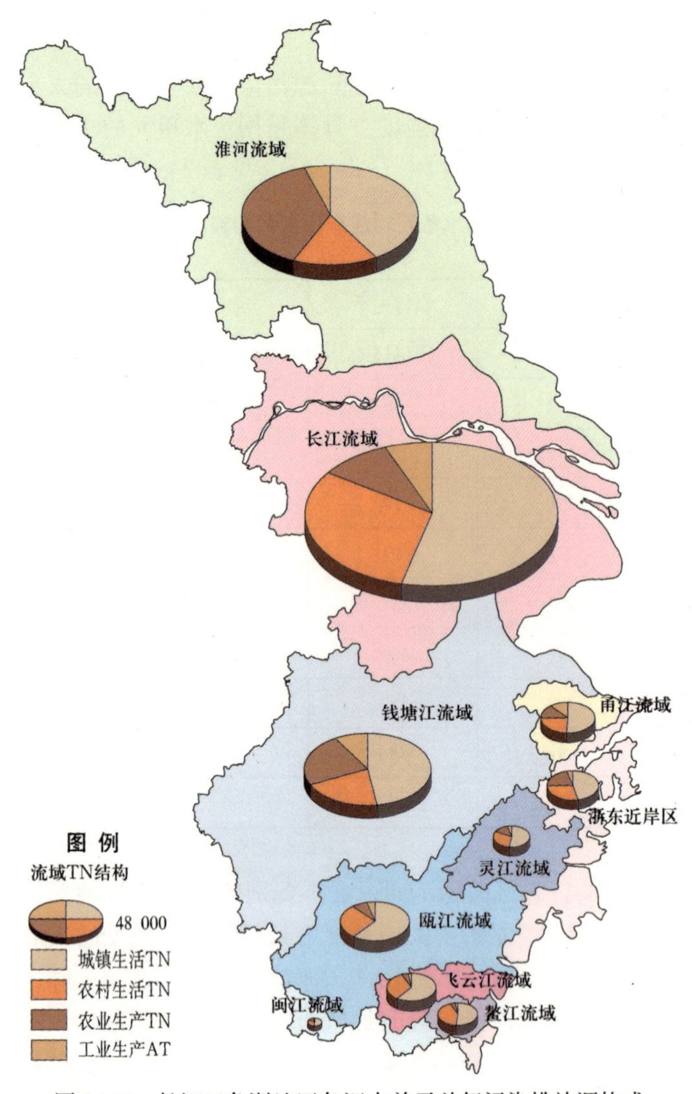

图 24.18 长江三角洲地区各汇水单元总氮污染排放源构成

（七）氮污染排放源的诊断

（1）居民生活（农村居民和城镇居民）总氮排放占总量的 75%，是长江三角洲地区总氮污染的最大污染源。该区域是我国社会经济发展最为发达的区域之一，人口规模大，城镇化率高，居民生活污染排放量大，生活污水总氮含量一般为 20 ～ 40 毫克 / 升，有些甚至更高，目前每天的污水处理量占县级以上城市工业和生活污水总量的 70% 以上，总氮去除率约 70% ～ 80%，城市生活污水中总氮仅有 50% ～ 60% 的去除率，且部分县市没有污水处理厂，生活废水经化粪池沉淀后通过管道直接排入环境水体，化粪池对氮的平均削减率约 15%，入河系数较高。生活污水排量大、处理水平低、入河系数高是导致城市污水多的重要原因。

（2）该地区畜禽养殖的总氮排放量约占总量的 10%，是氮污染的第二大源头。相比国内其他区域，长江三角洲地区畜禽业发展规模不大，畜牧业产值占农业总产值的比重远低于全国平均水平。2015 年，牛、马、骡等大牲畜年底存栏数 55.1 万头，肉猪出栏数 2654.4 万头，羊年底存栏数 561.4 万只。除江苏的畜禽养殖具有一定规模外，上海和浙江的畜禽养殖规模并不大，各类畜禽的养殖数量相对全国其他省区都偏少，但畜禽养殖排污系数相对较高，处理效率低，污染物在处理之前和处理过程中流失较多，在雨水冲刷下很容易进入附近水体，或者直接排入河流中，最终汇入海洋。这正是畜禽养殖业污染相对突出的一个重要原因。

（3）工业生产与农田径流的氮排放量较少。流域内工业生产排放总氮 6.6 万吨，占总氮排放量的 8%，工业生产并不是长江三角洲地区氮污染的主要影响因素。根据全国污染普查提取的工业污染物排放特点和排污系数分析，该地区的化学原料及化学制品制造业，皮革、毛皮、羽毛（绒）及其制品业，食品制造业，医药制造业等 10 个工业部门是氮污染物排放量较大的工业污染源。工业生产过程中产生氨氮的绝对量大，但工业内部废水回用率高，氨氮回收利用和削减率较高，废水排放系数低，产生的工业废水真正排放到环境中的量较小，对环境造成的污染有限。

四、COD 污染排放的社会经济来源与结构

（一）排放总量与结构分析

COD 的估算方法除部分具体指标需要重新筛选之外，其估算过程与方法与氮污染估算基本一致。以地级市为单位，对研究区 25 个单元的农村生活 COD 排放、畜禽养殖 COD 排放、城镇生活 COD 排放和工业生产的 COD 排放分别估算，进而将 25 个地级市的估算数据归并为 10 个汇水区数据，经再汇总最终得出长江三角洲地区各类社会经济活动的 COD 污染排放总量约 552 万吨，各类社会经济活动的 COD 污染排放见图 24.19。

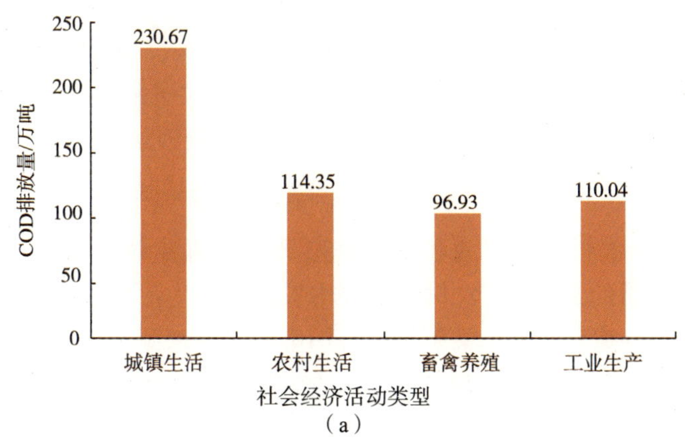

（a）

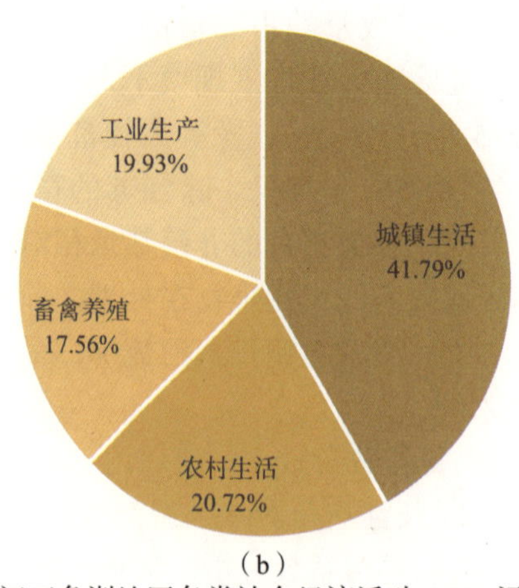

（b）

图 24.19 长江三角洲地区各类社会经济活动 COD 污染排放与构成

COD 污染排放量 = 农业生产源 + 居民生活源 + 工业生产源

= 种植业 + 畜牧业 + 农村生活 + 城镇生活 +42 个工业行业

= 水田 + 旱地 + 园地 + 各类畜禽 + 农村生活 + 城镇生活 +42 个工业行业

1. 居民生活排放是长江三角洲地区COD污染主要来源

从长江三角洲地区总体来看，各类社会经济活动 COD 排放中，居民生活 COD 排放占到排放总量的 62.5%，成为整个地区 COD 污染的主要贡献源。工业生产和畜禽养殖 COD 排放量分别约占总量的 19.9% 和 17.6%，相比氮污染而言，这两类活动的 COD 排放量相对较大，具体比重见图 24.19（b）。

从行政区 COD 污染排放量来看，江苏 COD 污染排放量约 279 万吨，浙江其次，约 173 万吨，上海约 100 万吨，位列第三。各行政区 COD 污染排放均主要来源于城镇生活排放，上海城镇居民生活 COD 排放占总量的 56%、江苏该比重为 38%、浙江为 40%。长江三角洲地区城镇化水平高、人口密集、小城镇数量多、城镇人口比例高、居民生活水平相对较高、废水排放量较大是造成城镇生活排放量大的主要原因。上海、江苏和浙江三省市的农村居民生活 COD 排放量分别占总量的 28%、19% 和 20%，是各地区的第二污染贡献源。数据显示，无论是城镇居民生活还是农村居民生活，上海 COD 排放比重都远高于江苏和浙江两个省，产业结构不同是其主要影响因素。

2. 农业面源污染排放约占地区COD污染排放总量的四成

农村污染源包括农村生活排放和畜禽养殖排放，两者 COD 排放量为 213 万吨，约占地区 COD 排放总量的 38.6%。农村污染源中农村居民生活排放量为 115 万吨，畜禽养殖业排放量约为 98 万吨，两类污染源是农村污染的主要来源。与长江三角洲地区不同的是，长江三角洲地区畜禽养殖污染排放量占总排放量的比重相对较小，畜禽养殖业规模小是其主要原因。

3. 工业生产COD排放约占地区总排放的五分之一

长江三角洲地区的工业 COD 排放量为 108.6 万吨，其中，造纸及纸制品业，化学原料及化学制品制造业，农副食品加工业，医药制造业，纺织业，饮料制造业，食品制造业，皮革、毛皮、羽毛（绒）及其制品业，通用设备制造业，交通运输设备制造业 10 个工业行业 COD 排放量较大，排放量占工业 COD 总排放量的 84% 以上。从工业排放量上看，工业生产排放为 108.6 万吨，约占长江三角洲地区 COD 排放量的 19.7%，工业污染排放对地区 COD 污染贡献较大，是需要关注的主要污染源之一。

4. 上海COD污染源结构与江苏、浙江差异大

长江三角洲地区 COD 污染负荷的构成情况如表 24.18 和图 24.20 所示。从社会经济活动类型来看，江苏和浙江 COD 各污染源的排放比例大约为城镇生活：农村生活：农业生产：工业生产 = 4 ∶ 2 ∶ 2 ∶ 2，两个省的工业污染排放量与农村居民生活、畜禽养殖业污染排放量相当。上海四类污染源的排放比例大体是 5 ∶ 3 ∶ 1 ∶ 1，可见，上海 80% 的 COD 污染物来源于城镇和农村居民生活排放，畜禽养殖和工业生产 COD 排放分别占总排放量的比重不足 10%，污染贡献度比较小。上海畜禽养殖业规模较小，工业生产水平比较先进，产业结构相对较高，这是畜禽养殖业和工业生产 COD 排放量比较小的主要原因。

表 24.18　长江三角洲地区 COD 污染负荷的构成情况　　单位：万吨

省市	城镇生活	农村生活	畜禽养殖	工业生产	小计
上海	55.5	27.8	7.5	9.1	99.9
江苏	105.3	52.6	60.4	61.3	279.7
浙江	69.2	34.6	30.5	38.1	172.4
总计	230.0	115.0	98.4	108.6	552.0

注：数据经四舍五入，可能存在合计值不等于各项加和总值的情况

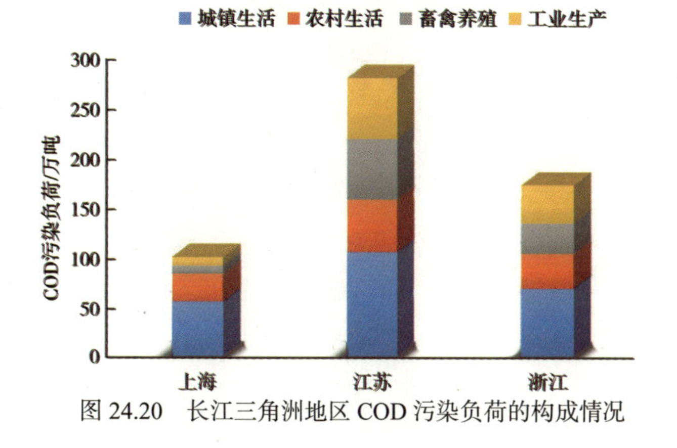

图 24.20　长江三角洲地区 COD 污染负荷的构成情况

各省市具体的情况如下。

上海市：城镇生活 > 农村生活 > 工业生产 > 畜禽养殖

江苏省：城镇生活 > 工业生产 > 畜禽养殖 > 农村生活

浙江省：城镇生活 > 工业生产 > 农村生活 > 畜禽养殖

（二）COD污染排放的空间特征分析

污染排放量数据从地市向流域单元归并的基本思路如下：依据 2015 年上海、江苏和

浙江土地利用资料的二级分类体系数据，将各类社会经济活动的 COD 污染排放量数据量面状化；利用 GIS 确定出 10 个汇水区边界与 25 个地级市各类土地利用类型的交割面积，进而确定各个汇水区内包括的各类土地类型的面积；按照各土地利用类型归属不同汇水区的比例分配污染物的分配比例；以汇水区为单元，将边界内各地级市的各类社会经济活动的 COD 污染排放量依据各自比例加总，算出各汇水区内 COD 污染排放量。

城市间 COD 排放量差别大，沿海城市污染排放量相对较大（图 24.21）。长江三角洲地区各地级市 COD 污染排放量从 4 万吨到 40 万吨，排放量差别较大。上海 COD 排放量约 100 万吨，苏州、温州、徐州、杭州排放量都在 30 万吨以上，南通、盐城、宁波、泰州、嘉兴排放量在 20 万吨以上，其他城市排放量均小于 20 万吨，其中无锡、衢州、丽水、湖州、舟山排放量不足 10 万吨。从空间分布情况看，COD 污染负荷比较大的地级市主要分布在沿海城市，除徐州和南京以外，排放量较大的上海、苏州、温州、杭州、南通、盐城、宁波等城市都是沿海城市，沿海城市 COD 污染排放量约 320 万吨，占地区总排放量的 58%。城市规模和工业产业结构差异是造成各地级市 COD 污染排放量差异较大的主要因素。

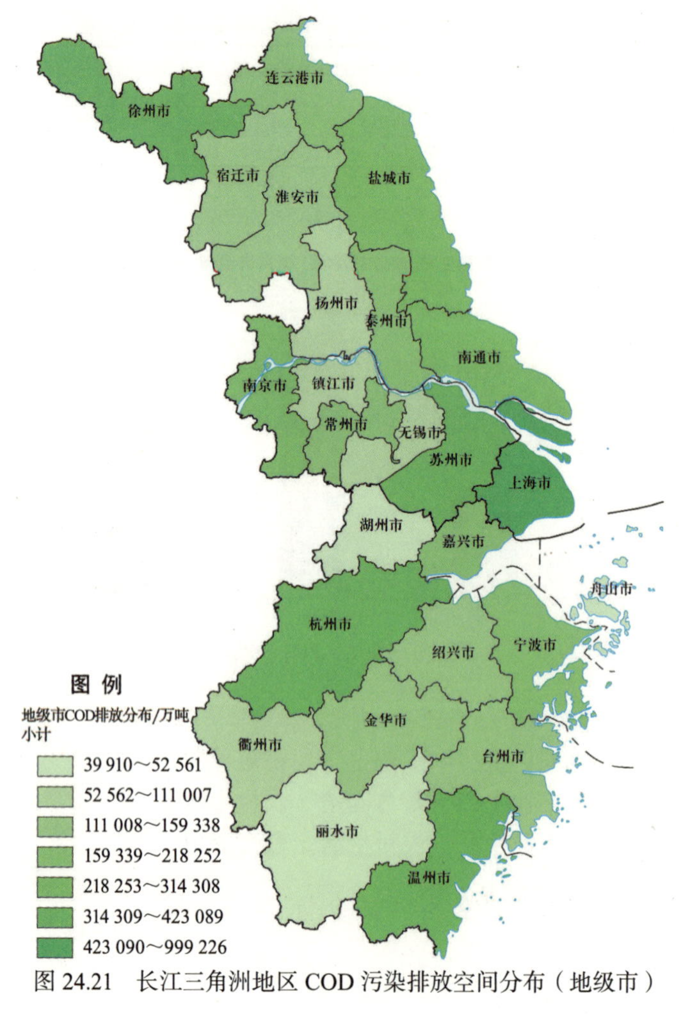

图 24.21 长江三角洲地区 COD 污染排放空间分布（地级市）

各地级市 COD 污染源结构差别较大。图 24.22 显示了长江三角洲地区 25 个城市的 COD 污染源结构存在较大差异。经统计，城镇生活排放 COD 占总排放量的比重区间为 25% ～ 55%，农村生活排放所占比重区间为 15% ～ 25%，畜禽养殖排放所占比重区间为 10% ～ 40%，工业生产排放所占比重区间为 10% ～ 30%，可以看出，不同城市各类社会经济活动的 COD 排放比例差异较大。其中，温州、上海、南京、台州、扬州、苏州、常州、淮安等 8 个城市的城镇生活 COD 排放比重超过 40%；湖州、衢州、舟山、盐城、丽水、淮安、连云港等 7 个城市畜禽养殖 COD 排放比重超过 30%；镇江、绍兴、泰州、嘉兴、杭州、苏州、徐州、宁波、衢州 9 个城市工业生产 COD 排放比重超过 25%，造纸业、化学原料及化学制品制造业、农副食品加工业、医药制造业、纺织业是 COD 排放的重点行业。

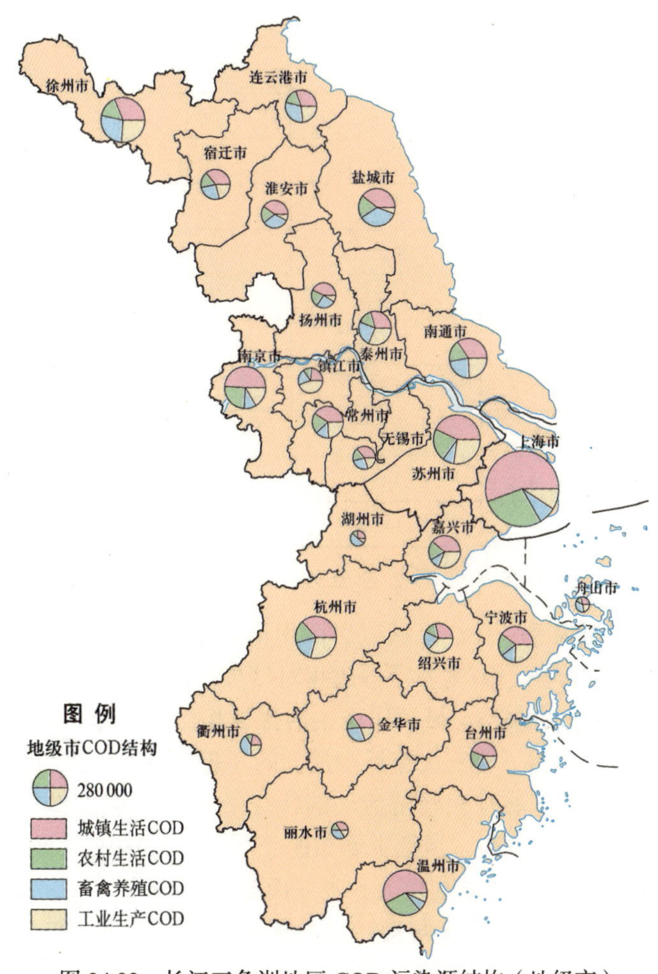

图 24.22　长江三角洲地区 COD 污染源结构（地级市）

1. 三大汇水区污染贡献量占地区COD排放量的近九成

从表 24.19 中可以看出，长江三角洲地区陆域的 10 个汇水区单元中，COD 污染负荷集中分布在长江流域、淮河流域和钱塘江流域，其中，长江流域 COD 污染排放负荷最大，长江流域、淮河流域和钱塘江流域的COD污染排放负荷量分别约为280万吨、129万吨和80万吨，三者合计占整个地区总COD排放负荷的88%，其中，长江流域占50.66%，淮河流域占23.37%，钱塘江流域占14.40%，三大流域的COD污染贡献近乎达整个长江三角洲地区COD污染的九成。其他7个汇水区总计COD污染排放负荷约64万吨，仅占长江三角洲地区总排放量的12%左右，同样我们可以得出，长江三角洲地区以钱塘江流域为界，北部地区是长江三角洲地区污染的最主要来源，南部7个汇水区面积相对较小，污染排放压力相对较小，但这些汇水区距海更近，水体入海路径短，尤其像瓯江、甬江和灵江流域入海口较窄，污染物入海相对集中，对入海口附近海域的环境影响较大，容易导致河口、湾内等水动力较弱的海域环境恶化。

表24.19 10个汇水单元各社会经济活动COD污染排放负荷量 单位：万吨

汇水区	城镇生活	农村生活	畜禽养殖	工业生产	合计
长江流域	128.77	62.64	33.06	55.17	279.65
淮河流域	43.60	23.51	39.16	22.75	129.02
甬江流域	5.27	2.34	1.78	3.38	12.78
浙东近岸区	4.27	2.71	1.91	1.86	10.75
灵江流域	2.60	1.29	0.88	1.02	5.79
钱塘江流域	26.85	13.22	16.55	22.88	79.50
鳌江流域	2.87	2.18	0.53	0.35	5.92
飞云江流域	5.41	2.50	0.60	0.65	9.15
瓯江流域	10.66	3.80	2.33	1.89	18.68
闽江流域	0.36	0.17	0.13	0.09	0.75
合计	230.67	114.35	96.93	110.04	552.00

2. 三大流域COD污染源结构存在显著差异

从各汇水区污染结构看，长江流域以居民生活污染排放为主，占总排放量的68%，工业生产COD排放占19.7%，畜禽养殖排放相对较少，占比11.8%；淮河流域畜禽养殖污染相对突出，占总量的30%，与城镇居民生活排放相当；钱塘江流域最大的特征是工业COD排放比重高达28.8%，是三大流域中最高的（表24.19和图24.23）。流域COD污染结构的不同，反映出各流域社会经济活动的特征：长江流域人口规模大，密集分布，养殖规模小，工业生产水平较高，污染主要来源于居民生活排放；淮河流域相比其他两个流域，农业占比较大，畜禽养殖规模大，农业面源污染相对突出；钱塘江流域印染业、化工业、造纸业等COD高排放行业规模较大，导致该流域工业生产COD排放突出。由以上分析可知，三大流域COD污染排放源结构不尽相同，在制定流域污染治理政策时可以针对不同的特征，确定相适应的治理对策。

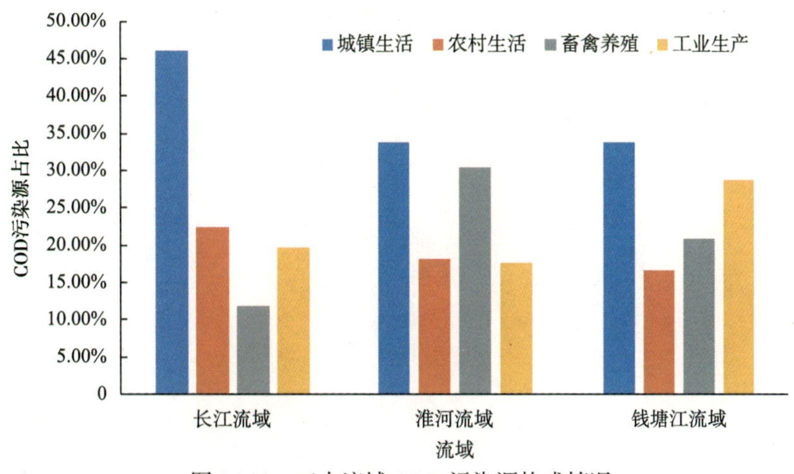

图 24.23　三大流域 COD 污染源构成情况

3. 各汇水区对应岸线氮污染压力空间分析

岸线污染压力是指单位岸线上承载对应陆源污染排放负荷量的大小，反映单位长度海岸线上承载的陆源污染排放压力的强度，具体是用汇水单元的年 COD 污染负荷量除以汇水单元对应岸段的长度，单位为吨 /（千米 · 年）。

经计算（表 24.20），长江流域入海口直线岸线约 80 千米，平均每千米承载 COD 污染排放压力约 33 874 吨 / 年；钱塘江流域对应的直线岸线约 87 千米，平均每千米承载 COD 污染排放压力约 8856 吨 / 年；淮河流域入海口分散，将沿海岸线均作为入海岸线，计算出的平均每千米承载 COD 污染排放压力约 2660 吨 / 年。除三大汇水区之外，其他岸段的潜在污染压力相对较小，但由于汇水区对应的岸线长度较短，污染排放的单位岸线压力从 150 ～ 281 000 吨 /（千米 · 年）均有分布，但这些汇水单元入海口或相对较窄或比较分散，且入海路径弯曲绵长，并在沿海地带交织分布，在陆海污染空间关系中，难以确定出规律性较强的一一对应的“陆–海”环境统筹单元。总体而言，尽管长江三角洲地区的 10 个汇水区对应岸线承载的陆源 COD 污染排放压力差别较大，但该地区陆源 COD 排海压力集中在长江流域、淮河流域和钱塘江流域三个汇水区，且岸线压力以长江流域最强（图 24.24）。

表 24.20　长江三角洲 10 个汇水区对应岸段各社会经济活动的 COD 污染物压力情况

单位：吨 /（千米 · 年）

汇水单元	城镇生活	农村生活	畜禽养殖	工业生产	合计
长江流域	15 598	7 588	4 005	6 683	33 874
淮河流域	899	485	807	469	2 660
甬江流域	1 824	812	616	1 173	4 425
浙东近岸区	159	101	71	69	400
灵江流域	12 620	6 254	4 269	4 952	28 095
钱塘江流域	2 991	1 472	1 844	2 549	8 856
鳌江流域	1 070	813	196	129	2 208
飞云江流域	2 095	969	234	253	3 551
瓯江流域	7 378	2 631	1 617	1 309	12 935
闽江流域	87	40	32	24	183

图 24.24 长江三角洲地区各汇水单元 COD 污染排放量分布

从表 24.20 中可以看出 10 个汇水单元中各类污染源的贡献大小，每个汇水单元内部社会经济活动的结构、规模、发展程度等存在差别，因此，各类污染源的贡献大小差别很大，但总体而言，城镇生活排放和工业生产排放的贡献相对较多，成为长江三角洲地区 COD 污染的主要污染源（图 24.25）。

4. COD污染排放源的诊断

（1）居民生活排放是长江三角洲地区 COD 污染的主要源头。2015 年，长江三角洲地区城镇生活的 COD 污染负荷约为 231 万吨，占 COD 污染总负荷的 41.79%。城镇居民生活废水经管道排放，容易排入河道，入河系数高，污水处理规模和程度较低，导致城镇居民生活产生的 COD 入河量较大。

（2）工业生产与畜禽养殖 COD 污染排放量相当。与总氮污染不同的是，工业生产和畜禽养殖业排放的 COD 较大，两者排放量基本相当，合计占地区排放总量的近 40%，也是重要的 COD 污染源。镇江、绍兴、泰州等 9 个城市的工业生产 COD 排放占城市总排放量的比重超过 25%，其中，造纸业、化学原料及化学制品制造业、农副食品加工业、医药制造业、纺织业是 COD 排放的重点行业。长江三角洲畜禽养殖业总体规模不大，主

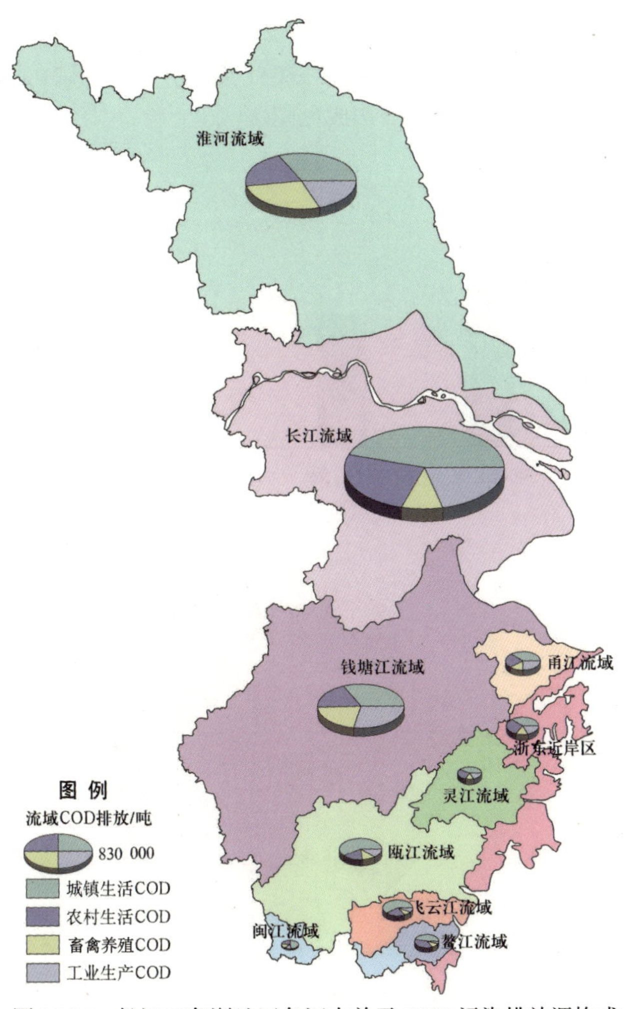

图 24.25　长江三角洲地区各汇水单元 COD 污染排放源构成

要集中在淮河流域，非点源污染源广泛，淮河流域没有具体的入海口，入河途径复杂，短期内难以控制。区域内城市聚集，人口众多，工业发达，点源、面源污染比较突出，生产方式的转变、污染处理设施的建设、生活习惯的养成等都需要一个较为长期的过程，因此，短期内 COD 污染的压力仍将持续。

（3）加强和改善排放方式是缓解 COD 污染最有效的措施。居民生活和畜禽养殖产生的 COD 是生命体维持正常代谢过程产生的废弃物，因此，COD 的产生量与人口数量和畜禽养殖规模有着稳定的线性关系，通过控制人口数量和减少畜禽养殖量来减少其产生量缺少现实性，控制该污染的工作重点应放在排放环节。为此，需要做好以下工作：提高城镇生活污水集中处理率，避免污水直接排入雨水管道及河流、湖泊，加大对印染、化工、纺织和造纸这些产业污水排放的重点监管，加大废水处理力度，尽可能减少工业废水直排。

五、总磷污染排放的社会经济来源与结构

以地级市为单位，对研究区 25 个单元的农村生活磷排放、农田径流磷排放、畜禽养

殖磷排放、城镇生活磷排放分别估算，进而将25个地级市的估算数据归并为10个汇水区数据，经再汇总最终得出长江三角洲地区各类社会经济活动的磷污染排放总量约7.3万吨，各类社会经济活动的磷污染排放与构成见图24.26。

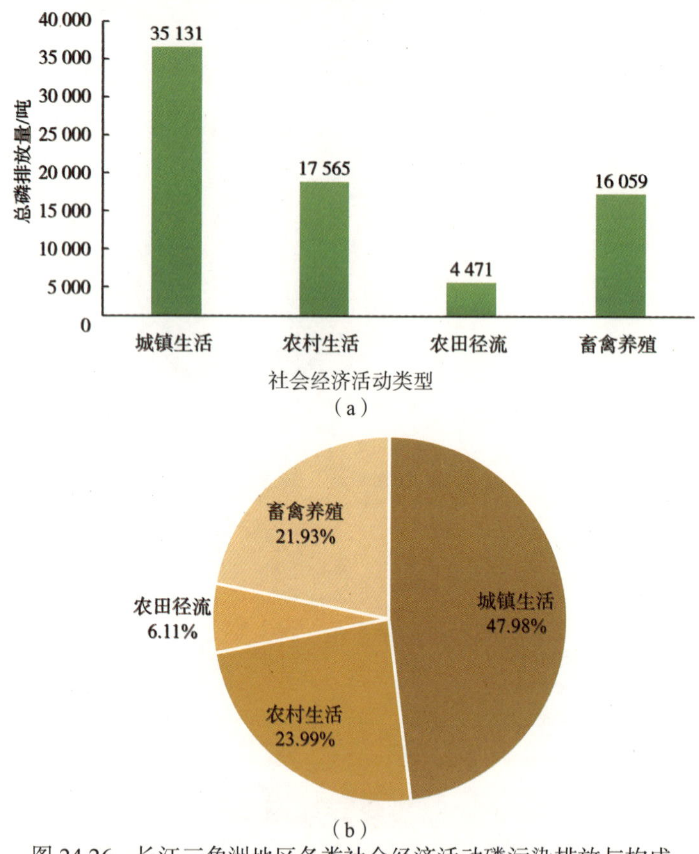

图24.26 长江三角洲地区各类社会经济活动磷污染排放与构成
因数据经四舍五入，可能存在合计值不等于100%的情况

磷污染排放量 = 农村居民生活 + 城镇居民生活 + 农田径流 + 畜禽养殖排放
= 农村居民生活 + 城镇居民生活 + 水田径流 + 旱地径流 + 各类畜禽排放

（一）居民生活排放是长江三角洲地区磷污染主要来源

磷污染源与氮污染源基本类似，从长江三角洲地区总体来看，各类社会经济活动磷排放中，居民生活和畜禽养殖业排放大约占到磷排放总量的94%，成为整个地区磷污染的主要贡献源，具体比重见图24.26（b）。

如表24.21所示，从磷污染排放量来看，江苏磷污染排放量约3.7万吨，浙江其次，为2.2万吨，上海约1.4万吨，位列第三。上海、江苏、浙江磷污染排放均主要来源于城镇生活排放，分别占各自磷排放总量的60%、43%和48%。长江三角洲地区城镇化水平高、人口密集、小城镇数量多、城镇人口比例高、居民生活水平相对较高、废水排放量较大是造成城镇生活排放量大的主要原因。农田径流的磷污染排放量较低，畜禽养殖污染排放高于农田径流，总体来看，长江三角洲地区磷污染排放主要源于居民生活排放。

表 24.21　长江三角洲地区磷污染负荷的构成情况　　单位：吨

省市	城镇生活	农村生活	农田径流	畜禽养殖	合计
上海	8 639	4 320	171	1 209	14 339
江苏	15 814	7 907	3 180	9 719	36 619
浙江	10 678	5 339	1 120	5 131	22 268
总计	35 131	17 565	4 471	16 059	73 226

注：数据经四舍五入，可能存在合计值不等于各项加和总值的情况

（二）农村污染排放约占地区排放总量的一半，畜禽养殖业排放比重高

农村磷污染源包括农村居民生活排放、农田径流和畜禽养殖排放，三者磷排放量约 3.8 万吨，约占地区磷排放总量的 52%。农村污染源中农村居民生活排放量约 1.76 万吨，约占农村磷排放总量的 46%，畜禽养殖排放量约 1.6 万吨，占农村磷排放总量的 42%，这两类活动是农村污染的主要污染源；种植业的磷排放量相对有限，农田径流磷排放量约 0.45 万吨，上海、江苏和浙江农田径流磷排放量分别占各自农业磷排放总量的 3.0%、15.3% 和 9.7%。总体而言，长江三角洲地区农村面源磷污染排放约占总量的一半，其中农村居民生活和畜禽养殖业是主要污染源。

相比氮污染排放，江苏和浙江磷排放量突出的特点是畜禽养殖业排放占总排放量的比重高，排放量与农村居民生活排放量相当，占江苏和浙江总排放量的 25% 左右（上海为 8.4%），而两省畜禽养殖业氮排放量占总氮排放量的比重分别为 12.4% 和 10.9%。就污染源类型而言，畜禽养殖业面源污染是磷污染排放的一个重要来源，这点与氮污染源有很大的不同。总体而言，上海、江苏、浙江的磷污染源中大体排序为：城镇生活、农村生活、畜禽养殖、农田径流。各省市具体的情况如下。

上海市：城镇生活 > 农村生活 > 畜禽养殖 > 农田径流

江苏省：城镇生活 > 畜禽养殖 > 农村生活 > 农田径流

浙江省：城镇生活 > 农村生活 > 畜禽养殖 > 农田径流

（三）磷污染排放的空间特征分析

以汇水区为单元，将边界内各地级市的各类社会经济活动的磷污染排放量依据各自比例加总，算出各汇水区内磷污染排放量。

1. 与氮污染空间分布类似，沿海城市的磷污染排放量较大

图 24.27 反映出长江三角洲地区各地级市磷污染负荷的空间分布情况，从中可以看出，磷污染负荷比较大的地级市主要分布在沿海城市，上海、温州、盐城、苏州、南通、杭州等沿海城市的磷排放相对较多，内陆城市除南京和徐州外，扬州、镇江、无锡、湖州、衢州、丽水等城市磷排放量较小，磷排放在空间分布上与氮污染的空间分布基本一致。

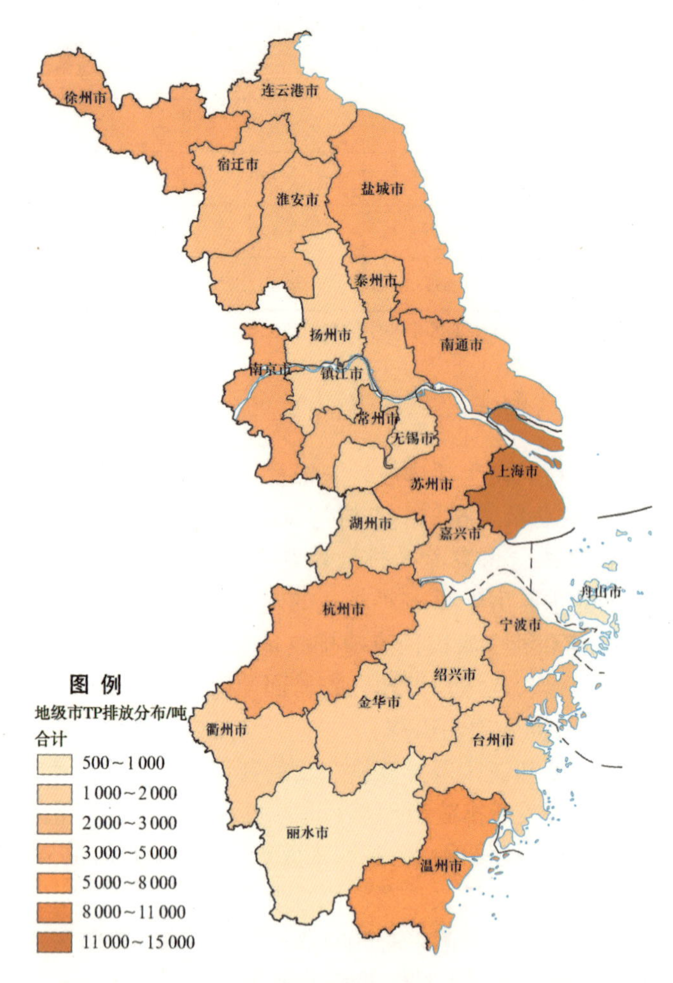

图 24.27　长江三角洲地区磷污染排放空间分布（地级市）

图 24.28 反映出长江三角洲地区不同地级市磷污染的构成差异较大，经统计，城镇生活磷排放量占总排放量的比重区间为 22% ～ 60%，农村生活排放所占比重区间为 15% ～ 30%，农田径流排放所占比重区间为 2% ～ 15%，畜禽养殖排放所占比重区间为 10% ～ 55%，可以看出，不同城市间各类社会经济活动的磷排放结构差异较大。

温州、上海、苏州、南京、嘉兴、常州、台州、宁波、杭州等城市的城镇生活磷排放比重超过 45%；南京、无锡、徐州、常州、苏州、南通等城市的农村生活磷排放比重超过 20%；徐州、盐城、淮安、宿迁、连云港、扬州等城市的农田径流磷排放比重超过 10%；湖州、衢州、舟山、镇江、丽水、连云港、无锡等城市的畜禽养殖磷排放比重超过 35%。各城市间磷污染源构成差异较大的原因在于城市类型和产业结构存在不同，城市规模的不同是造成居民生活污染的最主要原因，农田种植面积和畜禽养殖的规模差异影响各城市农村面源污染排放。

2. 三大汇水区污染贡献量占地区磷排放量的近九成

图 24.29 是 10 个汇水单元内磷污染负荷分布情况，从图中可以看出，磷污染负荷与

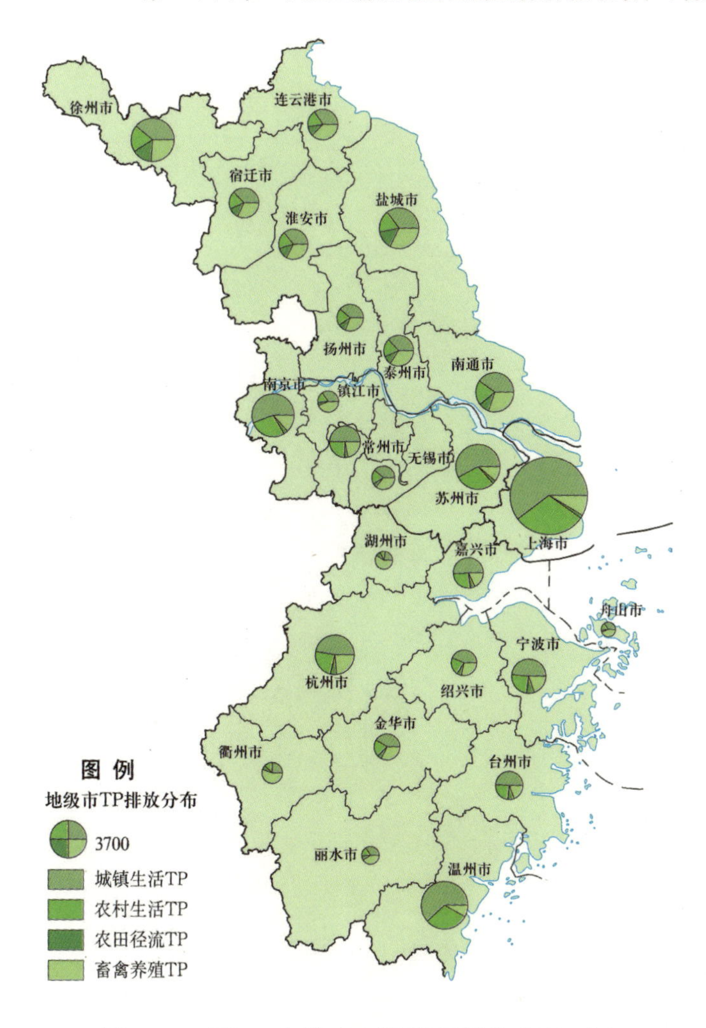

图 24.28　长江三角洲地区磷污染源结构（地级市）

COD 和总氮污染的空间分布基本一致，集中分布在长江流域、淮河流域和钱塘江流域（也是面积最大的三个流域），其中，长江流域磷污染排放负荷最大，约 3.53 万吨，淮河流域约 1.75 万吨，钱塘江流域约 0.91 万吨，其他 7 个汇水区总计磷污染排放负荷约 1.11 万吨，仅占长江三角洲地区总排放量的 15%，根据数据我们同样可以得出以下结论：长江三角洲地区以钱塘江流域为界，北部地区是长江三角洲地区污染的最主要来源，南部 7 个汇水区面积相对较小，污染排放压力也相对较小，但瓯江、甬江和灵江流域入海口较窄，污染物入海相对集中，对入海口附近海域的环境影响较大，容易导致河口、湾内等水动力较弱的海域环境恶化。

（四）各汇水区对应岸线磷污染压力空间分析

岸线污染压力是指单位岸线上承载对应陆源污染排放负荷的量大小，反映单位长度海岸线上承载的陆源污染排放压力的强度，具体是用汇水单元的年磷污染负荷量除以汇水单元对应岸段的长度，单位为吨 /（千米 · 年）。

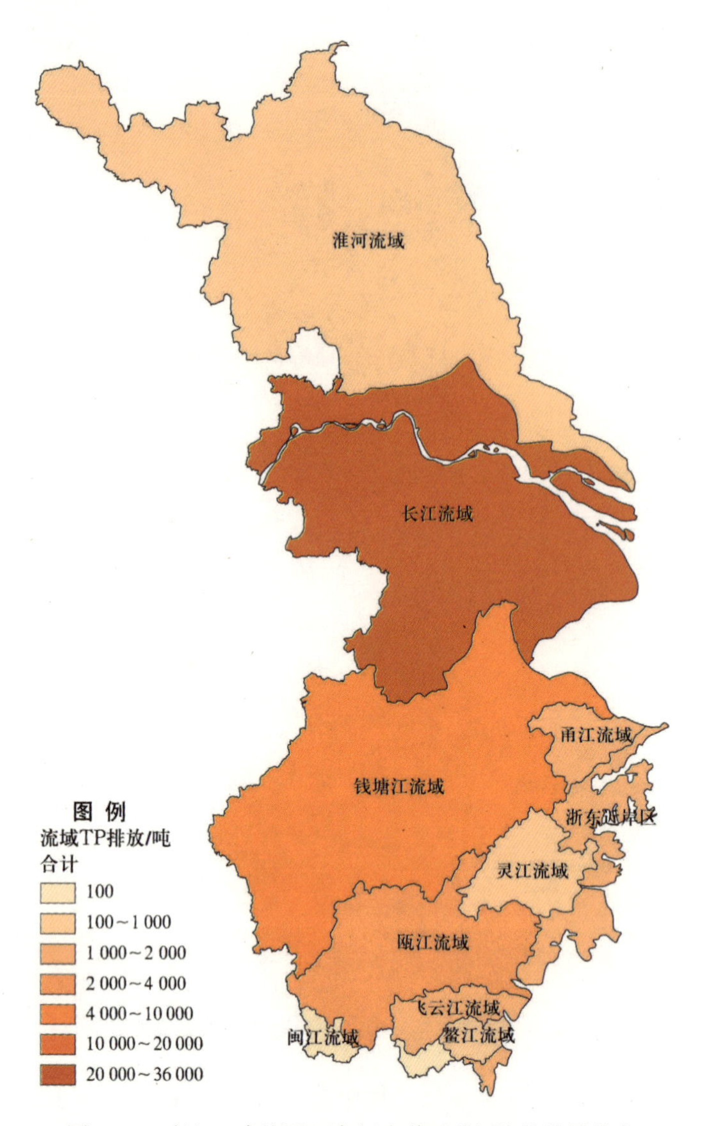

图 24.29　长江三角洲地区各汇水单元磷污染排放量分布

由表 24.22 可以看出，单位岸线承载的陆源磷污染排放压力大小差异很大，数值高于 100 的有长江、灵江、瓯江、钱塘江流域，其中长江流域形成的压力最大，主要原因在于长江流域污染排放总量大；而灵江流域磷污染物压力数值大的原因在于灵江流域对应的入海岸线较窄，造成单位岸线承载的污染压力相对较大，但流域本身磷污染排放的总量并不大。闽江流域、浙东近岸区、鳌江流域、淮河流域对应的岸段承载的污染排放量较小，闽江和鳌江流域压力小的原因在于其流域面积较小，形成的污染总量本身比较小，对单位岸线排放的压力相应较小；淮河流域和浙东近岸区磷污染物压力数值较小的原因在于它们各自对应的入海岸线较长，污染总排放量平均分配到单位岸线后的压力数值较小。具体来说，长江流域入海口直线岸线约 80 千米，平均每千米承载磷污染排放压力约 442 吨 / 年；钱塘江流域对应的直线岸线约 87 千米，平均每千米承载磷污染排放压力约 104 吨 / 年；淮河流域入海口分散，将沿海岸线均作为入海岸线，计算出的平均每千米承载磷污染排放压力约 37 吨 / 年。除三大汇水区之外，其他岸段的潜在污染压力相对较小，且强度不一，从 2 ～ 400 吨 /（千米 · 年）均有分布，与 COD 和总氮污染的状况类似，这些汇水单元入海口或相对较窄或比较分散，且入海路径弯曲绵长，并在沿海地带交织分布，在陆海污染空间关系中，难以确定出规律性较强的一一对应的“陆-海”环境统筹单元。总体而言，该地区陆源磷排海压力集中在长江流域、淮河流域和钱塘江流域三个汇水区，且长江流域压力最大。

表 24.22 长江三角洲 10 个汇水区对应岸段各社会经济活动的磷污染物压力情况

单位：吨 /（千米 · 年）

汇水单元	城镇生活	农村生活	农田径流	畜禽养殖	合计
长江流域	240.67	117.18	12.73	71.04	441.62
淮河流域	13.10	7.07	5.11	11.99	37.27
甬江流域	28.38	12.62	2.81	10.37	54.18
浙东近岸区	2.48	1.58	0.77	1.23	6.06
灵江流域	196.30	97.28	29.66	74.80	398.04
钱塘江流域	45.93	22.60	5.87	29.67	104.07
鳌江流域	16.65	12.65	0.33	3.22	32.85
飞云江流域	32.60	15.08	0.91	3.84	52.43
瓯江流域	113.25	40.21	4.26	27.43	185.15
闽江流域	1.31	0.60	0.15	0.55	2.61

从图 24.30 中可以看出 10 个汇水单元中各类污染源的贡献大小，每个汇水单元内部社会经济活动的结构、规模、发展程度等存在差别，因此，各类污染源的贡献大小差别很大，但总体而言，城镇居民生活排放仍是各个汇水单元磷污染的主要贡献源，尤其是长江流域，城镇居民生活源磷排放占总排放量的 54%，钱塘江流域为 44%，淮河流域为 35%。长江流域畜禽养殖磷排放占总排放量的 16%，农村居民生活排放占总排放量的 27%，而淮河流域和钱塘江流域畜禽养殖磷排放分别占总量的 32% 和 29%，高于农村居民生活磷排放量的比重 19% 和 22%，养殖业排放成为这两个流域的第二大污染源。其他汇水区污染源结构的主要特征还是城镇居民生活排放占主导，之后是农村生活、畜禽养殖和农田径流排放。

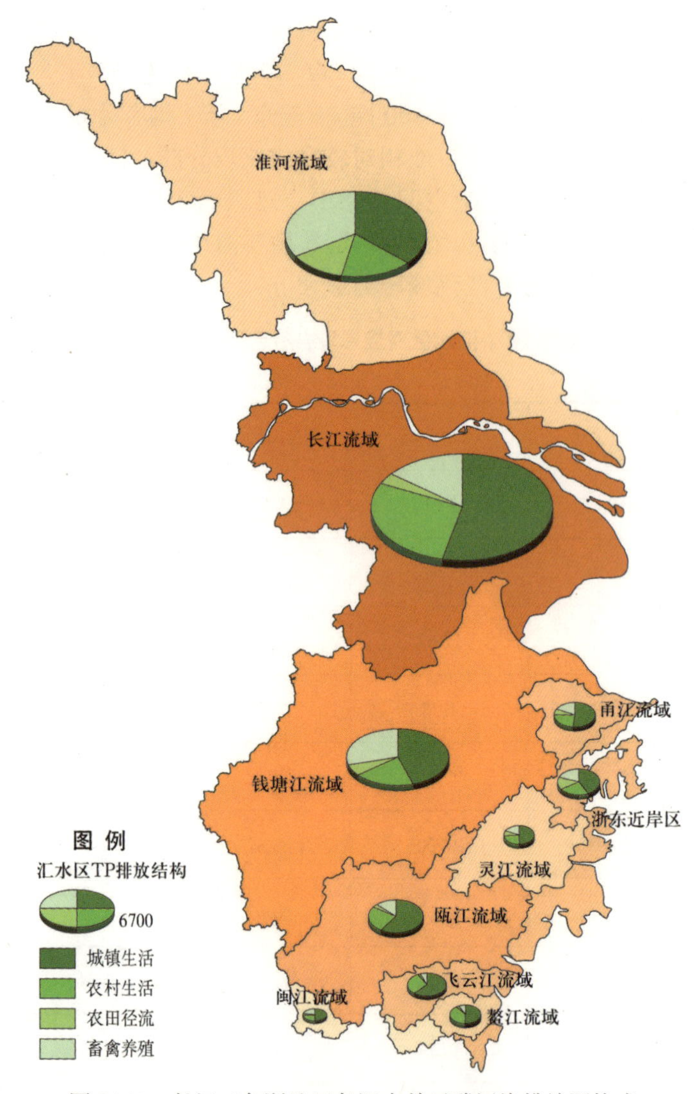

图 24.30 长江三角洲地区各汇水单元磷污染排放源构成

（五）磷污染排放源的诊断

（1）居民生活磷排放是长江三角洲地区磷污染的首要污染源。上海居民生活磷排放量占全市总磷排放量的 90%，江苏的这一比例为 65%，浙江为 72%；以汇水区看，长江流域居民生活磷排放量占流域总排放的 81%，淮河流域该比例是 54%，钱塘江流域是 66%，以上数据表明，长江三角洲地区磷污染的主要来源是城镇和农村居民的生活污染排放，该区域是我国社会经济发展发达的区域，人口规模大，城镇化率高，居民生活污染排放量大是主要的原因，消减该地区水体磷污染源的重点应牢牢把握好生活污水排放的处理率和处理水平。

（2）淮河、钱塘江流域畜禽养殖磷排放量分别占总量的近三成，是磷污染的第二大源头。畜禽养殖在空间上相对集中，养殖排污系数相对较高，处理效率低，污染物在处理之前和处理过程中流失较多，在雨水冲刷下很容易进入附近水体，或者直接排入河流中。与全国其他区域相比而言，长江三角洲地区畜禽业发展规模并不大，畜牧业产值占农业总产值的比重低于全国平均水平，因此，该地区畜禽养殖业的磷排污总量相对有限。从长江三角洲地区内部来看，淮河与钱塘江流域内畜禽养殖规模相对较大，淮河流域汇水区畜禽养殖磷排放量占到总量的32%，仅小于城镇居民生活磷排放量，畜禽养殖业成为该区域第二大磷污染源，钱塘江流域畜禽养殖业也是第二大污染源。长江流域汇水区畜禽养殖业规模较小，并未对区域内形成较大的污染压力。

（3）短期内长江三角洲地区磷污染物排放量难以大幅消减。该地区城镇密集，人口规模大、密度大，城市居民生活排污量大，作为我国社会经济最发达的地区之一，污水处理率和处理水平已相对较高，短期内大幅提高的空间有限，需通过培养城镇居民节水习惯、改变农村居民生活习惯、改善畜禽养殖业废水排放方式、完善乡村污水排放管网来削减磷污染，但这些措施都需要较高的投资和较长时期的引导，因此，短期内长江三角洲地区陆域磷污染的基本状况也将持续稳定。

第二十五章　陆海环境跨界治理博弈研究

第一节　入海流域跨界水污染治理博弈研究

近年来，随着沿海地区国民经济的快速发展，我国河流入海污染物总量整体呈现波动式上升趋势，近岸局部海域海水环境污染较重，部分河口和海湾生态系统持续处于亚健康和不健康状态，海洋生态环境受到严重影响。陆源污染是我国海洋环境质量恶化的关键因素，入海河流是其输移的主要通道，污染加重的实质是由流域向海域持续单向输入环境负外部性，改善海洋环境质量的根本途径是治理入海流域水污染。入海流域往往地跨多个地级行政区边界，如何有效治理流域跨界水污染显得尤为重要。目前，对跨界水污染治理的研究主要集中于内陆流域方面，而入海流域跨界水污染治理缺乏系统性研究。与内陆流域跨界水污染相比，入海流域跨界水污染问题既有相似性又有特殊性。相似性体现在污染跨界迁移，环境产权界定成本较高，以及治理主体依然以地方政府为主。特殊性体现在两方面：一是环境负外部性的空间转移在海陆交互的不同行政区间发生，利益关系和行为偏好更为复杂；二是不同层级的地方政府在规则制定和治理谈判上的角色有所不同，影响相应环境政策的顶层设计。为了使地区总效用最大化，入海流域范围内各地区污染减排的效用和损失需要进行平衡，因而在入海流域跨界水污染治理问题上各地政府之间构成了博弈关系。本章研究从陆域-海域系统整体出发，选取入海流域作为研究对象，以沿海省和市两级行政单元作为博弈参与方，设置海域环境管理权归属于省级政府和近岸陆域地级市政府两种情景来模拟地方政府治理跨界水污染的博弈过程，从环境管理制度上分析地方政府治污策略选择的影响因素，以期为我国海洋环境污染的源头治理提供参考。

一、研究文献评述

随着跨界水污染矛盾加剧，流域跨界水污染问题逐步成为环境经济学的研究热点之一。研究范围上，流域跨界水污染问题可以划分为水污染横向跨境问题、江河流域上下游跨界问题、湖泊流域跨行政区问题和不同河流汇入海洋的跨界问题。国外跨界水污染研究的重点区域已经逐步由陆域转向沿海地区，国内现有文献多针对前两类问题进行研究，即集中于对陆域流域跨界水污染问题的探讨，但极少考虑入海流域跨界水污染治理的相关问题。研究内容上，流域跨界水污染研究重点关注跨界水环境管理、跨界治污行为分析与策略选择、流域生态补偿机制建立及污染治理实践等方面的问题。

国外相关领域的研究主要通过案例探讨跨界水污染治理的实践。Fischhendler（2008）以圣地亚哥-提华纳边界沿线区域作为研究对象，认为邻国之间存在不对称的经济关系时，“成本负担原则”比“污染者付费原则”提供了更有效的废水处理，可以更好地抵消不对称性。Ukwe 和 Ibe（2010）研究了西非沿海亚生态系统的跨界污染管理经验，认为设立政府间协商和协调机构的区域合作方式使各国更容易管理生态系统中的跨界污染问题。Povilanskas 和 Armaitienė（2014）基于库尔斯潟湖的案例研究跨界过渡性水域综合环境管理，指出简洁而直接的规划范围，高级政府的支持，适当的融资，地方、区域和国家当局之间的专门合作，以及参与式方法是成功的跨界综合环境规划的基本原则。Floresa 等（2017）研究了拉丁美洲和加勒比地区 17 条跨界河口，指出在不考虑基于生态系统的管理范围的情况下，流域管理和沿海地区管理之间的整合程度不够。

国内早期研究集中于宏观制度层面，部分学者致力于从环境管理体制机制的角度来研究治理跨界水污染的有效对策。施祖麟和毕亮亮（2007）认为要保持以条块结合的政府层级结构基础上的污染治理管理体制，通过机构、机制、法规等综合性改革来协调矛盾。黄德春等（2009）借鉴国外治理经验，提出要着手建立多元化流域管理机构和多层次管理体制。汪小勇等（2009）指出了跨界水环境管理中程序性立法、配套机制及争端解决机制有待完善。

随着国内学者对跨界水污染冲突中理性决策主体的策略选择及均衡问题研究的深入，治理主体在污染治理中复杂的行为特征及关系有待量化研究，博弈论为此提供了有效工具并得到广泛应用。李胜和陈晓春（2011）探讨了中央政府和地方政府之间的信号传递博弈问题，指出府际博弈的非理性均衡是治理困境的深层次原因。孙冬营等（2013）基于非合作博弈理论的图模型研究了太湖流域跨界水污染冲突，分析了稳定状态中中央政府、江苏省、浙江省及相关地级市分别采取的策略行为。石广明等（2015）选取河南省贾鲁河流域进行实证分析，论证了边际污染物减排成本的地区差异是合作治理的关键，并且认为收益-成本分担机制对地区间开展污染治理合作的稳定性存在较大影响。胡振华等（2016）基于演化博弈论研究了漓江流域上下游政府利益均衡，指出必须引入上级政府的激励约束机制才能确定实现最优稳定均衡策略时的参数条件。张继平等（2016）分析了政府与企业在海洋陆源污染产生前的管理和排污、恶化时的政策制定和谈判，以及治理中的监督和治污的行为关系，指出引入其他治理主体及强化惩罚约束的管理机制有助于完善治理构架。

在流域跨界水污染治理的措施研究中，生态补偿作为准市场模式受到重点关注，相关国内学者对其补偿方式、方法、标准等进行了深入探索。荣绍辉等（2012）以河南省流域为例，开展了基于流域责任目标考核断面目标值的生态补偿与污染赔偿类型划分技术方法研究。曲富国和孙宇飞（2014）认为，国家和地方政府应视为共同的流域生态补偿主体，上游政府保护成本和下游政府收益应成为确定生态补偿标准及国家与地方政府生态补偿分担比例的参照。李昌峰等（2014）对太湖流域生态补偿展开了研究，指出地方政府自主选择过程中对于社会最优的环境保护策略无法达到稳态，必须引入上级监督部门约束因子，才能确定出最优环保策略状态稳定时的惩罚金范围。张婕等（2016）基于多主体多议题协商管理模型，构建了上下游之间关于水污染补偿方案的协商模型，并通过江浙边界水污染生态补偿数值算例论证有效性和可操作性。

在我国海洋环境持续恶化的背景下，入海流域跨界水污染问题亟待解决。同时，入海流域跨界水污染治理中最优均衡策略的实现受制于多种因素，企业、地方政府、中央政府等不同治理主体的行为选择具有复杂性和差异性，尤其是地方政府的治理行为有待于深入研究。因此，为了进一步研究跨界水污染中地方政府的治理行为与策略选择，丰富流域跨界水污染研究成果，我们的研究范围拓展至入海流域，细分沿海地方政府为地级市政府和省级政府，结合陆海统筹的基本理论，运用博弈论分析陆海跨界污染治理中地方政府的利益关系和行为偏好，以期解决河海一体化利益主体的单向跨界负外部性问题。

二、陆海统筹视角下入海流域跨界水污染治理的特殊性

（一）近岸陆域兼具环境破坏者、受害者与管理者多重身份

陆、海具有天然的地理联系，入海河流则是二者的重要纽带。海洋处于自然地理的最低位，承受着来自流域、海岸带交织叠加的开发压力，是环境冲突较为集中的区域。一方面，近岸陆域通过入海河流向海洋大量排污，成为海洋环境的主动破坏者；另一方面，海洋环境的持续恶化也给沿海地区的社会经济发展造成严重影响，使近岸陆域成为海洋污染的受害者。然而，近岸陆域的受害者身份一再得到强调，其环境破坏者身份却往往受到忽视。同时，海域环境的管理权往往归属于近岸陆域的地级市政府，因而近岸陆域也成为海洋环境的管理者。综上所述，入海流域跨界水污染治理中，近岸陆域兼具环境破坏者、受害者及管理者多重身份（图 25.1）。近岸陆域的多重身份意味着沿海地级市政府需要对排污行为及环境治理行为的利益得失进行权衡，受到偏好等众多因素影响，其治理策略选择更为复杂。基于此，我们以沿海地区省内跨地（市）级的入海流域作为研究对象，对陆域-流域-海域系统中的上游、中游、下游进行特殊划分：海域视为下游地区，近岸陆域地区视为中游地区，近岸陆域以上的内陆地区视为上游地区，以明确各主体在入海流域跨界水污染治理中的行为特征。

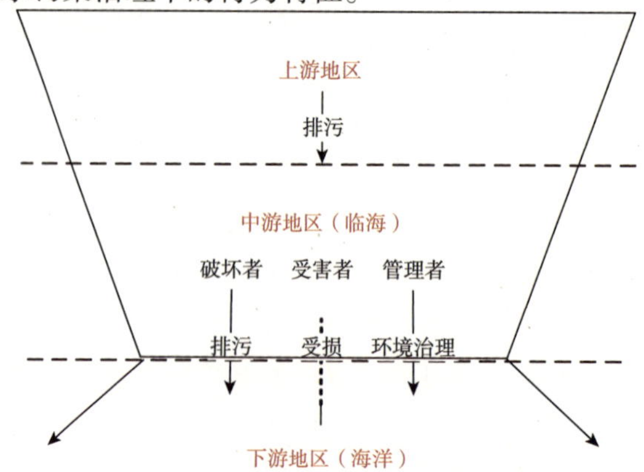

图 25.1　入海流域跨界水污染治理中近岸陆域的多重身份

（二）海洋环境持续超载情况下的环境补偿性支付有待纳入考量

长期以来，我国沿海地区的海洋资源环境以粗放单一的利用方式为主，海洋经济得到长足发展的同时，也带来了一系列海洋环境问题。目前，扩张式经济发展已趋于饱和，但在部分地区持续出现了海洋资源环境超载现象，这与过去我国所处的经济发展阶段和长期“重陆轻海”的认知密不可分。随着国家对生态文明建设的重视和对海洋环境问题的持续关注，推进实施陆海统筹战略才能根本有效地解决海洋环境污染与生态破坏问题。从经济学角度来看，陆海统筹实质是将陆域经济主体和海域经济主体融合成为利益共同体，产生更具一致性的目标函数，通过内部补偿等途径调整各主体行为，实现外部交易费用的节约。陆海统筹治理入海流域跨界水污染所需考虑的重要问题是如何在流域-海域系统中内部化单向外部性，以形成有利于环境保护的均衡，提升治理效果。海洋环境具有的公共物品属性、消费的非排他性等特征导致“搭便车”现象长期存在，陆域经济主体不具有保护环境的动力。这种外部性经由陆域到海域的空间转移，给海域经济主体造成了损害，但海域经济主体的这种损失通常被忽视。因此，在陆海统筹框架下治理流域跨界水污染，当流域污染者排污未达标对海洋环境造成损失时，需要承担相应的经济代价。

（三）海域环境管理“代理人”存在不同选择

海洋作为上游地区和中游地区的污染被动受害者，无法直接通过市场机制约束二者的排污行为，这就需要政府发挥管制约束作用，因此，海域环境管理需要通过“代理人”间接实现。海域环境管理权的归属存在两种可能性：一是归属于相应的省级政府，二是归属于近岸陆域的地级市政府。就环境管理顶层设计而言，海域环境管理“代理人”的选择是一项需要重点考虑的内容。地方政府具备理性经济人行事的特征，且地级市政府与省级政府的目标效用函数相互分离，使地方政府可以在省级政府给定的制度框架内对已掌握的各种资源进行自由配置，追求自身效用的最大化。在地方政府追求自身利益最大化的过程中，海域环境管理权归属于不同层级治理主体会使其目标效用函数发生改变，其治理入海流域跨界污染的动力和行为也会随之变化。

三、入海流域跨界水污染治理博弈模型

（一）博弈主体行为选择

我们以沿海省内跨市的入海流域作为研究对象，将海域视为下游地区，近岸陆域地区视为中游地区，近岸陆域以上的内陆地区视为上游地区，选取各地（市）级政府作为博弈参与方，对比分析海域环境管理权归属于省级政府及归属于近岸陆域地级市政府两种不同情景。就某一地区而言，流域污染的实际排放者主要为当地生产经营者，但地方政府需要为其排污行为“买单”。地方政府需要对当地生产经营者进行环保监管，同时针对其实际排污量征收环境税，污染减排本身也需要付出一定成本。作为中游的近岸陆域地区会在上游-中游进行断面水质监测，未达标时，中游地区会向上游地区索取经济补偿。同理，海域环境管理的“代理人”也会进行河口断面水质监测，未达标时需要上游

和中游进行经济补偿。省级政府会对地方政府进行环保监督并进行环境绩效考核，核定不合格时会产生一定的政治成本。不同情景下入海流域跨界水污染治理主体行为关系如图 25.2 所示。

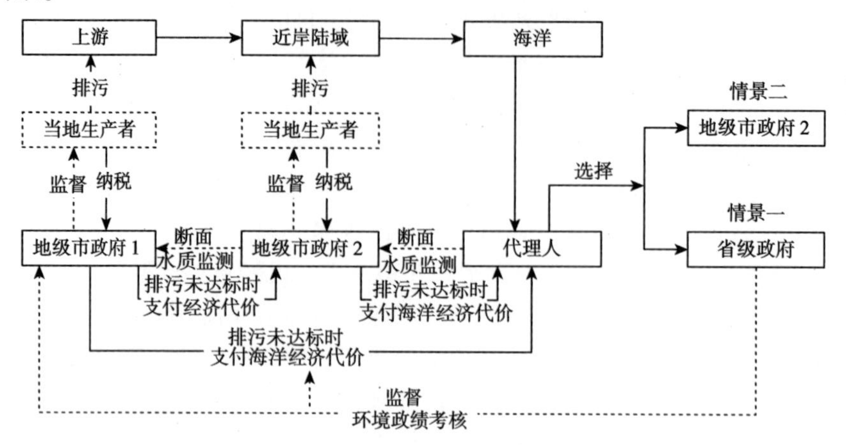

图 25.2 入海流域跨界水污染治理主体行为关系示意图

入海流域的跨界水污染治理主要涉及两阶段博弈问题：第一，省级政府与地级市政府污染减排任务的分解博弈，省级政府通过对地级市政府进行环境监督、环境政绩考核等实现入海流域污染减排，流域范围内地级市政府据此确定污染减排量，省级政府通过调整相应环境制度设计与地级市政府达到博弈均衡时，水污染减排任务在入海流域范围内的地级市政府之间得到最优分解。第二，入海流域范围内地级市政府之间形成库诺特博弈。给定省级政府设定的环境约束下，地级市政府选择各自污染减排量以实现地方政府效用最大化。

（二）模型参数设定

博弈参与人包括上游地区地方政府和中游地区地方政府，由于区域发展水平不同、环境政策约束不同，各地区地方政府决策能力存在差异，构成有限理性参与人，分别记为地区 1 和地区 2，效用函数分别为 U_1 和 U_2。

入海流域跨界水污染治理期望通过污染减排实现，治理效果通过污染减排量体现；污染减排成本与污染减排量相关；地方政府对当地企业征收环境保护税。地区 i 的污染物产生量设为 P_{0i}（i=1,2），地区 i 的污染减排量设为 P_i，某一环境质量标准下地区 i 的最大环境容量设为 $P_{i\max}$，因此地区 i 的实际污染排放量为 $P_{0i}-P_i$；地区 i 的污染减排成本是污染减排量的函数，设定为 AC(x) 的函数形式，即 AC(P_i)。地方政府所征收的环境税税率设定为 t，环境税与实际污染排放量正相关，是税率与实际污染排放量的乘积，为 $t(P_{0i}-P_i)$。2017 年发布的《国务院关于环境保护税收入归属问题的通知》指出“环境保护税全部作为地方收入”，因此，将环境保护税视为市级政府地方收入的来源之一。

地区 i 可能出现污染超排的情况，当排污量超出该地区最大环境容量时认定为排污未达标，假定污染物全部进入流域中影响跨界断面水质，并影响海洋水质环境质量，则需要向海洋环境管理“代理人”支付经济补偿。跨界断面水质监测未达标是实际排放量超出环境容量的部分造成的，超标量为 $P_{0i}-P_i-P_{i\max}$；跨界断面水质监测未达标时支付的经济代价与其实际排放量超出环境容量的排污量部分成正比例函数关系，即未达标时上游支付中游的经济代价为 $F(P_{0i}-P_i-P_{i\max})$；为简化计算，未达标时各地区支付海洋的经济补偿标准以超排的污染量为计算基础，假定在此基础上乘以折算率 θ 作为补偿海洋环境的经济代价。

α_i^2 为流域生态恶化给地方政府带来的社会福利损失系数，由于各行政区在流域中所处的地理位置不一样，不同地区的社会福利损失系数也不相同。一般而言，上游地区要小于下游地区。β_i 为相对于环境污染，地方政府赋予经济增长的权值。γ 为环境监管权重，与实际排放量相关。ρ 为环境绩效考核的政治成本系数，地区污染超排即治污不利而接受省级政府环境绩效考核认定不合格时产生的政治成本与超标量相关。

地方政府总效用由环境税收、监管成本、减排成本、支付海洋的经济代价及政治成本组成，其中，总效用与环境税收及跨界断面水质监测未达标时获得的经济补偿正相关，与监管成本、减排成本、跨界断面水质监测未达标时支付的经济补偿、支付海洋的经济代价及政治成本负相关。

（三）海域环境管理权归属于省级政府情景下的地方政府治理策略

采用逆推归纳法，先分析第二阶段的博弈，再分析第一阶段的博弈。入海流域范围内上游、中游地级市政府的效用函数分别为

$$\begin{aligned}\max U_1 = &\, t(P_{01}-P_1)-\alpha_1^2(P_{01}-P_1-P_{1\max}+P_{02}-P_2-P_{2\max})^2 \\ &-\beta_1(P_{01}-P_1)^2-\gamma(P_{01}-P_1)-\theta_1(P_{01}-P_1-P_{1\max}) \\ &-\rho(P_{01}-P_1-P_{1\max})\end{aligned} \tag{25.1}$$

$$\begin{aligned}\max U_2 = &\, t(P_{02}-P_2)-\alpha_2^2(P_{01}-P_1-P_{1\max}+P_{02}-P_2-P_{2\max})^2 \\ &-\beta_2(P_{02}-P_2)^2-\gamma(P_{02}-P_2)-\theta_2(P_{02}-P_2-P_{2\max}) \\ &-\rho(P_{02}-P_2-P_{2\max})\end{aligned} \tag{25.2}$$

其中，α_i、$\beta_i \in [0,1]$。

效用最大化的一阶条件为

$$\begin{aligned}\frac{\partial U_1}{\partial P_1} &= -t-2\alpha_1^2(-P_{01}+P_1+P_{1\max}-P_{02}+P_2+P_{2\max}) \\ &\quad -2\beta_1(-P_{01}+P_1)+\gamma+\theta_1+\rho \\ &=0\end{aligned} \tag{25.3}$$

$$\begin{aligned}\frac{\partial U_2}{\partial P_2} &= -t-2\alpha_2^2(-P_{02}+P_2+P_{2\max}-P_{01}+P_1+P_{1\max}) \\ &\quad -2\beta_2(-P_{02}+P_2)+\gamma+\theta_2+\rho \\ &=0\end{aligned} \tag{25.4}$$

求解地级市政府的最优减排量：

$$P_1^* = \frac{(-t+\gamma+\theta_1+\rho)-2\alpha_1^2(-P_{01}+P_{1\max}+P_2-P_{02}+P_{2\max})+2\beta_1 P_{01}}{2\alpha_1^2+2\beta_1} \tag{25.5}$$

$$P_2^* = \frac{(-t+\gamma+\theta_2+\rho)-2\alpha_2^2(-P_{02}+P_{2\max}+P_1-P_{01}+P_{1\max})+2\beta_2 P_{02}}{2\alpha_2^2+2\beta_2} \tag{25.6}$$

求得

$$P_1^* = \frac{\alpha_2^2+\beta_2}{2\alpha_1^2\beta_2+2\alpha_1^2\beta_1+2\beta_1\beta_2}\times[(-t+\gamma+\theta_1+\rho)-2\alpha_1^2(-P_{01}+P_{1\max}-P_{02}+P_{2\max})+2\beta_1 P_{01}] \tag{25.7}$$

$$P_2^* = \frac{\alpha_1^2+\beta_1}{2\alpha_1^2\beta_2+2\alpha_1^2\beta_1+2\beta_1\beta_2}\times[(-t+\gamma+\theta_1+\rho)-2\alpha_2^2(-P_{02}+P_{2\max}-P_{01}+P_{1\max})+2\beta_2 P_{02}] \tag{25.8}$$

式（25.7）和式（25.8）表明，在入海流域污染的治理中，上、中游地级市政府最终减排量的分配会受到对方经济–环境偏好权重的影响。同时从影响因素看，在污染治理博弈中，上游地区与中游地区地方政府实现最优减排量受相似因素影响，即地方政府博弈所达成的最优减排量与环境税税率 t 负相关，与补偿海洋环境的经济补偿折算率 θ、环境监管权重 γ、环境绩效考核的政治成本系数 ρ 均呈正相关，这说明提升补偿海洋环境的经济代价折算率、加强环境监管力度及提升环境绩效考核未达标的政治成本均有助于污染减排。因为可以通过调节支付海洋的经济补偿折算率 θ 实现流域地方政府污染减排量的提升，这说明海域环境管理权归属于省级政府时陆海统筹治理流域跨界水污染是有效的。

第一阶段博弈中，因为海域环境管理权归属于省级政府，所以上游和中游地区由于污染超排对海洋的补偿性支付应上交省级政府，同时，省级政府对各地级市政府进行环境监管和环境政绩考核，以此约束上游和中游地区的地方政府，以达到地区社会福利最大化的目标：

$$\begin{aligned}\max U_p = {} & \theta_1(P_{01}-P_1-P_{1\max})+\rho(P_{01}-P_1-P_{1\max})+\theta_1(P_{02}-P_2-P_{2\max}) \\ & +\rho(P_{02}-P_2-P_{2\max})-\alpha_1^2(P_{01}-P_1-P_{1\max}+P_{02}-P_2-P_{2\max})^2 \\ & -\alpha_2^2(P_{01}-P_1-P_{1\max}+P_{02}-P_2-P_{2\max})^2\end{aligned} \tag{25.9}$$

效用最大化的一阶条件为

$$\frac{\partial U_1}{\partial P_1}=0 \tag{25.10}$$

解得 $\dfrac{\theta_1}{\theta_2}=\dfrac{2\alpha_1^2(-P_{01}+P_{1\max}-P_{02}+P_2+P_{2\max})}{2\alpha_2^2(-P_{02}+P_{2\max}-P_{01}+P_1+P_{1\max})}$。

由于上游地区的社会福利损失系数要小于下游地区，即 $\alpha_1{}^2<\alpha_2{}^2$，因此 $\dfrac{\theta_1}{\theta_2}<1$，这说明在陆海统筹框架下跨界水污染治理中，为了实现污染减排量最优分配，需要对中游地区，即近岸陆域征收更高额的海洋环境补偿，这也说明了海洋环境补偿支付折算率分段制定的重要性。

（四）海域环境管理权归属于近岸陆域地级市政府情景下的地方政府治理策略

在海域环境管理权归属于近岸陆域地级市政府且水质检测未达标的情景下，入海流域地方政府需支付给中游地区地级市政府海洋环境经济补偿，采用逆推归纳法，先分析第二阶段的博弈，再分析第一阶段的博弈。入海流域范围内上游、中游地级市政府的效用函数分别为

$$\max U_1 = t(P_{01} - P_1) - \alpha_1^2(P_{01} - P_1 - P_{1\max} + P_{02} - P_2 - P_{2\max})^2 - \beta_1(P_{01} - P_1) - \gamma(P_{01} - P_1) - \theta_1(P_{01} - P_1 - P_{1\max}) - \rho(P_{01} - P_1 - P_{1\max}) \tag{25.11}$$

$$\max U_2 = t(P_{02} - P_2) - \alpha_2^2(P_{01} - P_1 - P_{1\max} + P_{02} - P_2 - P_{2\max})^2 - \beta_2(P_{02} - P_2) - \gamma(P_{02} - P_2) - \theta_1(P_{01} - P_1 - P_{1\max}) - \rho(P_{02} - P_2 - P_{2\max}) \tag{25.12}$$

其中，α_i、$\beta_i \in [0,1]$。

效用最大化的一阶条件为

$$\frac{\partial U_1}{\partial P_1} = -t - 2\alpha_1^2(-P_{01} + P_1 + P_{1\max} - P_{02} + P_2 + P_{2\max}) - 2\beta_1(-P_{01} + P_1) + \gamma + \theta_1 + \rho = 0 \tag{25.13}$$

$$\frac{\partial U_2}{\partial P_2} = -t - 2\alpha_2^2(-P_{02} + P_2 + P_{2\max} - P_{01} + P_1 + P_{1\max}) - 2\beta_2(-P_{02} + P_2) + \gamma + \rho = 0 \tag{25.14}$$

求解地级市政府的最优减排量：

$$P_1^* = \frac{(-t + \gamma + \theta_1 + \rho) - 2\alpha_1^2(-P_{01} + P_{1\max} - P_{02} + P_2 + P_{2\max}) + 2\beta_1 P_{01}}{2\alpha_1^2 + 2\beta_1} \tag{25.15}$$

$$P_2^* = \frac{(-t + \gamma + \rho) - 2\alpha_2^2(-P_{02} + P_{2\max} - P_{01} + P_1 + P_{1\max}) + 2\beta_2 P_{02}}{2\alpha_2^2 + 2\beta_2} \tag{25.16}$$

式（25.16）表明，海域环境管理权归属于近岸陆域地级市政府时，不仅中游因为污染超排而应支付海洋的经济补偿会在中游地区效用中单独出现，其减排量也与支付海洋的经济补偿折算率 θ 无关，这说明中游地区的地方政府在跨界水污染治理中确定污染最优减排量时，完全不会考虑对海洋环境的破坏进行的经济补偿。对海洋环境进行补偿的制度不会对中游地区污染减排量产生影响，与管理权归属于省级政府的情景相比，海域环境管理权归属于近岸陆域地级市政府时陆海统筹治理跨界水污染是无效的。

（五）结论与讨论

本节通过构建陆域-流域-海域一体的博弈模型，研究了沿海省内入海流域跨界水污染治理问题，分析了省级政府和地级市政府治理跨界水污染的博弈关系，得出了以下研究结论。

入海流域跨界水污染问题具有复杂性和特殊性：近岸陆域作为陆海活动交互影响最强的区域，兼具海洋环境受害者、破坏者与管理者三重身份；陆域负外部性转移至海洋，给海域经济主体造成了损失，但通常被忽视，对其破坏的补偿性支付有待纳入治理制度，重难点是补偿性支付标准的制定；海域环境管理需要通过“代理人”间接实现，存在省级政府和地级市政府两种选择，治理效果存在差异。

在入海流域跨界水污染治理中，引入省级政府对海洋环境的海域环境的管理是避免陆海环境统筹失灵的关键。在缺乏来自省级政府的环境管理约束时，经由流域转移到海域的污染负外部性无法在陆域-流域-海域系统中内部化，无法通过对海洋环境进行经济补偿的方式来提升跨界水污染的治理效果，这也是现实沿海地区海洋陆源污染治理困境形成的原因之一。“湾长制”作为未来国家海洋生态环境治理推行的新模式，如果只进行简单的环境管理权力下放和分割会导致治理失效，其制度设计需要嵌入省级政府管理约束以便更好地实现治理目标。引入省级政府的环境管制约束下，环境税税率的设定、环境监管强度的维持，以及海洋环境补偿标准的制定是地级市政府在跨界污染治理环境管理制度设计中的关键要素。

在入海流域跨界水污染的陆海统筹治理中，上、中游地级市政府最终减排量的分配会受到对方经济-环境偏好权重的影响。地方政府博弈所达成的最优减排量与环境税税率 t 负相关，与补偿海洋环境的经济代价折算率 θ、环境监管权重 γ、环境绩效考核的政治成本系数 ρ 均呈正相关。

在入海流域跨界水污染治理中，在陆海统筹框架下跨界水污染治理中，为了实现污染减排量最优分配，需要对中游地区，即近岸陆域征收更高额的海洋环境补偿，海洋环境补偿支付折算率分级、分段制定对提升污染治理效果有较好的帮助。

第二节　海洋陆源污染治理的激励机制研究

长期以来，陆源污染作为海洋生态环境“公地悲剧”的主要源头，其治理问题受到广泛关注。沿海地区是中国经济发展速度最快的地区之一，但在海洋陆源污染治理上仍面临巨大挑战。2013 ～ 2017 年的中国海洋环境监测结果显示，河流携带入海的污染物总量居高不下，历年均有 75% 以上的入海排污口邻近海域水质等级为四类和劣四类，近岸局部海域污染依然严重，治污形势不容乐观。海洋环境具有公共品属性，市场无法提供有效的环境保护供给，因此，政府的干预行为对海洋环境质量有重要影响。在实际治污过程中，由于不同层级政府在经济增长和海洋环境保护的权衡上具有不同偏好，如何设计有效的激励机制以促使地方政府共同实现海洋环境保护目标显得十分关键。现有研究主要针对陆域进行环境激励机制设计，鉴于海洋陆源污染治理具有复杂性和特殊性，陆域模式无法直接套用至海洋陆源污染的治理中。基于陆海统筹理论和委托-代理理论，研究如何设计合适的激励机制来协调中央机关与各地方政府利益分配，分析有无二次激励的情景来比较激励机制的潜在影响，以期促进海洋陆源污染治理中地方政府与中央政府保持目标一致，实现海洋环境质量改善。

激励机制是污染治理的重要间接调控手段，具有成本经济性、灵活性等特点，具体通过污染收费、征税、补贴、许可交易等方式鼓励促进社会福利最大化的环境行为，从而在经济发展和生态环境保护间找到最理想的平衡点。建立有效的激励机制能缓解环境政策执行不力的问题，也是未来一段时期内政府环境保护管理方式转型的方向。为应对污染治理中公共品供给失效和环境政策执行偏差问题，学者借鉴激励理论的核心思想在环境管理领域进行了多元化探索，纳入政府、企业、非营利组织、公众等主体，针对治理结构、激励工具、制度安排等进行了研究。

国外相关领域的研究主要通过博弈模型扩展和政策工具评估两个维度进行污染治理激励机制研究。Jørgensen 和 Yeung（2001）运用微分博弈模型研究了相邻两国共同努力控制污染排放过程中激励均衡策略和福利分配问题。Requate（2005）调查并讨论了环境政策工具为采用和开发先进减排技术提供的激励措施，总结认为在竞争条件下，市场激励型工具通常比命令控制型工具表现更好。de Vries 和 Hanley（2016）回顾了在 20 世纪 60 年代早期开始的污染控制和生物多样性保护背景下基于激励的政策机制的研究进展，重点考察了这些政策机制的设计特点，总结经验教训并列出了未来研究议程的要素。D'Alberto 等（2018）以联盟形成模型为基础研究农业环境政策和公共产品，从理论上评估了采用与激励相关的集体条件约束以期更好地达到农业供给的社会偏好的条件。

国内污染治理中的激励机制研究主要是激励理论在环境管理领域的拓展。鉴于现代激励理论与现代企业理论的发展密切关联，诸多学者将环境治理激励问题抽象地理解为政府-企业互动中的委托人和代理人问题，推动了委托-代理理论在该领域的广泛运用。这种研究范式兼顾市场与政府，实质关注如何有效激励企业采用环境保护行为。陈德湖等（2004）针对排污企业不同的道德风险态度，用委托-代理理论建立了相应的契约机制，计算了有效的预算平衡契约是否存在激励，从而使得企业有效遵守环境法规。宁淼等（2008）运用博弈论对企业生态化技术创新选择及其激励机制进行了比较研究，指出创新投资补贴比生态化产品价格补贴具有更好的激励效果。于谨凯和李文文（2010）基于委托-代理理论对政府和企业在海洋污染治理方面的行为进行了分析，建立了治理海水养殖污染的政府激励机制。王宏志（2011）指出在环境管理中，公众、环境管理者和排污企业形成了双层委托-代理关系，并通过建立合谋寻租的博弈模型找出了影响各主体收益的因素，其认为提高排污惩罚系数、降低公众监督环境管理部门的成本、提高其监督的成功率可以降低环境管理者与企业合谋寻租的概率。

在讨论环境治理激励机制的过程中，政府行为对激励效果的影响不断凸显，环境治理背后的制度性根源成为相关研究中的重要议题。一个被广泛接受的观点是中国环境治理的障碍主要来自地方层面，特别是地方政府，这使得相关研究集中探讨激励过程中中央政府-地方政府的互动关系，如何有效激励地方政府进行环境治理成为核心问题。第一类研究首要关注影响环境治理效果的激励因素，将环境污染治理视为因变量，既寻求政府治理行为的环境经济学、环境政治学解释，也探索优化政府环境治理的路径。潘峰等（2015）建立了环境规制中中央政府与地方政府之间的多任务委托-代理模型，考察了激励地方政府的最优激励契约设计的影响因素。彭文斌等（2014）综合测度了全国不同地区的环境规制效果，基于利益激励的治理逻辑建立了面板回归模型以检验政府行为偏好对环境规制效果的影响，剖析了政府行为偏好差异的制度原因。毛晖和余爽（2017）研究了地方政府环境治理的激励机制及其优化路径，认为环境监管体系、财政竞争制度、公众参与机制等三重激励机制是优化治理的基本路径。任丙强（2018）基于中央与地方关系研究了地方政府环境政策执行的激励机制，指出政治激励、晋升激励及财政激励是影响地方政府环境政策执行的三大因素。第二类研究重点关注了激励失效的现实困境及其根源，为环境治理激励机制的研究积累来自中国的经验。冉冉（2013）讨论了中央政府的政治激励与地方环境治理的关系，认为以指标和考核为核心的“压力型”政治激励模式中存在的制度性缺陷是地方环境治理失败的根源之一。唐任伍和李澄（2014）认为传统治理模式下政府“统领”姿态不利于各种治理模式、市场和社会网络机制的有效运作，基于元治理理论的认知，政府需要承担起有效选择和协调各种治理模式“共振”的职能。张继平等（2017）建立了多项 logistic 回归模型，对政治晋升激励背景下，沿海地区地方官员晋升情况与地方经济发展水平、环境污染治理投入、陆源污染治理投入及其治理成效进行相关性检验，求证了政治晋升激励机制的不完善是导致我国海洋陆源污染治理成效不佳的重要原因。吕建华和臧晓霞（2018）基于“动力–技术–需求”分析框架考察了海洋环境管理激励机制的运行逻辑，认为“软指标”约束、利益俘获及设计缺陷的存在成为干扰运行逻辑的阻力。周佳（2018）从弱排名激励的形成过程，即完成任务逻辑、激励逻辑、政治联盟逻辑三个方面分析了环境政策执行中存在的问题，并提出了矫正环境政策执行偏差的建议。

环境污染治理中最优激励机制的实现受制于多种因素，企业、地方政府、中央政府等不同治理主体的行为选择具有复杂性和差异性，尤其是地方政府的治理行为有待于深入研究。大多数文献都通过宏观政策层面讨论激励机制的运行框架，海洋环境污染治理很少被纳入。因此，我们构建博弈模型探讨中央政府–地方政府海洋陆源污染治理关系中的激励机制设计与均衡策略选择。

一、海洋陆源污染治理中政府激励机制运行特征

（一）沿海地区地方政府具有相对信息优势

中央政府作为海洋环境政策制定者，通过立法机构制定和修改海洋环境法律，推动行政部门制定可操作行政法规，辅以使用政策工具。作为中央政府的代理人，近岸陆域地方政府兼具环境破坏者、环境管理者及政策执行者多重身份，具体负责陆海资源利用与开发、陆海环境保护、地区居民福利提高，相对于中央政府具有信息优势。海域环境管理权的归属存在两种可能性：一是归属于相应的省级政府，二是归属于近岸陆域的地级市政府。中央政府下达的海洋污染治理任务需经沿海地区地方政府层层分解，在所形成的省级—市级—县级—乡镇级的纵向分权架构中，往往存在着多重委托–代理关系。省、市、县级政府既是上级政府的代理人，又是下级政府的委托人，具有双重身份，极易导致信息传递效率低下、信息失真等问题。随着委托代理链条的延伸，信息不对称愈加严重，中央政府作为初始委托人的利益实现面临着更大的不确定性。

（二）沿海地区地方政府承担多项代理任务

从激励任务上看，上级政府对下级政府实施的是多任务的委托代理合同。与企业主要以利润为主要考核指标不同，下级政府的代理任务包括辖区经济发展、税收增长、环境保护、社会正义等。有些指标容易考核，有些指标较难考核，委托人经常会把 GDP、税收增长等经济指标作为评价和奖惩代理人的主要依据，代理人就会重点关注经济增长类的“显性政绩”，较少关注那些不易考核的，如环境质量、社会福利等“隐性政绩”。地方政府具备理性经济人行事的特征，且地方政府与中央政府的目标效用函数相互分离，使地方政府可以在上级政府给定的制度框架内对已掌握的各种资源进行自由配置，追求自身效用的最大化。海洋环境政策中各作用主体的行为选择模式对海洋陆源污染治理的效果有重要影响。如何设计激励机制使得海洋陆源污染治理中地方政府兼顾环境与经济两种任务成为关键。

（三）中央政府提供多重激励方式

在陆源污染治理领域，中央政府主要采取两种方式激励地方政府有效执行海洋环境政策：一是政治上的目标责任制考核，包括一系列绩效标准；二是经济上的项目制专项资金拨付和环境保护税税收。政治激励的核心在于干部考核指标体系的构建，实质是监督地方官员落实中央政策的制度性安排，使地方政府的行为与中央政府的偏好相一致。近年来，海洋生态环保量化指标逐渐成为具备严格约束力的环保“硬指标”纳入考核中，以激励政策执行者，如“近岸海域水质优良（一、二类）比例”已经作为《国民经济和社会发展第十三个五年规划纲要》和《中共中央国务院关于加快推进生态文明建设的意见》等提出的主要监测评价指标，并纳入沿海省份生态文明建设考核目标体系。经济激励的核心在于海洋污染治理项目制的运作。分税制后，项目制已经成为中央向地方财政转移支付的最主要运作和管理模式。专项资金实质上是中央政府为了实施相关宏观政策目标，以及对地方政府代行一些中央政府职能进行补偿而设立的，旨在保障履职、引导地方投资及平衡区域差异。环保领域作为公共财政投入的重点领域之一，地方需要逐级向中央政府申请项目和专项资金，具体包括专项补助及共管资金、部门资金、基本建设资金等。此外，《国务院关于环境保护税收入归属问题的通知》认定环境保护税全部作为地方收入，这成为地方政府增加环境保护投入的重要途径。作为《水污染防治行动计划》针对近岸海域污染防治的目标和任务要求的细化落实的方案，《近岸海域污染防治方案》明确指出：“沿海省（区、市）将总氮纳入河流水质目标考核，并向社会公开。对于排放控制效果好、水质改善明显的地区，环境保护部优先支持该地区污染物减排工程项目纳入《水污染防治行动计划》国家项目库。”

二、海洋陆源污染治理激励模型

（一）模型设定和假设

中央政府的财政转移支付是海洋陆源污染治理中的主要形式，它涉及两个利益相关者：中央政府和沿海地区的地方政府。沿海地区的地方政府可以从中央政府获得支付陆源污染治理的费用，并支付相应陆源治污费用。沿海地区地方政府进行污染治理，中央政府获得海水环境质量的提升。由于中央政府和地方政府的地位不同，中央政府针对是否（以及多少）向地方政府陆源污染治理进行财政转移支付及是否提供额外奖励具有决策权。地方政府是追随者，只根据它们的陆源污染治理能力和中央政府的支付来选择它们的努力。因此，沿海地区地方政府的行为决策实质上是领导者–追随者博弈，这里通过Stackelberg博弈模型分析陆源污染治理中中央和地方政府的互动。在这个模型中，主要鉴于历史地位、规模、声誉、创新和信息，领导者有权采取第一步。然后，其他追随者通过观察领导者的策略来确定它们相应的活动。

首先假设一个没有二次激励的情景（情景一），第 i 个沿海地区地方政府从海洋陆源污染治理中的收益（R_i）取决于沿海地区地方政府的治污努力（e_i）（$0 \leqslant e_i \leqslant 1$）。为简化分析，提出了关于地方政府收益函数的若干假设。第 i 个地方政府的收益（R_i）是治污努力（e_i）的增函数，即 $R_i'>0$，表明随着努力的增加，收益会增加。由于边际收益递减规律，效益函数也是努力的凹函数，即 $R_i''<0$。凹函数确保满足一阶条件和最优解的唯一性。沿海地区地方政府的收益函数是

$$R_i(e_i) = 2 \cdot \alpha_i \cdot e_i^{\frac{1}{2}} \tag{25.17}$$

其中，α_i 为海洋陆源污染治理的利益系数。

沿海地区地方政府的治污努力导致机会成本（C_i），其被假设为努力的增函数和凸函数，即 $C_i'>0$ 和 $C_i''>0$，表明随着努力的增加，机会成本和边际成本都会增加。当地政府的机会成本函数是

$$C_i(e_i) = \frac{1}{2} \cdot \beta_i \cdot e_i^2 \tag{25.18}$$

其中，β_i 为海洋陆源污染治理的机会成本系数。

第 i 个地方政府付出陆源污染治污努力使得海洋环境质量提升，中央政府从中获得的效用设定为 PA_i，是努力（e_i）的增函数和凹函数，即 $\mathrm{PA}_i'>0$ 和 $\mathrm{PA}_i''<0$，表明随着努力的增加，环境质量提升效用也在增加，但增长率却在下降。同时，中央政府对地方政府的激励支出设定为 PB_i，其是努力（e_i）的增函数和凸函数，即 $\mathrm{PB}_i'>0$ 和 $\mathrm{PB}_i''>0$，表明随着努力的增加，激励支出也在增加，增长率也随之增加。因此，假定中央政府从第 i 个地方政府获得的效用函数是

$$U_{C_i}(e_i) = \mathrm{PA}_i - \mathrm{PB}_i = 2 \cdot \theta_i \cdot e_i^{\frac{1}{2}} - \frac{1}{2} \cdot \mu_i \cdot e_i^2 \tag{25.19}$$

其中，θ_i 为海洋环境质量提升效用系数，μ_i 为激励支出系数。由于 $\alpha_i \neq \theta_i$，治污努力（e_i）对地方政府的收益和从中央政府处获得转移支付收入的影响是不同的，中央政府可以设计额外的激励措施来协调地方政府的努力，以实现最大化社会环境福利的目标。这

种二次激励将鼓励沿海地区地方政府根据其陆源污染治理能力和额外激励措施，为污染治理选择合理的努力水平。固定的额外激励措施是有限的，鼓励地方政府通过改进努力来进行竞争。当中央政府采取额外激励措施来协调地方政府时，地方政府之间存在竞争关系，理性的地方政府将投入更多治污努力以争取更多利益。

（二）情景一：没有二次激励情景下的海洋陆源污染治理

中央政府根据地方政府的污染治理努力向水源地区的地方政府支付费用，因为中央政府没有为地方政府提供额外激励，所以在情景一中沿海地区地方政府的效用函数是

$$\max U_i^1 = 2\cdot\alpha_i\cdot e_i^{\frac{1}{2}} - \frac{1}{2}\cdot\beta_i\cdot e_i^2 \tag{25.20}$$

其中，$0 \leqslant e_i \leqslant 1$；$i = 1,2,\cdots,n$。

情景一下中央政府的效用函数为

$$U_C^1 = 2\cdot\sum_{i=1}^{n}\theta_i\cdot e_i^{\frac{1}{2}} - \frac{1}{2}\cdot\sum_{i=1}^{n}\mu_i\cdot e_i^2 \tag{25.21}$$

治污任务中的互动结果由中央政府和地方政府两方利益相关者共同决定。利益相关者无法进行永远无法盈利的交易，因此长期中利益相关者之间始终存在稳定且均衡的博弈关系。在没有二次激励的情景一中，每个地方政府都会选择最大化转移支付收入的努力，最终在地方政府之间形成纳什均衡。由于每个地方政府相对独立，其最优战略不会受到任何其他政策的影响，因此可以采用向后归纳来获得子博弈完美纳什均衡。沿海地区地方政府的效用函数对 e_i 的一阶导数为 0 时可求得纳什均衡解，所得沿海地区地方政府的最优治理努力如下：

$$\frac{\partial U_i^1}{\partial e_i} = \alpha_i\cdot e_i^{-\frac{1}{2}} - \beta_i\cdot e_i = 0 \tag{25.22}$$

$$e_i^{1*} = \left(\frac{\alpha_i}{\beta_i}\right)^{\frac{2}{3}} \tag{25.23}$$

因此，地方政府效用最大化的努力取决于其污染治理的利益系数、机会成本系数和治污努力。因此，第 i 个沿海地区地方政府的效用和中央政府的效用分别是

$$U_i^{1*} = \frac{3}{2}\cdot\alpha_i^{\frac{4}{3}}\cdot\beta_i^{-\frac{1}{3}} \tag{25.24}$$

$$U_C^{1*} = 2\cdot\sum_{i=1}^{n}\theta_i\cdot\alpha_i^{\frac{1}{3}}\beta_i^{-\frac{1}{3}} - \frac{1}{2}\cdot\sum_{i=1}^{n}\mu_i\cdot\alpha_i^{\frac{4}{3}}\beta_i^{-\frac{4}{3}} \tag{25.25}$$

（三）情景二：有二次激励情景下的海洋陆源污染治理

当存在二次激励时（情景二），假定中央政府提供额外激励来进行激励支付再分配，已达成协调和改善地方政府海洋陆源污染治理的目标。因此，地方政府不仅获得污染治

理的原始财政转移支付，而且还受益于额外的激励措施。假设地方政府需要在选择自己的最优努力时，同时考虑其收益和机会成本，即污染治理能力（ $\frac{\alpha_i}{\beta_i}$ ）。因此，地方政府将根据其污染治理能力选择它们的努力（ e_i ）来获得额外奖励。一旦中央政府决定最大化努力激励支付系数（I）以使其收入最大化，金额就固定不变。但是，每个地方政府可获得的额外奖励都不尽相同。因此，地方政府必须根据其污染治理能力选择竞争相应的额外激励支付。情景二下的第 i 个地方政府的效用函数是

$$\max U_i^2 = 2 \cdot \alpha_i \cdot e_i^{\frac{1}{2}} - \frac{1}{2} \cdot \beta_i \cdot e_i^2 + \frac{1}{2} \cdot \frac{\alpha_i}{\beta_i} \cdot e_i^2 \cdot I \tag{25.26}$$

其中，$0 \leqslant e_i \leqslant 1$；$i = 1,2,\cdots,n$。

情景二下中央政府的效用函数为

$$U_C^2 = 2 \cdot \sum_{i=1}^{n} \theta_i \cdot e_i^{\frac{1}{2}} - \frac{1}{2} \cdot \sum_{i=1}^{n} \mu_i \cdot e_i^2 - \frac{1}{2} \cdot \sum_{i=1}^{n} \frac{\alpha_i}{\beta_i} \cdot e_i^2 \cdot I \tag{25.27}$$

激励再分配的初衷是加强地方政府的努力，实现双方的帕累托改进。当中央政府采取额外激励措施协调沿海地方政府陆源污染治理的利益时，地方政府和中央政府在情景二下的收入不应低于情景一中的效用：$U_i^2 \geqslant U_i^1$ 且 $U_C^2 \geqslant U_C^1$。

中央政府作为Stackelberg博弈模型的领导者，首先确定了最大化其收入的额外激励。在了解额外激励的程度后，作为追随者的地方政府根据其流域服务能力选择合理的努力。沿海地区地方政府的效用函数对 e_i 的一阶导数为0时可求得纳什均衡解，所得沿海地区地方政府的最优治理努力如下：

$$\frac{\partial U_i^2}{\partial e_i} = \alpha_i \cdot e_i^{-\frac{1}{2}} - \beta_i \cdot e_i + \frac{\alpha_i}{\beta_i} \cdot I \cdot e_i = 0 \tag{25.28}$$

$$e_i^{2*} = \left(\frac{\alpha_i}{\beta_i - \frac{\alpha_i}{\beta_i} \cdot I} \right)^{\frac{2}{3}} \tag{25.29}$$

因此，地方政府效用最大化的努力取决于其污染治理的利益系数、机会成本系数、治污努力，以及中央政府提供的努力激励支付系数，同时，与情景一相比，因为 α_1、β_1、$I>0$，所以 $e_i^{1*} < e_i^{2*}$，最优努力水平得到明显提升。因此，第 i 个沿海地区地方政府的效用和中央政府的效用分别是

$$U_i^{2*} = \alpha_i \left(\frac{\alpha_i}{\beta_i - \frac{\alpha_i}{\beta_i} \cdot I} \right)^{\frac{1}{3}} - -\left(\beta_i - \frac{\alpha_i}{\beta_i} \cdot I \right) \left(\frac{\alpha_i}{\beta_i - \frac{\alpha_i}{\beta_i} \cdot I} \right)^{\frac{4}{3}} \tag{25.30}$$

$$U_C^{2*} = 2 \cdot \sum_{i=1}^{n}\left[\theta_i \cdot \left(\frac{\alpha_i}{\beta_i - \frac{\alpha_i}{\beta_i} \cdot I}\right)^{\frac{1}{3}}\right] - \frac{1}{2} \cdot \sum_{i=1}^{n}\left[\mu_i \cdot \left(\frac{\alpha_i}{\beta_i - \frac{\alpha_i}{\beta_i} \cdot I}\right)^{\frac{4}{3}}\right] - \frac{1}{2} \cdot \sum_{i=1}^{n}\left[\frac{\alpha_i}{\beta_i} \cdot I \cdot \left(\frac{\alpha_i}{\beta_i - \frac{\alpha_i}{\beta_i} \cdot I}\right)^{\frac{4}{3}}\right] \tag{25.31}$$

三、结论与讨论

本节根据中央政府激励机制对地方政府在陆源污染治理中的影响，利用博弈模型研究了中央政府有无二次激励两种情景下沿海地区地方政府治理海洋陆源污染的行为，对均衡决策及效用进行了分析比较，得出以下研究结论。

由于陆源污染治理激励机制的复杂性和特殊性，有必要从中央和地方政府关系的角度研究陆源污染治理激励机制，了解政府利益之间的激励方式是成功实施陆海环境统筹的关键。沿海地区地方政府通过竞争从中央政府获得更多的激励支付。中央政府需要探索合适的激励合同，这不仅可以刺激地方政府通过竞争改善流域服务工作，而且可以协调央地政府间的利益分配。

通过对海洋陆源污染治理中中央和地方政府的博弈行为进行建模，从理论上分析了激励形式对地方政府污染治理的潜在影响，确认中央政府可以通过设计和协调额外激励来最大化自身利益，这也可以确保当地政府利益不会遭受任何损失。

通过二次激励，地方政府有动力改善陆源污染治理中的努力程度，从而有效改善海洋环境质量。具有较强治污能力的地方政府更有可能付出更大程度的努力，从而获得中央政府的额外激励。地方政府的最优努力水平取决于其污染治理的利益系数、机会成本系数、治污努力，以及中央政府提供的激励支付系数。

第二十六章　陆海环境统筹治理的对策

第一节　衔接陆海环境监控体系

一、陆海环境监测体系的衔接

环境监测是贯彻国家“海洋强国”战略的重要组成部分，也是生态文明建设的重要推动力。2015 年 7 月，国务院办公厅印发《生态环境监测网络建设方案》，设立主要目标为“初步建成陆海统筹、天地一体、上下协同、信息共享的生态环境监测网络，使生态环境监测能力与生态文明建设要求相适应”。2017 年 9 月，中共中央办公厅、国务院办公厅印发《关于深化环境监测改革提高环境监测数据质量的意见》，指出“会同有关部门建设覆盖我国陆地、海洋、岛礁的国家环境质量监测网络”。因此，完善陆海统筹环境监测的工作机制成为新形势下促进陆海环境统筹的必然要求。中国涉海环境监测经历了逐步完善制度化建设的过程。2008 年，在“大部制”改革实施前，涉海环境监测机构隶属不同的部门，主要包括环境保护部、国家海洋局、农业部渔业局和海军等，为开展涉海环境保护、环境管理提供技术支持。虽然各部门的监测计划和方案中都开展了以陆域和海域为对象的监测，但具体工作中存在一定程度的交叉和重叠，存在环境监测缺乏统筹规划、监测管理职责不清、监测规范标准化滞后、数据共享匮乏、信息发布存在差异等问题。“大部制”改革也为统筹规划、构建陆海环境监测体系提供了更多的可能性，需注重陆海环境质量监测中运行和管理、监测内容、技术手段、标准和规范、信息公开和发布等方面的协调和对接。

二、强化源头控制理念

海洋环境污染实质是陆域污染向海域的延伸。涉海流域和地下水污染治理有助于解决主要的海洋环境问题，因此，需要系统考虑陆海污染治理，强化源头控制理念。海洋环境管理控制目标需要与区域环境综合治理目标相结合，尤其要重视涉海流域内各行政单元的污染减排目标。只有将海洋污染治理与陆域污染治理结合起来，环境治理的可操作性和综合效益才能得以提升。同时，如果仅仅是管理排污口、治理河口或者控制海上污染活动，不对陆域社会经济活动进行管理调控，海洋环境持续恶化的趋势就很难遏制。

因而要采取调整工业结构、改善农业生产方式、强化城市生活污水处理等措施，切实减轻陆源污染对海洋环境的压力。为此，生态环境部、自然资源部、国家发改委、工业和信息化部、农业农村部、水利部、住房和城乡建设部、财政部等相关部门需要充分协调、整体规划，从准入政策、发展规模、排放标准等方面制定系统的海洋环境保护政策，以陆海统筹的思路来改善和提升海洋环境质量。

三、对接“河长制”与“湾长制”

国家海洋主管部门通过开展试点工作推行“湾长制”，取得了良好成效和宝贵经验。在全面推行“湾长制”的过程中，“河长制”和“湾长制”应在顶层设计层面实现统一，以期实现流域环境质量和海域环境质量同步改善。“河长制”“湾长制”均是符合我国国情的行政协调机制，是突破现有管理体制的重要创新。作为一种责任协调和落实机制，“湾长制”通过由地方党政主要领导，特别是政府首长担任湾长，为协调各部门的联动提供了平台，强化了海湾环境的区域管理。“湾长制”未来需要妥善处理省级区域的湾长、地方行政部门、流域管理机构及海洋环境主管机构之间的关系，控制行政成本，建立监督机制。从国家海洋局印发的《关于开展“湾长制”试点工作的指导意见》中可以看出，河长、湾长联动将会从三方面进行细化：强调试点地区的各级湾长既对本湾区环境质量和生态保护与修复负总责，也负责协调和衔接“湾长制”与“河长制”；积极做好试点工作与主要入海河流的污染治理、水质监测等工作的衔接，注重“治湾先治河”，鼓励试点地区根据海湾水质改善目标和生态环境保护目标，确定入海（湾）河流入海断面水质要求和入海污染物控制总量目标；强化与“河长制”的机制联动，建立湾长河长联席会议制度和信息共享制度，定期召开联席会议，及时抄报抄送信息，同时在入海河流河口区域设置入海监测考核断面，将监测结果通报同级河长。

四、落实生态文明建设要求

当前国家大力推进生态文明建设，对生态领域的改革做出了顶层设计，把环境保护放至更重要的位置，落实生态文明建设要求是推进实现陆海环境统筹的前提条件。2015年，国家大力推进生态文明建设，并连续发布政策性文件对生态环境领域做出顶层设计，国家所发布的生态文明领域纲领性文件包括《水污染防治行动计划》《中共中央国务院关于加快推进生态文明建设的意见》《生态文明体制改革总体方案》等，其均对生态文明建设做出重要指示。在《水污染防治行动计划》和《中共中央国务院关于加快推进生态文明建设的意见》的基础上，国家海洋局同年印发《国家海洋局海洋生态文明建设实施方案》（2015—2020年），为我国“十三五”期间海洋生态文明建设划定路线图和时间表。《中华人民共和国海洋环境保护法》经历了2014年、2017年两次修正，落实党中央、国务院关于推进生态文明建设和生态文明体制改革的新部署、新要求，与新的《中华人民共和国环境保护法》相衔接，强化法律责任，对接行政审批改革。这些文件反映了经济新常态下国家对生态文明制度体系的设计思路，其中，对海洋环境问题的关注有侧重也有共识。一是海洋生态系统问题得到了高度关注，基于生态系统的海洋环境管理需要被重视。二是加强量化控制，这也是生态领域改革的一项重要措施，而且现有政策已将涉海部分量化指标纳入目标考核体系。三是生态环保制度、机制、管理相协调。四是国家对生态环保领域绩效考核、督察、责任追究十分重视，提出“领导干部自然资源资产离任审计”“损害生态环境终身追责”等，海洋生态政绩考核也会逐步提上日程。

第二节　综合规划海岸带开发利用

一、陆海规划衔接

在海洋生态文明建设的背景下，海岸带作为陆域和海洋的过渡区域，在开发与管理上应与陆海并重，实施一体化、综合管控。海岸带作为陆海的连接区，是重要的管控和保护区域，在可持续发展、区域协调及生态理念的要求下，应对海岸带资源开发和生态环境保护统筹规划，实现海域与陆域的功能对接。

（一）陆海主体功能区衔接

主体功能区是基于不同区域的资源环境承载能力、现有开发密度和强度及发展潜力等，将特定区域确定为特定主体功能定位类型的空间。根据陆域空间发展相关规划，可将海岸带主体功能区分为优化开发区域、重点开发区域、限制开发区域和禁止开发区域四部分，四部分区域都具有明确的功能定位、开发方向、强度、秩序、政策等。按照陆海统筹原则，以陆域和海洋主体功能为基础，以达到优化沿岸陆域空间布局为目标，通过构建海岸带“三生”空间结构，实施岸段分类管控。协调陆海主体功能对接，以期达到海岸带人口、经济、资源和生态环境的协调发展。

对于海岸带优化开发区域，要调整相邻陆域，优化产业和人口布局；对于海岸带重点开发区域，要重点保障相接陆域的临港工业、物流和城镇等开发空间，带动陆域和海洋产业发展；对于海岸带限制开发区域，相应岸段应禁止开展对海洋生物有较大影响的开发活动，其中包括海洋渔业保障区和重点海洋生态功能区，限制海岸带开发利用活动，推进岸线分段污染防控，实施污染物达标入海，保护海洋生态环境；对于海岸带禁止开发区域，要协同建立陆海自然保护区，禁止相近陆域发展工业，禁止开发各级海洋自然保护区及林业自然保护区的涉海部分。

（二）加强近海岸线陆域管理

划定向海向陆岸线管理基线，加强海岸带管理管控。海岸线管理基线是基于经济社会发展需求与海岸自然过程相互作用、协调的控制线，针对不同海岸类型划定向海向陆一侧的管控距离，结合海岸带主体功能区划，在极限范围内控制沿海建筑高度、密度、开发强度，保持海岸线廊道的通畅。根据具体海岸线情况，以及不同类型的海岸划定相应的基线，建立基线管理制度，依据不同区域海岸功能，通过科学论证明确合理的基线范围。

（三）合理布局海岸线相关产业

为契合海岸带主体功能区，将近海岸带限制开发区域和禁止开发区域范围内的排污企业迁出岸线范围以外，在优化开发区域和重点开发区域合理布局临海产业园区，基于生态保护优先的原则，禁止产业污染物排入海洋生态红线以内，禁止在临海养殖区和沿海林区的涉海部分进行城镇建设，严格管控地方和企业的围填海活动，基于沿海“三生”空间，优化临海产业布局，建立观光旅游区和生态园区。

二、加强陆海空间统筹

根据“十三五”关于海洋生态文明建设的总任务，加强陆海空间统筹发展。海洋生态文明建设是一项涵盖社会、经济、生态、资源环境、产业、科技和文化等多方面内容的综合举措，因此在陆海空间统筹过程中要依托海洋经济区，确定“一带五区十片”的多层次布局框架。

海洋环境问题越来越成为限制我国沿海经济增长的重要环境问题，过快的经济增长速度同逐渐恶化的海岸带生态环境形成了一对尖锐的矛盾，必须在生态文明建设的背景下，加强陆海空间统筹规划，保护海域、陆域和海岸带生态环境。我国拥有漫长的海岸线，临海多工业区和经济技术开发区，多年来以经济产值为导向的发展路线使得众多污染行业和人口聚集区向海洋不断排放众多污染物，导致海洋环境和海岸带环境逐渐恶化。从污染治理的角度，合理规划沿海生产、生活、生态空间，基于不同海岸线的自然特征，实施分段规划和管控。以省市为单位，依据海洋生态文明建设的目标和总体部署，对省市所属海域岸线状况、资源环境禀赋、经济发展状况、产业布局特征、生态环境状况、主体功能定位等进行统一调查，统一进行空间布局、生态环境保护与建设、海洋经济发展与规划、海洋文化制度体系构建与提升，加强海洋立法、海洋及海岸带综合管理与监督，建设海洋生态文明示范区等系统布局。

三、构建沿海生态屏障

以陆域、海域、海岸带的限制开发区和海岸基线为基础，结合生态空间和生态红线，坚持生态环境优先，严守生态红线，构建生态网络，提升生态服务功能，科学构建海岸带生态屏障。

（一）构建沿海生态网络

以沿海生态保护地为点，以沿海河流、交通线和绿化带为线，以生态保护区为面，构建“点—线—面”一体化的生态网络，形成多功能、立体化的生态屏障。识别沿海陆域重要生态保护节点，包括沿海森林公园、自然保护区、湿地公园、山地丘陵等。依据重要沿海河流、沿海公路、绿化带，以及沿海林地构建生态缓冲区，向海链接到海洋生态保护区域和生态保护岛屿，形成由陆向海的一体化生态网络。

（二）控制陆海污染防治

严格控制陆域污染物的入海途径。以省市为单位开展沿海区域陆源污染调查，依法取缔非法排污企业，严格立法，加强惩罚制度。加快推进沿海区域的污染处理技术升级，在装备设备方面加大投入和监管力度，进行旧企业改造。控制近海城镇生活污水的排放，进行回收和截流。推进沿海城镇的工业企业转移等。加强对近海海域和海岸带的污染监测，严格防控海上污染，控制海水养殖污染、船舶油污污染等。加大渔港建设力度，促进渔船集中停放。

（三）发挥生态区服务功能

合理建设自然保护区，维护现有海岸的重要生物资源、生态系统、生态功能区及自然遗迹等。在生物多样性丰富、生态环境脆弱、生态功能重要、生态价值特殊的海岸带区域建立各类保护区，使保护区连成片。加强沿海山地、丘陵区域的保护和海岸带防护林建设。构建蓝色海湾，控制污染物总量的排放，以蓝色海湾提升海岸生态服务功能。分类保护生态岛礁，有居民的生态岛屿丰富其生活空间，无居民的岛礁强化其生态空间。

四、优化陆域产业布局

沿海地区是我国经济发展的重点区域和主要区域，以人类活动和市场为导向的产业布局长期以来的飞速发展与生态环境可持续理念并不协调。因此，在生态文明和区域协调发展的背景下，应对沿海陆域产业布局进一步优化，特别是要配合产能过剩和产业淘汰，严格控制沿海产业的排污总量，相关部门应加大管理和监测力度，建立污染物达标排放考核制度，完善奖惩制度，对于违规企业予以大力惩戒。在临海区域布局轻工业或污染较小的观光旅游产业和生态产业，发展生态经济、循环经济。通过海岸带将陆域产业和海洋产业予以衔接，发展临港渔业、物流产业、游艇业等，通过构建蓝色海湾实现经济蓝色增长。借鉴欧洲和北美相关经验，合理布局沿海陆域产业。

第三节　统筹陆海污染源，区分点源面源减排措施

一、强化陆海污染治理双重效益理念

陆源污染不同于单纯的海洋环境污染，工业排污、生活污水、农业污染等大量陆源污染通过地表径流流向海洋，并最终造成海洋环境污染。因此，陆源污染往往涵盖了陆地和海洋两大系统。累积性的陆源排污是过度利用海洋环境容量与忽视海洋自净能力的体现，这不仅损害海域使用者权益，也影响沿海地区发展，尤其是海岸带地区的环境污染问题更为严重，海洋污染物的80%以上来自陆源，而且海洋污染总负荷一般集中在占海洋面积1‰的海岸地区，海洋系统与陆域系统对接空间内的环境问题极为突出，环境

污染严重。在海岸带地区开展的各类经济活动，已经达到扰动和影响海陆生态系统的程度，并已经打破了两个系统之间的平衡状态，唯有从陆海统筹的角度出发，严格规范和控制沿海社会经济活动，才有可能实现陆海两个系统的生态平衡，达到改善海洋环境质量的目标。

海洋环境污染是陆域各类社会经济活动产生的污染向海域的延伸，陆域地区的河流和地下水污染治理好了，主要的海洋环境问题也就基本解决了。因此，陆源污染的治理具有陆域水质得到控制，海洋环境同时改善受益的双重效益，强化海洋陆源污染治理具有重要意义。加强海洋生态环境保护，改善海洋生态环境质量需要与入海河流水污染治理和陆源污染物排放管控同步统筹进行。2018 年 3 月，新的国务院机构改革方案公布，海洋生态环境保护职责被整合到新组建的生态环境部，实现了“打通陆地和海洋”，强化了陆海生态环境保护职能的统筹协调，更加有利于陆海生态环境保护工作的开展。

二、识别重点污染源

工业生产、农业生产和城镇居民生活是陆源污染的三大来源，从陆源污染物入海途径分析，排污口和沿岸非点源入海污染物所占比例较小，江河流域污染物入海总量占陆源污染物排海量的 90% 以上，其中携带大量的 COD、氨氮、总磷、重金属等污染物。因此，流域污染治理和社会经济调控是控制污染物入海总量、减轻渤海海洋环境污染状况的关键，但各流域承载的社会经济活动压力构成存在差异，主要流域的工业、城镇生活和农业污染源所占比例明显不同，决定了治理污染的重点也不同。以重点污染源识别为主要目的，开展对氮、磷、COD 、重金属等特征污染物的研究，识别各流域污染源，结合污染源结构的空间差异，以流域为单元有针对性地对主要污染源进行管理调控。

通过统计数据的分析筛选出污染规模大、强度大的社会经济活动，重点研究这几类活动的空间布局现状，分析污染物的排污压力分布情况。加快开展污染物排海状况及重点海域环境容量评估，确定氮、磷、COD、重金属等重点污染物的控制要求，逐步实施重点海域污染物排海总量控制。流域污染物的分析，首先可以具体到工业生产、农业生产和城镇居民生活三大类污染源，其次可以进一步到某类产业生产活动源，不同污染源的污染物削减重点不同，因此，在消减重污染时，应根据不同行业、不同污染类型、不同地区综合分析，并选择高效的消减措施。以重金属污染为例，如要减轻汞污染，努力提高排污去除率是最有效的措施，而通过提高金属制品业的排污去除率可大幅减轻铬的污染；要减轻有色金属矿采选业的重金属污染，控制其行业规模是现阶段最有效的控制污染的措施；要降低某个地区的重金属污染风险，关键是降低该地区最主导的重金属污染。

三、加强工业及城镇点源污染的治理

降低工业污染的重要出路是调整工业发展方式，发展循环经济，走集约化生产、清洁化生产、低消耗高产出的发展之路。我国处于转变经济发展模式的关键期，要建立健全防范和化解产能过剩长效机制，并通过优化工业部门结构，强化节能、节地、节水，减轻环境损害，提高生态效益。一方面，要积极推进技术改造与生产工艺创新，淘汰落后产能，压缩环渤海地区的石油化工、钢铁、机械等行业规模，通过技术更新和企业重组等途径对污染较重产业进行有效整合，在提高产品生产质量的同时有效控制工业污染；严格审批高耗水、高排放和水污染负荷重的项目，优化能源利用结构，积极推动工业循环经济，延长产业链条，提高用水效率。另一方面，对于石化工业等资源环境消耗型产业，地区依托资源禀赋，在石油开采、储存及粗加工方面有着竞争优势，但石化产业链下游工业产品的研发和生产能力不足，是典型的粗放型生产模式，因此，应深化产业结构调整，加快企业整合重组，提高产业集中度和技术水平，积极推进产品向高端化、精品化、专业化发展。

城镇污染与人口规模密切相关，城镇污染治理的关键是提高污水处理能力，重点是加大对污水治理的投入，引导社会资本投资城市污水处理领域，推进城市污水治理市场化机制，这不仅能够有效破解污水处理厂的运营困境，而且能够创新环保企业污水垃圾处理业务的商业模式，降低城镇污染物排放水平。同时积极探索城市污水处理新技术，优化城市污水管网，合理布局污水处理厂，进一步提高城镇污水处理率，提升处理水平。城镇生活垃圾的处理还应根据海洋对应流域各地区生活垃圾的特性、处理方式和管理水平，制定分类办法，科学建立垃圾分类处理工作机制，积极推广先进环保、省地节能、经济适用的处理技术，考虑到海洋对应流域不同区域的实际情况，坚持集中处理与分散处理相结合，逐步统筹城镇生活垃圾处理设施的规划和建设。

四、积极转变农业生产方式，减少面源污染

提高农民组织化程度，开展农牧结合的生态农业试点。目前农业经营模式以农户家庭为主，高度分散化的农业生产限制了农民投入污染治理资金和技术，导致研究区域农业范围广而难以治理。为了更好地推进生态型农业的发展，应提高农户组织化程度，引导农民在生产、农业污染治理等方面开展合作，发挥组织优势和规模效益，实现合作型生态农业。在农业生产过程中充分实现农牧结合，同时采用猪—沼—果（稻、菜）等生态种养模式，发展合作型循环农业经济。这一方面能够利用规模效益，充分利用农业系统内的物质和能源，降低农民对农业化学药品的依赖；另一方面，对形成的农业面源污染可进行集中处理，通过优化农业结构缓解农业环境压力。畜牧业生产方面，逐步取消“一家一户”的养殖经营方式，通过建立畜禽养殖小区，将各养殖专业户在空间上集中起来，使畜禽养殖污染的面源特性转变为点源，实施污染物的统一收集、统一处理和循环利用。种植业生产方面，应完善和发挥有机肥与低毒农药使用的补偿机制政策，引导种植业生产向低成本、高利用率、低污染的模式发展。

推行农业循环经济，转变农业经济增长方式。在农业面源污染形势愈发严峻的情况下，依赖末端治理解决不了农业面源污染问题，推行农业循环经济才是减少农业面源污染排放、实现农业可持续发展的最佳途径。以有效控制和根本减少农业面源污染海洋水质影响为目标，遵循“整体、协调、循环、再生”的理念，以转变农业经济增长方式为主线，选择集约型、生态型、精细化的农业生产经营模式是减少农业污染的根本途径。只有转变现有农业经济增长方式，改变农业经济的利益结构，才能在保障农业经济收益的同时保障与自然环境的协调发展，减少农业面源污染。全面推行化肥、农药、农膜、秸秆、畜禽粪便、养殖废水等农业资源高效、循环、安全利用技术，促进农业清洁生产；

实施乡村清洁工程，促进农村生活废弃物的资源循环利用和有效处理，实现农村生活环境的明显改善。

第四节　内湾型海洋污染治理的长效机制（以渤海为例）

一、内湾型海域的特征

海湾作为海岸带的重要区域，是海洋生态环境的控制性要素，是海洋经济可持续发展的重要基础性资源。渤海是我国典型的内湾型海域，与渤海相类似的区域性海域有美国的切萨皮克湾，它们的共同点是不具备跨国性，在管理体制与管理机制上不存在跨国问题。提炼切萨皮克湾的环境管理方法、体制机制，可为渤海环境管理提供一定经验及启示。

海湾周边人类活动强度高，生态环境压力大。世界各大海湾都是人类社会经济活动及发展海洋产业的重要区域。渤海周边是我国经济发达的环渤海经济圈，北京、天津、辽宁、河北和山东三省两市环绕渤海，2018 年地区人口规模超过 2 亿人，该区域也已成为继珠江三角洲、长江三角洲之后的我国第三个大规模区域制造中心。切萨皮克湾两侧分布有马里兰州、弗吉尼亚州、宾夕法尼亚州、纽约州、特拉华州、西弗吉尼亚州和哥伦比亚特区，人类活动强度大，开发程度高，伴随着大规模的开发，产生了大量的生活废水和生产废水，湾内海域成为废水最终排放地，海湾环境受到周边人类活动的巨大影响。

海湾面积相对较小，纳污能力有限。渤海面积约 7.7 万平方千米，与渤海连接的黄海、东海总面积 115 万平方千米，美国切萨皮克湾面积约 1.1 万平方千米，直接与宽广的北太平洋连接，与开放性海域相比，海湾的面积相对较小。自然地形特征决定了海湾是周边陆域人类活动废水天然的最终排放地，如果海湾自净能力弱于污染输入，海洋环境将逐渐变差。渤海与切萨皮克湾的海洋环境由于周边陆源大量污染物的输入已经严重恶化，可以看出，海湾面积较小，水深较浅，纳污能力有限，持续大量的污染物输入势必会导致湾内海洋环境的持续恶化。

海域水动力弱，污染扩散能力差。海湾三面被陆地环绕，仅由一面海峡进行湾内外海水交换，湾内海水动力弱，更替周期长。据不同专家估算，渤海海水完全交换一次的周期是 30 年到 100 年不等，污染物短期内难以输移到外海，长期累积在渤海内部，一方面，湾内污染物向外扩散能力差；另一方面，陆源污染不断输入是导致海湾环境容易受到影响的主要原因。

二、内湾型海域污染源特征差异明显

（一）多河入海的污染格局，形成多个“陆–海污染空间单元”

内湾型海域被陆域包围，各流域水系在陆上各自独立，陆源污染物伴随水流自陆向

海经由入海口汇入对应的湾内海域，各流域和入海口附近海域在空间上具有相对稳定的对应关系，即各流域的陆源污染物有直接影响的海域，这样海湾内的近岸海域和周边陆域就形成了多个对应的陆海空间单元，每个陆海空间单元内部的陆域污染物最初影响该单元内的海域，相互之间具有相对稳定的污染影响关系。

渤海周边约有23个流域经由三省两市汇入渤海，每个流域有独立的入海口，陆源污染物通过这23个流域汇入各自对应的海域，构成了23个独立的陆海空间对应单元，对这些海域造成直接环境影响。海湾近岸环境污染状况的空间分异也和这23个流域的分布具有较高的相关性。同样地，切萨皮克湾有48条主要入海河流、100条小河流、上千条小溪和河流汇入湾内，湾内近岸水域污染状况也与对应的水系污染状况高度相关。因此，内湾型海域的污染空间分布状况与沿岸流域入海口的分布具有紧密的关系。

（二）海域污染特征与对应流域社会经济密切相关

上文提到内湾型海域近岸污染状况与对应的流域入海口空间分布具有高度的相关性，流域内社会经济发展特征决定了该区域内污染物排放的特征，进而影响着流域内污染排海的类型和规模。流域内经济结构不同，污染源构成不同，海洋输入的污染物类型和数量也有所差异。渤海三大海湾的污染构成因周边社会经济发展的差异而存在很大的不同。辽东湾海洋污染中工业源污染所占比重高于渤海湾、莱州湾，原因是辽河流域内重工业比重高，工业污染排放较高；渤海湾海域污染主要来自居民生活排放，周边城镇化程度高，以北京、天津为代表的城镇密集，人口规模大、分布密集导致渤海湾生活污染排放量大；莱州湾农业污染突出的主要原因是对应流域种植业面积大，养殖业规模大，造成面源污染贡献量大。可以看出，海湾内近岸各海域的污染特征与对应流域的陆域社会经济发展特征有很强的相关性，因此，在防治海洋污染中，应按照不同的污染源特征采取不同的环境策略。

（三）海域污染治理策略应区别对待

被陆域包围的内湾型海域近岸与各流域形成了相对独立的污染源-汇水单元，流域内城镇分布、人口规模、产业结构等社会经济发展特征直接影响对应海域的海洋环境，流域内社会经济发展状况不同，对各海域环境造成的污染情况不同，治理海洋污染应根据各流域社会经济发展特征区别对待。

第一，需要解决流域跨界问题。流域分区是自然地理分区，往往和行政分区并不重叠，多会将完整的行政分区分割开，造成流域跨界现象，因此，制定和实施治理策略首先需要理清流域边界，划定流域内社会经济统计范围，避免因行政区交叉造成污染责任互指、治理政策相互推诿、执行不力等问题。

第二，需要理清不同流域社会经济活动的污染源。划定流域范围确定陆海污染源-汇水单元后，依据各流域内社会经济发展状况，从城镇生活、农村生活、种植业、畜牧业、工业生产等方面摸清重点污染源，对污染类型、规模、强度、排放途径等进行系统排查，总结各流域面源污染和点源污染的总体规模和空间分布特征，为制定针对性的污染防控政策提供依据。

第三，海域污染治理需要区别对待。不同流域污染源构成不同，规模不同，排放途径也存在差异，通过调控陆域社会经济发展缓解海洋环境污染，需根据各流域社会经济发展实际状况区别制定治污对策，做到有的放矢，以有效提高治污效率。农业面源污染突出的流域应加快推进农业生产方式转变，优化农业生产结构；工业污染严重的流域应加强重点产业排污监管，完善排污权交易体制等；居民生活污染排放量大的流域应重点加强城市污水管网建设，加大污水治理力度等。

三、内湾型海域污染治理的对策

内湾型海域对周边社会经济发展的支撑显著，海域环境恶化将严重限制地区社会经济发展。渤海是我国典型的内湾型海域，污染治理应秉承“以海定陆，海河统筹”的原则，在渤海实施最严格的海洋环境保护政策。依据渤海生态环境形势严峻的需求，将“陆海统筹”提升为“以海定陆”，“河海兼顾”提升为“河海统筹”。以海定陆，即以渤海生态红线为标准，定夺渤海沿岸开发、渤海海洋工程、捕捞及养殖规模等。河海统筹，即以渤海生态红线区的水质标准反推、倒逼陆源污染物、海上污染物的减量。以下为对策的主要内容。

（一）尽快出台渤海区域法，尝试实施“湾长制”

结合国际相似海域的成功经验和渤海的实际情况，要尽快制定渤海区域法，将渤海的环境保护纳入法制范畴。渤海立法严重滞后，客观上延误了渤海的治理，致使渤海生态环境状况得不到控制，而且还在不断恶化。渤海立法，符合中央建设法治社会的总体要求，符合完善海洋法律法规体系建设的要求。渤海立法可保障在渤海实施的最严格的保护政策得到贯彻，能严格管理环渤海地区的农业面源污染物、工业污水和大生活用水的排放，以及海上作业平台和船舶排污及溢油等。

通过渤海区域立法，以海定陆，建立陆、河、海污染总量控制指标制度，达到陆域、流域和海域治理的统筹一致性和渤海保护的针对性，可协调海洋管理部门、产业部门和地方政府部门分而治之的问题。尝试在环渤海地区实施“湾长制”，构建陆海统筹的责任分工和协调机制，着重治理海水养殖、船舶、港口等污染。“湾长制”也是破解责任不明晰、压力不传导等海洋生态环境保护“老大难”问题的有效措施。将“湾长制”与“河长制”有机对接，可有效贯彻陆海环境统筹思路，建立部门、行业、地区间的联动机制，调动政府、市场和社会的积极性，综合运用环境保护、污染治理和监督管理等手段，达到最佳保护与治理效果。制定渤海区域法是从根本上解决渤海环境问题的途径。

（二）由目标管理向指标管理细化转变

目前，我国已经建立的《全国海洋功能区划》《重点流域水污染防治规划（2016—2020年）》《全国主体功能区规划》《全国海洋主体功能区规划》等，在制定原则、实施目标、保障措施方面比较全面，但是对目标实施的路径、指标落实、考核标准等方面的规定相对较少，最终的规划、区划等如何对实施过程、实施结果进行评估缺少依据。环切萨皮克湾相关的每个机构、企业都要针对自己的行为制定一个防止环境影响的监测程序，并要依据制定的监测程序对企业、机构的行为进行改善，针对环境影响较大的因素，制定具体的环境管理措施。也就是说，切萨皮克湾的环境管理是有的放矢，有针对性的管控。因此，在渤海环境管理的各个环节，需要将目标细化到指标，从目标管理向指标管理转化，从目标管理向过程管理转变。

陆源污染压力与海洋污染区域在空间上高度吻合。影响渤海环境污染的陆域区域主要集中在三大湾沿岸。鉴于此，在渤海海洋环境管理中坚持陆海统筹、协调推进的原则就显得更加必要和紧迫。

1. 实行总量控制，分层落实指标

以渤海的环境容量和渤海能接纳的程度，定夺污染物排放强度，如何定？定多少？这在理论界已经是一个大而难的问题，经过多年论证、研究，至今也未有定论。渤海现阶段的环境污染已严重到了不得不管理的地步，达标排放已远远不能解决渤海环境恶化的问题，必须减量排放。依据党的十八大提出的生态文明建设的战略部署，严守渤海生态保护红线，实施最严格的围填海管控和岸线开发管控，以守住渤海的“生态红线”为最低标准，倒逼渤海入海河流、岸边直排口、海上油气开发等陆海源污染物的减量排放，即实施渤海的污染物总量控制制度已成为最实际的管控措施。为此，总量控制分配方案应包括直排口和入海河流两种类别，其中，直排口分配至汇流区域内的重要污染源和污水处理厂排放口；入海河流则逐步落实到各流域、各地区、各行业、各企业等排污主体。

2. 落实环保行政首长负责制，建立环境保护统筹协调机制

以往渤海治理和环境保护成效不显著的主要原因之一是没有一体化的专门管理机构对渤海进行综合治理。渤海综合管理委员会在级别上应是区域性的，是具备跨省、跨行业、跨部门协调职能的专门委员会。这在其他相似国际区域海洋管理的实践中证明是有效的。

渤海环境保护的责任在地方，严格实行党政一把手亲自抓、负总责的制度，建立符合科学发展观要求的经济社会发展综合评价体系，强化各相关主体对环境保护治理的责任。环渤海三省一市政府、国家发改委、财政部、科技部、生态环境部、住房和城乡建设部、交通运输部、水利部、农业农村部、国家海洋局、林业局、全军环保绿化委员会办公室等相关部门建立渤海环境保护统筹协调机制，该协调机制由国家发改委牵头，研究渤海环境保护工作的跨领域问题及其他重大问题，协调并督促《渤海环境保护总体规划》及相关专项报告（规划）的制定及实施，适时开展《渤海环境保护总体规划》评估和改进工作。

3. 强化监督执法，加强宣传教育

加强监督执法能力建设，提高执法人员队伍素质，完善和加强联合执法，提高执法效率，努力打破部门分割和地方保护，杜绝重复监管、相互推诿和转嫁污染等现象。进一步强化依法行政意识，加大环境执法力度。规范环境执法行为，实行执法责任追究制，加强对环境执法活动的行政监察。

渤海生态环境保护要广为宣传，使公众了解渤海污染防治、生态修复任务的长期性、艰巨性、复杂性，转变不合理的用水观念和习惯，增强公众对渤海水资源、水环境的忧患意识和海洋环保意识，提高公众的资源节约意识、环境保护意识和绿色消费意识，在全社会形成“爱护海洋为荣，污染海洋为耻”的良好风尚。要完善生态环境信息发布制度，拓宽公众参与和监督渠道，充分发挥新闻媒介的舆论监督和导向作用，增加渤海环境与发展方面的决策透明度，形成公众全面参与监督环保的氛围，动员全社会力量自觉投身于环境保护事业，扎实推进渤海环境保护工作。

第五节　河口型海洋污染治理的长效机制

大流域污染物入海造成开放性海域近岸环境变化的，我们可称其为河口型海洋污染。我国典型的河口型海域有长江口邻近海域、珠江口邻近海域、闽江口邻近海域。党的十九大报告对长江经济带发展和生态补偿机制明确提出“建立市场化、多元化生态补偿机制”，李克强总理在2017年的政府工作报告中提出“全面推行河长制，健全生态保护补偿机制”。[①] 借力“河长制”的全面推行，在长江经济带贯彻新发展理念，让政府“有形之手”和市场“无形之手”有机发力，把保护和修复长江生态环境摆在首要位置，推动长江经济带市场化、多元化生态补偿的大力开展。

一、河口型海域污染的特征

（一）污染物输移路径长，污染汇集复杂

河口型海域对应的河流长、流域面积大，长江入海口邻近海域属于典型的河口型海域。长江是世界第三大河、我国第一大河，全长6387千米，流域总面积180万平方千米，占中国陆地面积的18.8%，途经我国东部、中部和西部地区，涉及19个省区市。长江流域自西向东达6000多千米，污染物从沿途各点陆续入河向东流，输移路径很长，污染物在输移过程中会产生自净、消解、螯合、累积等效应，造成入海污染物成分非常复杂。另外，长江流域覆盖面积大，其中流域面积超过5万平方千米的支流有8条，流域面积超过1万平方千米以上的支流有49条，各流域内社会经济发展阶段、生产技术水平、产业结构、能耗水平等方面都存在差异，导致污染物的排放类型、规模、结构也有所差异，各类污染物排入支流，由支流再汇集到长江，过程复杂难以追踪，为治理带来很大的困难。

（二）污染入海总量大，污染物结构复杂

长江是中国水量最丰富的河流，2018年水资源总量9755亿立方米，为黄河的20倍。

① 资料来源：http://www.gov.cn/premier/2017-03-16/comtent_5177940.htm[2021-02-25]。

每时每刻，长江裹挟着流域内的污染物自西向东源源不断排至海洋，径流量越大，污染输移量越多，致使长江每年携带污染入海总量巨大。此外，长江流域历来是我国经济发展的重心所在，是我国重要的轻重工产业集聚区，钢铁、汽车、石化、水泥、纺织等产业占比较高，工业污染物排放类型复杂多样。再者，长江流域农业生产类型、生产方式多种多样，农业面源污染构成也纷繁复杂，点源与面源污染汇集至长江水系造成入海污染物结构非常复杂。

（三）近岸海域环境污染严重，污染扩散能力较强

大量污染物随长江日夜不断输入到海洋，近岸海域水动力相对较弱，污染物疏散慢，长年累月的累积已致使长江口邻近海域环境发生巨大变化，对周边社会经济发展产生较大影响。近岸污染物随洋流向外扩散，远离岸边的洋流相对较快，污染扩散也就越快。因此，近岸污染物的不断累积和远离岸边污染物的快速扩散是河口型海域污染的基本特征。

二、借力“河长制”，治理大流域水体环境污染

长江流域跨度大，河、湖、库数量多且交织复杂，污染整体管控几乎不可能。化整为零，以各支流为单元采取“一河一策”的治污思路是合适的，“河长制”和“生态补偿机制”是比较切合实际的、可操作的治污制度。

长江流域是我国环境跨界管理的典型代表地区，而我国流域治理问题主要表现为管理的碎片化和机构之间的协同失灵。水是联结不同公共组织的纽带，不同涉水机构产生了无法分离的关系，而流域上中下游隶属于不同行政区域的政府也深受与水相关的利益纷扰。水资源和水环境管理整体呈现条块分割的特点，区域流域管理和行政管理之间及地区之间缺少协调，无法解决跨部门、跨地区和影响多个利益主体的复杂涉水问题和冲突。“河长制”的首要任务就是明确责任，其最大优越性在于从制度上解决了激励的问题。在这种制度下，责任不仅非常明确，而且完全落实到人。因为河长的加薪、晋升和评优都与流域的治理成效挂钩，所以工作效率高，执行力度大，容易在短期内出成绩。因此，“河长制”在部分地方流域治理的实践中取得了较好的成绩和效果。

三、长江实施“河长制”所面临的问题

由于长江流域范围太大、利益主体多、关系复杂等特点，环境问题突出，在实施“河长制”与生态补偿时面临诸多问题。

（1）补偿区域广，协调难度大。长江流域跨十余省，既涉及跨省补偿，又涉及省内补偿，还包括上中下游与左右岸的补偿关系。如此多的利益相关方若没有一个能统筹协调各省生态补偿的专门组织机构，各地方政府很难在补偿方式、补偿标准、补偿资金管理等方面达成共识，导致协调补偿难度大、效率低、成本高。

（2）补偿模式单一，政府主导偏重，市场主体偏弱。目前的生态补偿模式主要是政府主导，市场主体参与很少。长江经济带在生态补偿的市场化机制方面培育不足，企业作为市场中最重要的主体没有发挥主要作用，导致补偿资金严重不足，补偿效果不理想。

在“河长制”体系下，有助于适当解放政府职能，充分发挥市场主体和社会作用，确保市场化补偿有效实施。

（3）补偿方式单一，直接补偿多，间接补偿少。生态补偿方式多以政府财政直接“输血式”补偿为主，这一方式难以持续，亟须更多以产业、技术、人才等作为补偿的间接补偿方式。长江经济带上下游地区经济发展层级差很大，借力“河长制”组织体系，有效落实党的十九大提出的区域协调发展战略，可在上下游之间开展项目扶持、技术支持、产业扶持等多元化补偿方式。

四、建立总体协调机制，实施总量控制与分段治理

长江流域环境问题成因复杂，河湖的治理涉及流域上下游、左右岸的政策互动及利益协调，也跨越多个职能部门和行政层级，利益相关者的关联程度较高。推进长江经济带市场化多元化生态补偿必须要有一个强力的组织机构来管理，“河长制”为此奠定了很好的组织基础。“河长制”的组织形式为省、市、县、乡四级河长体系，各级河长由同级党委或政府主要负责同志担任，自上而下，统一思想，总体协调，可克服相互推诿、责任不清的问题。构建市场化生态补偿机制，发挥市场在生态资源配置中的决定性作用，坚持企业主体，推动市场化运作。

长江流域污染需分段治理。长江全长6000多千米，上、中、下游的地形、地貌、水文特征及社会经济发展都存在很大差异，导致上、中、下游的污染排放、污染输移、污染汇集各不相同，在制定污染管控中需考虑这些差异。长江经济带水环境问题突出，表面看是生态环保投入不足的问题，本质是产业结构偏中低端、经济结构不合理的问题。长江上游社会经济发展规模小、自然生态环境好、污染排放量较少，上游应以生态环境保持为主，需处理好开发与保护的关系，维持良好的生态环境现状。长江中游和下游开发力度较大、社会经济活动活跃、污染排放压力大、水系分布更复杂，分段治理有利于污染总量控制，各段面系统监控水质指标，严控指标变化，有利于根据各区域发展阶段的不同制定相适应的治理对策，分段管控污染排放量。另外，“河长制”下各条河流环境达标并不代表长江入海水质也达标，支流汇集的同时也伴随着污染的叠加，有可能导致入海污染物依然超标，将分段管控、污染总量控制和“河长制”结合起来是治理长江污染的有效措施。根据长江上、中、下游的社会经济发展水平及污染物排放特征，科学合理划分分段治理的范围，系统监测各断面水质指标变化，制定污染总量控制指标，逐步反溯落实到各个水系，为“河长制”的控制目标提供参考标准。

安徽省-江苏省交界地区是长江流域污染治理的重点关注区域，长江流域各地区地方政府的实践进程差异较大，长江下游地区已经于2007～2016年对其进行了卓有成效的探索和实践，面临新形势下升级和再创新“河长制”的问题，但中上游地区仍处于开启“河长制”相关机制体制探索的阶段。长江流域的治理并非一日之功，“河长制”是否能实现本区域范围内的“河长治”，各地区需要在制度设计和制度保障上进行长期探索。

第五篇　陆海集装箱统筹运输研究

在我国现阶段，从集装箱内陆源地到港口这个货运环节，还存在集运体系不完善、运输方式不尽合理、多式联运比例偏低等问题，迫切需要从陆海统筹运输的角度寻求提高集装箱运输效率的方法。本篇从以下几个方面进行创新性探索。

第一，揭示外贸集装箱生成影响因素、作用机理与区域间的差异。运用动态面板数据模型和地理加权回归模型对我国省级层面和地级层面的外贸集装箱生成与国民经济的关系进行分析。研究结果表明，外贸市场规模、吸引外资能力、产业结构和路径依赖效应对外贸集装箱生成产生正向影响，劳动力成本对其产生负向作用，这为合理预测集装箱运输需求提供依据。

第二，揭示外贸集装箱生成水平在空间分布上的差异性和异质性。通过利用数理统计和空间统计分析方法对中国外贸集装箱生成的空间分布特征和差异进行刻画和测度。研究结果表明，中国外贸集装箱生成能力具有明显的趋海性特征，呈现出由东部向中、西部迅速递减的格局，东部沿海 4.56% 的国土面积生成了 65.4% 的外贸集装箱，距离海岸线 350 千米以内约全国面积 16.23% 的地级市形成了高达 94.12% 的外贸集装箱量，这为提高集装箱多式联运水平提供依据。

第三，利用隶属度–哈夫模型揭示外贸集装箱港口和腹地的隶属关系。利用 2015 年海关数据将中国外贸集装箱运输划分为海运、陆运和海陆交叉三类腹地，重点研究海运腹地内的 133 个地级市，运用隶属度–哈夫模型首次对沿海主要港口外贸集装箱单一货种的腹地进行划分，划分了中国的国际枢纽型港口、区域枢纽型港口、区域支线型港口的腹地，为集装箱港口规划提供方法支撑。

第四，重点研究八大集装箱港口陆海集运体系。以上海港和深圳港两个国际枢纽型港口，以及大连港等区域枢纽型港口为研究对象，系统分析每个港口腹地的基本特征、港口与腹地的集疏运体系，以及集疏运存在的瓶颈等问题。重点研究我国沿海集装箱港口发展多式联运的可行性等问题。

本篇内部框架如图 1 所示。

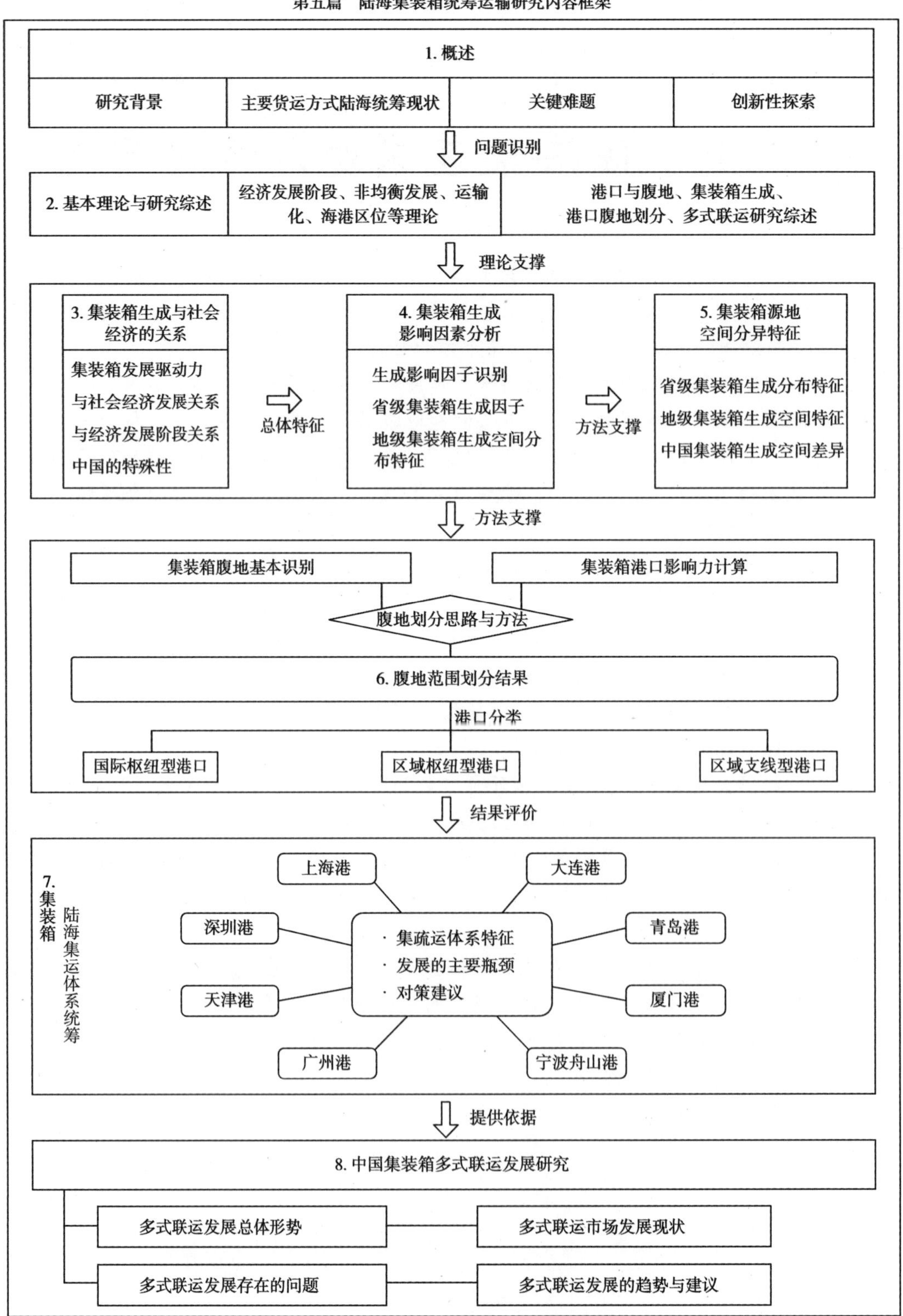

图1　陆海集装箱统筹运输研究内容框架图

第二十七章　概　　述

在经济全球化的大背景下，各国都力求在全球范围内高效、合理地配置资源，国际间的贸易量迅速增加。我国90%以上的进出口货物依赖海上运输，国际贸易货运量伴随着我国加入世界贸易组织而迅速增加。根据海运物的差异性可划分为集装箱、原油、煤炭和铁矿石四类货运体系。根据本章第二节的分析，原油、煤炭和铁矿石等三类大宗货物的港口与货主的关系比较简单，不涉及太多陆海统筹运输的问题，而从集装箱源地到港口这个货运环节，还存在集运体系不完善、运输方式不尽合理、多式联运比例偏低等问题，迫切需要解决陆域集装箱到沿海港口的统筹运输问题。

第一节　本篇研究背景

一、陆海交通运输统筹是适应海洋强国和交通强国的必然要求

党的十九大报告中提出了建设海洋强国、交通强国的战略目标[①]，陆海交通运输统筹是海洋强国、交通强国建设的主要组成部分。

海洋交通运输业是海洋经济的支柱产业之一，2017年海洋交通运输业占主要海洋产业增加值的比例达到19.9%，海洋交通运输的发展与海洋强国战略的实施密不可分、相辅相成，是衡量一个国家是否成为海洋强国的重要指标。要充分发挥交通先行的作用，以沿海港口为纽带，提高海上通道的交通运输效益，打通与陆路交通的联系，沟通国内和国际两大市场。

为响应交通强国战略中“构建综合交通基础设施网络体系”的要求，统筹推进铁路、公路、水运、物流等基础设施网络建设，全面建成布局完善、互联互通、绿色智能、耐久可靠的综合交通基础设施网络体系。海陆交通运输统筹的关键是基础设施和通道建设，目前我国已经建成了一个“五横五纵”的陆上交通运输网络，也以“一带一路”沿线国家为依托建立了一个庞大的海运网络，但是两个网络之间的衔接效率与衔接质量并不符合交通强国的建设要求。伴随着我国供给侧结构改革的持续进行，腹地货物向港口的运输也进一步提高了对腹地运输网络的要求。因此需要对陆上交通运输网络和海上交通运

①《习近平：决胜全面建成小康社会　夺取新时代中国特色社会主义伟大胜利——在中国共产党第十九次全国代表大会上的报告》，http://www.xinhuanet.com/2017-10/27/c_1121867529.htm[2021-03-10]。

输网络进行统筹，构建一个沟通陆海的运输大通道，促进生产要素的快速流通和交换。

二、构建交通运输服务体系要以陆海交通运输统筹为基础

提供优质服务是交通强国建设题中应有之义，是适应综合交通运输发展的必然要求。要加快发展现代运输服务业，全面建成安全便捷、优质高效、绿色智能、一体畅联的运输服务体系，尤其是目前各种运输方式各自为营的经营服务模式，通道内线位布局和建设时序缺乏有机统筹，陆上和海上交通运输自成体系，导致综合利用土地、岸线等资源水平不高。铁路、内河水运的比较优势尚未得到充分发挥，公路运输中存在低附加值货物中长途运输的不合理现象，既消耗了优质能源、增加了运输成本，又增加了交通拥堵、尾气排放的负外部性。2017 年，铁路货物周转量在综合交通运输体系中的比重为 14%，而发达国家这一比例在 40% 左右。因此，要充分发挥各种运输方式的比较优势，着力解决运输方式衔接不畅、运行效率低下等问题，着力推进联程联运，加快货物多式联运系统建设，推动时间和空间两个“零距离”，促进货运“无缝化”衔接的发展，实现全程一站式、货运一单制，真正实现货畅其流。

三、港航业面临的发展问题亟须从统筹规划的角度来解决

“十三五”期间，港口航运业既面临着“交通强国”“一带一路”等重大发展机遇，也遇到了前所未有的困难和挑战，转型升级的压力大。目前我国港口结构性和区域性过剩倾向明显，港口建设超前于集疏运体系建设和物流管理能力的水平。各港口间存在功能、货种结构雷同的问题，经济腹地相互重合，我国环渤海、长三角和珠三角三个港口群及内部各港口之间均出现了过度竞争现象，造成港口的同质化和能力上的冗余，集装箱、煤炭等大型专业码头利用不充分，也加剧了港口间的恶性竞争。这些问题的解决不能单独从某个环节入手，而需从全局规划的层面按照陆域社会经济活动产生海运需求—货源生成地与港口间的集疏系统—沿海港口设施—海上航运等四环节统筹分析。

第二节　主要货运方式陆海统筹现状

港口运输装卸的主要货种分为原油、煤炭、铁矿石和集装箱，每个货种有其特殊的运输通道及特点，在研究过程中需按照货运体系进行系统分析，而不能混为一谈。对每种货运方式的运输特点和供需现状的研究是陆海交通运输统筹规划的前提和基础。

一、中国海运原油运输陆海统筹现状

随着中国经济的持续稳定发展，国内对石油的消费量逐年攀升。同时，中国国内大部分油田已进入原油产量递减期，这导致了中国的石油对外依存度逐步上升。20 世纪 90 年代初期我国还是石油净出口国，而至 2014 年，我国石油对外依存度已高达 59.5%。我国的进口原油主要通过海洋运输和管道运输两种方式进口，其中海运是主要

的运输方式。2014 年我国海运原油进口量为 24 440 万吨，占我国原油进口量的 89.9%，占我国原油需求量的 56%。而在我国原油的货运体系中，由于海运原油占我国需求的比重不断上升，港口作为运输的中转环节在我国原油的货运体系中一直占据着非常重要的地位。

原油的货物运输是指原油借助相应的运力从原油的生产地到消费地发生的空间上的位移。我国海运进口原油的货物运输体系主要分为三个环节：从国外的原油生产地到其国家的出口港，从国外的出口港通过相应的航线到达我国沿海的原油进口港，从我国的原油进口港到国内相应的炼化企业进行加工。我国原油的陆海交通运输主要是研究第三环节，即从原油进口港到国内相应的炼化企业这一通道，可归纳为原油进口港—炼化企业的依托关系。随着近些年来我国海运原油进口量的不断升高与在国内炼油企业的布局朝沿海发展的趋势下，国内原油进口接卸港口到相应的炼化企业的码头—炼化运输体系逐渐形成，运输环节及运输方式更加清晰化。

（一）海运原油需求分析

海运进口原油通过国外港口和相应的航线运送至我国沿海的原油港口接卸，并且通过相应的运输方式将进口原油运送至港口腹地内的炼化企业，港口的运输需求主要来自其腹地内的炼化企业，即为炼化企业的原油进口需求。

我国炼化企业布局的不均衡性特征明显。整体分布上，经济发达的东部和原油产量巨大的西部地区要强于中部地区，原油传统生产地和石化工业基础雄厚的北方要强于南方，港口众多、对外联系便捷的沿海地区要强于内地，形成“东西强、中部弱”“北方强、南方弱”“沿海强、内地弱”的空间分布格局。

从地区来看，我国炼化企业主要布局于华东、东北、华北、华中四大地区，其中以东北、华北、华东地区最为集中。东北、西北地区现有的石化产业完全能够满足本地区的消费需求，炼化工业使较为集中的华东、华北地区的石化产业经过多年的建设也能够满足本地的消费需求。华南、华中地区炼化工业发展相对滞后，远不能满足本地区的消费需求。西南地区至今没有大型炼化企业布局，成品油及石化产品消费主要从外区调入。

从省区市来看，辽宁、黑龙江、吉林、山东、江苏、浙江、上海、广东、福建等东部省市实力最强，集中了我国一半以上的炼化企业。经测算，2014 年，以上地区炼化能力占我国总炼化能力的 70% 左右。其中，除黑龙江、吉林外，以上各省市均为沿海省市。

随着长江三角洲、泛珠江三角洲、环渤海地区进入工业发展的中、后期，经济发展对钢铁、石化产品的消费增长迅速，重化工业成为当地的主导产业，石化工业蓬勃发展，长江三角洲、泛珠江三角洲及环渤海地区正成为我国炼化企业的重点集聚区（图 27.1）。东北地区作为炼化企业传统的集聚区，凭借其资源优势、港口众多的区位优势、国家“振兴东北”的政策优势及原有工业基础优势，在我国石化工业中有着举足轻重的地位。

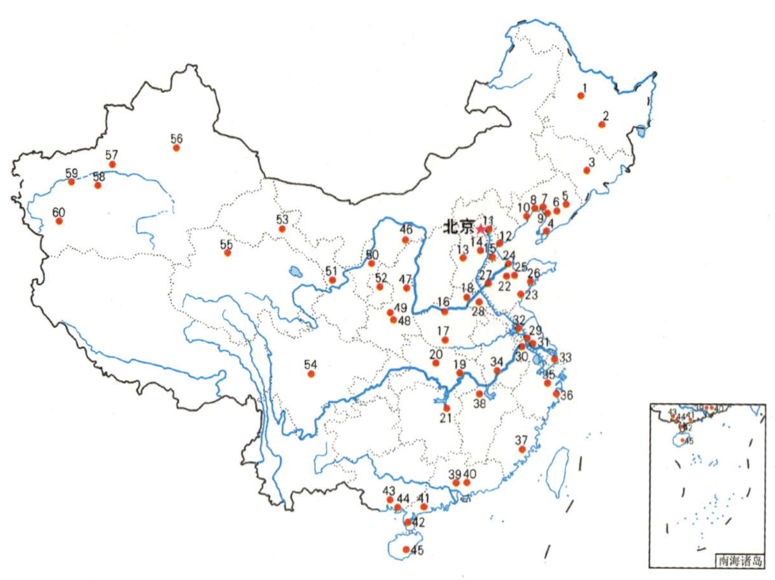

图 27.1　中国常减压能力 40 万吨 / 年以上的炼化企业分布图

资料来源：《石化技术与应用》，由ArcGIS绘制

根据我国原油运输管道相应的分布状况及相应的港口规划、中国海关信息网、《中国能源统计年鉴》及炼化企业分布情况等的相关资料，经过归纳、梳理后得到海运进口原油所涉及的省区市（图 27.2），可知辽宁省、北京市、天津市、河北省、河南省、山东省、江苏省、安徽省、湖北省、湖南省、浙江省、上海市、江西省、福建省、广东省、广西壮族自治区中的炼化企业的炼油需求需要由海运进口原油来满足。

图 27.2　中国海运进口原油所涉及的省区市

资料来源：《中国能源统计年鉴》、中国海关信息网，由ArcGIS绘制

（二）海运原油专业码头的供给分析

目前，我国主要有四条进口原油海洋运输路线（图 27.3）：中东航线、非洲航线、拉丁美洲航线和东南亚航线。从航线分布图来看，渤海湾地区的进口原油主要是来自中东、南美和非洲。根据运输距离来看，渤海湾港口群应适当减少来自中东与非洲的原油进口，增加来自南美的原油进口量；长江三角洲地区原油进口主要来自中东、南美和非洲；珠江三角洲地区港口主要接卸来自中东、非洲、东南亚地区的原油。

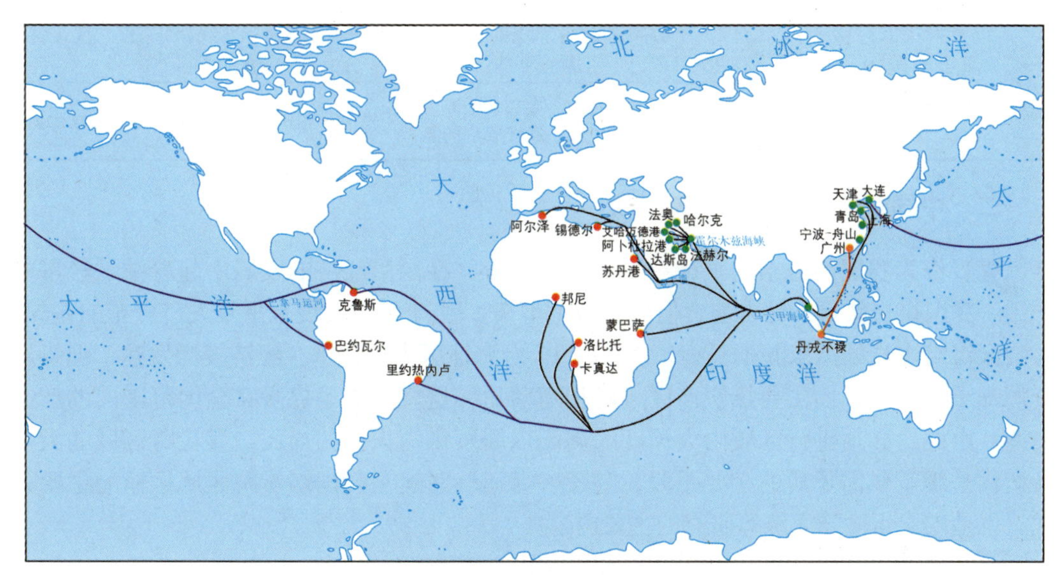

图 27.3　我国海运原油航线分布图

由于统计资料有限，因此无法通过对统计资料的查找直接得出我国现有的原油进口港发展情况。基于目前我国沿海油品港口的发展现状与油品接卸港口所在地的进口原油需求，通过对比分析方法确定可能存在原油进口的港口，再通过对中国能源网提供的我国原油码头建设情况进行梳理，确定出我国 13 个主要原油进口港：大连港、营口港、锦州港、天津港、青岛港、日照港、宁波舟山港、泉州港、湛江港、惠州港、茂名港和广西的北部湾港及海南的洋浦港。

（三）原油港口与炼化企业的依托关系分析

中国海运进口量逐年升高导致炼化企业的布局趋势向沿海发展，炼化企业主要通过输油管道等与沿海原油码头建立联系。由表 27.1 可知，目前中国进口原油的码头—炼化运输体系已经形成，进口原油接卸港口与炼化企业的供需依托关系脉络清晰，供需平衡及产能过剩等问题在此运输体系基础上即可解决。

表 27.1　原油港口与炼化企业的依托关系

地区	接卸港口	需求地区	联系通道
东北地区	大连港	大连	
	营口港	营口、盘锦	铁大线、盘鞍线
	锦州港	锦州、葫芦岛	铁秦线
华北地区	天津港	北京、天津、保定、沧州、石家庄	曹津线、沧津燕线
华东地区	青岛港	青岛、东营、淄博、潍坊、日照、菏泽、沧州、石家庄、濮阳等	胶青线、东黄线、东辛线、广辛线、东营—临邑线、东营—临邑复线、临济线、临济复线、临沧线、濮临线
	日照港	日照、菏泽、濮阳、南京、岳阳、安庆、武汉、荆门	日照—菏泽线、日仪线、仪长线、长江水运
	宁波港	宁波、舟山、南京、上海、安庆、九江、武汉、荆门等	甬沪宁线、海上转运、长江水运

二、中国煤炭运输陆海统筹现状

煤炭作为我国能源结构中最主要的组成部分，在国民经济的发展中起着举足轻重的作用。我国煤炭储量十分丰富，但分布极不平衡；由于经济发展水平及人口分布的差异，各省区市对煤炭的需求并不平衡（表 27.2）。沿海地区人口稠密，经济较为发达，但煤炭资源却十分贫乏，而主要煤炭产区经济相对落后，这就造成了煤炭在全国范围内的产销失衡，由此，必须进行区域内大尺度的调配以缓解供需失衡的局面。煤炭跨区域的大批量运输是缓解供需矛盾的必要手段，“铁路–海运”联运是我国煤炭跨区域运输的主要方式，也是煤炭运输陆海统筹研究的主要内容。

表 27.2　2016 年我国沿海地区煤炭自给能力分析　　单位：万吨

区域	煤炭生产量	煤炭消费量	平衡差额
天津	0	4 230.16	−4 230.16
河北	6 484.32	28 105.64	−21 621.32
辽宁	4 169.68	16 943.70	−12 774.02
上海	0	4 623.66	−4 623.66
江苏	1 367.91	28 048.13	−26 680.22
浙江	0	13 948.48	−13 948.48
福建	1 383.91	6 826.50	−5 442.59
山东	12 817.63	40 939.20	−28 121.57
广东	0	16 135.29	−16 135.29
广西	432.50	6 515.81	−6 083.31
海南	0	1 015.31	−1 015.31
沿海地区总计	26 655.95	167 331.88	−140 675.93

资料来源：根据2017年《中国能源统计年鉴》整理得出

（一）煤炭需求分析

年煤炭调入需求量较大的地区主要是华东、华南、华中和东北地区。煤炭是我国火力发电的主要能源，其中煤炭海运是缓解东南沿海电力紧张的主要手段。利用海运进口煤炭的主要地区是华东地区的上海、浙江及华南地区的广东等地。而只有华北、西南和西北地区是煤炭的供给区。

沿海地区所有省区市的煤炭消耗量都要大于本地煤炭的生产量，其中上海、江苏、浙江、福建、广东、广西和海南等省区市需要通过煤码头从外地调入煤炭才能保证本地电力的正常运行，2005 年以来东南沿海省区市煤炭调入量占其消费量的 90% 以上。由于天津、河北、辽宁和山东四个省市靠近煤炭的主要输送产区，因此不需要长距离的水运而只通过陆运就可以完成。

（二）煤炭供给产区分析

煤炭储量主要集中在西部地区，秦岭、大别山以北地区煤炭储量约占全国煤炭保有量的 80% 以上，而华东、中南和西南大部分地区却仅拥有全国保有量的 16.5%。其中，“三西”地区（山西、陕西、内蒙古西部）是我国煤炭的主要产区，保有储量占全国的 62%。全国各区域截至 1990 年的煤炭资源储量见表 27.3。

表 27.3　全国煤炭资源分布

区域	累计探明储量 / 亿吨	比重	保有储量 / 亿吨	比重
全国	9724	100%	9544	100%
“三西”地区	5712	58.7%	5669	59.4%
东北地区	782	8.0%	742	7.8%
京、津、冀	201	2.1%	183	1.9%
华东地区	517	5.3%	487	5.1%
中南地区	292	3.0%	267	2.8%
西南地区	832	8.6%	819	8.6%
西北地区	1388	14.3%	1377	14.4%

（三）煤炭运输通道分析

“铁路–海运”联运是我国煤炭跨区域运输的主要方式（图 27.4），“西煤东运”和“北煤南运”是我国煤炭运输的基本格局。“西煤东运”主要指“三西”煤炭通过铁路运至东部地区或经港口输出的煤炭运量。“北煤南运”则包括通过铁路和内河南下，以及西煤东运至北方沿海港口再下水南运的煤炭运量。

“三西”煤炭基地是我国最大的煤炭生产、供应地。我国“三西”煤炭运输主要通过 12 条铁路干线组成的北、中、南三大通道，经秦皇岛、黄骅等 7 个主要港口下水，运到华东、中南等沿海港口，其中山西和内蒙古的煤炭主要通过天津港、秦皇岛港和锦州港下水，陕西的煤炭主要通过天津港和黄骅港下水（图 27.4）。另外，山东的煤炭主要通过青岛港、日照港下水转运。内蒙古东部地区的煤炭通过张唐铁路、锡承铁路形成一条蒙东地区煤炭下海大能力煤运新通道，而锦州港、营口港及葫芦岛港的建设和发展，将为内蒙古东部地区的煤炭资源出海南下提供支撑。

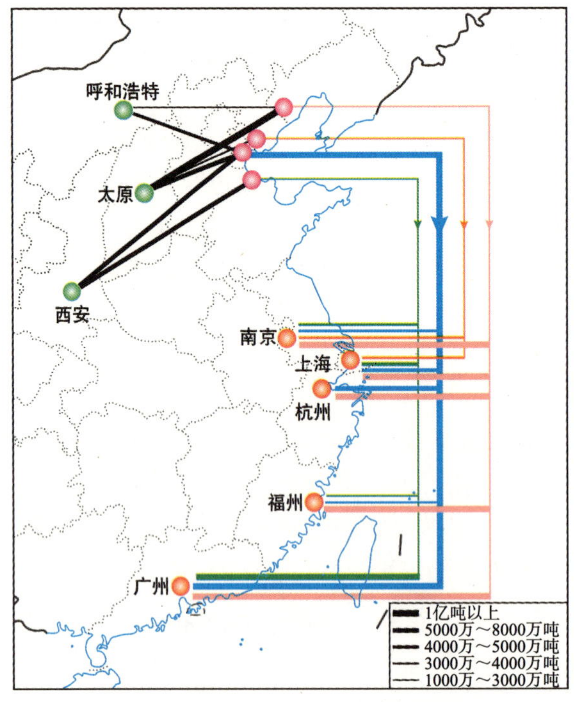

图 27.4　煤炭“铁路–海运”联运模式图

1.“西煤东运”的铁路通道分析

煤炭铁海联运通道主要分为北、中、南方向运输通道。

北运通道主要有两路：①由铁路丰沙大（5000 万吨）[①]、大秦（4 亿吨）、京原线（5000 万～6000 万吨）至秦皇岛港和天津港转海运南下或出口海外；②神木至黄骅的铁路线（8000 万～1 亿吨）。

中运通道有两路：①石太线（8000 万吨）；②邯长线（2000 万吨）。中运通道有部分煤炭通过石德线转京沪线和胶济线至青岛港下水，运至华东和中南地区沿海港口。

南运通道主要有三路：①太原—德州（2000 万吨）；②长治—济南—青岛（1500 万吨）；③侯马—月山—新乡—兖州—日照（2000 万～3000 万吨）。南运通道煤炭主要经日照港和连云港港下海。

2.“北煤南运”的水运通道分析

在南北向铁路运力紧张的情况下，煤炭的铁水联运优势逐步显现出来。沿海、沿江是华东、华南煤炭运输的主要通道（图 27.5），水路承担了华南地区调进煤炭的 90% 和华东地区调进煤炭的 70% 的运输。

① 括号内为规划运力。

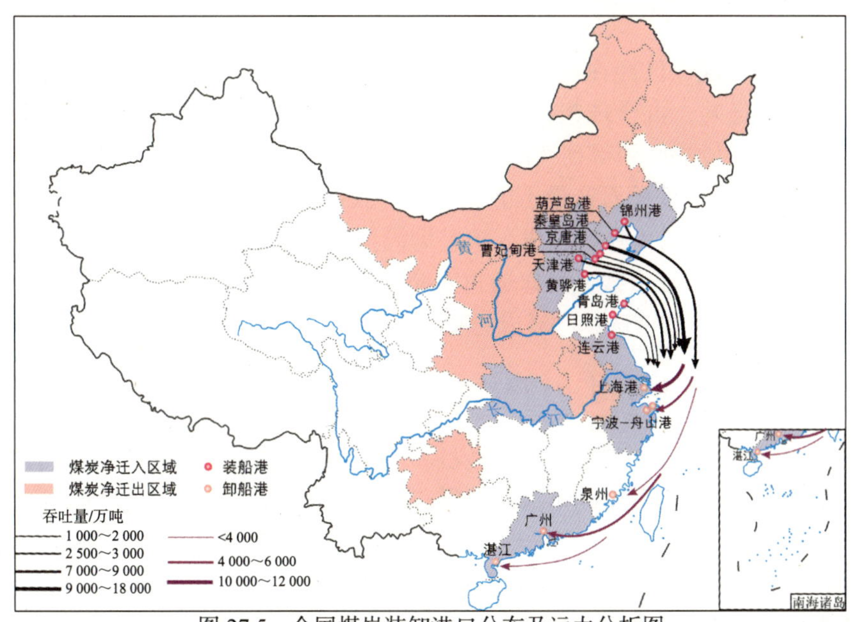

图 27.5 全国煤炭装卸港口分布及运力分析图

为配合南北铁路通道，目前形成了七大煤炭装船港：连接北运通道的是秦皇岛港、天津港、黄骅港、京唐港，连接南运通道的是青岛港、连云港港和日照港。2016 年七大煤炭港口吞吐量情况如表 27.4 所示。

表 27.4 2016 年北方沿海主要港口煤炭吞吐量

港口名称	煤炭吞吐量 / 万吨	占港口货物吞吐量比重
秦皇岛港	16 138	86%
天津港	11 943	22%
京唐港	7 916	29%
黄骅港	19 248	79%
青岛港	1 768	4%
日照港	3 017	8%
连云港港	2 164	10%
合计	62 194	

北方煤炭下水量中内贸运输流向以华东和中南地区为主，华东地区接卸量约占北方下水总量的 55% ～ 60%，广东地区占 30% ～ 35%，福建和东北地区约占 5% ～ 8%。主要煤炭卸船港为上海港、宁波舟山港和广州港。上海、江苏、广东的煤炭来源较平均，运量超过 100 万吨的主要来源港口超过五个。浙江、福建的主要来源港口很集中，其中浙江接卸的煤炭主要来自秦皇岛港、天津港两个港口，福建接卸的煤炭主要来自秦皇岛港、天津港、黄骅港三个港口。

三、中国铁矿石运输陆海统筹现状

我国自2003年起，已经在世界各国钢铁产量榜中排名第一。2013年，我国的粗钢产量总量达7.79亿吨，占全球粗钢产量的48.5%，而不锈钢产量也占了全球总产量的48.3%。钢铁工业的发展必须得到铁矿石供应的保障，虽然我国铁矿石资源较丰富，但铁矿石的品位较低。国内铁矿石产量不能满足目前我国钢铁工业生产的需求，钢铁工业原料瓶颈现象日益突出，进口铁矿石成了填补国内需求缺口的必然选择。我国70%左右的钢铁企业位于沿海或长江沿线，可以通过水路便捷地获取高品位的进口铁矿石，因此进口矿是近年来国内企业的首选，已经成为我国重要战略资源类工业原料之一。

（一）铁矿石需求分析

从2000年起我国钢铁产业进入快速发展时期，生铁产量从2000年的1.31亿吨增长到2012年的6.7亿吨，由此带动了铁矿石需求量的增加。铁矿石需求量从2000年的2亿吨增长到2012年的10.5亿吨，年均增长率达14.82%，且铁矿石需求走势与生铁产量走势基本保持一致。

从我国区域生铁产量来看，环渤海地区的生铁产量比重远远大于其他地区，因此一大半的铁矿石需求都集中在环渤海及其邻近地区。从省级行政单元来看，我国生铁产量排名靠前的主要是河北、山西、辽宁、山东、江苏等地，对比近几年的数据可得，这些省份的生铁产量都比较稳定，没有明显的波动，所以铁矿石需求也较为稳定。

（二）铁矿石供给分析

随着我国钢铁工业的快速发展，铁矿石的需求量也随之增加，从而带动了国内铁矿石原矿产量的增加。2014年，我国铁矿石产量比去年同期增长4%，总量达到107 155.63万吨。从2000～2017年中国铁矿石原矿产量来看，基本呈现上升趋势（除2001年和2012年增长回落）。中国已查明的铁矿资源分布遍及全国29个省区市，但相对集中与东北地区、华北地区、中南地区和华东地区。

无论是从我国钢铁工业发展情况还是从国内铁矿石产量来看，我国自己开采的铁矿石远远不能满足钢铁工业的需求。在钢铁产能不断提升的情况下，再加上运营成本及运输条件问题，我国必须从国外进口更多的铁矿石以满足生产需要。2017年，我国铁矿石进口量达9.325亿吨，相比于2000年的0.7亿吨，增长了12倍多，年均增长率高达16.45%，增长率远高于生铁产量和铁矿石原矿量的增长率。我国铁矿石对外依存度基本保持在30%～40%，其主要进口来源国仍然是巴西、澳大利亚、印度、南非、伊朗等国，主要供应给我国沿海、沿江一带的钢铁企业。

（三）进口铁矿石运输通道分析

随着我国铁矿石进口量不断增长，沿海港口大型专业矿石接卸泊位的建设速度也相应加快，营口、天津、日照、湛江等主要港口的航道等级不断提高。根据我国钢铁产业布局现状及沿海铁矿石港口建设情况，可将我国进口铁矿石运输体系布局分为三大部分，命名为环渤海港口群、长三角港口群和华南沿海港口群（图 27.6）。

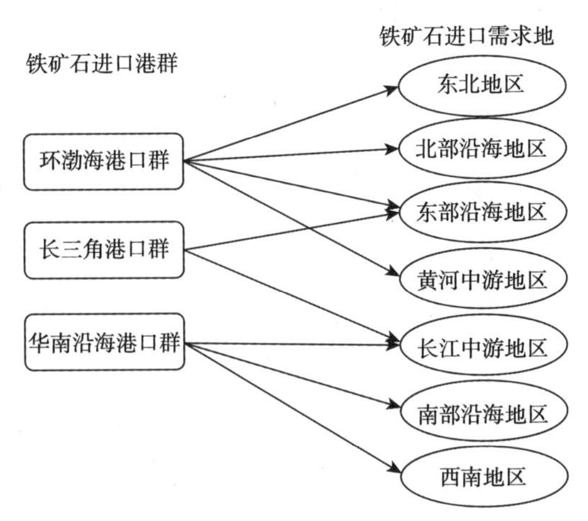

图 27.6 我国铁矿石进口港群与铁矿石进口需求地对照图

环渤海港口群已形成了以大连港、营口港、唐山港、天津港、青岛港、日照港六港为主，秦皇岛港、烟台港、锦州港三港为补充的环渤海地区进口铁矿石接卸运输的合理布局。而作为大型钢铁工业聚集地的东北地区和北部沿海地区对铁矿石的需求量十分庞大。环渤海港口群的腹地包括东北地区、北部沿海地区、黄河中游地区及东部沿海地区。其中大连港、营口港的腹地为黑龙江、吉林和辽宁，天津港主要为河北、山西提供铁矿石，青岛港则以山东、河北、山西为腹地运送铁矿石。

长三角港口群以港口分布密集和吞吐量最大两个特点而著名，依托上海国际航运中心，其港口群包括上海港、宁波港、苏州港、连云港港、舟山港、温州港、南京港、镇江港、南通港等港口。目前，长三角港口群已形成独有的进口铁矿石运输港口布局。与环渤海地区不同，长江三角洲地区港口比较集中，腹地也紧凑，重合部分多，基本上覆盖了长江中下游的平原地区，包括江苏、浙江、安徽、河南、湖南、陕西等地。

华南沿海港口群进口矿石接卸系统港口主要用湛江港、防城港两港的专业化泊位，以深圳港、珠海港、广州港三港通用散货泊位做有益补充。从地理位置上看，华南沿海港口群转运的铁矿石主要供应南部沿海地区、西南地区等。

余下的西北地区和部分西南地区，如甘肃、青海、西藏、新疆等地，地处内陆，工业落后，铁矿石进口量少，大多通过各二级、三级港口运输或通过陆路运输来运送铁矿石。

通过以上分析，可得到如下结论：从原油、煤炭、铁矿石的供需平衡和运输通道来看，这三种货类的运输需求生成与运输途径比较清晰，没有必要再继续深入研究其运输陆海统筹问题。因此，本篇陆海统筹规划的重点放在集装箱运输上。

第二十八章　基本理论与研究综述

第一节　理论基础

一、经济发展阶段理论

在经济发展的不同阶段，由于国家或地区经济发展水平存在差异性，它会在很大程度上影响集装箱化率。决定集装箱运输规模的有两个重要因素：一是集装箱的适箱货源，即适宜用集装箱运输的货物，这主要与经济发展水平和结构相关；二是集装箱化率，适宜用集装箱运输的货物只有一部分用集装箱的方式进行运输，而其他的仍旧以件杂货的方式进行运输。一般而言，在经济发展的高级阶段，集装箱的适箱货源较多；在经济发展的低级阶段，集装箱的适箱货源较少。

（一）钱纳里工业化阶段理论

经济学家钱纳里在《工业化和经济增长的比较研究》中利用第二次世界大战后进入工业化进程中国家（日本、韩国、墨西哥等）的 1960 ～ 1980 年的历史数据建立多国模型，分析了准工业化国家经济增长过程的特征，并对结构转型及其与总量增长的关系做了总结。根据人均收入增长与经济结构转变的关系，将欠发达经济向成熟工业经济转变的过程刻画为三个阶段六个时期：不发达经济阶段、工业化初期阶段、工业化中期阶段、工业化后期阶段、后工业化社会、现代化社会。通过对经济发展阶段结构转型的动态模型的分析，探讨了生产结构变化与经济增长率的关系，结果表明，产业结构的转型促进了经济体从较低发展阶段向更高发展阶段的跨越。

（二）世界银行收入分组理论

世界银行对世界各国经济发展水平进行分组是采用人均国民总收入指标。目前把世界各国分成四组，包括低收入国家、中等偏下收入国家、中等偏上收入国家和高收入国家。分组标准随着经济的发展不断进行调整（表 28.1），每年都会有变化。2015 年世界银行公布的收入分组标准为：低于 1025 美元为低收入国家，1026 ～ 12 475 美元为中等收入国家，高于 12 475 美元为高收入国家。其中，1026 ～ 4035 美元为中等偏下收入国家，4036 ～ 12475 美元为中等偏上收入国家。根据这个标准，2015 年在世界银行统计的 215 个经济体中，低收入组有 31 个经济体，占 14.4%；中等收入组有 104 个经济体，占 48.4%；高收入组有 80 个经济体，占 37.2%。其中，在中等收入组中，中等偏下收入组有 51 个经济体，中等偏上收入组有 53 个经济体。

表 28.1　收入分组分类标准　　单位：美元

年份	低收入	中等偏下收入	中等偏上收入	高收入
1987	≤ 480	481 ～ 1 940	1 941 ～ 6 000	> 6 000
1988	≤ 545	546 ～ 2 200	2 201 ～ 6 000	> 6 000
1989	≤ 580	581 ～ 2 335	2 336 ～ 6 000	> 6 000
1990	≤ 610	611 ～ 2 465	2 466 ～ 7 620	> 7 620
1991	≤ 635	636 ～ 2 555	2 556 ～ 7 910	> 7 910
1992	≤ 675	676 ～ 2 695	2 696 ～ 8 355	> 8 355
1993	≤ 695	696 ～ 2 785	2 786 ～ 8 625	> 8 625
1994	≤ 725	726 ～ 2 895	2 896 ～ 8 955	> 8 955
1995	≤ 765	766 ～ 3 035	3 036 ～ 9 385	> 9 385
1996	≤ 785	786 ～ 3 115	3 116 ～ 9 645	> 9 645
1997	≤ 785	786 ～ 3 125	3 126 ～ 9 655	> 9 655
1998	≤ 760	761 ～ 3 030	3 031 ～ 9 360	> 9 360
1999	≤ 755	756 ～ 2 995	2 996 ～ 9 265	> 9 265
2000	≤ 755	756 ～ 2 995	2 996 ～ 9 265	> 9 265
2001	≤ 745	746 ～ 2 975	2 976 ～ 9 205	> 9 205
2002	≤ 735	736 ～ 2 935	2 936 ～ 9 075	>9 075
2003	≤ 765	766 ～ 3 035	3 036 ～ 9 385	> 9 385
2004	≤ 825	826 ～ 3 255	3 256 ～ 10 065	> 10 065
2005	≤ 875	876 ～ 3 465	3 466 ～ 10 725	> 10 725
2006	≤ 905	906 ～ 3 595	3 596 ～ 11 115	> 11 115
2007	≤ 935	936 ～ 3 705	3 706 ～ 11 455	> 11 455
2008	≤ 975	976 ～ 3 855	3 856 ～ 11 905	> 11 905
2009	≤ 995	996 ～ 3 945	3 946 ～ 12 195	> 12 195
2010	≤ 1 005	1 006 ～ 3 975	3 976 ～ 12 275	> 12 275
2011	≤ 1 025	1 026 ～ 4 035	4 036 ～ 12 475	> 12 475
2012	≤ 1 035	1 036 ～ 4 085	4 086 ～ 12 615	> 12 615
2013	≤ 1 045	1 046 ～ 4 125	4 126 ～ 12 745	> 12 745
2014	≤ 1 045	1 046 ～ 4 125	4 126 ～ 12 735	> 12 735
2015	≤ 1 025	1 026 ～ 4 035	4 036 ～ 12 475	> 12 475

资料来源：世界银行数据库

二、非均衡发展理论

区域差异一直以来都是区域经济学领域的重要研究课题之一，也是世界各国在经济增长进程中普遍面临的重要问题。非均衡发展理论是发展中国家在实现经济发展目标过程中所形成的一类理论选择。主要理论包括循环累积因果理论、增长极理论、不平衡增长理论、核心–边缘理论等。

循环累积因果理论最早是由瑞典经济学家冈纳·缪尔达尔（Gurmar Myrdal）在其著作《进退维谷的美国：黑人问题和现代民主》（1944 年）中提出的，随后在《富裕国家和贫穷国家》（1957 年）和《亚洲的戏剧：国家贫困问题研究》（1968 年）两书中得到完善和发展。缪尔达尔认为社会经济制度的不断演变与技术进步、政治、经济、社会和文化的发展密切相关，这些影响因素是互相联系、互相影响、互相促进的，一个因素的变化会导致另外一个因素的变化，而后一个因素又将导致前一个因素的变化。这种变化是不断循环、不断累积的，这就导致了经济发展的不平衡，从而呈现出一种累积下降或上升的态势。

增长极理论是法国经济学家弗朗索瓦·佩鲁（F. Perroux）于其著作《经济空间：理论与应用》（1950 年）和《略论发展极的概念》（1955 年）中提出的。他认为 20 世纪的经济是以支配效应为特征的，因此他放弃了经济均衡的基本思想，应用经济支配理论，试图获取一种"可见的经济增长"。他主张经济空间应被视为"力量"网络，其中存在"增长极"和"力场"，增长极是"围绕着主导工业部门高度联合起来的一组充满活力的产业，其自身增长迅速，并通过乘数效应推动其他工业部门的增长"。经济学家布代维尔（Boudeville）在区域经济理论中引入增长极理论，提出"增长中心"的空间概念，并指出"经济空间是经济变量在地理空间内外的应用"。

20 世纪六七十年代，在研究发达国家与发展中国家之间不平等的经济关系时形成了"核心–边缘理论"，美国经济学家弗里德曼首先系统、完整地提出了该理论。他指出，任何国家和地区都是由核心区域和边缘区域组成的，在区域经济发展过程中，不平等的发展关系会存在于核心区域与边缘区域之间。核心区域凭借着经济权利因素、技术进步，以及创新、高效的生产效率等优势从边缘区域获得剩余价值，对边缘区域产生了抑制作用，因此核心区域在经济发展中处于主导位置，而边缘区域则要依赖于核心区域。核心–边缘理论为解释区域发展水平和增长驱动力的空间差异提供了一个有借鉴价值的基本地理逻辑框架，是解释经济空间结构演化的一种重要理论。

港口不仅会促进港口所在城市自身的经济增长，也会推动城市周边地区的经济增长。大型港口城市作为流通中心和交通枢纽，将在更大的区域范围内发挥重要作用，尤其是在其直接经济腹地的经济发展中发挥重要的推动作用。在发展过程中，港口城市通常会成为某一区域经济增长的中心，形成区域的增长极，其所属腹地往往成为外围区域。随着港口与腹地的经济发展，港口与腹地之间的经济关系逐渐趋于平等状态，资本、资源、劳动力、信息等社会经济要素在港口与腹地之间进行最优配置和双向流动，港口与腹地之间在社会、经济、文化、技术等方面的联系和交流形成一种空间关联的地域关系。

三、运输化理论

1993 年，荣朝和首次在其著作《论运输化》中完整、系统地提出了运输化理论。运输化是工业化的重要特征之一，它是伴随着工业化进程而产生的一种经济过程。由于近代和现代交通运输工业的广泛应用，人和货物的空间位移规模迅速扩大，交通运输已成为最重要的基础设施、环境条件及基础产业之一。运输化理论为经济发展和交通运输的长期关系变化描绘了宏观图景，无论是对学者研究经济发展与交通运输的紧密关系，还是对政府机关制定交通运输政策都提供了有益的理论参考。

荣朝和在研究经济发展与交通运输的关系中以工业发展水平和交通运输业发展水平为基本线索，将运输划分为三个阶段——前运输化阶段、运输化阶段和后运输化阶段，运输化阶段又可以划分为初步运输化和完善运输化阶段。与运输化的发展阶段对应的是工业化进程中的前工业化阶段、工业化阶段和后工业化阶段（图 28.1）。随着人们对经济发展和交通运输业关系认识的逐步加深，其对运输化发展和阶段划分的研究与思考也在不断深化。荣朝和（2016）结合当前经济发展水平对运输化理论进行了新的调整，将运输化过程原有的三个阶段调整为运输化 1.0、2.0 和 3.0 阶段（图 28.2），以便更好地分析研究交通运输在发展过程中不断融入更迭演化的工业化、全球化、信息化、低碳化、城市化等重要进程。现阶段，中国的运输化进程正处于由 1.0 向 2.0 阶段转变的过程中，与此同时，一些运输化高级阶段的特点也开始显现，交通运输发展重点正从以大规模、大范围的交通设施投资建设为主，转变为提升运输结构和服务质量、有效推进多式联运等，尤其是集装箱将以其高效、便捷的转运优势在未来交通运输发展中发挥至关重要的作用。

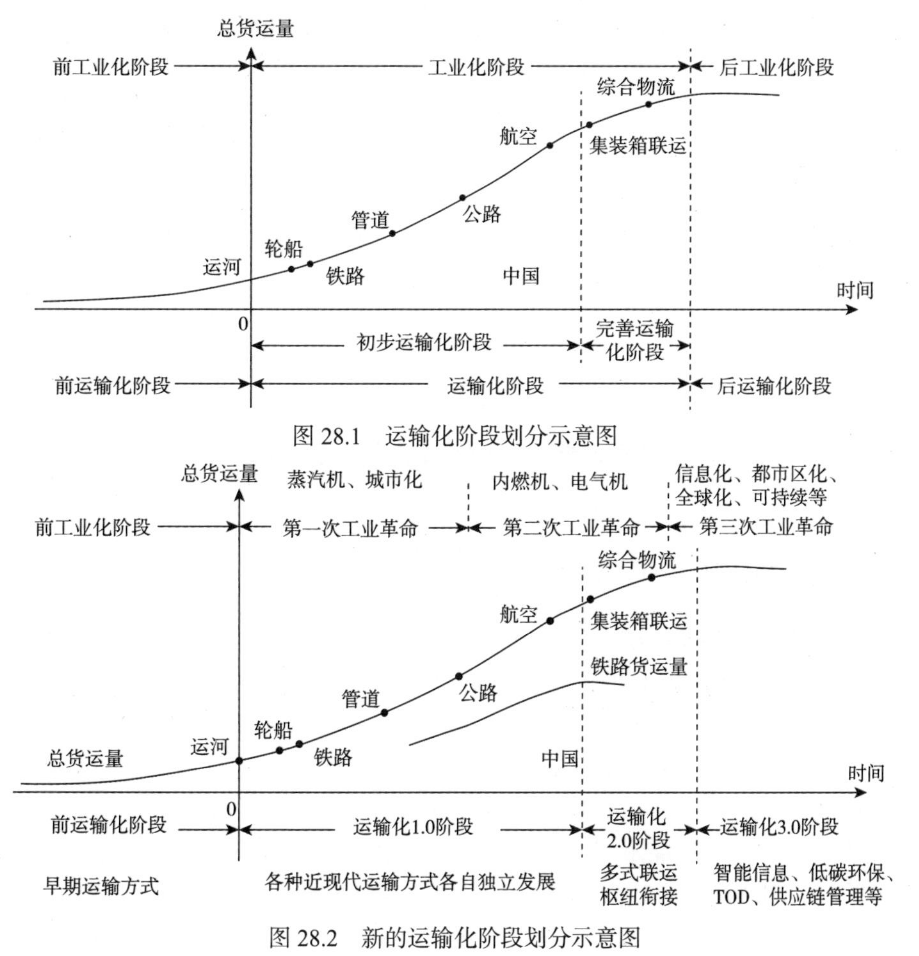

图 28.1　运输化阶段划分示意图

图 28.2　新的运输化阶段划分示意图

从世界各国的经济发展与运输业发展关系的经验和趋势来看，随着运输化阶段的不断演变，经济发展与货物运输量之间存在显著的解耦现象。经济增长由 GDP 增长来表征，初步运输化阶段中 GDP 增长率长期低于货物运输量增长率，完善运输化阶段中两者的增长速度趋于平衡状态，后运输化阶段中经济增长对交通运输业的依赖性降低，GDP 持续增长而货物运输量则出现停滞状态甚至开始下降。

四、海港区位论

区位理论是研究人类生活、生产活动的空间分布及在空间中互动关系的理论。古典区位理论有杜能的农业区位论和韦伯的工业区位论，该理论以经济个体为研究出发点，旨在使成本最小化。德国学者高兹在其著作《海港区位论》中，首次在交通运输地理学的研究中运用了韦伯的工业区位论。他强调自然条件的重要区位功能，运用经济与地理相结合的研究方法，结合工业区位论的研究思路和方法，综合考虑港口与腹地的联系，建立了港口建设的总体最小成本原则，以寻求港口建设的最佳位置。

高兹认为理想的海港位置是腹地到达海港的陆运费用和海港到达海外其他港口的海运费用之和应降至最低，同时要求海港本身建设投资应是最小的。高兹效仿工业区位论建立了港口选址的指标体系和步骤：①运输成本指向（包括陆地和海洋），确定最小成本区位；②劳动力成本指向，修正运输成本指向确定的区位；③资本成本指向，上述结果修正后确定最终海港位置。海港区位论的运输指向包括陆地指向和海洋指向两方面。陆地指向中以货物重量和运输距离为标准来计算端运输成本最小点；海洋指向中则需要综合衡量船舶周期、船舶容量、货物重量和价值对海运运费的影响。劳动力指向主要结合劳动力报酬的区域差异性，用其他成本线方法计算区位形变。资本指向则是选择投资建设成本趋于最小化的地点，其中自然条件的影响作用最大，分析时仍采用求临界等费用区的方法。

第二节　研究现状综述

一、港口与腹地关系的研究综述

港口与腹地之间关系的研究学术渊源悠久，国外关于港口与腹地关系的研究起步较早。Kautz 以港口与腹地之间的关系为基础，结合工业区位论的研究思路和方法，综合考虑港口与腹地的联系，建立了港口建设的总体最小成本原则。Sargent（1938）系统研究了海港与腹地之间的互动关系。Ullman（1945）探讨了海港与工业贸易中心之间的关系。随着世界经贸的持续发展和港口腹地之间交通联系网络的不断改善，国外学者对港口和腹地关系的研究不再局限于单个港口，开始从区域和整体角度来研究港口之间对腹地的竞争关系，逐步从港口陆向腹地竞争的探讨向海向腹地竞争深入。20 世纪 80 年代后集装箱运输的发展使港腹关系产生深刻变化，腹地开始以多样化形式呈现，港口和腹地之间的互动关系也开始变得复杂。Foster（1979）讨论了港口腹地经济发展的重要性。20世纪80年代，英国学者莫尔根发表的《港口与港湾》一文中对港口学的研究理论、研究范畴、研究方法等进行了初步的总结。Notteboom 和 Rodrigue（2005）提出在港口及港口体系区域化发展过程中，应将港口腹地纳入港口治理范围内。对于港口与腹地经济发展关系的研究探讨，早期主要集中在国外，侧重于测算港口发展对区域经济发展的贡献率，以研究报告的形式由咨询公司、港航机构发布，但社会经济贡献的计算缺少标准。1953年，美国特拉华河港口局发表了研究报告《每一吨货对地区经济价值》，此后美国的多个港口都发布了港口对区域贡献的研究报告，如1966年利特尔公司发表的《旧金山港深入研究》和纽约港务公司的《港口和社区》，1971年西雅图港发表的《西雅图海事商务及其对全县经济的影响》，1978年纽约港务公司发布的《美国产业的经济影响——水运业投入产出分析》。伴随着经济发展和港口建设的热潮，人们逐渐认识到港口的发展带动了相关产业的发展，对临港地区产业的集聚起到促进作用，因此不能单纯用港口运营所产生的经济效益来衡量计算港口对社会经济的贡献，应综合考虑港口投资对区域经济乘数效应的影响。Hoyle 和 Pinder（1981）在《城市港口工业化与区域发展》一书中探讨了港口、工业与城市、区域的空间相互作用及其随时间的变化；Desalvo（1994）指出应用投入产出模型能更贴合实际地衡量港口经济贡献。

与国外相比，我国对港口腹地的研究起步较晚。随着20世纪80年代中国对外贸易的迅速发展，沿海港口建设如火如荼，各个港口之间竞争腹地货源日趋激烈，学者开始对港口腹地的关系进行研究。最初的研究主要是引入国外经典理论、剖析我国港口发展史。郎宇和黎鹏（2005）从理论上研究了港口经济一体化的依据、动力机制及一般演化规律等问题，认为“港口-腹地”区域是存在内在联系的一个特殊系统，系统体现在经济性和地域性两点，注重港口与腹地发展的协同性和一体化。董洁霜和范炳全（2006）研究了现代港口发展的区位势理论，认为港口形成与发展的三个因素主要是自然、社会经济和科学技术因素，港口腹地范围与发展规模受三大因素影响。随着研究的深入和港腹关系的日趋复杂，学者在港口-腹地关系的经济联系、空间关系、演化机制等方面做出了一定突破和创新。

在国民经济与港口运输关系的研究方面。陈贻龙和邵振一（1999）在其出版的《运输经济学》中分析了港口对经济的贡献程度，采用不同的计算公式得到港口对国民经济的直接贡献和间接贡献。李尚伟（2005）选取港口吞吐量和国内生产总值数据作为衡量港口和国民经济发展的指标，采用美国、英国、韩国的历史数据估算了工业化高级阶段、发达经济阶段港口和国民经济的数量关系。蔡权德等（2011）利用投入产出分析方法研究了产业结构与沿海港口吞吐量之间的关联性，并采用回归方法分析了新一轮的产业结构调整对沿海港口吞吐量的影响。祝火生（2011）指出我国经济增长与港口发展之间存在着正相关关系，港口发展与贸易增长互为因果关系，并存在显著的引致效应和前后诱发效应。黄杰（2011）通过考察美国、英国、日本、韩国、中国五国港口吞吐量和国民经济的历史数据发现，从工业化初期到发达经济阶段，港口吞吐量增长率呈现了波动下降的总趋势；当前中国处于该曲线的第一阶段，韩国处于第二阶段末期，日本、英国、美国处于第三阶段。

在港口集装箱运输与国民经济关系方面的研究较少，魏际刚和胡吉平（2000）分析了中国集装箱运输形成与发展的历程，刻画了发达国家的集装箱运输阶段与社会经济发展阶段的对应关系，指出了制度、政策及经济全球化是推动中国集装箱运输发展的重要因素。朱小檬（2014）分析了中国 GDP 及其要素与海港集装箱吞吐量的灰色关联度，构建了海港集装箱吞吐量与 GDP 关联的指数模型，总结出国内生产总值与沿海港口集装箱吞吐量的因果关系。

二、腹地集装箱生成影响因素的研究综述

在研究集装箱运输与腹地经济发展阶段规律性的基础上，学者进一步向中微观层面进行研究，如集装箱港口与腹地的经济联系、空间关系、腹地划分等方面，可以发现很多研究都涉及腹地集装箱生成量或吞吐量，这对于腹地集装箱生成影响因素的分析尤为重要。

曾小彬（2004）认为集装箱港口的运输市场需求是由集装箱生成量及其增长率来决定的，进出口货物总值、进出口商品结构、国民生产总值、产业结构、单位美元外贸适箱货物、集装箱化率等是区域集装箱生成的影响因素。杜桂玲（2005）认为国际集装箱生成量的规模与国民经济、对外贸易额、集装箱化率、单位进出口集装箱边际贡献率、平均箱重、平均集装箱周转率等因素相关，其中国民经济、进出口贸易总额的规模与结构等直接影响着国际集装箱生成量，并结合港口管辖的腹地经济发展、出口贸易增长趋势来预测未来港口腹地国际集装箱生成量。张萍等（2006）结合腹地经济增长状况、对外贸易发展水平、产业结构布局优化、集装箱运输装备发展等因素，对江苏省未来 25 年的外贸集装箱生成量进行了估算。江舰等（2007）认为港口吞吐量主要与港口所在地的国民生产总值及进出口商品总值相关。陈涛焘和高琴（2008）收集了 1996 ～ 2006 年上海港、广州港、青岛港的港口吞吐量数据，通过单因素相关分析及主成分分析法，提出了影响港口集装箱吞吐量最重要的 5 个影响因素为 GDP、第二和第三产业产值、货运量和社会消费品总额。胡旭铭等（2009）认为地区生产总值、进出口总额、外贸商品结构、集装箱运输体系的发展状况是影响外贸集装箱生成的重要因素。石琼丹（2015）指出外贸集装箱生成量规模是由外贸进出口总额、外贸适箱货比例与货重、外贸适箱货平均箱重及装箱率决定的，这些指标主要根据外贸商品规模和结构来确定。宋兵兵（2016）认为港口外贸集装箱吞吐量规模主要与港口自身功能相关，同时受港口腹地宏观经济形势和当前经济发展水平影响。郑文儒等（2016）对厦门市主要经济指标和厦门港集装箱吞吐量的相关性进行了实证分析，研究发现外贸进出口总额和地方财政收入是对集装箱吞吐量贡献最大的两个因素。

三、港口腹地划分的研究综述

在腹地划分方法方面，下面学者运用不同的方法，对港口腹地范围进行了科学、合理的划分。国外学者对腹地的划分多采用定性分析，国内学者则侧重于采用定量分析。港口腹地划分方法按照涉及划分指标和依据的属性可以概括为空间分析法、经济调查法和数理分析法三大类，具体研究总结如表 28.2 所示。

表 28.2　港口腹地划分方法总结

研究系列	研究内容	研究方法	研究总结
空间分析	采用行政区划、经济区划、交通主干线路等标准来对港口的腹地进行空间层次划分	行政区划法、圈层法、点轴法、图表法	早期对港口腹地的一种宏观划分方法，简单实用、表述直观，但港口的腹地范围没有给出清晰的界线，在实际规划中的指导作用有限
经济调查	通过考察某项经济指标（如货流量、贸易额）来判断该区域与港口之间的隶属关系	隶属度法、区位商法、O-D 流	划分结果比较细致，但考虑的因素比较单一且数据来源少、获取难度也较大
数理分析	通过运用数学方法或建立数学模型来界定港口腹地的范围	哈夫模型、断-电模型、威尔逊模型、烟雨模型、场强模型、决策树、最优路径搜索算法等	丰富了腹地划分方法，可操作性较强，大部分方法划分结果的界线比较明确。适用性和划分结果的置信度还有待验证

注：O-D即origin-destination

空间分析系列：王杰等（2005）评价了已有腹地划分方法，结合港口腹地划分与经济地理学理论联系的密切程度，分别采用圈层法与点轴法来界定港口腹地的范围，其结果注重细分原有腹地。王莹和王健（2009）综合应用圈层结构模型和点轴结构模型定义和划分了海峡西岸港口群腹地，并构建了腹地系统的空间结构模型，研究发现港口附近的发展轴相对发达、远离港口的发展轴相对不发达的“耗散”现象。丁井国和钟昌标（2010）以行政区为划分主体，得到宁波-舟山港的直接腹地为杭州湾地区、温台沿海地区，间接腹地覆盖整个浙江省。

经济调查系列：周一星（2011）利用隶属度来分析腹地与口岸城市的联系程度，并根据联系程度的大小将腹地划分三种类型：紧密腹地、竞争腹地和边缘腹地。董洁霜和范炳全（2002）引入区位商理论开展港口腹地划分研究，明确了港口腹地区位商的内涵并构建了区位商模型，通过港口区位商的大小比较来确定腹地范围。王文（2006）利用隶属度原理和区位商理论构建了腹地货类的区位商模型以分析港口对货流的控制。付蕾和柯伟（2012）以大连港出口集装箱为研究对象，通过调查和分析大连港出口集装箱运输起止点流，来确定大连港出口集装箱货源腹地及其货种分布状况。

数理分析系列：许云飞（2003）提出了将图论原理与 O-D 流相结合的方法来计算确定沿海港口的经济腹地。基于许云飞的研究，汤洪（2005）通过增加网络参数、改进网络图，依据网络边上各种不同运输方式的运费率和 O-D 配流对港口腹地进行了划分。冯社苗（2009）在内陆城市出海通道的规划与选择中引入了人工智能中的蚁群算法，研究侧重于运用定量方法划分间接腹地，研究的实用性得到提高。计明军和贺茂英（2010）通过研究港口与经济腹地之间的集疏运系统和海上航线系统，并考虑到动态腹地情景，构建了双层规划模型来解决港口腹地划分和运力分配问题。李振福等（2011）通过结合断裂点模型和同电子云模型构建出腹地划分的新方法——断-电模型，系统分析了综合影响港口及腹地区域的因素，并较为准确地划分了营口港的腹地。尚姝（2013）在总结现有腹地划分方法不足的基础上，引入了烟羽模型，并实证划分和分析了辽宁省各港口在东北地区的腹地范围。曹琳霞等（2016）采用烟羽模型划分了江苏省各个港口的省内腹地，结果显示每个港口都有明确的吸引范围，各港口所在的地级市均为其腹地的范围之一。初良勇等（2015）通过对比分析水面溢油扩延的物理过程而引入了水面溢油扩延的数学模型，构建了基于水面溢油理论的港口经济腹地范围划分模型，并具体分析了模型中各参量的意义及取值方法。杨家其（2002）研究发现引力模型与模糊综合评价相结合的方法可以提高港口腹地划分的准确性，并结合实例对模型进行了实证检验。白煜超（2008）从港口与腹地的经济联系角度研究了港口吸引力的主要影响因素，提出了基于吸引力建立港口腹地划分模型，并对大连港腹地进行了划分。姜晓丽和张平宇（2013）运用哈夫模型分析了辽宁沿海港口腹地的演变情况，定量研究了腹地空间演变，并对辽宁沿海几个重要港口的腹地范围进行了划分。片峰等（2015）基于哈夫模型和铁路距离，对环渤海各铁矿石转运港口的腹地范围进行划分，并分析了其影响势能的空间分布格局。王杰等（2014）将 GIS 中"栅格"的概念引入哈夫模型中，构建了港口对腹地吸引力的密度模型，并运用 GIS 软件来求解，这既能消除主观因素干扰又能考虑到货主选择港口的不确定性。Thill 和 Venkitasubramanian（2015）将地理信息系统可视化和数据挖掘方法结合起来，开发了一个用于分析印度主要集装箱港口多层腹地分类的模型，从空间、商品类型和运输价值三个维度解释了港口间竞争的本质。何丹和高鹏（2016）以长江中游主要港口为研究对象，利用场强模型计算了 2001 年以来港口的场强值，结果发现长江中游主要港口的场强一直呈上升趋势，同时区域异质性逐步增大，各港口腹地吸引范围的差异比较显著；但总体空间格局并未发生显著变化，且港口腹地演变呈现缩小、扩大和趋于稳定三种趋势。

四、集装箱多式联运的研究综述

（一）多式联运发展面临的障碍及对策研究

我国多式联运的宏观现状研究，主要是通过分析多式联运发展中存在的问题，总结制约多式联运发展的主要原因，通过借鉴国外较成熟的发展经验，为我国多式联运的发展提供对策建议。综合现有文献来看，我国多式联运的主要障碍包括铁路运力不足、基础设施薄弱、管理体制不协调、运行机制不合理、共享信息不足等，使得各运输方式衔接不畅，部门间分块管理，多式联运流程复杂，效率低下，没能真正发挥多式联运方便、简洁、安全和高效的优势。针对我国多式联运面临的主要障碍，学者认为应从以下几方面着手推动多式联运的发展：①解决铁路运输的相关瓶颈是发展多式联运的必要路径。完善铁路集装箱海铁联运服务体系；改革铁路集装箱运输定价机制；放松运输管制，吸收社会资金，实现车站物流中心化；针对季节性运输量特征制订合理的铁路运输方案等来提高铁路的集装箱运输能力，有效改善铁路运力及机制方面的问题，从而促进多式联运的发展。②改造现有的基础设施并建设新的适应多式联运需求的基础设施是确保多式联运有效开展的基本手段。③不断完善内部机制，总结各部门之间的关系，争取早日做到集团化与多元化铁路部门可以主动与公路部门、船务部门及航空部门沟通，早日完成多式联运体系的构建。④信息技术在多式联运领域的广泛应用是必然趋势。一些港口和枢纽场站除了建立实用的电子数据交换系统外，还应进一步加强信息技术在国际多式联运业务中的应用，促进信息共享。此外，培育一批专业的多式联运经营人也是我国多式联运发展中所必需的措施。

（二）多式联运路径优化研究

我国多式联运路径优化的研究多是构建优化模型，并运用相关算法进行实证分析（表 28.3）。模型主要包括运输方式最优组合模型、运输路线与运输方式组合优化模型、成本控制优化模型、动态路径优化模型、枢纽网络优化模型和多目标优化模型等。模型求解方法主要采用遗传算法、离散粒子群算法、改进的 Dijkstra 算法、快速非支配排序遗传算法等。成本模型的构建方面主要有以下三个角度。

表 28.3　多式联运路径优化研究

作者	优化模型	约束条件	目标函数	求解方法或软件
魏众等（2006）	最短时间路径–运输费用模型	无	运输费用、中转费用、货物看管费用和最小	无
王巍等（2009）	运输路线和运输方式的组合优化模型	时间约束和能力约束	运输费用、中转费用、惩罚费用最小	lingo 8.0
刘杰等（2011）	动态路径优化模型	期限和最大中转次数的约束	固定费用、路段费用、中转费用及等待出发的时间成本最小	改进的 Dijkstra 算法
李高波（2014）	枢纽网络优化模型	时间约束和枢纽容量约束	固定成本、可变成本和最小	lingo 10.0
杨阳（2015）	最短路径优化模型	载荷约束和碳排放约束	碳排放成本、运输成本和转运成本最小	Dijkstra、改进的遗传算法
蔡文华（2015）	时间–费用多目标优化模型	时间约束	运输、中转、货损成本和最小，运输、中转、通关时间和最小	带精英策略的快速非支配排序遗传算法
王芙蓉等（2016）	模糊层次分析法	铁路运输能力不受限制	以运输成本、端点可变成本、运输时间、船货在港停留时间、办理的便捷性、线路通畅程度、货物损失程度为评价指标	三角模糊数建立的判断矩阵
王丹等（2016）	路径优化模型（指派问题模型）	节点指派	总成本、总时间加权最小	Excel 规划求解
刘松（2017）	路径优化模型	节点耗时	运输时间和转运时间最少	Dijkstra 等最短路算法
彭勇等（2017）	多目标路径优化模型	班期限制	总运输费用最小、总运输时间最短及总运输风险最小	遗传算法

第一，以运输总费用最小为目标，考虑多式联运全程的运输费用及中转费用。王巍等（2009）在此基础上考虑了惩罚费用的影响，在成本建立模型中考虑运输中产生的时间价值成本，即流动资金占用损失和集装箱的占用费，以及货物在规定的时间范围未送达而造成的惩罚成本。刘杰等（2011）考虑了货物出发前的等待成本。在碳约束政策的背景下，为了更好地发挥多式联运的优势，降低碳排放，实现环保与高效运输的有机结合，杨阳（2015）利用碳税、碳交易思维将运输过程中的碳排放转化为经济成本，建立了运输成本、转运成本和碳排放成本最小的模型，解决了单客户节点静态负载和多客户节点动态负载的低碳多式联运问题。

第二，多目标最优构建模型。蔡文华（2015）构建了时间–费用的多目标模型，以运输费用、中转费用及货损成本和最小作为成本函数，以运输时间、中转时间与通关时间和最小作为时间函数，分别求解，考虑到多式联运过程中时间和费用的相悖性，引入了

Pareto 最优解集进行求解。彭勇等（2017）构建了总运输费用最小、总运输时间最短及总运输风险最小的多目标模型，研究了班期限制下的多式联运路径优化问题。

第三，以时间和成本线性加权最小为目标。姜军和陆建（2008）利用多式联运网络系统性能指标，即各运输方式的运输费用和运输时间线性加权之和最优，探索了集装箱多式联运过程中各运输方式的最优组合模式。王丹等（2016）以总成本、总时间加权最小为路径优化的整体目标，通过引入权重系数，将多目标模型转化为单目标模型，进而转化为指派问题，运用 Excel 规划求解。

（三）多式联运运量预测研究

由于多式联运系统的规划建设需要较长的时间周期，若想精确有效地掌握其未来的发展趋势，将发展前景的不确定性降到最低，就要运用有效合理的方法对多式联运运量进行预测。目前学者主要有以下两方面的研究角度：第一，以预测方法的探讨为主要目的，寻求预测精度更高的预测方法，并进行实证分析；第二，将运量预测作为其中必不可少的一环，运用预测结果进行影响因素分析、班列开行方案的规划、多式联运供需市场的调整、基于多式联运的贸易改善等方面的研究（表 28.4）。常用的预测方法为灰色预测、指数平滑预测、回归分析预测、神经网络模型、系统动力学模型等。学者在基本预测模型的基础上，采用不同预测方法的组合模型进行更精确的预测。如刘伶伶（2012）在组合预测模型的基础上，给出了集装箱铁水联运 O-D 量预测现在型式法。

表 28.4　多式联运运量预测研究

作者	预测方法	研究结论
钟学燕和岳辉（2005）	时间序列的趋势外推法、灰色预测和组合预测方法	利用因子分析得出国民经济宏观因素和外界竞争两个影响因素
李大为等（2012）	灰色-广义回归神经网络组合预测	通过分析常用预测模型的原理与方法，论述铁路集装箱运量的预测方法，说明本文组合预测模型的合理性
刘伶伶（2012）	灰色预测、回归分析预测、最优权重系数法组合预测、现在型式法	对模型的探讨，在组合预测模型的基础上给出了集装箱铁水联运 O-D 量预测现在型式法
林炳焜（2014）	基于径向基神经网络和马尔可夫链的铁路集装箱运量的组合预测模型	相比于两单项预测方法，组合预测方法所得运量的误差指标均最优，马尔可夫链理论对组合模型所得的预测结果进行分析和修正
吴慧军和刘桂云（2016）	灰色 RBF 神经网络组合模型	灰色 RBF（radial basis function）神经网络组合模型预测精度高于 GM（1，1）模型、RBF 神经网络模型、灰色 BP（back propadation）神经网络组合模型
霍向等（2016）	回归分析模型、指数平滑模型及系统动力学模型的组合预测模型	以大连港集装箱海铁联运系统相关统计数据对模型进行验证，结果证明该模型能在一定程度上提高预测精度

（四）多式联运效益研究

我国对多式联运效益的研究，体现在不同运输方式的对比上。高海燕等（2011）采用定性描述的方法，分析比较了空铁联运的三种运营模式之间的社会和经济效益。在定量方法的运用上，已有文章主要从以下 4 个角度进行研究：①构建成本、时间等影响多式联运效益的指标体系，运用模糊灰色物元空间决策综合评价的方法或 BP 神经网络模型对不同运输方式的效益进行对比。②从多式联运成本的角度，对比不同运输方式之间的运输成本效益、时间价值成本效益及碳排放效益。③从经济运距的角度分析各运输方式的效益。④从多式联运整体运行体系上考虑，以必要运费率为经济性指标分析经济效益，综合考虑船舶造价、燃油费用等技术参数，对多式联运运输组织模式效益进行比较分析，或者从多式联运信息资源整合系统的角度构建信息层，对多式联运中海铁联运的业务流程进行建模仿真。

（五）多式联运的收益分配研究

收益分配直接关系到多式联运体系的运营效率、整体利益和各运输企业的切身利益，这对于提高多式联运的运营组织效率和成员企业的积极协作等至关重要。多式联运涉及各方运输企业，博弈论是常见的多方参与收益分配的研究理论基础，然而博弈视角在多式联运收益分配中的运用还不多见。刘舰等（2011）考虑了两家提供互补运输服务的寡头运输企业之间合作和竞争的博弈决策问题，通过定义合作强度参数，并将其引入收益函数，构造了合作性投资和价格策略的两阶段动态博弈模型。冯芬玲和蓝丹（2011）对非对称信息下由一个铁路企业和两个公路企业构成的简单集疏运体系利益分配的原则及要素进行分析，在此基础上建立了利益分配模型，分析了创新和工作贡献系数对收益分配的影响。学者在借鉴 Shapley 值法的基础上对其进行改进，张德超（2016）分析了多式联运收益分配的特点、模式、影响因素，以及基于合作博弈理论收益分配的基本原则，在 Shapley 值模型和 Nash 谈判模型的基础上，综合考虑影响多式联运收益分配的三个主要因素，引入综合修正系数对原模型进行修正，并给出了模型的求解方法。Stacklberg 博弈模型在多式联运中的运用比较新颖。段华薇（2016）基于加型需求波动分别构建了集中控制下的定价博弈模型、双方主导权相同时的 Nash 博弈模型及双方分别主导下的 Stacklberg 博弈模型；基于乘型需求波动构建了公、铁运输企业分别主导下的 Stacklberg 博弈模型；分别构建了铁路物流中参与的公铁联运物流服务供应链在集中决策和分散决策下的定价博弈模型，通过对比发现分散决策下供应链存在效率损失，利用基于增量利润和基于系统贡献度的收益共享契约对分散决策下的供应链进行协调。

五、现有研究评述

国外关于港口-腹地的研究主要以港口为主，研究从港口腹地定性分析到港口腹地宏观要素再到企业微观要素影响。国内关于港口-腹地的研究主要研究港口和腹地间的互动关系，主要集中在动力机制、演化规律、发展模式、空间布局、影响因素等方面。港口与腹地关系方面的定性分析居多，定量研究较少；定量分析中研究尺度较小，多以单个城市或单个港口为主，港口群和全国范围研究较少。

现有相关研究表明：集装箱生成影响因素主要有国内生产总值、对外贸易额、产业结构、外贸结构、集装箱运输发展水平等宏观因素和集装箱适箱率、平均箱重等微观因素，研究主要采用的方法是相关分析法和主成分分析法等。集装箱生成量有内贸和外贸之别，现有研究并未将二者区分开来；对于宏观因素的分析只停留在总量分析和大结构分析上，没有进一步细化研究，不能明确更深层次的影响机制；对于微观因素的分析只是定性讨论，目前没有比较合理的定量研究。

从腹地划分现有研究来看：一是研究对象大多侧重于对某一个或两个港口腹地范围的划分，对全国港口整体的腹地范围划分关注较少，虽然可以确定单个港口的腹地范围，却无法从宏观层面对全国港口腹地隶属关系有全景认识；二是研究口径基本都是全货类综合分析，但由于港口实际运营中货类经营特点不同和运输网络不同，因此不同货类的腹地范围会有所差别，全货类腹地划分解决不了实际运营问题，针对单一货类的腹地划分更准确且更具指导性；三是划分结果隶属关系单一，现有研究基本将某一腹地直接划分为某个港口的腹地，现实中港口的腹地是有层次、有竞争、有交叉的，没有考虑中国港口共享腹地的特征，腹地隶属单一港口的划分不符合现实腹地的隶属关系。未来对港口腹地的划分应该从小尺度向大尺度转变，从单一腹地向共享腹地转变，从全货类综合分析向单一货类转变。

第二十九章　集装箱生成与社会经济的关系

集装箱化是 20 世纪交通运输最伟大的革命，集装箱运输强劲的市场竞争力使其得到迅猛的发展，其已成为各国港口最为重要的运输方式。集装箱运输发展必须要以一定的社会经济发展作为基础，本章在现有研究的基础上，采用世界典型经济体集装箱吞吐量与国民经济的历史数据，经过归纳、演绎和推理，探寻集装箱运输和国民经济的关系，分析是否存在国别间的系统性差异；中国作为世界第一集装箱大国，分析其集装箱发展和国民经济的关系是否存在特殊性，并对当前我国集装箱增长所处的阶段进行定位，对未来集装箱运输市场政策的制定调整和集装箱港口新改建项目提供有价值的参考。最后以外贸集装箱生成量为研究对象，探讨在省级和地级层面的影响因素和区域差异。

第一节　集装箱发展与驱动力

集装箱作为现代物流业最为先进的运输设备，其发明、使用和发展促进了世界经济一体化和经济全球化，对企业的生产方式、组织运营模式，以及国际分工和资源配置都产生了重大而深远的影响。1830 年，英国铁路开始进行集装箱运输，20 世纪 50 年代，集装箱运输由陆运转向海运。在接下来的几十年里，以海运为主的国际集装箱运输得到了空前迅速的发展。国际集装箱运输经历了四个发展时期，分别为初期探索期、试行推广期、积极发展期和快速发展期。集装箱运输已遍及世界各地，海运货物集装箱化的发展趋势势不可挡。国际集装箱吞吐量从 1970 年的 51 万 TEU 增长到 2000 年的 22 477 万 TEU，2015 年则达到了 68 771 万 TEU。集装箱运输相对于散货运输而言，具有便于多式联运、包装简洁、货损少、运输效率高、运输质量高等众多优势，这使得集装箱运输在几十年中得到了迅速发展，未来发展的空间仍然很大。驱动世界各国集装箱生成的因素主要有以下几个方面。

一、集装箱化率的提高

随着集装箱运输革命的影响，集装箱运输技术不断革新和进步，适宜集装箱运输的货物范围不断扩大。早期阶段通常只有件杂货可以采用集装箱运输，但随着诸如散货集装箱、动物集装箱、冷冻集装箱、平台集装箱等新型集装箱的开发和生产，一些固体或液体散货、冷冻货物、大型机械等货物也可以采用集装箱运输。全球海运集装箱化率从

1981 年的 20% 上升到 2018 年的 65% 左右，集装箱货物运输量占全球海运贸易的比例从 20 世纪 60 年代的 12% ～ 14% 上升到 2018 年的 23% 左右。同时，集装箱运输具有全天候作业、减少货物损坏、降低运输成本、提高经济效益等优点，可提高水运件杂货装卸的生产效率达 10 ～ 20 倍。因此，目前全球许多港口拒绝靠泊件杂货船，规定承运人必须使用集装箱运输来替代件杂货运输，以提高港口的运营效率和经济效益。

二、经济全球化不断扩大

经济全球化促进了世界各国和地区的互联互通，海运是实现经济全球化的重要媒介，经济全球化的不断发展导致了运输市场规模不断变化。港口和海运业完成了国际贸易量中 90% 以上的运输量，随着国际贸易的发展，海运量也在不断增长。集装箱运输的标准化和模块化在一定程度上克服了散货运输的弊端，装卸运输效率的提高和运输成本的降低促进了传统的封闭生产模式转向全球化、专业化、精细化、规模化的全球分工与合作生产模式，引发了全球范围内的区域资源流动和分工合作，推动了全球贸易的繁荣发展，加速了全球经济一体化的进程。国际分工合作催生和壮大了大型跨国公司，跨国公司充分发挥不同区域的生产优势，将过去的综合生产过程拆解分散到世界各地，从而导致小批量、高价值、短运货期、高准时性的货物运输需求，这促使全球商品市场的货物结构由重质货逐步向轻泡货转变，集装箱运输适箱货物不断增加。

三、国际多式联运的发展

多式联运是一种利用集装箱进行多式联运的新型运输组织方式，它整合了多种运输方式的优势，完成了国际间货物的连贯运输，打破了以往海运、铁路、公路、航空等单一运输方式各自为营、互不联通的传统运输模式，提高了运输效率和服务质量，对改善投资环境、优化资源配置、提高在全球物流网络中的竞争力具有重要作用。21 世纪，经济全球化导致现代物流竞争模式转向“全球采购、全球生产、全球销售”，国际多式联运凭借其“门到门”的服务优势已成为运输业的佼佼者，各国纷纷着力发展多式联运，使得作为载体的集装箱运量不断增加。

第二节　基于国际视野的集装箱生成与经济发展阶段关系研究

一、相关指标和样本选择

（一）集装箱生成指标

集装箱生成量指集装箱运输部门在一定时期内运送货物的数量。因世界各国集装箱重箱量数据搜集不到，所以选取港口集装箱吞吐量（码头货柜吞吐量）来代替。引起集装箱生成量和港口集装箱吞吐量差异的原因主要是外贸进出口结构和运输调配装卸，本章选取的时间范围并不是特别长，因此认为外贸进出口结构和运输调配装卸并没有发生十分剧烈的变动，集装箱生成量和港口集装箱吞吐量的增长趋势是保持一致的。而从中国的集装箱生成量和港口集装箱吞吐量的相关关系可以进一步验证二者的增长趋势是高度一致的。

港口集装箱吞吐量既包括外贸集装箱和内贸集装箱吞吐量，也包括沿海集装箱和内河集装箱吞吐量，其能够反映某个经济体整体集装箱运输的发展情况。以 20 英尺当量单位（TEU）的标准尺寸集装箱为计算单位。

集装箱生成密度指一个国家或地区集装箱生成量与 GDP 或国民生产总值（gross national product，GNP）的比值。本章集装箱生成密度用集装箱吞吐量和 GDP 的比值来表征，其可以反映某个经济体单位产值集装箱生成能力。以 TEU/ 万美元为计算单位。

（二）经济发展阶段指标

GDP 是表征一个国家和地区国民经济发展的综合性指标，反映社会生产生活的总体状况，可以全面反映国民经济对集装箱运输的总体需求，具有较强的可比性。

为了便于国际比较，本章选用人均 GDP 来划分各国的收入阶段，表征一个国家和地区国民经济发展阶段。世界银行按人均国民总收入对世界各国经济发展水平进行分组，通常分为四组，即低收入阶段、中等偏下收入阶段、中等偏上收入阶段和高收入阶段，分组标准每年随着世界经济的发展进行不断调整。本节 GDP 和人均 GDP 均进行了价格调整处理，以 2005 年美元不变价。

（三）样本选择

社会经济发展产生集装箱运输，而集装箱运输促进经济发展。本节旨在研究集装箱生成与经济发展阶段关系的规律性，在国家样本选择上既要考虑涵盖不同经济发展阶段，又要考虑具有较完善的港口发展体系。世界银行按人均国民总收入将世界各国经济发展水平划分为低收入、中等收入和高收入三大类，本章按照该标准对国家进行分类。人均 GDP 不足 1000 美元的低收入国家经济发展较为缓慢，港口功能不健全，集装箱吞吐量较少，并未选出适合的样本。因此本章选取的研究样本集中在中等收入和高收入国家（表 29.1），覆盖了亚洲、美洲、欧洲、大洋洲和非洲。

表 29.1　样本国家

中等收入国家（11 个）	高收入国家（8 个）
墨西哥、俄罗斯、巴西、印度、土耳其、阿根廷、泰国、南非、伊朗、印度尼西亚、中国	美国、日本、德国、英国、法国、韩国、澳大利亚、荷兰

二、集装箱生成量和经济发展阶段的关系

为了研究集装箱生成量和国民经济的关系，本章在分析集装箱吞吐量变化和 GDP 增长关系的基础上，构建了集装箱吞吐量对 GDP 的弹性系数和集装箱吞吐量对 GDP 的边

际产出两个指标。

（一）集装箱吞吐量变化和GDP增长的关系

图 29.1 是 2001 年以来集装箱吞吐量和 GDP 关系的跨国数据截面图。从图中可以看出：在相同的时间区间内，各国集装箱吞吐量随着经济发展均呈现快速增长趋势，二者存在明显正相关关系；就具体国家而言，图形所表明的斜率差异较大，出现此情况的原因下文将通过弹性系数和边际产出来解释。

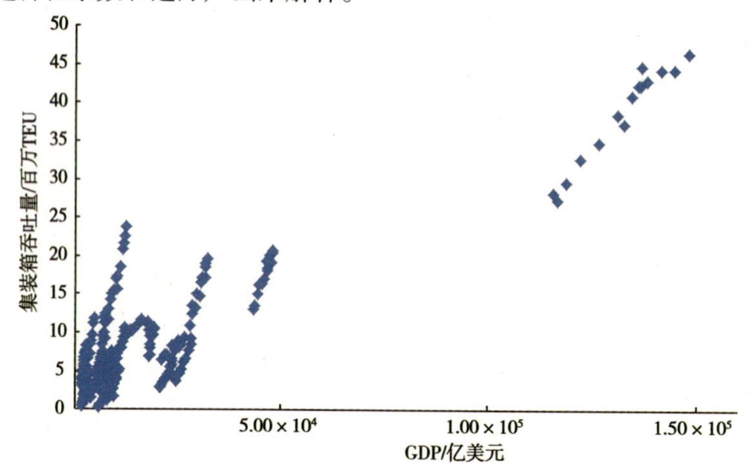

图 29.1　样本国家集装箱吞吐量与 GDP 的关系

（二）集装箱吞吐量对GDP的弹性系数比较

通常依据弹性原理来分析国民经济对集装箱吞吐量的拉动作用，依据运输经济学中关于弹性系数的相关理论，构建集装箱吞吐量对 GDP 的弹性系数的计算公式：

$$\mathrm{ed}=\frac{\sqrt[(j-i)]{y_j-y_i}-1}{\sqrt[(j-i)]{x_j-x_i}-1} \qquad (29.1)$$

其中，y_i 和 y_j 为第 i 年和第 j 年的集装箱吞吐量；x_i 和 x_j 为第 i 年和第 j 年的 GDP。ed 为 GDP 每增加 1% 引发集装箱增加的百分比：大于 1 表明集装箱吞吐量增长的速度大于 GDP 增长的速度，小于 1 表明集装箱吞吐量增长的速度小于 GDP 增长的速度。计算样本国家 2001 ～ 2015 年 15 年间集装箱吞吐量对 GDP 的弹性系数，结果如图 29.2 所示，可得到如下结论。

（1）除阿根廷外，其他国家的弹性系数均大于 1，这说明各国的集装箱增长速度大于 GDP 增长速度，这与上文各国集装箱发展都呈现快速增长的趋势相符，集装箱化率的不断提升是各国弹性系数大于 1 的重要原因。

（2）高收入国家弹性系数的平均值要大于中等收入国家。

（3）高收入国家弹性系数的平均值为 3.58，其中德国最大，为 6.51，英国最小，为 1.56。

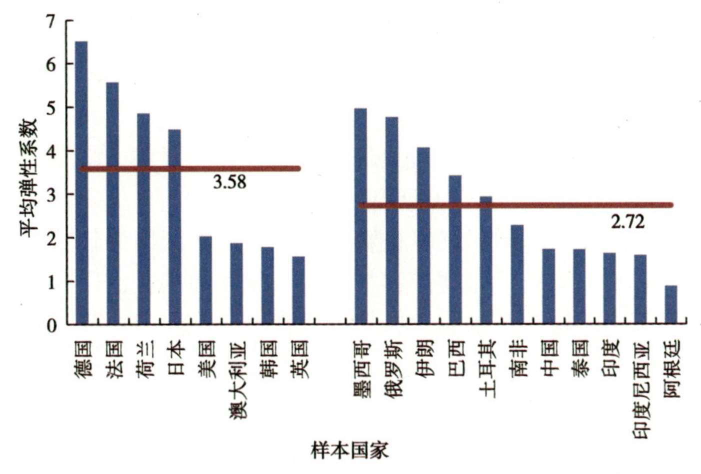

图 29.2　集装箱吞吐量对 GDP 的弹性系数的国别比较

（4）中等收入国家弹性系数的平均值为 2.72，其中墨西哥最大，为 4.96，阿根廷最小，为 0.88。

（三）集装箱吞吐量对GDP的边际产出比较

为了考察新增 GDP 对集装箱运输的拉动作用，选取边际产出原理对其进行分析，依据运输经济学关于边际产出的相关理论，构建 GDP 对集装箱吞吐量边际产出的计算公式：

$$\mathrm{mp}=\frac{y_j-y_i}{x_j-x_i} \tag{29.2}$$

其中，y_i 和 y_j 为第 i 年和第 j 年的集装箱吞吐量；x_i 和 x_j 为第 i 年和第 j 年的 GDP。mp 为 GDP 每增加 1 万美元引发集装箱增加的吞吐量数，其值越大，表明集装箱发展的潜力越大，吞吐量上升的空间越大。计算样本国家 2001 ～ 2015 年集装箱吞吐量对 GDP 的边际产出，结果如图 29.3 所示，可得到如下结论。

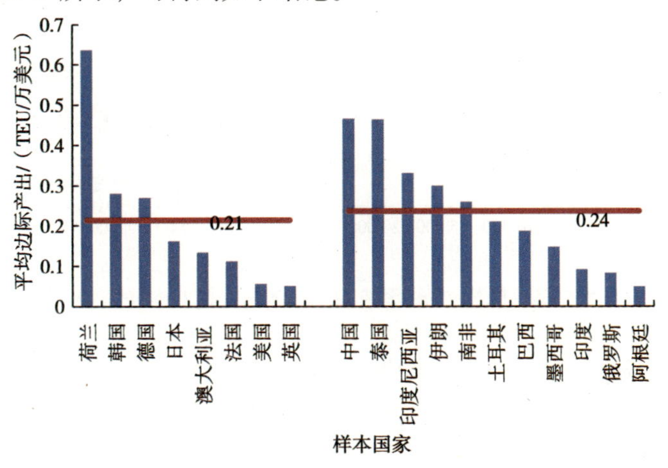

图 29.3　GDP 对集装箱吞吐量边际产出的国别比较

（1）高收入国家边际产出的平均值要小于中等收入国家。

（2）高收入国家的边际产出的平均值为0.21TEU/万美元，其中荷兰最大，为0.64TEU/万美元，英国最小，为0.05TEU/万美元。

（3）中等收入国家边际产出的平均值为0.24TEU/万美元，其中中国最大，为0.47TEU/万美元，阿根廷最小，为0.05TEU/万美元。

（4）处于海上交通枢纽的国家集装箱转运量大，边际产出比较大。泰国、印度尼西亚位于马六甲海峡附近，沟通了印度洋和太平洋、欧洲和东亚，这条航线集装箱运量非常大，因此两个国家集装箱转运量非常大。荷兰素有“欧洲门户”之称，位于欧洲三大河流的出海口，以及欧陆出海通道和北大西洋航线的连接点，很多进出口商品均经由荷兰转运到欧洲各地，使其集装箱吞吐量很大。

三、集装箱生成密度与经济发展阶段的关系

由于全球集装箱运输业的不断发展，集装箱生成量和国民经济关系的规律在不同收入阶段有明显差异。本节从集装箱生成密度角度来分析不同收入国家的特点。

图29.4是2001年以来单位GDP集装箱吞吐量与人均GDP关系的跨国数据截面图。显而易见，在不同的收入阶段，各国集装箱生成密度呈现不同的增长趋势，单位GDP集装箱吞吐量的持续增加都伴随着人均收入的长期提升。在相同时期内，美国、英国等高收入国家的单位人均GDP快速提升导致集装箱生成密度增长较慢，而阿根廷、巴西等中等收入国家集装箱生成密度则呈现快速增长态势。根据单位GDP集装箱吞吐量和人均GDP的大小，以2015年样本国家数据为例，将其划分为四个类型，分别命名为Ⅰ、Ⅱ、Ⅲ、Ⅳ型。

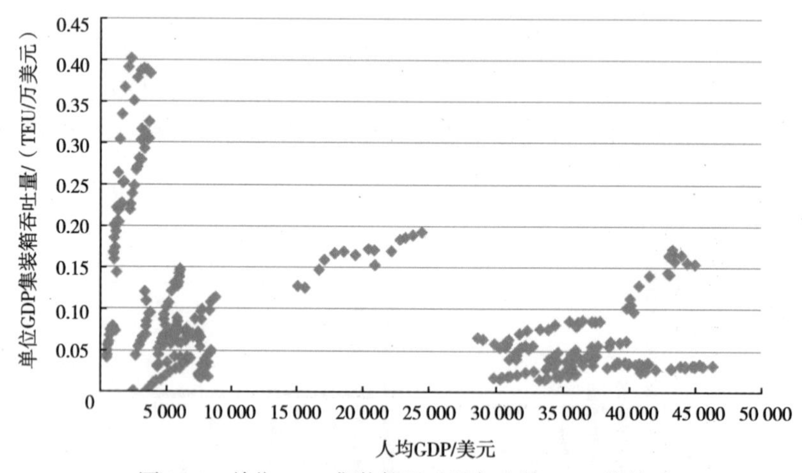

图29.4 单位GDP集装箱吞吐量与人均GDP的关系

1. Ⅰ型——高生成密度的高收入国家

单位GDP集装箱吞吐量比较高，韩国和荷兰达到0.19TEU/万美元和0.17TEU/万美元，远高于其他高收入国家，但单位GDP集装箱吞吐量增长的速度要低于人均GDP增长速度。该类型国家有两个典型代表：韩国和荷兰。韩国是第二次世界大战以后少数几

个成功跨越“中等收入陷阱”的经济体中经济体量较大的国家，其进入高收入国家的时间不长，经济增长仍具有一定潜力。荷兰是欧洲海上运输的门户，集装箱转运量非常大。

2. Ⅱ型——高生成密度的中等收入国家

单位 GDP 集装箱吞吐量数值较高，2015 年，中国、印度尼西亚和泰国高达 0.38TEU/万美元、0.25TEU/万美元和 0.32TEU/万美元，且单位 GDP 集装箱吞吐量增长的速度要远高于人均 GDP 增长速度。该类型国家有两类典型代表：中国和印度尼西亚、泰国。印泰两国位于重要的交通枢纽而导致其集装箱转运量较大，自身经济贸易产生的集装箱量有限。

3. Ⅲ型——低生成密度的中等收入国家

单位 GDP 集装箱吞吐量数值较低，2015 年平均值为 0.09TEU/万美元，要低于Ⅱ型国家，但单位 GDP 集装箱吞吐量增长的速度要远高于人均 GDP 增长速度。典型国家为墨西哥、俄罗斯、巴西、印度、土耳其、阿根廷、南非和伊朗，其均属于经济快速发展、集装箱运输需求旺盛的国家。

4. Ⅳ型——低生成密度的高收入国家

单位 GDP 集装箱吞吐量较低，2015 年平均值仅为 0.05TEU/万美元，且单位 GDP 集装箱吞吐量增长的速度要低于人均 GDP 增长速度。典型国家为美国、日本、德国、英国、法国、澳大利亚，均为经济增速较慢的国家。

四、集装箱生成与经济发展阶段关系的规律总结

（一）不同收入阶段集装箱生成量和经济发展阶段关系的规律性分析

1. 高收入国家集装箱吞吐量对GDP的弹性系数高、边际产出低

由于高收入国家属于发达经济体，经济体量很大，经济增速较慢，且经济增长主要依靠内生变量和服务业拉动，农业和工业对经济的贡献程度下降。适箱货物主要来源于农业和工业，经济增长带来的集装箱生成量有限，而集装箱化率的提高又使集装箱生成量保持一定增长。因此，国民经济和集装箱运输一慢一平的作用导致了高收入国家集装箱吞吐量对 GDP 的弹性系数较高；而服务业主导的经济发展模式使集装箱吞吐量对新增 GDP 的边际产出较低。

2. 中等收入国家集装箱吞吐量对GDP的弹性系数低、边际产出高

中等收入国家经济体量不大，经济增长较快，目前处于工业化实现阶段，经济增长主要依靠工业发展拉动，受益于经济全球化，对外贸易发展较快。初级产品和工业制成品的输入和输出产生巨大的运输需求，使集装箱生成量大幅上涨。因此，国民经济和集装箱运输的双高增长导致了中等收入国家集装箱吞吐量对 GDP 的弹性系数低于高收入国家；而工业主导的经济发展模式使集装箱吞吐量对新增 GDP 的边际产出较高。

（二）不同收入阶段集装箱生成密度的演变规律

根据集装箱业的发展趋势和世界各国集装箱生成密度和收入阶段的关系，将不同收入阶段集装箱生成密度的演变规律总结如图 29.5 所示。两种类型国家的集装箱生成密度在演化过程中，均出现先上升后下降的趋势，从图形形态上可初步确定集装箱生成密度和人均 GDP 间存在倒“U”形的图形关系。但不同国家间集装箱生成密度数值存在较大的系统性差异，即在人均 GDP 相同的阶段，单位 GDP 集装箱吞吐量差异较大。

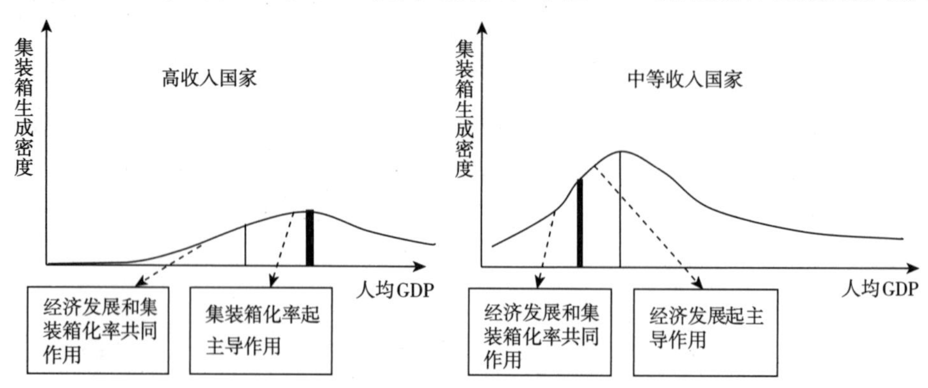

图 29.5　高收入国家和中等收入国家集装箱生成密度演变规律示意图

1. 高收入国家

高收入国家在经济发展初期并没有产生集装箱运输形式，在集装箱运输大力发展之时，高收入国家的经济已经发展到较高水平。最初集装箱生成量的产生是经济发展和集装箱化率的共同作用，当这些国家的经济发展到高收入阶段的高级阶段，国民经济产生的集装箱运输需求下降，此时支撑集装箱生成密度增长的主导因素是集装箱化率的不断提高。当世界集装箱化率趋于稳定后，高收入国家集装箱生成密度将开始下降，但由于社会经济的刚性需求，其下降幅度不会很大，最终趋于平稳。

2. 中等收入国家

中等收入国家经济起步时集装箱运输已经产生，其国民经济和集装箱同步发展。初期集装箱生成量的产生同样是经济发展和集装箱化率的共同作用，当世界集装箱化率趋于稳定时，这些国家的经济贸易还有很大的发展空间，即使在高收入阶段的初级阶段，国民经济对集装箱运输的需求还会比较旺盛，此时支撑集装箱生成密度增长的主导因素是自身经济贸易的发展。当中等收入国家进入高收入阶段的高级阶段，集装箱生成密度会下降并最终趋于稳定。

第三节　中国集装箱生成与经济发展阶段关系研究

中国作为世界第一集装箱大国，其集装箱发展和经济发展阶段的关系是否存在特殊性？对当前我国集装箱增长所处的阶段进行定位，可以为未来集装箱运输市场政策的制定调整和集装箱港口新改建项目提供有价值的参考。

一、中国集装箱运输发展历程

20世纪70年代，中国集装箱运输开始起步，随着中国改革开放进程的加快与深入，伴随着经济高速发展，集装箱运输在随后40多年中保持了高速稳定的发展。20世纪80年代，中国集装箱运输业进入快速发展时期，以高达年均24.78%的速度快速增长，集装箱吞吐量从1981年的11.41万TEU增长到2015年的2.12亿TEU，增长了1857倍，集装箱化率从5%提升到80%左右。自2002年首次超过美国以来，中国集装箱吞吐量连续15年保持在全球首位，2015年约占全球集装箱吞吐量的27%，超过全欧洲国家，是美国的4.35倍。中国有近60个港口可进行集装箱专业化作业，超过120家企业从事集装箱码头作业，2015年16个港口的集装箱吞吐量达到200万TEU，吞吐量居世界前10位的港口中中国拥有7个。从全国港口统计来看，中国拥有超过480个码头泊位，其中万吨级泊位325个，码头设计集装箱年通过能力为1.9亿TEU，共占有岸线资源约122.9千米。目前集装箱运输已经形成比较完善的运输体系，2006年《全国港口沿海布局规划》根据不同地区的经济发展状况及特点、区域内港口现状及港口间运输关系和主要货类运输的经济合理性，将全国沿海港口自北向南划分成5个规模化、集约化、现代化的港口群，分别为：以大连港、天津港和青岛港为主的环渤海地区港口群，以上海港和宁波舟山港为主的长江三角洲地区港口群，以厦门港和福州港为主的东南沿海地区港口群，以深圳港和广州港为主的珠江三角洲地区港口群，以北部湾港为主的西南沿海地区港口群。

回顾中国集装箱运输发展的历程，可以将其划分为以下四个阶段。

1. 起步阶段（1973～1980年）

1973年从日本搭载小型集装箱的“渤海一号”轮到达天津港，自此天津港和上海港开始接卸国际集装箱，这标志着中国由此进入海上集装箱运输时代。20世纪80年代，中国沿海港口初步形成了超过10条国际集装箱航线，可以到达日本、北美洲和澳大利亚，同时天津港、上海港和广州港开始建设专业化的集装箱码头。处于起步阶段的中国集装箱运输港口建设和网络建设滞后，集装箱吞吐量规模较小。中国的集装箱吞吐量在1980年只有6.43万TEU，港口件杂货集装箱化率仅为3.2%，全国只有少数航运企业从事集装箱运输。

2. 成型阶段（1981～1997年）

随着改革开放进程加快，对外贸易大幅增长，集装箱运输需求增大，集装箱港口的重要性日渐凸显，中国开始规划和建设沿海集装箱港口，初步形成了以上海港为核心，天津港、大连港、青岛港和广州港为辅助的沿海集装箱港口体系。在这一时期，集装箱港口对区域经济的拉动作用显著，港城互动效果开始显现并初具成效，大陆集装箱吞吐量于1989年首次超过100万TEU，于1997年再次突破1000万TEU。

3. 成熟阶段（1998～2008年）

经济的高速增长对港口提出了更大的运输需求，中国港口迎来了投资建设高峰，港口建设表现出投资强度大、范围宽、辐射广等特点。中国加入世界贸易组织后，集装箱吞吐量大幅增长，2002 年中国集装箱吞吐量首次超越美国，跃居全球第一，2007 年中国集装箱吞吐量突破 1 亿 TEU，成为名副其实的全球集装箱运输大国。

4. 调整阶段（2009年至今）

受到美国金融危机的影响，全球经济环境恶化，极大影响了中国对外贸易的增长。2009 年，中国集装箱吞吐量首次出现负增长，中国应对金融危机的一揽子计划继续刺激国内贸易发展，外贸集装箱运输低迷的同时内贸集装箱运输迎来发展高潮，内贸集装箱吞吐量从 2009 年的 3561.27 万 TEU 增长到 2015 年的 7963.90 万 TEU，年均增长率达 14.35%，中国集装箱运输整体又呈现利好的发展形势。但这一阶段集装箱港口规划和建设并没有停滞，港口间恶性竞争、港口产能过剩、过度超前建设等问题凸显。

推动中国集装箱运输快速发展的动力主要有以下三个方面。

（1）中国经济贸易快速增长是支撑集装箱运输迅猛发展的最主要动力。1978 年以来的 40 多年间，中国经济保持了年平均增长率 9% 的速度快速增长，中国目前已成为世界第二大经济体。同时改革开放的深化使中国对外贸易水平不断提升，中国成为名副其实的世界工厂，自 1978 年来进出口总值的年平均增长率高达 19.33%。中国国民经济和对外贸易的高速发展为中国集装箱运输飞跃发展奠定了基础。

（2）产业或贸易结构变化导致货物运输需求结构调整。随着产业结构的变化，产品结构也相应地发生了变化，“重、厚、长、大”型的产品结构逐渐向“轻、薄、短、小”型的产品结构转化，“高效、高速、高质”的运输要求使运输方式趋于多式联运发展；同时贸易结构也逐步高级化，导致进口和出口产品的结构发生改变，初级产品在进出口总额中的占比不断下降，工业制成品在进出口总额中的占比迅速上升，且所占比重越来越大。这种产品结构的变化为集装箱运输提供了充足的货源。

（3）集装箱化率的提高在技术上促进了集装箱运输的发展。集装箱运输的高效、便捷、低损等优势使适用集装箱运输的货种不断增加，集装箱技术的发展也使得越来越多的货物采用集装箱运输。随着我国运输需求结构的调整，我国件杂货的集装箱化率在逐年提升（图 29.6），1985 年上升为 16.2%，2000 年达到 63%，2008 年达到 75%，2014 年已达到 80% 左右。与世界先进港口相比，鹿特丹港为 72%，神户港为 82%，汉堡港为 80%，新加坡港为 90%，国际平均水平为 85%。我国沿海港口的集装箱化率上升空间有限，基本趋于饱和状态。

二、中国集装箱生成量和经济发展阶段的关系

计算中国 1982 年到 2015 年每年集装箱吞吐量对 GDP 的弹性系数和边际产出（图 29.7），二者均呈现波动变化，根据两个指标的变动情况可划分为两个阶段：1982 ～ 2002 年和 2003 ～ 2015 年。在 1982 ～ 2002 年这个阶段：弹性系数波动非常剧烈，大多数年份数值都大于 2，说明集装箱吞吐量的增速要远远大于 GDP 增速；边际产出基本呈现上升趋

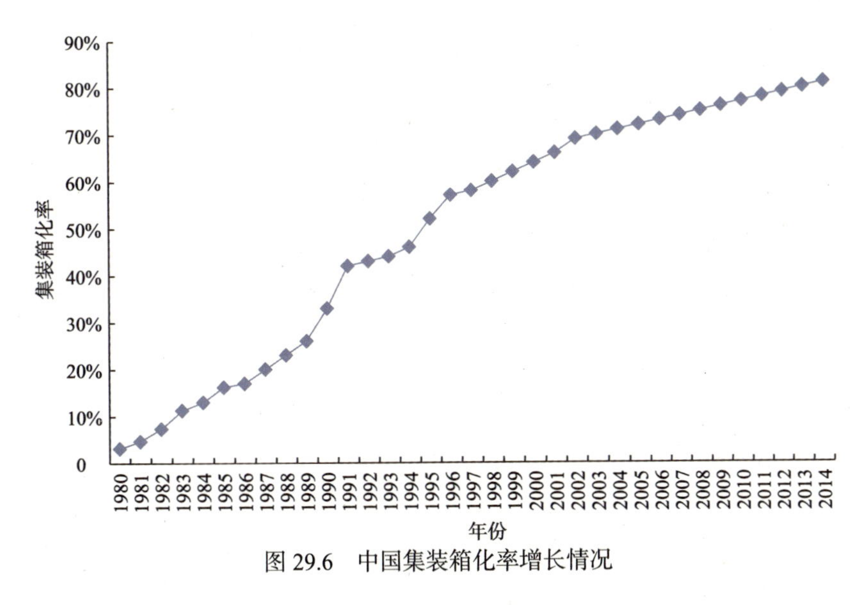

图 29.6　中国集装箱化率增长情况

势，由 1982 年的 0.02TEU/ 万美元增长到 2002 年的 0.75TEU/ 万美元，说明在此阶段的经济发展过程中集装箱吞吐量对新增 GDP 的拉动作用非常大，这主要是由于该阶段中国工业经济发展成就显著，适箱货物运输比例和需求加大。在 2003 ～ 2015 年这个阶段：弹性系数逐步减小，2013 年后小于 1，集装箱吞吐量增速低于 GDP 增速；边际产出也在波动中下降，新增 GDP 产生集装箱吞吐量的能力逐步减弱；2009 年金融危机时集装箱吞吐量出现负增长，弹性系数和边际产出都为负，2010 年有所缓和但并没有改变二者下降的趋势。这主要是由于中国经济发展模式逐步由粗放式向集约式转变，服务业对经济增长的拉动作用逐渐加强，同时对外贸易增长放缓甚至出现负增长，外贸集装箱生成增长空间压缩，导致了集装箱吞吐量增速放缓。

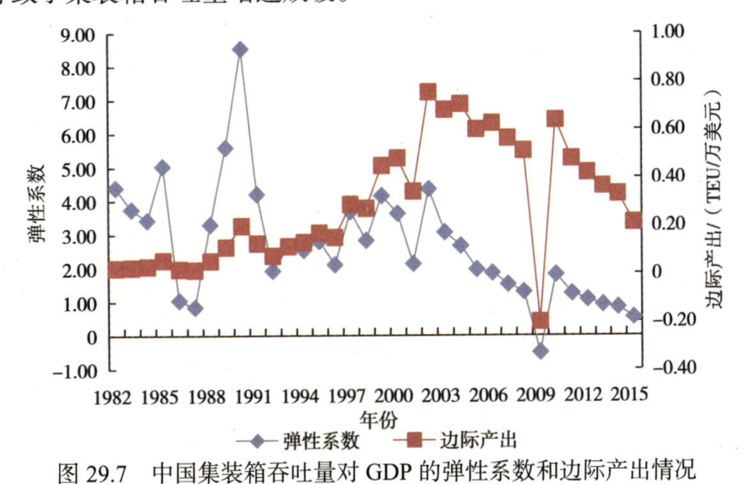

图 29.7　中国集装箱吞吐量对 GDP 的弹性系数和边际产出情况

三、中国集装箱生成密度和经济发展阶段的关系

计算中国 1981 年到 2015 年每年单位 GDP 集装箱吞吐量，得到中国集装箱生成密度

随人均 GDP 的变化趋势图（图 29.8），根据曲线斜率可将其划分为四个阶段。人均 GDP 不足 1000 美元（1981 ～ 1998 年）时，集装箱生成密度增长幅度比较平稳；人均 GDP 在 1000 ～ 1500 美元左右（1999 ～ 2004 年）时，斜率增大，集装箱生成密度有大幅上涨；人均 GDP 在 1500 ～ 2500 美元左右（2005 ～ 2008 年）时，斜率减小，集装箱生成密度增幅下降；人均 GDP 大于 2500 美元（2009 ～ 2015 年）时，集装箱生成密度出现降低趋势。中国集装箱生成密度随人均 GDP 的增长出现上述变化的原因与弹性系数和边际产出变化的原因相似，都是中国经济增长的驱动产业的产值和比例变化及对外贸易规模和结构的变化导致的，先上升后下降的变化趋势也符合中等收入国家集装箱生成密度的演化规律。

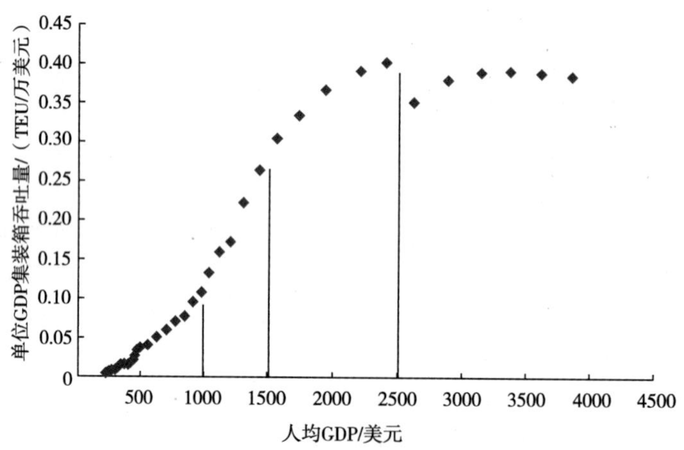

图 29.8　中国单位 GDP 集装箱吞吐量与人均 GDP 的关系

四、中国特殊性分析

中国在集装箱生成量与经济发展阶段的关系上基本符合中等收入国家一般的发展规律：集装箱吞吐量对 GDP 的弹性系数低、边际产出高。国民经济和集装箱运输的双高增长使集装箱吞吐量对 GDP 的弹性系数较低，而工业主导的经济发展模式使集装箱吞吐量对新增 GDP 的边际产出较高。

中国在集装箱生成密度与经济发展阶段的关系上则表现出特殊性。单位 GDP 集装箱吞吐量水平最高，是其他中等收入国家的 2 ～ 8 倍，不同于泰国和印度尼西亚等转运型港口国家，中国集装箱生成密度居高不下是因为自身经贸发展体量庞大。但中国集装箱生成密度在中等收入国家中率先开始下降，这主要是因为经济发展和集装箱化率对中国集装箱生成的驱动作用同时开始减弱。一方面，经济增长放缓和对外贸易萎缩从箱源基础上对集装箱生成产生负向作用；另一方面，中国集装箱运输技术水平不断提高，使集装箱化率基本趋于饱和。

虽然中国集装箱生成密度开始出现下降趋势，但由于中国经贸体量的支撑，并不会出现断崖式下降。这一趋势需要引起政府和港口企业的高度重视，以对未来集装箱运输的发展做出正确的定位和判断。

五、中国集装箱生成量未来走势分析

（一）中国经济和贸易发展的影响

当前中国经济正处于经济结构调整、经济增长转型、刺激政策消化的关键时期，经济下行压力不断加大，发展中的深层次矛盾开始显现，未来面临的困难可能更大。中国的经济发展已经步入新常态，经济增长速度由10%左右的高速增长进入6%左右的中高速增长阶段，经济发展方式由速度规模的粗放型增长向质量效率的集约型增长转变。从经济增长“三驾马车”的贡献来看，对外贸易和投资的作用逐渐减弱，进出口货物总值的增长速度开始放缓甚至出现负增长，实际利用外资也处于波动状态。今后的经济增长主要依托消费增长的拉动，而消费的增长对集装箱输运需求量增长的刺激作用有限。

前文的结论表明集装箱吞吐量对GDP的弹性系数已下降到不足1，未来还有继续减小的趋势，这说明集装箱吞吐量的增速未来将不足5%；GDP的边际产出也呈现下降趋势，说明未来集装箱增长潜力减弱，新增GDP产生的集装箱数量将减少；中国的集装箱生成密度已出现拐点，国民经济集装箱生成能力将不断下降。以上三个指标都表明，在未来中国经济增速下调的前提下，中国集装箱吞吐量增长将进入中低速增长的“常态”。

（二）外贸货物运输需求结构调整的影响

在经济发展新常态下，随着我国产业结构的升级与工业化建设的加速，将会改变对外贸易的商品结构，海运货物的运输需求也在发生深刻变化。一方面，煤炭、钢铁、粮食等大宗物资运输需求持续下降；另一方面，我国加工贸易发展迅速和制造业水平的持续提升、国产商品的升级既满足了国内工业制成品的需求，也能够适应和满足其他国家对工业制成品的要求，零散“白货”运输需求保持快速增长。

从适箱商品出口结构来看（图29.9）：我国资源密集型商品出口总值较低，2015年仅占1%左右，约160亿美元，其对集装箱生成的影响程度相对较小；劳动力密集型商品增长先缓慢后稳定，从1995年的76.34%下降到2005年的45.56%，而后比例保持在45%左右；资本密集型商品比例先增加后稳定，从1995年的23%增长到2005年的53.35%，而后稳定在52%左右，其出口总值最大，对集装箱贡献最大。由于我国经济中低速发展和全球贸易不景气，出口贸易受到很大影响，适箱商品中劳动力密集型商品及资本密集型商品的比例将在波动中保持稳定，而商品附加值将不断增加，我国出口集装箱运输需求增长空间有限。

从适箱商品进口结构来看（图29.10）：我国资源密集型商品进口比例在5%左右，但适箱商品产值较少，集装箱化率非常低，因此其对集装箱运输的影响程度最小；劳动力密集型商品进口比例持续下降，从1995年的45.19%下降到2015年的25.99%，适箱商品中轻纺类商品产值比例较大，附加值相对较低；资本密集型商品进口比例从1995年的40%快速增长到2000年的60%，而后保持小幅稳定增长，2015年保持在70%

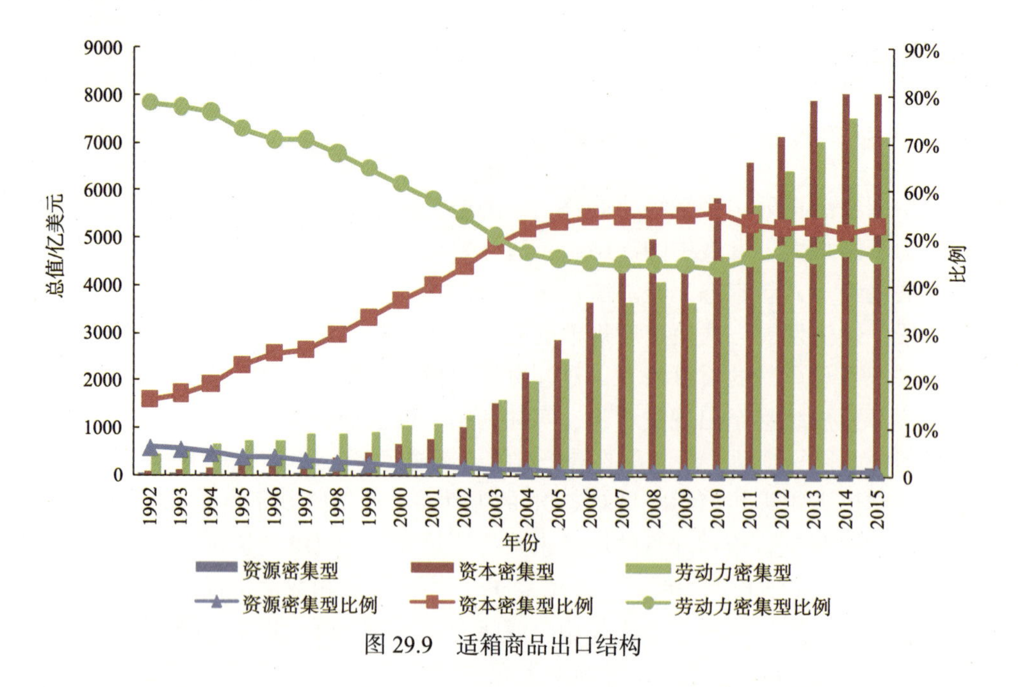

图 29.9 适箱商品出口结构

左右，其对集装箱运输贡献也最大。我国进口贸易将逐步向资源密集型商品为主导转变，适箱商品中资源密集型商品进口比例将小幅上涨，劳动力密集型商品进口比例将继续减小，资本密集型商品进口比例缓慢增长且更侧重于高端技术商品的进口，我国进口集装箱运输需求增长比较缓慢。

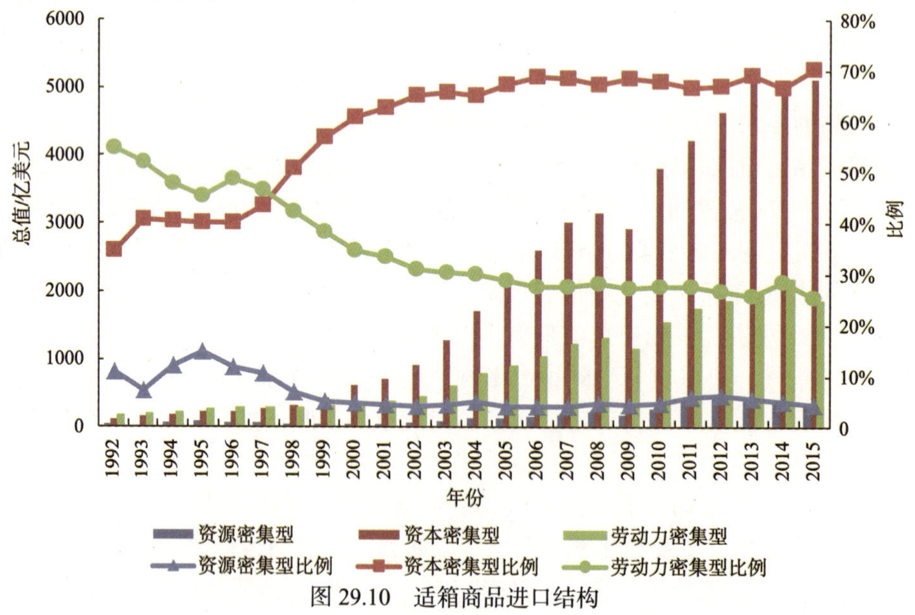

图 29.10 适箱商品进口结构

综合以上两个方面的影响，未来中国集装箱吞吐量不会有太大增长。目前中国集装箱港口吞吐能力总量供给基本与需求平衡，未来港口设施建设要从数量扩张向质量与效率提升转型，重点应该放在完善和调整上，而不能盲目新建码头泊位。港口的发展要从传统的货物接卸向物流经营转型，粗放式扩大港口规模的发展模式无以为继，需尽早调整结构，依靠提高效率来谋取发展。

第四节　集装箱生成影响因素分析

按照集装箱运输的流向，可以将集装箱生成量分为外贸集装箱生成量和内贸集装箱生成量。外贸集装箱生成量是指一个地区对国际集装箱运输的总需求量，综合反映该地区对外贸易的活跃程度；内贸集装箱生成量是指一个地区对国内集装箱运输的总需求量，综合体现该地区与国内其他地区生产和消费的联系程度。中国的集装箱运输主要为对外贸易服务，其中70%以上为外贸集装箱，对外贸易的总量和结构直接影响着中国集装箱运输需求，集装箱吞吐量前三位的上海港、深圳港和宁波舟山港外贸集装箱吞吐量比例都在90%左右，因此对外贸集装箱生成量的研究十分迫切且具有代表性，后文的影响因素、空间分布及腹地划分等研究均以外贸集装箱为研究对象。

一、外贸集装箱生成影响因素的识别及设定

集装箱需求产生的影响因素的识别及其内在客观联系是集装箱生成机制研究的重要内容。影响外贸集装箱生成的主要因素有以下几个方面。

（1）一个地区国民经济发展总体水平的高低。

（2）一个地区外贸进出口额水平的高低。

（3）一个地区国民经济发展中产业结构及发展变化，尤其是第二产业的比重。

（4）一个地区外贸产品结构及调整变化，尤其是适箱产品的比重。

（5）实际适箱货装箱比例，即集装箱化率的变化。

除此之外，集装箱生成也受地区地理位置、交通运输方式转运条件、基础设施、服务水平等因素的影响。

归纳与分析现有研究中集装箱生成的影响变量，结合外贸集装箱生成机制及数据的可获取性，本节设定的中国外贸集装箱生成影响因素主要有以下几个方面（表29.2）。

表29.2　外贸集装箱生成的影响因素

影响因素	相应变量	预期符号
外贸发展水平	货物进出口总值（IEV）	正
产业发展水平和结构	第二产业人均增加值（PCIV）	正
吸引外资能力	实际利用外商投资额（AFI）	正
劳动力成本	在岗职工平均货币工资（WAGE）	负
路径依赖效应	前一期外贸集装箱生成量（FCG_{t-1}）	正

注：IEV、PCIV、AFI、WAGE、FCG为回归方程中所用英文代码

（1）外贸发展水平。该因素代表了一个地区对外贸集装箱产生和消耗的总体需求，市场越大，外贸集装箱生成量就越大。用货物进出口总值来衡量进口和出口市场发展水平，以各年平均汇率将美元兑换为人民币。

（2）产业发展水平和结构。第二产业是生成外贸集装箱的最主要的产业，我国目前还处于工业化发展阶段，工业产品的输出和初级原材料的输入对外贸集装箱形成很大的运输需求。用第二产业的发展水平来代表产业结构，用第二产业人均增加值来衡量产业发展水平和结构。

（3）吸引外资能力。地区外贸集装箱生成能力取决于该地区参与国际化生产和分工的程度，吸引外资能力是生产国际化和国际分工进一步加深的体现。用实际利用外商投资额来衡量吸引外资的能力，以各年平均汇率将美元兑换为人民币。

（4）劳动力成本。集装箱运输的商品中以工业制成品为主，其中很大比例是劳动力密集型产品，因此劳动力成本是产生对外贸易和外贸集装箱运输需求的重要因素。劳动力成本与外贸集装箱生成应该存在一种负相关关系，用在岗职工平均货币工资来衡量。

（5）路径依赖效应。国外贸易者对东道国企业信息掌握相对欠缺，因此在贸易过程中存在“路径依赖”，后期的贸易行为会受前期的影响。用前一期外贸集装箱生成量来衡量外贸集装箱生成的路径依赖效应。

二、基于省级层面的外贸集装箱生成影响因素分析

（一）研究方法及模型构建

面板数据是将所研究的不同观测对象（横截面数据）的时间序列数据进行组合而形成的，面板数据模型既可以增加估计量的抽样精度，又可以比单纯的截面数据模型获得更多的动态信息。中国外贸集装箱生成活动是动态的，在时间上具有记忆性，采用动态面板数据模型可以更好地反映不同地区间的异质性和动态效应。本节通过对 2009 ～ 2015 年海关外贸集装箱数据进行大量处理和归并，以省级行政单元为研究对象，选取经济发展中影响外贸集装箱生成的指标与外贸集装箱生成量建立动态面板数据模型，量化各指标在不同区域的影响程度。本节选取了 2009 ～ 2015 年中国 31 个省区市的面板数据，并将其划分为东、中、西三大区域，由于中、西部地区外贸集装箱生成量较小，因此将二者合并研究。其中，外贸集装箱生成量数据来源于海关数据，经归并处理获得；社会经济发展和对外贸易发展数据来源于 2010 ～ 2016 年《中国统计年鉴》和各省区市的统计年鉴。进出口总值和外商直接投资总额的数据以各年平均汇率将美元兑换为人民币。

本节采用对数形式构建动态面板数据模型，具体模型如下：

$$\begin{aligned}\ln \mathrm{FCG}_{it} = \alpha_0 + \alpha_1 \ln \mathrm{FCG}_{i,t-1} + \alpha_2 \ln \mathrm{IEV}_{it} + \alpha_3 \ln \mathrm{AFI}_{it} \\ + \alpha_4 \ln \mathrm{PCIV}_{it} + \alpha_5 \ln \mathrm{WAGE}_{it} + \eta_i + \varepsilon_{it}\end{aligned} \tag{29.3}$$

其中，ε_{it} 为随机扰动项，η_i 为不随时间变化的各省区市截面的个体差异。

随机扰动项本身不存在自相关，但加入的解释变量滞后项和随机扰动项会相关，从而产生内生性问题，这将导致参数估计的有偏性和不一致性，得不到可靠结果。动态面板数据模型的估计方法主要有工具变量（instrumental variable，IV）法和广义矩估计法（generalized method of moments，GMM），本节采用 GMM 对模型进行估计。Arellano、Bond、Bover 和 Blundell 提出了系统广义矩估计法，其本质是选择原有模型中前定和内生

变量的一阶差分滞后项作为工具变量。

模型估计后需要对估计结果进行评价，主要是对模型的设定和工具变量进行检验。Hansen 检验用来考察模型中工具变量是否存在过度识别，其原假设是不存在工具变量过度识别。模型估计通过 AR 检验来检验扰动项是否序列相关，用差分转换方程的 AR（1）、AR（2）检验，其原假设是一阶差分后的扰动项不存在二阶序列相关。在 GMM 估计之后，对估计方程的残差项进行单位根检验，通过残差的平稳性来判断面板数据结构是否平稳，来保证 GMM 估计不是伪回归，主要采用 ADF（augmented Dickey-Fuller）-Fisher 检验、Breitung 检验、LLC（Levin-Lin-Chu）检验等方法。

（二）实证结果及分析

用中国 31 个省区市 2009 ～ 2015 年的数据分别对东部、中西部地区的动态面板数据进行 GMM 估计，得到的计算结果见表 29.3。

表 29.3　动态面板数据模型 GMM 估计结果

	东部	中西部
lnIEV	0.109*** （3.64）	0.182* （1.75）
lnAFI	0.024 （1.06）	0.086** （2.48）
lnPCIV	0.111*** （3.25）	0.081 （0.66）
lnWAGE	−0.313*** （−8.60）	−0.498** （−2.29）
$\ln FCG_{t-1}$	0.876*** （36.48）	0.750*** （7.18）
c	3.275*** （8.66）	6.409*** （3.15）
Wald 检验值	40 136.97***	5 191.45***
Hansen 检验的 P 值	0.967	0.747
AR（1）检验的 P 值	0.112	0.231
AR（2）检验的 P 值	0.951	0.521

注：括号内数字为估计系数的 t 检验值
***、**和*分别表示估计系数在1%、5%和10%的显著性水平通过检验

从表 29.3 中的统计量来看：系数联合显著性的 Wald 检验值都在 1% 的水平上显著，说明模型对各个变量的系数估计结果至少具有 99% 的置信度；Hansen 检验结果均接受原假设，表明工具变量的选择是有效的；AR（1）和 AR（2）检验结果均接受原假设，表明模型估计的残差不存在序列相关，模型的设定合理。从表 29.4 可知，所估计模型的面板残差均至少在 5% 水平下通过显著性检验，说明模型估计的面板残差都是平稳的，上述回归不是伪回归结果且满足动态面板的基本假设条件。

表 29.4 面板残差的平稳性检验

	东部	中西部
LLC 检验	−33.8471 （0.0000）	−34.8770 （0.0000）
Breitung 检验	−1.6992 （0.0446）	−2.6196 （0.0044）
IPS 检验	−2.6882 （0.0036）	−1.8526 （0.0320）

注：括号内数字即显著性检验得出的概率值

因此，基于对模型的估计和检验，本节的动态面板数据模型基本准确揭示了中国外贸集装箱生成的影响效应，并且反映出了地区之间的差异性。

动态面板模型 GMM 估计结果表明：外贸集装箱生成与外贸发展水平、吸引外资能力、产业发展水平和结构、路径依赖效应呈现出显著的正相关关系，且路径依赖效应的影响程度最大，其次是外贸发展水平，然后是产业发展水平和结构、吸引外资能力；外贸集装箱生成与劳动力成本呈现显著的负相关关系。估计结果与预期基本一致，具体影响因素的分析如下。

（1）路径依赖效应。外贸集装箱生成在东部和中西部地区都表现出极其显著的路径依赖效应，是所有因素中影响程度最大的。外贸集装箱生成量前期每增长 1%，东部和中西部地区外贸集装箱生成量的当期值增长 0.876% 和 0.750%，且东部地区的路径依赖效应要大于中西部地区。东部沿海地区较早形成了外贸集聚经济并随着时间推移逐步加强，优质货源与客户关系集中在东部地区，使中西部地区外贸集装箱发展受到限制。

（2）外贸发展水平。代表外贸发展水平的货物进出口总值在东部和中西部地区的系数都为正而且高度显著。货物进出口总值每增加 1%，东部和中西部外贸集装箱生成量分别增加 0.109% 和 0.182%。进出口货物中适箱产品的比例直接决定外贸集装箱生成量，目前中国进出口商品主要以适合集装箱运输的工业制成品为主，其中出口适箱产品比例占出口总值的 70% 左右，进口适箱产品比例占进口总值的 40% 左右。东部地区外贸市场的影响程度要低于中西部地区，与预期并不相符，这主要是因为东部地区进出口货物的技术水平和附加值较高，单位产值所产生的集装箱量要小于中西部地区。

（3）产业发展水平和结构。在实证结果中，产业发展水平和结构在东部和中西部地区与外贸集装箱生成量均呈现正相关关系，但只有东部地区结果显著。由此可见，中西部地区产业发展水平和结构并不是产生外贸集装箱运输需求的主要因素。这主要是因为中西部地区的发展模式是高耗能、高污染、技术含量低的工业产业拉动经济发展，制造业水平有限，第二产业生成集装箱能力较低。东部地区加工贸易发展迅速，工业结构不断调整和升级，制造业水平持续提升，逐步转为依托高技术生产具有高附加值的产品，第二产业生成集装箱的能力进一步加强。

（4）吸引外资能力。外商直接投资在东部和中西部地区的系数都为正，但中西部地区结果显著，东部地区不显著。外商直接投资每增加 1%，中西部地区外贸集装箱生成量增加 0.086%。外商直接投资促进了中国外贸规模的快速发展，同时对贸易结构转变产生直接效应，使中国出口结构基本实现以初级产品出口为主向以制成品出口为主的根本性转变；外商投资流入伴随着技术引进，对提高制造业水平产生正向影响，使国产商品在国际上更具竞争力。对于中西部地区，原有的外贸市场规模和外贸集装箱需求较小，外商投资的流入将直接扩大外贸集装箱运输的货源，起到一定作用；东部地区原本对外开放程度很高，运输货源充足，外资直接投资并不是外贸集装箱生成的主要因素。过去的经济发展阶段，外贸和投资对经济发展的拉动作用十分显著，引进外资是促进经贸发展的重要手段。但随着中国经济的发展和国力的提升，大规模引进外资的阶段已经过去，原有吸引外资和对内投资的趋势逐步转向对外投资，外商直接投资对 GDP 和进出口总值增长的影响逐步减小。因此，在经济发展相对滞后的中西部地区，外商直接投资对外贸集装箱生成有一定的影响，而对经济发展阶段较高级的东部地区则影响甚微，未来这种影响的程度将继续减弱。

（5）劳动力成本。劳动力成本因素在东部和中西部地区的系数都为负而且高度显著。在岗职工平均货币工资每增加 1%，东部和中西部地区外贸集装箱生成量分别减少 0.313% 和 0.498%，说明劳动力成本因素对外贸集装箱生成的重要性。中国与发达国家相比不具备技术和市场规模等优势，低廉的劳动力成本是中国产品在国际上具有竞争力的重要原因。改革开放后，中国凭借劳动力成本优势吸引大量外资流入，建立起世界工厂，这对中国外贸集装箱运输发展起到了极大的促进作用，但随着劳动力成本上升，一些劳动力密集型产业向东南亚等地区转移，对适箱产品生产造成消极影响，尤其是东部地区，产业转移现象更为严重，因此其对劳动力成本因素的敏感度要高于中西部地区。金融危机后，中国职工平均货币工资增长了 1.92 倍，东、中、西部地区分别增长 1.88 倍、1.91 倍和 2.05 倍，劳动力成本上升已成为不可逆转的事实，伴随而来的是劳动力密集型产业向国外的大量转移，外贸集装箱货源的不断流失。如何解决和平衡劳动力成本上升对外贸集装箱生成的消极影响，这对未来中国外贸集装箱运输发展至关重要。

以上影响因素的结果表明，外贸集装箱生成驱动力发生明显变化。金融危机前，外贸发展水平、产业发展水平和结构等经济因素是影响外贸集装箱生成的最重要因素，经济贸易的快速发展推动了中国外贸集装箱量的高速增长。但金融危机后，世界经济贸易格局发生变化，中国进出口规模和结构做出相应调整，刺激国内产业结构转型升级，外贸集装箱运输需求也发生改变。外贸发展水平、产业发展水平和结构等对外贸集装箱生成的影响作用在减弱，贡献率逐步减小。其他一些因素，如路径依赖、劳动力成本等的影响程度逐步显现并增强。

三、基于地级市层面的外贸影响因素区域差异分析

（一）研究方法及模型构建

地级市全局和局部空间分析结果表明不同地级市外贸集装箱的生成具有显著的空间依赖性和异质性，这种空间相关性将导致传统回归模型中存在严重的异方差。在这种情况下，回归模型的估计系数是有偏的，应该使用地理加权回归模型（geographically weighted regression，GWR）来进一步分析，模型采用 2015 年的截面数据。由于有 11 个地级市没有外贸集装箱量产生，在影响因素分析时需要将其剔除，因此 GWR 模型的样本数为 329。

由于空间异质性的存在，不同的空间子区域上解释变量和被解释变量的关系可能不同，因此就产生了 GWR 模型，其本质是局部模型。在 GWR 模型中，特定位置的回归系

数不是从所有信息中得到的假设常数，而是基于相邻观测子样本数据的局部回归估计得到的估计参数，该估计参数随空间地理位置的变化而变化，GWR 模型可表示为

$$y_i = \beta_0(\mu_i,\nu_i) + \sum_{j=1}^{k}\beta_j(\mu_i,\nu_i)x_{ij} + \varepsilon_i \tag{29.4}$$

其中，(μ_i,ν_i) 为地区 i 的地理经纬度坐标；y_i 和 x_{ij} 分别为被解释变量 y 和解释变量 x 在位置 (μ_i,ν_i) 处的观测值；ε_i 为随机误差项，服从正态分布；系数 $\beta_j(\mu_i,\nu_i)$ 为关于空间位置的 k 个未知函数。由上面可知 GWR 模型中的参数在每个回归点是不同的，因此不能使用最小二乘法（ordinary least square，OLS）进行参数估计。Fotheringham、Brunsdon、Charlton 依据"越接近地区 i 的观测值比那些远离地区 i 的观测值对 $\beta_j(\mu_i,\nu_i)$ 的估计影响越大"的观点，采用加权最小二乘法对参数进行估计。因此，最终的估计结果是局部性的参数估计，不同地区的估计参数是不同的。

$$\beta_j(\mu_i,\nu_i) = X^tW(\mu_i,\nu_i)X^{-1}X^tW(\mu_i,\nu_i)Y \tag{29.5}$$

其中，W 为 $n\times n$ 阶的空间权重矩阵，反映了地理位置对参数估计的影响。为了更准确地估计方程中 GWR 的参数，空间权重矩阵的选择和构造至关重要。在空间分析中，通常认为距离区域 i 越近的观测值对位置 i 处的参数估计影响越大，反之越小。因此在估计位置 i 的参数时，必须给予离 i 较近的地区更多的关注，也就是优先考虑较近观测值的影响。根据这一思想，可供选择的权函数有多种形式，常用的是高斯函数。

与 OLS 模型相比，GWR 模型具有以下优点：①在处理空间数据时模型的参数估计和统计检验比 OLS 模型更显著，且模型的残差较小；②每个样本空间单元都对应一个系数值，模型的结果能够更有效地反映局部情形和 OLS 模型忽略的变量间关系的局部特征；③模型参数可以用 GIS 进行空间表达，更利于观察和分析空间规律，且有利于进一步建立地理模型来探索空间变异特征。

（二）OLS回归分析

首先对模型进行 OLS 回归分析，OLS 估计结果见表 29.5。

表 29.5　OLS 估计结果

自变量	系数	标准误差	t 统计量	t 检验概率	VIF
常量	-2.12×10^{-7}	0.001 9	−0.000 1	1.000 0	
IEV	0.016 7	0.003 7	4.564 1	0.000 1	3.631
AFI	−0.006 6	0.002 6	−2.482 8	0.013 5	
PCIV	−0.003 9	0.002 2	−1.791 5	0.074 2	1.235
WAGE	0.000 5	0.002 4	0.216 8	0.828 5	1.201
FCG	0.990 8	0.003 9	254.973 6	0.000 0	3.854
R^2		0.987	Adjusted R^2		0.986
F-statistic		55 732.8	Prob（F-statistic）		0
AIC		−1 278.8	SC		−1 256.02

注：AIC——araike info criterion；VIF——variance inflation factor；SC——Schwarz criterion

模型整体上通过了1%水平的显著性检验，自变量货物进出口总值和前一期外贸集装箱生成量通过了1%的显著性检验，实际利用外商投资额和第二产业人均增加值通过了10%的显著性检验，但在岗职工平均货币工资未通过显著性检验。R^2值为0.987，说明模型解释了地级市外贸集装箱生成区域差异的98.7%，表明所选变量能够较好地解释外贸集装箱生成的市域变化，同时各变量的VIF值都小于5，表明变量选择无冗余现象。分析导致这种结果的原因可能是OLS得到的回归系数是全局的，各地级市整体上被假定是同一个常数，忽略了影响因素的空间相关性和异质性，无法区分各影响因素在局部地区对外贸集装箱生成的影响。因此，需要利用地理加权回归方法，验证空间因素对因子作用差异的影响。

（三）地理加权回归分析

外贸集装箱生成的空间分异变量不能满足OLS所要求的区域独立假设，因此有必要引入空间差异，并考虑局部空间影响对其进行修正。基于ArcGIS10.3的软件平台，选取ADAPTIVE和AIC法对329个地级市的数据进行计算和分析，得到GWR估计结果见表29.6。

表29.6　GWR模型参数估计及检验结果

模型参数	数值
Neighbors	179
Residual Squares	0.281
Effective Number	293
Sigma	0.031
AIC	−1340.544
R^2	0.999
Adjusted R^2	0.999

R^2和Adjusted R^2值都达到了0.999，较OLS得到了一定改善。条件数Cond（3.450～29.849）小于30，表明估计结果是可靠的；GWR估计的AIC值−1340.544比OLS估计降低了61.74，说明模型拟合程度比OLS估计显著提高；各地级市局部回归模型的标准化残差值的范围是[−6.352，11.647]，约96.35%的范围在[−2.58，2.58]，说明GWR模型的标准化残差值在5%的显著性水平下是随机分布的。从标准化残差的空间分布图（图29.11）可以看出，只有12个地级市的局部回归模型未通过残差检验。因此，GWR模型性能良好，拟合优度较高。

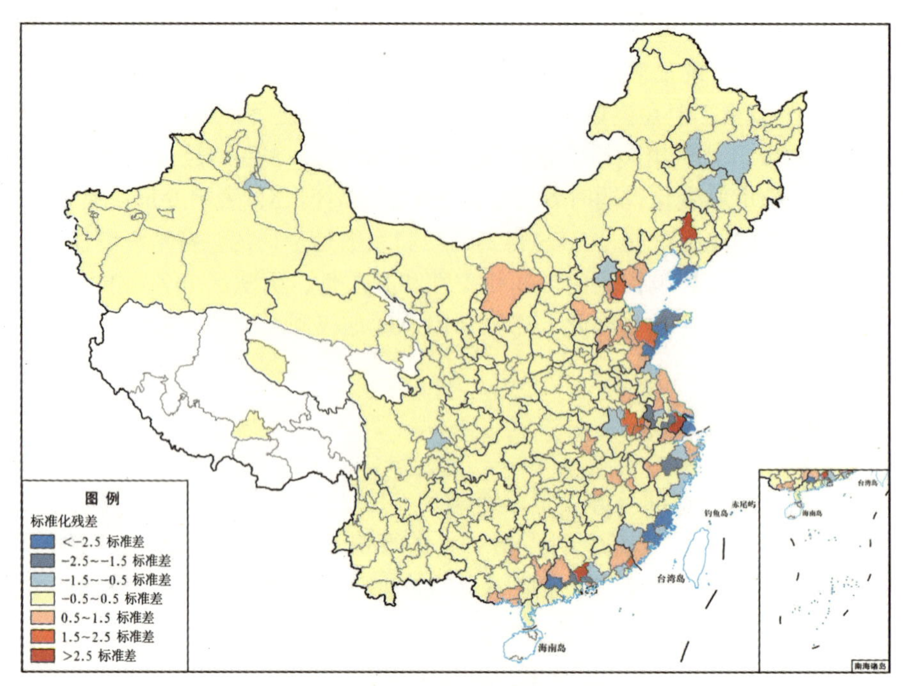

图 29.11 标准化残差的空间分布图

表 29.7 中列出了影响因素的描述性统计结果，可以看出大部分解释变量的系数估计值显著。从五个影响因素回归系数的平均值来看，实际利用外商投资额、第二产业人均增加值和在岗职工平均货币工资与省级动态面板数据模型的估计结果相反，各因素对外贸集装箱生成的影响力存在着显著的区域差异，下面就每个影响因素的区域差异进行分析。

表 29.7 各影响因素回归系数的描述性统计

影响因素	平均值	最大值	最小值	上四分位值	中位值	下四分位值
Local R^2	0.9985	0.9995	0.9923	0.9983	0.9986	0.9990
IEV	0.0178	0.0420	−0.0032	0.0126	0.0187	0.0230
AFI	−0.0017	0.0225	−0.0118	−0.0064	−0.0038	0.0001
PCIV	−0.0048	0.0022	−0.0264	−0.0049	−0.0028	0.0000
WAGE	0.0009	0.0160	−0.0056	−0.0021	−0.0005	0.0020
FCG	0.9889	1.0460	0.9556	0.9752	0.9910	1.0003

将估计结果空间化（图 29.12），探讨各影响因素对外贸集装箱生成影响的空间差异。

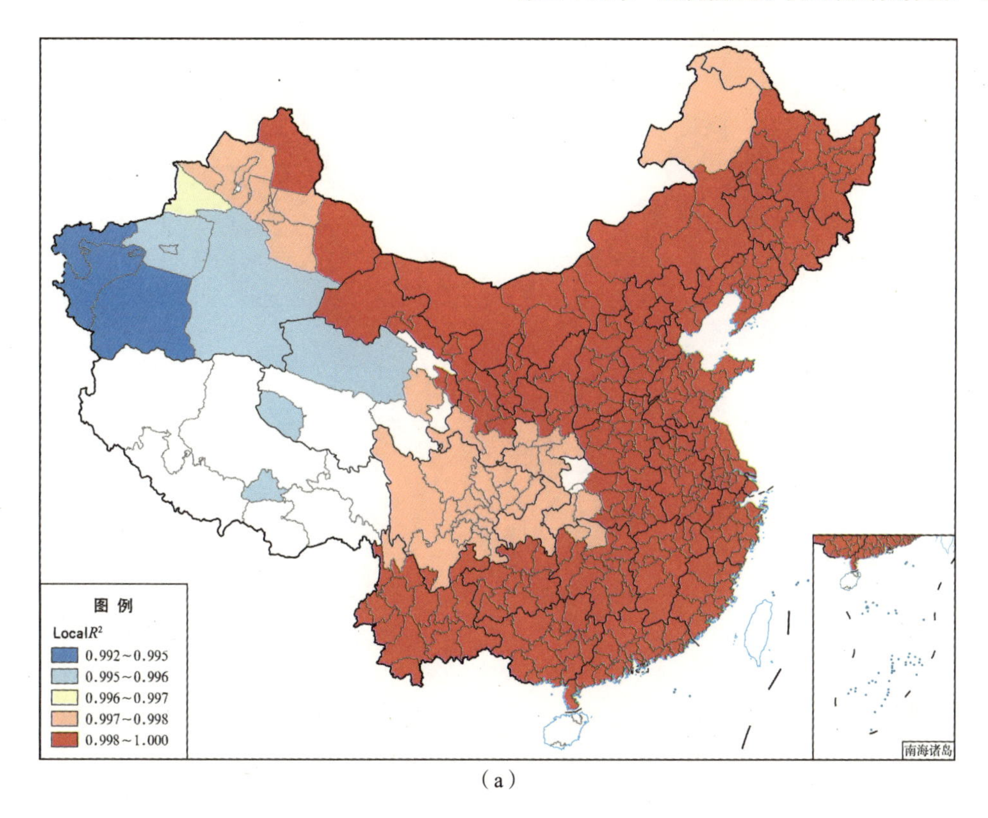
图 例
LocalR^2
0.992～0.995
0.995～0.996
0.996～0.997
0.997～0.998
0.998～1.000
南海诸岛

（a）

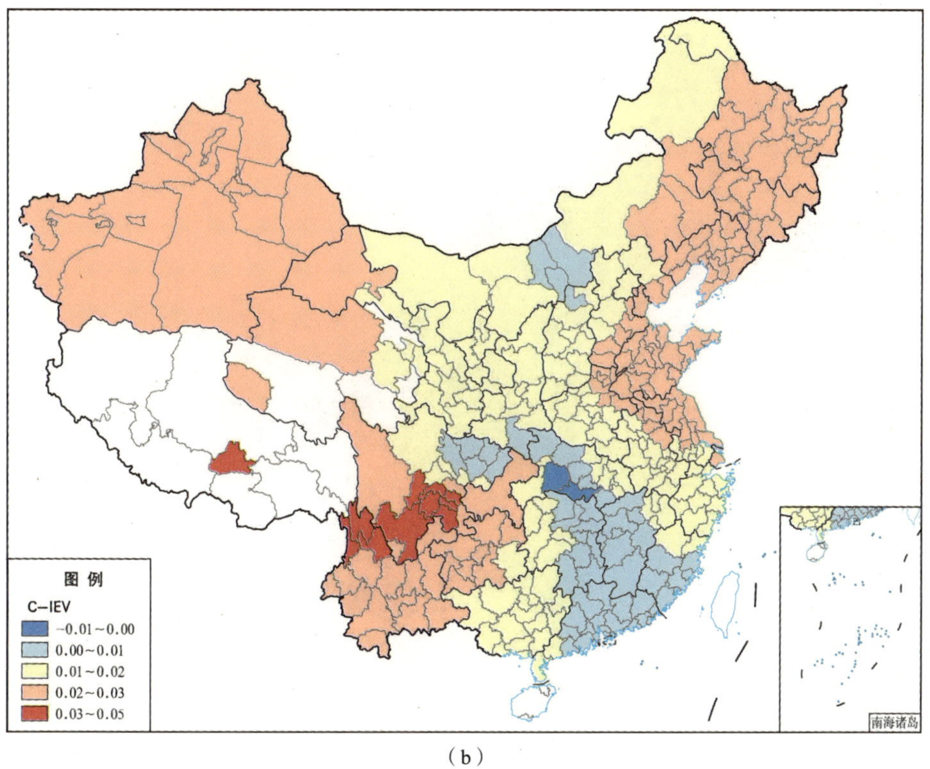
图 例
C-IEV
-0.01～0.00
0.00～0.01
0.01～0.02
0.02～0.03
0.03～0.05
南海诸岛

（b）

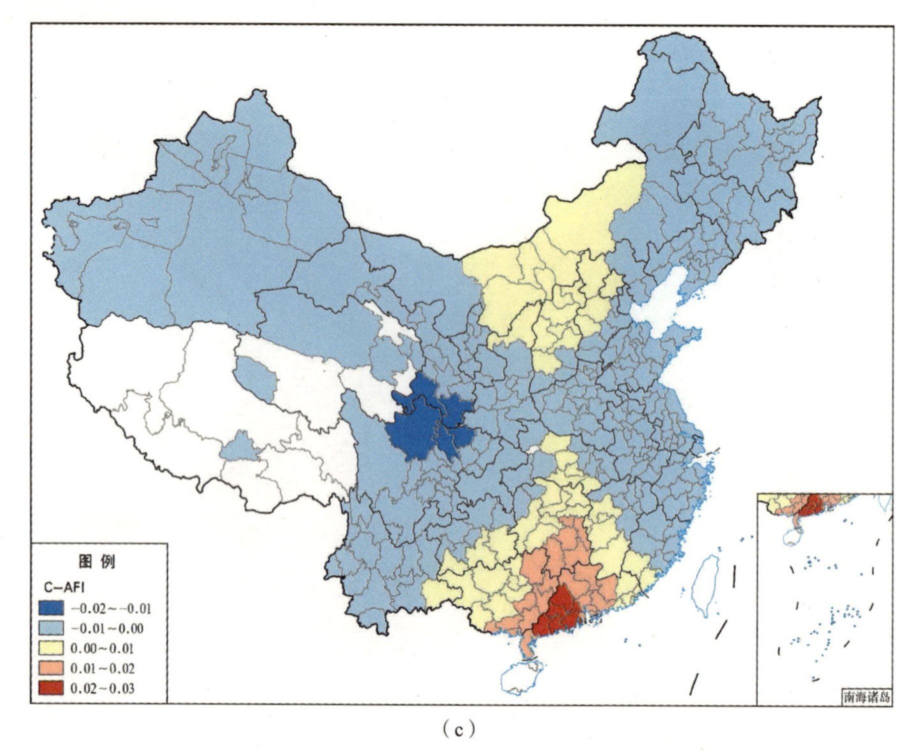
图 例
C-AFI
-0.02~-0.01
-0.01~0.00
0.00~0.01
0.01~0.02
0.02~0.03
南海诸岛

(c)

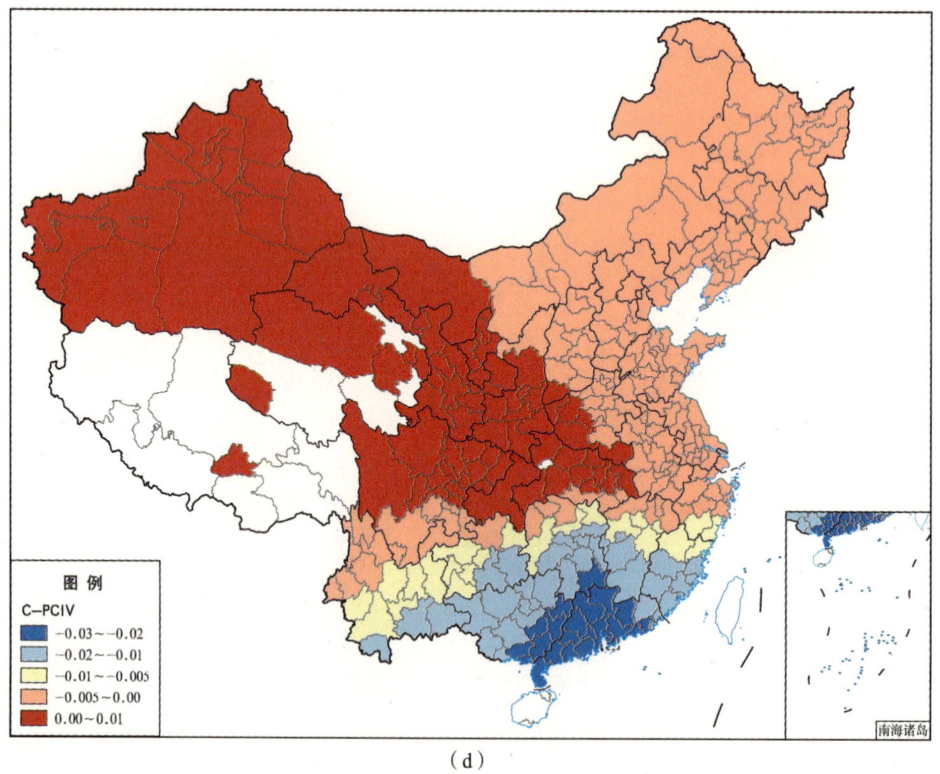
图 例
C-PCIV
-0.03~-0.02
-0.02~-0.01
-0.01~-0.005
-0.005~0.00
0.00~0.01
南海诸岛

(d)

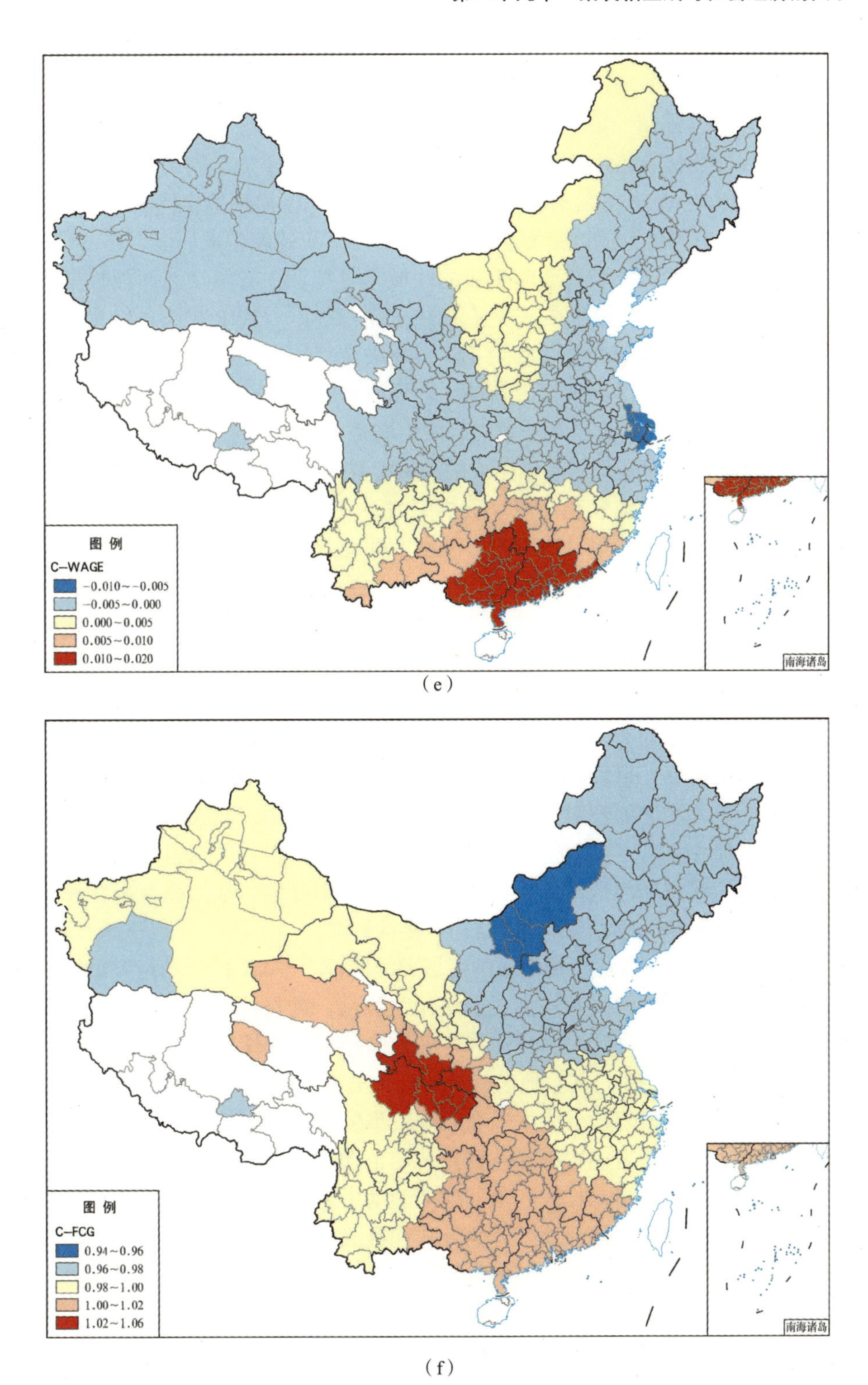

图 29.12　GWR 模型局部 R^2 和影响因素空间分布

（1）模型决定系数局部 R^2 也是存在空间变异的，在 0.9923 ～ 0.9995 变化，平均水平为 0.9985。其中，大部分地级市局部 R^2 在 0.998 以上，表明这些地区的货物进出口总值、实际利用外商投资额、第二产业人均增加值、在岗职工平均货币工资、前一期外贸集装箱生成量和外贸集装箱生成量较好地被模型所模拟；重庆、湖南和四川部分地级市局部 R^2 稍小，但也在 0.99 左右；克孜、喀什、和田等地区模型拟合优度相对较差，这说明还有其他模型没有考虑到的因素影响这些地区的外贸集装箱生成。

（2）外贸发展水平对外贸集装箱生成的区域差异特征。省级动态面板数据模型表明货物进出口总值与外贸集装箱生成呈现显著的正相关关系，GWR 模型的结果总体也表现为正向影响，除了宜昌和荆州外，其余 327 个地级市货物进出口总值与外贸集装箱生成呈现正相关关系。其中，西南地区、新疆、环渤海和东北部分地级市生成系数最高，表明大部分城市外贸市场发展水平对外贸集装向生成是正向的促进作用。

（3）吸引外资能力对外贸集装箱生成的区域差异特征。GWR 模型的结果总体显示实际利用外资总额与对外贸集装箱生成呈负相关关系，这与省级数据的估计结果相反。只有珠江三角洲地区、北京，以及内蒙古、陕西、河北等部分地级市呈现正相关关系，说明外商投资对外贸集装箱生成起到促进作用。这主要是因为投资具有时间滞后性，需要有一定的建设周期才能看到成效，省级动态面板数据中包含时间变量，估计结果考虑到了投资的时滞性，但 GWR 模型采用的是截面数据，并不能反映时间因素。因此吸引外资能力对外贸集装箱生成的影响并不显著，甚至出现负相关现象。

（4）第二产业发展对外贸集装箱生成的区域差异特征。GWR 模型的结果同样与省级数据的估计结果相反，呈负相关关系，大体趋势是从东南向西北逐步递增。大部分西部地级市第二产业人均增加值对外贸集装箱生成起促进作用，而大部分东部地区中第二产业人均增加值对外贸集装箱生成起抑制作用，其中，珠江三角洲地区抑制作用最显著。这说明第二产业发展在局部地区的影响效果不明显且不确定，从产值上来看没有明显的规律，应该与各地级市产业结构和外贸结构直接挂钩。

（5）劳动力成本对外贸集装箱生成的区域差异特征。GWR 模型的结果总体显示在岗职工平均货币工资与对外贸集装箱生成呈正相关关系，这与省级数据的结果相反，但在地级市间却正负效用相反。其中，长江三角洲地区地级市在岗职工平均货币工资与对外贸集装箱生成呈正相关关系，其余地区都呈负相关关系。长江三角洲地区的上海、嘉兴、苏州、南通、无锡和泰州劳动力成本升高对外贸集装箱生成的抑制作用非常明显，珠江三角洲地区则是随着劳动力成本升高外贸集装箱也在增长。这主要是因为地区的产业结构特征及产业转移速度不同，长江三角洲地区劳动力密集型产业比较发达，对劳动力成本承受能力较弱，而珠江三角洲地区产业转移和升级比较快，适箱产品的附加值逐步提升，具有一定技能的熟练劳动力对目前的外贸结构起到促进作用。

（6）路径依赖效应对外贸集装箱生成的区域差异特征。前一期外贸集装箱生成量无论是省级层面还是地级市层面都表现出显著的正相关关系，其系数整体水平很高且差异不明显。从区域影响上看：大体是北部地区低于南部地区，其中长江上流流域路径依赖效应最显著，其次是珠江三角洲地区，环渤海地区和东北地区的路径依赖效应要低于其他地区。

第三十章　集装箱源地空间分异特征

中国是典型的海陆复合型国家，改革开放以来，中国实行区域经济非均衡发展和非均衡协调发展战略，经济高速持续发展，但因各地区经济增长速度不同，区域经济差距呈逐步扩大趋势，形成显著的发展梯度。经济发展的区域差异导致了集装箱生成在空间上必定存在明显差异。这种空间分布与差异是集装箱运输系统规划必须高度重视和深入研究的重要课题。一方面，其是沿海港口腹地划分、布局规划和建设的基础，有利于促进港口精细化管理、提升效率和减少不当竞争；另一方面，其为建立全国更合理的集装箱集疏运体系提供依据。

第一节　中国外贸集装箱空间分布特征

一、省级外贸集装箱生成分布趋势

我国省域间经济发展极度不平衡，对外贸易尤为明显，进出口总值和外贸集装箱生成前十位省级行政单元均位于东部沿海地区，占全国外贸集装箱生成量比例高达92.79%，与中西部地区绝对差异非常大（图 30.1）。上海和北京由于服务业发达，服务进出口总值份额较大，货物进出口比重较小，因此，两个城市外贸集装箱生成量相对进出口总值占全国的比例要低很多。外贸集装箱生成量排在前五位的是广东、江苏、上海、北京和浙江，外贸集装箱生成量合计占全国比例达 76.87%。从各省区市 2009 ～ 2015 年外贸集装箱生成量增长率来看：除了吉林和宁夏出现负增长外，其他所有省区市都呈现上涨趋势。其中，中部地区和西部的新疆、青海增长幅度最大，这主要得益于国家“一带一路”倡议的实施与带动；东部沿海地区虽然本身生成量基数很大，但仍保持着年均8.59% 左右的增长；大部分西部地区外贸集装箱生成水平很低，发展潜力不大。

将空间属性数据投影到一个东西方向和南北方向的正交平面上，用多项式进行拟合，在某特定方向上会出现数据空间分布所确定的形状，这种确定的函数曲线被称为数据分布的全局趋势。在全局趋势分析图中，每个样本点的值和位置均由一个垂直竖条来表示，如果这条线是水平直线的，则表示空间属性数据没有趋势存在。以全国 (*X*，*Y*，外贸集装箱生成量) 为空间坐标，将所有省区市的 (*X*，*Y*，外贸集装箱生成量) 所确定的点投影到一个东西方向和南北方向正交的平面上，通过投影点做出最佳拟合线，得到三维透视图

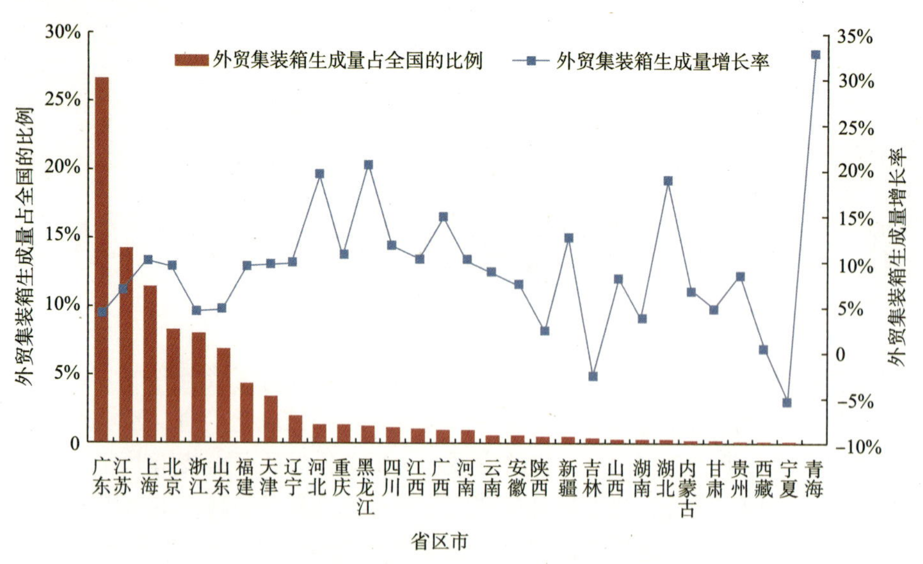

图 30.1 各省区市外贸集装箱生成量占比及其增长情况

（图 30.2）。从图中可以看出，东西方向和南北方向的最佳拟合线并非一条水平直线，表明全国 30 个省区市（除海南外）在特定方向上存在一定的空间趋势。东西方向上，有明显的倾斜，自东向西外贸集装箱生成量逐步递减，西部地区生成量非常少；南北方向上，自南向北外贸集装箱生成量逐步递减，南方地区比北方地区外贸集装箱生成能力强。从东、中、西三大区域来看，东部地区和中西部地区在外贸集装箱生成水平上存在巨大的差距。东部沿海地区是对外贸易的直接门户，分布了大大小小的集装箱港口，2015 年外贸集装箱生成量占全国的比例高达 92.40%，集装箱生成空间密度和集装箱生成经济强度高达 57.87TEU/ 千米 ^{2} 和 179.19TEU/ 亿元，是全国平均水平的 6.85 倍和 1.60 倍。中西部地区在 86.51% 的国土面积上仅产生了 7.60% 的外贸集装箱生成量，且主要分布在货运铁路线及长江、珠江等内河航道沿线，集装箱生成空间密度和集装箱生成经济强度仅为东部地区的 1.28% 和 11.32%。

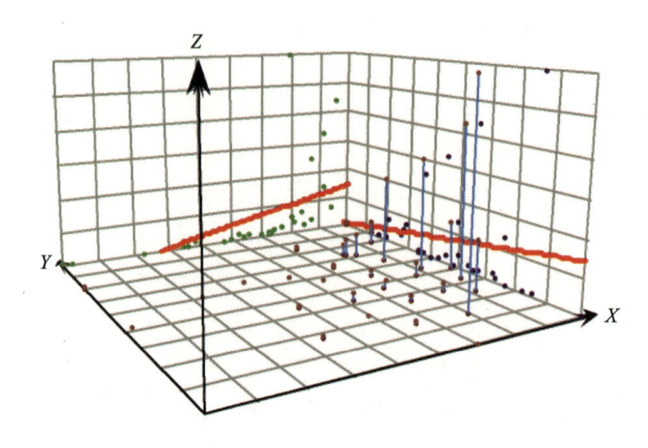

图 30.2 集装箱生成量分布趋势图

二、地级外贸集装箱生成空间分布特征

为了进一步研究中国外贸集装箱生成空间分布特征，将研究尺度进一步缩小到地级市层面。为便于更加直观地描述和刻画地级市外贸集装箱空间分布特征，将所有地级市外贸集装箱生成量反映到地图上。如图 30.3 所示，地级市外贸集装箱生成量差异较大，空间分布十分不均匀，趋海性特征明显，大致呈现东、中、西依次递减的分布格局。340 个地级市按照外贸集装箱生成量的规模由大到小可以划分为 5 个层级，分别为 0 ～ 1 万 TEU、1 万～ 5 万 TEU、5 万～ 20 万 TEU、20 万～ 100 万 TEU、100 万 TEU 以上。从 2009 年到 2015 年，287 个地级市外贸集装箱生成都呈现不同程度增长趋势，外贸集装箱生成量缩减的地区主要集中在西北地区和东北地区。

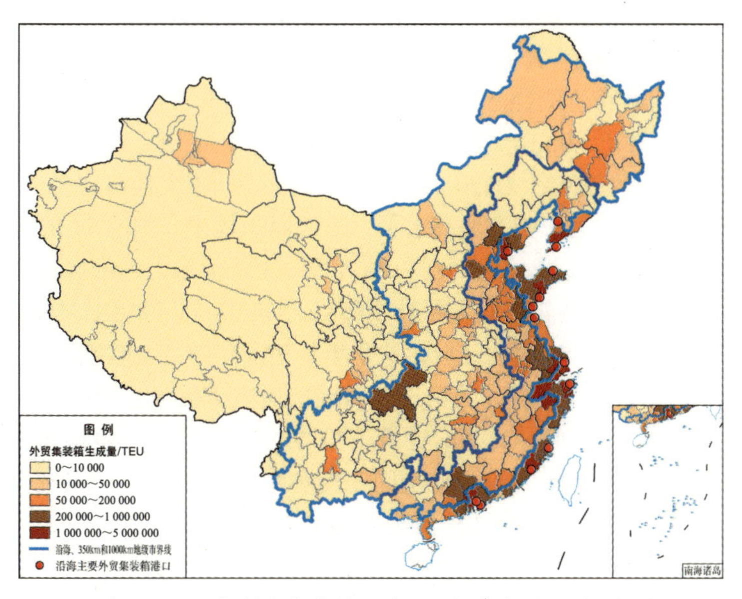

图 30.3　2015 年外贸集装箱生成量空间分布图及圈层划分

综合考虑集装箱生成量和空间密度分布变化，确定以距海岸线距离 0 千米、350 千米和 1000 千米的标准划分为 4 个圈层，以 2015 年数据为例，在划分圈层过程中，主要考虑以下几个因素。①本章研究的基本单元是地级行政单元，为了保持行政区的完整性，以行政区外延线为边界；350 千米和 1000 千米不是严格界线，对于 350 千米和 1000 千米线穿过的城市，计入面积大于 50% 或者地级市行政驻地所在的圈层。②标准两侧外贸集装箱生成量规模差异明显：350 千米向海一侧的地级市外贸集装箱生成量大部分都在 5 万 TEU 以上，350 ～ 1000 千米内的地级市外贸集装箱生成量在 1 万～ 5 万 TEU，1000 千米向陆一侧地级市外贸集装箱生成量基本都在 1 万 TEU 以下。③标准两侧外贸集装箱生成空间密度差异显著：350 千米向海一侧沿线共有 35 个地级市，空间密度为 4.41TEU/ 千米 ^{2}，向陆一侧沿线共有 34 个地级市，空间密度为 1.34TEU/ 千米 ^{2}；1000km 向海一侧沿线共有 36 个地级市，空间密度为 0.73TEU/ 千米 ^{2}，向陆一侧沿线共有 19 个地级市，空间密度仅为 0.11TEU/ 千米 ^{2}。

对四个圈层地级市进行统计（表 30.1）可以发现以下几点。

表 30.1 四个圈层占全国比例

区域	土地面积		人口		GDP		进出口总额		外贸集装箱生成量	
	绝对比	累计比	绝对比	累计比	绝对比	累计比	绝对比	累计比	绝对比	累计比
第一圈层	4.56%	4.56%	22.05%	22.05%	31.19%	31.19%	58.13%	58.13%	65.40%	65.40%
第二圈层	11.62%	16.18%	27.89%	49.94%	29.88%	61.07%	30.81%	88.94%	28.67%	94.06%
第三圈层	32.72%	48.90%	40.75%	90.69%	32.42%	93.49%	8.43%	97.37%	5.29%	99.34%
第四圈层	51.11%	100.01%	9.31%	100.00%	6.51%	100.00%	2.63%	100.00%	0.65%	99.99%

注：因数据四舍五入，可能存在累计比合计值不等于100%的情况

（1）第一圈层沿海 51 个地级市是对外贸易的直接门户，分布了大大小小的集装箱港口，外贸集装箱生成量很高，尤其是沿海主要集装箱港口所在城市外贸集装箱生成量均达到 100 万 TEU 以上，土地面积仅占全国的 4.56%，人口和 GDP 所占比例为 22.05% 和 31.19%；而进出口总额和外贸集装箱生成量占比非常高，达到 58.13% 和 65.40%。集装箱生成空间密度和集装箱生成经济强度高达 116.02TEU/ 千米 ^{2} 和 218.63TEU/ 亿元，是全国平均水平的 13.76 倍和 2.00 倍。

（2）第二圈层为距离海岸线 350 千米以内、除沿海 51 个地级市外的其余 81 个地级市，其外贸集装箱生成量处于中等偏高水平，土地面积仅占全国的 11.62%，人口、GDP、进出口总额和外贸集装箱生成量比例在 30% 左右。350 千米以内的区域进出口总额累计比例达到 88.94%，外贸集装箱生成量累计比例高达 94.06%，说明中国外贸集装箱生成主要分布在距海岸线 350 千米以内的区域，这是集装箱港口的直接腹地。

（3）距离海岸线 350 千米以外的第三、四圈层地级市数量达到 208 个，占据 83.82% 的土地和约一半的人口，创造 GDP 的比例不足 40%，进出口总额和外贸集装箱生成量占比仅为 8.43% 和 5.29%，集装箱生成空间密度和集装箱生成经济强度仅是第一圈层的 0.08% 和 4.40%。第三、四圈层内部外贸集装箱生成主要分布在京哈—京广线、北同蒲—太焦线、宝成—成昆线和陇海—兰新线等货运铁路线，以及黄河、长江、珠江等内河航道沿线。

与反映我国东西部差异状况的“胡焕庸线”相比，我国外贸集装箱生成的趋海性更为明显。根据 2015 年数据计算，“胡焕庸线”东侧 43.2% 的国土面积承载了 93.4% 的人口和 94.2% 的 GDP，西侧 56.8% 的国土面积承载了 6.6% 的人口和 5.8% 的 GDP；而距离海岸线 350 千米以内 16.18% 的国土面积就产生了 94.06% 的外贸集装箱量，350 千米以外的 83.82% 的国土面积仅产生约 6% 的外贸集装箱量。说明外贸集装箱生成的空间分布不均衡更为显著，这主要是因为外贸集装箱 90% 是通过海运运输的，距离沿海港口的远近和集装箱集疏运条件优劣是影响地级市集装箱生成最重要的因素。

第二节　中国外贸集装箱生成空间差异

从中国外贸集装箱生成空间分布特征来看，其已经逐步呈现出地理空间上不均衡发展的特征，存在生成水平高低的空间差异性。本节通过对省级空间差异的测量和地级空

间自相关的研究来分析中国外贸集装箱生成的空间差异和空间关联。

一、研究方法

（一）空间差异测量指数

空间差异测量方法比较多，归纳起来有绝对差异测量、相对差异测量和综合差异测量三大类方法。绝对差异是指某指标偏离参照值的绝对值，仅表示指标数量方面的差异，常用的测量方法有极差、平均差、标准差、加权标准差等。相对差异指某指标偏离参照值的相对值，本身是一个比值，没有量纲，常用的测量方法有变异系数、加权变异系数、基尼系数、泰尔系数等。综合差异测量就是构建一个可以反映测量现象的众多指标构成的指标体系，通过一定数学方法加以量化，得到一个可以反映测量现象总体情况的综合指标。在研究空间差异时，应根据研究目的、研究对象和研究样本来确定相应的测量方法。不同测量指数可能导致相互矛盾的结果，单一指数判断区域差异是否有所上升并不全面，因此应该利用多种不同的测量指数进行全面的分析与测量。本节将基于统计指标的互补性，兼顾绝对差异与相对差异，选取标准差（S）、变异系数（CV）和基尼系数（G）这三项测量指数对中国外贸集装箱空间差异进行测度。

1. 标准差

标准差是用来反映样本偏离体平均水平程度的重要指标，在地理学中通常用来揭示地理系列的离散程度。其计算公式为

$$S=\sqrt{\frac{\sum_{i=1}^{n}(Y_i-\overline{Y})^2}{n}} \tag{30.1}$$

其中，n 为区域个数；Y_i 为区域的指标值；$\overline{Y}$ 为所有区域该指标的平均值。标准差能够准确地反映区域指标的分散程度，用于衡量区域间绝对差异的总体水平。

2. 变异系数

变异系数是指单位样本值在总体中变异程度的相对数目，是绝对差与平均值之比，根据标准差来计算确定，也称为标准差系数。考虑到每组样本的基数是不同的，为了消除基数大小差异所造成的影响，变异系数就是样本的标准差除以样本的平均值。其计算公式为

$$\mathrm{CV}=\frac{S}{\overline{Y}} \tag{30.2}$$

3. 基尼系数

基尼系数是基于洛伦兹曲线的收入差距度量指标，目前在地区差异、收入分配、产业集中等方面的研究中得到广泛应用，其数值在 0 ～ 1。许多学者对基尼系数的计算方式进行了不同的探索。本节中采用直接计算法，只涉及样本数据的算术运算。其计算公式为

$$G = \frac{1}{2n^2\mu}\sum_{i=1}^{n}\sum_{j=1}^{n}\left|Y_i - Y_j\right|,\ \mu = \overline{Y} \tag{30.3}$$

其中，n 为区域个数；Y_i 和 Y_j 为区域的指标值；$|Y_i-Y_j|$ 为任何一对样本差的绝对值；μ 为所有区域该指标的平均值。通常 G 的取值在 0.2 以下为高度平均，0.2 ～ 0.3 为相对平均，0.3 ～ 0.4 为比较合理，0.4 ～ 0.6 为差距偏大，0.6 以上为高度不平均。

（二）空间自相关

空间自相关分析可分为三个过程：①建立空间权重矩阵，明确研究对象在空间位置上的相互关系；②进行全局空间自相关分析，判断研究区域空间自相关现象的存在性；③进行局部空间自相关分析，找出空间自相关现象存在的局部区域。

1. 空间权重矩阵

在度量空间自相关时，需要解决地理空间结构的数学表达，定义空间对象的相互邻接关系。空间经济计量学引入了空间权重矩阵，这是进行探索性空间数据分析的前提和基础。通常定义一个二元对称空间权重矩阵来表达 n 个位置的空间邻接关系，空间权重矩阵的表达方式为

$$w = \begin{bmatrix} w_{11} & w_{12} & \cdots & w_{1n} \\ w_{21} & w_{22} & \cdots & w_{2n} \\ \vdots & \vdots & & \vdots \\ w_{n1} & w_{n2} & \cdots & w_{nn} \end{bmatrix} \tag{30.4}$$

其中，w_{ij} 为区域 i 和 j 的邻近关系。空间权重矩阵的建立常用的有邻接规则和距离规则。邻近矩阵有一阶邻近矩阵和高阶邻近矩阵，一阶邻近矩阵是假定两个地区边界时空关联才会发展，一般有 Rook 邻近和 Queen 邻近两种规则。本章采用一阶 Queen 邻近矩阵规则。

2. 全局空间自相关

全局空间自相关在于描述某现象的整体分布状况，以表明空间对象之间是否存在显著的空间分布模式，即是否有聚集特性存在，其可以衡量区域之间整体上的空间关联与空间差异程度，最常用的是 Moran's I 数。

全局型的 Moran's I 的公式如下：

$$\text{Moran's } I = \frac{n\sum_{i=1}^{n}\sum_{j=1}^{n}w_{ij}\left(x_i - \overline{x}\right)\left(x_j - \overline{x}\right)}{\left(\sum_{i=1}^{n}\sum_{j=1}^{n}w_{ij}\right)\sum_{i=1}^{n}\left(x_i - \overline{x}\right)^2} \tag{30.5}$$

其中，$\overline{x} = \frac{1}{n}\sum_{i=1}^{n}x_i$；$n$ 为空间单元数据数目；x_i 和 x_j 分别为空间单元 i 和 j 的属性值；w_{ij} 为空间权重矩阵。

全局 Moran's I 数取值范围在 [-1,1]。当取值大于 0 时，研究单元在空间分布上呈现正空间自相关，观测属性呈集聚空间格局，并且取值越接近 1 时，其正相关越强，单元间的关系越密切或性质越相近；当取值小于 0 时，研究单元在空间上存在负空间自相关，观测属性呈离散空间格局，并且取值越接近 -1 时，其负相关越强，单元间的差异越大或分布越不集中；当取值接近 0 时，观测属性不存在空间自相关，在空间上呈随机分布。

3. 局部空间自相关

全局空间自相关分析很难探测到存在于地理上不同位置的区域空间关联模式，特别是在大样本数据的情况下，强而显著的全局空间自相关可能会掩盖子样本数据不存在相关性的特征，有时甚至会出现局部空间关联特征与全局空间关联特征刚好相反的情况。局部空间自相关统计量可以度量每个区域与周边地区之间的局部空间关联和空间差异程度，并结合 Moran 散点图或散点地图等形式，将局部差异的空间格局可视化，研究其空间分布规律。

1）Moran 散点图

将变量 z 与其空间滞后向量（Wz）之间的相关关系以散点图的形式加以描述，则构成 Moran 散点图。Moran 散点图中第 1、3 象限代表观测值的正空间相关性，第 2、4 象限代表观测值的负空间相关性。四个象限分别对应四种不同的空间差异类型。①第 1 象限（H-H）：区域单元和周边单元的观测值均较高，二者的空间差异程度较小。②第 2 象限（L-H）：观测值低的区域单元被高值区所包围，二者的空间差异程度较大。③第 3 象限（L-L）：区域单元和周边单元的观测值均较低，二者的空间差异程度较小。④第 4 象限（H-L）：观测值高的区域单元被低值区所包围，二者的空间差异程度较大。

2）局部 Moran's I

$$I_i = z_i \sum_{i=1}^{n} w_{ij} z_j \tag{30.6}$$

其中，z_i 和 z_j 为空间单元属性值的标准化形式；w_{ij} 为空间权重矩阵。

当 I_i 大于 0 时，表示空间单元与邻近单元属性相似（“高-高”或“低-低”），空间差异显著性小；当 I_i 小于 0 时，表示空间单元与邻近单元属性不相似（“低-高”或“高-低”），空间差异显著性大。以上四个象限的含义与 Moran 散点图解释相同。

二、省级层面空间差异测量

利用各省区市 2009 ～ 2015 年外贸集装箱生成量数据，根据标准差（S）、变异系数（CV）和基尼系数（G）三项测量指数计算公式，衡量金融危机后中国外贸集装箱生成量区域发展差距及其趋势，计算结果如表 30.2 所示。从标准差（S）、变异系数（CV）和基尼系数（G）的数值可以看到，无论是绝对差异还是相对差异，中国外贸集装箱生成量区域间的差距十分巨大，与上文空间分布结果相一致。基尼系数的平均值为 0.766，表明外贸集装箱生成量区域不均衡性显著，远高于中国其他经济现象的区域差异。

表 30.2　中国外贸集装箱生成量区域差异的描述性统计分析

年份	标准差（*S*）	变异系数（CV）	基尼系数（*G*）
2009	3 574 352	2.049	0.778
2010	4 247 226	2.009	0.776
2011	4 363 185	1.937	0.769
2012	4 409 529	1.891	0.761
2013	4 658 957	1.879	0.759
2014	4 851 946	1.873	0.758
2015	4 927 148	1.882	0.759

因为所有测量指数都是一个无量纲的相对概念，为了更好地比较外贸集装箱生成量区域差异随时间的变化特征，将 2009 年设为基准年，将三类测量区域差异的指数转换成相对于 2009 年的相对值，如图 30.4 所示。从标准差（*S*）的变动可知，中国外贸集装箱生成量绝对差异呈现上升的趋势，标准差（*S*）从 2009 年的 3 574 352 增长到 2015 年的 4 927 148，增长了 38%，其中 2009 ～ 2010 年增长幅度最大，这主要是由于应对金融危机影响的国家刺激经济政策促进了东部地区集装箱生成需求，使区域间绝对差异增幅较大。从变异系数（CV）和基尼系数（*G*）的变动可以看出，中国外贸集装箱生成量相对差异呈现下降的趋势，但总体来讲相对差异变化不明显，其中 2015 年出现小幅上升的现象。

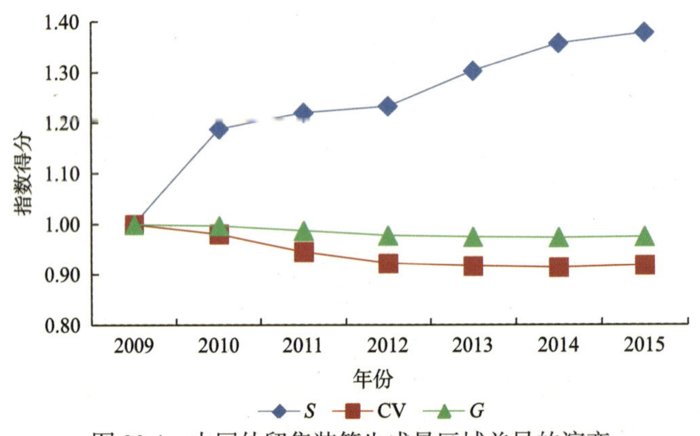

图 30.4　中国外贸集装箱生成量区域差异的演变

整体来看，中国外贸集装箱生成量绝对差异呈现上升趋势，且上升幅度比较大；相对差异呈现下降趋势，但变动不大。分析结果出现绝对差异和相对差异变动趋势不一致的情况，在分析不平等和差异指数的研究中已有过讨论，从两种概念设计不同的机理判断，若两种差异变动方向一致则应证明哪种更强，若二者变动方向不一致则需要同时分析。受益于“一带一路”倡议的实施和发展，中西部地区大部分省区市外贸集装箱生成量增长幅度较大，年均生成量增长率达 9.24%，要高于东部地区 8.59% 的增长率，因此相对差异在逐步缩小；但是各省区市原本集装箱生成的发展基础和体量差异比较大，区域外贸集装箱生成总量的差距反而拉大。所以，中国外贸集装箱生成量目前呈现绝对差异越来越大、相对差异逐渐缩小的格局。

三、地级层面空间差异和关联分析

从省级层面来看，中国外贸集装箱生成空间差异明显，大尺度的分析无法详尽地反映小尺度的空间格局，小尺度在空间分析上能更加详尽地揭示中国外贸集装箱生成区域差异的空间格局，因此将研究尺度缩小到地级市。从地级市外贸集装箱生成的空间分布特征来看：逐步呈现出地理空间上的非均质性特征，存在中心和外围地区、热点与冷点地区的空间差异性；且出现连片集聚的空间格局，表明邻近城市可能存在空间关联。利用探索性空间数据分析方法对中国地级市外贸集装箱生成量空间关联进行分析。探索性空间数据分析是一种具有识别功能的空间数据分析方法，它将统计学和现代图形计算技术结合起来，用直观的方法展现空间数据中隐含的空间分布、空间模式及空间相互作用等特征，被广泛应用到区域经济学、经济地理学、劳动经济学、能源经济学、环境经济学、产业经济学等领域。本章运用 GeoDa 空间统计分析软件对空间自相关进行分析。

（一）全局空间自相关分析

对 2009 ～ 2015 年 340 个地级市的外贸集装箱生成量进行空间自相关检验，得到 Global Moran's I 估计值及其显著性见表 30.3。从表中可以看出，7 年间 Global Moran's I 指数均为正，且在 0.001 的显著水平上均通过显著性检验，说明外贸集装箱生成量在空间分布上具有明显的正相关性，即相邻地级市间存在相互影响，呈现出空间集聚现象，生成量较高的地级市临近，生成量较低的地级市也互相临近。2009 ～ 2015 年的 Global Moran's I 指数呈现"U"形曲线趋势，除了 2012 年约为 0.51 外，其他 6 年指数数值均在 0.53 ～ 0.55。

表 30.3　外贸集装箱生成的 Global Moran's *I* 估计值

年份	Global Moran's I	E（I）	Var（I）	Z 值	P 值
2009	0.534 639	−0.002 9	0.031 6	17.051 5	0.001 0
2010	0.537 254	−0.002 9	0.032 4	16.718 8	0.001 0
2011	0.531 879	−0.002 9	0.031 8	16.839 1	0.001 0
2012	0.513 403	−0.002 9	0.031 1	16.674 9	0.001 0
2013	0.543 435	−0.002 9	0.035 2	15.485 8	0.001 0
2014	0.545 809	−0.002 9	0.034 3	16.040 4	0.001 0
2015	0.545 045	−0.002 9	0.033 2	16.500 6	0.001 0

（二）局部空间自相关分析

全局空间自相关分析仅从整体上表明了中国地级市外贸集装箱生成的发展态势，在大样本数据的情况下，很难探测到存在于局部区域间集装箱生成的空间关联模式，也不能显示具体区域的空间集聚强度，为了进一步揭示地级市外贸集装箱生成的空间相互作用，需结合局部空间自相关进行分析。下面就 Moran 散点图与局部空间自相关分析（local indicators of spatial association，LISA）图进行分析。

根据 2009 年和 2015 年中国外贸集装箱生成量的 Moran 散点图（图 30.5）可以发现，

集装箱生成在空间分布上并非完全随机分布，大部分的地级市呈现空间自相关，位于第1、3象限，2009年和2015年比例为90.88%和89.41%表现出较强的空间依赖性，其中L-L型地级市数量显著多于H-H型的。

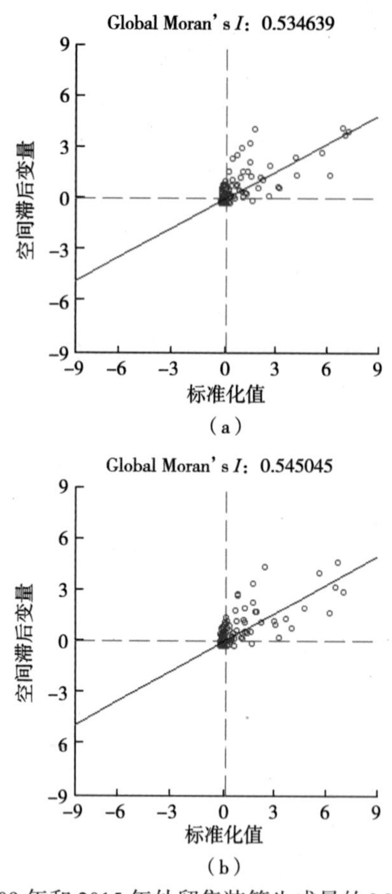

图30.5 2009年和2015年外贸集装箱生成量的Moran散点图

由于Moran散点图没有给出显著性水平的指标，需计算LISA来进一步探究空间分析结果。显著的LISA表示该地区集装箱生产水平不是随机出现的，与核心发展地区的动态增长相关。这一空间互动模型与区域经济学的核心–边缘理论是一致的。正值可以按照涓滴效应来解释，通过与周边地区多方面、多层次的合作，外贸集装箱生成水平相对较高的地区会产生报酬转移、要素流动、技术扩散等效应，这种效应会辐射到周边地区，促进其外贸集装箱的形成，从而提高整个区域的外贸集装箱发展水平。而负值表示回流效应，经济差异使劳动力、资本、技术、人才等生产要素从边缘区域流向核心区，导致核心区与边缘地区的外贸集装箱生成的差距被不断拉大。

为了更好地反应集外贸装箱生成的集聚和扩散效应，分别计算生成量的局部Moran's I值及其显著性，并将结果反映在Moran散点地图和LISA地图上（图30.6和图30.7）。2015年的图中反映出中国地级市外贸集装箱生成已表现出较为明显的空间分异格局，除东部沿海地级市生成水平较高，其他地级市生成均处于较低水平。具体从以下四个类型进行分析。

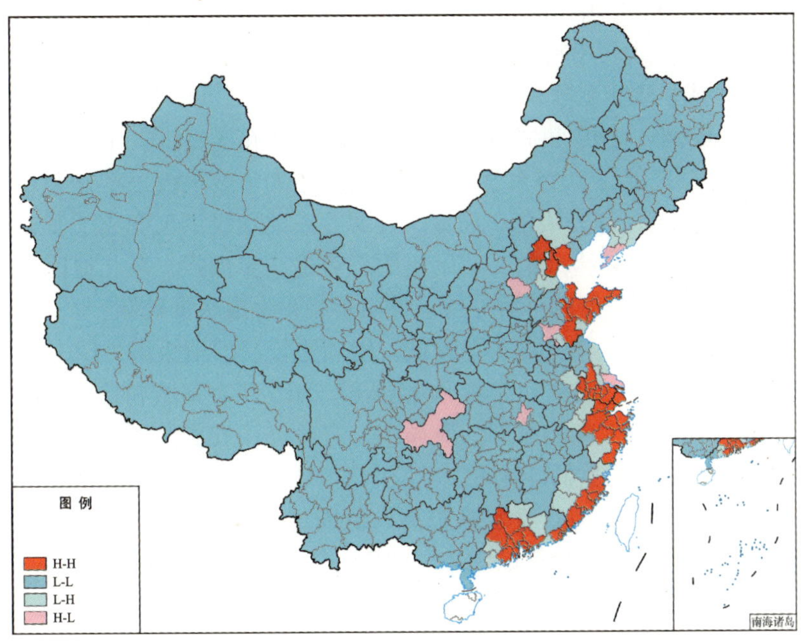

图 30.6　2015 年外贸集装箱生成量的 Moran 散点地图

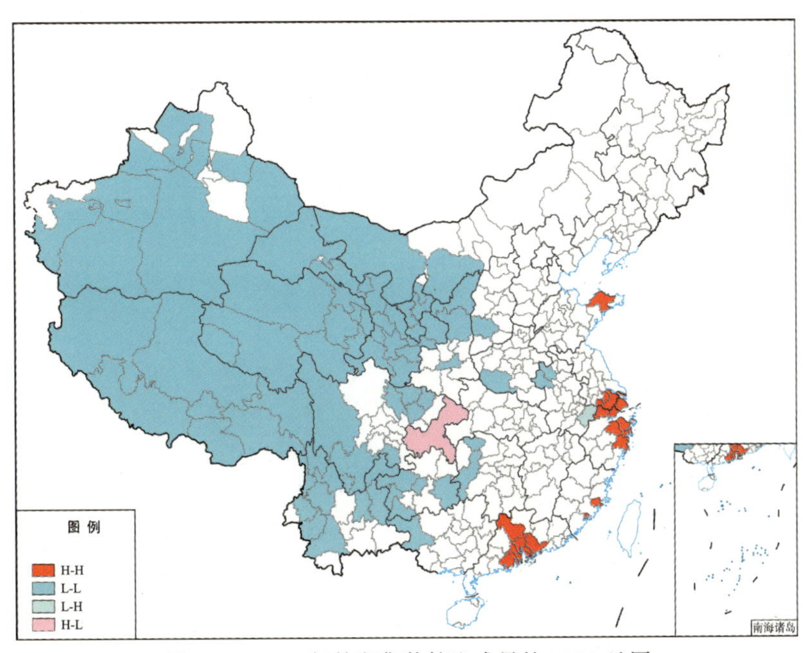

图 30.7　2015 年外贸集装箱生成量的 LISA 地图

（1）空间差异较小，自身和周边水平均较高的地级市（H-H），全部位于东部沿海地区。该类型的地级市 2015 年为 21 个，东部沿海地区集聚程度加强，形成了四个 H-H 集聚的显著区域，分别是：以青岛、烟台、潍坊等为中心的山东半岛区域，以上海、苏州、杭州、宁波、无锡等为中心的长三角地区，以厦门、漳州、莆田等为中心的海峡西岸区域，以广州、深圳、珠海、中山等为中心的珠三角地区。这与外贸集装箱生成分布格局中的第一圈层相吻合，表明沿海地级市间存在着正的空间效应，港口和经济的双向作用使得外贸集装箱生成呈现相互联系和相互影响的发展趋势。

（2）空间差异较小，自身和周边水平均较低的地级市（L-L）。中西部大部分地区都属于该类型。该类型地级市 2015 年为 86 个，西部绝大多数地级市都是 L-L 集聚的显著区域，2015 年，哈尔滨、齐齐哈尔、白城、辽源等东北地级市也变成了 L-L 显著的聚集区域，说明我国外贸集装箱生成的 L-L 聚集的态势进一步加强，东北地区集装箱生成能力下降。这些地级市经贸发展的落后导致了外贸集装箱生成水平较低。

（3）空间差异较大，区域自身水平较低，但周边较高的地级市（L-H），均处于 H-H 类型西邻地级市，如浙江、安徽和江苏部分地区，2015 年有宣城和日照。这两个城市紧邻外贸集装箱生成水平非常高的东部沿海城市，自身经济发展要素被吸引，发展机会被剥夺，形成了集装箱生成的“低洼地带”。

（4）空间差异较大，区域自身水平较高，但周边较低的地级市（H-L），数量最少，呈散点状分布。主要有环渤海地区的大连、沈阳、天津、石家庄等，西部的重庆和金昌，长三角的合肥、武汉，珠三角的汕头、湛江等地级市。显著区域是重庆。这些地级市凭借便利的经济与区位优势吸收了周边地区大部分的人才、资本、技术、资源等生产要素，使邻域地级市的经济社会发展受到挤压而下降，形成中心高四周低的极化型关联模式。

第三十一章　集装箱港口腹地划分

港口与腹地相互依存是港口发展的首要原则。腹地是港口生存和发展的基础和前提，港口产业和港口物流的发展都需要产业链的延伸，货运量决定着港口的兴衰，港口发展规划的制订取决于港口腹地的经济发展或其吸引范围。因此，研究港口与腹地的关系具有重要的现实意义。2000年以来，中国经济和对外贸易保持高速发展，港口吞吐量也随之快速增长，致使港口吞吐能力捉襟见肘，各港口都掀起投资建设的高潮，先后经历了“战略准备阶段”（2000～2004年）和“战略框架阶段”（2005～2010年），中国港口规模得到空前发展。金融危机涤荡全球后，中国提出加强基础设施建设等救市计划，促使各沿海港口码头投资建设力度不断加大，港口吞吐能力得到进一步提升。随着中国各港新港区的开发建设，港口之间的距离由约200千米逐步演变为2018年的约50千米，加之公路铁路建设的高速发展，港口与腹地间的运输通道无论是连通性还是运输能力都得到了显著改善，港口服务共同腹地范围不断扩大，使得相邻港口区域服务垄断性降低、竞争性提高，甚至出现恶性价格竞争的局面，投资净资产收益率呈现逐年下降态势。港口集装箱事业对吸引产业转移及带动腹地产业发展具有非常重要的作用，地方政府和港口在发展规划上都夸大港口腹地范围，航运企业对于腹地集装箱货源过分乐观，这就造成了集装箱港口建设的持续高潮。同时遍地开花式的投资和建设，不断缩短港口之间的距离，造成了恶性竞争、产能过剩和投资收益下滑等问题，尤其是“十三五”以来，全球贸易复苏疲软、贸易保护主义抬头，外贸形势十分严峻，外贸进出口总值在2015年时出现了6.8%的降幅，导致我国沿海港口吞吐量增速下降至3%～4%。我国集装箱吞吐量中约70%依靠外贸进出口，对于集装箱运输而言形势不容乐观。虽然沿海港口建设投资进入缓慢下降通道，但由于前期投资的滞后性，建设仍保持在较高水平，需要对集装箱吞吐能力适应性进行判断来明确未来集装箱港口建设的强度和速度。

本章的研究思路（图31.1）是对我国外贸集装箱运输腹地进行识别，以海运腹地为外贸集装箱港口腹地，通过识别每个外贸集装箱港口不同类型的腹地范围，预测未来港口集装箱吞吐量需求，与现有集装箱吞吐能力进行耦合，判断集装箱吞吐能力适应性，以便更好地指导未来港口布局优化及与腹地间集疏运网络建设，同时明确港口群间的竞合关系，避免不合理的恶性竞争，提高集装箱运输的整体效益。

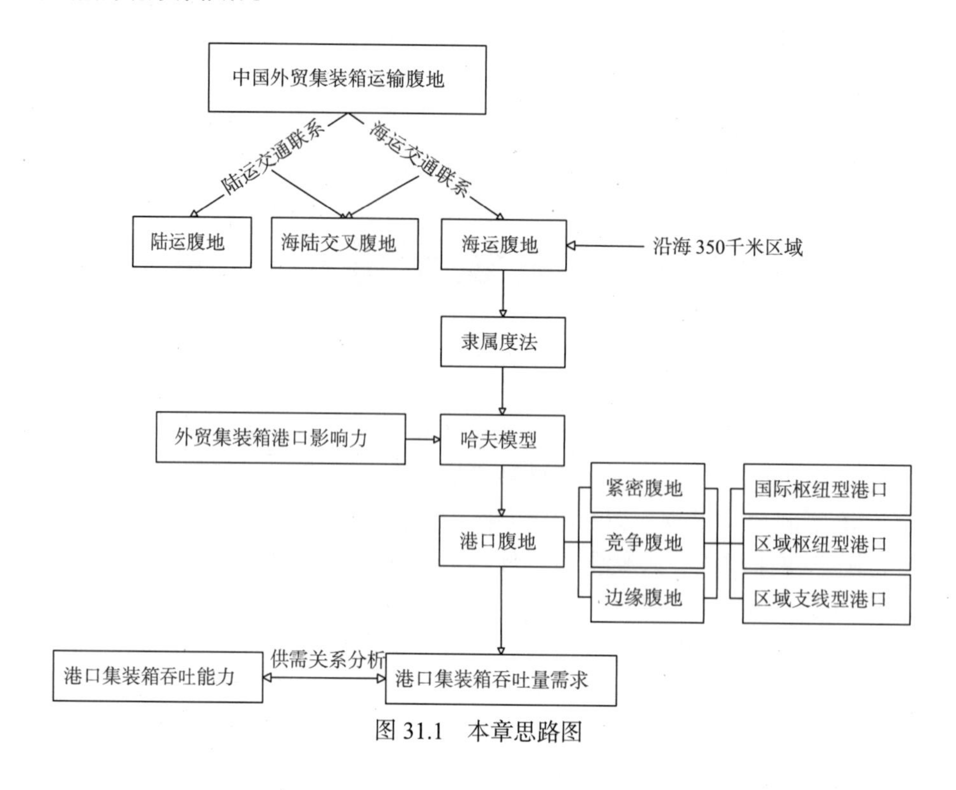

图 31.1　本章思路图

第一节　中国外贸集装箱运输腹地识别

中国外贸集装箱运输腹地从联系方向上可以分为陆运腹地和海运腹地。陆运腹地主要是通过铁路和公路与沿边国家进行贸易，海运腹地主要是通过沿海港口与世界各国进行贸易往来。

一、陆运交通联系

公路口岸适应性强，成为边境地区地方经济交流的重要窗口，中国沿边地区拥有南宁—凭祥高速公路、霍连高速公路乌鲁木齐—霍尔果斯段、哈绥高速、长珲高速、二广高速、北黑高速、沈丹高速、昆明—景洪高速、昆明—瑞丽高速公路等。截至 2014 年底，我国陆路边境地区共设立国家公路口岸 68 个，主要集中在中俄、中蒙、中哈和中越边境，沿边省区均设立了口岸，主要与俄罗斯、蒙古国、哈萨克斯坦、吉尔吉斯斯坦、塔吉克斯坦、巴基斯坦和越南等国家进行区域联系，货物运输增长较快。目前，中国开通国际业务的公路口岸共有 13 条，其中，中哈间 5 条（阿拉山口—多斯托克、霍尔果斯—阿拉木图、巴克图—巴克特、吉木乃—买哈尔其盖和都拉塔—科里扎特）、中吉间 2 条（吐尔尕特—图鲁噶尔特和伊尔克什坦—伊尔克什坦姆）、中塔间 1 条（卡拉苏—阔勒买）、中巴间 1 条（喀什—红其拉甫—苏斯特）、中缅间 4 条（保山—腾冲猴桥—密支那、瑞丽—腊戌—曼德勒—内比都、临沧—孟定清水河—登尼、景洪—打洛—勐拉）。

铁路口岸对基础设施条件要求较高，中国铁路口岸分布有限，2014 年底中国沿边地区共开辟了 11 个铁路口岸，仅连通了朝鲜、俄罗斯、蒙古国、哈萨克斯坦和越南五国，可到达欧盟、俄罗斯、乌克兰等经济体，领土接壤的其他 9 个国家未能开通铁路联系，铁路国际货物运输量相对较少。目前共有 20 条铁路联通周边国家或通往陆路边境口岸，口岸铁路主要集中在东北地区。东北地区通往朝鲜的口岸铁路有 5 条：沈（阳）丹（东）线、长（春）图（们）线、梅（河口）集（安）线及凤（凰城）上（长甸）线；通往俄罗斯的口岸铁路共有 6 条：哈尔滨满洲里线、哈尔滨绥芬河线、北安黑河线、图们珲春线、佳木斯抚远线、向阳川哈鱼岛线；东北和华北地区通往蒙古国的口岸铁路有 5 条：白城阿尔山线、珠斯花嘎达布其南线、集宁二连浩特线、临河策克线、嘉峪关策克线；西北地区通往哈萨克斯坦的铁路有 2 条：兰新阿拉山口线和精河伊宁霍尔果斯线；西南地区通往越南的口岸铁路有 2 条：湘衡桂隘口线和昆明河口线。

二、海运交通联系

虽然“一带一路”倡议的实施使陆路通道的作用日渐加强，但其影响远不能与海上通道相比较，国际集装箱运输主要还是通过海上通道来完成的，中国沿海地区已经有 40 个大大小小的港口开展了集装箱运输，承担了全国 92% 的外贸集装箱吞吐量。世界 100 多个国家的 600 多个港口都与中国开通航线，已经形成了覆盖东、西、南、北四个方向的近洋和远洋航线，涵盖东南亚航线、日韩航线、北美航线、中南美航线、欧洲航线、澳新航线、中东航线和非洲航线八大类国际航线的运输网络，把中国和世界主要的经济区域联系起来。

近洋航线包括北行和南行两条航线。北行航线以我国沿海港口为起始港，向北或向东航行，主要可以抵达韩国、日本、朝鲜和俄罗斯等国家。南行航线向南行驶到达港澳地区、东南亚、部分西亚国家，以及新西兰、澳大利亚等地区。远洋航线包括东行和西行两条航线。东行航线以我国沿海港口为起始港，东至日本、韩国等国，而后经由太平洋到达拉丁美洲和北美洲西海岸，再经过巴拿马运河到达加勒比海沿岸地区和北美洲东海岸、拉丁美洲各国。西行航线先向南再往西航行，穿过马六甲海峡进入印度洋，而后可以分为两条航线：一条经由红海和苏伊士运河进入地中海，进而到达大西洋；另一条绕过非洲南端的好望角，进入大西洋。

三、海运和陆运腹地划分

外贸集装箱运输格局依赖于外贸集装箱量的空间分布及地区的地理位置。第三十章中将中国 340 个地级市按照外贸集装箱生成量的规模由大到小划分为 5 个层级，以距海岸线的距离 0 千米、350 千米和 1000 千米的标准进行空间分布划分（图 31.2），形成 4 个圈层。距离海岸线 350 千米以内的第一、二圈层是外贸集装箱的主要生成区域，外贸集装箱生成量占全国比例高达 94.06%，且第一、二圈层基本都是通过沿海港口进行外贸集装箱的运输，属于海向腹地。第三圈层主要是中部城市及西部少部分城市，外贸集装箱生成量比例约为 5.29%，这些城市既受陆路边境口岸的吸引也受沿海港口的吸引，属于陆运腹地和海运腹地的交叉区域。第四圈层是广大的西部城市，外贸集装箱生成量占比仅为0.65%，这些城市主要是通过陆路边境口岸进行外贸集装箱的运输，属于陆向腹地。

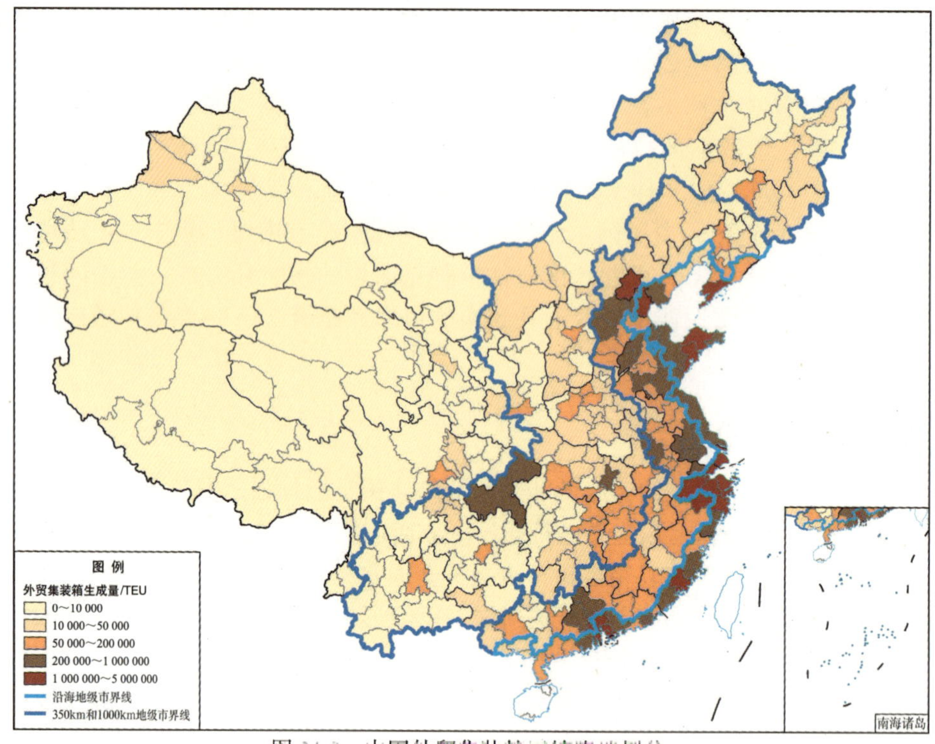

图 31.2 中国外贸集装箱运输腹地划分

通过对外贸集装箱运输腹地的分析可知，第一、二圈层地区是我国对外贸易的主要集中区域，涵盖了中国外贸集装箱生成量的94.06%，从解决主要矛盾的原则出发，重点研究350千米以内132个地级市与沿海主要外贸集装箱港口的隶属关系。

第二节 中国主要外贸集装箱港口影响力计算

一、主要沿海外贸集装箱港口选择

中国外贸集装箱生成的集聚地区主要分布在珠江三角洲地区、长江三角洲地区、环渤海地区和海峡西岸等，这与中国五大沿海港口群分布相近。这些港口与地区已经成为我国地区发展和融入经济全球化的重要枢纽与桥梁。本节选择我国沿海外贸集装箱吞吐量在20万TEU以上的港口作为外贸集装箱港口腹地划分的研究对象。由于内贸港口中苏州港、佛山港、江门港的外贸集装箱量比较大，会吸引部分腹地的外贸集装箱生成量，因此将这三个港口也列入研究对象。港口群与对应的外贸集装箱港口如表31.1所示。

表 31.1 主要港口 2015 年外贸集装箱吞吐量情况

港口群	主要港口	吞吐量 / 万 TEU	吞吐量比例
环渤海港口群	大连港	510.38	3.91%
	天津港	737.17	5.64%
	秦皇岛港	22.11	0.17%
	青岛港	1131.32	8.66%
	烟台港	45.38	0.35%
	威海港	60.33	0.46%
长三角港口群	连云港港	264.76	2.03%
	苏州港	226.82	1.74%
	上海港	3170.36	24.26%
	宁波舟山港	1836.73	14.06%
东南沿海港口群	福州港	135.02	1.03%
	厦门港	699.85	5.36%
珠三角港口群	广州港	695.59	5.32%
	佛山港	218.89	1.68%
	虎门港	30.18	0.23%
	深圳港	2307.67	17.66%
	珠海港	55.23	0.42%
	中山港	113.47	0.87%
	汕头港	58.52	0.45%
	江门港	18.92	0.14%
西南沿海港口群	北部湾港	31.77	0.24%

二、外贸集装箱港口影响力评价指标体系构建

（一）指标选取

目前研究和评价港口竞争力和影响力的文献较多，涉及各类指标和影响因素，但是极少专门研究外贸集装箱港口。指标选取应该从影响外贸集装箱运输的不同角度出发，在分析单个代表性指标的基础上，系统构建外贸集装箱港口影响力评价指标体系。本章结合集装箱惯用的班轮运输形式，经过对比和分析发现，港口设施条件、港口航线竞争力和港口集装箱吞吐水平三类指标影响了外贸集装箱港口腹地的划分。在构建外贸集装箱港口影响力评价指标体系时，选取以上三类指标作为一级指标，再通过参考相关研究文献及咨询本领域专家，梳理筛选出相应的二级指标，最终确定的外贸集装箱港口影响力评价指标体系如表 31.2 所示。

表 31.2　外贸集装箱港口影响力评价指标体系

	一级指标	二级指标	单位
外贸集装箱港口影响力评价指标体系	港口设施条件	集装箱泊位总数	个
		堆场面积	万米 ^{2}
		年综合集装箱通过能力	万吨
	港口航线竞争力	航线数量	条
		航班密度	班 / 月
		直达港口数	个
	港口集装箱吞吐水平	外贸集装箱吞吐量	TEU
		国际航线吞吐量比例	

港口设施条件方面选取了集装箱泊位总数、堆场面积和年综合集装箱通过能力三个指标，表征了集装箱港口装卸设备能力、仓储设备能力及吞吐能力供给充足程度。港口设施的水平是货主选择服务港口时所考虑的重要标准，直接关系到运输车船在港口滞留的时间和费用，进而影响到运输总时间和总成本。

港口航线竞争力方面选取了航线数量、航班密度和直达港口数三个指标，反映了港口在港口体系及航运网络中的地位，表明了港口集装箱组织运输能力，同时体现了港口海向服务范围及通达水平。航线竞争力是影响集装箱港口发展的最直接和基础的因素，集装箱货流会流向布局了航线的港口，港口航线竞争力越高，货主的选择可能性越大。

港口集装箱吞吐水平方面选取了外贸集装箱吞吐量和国际航线吞吐量比例两个指标，反映了港口吸引外贸集装箱货流的整体能力，是港口综合实力的体现。

（二）评价方法

本节计算港口的综合影响力采用的是投影寻踪综合评价法。投影寻踪综合评价法是专门处理非正态、多因素、非线性高维数据的一种数理统计方法，主要是将高维数据投影到低维空间，从而使高维数据的特点能够通过低维投影数据的分布结构来体现。投影寻踪综合评价法是一种客观赋权方法，凭借其分辨率高、人为干扰少、评估结果稳定等优点在农业、水利、环境等领域得到广泛应用。外贸集装箱港口影响力评价指标体系属于多因素的高维数据，采用投影寻踪评价模型降维后得到各因素的权重再综合评分，既避免了层次分析法等主观评价方法的人为因素干预，又比主成分分析法等传统综合评价法减少了有用偏态信息的损失，稳健性更好。实现投影寻踪聚类模型的步骤如下。

步骤一：对样本指标值进行归一化处理。

步骤二：构建投影指标函数 $Q(a)$。将 p 维数据 $\{x(i,j) \mid j=1, 2, \cdots, p\}$ 合成以 $a=\{a(1), a(2), a(3), \cdots, a(p)\}$ 为投影方向的一维投影值 $z(i)$：

$$z(i)=\sum_{j=1}^{p}a(j)x(i,j)\text{，}\quad i=1,2,\cdots,n \qquad (31.1)$$

然后按照 $\{z(i) \mid i=1, 2, \cdots, n\}$ 的值来排序。其中，a 为单位长度向量。在对投影指标值进行分析时，投影值 $z(i)$ 的局部投影点尽可能形成几个投影聚类，而从整体上看，每个投影聚类之间则尽可能分散。因此，投影指标函数可以写成$Q(a)=S_zD_z$，其中，S_z为$z(i)$的标准差，D_z为$z(i)$的局部密度，即

$$S_z=\sqrt{\frac{\sum_{i=1}^{n}(z(i)-E(z))^2}{n-1}} \tag{31.2}$$

$$D_z=\sum_{i=1}^{n}\sum_{j=1}^{n}(R-r(i,j))\cdot u(R-r(i,j)) \tag{31.3}$$

其中，$E(z)$为序列｛z（i）｜i=1，2，…，n｝的平均值；R为局部密度的窗口半径，可通过试验来确定；$r(i,j)$为样本之间的距离，$r(i,j)=|z(i)-z(j)|$；$u(t)$为单位阶跃函数，$u(t)=\begin{cases}1, & t\geqslant 0\\ 0, & t<0\end{cases}$。

步骤三：对投影指标函数进行优化求解。投影指标函数的变化只与投影方向a相关，最佳投影方向可以通过最大化投影指标函数来进行估计，即可得到每个指标的权重，然后得到最后的综合评价值。

最大化目标函数：

$$\max Q(a)=S_zD_z \tag{31.4}$$

约束条件：

$$\text{s.t.}\ \sum_{j=1}^{p}a^2(j)=1 \tag{31.5}$$

三、外贸集装箱港口影响力投影寻踪综合评价

根据前述构建的外贸集装箱港口影响力评价指标体系，对2015年外贸集装箱港口的指标进行标准化处理，将处理后的数据输入DPS（data processing system）数据处理系统，经过优化处理得到最佳投影方向a=（0.0665，0.2271，0.4407，0.4437，0.4567，0.3655，0.5784，0.0105），将相应评价指标的归一化值和最佳投影方向向量的乘积相加，得到最终的综合投影值。从三个一级指标的评价结果（表31.3）看：航线竞争力的影响程度最大，这说明航线的开设和布局是外贸集装箱港口影响力的根本；其次是港口设施条件；最小的是港口集装箱吞吐水平。

表31.3　外贸集装箱港口影响力评价值

港口	集装箱泊位总数	堆场面积	年综合集装箱通过能力	航线数量	航班密度	直达港口数	外贸集装箱吞吐量	国际航线吞吐量比例	投影值
大连港	0.293	0.412	0.168	0.183	0.307	0.324	0.163	0.762	0.612
天津港	0.549	0.421	0.204	0.232	0.423	0.502	0.219	1.066	0.856
秦皇岛港	0.024	0.026	0.000	0.003	0.011	0.014	0.005	0.075	0.021
青岛港	0.412	0.487	0.402	0.404	1.021	0.316	0.336	0.985	1.186
烟台港	0.224	0.050	0.036	0.048	0.050	0.077	0.011	0.594	0.121

续表

港口	集装箱泊位总数	堆场面积	年综合集装箱通过能力	航线数量	航班密度	直达港口数	外贸集装箱吞吐量	国际航线吞吐量比例	投影值
威海港	0.026	0.013	0.054	0.040	0.041	0.000	0.017	0.321	0.073
连云港港	0.054	0.222	0.049	0.089	0.146	0.087	0.084	0.770	0.260
上海港	0.856	1.049	1.021	1.009	0.897	0.701	1.097	0.798	2.306
宁波舟山港	0.630	0.729	0.483	0.594	0.409	0.551	0.610	1.042	1.476
福州港	0.194	0.466	0.081	0.077	0.115	0.090	0.044	0.573	0.292
厦门港	0.542	0.400	0.281	0.264	0.354	1.031	0.192	0.782	1.020
广州港	0.303	0.306	0.292	0.275	0.434	0.454	0.227	0.673	0.813
虎门港	0.041	0.074	0.000	0.000	0.016	0.021	0.006	1.084	0.047
深圳港	1.097	1.001	0.942	0.964	0.798	1.001	0.660	0.815	2.153
珠海港	0.098	0.191	0.011	0.172	0.031	0.066	0.014	0.908	0.172
中山港	0.259	0.032	0.004	0.064	0.004	0.052	0.031	0.857	0.095
汕头港	0.110	0.149	0.033	0.031	0.053	0.017	0.016	0.605	0.109
北部湾港	0.356	0.018	0.108	0.133	0.093	0.228	0.007	1.055	0.274
苏州港	0.441	0.263	0.043	0.061	0.055	0.246	0.061	0.000	0.290
佛山港	0.314	0.091	0.012	0.111	0.000	0.252	0.067	1.001	0.227
江门港	0.214	0.000	0.000	0.033	0.004	0.193	0.022	1.001	0.119

第三节　沿海外贸集装箱港口腹地划分

一、腹地划分研究思路及方法

（一）研究思路

目前中国大陆设立了42个直属海关，其中监管350千米以内区域的海关共有27个，监管沿海主要集装箱港口所在地区的海关共有16个，分别是大连海关、天津海关、石家庄海关、青岛海关、南京海关、上海海关、宁波海关、福州海关、厦门海关、广州海关、黄埔海关、深圳海关、拱北海关、汕头海关、江门海关和南宁海关。每个海关管辖的城市和港口如表31.4所示。

表31.4　2017年海关—监管城市—监管港口

海关	监管城市	监管港口
沈阳海关	沈阳市、阜新市、锦州市、朝阳市、葫芦岛市、抚顺市、铁岭市、辽阳市	—
大连海关	大连市、本溪市、营口市、丹东市、盘锦市、鞍山市	大连港、营口港、丹东港
天津海关	天津市	天津港

续表

海关	监管城市	监管港口
石家庄海关	河北省全境	秦皇岛港
济南海关	济南市、泰安市、莱芜市、淄博市、潍坊市、德州市、滨州、聊城市、东营市	—
青岛海关	青岛市、济宁市、菏泽市、枣庄市、日照市、烟台市、临沂市、威海市	青岛港、烟台港、威海港
南京海关	江苏省全境	连云港港、苏州港
上海海关	上海市	上海港
杭州海关	除宁波地区以外的浙江省全境	—
宁波海关	宁波市	宁波舟山港
福州海关	福州市、莆田市、三明市、南平市、宁德市	福州港
厦门海关	厦门市、漳州市、泉州市、龙岩市	厦门港
广州海关	广州市、河源市、肇庆市、清远市、韶关市、云浮市、佛山市	广州港、佛山港
黄埔海关	部分广州市天河区、黄埔区、广州出口加工区及增城区、广州经济技术开发区、部分萝岗区、广州保税区、广州高新技术产业开发区、东莞市	广州港、虎门港
深圳海关	深圳市、惠州市	深圳港
拱北海关	珠海市、中山市	珠海港、中山港
汕头海关	汕头市、潮州市、揭阳市、汕尾市、梅州市	汕头港
湛江海关	湛江市、茂名市	湛江港
江门海关	江门市、阳江市	江门港
南宁海关	广西壮族自治区全境	北部湾港
北京海关	北京市	—
长春海关	四平市、通化市、辽源市	—
呼和浩特海关	赤峰市、通辽市	—
郑州海关	濮阳市	—
合肥海关	合肥市、宿州市、芜湖市、淮北市、黄山市、马鞍山市、滁州市、蚌埠市、宣城市、淮南市、铜陵市	—
长沙海关	郴州市	—
南昌海关	鹰潭市、赣州市、抚州市、上饶市、景德镇市	—

根据《中华人民共和国海关法》的相关规定，一般情况下，进口货物向进境地海关申报，进口转关货物应当在设有海关的指运地申报；出口货物向出境地海关申报，出口转关货物应当在设有海关的起运地申报。因此，报关地分为属地报关和口岸报关两种：属地报关中，出口报关地为出口企业所在地，进口报关为货物最终目的地；口岸报关中，出口报关口岸为实际出境口岸，进口报关口岸为实际入境口岸。因此海关数据与港口无法一一匹配，对应关系比较复杂，经过梳理和总结，本节将隶属度法和哈夫模型相结合，来划分沿海外贸集装箱港口的腹地范围。具体研究思路为：第一步，利用隶属度法计算城市（腹地）i 到海关口岸 j 的隶属度 R_{ij}；第二步，利用哈夫模型计算城市 i 的外贸集装箱量通过海关 j 分配到下辖港口的概率 P_{ijm}，若海关和外贸集装箱港口是一一对应关系，则可以直接得到城市到港口的隶属度，若海关对应多个港口，则通过哈夫模型得出城市

到相应外贸集装箱港口的隶属度；第三步，加总求和得到城市 i 到港口 m 的隶属度 L_{ijm}。本节的研究思路具体如图 31.3 所示，计算公式如下：

$$L_{ijm} = \sum R_{ij} P_{ijm} \tag{31.6}$$

其中，$i = 1,2,\cdots,132$；$j = 1,2,\cdots,16$；$m = 1,2,\cdots,19$；$0 \leqslant R_{ij} \leqslant 1$；$0 \leqslant P_{ijm} \leqslant 1$。

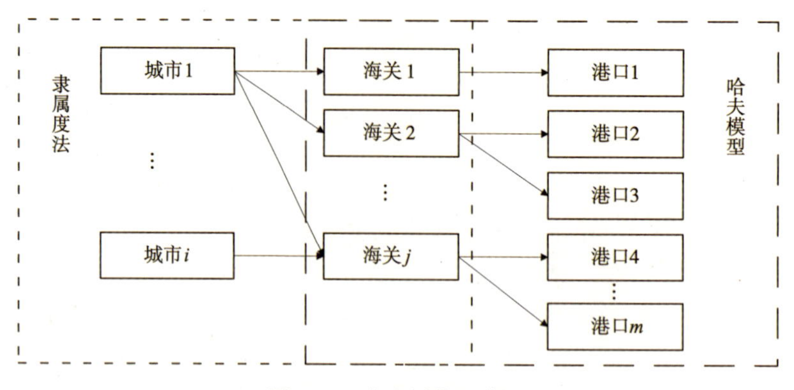

图 31.3　腹地划分思路图

（二）划分方法

1. 隶属度法

隶属度法是通过测算港口和腹地之间的联系程度来确定腹地的港口归属，最早周一星教授用贸易额比例来测量口岸城市和腹地之间的联系强度。本章采用集装箱生成量的比例来衡量腹地与港口的隶属关系，表达式如下：

$$R_{ij} = \frac{T_{ij}}{T_i} \quad (0 \leqslant R_{ij} \leqslant 1) \tag{31.7}$$

其中，R_{ij} 为隶属度；T_{ij} 为腹地 i 与港口 j 之间的外贸集装箱生成量；T_i 为该腹地的外贸集装箱生成总量。R_{ij} 越大，表明腹地与港口的外贸集装箱运输越频繁。港口与腹地之间的经济联系既有多向性，又有主要的联系方向。此腹地在进行外贸集装箱运输时可以选择多个港口，其中有一个或几个是主要联系港口。根据隶属度水平的高低，港口腹地可划分为以下三个类型。

一是紧密腹地。腹地有一个联系最为紧密的港口，其隶属度一般大于 0.6，若隶属度低于 0.6，则与隶属度第二位的港口之差大于 0.25。

二是竞争腹地。腹地有 2 ～ 4 个主要联系港口，被视为这几个港口共同的竞争腹地。该类腹地前几位联系港口之间隶属度之差小于 0.25，隶属度之和大于 0.75。

三是边缘腹地。除了紧密腹地和竞争腹地之外，其他港口隶属度大于 0.05 的腹地是边缘腹地。由于装卸运输费用、通关服务、航线数量、航班密度、运输路径依赖等因素，有一些腹地外贸集装箱运输比较分散，进而产生边缘腹地。

2. 哈夫模型

哈夫（概率）模型最早是用来预测城市范围内商圈规模大小的，后在腹地划分研究中被广泛应用。港口腹地规模大小与港口对腹地的吸引力呈正相关关系，与腹地和港口间的距离阻力成呈负相关关系。在对港口的腹地进行划分时，某一腹地选择某一港口的概率与选择该港口的效用成正比，即

$$P_{ij}=\frac{U_j}{\sum_{k=1}^{n}U_k}=\frac{S_j d_{ij}^{-\beta}}{\sum_{k=1}^{n}S_k d_{ik}^{-\beta}} \tag{31.8}$$

其中，P_{ij} 为腹地 i 选择港口 j 的概率；U_j 和 U_k 分别为选择港口 j 和 k 的效用；k 为所有可能的选择（k =1，2，…，n）。S 为港口对腹地的吸引力；d 为腹地与港口间的距离；β 为距离摩擦系数，一般将 $S_j d_{ij}^{-\beta}$ 称为港口 j 的对腹地 i 影响程度的"势能"。从公式（31.8）中可以看出，每个腹地选择不同港口进行货物运输的概率是不同的，港口腹地划分研究中，哈夫模型主要是将概率最大的港口作为腹地的唯一港口，但实际运输过程中同一腹地内的货物由于种类差异未必选择同一港口运输，即使是同一货类，由于时间和进出口源地差异也可能选择不同的港口运输，现有确定腹地的方法忽视了外贸集装箱港口腹地的共享性和不确定性。哈夫模型中腹地选择港口的概率即体现了实际运输中腹地选择港口的多样性，因此，可以通过所有腹地选择港口的概率来计算每个港口的腹地类型和范围。

二、城市–海关隶属度计算

我国报关地有属地报关和口岸报关两种，外贸货物企业既可以在归属地报关，也可以在出入境口岸报关，因此海关数据可以体现城市外贸集装箱的流向。根据海关数据计算得到 132 个城市到 16 个海关的隶属度 R_{ij}（见表 31.5，由于篇幅限制，仅列出直辖市、省会城市及地区重要城市），从表中可以看出每个城市的货物进出口联系是多向的，但存在一个或几个主要的联系方向。

表 31.5　城市–海关隶属关系

城市	联系海关个数	主要联系海关及隶属度
天津市	33	天津海关（95.36%）
沈阳市	24	沈阳海关（57.29%）、大连海关（38.65%）
石家庄市	31	天津海关（73.80%）、青岛海关（9.83%）、上海海关（9.06%）
济南市	28	青岛海关（72.13%）、济南海关（18.29%）
南京市	31	南京海关（49.83%）、上海海关（44.61%）
合肥市	29	南京海关（38.11%）、合肥海关（30.62%）、上海海关（24.92%）
上海市	36	上海海关（93.73%）
杭州市	30	上海海关（52.54%）、宁波海关（28.12%）、杭州海关（17.00%）
福州市	29	福州海关（79.52%）、厦门海关（14.38%）
广州市	34	广州海关（47.16%）、黄埔海关（38.70%）、深圳海关（12.01%）

续表

城市	联系海关个数	主要联系海关及隶属度
南宁市	21	南宁海关（50.38%）、深圳海关（34.58%）、黄埔海关（5.45%）
大连市	29	大连海关（97.34%）
青岛市	33	青岛海关（96.29%）
苏州市	32	上海海关（64.45%）、南京海关（31.85%）
无锡市	28	上海海关（80.18%）、南京海关（16.04%）
宁波市	32	宁波海关（83.60%）、上海海关（14.14%）
厦门市	29	厦门海关（94.52%）
深圳市	38	深圳海关（95.13%）
佛山市	34	广州海关（68.63%）、深圳海关（24.47%）
北海市	16	南宁海关（74.33%）、深圳海关（18.05%）

注：隶属度之和大于90%的海关为该城市的主要联系海关

三、海关-港口哈夫模型计算

由于本章研究的地级市均在距海岸线350千米以内，在公路集装箱运输的最佳距离内，且研究区域内地级市高速公路路网密度较高，因此，哈夫模型中的距离d采用的是地级市行政中心所在地到各个外贸集装箱港口的高速公路路网距离，通过ArcGIS软件计算获得。

距离摩擦系数β在哈夫模型中表示引力的距离衰减速度，反映了外贸集装箱港口影响力随着距离的增加而减弱的程度。学术界对于β的取值一直存在争议，β值可以反映研究对象影响范围的大小。城市地理学者研究表明β值在0.5～3.0的取值范围内，其中β值为1、2和3时，分别可以近似反映城市影响力在国家、省区和地级市尺度的作用。本章的研究范围为距离海岸线350千米以内的区域，研究尺度上接近于省区尺度，因此取β值为2。

将计算得到的各外贸集装箱港口影响力评价值、各地级市距相应港口的高速公路路网距离和距离摩擦系数带入哈夫模型公式（31.8）中，可以计算得到每个地级市在不同海关下通过下辖港口进行集装箱运输的概率P_{ijm}。

四、腹地范围确定

将计算得到的R_{ij}和P_{ijm}带入最终城市-港口隶属度公式（31.6）中，得到每个地级市通过主要外贸集装箱港口运输的概率L_{ijm}。根据隶属度法划分紧密腹地、竞争腹地和边缘腹地的标准，可最终确定各外贸集装箱港口的腹地范围。由于外贸集装箱港口腹地比较复杂，受限于文章篇幅，仅用地级市单元数的方式列举出各港口在各省区市的三类腹地范围（表31.6），在不考虑边缘腹地的基础上，形成沿海外贸集装箱港口腹地范围全景图（图31.4）。从图31.4和表31.6中可以看出各港口腹地交叉现象明显，验证了中国外贸集装箱港口共享腹地的特征。三类港口腹地划分结果比例见表31.7。

表 31.6　沿海外贸集装箱港口腹地范围

外贸集装箱港口	紧密腹地	竞争腹地	边缘腹地
大连港	辽宁省（大连市、丹东市、通化市、辽源市、四平市、铁岭市、抚顺市、阜新市、锦州市、鞍山市、辽阳市、沈阳市、朝阳市、本溪市、盘锦市、营口市）、吉林省	内蒙古（赤峰市）、辽宁省（葫芦岛市）	河北省（秦皇岛市）
天津港	天津市、北京市、河北省（唐山市、廊坊市、承德市、保定市、沧州市、衡水市、张家口市、石家庄市、邢台市、邯郸市）、江西省（景德镇市）	内蒙古（赤峰市）、辽宁省（葫芦岛市）、山东省（德州市）	河北省（秦皇岛市）、辽宁省（本溪市、朝阳市、盘锦市、锦州市）、河南省（濮阳市）、山东省（聊城市、滨州市）
秦皇岛港	河北省（秦皇岛市）		辽宁省（葫芦岛市、朝阳市）
青岛港	山东省（青岛市、潍坊市、莱芜市、淄博市、东营市、泰安市、滨州市、济南市、聊城市、济宁市、菏泽市、日照市）、河南省（濮阳市）	山东省（枣庄市、德州市、临沂市）、江苏省（徐州市、宿州市）、安徽省（宿迁市、淮北市、蚌埠市）	北京市、山东省（烟台市、威海市）、河北省（邯郸市、邢台市、张家口市、石家庄市、沧州市、衡水市）、江苏省（连云港市、南京市）
烟台港	山东省（烟台市）		山东省（东营市、威海市）
威海港	山东省（威海市）		山东省（烟台市）
连云港港	江苏省（连云港市）	山东省（临沂市、枣庄市）、江苏省（宿迁市、徐州市）、安徽省（宿州市、合肥市、滁州市、蚌埠市、淮北市、淮南市）	山东省（菏泽市、济宁市）、江苏省（淮安市、盐城市）、安徽省（马鞍山市）
宁波舟山港	浙江省（台州市、舟山市、宁波市、丽水市、衢州市、温州市、金华市、杭州市）、江西省（上饶市）	浙江省（绍兴市）、江西省（抚州市）、福建省（宁德市）	安徽省（黄山市、芜湖市、宣城市）、浙江省（嘉兴市、湖州市）、江西省（鹰潭市、景德镇市）
上海港	上海市、江苏省（无锡市、苏州市、常州市、镇江市、泰州市、扬州市、南通市、南京市、淮安市、盐城市）、安徽省（宣城市、铜陵市、黄山市、芜湖市、马鞍山市）、浙江省（嘉兴市、湖州市）、江西省（鹰潭市）	江苏省（宿迁市、徐州市）、安徽省（滁州市、宿迁市、蚌埠市、淮南市、合肥市、淮北市、宿州市）、浙江省（绍兴市）、江西省（抚州市）、福建省（南平市）	北京市、河北省（石家庄市、邢台市、衡水市、张家口市）、山东省（德州市、聊城市）、江苏省（连云港市）、河南省（濮阳市）、浙江省（杭州市、温州市、金华市、衢州市、丽水市、宁波市、台州市、舟山市）、江西省（上饶市、景德镇市）
福州港	福建省（福州市）	福建省（宁德市、南平市）、江西省（抚州市）	福建省（三明市、莆田市）、江西省（上饶市）
厦门港	福建省（漳州市、厦门市、三明市、龙岩市、莆田市、泉州市）	福建省（南平市、宁德市）、江西省（赣州市、抚州市）、广东省（潮州市）	福建省（福州市）
广州港	广西（来宾市、梧州市）	广东省（广州市、肇庆市、清远市、中山市、江门市、佛山市）、广西（南宁市、崇左市、贺州市、柳州市）	广东省（云浮市、汕尾市、东莞市、韶关市、茂名市、梅州市、湛江市、阳江市、河源市、揭阳市）、江西省（赣州市）
珠海港		广东省（珠海市）	

续表

外贸集装箱港口	紧密腹地	竞争腹地	边缘腹地
深圳港	广东省（深圳市、惠州市、河源市、揭阳市、阳江市、东莞市、汕尾市、韶关市、梅州市、云浮市、茂名市、湛江市）、广西（玉林市）	江西省（抚州市、赣州市）、广东省（清远市、肇庆市、潮州市、江门市、佛山市、广州市、中山市、珠海市）、广西（贺州市、柳州市、南宁市）	福建省（龙岩市）、广东省（汕头市）、广西（北海市、贵港市、钦州市）
江门港		广东省（江门市）	广东省（阳江市）
汕头港	广东省（汕头市）	江西省（抚州市）	广东省（潮州市、揭阳市）
佛山港		广东省（佛山市、清远市）	广东省（韶关市）、广西（梧州市、来宾市）
中山港		广东省（中山市）	广东省（珠海市）
北部湾港	广西（防城港市、钦州市、贵港市、北海市）	广西（崇左市、南宁市）	广西（来宾市、梧州市）

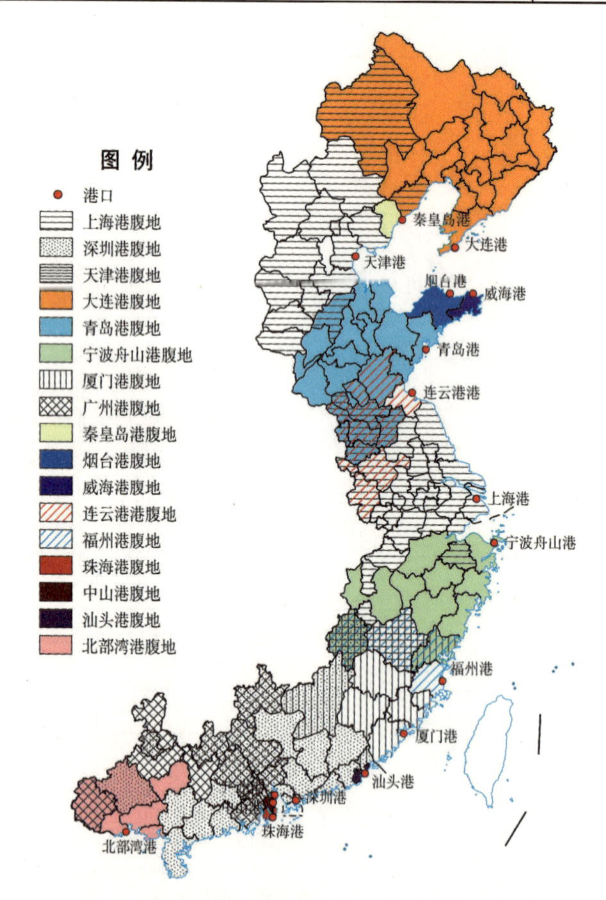

图 31.4 沿海外贸集装箱港口腹地范围全景图

表 31.7　三类港口腹地划分结果比例

港口等级	港口	腹地集装箱生成量	腹地面积				航线竞争力		
			总腹地	紧密腹地	竞争腹地	边缘腹地	航线数量	航线密度	直达港口数
国际枢纽型港口	上海港	27.05%	29.50%	7.86%	7.27%	14.38%	23.56%	21.62%	16.99%
	深圳港	15.35%	22.47%	7.88%	11.79%	2.81%	21.26%	19.50%	14.24%
	合计	42.40%	51.97%	15.74%	19.06%	17.19%	44.82%	41.12%	31.23%
区域枢纽型港口	宁波舟山港	12.53%	12.79%	6.65%	3.29%	2.86%	13.14%	13.76%	9.26%
	青岛港	8.80%	20.26%	6.80%	4.29%	9.17%	9.52%	8.74%	20.10%
	广州港	6.15%	17.92%	1.58%	7.65%	8.68%	6.73%	6.13%	7.66%
	天津港	5.82%	27.91%	13.08%	6.76%	8.07%	5.25%	5.42%	7.66%
	厦门港	4.45%	13.37%	4.35%	6.16%	2.86%	6.32%	5.80%	6.72%
	大连港	2.54%	20.71%	14.11%	6.13%	0.48%	4.43%	4.07%	6.44%
	合计	40.29%	112.96%	46.57%	34.28%	32.12%	45.39%	43.92%	57.84%
区域支线型港口	连云港港	1.06%	9.14%	0.46%	5.34%	3.33%	1.31%	1.81%	2.53%
	福州港	0.98%	5.76%	0.80%	3.57%	1.39%	2.13%	2.19%	2.24%
	中山港	1.00%	0.21%	0.00%	0.11%	0.11%	0.25%	1.49%	0.14%
	珠海港	0.30%	0.11%	0.00%	0.11%	0.00%	0.41%	3.81%	0.65%
	汕头港	0.60%	2.76%	0.13%	1.15%	1.48%	0.90%	0.83%	1.16%
	威海港	1.04%	1.20%	0.35%	0.00%	0.84%	1.23%	1.06%	0.94%
	北部湾港	0.20%	5.85%	1.90%	2.41%	1.55%	2.38%	2.19%	1.88%
	烟台港	0.83%	1.70%	0.84%	0.00%	0.86%	0.99%	1.36%	1.08%
	秦皇岛港	0.12%	2.31%	0.48%	0.00%	1.84%	0.16%	0.23%	0.29%
	合计	6.13%	29.04%	4.96%	12.69%	11.40%	9.76%	14.97%	10.91%

注：港口的三类腹地会有交叉，因此腹地面积的比例之和会出现大于100%的情况

第四节　沿海外贸集装箱港口功能类型特征分析

从腹地划分结果可以看出，各个外贸集装箱港口辐射的腹地范围存在巨大的差异。按照港口的功能、腹地特征和航线竞争力可以将集装箱港口分为国际枢纽型港口、区域枢纽型港口和区域支线型港口三种类型，根据外贸集装箱港口影响力将沿海外贸集装箱港口进行划分：国际枢纽型港口的港口影响力在 2 以上，包括上海港和深圳港两港，影响力分别为 2.306 和 2.153；区域枢纽型港口的港口影响力在 0.5 ～ 2，包括宁波舟山港、青岛港、厦门港、天津港、广州港和大连港，其中前三个港口影响力在 1 以上；区域支线型港口的港口影响都在 0.5 以下，且有 5 个港口不足 0.1，与国际枢纽型港口有较大差距。结合港口的功能、腹地特征和航线竞争力三方面对港口腹地进行分析。

一、国际枢纽型港口

国际枢纽型港口是全球集装箱运输网络中等级最高、覆盖面最广、功能最齐全的中心港口，衔接了各种交通运输方式，将全球各地的集装箱港口联结成整体。国际枢纽型

港口包含上海港和深圳港，两个港口均位于我国经济发达、贸易往来频繁的长江三角洲地区和珠江三角洲地区，腹地外贸集装箱生成能力强劲，对集装箱运输需求旺盛。作为我国最主要的外贸集装箱港口，港口设施先进、港口通达性最高、航线结构最为全面、航线发展较均衡，涵盖八大类国际航线，外贸航线数量和航线密度占沿海主要外贸集装箱港口的 44.82% 和 41.12%，直达港口数比例也达到 30%。

国际枢纽型港口腹地沿港口及海岸线呈段状分布特征，三个类型腹地并不连续，存在“飞地型”腹地（图 31.5）。上海港是腹地面积最大的外贸集装箱港口，占比达 29.50%，紧密腹地和竞争腹地主要覆盖长江三角洲两省一市、安徽，以及江西、福建部分城市，山东和河北部分城市则成为其“飞地型”边缘腹地。深圳港是华南国际航运中心，与香港港双向呼应，腹地范围主要是广东、广西和福建、江西少数城市，在广东形成东西两个紧密腹地中心向外辐射，腹地面积达 22.47%。

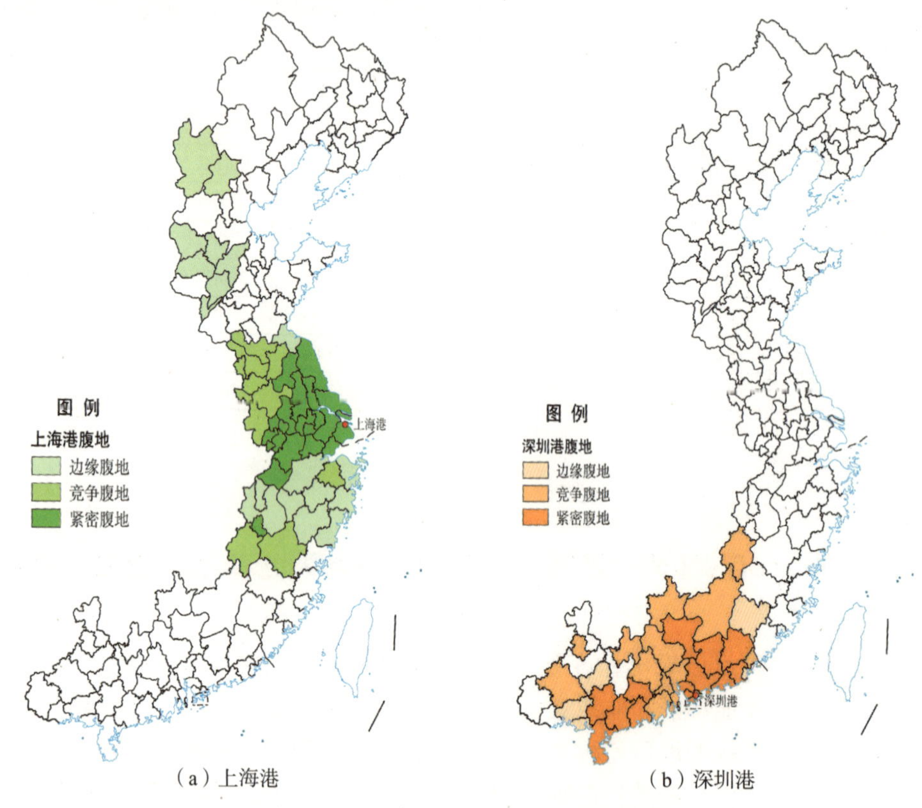

（a）上海港　　（b）深圳港

图 31.5　国际枢纽型港口腹地范围示意图

通过计算得到两个港口 2015 年腹地集装箱生成量达到 3232.70 万 TEU，占沿海 350 千米区域总集装箱生成量的 42.40%，与两个港口外贸集装箱吞吐量占沿海外贸集装箱吞吐量比例 41.92% 比较接近，说明隶属度-哈夫模型对国际枢纽型港口的腹地划分结果置信度较高。

二、区域枢纽型港口

区域枢纽型港口是地区性集装箱运输和集散的核心，是全球集装箱运输网络的重要构成单元，这类港口处于过渡阶段，发展良好的港口已经具备国际枢纽港的部分特征。我国区域枢纽型港口包含宁波舟山港、青岛港、广州港、天津港、厦门港和大连港。依托港口自身优良资源和腹地发达的经济贸易，外贸集装箱发展层级仅次于国际枢纽型港口。航线结构具有较高的全面性，外贸航线数量和航线密度占比在45%左右，港口通达性相对其他港口较高，直达港口数比例达57.84%，但九类航线发展不均衡，部分航线没有直达班轮。

区域枢纽型港口腹地以本省区域为主要腹地，呈现块状分布，也存在“飞地型”腹地（图31.6）。青岛港、天津港和大连港位于环渤海地区，该地区缺少国际枢纽型港口，三港采取平行发展的战略。其中，青岛港和天津港发展势头良好，正向国际枢纽型港口转型，其腹地分布特征也介于国际枢纽型港口和典型区域枢纽型港口之间。青岛港腹地面积比例为20.26%，紧密腹地主要为山东本省，竞争和边缘腹地覆盖江苏、安徽、河南和河北少数城市；天津港腹地面积比例为27.91%，紧密腹地主要为北京、天津和河北，同时辐射内蒙古、辽宁和山东部分城市。大连港是东北地区的最主要的出海口，约97%的外贸货物在大连港集散，东北地区基本都属于大连港的紧密腹地和竞争腹地，腹地面积比例为20.71%。宁波舟山港在长江三角洲地区与上海港形成较为激烈的竞争，二者南北分庭抗礼，其腹地在上海港的挤压下主要集中在浙江及江西、福建、安徽部分城市，腹地面积占比仅为12.79%，但腹地集装箱生成能力较强。厦门港是海峡西岸外贸集装箱运输的枢纽，主要服务于福建本省，区域性明显，紧密腹地面积较小。广州港受制于深圳港，外贸集装箱运输发展压力较大，广东省内均为其竞争和边缘腹地，紧密腹地却为广西的梧州市和来宾市。

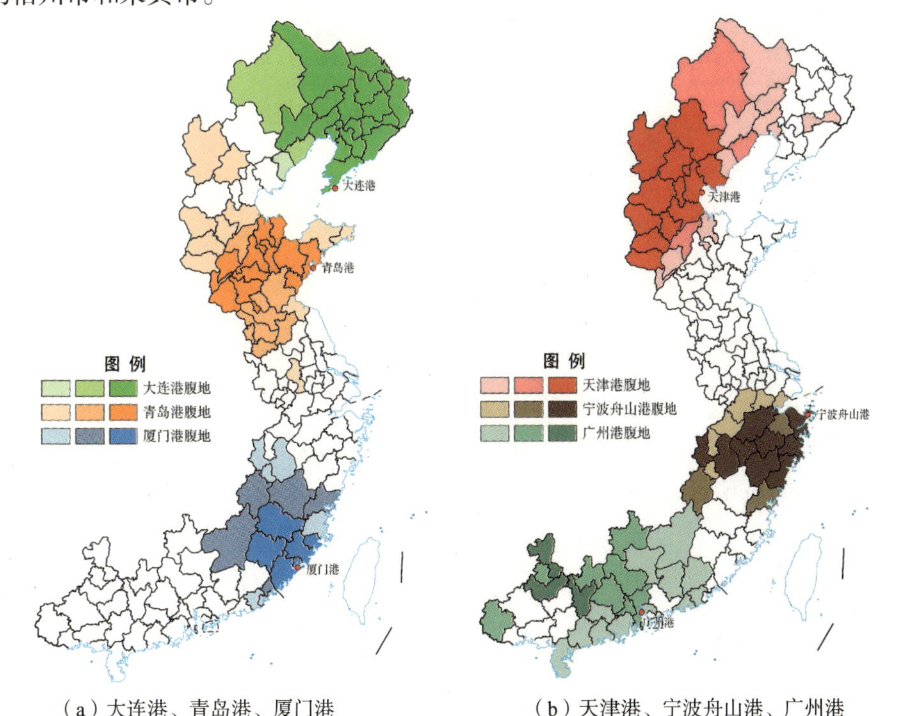

（a）大连港、青岛港、厦门港　　（b）天津港、宁波舟山港、广州港

图31.6　区域枢纽型港口腹地范围示意图

通过计算得到六个港口 2015 年腹地集装箱生成量达到 3072.09 万 TEU，占沿海 350 千米区域总集装箱生成量的 40.29%，与外贸集装箱吞吐量占比的误差率为 -6.17%，说明隶属度-哈夫模型对区域枢纽型港口的腹地划分结果置信度也比较高。

三、区域支线型港口

区域支线型港口是地方性集装箱运输和集散的节点，主要作为喂给港联结各自腹地和区域枢纽型港口。我国的区域支线型港口包含了连云港港、福州港、中山港、珠海港、汕头港、威海港、北部湾港、烟台港和秦皇岛港。这些港口航线结构比较单一，通达性较差，大部分航线不设有国际直达航线，只有近洋航线和近海航线在此挂靠，主要为内支线。

9 个港口中，连云港港、福州港和北部湾港腹地范围稍大，均以港口所在城市为紧密腹地，然后向外辐射几个城市（图 31.7）。其他六个外贸集装箱港口覆盖的腹地均不足 5 个城市，基本都是服务于本市的外贸集装箱运输需求。

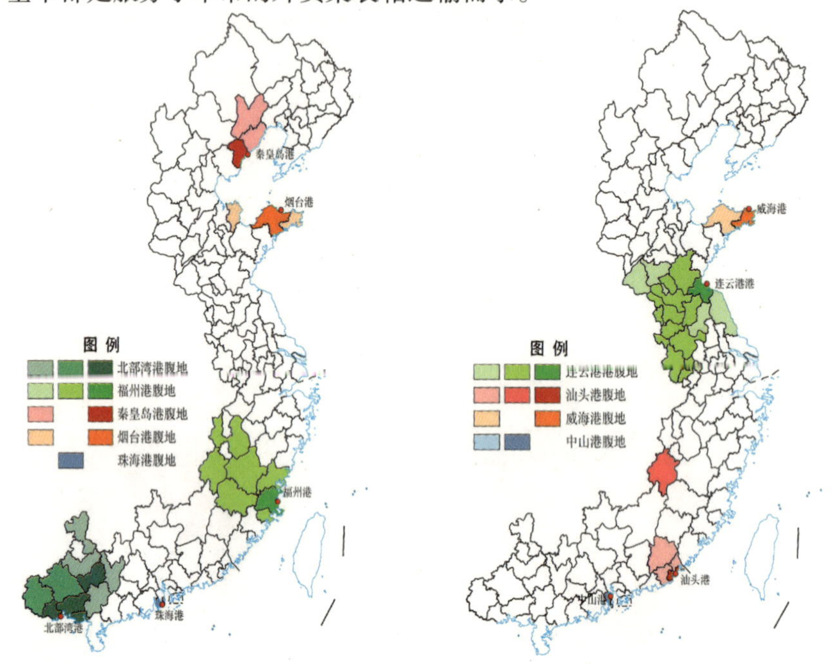

（a）北部湾港、福州港、秦皇岛港、烟台港、珠海港　（b）连云港港、汕头港、威海港、中山港

图 31.7　区域支线型港口腹地范围示意图

通过计算得到九个港口 2015 年腹地集装箱生成量为 469.40 万 TEU，占比仅为 6.13%，且误差率为 9.29%，其中，烟台港、威海港和珠海港误差率最大，说明隶属度-哈夫模型对区域支线型港口的腹地识别效果稍差。这主要是因为区域支线型港口外贸集装箱吞吐量较小，运算过程中较小的误差就会对其结果产生较大的波动，令其最终计算结果误差较大。

第五节　供需平衡分析

港口吞吐能力适应性就是单一功能的港口通过能力与实际港口运输需求的比例，反映了港口吞吐能力与吞吐量之间在总量上的协调程度，比例过大则表明产能过剩、资源浪费，比例过小则意味着运输装卸拥挤、客户满意度下降。中国港口吞吐能力适应性从最初的“瓶颈制约”到基本适应，目前已经处于适度超前的状态。2015 年，中国集装箱吞吐量达到 2.12 亿 TEU，集装箱港口吞吐能力为 1.9 亿 TEU，吞吐能力适应性为 0.9，集装箱港口吞吐能力适应性要低于港口整体水平。

集装箱吞吐能力（集装箱码头通过能力）是指集装箱码头在一定的港口设施和设备条件下，所能提供的集装箱运输的承载力，码头运营天数、泊位通过能力、装卸能力、堆场能力、岸线利用效率等都是制约集装箱吞吐能力的重要因素。从吞吐能力适应性看，集装箱建设基本适应集装箱运输需求，还有进一步建设的空间与需求。但是集装箱码头通过能力包括额定通过能力和当前通过能力。额定通过能力就是通常所指的吞吐能力，是集装箱码头规模的各项参数值取基准值时充分考虑影响通过能力的因素后的码头年集装箱吞吐能力；当前通过能力为集装箱码头在已有的装卸桥、堆场和码头前沿水深条件下充分考虑影响通过能力的因素后的码头年通过能力。大型港口在码头投入使用后，一般会增加非泊位要素的投入，从而大大提高集装箱码头的当前通过能力。最初集装箱码头通过能力的测算是依据 1999 年交通部发布的《海港口总平面设计规范》，但由于港口实际运营中普遍出现码头大大超过设计负荷的现象，规范的适用性出现问题，管理部门根据港口集装箱码头设计和管理等实践经验，对码头通过能力测算标准进行了调整。2011 年交通运输部颁布的《海港集装箱码头设计规范》对码头额定通过能力和当前通过能力给出了相应的规范标准和计算公式；中国港口协会颁布《港口集装箱码头分级标准》，重新制定了集装箱码头通过能力的计算标准，通过不同的案例计算比较，根据新计算标准计算的码头总通过能力比原有提高了 50% 以上。因此，对于集装箱港口吞吐能力适应性的分析不应一概而论，应结合额定通过能力和当前通过能力进行平衡分析。

将沿海港口划分为环渤海港口群、长三角港口群、东南沿海港口群、珠三角港口群和西南沿海港口群五大港口群，分别对主要沿海集装箱港口吞吐能力适应性（图 31.8）和集装箱码头岸线资源的利用情况进行分析（表 31.8）。2015 年我国集装箱港口平均吞吐能力适应性为 0.90，东南沿海港口群、珠三角港口群、西南沿海港口群的集装箱吞吐能力适应性大于 1，环渤海港口群和长三角港口群小于 1。从港口群内部看（图 31.8）：西南沿海港口群集装箱吞吐能力适应性高达 3.31，吞吐能力严重过剩；长三角港口群集装箱吞吐能力适应性仅为 0.57，上海港、宁波舟山港和连云港港均不足 0.7，吞吐能力缺口较大；环渤海港口群集装箱吞吐能力适应性为 0.85，青岛港和威海港适应性不足 0.6，秦皇岛港则达到 1.5；东南沿海港口群中厦门港和福州港适应性都大于 1；珠三角港口群整体适应性刚好为 1.0，广州港和汕头港为 0.6，珠海港和中山港高于 1.4。2015 年全国集装箱港口平均岸线资源利用率约为 1709TEU/ 米，只有长三角港口群的岸线资源利用率高于全国平均值，其余四个港口群均低于全国平均值。东南沿海港口群和西南沿海港口群岸线资源利用率不足 1000TEU/ 米，最高的长三角港口群是最低的西南港口群的 3.13 倍。

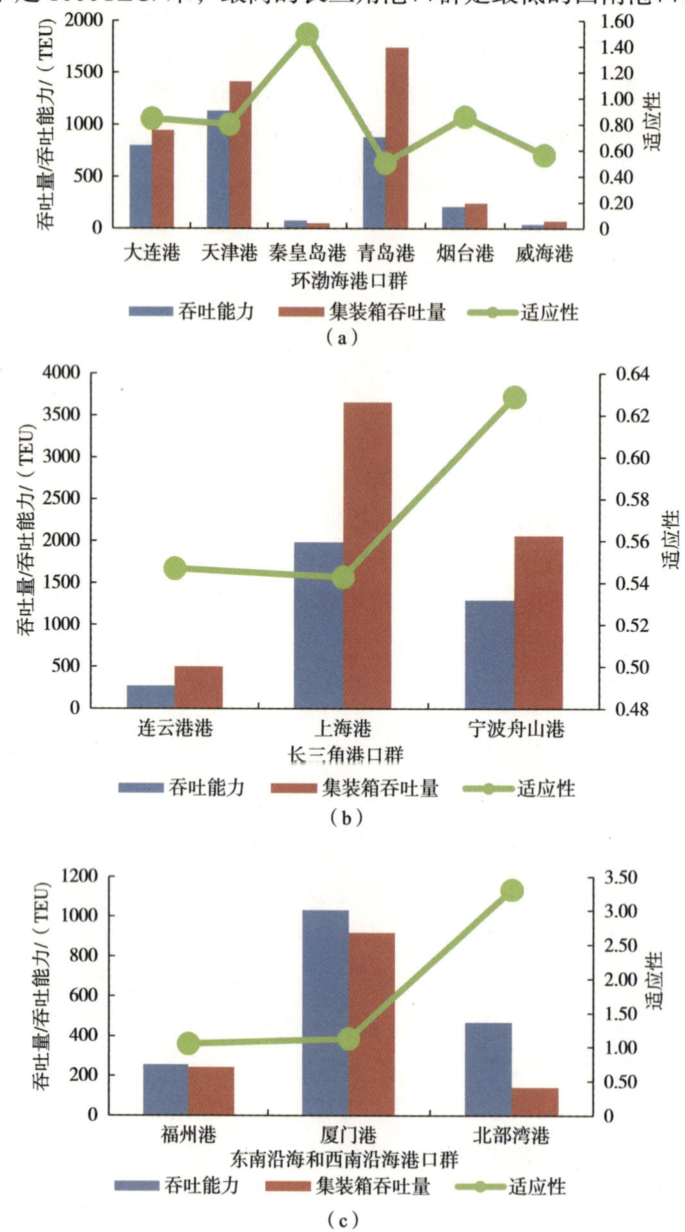

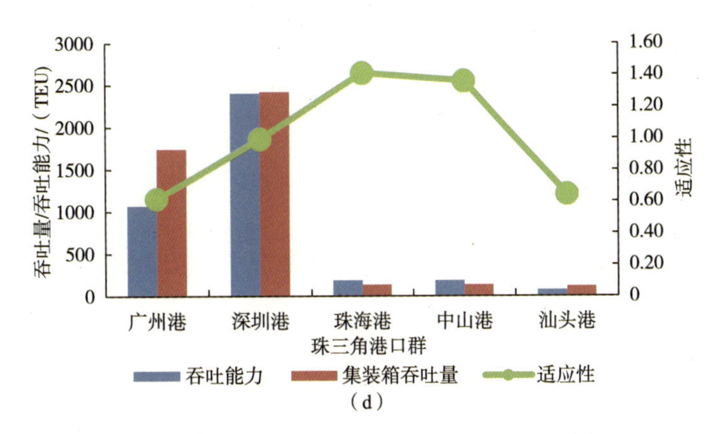

（d）

图 31.8 港口群内部集装箱吞吐能力适应性分析

表 31.8 2015 年港口群集装箱吞吐能力适应性和码头岸线资源的利用情况

港口群	吞吐能力适应性	岸线资源利用率 /（TEU/ 米）
全国	0.90	1708.71
环渤海港口群	0.85	1690.20
长三角港口群	0.57	1823.53
东南沿海港口群	1.09	905.17
珠三角港口群	1.00	1446.06
西南沿海港口群	3.31	582.61

综上，港口集装箱吞吐能力适应性呈现南松北紧的情况，集装箱码头岸线资源利用率呈现北高南低的情况。若按照额定通过能力来看，全国多半港口都需要继续集装箱码头的建设，特别是长江以北地区。但从港口的运营上来看，并没有出现非常严重的超载运营现象，且集装箱吞吐能力适应性较低的港口岸线资源利用率普遍较高，这说明码头硬件水平和装卸效率的提高可以增加当前通过能力，减少投资建设，更加集约发展。沿海各个港口岸线资源利用率还有很大的提升空间，因此现阶段不应继续大规模投资建设，要改变港口增长模式，从粗放式增长向集约式增长转变。未来重点应放在优化港口管理、提升港口硬件设备水平和提高码头装卸效率，通过提高港口岸线资源利用率来整体提高港口集装箱当前通过能力和港口集装箱吞吐能力适应性。

第三十二章　集装箱陆海集运体系统筹

20世纪80年代以来，中国集装箱运输规模迅速扩大。集装箱吞吐量从1981年的11.41万TEU增长到2015年的2.12亿TEU，增长了1857倍，集装箱化率从5%提升到80%左右。自2002年首次超过美国以来，中国集装箱吞吐量连续15年保持在全球首位，2015年约占全球集装箱吞吐量的27%，超过全欧洲国家，是美国的4.35倍。集装箱运输规模迅速扩张时期，沿海港口、航运企业和陆运企业的效益普遍较好，掩盖了运营效率不高、物流成本比较高等问题，因此政府部门和航运企业对完善陆港至沿海港口集运体系以降低集装箱陆运成本等问题的关注也不够。

近年来，集装箱运输规模扩张速度放慢，降低集装箱陆运物流成本引起各方面高度关注。同时，为适应降低集装箱运输污染排放的要求，国家有关交通主管部门加快推进港口集疏运网络体系发展，陆续印发《"十三五"综合客运枢纽和货运枢纽（物流园区）建设方案》《推进物流大通道建设行动计划（2016—2020年）》《"十三五"港口集疏运系统建设方案》《关于推进供给侧结构性改革　促进物流业"降本增效"的若干意见》《关于贯彻落实"一带一路"倡议　加快推进国际道路运输便利化的意见》等文件，推动约150个公共服务属性突出、辐射范围广、带动力强的货运枢纽（物流园区），主要港口疏港公路和铁路集装箱中心站的基本建设。沿海集装箱港口与集装箱源地之间通过什么样的运输方式联系是集装箱陆海集运体系的核心问题，本章主要以上海港和深圳港两个国际枢纽型港口，以及大连港、青岛港、厦门港、天津港、宁波舟山港和广州港等六个区域型枢纽港口为研究对象，重点对每个港口腹地的基本特征、港口与腹地的集疏运体系，以及集疏运存在的瓶颈等问题进行系统分析，并从统筹集装箱陆海运输体系的角度对每个港口提出具体对策建议。

研究表明，我国港口集疏运系统普遍存在集疏运系统结构不合理，铁路、水运比例偏低，港口多式联运发展相对滞后等问题，因此应该按照"强化铁路，完善公路，发展内河"的思路，进一步完善港口集疏运体系，同时注重发展铁水联运，完善江海联运，推动跨区域、跨部门、跨行业的多式联运通道建设。正是基于这样的认识，本章重点研究集装箱陆海运输体系统筹问题，第三十三章则重点探索中国集装箱多式联运问题。

第一节　上海港陆海集运体系

上海港作为国际枢纽型港口，依江而建，东临东海，是长江三角洲地区最重要的集装箱枢纽港，同时上海港是典型的经济腹地型港口，经济腹地十分广阔，全国三十多个省区市均有货物经上海港流转，紧密腹地包括上海市，江苏省的无锡市、苏州市、常州市、镇江市、泰州市、扬州市、南通市、南京市、淮安市、盐城市，安徽省的宣城市、铜陵市、黄山市、芜湖市、马鞍山市，浙江省的嘉兴市、湖州市，江西省的鹰潭市。2017年，上海港成为世界上首个集装箱吞吐量超过4000万TEU的港口，上海港对上海建设国际航运中心作出了巨大贡献，也为长江三角洲地区的经济发展和长江流域的经济腾飞增加了动力。

一、上海港集疏运体系特征

上海港集疏运方式呈现以公路集疏运为主，铁路运输、内河（含长江）集疏运为辅的模式，其运输体系如下所示。

（一）公路集疏运子系统分布

上海港位于我国长江和大陆沿海的"T"形结合部，面向太平洋，地处长江入海口，南北有沪宁、沪杭铁路线与全国铁路干线相连，公路有204、312、320、318等4条国道，以及沪宁、沪杭高速公路。虹桥机场和已建成的浦东国际航空港更为上海港集装箱货物集疏运创造了良好的硬件环境。公路运输具有机动灵活的特点，其运输网络纵横交错，公路集疏运网络不断完善，公路集疏运已形成"两环""九射"及"一纵""一横""多联"的布局形态。上海港公路集疏运量总体保持稳定，但增长速度逐步降低。

（二）水路集疏运子系统分布

1. 内河运输子系统

上海市内河航道约210条，通航里程2100千米左右，内河码头主要分布在全市170多条航道上，分布比较集中的航道是大治河、川杨河、浦东运河等干线航道。上海市内河航道以"一环十射"干线航道为骨架。"一环"即黄浦江—大浦线—赵家沟—油墩港—黄浦江；"十射"是指杭申线、太浦河、苏申外港线、苏申内港线、罗蕴河、川杨河、大芦线、金汇港、龙泉港、平申线，其中黄浦江、赵家沟、大芦线、大浦线、苏申外港线、太浦河和杭申线航道已列为国家水运主通道。

2. 江海运输子系统

江海运输子系统主要是指通过长江实现上海港集装箱集散的水路运输系统，主要包括江海联运、江海直达等运输方式。江海联运的主要线路是长江中上游省份通过港口装船之后，一路沿江而下，或经过太仓穿梭巴士转运至洋山港，或直接挂靠外高桥港区。江海直达的主要线路是长江中上游省份通过港口装船之后，通过长江黄金水道直接抵达洋山港进行装卸。

3. 海港中转子系统

海港中转子系统包括沿海港口中转与境外港口中转两部分。目前经上海中转的沿海港口主要包括青岛港、渤海湾区域港口及珠三角区域港口等，国际中转货物主要来自日本等地的港口。

（三）铁路集疏运子系统分布

铁路的经济运输距离一般在500千米的范围内，上海港的间接经济腹地——长江中上游地区的江西、湖南、湖北等西部内陆地区基本都处于此范围之内。随着上海港经济腹地的拓展和中西部地区对外经济的发展，铁路集疏运子系统将成为上海港集疏运系统中具有较大发展潜力的集疏运方式。

二、上海港集疏运发展的瓶颈

（一）公路集疏运近乎饱和，城市交通压力较大

近几年上海港集装箱运输结构不断优化，公路在集疏运中的比重不断下降，但由于上海港缺少集装箱铁路集疏运条件，上海市内河航道等级相对较低，内河集疏运发展缓慢，并且洋山港区地处东海之中，内河船舶不能直接航行和挂靠作业，上海港的铁路与水路集疏运仍然受到一定的约束。

（二）内河基础设施严重不足，水水中转依存较大提升空间

上海水路集疏运航道条件不足，多为低等级航道，三级以上航道仅175千米；杭申线、大芦线二期等航道整治工程与长湖申线、平申线、大浦线、油墩港、苏申内港线、赵家沟东段等内河高等级航道建设工程进展有待加速；内河集装箱港区的建设进度与内河航道建设不匹配；内河港口与外港的对接程度较差；船舶标准化程度较低；太仓至洋山穿梭巴士虽已开通，但仍存在长江中上游集装箱运输二次中转的问题。

（三）铁路与码头分离，海铁联运比重过小

上海港贯通铁路的集装箱专用码头太少。目前仅有军工路码头2个集装箱泊位前沿配有铁路线，外高桥港区一至五期16个集装箱大船泊位和6个支线泊位及洋山深水港的大型集装箱泊位都没有铁路直接连通。浦东铁路的建设滞后与上海港集装箱码头的发展不同步、不配套，由此产生的短驳费导致总费用高于国内周边港口。铁路部门与其他部门处于条块分割管理状态，协调性差，市场及服务意识较低。上海港铁路与码头分离的现状客观上造成了海铁联运箱在上海港进出口成本的增加，削弱了与其他港口竞争的优势。

三、上海港集疏运体系发展对策建议

（一）完善内河航运基础设施，打造水上高速公路

推进长江口深水航道通航宽度全线拓宽工程，大芦线二期（大治河段）、平申线、长

湖申线及赵家沟东段等航道整治工程，开工建设油墩港、苏申内港东段及罗蕴河等内河高等级航道，完成“一环十射”的环形架构，打通连接江苏省苏锡常地区的高等级内河航道，加快与长三角内河网络的对接，实现通往外高桥港区、洋山深水港区的内河集疏运通道高标准贯通，构建连通长江三角洲地区的高等级内河集装箱集疏运网络。加快推进内河专业化运输船型标准化，加强内河重点领域低碳绿色科技研发应用。重视内河港区与海港港区的衔接，解决短驳转运问题，实现内河运输与其他运输方式的有效衔接，增强内河运输的竞争力。

（二）继续推进内陆港（无水港）建设

推进内陆港（无水港）建设，完善内陆港口及相关服务设施建设，重视和延伸对长江中上游及内陆港口的辐射和服务，主要包括江苏北部、安徽、河南、湖北、陕西、四川、重庆等经济腹地省市。通过内陆港（无水港）建设，不断扩大上海港腹地服务范围，增强对长江沿线港口及广大中西部地区货流的吸引力，提升上海港口的资源集聚和港航辐射能力。

（三）扶持内河航运发展，完善水水中转体系

加快形成内河航道养护机制。鼓励企业发展内河航运，对从事内河航运的企业给予一定的政策扶持和经济补贴。通过对内河航运企业减免收费、提供财政补贴、免息贷款等具体优惠措施，进一步扶持内河集装箱运输企业发展，全面优化上海国际航运中心集疏运体系。

（四）制定疏港高速公路通行费优惠政策

为吸引集装箱货物在港口的集聚，降低港口的集疏运成本，建议免除经高速公路进出上海港的集装箱车辆通行费，或给予适当补贴。例如，河北省于 2012 年制定了《河北省进出港口集装箱运输车辆优惠交纳通行费实施办法》，实施办法第二条指出，进出秦皇岛港、唐山港京唐港区、唐山港曹妃甸港区、黄骅港的集装箱运输车辆在通行本省收费公路时，免交车辆通行费。

（五）建立海铁联运协调机制，加大财政补贴力度

建立海铁联运协调机制，促进海铁联运参与方之间的沟通与协调，给予铁路集装箱公司更多的运价调整权，构建先进的多式联运信息系统，形成开放、公平、透明的海铁联运环境。此外，建议上海市政府加大对海铁联运的补贴力度，制定详细的海铁联运补贴政策。

第二节　深圳港陆海集运体系

深圳港位于广东省南端，珠江口东侧，毗邻国际航运中心中国香港。深圳港分东西

两港区，东部港区位于南海的大鹏湾西北部，有盐田港、沙渔涌和下洞等港口，西部港区位于珠江口东岸入海口前缘，主要由蛇口、赤湾、妈湾、东角头、福永及新建的大铲湾港口组成。深圳港毗邻世界著名的自由港和国际集装箱中转中心中国香港，背靠全球最具有活力的制造中心珠江三角洲地区，地理位置得天独厚。深圳港的紧密腹地包括广东省的深圳市、惠州市、河源市、揭阳市、阳江市、东莞市、汕尾市、韶关市、梅州市、云浮市、茂名市、湛江市，广西的玉林市；竞争腹地包括广东省的清远市、肇庆市、潮州市、江门市、佛山市、广州市、中山市、珠海市，广西的贺州市、柳州市、南宁市，江西的抚州市、赣州市。深圳港在建港之初就严格按照市场经济的要求建设，引进世界著名的集装箱港口发展商参与，在利用国外资本的同时引进了先进的管理经验和技术，购置和配备了世界最先进的设备和世界领先的码头操作管理信息系统，无论是硬件还是软件，深圳港均达到世界领先水平。1980 年以来，深圳作为我国改革开放的前沿，经济全球化获得举世瞩目的发展，创造了世界经济发展的奇迹。深圳港的集装箱吞吐量从 1990 年的 1.79 万 TEU 增至 2015 年的 2420 万 TEU。深圳港是中国南方第一大集装箱港，它的集装箱吞吐量在国内仅次于国际第一大港上海港，在国际上也只排在上海、新加坡、中国香港之后，位居全球第四大集装箱港口。深圳港与全球 30 多家船公司紧密合作，提供每周二百多条国际航线，无论是国际航线还是航班密度，均在世界名列前茅。

一、深圳港集疏运体系特征

深圳港集疏运体系以公路运输为主，占总吞吐量的 63%，水路驳运占 20%，国际中转占 16.2%，海铁联运比例仅为 0.7%。具体集疏运情况如下所示。

（一）公路集疏运

深圳市已建成以高速公路为骨架，干支相连，辐射广州、东莞、惠州、汕头和香港方向，进而与华南及广大内地地区相连的公路网络系统。广州、东莞方向主要有广深珠高速公路、107 国道、梅观高速公路等。惠州、汕头方向主要有深汕高速公路、惠盐高速公路、盐坝高速公路、深惠高等级公路等。深圳通过皇岗、罗湖、文锦渡、沙头角、西部通道等口岸与香港公路网沟通。深圳市逐步形成了深圳港四通八达，客货分离，疏港货物东进东出、西进西出的公路集疏运体系。

（二）铁路集疏运

广深铁路与京广、京九铁路沟通并延伸至香港九龙，成为我国重要的南北铁路主干线之一。广梅汕铁路和三茂铁路直接与广深铁路相接，成为深圳直接辐射粤东、粤西地区的重要铁路网络。深圳港通过平南铁路和平盐铁路与广深铁路相连，形成了深圳港铁路集疏运网络。西部的蛇口港区、赤湾港区、妈湾港区的货物可以经平南铁路集疏运。

（三）水路驳运

为推动客户选择华南公共驳船快线服务，在口岸部门的大力支持下，蛇口、赤湾集装箱码头公司积极开拓水路驳运业务。通过到货源地举办“推介会”，让班轮公司、货主及贸易公司对华南公共驳船快线高效便捷、节约成本等方面的优势有了更深入的了解，达到联合当地相关部门和班轮公司等共同合作，取得多方共赢的局面。

二、深圳港集疏运发展的瓶颈

对于深圳港来说，海铁联运是解决制约集装箱集疏运发展瓶颈的关键。目前，深圳港海铁联运的发展面临很多的挑战，从整体进行调整，方能改善综合铁路运输。

（一）政府部门对海铁联运重视不足

政府没有专门设立推进海铁联运业务的职能部门，对拓展海铁联运的重要性认识不足，没有制定具体政策和相关法规，没有为海铁联运营造良好的外部政策环境。政府缺少对铁路、海关、港口等相关部门的强有力的协调，以及对相关配套基础设施的投入。现今，仅仅依靠个别企业自发零星地开展海铁联运业务，难以解决发展过程中遇到的困难，海铁联运的业务量只能在较低的水平徘徊。

（二）港口集疏运系统滞后于港口吞吐量的发展

无论是港口还是铁路部门，在早期规划上都没有预留发展空间给集装箱海铁联运的衔接。适合于海铁联运的海关监管区划分也未完成，无法开展集装箱海铁联运规模运作。目前珠江三角洲地区的箱源十分丰富，港口开发周边地区的集装箱货源比较容易，而拓展海铁联运又有诸多的困难，深圳西部港口方面目前尚未重视开发内陆纵深腹地的货源。

（三）铁路建设不健全

深圳港港口铁路场站都存在着站线短、场地小、装卸设施落后和仓储能力差的问题。广深铁路方面与港口、航运方面协调存在问题，未能有效形成有关海铁联运衔接的有机体系。在信息系统方面，铁路只有自己独立的运输管理信息系统，该系统完全是一个内部管理系统，没有与港口、航运相关的政府管理职能部门的信息系统联网，给海铁联运的操作、运行带来困难。该系统也没有专门的客户服务平台，客户很难查询途中集装箱的位置，不能进行实时跟踪。

三、深圳港集疏运体系发展对策建议

针对深圳港特有的集疏运体系存在的问题，先提出以下几点建议：①协调公、水、铁三种主要运输方式的比例。应注重合理配置公、水、铁三种主要集疏运方式的比例，发挥水运运输的优势，积极支持和发展集装箱水路支线，不断提升内河和沿海运输所占的比重，加快发展集装箱海铁联运。②完善集装箱干线港与高速公路网和城市快速路的衔接。集装箱卡车可在 10 分钟内以不低于 80% 的概率由集装箱码头大门到达城市快速路或高速公路匝道，以适应我国集装箱码头公路集疏运量大、码头相对集中的特点。③加大内河运输发展力度。在内河运输比较发达的地区，应通过大力发展内河运输来缓解公路集装箱运输给城市道路带来的压力。此外，内河运输更适应大宗货物，尤其适合集装箱运输，也可避免影响市内交通，便于人货分流。④公路配合铁路，建立内陆铁路中转场站特别是集装箱中转站。我国集装箱港口应该积极开拓内陆铁路中转场站或者集装箱中转站，建设以铁路为主干线，辅以短程公路的支线运输的网络模式，完成内陆集装箱运输的干支网络。⑤发展铁路双层集装箱运输。双层集装箱运输是一种运输速度快、运输费用小的新产品。铁路双层集装箱运输既有利于缓解铁路干线运能紧张的局面，又可以提高运输效率和经济效益，增强铁路市场竞争力。

第三节　天津港陆海集运体系

天津港处于渤海湾西端，依托国家最新设立的雄安新区，以东北、华北、西北等为内陆辐射腹地，连接东北亚与中西亚，其不仅是京津冀地区的海上门户，还是中蒙俄三国经济走廊的东部起点、新亚欧大陆桥的重要节点及21世纪海上丝绸之路的战略支点。天津港作为世界上等级最高的人工深水港，可使30万吨级船舶自由进出港口，且于2014年正式通航复式航道，使航道通航能力在双向通航上再次升级。天津港的紧密腹地包括天津市，北京市，河北省的唐山市、廊坊市、承德市、保定市、沧州市、衡水市、张家口市、石家庄市、邢台市、邯郸市，江西省的景德镇市；竞争腹地包括内蒙古的赤峰市、辽宁省的葫芦岛市和山东省的德州市。作为中国北方最大的综合性港口，天津港也是中国的沿海港口中功能最齐全的港口之一。天津港水陆域广阔、岸线资源丰富，主要由北疆、南疆、东疆、高沙岭、大沽口、大港、北塘和海河港区等八个区域组成。东疆港区是中国（天津）自由贸易试验区的重要组成部分之一，发挥着北方国际航运中心的核心功能区的载体作用。北疆港区和南疆港区具有传统的基础设施、岸线和大宗海运等优势，有利于着眼港口公共基础设施建设，并将重点放在现代物流、海运贸易、大宗产品交易、口岸代理、燃料供应、工业配送、船舶服务等项目上，有利于打造港口的转型升级示范区；南部临港经济区域能够逐步将东疆港区和北疆港区进行承接，转移滚装汽车、内贸集装箱、件杂货码头，将重点放在码头装卸和高端装备制造产业、综合物流产业、新健康新能源材料产业等，并承接北京的非首都功能产业，意在打造集“港产”于一体的临港产业聚集区。大港港区的东部区域是落实天津港“北集南散”的港口布局的全新空间载体，着力于建设安全绿色的升级版的散货物流。另外，天津港是一个服务功能较为完善、区域辐射带动能力较为强大的港口，它是我国唯一一个拥有三条亚欧大陆桥的过境通道的港口。已建的天津国际贸易与航运服务中心目前是全国最大的“一站式”航运服务中心之一。天津港实施一次申报、一次查验、一次放行的通关模式，不断优化口岸通关环境，积极进行物流节点布局，打造海上绿色物流通道，仅环渤海内支线年中转运量就突破了80万TEU，巩固了天津港在环渤海地区的枢纽港地位。天津港在内陆腹地所设的区域营销中心和无水港则有助于进一步完善覆盖于内陆腹地的物流网络。由此可见，天津港正致力于建设成国际枢纽型、绿色安全型和智慧服务型的高水平一流大港。

一、天津港集疏运体系特征

（一）天津港集装箱集疏运公路子系统现状分析

天津港作为我国沿海的主枢纽港，是京津冀综合交通网络运输的重要节点及对内、对外贸易的重要口岸之一。

在公路集疏运方面，据统计，我国在公路、铁路、水路（沿海和内河）三种集装箱集疏运方式中，公路占 80% 以上，水路约占 10%，铁路仅占 2% ～ 3%。天津港的公路疏港网络相对完善，高速公路主要有：北京方向共 2 条，分别为京津高速和京津塘高速公路；北部方向共 1 条，为塘承高速公路；西部方向共 2 条，分别为津晋高速和滨保高速公路；华东及华南方向共 3 条，分别为京沪高速、荣乌高速和海滨高速公路；东北方向共 2 条，分别为长深高速和海滨高速公路。另外，天津港的普通公路主要包括港塘公路、杨北公路、津沽公路、津塘公路和津歧公路。

（二）天津港集装箱集疏运铁路子系统现状分析

在集疏运铁路子系统方面，天津港通过港口铁路枢纽，主要有 6 条铁路通道与外部连接：东北方向的通道为天津经津山线至山海关东北；北方的通道为天津经津蓟和大秦线至蓟县到大同；西北方向的通道为天津经京山、丰沙、京包线至北京到包头；南方的通道为天津经津浦至德州；西南方向的通道为天津经津霸至霸州与京九线，以及从天津经黄万铁路至朔黄铁路的神华铁路通道。

天津港为构筑直通内陆腹地的铁路通道，打通了津承铁路，形成天津港直接向北联系张家口、赤峰方向的新通路，建设了津石铁路以形成天津港直通西部的铁路通道。对外铁路通路由 5 条增加至 7 条，规划完善市域铁路枢纽，形成“北进北出”“南进南出”“环放式”的结构。建设津蓟铁路工程，强化天津枢纽与对外通路衔接；形成由大北环线、豆双线、汉周线、西南环线组成的中心城市外围“C”字形货运环线，并逐渐弱化环线内部京山铁路、蓟港铁路、李港铁路的货运功能，分离客货交通。规划铁路直接进港，增强对各个港区的支撑。规划铁路进港三线、南港一线、南港二线至临港线等 3 条直接进港通道。天津大北环线铁路工程自 2013 年开工建设，起自既有京沪线的汉沟镇站，途经天津市北辰区和东丽区，终至北环线上的既有胡张庄线路所，全长 47.5 千米，设计年运量 8700 万吨。大北环线是天津铁路枢纽货运环线的主骨架，两端分别连接京沪、津霸、津山、蓟港铁路。大北环线开通后，由京沪、京广和京九铁路去往东北方向和天津港的货运列车可经新线路，从天津市外围直接通过，不再途经南仓编组站，直通货车不再穿越中心城区，有利于提升天津港集疏运能力和城市节能减排水平，缓减交通压力。

（三）天津港集装箱集疏运水路子系统现状分析

近年来，为融入“一带一路”建设，天津港自主开发运营了环渤海支线，探索推进了海侧物流节点建设，集装箱班轮航线达到 120 条，每月到港航班超过 550 班，同全球 180 多个国家和地区的 500 多个港口保持贸易往来。天津港已开通 120 条集装箱班轮航线，正打造亚欧大陆桥东部起点、中蒙俄经济走廊主要节点和海上合作战略支点。天津是中蒙俄经济走廊主要节点、“海丝路”战略支点、“一带一路”交汇点、亚欧大陆桥最近的东部起点，区位优势独特。目前天津港拥有到二连浩特、阿拉山口、满洲里三条过境集装箱班列通道。日本、韩国的产品运到中亚，过去走海路需要 70 多天，现在通过天津港走大陆桥，10 天左右就能到达。2017 年上半年，天津港港口内贸货物吞吐量增长再创新高，增速达到 7.7%，远高于去年同期的 1.4%。

二、天津港集疏运发展的瓶颈

（一）集疏运体系结构失衡，铁路比例偏低

天津港集疏运的交通方式主要由公路、铁路、水路和管道四种组成，其中公路占 72%，铁路占 20%，水路和管道共占 8%。公路交通方式独占鳌头，铁路运输比例明显偏低，水路及管道运输有待进一步提升。另外，散货及集装箱集疏运结构也不合理，各交通运输方式之间缺乏相互协调配合，多式联运发展相对滞后，其中的海铁联运主要应用于大宗货物的集散。天津港口货物的集疏运过度依赖于公路运输，造成集疏港交通高峰期时港区道路通行压力过大，降低了港口的运营服务效率。

（二）铁路管理体制限制了铁路集疏运能力的发展

目前，天津港港区的铁路建设与管理存在着所有权与管理权分离的现状。随着天津港港口的逐步发展，铁路的建设与维护逐渐暴露出一些问题。首先由于天津港铁路的所有权归属于天津港港区内的相关企业，这些企业有义务缴纳集疏运铁路建设与维护的相关费用，但是管理权却归属于天津港铁路管理所，所有权与管理权的分离必然造成收缴费用的困难，而建设及维护费用的短缺滞后必然会带来集疏运铁路建设及维护的相对迟缓，最终造成铁路运输服务能力及服务质量的下降。企业更加没有动力去负担相关费用，最终导致资源的浪费。

（三）公路集疏运网络不完善，亟须提升运输能力

天津港港口区域的对外交通网络基本完善，公路集疏运系统能够高速便捷地到达京津冀范围，能够承担起促进“京津冀一体化”的作用。但是西部、华北方向及北部蒙东方向，由于缺乏直达的运输通道，相关运输车辆需要绕行数条高速公路才能到达目的地，耗费大量时间，提高了物流成本。现状的对外通道整体路网结构尚未形成，各通道间缺乏有效的连通；客运和货运混行，造成交通事故频发；通道综合通行能力相对较低，服务水平已基本趋向饱和。

（四）港城矛盾激化，限制了彼此的持续发展

在天津港发展的起始阶段，天津港、天津经济技术开发区及保税区通过“港区联动”形成工贸联合体，其高效、快速发展并带动塘沽城区规模的扩张。而伴随着滨海新区开

发开放，一方面，城市建设限制了企业的临港布局，另一方面，港口与城市的空间关系更多地表现为港口功能对城市的干扰。天津港疏港道路主要是东西走向，在这些通道上，疏港交通与城市交通混行，造成道路功能混杂，多条重要集疏运通道能力接近或达到饱和。另外，随着城市发展，主要集疏运铁路逐步处于城市中心，限制了城市发展，并存在线路技术标准偏低、通道运输能力不足的问题。

三、天津港集疏运体系发展对策建议

（一）协调各交通方式的关系，优化集疏运结构

跟国内外先进大港相比，天津港集疏运方式中公路方式明显偏高，铁路、水运、管道等比例相对较低，而且大量的集疏港公路运输已对滨海新区城市道路的交通环境和市民的生活质量产生了负面的影响，亟须通过优化集疏运结构来改善交通出行环境和空气质量等。

结合天津港区位、功能定位、产业结构等，天津港应合理地提高铁路运输和水路运输比例，缓解公路集疏运方面的压力；尽快建立起成熟的海铁联运体系，降低集疏港对公路运输的依赖，提高集疏运的效率及服务水平。

（二）改善铁路管理体制，提高铁路集疏运能力

现状铁路的建设、维护和铁路管理的分离，严重阻碍了天津港铁路集疏运能力的发挥及进一步发展。为此，亟须改革现有的铁路建设维护及管理体制。天津港集团、滨海新区各相关部门、交委相关部门、铁路局相关部门及相关企业应紧密配合，在集疏运铁路输运方面达成一致意见，成立专门的管理部门，专门进行天津港铁路的建设、维护及管理。该部门要协调好各相关方的意见、利益，充分调动各方面的资金及力量，加速天津港铁路的建设及现有铁路的提升改造，提高现有天津港集疏运铁路的运输能力，改善现有的服务效率及服务质量。

（三）完善公路集疏运网络，建立合理地公路集疏运体系

目前天津公路集疏运体系主要分为四个方向的通道，分别为京津通道、西北通道、东北通道和南部通道。为完善公路集疏运网络，应尽快建设四大通道之间的连接通道，提高各通道上交通流量的转换能力，合理地分配各通道上的交通流量，提高公路集疏运网络的运输能力和效率。另外，天津港集疏港道路还未进行有效功能分级，道路之间接入管理混乱，致使“快速集散道路不畅、低速集疏散道路不通”。天津港应在现有集疏港道路基础上进行合理功能划分，科学配置道路资源，实施必要接入道路管理，挖掘路网容量的潜力，构建一个道路功能明确、分级合理、交通组织合理的港口集疏运道路系统。

（四）调整港口功能布局，分散集疏运压力

如果天津港一直在北港区进行扩张，随着规模的扩大，运输的需求也将越来越大，必然需要更多的集疏运通道。在滨海新区城区已与港区相连的情况下，港城之间的矛盾只会变得更加剧烈，进而影响双方的健康成长。未来应加快推进南港区的建设，促进天津港由小尺度的集中扩张转向大尺度的港区分工体系，优化港区的空间布局。将来南港投入使用后，可将煤炭、散杂货运输等功能转移过来，分散集中的集疏运压力，缓解北港区和滨海新区城区之间的矛盾。

天津港作为“一带一路”“京津冀一体化”的重要节点及天津自贸区政策的实施区域，未来在区域、国家及国际上承担着越来越重要的作用。为此，天津港要建立结构合理、功能完备、港城协调、低碳环保的集疏运体系，为天津港的进一步发展提供强大的动力。

第三十三章　中国集装箱多式联运发展研究

第一节　中国多式联运发展总体形势

一、上升国家战略，多方共同推动

2017 年 1 月，交通运输部等 18 部门联合印发了《关于进一步鼓励开展多式联运工作的通知》，明确了 5 个方面 18 条举措，提出了我国多式联运发展的目标，指明了多式联运发展的行动路线，是我国第一个多式联运纲领性文件，标志着我国多式联运发展上升为国家战略，在我国多式联运发展史上具有里程碑意义。

2017 年，地方政府部门对于发展多式联运亦更加重视，河南、四川、山东等多个省份已出台贯彻落实交通运输部等 18 部门《关于进一步鼓励开展多式联运工作的通知》的实施方案，明确推进多式联运发展的具体措施，其中省级开展示范工程实施方面，江苏开展省级第二批多式联运示范工程，山东、河南启动省级多式联运示范工程，山东公布省级多式联运示范工程名单。在国家及地方政府一系列政策的引导下，各级交通运输主管部门重视程度明显增强。

二、发展环境向好，逐步理顺机制

在体制机制层面，国家层面“1 部 +3 局”的交通运输大部门管理体制框架基本形成，为发展多式联运、加快运输方式深度融合提供了制度保障。公铁水航合作机制基本建立，交通运输部与中国铁路总公司等部门已连续两年在大连、郑州联合召开全国多式联运现场推进会，共同致力于开创多式联运新局面。

企业发展多式联运业务，政府主管部门不再增设开展多式联运业务新的行政审批事项，严格规范涉企收费行为，为企业开展多式联运业务营造良好市场环境；2017 年顺利实施 18 个铁路局公司制改革和总公司机关组织机构改革，2018 年起全面按照新的体制机制运行。公路运输在去年“9.21”的基础上，继续加大超载超限和车辆非法改装治理力度；新修订的《港口收费计费办法》调整了港口经营服务性收费政策，规范和精简了港口收费项目。

三、通道建设加速，新型市场涌现

2017 年，多式联运在我国发展的热度空前。传统的铁水联运通道不断增加，新型铁水联运不断出现，中欧班列开始爆发增长，中蒙俄通道、中国到东盟通道、中国到南亚通道逐步形成，长江黄金水道联通中欧班列、联通铁水联运通道的新市场、新模式逐步形成。“一带一路”倡议、京津冀协同发展、长江经济带等国家战略的实施，驱动新市场，跨区域产业合作不断深入，东、中、西部协同联动更加紧密，对外交流和贸易往来更加频繁，为中欧班列、国际海铁联运等多式联运业务提供了新机遇，同时为构建全方位、多渠道的国际多式联运服务网络，服务全球供应链合作提出新要求。

四、企业积极参与多式联运，看好多式联运前景

铁路总公司把发展集装箱多式联运作为重点方向；沿海和内河港口企业主动开拓多式联运业务，不断增强港口多式联运服务功能；无车承运人、无船承运人、大型货代企业积极进入多式联运服务领域；传统货运物流企业加快了向多式联运经营人的转型步伐，拓展多式联运业务；龙头骨干或多式联运示范工程企业继续在产业实践中发挥引领作用。

第二节　中国多式联运市场发展现状

2017 年，货运市场进一步向好，全社会累计完成货运量 471.48 亿吨，同比增长 9.3%，其中铁路、公路运输量增长超过 10%（表 33.1）。运输结构较 2016 年稍有变化，铁路运输量占比较 2016 年增加 0.01 个百分点（图 33.1）。

表 33.1　我国各运输方式货运量及增长率统计（2017 年）

运输方式	货运量 / 亿吨	增长率
公路运输	367.95	10.1%
水路运输	66.57	4.3%
铁路运输	36.89	10.7%
航空运输	0.07	5.7%

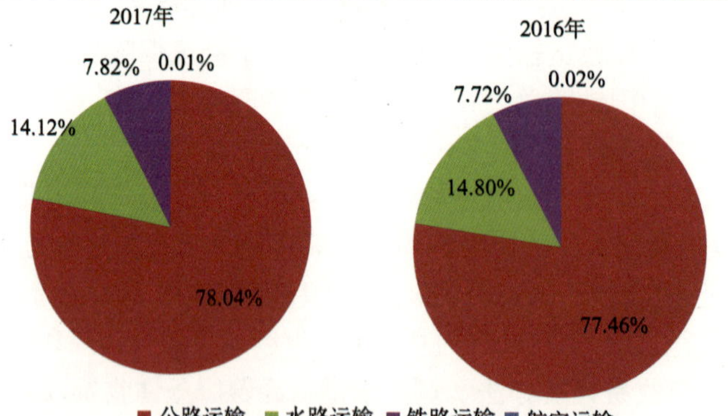

图 33.1　我国货运结构变化对比（2016 ～ 2017 年）

因数据经四舍五入，可能存在合计值不等于100%的情况

一、铁水联运情况

沿海港口铁水联运量呈明显上升态势（图 33.2）。2017 年前三季度中国港口完成铁水联运量 250 万 TEU，铁水联运量实现快速增长。我国铁水联运量基本上集中在大连港、营口港、天津港、青岛港、连云港港、宁波舟山港、盐田港七个港口，以上港口铁水联运量占全国的 90% 左右，集中度高。

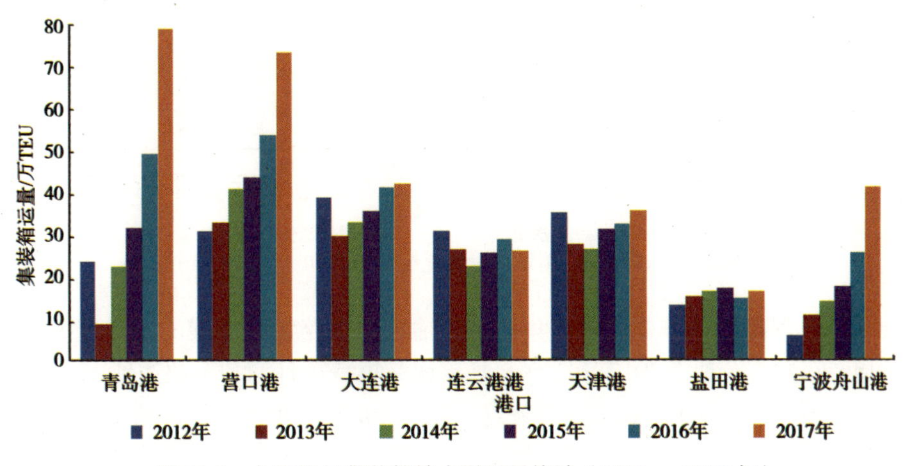

图 33.2　主要港口集装箱铁水联运量统计（2012 ～ 2017 年）

长期以来，我国铁水联运量占港口集装箱吞吐量的比例不到 3%，处于较低发展水平，主要铁水联运沿海港口仅营口港超过 10%，多数港口在 5% 以下（图 33.3），远低于国外港口铁水联运占比，如杜伊斯堡港为 36%，汉堡港为 39%，不莱梅港为 47%。

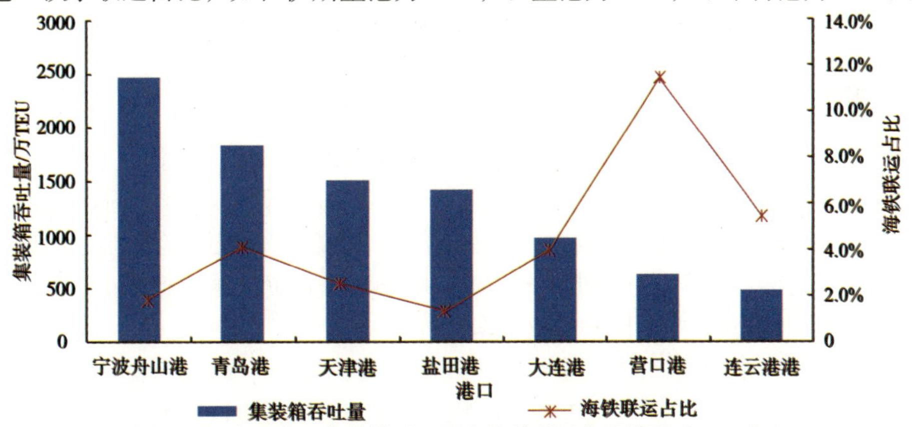

图 33.3　主要港口集装箱吞吐量和海铁联运占比情况（2017 年）

内河港口铁水联运方面，2017 年，重庆果园港“前港后园”和铁水联运功能基本形成，港口集装箱吞吐量完成 31.5 万 TEU，其中铁水联运量超过 5 万 TEU，较 2016 年增速 50%。万州港完成铁水联运量 3.67 万 TEU，同比增长 14.6%。

二、公铁联运情况

我国公铁联运发展潜力逐步释放，公路治理超载在一定程度上促进了货物由公路运输向铁路运输转移，网上办理更加普遍，网上办理货运业务比例超过 70%。2017 年，全国铁路集装箱发送量为 1029 万 TEU，同比增速 37%，连续三年实现铁路集装箱发送量增幅 20% 以上（图 33.4），进入历史最好发展时期。

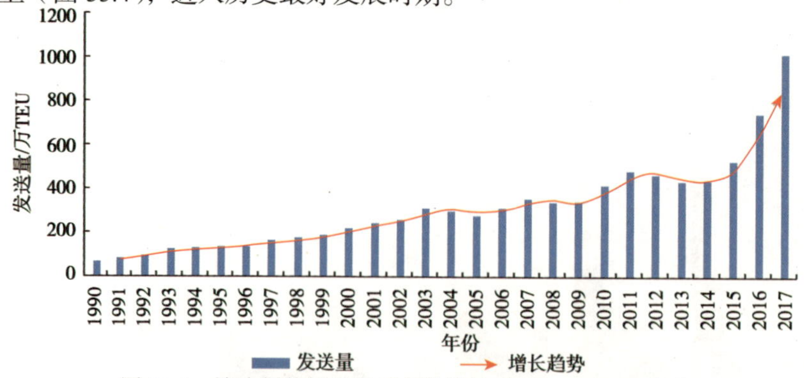

图 33.4　铁路集装箱发送量变化统计（1990 ～ 2017 年）

集装箱装车保障得到加强。铁路集装箱运输已成铁路物流发展的新增长极，从铁路集装箱日均装车数据分析，2017 年 1 ～ 9 月，铁路集装箱日均装车数达到 13 335 车，占全路装车数的 10.4%，同比增长 2 个百分点，但离 2020 年 20% 的目标还有不少差距。

铁路集装箱货物品类扩宽。铁路部门对 152 类白货推出批量零散货物入箱业务，吸引高附加值货物回归铁路；35 吨敞顶箱等装备不断研发应用，发展煤、焦炭、矿石、粮食等货物的散改集业务；大力发展化工品入箱业务，对氰化钠、硫黄、氢氧化钠、黄磷、八氧化三铀等危险货物办理集装箱运输业务。

公铁联运服务产品不断丰富。公铁联运主要依托通用集装箱作为运载工具，同时在商品车运输、冷箱运输、罐箱运输、行包快运和驮背运输等公铁联运诸方面不断丰富。

三、国际铁路联运（中欧班列）

随着“一带一路”建设稳步推进，中国与欧洲及沿线国家的经贸往来越来越频繁，国际物流需求更加旺盛，中欧班列开行数量和开行线路不断增多，国内开行城市 38 个，到达欧洲 13 个国家 36 个城市，较 2016 年新增 5 个国家 23 个城市，铺画运行线路达 61 条；开行密度也逐步提升，进一步释放了亚欧陆路物流和贸易通道的潜能，促进了中国与沿线国家及其他欧洲国家之间的经贸合作。

中欧班列市场呈现出良好的国际品牌效应和发展前景。2011 ～ 2017 年，中欧班列已累计开行 6235 列，其中 2017 年开行数量达到 3673 列（铁路部门统计），同比增长 116%，超过过去 6 年的总和（图 33.5 和表 33.2）；货物运输品类日益丰富，货物品类已经由开行初期的手机、电脑等 IT（Internet technology）产品逐步扩大到服装鞋帽、汽车及配件、粮食、葡萄酒、咖啡豆、木材、家具、化工品、机械设备等品类；回程班列明显增加，回程班列数量已超去程班列的 50%（图 33.6）；国际邮包运输成效显著，中欧班列已经在重庆、郑州、义乌开通邮政运输实验（图 33.7），实现邮包班列电子化通关。

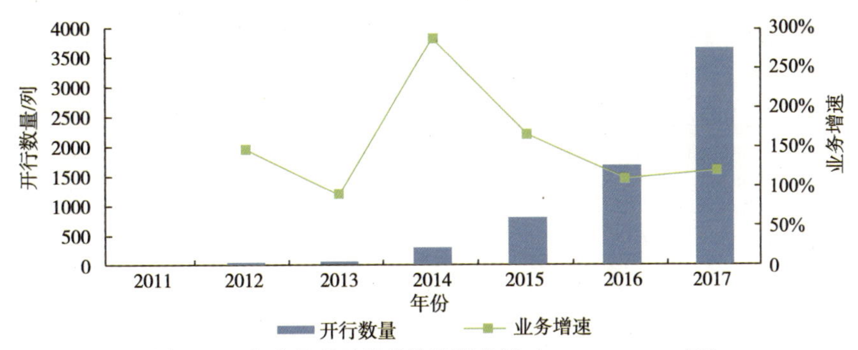

图 33.5　中欧班列开行整体情况统计（2011 ～ 2017 年）

表 33.2　主要铁路口岸中欧班列进出境统计（ 2017 年由海关部门统计 ）

口岸	阿拉山口	满洲里	二连浩特	霍尔果斯
班列数 / 列	1970	1302	575	5
同比增长	75.40%	25.68%	34.50%	—

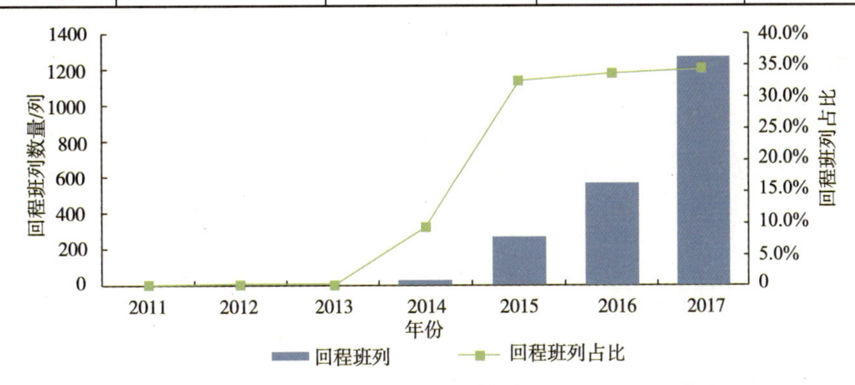

图 33.6　中欧班列回程班列开行统计（2011 ～ 2017 年）

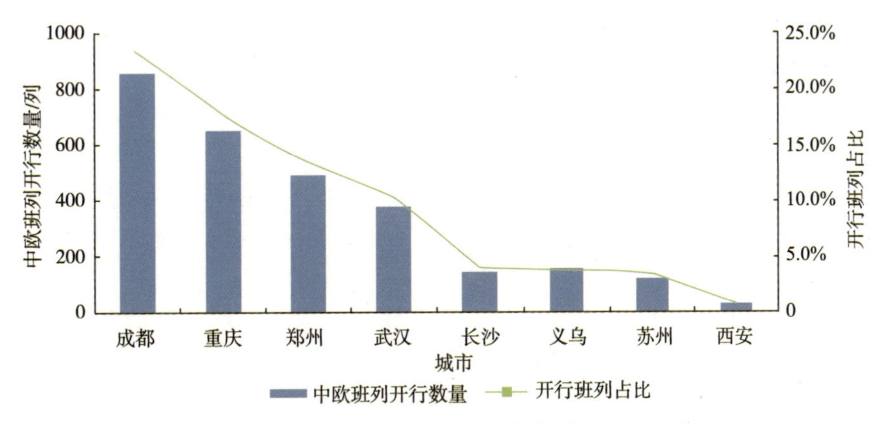

图 33.7　主要城市中欧班列开行统计（2017 年）

国际铁路合作步伐加快。2017 年 4 月，中国、白俄罗斯、德国、哈萨克斯坦、蒙古、波兰、俄罗斯等七国铁路部门正式签署《关于深化中欧班列合作协议》。2017 年 10 月，中国铁路总公司及白俄罗斯、德国、哈萨克斯坦、蒙古、波兰、俄罗斯等国家铁路公司在郑州召开第一次中欧班列运输联合工作组会议，会议审议并签署了《中欧班列运输联合工作组工作办法》和《深化中欧班列合作协议新成员加入办法》。2017年9月，跨西伯利亚运输协调委员会第26次全体大会在北京召开，进一步推动中欧班列持续稳定发展。

境外经营能力大幅提升。中铁集装箱不断与哈萨克斯坦、俄罗斯、瑞士、芬兰等国家的物流企业加强沟通，在联合开展国际货源营销、合作开展境外分拨配送等代理服务、加强境外铁路箱还箱点建设等方面进行合作。目前，中国铁路集团有限公司在境外已经设立了6个集装箱还箱点，中铁集装箱在哈萨克斯坦成立子公司，加强中俄铁集合资公司在莫斯科的经营力量，推进波兰、德国等地进行分拨中心选点。

第三节 中国多式联运发展存在的问题

一、研究瓶颈

障碍及对策是多式联运研究中的重点及难点所在。从多式联运提出至今，国内学者就一直关注其在中国发展过程中面临的主要障碍，目前已有一定进展，但随着我国经济的不断发展及多式联运的不断建设，发展面临的障碍及对策也会不断改变，学者需要持续关注。学者应在现有问题的基础上，对多式联运在我国发展面临的障碍进行深入探讨。在借鉴国外先进经验的过程中，关注中国特色及地缘特点，就我国具体通道发展中存在的现实问题进行分析研究。

多式联运路径优化的研究，在成本模型的构建和求解方面都较为全面，是目前国内学者研究最多也最为完善的部分。不同约束条件及不同求解目标下，构建模型所考虑的因素也会不同。那么，此部分研究的重点意义就在于将其运用于实际领域。学者需要将现有研究建立在我国多式联运通道的实际需求上，对成本模型及具体约束条件进行改善，以解决多式联运实际货物运输中的最优路径问题。

多式联运运量预测的方法方面，学者已经有了较为详细的探讨，但研究中的预测方法仅仅基于我国铁路集装箱量，以及铁水联运量等现有时间序列数据的增长趋势进行预测，并未结合多式联运发展中其他具体的影响因素，如考虑高铁的开通运行对现有铁路运力的释放，铁路集装箱中心站等基础设施的完善等多方面因素对未来我国多式联运运量增长的促进作用。未来运量的多少直接决定多式联运的收益，进而决定各运输公司对于场站、线路完善及基础设施的购建等，结合我国多式联运线路，能够很好地预测线路多式联运的发展潜力，对我国多式联运体系的整体建设、某线路中心站的设立数量及位置、运行班列制订开行调度方案等具体应用方面，都具有极大的研究意义。

我国多式联运还处于起步阶段，因此基于实际货物运输通道的多式联运效益及各方收益分配的研究还很少。但随着我国多式联运的逐步发展，预期效益和各方利益的协调是不可避免的问题。因此，学者要具有先见性。在效益预期方面，广泛应用经典的模型和方法，如德尔菲法、FHW综合评价法、必要运费率等，将路径优化中的成本模型与效益分析中的经济效益、环保效益、社会效益结合改善，对比不同运输方式下的各效益优势，在既定线路中选择综合效益最高的运输方式组合，就多式联运发展潜力巨大的线路进行效益模拟等都是在多式联运效益分析中可以进一步关注的问题。

各方收益分配能够得到很好的协调是保证多式联运快速发展的重要因素，是不可或缺的部分，也是较难分析的部分。虽然已有学者从博弈论视角考虑多式联运中各方收益分配问题，但多式联运中各方尤其是公铁博弈还未引起学者关注。具体而言，博弈论的视角还需进一步加强，或者引入新的理论模型对分配方法进行探讨，基于不同情境下的收益分配方案如何在实现公铁、公海、铁海等运输方式之间联运系统利益最大化的同时保证各参与企业也获得更大收益。

二、现实中的问题

2016 年中国物流费用在 GDP 中的占比降至 14.9%，但仍高于全球平均水平 5 个百分点，接近美国的 2 倍（同期美国物流费用在 GDP 中的占比为 7.5%）。现阶段中国多式联运量占全社会货运量比重每提高 1 个百分点，可降低全社会物流总费用约 0.9 个百分点，节约成本支出 1000 亿元左右。

中国运输结构不合理的矛盾长期未得到解决，是导致物流成本居高不下的一个重要原因，铁路运输占比严重偏低且在全社会物流量中的占比逐年下降，铁路运量占全社会物流量的 9%，公路却承载社会物流量的近 80%，铁路货运周转量占货运周转量的比例从 1980 年的 47.5% 下降至 15%。港口集疏运以公路为主，中国集装箱铁水联运比重 2.6% 与欧洲杜伊斯堡（海铁联运占比超过 20%）、鹿特丹（海铁联运占比 20%）等相比，铁路集疏运占比明显偏低，存在较大提升空间。

总体来看，中国多式联运面临的一些矛盾虽有所缓解，但整体供需矛盾仍较为突出。现阶段单一运输方式运能、运力水平快速提升，多式联运发展过程中运营规则及标准不一、多式联运信息共享不畅、多式联经营主体不明确等问题，造成供需不对等、不平衡等诸多矛盾仍然存在。

（一）“叫好但不叫座”，落地进展缓慢

当前多式联运随着推进深入出现了“叫好不叫座”的现象，呼声很高，实施推进较慢，难免造成“雷声大雨点小”的假象，多式联运作为高效、先进的生产组织方式，在综合交通运输领域得到热议，发展多式联运是符合国际潮流和中国经济产业转型要求的生产组织方式，得到行业主管部门和产业界的认同。相关部门出台了一系列扶持多式联运政策，包括开展多式联运示范工程，企业表现出较强的申报积极性，政府扶持多式联运发展顺应了新时期物流业的发展要求和市场需求。

从经济发展和产业运行现状，结合实地调研企业运营情况，多式联运尚未成为运输与物流企业提供的常态服务，部分企业更是“穿新鞋，走老路”，未能从供应链深层次上思考发展多式联运。尽管中国物流业体量巨大，但多式联运方面规划严重不足、多式联运本质认知不清、设施基础薄弱、专用装备的技术研发和推广应用滞后、跨区域运作的多式联运服务方式缺乏适宜土壤，制约了多式联运的发展。

在产业实践过程中，多式联运效益和效率优势难以体现，对客户的吸引力不足，对比运输时间和成本，多式联运不如单一运输方式合适。同时由于缺乏准确的理论指导、运营规则规范和国内先进的实践经验借鉴，不少企业和地方主管部门更多是停留在支持或响应层面，出台的意见或方案在具体业务操作指导上缺少支撑，难于付诸实践，面临落地实施缓慢的问题。

（二）理论概念混淆，标准规则缺乏

近年来，多式联运快速升温，各地交通运输和物流行业更是掀起了学习和讨论多式联运的热潮。社会对多式联运的“热”关注触发了对多式联运的各种概念定义不清、混淆使用的“冷”思考，当一个概念成为热点后，难以避免地会被泛化，甚至生搬硬套、牵强附会地使用。

多式联运已不是一个新鲜概念，而是作为一种业务或服务方式明确的指代。中国在引入国外多式联运概念过程中没有仔细地对相关名词进行解读和翻译，在多式联运及相关术语的表述和使用上，容易出现词不达意、概念模糊甚至概念混淆的情况，如多式联运与综合运输，多式联运与联运、联合运输，多式联运与物流，多式联运与集装箱运输等概念的区别模糊，缺少对多式联运监管中心的明确定义，对多式联运监管中心功能及其与综合保税区保税物流中心之间的区别认识模糊。对多式联运相关概念和内涵认识不统一甚至相互矛盾，给多式联运的实践带来许多误解和障碍，制约了中国多式联运的发展及服务水平的提高。

多式联运相关概念的界定是推动多式联运发展的前提，在使用多式联运及相关术语的表述上，多式联运的相关概念和内涵认识不统一，概念模糊甚至混淆，影响多式联运相关标准的制定。多式联运统一的标准尚未确定，不同运输方式在票式、运价计费规则、货类品名代码、危险货物划分、包装与装载要求、安全管理制度、货物交接服务规范、保价保险理赔标准、责任识别等方面均有各自不同方面的要求或标准，导致一些集装箱货物在转换节点中被迫拆箱，阻碍多式联运顺畅通行，难以实现一次委托、一单到底、一票结算。

（三）市场改革缓慢，制度体系滞后

多式联运涉及的各种运输方式独立分散发展，统一开放、公平竞争的运输市场格局尚未形成，综合交通运输的管理体制和运行机制还需进一步理顺，部门间、区域间、政企间、企业与企业间常态化、制度化的协同联动机制亟待全面创新，多式联运的推进合力有待进一步加强。多式联运相关方面的“放管服”改革有待进一步深化，制度性交易成本仍然较高，铁路货运市场化程度有待提升，公路货运过度竞争的市场秩序亟待规范，各种运输方式的比较优势和组合效率尚未充分发挥。

制度化体系还不配套，多式联运法规制度建设滞后，顶层设计不明确。国家层面在多式联运规划推进等工作方面缺乏部际统一协调机构；相关法规基本是空白，截至目前中国还没有多式联运法，而欧洲国家对于多式联运的法规不止一部且分单

项列得比较细。

（四）衔接转换不畅，能力尚不匹配

不同运输方式之间衔接协调和融合发展不足，信息交换共享渠道还不畅通，全程运输组织链条断而不畅，难以把物流各个环节高效串接起来，这是当前交通物流发展中的主要矛盾，也是交通运输促进物流业健康发展亟待破解的首要瓶颈。物流通道不够完善主要体现在重要枢纽之间“连而不畅”“邻而不接”，枢纽与物流园区布局衔接不够，不同运输方式枢纽站场统筹布局和一体化建设不足，既有“最初一公里”的问题，也有“最后一公里”的问题，集疏运体系“断头路”现象较为突出。

公、铁、水、航四种运输方式的能力不够匹配。能力不匹配就形不成资源共享，有的是供大于求，有的是供小于求。例如，铁路集装箱快速发展，但公路集装箱拖车数量严重不足，且内地拖车费用占集装箱运输费用的比例为50%左右，制约公铁联运发展。港口与铁路在工作时间上无法实现协同，进港铁路集疏运能力不足导致铁运业务周期被拉长。运载单元、吊装设备、托盘等装备的标准匹配性较差，影响转运换装效率。

（五）国际通关不畅，协作有待加快

国家层面已经启动通关一体化，在简化流程和一体化运营方面还需时日。具体地方执行层面，中欧班列开行城市多位于内地，受进出口体量差距的影响，内地海关商检部门在拼箱、品类认定等方面的标准与沿海地区有一些差异，相关监管部门的人员经历没有沿海地区人员丰富，专业度和认知有一定差距，需付出一定的沟通成本。国际通关手续多、时间长、成本高、重复查验等问题造成通关效率不高，影响中欧班列整体的运行时间。在国际协作方面，国际多式联运经营企业参与国际协作较慢，国际全程多式联运的经营人缺乏。国际协作还面临较多任务，包括运输双边、多边联运规则对接修订，国家层面与沿线国家在技术标准、单证规则、数据交换、通关报关、资质认证、安全与应急处置等方面的合作对接。同时与国际货协、货约在制订联运规则及统一单证等方面协商缓慢，影响国际联运整体运行效率。

第四节　中国多式联运发展趋势及建议

一、优化联运市场环境

（一）破除行政壁垒，规范市场运行秩序

做好多式联运“放管服”改革，降低准入条件，放开价格管制，由市场配置多式联运要素，对多式联运不增设新的行政审批事项；规范市场秩序，管住不合理的收费，如进一步规范港口、铁路不合理收费，加大对公路违法超限、超载现象的治理。

（二）强化政策落实，加大政策支持力度

落实《关于进一步鼓励开展多式联运工作的通知》有关要求，相关部门联合出台有针对性的实施方案，明确任务分工和时间节点。出台扶持多式联运示范项目建设的具体措施，完善财税、金融、土地等配套政策。对于符合多式联运开展条件的换装设施、信息系统建设，以及符合地方发展的多式联运枢纽设施给予财政补贴或政策倾斜，强化政策实施效果。

（三）填补法规空白，健全规则体系建设

注重多式联运立法，明确多式联运经营各参与方的法律关系和法律责任。制定对接国际、适应中国的多式联运规则体系，包括国际铁路联运规则和多式联运“一票制”单证标准的制定，推动不同运输方式在票据单证格式、运价计费规则、货类品名代码、保价保险理赔标准、责任识别等方面的衔接协调。同时加快建立适合中国国情的内陆集装箱系列标准，构建多式联运统计法规和统计标准体系。

（四）加强舆论引导，提高社会认知程度

各层级行业主管部门做好引导，通过媒体等形成社会层面的共识。对多式联运相关政策要进行深度的宣传策划和解读，形成社会广泛共识。通过培训、会议、论坛等形式，对概念和政策进行专题解读，强化多式联运理论概念释义，提高社会对多式联运的认知，不断向社会推广多式联运经验发展成果。

二、补足联运要素短板

（一）推进枢纽场站及集疏运建设

完善以铁路场站、内陆港、沿海和内河主要港口为节点的多式联运枢纽等基础设施，改造升级既有站场设施资源多式联运功能区，鼓励商品车、滚装、化工、冷链等专业化多式联运枢纽站场建设；完善多式联运站场集疏运体系，继续支持大型综合物流园区引入铁路专用线，推进重点港口疏港铁路、疏港公路建设，完善铁路集装箱中心站、铁路物流基地、内陆港等进出站场配套道路设施。

（二）推进装备标准化、专业化

按照GB1589（2016）标准实施货运车型标准化，推进跨方式技术装备标准化，推广应用集装箱、厢式半挂车、托盘等标准化运载单元和货运车辆。开发适合中国内陆运输条件的集装箱标准。推进装备专业化，研发半挂车专用滚装船舶、江海直达船舶等专业化装备，推广铁路驮背运输专用载运工具的使用。推广使用柴电一体化冷藏集装箱、粮食专用箱、集装箱汽车转运架、危险品罐式集装箱等专业设备。

（三）提升多式联运经营主体能力

鼓励以资本、信息、产品等多种模式为纽带的多式联运经营人建设模式。进一步激发多式联运市场活力，支持有实力的铁路、水路，以及无船承运人、货运代理企业整合产业链上下游资源，有序开拓多式联运经营业务，加快向多式联运经营人转型。围绕开发多式联运服务产品，发展跨区域、跨方式、跨产业的集群式合作联盟，推动以资本融合、资源共享和网络共建，成立实体经营主体，打造利益共同体。

三、加强联运协同联动

（一）政府层面协同

完善部际层面的管理协调机制，推动建立多式联运发展部际联席会议制度。各省级交通运输主管部门协调省级发改委、商务部、工业和信息化部、铁路部等部门，建立跨部门多式联运工作协同联动机制，研究跨区城协同推进多式联运发展的行动计划。

（二）企业合作协同

推广多式联运合作模式，一是以资本为纽带组建多式联运的平台公司；二是以信息为纽带形成联盟合作模式，不同区域和不同运输方式之间的企业通过信息共享、代码共享等形成协作联盟；三是以产品为纽带，分工协作，建立契约条款，共同打造通道上的多式联运服务产品。

参考文献

白福臣 .2009. 中国沿海地区海洋科技竞争力综合评价研究 [J]. 科技管理研究，(6)：159，160.

白煜超 .2008. 基于吸引力模型的港口腹地划分方法研究 [D]. 北京：北京交通大学 .

鲍捷，吴殿廷，蔡安宁，等 . 2011. 基于地理学视角的“十二五”期间我国海陆统筹方略 [J]. 中国软科学，(5)：6-16.

庇古 A C. 2006. 福利经济学 [M]. 朱泱，张胜纪，吴良健，译 . 北京：商务印书馆 .

蔡安宁，李婧，鲍捷，等 . 2012. 基于空间视角的陆海统筹战略思考 [J]. 世界地理研究，21(1)：26-34.

蔡权德，栾维新，黄杰，等 . 2011. 产业结构调整与我国沿海港口吞吐量的关系 [J]. 中国港湾建设，(4)：68-70.

蔡文华 . 2015. 陆海统筹下的“一带一路”多式联运路径优化研究 [D]. 大连海事大学硕士学位论文 .

曹吉云 . 2007. 我国总量生产函数与技术进步贡献率 [J]. 数量经济技术经济研究，(11)：37-46.

曹琳霞，陆玉麒，马颖忆 . 2016. 基于烟羽模型的江苏港口腹地范围划分 [J]. 地域研究与开发，35(5)：41-46.

曹忠祥，高国力 . 2015. 我国陆海统筹发展的战略内涵、思路与对策 [J]. 中国软科学，(2)：1-12.

曹忠祥，刘保奎，王丽 . 2015. 广西陆海统筹发展调查与思考 [J]. 海洋开发与管理，32(3)：53-57.

曹忠祥，任东明，王文瑞，等 . 2005. 区域海洋经济发展的结构性演进特征分析 [J]. 人文地理，(6)：29-33.

常原飞，贾振邦，赵智杰，等 . 2002. 辽河 COD 变化规律及其原因探讨 [J]. 北京大学学报(自然科学版)，38(4)：535-542.

陈爱贞，刘志彪 . 2011. 决定我国装备制造业在全球价值链中地位的因素——基于各细分行业投入产出实证分析 [J]. 国际贸易问题，(4)：115-125.

陈彬，王金坑，张玉生，等 . 2004. 泉州湾围海工程对海洋环境的影响 [J]. 台湾海峡，(2)：192-198.

陈昌兵 . 2014. 可变折旧率估计及资本存量测算 [J]. 经济研究，(12)：72-85.

陈德湖，李寿德，蒋馥 . 2004. 排污权交易市场中的厂商行为与政府管制 [J]. 系统工程，22(3)：44-46.

陈东景，李培英，杜军 . 2006. 我国海洋经济发展思辨 [J]. 经济地理，(2)：216-219.

陈东有 . 2011. 中国是一个海洋国家 [J]. 江西社会科学，31(1)：234-245.

陈明义 . 2010. 建设海洋强国是中华民族伟大复兴的一个重要战略 [J]. 发展研究，(6)：4-7.

陈明义 . 2013. 维护国家海洋权益 [J]. 炎黄纵横，(7)：4.

陈明义 . 2012. 努力建设海洋强国 [J] 福建论坛(人文社会科学版)，(12)：5-7.

陈平，李静，吴迎新，等 . 2012. 中国近岸海域环境保护的陆源污染防治政策研究——以排污治理工程投资政策为例 [J]. 海洋经济，(2)：18-26.

陈涛焘，高琴 . 2008. 港口集装箱吞吐量影响因素研究 [J]. 武汉理工大学学报(信息与管理工程版)，

（6）：991-994.
陈贻龙，邵振一 . 1999. 运输经济学 [M]. 北京：人民交通出版社 .
陈颖辉 . 2011. 世界主要海洋强国的发展战略及对中国的启示 [J]. 中国物价，（9）：65-68.
陈勇，唐朱昌 . 2006. 中国工业的技术选择与技术进步：1985—2003[J]. 经济研究，（9）：50-61.
程毛林 . 2010. 基于生产函数的我国经济增长预测模型 [J]. 统计与决策，（20）：34-36.
初良勇，许小卫，李淑娟 . 2015. 基于水面溢油理论的港口腹地划分模型 [J]. 物流技术，34（11）：105-108.
储永萍，蒙少东 . 2009. 交通运输业对上海国民经济影响的衡量分析 [J]. 科技与经济，22（6）：69-72.
楚明钦 . 2013. 装备制造业与生产性服务业产业关联研究——基于中国投入产出表的比较分析 [J]. 中国经济问题，（3）：79-88.
崔峰，包娟 . 2010. 浙江省旅游产业关联与产业波及效应分析 [J]. 旅游学刊，25（3）：13-20.
崔旺来，周达军，刘洁，等 . 2011. 浙江省海洋产业就业效应的实证分析 [J]. 经济地理，31（8）：1258-1263.
邓宗成，孙英兰，周皓，等 . 2009. 沿海地区海洋生态环境承载力定量化研究——以青岛市为例 [J]. 海洋环境科学，（4）：438-441，459.
狄乾斌，刘欣欣，王萌 . 2014. 我国海洋产业结构变动对海洋经济增长贡献的时空差异研究 [J]. 经济地理，（10）：98-103.
丁东生 . 2012. 渤海主要污染物环境容量及陆源排污管理区分配容量计算 [D]. 中国海洋大学博士学位论文 .
丁井国，钟昌标 . 2010. 港口与腹地经济关系研究——以宁波港为例 [J]. 经济地理，30（7）：1133-1137.
董洁霜，范炳全 . 2006. 国外港口区位相关研究理论回顾与评价 [J]. 城市规划，（2）：83-88.
董洁霜，范炳全 . 2002. 区位商法在港口腹地分析中的运用 [J]. 上海海运学院学报，23（3）：50-53.
董晓菲 . 2008. 辽宁沿海经济带与东北腹地海陆产业联动发展研究 [D]. 辽宁师范大学硕士学位论文 .
杜桂玲 . 2005. 长江沿线外贸集装箱生成量影响因素分析及生成量预测 [D]. 上海海事大学硕士学位论文 .
段华薇 . 2016. 基于 Stackelberg 定价博弈的铁路物流中心公铁运输企业利益协同研究 [D]. 西南交通大学博士学位论文 .
范丹，王维国 . 2013. 中国省际工业全要素能源效率——基于四阶段 DEA 和 BootstrappedDEA[J]. 系统工程，（8）：72-80.
范斐，孙才志 . 2011. 辽宁省海洋经济与陆域经济协同发展研究 [J]. 地域研究与开发，30（2）：59-63.
范金，包振强，沈洁，等 . 2011. 可持续发展条件下的国民经济核算 [J]. 数学的实践与认识，（2）：190-195.
方芳，张鹏，高艳波，等 . 2011. 我国海洋科技成果产业化发展研究 [J]. 海洋技术，30（1）：103-105.
冯芬玲，蓝丹 . 2011. 非对称信息下铁路重载集疏运一体化利益分配博弈 [J]. 中南大学学报（自然科学版），42（5）：1473-1481.
冯梁 . 2009. 论 21 世纪中华民族海洋意识的深刻内涵与地位作用 [J]. 世界经济与政治论，（1）：71-79.
冯社苗 . 2009. 基于蚁群算法的港口间接腹地划分模型 [J]. 水运工程，（5）：47-50.
付翠莲 . 2008. 关于我国实施海洋强国战略的思考 [J]. 海洋开发与管理，（11）：3-7.
付蔷，柯伟 . 2012. 港口腹地集装箱起讫点调查方法研究——以大连港为例 [J]. 集装箱化（11）：16-20.
盖美 . 2003. 近岸海域环境与经济协调发展的海陆一体化调控研究 [D]. 大连理工大学博士学位论文 .

高帆，石磊 . 2009. 中国各省份劳动生产率增长的收敛性：1978 ～ 2006 年 [J]. 管理世界，(1)：49-60，71.
高峰，王金平，汤天波 . 2009. 世界主要海洋国家海洋发展战略分析 [J]. 世界科技研究与发展，31 (5)：973-976，909.
高海燕，杨海龙，林定良 . 2011. 空铁联运运营模式及效益分析 [J]. 中国城市经济，(3)：63，65.
高金龙，陈江龙，徐梦月，等 . 2012. 基于灰色关联分析的江苏沿海产业发展研究 [J]. 长江流域资源与环境，(7)：803-808.
高毅蓉，袁伦渠 . 2014. 我国三次产业劳动生产率的地区差异及收敛性分析 ：1985 ～ 2010 年 [J]. 经济问题探索，(6)：54-59.
高之国 . 2012. 深化研究海洋发展战略努力推进海洋强国建设 [J]. 海洋开发与管理，29 (2)：62-64.
高之国 .1999. 中国海洋事业的过去和未来 [J]. 海洋开发与管理，(4)：4-6.
戈华清，蓝楠 . 2014. 我国海洋陆源污染的产生原因与防治模式 [J]. 中国软科学，(2)：22-31.
宫美荣，韩增林 . 2011. 辽宁省海洋产业集群与产业关联分析 [J]. 资源开发与市场，27 (3)：202-204，262.
郭军，郭冠超 . 2011. 加快发展海洋经济的思考 [J]. 宏观经济管理，(1)：39-41.
郭文韬 . 2017. 中国地缘战略变迁的历史教训——寻求陆海统筹的必要性 [J]. 南方论刊，(5)：31-34.
韩立民，刘晓 . 2008. 试论海洋科技进步对海洋开发的推动作用 [J]. 海洋开发与管理，(2)：57-60.
韩立民，卢宁 . 2007. 关于海陆一体化的理论思考 [J]. 太平洋学报，(8)：82-87.
韩增林，狄乾斌，周乐萍 . 2012. 陆海统筹的内涵与目标解析 [J]. 海洋经济，2 (1)：10-15.
韩增林，栾维新 . 2001. 区域海洋经济地理理论与实践 [M]. 大连：辽宁师范大学出版社 .
韩增林，许旭 .2008. 中国海洋经济地域差异及演化过程分析 [J]. 地理研究，(3)：613-622.
韩忠南 . 1995. 我国海洋经济展望与推进对策探讨 [J]. 海洋开发与管理，(1)：12-15.
郝艳萍，慎丽华，森豪利 . 2005. 海洋资源可持续利用与海洋经济可持续发展 [J]. 海洋开发与管理，(3)：50-54.
何德旭，姚战琪，程蛟 . 2009. 中国服务业就业影响因素的实证分析 [J]. 财贸经济，(8)：99-107.
何丹，高鹏 . 2016. 长江中游港口腹地演变及港口-腹地经济协调发展研究 [J]. 地理科学，36 (12)：1811-1821.
贺福初 . 2019. 大科学引领大发现时代 [J]. 国防，(1) 5-9.
贺菊煌 . 1992. 固定资产实际净值率的估算 [J]. 数量经济技术经济研究，(12)：30-33.
侯新烁，周靖祥 . 2013. 中国区域投资多寡的空间尺度检验——基于省份投资与其增长效应一致性视角 [J]. 中国工业经济，(11)：31-43.
胡恒，徐伟，岳奇，等 . 2017. 基于三生空间的海岸带分区模式探索——以河北省唐山市为例 [J]. 地域研究与开发，36 (6)：29-33.
胡幸，王兴平，陈卓 . 2007. 开发区用地构成的影响因素及演化机制分析——以长三角为例 [J]. 现代城市研究，(4)：62-70.
胡旭铭，刘冲，刘洪义 .2009. 基于神经网络的外贸集装箱生成量预测 [J]. 水运工程，(9)：23-25，54.
胡振华，刘景月，钟美瑞，等 . 2016. 基于演化博弈的跨界流域生态补偿利益均衡分析——以漓江流域为例 [J]. 经济地理，36 (6)：42-49.
花屹，姚智勤 . 2015. 发展海河联运是实现嘉兴市陆海统筹的有效途径 [J]. 交通企业管理，30 (5)：17-20.

黄德春，陈思萌，张昊驰，等 . 2009. 国外跨界水污染治理的经验与启示 [J]. 水资源保护，25（4）：78-81.
黄杰 . 2011. 沿海港口吞吐量与国民经济关系研究 [D]. 大连海事大学博士学位论文 .
黄瑞芬，雷晓 . 2013. 要素投入对我国海洋经济增长的效应分析——基于广义 C-D 生产函数与岭回归分析方法 [J]. 中国渔业经济，31（6）：118-122.
黄锡生，史玉成 . 2014. 中国环境法律体系的架构与完善 [J]. 当代法学，（1）：122-130.
霍向，武慧荣，王丽丽，等 . 2016. 基于组合预测的集装箱海铁联运运量预测 [J]. 北方经贸，（7）：13-14.
计明军，贺茂英 . 2010. 基于双层规划的动态腹地二级港口物流网络优化 [J]. 交通运输系统工程与信息，10（6）：89-94.
江帆，刘晓峰，林煦昊 . 2013. 发达国家海洋发展战略对我国海洋管理的启示 [J]. 海洋开发与管理，30（5）：5-8.
江舰，王海燕，杨赞 . 2007. 集装箱吞吐量及主要影响因素的计量经济分析 [J]. 大连海事大学学报，（1）：83-86.
姜翠玲，崔广柏 . 2002. 湿地对农业非点源污染的去除效应 [J]. 农业环境保护，（5）：471-473.
姜军，陆建 . 2008. 集装箱多式联运系统中各种运输方式最优组合模式研究 [J]. 物流技术，（4）：127-129，134.
姜晓丽，张平宇 . 2013. 基于 Huff 模型的辽宁沿海港口腹地演变分析 [J]. 地理科学，33（3）：282-290.
姜旭朝，毕毓洵 . 2009. 中国海洋产业结构变迁浅论 [J]. 山东社会科学，（4）：78-81.
焦必方，王庆新，王培先 . 1999. 经济增长方式的转变与环保型经济增长 [J]. 世界经济文汇，（4）：48-51.
金凤君，王成金，李秀伟 . 2008. 中国区域交通优势的甄别方法及应用分析 [J]. 地理学报，（8）：787-798.
金雪，殷克东，张栋 . 2016. 我国陆海经济关联性的实证分析 [J]. 统计与决策，（7）：131-134.
柯文前，陆玉麒，俞肇元，等 . 2013. 江苏县域劳动生产率的空间关联与分异演化格局 [J]. 经济地理，（12）：24-30.
科斯 R，阿尔钦 A，诺斯 D. 1994. 财产权利与制度变迁——产权学派与新制度学派译文集 [M]. 上海：上海三联书店，上海人民出版社。
孔令帅 . 2013. 固定资产投资对区域经济差异的影响研究 [D]. 山东大学硕士学位论文 .
郎宇，黎鹏 . 2005. 论港口与腹地经济一体化的几个理论问题 [J]. 经济地理，（6）：767-770，774.
雷辉 . 2009. 我国资本存量测算及投资效率的研究 [J]. 经济学家，（6）：75-83.
李兵，王铮，李刚强，等 . 2009. 我国科技投入对经济增长贡献的实证研究 [J]. 科学学研究，（2）：196-201.
李昌峰，刘焕，黄晔 . 2014. 基于水足迹理论的 EKC 分析及生态补偿核算——以太湖流域为例 [J]. 南京晓庄学院学报，（6）：76-81.
李大为，俞晶菁，吕高腾，等 . 2012. 铁路集装箱短期运量预测方法分析 [J]. 交通科技与经济，14（5）：111-115.
李高波 . 2014. 具有容量约束的混合轴辐式多式联运枢纽网络设计 [D]. 长安大学硕士学位论文 .
李嘉图 D. 2009. 政治经济学及赋税原理 [M]. 丰俊功译 . 北京：光明日报出版社 .
李建明，曾华锋 . 2011. “大科学工程”的语义结构分析 [J]. 科学学研究，29（11）：1607-1612.
李靖宇，李锦鑫，张晨瑶 . 2016. 推进陆海统筹上升为国家大战略的构想 [J]. 区域经济评论，（3）：29-38.
李靖宇，赵伟 . 2006. 关于开发海洋区域创建中国第五大经济增长极的战略思考 [J]. 广东社会科学，（6）：12-17.
李克国，魏国印 . 2007. 环境经济学 [M]. 北京：中国环境科学出版社 .

李如忠 . 2001. 巢湖流域生态环境质量评价初步研究 [J]. 合肥工业大学学报（自然科学版），（5）：987-990.
李珊 . 2014. 我国固定资产投资结构及其与经济增长关系的区域差异研究 [D]. 中国海洋大学硕士学位论文 .
李尚伟 . 2005. 港口与国民经济的关系探讨 [D]. 武汉理工大学硕士学位论文 .
李胜，陈晓春 . 2011. 基于府际博弈的跨行政区流域水污染治理困境分析 [J]. 中国人口·资源与环境，21（12）：104-109.
李晓，张建平 . 2009. 中韩产业关联的现状及其启示：基于《2000 年亚洲国际投入产出表》的分析 [J]. 世界经济，（12）：40-52.
李义虎 . 2007. 从海陆二分到海陆统筹——对中国海陆关系的再审视 [J]. 现代国际关系，（8）：1-7.
李永辉 . 2012. 边海问题与中国海洋战略 [J]. 现代国际关系，（8）：28-30.
李震，王佳红 . 2016. 论我国深海工程装备的发展与海洋强国的崛起 [J]. 海洋开发与管理，33（1）：78-81.
李振福，苑庆庆，闵德权 . 2011. 港口腹地划分的断-电模型研究 [J]. 水运工程，（2）：71-76.
李治国，唐国兴 . 2003. 资本形成路径与资本存量调整模型——基于中国转型时期的分析 [J]. 经济研究，（2）：34-42.
林炳焜 . 2014. 铁路集装箱中心站物流系统建模与优化研究 [D]. 西南交通大学博士学位论文 .
凌杨，唐焱，朱传广，等 . 2015. 基于 C-D 生产函数的海域使用权价格评估研究——以连云港市养殖用海为例 [J]. 海洋开发与管理，32（6）：30-33.
刘赐贵 . 2011. 抢抓战略机遇强化自身建设在新的历史起点上实现海洋事业新跨越 [J]. 海洋开发与管理，28（4）：8-13.
刘国军，周达军 . 2011. 海洋产业就业弹性的比较优势与实证分析——以浙江省为例 [J]. 中国渔业经济，29（6）：142-149.
刘佳，李双建 . 2011. 从海权战略向海洋战略的转变——20 世纪 50—90 年代美国海洋战略评析 [J]. 太平洋学报，19（10）：79-85.
刘舰，俞建宁，李引珍，等 . 2011. 基于合作性投资和价格策略的多式联运企业协作行为博弈分析 [J]. 中国管理科学，19（5）：147-152.
刘杰，何世伟，宋瑞，等 . 2011. 基于运输方式备选集的多式联运动态路径优化研究 [J]. 铁道学报，33（10）：1-6.
刘娟 . 2010. 从陆权大国向海权大国的转变——试论美国海权战略的确立与强国地位的初步形成 [J]. 武汉大学学报（人文科学版），63（1）：70-76.
刘利华 . 2011. 全球化视野下的中国海洋战略构建 [D]. 辽宁大学硕士学位论文 .
刘伶伶 . 2012. 集装箱铁水联运运量预测与班列开行方案研究 [D]. 北京交通大学硕士学位论文 .
刘明 . 2010. 我国海洋经济发展潜力分析 [J]. 经济与管理研究，（1）：36-39.
刘楠来 . 1987. 第二讲《联合国海洋法公约》下的领海制度 [J]. 海洋开发，（2）：59-61.
刘曙光，尹鹏 . 2018-05-04. 新时代海洋强国建设研究视域提升的初步思考 [N]. 中国社会科学报，（006）.
刘松 . 2017. 考虑节点耗时的多式联运路径及运输方式的组合优化研究 [J]. 物流工程与管理，39（8）：80-82.
刘伟光 . 2013. 我国沿海地区海陆产业系统时空耦合研究 [D]. 大连：辽宁师范大学 .
刘伟民，陈桐生，汪涛，等 . 2013. 沿海地区经济发展对海洋生态环境的影响分析 [J]. 生态科学，32（6）：738-743.

刘洋，杨荫凯 . 2013. 国外海洋发展战略及其启示 [J]. 宏观经济管理，(3)：77-79.
刘媛媛，孙慧 . 2014. 新疆科技投入对区域经济增长的贡献度分析——基于扩展 C-D 生产函数和 DEA 分析法 [J]. 科研管理，35（10）：26-32.
龙霞 . 2006. 中国固定资产投资与经济增长关系的实证分析 [D]. 上海：华东师范大学 .
栾维新 . 1997. 发展临海产业实现辽宁海陆一体化建设 [J]. 海洋开发与管理，(2)：34-37.
栾维新 .2004. 海陆一体化建设研究 [M]. 北京：海洋出版社 .
栾维新，沈正平 .2017. 以江海联动为重点推进陆海统筹 [J]. 群众，(22)：33-34.
栾维新，宋薇 . 2003. 我国海洋产业吸纳劳动力潜力研究 [J]. 经济地理，23（4）：529-533.
罗小安，许健，佟仁城 . 2007. 大科学工程的风险管理研究 [J]. 管理评论，(4)：43-48，64.
罗艳，谢健，王平，等 .2010. 国内外围填海工程对广东省的启示 [J]. 海洋开发与管理，27（3）：23-26.
罗章仁 . 1997. 香港填海造地及其影响分析 [J]. 地理学报，(3)：30-37.
吕建华，臧晓霞 . 2018. 海洋环境管理激励机制的运行逻辑—基于“动力-技术-需求”分析框架的考察 [J]. 中国渔业经济，36（2）：21-29.
马广文，王业耀，香宝，等 . 2011. 松花江流域非点源氮磷负荷及其差异特征 [J]. 农业工程学报,27(S2)：163-169.
马海良，黄德春，姚惠泽 . 2011. 中国三大经济区域全要素能源效率研究——基于超效率 DEA 模型和 Malmquist 指数 [J]. 中国人口 • 资源与环境，21（11）：38-43.
马芒，徐欣欣，林学翔 . 2012. 返乡农民工再就业的影响因素分析——基于安徽省的调查 [J]. 中国人口科学，(2)：95-102，112.
马溪平，吕晓飞，张利红，等 . 2011. 辽河流域水质现状评价及其污染源解析 [J]. 水资源保护，27（4）：1-4，73.
马歇尔 . 1981. 经济学原理 [M]. 朱志泰，陈良璧译 . 北京：商务印书馆 .
马兆俐，刘海廷 . 2016. 我国建设海洋强国的理论思考 [J]. 法制与社会，(1)：145-146.
马志荣 .2008. 我国实施海洋科技创新战略面临的机遇、问题与对策 [J]. 科技管理研究，28（6）：68-69，76.
毛晖，余爽 . 2017. 地方政府环境治理的激励机制及其优化路径 [J]. 新视野，(5)：35-41.
毛伟，赵新泉. 2014. 中国海洋产业就业效应研究 [J]. 统计与决策，(1):137-140.
苗丽娟 . 2007. 围填海造成的生态环境损失评估方法初探 [J]. 环境与可持续发展，32（3）：47-49.
倪国江，文艳 .2009. 海洋科技应用现状、问题及未来使命 [J]. 科技管理研究，29（12）：51-54.
宁森，王彤，徐云 . 2008. 资源节约型与环境友好型社会技术选择及其创新激励机制的比较研究 [J]. 中国人口 • 资源与环境，18（4）：134-138.
潘峰，西宝，王琳 . 2015. 环境规制中地方政府与中央政府的演化博弈分析 [J]. 运筹与管理，24（3）：88-93，204.
潘新春，张继承，薛迎春 .2012.“六个衔接”：全面落实陆海统筹的创新思维和重要举措 [J]. 太平洋学报，20（1）：1-9.
彭本荣，洪华生，陈伟琪，等 . 2005. 填海造地生态损害评估：理论、方法及应用研究 [J]. 自然资源学报，(5)：714-726.
彭文斌，吴伟平，邝嫦娥 . 2014. 环境规制对污染产业空间演变的影响研究——基于空间面板杜宾模型 [J]. 世界经济文汇，(6)：99-110.

彭勇，刘星，罗佳，等 . 2017. 考虑班期限制的货物多式联运路径优化研究 [J]. 中国科技论文，12（7）：787-792.

片峰，栾维新，孙战秀，等 . 2015. 基于铁路距离的环渤海铁矿石中转港腹地划分 [J]. 经济地理，35（4）：99-107.

齐青青，沈冰，张泽中，等 .2011. 环境水体纳污能力判别值及其应用研究 [J]. 西安理工大学学报,27(1)：41-45.

齐中英，孙开利 .2006. 国防科技工业的产业关联性研究 [J]. 技术经济与管理研究，(3)：56-58.

乔俊，颜廷梅，薛峰，等 . 2011. 太湖地区稻田不同轮作制度下的氮肥减量研究 [J]. 中国生态农业学报，19（1）：24-31.

乔俊果，王桂青，孟凡涛 .2011. 改革开放以来中国海洋科技政策演变 [J]. 中国科技论坛，(6)：5-10.

秦华鹏，倪晋仁 .2002. 确定海湾填海优化岸线的综合方法 [J]. 水利学报，33（8）：35-42.

曲富国，孙宇飞 .2014. 基于政府间博弈的流域生态补偿机制研究 [J]. 中国人口 • 资源与环境，(11)：83-88.

冉冉 .2013.“压力型体制”下的政治激励与地方环境治理 [J]. 经济社会体制比较，(3)：111-118.

任丙强 .2018. 地方政府环境政策执行的激励机制研究：基于中央与地方关系的视角 [J]. 中国行政管理，(6)：129-135.

荣朝和 . 2016. 关于经济学时间概念及经济时空分析框架的思考 [J]. 北京交通大学学报（社会科学版），15（3）：1-15.

荣绍辉，梁亦欣，于鲁冀 .2012. 河南省城镇污水处理厂污泥处理处置技术路线分析 [J]. 江西农业学报，24（1）：162-165.

芮建伟，王立杰，刘海滨 .2001. 矿产资源价值动态经济评价模型 [J]. 中国矿业，10（2）：31-33.

尚姝 .2013. 基于烟羽模型的港口交叉腹地划分研究 [D]. 大连：大连海事大学 .

盛学良，舒金华，彭补拙，等 .2002. 江苏省太湖流域总氮、总磷排放标准研究 [J]. 地理科学，22（4）：449-452.

施祖麟，毕亮亮 . 2007. 我国跨行政区河流域水污染治理管理机制的研究——以江浙边界水污染治理为例 [J]. 中国人口 • 资源与环境，17（3）：3-9.

石广明，王金南，董战峰，等 .2015. 跨界流域污染防治：基于合作博弈的视角 [J]. 自然资源学报,30（4）：549-559.

石洪华，郑伟，丁德文，等 .2007. 关于海洋经济若干问题的探讨 [J]. 海洋开发与管理，24（1）：80-85.

石琼丹 .2015. 基于长江经济带进出口贸易趋势的外贸集装箱生成量预测 [D]. 宁波：宁波大学 .

舒元，才国伟 .2007. 我国省际技术进步及其空间扩散分析 [J]. 经济研究，42（6）：106-118.

束必铨 .2012. 韩国海洋战略实施及其对我国海洋权益的影响 [J]. 太平洋学报，20（6）：89-98.

宋兵兵 .2016. 港口外贸集装箱物流需求预测与发展模式创新 [D]. 长春：吉林大学 .

宋建军 .2011.“十二五”海洋事业发展的宏观环境分析及建议 [J]. 中国经贸导刊，(17)：18-20.

宋建军 .2014. 统筹陆海资源开发建设海洋经济强国 [J]. 宏观经济管理，(2)：29-31.

宋云霞，唐复全，王道伟 .2007. 中国海洋经济发展战略初探 [J]. 海洋开发与管理，24（3）：48-54.

苏丹，王彤，刘兰岚，等 .2010a. 辽河流域工业废水污染物排放的时空变化规律研究 [J]. 生态环境学报，19（12）：2953-2959.

苏丹，王治江，王彤，等 .2010b. 辽河流域工业废水主要污染物排放强度单元差异分析 [J]. 生态环境学报，19（2）：275-280.

苏纪兰 .2011. 保护滨海湿地，加强围填海管理 [J]. 人与生物圈，（1）：1.

孙才志，韩建，杨羽頔 . 2014a. 基于 AHP-NRCA 模型的中国海洋产业竞争力评价 [J]. 地域研究与开发，33（4）：1-7.

孙才志，徐婷，王恩辰 . 2013. 基于 LMDI 模型的中国海洋产业就业变化驱动效应测度与机理分析 [J]. 经济地理，33（7）：115-120，147.

孙才志，于广华，王泽宇，等 . 2014b. 环渤海地区海域承载力测度与时空分异分析 [J]. 地理科学，34（5）：513-521.

孙冬营，王慧敏，牛文娟 . 2013. 基于图模型的流域跨界水污染冲突研究 [J]. 长江流域资源与环境，22（4）：455-461.

孙光圻，王莉 .2000. 日本新海运战略评析 [J]. 中国远洋航务公告，（6）：63-64，6.

孙洪 . 2001. 发展海洋高技术促进海洋高技术产业发展 [J]. 高科技与产业化，（1）：45-48.

孙吉亭，赵玉杰 . 2011. 我国海洋经济发展中的海陆统筹机制 [J]. 广东社会科学，（5）：41-47.

孙加韬 . 2011. 中国海陆一体化发展的产业政策研究：基于海陆产业关联度影响因素的分析 [D]. 上海：复旦大学 .

孙琳琳，任若恩 . 2014. 转轨时期我国行业层面资本积累的研究——资本存量和资本流量的测算 [J]. 经济学（季刊），13（3）：837-862.

汤洪 . 2005. 基于港口集装箱运输腹地划分的吞吐量预测研究 [D]. 长沙：长沙理工大学 .

唐复全，张永刚，李悦 . 2004. 适应国家发展战略需要 着力推进我国海洋经济 [J]. 海洋开发与管理，21（3）：15-18.

唐任伍，李澄 . 2014. 元治理视阈下中国环境治理的策略选择 [J]. 中国人口 • 资源与环境，24（2）：18-22.

汪品先 . 2013. 从海洋内部研究海洋 [J]. 地球科学进展，28（5）：517-520.

汪小勇，万玉秋，朱晓东，等 . 2009. 跨区域水环境管理问题：从淮河说起 [J]. 环境保护，37（13）：40-42.

王丹，张磊，许艳丽，等 . 2016. 基于节点拆分指派问题的多式联运路径优化问题研究 [J]. 物流科技，39（12）：90-94.

王芳 .2009. 对海陆统筹发展的认识和思考 [J]. 国土资源，（3）：33-35.

王芳 .2012. 对实施陆海统筹的认识和思考 [J]. 中国发展，12（3）：36-39.

王芳，杨金森 . 2001. 发展海洋科技建设 21 世纪海洋强国 [J]. 国土资源，（5）：27-29，4.

王芙蓉，黄凯，王凯 . 2016. 基于模糊层次分析法煤炭运输路径优化研究 [J]. 铁道经济研究，（4）：43-47.

王广成 . 2007. 海洋资源核算理论及其方法研究 [J]. 山东工商学院学报，21（1）：1-6.

王宏志 . 2011. 双层委托-代理关系下环境管理的激励机制设计 [J]. 环境保护与循环经济，31（5）：67-69.

王辉 . 2012. 辽宁省社会经济活动影响环境污染的压力机制研究 [D]. 大连：大连海事大学 .

王辉，栾维新，康敏捷 . 2013. 辽河流域社会经济活动的 COD 污染负荷 [J]. 地理研究，32（10）：1802-1813.

王坚强，阳建军 .2010. 基于 Malmquist 指数的房地产企业动态投资效率研究 [J]. 当代经济管理，32（1）：84-88.

王杰，王晓斌，张咪妮 .2014. 基于 GIS 的港口腹地划分模型 [J]. 水运工程，（10）：91-96.

王杰，杨赞，陆春峰 . 2005. 港口腹地划分的两种新方法探讨——以大连国际航运中心为例 [J]. 中国航海，28（3）：57-61.

王金坑，陈克亮，戴娟娟，等 . 2010. 我国海域排污总量控制制度建设框架研究 [J]. 海洋开发与管理，27（9）：19-23.

王历荣，陈湘舸 .2007. 中国和平发展的海洋战略构想 [J]. 求索，（7）：33-36.

王茂军，栾维新，宋薇，等 . 2001. 近岸海域污染海陆一体化调控初探 [J]. 海洋通报，20（5）：65-71.

王倩，李彬 . 2011. 关于“海陆统筹”的理论初探 [J]. 中国渔业经济，29（3）：29-35.

王树文，王琪 . 2012. 美日英海洋科技政策发展过程及其对中国的启示 [J]. 海洋经济，2（5）：58-64.

王天营 .2004. 我国固定资产投资对经济增长的滞后影响研究 [J]. 经济问题，（12）：50-52.

王巍，张小东，辛国栋 . 2009. 基于多式联运的组合优化模型及求解方法 [J]. 计算机工程与应用，45（7）：212-214，219.

王文 . 2006. 港口经济腹地及其分析方法探讨 [J]. 港口经济，（1）：24-26.

王玺，张勇 .2010. 关于中国技术进步水平的估算——从中性技术进步到体现式技术进步 [J]. 中国软科学，（4）：155-163.

王续琨，张春博 . 2017. 试论大科学工程的基本特征和社会功能 [J]. 山东科技大学学报（社会科学版），19（4）：1-8.

王学昌，孙长青，孙英兰，等 . 2000. 填海造地对胶州湾水动力环境影响的数值研究 [J]. 海洋环境科学，19（3）：55-59.

王莹，王健 .2009. 海峡西岸港口群腹地体系的空间结构模型：以经济地理学为视角 [J]. 福建师范大学学报（哲学社会科学版），（5）：49-55.

王震 . 2007. 绿色海洋经济核算研究 [D]. 青岛：中国海洋大学 .

魏际刚，胡吉平 . 2000. 基于宏观经济分析的中国集装箱运输形成与发展机理研究 [J]. 铁道经济研究，（4）：17-20.

魏晓平，王新宇 .2002. 矿产资源最适耗竭经济分析 [J]. 中国管理科学，10（5）：78-81.

魏众，申金升，黄爱玲，等 . 2006. 多式联运的最短时间路径-运输费用模型研究 [J]. 中国工程科学，8（8）：61-64.

翁立新，徐丛春 . 2008. 海洋循环经济评价指标体系研究 [J]. 海洋通报，27（2）：65-72.

吴碧英 . 1994. 产业结构的变化轨迹 [J]. 中国软科学，（10）：29-31.

吴锋，战金艳，邓祥征，等 .2012. 中国湖泊富营养化影响因素研究——基于中国 22 个湖泊实证分析 [J]. 生态环境学报，21（1）：94-100.

吴慧军，刘桂云 .2016. 基于灰色 RBF 组合模型的宁波港集装箱海铁联运量预测 [J]. 宁波大学学报（理工版），29（4）：123-127.

吴静茹，王国贞 . 2012. 基于 DEA 方法的河北省高端装备制造业投入产出效率分析 [J]. 河北工业科技，29（4）：260-266.

吴立新 .2018. 建设海洋强国离不开海洋科技 [J]. 中国科技奖励，（2）：6.

吴清峰，唐朱昌 .2014. 投资信息缺失下资本存量 K 估计的两种新方法 [J]. 数量经济技术经济研究，31(9)：150-160.

吴姗姗 . 2004. 大连区域海陆经济互动机理研究 [D]. 大连：辽宁师范大学 .

吴雨霏 .2012. 基于关联机制的海陆资源与产业一体化发展战略研究 [D]. 北京：中国地质大学 .

吴征宇 . 2012. 海权与陆海复合型强国 [J]. 世界经济与政治，(2)：38-50.
伍业锋，施平 . 2006. 中国沿海地区海洋科技竞争力分析与排名 [J]. 上海经济研究，18 (2)：26-33.
武京军，刘晓雯 . 2010. 中国海洋产业结构分析及分区优化 [J]. 中国人口资源与环境，20 (S1)：21-25.
夏立平，云新雷 .2018. 论构建中国特色新海权观 [J]. 社会科学，(1)：3-17.
夏立忠，杨林章 . 2003. 太湖流域非点源污染研究与控制 [J]. 长江流域资源与环境，12 (1)：45-49.
夏立忠，杨林章，吴春加，等 . 2003. 太湖地区典型小城镇降雨径流 NP 负荷空间分布的研究 [J]. 农业环境科学学报，22 (3)：267-270.
向平安，黄璜，燕惠民，等 . 2005. 湖南洞庭湖区水稻生产的环境成本评估 [J]. 应用生态学报，16 (11)：2187-2193.
项永烈 . 2014. 舟山市海洋经济与陆域经济协调发展研究 [J]. 现代商业，(10)：71.
肖刚 . 2011. 经济特区是中国走向海洋强国的核心地缘支撑 [J]. 国际经贸探索，27 (9)：44-51.
肖建红，陈东景，徐敏，等 . 2010. 围填海对潮滩湿地生态系统服务影响评估——以江苏省为例 [J]. 海洋湖沼通报，(4)：95-100.
谢子远 . 2014. 沿海省市海洋科技创新水平差异及其对海洋经济发展的影响 [J]. 科学管理研究，32 (3)：76-79.
徐加明 . 2012. 构筑陆海产业统筹发展新格局的路径和对策研究 [J]. 理论学刊，(3)：66-68.
徐杰，段万春，杨建龙 . 2010. 中国资本存量的重估 [J]. 统计研究，27 (12)：72-77.
徐进 . 2012. 国家三大海洋经济示范区海洋科技创新能力比较研究 [J]. 科技进步与对策，29 (16)：35-39.
徐胜 .2009. 我国海陆经济发展关联性研究 [J]. 中国海洋大学学报 (社会科学版)，(6)：27-33.
徐胜，张鑫 . 2012. 环渤海海洋产业与区域经济关联性研究 [J]. 海洋开发与管理，29 (1)：125-131.
徐质斌 . 2007. 和谐社会建设视阈中的政府海洋管理转型及其推进机制 [C]. 湛江 ：中国海洋学会 2007 年学术年会 .
徐志仓 . 2015. 基于超越对数生产函数的制造业技术效率分析 [J]. 统计与决策，(5)：139-143.
徐志良 . 2008. “新东部” 构想：统筹中国区域发展的高端视野 [J]. 海洋开发与管理，25 (12)：61-67.
许庆斌，荣朝和 . 1993. 运输经济学：理论进步与发展需要 [J]. 北方交通大学学报，17 (1) :1-7.
许云飞 . 2003. 山东省港口经济腹地计算方法的研究 [J]. 山东交通学院学报，11 (1)：39-42，50.
杨飞虎 .2009. 经典模型对投资与经济增长问题的诠释及我国借鉴价值 [J]. 经济问题探索，(3)：21-25.
杨凤华 . 2013. 陆海统筹与中国海洋经济可持续发展研究——基于循环经济发展视角 [J]. 科学 • 经济 • 社会，31 (1)：82-87.
杨家其 .2002. 基于模糊综合评判的现代港口腹地划分引力模型 [J]. 交通运输工程学报，2 (2)：123-126.
杨金森 . 2014. 海洋强国兴衰史略 [M]. 2 版 . 北京：海洋出版社 .
杨潇，曹英志 . 2013. 我国陆源污染物总量控制实践对海域总量控制制度建设的启示 [J]. 海洋开发与管理，30 (10)：81-85.
杨晓丹，杨志荣 .2017. 维护海洋权益建设海洋强国 [J]. 当代世界，(9)：28-31.
杨阳 . 2015. 考虑碳排放的多式联运路径优化研究 [D]. 合肥：合肥工业大学 .
杨荫凯 . 2002.21 世纪初我国海洋经济发展的基本思路 [J]. 宏观经济研究，(2)：35-38.
杨荫凯 .2013. 陆海统筹发展的理论、实践与对策 [J]. 区域经济评论，(5)：31-34.
杨荫凯 . 2014. 推进陆海统筹的重点领域与对策建议 [J]. 海洋经济，4 (1)：1-4，17.

杨羽頔，孙才志 . 2014. 环渤海地区陆海统筹度评价与时空差异分析 [J]. 资源科学，36（4）：691-701.
杨玉洁 . 2020. 中国陆海跨界污染统筹治理机制研究 [D]. 大连：大连海事大学 .
杨佐平，沐年国 . 2011. ICOR：固定资产投资效率与经济增长方式研究 [J]. 经济问题探索，（9）：13-16.
姚星，唐粼，林昆鹏 . 2012. 生产性服务业与制造业产业关联效应研究——以四川省投入产出表的分析为例 [J]. 宏观经济研究，（11）：103-111.
叶向东 .2006. 海洋资源与海洋经济的可持续发展 [J]. 中共福建省委党校学报，（11）：69-71.
叶向东 . 2008. 海陆统筹发展战略研究 [J]. 海洋开发与管理，25（8）：33-36.
殷克东，卫梦星 . 2009. 中国海洋科技发展水平动态变迁测度研究 [J]. 中国软科学，（8）：144-154.
殷克东，卫梦星，孟昭苏 . 2009. 世界主要海洋强国的发展战略与演变 [J]. 经济师，（4）：8-10.
于谨凯，李文文 . 2010. 海洋资源开发中污染治理的政府激励机制分析——以海水养殖为例 [J]. 浙江海洋学院学报（人文科学版），（2）：8-14.
于谨凯，于平 . 2008. 我国海洋产业可持续发展研究 [J]. 中国水运（学术版），（1）：214-215.
于永海，王延章，张永华，等 . 2011. 围填海适宜性评估方法研究 [J]. 海洋通报，30（1）：81-87.
余典范，干春晖，郑若谷 . 2011. 中国产业结构的关联特征分析——基于投入产出结构分解技术的实证研究 [J]. 中国工业经济，（11）：5-15.
俞映倞，薛利红，杨林章 . 2011. 不同氮肥管理模式对太湖流域稻田土壤氮素渗漏的影响 [J]. 土壤学报，48（5）：988-995.
俞映倞，薛利红，杨林章 . 2013. 太湖地区稻田不同氮肥管理模式下氨挥发特征研究 [J]. 农业环境科学学报，（8）：1682-1689.
郁鸿胜 . 2013. 发达国家海洋战略对中国海洋发展的借鉴 [J]. 中国发展，13（3）：70-75.
曾小彬 . 2004. 试论珠三角和香港港口物流业的合作竞争关系 [J]. 国际经贸探索，（6）：12 15.
张兵兵，徐康宁 . 2013. 技术进步与 CO_2 排放：基于跨国面板数据的经验分析 [J]. 中国人口・资源与环境，23（9）：28-33.
张德超 . 2016. 集装箱多式联运收益分配博弈分析研究 [D]. 兰州交通大学硕士学位论文 .
张登义 . 2001. 把握时代脉膊，建设海洋强国 [J]. 海洋世界，（3）：1.
张海峰，张晨瑶，刘汉斌 . 2018. 从全面经略国土出发推进中国陆海统筹战略取向——评《中国陆海统筹战略取向》[J]. 区域经济评论，（2）：151-156.
张海峰 . 2005a. 海陆统筹　兴海强国——实施海陆统筹战略，树立科学的能源观 [J]. 太平洋学报，（3）：27-33.
张海峰 . 2005b. 再论海陆统筹兴海强国 [J]. 太平洋学报，（7）：14-17.
张海峰 . 2005c. 抓住机遇　加快我国海陆产业结构大调整——三论海陆统筹兴海强国 [J]. 太平洋学报，（10）：25-27.
张红智，张静 . 2005. 论我国的海洋产业结构及其优化 [J]. 海洋科学进展，（2）：243-247.
张继平，潘易晨，孔凡宏，等 . 2017. 政治晋升激励视角下我国海洋陆源污染治理的研究 [J]. 中国海洋大学学报（社会科学版），（4）：20-26.
张继平，王艺霏，李强华 . 2016. 海洋陆源污染治理中政府与企业的博弈分析 [J]. 国家行政学院学报，（5）：60-64，142.
张继平，熊敏思，顾湘 . 2013. 中澳海洋环境陆源污染治理的政策执行比较 [J]. 上海行政学院学报，（3）：

64-69.
张婕，毛婷，钱炜 . 2016. 流域跨界水污染生态补偿多主体协商模型 [J]. 科技管理研究，(3)：225-229，239.
张景全 . 2005. 日本的海权观及海洋战略初探 [J]. 当代亚太，(5)：35-40.
张静，韩立民 . 2006. 试论海洋产业结构的演进规律 [J]. 中国海洋大学学报（社会科学版），(6)：1-3.
张军，章元 . 2003. 对中国资本存量 K 的再估计 [J]. 经济研究，(7)：35-43，90.
张军扩 . 1991. “七五”期间经济效益的综合分析——各要素对经济增长贡献率测算 [J]. 经济研究，(4)：8-17.
张萍，严以新，许长新 . 2006. 港口吞吐量的内在影响因素提取 [J]. 中国港湾建设，(6)：70-72.
张晓平 . 2002. 我国经济技术开发区的发展特征及动力机制 [J]. 地理研究，(5)：656-666.
张耀光 . 1995. 中国海洋产业结构特点与今后发展重点探讨 [J]. 海洋技术，(4)：5-11.
张耀光 . 1996. 中国的海疆与我国海洋地缘政治战略 [J]. 人文地理，(2)：43-46.
张耀光，韩增林，刘锴，等 . 2010. 海洋资源开发利用的研究——以辽宁省为例 [J]. 自然资源学报，(5)：785-794.
张耀光，彭飞，江海旭 . 2014. 中国海洋产业的就业结构特征与主要海洋国家对比分析 [J]. 海洋经济，4（1）：50-57，64.
张峥，周丹卉，谢轶 . 2011. 辽河化学需氧量变化特征及影响因素研究 [J]. 环境科学与管理，(3)：36-39.
赵骞，杨永俊，赵仕兰 . 2013. 入海污染物总量控制制度与技术的研究进展 [J]. 海洋开发与管理，(2)：65-71.
赵楠，郭伟，邵宏宇 . 2009. 基于 DEA-Tobit 模型的装备制造业信息技术投资效率分析 [J]. 统计与决策，(21)：85-86.
赵锐，何广顺，赵昕，等 . 2007. 海洋经济投入产出模型研究 [J]. 海洋开发与管理，(6)：132-136.
赵卫，刘景双，苏伟，等 . 2008. 辽宁省辽河流域水环境承载力的多目标规划研究 [J]. 中国环境科学，28（1）：73-77.
赵宪伟，王路光，李拴马，等 . 2009. 河北省 COD 排放环境学习曲线及减排潜力研究 [J]. 中国农村水利水电，(3)：76-79.
赵小芳 . 2016. 海洋强国战略下中国跨海通道建设的需求与路径 [J]. 科技导报，34（21）：78-81.
赵志耘，吕冰洋，郭庆旺，等 . 2007. 资本积累与技术进步的动态融合：中国经济增长的一个典型事实 [J]. 经济研究，(11)：18-31.
郑贵斌 . 2005. 推动沿海海洋经济集成创新发展的思考 [J]. 中国人口・资源与环境，(2)：107-111.
郑贵斌 . 2006. 遵循海洋资源开发与经济发展的规律体系 [J]. 海洋开发与管理，(3)：57-62.
郑贵斌 . 2011. 我国沿海陆海统筹与联动发展的实践及思考——以山东半岛蓝色经济区为例 [C]. 首届东方行政论坛・沿海蓝色经济区建设与合作发展机制创新研讨会 .
郑贵斌 . 2013. 我国陆海统筹区域发展战略与规划的深化研究 [J]. 区域经济评论，(1)：19-23.
郑倩 . 2013. 基于 DEA 方法的中国制造业生产要素配置效率评价研究 [D]. 浙江工业大学硕士学位论文 .
郑淑英 . 2002. 科技在海洋强国战略中的地位与作用 [J]. 海洋开发与管理，(2)：41-43.
郑铁桥 . 2014a. 美国海陆经济一体化经验 [J]. 现代商业，(18)：280-282.
郑铁桥 . 2014b. 日本海陆经济一体化经验 [J]. 中外企业家，(16)：269-271.

郑文儒，周田瑞，王鸿鹏 . 2016. 厦门集装箱吞吐量与经济影响因素的计量经济分析 [J]. 商业经济，(9)：50-52.
郑义炜 . 2018. 陆海复合型中国“海洋强国”战略分析 [J]. 东北亚论坛，27（2）：76-90，128.
钟桂安 . 2013. 关于新时期我国海洋战略构想的建议 [J]. 福建省社会主义学院学报，(3)：96-98.
钟学燕，岳辉 . 2005. 铁路集装箱运量预测与影响因素分析 [J]. 铁道运输与经济，(9)：75-78.
周洪军，何广顺，王晓惠，等 . 2005. 我国海洋产业结构分析及产业优化对策 [J]. 海洋通报，(2)：46-51.
周及真 . 2013. 生产性服务业的产业关联和产业波及研究——以工业化进程中的中美印为例 [D]. 上海社会科学院博士学位论文 .
周佳 . 2018. 弱排名激励视域下的环境政策执行分析 [J]. 兵团党校学报，(6)：105-108.
周宁，郝晋珉，邢婷婷，等 . 2012. 黄淮海平原地区交通优势度的空间格局 [J]. 经济地理，32（8）：91-96.
周伟 . 2017. 建设美好新海南的“蓝绿协奏曲”[J]. 南海学刊，3（3）：3-5.
周一星 . 2011. 城市地理求索——周一星自选集 [J]. 上海城市规划，(4)：117.
朱光文 . 2002. 加强海洋科学技术研究支持海上国防建设 [J]. 海洋技术，(3)：13-18.
朱坚真，张力 . 2010. 海陆统筹与区域产业转移问题探索 [J]. 创新，4（6）：42-45，52.
朱凌，刘百桥 . 2009. 围海造地的综合效益评价方法研究 [J]. 海洋开发与管理，26（2）：113-116.
朱梅，吴敬学，张希三 . 2010. 海河流域畜禽养殖污染负荷研究 [J]. 农业环境科学学报，29（8）：1558-1565.
朱小檬 . 2014. 沿海港口集装箱吞吐量与国内生产总值关联模型研究 [D]. 大连海事大学博士学位论文 .
祝火生 . 2011. 我国港口发展与国民经济增长关联性的实证分析 [J]. 统计与决策，2011（17）：132-135.
Alves F L，Sousa L P，Almodovar M，et al. 2013. Integrated Coastal Zone Management（ICZM）：a review of progress in Portuguese implementation[J]. Regional Environmental Change，13（5）：1031-1042.
Boudeville J R. 1966. Problems of Regional Economic Planning[M]. Edinburgh：Edinburgh University Press.
Cicin-Sain B，Bunsick S M，Corbin J，et al. 2005. Recommendations for an operational framework for offshore aquaculture in U.S. federal waters[R]. Gerard J. Mangone Center for Marine Policy，University of Delaware.
Colgan C S. 1994. Grading the maine economy[J]. Maine Policy Review，3（3）：55-62.
Colwell P F，Ramsland M O. 2003. Coping with technological change：the case of retail[J]. The Journal of Real Estate Finance and Economics，26（1）：47-63.
D'Alberto R，Zavalloni M，Raggi M，et al. 2018. AES impact evaluation with integrated farm data：combining statistical matching and propensity score matching[J]. Sustainability，10（11）：1-24.
Davis B C. 2004. Regional planning in the US coastal zone：a comparative analysis of 15 special area plans[J]. Ocean & Coastal Management，47（1/2）：79-94.
Deboudt P，de Dauvin J C，Lozachmeur O. 2008. Recent developments in coastal zone management in France：the transition towards integrated coastal zone management（1973–2007）[J].Ocean & Coastal Management，51（3）：212-228.
Desalvo J S. 1994. Measuring the direct impacts of a port[J]. Transportation Journal，33（4）：33-42.
de Vries F P，Hanley N. 2016. Incentive-based policy design for pollution control and biodiversity conservation：a review[J]. Environmental and Resource Economics，63：687-702.
Fischhendler I. 2008. Institutional conditions for IWRM：the Israeli case[J]. Ground Water，46（1）：91-102.

Flores C P，Muñoz J M B，Scherer M E G. 2017. Management of transboundary estuaries in Latin America and the Caribbean[J]. Marine Policy，76：63-70.

Forero J. 2005-03-01. China’ s oil diplomacy in Latin America[N]. The Washington Post.

Foster T A. 1979. What’ s important in a port? [J]. Distribution Worldwide，78：32-36.

Gjolberg O，Johnsen T. 1999. Risk management in the oil industry：can information on long-run equilibrium prices be utilized?[J]. Energy Economics，21（6）：517-527.

Grotius H. 2004. The Free Sea[M]. Indianapolis：Liberty Fund.

Grotius H. 1916. The Freedom of the Seas：Or，the Right which Belongs to the Dutch to Take Part in the East Indian Trade[M]. New York：Oxford University Press.

Hayuth Y. 1988. Rationalization and deconcentration of the U.S. container port system[J]. The Professional Geographer，40（3）：279-288.

Hoyle B，Pinder D. 1981. Cityport Industrialization and Regional Development：Spatial Analysis and Planning Strategies[M]. Elmsford：Pergamon Press.

Jackson R D，Lacroix A，Gass M，et al. 2006. Calcium plus vitamin D supplementation and the risk of fractures[J]. The New England Journal of Medicine，354（7）：669-683.

Jørgensen S，Yeung D W K. 2001. Intergenerational cooperative solution of a renewable resource extraction game[J]. Int.J.Math.Game Theory Algebra，5（5）：45-64.

Kwaka S J，Yoo S H，Chang J I. 2005. The role of the maritime industry in the Korean national economy：an input-output analysis[J]. Marine Policy，29：371-383.

Kim T J，Ham H，Boyce D E. 2002. Economic impacts of transportation network changes：implementation of a combined transportation network and input-output model[J]. Regional Science，81（2）：223-246.

Mitter P，Skolka J. 1984. Labour productivity in Austria between 1964 and 1980[J]. Empirical Economics，9(1)：27-49.

Morgan F. 1958. Ports and Harbors[M]. London：Hutchison Press.

Moslener U，Requate T. 2007. Optimal abatement in dynamic multi-pollutant problems when pollutants can be complements or substitutes[J]. Journal of Economic Dynamics and Control，31（7）：2293-2316.

Myrdal G. 1944. An American Dilemma：The Negro Problem and Modern Democracy[M]. New York：Harper and Brothers.

Nelissen H，Rymen B，Coppens F，et al. 2013. Kinematic analysis of cell division in leaves of mono-and dicotyledonous species：a basis for understanding growth and developing refined molecular sampling strategies[J]. Methods in Molecular Biology，（959）：247-264.

Notteboom T E，Rodrigue J P. 2005. Port regionalization：towards a new phase in port development[J]. Maritime Policy & Management，32（3）：297-313.

O’ Mahony M，Oulton N. 2000. International comparisons of labour productivity in transport and communications：the US，the UK and Germany[J]. Journal of Productivity Analysis，14（1）：7-30.

OpBrien D. 2006-03-31. Europe is winning the war for economic freedoms[N]. Financial Times.

Page E，Trout D. 1998. Mycotoxins and building-related illness[J]. Journal of Occupational and Environmental Medicine，40（9）：761-764.

Panayotou K. 2009. Coastal management and climate change：an Australian perspective[J]. Journal of Coastal Research，25（1）：742-746.

Perroux F. 1950. Economic space：theory and applications[J]. The Quarterly Journal of Economics，64（1）：89-104.

Perroux F. 1955. Note sur la notion de pole de croissance?[J]. Economic Appliqee，7：307-320.

Philippe D，Jean C D，Olivier L. 2008. Recent developments in coastal zone management in France：the transition towards integrated coastal zone management（1973—2007）[J]. Ocean & Coastal Management，51（3）：212-228.

Piacentino D，Vassallo E. 2011. Exploring the sources of labour productivity growth and convergence in the Italian regions：some evidence from a production frontier approach[J]. The Annals of Regional Science，46（2）：469-486.

Pontecorvo G. 1988. Contribution of the ocean sector to the US economy：estimated values for 1987-a technical note[J].Marine Technology Society Journal，23：7-14.

Povilanskas R，Armaitienė A. 2014. Marketing of coastal barrier spits as liminal spaces of creativity[J]. Procedia- Social and Behavioral Sciences，148：397-403.

Requate T. 2005. Dynamic incentives by environmental policy instruments—a survey[J]. Ecological Economics，54（2/3）：175-195.

Samonte-Tan G P B，Davis G C. 1998. Economic analysis of stake and rack-hanging methods of farming oysters（Crassostrea iredalei）in the Philippines[J].Aquaculture，160（3/4）：239-249.

Sargent A J. 1938. Seaports and Hinterlands[M]. London：Aadamand Charrles Black.

Shmelev S E. 2012. Economic models and the environment：input-output analysis[C]// Shmelev S E. 2012. Ecological Economics. Dordrecht：Springer：87-114.

Suman D. 2001. Case studies of coastal conflicts：Comparative US/European experiences[J]. Ocean & Coastal Management，44（1/2）：1-13.

Thill J C，Venkitasubramanian K. 2015. Multi-layered hinterland classification of Indian ports of containerized cargoes using GIS visualization and decision tree analysis[J]. Maritime Economics & Logistics，17（3）：265-291.

Tschangho J K，Heejoo H，David E. 2002. Economic impacts of transportation network changes：implementation of a combined transportation network and input-output model[J]. Regional Science，81（2）：223-246.

Ukwe C N，Ibe C A. 2010. A regional collaborative approach in transboundary pollution management in the Guinea current region of western Africa[J]. Ocean & Coastal Management，53（9）：493-506.

Ullman E L. 1945. Mobile：industrial seaport and trade center[J]. Economic Geography，21（2）：154.

Weyant J P，Olavson T. 1999. Issues in modeling induced technological change in energy，environmental，and climate policy[J]. Environmental Modeling & Assessment，4（2/3）：67-85.

Wang C，Sun Q，Jiang S，et al. 2011. Evaluation of pollution source of the bays in fujian province[J]. Procedia Environmental Sciences，10：685-690.

Yergin D. 2005-06-31. It is not the end of the oil age[N]. The Washington Post.